HANDBUCH DER PHYSIK

UNTER REDAKTIONELLER MITWIRKUNG VON

R. GRAMMEL-STUTTGART · F. HENNING-BERLIN
H. KONEN-BONN · H. THIRRING-WIEN · F. TRENDELENBURG-BERLIN
W. WESTPHAL-BERLIN

HERAUSGEGEBEN VON

H. GEIGER UND KARL SCHEEL

BAND IX

THEORIEN DER WÄRME

BERLIN
VERLAG VON JULIUS SPRINGER
1926

THEORIEN DER WÄRME

BEARBEITET VON

K. BENNEWITZ · A. BYK · F. HENNING · K. F. HERZFELD
W. JAEGER · G. JÄGER · A. LANDÉ · A. SMEKAL

REDIGIERT VON F. HENNING

MIT 61 ABBILDUNGEN

BERLIN
VERLAG VON JULIUS SPRINGER
1926

ISBN 978-3-642-51239-1 ISBN 978-3-642-51358-9 (eBook)
DOI 10.1007/978-3-642-51358-9

SOFTCOVER REPRINT OF THE HARDCOVER 1ST EDITION 1926

Inhaltsverzeichnis.

Kapitel 5.

Kapitel 6.

Kapitel 7.

Kapitel 8.

Allgemeine physikalische Konstanten

(Juli 1926)[1].

a) Mechanische Konstanten.

Gravitationskonstante	$6{,}6_5 \cdot 10^{-8}$ dyn · cm² · g⁻²
Normale Schwerebeschleunigung	$980{,}665$ cm · sec⁻²
Schwerebeschleunigung bei 45° Breite	$980{,}616$ cm · sec⁻²
1 Meterkilogramm (mkg)	$0{,}980665 \cdot 10^{8}$ erg
Normale Atmosphäre (atm)	$1{,}01325 \cdot 10^{6}$ dyn · cm⁻²
Technische Atmosphäre	$0{,}980665 \cdot 10^{6}$ dyn · cm⁻²
Maximale Dichte des Wassers bei 1 atm	$0{,}999973$ g · cm⁻³
Normales spezifisches Gewicht des Quecksilbers	$13{,}5955$

b) Thermische Konstanten.

Absolute Temperatur des Eispunktes	$273{,}2_0{}^{\circ}$
Normales spezifisches Gewicht des Sauerstoffes	$1{,}4290 \cdot 10^{-3}$
Normales Molvolumen idealer Gase	$22{,}41_4 \cdot 10^{3}$ cm³
Gaskonstante für ein Mol	$0{,}8204_5 \cdot 10^{2}$ cm³-atm · grad⁻¹
	$0{,}8313_2 \cdot 10^{8}$ erg · grad⁻¹
	$0{,}8309_0 \cdot 10^{1}$ int joule · grad⁻¹
	$1{,}985_8$ cal · grad⁻¹
Energieäquivalent der 15°-Kalorie (cal)	$4{,}184_2$ int joule
	$1{,}1623 \cdot 10^{-6}$ int k-watt-st
	$4{,}186_3 \cdot 10^{7}$ erg
	$4{,}268_8 \cdot 10^{-1}$ mkg

c) Elektrische Konstanten.

1 internationales Ampere (int amp)	$1{,}0000_0$ abs amp
1 internationales Ohm (int ohm)	$1{,}0005_0$ abs ohm
Elektrochemisches Äquivalent des Silbers	$1{,}11800 \cdot 10^{-3}$ g · int coul⁻¹
Faraday-Konstante für ein Mol und Valenz 1	$0{,}9649_4 \cdot 10^{5}$ int coul
Ionisier.-Energie/Ionisier.-Spannung	$0{,}9649_4 \cdot 10^{5}$ int joule · int volt⁻¹

d) Atom- und Elektronenkonstanten.

Atomgewicht des Sauerstoffs	$16{,}000$
Atomgewicht des Silbers	$107{,}88$
LOSCHMIDTsche Zahl	$6{,}06_1 \cdot 10^{23}$ mol⁻¹
BOLTZMANNsche Konstante k	$1{,}37_2 \cdot 10^{-16}$ erg · grad⁻¹
$^1/_{16}$ der Masse des Sauerstoffatoms	$1{,}65_0 \cdot 10^{-24}$ g
Elektrisches Elementarquantum e	$1{,}592 \cdot 10^{-19}$ int coul
	$4{,}77_4 \cdot 10^{-10}$ dyn$^{1/2}$ · cm
Spezifische Ladung des ruhenden Elektrons e/m	$1{,}76_6 \cdot 10^{8}$ int coul · g⁻¹
Masse des ruhenden Elektrons m	$9{,}0_2 \cdot 10^{-28}$ g
Geschwindigkeit von 1-Volt-Elektronen	$5{,}95 \cdot 10^{7}$ cm · sec⁻¹
Atomgewicht des Elektrons	$5{,}46 \cdot 10^{-4}$

e) Optische und Strahlungskonstanten.

Lichtgeschwindigkeit (im Vakuum)	$2{,}998_5 \cdot 10^{10}$ cm · sec⁻¹
Wellenlänge der roten Cd-Linie (1 atm, 15° C)	$6438{,}470_0 \cdot 10^{-8}$ cm
RYDBERGsche Konstante für unendl. Kernmasse	$109737{,}1$ cm⁻¹
SOMMERFELDsche Konstante der Feinstruktur	$0{,}729 \cdot 10^{-2}$
STEFAN-BOLTZMANNsche Strahlungskonstante σ	$5{,}7_5 \cdot 10^{-12}$ int watt · cm⁻² · grad⁻⁴
	$1{,}37_4 \cdot 10^{-12}$ cal · cm⁻² · sec⁻¹ · grad⁻⁴
Konstante des WIENschen Verschiebungsgesetzes	$0{,}288$ cm · grad
WIEN-PLANCKsche Strahlungskonstante c_2	$1{,}43$ cm · grad

f) Quantenkonstanten.

PLANCKsches Wirkungsquantum h	$6{,}55 \cdot 10^{-27}$ erg · sec
Quantenkonstante für Frequenzen $\beta = h/k$	$4{,}78 \cdot 10^{-11}$ sec · grad
Durch 1-Volt-Elektronen angeregte Wellenlänge	$1{,}233 \cdot 10^{-4}$ cm
Radius der Normalbahn des H-Elektrons	$0{,}529 \cdot 10^{-8}$ cm.

[1] Erläuterungen und Begründungen s. ds. Handb. Bd. II. Artikel HENNING-JAEGER.

Kapitel 1.

Klassische Thermodynamik.

Von

K. F. Herzfeld, München.

Mit 14 Abbildungen.

I. Einleitung.

1. Leistungsfähigkeit der Thermodynamik. Die Thermodynamik spielt in all denjenigen Gebieten der Physik eine Rolle, in denen irgendwelche Veränderungen mit Wärmeerscheinungen verknüpft sind.

Sie geht von zwei sehr allgemeinen Erfahrungssätzen, den beiden Hauptsätzen, aus, welche die Unmöglichkeit zweier analoger Vorgänge, nämlich der Betätigung eines Perpetuum mobile erster oder zweiter Art, behaupten.

Ausgehend von diesen Erfahrungssätzen, allerdings unter Zuhilfenahme weiterer Erfahrungen, die im täglichen Leben so geläufig sind, daß sie gewöhnlich nicht eigens ausgesprochen werden, gibt die Thermodynamik einen Rahmen von Vorschriften über die Wärmeerscheinungen derart, daß irgendeine Verletzung einer solchen Vorschrift in der Natur sofort die Konstruktion eines Perpetuum mobile (erster oder zweiter Art) ermöglichen würde.

Die Methode, die bei der Ableitung dieser Vorschriften verfolgt wird, ist streng logisch, mathematisch verhältnismäßig einfach und praktisch hypothesenfrei, so daß in den Resultaten tatsächlich nur die Grundaxiome vorausgesetzt sind.

Allerdings sind, was häufig nicht genügend beachtet wird, diese Vorschriften allein ziemlich inhaltsarm, eben nur ein Rahnem, der fast nichts über die Eigenschaften der Materie aussagt, sondern nur Eigenschaften miteinander verknüpft. Nutzbar werden die Folgerungen erst, wenn man sie auf die wirklichen Eigenschaften der Stoffe anwendet, wie sie sich in der Zustandsgleichung im allgemeinsten Sinn ausdrücken. Diese Zustandsgleichung muß die Thermodynamik von außen her, sozusagen als Material, bekommen, sei es aus dem Experiment, sei es aus einer Molekulartheorie, die Annahmen über den Bau des untersuchten Stoffes macht.

Die klassische Thermodynamik selbst kann über die Zustandsgleichung nichts sagen, jede Zustandsgleichung ist mit ihr verträglich (vgl. Ziff. 8).

Infolge der geschilderten Verhältnisse hat die reine Thermodynamik einen besonders klaren, formal axiomatischen und logisch befriedigenden, aber auch etwas langweiligen Charakter, weil von der wirklichen Substanz in ihr wenig zu spüren ist.

Das hier besprochene Verhältnis zwischen einer Gruppe von Gesetzen, in welchem formale Gesichtspunkte vorwalten, und einem Gebiet, wo die wirklichen Eigenschaften der Materie eine Rolle spielen, kommt auch in der übrigen

Physik vor. So entspricht in der Elektrizitätslehre dieser reinen Thermodynamik die Theorie der MAXWELLschen Gleichungen im Vakuum, während die Eigenschaften der Materie, wie sie in der Zustandsgleichung sich äußern, sich dort in der Beziehung zwischen $\mathfrak{D}$ und $\mathfrak{E}$ (dielektrische Eigenschaften), $\mathfrak{B}$ und $\mathfrak{H}$ (magnetische Eigenschaften), $\mathfrak{J}$ und $\mathfrak{E}$ (Leitung) ausdrücken. In beiden Gebieten werden ganz verschiedene Arbeitsmethoden benutzt. Auch die Entwicklung der Theorie der MAXWELLschen Gleichungen im Vakuum geschieht praktisch hypothesenfrei wie bei der reinen Thermodynamik, wenn auch in der Grundlage, den MAXWELLschen Gleichungen, scheinbar speziellere Aussagen gemacht werden als in den beiden Hauptsätzen.

Die Eigenschaften der Materie hingegen, die in der Elektrizitätslehre eine Rolle spielen, müssen ebenso wie die Zustandsgleichung der Thermodynamik entweder den Messungen oder einer Molekulartheorie mit ihren vielen speziellen Voraussetzungen entnommen werden.

Zu den beiden Hauptsätzen kommt nun das NERNSTsche Wärmetheorem, das auch dritter Hauptsatz der Thermodynamik genannt wird. Dieses ist zwar in seiner Formulierung ebenso axiomatisch, einfach und grundlegend wie die beiden ersten, unterscheidet sich von ihnen aber darin, daß es eine allgemeine Aussage über die Zustandsgleichung macht.

2. Mathematische Methoden. Die mathematischen Methoden der Thermodynamik unterscheiden sich in sehr charakteristischer Weise von denen der übrigen theoretischen Physik. Die Unterschiede äußern sich bei mehreren Grundgedanken: Der erste drückt die Vorstellung aus, daß irgendein zu beschreibendes Objekt (Masse, Impuls, Energie) in einem Volumelement nur durch „Strömung" verändert wird (Erhaltungssätze, Kontinuitätsgleichung). Er führt zu Vektorgleichungen für die Strömung. Dieser Gedankengang spielt in der Thermodynamik keine wesentliche Rolle, da die hier maßgebenden Größen wie innere Energie, Entropie usw. in einem Volumelement auch ohne direkten Zutransport von außen vermehrt werden können. Nur in der Wärmeleitung hat diese Überlegung ihr Analogon. Ein wesentlicher Unterschied tritt aber auch hier dadurch auf, daß in der übrigen Physik das Interesse zwar auch auf Skalare (z. B. die Dichte), wesentlich mehr aber auf gerichtete Größen, Vektoren, wie Impulse, Feldstärken gelenkt ist. Sogar ein Teil der scheinbar skalaren Größen, die Energie z. B., wird in der Relativitätstheorie als Komponente eines allgemeineren Gebildes, des Impuls-Energietensors, angesehen.

Dagegen treten in der Thermodynamik fast nur skalare Größen auf, wie Dichte, Temperatur, Potentiale. Auch bei der Energie interessiert ihre obenerwähnte Eigenschaft als Tensorkomponente nicht. Vektor- bzw. Tensorgleichungen kommen nur auf dem Gebiet der thermoelastischen Eigenschaften vor — wo sie durch den Zusammenhang mit der Elastizitätslehre auftreten — und bei der Wärmeleitung. Aber das Hauptinteresse liegt nicht bei diesen Transporterscheinungen.

Der Grund hierfür liegt teilweise darin, daß die Thermodynamik im wesentlichen Gleichgewichtsfragen behandelt.

Der zweite große Unterschied im Grundgedanken besteht in der Zeitabhängigkeit. In allen übrigen Gebieten der Physik treten Differentialgleichungen auf, die in der Zeit von der zweiten Ordnung sind. Das hat seinen physikalischen Grund in der bestimmenden Mitwirkung der Trägheit, äußert sich im Auftreten von Schwingungen (komplexe Wurzel der Säkulargleichung) und hat die Folge, daß man $+t$ mit $-t$ vertauschen kann (Umkehrbarkeit der Zeitfolge). Im Gegensatz hierzu ist in denjenigen thermodynamischen Erscheinungen, in denen die Zeit überhaupt eine Rolle spielt, nicht die Trägheit, sondern die Reibung od. dgl. maßgebend, d. h. es tritt nur der erste Differentialquotient nach der Zeit auf, die Zeitfolge ist nicht umkehrbar.

Dieser Unterschied liegt aber nicht nur in der Abhängigkeit von der Zeit vor, sondern (abgesehen von der Wärmeleitung) auch bei den anderen unabhängigen Variablen. In der Elastizitätstheorie oder in der Theorie der Elektrizität etwa treten als unabhängige Variable die Koordinaten auf, welche Vektorcharakter haben. In der Thermodynamik dagegen haben wir nicht nur abhängige, sondern auch unabhängige Skalare. Bei diesen — und dieser Punkt ist jetzt von Bedeutung — geht die Reihe der möglichen Werte häufig von einem Nullpunkt nach einer einzigen Seite (es gibt keine negativen Volumina oder Temperaturen), während die Koordinaten nach beiden Seiten unbegrenzt sind. Das ist wohl der Grund, warum in den ersterwähnten Gebieten die Differentialgleichungen zweiter Ordnung sind, während in der Thermodynamik die grundlegenden Gleichungen meist der ersten Ordnung angehören.

Infolgedessen spielt der ganze Apparat von Eigenfunktionen und Eigenwerten und den Entwicklungen nach ihnen (Fourierreihen, Kugel- und Zylinderfunktionen u. dgl.), der die übrige mathematische Physik, die Feldphysik, so weitgehend beherrscht, in der Thermodynamik (abgesehen von der Wärmeleitung) keine Rolle, man kommt mit partiellen Differentiationen und Quadraturen aus.

Endlich kommt der in Ziff. 9 zu erwähnende Umstand hinzu, daß Wegintegrale einer bestimmten Gattung hier eine wesentliche Rolle spielen. Auch in der sonstigen Physik tritt diese Frage auf. Dort unterscheidet man die Fälle, wo das Wegintegral vom Weg unabhängig ist und wo es das nicht ist. Die ersteren führen zu Potentialfunktionen, die letzteren zu „Wirbelfunktionen". Auch in der Thermodynamik spielt die entsprechende Rechnung eine wesentliche Rolle, nur sind hier die unabhängigen Variablen nicht gleichberechtigt, es tritt nicht die mit dem Vektorcharakter der Raumkoordinaten zusammenhängende Drehgruppe und die sich aus ihr ergebende Vereinfachung auf. Man kann ein Koordinatensystem in der $x-y$-Ebene drehen; dem entspricht die Einführung des Vektors *rot*. Dagegen kann man in einer $p-T$-Ebene das Koordinatensystem nicht drehen.

3. Zustandsgrößen. Es sei ein beliebiges System gegeben, das in eine feste Hülle eingeschlossen sei. Von dieser Hülle wollen wir voraussetzen, daß sie für Materie undurchlässig sei. Wir wollen aber weiter voraussetzen, daß sie auch wärmeundurchlässig sei; damit soll gesagt sein, daß sich der Zustand des Systems in der Hülle nicht merklich ändert, was wir auch für andere Systeme von außen an die Hülle heranbringen, solange wir die geometrische Gestalt der Hülle nicht ändern. Erfahrungsgemäß läßt sich das nahe realisieren (Erfahrungssatz I). Warum wir diese Hülle „wärmeundurchlässig" nennen, wird erst später klar werden (Ziff. 7). Es zeigt sich dann, daß das System nach genügend langer Zeit, wenn wir es sich selbst überlassen, in einen Zustand kommt, der sich nicht mehr ändert und den wir den Gleichgewichtszustand nennen wollen.

Um den Zustand des Systems zu charakterisieren, müssen wir natürlich zuerst die Masse und den inneren Zustand des Stoffes kennen. Hierzu ist die Kenntnis der Bruttozusammensetzung nötig, die sich stets exakt bestimmen läßt. Sie reicht aber häufig nicht aus, nämlich dann, wenn nicht in jeder Beziehung inneres Gleichgewicht herrscht (s. Ziff. 51).

Wenn wir z. B. ein Gas von der Bruttozusammensetzung 12 g C + 24 g O_2 haben, so reicht diese Angabe nicht zur Kenntnis des inneren Zustandes. Die Wege, auf denen die Chemiker diese Kenntnis erwerben, setzen das Folgende zum Teil schon voraus.

Wenn wir aus einer „Gasanalyse“ auf 14 g CO und 22 g CO_2 schließen, müssen wir aus anderen Messungen schon wissen, daß das nicht etwa im gemischten Zustand 28 g CO und 8 g O_2 waren, die sich beim Trennen umgesetzt haben. Wir charakterisieren im allgemeinen ein solches Gemisch durch seine optischen Eigenschaften, z. B. durch die Molekularrefraktion oder das Absorptionsspektrum, die sich prinzipiell ohne Veränderung des Systems bestimmen lassen. Im obigen Beispiel bietet zwar das chemische Verhalten Sicherheit gegen Umsetzungen, aber diese Behauptung setzt eben Anwendung vieler erst im folgenden beschriebenen Gesetze voraus.

Wir unterscheiden dann, ob das System homogen oder inhomogen ist, d. h. ob das Verhalten aller Teile gleich ist oder nicht, wobei nur die Teile nicht zu klein gewählt werden dürfen. Wie klein man sie wählen darf, läßt sich nicht genau festlegen. Man muß die linearen Dimensionen der Teilchen bei festen Stoffen im allgemeinen etwa $>10^{-6}$ cm wählen, wobei fest sich hier auf mangelnde Fluidität bezieht, bei fluiden Stoffen kann man sie noch kleiner wählen, wenn man beachtet, daß bei immer feinerer Beobachtung der Zustand immer weniger konstant wird; dann wollen wir als für den Zustand charakteristisch den Zeitmittelwert der entsprechenden Größe verstehen. Je kleiner das Teilgebiet, desto länger ist die zur Mittelwertbildung nötige Zeit.

Ist der Stoff inhomogen, so kann man ihn im allgemeinen aus einer endlichen Zahl in sich homogener Teile zusammensetzen (Ausnahme s. Ziff. 49). Der „innere“ Zustand des Systems ist dann charakterisiert durch den „inneren“ Zustand der einzelnen in sich homogenen Teile und der Angabe, wie sich die Gesamtmenge des Systems auf die einzelnen Teile verteilt.

Es zeigt sich nun, daß es häufig vorkommt, daß sich der „innere“ Zustand eines Systems, den wir z. B. durch seine optischen Eigenschaften charakterisieren, nicht oder sehr wenig ändert, wenn wir Volumänderungen oder die in der nächsten Ziffer besprochenen Temperaturänderungen vornehmen (Erfahrungssatz II). In diesem Fall, den wir als einfachsten ansehen, sagt man, daß keine „chemischen“ Änderungen vor sich gehen. Aber diese Aussage läßt sich nicht scharf definieren (so verliert z. B. festes Brom bei Abkühlung bis 80° abs. seine Farbe), sondern enthält noch eine Menge von Einzelerfahrungen.

Abgesehen davon, können wir in mechanischer Beziehung bei gegebenem inneren Zustand das System durch sein Volumen und durch den Druck charakterisieren, den es auf die Wände ausübt. Wenn wir von Druck schlechtweg reden, setzen wir voraus, daß wir entweder nur fluide Körper haben, in denen das Gesetz des nach allen Seiten gleichförmigen Druckes gilt, oder feste Körper so von fluiden umgeben, daß von der äußeren Hülle der Druck auf die festen Anteile gleichmäßig durch die fluiden übertragen wird, oder endlich amorphe Körper oder Kristallpulver, auf welche von außen ein allseitig gleichmäßiger Druck ausgeübt wird.

Wenn nun bei dem eben beschriebenen System das Volumen durch mechanische Änderung der Hülle verändert wird, so zeigt sich, daß sich der Druck, bzw. bei inhomogenen Systemen die Massenverteilung, ändert.

4. Volum- und Oberflächeneigenschaften. Wenn wir ein System haben, das in sich im Gleichgewicht ist, so zeigt die Untersuchung, daß das System im Gleichgewicht bleibt, wenn wir eine (unendlich dünne) Trennungswand einschieben (Erfahrungssatz III). Da diese Trennungswand keine Wirkung durchläßt, so ist es auch möglich, den einen abgetrennten Teil vollständig zu entfernen, ohne daß sich im zurückbleibenden irgend etwas ändert.

Daraus folgt, daß der „Zustand“ an irgendeiner Stelle nur durch den Zustand in der unmittelbaren Umgebung, nicht aber durch weit entfernte Teile wesentlich beeinflußt wird. Das hat seinen molekulartheoretischen Grund in der geringen Reichweite der Molekularkräfte; bei elektrischen Erscheinungen ist das anders; die Verteilung der Ladungen über eine Kugeloberfläche ändert sich, wenn man die Kugel auseinanderschneidet.

Andererseits ist der Erfahrungssatz nicht streng richtig (nämlich nur bis auf Glieder, deren Anteil $\sim \frac{\text{Reichweite der Kräfte}}{\text{Gefäßdimensionen}}$ ist). Wäre er ganz genau gültig, so wäre der Zustand des Stoffes, d. h. sein innerer Zustand, ferner der ausgeübte Druck sowie einige erst später (Ziff. 12, 35) zu definierende Größen, wie Energie und Entropie, bei gegebener Menge (und Temperatur, Ziff. 5) nur vom Volumen abhängig, nicht aber von der Form des Körpers bzw. des Gefäßes. In Wirklichkeit besteht aber eine solche Abhängigkeit.

Man kann nämlich allgemein Reihenentwicklungen ansetzen, die bei gegebener Gesamtmenge (und Temperatur) folgendermaßen entstehen:

$$X = X_v V + X_o O + X_k K + \cdots$$

Hier ist X irgendeine Größe wie Energie oder Entropie, V das Volumen, O die Oberfläche, K die Kantenlänge oder ein Maß für die Krümmung u. dgl. Im allgemeinen ist

$$\frac{X_o O}{X_v V} \sim \frac{X_k K}{X_o O} \sim \frac{\text{Reichweite der Molekularkräfte}}{\text{Gefäßdimension}} \sim \frac{10^{-7}\,\text{cm}}{\text{Gefäßdimension}}.$$

X_v kann als die Größe X für die Volumeinheit, X_o als die Größe X für die Oberflächeneinheit usw. angesprochen werden.

Im allgemeinen, wenn es sich um Gefäße von Zentimeterabmessungen oder mehr handelt, begnügt man sich mit der Betrachtung des ersten Gliedes der Reihenentwicklung, der auf das Volum bezüglichen Größe, wenn diese nicht absichtlich konstant gehalten und die Aufmerksamkeit auf die Oberflächengröße gelenkt wird. Das Hineinschieben der Trennungswand, von dem wir vorher sprachen, erfordert in Wirklichkeit Arbeit, die proportional der hineingeschobenen Fläche ist und der freien Energie der neuen Oberfläche entspricht.

Wir haben im vorhergehenden gesehen, daß durch die Trennung in zwei Teile der Zustand nicht verändert wird, wenn wir jetzt von den Oberflächenwirkungen wieder absehen. Es ist also z. B. der Druck in den getrennten Teilen der gleiche wie früher im ganzen System. Daraus folgt, daß es nicht das Gesamtvolumen ist, das den Druck bestimmt. Wenn wir ein homogenes System vom Volumen V und der Masse G haben, so ist die Dichte, d. h. die in der Volumeinheit enthaltene Stoffmenge, überall die gleiche, wobei über die untere Grenze dieser Einheit das früher Gesagte (Ziff. 3) gilt. Das, was bei der Trennung erhalten geblieben ist, ist offenbar diese Dichte oder ihr Reziprokes, das spezifische Volumen v/G[1]). Der Druck hängt demnach nicht vom Volumen ab, sondern

---

[1]) In diesem Artikel gelten folgende Bezeichnungen:

$\mathfrak{K}$ Kraft; $\mathfrak{s}$ Weg; p Druck;
V Volumen der Masseneinheit;
v Volumen einer vorgegebenen Menge;
V Volumen von 1 Mol (Molvolumen);
G Masse einer vorgegebenen Menge;
M Molmasse (Molekulargewicht);
R' Gaskonstante (bezogen auf 1 g);
R allgemeine Gaskonstante $= R'M$;
n Zahl der Mole;
$c = \frac{n}{v}$ Konzentration (Zahl der Mole in 1 cm^3);
$x_i = \frac{n_i}{\sum_j n_j}$ Molenbruch;
y_s beliebige verallgemeinerte Koordinate (z. B. durchgegangene Elektrizitätsmenge),
Y_s zugehörige verallgemeinerte Kraft;
A oder δA vom betrachteten System geleistete äußere Arbeit;
δQ oder Q vom betrachteten System aufgenommene Wärmemenge bei beliebigen Vorgängen;

vom spezifischen Volumen; ebenso hängen die Größe X_0, z. B. die Oberflächenenergie pro Quadratzentimeter, zwar vom spezifischen Volumen, nicht aber vom Gesamtvolumen bzw. der Gesamtmenge ab, wenigstens in erster Näherung.

Die Größen, mit denen wir zu tun haben, zerfallen nun in zwei Arten:

Die eine Art sind solche Größen, die sich bei der Trennung eines Systems in mehrere Teile (oder bei der Vereinigung solcher miteinander in jeder Beziehung im Gleichgewicht befindlicher Teile, d. h. solcher, die auch durch Trennung eines Gesamtsystems hergestellt werden könnten) überhaupt nicht ändern, wie Druck, Temperatur, Dichte. Man nennt sie intensive Größen.

Die andere Art sind solche Größen, die in den Teilen verschieden sein können, die sich aber für das Gesamtsystem durch Addition aus den Teilgrößen zusammensetzen (wenigstens in erster Ordnung), wie das Volumen, die Energie, die Entropie. Man nennt sie extensive Größen. Aus ihnen lassen sich bei homogenen Systemen durch Division mit der Menge (gemessen in Gramm oder Mol) „spezifische" Größen herstellen, die intensive Größen sind. Die Existenz von „spezifischen" Größen ist an die geringe Reichweite der Kräfte geknüpft.

5. Temperatur. Im folgenden werden wir bis auf weiteres homogene und inhomogene Systeme gemeinsam behandeln. Die Erfahrung zeigt nun, daß beim Vergleich mehrerer Systeme von genau gleicher geometrischer Gestalt, gleichem Masseninhalt und gleicher chemischer Bruttozusammensetzung sowie anscheinend gleichem inneren Zustand, doch die Drucke nicht stets dieselbe Funktion des Volumens sind (Erfahrungssatz IV). Zur Festlegung des Zustandes ist also offenbar noch eine Variable nötig, die wir vorderhand Temperatur nennen wollen. Wenn wir zwei äußerlich gleiche Systeme haben, die verschiedenen Druck zeigen, wollen wir sagen, sie haben verschiedene Temperatur; haben sie gleichen Druck, so nennen wir sie temperaturgleich. Bisher, wo wir nur „wärmeundurchlässige" Hüllen angenommen haben, wäre die Einführung dieser neuen unabhängigen Variablen überflüssig, wir können ebensogut neben dem Volumen noch den Druck als unabhängige Variable stehenlassen.

δQ oder $\bar{Q}$ vom betrachteten System aufgenommene Wärmemenge bei reversiblen Vorgängen;

E_t oder E oder E_v innere Energie des Systems pro Mol (in anderen Artikeln ds. Handb. wird die innere Energie mit U, u bezeichnet);

e_t oder e oder e_v innere Energie des Systems für vorgegebene Mengen;

$E_p = E_v + pV$ Wärmeinhalt oder Enthalpie oder Wärmefunktion bei konstantem Druck pro Mol;

$e_p = e_v + pv$ Wärmeinhalt oder Enthalpie oder Wärmefunktion bei konstantem Druck für vorgegebene Mengen;

S Entropie pro Mol;

s Entropie für vorgegebene Mengen, doch wird s auch als Index für feste Phasen und als laufende Nummer verwandt;

C_p, C_v Molwärme bei konstantem Druck (konstantem Volumen);

c_p, c_v Wärmekapazitäten beliebiger Systeme;

$\mathfrak{F}_v$ freie Energie bei konstantem Volum pro Mol;

$\mathfrak{f}_v$ freie Energie bei konstantem Volum für beliebige Mengen (in anderen Artikeln ds. Handb. wird diese Größe kurz freie Energie genannt und mit F bezeichnet);

$\mathfrak{F}_p = \mathfrak{F}_v + pV$ freie Energie bei konstantem Druck pro Mol (II. thermodynamisches Potential von GIBBS);

$\mathfrak{f}_p = \mathfrak{f}_v + pv$ freie Energie bei konstantem Druck für beliebige Mengen (in anderen Artikeln ds. Handb. wird diese Größe thermodynamisches Potential genannt und mit G bezeichnet);

$\mu = \left(\frac{\partial \mathfrak{f}_p}{\partial n}\right)_{p,\,T}$ „chemisches Potential" auf Mol bezogen;

$U_{1\to 2,v} = E_2 - E_1$ Wärmetönung, die ohne Arbeitsleistung (d. h. meist irreversibel) beim Übergang aus dem Zustand 1 in den Zustand 2 verbraucht wird;

$U_{1\to 2,p} = E_{2p} - E_{1p}$ dasselbe unter konstantem Druck (technische Arbeit 0).

Indizes: s fest, l flüssig, g oder D gasförmig, R rein, L Lösung.

Diese neue Variable wird aber notwendig, wenn wir jetzt zu Hüllen übergehen, die für Materie (und elektrische und magnetische Kräfte) undurchlässig sind, aber doch eine Beeinflussung des Zustandes des eingeschlossenen Körpers, wie er sich im Druck äußert, bei unverändertem inneren Zustand und unverändertem Volumen dadurch zulassen, daß man einen anderen Körper mit der Hülle in Berührung bringt. Wir wollen also jetzt in die Hülle ein solches ,,wärmeleitendes" Stück einbauen, das aber nach Belieben abgeschlossen werden kann.

Wir betrachten dann zwei Systeme, die in bezug auf inneren Zustand, Masse und Volumen gleich, in bezug auf Druck (bzw. bei inhomogenen Systemen auch in bezug auf Massenverteilung; das wird im folgenden nicht eigens wiederholt) ungleich sind, und bringen ihre wärmeleitenden Stellen in Berührung, lassen aber die Volumina ungeändert. Es tritt dann eine Veränderung der Drucke in der Weise ein, daß der niedrigere steigt, der höhere sinkt. Diese Veränderung dauert mit abnehmender Geschwindigkeit so lange, bis die Drucke gleich geworden sind (Erfahrungssatz V). Nach der obigen Definition haben sich dann die Temperaturen ausgeglichen.

Aber noch immer brauchen wir den Temperaturbegriff nicht, sondern könnten mit Druck und Volumen auskommen. Das ändert sich, wenn wir zwei Systeme in leitende Verbindung bringen, die zwar gleiche Masse und innere Zusammensetzung, aber verschiedene Volumina haben. Es zeigt sich auch jetzt, daß sich infolge der Berührung die Drucke beider Systeme ändern und mit abnehmender Geschwindigkeit Grenzwerten nähern (Erfahrungssatz Va), die aber nicht gleich sind; es können sogar die Anfangsdrucke gleich gewesen sein, die Enddrucke aber verschieden. Zur Beschreibung dieser Verhältnisse brauchen wir eine neue Variable.

Wir setzen jetzt konventionell fest, daß wir die neue unabhängige Variable, Temperatur genannt, so wählen wollen, daß zwei Systeme, in Berührung gebracht, sich dann nicht ändern, wenn sie gleiche Temperatur haben (Festsetzung a). Diese Festsetzung ist deshalb widerspruchsfrei, weil man findet, daß sie unabhängig von der Art der wärmeleitenden Berührung der Hülle ist (Erfahrungssatz VI), die nur die Geschwindigkeit der Änderung beeinflußt.

Es ist also jetzt für ein bestimmtes System

$$p = f(v, T)$$

die ,,Zustandsgleichung", wobei vorderhand die Funktion f noch von der Art des Systems, seiner Masse usw. abhängen kann.

Nun haben wir aber in Ziff. 4 gesehen, daß das Einschieben einer Trennungswand den Zustand eines Systems nicht ändert. Wenn wir daher ein Gefäß in zwei gleiche Teile teilen, haben diese gleichen Druck, gleiche Masse und gleiches Volumen, folglich gleiche Temperatur, so daß sich auch nichts ändert, wenn wir die undurchlässige Trennungswand durch eine wärmeleitende ersetzen. War nun das ursprüngliche Gefäß mit einem anderen gleich großen im Wärmegleichgewicht, so ändert sich daran nichts durch das Einschieben der Trennungswand (Erfahrungssatz III). Wir werden daher auch jetzt von gleicher Temperatur sprechen und haben erkannt, daß wir jetzt unabhängig von der Masse für den gegebenen Stoff

$$p = f\left(\frac{v}{G}, T\right) \tag{1}$$

schreiben können. Damit ist die Gleichheit der Temperatur für gleiche Stoffe definiert. (Aus Erfahrungssatz VI folgt weiter, daß wenn zwei Systeme mit einem dritten gleiche Temperatur haben, sie auch untereinander gleiche Temperatur haben.)

Im allgemeinen ist die Beziehung (1) eindeutig (Erfahrungssatz VII). Es kommt zwar auch Mehrdeutigkeit vor (z. B. bei Wasser gleicher Dichte bei zwei verschiedenen Temperaturen über und unter 4°), das macht aber keine prinzipiellen Schwierigkeiten (da keine unendliche Vieldeutigkeit auftritt). Wenn wir jetzt noch eine Temperaturskala für den gegebenen Stoff festsetzen wollen, so müssen und können wir das vollkommen willkürlich machen, z. B. indem wir (1) nach v/G auflösen,

$$\frac{v}{G} = \varphi(p, T),$$

einen bestimmten Druck p_0 herausgreifen und nun festsetzen, es soll

$$\frac{v}{G} = \varphi(p_0, T) \tag{3}$$

eine (vollkommen frei wählbare) Funktion von T sein, z. B. AT. Dann bringen wir eine beliebige Menge unseres Stoffes unter den Druck p_0 und untersuchen, welches spezifische Volumen v/G er haben muß, wenn er, mit dem zu untersuchenden System (gleicher Stoff, aber evtl. anderer Druck und andere Menge) in Berührung gebracht, unverändert bleiben soll. Damit ist das Temperaturmaß und die Temperaturmessung für diesen Stoff festgelegt (Festsetzung b).

Statt den Druck festzulegen und das spezifische Volumen als Maß zu benutzen, kann man ebensogut das spezifische Volumen festlegen und den Druck als Maß benutzen, erhält dann aber natürlich eine andere Temperaturskala.

Um nun noch die Skalen verschiedener Stoffe gegeneinander abzugleichen, hat man die Erfahrung hinzuzunehmen, daß sich auch dann, wenn ungleichartige Stoffe in wärmeleitende Verbindung gebracht werden, häufig die Drucke trotz konstant gehaltenen Volumens ändern und mit abnehmender Geschwindigkeit einem (für die beiden Systeme evtl. verschiedenen) Endwert zustreben (Erfahrungssatz Vb), der unabhängig von der Art der Berührung ist, so daß auch hier das Gleichgewicht zweier Systeme mit einem dritten das Gleichgewicht der beiden untereinander bedingt. Wir wollen nun die verschiedenen willkürlichen Funktionen in (3) so wählen, daß wir auch bei verschiedenen Stoffen sagen können, sie seien im Gleichgewicht, wenn ihre Temperatur gleich ist (Festsetzung c). Das heißt, wir müssen jetzt noch einen Stoff als thermometrische Substanz wählen (Festsetzung d), bei dem wir z. B. den thermometrischen Druck und die willkürliche Funktion in Festsetzung b gewählt haben. Dann können wir für alle anderen Stoffe die Gleichung (1), die Zustandsgleichung, experimentell bestimmen.

6. Ideale Gase, Molekulargewicht. In der vorigen Ziffer ist dargelegt worden, daß wir einen beliebigen Stoff als thermometrische Substanz wählen können. Nun zeigt die Erfahrung, daß es eine ganze Gruppe von Stoffen gibt, die sich in sofort zu besprechender Weise gleich verhalten, nämlich die Gase. Untersucht man diese, besonders die Edelgase, Wasserstoff, Stickstoff, Sauerstoff, so zeigt sich, daß für eine bestimmte Menge die Gleichung

$$p\mathbf{V} = \text{konst.} \quad \text{für} \quad T = \text{konst.,} \quad \text{d. h.} \quad p\mathbf{V} = f(T) \tag{1}$$

desto genauer gilt, je größer $\mathbf{V}$ ist (Boyle-Mariottesches Gesetz). Man kann eines von ihnen als thermometrische Substanz ausgewählt denken, z. B. Helium, und dementsprechend also die Temperatur durch die Gleichung

$$p\mathbf{V} = R'T \tag{2}$$

definieren. Die Größe R' ist dabei so gewählt, daß die Temperaturdifferenz zwischen zwei willkürlich festgesetzten Fixpunkten gleich 100° wird; die Einheit der Temperatur nennt man Grad und schreibt sie °. Als oberen

Fixpunkt nimmt man die Temperatur, bei welcher der Dampfdruck von reinem Wasser gleich 1 Atmosphäre ($= 1{,}0132 \cdot 10^6$ g cm^{-1} sec^{-2}) ist, als unteren denjenigen, bei welchem reines Wasser mit reinem Eis (und zwar der unter diesen Bedingungen stabilen Form) bei 1 Atmosphäre Druck im Gleichgewicht ist. Man hat dann $\frac{(p\mathbf{V})_{\text{Siedep.}} - (p\mathbf{V})_{\text{Gefrierp.}}}{R'} = 100$. Für Helium gibt die Messung $R'_{\text{He}} = 2{,}079 \cdot 10^7 \frac{\text{Erg}}{\text{Grad}}$; dieser Wert hängt von den speziellen Eigenschaften des Wassers und des Heliums ab. (Im folgenden wird sich zeigen, daß das letztere nur in eingeschränktem Maße gilt.)

Es sei hier ausdrücklich nochmals betont, daß im Gegensatz zu anderen Größen die Festlegung der Einheit ($100° =$ Abstand zwischen Gefrier- und Siedepunkt) hier noch keine Vorschrift über die Skala gibt. Wenn z. B. bei Längenmessungen die Einheit 1 cm festgesetzt ist, erfordert es keine weitere Festlegung, was unter 2 cm zu verstehen ist. Hier aber ist zur Festlegung der Temperatur 200° noch die Konvention nötig, daß wir die Temperatur proportional $(p\mathbf{V})_{\text{He}}$ setzen.

Mit dieser Festlegung finden wir weiter den Gefrierpunkt des Wassers, wie er oben definiert wurde, zu 273,2° (s. ds. Band Kap. 8).

Untersuchen wir die einzelnen in (1) auftretenden Funktionen f bei anderen Gasen, so zeigt sich folgendes. Sei 1 g eines Gases X gegeben, das in wärmeleitende Verbindung mit 1 g Helium gebracht werden kann, und sei in einem bestimmten Zustand

$$(p\mathbf{V})_x = a\,(p\mathbf{V})_{\text{He}}\,. \tag{3}$$

Bringen wir jetzt beide Gase auf eine andere gemeinsame Temperatur, so zeigt sich experimentell, daß (3) mit derselben Konstanten a erhalten bleibt (Gay-Lussacsches Gesetz), d. h. wir können für alle Gase setzen

$$p\mathbf{V} = R'_x T\,. \tag{4}$$

wo R' für jedes Gas eine individuelle Konstante ist.

Statt die Menge jedes Gases in derselben Einheit, 1 g, anzugeben, wodurch wir für jedes Gas ein anderes R' erhalten, können wir nun festsetzen, daß wir die Massen aller Gase nicht in Gramm, sondern für jedes Gas eine individuelle Masseneinheit angeben wollen, die wir „ein Mol" des Gases nennen. 1 Mol soll M Gramm sein. M wird folgendermaßen definiert. Nach Ziff. 4 ist für gegebenen Druck und gegebene Temperatur das Volumen proportional der Masse, die z. B. y sei. Es gilt also

$$p v_y = R'_x\, y\, T\,.$$

Man wählt nun $M = y$ so, daß $R'_x y$ vom Gas unabhängig ist. Hierzu setzt man willkürlich für Sauerstoff O_2 $M_{O_2} = 32$, also

$$32 \cdot R'_{O_2} = R = 8{,}317 \cdot 10^7 \frac{\text{Erg}}{\text{Grad}} = 1{,}98 \frac{\text{cal}}{\text{Grad}} = 0{,}08201 \text{ Liter-Atm.}$$

und nennt diese Größe die allgemeine Gaskonstante. Für andere Gase wählt man

$$M_x = \frac{R}{R'_x}\,, \tag{5}$$

so daß jetzt die allgemeine Gasgleichung gilt

$$pV = RT \quad \text{für} \quad \lim \mathbf{V} = \infty\,, \tag{6}$$

wenn V das Volumen von 1 Mol, das Molekularvolumen oder besser Molvolumen ist. Für Helium ist $M = 4{,}000$. Man nennt M das Molekulargewicht; die Bezeichnung „Molmasse" wäre besser.

Die Erfahrung zeigt nun, daß bei chemischen Reaktionen zwischen Gasen, die (praktisch) vollständig ablaufen, die Massenverhältnisse der reagierenden Gase mit dem Verhältnis der Gewichte eines Mols der betreffenden Gase, dem Molekulargewicht, in einfachem rationalen Verhältnis stehen; d. h. wenn bei einer chemischen Reaktion a Mol eines Gases 1 verschwunden oder entstanden sind, wobei a beliebig ist, so sind von den anderen Gasen $\frac{n_2}{n_2'} a$ Mol verschwunden oder entstanden, wo n_2, n_2' kleine ganze Zahlen sind. Die Chemie deutet das bekanntlich durch die Annahme von Atomen, die sich zu Molekülen vereinigen. Man kann den Stoff chemisch dadurch beschreiben, daß man ihn (das chemische Molekül) ganzzahlig aus Individuen (den Atomen) zusammensetzt. Die chemische Reaktion besteht dann darin, daß diese Atome sich zu anderen Gruppen zusammenlagern, z. B. $A_2 + B_2 \rightarrow 2AB$ (Gesetz der multiplen Proportionen). In dem eben hingeschriebenen Fall würde dem Verschwinden von a Mol des Gases A_2 ein Verschwinden von a Mol B_2 und Entstehen von $2a$ Mol AB entsprechen.

Man kann die Tatsachen am einfachsten formulieren, wenn man die chemischen Moleküle so wählt, daß ihre Masse derjenigen der oben mit Hilfe der Zustandsgleichung definierten Mole proportional ist. Die kinetische Theorie faßt die chemischen Moleküle als unabhängig bewegliche Individuen auf und drückt die Tatsachen durch den Satz aus:

Gleich viel Moleküle eines Gases geben unabhängig von seiner Natur bei gegebenem Volumen und gegebener Temperatur denselben Druck (Satz von AVOGADRO). Diese einfache Formulierung ist erst durch die Unterscheidung von Atom und Molekül möglich geworden. Die Zahl der Moleküle, die auf ein Mol kommen, nennt man die LOSCHMIDTsche Zahl.

Wir wollen im folgenden, wenn das Gegenteil nicht ausdrücklich erwähnt ist, alle Größen auf ein Mol beziehen. Bei einheitlichen, nicht chemisch veränderlichen Gasen ist klar, was damit gemeint ist, bei Flüssigkeiten oder festen Stoffen soll ein Mol diejenige Substanzmenge bedeuten, welche durch die chemische Formel angegeben wird. Diese Festlegung hat den Vorteil, daß man bei chemischen Umsetzungen nicht die irrationalen Zahlen, welche die Gewichtsverhältnisse der miteinander reagierenden Stoffe darstellen, sondern nur kleine ganze Zahlen in den thermodynamischen Gleichungen zu schreiben hat, daß man bei Rechnungen mit Gasen die notwendigen Zahlen leicht auswendig behält, während man in der Technik, die mit kg rechnet, für jeden Stoff eine eigene Zahl braucht, daß endlich im allgemeinen bei spezifischen Wärmen, Dichten u. dgl. das Gesetzmäßige viel stärker hervortritt.

7. Wärmemenge. Wir haben in Ziff. 5 die Temperatur definiert und in Ziff. 6 festgelegt, wie wir sie zahlenmäßig messen wollen. In der Definition war die Festlegung wesentlich, daß zwei Systeme verschiedener Temperatur, in wärmeleitende Verbindung gebracht, die Anfangstemperaturen T_1 und T_2 verändern, bis eine gemeinsame Temperatur T_{12} erreicht ist. Das Problem, das jetzt vorliegt, ist die Bestimmung dieser Endtemperatur aus den Anfangstemperaturen und der Natur der Stoffe.

Die Erfahrung ergibt hier ein sehr einfaches Resultat. Wählt man als Versuchsstoffe Edelgase, läßt den Ausgleich bei konstantem Volumen vor sich gehen und beschränkt sich auf nicht allzu extreme Temperaturgebiete, so gilt eine „Mischungsregel" für die Temperaturen

$$n_1 C_{1v} T_1 + n_2 C_{2v} T_2 = (n_1 C_{1v} + n_2 C_{2v}) T_{12}. \tag{1}$$

Hier bedeuten n_1, n_2 die angewandten Molmengen, C_{1v}, C_{2v} Materialkonstante, die man „spezifische Wärme pro Mol bei konstantem Volumen" oder „Molwärme bei konstantem Volumen“ nennt. Wir wollen auch hier im folgenden den Zusatz „pro Mol“ stets weglassen und die Größe nur dann nicht auf ein Mol beziehen, wenn wir es ausdrücklich erwähnen (s. Ziff. 6).

Diese einfache Mischungsregel gilt mit sofort erkennbarer Form auch für beliebig viele Stoffe. Sie gilt in Annäherung auch für fast alle anderen Substanzen bei normaler Temperatur.

Die Existenz der Mischungsregel (1) im Zusammenhang mit einem gewissen formalen Bedürfnis des menschlichen Geistes legt es nahe, die Tatsachen des Wärmeaustausches dadurch zu deuten, daß man eine Größe „Wärmemenge“ definiert derart, daß diese Größe beim Vorgang der Wärmeleitung unverändert bleibt. Was der eine Körper an Wärmemenge abgibt, $n_1 C_{1v} (T_1 - T_{12})$, nimmt der andere auf, nämlich $n_2 C_{2v}(T_{12} - T_2)$. Diesem Bild paßt sich die Darstellung der Wärmemenge durch ein Produkt besonders gut an, indem C_{1v} als spezifische Wärmekapazität einer bestimmten Einheitsmenge, eines Mols, des Körpers, $n_1 C_{1v}$ also als Wärmekapazität des vorliegenden Körpers, die Temperatur als eine Art Höhe der Füllung erscheint, und sich das Wärmegleichgewicht (1) nach denselben formalen Gesetzen darstellt, wie etwa die Flüssigkeitshöhe h_{12} in zwei kommunizierenden Gefäßen vom Querschnitt $n_1 C_{1v}$ und $n_2 C_{2v}$ und dem ursprünglichen Wasserstand h_1, h_2. Tatsächlich war der Begriff Wärmemenge auch historisch mit der Vorstellung eines Wärmestoffes verbunden.

Im allgemeinen zeigt sich aber Gleichung (1) nicht streng erfüllt. Sie gilt aber desto genauer, je kleiner die Temperaturdifferenzen sind (die unmittelbarste Umgebung des absoluten Nullpunktes ausgenommen), d. h. es gilt

$$\lim_{\Delta T = 0} n_1 C_{1v}(T_0 + \Delta T_1) + n_2 C_{2v}(T_0 + \Delta T_2) = (n_1 C_{1v} + n_2 C_{2v})(T_0 + \Delta T_{12}) \tag{2}$$

Für verschiedene Temperaturen T_0 ergeben sich dann für dieselben Stoffe verschiedene Konstanten C, d. h. die spezifischen Wärmen hängen außer von der Natur des Stoffes (und seinem sonstigen Zustand, z. B. auch V) von der Temperatur ab. Für endliche Temperaturdifferenzen kann man dann schreiben

$$n_1 \int_{T_0}^{T_1} C_{1v}\, dT + n_2 \int_{T_0}^{T_2} C_{2v}\, dT = \int_{T_0}^{T_{12}} (n_1 C_{1v} + n_2 C_{2v})\, dT\,, \tag{3}$$

wo T_0 irgendeine Zahl ist, von der das Resultat nicht abhängt. (3) läßt sich auch in die Form

$$n_1 \int_{T_1}^{T_{12}} C_{1v}\, dT = n_2 \int_{T_{12}}^{T_2} C_{2v}\, dT \tag{3'}$$

bringen. In der Gültigkeit von (3) liegt eine über (2) hinausgehende Erfahrung, die die Vorstellung der konstanten Wärmemenge erst sinnvoll erscheinen läßt; es ist der Satz, daß hier eine Integration erlaubt ist, daß es also eine aus Teilen zusammensetzbare Größe „Wärmemenge“ gibt.

Es sei dabei noch ausdrücklich auf die Bedeutung der Tatsache, daß im Gebiet des normalen Experimentierens mit groben Mitteln (1) gilt, für die Bildung des Begriffes der Wärmemenge hingewiesen. Hätten die ersten Experimentatoren in einem Gebiet arbeiten müssen, in dem C sehr stark und sehr individuell von der Temperatur abhängt, wie es bei tiefen Temperaturen tatsächlich der Fall ist, so wäre die Erkenntnis der Gesetze und die zweckmäßige Begriffsbildung sehr erschwert gewesen.

Nun ist noch eine Einheit für die Wärmemenge festzulegen. Als solche wählt man die Wärmemenge, die 1 g Wasser unter 1 at Druck bei der Abkühlung von 15,5° auf 14,5° C abgeben kann (konstanter Druck statt konstantes Volumen!) und nennt sie eine Grammkalorie, das Tausendfache eine große oder Kilogrammkalorie.

Wir können dann mittels Wasser oder irgendeinem Stoff, dessen spezifische Wärme wir mit Wasser geeicht haben (einem „Kalorimeter"), Wärmemengen messen.

Z. B. läßt sich die Wärmemenge (3'), die ein Körper bei der Abkühlung von T_1 auf T_0 abgeben kann, so bestimmen, daß man ihn in wärmeleitende Verbindung mit einer „geeichten Substanz" bringt und den Ausgleich abwartet. Gedanklich ist es am einfachsten, wenn sehr viel kalorimetrische Substanz vorhanden ist (n_0 Mol) und diese anfangs die Temperatur T_0 hat. Dann ist nach dem Ausgleich die Temperatur $T_0 + \varDelta T$

$$n_0 C_0 (T_0 + \varDelta T) - n_0 C_0 T_0 = n_1 \int\limits_{T_0+\varDelta T}^{T_1} C_1 \, dT, \tag{4}$$

$$\varDelta T = \frac{n_1}{n_0 C_0}\left(\int\limits_{T_0}^{T_1} C_1 \, dT - \int\limits_{T_0}^{T_0+\varDelta T} C_1 \, dT\right) = \frac{n_1}{n_0 C_0}\left(\int\limits_{T_0}^{T_1} C_1 \, dT - C_1(T_0)\varDelta T\right). \tag{4'}$$

Wenn n_1/n_0 klein genug ist, wird auch $\varDelta T$ klein, man kann den zweiten Summanden in der Klammer streichen und kann sich, wie wir es gleich hingeschrieben haben, mit der Kenntnis der spezifischen Wärme $C_0(T_0)$ der Eichsubstanz bei der einzigen Temperatur T_0 begnügen. Sonst tritt auch auf der linken Seite von (4) ein Integral auf. Experimentell ist es dagegen günstig, wenn $\varDelta T$ nicht zu klein ist, sonst bildet die genaue Bestimmung Schwierigkeiten. Demgegenüber nimmt man die rechnerischen und Eichschwierigkeiten in Kauf; die letzteren werden mit Hilfe des ersten Hauptsatzes — Eichung durch elektrische Heizung — umgangen.

Da nach (3) die zu- oder abgeführte Wärmemenge eine Größe ist, die sich aus Teilen zusammensetzen läßt, so kann man die Messung bzw. allgemein die Zu- oder Ableitung auch durch mehrere Systeme mit verschiedener Temperatur in beliebiger Reihenfolge vornehmen, ohne das Resultat zu ändern.

Außer den bisher besprochenen Vorgängen, bei denen das Volumen konstant bleibt, kann man aber das betrachtete System beliebigen Prozessen unterziehen, während es mit einem Wärmevorrat (Wärmebad; wenn es zum Messen dient, Kalorimeter genannt; wenn es sehr groß oder auf andere Weise auf nahe konstante Temperatur gehalten wird und stets Angleichung der Temperatur abgewartet wird, Thermostat genannt) in wärmeleitender Verbindung steht. Dann wird das Wärmevorratsgefäß im allgemeinen seine Temperatur ändern. Auch jetzt sagen wir, das Wärmevorratsgefäß habe eine Wärmemenge abgegeben, die durch $n_0 \int\limits_{T_0}^{T_0+\varDelta T} C_0 \, dT$ gegeben ist, und das betrachtete System habe die gleiche Wärmemenge aufgenommen.

8. Die Zustandsgleichung im allgemeinen[1]). Wir haben in Ziff. 6 die Zustandsgleichung eines idealen Gases behandelt. So wie für dieses läßt sich für jedes homogene System eine Zustandsgleichung aufstellen, d. h. eine Gleichung, welche die Zustandsgrößen miteinander verknüpft. Man kann diese Gleichung nach einer der Zustandsgrößen auflösen; am häufigsten geschieht das nach dem Druck. Im einfachsten Fall ist dieser durch das Molvolumen $\left(\text{oder dessen Reziprokes, die Molkonzentration } \frac{n}{v} = \frac{1}{V} = c\right)$ und die Temperatur allein bestimmt

$$p = f(V, T) = f\left(\frac{1}{c}, T\right). \tag{1}$$

[1]) Für die Frage nach der Existenz einer Zustandsgleichung s. A. BYK, Ann. d. Phys. Bd. 19, S. 441. 1906.

Wenn Gleichung (1) gilt, kann man von einem chemisch einheitlichen Körper sprechen, derselbe ist nämlich durch eine einzige chemische Formel charakterisiert. Dabei kann er immer noch aus verschiedenen chemischen Molekülen bestehen, wenn sich nur das Gleichgewicht genügend rasch einstellt und es durch Volumen und Temperatur allein bestimmt ist. (Beispiel NH_4Cl-Dampf, der teilweise in NH_3 und HCl zerfallen ist, mit Katalysator; oder flüssiges Wasser, das ein Gemenge von Molekülen verschiedener Komplexität darstellt.) Andernfalls kommen noch andere Bestimmungsstücke vor, etwa die Anteile verschiedener chemischer Stoffe, die man entweder alle als Molkonzentrationen $c_1, c_2, \ldots,$ geben kann oder als Molenbrüche

$$x_1 = \frac{n_1}{n_1 + n_2 + \cdots n_r}, \qquad x_2 = \frac{n_2}{n_1 + n_2 + \cdots n_r},$$

$$x_r = \frac{n_r}{n_1 + n_2 + \cdots n_r} = 1 - x_1 - x_2 - \cdots x_{r-1}$$

neben dem spezifischen Volum V

$$p = f(c_1, c_2 \ldots, c_r, T) = F(V, x_1, x_2 \ldots, x_{r-1}, T)\,. \tag{2}$$

Das einzige, was die reine Thermodynamik über die Gestalt von (2) aussagen kann, ist

$$\frac{\partial p}{\partial V} \leqq 0\,. \tag{3}$$

Sonst wäre der Zustand nicht stabil.

Alles andere über die Zustandsgleichung muß der Erfahrung [für (1) Ausmessung eines zweidimensionalen $V-T$-Zustandsgebietes!] oder einer Molekulartheorie entnommen werden. Erst der NERNSTsche Wärmesatz (vgl. Kap. 2 ds. Bds.) macht eine Aussage über das Verhalten der Zustandsgleichung bei tiefen Temperaturen und unterscheidet sich damit grundsätzlich von der übrigen Thermodynamik. Er macht damit, ebenso wie es Molekulartheorien tun, eine wenn auch sehr allgemeine Aussage über die Eigenschaften der Materie.

Daraus, daß überhaupt eine Zustandsgleichung (1) existiert, läßt sich folgende Beziehung ableiten: Es ist

$$dp = \left(\frac{\partial p}{\partial V}\right)_T dV + \left(\frac{\partial p}{\partial T}\right)_V dT, \tag{4}$$

wo die Indizes in bekannter Weise die bei der partiellen Integration konstant zu haltenden Größen angeben. Hängt der Druck noch von anderen Variablen ab [z. B. Gleichung (2), zweite Form], so sind auch diese konstant zu halten.

Man kann in der V, T-Ebene beliebige Kurven, d. h. Beziehungen zwischen V und T, vorgeben und das Verhalten des Druckes auf ihnen untersuchen. Die wichtigsten sind

a) Die Isotherme, $dT = 0$.

Der Druck ändert sich nach $\left(\frac{\partial p}{\partial V}\right)_T$. Den negativen reziproken Wert, dividiert durch das Volum V_0 eines bestimmten Bezugszustandes, nennt man die „Kompressibilität“

$$\chi = -\frac{1}{V_0}\left(\frac{\partial V}{\partial p}\right)_T.$$

Sie ist unabhängig von der gewählten Menge (g, Mol) und hat die Dimension p^{-1}. Sie gibt die relative Volumänderung bei einer Änderung des Druckes um eine (sehr kleine) Einheit.

b) Die Isochore, $dV = 0$.

Der Druck ändert sich nach $\left(\frac{\partial p}{\partial T}\right)_T$.

Die Größe $\frac{1}{p_0}\left(\frac{\partial p}{\partial T}\right)_V$ heißt der Spannungskoeffizient, gibt die relative Druckänderung bei Temperaturerhöhung an und ist nur von den Temperatureinheiten abhängig.

c) Die Isopieste oder Isobare ist durch konstanten Druck oder $dp = 0$ definiert. Man erhält für sie aus (1)

$$\left(\frac{\partial V}{\partial T}\right)_p = -\frac{\left(\frac{\partial p}{\partial T}\right)_V}{\left(\frac{\partial p}{\partial V}\right)_T}. \tag{5}$$

$\alpha = \frac{1}{V_0}\left(\frac{\partial V}{\partial T}\right)_p$ heißt der „Ausdehnungskoeffizient", der die relative Volumänderung bei Temperaturerhöhung unter konstantem Druck angibt und von den Dimensionen T^{-1} ist. Es gilt also

$$-\frac{1}{p_0}\frac{\alpha}{\chi} = \frac{1}{p_0}\left(\frac{\partial p}{\partial T}\right)_V. \tag{6}$$

Die links stehenden Größen sind im allgemeinen leichter zu messen und können daher zur Bestimmung des Spannungskoeffizienten dienen.

Für nicht zu große Temperaturdifferenzen kann man (mit Ausnahme der Umgebung des absoluten Nullpunktes, s. Kap. 2 ds. Bds.) Reihenentwicklungen ansetzen

$$V - V_0 = \left(\frac{\partial V}{\partial T}\right)_{T_0,p}(T - T_0) + \frac{1}{2}\left(\frac{\partial^2 V}{\partial T^2}\right)_{T_0,p}(T - T_0)^2 + \cdots$$

bzw.

$$p - p_0 = \left(\frac{\partial p}{\partial T}\right)_{T_0,V}(T - T_0) + \frac{1}{2}\left(\frac{\partial^2 p}{\partial T^2}\right)_{T_0,V}(T - T_0)^2 + \cdots,$$

wo der Index 0 einen beliebig gewählten Normalzustand andeutet. Da diese Reihen für nicht zu große $(T - T_0)$ im allgemeinen (mit Ausnahme gewisser singulärer Punkte) gut konvergieren, kann man jede beliebige Substanz mit dem gleichen Erfolg wie ein Edelgas als thermometrische Substanz benutzen, insoweit und so genau die Reihe durch ihr erstes Glied zu ersetzen ist, das eine lineare Zunahme des Volumens (Druck) mit der Temperatur ergibt.

In einer homogenen, chemisch einheitlichen Substanz ist bei Abwesenheit äußerer Kräfte der Druck durch Volumen und Temperatur bestimmt. Wir können keine Kurve finden, auf der bei $\frac{\text{Volum-}}{\text{Temperatur-}}$änderung Druck und $\frac{\text{Temperatur}}{\text{Volumen}}$ konstant bleiben. Bei homogenen, chemisch uneinheitlichen Körpern hängt der Druck auch noch von der Zusammensetzung ab; solange wir diese aber nicht ändern, also nicht Stoff zufügen oder wegnehmen, verhält sich das System wie ein einheitliches.

Anders bei nichthomogenen Systemen; hier geht in die Gleichung für den Druck außer dem Gesamtvolumen und der Temperatur noch das Mengenverhältnis der verschiedenen Phasen ein $\left(\text{z. B. } \frac{n_1}{n_2}\right)$. Also z. B. bei zwei Phasen

$$p = f\left(\frac{n}{1 - n}, V, T\right) \tag{7}$$

(V Gesamtvolumen dividiert durch die gesamte Molzahl; n ist die Zahl der Mole in einer Phase dividiert durch die Gesamtzahl der Mole).

Jetzt ist es möglich, p und T festzuhalten und doch V zu ändern, wobei sich $\frac{n}{1-n}$ ändert. (Näheres s. ds. Handb. X.) Wenn $n = 0$ oder 1 wird, treten Diskontinuitäten auf.

Neben die „thermische Zustandsgleichung" (1) tritt nun noch eine „kalorische Zustandsgleichung" [in der Bezeichnung von VAN DER WAALS und KAMERLINGH ONNES[1])], die angibt, wieviel Wärme Q_V ein Körper durch Abkühlung bei konstantem Volumen abgeben kann. Diese Wärmemenge hängt noch von der Größe des Molvolumens ab.

$$Q_V(V, T) = \int_{T_0}^{T} C_V(V, T) dT. \quad (8)$$

9. Größen, die nicht allein vom Zustand abhängen. Arbeit. Zur graphischen Beschreibung der Zustände eines homogenen, chemisch einheitlichen Körpers können wir eine V, T-Ebene oder eine p, T-Ebene oder eine p, V-Ebene wählen, bei weiteren unabhängigen Veränderlichen muß man zu Gebilden von mehr Dimensionen greifen.

Bei der Darstellung in der V, T-Ebene gehört dann zu jedem Punkt der Ebene ein bestimmter Wert von p, von C_V usw. Das sind alles Größen, die wir in Ziff. 3 Zustandsgrößen genannt haben, die gegeben sind, wenn der Zustand gegeben ist, ohne Rücksicht auf die Vorgeschichte.

In der Wärmelehre spielen aber auch noch andere Größen eine charakteristische Rolle, die als Wegintegrale definiert sind. Solche Wegintegrale hängen sowohl vom Anfangs- und Endzustand als auch im allgemeinen vom Wege ab.

Eine der wichtigsten von diesen Größen ist die mechanische oder äußere Arbeit. In einem System, auf das keine „Fernkräfte" oder „Volumkräfte" wie elektrische oder Gravitationskräfte wirken, kann Arbeit nur vom Druck geleistet werden, und zwar wollen wir uns nach Ziff. 3 auf fluide Stoffe mit allseitig gleichem Druck beschränken. Dann ist die Kraft auf den Stempel mit der Oberfläche O

$$\mathfrak{K}_n = pO,$$

die von der Substanz geleistete Arbeit bei einer Verschiebung des Stempels um $d\mathfrak{s}$ nach außen

$$dA = \mathfrak{K} d\mathfrak{s} = pO|d\mathfrak{s}| = p\,dv,$$

daher allgemein

$$A_{1-2} = \int_{v_1}^{v_2} p\,dv. \quad (1)$$

Bei der Darstellung im $p - v$-Diagramm ist das Integral in bekannter Weise durch die Fläche zwischen der Abszissenachse, den Ordinaten $v = v_1$ und $v = v_2$ und der Kurve $p = p(v)$ gegeben.

Wenn man nun etwa versuchen würde, im $p - V$-Diagramm, so wie jedem Punkt ein bestimmtes T zugehört, auch ein bestimmtes A zuzuordnen, so könnte man natürlich den Anfangspunkt des Integrals allgemein festlegen, etwa durch $p = 0$, $V = 0$. Aber das Integral wäre nur dann festgelegt, wenn es bloß einen einzigen Weg gäbe, auf dem man von diesem Anfangspunkt $p = 0$, $V = 0$ zu dem gewünschten Punkt gelangen könnte. In Wirklichkeit gibt es aber unendlich viele Wege und daher unendlich viele Werte des Integrals (1) (außer es hinge p nur von V ab). Es ist demnach nicht möglich, einem bestimmten Zustand einen bestimmten Wert der äußeren Arbeit zuzuordnen, außer man schreibt

---

[1]) Siehe Enzykl. d. math. Wiss. Bd. V, 1. Teil, S. 636. Leipzig 1912.

einen bestimmten Weg in jedem einzelnen Fall willkürlich vor, z. B. eine Gerade, dann wird das Integral $pv/2$, oder eine Isotherme od. dgl. (Hängt p nur von v ab, wie oben erwähnt, so gibt es eben nur einen bestimmten Weg.)

Ähnlich steht es mit der Wärmemenge Q, wenn wir nicht, wie wir das bisher getan haben, die Wärmeleitung bei konstantem Volumen vor sich gehen lassen, sondern gleichzeitig auch dieses verändern. Das Integral

$$Q = \int_{T_1}^{T_2} C\,d\,T \tag{2}$$

hängt ebenfalls vom Weg ab, aber in noch komplizierterer Weise, weil C sogar noch von der Neigung des Weges in der graphischen Darstellung abhängt (s. Ziff. 16).

10. Direkt umkehrbare und nicht direkt umkehrbare Vorgänge. In den vorangehenden Ziffern hatten wir vom Druck, der Temperatur, der spezifischen Wärme eines Körpers gesprochen; dabei war stillschweigend an einen Körper in zeitlich unveränderlichem Zustand gedacht, dessen Eigenschaften durch die vorhandenen äußeren Koordinaten (das äußere Volumen) bedingt sind. In Ziff. 9 waren wir aber zur Betrachtung der Arbeit übergegangen, die eine Veränderung voraussetzt. Welchen Sinn hat nun das Integral $\int p\,d\,V$? Können wir auf dem Weg auch hier jedem Punkt den Druck zuschreiben, der ihm beim gleichen Wert des Volumens und der Temperatur zukäme, wenn diese zeitlich unveränderlich wäre? Im allgemeinen nicht. Alle abhängigen Zustandsgrößen (z. B. der Druck) werden im allgemeinen nicht nur von den augenblicklichen Werten der unabhängigen Variablen, sondern auch von deren sämtlichen zeitlichen Differentialquotienten abhängen. Es wird z. B. der Druck auf einen Stempel, der eine bestimmte Gasmenge (zur Vereinfachung sei konstante Temperatur vorausgesetzt) abschließt, nicht nur von der augenblicklichen Lage des Stempels (dem Volumen), sondern auch von seiner Geschwindigkeit, Beschleunigung usw., d. h. von der ganzen Art der Bewegung abhängen. Evtl. wird es sogar eine eigene Untersuchung erfordern, was hier als Druck zu definieren ist.

Wir wollen die Temperatur wie im vorhergehenden konstant lassen oder annehmen, daß ihre Differentialquotienten nach der Zeit nicht explizit vorkommen, doch ist das eine leicht fortzuschaffende Vereinfachung. Dann heißt nun die verallgemeinerte Zustandsgleichung

$$p = F\left(T,\ V, \frac{d\,V}{d\,t},\ \frac{d^2\,V}{d\,t^2},\ \cdots\right). \tag{1}$$

Im Ruhezustand wird daraus die „gewöhnliche“ Zustandsgleichung

$$p = F\,(T,\ V,\ 0,\ 0,\ \cdots) = f\,(V,\ T). \qquad \text{Ziff. 8 (1)} \tag{2}$$

Es ist klar, daß jetzt Größen wie die mechanische Arbeit nicht nur vom Weg abhängen.

Unter den Voraussetzungen von Ziff. 9 ist die Arbeit, die gewonnen wird, wenn man vom Zustand 1 zum Zustand 2 übergeht und dann den Prozeß auf demselben Weg rückläufig macht, gleich Null, denn sie ist

$$A = \int_1^2 p\,(V,\ T)\,d\,V + \int_2^1 p\,(V,\ T)\,d\,V = 0\,. \tag{3}$$

Jetzt aber ist

$$A = \int_1^2 p\left(V,\ T,\ \frac{d\,V}{d\,t}\cdots\right)d\,V + \int_2^1 p\left(V,\ T,\ \frac{d\,V}{d\,t}\cdots\right)d\,V.$$

Wir können es nun so einrichten, daß auf dem Rückweg die Geschwindigkeiten gleich groß und entgegengesetzt gerichtet sind wie auf dem entsprechenden Punkt (d. h. bei gleichem V und T) des Hinweges. Dann dauern beide gleich lang, etwa t_0 sec, alle Variablen hängen nur von der Zeit ab, die seit dem Beginn des (Hin- oder Rück-)Weges vergangen ist. Dann ist, wenn t' die Zeit nach Beginn des Rückweges bedeutet, $V(t') = V(t_0 - t')$. Also wird

$$\left.\begin{aligned} A &= \int_0^{t_0} p\left(V, T, \frac{dV}{dt} \cdots\right) \frac{dV}{dt}\,dt + \int_0^{t_0} p\left(V, T, -\frac{dV}{dt'} \cdots\right)\left(-\frac{dV}{dt'}\right) \cdot dt' \\ &= \int_0^{t_0} \left[p\left(V, T, \frac{dV}{dt} \cdots\right) - p\left(V, T, -\frac{dV}{dt} \cdots\right)\right] \frac{dV}{dt}\,dt. \end{aligned}\right\} \tag{4}$$

Man sieht ohne weiteres, daß (3) deshalb im allgemeinen nicht verschwindet, weil im Argument der Funktion im zweiten Integral $-\frac{dV}{dt}$ steht.

Wie später gezeigt werden wird, ist das Integral (4) stets negativ, es wird Arbeit verbraucht. Zugleich sehen wir aber, wie wir es anfangen müssen, um das Integral zum Verschwinden zu bringen. Wenn wir $\dot V = \frac{dV}{dt}$ setzen und $\ddot V = \frac{d^2V}{dt^2}$ nicht zu groß wählen, können wir (1) stets entwickeln

$$p = F(V, T, 0, 0 \cdots) + \frac{\partial p}{\partial \dot V}\dot V \cdots = f(V, T) + \left(\frac{\partial p}{\partial \dot V}\right)_{\dot V = 0} \dot V \cdots \tag{5}$$

Der erste Summand allein, der den früher erwähnten Voraussetzungen von Ziff. 9 und der Formel (3) dieser Ziffer entspricht, hebt sich heraus, und es bleiben nur die folgenden Glieder stehen

$$\left.\begin{aligned} A &= \int_0^{t_0} \left[\left\{p(V, T) + \left(\frac{\partial p}{\partial \dot V}\right)_{\dot V = 0} \dot V + \cdots\right\} - \left\{p(V, T) - \left(\frac{\partial p}{\partial \dot V}\right)_{\dot V = 0} \dot V \cdots\right\}\right] \dot V\,dt \\ &= \int_0^{t_0} \left(\frac{\partial p}{\partial \dot V}\right)_{\dot V = 0} \dot V^2\,dt = \int_0^{t_0} \left(\frac{\partial p}{\partial \dot V}\right)_{\dot V = 0} \dot V\,dV. \end{aligned}\right\} \tag{6}$$

Daß, wie vorher erwähnt, diese Größe stets negativ ist, bedeutet, daß $\frac{\partial p}{\partial \dot V} < 0$ ist, d. h. der Druck ist bei der Expansion stets kleiner wie bei der Kompression, was mechanisch leicht erklärbar ist und bewirkt, daß die Expansion weniger Arbeit leistet, als die Kompression verbraucht.

Unsere Formeln zeigen nun, wie man vorzugehen hat, wenn man wünscht, daß der Rückweg ein möglichst genaues Abbild des Hinweges sei. Die beiden Drucke sind

$$p_+ = p(V, T) + \frac{\partial p}{\partial \dot V}\dot V \ldots$$

und

$$p_- = p(V, T) - \frac{\partial p}{\partial \dot V}\dot V \ldots$$

und werden mit abnehmender Geschwindigkeit asymptotisch einander gleich und gleich dem Druck, der bei demselben Volumen und derselben Temperatur in zeitlich unveränderlichem Zustand herrscht. Ebenso verschwindet die beim vollen Hin- und Hergang geleistete Arbeit proportional $\dot V$ (6). Die auf dem Einzelweg geleistete Arbeit hingegen

$$A_{\pm} = \pm \int_{V_1}^{V_2} p(V, T)\, dV + \int_{V_1}^{V_2} \frac{\partial p}{\partial \dot V}(\dot V)\, dV$$

nähert sich asymptotisch dem Grenzwert (1) Ziff. 9. Zwar verschwindet natürlich die in einer bestimmten Zeit Δt geleistete Arbeit mit abnehmendem $\dot V$, aber die gesamte, zur Zurücklegung eines bestimmten Stückes ΔV gebrauchte Zeit t_0 nimmt umgekehrt proportional $\dot V$ zu, so daß das Produkt

$$p\dot V dt \cdot \frac{\Delta V}{\dot V dt}$$

konstant bleibt.

In dem oben besprochenen Sinn eines Grenzüberganges kann man nun sagen, daß man einen Vorgang unendlich langsam verlaufen läßt und daß ein solcher durch lauter Gleichgewichtszustände hindurchführt. Denn alle seine Zustandsvariablen nähern sich den Werten, die sie im zeitlich unveränderlichen Fall des Gleichgewichts hätten.

Gleichzeitig ist jeder solche Vorgang und im allgemeinen nur ein solcher Vorgang direkt umkehrbar. Denn das bedeutet, daß man $\dot V$ durch $-\dot V$ ersetzen kann, ohne daß sich die Zustandsgrößen merklich ändern, und gerade das erreichen wir dadurch, daß wir $\dot V$ klein genug wählen, um ihm seinen Einfluß auf die Zustandsgleichung überhaupt zu nehmen.

Experimentell heißt dies: Es sei der Stempel, der das Gas abschließt, bei einer bestimmten Belastung im Gleichgewicht. Eine im Grenzfall unendlich kleine Zu- oder Abnahme der Belastung bewirkt dann eine unendlich langsame Kompression oder Expansion; ändert sich hierdurch der Gasdruck, so wird die Belastung immer entsprechend verändert.

Genau in derselben Weise kann bei anderen Veränderungen vorgegangen werden. So kann umkehrbar Wärme mittels eines Behälters zugeführt werden, dessen Temperatur stets unmerklich höher als die des aufnehmenden Körpers gehalten wird.

II. Der erste Hauptsatz.

11. Energieformen. Wenn man die Gleichungen der Mechanik systematisch integriert, so zerfallen die „ersten Integrale" in zwei Gruppen: Die eine Gruppe hat Vektorcharakter, die zweite (sie enthält nur ein einziges Integral) ist ein Skalar. Alle „ersten Integrale" drücken aus, daß man bestimmte Größen definieren kann, die sich während der Bewegung nicht ändern. Die vektoriellen Größen, die sich nicht ändern, nennt man die drei geradlinigen Impulse und die drei Drehimpulse; die skalare Größe, die während der Bewegung konstant bleibt, nennt man die mechanische Energie. Wenn man auf das betrachtete System (1) ein fremdes (2) mit der „Kraft" $\mathfrak{K}$ einwirken läßt, so ergibt die Integration der gestörten Bewegungsgleichungen, daß sich jetzt der Zahlenwert des Ausdrucks, den wir im ungestörten Fall Energie nannten und der damals konstant war, nach dem Gesetz ändert

$$\Delta E_1 = \int \mathfrak{K}\, d\mathfrak{s}, \tag{1}$$

wo $\mathfrak{s}$ der Weg des Angriffspunktes der Kraft ist.

Das Integral nennt man die vom äußeren System geleistete Arbeit (s. Ziff. 9). Wenn man die gedankliche Unterscheidung von System (1) und (2) aufhebt und diese beiden als ein neues System (12) zusammenfaßt, so ist jetzt in dem ganzen System während der Bewegung, die wir soeben als durch (2) gestörte Bewegung des Systems (1) beschrieben hatten, eine andere Größe konstant, die wir konsequent als die mechanische Energie des Systems (12) definieren werden

$$E_{12} = E_1 + E_2, \tag{2}$$

$$E_2 = E_2^0 - \int \mathfrak{K} d\mathfrak{s}, \tag{3}$$

wo E_2^0 eine beliebige Konstante ist. Jetzt ist nämlich $\Delta E_{12} = \Delta E_1 + \Delta E_2 = 0$ nach (3) mit (1) identisch.

In einem abgeschlossenen System von elektrischen Feldern finden sich ganz entsprechende Integrale. Auch hier ist wieder eines von ihnen skalar, und zwar quadratisch in den Feldgrößen. Wir nennen es die „elektromagnetische Energie".

Haben wir ein abgeschlossenes System, in welchem außer den mechanischen Bewegungsgleichungen noch elektrische Gleichungen mitberücksichtigt werden müssen, so findet man, daß nicht derselbe Ausdruck als erstes Integral Verwendung finden kann, der bei alleiniger Anwesenheit mechanischer Gleichungen konstant war und den wir mechanische Energie nannten, ebensowenig ist die elektromagnetische Energie allein konstant, sondern die Summe der beiden Ausdrücke, die wir die Gesamtenergie des Systems nennen. Wir können also in einem solchen gemischten System eine Größe als Energie einführen, die bei inneren Veränderungen konstant bleibt und sich additiv aus mechanischer und elektromagnetischer Energie zusammensetzt; daß diese letzteren nicht für sich allein konstant sind, kann man als teilweise Verwandlung der einen „Energieform" in die andere während des Prozesses beschreiben.

Man kann demnach in einem solchen System äußere Arbeit nur auf Kosten schon vorhandener mechanischer oder elektromagnetischer Energie erzeugen.

Will man für diese einen Zahlwert angeben, so muß man meist untersuchen, welche Energie man mit Null zu bezeichnen hat. Das ist die Energie desjenigen Zustandes, bei der man keine weitere Arbeit entnehmen kann, also das Minimum der Energie. Bei der kinetischen Energie, die durch einen in den Geschwindigkeiten quadratischen Ausdruck dargestellt wird, und bei der elektromagnetischen, die in den Feldern quadratisch ist, ist es die Energie des Zustands, dessen Geschwindigkeit bzw. dessen Feld verschwindet.

Bei der potentiellen Energie hingegen ist die Lage des Nullpunktes nicht stets von der Natur vorgeschrieben; man kann willkürlich den Nullpunkt irgendwo festsetzen und nimmt damit in Kauf, gegebenenfalls mit negativen Energien zu rechnen. Da es nur auf Energiedifferenzen ankommt, ist das ohne physikalische Bedeutung. Man kann eben zu einem Integral eine Konstante addieren, ohne die Bedeutung der Ableitung des Integrals (nämlich der Kraft) zu ändern.

12. Erhaltung der Energie im abgeschlossenen System, innere Energie. Wir versuchen nun die Ergebnisse der vorigen Ziffer auf den Fall zu erweitern, daß auch Wärmeerscheinungen mit den betrachteten Vorgängen verknüpft sind. Formal ist dabei das Vorgehen etwas anders, weil wir nicht wie bei der üblichen Behandlung von Mechanik und Elektrizität axiomatisch Differentialgleichungen an die Spitze stellen.

Es sei wieder ein abgeschlossenes — d. h. von äußeren Einwirkungen freies, wärmeisoliertes — System gegeben, das durch die Koordination und Geschwindigkeiten seiner Bestandteile (zu denen wir auch Stempel u. dgl. rechnen), deren Temperaturen, die chemische Zusammensetzung im Sinn von Ziff. 3 usf. charakterisiert sei.

Verfolgt man die Bewegung des Systems, so zeigt sich, daß jetzt im allgemeinen die (makroskopisch gemessene) Summe von mechanischer und elektromagnetischer Energie nicht konstant ist; gleichzeitig mit dieser Summe ändern sich während der Bewegung natürlich die Koordinaten, Temperaturen usw.

Um nun formal ein Erhaltungsgesetz aufstellen zu können, definieren wir eine Größe E_ι, die wir „innere Energie" des Systems nennen wollen, so, daß gilt:

$$E_{\text{mech}} + E_{\text{el}} + E_\iota = \text{konst.} \tag{1}$$

Die Summe nennen wir wieder die Gesamtenergie des Systems, in Anlehnung an die entsprechende Größe von Ziff. 11. Hierbei ergibt sich, wie in Ziff. 4 schon besprochen, daß sowohl E_ι als auch die Gesamtenergie bei genügend großen Stoffmengen im wesentlichen proportional dieser Stoffmenge sind.

Die innere Energie ist vorderhand nur bis auf eine Konstante bestimmt, die von der Natur des Vorganges und seinen Anfangsbedingungen abhängt. Sie ist eine Funktion der Koordinaten (Volumen), des evtl. ebenfalls während der Bewegung veränderlichen chemischen Zustands, der Temperatur und der Geschwindigkeiten. Die Erfahrung zeigt aber, daß bei nicht allzu heftigen Bewegungen die Geschwindigkeiten in E_ι nicht explizit auftreten, sondern daß ihr expliziter Einfluß auf die linke Seite von (1) vollständig in der mechanischen (kinetischen) Energie enthalten ist, die sich aus den makroskopischen Geschwindigkeiten berechnet (Erfahrungssatz VIII).

Es läßt sich demnach eine Zustandsfunktion E_ι (V, T, chemische Zusammensetzung) so definieren, das die Summe (1) während des Vorgangs konstant bleibt.

Die Möglichkeit, diesen Ansatz zu machen, setzt die folgenden Tatsachen voraus:

1. Wenn das betrachtete System wieder dieselben Koordinaten, dieselbe Temperatur usw. annimmt, ist auch die mechanische und elektrische Energie dieselbe. (Die Umkehrung dieses Satzes braucht nicht zu gelten, weil zum selben Wert der inneren Energie E_ι verschiedene zusammengehörige Variablenwerte gehören können.) (Erfahrungssatz IX.)

2. Einem endlichen Unterschied der inneren Energie E_ι entspricht auch ein endlicher Unterschied der Variablen, andernfalls wäre die Formel inhaltslos. Man könnte, auch wenn kein Erhaltungssatz gelten würde und z. B. die mechanische Energie unbeschränkt ohne Änderung der „thermischen Variabeln" des betrachteten Systems wachsen würde, doch (1) formal hinschreiben, nur würde einer endlichen Abnahme von E_ι kein endlicher Variabelnunterschied entsprechen (Erfahrungssatz X).

Es gibt nun rein mechanische Systeme ohne innere Energie (z. B. Gewichte mit undehnbaren Fäden, ideale Federn). Es zeigt sich, daß die Hinzufügung eines solchen Systems (gestrichenes System) zu dem zuerst betrachteten System (ungestrichenes System, z. B. einem Gasgefäß mit Stempel, Schiebewänden u. dgl.) die innere Energie des letzteren nicht ändert, sondern daß jetzt bei Bewegung die Summe aus allen „Teilenergien" konstant bleibt, wie wir es ähnlich in Ziff. 11 gefunden haben

$$E_{\text{mech}} + E_{\text{el}} + E_\iota + E'_{\text{mech}} = \text{konst.} \tag{2}$$

Das bedeutet, daß man die innere Energie als nur durch das betrachtete System und seinen Zustand bedingt ansehen kann (Erfahrungssatz XI).

Wir können es nun durch Zufügung weiterer mechanischer Systeme erreichen, daß unser betrachtetes System mit beliebiger Annäherung alle vorkommenden Zustände innerhalb eines bestimmten Variablenbereiches durchläuft und wir so E_ι als Funktion der Zustandsvariabeln bestimmen können, bis auf eine Konstante, die nur mehr vom System selbst abhängt und über die wir willkürlich verfügen können, die aber auch keine physikalische Bedeutung hat. Sie legt nur das Niveau fest, von dem aus die Energie gezählt werden soll.

Die Relativitätstheorie gibt der Konstanten eine absolute Bedeutung durch die Beziehung zwischen Gesamtenergie E, Masse M und Lichtgeschwindigkeit c^*.

$$E = M c^{*2}. \tag{3}$$

Das bedeutet, daß diese Theorie wenigstens gedanklich einen Mechanismus in das System einbezieht, welcher eine Verwandlung der Materie in strahlende Energie ermöglicht. Diese so entstandene strahlende Energie hat die gleiche träge Masse M wie die verschwundene Materie und die Energie (3), die sich bei Strahlung absolut (ohne Konstante) messen läßt, weil nach Ziff. 11 einem strahlungslosen Raum die Energie Null zugeschrieben werden kann.

In einem abgeschlossenen System ist so die Gesamtenergie als ein Integral der Bewegungsgleichungen (und zwar vom skalaren Typus) erhalten worden. Man kann daher das Gesetz von der Erhaltung der Energie aussprechen:

Es läßt sich eine nichtvektorielle Funktion definieren, die man Energie nennt und die sich additiv aus Energieformen, der mechanischen, der elektrischen usw., zusammensetzen läßt, welche für abgeschlossene Systeme konstant bleibt.

Die Allgemeinheit, mit der sich dieses Gesetz bewährt, hat dazu geführt, daß man die Energie sozusagen substanzialisiert und ihre Konstanz auch dort erwartet, wo gar keine Differentialgleichungen der Bewegung, die ein Integral haben könnten, vorliegen, wie in der Quantentheorie[1]).

13. Formulierung des ersten Hauptsatzes. Wärmemenge und Energie. Ein weiteres wichtiges Erfahrungsresultat besagt: Hat man für zwei Systeme 1 und 2 getrennt die Funktionen E_ι bestimmt und vereinigt dieselben nun durch wärmeleitende Verbindung, so gilt für das vereinigte System als innere Energie die Summe der beiden getrennten Teile

$$E_{\iota 12} = E_{\iota 1} + E_{\iota 2}$$

bis auf kleine Größen, die man als Oberflächenenergie deuten kann (Erfahrungssatz XII).

Wir betrachten nun ein spezielles System, das aus zwei Teilen besteht; es soll zwischen beiden Teilen keine äußere Arbeit geleistet werden, sondern nur Wärmeübergang zwischen diesen beiden Teilen möglich sein. Nach dem erwähnten Erfahrungssatz ist auch hier wie im allgemeineren Fall beliebiger Arbeitsleistungen zwischen den Teilen die Summe der inneren Energien konstant

$$E_{\iota 1} + E_{\iota 2} = E_\iota = \text{konst.}$$

oder

$$\delta E_{\iota 1} + \delta E_{\iota 2} = 0. \tag{1}$$

Andererseits ergibt die Definition der Wärmemenge Ziff. 7

$$\delta Q_1 + \delta Q_2 = 0. \tag{2}$$

Wenn das ganze System nicht wärmeisoliert ist, zeigt es sich, daß durch das Heranbringen fremder Körper von anderer Temperatur beide Gleichungen (1) und (2) verletzt werden (Erfahrungssatz XIII). Das gleichzeitige Bestehen dieser Gleichungen bedeutet daher

$$\delta E_{\iota 1} + \delta E_{\iota 2} + \lambda(\delta Q_1 + \delta Q_2) = 0,$$

---

[1]) S. dagegen N. Bohr, H. C. Kramers u. J. Slater, ZS. f. Phys. Bd. 24, S. 69. 1924; N. Bohr, ebenda Bd. 34, S. 142. 1925. Dagegen W. Bothe u. H. Geiger, ebenda Bd. 32, S. 639. 1925.

wo λ eine noch unbekannte Konstante ist. Nimmt man an, daß die Zuführung von Wärme zum System 1 nur die Energie von 1 ändert, unabhängig von der Art des Systems 2, was sich bewährt (Erfahrungssatz XIV), so gilt

$$\delta E_{\iota 1} + \lambda \delta Q_1 = 0 \tag{3}$$

bei verschwindender äußerer Arbeit. Hierbei ist λ für beide Teilsysteme identisch. Da man beliebige Teilsysteme (auch bei beliebig verschiedener Temperatur) zusammensetzen kann, muß λ universell und zwar nach XIII $\neq 0$ sein.

Man kann nun das Maßsystem von Q so wählen, daß die Konstante λ, das mechanische Wärmeäquivalent, eins wird. Dann mißt man die Wärme im gleichen Energiemaß wie E. Umgekehrt kann man natürlich auch E in Kalorien messen.

Wenn keine Wärmeleitung vorliegt, so gilt nach der Definition der inneren Energie Ziff. 12 für ein nicht abgeschlossenes System, wenn man von Strahlung und materiellem Transport absieht,

$$\delta E_\iota = -\delta A - \delta E_{\text{mech}} - \delta E_{\text{el}},$$

wo δA die geleistete äußere Arbeit bedeutet.

Liegt auch noch Wärmeleitung vor, so folgt aus der Definition der Wärmemenge in diesem Fall (Ziff. 7, Ende) auf die gleiche Art, auf der wir zu (3) gelangt sind

$$\delta E_\iota = \delta Q - \delta A - \delta E_{\text{mech}} - \delta E_{\text{el}}. \tag{4}$$

Der Inhalt des Energiesatzes für nicht abgeschlossene Systeme, den man als I. Hauptsatz der Thermodynamik bezeichnet, ist daher:

Die innere Energie eines Körpers kann nur dadurch um einen bestimmten Betrag gesteigert werden, daß man entweder Wärme zuführt, oder äußere Arbeit leistet, oder mechanische bzw. elektrische Energie sich in innere umwandeln läßt (oder endlich Strahlung auffallen läßt). Die hierzu nötigen Mengen der betreffenden Größen hängen nur von der verlangten Energieänderung ab und sind ihr bei geeigneter Wahl des Maßsystems gleich.

Mit PLANCK kann man auch eine kürzere Fassung wählen, welche die praktische Bedeutung besser hervortreten läßt.

Wir bezeichnen mit periodischer Maschine irgendein System, das immer wieder (ob in gleichen Zeiträumen und auf demselben Weg, spielt keine Rolle) zu bestimmten Werten aller Zustandsvariablen (Kolbenstellung, Temperatur, chemische Zusammensetzung) zurückkehrt und damit wieder dieselbe innere Energie annimmt. Wenn dann außer der periodischen Maschine nur noch ein System vorhanden ist, das Wärme oder Arbeit aufnehmen kann, so lautet der erste Hauptsatz:

Es ist unmöglich, mittels einer periodischen Maschine dauernd Arbeit zu leisten (Unmöglichkeit des Perpetuum mobile „erster Art“) oder zu verbrauchen. Es ist unmöglich, mittels einer periodischen Maschine dauernd Wärme zu entwickeln oder aufzunehmen. Der Ausdruck „Perpetuum mobile erster Art“ stammt von OSTWALD, der große Verdienste um die Klarstellung der Begriffe hat.

14. Abhängigkeit der Wärmemenge und der Arbeit vom Weg. Wenn keine mechanische und elektrische Energie vorkommt bzw. die Teile, in welchen sie vorkommt, nicht zum System gerechnet werden, reduziert sich (4), Ziff. 13, auf

$$\delta E_\iota = \delta Q - \delta A. \tag{1}$$

Das heißt, daß man die innere Energie entweder durch Zuführung von Wärme δQ oder durch Zuführung von Arbeit $-\delta A$ ändern kann. Bedingt der Prozeß eine endliche Änderung des Zustandes, so wird (1)

$$\int_1^2 \delta E = \int_1^2 \delta Q - \int_1^2 \delta A. \tag{1'}$$

Die linke Seite läßt sich nun unabhängig vom Weg ausführen, auf dem man vom Zustand (1) zum Zustand (2) übergeht, und ergibt $E_\iota(V_2, T_2 \cdots) - E_\iota(V_1, T_1 \cdots)$, da die Energie im Zustand (2) eine Größe ist, die nur von den Variabeln abhängt, die diesen Zustand charakterisieren, aber nicht von dem Weg, auf dem man zu diesem Zustand gelangt. Infolgedessen kann man von E_ι auch ein „vollständiges" Differential bilden. Wir werden statt δE_ι also schreiben

$$dE_\iota = \left(\frac{\partial E_\iota}{\partial V}\right)_T dV + \left(\frac{\partial E_\iota}{\partial T}\right)_v dT, \tag{2}$$

d. h. wir können jede Veränderung der Energie so darstellen, daß wir zuerst nur das Volumen ändern und die Temperatur konstant lassen und dann die Temperatur auf den gewünschten Wert bringen, wobei wir den erreichten Volumwert beibehalten. Die Reihenfolge läßt sich aber ohne Änderung des Resultates auch umkehren. Es gilt entsprechend

$$\frac{\partial}{\partial T}\left(\frac{\partial E_\iota}{\partial V}\right) = \frac{\partial}{\partial V}\left(\frac{\partial E_\iota}{\partial T}\right). \tag{3}$$

Anders bei $\int \delta Q$ und $\int \delta A$. Ihre Summe hängt natürlich nur vom Anfangs- und Endpunkt des Weges ab; wie sich diese Summe auf die beiden Summanden verteilt, ist dagegen durchaus von der Form des Weges abhängig. Wenn wir z. B. ein ideales Gas von der Temperatur T_1 auf die Temperatur T_2 bei konstantem Volumen bringen wollen, so können wir es erstens direkt bei konstantem Volumen erhitzen. Dann ist

$$\delta A = 0, \qquad E(T_2) - E(T_1) = \int \delta Q = \int_{T_1}^{T_2} C_v\, dT = C_v(T_2 - T_1), \tag{4a}$$

wenn C_v von T unabhängig ist. Wir können es aber auch adiabatisch, d. h. ohne Wärmezufuhr, durch Kompression auf den neuen Druck $p_2 = p_1 \frac{T_2}{T_1}$ bringen und haben dabei die Arbeit (s. Ziff. 18) (7)

$$-\int \delta A = C_v(T_2' - T_1), \qquad T_2' = T_1 \left(\frac{T_2}{T_1}\right)^{\frac{R}{C_v + R}}$$

zu leisten. Hierbei wird auch gleichzeitig die Temperatur T_2' erreicht. Nun hat man noch zur Erwärmung bei konstantem Druck die Wärme

$$\int_{T_2'}^{T_2} \delta Q = C_p(T_2 - T_2') = C_v(T_2 - T_2') + R(T_2 - T_2') \qquad \text{(Ziff. 18)}$$

zuzuführen und gewinnt die Arbeit $R(T_2 - T_2')$. Es ist demnach jetzt sowohl die Gesamtarbeit als auch die gesamte zugeführte Wärme

$$\left.\begin{aligned} -\int \delta A &= C_v(T_2' - T_1) - R(T_2 - T_2') \\ \int \delta Q &= C_v(T_2 - T_2') + R(T_2 - T_2') \end{aligned}\right\} \tag{4b}$$

verschieden von den entsprechenden Größen 4a, während die Summe nach dem I. Hauptsatz in beiden Fällen dieselbe ist. Wir werden daher die Größen δQ und δA nicht als Differentiale von bestimmten Funktionen der Zustandsvariablen ansehen dürfen. Die Größen

$$\left(\frac{\delta Q}{\delta V}\right)_T, \quad \left(\frac{\delta Q}{\delta T}\right)_V, \quad \frac{\delta A}{\delta V} \cdots$$

die z. B. das Verhältnis der entwickelten Wärmemenge bei einem bestimmten Prozeß mit konstanter Temperatur zur entstandenen Volumänderung bedeuten, haben eine gewisse Analogie zu partiellen Differentialquotienten, da analog (2) bei beliebigen Prozessen gilt

$$\delta Q = \left(\frac{\delta Q}{\delta V}\right)_T dV + \left(\frac{\delta Q}{\delta T}\right)_V dT, \tag{5}$$

dagegen ist im Gegensatz zu (3)

$$\frac{\partial}{\partial T}\left(\frac{\delta Q}{\delta V}\right)_T \neq \frac{\partial}{\partial V}\left(\frac{\delta Q}{\delta T}\right)_V.$$

15. Die zugeführte Wärme bei verschiedenen Zustandsänderungen. Wir können Gleichung (1), Ziff. 14, für den Fall, daß nur Volumarbeit zu leisten ist, in der Form schreiben

$$\delta Q = dE + p\,dV, \tag{1}$$

$$\delta Q = \frac{\partial E}{\partial T} dT + \left(\left(\frac{\partial E}{\partial V}\right)_T + p\right) dV. \tag{1'}$$

Diese letztere Gleichung bedeutet, daß man sich die Wärmezufuhr erst so vorgenommen denkt, daß die zugeführte Wärme nur zur Erhöhung der Temperatur ohne Volumänderung dient. Dann muß noch Wärme zugeführt werden, die teilweise die Energieänderung deckt, die zur gewünschten Volumänderung gehört, wenn sich die Temperatur nicht ändern soll $\left(\frac{\partial E}{\partial V}\right)_T dV$, teilweise zur Leistung der äußeren Arbeit $p\,dV$ dient. Es ist also

$$\left(\frac{\delta Q}{\delta V}\right)_T = \left(\frac{\partial E}{\partial V}\right)_T + p \tag{2}$$

$$\left(\frac{\delta Q}{\delta T}\right)_V = \left(\frac{\partial E}{\partial T}\right)_V. \tag{2'}$$

Man kann auch andere Variable einführen, z. B. T und p. Zu diesem Zwecke addiert man zu (1')

$$0 = d(pV) - p\,dV - V\,dp,$$

$$\delta Q = d(E + pV) - V\,dp = \left(\frac{\partial(E + pV)}{\partial T}\right)_p dT + \left(\frac{\partial(E + pV)}{\partial p} - V\right)_T dp. \tag{3}$$

$E + pV = E_p$ nennt man nach GIBBS und PLANCK die Wärmefunktion bei konstantem Druck oder Enthalpie; in der Technik nennt man diese Größe den „Wärmeinhalt" und bezeichnet ihn mit J. E_p spielt bei den praktisch sehr wichtigen Prozessen, die unter konstantem Druck ablaufen, eine bedeutende Rolle.

$pV_2 - pV_1$ ist nämlich die Arbeit, die von dem konstanten Druck der äußeren Atmosphäre geleistet wird. Man zählt pV als eine Art potentielle Energie des Stempels, auf dem der konstante Druck lastet, zur inneren Energie E_i des Systems und hat diesen Anteil dann nicht unter der äußeren Arbeit mitzurechnen [das ist nur bei konstantem Druck möglich, denn nur dann verhält sich diese Arbeit wie eine von potentieller Energie geleistete, $p\,dV = d(pV)$]. Den Rest der Arbeit $A' = \int_1^2 p\,dV - (pV)_2 - (pV)_1 = \int V\,dp$ nennt man allgemein „technische Arbeit"[1]. Bei den jetzt genannten Variabeln besteht der erste Teil des Prozesses in einer Wärmezufuhr zwecks Temperaturerhöhung bei konstantem Druck. Das ist ein anderer Prozeß und führt zu einem anderen Zwischenzustand als vorher die Temperaturerhöhung bei konstantem Volumen, denn zum gleichen Druck gehört

[1] G. ZERKOWITZ, Thermodynamik der Turbomaschinen. 1912.

bei der erhöhten Temperatur ein anderes Volumen. Jetzt muß weiter Wärme zugeführt werden, um den Druck bei ungeänderter Temperatur auf den gewünschten Wert zu bringen, und zwar teilweise zur Deckung von $E + pV$, nämlich $\left(\frac{\partial(E+pV)}{\partial p}\right)_T dp$, teilweise zur Deckung des noch nicht in $d(pV)$ inbegriffenen Arbeitsbetrages $-Vdp$. Nun gilt also

$$\left(\frac{\delta Q}{\delta p}\right)_T = \left(\frac{\partial (E+pV)}{\partial p}\right)_T, \tag{4}$$

$$\left(\frac{\delta Q}{\delta T}\right)_p = \left(\frac{\partial (E+pV)}{\partial T}\right)_p. \tag{4'}$$

Endlich kann man auch p, V als unabhängige Variabeln wählen und erhält

$$\delta Q = \left(\frac{\partial E}{\partial p}\right)_V dp + \left[\left(\frac{\partial E}{\partial V}\right)_p + p\right] dV. \tag{5}$$

Hier bedeutet z. B. $\left(\frac{\partial E}{\partial V}\right)_p$, daß man bei einer Änderung von V gleichzeitig T so zu ändern hat, daß der Druck konstant bleibt.

16. Die verschiedenen spezifischen Wärmen. Im allgemeinen hängt nach Gleichung (1′), Ziff. 15, die zuzuführende Wärme von dem Verhältnis $dT:dV$ ab. Benutzen wir zur Darstellung eine V, T-Ebene, in der der Verlauf des Prozesses als Kurve erscheint, so hängt δQ an jedem Punkt von der Neigung dieser Kurve ab.

Wir können allgemein das Verhältnis der zugeführten Wärme zur bewirkten Temperaturerhöhung als die spezifische Wärme (für ein Mol als die Molwärme) in der betreffenden Richtung bezeichnen

$$C_X = \left(\frac{\delta Q}{\delta T}\right)_X = \left(\frac{\partial E}{\partial T}\right)_v + \left(\frac{\partial E}{\partial V} + p\right)_T \left(\frac{dV}{dT}\right)_X. \tag{1}$$

Hierbei bedeutet der zweite Summand, daß je nach dem gewählten Vorgang zu einer bestimmten Temperaturerhöhung eine durch $\left(\frac{dV}{dT}\right)_X$ bestimmte Volumänderung gehört, die wieder eine Wärmemenge zur Deckung der verbrauchten inneren Energie $\left(\frac{\partial E}{\partial V}\right)_T \frac{dV}{dT}$ und der äußeren Arbeit fordert.

Die wichtigsten Spezialfälle sind:

a) Spezifische Wärme bei konstantem Volum $\frac{dV}{dT} = 0$.

$$C_v = \left(\frac{\partial E}{\partial T}\right)_v. \qquad \text{[s. (2′), Ziff. 15].} \tag{2}$$

Statt direkt die Temperaturänderung zu betrachten, kann man als Zwischenvariable den Druck einführen. Man weiß, daß bei konstantem Volumen eine Druckänderung um dp eine Energieänderung um $\left(\frac{\partial E}{\partial p}\right)_v dp$ bedingt. Andererseits bedeutet eine Temperaturänderung dT bei konstantem Volum eine Druckänderung $\left(\frac{\partial p}{\partial T}\right)_v dT$. Daher wird auch

$$C_v = \left(\frac{\partial E}{\partial T}\right)_v = \left(\frac{\partial E}{\partial p}\right)_v \left(\frac{\partial p}{\partial T}\right)_v, \tag{2'}$$

was auch formal aus (5), Ziff. 15, folgt $\left(dV = 0, \quad dp = \left(\frac{\partial p}{\partial T}\right)_v dT\right)$.

b) Spezifische Wärme bei konstantem Druck $p = \text{konst.}$, $\frac{dp}{dT} = 0$. Hierbei ist für $\frac{dV}{dT}$ die im Ausdehnungskoeffizient bei konstantem Druck auftretende Größe $\left(\frac{\partial V}{\partial T}\right)_p$ (Ziff. 8) zu benutzen. Es wird also

$$C_p = C_v + \left(\left(\frac{\partial E}{\partial V}\right)_T + p\right)\left(\frac{\partial V}{\partial T}\right)_p. \tag{3}$$

Die Bedeutung des zweiten Summanden wurde schon besprochen. Die relative Größe der beiden Glieder in der Klammer ist für verschiedene Stoffe sehr verschieden. Für ideale Gase ist $\left(\frac{\partial E}{\partial V}\right)_T = 0$ (Ziff. 8), hier unterscheidet sich die spezifische Wärme bei konstantem Druck von der bei konstantem Volumen nur um den Betrag, der zur Leistung der Arbeit gegen den äußeren Druck nötig ist. Bei festen Körpern hingegen ist $\frac{\partial E}{\partial V}$ viel größer als p (wenn nicht der Druck viele hundert Atmosphären beträgt). Infolge des kleinen Ausdehnungskoeffizienten ist im allgemeinen die Druckarbeit (mit der eben erwähnten Einschränkung) vernachlässigbar klein, und nur infolge der starken Abhängigkeit der inneren Energie vom Volumen ist ein merklicher Unterschied zwischen C_p und C_v vorhanden. $\left(\frac{\partial E}{\partial V}\right)_T$ ist nämlich zum großen Teil (bei $T = 0$ allein) für die elastische Energie verantwortlich.

Statt von (1′), Ziff. 15, kann man auch von (3) ausgehen und erhält [(4′), Ziff. 15]

$$C_p = \left(\frac{\partial E}{\partial T}\right)_p + \left(\frac{\partial (pV)}{\partial T}\right)_p = \left(\frac{\partial E}{\partial T}\right)_p + p\left(\frac{\partial V}{\partial T}\right)_p. \tag{4}$$

(3) und (4) sind identisch, da

$$\left(\frac{\partial E}{\partial T}\right)_p = \left(\frac{\partial E}{\partial T}\right)_v + \left(\frac{\partial E}{\partial V}\right)_T\left(\frac{\partial V}{\partial T}\right)_p.$$

Für den Sinn dieser Gleichung beachte man die entsprechenden Bemerkungen zu (1). Im allgemeinen ist

$$\frac{\partial E}{\partial V} + p > 0. \tag{5}$$

Endlich kann man noch die Form (5), Ziff. 15, benutzen und

$$C_p = \left(\left(\frac{\partial E}{\partial V}\right)_p + p\right)\left(\frac{\partial V}{\partial T}\right)_p \tag{6}$$

schreiben. Vergleich von (4) und (6) liefert

$$\left(\frac{\partial E}{\partial T}\right)_p = \left(\frac{\partial E}{\partial V}\right)_p\left(\frac{\partial V}{\partial T}\right)_p. \tag{6′}$$

Hier wird die Aufmerksamkeit auf die Zwischenvariable V gelenkt. Der zweite Faktor gibt an, welchen Wert man ihr bei Temperaturerhöhung erteilen muß, um den Druck konstant zu halten, die erste, welche Energieänderung einer Volumänderung bei konstantem Druck entspricht. Aus (4) und Ziff. 15 folgt ferner

$$C_p = \left(\frac{\partial E_p}{\partial T}\right)_p. \tag{4′}$$

c) Spezifische Wärme auf beliebigen Zustandskurven. Die allgemeine Formel (1) zeigt, daß die spezifische Wärme je nach dem willkürlich vorgeschriebenen Zusammenhang zwischen V und T alle denkbaren Werte annehmen kann. Um uns ein einfaches Bild vom Zustandekommen dieser Zustandskurve zu machen, denken wir uns den untersuchten Stoff in ein mit Stempel versehenes Gefäß eingeschlossen und dieses in ein Wärmebad gebracht. Die Vorrichtung, welche die Heizung und damit die Temperatur des Wärmebades reguliert, soll nun durch einen beliebig einstellbaren Mechanismus mit dem Stempel verbunden sein, so daß man willkürlich vorschreiben kann, welche Stempelstellung sich zu einer gegebenen Temperatur automatisch einstellt. So kann man die Kurve $V(T)$ in der V, T-Ebene willkürlich regulieren. Wenn man von einem bestimmten Zustand, d. h. einem bestimmten Wert von V, T ausgeht, so hängt es von der Wegrichtung, von $\frac{dV}{dT}$ ab, welche Wärmemenge man zuführen muß, also welches C_x man nach (1) erhält. C steigt mit $\frac{dV}{dT}$, wenn $\left(\frac{\partial E}{\partial V}\right)_T + p > 0$. Besonders wichtige Richtungen sind:

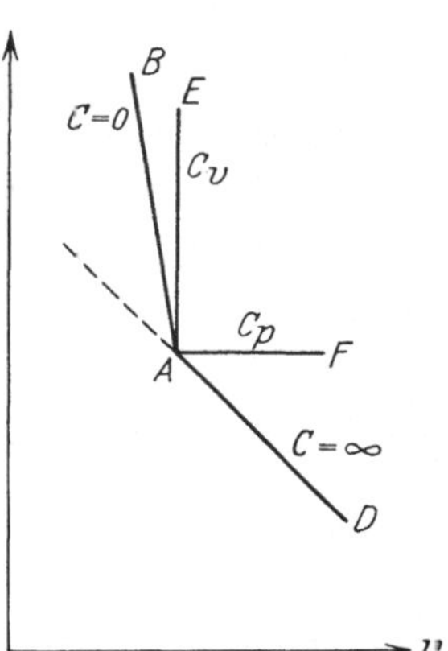

Abb. 1. Die verschiedenen spezifischen Wärmen in Abhängigkeit vom Wege.

α) Diejenige, in der $C = 0$ ist, d. h. in der eine Veränderung des Volumens und der Temperatur erfolgt, ohne daß Wärme zugeführt werden muß, weil die geleistete Arbeit gerade die Energieänderung deckt. Man nennt eine solche Änderung adiabatisch, die Kurve Adiabate. Ihre Richtung ist gegeben durch

$$0 = \left(\frac{\partial E}{\partial T}\right)_v + \left(\left(\frac{\partial E}{\partial V}\right)_T + p\right)\left(\frac{\partial V}{\partial T}\right)_{\text{ad}}$$

oder

$$\left(\frac{\partial V}{\partial T}\right)_{\text{ad}} = -\frac{C_v}{\left(\frac{\partial E}{\partial V}\right)_T + p}. \qquad (7)$$

β) Diejenige, in der $C = \infty$ ist. Hier tritt trotz Wärmezufuhr ($\delta Q \neq 0$) keine Temperaturänderung ein ($\delta T = 0$), weil die ganze Wärmezufuhr teilweise von der äußeren Arbeit verbraucht wird und der Rest zur Deckung derjenigen Energieänderung dienen muß, die durch Volumänderung bei konstanter Temperatur bedingt ist (Isotherme). Die Gleichung dieser Kurve ist $T =$ konst.:

$$\delta Q = \left(\left(\frac{\partial E}{\partial V}\right)_T + p\right)\delta V.$$

γ) Zwischen der vertikalen Isotherme und der Adiabate mit ihrer negativen [wenn (5) gilt] Neigung liegt die Horizontale $V =$ konst., die Isochore. Für sie ist $C = C_v$, ferner die Isobare $C = C_p$.

δ) Für Kurven, deren Neigung stärker negativ ist, als es der Adiabate (7) entspricht, ist C negativ. Das bedeutet folgendes: Hier ist die mit einer Temperaturerhöhung verknüpfte Volumverkleinerung so groß, daß die hierzu nötige Arbeit nicht nur imstande ist, die Energieänderung zu decken, sondern auch noch Wärme abgeführt werden muß, um die Temperatur nicht über das gewünschte Maß steigen zu lassen. Hierbei ist bezüglich der Energieänderung noch zu beachten, daß zwar die Temperaturerhöhung eine Energieerhöhung verlangt, die gleichzeitig vorgeschriebene Raumverkleinerung aber häufig Energie liefert $\left[\left(\frac{\partial E}{\partial T}\right)_v dT + \left(\frac{\partial E}{\partial V}\right)_T dV,\ dV \text{ negativ!}\right]$.

In der allgemeinen Formel kann man noch folgende bequemere Schreibart anwenden. Nach (3) ist

$$\left(\frac{\partial E}{\partial V}\right)_T + p = \frac{C_p - C_v}{\left(\frac{\partial V}{\partial T}\right)_p} = (C_p - C_v)\left(\frac{\partial T}{\partial V}\right)_p. \tag{8}$$

Hier bedeutet $\left(\frac{\partial T}{\partial V}\right)_p dV$ die Temperaturänderung, die man anbringen muß, um bei einer Volumvergrößerung um dV den Druck konstant zu halten. Damit kann man schreiben

$$C_X = C_v + (C_p - C_v)\left(\frac{\partial T}{\partial V}\right)_p \left(\frac{dV}{dT}\right)_X, \tag{1'}$$

und für die Adiabate

$$\left(\frac{\partial V}{\partial T}\right)_{\text{ad}} = -\frac{C_v}{C_p - C_v}\left(\frac{\partial V}{\partial T}\right)_p. \tag{7'}$$

Statt der Darstellung in der V, T-Ebene kann man auch eine Darstellung in der p, V-Ebene wählen (Abb. 1). Sehr häufig werden Zustandskurven in dieser Form angegeben. Um (1) auf diese Form umzurechnen, schreibt man

$$dT = \left(\frac{\partial T}{\partial V}\right)_p dV + \left(\frac{\partial T}{\partial p}\right)_v dp$$

oder nach Division durch dV, Benutzung von (5), Ziff. 8, und Umrechnung

$$\frac{dV}{dT} = \frac{1}{\left(\frac{\partial T}{\partial V}\right)_p} \frac{1}{1 - \left(\frac{\partial V}{\partial p}\right)_T \frac{dp}{dV}}. \tag{9}$$

Das ergibt, in (1') eingesetzt

$$C_X = C_v + \frac{C_p - C_v}{1 - \left(\frac{\partial V}{\partial p}\right)_T \left(\frac{dp}{dV}\right)_X}. \tag{10}$$

$\left(\frac{\partial V}{\partial p}\right)_T$ ist stets negativ (Ziff. 8). Daher nimmt C_X mit steigendem $\frac{dp}{dV}$ stets ab, wenn, wie später (Ziff. 40) bewiesen wird, $C_p - C_v > 0$. Die Adiabate heißt jetzt

$$\left(\frac{\partial p}{\partial V}\right)_{\text{ad}} = \frac{C_p}{C_v}\left(\frac{\partial p}{\partial V}\right)_T. \tag{11}$$

Sie verläuft stets mit negativer Neigung. Für $\frac{C_p}{C_v}$ benutzt man häufig die Abkürzung $\varkappa$. Also

$$\left(\frac{\partial p}{\partial V}\right)_{\text{ad}} = \varkappa\left(\frac{\partial p}{\partial V}\right)_T. \tag{11'}$$

Da $\varkappa$ wegen $C_p - C_v > 0$ (Ziff. 40) stets größer ist als 1, verläuft die Adiabate stets steiler als die Isotherme. In der p, V-Ebene haben diejenigen Zustandsänderungen negatives C, deren $\frac{dp}{dV}$ positiver ist, als es der Adiabate entspricht, bis zur Isotherme $\left(\frac{\partial p}{\partial V}\right)_T$, wo der Bruch von $-\infty$ zu $+\infty$ umspringt.

17. Die innere Energie als Funktion der Zustandsvariablen. Wir wollen nun überlegen, wie man prinzipiell $E(V, T)$ am zweckmäßigsten bestimmt. Wir wählen willkürlich irgendeinen Zustand V_0, T_0 als Ausgangspunkt und nennen seine Energie $E(V_0, T_0) = E_0$.

Die Energie bei anderen Temperaturen, aber dem gleichen Volum, bestimmt man nun am einfachsten kalorimetrisch (Ziff. 13)

$$E(V_0, T) = E(V_0, T_0) + \int_{T_0}^{T} C_v dT. \tag{1}$$

Nun kann man natürlich, von jedem anderen Volumen und derselben Temperatur ausgehend, wieder kalorimetrisch die mit einer Temperaturänderung verknüpften Energieänderungen bestimmen

$$E(V_1, T) - E(V_1, T_0) = \int_{T_0}^{T} C_v(V_1) dT, \tag{2}$$

aber es fehlt noch die Bestimmung der Funktion $E(V, T_0)$, d. h. die Volumabhängigkeit der Energie bei fester Temperatur. Man kann sich durch eine andere Messungsart diese Kenntnis gleichzeitig mit der in (2) ausgedrückten erwerben, und zwar sind hierfür prinzipiell zwei Methoden möglich:

Erstens kann man die (reversiblen) Adiabaten untersuchen; dann erhält man [Ziff. 6, (7)]

$$\left(\frac{\partial E}{\partial V}\right)_T + p = -\left(\frac{\partial T}{\partial V}\right)_{\text{ad}} \left(\frac{\partial E}{\partial T}\right)_V. \tag{3}$$

Wenn man für alle V, T-Werte p und $\left(\frac{\partial T}{\partial V}\right)_{\text{ad}}$ als Funktionen von V und T kennt, ist das eine partielle Differentialgleichung von $E(V, T)$, in deren Lösung die noch willkürliche Funktion durch (1) festgelegt wird.

Zweitens kann man die Veränderungen untersuchen, die ohne Ab- oder Zuführung von Wärme und ohne äußere Arbeit ablaufen. Solche Vorgänge verlaufen im allgemeinen von selbst und sind nicht direkt umkehrbar; sie kommen meistens dadurch zustande, daß man dem betreffenden System einen größeren luftleeren Raum zur Verfügung stellt, wobei die Volumvergrößerung arbeitslos, d. h. unter dem Druck 0 erfolgt. Man bewerkstelligt dies durch Wegziehen einer Schiebewand oder Öffnen eines Hahnes.

Bei solchen Vorgängen ist $E(V, T)$ konstant $(\delta Q = \delta A = 0)$. Meist ist allerdings während des Vorgangs die innere Energie nicht konstant, sondern anfangs verwandelt sich ein Teil der inneren Energie in mechanisch-kinetische (Strömung von Gasen, Schwingungen bei festen Körpern). Nach einiger Zeit geht aber diese wieder in innere Energie über, so daß nach Einstellung des Gleichgewichtes wieder nur mehr innere Energie vorhanden ist, die somit den gleichen Zahlwert hat wie vor Beginn des Prozesses. Man erhält so die Kurven

$$E(V, T) = \text{konst.},$$

d. h. zur selben Energie gehörige Wertsysteme T, V. Die Konstante selbst erhält man so natürlich nicht (d. h. Beziehungen zwischen den verschiedenen Kurven $E = \text{konst.}$), diese findet man aber aus der einen kalorimetrischen Meßreihe (1).

18. Der Versuch von GAY-LUSSAC. Das ideale Gas und sein adiabatisches Verhalten. Die zuletzt beschriebene Methode hat zuerst GAY-LUSSAC für Gase 1809 angewandt. Das Gas befand sich in einem Gefäß A vom Volum V_1, das von einem anderen, evakuierten Gefäß B durch einen Hahn abgesperrt war. Beim Öffnen des Hahnes sank zuerst die Temperatur vom Wert T_1 ab, weil ein Teil der inneren Energie in kinetische Strömungsenergie umgewandelt wurde. Diese letztere wurde aber im zweiten Gefäß nach einiger Zeit infolge der Reibung wieder in Wärme verwandelt, so daß das Gas, als Ganzes ruhend, das ganze

Volumen V_2 gleichmäßig ausfüllte. Da weder Wärmeleitung nach außen noch irgendeine mechanische Arbeitsleistung stattfand, muß sein

$$E(V_1, T_1) = E(V_2, T_2).$$

Das Experiment zeigte nun $T_1 = T_2$ oder

$$E(V_1, T_1) = E(V_2, T_1). \tag{1}$$

In Wirklichkeit hat GAY-LUSSAC die Einstellung des Gleichgewichtes nicht abgewartet, sondern das Resultat aus den gemessenen Temperaturänderungen berechnet.

Genauere Messungen zeigen aber bei wirklichen Gasen Abweichungen von (1), die mit abnehmendem Druck kleiner werden. Daraus folgt, daß beim idealen Gas für konstante Temperatur und großes Volumen die innere Energie nicht vom Volumen abhängt

$$\left(\frac{\partial E}{\partial V}\right)_T = 0. \tag{1'}$$

Differenziert man (1′) nach T, so sieht man, daß dadurch auch C_v vom Volumen unabhängig wird.

Für die Anwendung der im vorigen abgeleiteten Formeln auf das ideale Gas ergibt sich [(3) Ziff. 16]

$$C_p = C_v + R. \tag{2}$$

Bei konstantem Druck ist außer der zur reinen Temperaturerhöhung nötigen Wärme $C_v dT$ also nur noch die zur Leistung der äußeren Arbeit $p dV = d(pV) = d(RT) = R dT$ nötige zuzuführen, während die Ausdehnung an sich keine Energieänderung bedingt. Diese Überlegung hat R. MAYER 1842 zur ersten Berechnung des mechanischen Wärmeäquivalents benutzt, da $C_p - C_v$ in kalorischem, R in mechanischem Maß bekannt war.

Die Gleichung der Adiabate lautet nach Ziff. 16, (11′) für ein ideales Gas, da

$$\left(\frac{\partial p}{\partial V}\right)_T = -\frac{RT}{V^2} = -\frac{p}{V}, \tag{3}$$

$$\frac{dp}{dV} = -\varkappa \frac{p}{V}. \tag{4}$$

Hier ist im allgemeinen aber $\varkappa$ nicht unabhängig von V, denn auf der Adiabate ändert sich mit V auch die Temperatur. Wir stellen die allgemeine Formel zurück und nehmen zuerst an, daß C_v und damit

$$\varkappa = \frac{C_v + R}{C_v} = 1 + \frac{R}{C_v} > 1 \tag{5}$$

von T unabhängig ist. Dann folgt

$$p V^{\varkappa} = p_0 V_0^{\varkappa} \tag{6}$$

oder

$$T V^{\varkappa - 1} = T_0 V_0^{\varkappa - 1}; \qquad \varkappa - 1 = \frac{R}{C_v}, \tag{6'}$$

$$T p^{\frac{1-\varkappa}{\varkappa}} = T_0 p_0^{\frac{1-\varkappa}{\varkappa}}; \qquad \frac{1-\varkappa}{\varkappa} = -\frac{R}{C_p}. \tag{6''}$$

Die zu einer adiabatischen Kompression nötige Arbeit wird

$$-A = +\int_{V_2}^{V_1} p\, dV = C_v T_1 \left[\left(\frac{V_1}{V_2}\right)^{\varkappa - 1} - 1\right] = C_v T_1 \left[\left(\frac{p_2}{p_1}\right)^{\frac{\varkappa - 1}{\varkappa}} - 1\right] = C_v (T_2 - T_1). \tag{7}$$

Um ebensoviel nimmt die innere Energie ab ($\delta Q = 0!$). V_1/V_2 nennt man den Kompressionsgrad, p_2/p_1 das Druckverhältnis.

Im allgemeinen Fall $\frac{\partial C_v}{\partial T} \neq 0$ geht man zweckmäßiger von (7'), Ziff. 16, aus, die nun lautet

$$\frac{dV}{dT} = -\frac{C_v}{R}\frac{V}{T}. \tag{8}$$

(Diese Gleichung hätte man direkt aus dem Ansatz ableiten können, daß die zur Temperaturerhöhung nötige Energie $C_v dT$ von der äußeren Arbeit $-p\,dV = -\frac{RT}{V}dV$ geliefert wird.)

Daraus folgt für die Adiabate

$$\ln\frac{V}{V_1} = -\frac{1}{R}\int_{T_1}^{T}\frac{C_v}{T}\,dT. \tag{9}$$

was für $C_v =$ konst. mit (6') übereinstimmt; für $C_v = C_v^0 + \alpha T$ ergibt sich z. B.

$$V^{\varkappa_0 - 1} T e^{\frac{\alpha T}{C_v^0}} = \text{konst}.$$

19. Isotherme und Polytrope beim idealen Gas. Außer der eben besprochenen Adiabate sind noch andere Zustandsfolgen für das ideale Gas von Bedeutung. Wir setzen dabei im folgenden voraus, daß der Vorgang direkt umkehrbar, der Druck also stets der Gleichgewichtsdruck ist. Auf der Isothermen wird bei der Ausdehnung eine Arbeit vom Betrag

$$A = \int_{V_1}^{V_2} p\,dV = RT\ln\frac{V_2}{V_1} = RT\ln\frac{p_1}{p_2} \tag{1}$$

geleistet. Hierbei gilt die Gleichung $pV = p_1 V_1$.

Da die Temperatur konstant bleibt, ändert sich die innere Energie nicht

$$\left(\frac{\partial E}{\partial V}\right)_T = 0.$$

Demnach muß ebensoviel Wärme zugeführt werden, als Arbeit geleistet wird,

$$0 = Q - A, \quad Q = RT\ln\frac{V_2}{V_1}.$$

Beim Vergleich von (1), Ziff. 19, und (7), Ziff. 18, ergibt sich, daß die isotherme Kompression vom Volum V_1 auf das Volum V_2 bei der Temperatur T_1 weniger Arbeit erfordert als die adiabatische, weil infolge der Nichtableitung der Wärme in letzterem Fall der Druck schneller ansteigt [größere Steilheit der Adiabate (11), Ziff. 17]. Dagegen würde eine isothermische Kompression bei der Temperatur T_2, der adiabatischen Endtemperatur, mehr Arbeit erfordern als die adiabatische. In der Technik betrachtet man häufig Zustandsänderungen, die zwischen dem isothermen und adiabatischen Fall liegen, sog. Polytropen

$$pV^n = p_0 V_0^n \tag{2}$$

mit beliebigem n. Für sie folgt

$$TV^{n-1} = T_0 V_0^{n-1}$$

und da nach (1'), Ziff. 15, und (1'), Ziff. 18, für das ideale Gas gilt

$$\delta Q = C_v dT + \frac{RT}{V} dV,$$

so ist

$$\delta Q = R\left(\frac{C_v}{R} - \frac{1}{n-1}\right) dT = RT\left(1 - (n-1)\frac{C_v}{R}\right)\frac{dV}{V}. \tag{3}$$

Für $n = \varkappa$ wird daraus die Adiabate $\delta Q = 0$, für $n = 1$ die Isotherme; für $1 < n < \varkappa$ ist δQ bei Temperaturerhöhung negativ, es liegt der in (16d) besprochene Fall vor, daß man bei Kompression infolge zu starker Druck- und Temperatursteigerung Wärme abführt; bei $n > \varkappa$ ist δQ positiv, man muß Wärme zuführen und dadurch die Temperatur über das Maß, das durch adiabatische Kompression erreicht wurde, hinaus erhöhen, um einen der Gleichung (2) entsprechenden, genügend starken Druckanstieg zu erreichen. Aus (3) folgt, daß die spezifische Wärme auf der Polytrope

$$\frac{\delta Q}{\delta T} = R\left(\frac{C_v}{R} - \frac{1}{n-1}\right).$$

konstant ist, wenn C_v nicht vom T abhängt. Es gilt auch die Umkehrung hiervon.

20. Einige Differentialbeziehungen. Außer den Formeln (2'), Ziff. 16, und (6), Ziff. 16, von denen sich die letzte in kleiner Erweiterung

$$C_p = \left[\left(\frac{\partial E}{\partial V}\right)_p + p\right]\left(\frac{\partial V}{\partial T}\right)_p = \left(\frac{\delta Q}{\delta V}\right)_p\left(\frac{\partial V}{\partial T}\right)_p \tag{1}$$

schreiben läßt, kann man leicht noch folgende Formeln ableiten

$$\left(\frac{\delta Q}{\delta p}\right)_T = \left(\frac{\delta Q}{\delta V}\right)_T\left(\frac{\partial V}{\partial p}\right)_T,$$

$$\left(\frac{\delta Q}{\delta V}\right)_T = (C_p - C_v)\left(\frac{\partial T}{\partial V}\right)_p, \quad \text{[(2) Ziff. 15, (3), Ziff. 16]}$$

$$\left(\frac{\delta Q}{\delta p}\right)_T = (C_p - C_v)\left(\frac{\partial T}{\partial p}\right)_v,$$

$$\left(\frac{\delta Q}{\delta V}\right)_p = C_p\left(\frac{\partial T}{\partial V}\right)_p, \quad \text{[(1), Ziff. 20]}$$

$$\left(\frac{\delta Q}{\delta p}\right)_v = C_v\left(\frac{\partial T}{\partial p}\right)_v. \quad \text{[(2'), Ziff. 16]}$$

Alle diese Formeln sind dadurch bedingt, daß E als eine Funktion von je zwei Zustandsvariabeln v und T oder v und p oder p und T geschrieben werden kann, und diese drei durch die Zustandsgleichung $p = f(V, T)$ verbunden sind. Sie sind also Formeln für Änderungen der unabhängigen Variabeln.

Das gilt jedoch nicht für eine Beziehung, die folgendermaßen erhalten wird: Man löst (1) nach $\left(\frac{\partial E}{\partial V}\right)_p$ auf und differenziert nach p, ferner löst man (2'), Ziff. 16, nach $\left(\frac{\partial E}{\partial p}\right)_v$ auf, differenziert nach v und setzt die beiden Ausdrücke für $\frac{\partial^2 E}{\partial V \partial p}$ gleich. Es wird

$$(C_p - C_v)\frac{\partial^2 T}{\partial p \partial V} + \frac{\partial C_p}{\partial p}\frac{\partial T}{\partial V} - \frac{\partial C_v}{\partial V}\frac{\partial T}{\partial p} = 1.$$

In dieser Gleichung kommen nur beobachtbare Größen vor. Würde sie sich irgend einmal verletzt zeigen, so würde das bedeuten, daß es keine eindeutige Funktion des Zustandes E gibt, welche der Bedingung genügt, daß $\int \delta E = \int \delta Q + \int p\, dV$ ist. Dann würde man also entweder schließen, daß das Energieprinzip verletzt ist, man demnach eine periodische Maschine bauen kann, die eine der zwei in Ziff. 13 verbotenen Leistungen vollbringt, oder aber, daß bei dem Prozeß außer den berücksichtigten noch eine weitere Energieart (Arbeitsleistung) ins Spiel kommt.

21. Der CARNOTsche Kreisprozeß mit einem idealen Gas. Eine wichtige Gruppe von technischen Maschinen arbeitet dadurch, daß sie Wärme in mechanische Arbeit verwandelt. Da man dabei endliche Abmessungen einhalten muß, baut man die eigentliche Kraftmaschine so, daß sie periodisch arbeitet, d. h. daß der Kolben immer wieder in dieselbe Lage zurückkommt. Eine Maschine, in deren Arbeitsvorgang unendlich große Volumina auftreten müßten, bei der also ein Stempel in unendlich große Entfernung gedrückt würde, ist unbrauchbar. Um einen möglichst vollkommen durchrechenbaren Prozeß zu haben, hat S. CARNOT im Jahre 1824 den nach ihm benannten Kreisprozeß untersucht, in welchem als Arbeitsvorrichtung ein Gefäß, mit einem Arbeitsstoff gefüllt und mit einem Stempel versehen, dient. Wir wollen als Arbeitsstoff hier ein ideales Gas mit temperaturunabhängigem C_v benutzen. Die Bezeichnung Kreisprozeß rührt daher, daß nach Ablauf eines bestimmten Arbeitsvorganges das Gasgefäß stets wieder in denselben Zustand (Volumen, Temperatur) zurückkehrt. Außerdem gehören zu der Maschine zwei große Wärmereservoire 1 und 2 von den Temperaturen T_1 und T_2 ($T_2 > T_1$); sie sollen so groß sein, daß Wärmeentnahme ihre Temperatur nicht merklich ändert, bzw. sie sollen immer wieder auf die Temperaturen T_1 und T_2 aufgeheizt werden. Die beiden Behälter kehren nach Beendigung des „Kreis"prozesses nicht wieder in ihren früheren Zustand zurück, sondern erleiden dauernde Änderungen.

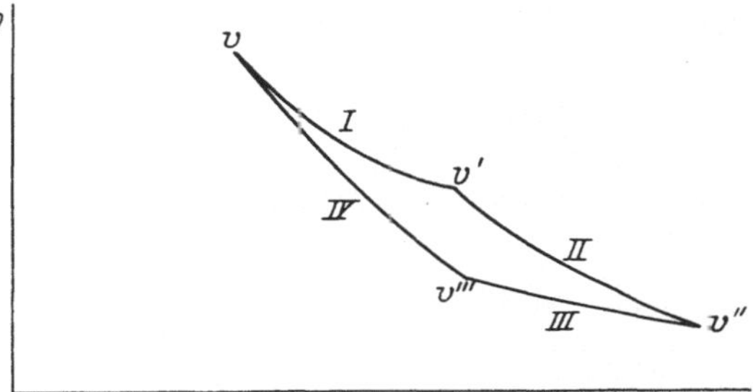

Abb. 2a. CARNOTscher Kreisprozeß im p, v-Diagramm.

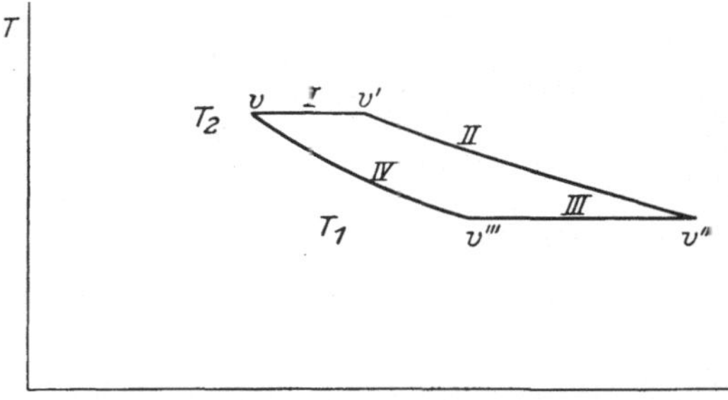

Abb. 2b. CARNOTscher Kreisprozeß im T, v-Diagramm.

Der CARNOTsche Kreisprozeß besteht nun aus vier aufeinanderfolgenden Einzelvorgängen, die in Abb. 2a und 2b sowohl im p, v- als im T, v-Diagramm dargestellt sind.

Der erste Teil (I) des Prozesses besteht darin, daß das Arbeitsgas, das sich in Wärmeausgleich mit dem Behälter 2 befindet und daher selbst die Temperatur T_2 hat, isotherm (und unendlich langsam, Ziff. 10) vom Volumen v auf das Volumen v' ausgedehnt wird. Hierbei bleibt es in Berührung mit dem Behälter 2 und nimmt daher umkehrbar (im Gleichgewicht, Ziff. 10) aus ihm die Wärmemenge $+Q_{\mathrm{I}}$ auf, die nötig ist, um die geleistete Ausdehnungsarbeit A_{I}

zu liefern, da sich die innere Energie E nicht ändert (Ziff. 18). Die geleistete Arbeit ist

$$A_{\mathrm{I}} = RT_2 \ln \frac{v'}{v}, \tag{1}$$

und ebenso groß die zugeführte Wärme:

$$Q_{\mathrm{I}} = + RT_2 \ln \frac{v'}{v}. \tag{1'}$$

Am Ende des Teilprozesses I wird die wärmeleitende Verbindung mit dem Behälter gelöst und das System vor Wärmezu- oder -abfuhr geschützt. Prozeß II besteht nun in einer weiteren, jetzt adiabatisch vorgenommenen umkehrbaren Expansion bis zur Temperatur T_1. Das Volumen, bis zu dem expandiert werden muß, berechnet sich nach (6'), Ziff. 18, zu

$$v'' = v' \left(\frac{T_2}{T_1}\right)^{\frac{1}{\varkappa - 1}}. \tag{2}$$

Die gewonnene Arbeit ist [(7), Ziff. 18]

$$A_{\mathrm{II}} = C_v (T_2 - T_1), \tag{3}$$

die Wärmezufuhr

$$Q_{\mathrm{II}} = 0. \tag{3'}$$

Nun bei der Temperatur T_1 angelangt, wird die wärmeleitende Verbindung mit dem Behälter 1 hergestellt; es besteht Gleichgewicht.

Als Teilprozeß III beginnt man nun isotherm umkehrbar zu komprimieren, wobei die Kompressionswärme Q_{III} vom Behälter 1 umkehrbar aufgenommen wird. Die Kompression wird bis zu einem Volum v''' vorgenommen, das man nach folgender Formel wählt:

$$v''' = v \left(\frac{T_2}{T_1}\right)^{\frac{1}{\varkappa - 1}}. \tag{4}$$

Es ist also nach (2) und (4)

$$\frac{v'''}{v} = \frac{v''}{v'}. \tag{5}$$

Die bei der Kompression vom Gas geleistete Arbeit ist negativ, nämlich

$$+ A_{\mathrm{III}} = RT_1 \ln \frac{v'''}{v''} = RT_1 \ln \frac{v}{v'}.$$

Die ihr äquivalente Wärmemenge $-Q_{\mathrm{III}}$ wird an den Behälter 2 abgegeben

$$-Q_{\mathrm{III}} = -A_{\mathrm{III}} = + R\, T_1 \ln \frac{v'}{v}. \tag{5'}$$

Das Kompressionsverhältnis v''/v''' ist gleich dem Expansionsverhältnis v'/v beim Teilvorgang I [nach (5)]. Trotzdem ist die Arbeit, die jetzt geleistet werden muß, kleiner als die bei I gewonnene, $-\frac{A_{\mathrm{I}}}{A_{\mathrm{III}}} = \frac{T_2}{T_1}$, weil die Temperatur in diesem Verhältnis höher ist. Dadurch ist bei entsprechenden Volumwerten der Druck beim Teilprozeß I im Verhältnis T_2/T_1 größer, und daher stehen auch die Arbeiten in diesem Verhältnis. Endlich wird nach Erreichung des Volumens v''' die Verbindung mit dem Behälter 1 gelöst und das Gas jetzt weiter adiabatisch bis zum Volumen v komprimiert. Dabei ist das Volumen v''' gerade so gewählt worden, daß die Kompressionsendtemperatur nach (5) wieder den Wert T_2

erreicht, demnach der Kreisprozeß geschlossen ist. Die zur Kompression nötige Arbeit $-A_{IV}$ ist also [(7), Ziff. 18]

$$-A_{IV} = C_v(T_2 - T_1) = +A_{II}, \qquad Q_{IV} = 0. \tag{6}$$

Die Arbeiten bei den beiden adiabatischen Prozessen heben sich gerade gegenseitig auf, $A_{II} + A_{IV} = 0$. Ferner ist $Q_{II} + Q_{IV} = 0$, da diese beiden einzeln verschwinden. Es bleiben noch die Prozesse I und III. Für sie erhält man durch Summation

$$A_I + A_{III} = +R(T_2 - T_1)\ln\frac{v'}{v}, \qquad Q_I + Q_{III} = R(T_2 - T_1)\ln\frac{v'}{v}. \tag{7}$$

Der erste Hauptsatz ist natürlich erfüllt. Es ist im ganzen also dem Behälter der Temperatur T_2 die Wärmemenge Q_I entnommen und dem kälteren Behälter die Wärmemenge $-Q_{III}$ zugeführt worden, während der Rest $Q_I + Q_{III}$ in Arbeit des Kreisprozesses

$$A_0 = A_I + A_{II} + A_{III} + A_{IV} = R(T_2 - T_1)\ln\frac{v'}{v} \tag{8}$$

verwandelt worden ist. Der Vergleich von (1') und (8) lehrt dann: Es ist der Bruchteil $\frac{T_2 - T_1}{T_2}$ der bei T_2 aufgenommenen Wärmemenge in Arbeit verwandelt,

$$A_0 = Q_I\frac{T_2 - T_1}{T_2}, \tag{9}$$

während der Bruchteil $Q_{III} = -Q_I\frac{T_1}{T_2}$ an den kälteren Behälter wieder abgegeben wird, $\frac{T_2 - T_1}{T_2}$ nennt man den „Wirkungsgrad" des Kreisprozesses.

22. Modifizierter Kreisprozeß von CLAPEYRON. Man kann noch einen anderen Kreisprozeß ausführen, bei dem die Voraussetzung $\frac{\partial C_v}{\partial T} = 0$ nicht nötig ist (Abb. 3).

Hierzu beginnt man mit dem gleichen Vorgang I wie unter Ziff. 21. Dann setzt man aber nicht mit einer adiabatischen Expansion als zweiten Vorgang fort ($A_{II} > 0$, $Q_{II} = 0$), sondern kühlt bei konstantem Volumen ab $\left(A_{II} = 0, \; -Q_{II} = \int_{T_1}^{T_2} C_v\,dT\right)$. Um das zu ermöglichen, braucht man einen Wärmebehälter 3 mit variabler Temperatur, also am zweckmäßigsten ein gasgefülltes Gefäß mit umkehrbar veränderlichem Volumen. Diesem erteilt man die Temperatur T_2 und bringt es mit dem Arbeitsgefäß in wärmeleitende Verbindung. Dann vergrößert man langsam das Volumen von 3, wobei sich 3 und das Arbeitsgefäß bis zur Temperatur T_1 abkühlen. Die Differentialgleichung für 3 ist

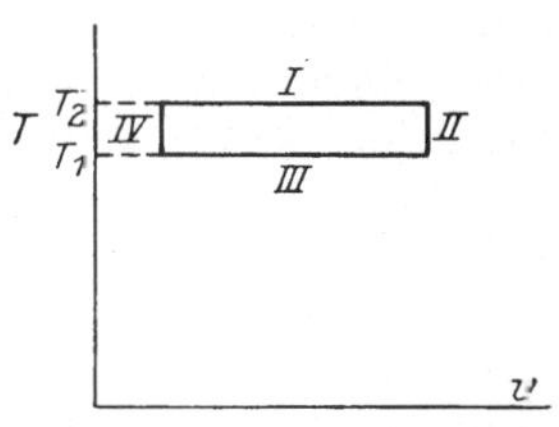

Abb. 3. CLAPEYRONscher Kreisprozeß.

$$-C_v\,dT = C_{v_3}\,dT + \frac{RT}{V_3}\,dV_3. \tag{1}$$

Um stets Gleichgewicht zu haben, kann man etwa die Belastung des Stempels von 3 nicht direkt durch ein Gewicht, sondern durch ein an einer Schnur hängendes Gewicht vornehmen, das nicht frei hängt, sondern auf einer Fläche von solcher

Form gleitet, daß die Kraft stets proportional dem sich aus der Lösung von (1) berechnenden Druck $p = \frac{RT}{V_3}$ ist.

Mit dieser Anordnung wird also dem Arbeitsgas die Wärme Q_{II} entzogen und in potentielle Schwereenergie verwandelt. Nach Erreichung von T_1 wird die wärmeleitende Verbindung zwischen dem Arbeitsgas und Behälter (3) gelöst, zwischen dem Arbeitsgas und Behälter 1 hergestellt, während 3 nun unbeeinflußt bleibt. Als Prozeß III folgt nun die isotherme Kompression des Arbeitsgases bei der Temperatur T_1 vom Volum V' auf das Volum V in Berührung mit dem Behälter 1. Hierbei wird die Arbeit A_{III} [(5'), Ziff. 21)] verbraucht und die äquivalente Wärme $-Q_{III}$ an den Behälter 1 abgegeben.

Nach Erreichung des Volumens V wird die wärmeleitende Verbindung mit dem Behälter 1 gelöst und mit dem variablen Behälter 3, der unverändert auf der Temperatur T_1 geblieben war, wieder hergestellt. Nun folgt als Vorgang IV eine umkehrbare Kompression des Behälters 3, die dem mit ihm dauernd auf gleicher Temperatur befindlichen Arbeitsgas Wärme zuführt, wobei die Temperatur des Behälters 3 und des Arbeitsgases steigen. Da die spezifische Wärme des Arbeitsgases vom Volumen unabhängig, also beim Volumen V (Prozeß IV) gleich ist der beim Volumen V' (Prozeß II), so ist die zur Erwärmung des Arbeitsgases von T_1 auf T_2 nötige Wärmemenge Q_{IV} (entgegengesetzt) gleich der bei der Abkühlung abgegebenen Q_{II}.

$$Q_{IV} = \int_{T_1}^{T_2} C_v dT = -Q_{II}, \qquad A_{IV} = 0.$$

Demnach ist am Ende des Prozesses IV, der den Kreisprozeß schließt, auch der variable Behälter 3 in seinen ursprünglichen Zustand, sowohl was die Temperatur als auch was das Volumen, d. h. die potentielle Energie des den Druck regulierenden Gewichtes betrifft, zurückgekehrt und darf daher bei Aufstellung der Bilanz außer Betracht bleiben. Für die Arbeit des ganzen Kreisprozesses erhält man daher auch hier, da wieder $Q_{II} + Q_{IV} = 0$, $A_{II} + A_{IV} = 0$ ist, dieselben Formeln Ziff. 21, (8) und (9).

Es sei nochmals kurz hervorgehoben, was für Voraussetzungen in Formel (9), Ziff. 21 enthalten sind: 1. die Gesetze des Temperaturausgleichs Ziff. 5 und der Möglichkeit direkt umkehrbarer Prozesse Ziff. 10; 2. der erste Hauptsatz Ziff. 12, 13, in der Form, daß bei isothermen Prozessen mit idealen Gasen $Q + A = 0$ ist; 3. die Behauptung, daß bei idealen Gasen, bei denen $pV = RT$ ist, C_v von V nicht abhängt.

Natürlich kann man beide Kreisprozesse auch umgekehrt durchlaufen, wobei aus dem kälteren Behälter die Wärme $|Q_{III}|$ entnommen wird, Arbeit $|A_0|$ verbraucht wird und dafür die Wärmemenge $|Q_{III}| + |A_0| = |Q_I'|$ an den wärmeren Behälter abgegeben wird.

23. Kreisprozesse mit unendlich kleiner Temperaturdifferenz. Läßt man die Temperaturen T_2 und T_1 einander sehr nahe rücken, so läßt sich Formel (9), Ziff. 21 wesentlich einfacher schreiben.

Die rechte Seite wird $Q_I \frac{\Delta T}{T}$.

Auf der linken Seite steht $A_I + A_{III}$.

Nun setzen wir statt A_{III} die Größe $-A_{III}'$. Hier wäre A_{III}' die Arbeit, die man gewinnen könnte, wenn man den Prozeß III statt von rechts nach links, von links nach rechts verlaufen ließe, in derselben Richtung, wie I verläuft. Dieser neue Prozeß III' ist aber (besonders einfach beim Kreisprozeß von Ziff. 22) nichts anderes als der Prozeß I, nur bei der Temperatur $T_1 = T_2 - \Delta T$ statt bei der Temperatur T_2 vorgenommen. Entsprechend ist die Arbeit A_{III}' einfach die Arbeit A_{I} bei tieferer Temperatur, also

$$A_{\mathrm{III}}' = A_{\mathrm{I}} - \left(\frac{dA_{\mathrm{I}}}{dT}\right)_{T_2} \Delta T + \cdots$$

$$A_0 = A_{\mathrm{I}} - A_{\mathrm{III}}' = A_{\mathrm{I}} - \left(A_{\mathrm{I}} - \frac{dA_{\mathrm{I}}}{dT} \Delta T + \cdots\right)$$

oder im Grenzwert

$$\lim_{\Delta T = 0} A_0 = \frac{dA_{\mathrm{I}}}{dT} dT.$$

Nun kann man den Index I weglassen und erhält für den unendlich kleinen Kreisprozeß

$$\frac{dA}{dT} = + \frac{Q}{T}. \tag{1}$$

Es sei nochmals ausdrücklich auf die Bedeutung der Buchstaben in (1) im Gegensatz zu (9) Ziff. 21 hingewiesen:

In (1) ist Q die bei einem einseitigen, d. h. von einem Zustand zu einem davon verschiedenen verlaufenden, isothermen reversiblen Vorgang aufgenommene Wärmemenge. A ist die bei demselben einseitigen Vorgang geleistete Arbeit. Läßt man denselben Vorgang, statt bei T, bei der Temperatur $T + dT$ gehen, so ist die Arbeit um $\frac{dA}{dT} dT$ größer. Das ist die Bedeutung von $\frac{dA}{dT}$, nicht aber etwa die Arbeit, die bei einer Erwärmung geleistet wird. Die ganze Gleichung bezieht sich auf einen einzigen isothermen Vorgang; der Kreisprozeß ist nur bei der Ableitung benutzt worden.

Im Gegensatz dazu bezieht sich (9) Ziff. 21 auf einen Kreisprozeß; zwar Q_{I} ist die bei einem isothermen Vorgang (und zwar dem bei der höheren Temperatur) aufgenommene Wärmemenge wie im vorigen Fall, dagegen ist A_0 die Arbeit des ganzen Kreisprozesses selbst. Im Fall unendlich kleiner Temperaturunterschiede ist $A_0 = \frac{dA}{dT}(T_2 - T_1)$.

24. Der CLAPEYRONsche Kreisprozeß mit dem Idealstoff. CARNOTsche Temperaturskala. Wir hatten bisher die Kreisprozesse in Ziff. 21, 22 und 23 mit idealen Gasen ausgeführt. Dabei mußten wir aber das Erfahrungsresultat von Ziff. 18 mit benutzen, daß gleichzeitig $pV = RT$ und $\left(\frac{\partial E}{\partial V}\right)_T = 0$ gilt.

Betrachten wir das als reines Messungsergebnis, so können wir nie sicher sein, daß diese beiden Beziehungen gleichzeitig genau gelten, bzw. es könnte ein Widerspruch sein, daß sie gleichzeitig genau gelten. Nun werden wir allerdings später als Folge aus dem zweiten Hauptsatz ableiten, daß die beiden Beziehungen aneinandergeknüpft sind und daher gleichzeitig gelten müssen, wenn eine der Beziehungen gilt. Es ist aber logisch unbefriedigend, eine Tatsache, die Folge des zweiten Hauptsatzes ist, als Erfahrungsresultat vorwegzunehmen und beim Beweis des zweiten Hauptsatzes mit zu benutzen. Darum wollen wir nun auf die Verwendung eines idealen Gases als Arbeitsstoff im Kreisprozeß verzichten und uns einen „Idealstoff" vorstellen, von dem wir lediglich voraussetzen, daß

$$\left(\frac{\partial E}{\partial V}\right)_T = 0, \tag{1}$$

$$\left(\frac{\partial}{\partial T}\right)_V > 0 \tag{2}$$

für ihn gilt, ohne daß wir gleichzeitig eine bestimmte Zustandsgleichung annehmen. In dieser Voraussetzung kann wohl kein innerer Widerspruch stecken.

Nun führen wir mit diesem Idealstoff zwischen zwei fest vorgegebenen (Mol-) Volumwerten V' und V'' einen CLAPEYRONschen Kreisprozeß aus, in dessen erstem Teilvorgang dem Wärmebehälter 2 die Wärmemenge Q_{I} entzogen und dabei die Arbeit A_{I} geleistet wird. Dann wird als zweiter Vorgang bei konstantem Volumen V'' der Arbeitsstoff mittels der Hilfsapparatur, bei der ein ideales Gas benutzt werden kann, über die wir aber nichts voraussetzen müssen, umkehrbar die Wärmemenge $-Q_{\mathrm{II}} = +\int_{T_1}^{T_2} C_v\,dT$ entzogen. In III wird jetzt unter Aufwendung der Arbeit $-A_{\mathrm{III}}$ der Idealstoff auf V' komprimiert, wobei die Wärme Q_{III} an den Behälter 1 abgegeben wird, zum Schluß wird mit der Hilfsapparatur wieder die Wärme $Q_{\mathrm{IV}} = \int_{T_1}^{T_2} C_v\,dT = -Q_{\mathrm{II}}$ bei konstantem Volumen V' zugeführt, wobei die Temperatur T_2 wieder erreicht wird und auch die Hilfsapparatur in den Ausgangszustand zurückkehrt.

Es gilt

$$Q_{\mathrm{I}} + Q_{\mathrm{III}} = +(A_{\mathrm{I}} + A_{\mathrm{III}})\,.$$

Der Wirkungsgrad ist

$$\eta = +\frac{A_{\mathrm{I}} + A}{Q_{\mathrm{I}}} = \frac{Q_{\mathrm{I}} + Q_{\mathrm{III}}}{Q_{\mathrm{I}}}\,. \tag{3}$$

Die Größen A und Q hängen von der Natur des Idealstoffes [es könnte ja von vornherein mehrere Idealstoffe mit verschiedener Zustandsgleichung geben, die (1) genügen], von dem Molvolumen im Ausgangs- und Endzustand V' und V'' und den Temperaturen T_2 und T_1 in unbekannter Weise ab und sind den Mengen des arbeitenden Idealstoffes proportional. η ist also von dieser Menge unabhängig.

Wir wollen nun willkürlich einen bestimmten Idealstoff wählen und ebenso willkürlich V' und $V'' > V'$ festsetzen. Dann ist η nur von T_1 und T_2 abhängig, während wir bei gegebenen Temperaturen den Einzelwert von Q_{I} bzw. von $A_0 = A_{\mathrm{I}} + A_{\mathrm{III}}$ durch Wahl der Menge des Arbeitsstoffes willkürlich bestimmen können.

Wie η von T_2 und T_1 abhängt, wissen wir nicht.

Wir gehen nun von der auf die idealen Gase aufgebauten Temperaturskala, die wir seit Ziff. 6 festgehalten hatten, ab und wählen eine neue Temperaturskala, die wir „CARNOTsche Temperaturskala" nennen wollen. Wenn wir zwei Wärmebehälter haben, zwischen denen der gewählte Idealstoff auf einem CLAPEYRONschen Kreisprozeß zwischen V' und V'' den Wirkungsgrad η gibt, so wollen wir die Temperaturskala so wählen, daß diesen Behältern die Temperaturen T_2 und T_1 zukommen, die durch

$$\frac{T_2 - T_1}{T_2} = 1 - \frac{T_1}{T_2} = \eta \tag{4}$$

definiert sind. Diese Temperaturskala kann allerdings vorderhand noch von der ein für allemal willkürlich getroffenen Wahl des Idealstoffes und von V' und V'' abhängen. Die vollständige Bestimmung der Skala erfordert ferner die Festlegung der Einheit, die wieder durch Bestimmung des Abstandes zwischen normalem Schmelz- und Siedepunkt des Wassers gleich 100° erfolgt.

Nun ist noch zu zeigen, daß die Festlegung (4) nicht zu Widersprüchen führt. Daß sie in sich widerspruchsfrei ist, erkennt man, wenn man denselben

Arbeitsstoff einmal direkt zwischen den Temperaturen T_3 und T_1 arbeiten läßt und aus dem gemessenen η_{13} T_3 bestimmt, dann zwischen T_1 und T_2, hierbei T_2 aus η_{12} nach (4) entnimmt und schließlich T_3 aus η_{23} berechnet. Man überzeugt sich leicht, daß man zu demselben Wert kommt.

Daß ferner die nach (4) bestimmte Temperaturskala mit den allgemeinen Eigenschaften des Temperaturbegriffs nicht im Widerspruch steht, erforderte erstens, daß Körper gleicher „gewöhnlicher" Temperatur auch gleiche CARNOTsche Temperatur haben. Das ist erfüllt, da, wie oben erwähnt, η eindeutig von den gewöhnlichen Temperaturen abhängt. Es erfordert zweitens, daß der höheren „gewöhnlichen" Temperatur auch die höhere CARNOTsche entspricht, d. h. daß bei gegebenem T_1 η mit steigender gewöhnlicher Temperatur steigt. Das bedeutet aber wieder, da nach (3)

$$\frac{d\eta}{dT_{\text{Gas}}} = \frac{Q_{\text{III}}}{Q_{\text{I}}^2} \frac{dA_{\text{I}}}{dT}$$

ist, daß A_{I} oder der Druck des Idealstoffes mit steigender Temperatur monoton steigt, wie wir in (2) vorausgesetzt haben. Der zweite Hauptsatz wird auch das beweisen.

Da übrigens für ideale Gase (1) wenigstens annähernd erfüllt ist und demnach nach Ziff. 21 (4) annähernd auch für die gastheoretische Skala gilt, werden wir erwarten, daß die CARNOTsche Skala und die auf den idealen Gasen beruhende nicht sehr verschieden sind.

25. Kalorimetrische Messung von Energieunterschieden. Nach dem ersten Hauptsatz ist bei jedem beliebigen Prozeß

$$Q - A = E_2 - E_1. \tag{1}$$

Wie sich aber dieser Energieunterschied auf die beiden Summanden, die zugeführte Wärme Q und die hineingesteckte Arbeit $-A$ verteilt, hängt von der Art ab, wie der Prozeß geleitet wird.

In vielen Fällen, wo man es nicht ausdrücklich auf die Gewinnung der Arbeit anlegt, z. B. bei chemischen Umsetzungen, bei denen es auf die Gewinnung des Endproduktes, nicht auf die der frei werdenden Energie ankommt, verläuft der Vorgang so, daß keine oder fast keine Arbeit geleistet wird. Ebenso ist es zur Bestimmung von Energiedifferenzen zwischen zwei Zuständen oder chemischen Systemen, die ineinander umgewandelt werden können, bequem, diesen Weg zu wählen, weil Wärmemengen viel leichter gemessen werden können als mechanische Arbeiten, und weil es meist unmöglich ist, einen Vorgang so zu führen, daß die ganze Energie in Arbeit verwandelt wird, so daß man im allgemeinen neben der Arbeitsmessung außerdem noch eine Wärmemessung machen müßte.

Wenn man einen Prozeß ohne Arbeitsleistung oder -verbrauch zu führen wünscht, so genügt meistens, daß man ihn bei konstantem Volumen verlaufen läßt, so daß $\int p\,dV = 0$ ist. Experimentell hat man diesen Fall bei allen Reaktionen im abgeschlossenen Gefäß (kalorimetrische Bombe), ferner praktisch auch bei Reaktionen, bei welchen keine Gase beteiligt sind, in offenen Gefäßen (s. später).

In besonderen Fällen, wo noch andere, z. B. elektrische Arbeit, durch die Anordnung frei wird, z. B. in galvanischen Elementen, sorgt man dafür, daß auch diese in Wärme verwandelt wird, z. B. durch Kurzschließen des Stroms über einen metallischen Widerstand (JOULEsche Wärme, die man mitmißt). Man nennt die Wärmemenge, die hierbei entwickelt wird und die gleich dem Überschuß der Energie des Anfangszustandes über die des Endzustandes ist, die „Wärmetönung" des Vorganges bei konstantem Volumen. Bezogen auf so viel

Mole, wie sie in der stöchiometrischen Formel stehen, nennen wir diese Größe U_v und rechnen sie positiv, wenn Wärme entwickelt wird, d. h. wenn der Ausgangszustand energiereicher ist,

$$U_v = \sum E_1 - \sum E_2. \tag{2}$$

In dieser Formel bezieht sich der Index 1 auf den Anfangs-, der Index 2 auf den Endzustand, die Summation ist über alle im System vorhandenen Stoffe zu erstrecken.

Reaktionen mit positiver Wärmetönung nennt man exotherm, solche mit negativer endotherm. Die gleichen Namen wendet man auch auf die entstandenen Produkte an.

In speziellen Fällen sind für die Wärmetönung eigene Bezeichnungen gebräuchlich; z. B. nennt man die Wärme, die verbraucht wird, wenn ein Mol Kristall schmilzt, die Schmelzwärme (hier bei konstantem Volumen). Es ist üblich, hierbei das Vorzeichen gegen die obenerwähnte allgemeine Regel umzukehren und die verbrauchte Wärme positiv zu rechnen; das gleiche gilt für Verdampfungs- und Sublimationswärme. Noch häufiger aber als bei konstantem Volumen arbeitet man unter konstantem Druck. Dann ist die gewonnene Arbeit nicht 0, sondern

$$+A = p\left(\sum V_1 - \sum V_2\right). \tag{3}$$

Wenn man jedoch keine andere als die eben genannte Arbeit leisten läßt, so nennt man die entwickelte Wärme die „Wärmetönung bei konstantem Druck". Man sagt dann auch, daß keine „Nutzarbeit" geleistet wird (Ziff. 15). Denn die Arbeit, die zum Wegschieben der äußeren Atmosphäre dient, kann nicht benutzt werden, bzw. die Arbeit, die bei Volumverkleinerung von der herabsinkenden Atmosphäre geleistet wird, braucht nicht erst künstlich, sozusagen auf menschliche Kosten, geliefert zu werden.

Ohne Nutzarbeit gehen alle gewöhnlichen Prozesse in offenen Gefäßen, offene Verbrennungen, offene Verdampfungen usw. vor sich. Bei galvanischen Elementen ist wieder eine evtl. geleistete elektrische „Nutzarbeit" in JOULEsche Wärme zu verwandeln. Für die „Wärmetönung bei konstantem Druck" U_p, bezogen auf die Mengen der stöchiometrischen Gleichung, erhält man dann aus (1) und (3)

$$\left.\begin{aligned} U_p &= \sum E_1 - \sum E_2 + p\left(\sum V_1 - \sum V_2\right) \\ &= \sum (E_1 + p V_1) - \sum (E_2 + p V_2) = \sum E_{1p} - \sum E_{2p}, \end{aligned}\right\} \tag{4}$$

d. h. ebenso wie man U_v aus den Energien E erhält, erhält man U_p aus den „Wärmeinhalten" oder „Wärmefunktionen bei konstantem Druck" E_p. Man kann, wie schon erwähnt, pV als eine zu E hinzukommende potentielle Energie des druckerzeugenden Stempels auffassen (Ziff. 15).

Es gilt nach (1) und (4)

$$U_p = U_v + p\left(\sum V_1 - \sum V_2\right). \tag{5}$$

Die Wärmetönung bei konstantem Druck ist größer als die bei konstantem Volumen, wenn das gesamte Anfangsvolumen größer ist als das gesamte Endvolumen (für $p > 0$). Es wird eben dann auch die Schwereenergie, die beim Herabsinken der Atmosphäre frei wird, in Wärme verwandelt.

Wenn keine Gase an dem Vorgang beteiligt sind, ist im allgemeinen $p(\sum V_1 - \sum V_2)$ klein gegen U_v (für nicht zu hohe p), so daß dann $U_p \simeq U_v$.

Ist $\sum V_1 = \sum V_2$, beteiligen sich z. B. nur Gase an der Reaktion und sind vor und nach der Reaktion Temperatur und Molzahl gleich, so ist genau $U_p = U_v$.

Für spezielle U_p gilt das gleiche, was für spezielle U_v gesagt wurde (Schmelzwärme bei konstantem Druck oder Schmelzwärme schlechthin usw.).

Es ist z. B. die Schmelzwärme [beachte das gegen (5) verkehrte Vorzeichen]

$$U_{s \to l, p} = U_{s \to l, v} + p(V_l - V_s), \tag{6}$$

die Verdampfungswärme

$$U_{l \to g, p} = U_{l \to g, v} + p(V_g - V_l), \tag{7}$$

die Sublimationswärme

$$U_{s \to g, p} = U_{s \to g, v} + p(V_g - V_s), \tag{8}$$

also $U_{l \to g, p} > U_{l \to g, v}$; $U_{s \to g, p} > U_{s \to g, v}$, da bei der Kondensation, wobei diese Wärme entwickelt wird, Absinken der Atmosphäre erfolgt. Ist der Dampf so verdünnt oder so heiß, daß er als ideales Gas behandelt werden kann, so gilt dabei

$$U_{l \to g, p} = U_{l \to g, v} + RT - pV_l, \tag{7'}$$

$$U_{s \to g, p} = U_{s \to g, v} + RT - pV_s, \tag{8'}$$

wobei meist $RT > pV_l, pV_s$.

26. Temperaturabhängkeit der Reaktionswärme (KIRCHHOFF). Differentiiert man (2) Ziff. 25 nach T, so erhält man mit Ziff. 16

$$\left(\frac{\partial U_v}{\partial T}\right)_v = \sum C_{v1} - \sum C_{v2}. \tag{1}$$

Ebenso, wenn man (5) Ziff. 25 unter Rücksicht auf (4') Ziff. 16 bei konstantem Druck differentiiert.

$$\left(\frac{\partial U_p}{\partial T}\right)_p = \sum C_{p1} - \sum C_{p2}. \tag{2}$$

Das heißt: man bekommt die Zunahme der Wärmetönung mit der Temperatur, indem man die spezifischen Wärmen der Stoffe im Ausgangszustand (natürlich mit der Zahl der vorhandenen Mole multipliziert) addiert und davon die Summe der spezifischen Wärmen im Endzustand subtrahiert. Je nachdem man die spezifischen Wärmen bei konstantem Volumen oder bei konstanter Temperatur wählt, gilt das für die entsprechende Wärmetönung.

Setzt man in (2) Ziff. 25 die Gleichung (2) Ziff. 16 bzw. in (5) Ziff. 25 die Gleichung (4') Ziff. 16 ein, oder integriert man (1) und (2), so wird

$$U_v(T) = U_v(T_0) + \int_{T_0}^{T} \left(\sum C_{v1} - \sum C_{v2}\right) dT, \tag{3}$$

$$U_p(T) = U_p(T_0) + \int_{T_0}^{T} \left(\sum C_{p1} - \sum C_{p2}\right) dT. \tag{4}$$

Diese Gleichung kann man auch mittels der Überlegung ableiten, daß dieselbe Wärmemenge $U(T)$ entwickelt wird, wenn man entweder die Reaktion bei der Temperatur T vor sich gehen läßt oder zuerst die Ausgangsstoffe auf die Temperatur T_0 abkühlt, wobei die Wärmemenge $\int_{T_0}^{T} \sum C_1 \, dT$ frei wird, dann die Reaktion mit der Wärmetönung $U(T_0)$ vornimmt und jetzt die erhaltenen Stoffe zur Temperatur T aufheizen muß, was die Zuführung der Wärmemenge $\int_{T_0}^{T} \sum C_2 \, dT$ erfordert. Ebenso kann man sich die Gleichungen (1) und (2) klarmachen, die aussagen, daß mehr Wärme bei höherer Temperatur frei wird, wenn die Ausgangsstoffe höhere spezifische Wärme als die Endstoffe haben. Dann ist nämlich in den Ausgangsstoffen ein mit steigender Temperatur immer größerer Überschuß an Energie der Wärmebewegung $\int C \, dT$ enthalten.

27. Thermochemische Gleichungen. Um kurz solche Wärmetönungen nebst der Reaktion, zu der sie gehören, anschreiben zu können, benutzt man die thermochemischen Gleichungen. In diesen wird wie bei stöchiometrischen Formeln ein Mol eines Stoffes durch das betreffende chemische Symbol ausgedrückt. Nur muß man jetzt die Aggregatzustände unterscheiden; das geschieht dadurch, daß feste (kristallisierte) Stoffe in eckige, flüssige in runde Klammern gesetzt werden, während dampfförmige ohne eigenes Zeichen bleiben. Es bedeutet daher $[H_2O]$, (H_2O), H_2O der Reihe nach 18,016 g Eis, flüssiges Wasser, Wasserdampf. Bei genaueren Angaben müßte man noch die Kristallform hinzusetzen, ferner muß man noch die Temperatur angeben, um den energetischen Zustand festzulegen. Wenn nichts weiter gesagt wird, meint man Atmosphärendruck, doch ist im allgemeinen der Druck gleichgültig. Die Angaben beziehen sich auf Reaktionen bei konstantem Druck.

Bei Gemischen kann man ebenfalls stöchiometrische Formeln schreiben, z. B. bei einer Lösung von 1 Mol NaCl in 100 Mol Wasser $(NaCl) + 100\,(H_2O)$. Wenn man es aber mit sehr verdünnten wässerigen Lösungen zu tun hat und Reaktionen betrachtet, an denen das Wasser nicht stöchiometrisch beteiligt ist, schreibt man z. B. NaCl aqu., weil in diesem Fall die Menge des Wassers keinen Einfluß auf die Wärmetönung hat (Ziff. 63).

Man schreibt nun die stöchiometrische Gleichung mit den Bezeichnungen des Aggregatzustandes hin und schreibt rechts die Wärmetönung dazu, die zu der Reaktion gehört, bei der die links vom Gleichheitszeichen stehenden Stoffe in die rechts vom Gleichheitszeichen stehenden verwandelt werden; dabei wird das positive Vorzeichen angewandt, wenn Wärme entwickelt wird, das negative, wenn Wärme verbraucht wird. Einige Beispiele folgen:

$$2\,H_2 + O_2 = 2\,(H_2O) + 136{,}76\ \text{kcal}$$

bedeutet, daß bei der Verbrennung von Wasserstoff und Sauerstoff und nachträglicher Abkühlung der entstandenen 36 g flüssigen Wassers auf die Temperatur der Ausgangsstoffe 136,76 kcal entwickelt wird.

$$[H_2O] = (H_2O) - 1{,}43\ \text{kcal}$$

bedeutet, daß beim Schmelzen von 18 g Eis 1,43 kcal verbraucht werden.

Diese Gleichungen gelten für bestimmte Temperaturen. Die Temperaturabhängigkeit ist nach Ziff. 26 zu berechnen.

28. Berechnung von Wärmetönungen auf Umwegen (mittels isothermer Kreisprozesse). Viele Wärmetönungen sind nicht direkt bestimmbar. Man kann sie aber indirekt bestimmen, wenn man beachtet, daß die Wärmetönung, wie sie hier definiert wurde, nur durch die Differenz der Energien E bzw. der „Wärmeinhalte" $E_p = E + pV$ von Anfangs- und Endzustand bestimmt ist und daher auch additiv aus Teilstücken zusammengesetzt werden kann. Wenn z. B. gilt

$$U_{1\to 2,p} = E_{1,p} - E_{2,p};\quad U_{1\to 3,p} = E_{1,p} - E_{3,p};\quad U_{3\to 2,p} = E_{3,p} - E_{2,p},$$

so ist

$$U_{1\to 2,p} = U_{1\to 3,p} + U_{3\to 2,p}.$$

Es ist z. B. nicht leicht, die Sublimationswärme [s. (8) Ziff. 28] direkt zu bestimmen. Statt den untersuchten Körper direkt zu sublimieren, kann man ihn nun leicht schmelzen und dabei die Schmelzwärme bestimmen ($U_{s\to l,p}$) und dann die Flüssigkeit verdampfen. Hierbei wird die Verdampfungswärme $U_{l\to g,p}$ verbraucht, evtl. bei einer anderen Temperatur als die Schmelzwärme, doch kann man hierauf leicht nach Ziff. 26 umrechnen. Da Anfangs- und Endzustand für beide Wege gleich sind, muß auch die auf dem direkten Weg erhaltene Wärmetönung gleich der Summe der anderen Wärmetönungen sein, also

Sublimationswärme + Verdampfungswärme = Schmelzwärme.

Man kann das auch graphisch in Form eines geschlossenen Prozesses darstellen (s. Abb. 4):

Der eigentliche Kreisprozeß wäre $[H_2O] \rightarrow (H_2O) \rightarrow H_2O \rightarrow [H_2O]$, doch ist der letzte Pfeil umgekehrt, um anzudeuten, worauf es ankommt.

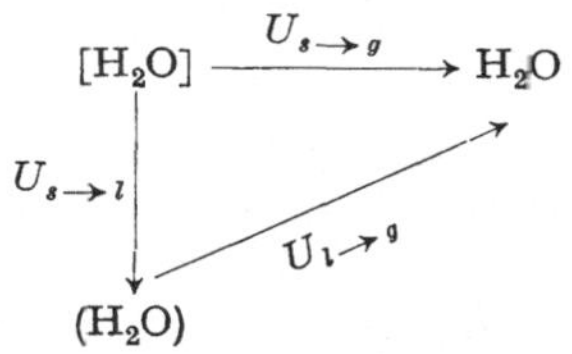

$$\begin{array}{ccc} [H_2O] & \xrightarrow{U_{s\to g}} & H_2O \\ \downarrow U_{s\to l} & \nearrow U_{l\to g} & \\ (H_2O) & & \end{array}$$

Abb. 4. Kreisprozeß des Wassers durch verschiedene Aggregatzustände.

Aus dem bisher Besprochenen folgt, daß man die in Ziff. 27 auseinandergesetzten thermochemischen Gleichungen wie gewöhnliche Gleichungen addieren und subtrahieren kann, z. B.

$$\begin{array}{l} [H_2O] = (H_2O) - 1400 \text{ cal} \\ (H_2O) = H_2O - 8600 \text{ cal} \\ \hline [H_2O] = H_2O - 10000 \text{ cal}. \end{array}$$

Im folgenden seien einige wichtige Beispiele besprochen:

a) Berechnung von Bildungswärmen auf Umwegen. Man kann die Bildungswärme von LiH aus den Elementen nicht direkt bestimmen. Statt dessen bestimmt man die Wärmetönung, die bei der Zersetzung dieses Stoffes mit sehr viel Wasser in Wasserstoff und gelöstes Lithiumhydroxyd auftritt und bestimmt die bei der direkten Wasserzersetzung durch Lithiummetall auftretende Wärmetönung

$$\begin{array}{l} 2\,[LiH] + 2\,(H_2O) = 2\,(LiOH)_{aqu} + 2\,H_2 + 63{,}2 \text{ kcal} \\ 2\,[Li] + 2\,(H_2O) = 2\,(LiOH)_{aqu} + H_2 + 106{,}4 \text{ kcal} \\ \hline 2\,[Li] + H_2 = 2\,[LiH] + 43{,}2 \text{ kcal}. \end{array}$$

b) Bestimmung von Bildungswärmen organischer Verbindungen. Die Bildungswärmen der meisten organischen Verbindungen aus den Elementen lassen sich nicht direkt bestimmen. Man kann sie aber dadurch berechnen, daß man die Verbrennungswärmen der Verbindung und der unverbundenen Elemente mißt und diese Größen voneinander abzieht

$$\begin{array}{l} [C] + O_2 = CO_2 + 95{,}96 \text{ kcal} \\ 2\,H_2 + O_2 = 2\,(H_2O) + 135{,}76 \text{ kcal} \\ CH_4 + 2\,O_2 = CO_2 + 2\,(H_2O) + 214{,}7 \text{ kcal} \\ \hline [C] + 2\,H_2 = CH_4 + 19 \text{ kcal}. \end{array}$$

Daher hat die Bestimmung der Verbrennungswärmen in der organischen Chemie eine große Bedeutung. Es hat sich bei der systematischen Untersuchung herausgestellt, daß man jeder Bindung, die durch einen „Valenzstrich" dargestellt ist, in erster Näherung einen bestimmten kalorischen Wert zuschreiben kann, der nur von dem Charakter dieser Bindung, nicht aber davon abhängt, was für Gruppen sich weiter anschließen.

Es ist z. B. die Verbrennungswärme

von Äthan	$H_3C - CH_3$	370,4	
			158,8
„ Propan	$H_3C - CH_2 - CH_3$	529,2	
			158,0
„ Butan	$H_3C - CH_2 - CH_2 - CH_3$	687,2	
			152,3
„ Pentan	$H_3C - CH_2 - CH_2 - CH_2{-}CH_3$	839,5	
„ Äthylalkohol	$CH_3 - CH_2OH$	340,5	
			140,7
„ Prophylalkohol	$CH_3 - CH_2 - CH_2OH$	481,2	
			158,2
„ Butylalkohol	$CH_3 - CH_2 - CH_2 - CH_2OH$	639,4	

Es ergibt sich demnach für jede hinzukommende CH_2-Gruppe ein Ansteigen der Verbrennungswärme um ~ 150 kcal. (Diese Konstanz der Differenzen ist natürlich keine Folge des ersten Hauptsatzes.)

FAJANS[1]) hat diese Überlegungen zur Berechnung der Energien benutzt, die zur Trennung bestimmter Bindungen erforderlich sind. Er findet angenähert

C—C 71 kcal; C=C 115 kcal; C≡C 160 kcal; C—H 83 kcal.

Die Auflösung der zweiten Bindung in der Doppelbindung C=C—C—C erfordert daher weniger Energie (115 — 71) als die Auflösung der einfachen Bindung. Die oben angeführte Bindungsfestigkeit C—C in aliphatischen Kohlenstoffverbindungen ist sehr nahe gleich der Bindungsfestigkeit des C-Atoms im Diamant. Für aromatische Kohlenwasserstoffe ist der Energiebedarf zur Lösung einer C—C-Bindung 96 kcal, was nach STEIGER[2]) mit der Bindungsenergie im Graphit zusammenhängt.

FAJANS[3]) hat auch den oben vernachlässigten Einfluß der weiter entfernten chemischen Gruppen auf die Festigkeit der C—C-Bindung aus den Verbrennungswärmen ermittelt.

29. Der BORN-HABER-FAJANSsche Kreisprozeß. Nach den Resultaten der Kristallgitteruntersuchung sind eine große Anzahl von Kristallen aus Ionen aufgebaut. Nach der zuerst von KOSSEL[4]) aufgestellten und für feste Körper von BORN ausgearbeiteten Theorie (s. ds. Handb. XXII) sind diese Ionen im Kristall im wesentlichen unverändert eingebaut, der Kristall wird hauptsächlich durch die von der Gesamtladung der Ionen herrührenden COULOMBschen Kräfte zusammengehalten. Eine für diese Theorie sehr wichtige Größe ist die sog. Gitterenergie. Darunter versteht man nach BORN diejenige Energie, die frei wird, wenn aus freier, anfangs unendlich weit voneinander entfernten, ruhenden (d. h. bei $T = 0$ befindlichen) Ionen 1 Mol des betreffenden Stoffes bei $T = 0$ gebildet wird. Aber ganz unabhängig von jeder Ansicht über den Aufbau des betreffenden Stoffes, unabhängig von der Realisierbarkeit dieses Vorgangs läßt sich diese Größe rein thermochemisch berechnen[5]). (Natürlich kann man die letztere Rechnung auch für höhere Temperaturen ausführen.) Wir besprechen als Beispiel die Berechnung der Gitterenergie von Steinsalz. Der direkte Weg ist der oben geschilderte Prozeß $Na^+ + Cl^- = [NaCl]$ mit der Wärmetönung (Gitternergie) U_G. Indirekt entreißen wir zuerst den Chlorionen ein Elektron unter Verbrauch der Elektronenaffinität $U_e = 88$ kcal. Dann vereinigen wir dieses Elektron mit den gasförmigen Natriumionen zu gasförmigen Natriumatomen, wobei die Ionisationswärme $U_J = 118$ kcal frei wird. Nun kondensieren wir die Natriumatome zu festem metallischen Natrium und gewinnen die Sublimationswärme $U_{g \to s} = 26$ kcal. Ferner vereinigen wir die Chloratome zu einem halben Mol gasförmigen, gewöhnlichen Chlors unter Ableitung der (auf ein halbes Mol bezogenen) Dissoziationswärme $\frac{1}{2} U_{A \to M} = 27$ kcal. Endlich erfolgt die Bildung von festem NaCl aus festem Natriummetall und gasförmigem Chlor mit der Wärmetönung

---

1) K. FAJANS, Chem. Ber. Bd. 53, S. 643. 1920; Bd. 55, S. 2826. 1922; A. v. WEINBERG, ebenda Bd. 53, S. 1347, 1353, 1519. 1920; W. HÜCKEL, ebenda Bd. 55, S. 2839. 1922.

2) A. v. STEIGER, Chem. Ber. Bd. 53, S. 666, 1766. 1920.

3) K. FAJANS, ZS. f. phys. Chem. Bd. 99, S. 395. 1921.

4) W. KOSSEL, Ann. d. Phys. Bd. 49, S. 229. 1916; Valenzkräfte und Röntgenstrahlen, 2. Aufl. Berlin: Julius Springer 1924.

5) M. BORN, Verh. d. D. Phys. Ges. Bd. 21, S. 13, 679. 1919; K. FAJANS, ebenda S. 539, 714; F. HABER, ebenda S. 750.

$U_{E \to S} = 99$. Aus der Summe folgt die Gitterenergie U_G zu 182 kcal. Das heißt in Gleichungen und graphisch dargestellt (Abb. 5):

$$\begin{array}{l} Cl^- = Cl + El - 88 \text{ kcal} \\ Na^+ + El = Na + 118 \text{ kcal} \\ Na = [Na] + 26 \text{ kcal} \\ Cl = \tfrac{1}{2}Cl_2 + 27 \text{ kcal} \\ [Na] + \tfrac{1}{2}Cl_2 = [NaCl] + 99 \text{ kcal} \\ \hline Na^+ + Cl^- = [NaCl] + 182 \text{ kcal} \end{array}$$

$$U_G = -U_e + U_J + U_{g \to s} + \tfrac{1}{2} U_{A \to M} + U_{E \to S}. \quad (1)$$

Diesen Prozeß hat FAJANS durch das Heranziehen vollkommen dissoziierter Lösungen erweitert (Abb. 6). Beim Auskristallisieren eines vollkommen dissoziierten Salzes aus der Lösung findet nämlich eine Bildung dieses Salzes aus freien Ionen statt, nur sind diese nicht gasförmig, sondern gelöst. Hierbei wird die Lösungswärme (U_L) frei, die man allerdings nur bei höherer Temperatur kennt und im allgemeinen nicht auf $T = 0$ umrechnen kann, so daß man hier die Rechnung bei höherer Temperatur durchführen muß. Die Lösungswärme kann leicht direkt gemessen werden.

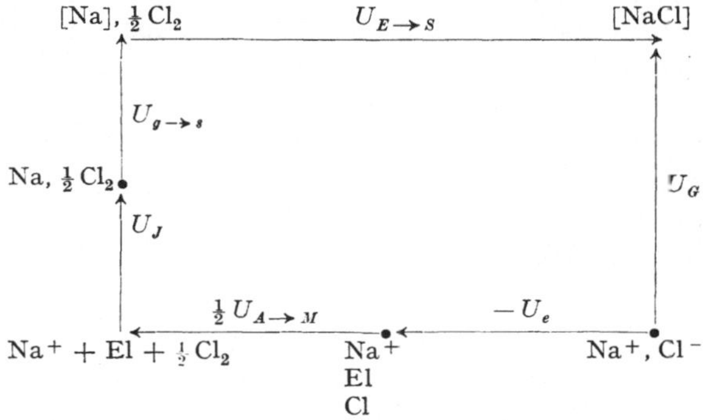

Abb. 5. BORN-HABERscher Kreisprozeß für Chlornatrium.

Wir können uns aber auch die Ionen zuerst aus der Lösung entfernt und in unendlicher Entfernung voneinander zur Ruhe gebracht denken. Die dazu nötige Energie nennt FAJANS[1] die „Hydratationswärme" bzw. bei anderen Lösungsmitteln allgemein die „Solvatationswärme". Bei genügend verdünnten Lösungen setzt sie sich additiv aus einer Hydratationswärme des Kations U_+ und einer Hydratationswärme des Anions U_- zusammen (bzw. aus mehreren solchen Teilen, wenn mehr als zwei Ionen auftreten). Die unendlich weit entfernten gasförmigen Ionen kann man nun wieder unter Entwicklung der Wärmetönung U_G (Gitterenergie) das feste Salz bilden lassen. Es gilt also

$$U_L = +U_+ + U_- - U_G. \quad (2)$$

Aus (1) und (2) kann man aus lauter meßbaren Größen die Summe der Hydratationswärmen von Kation und Anion bilden. So findet man für das obengenannte Beispiel

$$\begin{array}{l} aqu + [NaCl] = Na^+, Cl^- aqu - 1{,}2 \text{ kcal} \\ Na^+ + Cl^- = [NaCl] + 181 \text{ kcal} \\ \hline Na^+ + Cl^- + aq = Na^+, Cl^-, aqu + 180 \text{ kcal} \end{array}$$

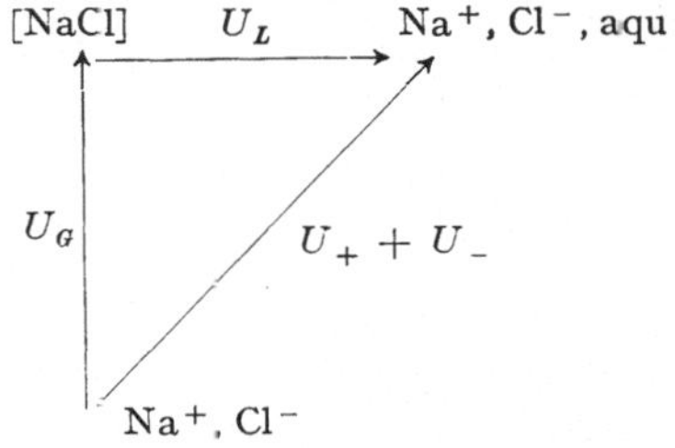

Abb. 6. Erweiterung des BORN-HABERschen Kreisprozesses nach FAJANS.

Man kann also den früheren Kreisprozeß noch durch ein Dreieck erweitern. Bei der Kombination

[1]) S. auch noch K. FAJANS, Naturwissensch. Bd. 9, S. 729. 1921.

von Gleichungen der Art (2) für verschiedene Salze erhält man stets entweder die Summen $\sum U_+ + \sum U_-$ für im ganzen gleich viel positive und negative Ladung, oder Differenzen $\sum U_+ - \sum' U_+$ bzw. $\sum U_- - \sum' U_-$ für gleich viel positive bzw. negative Ladung (z. B. bei Reaktionen zwischen positiven Ionen allein), weil bei allem Austauschen von Ionen die Lösung im ganzen elektrisch neutral bleiben muß.

III. Der zweite Hauptsatz.

30. Formulierung des zweiten Hauptsatzes. Der erste Hauptsatz sagt aus, daß es unmöglich sei, mechanische Arbeit dauernd zu leisten, ohne daß dabei andere Änderungen vor sich gehen. Bei Abwesenheit von mechanischer oder elektrischer Energie kann nach ihm Arbeit nur auf Kosten der inneren Energie oder zugeführter Wärme erzeugt werden. Wenn dieser letztere Prozeß der Aufzehrung innerer Energie aber unbeschränkt möglich wäre, so wäre das technisch ebenso nützlich, da praktisch unbeschränkte Mengen von innerer Energie (Wärme) zur Verfügung stehen; außerdem erzeugt man gleichzeitig Kälte. Nun könnte man von einer dauernden Abkühlung schädliche Folgen befürchten. Doch diese dauernde Abkühlung würde nicht eintreten, da nach einiger Zeit die erzeugte mechanische Arbeit (durch Reibung u. dgl.) doch wieder in Wärme verwandelt wird. Eine Vorrichtung, die dauernd innere Energie in mechanische Arbeit verwandelt, nennt man nach OSTWALD Perpetuum mobile zweiter Art. Der zweite Hauptsatz faßt nun die Erfahrungen zusammen, die aussagen, daß auch diese Möglichkeit nicht vorhanden ist.

Man kann ihn mit PLANCK folgendermaßen aussprechen: Es gibt keine periodisch funktionierende Maschine von der Art, daß infolge ihrer Tätigkeit dauernd mechanische Arbeit erzeugt und dafür ein Wärmebehälter abgekühlt wird, sich sonst aber nichts ändert.

Gäbe es eine solche Maschine, so wäre sie ein Pepetuum mobile zweiter Art. Wenn wir irgendwo auf eine Tatsache stießen, die irgendeiner Folgerung aus dem zweiten Hauptsatz widerspricht, so ließe sich diese Tatsache zur Konstruktion eines Pepetuum mobile zweiter Art benutzen. Die Formulierung dieses Satzes ist genau zu beachten. Er verbietet z. B. nicht: 1. Die Existenz einer entsprechenden nicht periodischen Maschine. Ein Gas, das sich unter Arbeitsleistung umkehrbar adiabatisch ausdehnt, liefert Arbeit, wobei es sich dauernd abkühlt und sonst nichts geschieht. Aber damit dieser Prozeß dauernd (unendlich viel) Arbeit leistet, muß man zu unendlich großem Volumen bzw. unendlich kleinem Druck übergehen, und die Herstellung dieser Möglichkeit erfordert selbst wieder unendlich große Arbeit. Anderenfalls bekommt man nur einen bestimmten Arbeitsbetrag, am Ende des Prozesses befindet sich die „Maschine", d. h. das Gas, in anderem Zustand wie am Anfang, wodurch sich eine Fortsetzung verbietet. 2.Verbietet er nicht einen Kreisprozeß wie den CARNOTschen, in welchem eine periodisch funktionierende Maschine einen Wärmebehälter abkühlt und dauernd Arbeit erzeugt, denn das ist nicht das einzige, was geschieht; die Maschine nimmt hier (Ziff. 21 u. 22) mehr Wärme aus dem abzukühlenden Behälter auf, als sie in Arbeit umwandeln kann, und gibt den Rest an einen kälteren Behälter wieder ab. Außer der Arbeitserzeugung auf Kosten der Abkühlung des heißeren Behälters findet demnach ein mit diesem Prozeß unabtrennbar verknüpfter statt, nämlich ein Übergang von Wärme aus dem heißeren in den kälteren Behälter. In beiden Fällen bleiben also dauernde Änderungen zurück. In Ziff. 33 werden wir aus dem zweiten Hauptsatz Folgerungen ableiten. Jede derselben kann als selbständige gleichberechtigte Formulierung des II. Hauptsatzes gelten, die, an die Spitze gesetzt, die Ableitung der anderen und auch der hier gewählten Formulierung gestattet.

31. Kreisprozesse mit beliebigen Stoffen. Als erste Folgerung aus dem II. Hauptsatz ziehen wir einen Schluß über den Nutzeffekt eines CARNOTschen (oder CLAPEYRONschen) Kreisprozesses eines beliebigen Systems, das beliebig chemisch zusammengesetzt sein und beliebig viele Phasen haben kann. Dieser Prozeß bestehe darin, daß zuerst das System isotherm bei der Temperatur T_2 eine Arbeit A_{I}^* leiste und dabei die Wärme Q_{I}^* aus dem Behälter 1 aufnehme, dann adiabatisch bis zur Abkühlung auf die Temperatur T_1 ausgedehnt (Arbeit A_{II}^*, $Q_{\mathrm{II}}^* = 0$), dann isotherm bei T_1 komprimiert werde (III), und zwar so weit, daß es im vierten Prozeß der adiabatischen Kompression bis zum Ausgangspunkt zurückkommt. Die entsprechenden Arbeiten sind A_{III}^*, A_{IV}^*, die an (1) abgegebene Wärme $-Q_{\mathrm{III}}^*$, während $Q_{\mathrm{IV}}^* = 0$ ist. Die Arbeit des Kreisprozesses ist

$$A_0^* = A_{\mathrm{I}}^* + A_{\mathrm{II}}^* + A_{\mathrm{III}}^* + A_{\mathrm{IV}}^*,$$

ferner ist nach dem ersten Hauptsatz

$$Q_{\mathrm{I}}^* + Q_{\mathrm{III}}^* = A_0^*.$$

Wir behaupten nun, daß es kein System geben darf, das

$$A_0^* > Q_{\mathrm{I}}^* \frac{T_2 - T_1}{T_2} \tag{1}$$

liefert.

Angenommen, es gebe einen Stoff, der Gleichung (1) erfüllt. Dann nimmt man eine CLAPEYRONsche Apparatur mit einem Idealstoff nach Ziff. 24 und wählt die Menge des Idealstoffes so, daß für die Idealapparatur $Q_{\mathrm{III}} = Q_{\mathrm{III}}^*$ wird. Nun läßt man folgende periodische Maschine arbeiten.

Zuerst macht das „Sternsystem" einen Kreisprozeß durch. Hierbei ist die Arbeit $A_0^* = Q_{\mathrm{I}}^* \eta$ geleistet worden, wo der Wirkungsgrad $\eta > \frac{T_2 - T_1}{T_2}$ ist; aus dem wärmeren Behälter ist die Wärmemenge Q_{I}^* aufgenommen und in den kälteren Behälter $-Q_{\mathrm{III}}^* = Q_{\mathrm{I}}^* - A_0^* = Q_{\mathrm{I}}^*(1 - \eta)$ abgegeben worden. Nun läßt man die Apparatur mit dem Idealstoff den Kreisprozeß umgekehrt vollziehen. Hierbei nimmt sie zuerst aus dem kälteren Behälter $-Q_{\mathrm{III}} = -Q_{\mathrm{III}}^*$ wieder auf, verbraucht während des ganzen Kreisprozesses nach Ziff. 24 die Arbeit

$$A_0 = -Q_{\mathrm{III}} \frac{T_2 - T_1}{T_1}$$

und gibt an den oberen Behälter $Q_{\mathrm{I}} = -Q_{\mathrm{III}} + A_0 = -Q_{\mathrm{III}} \frac{T_2}{T_1}$ ab. Am Ende dieser Periode ist folgendes Resultat erreicht: Sternsystem und Idealapparatur sind in ihren Anfangszuständen. Der kältere Behälter ist ebenfalls unverändert, da ihm der Rückprozeß wieder entzogen hat, was ihm anfangs durch das „Sternsystem" zugeführt wurde. Es ist im ganzen die Arbeit

$$A_0' = A_0^* - A_0 = Q_{\mathrm{I}}^* \eta - Q_{\mathrm{I}} \frac{T_2 - T_1}{T_2} = Q_{\mathrm{III}}^* \left(\frac{\eta}{1 - \eta} - \frac{T_2 - T_1}{T_1} \right)$$

geleistet worden und dafür ist dem heißeren Behälter die äquivalente Wärmemenge

$$Q' = Q_{\mathrm{I}}^* - Q_{\mathrm{I}} = -Q_{\mathrm{III}}^* \frac{1}{1 - \eta} + Q_{\mathrm{III}} \frac{T_2}{T_1} = -Q_{\mathrm{III}}^* \left(\frac{\eta}{1 - \eta} - \frac{T_2 - T_1}{T_1} \right)$$

entzogen worden. Das wäre aber gerade das, was der II. Hauptsatz nach Ziff. 30 verbietet. Nur wenn die Klammern in obigem Ausdruck verschwinden, also

$$\eta = \frac{T_2 - T_1}{T_2}, \tag{2}$$

ist A_0' und Q' gleich Null.

Außerdem könnte aber der Klammerausdruck auch negativ sein, d. h.

$$\eta < \frac{T_2 - T_1}{T^2}.$$

Denn dann wird Arbeit verbraucht und dafür Wärme erzeugt; das ist auch z. B. durch Reibung ohne weiteres möglich. Aber auch hier tritt eine Einschränkung ein. Wir behaupten nämlich weiter, daß in einem System, dessen Arbeitsgang direkt umkehrbar ist, der Wirkungsgrad nicht kleiner als $\frac{T_2 - T_1}{T_2}$ sein kann.

Angenommen, das Sternsystem sei ein solches. Dann nehmen wir folgenden Kreisprozeß vor. Die im vorhergehenden benutzte Idealapparatur durchlaufe zuerst einen CLAPEYRONschen Kreisprozeß. Dann durchläuft das „Sternsystem" den umgekehrten Kreisprozeß. Hierbei entnimmt es dem kälteren Behälter die Wärmemenge $-Q_{III}^* = -Q_{III}$, d. h. die Wärmemenge, die eben das Idealsystem an diesen Behälter abgegeben hat und verbraucht im ganzen die Arbeit $A_0^* = Q_I^* \eta = -Q_{III}^* \frac{\eta}{1-\eta}$, während es $Q_I^* = \frac{-Q_{III}^*}{1-\eta}$ an den Behälter 2 abgibt. Im ganzen ist daher die Arbeit

$$A_0' = A_0 - A_0^* = -Q_{III}\left(\frac{T_2 - T_1}{T_1} - \frac{\eta}{1-\eta}\right)$$

geleistet und die äquivalente Wärmemenge aus dem Behälter 2 verbraucht worden, was mit dem II. Hauptsatz in Widerspruch steht. Es folgt also: Jede periodische, zwischen zwei Wärmebehältern mit den Temperaturen T_2 und T_1 arbeitende Maschine hat einen Wirkungsgrad

$$\eta \leqq \frac{T_2 - T_1}{T_2},$$

wobei das Gleichheitszeichen für umkehrbar arbeitende, also insbesondere alle mit Gleichgewichtsdruck arbeitenden Maschinen gilt.

$\eta = 1 - \frac{T_1}{T_2}$ ist desto größer, je größer das Verhältnis $\frac{T_2}{T_1}$ ist. Es wird gleich eins für $T_1 = 0$, wenn sich also der kältere Behälter am absoluten Nullpunkt befindet.

Was hier von Maschinen gesagt wurde, die mit Druck und Volumen arbeiten, gilt natürlich ebenso für elektrische u. dgl.

32. Reversible und irreversible Vorgänge. Wir hatten in Ziff. 10 die Vorgänge in solche unterschieden, deren Richtung man direkt umkehren, und solche, die man nicht direkt umkehren kann.

Wir wollen jetzt eine andere Unterscheidung einführen, in welcher die Einschränkung „direkt" fehlt, und unter einem umkehrbaren oder reversiblen Vorgang einen solchen verstehen, bei dem man durch irgendein Mittel, es sei so kompliziert wie nur irgend erwünscht, nach Ablauf des betrachteten Vorganges alle Körper, die an dem Vorgang oder dieser Rückführung beteiligt sind, in ihren Ausgangszustand zurückbringen kann.

Ein nicht umkehrbarer oder irreversibler Vorgang ist dann ein solcher, bei dem in den Teilen des Systems, die notwendig waren, um das Gesamtsystem in seinen Ausgangszustand zurückzuführen, Änderungen zurückbleiben.

Als Beispiel eines umkehrbaren Vorgangs diene der nur durch Gleichgewichte (Ziff. 10) gehende, also direkt umkehrbare CARNOTsche Kreisprozeß, nach dessen Ablauf der heißere Wärmebehälter die Wärmemenge Q_I verloren hat, während durch die Arbeit A_0 etwa ein Gewicht gehoben wurde. Läßt man den Kreisprozeß nun direkt umgekehrt vor sich gehen, so ist zum Schluß das Gewicht in seine Anfangslage zurückgekommen, und auch der Behälter 2 hat die Wärmemenge Q_I (bei derselben Temperatur) zurückerhalten.

Es ist demnach jeder direkt umkehrbare Vorgang, insbesondere jeder, der nur durch Gleichgewichtszustände im Sinne der Ziff. 10 führt, auch in dem hier gemeinten Sinn reversibel. Dagegen ist nicht gesagt, daß jeder nicht direkt umkehrbare Vorgang auch irreversibel, d. h. durch keine anderen Hilfsmittel wieder vollständig rückgängig zu machen ist. Natürlich muß ein irreversibler Vorgang auch „nicht direkt umkehrbar" sein, das liegt in der Definition.

Nach den Untersuchungen der vorigen Ziffer können wir sofort sagen, wann ein Carnotkreisprozeß reversibel ist. Dabei verstehen wir unter einem CARNOTschen Prozeß einen Vorgang, bei dem eine Arbeitsmaschine aus einem Behälter der Temperatur T_2 Wärme Q_I aufnimmt, an einen Behälter der Temperatur T_1 Wärme abgibt und Arbeit A_0 leistet. Hierbei soll zum Schluß die Arbeitsmaschine selbst wieder in den Ausgangszustand zurückkehren. Ein CARNOTscher Kreisprozeß ist dann reversibel, wenn der Wirkungsgrad $\eta = \frac{A_0}{Q_I} = \frac{T_2 - T_1}{T_2}$ irreversibel dann, wenn $\eta < \frac{T_2 - T_1}{T_2}$ ist.

Natürlich ist bei einer wirklichen Maschine strenge Reversibilität nie vorhanden $\left(\text{d. h. } \eta \text{ stets kleiner als } \frac{T_2 - T_1}{T_2}\right)$, aber je näher die Gleichung erfüllt ist, desto kleiner ist die Zusatzarbeit, die man, um den Prozeß rückgängig zu machen noch hineinstecken und als Wärme in den Behälter ($Q_I^* - Q_I$, Ziff. 31) übergehen lassen muß.

33. Beispiele irreversibler Prozesse. a) Die Ausdehnung eines Gases ohne Arbeitsleistung (Versuch von GAY-LUSSAC) ($V_1, T_0 \rightarrow V_2, T_0$) ist ein irreversibler Prozeß. Gäbe es nämlich ein Verfahren, diesen rückgängig zu machen, so würde dieses das folgende leisten: Es würde ein Gas von bestimmtem Volumen und bestimmter Temperatur (V_2, T_0) auf ein kleineres Volumen bei derselben Temperatur (V_1, T_0) bringen, ohne daß sonst irgendwo Änderungen (Verschwinden von mechanischer Energie und Erzeugung von Wärme) am Ende dieser Rückführung vorhanden sind. Dann könnte man aber sofort ein Pepetuum mobile zweiter Art bauen, indem man ein Gas isotherm umkehrbar sich bei T_0 vom Volumen V_1 auf das Volumen V_2 ausdehnen läßt, wobei es die Arbeit $A = R T_0 \ln \frac{V_2}{V_1}$ leistet und aus einem Behälter die Wärmemenge $Q = A$ aufnimmt. Da aber der erreichte Endzustand sich in keiner Weise von dem bei der Ausdehnung ohne Arbeitsleistung unterscheidet, könnte man das oben hypothetisch vorausgesetzte Rückführungsverfahren auch jetzt anwenden und hätte so eine periodische Maschine, die bei jedem Arbeitsgang die Arbeit A leistet und dabei aus einem Behälter der Temperatur T_0 die äquivalente Wärmemenge entnimmt, ohne daß sonst Änderungen zurückbleiben. Das widerspricht aber dem zweiten Hauptsatz.

Im Gegensatz hierzu kann die Ausdehnung einer idealen Feder ohne Arbeitsleistung vollständig wieder rückgängig gemacht werden. Bei unendlich langsamer Ausdehnung ist erhaltene Arbeit $\overline{A} = E_2 - E_1$, $\overline{Q} = 0$, während beim Gas $E_2 - E_1 = 0$, $\overline{Q} = \overline{A}$ war. Auch bei plötzlicher Ausdehnung ist hier alles reversibel. Bei der idealen Feder wird nämlich dann die potentielle Energie ganz in kinetische verwandelt. Diese wird aber nicht durch Reibung in Wärme übergeführt (s. Ziff. 18), sondern verwandelt sich während der Schwingung periodisch wieder in potentielle. Durch Einschieben eines Sperriegels im Augenblick des einen der beiden Minimalausschläge ist der Vorgang vollständig rückgängig gemacht.

Ein weiteres Beispiel irreversibler Vorgänge ist der Übergang von Wärme durch Leitung zwischen zwei Orten verschiedener Temperatur. Könnte man nämlich diesen Vorgang ohne sonstige Änderungen rückgängig machen, so müßte es mit den gleichen Hilfsmitteln möglich sein, die Wärmemenge Q_{III} aus dem kälteren Behälter des CARNOTschen Kreisprozeßes in den wärmeren zurückzuschaffen, ohne daß sonst irgendwo Änderungen zurückbleiben. Dann würde aber die CARNOTsche Apparatur in Verbindung mit diesem Hilfsmittel einen Kreisprozeß mit $\eta = 1$ liefern.

Ebenso ist die Erzeugung von Wärme aus mechanischer Arbeit durch Reibung irreversibel, da eine Umkehrung dieses Vorganges eine Methode erfordern würde, die es ermöglicht, Arbeit zu erzeugen unter Abkühlung eines Wärmebehälters (nämlich des Körpers, in welchem die Reibungswärme erzeugt wurde), wobei am Ende dieses Prozesses die Vorrichtung, die das vollzieht, wieder in der Ausgangsstellung sein muß, also eine periodische Maschine darstellt, im Widerspruch mit dem II. Hauptsatz.

34. Umkehrbare Kreisprozesse beliebiger Form. Wir wollen nun versuchen, eine Größe anzugeben, an deren Verhalten man erkennen kann, ob ein Vorgang umkehrbar ist oder nicht. Für CARNOTsche Kreisprozesse würde der Wirkungsgrad η hinreichen, für allgemeine Vorgänge ist er aber nicht geeignet.

Für den CARNOTschen Kreisprozeß gilt, wenn er umkehrbar geleitet wird:

$$\frac{Q_{\text{I}}}{T_2} + \frac{Q_{\text{III}}}{T_1} = 0. \tag{1}$$

Die Gleichung ist mit dem Ansatz $\eta = \frac{T_2 - T_1}{T_2}$ gleichwertig, wie der Ersatz von Q_{III} durch $A - Q_{\text{I}}$ zeigt. (1) lautet mit einer etwas anderen Bezeichnungsweise

$$\frac{Q_2}{T_2} + \frac{Q_1}{T_1} = 0.$$

Hierbei ist, wie bisher stets, die aufgenommene Wärmemenge positiv gerechnet.

Nun sei ein beliebiger, umkehrbar durchlaufener Kreisprozeß gegeben. Wir zeichnen die Kurve, die die Aufeinanderfolge der Zustände versinnbildlicht, in der p,V-Ebene auf; da es sich um einen Kreisprozeß handelt, ist die Kurve natürlich geschlossen. Jedem Punkt der p,V-Ebene entspricht eine bestimmte Temperatur; ferner wird bei der Zurücklegung eines Kurvenstückes irgendeine bestimmte Wärmemenge δQ zugeführt werden müssen; diese Wärmemenge muß, damit die Zufuhr umkehrbar erfolgt, aus einem Behälter von der Temperatur kommen, die der betreffenden Stelle entspricht. Es sind also im allgemeinen Wärmezufuhren bei unendlich vielen verschiedenen Temperaturen nötig.

Wir werden die Wärmezufuhr mittels einer „Zwischenapparatur" vornehmen, die Carnotprozesse beschreiben kann. Wir teilen die Kurve, die den Verlauf des Kreisprozesses darstellt, in Stücke AB, BC ... Durch jeden Punkt A, B, C legen wir die Isotherme Aa, Bb usw. und die Adiabate Ab, Bc usw. und ersetzen den ursprünglichen Kreisprozeß durch einen anderen umkehrbaren Kreisprozeß $AbBcC\ldots$, der aus lauter kleinen Stücken von Adiabaten und Isothermen zusammengesetzt ist. Es sei die Wärmemenge, die aufgenommen wird, wenn man auf dem Stück der Isotherme von b nach B geht, $Q_{b\to B}$.

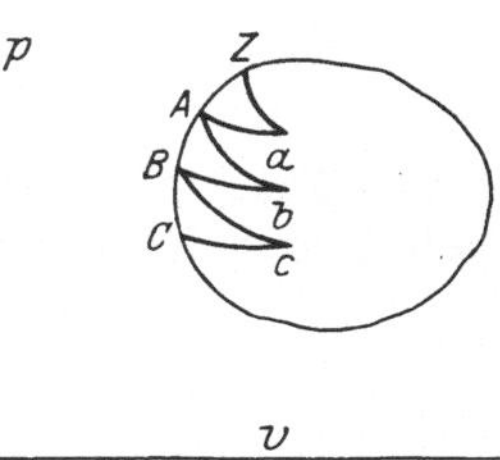

Abb. 7. Annäherung eines beliebigen Kreisprozesses durch Stücke von Adiabaten und Isothermen.

Wir führen nun den Kreisprozeß folgendermaßen durch: Wir beginnen z. B. in A und gehen auf der Adiabate nach b. Wir wollen nun auf der Isotherme von b nach B und müssen dabei die Wärmemenge $Q_{b\to B}$ bei der Temperatur T_B zuführen. Das tun wir, indem wir die Zwischenapparatur einen CARNOTschen Kreisprozeß ausführen lassen, bei welchem sie die Wärmemenge Q_I^B einem großen festen Wärmebehälter der Temperatur T_2^0 entnimmt und dann mit T_B als der unteren Temperatur des Carnotprozesses $Q_{b\to B}$ an das untersuchte System abgibt, während dieses die Zustandsänderung $b\to B$ durchmacht. Wir müssen demnach die Länge des Carnotprozesses des Zwischensystems so wählen, daß $Q_\mathrm{I}^B = Q_{b\to B}\dfrac{T_2^0}{T_B}$ ist. Ist das untersuchte System in B angelangt, so folgt die Adiabate nach c und darauf wieder Isotherme bis C, wobei die Wärmemenge $Q_{c\to C}$ durch einen neuerlichen Carnotprozeß des Zwischensystems zwischen den Temperaturen T_2^0 und T_C erfolgt, wobei dem Behälter Q die Wärmemenge $Q_\mathrm{I}^C = Q_{c\to C}\dfrac{T_2^0}{T_C}$ entzogen wird.

Nach Beendigung des Kreisprozesses ist sowohl das betrachtete System als auch das Zwischensystem in seiner Ausgangslage, beide haben daher wieder ihre ursprüngliche Energie.

Dem Behälter O hingegen ist die Wärmemenge

$$\sum Q_\mathrm{I} = T_2^0\left(\frac{Q_{b\to B}}{T_B} + \frac{Q_{c\to C}}{T_C} + \cdots \frac{Q_{z\to Z}}{T_Z} + \frac{Q_{a\to A}}{T_A}\right) \tag{2}$$

entzogen worden. Die äquivalente Arbeit muß entstanden sein. Nun zeigt man aber leicht, daß bei immer feiner werdender Zerlegung $Q_{b\to B}$ bis auf Größen zweiter Ordnung gleich der Wärmemenge $\delta Q_{A\to B}$ ist, die auf der Kurve des Kreisprozesses von A nach B aufgenommen wird. Man betrachte nämlich den kleinen umkehrbaren Kreisprozeß, der durch das Dreieck AbB dargestellt ist. Die zugeführten Wärmemengen sind: $-\delta Q_{AB}$ und $Q_{b\to B}$, die dritte Seite Ab ist ja eine Adiabate. Da nach dem Kreisprozeß die Energie die gleiche ist, ist die zugeführte Wärme gleich der geleisteten Arbeit

$$-\delta Q_{AB} + Q_{b\to B} = \oint p\,dV. \tag{3}$$

Das rechte Integral ist aber gleich der Fläche des Dreiecks AbB (Ziff. 9) und wird daher mit abnehmendem Abstand AB quadratisch klein, während δQ und $Q_{b\to B}$ nur von der ersten Ordnung klein werden und daher einander gleich sein müssen.

Demnach wird der Grenzwert aus der Summe (2)

$$Q_\mathrm{I} = T_2^0\int\frac{\delta Q}{T}. \tag{4}$$

Wenn dieser Grenzwert positiv wäre, so wäre durch den Kreisprozeß die Wärmemenge Q_I in Arbeit verwandelt, ohne daß irgendwo sonst Veränderungen entstanden wären, was dem II. Hauptsatz widerspricht.

Folglich muß

$$\int \frac{\delta Q}{T} \leqq 0 \tag{5}$$

sein. Ist der Kreisprozeß umkehrbar, so hat man für die Umkehrung

$$\int \frac{\delta Q'}{T} \geqq 0, \quad \text{da} \quad \delta Q' = -\delta Q.$$

Das $>$-Zeichen widerspricht nach dem oben Gesagten dem zweiten Hauptsatz, folglich muß für umkehrbare Kreisprozesse

$$\int \frac{\delta \overline{Q}}{T} = 0 \tag{6}$$

gelten, während für nicht umkehrbare

$$\int \frac{\delta Q}{T} < 0 \tag{6'}$$

gelten kann. Wir haben noch zu zeigen, daß für nicht umkehrbare (6′) gelten muß, d. h., daß man umgekehrt aus der Gültigkeit von (6) auf die Umkehrbarkeit des betreffenden Prozesses schließen kann.

Das liegt aber schon in der Definition des Wortes „umkehrbar" (Ziff. 32). Denn am Ende eines Kreisprozesses, in welchem (6) gilt, sind alle beteiligten Systeme, das eigentlich untersuchte, die Hilfsapparatur und der Wärmebehälter im Ausgangszustand, der letztere deshalb, weil aus (6) nach (4) $Q_I = 0$ folgt. Daß dagegen der Prozeß direkt umkehrbar ist, ist nicht nötig.

35. Die Entropie. Wir wollen nun irgendeinen Zustand (v_0, T_0) willkürlich als Bezugszustand wählen. Dann ist in der vorigen Ziffer folgendes bewiesen worden: Wenn wir auf irgendeinem umkehrbaren Weg vom Bezugszustand in einen anderen Zustand (v, T) übergehen, so ist das Integral

$$\int_{T_0}^{T} \frac{\delta \overline{Q}}{T}$$

unabhängig vom Weg, denn wenn wir diesen Weg und einen anderen direkt umkehrbaren (der sich z. B. stets aus Stücken von Adiabaten und Isothermen konstruieren läßt) zu einem Kreisprozeß vereinigen, so heben sich die beiden Integrale $\int_{T_0}^{T}$ und $\int_{T}^{T_0}$ gerade auf. Wir können daher eine Funktion definieren und die Entropie s nennen, die nur vom Zustand (v, T) abhängt und gegeben ist durch

$$ds = \frac{\delta \overline{Q}}{T}, \tag{1}$$

$$s - s_0 = \int_{T_0, v_0}^{T, v} \frac{\delta \overline{Q}}{T},$$

wo $\delta \overline{Q}$ die auf irgendeinem reversiblen Weg zugeführte Wärme ist. Natürlich ist die Entropie, ebenso wie die Energie, nur bis auf eine additive Konstante definiert. Wir haben der Kürze halber unsere Definition für den Fall ausgesprochen, daß das System durch V und T bestimmt ist, sie gilt aber allgemein ebenso. Wie s wirklich zu berechnen ist, wird später besprochen (Ziff. 61 u. 65).

Geht man auf irreversiblem Weg von v_0, T_0 nach v, T, so hat $s - s_0$ natürlich den gleichen Wert, die Entropieänderung hängt ja nur von Anfangs- und Endzustand ab (laut Definition derselben mit Berücksichtigung des II. Hauptsatzes), dagegen ist die jeweils bei der Temperatur T aufgenommene Wärme δQ geringer als die bei derselben Temperatur beim reversiblen Vorgang aufgenommene $\delta\overline{Q}$. Man kann nämlich den irreversiblen Weg mit einem direkt umkehrbaren reversiblen zu einem irreversiblen Kreisprozeß zusammenschließen, für den (6′) Ziff. 34 Geltung hat. Es ist also für irreversible Vorgänge

$$s - s_0 \geqq \int\limits_{T_0}^{T} \frac{\delta Q}{T}. \tag{1′}$$

Für adiabatische irreversible Prozesse ($\delta Q = 0$) nimmt demnach die Entropie stets zu.

Für solche Systeme, in denen nur V und T als Veränderliche auftreten, kann man

$$\delta\overline{Q} = dE + p\,dV$$

schreiben (wobei alles auf ein Mol bezogen ist). Dann ist

$$S - S_0 = \int\limits_{V_0, T_0}^{V, T} \frac{dE + p\,dV}{T}, \tag{2}$$

$$dS = \frac{dE + p\,dV}{T}. \tag{2′}$$

Für ein System, bei dem statt der Volumarbeit elektrische Arbeit auftritt (Spannung $[E]$, Ladung $[e]$), würde statt (2′) zu schreiben sein

$$ds = \frac{de + [E]\,d[e]}{T}. \tag{2″}$$

Manchmal wird (2) für allgemeiner gehalten als (1), weil (2) allgemein gelte, während (1) auf reversible Überführung beschränkt sei bzw. zu $\delta\overline{Q}$ die Einschränkung zu setzen ist, daß es dem System auf reversiblem Weg zuzuleiten ist. Hingegen sei in (2), (2′) keine solche ergänzende Bemerkung nötig.

Aber diese Unterscheidung ist ein Irrtum. Es gilt nämlich für ein System, das z. B. nur Volumarbeit leisten kann, allgemein für reversible und irreversible Vorgänge

$$\delta Q = dE + p\,dV,$$

wo p der bei dem betreffenden Vorgang eben am Stempel herrschende Druck ist. Die vorhin erwähnte Meinung setzt nun stillschweigend für p den aus der gewöhnlichen Zustandsgleichung bekannten Druck, d. h. den Gleichgewichtsdruck, ein und macht hiermit stillschweigend dieselbe Einschränkung (sogar auf die „direkte Umkehrbarkeit"). In Gleichung (2) müßten wir also eigentlich $\overline{p}$ schreiben. Trotzdem werden wir das nicht tun, verabreden aber hiermit ausdrücklich, daß in den Gleichungen (2), (2′), (2″) stets der Gleichgewichtsdruck, das Gleichgewichtspotential usw. gemeint ist.

Die Richtigkeit vorstehender Überlegungen erkennt man besonders deutlich bei Betrachtung galvanischer Ketten, für die (2'') gilt und in denen bei Anwesenheit irreversibler Prozesse das gemessene $[E]$ tatsächlich unter dem Gleichgewichtswert $[\bar{E}]$ liegt (Polarisation).

36. Entropie zusammengesetzter und abgeschlossener Systeme. Wir haben in Ziff. 35 nur von der Entropie des einen arbeitenden Systems gesprochen, das in sich natürlich in jedem Augenblick eine einheitliche Temperatur hat. Wir können jetzt aber eine Reihe von Teilsystemen $A, B, C \ldots$, die gleiche oder verschiedene Temperaturen haben mögen und die untereinander in wärmeleitender Verbindung stehen oder auch voneinander isoliert sein können, als ein System auffassen.

Sind sie voneinander isoliert, so hat

$$s_A - s_{0A} = \int \frac{\delta \bar{Q}_A}{T_A},$$

$$s_B - s_{0B} = \int \frac{\delta \bar{Q}_B}{T_B}$$

denselben Wert, den es ohne die Zusammenfassung zu einem Gesamtsystem hat; man kann hier ohne weiteres einen neuen Zustand des vereinigten Gesamtsystems so herstellen, daß man die Teilsysteme (auch in Gedanken) getrennt in den neuen Zustand bringt. Man wird dann die Änderung der Gesamtentropie definieren als

$$d s = d s_A + d s_B + \cdots = \frac{d e_A + p_A\, d v_A}{T_A} + \frac{d e_B + p_B\, d v_B}{T_B} + \cdots \tag{1}$$

Sind die Systeme wärmeleitend verbunden und im Gleichgewicht, wozu nach Ziff. 3 die Gleichheit der Temperatur gehört, so kann man zum Übergang in den neuen Zustand die Teilsysteme zuerst trennen, dann einzeln den Übergang ausführen lassen und dann wieder vereinigen. Mit der Trennung und Wiedervereinigung ist nur eine Energieänderung, die der Oberfläche proportional ist und im allgemeinen vernachlässigt werden kann (Ziff. 4), verbunden, nach der Vereinigung findet infolge der Gleichheit der Temperatur kein Wärmeaustausch statt. Man kann also hier setzen

$$d s = d s_A + d s_B = \frac{\delta Q_A + \delta Q_B}{T} = \frac{d e_A + d e_B + p_A\, d v_A + p_B\, d v_B}{T}. \tag{2}$$

Endlich ist noch die Entropie eines Systems zu definieren, dessen Teile zwar wärmeleitend verbunden, aber nicht von gleicher Temperatur, also nicht im Gleichgewicht sind. Hier kann man sich denken, daß man von irgendeinem Gleichgewichtszustand (überall gleiche Temperatur T_0) ausgeht, die Teilsysteme voneinander thermisch isoliert, einzeln in den gewünschten Zustand bringt und dann die wärmeleitende Verbindung herstellt. Der Zustand vor dieser Verbindung ist reversibel erreichbar, daher seine Entropie nach (1) definierbar

$$s - s_0 = s_A - s_{0A} + s_B - s_{0B} + \cdots = \int\limits_{T_0}^{T_A} \frac{d e_A + p_A d v_A}{T_A} + \int\limits_{T_0}^{T_B} \frac{d e_B + p_B d v_B}{T_B}. \tag{3}$$

Man definiert nun, daß unmittelbar nach Herstellung der wärmeleitenden Verbindung, solange die Zustandsgrößen (v_A, $T_A \ldots$) keine merkliche Veränderung erfahren haben, auch die Entropie dieses Systems noch den Wert (3) hat, evtl. wieder bis auf Oberflächengrößen (Ziff. 4), die von der Verbindung abhängen könnten.

Noch etwas schwieriger liegen die Verhältnisse im Innern von Gemischen, deren Bestandteile miteinander reagieren können. Es ist die Frage, ob man hier vor Erreichen des chemischen Gleichgewichts (aber bei konstanter Temperatur innerhalb der ganzen Phase) eine Entropie definieren kann. Hierzu ist ein Verfahren erforderlich, das die umkehrbare Herstellung der Mischung in so kurzer Zeit gestattet, daß noch keine merkliche Reaktion eingetreten ist (s. auch Ziff. 66). Wenn man dann formal die Entropie dieser Mischung durch dieselbe Funktion von Temperatur, Druck und augenblicklicher Zusammensetzung definiert, die gelten würde, wenn überhaupt keine Reaktion möglich wäre, so hat diese Funktion alle Eigenschaften, die der Entropie zuzuschreiben sind, wie HOENEN[1]) gezeigt hat. Es ist nämlich bei allen Änderungen im Gleichgewicht $\delta s = \frac{\delta Q}{T}$, bei allen Änderungen außerhalb des Gleichgewichts $\delta s > \frac{\delta Q}{T}$.

Nach diesen Definitionen gilt für solche Veränderungen, die durch inneren Wärmeaustausch innerhalb eines Gesamtsystems hervorgerufen werden, die Gleichung

$$d s = \sum_{\iota} \frac{\delta Q_{\iota}}{T_{\iota}}, \tag{4}$$

sobald nur die Änderungen, die mit den Wärmeabgaben oder -aufnahmen eines Teilsystems verknüpft sind, in diesem Teilsystem reversibel sind. Der Wärmeaustausch der Teilsysteme unter sich braucht aber nicht reversibel zu sein. Man könnte nämlich die Teilsysteme voneinander isolieren und jede Wärmeaufnahme oder -abgabe von außen her durch einen eigenen Wärmebehälter der richtigen Temperatur reversibel erfolgen lassen, wobei sich (4) definitionsgemäß ergeben würde.

Ist im speziellen auch der Wärmeübergang zwischen den Teilsystemen reversibel, $T_2 = T_1$ und das System nach außen abgeschlossen, also $\sum \delta Q_{\iota} = 0$, so wird $d s = 0$.

In einem nach außen abgeschlossenen System bleibt also bei allen umkehrbaren Vorgängen die Entropie konstant.

Ist der Wärmeleitvorgang nicht reversibel, so ist im einfachsten Fall zweier Teilsysteme für $\delta Q_A = -\delta Q_B > 0$ $T_A < T_B$, also

$$d s = \frac{\delta Q_A}{T_A} + \frac{\delta Q_B}{T_B} = \frac{\delta Q_A}{T_A}\left(1 - \frac{T_A}{T_B}\right) > 1 .$$

Im abgeschlossenen System nimmt bei irreversiblen Wärmeleitvorgängen die Entropie zu.

Daß sie im abgeschlossenen System auch bei Abwesenheit von irreversiblen Wärmeleitvorgängen, aber Vorhandensein anderer irreversibler Vorgänge zunimmt, wurde zu (1′) Ziff. 35 bemerkt.

Im abgeschlossenen System nimmt demnach bei allen irreversiblen Vorgängen die Entropie zu.

Fände man in einem abgeschlossenen System entweder irgendeinen Vorgang, bei dem die Entropie abnimmt, oder einen irreversiblen Vorgang, bei dem sie konstant bleibt, so ließe sich hiermit sofort ein Perpetuum mobile zweiter Art bauen. Glaubt man einen solchen Vorgang gefunden zu haben, so wird man

[1]) P. H. J. HOENEN, ZS. f. phys. Chem. Bd. 82, S. 695. 1913.

daher, um nicht den II. Hauptsatz aufgeben zu müssen, die Erklärung darin suchen, daß das betrachtete System nicht genügend abgeschlossen war und daher außer der vorgefundenen Entropieänderung noch in einem in Wirklichkeit zum System gehörigen Teil eine Entropiezunahme stattgefunden hat.

37. Freie Energie. Die Entropie ist in der vorherigen Ziffer einwandfrei definiert worden. Namen und Definition haben aber den Nachteil der Unanschaulichkeit, soweit man nicht statistische Vorstellungen zu Hilfe nimmt. In diesem Punkt sind zwei andere Funktionen überlegen. Man kann nämlich aus gegebenen Zustandsfunktionen durch endliche (z. B. algebraische) Formeln beliebige neue Zustandsfunktionen machen. Hierbei sind folgende besonders nützlich:

$$f_v = e - Ts, \tag{1}$$

genannt die „freie Energie bei konstantem Volumen";

$$f_p = e - Ts + pv, \tag{2}$$

genannt die „freie Energie bei konstantem Druck" (EUCKEN) oder das „zweite thermodynamische Potential" (GIBBS).

In den Anwendungen leistet dasselbe wie f_p die PLANCKsche Funktion

$$\Phi = -\frac{f_p}{T}, \tag{3}$$

die Formeln schreiben sich mit dieser sogar einfacher, doch fehlt ihr der einprägsame Name und die mit ihm verbundene Gedankenassoziation, so daß wie lieber f_p benutzen werden.

38. Arbeitsleistung bei verschiedenen Vorgängen. a) Bei adiabatischen Vorgängen ist $\delta Q = 0$. Daher ist $de = -\delta A$. Wie groß aber de ist, mit anderen Worten, welcher Zustand bei dem adiabatischen Vorgang erreicht wird (z. B. bei einem Gas: welche Endtemperatur einer bestimmten Ausdehnung entspricht), hängt von der größeren oder kleineren Irreversibilität ab. Ist der Vorgang irreversibel und leistet die Arbeit A, so kann man an ihn einen reversiblen adiabatischen Prozeß anschließen, der Arbeit $-\overline{A}' = +\overline{A}$ verbraucht und zum Ausgangsvolumen, aber einer anderen Temperatur, zurückführt. Dann schließt man den Kreisprozeß durch Wärmezufuhr bei konstantem Volumen $Q = A - \overline{A}$; nach dem zweiten Hauptsatz muß Q negativ sein, folglich ist $A < \overline{A}$; man kann die Reihenfolge des adiabatischen und isochoren Prozesses auch vertauschen. D. h. die irreversible adiabatische Ausdehnung leistet weniger Arbeit und führt zu geringerer Abkühlung als die reversible zwischen denselben Volumwerten.

b) Bei isothermen Vorgängen ist

$$\delta_T A = -\delta e + \delta Q. \tag{1}$$

Findet ein isothermer reversibler Vorgang statt, so ist $\delta\overline{Q} = T ds$, also

$$\delta_T\overline{A} = -\delta_T e + T ds \tag{2}$$

oder nach (1) Ziff. 37

$$\delta_T\overline{A} = -\delta_T f_v. \tag{3}$$

D. h.: bei einem isothermen reversiblen Vorgang ist die vom System geleistete Arbeit gleich der Abnahme der freien Energie. Dieser Tatsache verdankt letztere Größe ihren Namen und ihre anschauliche Bedeutung. Man kann nämlich die Energie eines Systems aus zwei Teilen zusammensetzen: der freien Energie f und der „gebundenen Energie" $(e - f)$. Bei einer isothermen reversiblen Zustandsänderung liefert eine Abnahme der freien Energie Arbeit, eine Abnahme der gebundenen Energie Wärme.

Es sei hierzu noch folgende Bemerkung eingeschaltet: Die eben erwähnte anschauliche Beziehung drückt den wirklichen Tatbestand noch viel genauer aus, als wir es hier zeigen können. Sie setzt nämlich voraus, daß die freie Energie ein Teil der Gesamtenergie ist, also kleiner als diese, oder s immer positiv. Das ergibt sich nun tatsächlich aus dem III. Hauptsatz (s. ds. Band Kap. 2) für alle festen und flüssigen Stoffe, und wenn die Entartungstheorie der Gase recht hat, auch für diese. Allerdings gilt dies nur für die freie Energie und Gesamtenergie selbst. Die Änderungen, die diese Größen bei irgendeinem Vorgang erleiden können, können verschiedenes Vorzeichen haben, es kann $\delta e = 0$ und δf sehr groß sein usw.

Betrachtet man einen isothermen Vorgang bei konstantem Druck, so ist die jetzt maßgebende „technische Arbeit“, z. B. die elektrische Arbeit einer galvanischen Kette, unter konstamtem Druck

$$\delta_T \bar{A}_p = \delta_T \bar{A} - p\,dv = -\delta_T f_v - p\,dv = -\delta_T f_p . \tag{4}$$

Sie steht in denselben Beziehungen zur „freien Energie bei konstantem Druck“ wie die gewöhnliche Arbeit zur freien Energie bei konstantem Volumen.

Für isotherme reversible Kreisprozesse ist $A_0 = 0$, $A_{0p} = 0$.

Gehen die Prozesse irreversibel, so ist die geleistete Arbeit kleiner als bei den entsprechenden reversibeln Vorgängen

$$\delta_T A < -\delta f_v , \qquad \delta_T A_p < -\delta f_p . \tag{5}$$

Denn sonst könnte man sofort einen irreversiblen CARNOTschen Kreisprozeß zusammenstellen, der denselben Wirkungsgrad hätte wie ein reversibler. Im Gegensatz zu adiabatischen irreversiblen Kreisprozessen ist der Endzustand und daher auch die Energie hier im allgemeinen dieselbe wie beim reversiblen Prozeß, dafür ist δQ kleiner.

Für nichtisotherme umkehrbare Prozesse gilt keine so einfache Beziehung zwischen geleisteter Arbeit und Änderung der freien Energie (erstere ist kein vollständiges Differential!).

Es ist

$$\left.\begin{aligned} \delta\bar{A} &= -de + \delta\bar{Q} = -de + T\,ds \\ &= -df_v - s\,dT = -df_v - \left(\frac{\partial f}{\partial T}\right) dT \end{aligned}\right\} \quad \text{[s. (4) Ziff. 39]} \tag{6}$$

bzw.

$$\delta\bar{A}_p = -df_p - \left(\frac{\partial f_p}{\partial T}\right)_p dT . \qquad \text{[s. (4') Ziff. 39]} \tag{7}$$

39. Differentialbeziehungen, Beziehungen zwischen den thermodynamischen Funktionen. Es sei ein beliebiges System gegeben, das außer durch die Temperatur und das Volumen noch durch eine Reihe von anderen Variabeln $y_1 \ldots$ charakterisiert sei (z. B. ein galvanisches Element durch die Strommenge $[e]$, die man ihm entnimmt). Hierbei seien die y so gewählt, daß eine Änderung von T bei konstanten $v, y_1, \ldots y_\iota \ldots k$ keine Arbeitsleistung hervorruft (die y haben also den Charakter von v und nicht von p). Es sind demnach $e, s, f \ldots$ Funktionen all dieser Größen. Nun definiert man weitere Größen Y_ι dadurch, daß bei einer Änderung der Koordinaten die geleistete Arbeit durch

$$\delta A = p\,dv + Y_1\,dy_1 + Y_2\,dy_2 + \cdots \tag{1}$$

gegeben sei. Die Y_ι sind also „verallgemeinerte Kräfte“. Für einen idealen elastischen Körper sind sie z. B. durch

$$Y_\iota = -\frac{\partial e}{\partial y_\iota}$$

gegeben. Wir wollen weiter voraussetzen, daß alle Veränderungen reversibel („im Gleichgewicht") vorgenommen werden, so daß neben (1) Ziff. 38 auch (1) Ziff. 35 gilt. Dann ist

$$de = T ds - p dv - \sum Y_\iota dy_\iota . \tag{2}$$

Daraus folgt

$$df = d(e - Ts) = -s dT - p dv - \sum Y_\iota dy_\iota$$

oder

$$\left(\frac{\partial f}{\partial T}\right)_{v,y_\iota} dT + \left(\frac{\partial f}{\partial v}\right)_{T,y_\iota} dv + \sum \left(\frac{\partial f}{\partial y_\iota}\right)_{T,v,y_j} dy_\iota = -s dT - p dv - \sum Y_\iota dy_\iota \tag{3}$$

oder[1])

$$\left(\frac{\partial f}{\partial T}\right)_{v,y_\iota} = -s, \quad (4) \qquad \left(\frac{\partial f}{\partial v}\right)_{T,y_\iota} = -p, \quad (5) \qquad \left(\frac{\partial f}{\partial y_\iota}\right)_{T,v,y_j} = -Y_\iota . \quad (6)$$

Man kann unser System auch statt durch v und die y_ι durch p und Y_ι (z. B. die elektromotorische Kraft) beschreiben, also T, p, Y_ι als unabhängige Variable wählen. Dann bildet man zweckmäßig eine Funktion

$$f_{pY} = f_v + pv + \sum Y_\iota y_\iota = f_p + \sum Y_\iota y_\iota . \tag{7}$$

In ihr sind die v, y_ι, T durch p, Y_ι, T ausgedrückt gedacht. Vollständige Differentiation und Einsetzen von (3) liefert

$$df_{p,Y} = -s dT - p dv - \sum Y_\iota dy_\iota + p dv + v dp + \sum Y_\iota dy_\iota + \sum y_\iota dY_\iota$$

oder

$$\left(\frac{\partial f_{p,Y}}{\partial T}\right)_{p,Y} = -s, \quad (4') \qquad \left(\frac{\partial f_{p,Y}}{\partial p}\right)_{T,Y_\iota} = v, \quad (5') \qquad \left(\frac{\partial f_{p,Y}}{\partial Y_\iota}\right)_{T,p,Y_j} = y_\iota . \quad (6')$$

Man beachte, daß die Differentiation z. B. in (4′) einen ganz anderen Sinn hat als in (4). In (4′) sind der Druck und die Kräfte konstant zu halten, zu diesem Zweck müssen bei Temperaturänderung das Volumen und die Koordinaten geändert werden. Hingegen bleiben in (4) diese letzteren Größen konstant, darum bewirkt die Änderung von T eine solche des Druckes und im allgemeinen auch der anderen Kräfte.

Der Übergang von den unabhängigen Variablen v, y_ι zu p, Y_ι wie er sich im Unterschied der gestrichenen und der ungestrichenen Gleichungen ausdrückt, ist eine allgemeine mathematische Methode, die „LEGENDREsche Transformation". Sie tritt in genau analoger Weise in der höheren Mechanik auf, wobei man statt der Geschwindigkeiten die Impulse als unabhängige Veränderliche wählt und dann die (7) entsprechende Änderung in der „Wirkungsfunktion" vornehmen muß.

Man kann den Übergang auch teilweise vornehmen, z. B. statt v, y_ι, die Variabeln p, y_ι wählen. Dann benutzt man f_p, und es gilt

$$\left(\frac{\partial f_p}{\partial T}\right)_{p,y_\iota} = -s, \qquad \left(\frac{\partial f_p}{\partial p}\right)_{T,y_\iota} = v, \qquad \left(\frac{\partial f_p}{\partial y_\iota}\right)_{T,p,y_j} = -Y_\iota .$$

In Wirklichkeit war schon der Übergang von (4), (5), (6) zu (4′), (5′), (6′) nur ein teilweiser, denn wir haben dabei T als unabhängige Variable beibehalten. Nach (3) ist die Größe, die den verallgemeinerten Kräften Y_ι für die Variable T entspricht, gerade s. Wünscht man daher als unabhängige Variable statt T, v, y_ι das System s, v, y_ι zu haben, so hat man den (7) entsprechenden Übergang zu machen, dessen Resultat man in (2) schon vorfindet. Hieraus folgt

$$\left(\frac{\partial e}{\partial s}\right)_{v,y_\iota} = T, \quad (4'') \qquad \left(\frac{\partial e}{\partial v}\right)_{s,y_\iota} = -p, \quad (5'') \qquad \left(\frac{\partial e}{\partial y_\iota}\right)_{s,v,y_j} = -Y_\iota . \quad (6'')$$

[1]) Der Index ι bedeutet Konstanz sämtlicher y_ι, j dagegen mit Ausnahme des einen y_ι, das in der betreffenden Gleichung vorkommt.

Hierbei ist e als Funktion von T, v, y_ι gedacht. Ferner gehört zu dem System s, p, Y_ι die Funktion

$$e_{pY} = e + pv + \sum Y_\iota y_\iota = e_p + \sum Y_\iota y_\iota$$

mit

$$\left(\frac{\partial e_{pY}}{\partial s}\right)_{p,Y} = T, \quad (4''') \qquad \left(\frac{\partial e_{pY}}{\partial p}\right)_{s,Y} = v, \quad (5''') \qquad \left(\frac{\partial e_{pY}}{\partial Y_\iota}\right)_{s,p,Y_j} = y_\iota. \quad (6''')$$

Endlich kann man e, v, y_ι als unabhängige Variable einführen. Dann ist nach (2)

$$ds = \frac{1}{T}de + \frac{p}{T}dv + \sum \frac{Y_\iota}{T}dy_\iota, \tag{8}$$

also

$$\left(\frac{\partial s}{\partial e}\right)_{v,y_\iota} = \frac{1}{T}, \quad (4'''') \qquad \left(\frac{\partial s}{\partial v}\right)_{e,y_\iota} = \frac{p}{T}, \quad (5'''') \qquad \left(\frac{\partial s}{\partial y_\iota}\right)_{e,v,y_j} = \frac{Y_\iota}{T}. \quad (6'''')$$

Entsprechende Formeln für die Variabeln e, p, Y_ι sind leicht hin zu schreiben.

40. Weitere Differentialbeziehungen, insbesondere für die spezifischen Wärmen. Die Gleichung (8) Ziff. 39 kann man jetzt umschreiben, indem man T, v, y_ι als unabhängige Variable einführt. Es ist

$$\left(\frac{\partial s}{\partial T}\right)_{v,y_\iota} dT + \left(\frac{\partial s}{\partial v}\right)_{T,y_\iota} dv + \sum \left(\frac{\partial s}{\partial y_\iota}\right)_{T,v,y_j} dy_\iota = \frac{1}{T}\left(\frac{\partial e}{\partial T}\right)_{v,y_\iota} dT$$
$$+ \frac{1}{T}\left[\left(\frac{\partial e}{\partial v}\right)_{T,y_\iota} + p\right] dv + \sum \left[\left(\frac{\partial e}{\partial y_\iota}\right)_{T,v,y_j} + Y_\iota\right] dy_\iota$$

oder mit (1) Ziff. 16

$$\left(\frac{\partial s}{\partial T}\right)_{v,y_\iota} = \frac{c_v}{T}, \tag{1}$$

$$\left(\frac{\partial s}{\partial v}\right)_{T,y_\iota} = \frac{1}{T}\left[\left(\frac{\partial e}{\partial v}\right)_{T,y_\iota} + p\right], \tag{2}$$

$$\left(\frac{\partial s}{\partial y_\iota}\right)_{T,v,y_j} = \frac{1}{T}\left[\left(\frac{\partial e}{\partial y_\iota}\right)_{T,v,y_j} + Y_\iota\right]. \tag{3}$$

Der Sinn dieser Gleichungen ist klar; es ist die Entropieänderung, die einer Temperaturänderung ohne äußere Arbeitsleistung entspricht, $\left(\frac{\partial s}{\partial T}\right)_{v,y_\iota} dT = \frac{\delta Q_v}{T} = \frac{c_v dT}{T}$. Entsprechend ist die Wärmemenge, die man zuführen muß, um bei konstanter Temperatur z. B. das Volumen zu vergrößern, nach (2) Ziff. 15 $dv\frac{\delta Q}{\delta v} = \left[\left(\frac{\partial e}{\partial v}\right)_{T,y_\iota} + p\right] dv$; sie wird zur Vermehrung der inneren Energie und zur Leistung äußerer Arbeit benutzt. Es berechnet sich dann[1])

$$\left(\frac{\partial s}{\partial v}\right)_{T,y} = \frac{1}{T}\frac{\delta Q}{\delta v}.$$

[1]) Den Index ι lassen wir von jetzt ab weg, wenn alle ι darunter verstanden sein sollen.

Bildet man sowohl aus (1) $\left[\text{in der Form } \frac{\partial s}{\partial T} = \frac{1}{T}\frac{\partial e}{\partial T}\right]$ als auch aus (2) $\frac{\partial^2 s}{\partial v \partial T}$ bzw. aus (1) und (3) $\frac{\partial^2 s}{\partial T \partial y_\iota}$, endlich aus (3) $\frac{\partial^2 s}{\partial y_\iota \partial y_l}$, so findet man

$$\left(\frac{\partial e}{\partial v}\right)_{T,y} = T\left(\frac{\partial p}{\partial T}\right)_{v,y} - p, \tag{4}$$

$$\left(\frac{\partial e}{\partial y_\iota}\right)_{T,v,y_j} = T\left(\frac{\partial Y_\iota}{\partial T}\right)_{v,y} - Y_\iota, \tag{5}$$

$$\left(\frac{\partial p}{\partial y_\iota}\right)_{T,v,y_j} = \left(\frac{\partial Y_\iota}{\partial v}\right)_{T,y}, \tag{6}$$

$$\left(\frac{\partial Y_\iota}{\partial y_l}\right)_{T,v,y_\iota,y_j} = \left(\frac{\partial Y_l}{\partial y_\iota}\right)_{T,v,y_l,y_j} {}^{1)}. \tag{7}$$

Aus (2) und (4) bzw. (3) und (5) folgt

$$\left(\frac{\partial s}{\partial v}\right)_{T,y} = \left(\frac{\partial p}{\partial T}\right)_{v,y}, \tag{8}$$

$$\left(\frac{\partial s}{\partial y_\iota}\right)_{T,v,y_j} = \left(\frac{\partial Y_\iota}{\partial T}\right)_{v,y}. \tag{9}$$

Endlich ergibt (1) nach v, (8) nach T differentiiert [bzw. (1) nach y_ι, (9) nach T differentiiert]

$$\left(\frac{\partial c_{v,y}}{\partial v}\right)_{T,y} = T\left(\frac{\partial^2 p}{\partial T^2}\right)_{v,y}, \tag{10}$$

$$\left(\frac{\partial c_{v,y}}{\partial y_\iota}\right)_{T,v,y_j} = T\left(\frac{\partial^2 Y_\iota}{\partial T^2}\right)_{v,y}. \tag{11}$$

Ganz entsprechende Gleichungen lassen sich auch unter Benutzung der Variablen T, p, Y ableiten; sie lauten

$$\left(\frac{\partial s}{\partial T}\right)_{p,Y} = \left(\frac{\partial e_{pY}}{\partial T}\right)_{p,Y} = \frac{e_{pY}}{T}, \tag{1'}$$

$$\left(\frac{\partial s}{\partial p}\right)_{T,Y} = \frac{1}{T}\left[\left(\frac{\partial e_{pY}}{\partial p}\right)_{T,Y} - v\right] = \frac{1}{T}\left[\left(\frac{\partial e}{\partial p}\right)_{T,Y} + p\left(\frac{\partial v}{\partial p}\right)_{T,Y} + \sum Y_\iota\left(\frac{\partial y_\iota}{\partial p}\right)_{T,p,Y} - v\right], \tag{2'}$$

$$\begin{aligned}\left(\frac{\partial s}{\partial Y_\iota}\right)_{T,v,Y_j} &= \frac{1}{T}\left[\left(\frac{\partial e_{pY}}{\partial Y_\iota}\right)_{T,p,Y_j} - y_\iota\right] \\ &= \frac{1}{T}\left[\left(\frac{\partial e}{\partial Y_\iota}\right)_{T,p,Y_j} + p\left(\frac{\partial v}{\partial Y_\iota}\right)_{T,p,Y_j} + \sum Y_l\left(\frac{\partial y_l}{\partial Y_\iota}\right)_{T,p,Y_l,Y_j} - y_\iota\right],\end{aligned} \tag{3'}$$

$$T\frac{\partial v}{\partial T} + v = -\left(\frac{\partial e_{pY}}{\partial p}\right)_{T,Y} = -\left(\frac{\partial e}{\partial p}\right)_{T,Y} - p\left(\frac{\partial v}{\partial p}\right)_{T,Y} - \sum Y_\iota\left(\frac{\partial y_\iota}{\partial p}\right)_{T,Y}, \tag{4'}$$

$$T\left(\frac{\partial y_\iota}{\partial T}\right)_{T,p,Y} = -\left(\frac{\partial e_{pY}}{\partial Y_\iota}\right)_{T,p,Y_j} - y_\iota, \tag{5'}$$

$$\left(\frac{\partial s}{\partial p}\right)_{T,Y} = -\left(\frac{\partial v}{\partial T}\right)_{p,Y}, \tag{8'}$$

---

1) j bedeutet hier alle Indices außer ι und l, ι nur das y_ι der Gleichung.

$$\left(\frac{\partial s}{\partial Y_\iota}\right)_{T,p,Y_j} = -\left(\frac{\partial y_\iota}{\partial T}\right)_{p,Y}, \tag{9'}$$

$$\frac{\partial c_{pY}}{\partial p} = -T\left(\frac{\partial^2 v}{\partial T^2}\right)_{p,Y}, \tag{10'}$$

$$\left(\frac{\partial c_{pY}}{\partial Y_\iota}\right) = -T\left(\frac{\partial^2 y_\iota}{\partial T^2}\right)_{p,Y}. \tag{11'}$$

Natürlich kann man auch „gemischte" Ausdrücke bilden, z. B.

$$\frac{\partial c_{p,y}}{\partial p} = -T\left(\frac{\partial^2 v}{\partial T^2}\right)_{p,y}. \tag{11''}$$

Die vorstehenden Gleichungen beruhen alle auf der Tatsache, daß s eine Zustandsfunktion ist. Würde z. B. bei einem ganz einfachen System, das durch T und V beschrieben wird, $\frac{\partial C_v}{\partial V} \neq T\frac{\partial^2 p}{\partial T^2}$ gefunden werden, so hieße das, daß man nicht zum selben Wert von $\int dS = \int \frac{dE + p\,dV}{T}$ kommt, wenn man einerseits zuerst V vergrößert und dann T, und andererseits zuerst T und dann V. Denn (10) ist nur eine andere Form von $\frac{\partial}{\partial V}\frac{\partial S}{\partial T} = \frac{\partial}{\partial T}\frac{\partial S}{\partial V}$, und diese Gleichung drückt gerade die Unabhängigkeit vom Weg aus. Ist diese aber nicht vorhanden, so kann man sofort einen kleinen Kreisprozeß nach CLAPEYRON (Ziff. 22) konstruieren, der mit einem gleichen Kreisprozeß, ausgeführt mit idealem Gas, kombiniert werden kann und ein Perpetuum mobile zweiter Art ergäbe.

Aus Gleichung (4) Ziff. 40 und (3) Ziff. 16 erhält man eine Formel, die zur bequemeren Berechnung der Differenz der spezifischen Wärmen bei konstantem Druck und konstantem Volumen dient. Es ist

$$C_{py} - C_{vy} = T\left(\frac{\partial p}{\partial T}\right)_{V,y}\left(\frac{\partial V}{\partial T}\right)_{p,y} = -T\left(\frac{\partial p}{\partial V}\right)_{T,y}\left(\frac{\partial V}{\partial T}\right)_p^2 \tag{13}$$

[unter Berücksichtigung von (5) Ziff. 8].

Da aus Stabilitätsgründen (Ziff. 8) $\frac{\partial V}{\partial p} < 0$ ist, ist stets $C_p \geqq C_v$. Hierbei gilt das Gleichheitszeichen nur bei $\frac{\partial V}{\partial T} = 0$, d. h. an Temperaturpunkten, bei denen das Volumen ein Maximum oder Minimum ist.

Von der Tatsache $C_p - C_v > 0$ ist schon in der Diskussion (Ziff. 16) Gebrauch gemacht worden. Dort wurde benutzt, daß $\left(\frac{\partial E}{\partial V}\right)_T + p$ stets dasselbe (und zwar im allgemeinen das positive) Vorzeichen hat wie $\left(\frac{\partial V}{\partial T}\right)_p$, weil die erstere Größe nach (4) gleich $T\left(\frac{\partial p}{\partial T}\right)_v$ ist.

Außer der Gleichung (13), die C_p und C_v, beide bei konstantem y genommem, verknüpft, kann man noch C_p bei konstanten Kräften Y und C_v bei konstanten y vergleichen (bei Systemen ohne weitere Zustandsvariabeln y gibt das natürlich nichts Neues). Es folgt mit (5)

$$\begin{aligned} C_{p,Y} &= C_{v,y} + T\left(\frac{\partial p}{\partial T}\right)_{V,y}\left(\frac{\partial V}{\partial T}\right)_{p,Y} + T\sum\left(\frac{\partial Y}{\partial T}\right)_{V,y}\left(\frac{\partial y}{\partial T}\right)_{p,Y} \\ &= C_{v,y} - T\left(\frac{\partial p}{\partial V}\right)_{T,y}\left(\frac{\partial V}{\partial T}\right)_{p,y}\left(\frac{\partial V}{\partial T}\right)_{p,Y} + T\sum\left(\frac{\partial Y}{\partial T}\right)_{V,y}\left(\frac{\partial y}{\partial T}\right)_{p,Y}. \end{aligned}$$

Im folgenden seien ohne weitere Erklärung einige Formeln angeführt, welche spezifische Wärme, Ausdehnungs- und Spannungskoeffizient für einheitliche Stoffe aus F_v und F_p berechnen. Sie sind aus den Formeln der Ziff. 39 und dieser Ziffer durch geeignete Differentiation erhalten. Die ersten der hier angeführten Formeln unterscheiden sich von (4), (4′) Ziff. 39 und (1), (1′) Ziff. 40 dadurch, daß dort C_v durch F_v, C_p durch F_p ausgedrückt, hier aber umgekehrt C_v aus F_p, C_p aus F_v berechnet wird:

$$C_p = -T\left[\left(\frac{\partial^2 F_v}{\partial T^2}\right)_v + \frac{\partial^2 F_v}{\partial T\,\partial V}\left(\frac{\partial V}{\partial T}\right)_p\right], \qquad C_v = -T\left[\left(\frac{\partial^2 F_p}{\partial T^2}\right)_p + \frac{\partial^2 F_p}{\partial T\,\partial p}\left(\frac{\partial p}{\partial T}\right)_v\right],$$

$$C_p = -T\,\frac{\dfrac{\partial^2 F_v}{\partial T^2}\dfrac{\partial^2 F_v}{\partial V^2} - \left(\dfrac{\partial^2 F_v}{\partial V\,\partial T}\right)^2}{\dfrac{\partial^2 F_v}{\partial V^2}}, \qquad C_v = -T\,\frac{\dfrac{\partial^2 F_p}{\partial T^2}\dfrac{\partial^2 F_p}{\partial p^2} - \left(\dfrac{\partial^2 F_p}{\partial p\,\partial T}\right)^2}{\left(\dfrac{\partial^2 F_p}{\partial p^2}\right)},$$

$$C_p - C_v = T\,\frac{\left(\dfrac{\partial^2 F_v}{\partial V\,\partial T}\right)^2}{\dfrac{\partial^2 F_v}{\partial V^2}}, \qquad C_p - C_v = T\,\frac{\left(\dfrac{\partial^2 F_p}{\partial p\,\partial T}\right)^2}{\dfrac{\partial^2 F_p}{\partial p^2}},$$

$$\frac{1}{V}\left(\frac{\partial V}{\partial T}\right)_p = -\frac{\dfrac{\partial^2 F_v}{\partial V\,\partial T}}{V\dfrac{\partial^2 F_v}{\partial V^2}}, \qquad \frac{1}{p}\left(\frac{\partial p}{\partial T}\right)_v = -\frac{\dfrac{\partial^2 F_p}{\partial p\,\partial T}}{p\dfrac{\partial^2 F_p}{\partial p^2}},$$

$$\frac{1}{p}\left(\frac{\partial p}{\partial T}\right)_v = \frac{\dfrac{\partial^2 F_v}{\partial V\,\partial T}}{\dfrac{\partial F_v}{\partial V}}, \qquad \frac{1}{V}\left(\frac{\partial V}{\partial T}\right)_p = \frac{\dfrac{\partial^2 F_p}{\partial p\,\partial T}}{\dfrac{\partial F_p}{\partial p}}.$$

41. Die MAXWELLschen Relationen. Wir leiten nun eine Reihe von Gleichungen ab, die zur Berechnung der Wärmetönung dienen, welche bei verschiedenen Vorgängen entwickelt wird. Man nennt diese Gleichungen die MAXWELLschen Relationen. Bei der Ableitung wird stets benutzt, daß

$$ds = \frac{\delta\bar{Q}}{T} \tag{1}$$

ist. Die Gruppe der Relationen erhält man durch Einsetzen von (1) in die Gleichungen (8), (9), (10), (8′), (9′) der Ziff. 40. Man findet

$$\left(\frac{\delta\bar{Q}}{\delta v}\right)_{T,y} = T\left(\frac{\partial p}{\partial T}\right)_{v,y}, \tag{2}$$

$$\left(\frac{\delta\bar{Q}}{\delta y_\iota}\right)_{T,v,y_j} = T\left(\frac{\partial Y_\iota}{\partial T}\right)_{v,y}, \tag{3}$$

$$\left(\frac{\delta\bar{Q}}{\delta p}\right)_{T,Y} = -T\left(\frac{\partial v}{\partial T}\right)_{p,Y}, \tag{4}$$

$$\left(\frac{\delta\bar{Q}}{\delta Y_\iota}\right)_{T,p,Y_j} = -T\left(\frac{\partial y_\iota}{\partial T}\right)_{p,Y}. \tag{5}$$

Der Sinn der auftretenden Symbole ist klar. Z. B. ist in (3) $\delta\bar{Q}$ die Wärmemenge, die (reversibel) aufgenommen wird, wenn man y_ι ändert (z. B. in einem galvanischen Element die Strommenge $\delta[e]$ durchschickt), wobei die Temperatur, das Volumen usw. konstant bleiben sollen. Auf der rechten Seite gibt $\partial Y_\iota/\partial T$

den Temperaturkoeffizienten der entsprechenden „verallgemeinerten Kraft" (z. B. der elektromotorischen Kraft des galvanischen Elements) bei konstantem Volumen und konstanten y (d. h. z. B. bei offenem Stromkreis und ungeänderten Konzentrationen). Hierbei kann man (2), (3), (4), (5) auch mit „gemischten" aber natürlich auf beiden Seiten gleichen, Indizes schreiben, z. B.

$$\left(\frac{\delta \bar{Q}}{\partial v}\right)_{T,Y} = T\left(\frac{\partial p}{\partial T}\right)_{v,Y} \quad (2') \quad \text{oder} \quad \left(\frac{\delta \bar{Q}}{\partial Y_\iota}\right)_{T,v,Y_j} = -T\left(\frac{\partial y_\iota}{\partial T}\right)_{v,Y}. \quad (5')$$

Übrigens erhält man die obigen Gleichungen auch, wenn man (4) Ziff. 40 in (2), (4) Ziff. 15 einsetzt usw.

Die zweite Gruppe von Relationen bekommt man dadurch, daß man in (4'') Ziff. 39 nach v, in (5'') ebenda nach s differentiiert und nun (1) berücksichtigt. Entsprechend geht man mit (4'') und (6'') vor. Ferner differentiiert man (4''') nach p bzw. Y_ι, (5''') und (6''') nach s. So findet man

$$\left(\frac{\partial T}{\partial v}\right)_{s,y} = -T\left(\frac{\delta p}{\delta Q}\right)_{v,y}, \quad (6) \qquad \left(\frac{\partial T}{\partial y_\iota}\right)_{s,v,y_j} = -T\left(\frac{\delta Y_\iota}{\delta Q}\right)_{v,y} \quad (7)$$

$$\left(\frac{\partial T}{\partial p}\right)_{s,Y} = T\left(\frac{\delta v}{\delta Q}\right)_{p,Y}, \quad (8) \qquad \left(\frac{\partial T}{\partial Y_\iota}\right)_{s,v,Y_j} = +T\left(\frac{\delta y_\iota}{\delta Q}\right)_{p,Y} \quad (9)$$

Auch hier kann man ohne weiteres die Indizes auf beiden Seiten ändern [natürlich nur diejenigen, die sich auf zusammengehörige, nichtbeteiligte Koordinaten beziehen, d. h. z. B. in (6) nicht die Indizes s, v]. Also gilt z. B. auch

$$\left(\frac{\partial T}{\partial p}\right)_{s,y} = T\left(\frac{\delta v}{\delta Q}\right)_{p,y}.$$

Um diese Gleichungen zu verstehen, sei zuerst die Bedeutung des auch in Ziff. 39 (5''), (6''), (5'''), (6''') vorkommenden Index s erörtert. Die Gleichung $s =$ konst., $ds = 0$ stellt bei zwei Variabeln (v, T oder p, T oder p, v) eine Kurve, sonst eine Fläche dar, die man die „Isentrope" nennt. Aus (1) folgt auf ihr $\delta \bar{Q} = 0$. Eine isentropische Zustandsänderung bedeutet daher dasselbe wie eine adiabatisch reversible, während es natürlich daneben noch unendlich viele verschiedene adiabatisch-irreversible Vorgänge gibt, bei denen die Entropie zunimmt. Der Index s bedeutet also eine adiabatisch umkehrbare Änderung.

In (6) ist demnach $\left(\frac{\partial T}{\partial v}\right)_{s,y} dv$ die Temperaturänderung, die bei einer adiabatisch reversiblen Volumvermehrung dv eintritt, während man die y_ι konstant läßt. $\left(\frac{\delta p}{\delta \bar{Q}}\right) \delta \bar{Q}$ bedeutet die Druckänderung, die erfolgt, wenn man bei ungeändertem Volumen und ungeänderten y-Werten die Wärmemenge $\delta \bar{Q}$ reversibel zuführt. Man kann danach leicht (11) Ziff. 16 ableiten. Analog kann man schreiben

$$\left(\frac{\partial Y_\iota}{\partial y_\iota}\right)_{s,A,B} = \left(\frac{\partial Y_\iota}{\partial y_\iota}\right)_{T,A,B} \cdot \frac{C_{Y_\iota,A,B}}{C_{y_\iota,A,B}}.$$

Hier bedeutet A entweder die Y_j, $j \neq i$ oder die y_j (evtl. auch gemischt), B entweder p oder v. Diese Formel gibt z. B. das Verhältnis der adiabatischen Polarisierbarkeit $Y = [E]$, $y = [e]$ eines galvanischen Elements zur isothermen an.

42. Die GIBBS-HELMHOLTZsche Gleichung. Definitionsgemäß ist nach (1) Ziff. 37

$$f_v = e - Ts.$$

Hierzu (4) Ziff. 39 gibt

$$f_v = e + T\left(\frac{\partial f_v}{\partial T}\right)_{v,y}. \tag{1}$$

Wenn $e(V, T)$ bekannt ist, ergibt das eine partielle Differentialgleichung für f_v, aus der man die Temperaturabhängigkeit dieser Größe ermitteln kann. Es wird nämlich nach leichter Umformung

$$\frac{f_v(V,T_2)}{T_2} - \frac{f_v(V,T_1)}{T_1} = -\int\limits_{T_1,V}^{T_2,V} \frac{e(V,T)}{T^2}\,dT. \tag{2}$$

Statt dieser präzisen Form kann man auch als unbestimmtes Integral mit einer unbestimmten Funktion $\varphi(V)$ schreiben

$$f_v(V,T) = -T\int \frac{e(V,T)}{T^2}\,dT + T\varphi(V). \tag{2'}$$

Ebenso erhält man mit (2) Ziff. 37 und (4') Ziff. 39

$$f_p = e_p + T\left(\frac{\partial f_p}{\partial T}\right)_{p,X} \tag{3}$$

und daraus

$$\frac{f_p(p,T_2)}{T_2} - \frac{f_p(p,T_1)}{T_1} = -\int\limits_{T_1,p}^{T_2,p} \frac{e_p(p,T)}{T^2}\,dT \tag{4}$$

bzw.

$$f_p(p,T) = -T\int \frac{e_p(p,T)}{T^2}\,dT + T\varphi^*(p). \tag{4'}$$

Man nennt (1) die GIBBS-HELMHOLTZsche Gleichung, in ihr ist erster und zweiter Hauptsatz zusammengefaßt. (3) hat R. LORENZ abgeleitet[1]).

In (1) steckt direkt die Formel für den unendlich kleinen Kreisprozeß, die nach (1) Ziff. 23

$$\frac{dA}{dT} = +\frac{Q}{T} \tag{5}$$

lautet. A ist nämlich die Arbeit bei einer isothermen reversiblen Änderung, also $-A = F_v(V_2, F) - F_v(V_1, T)$. Ferner ist $Q = E(V_2, T) - E(V_1, T) - F(V_2, T) - F(V_1, T)$. Setzt man das in (5) ein, so erhält man dasselbe Resultat, wie wenn man (1) zuerst für V_2, dann für V_1 hinschreibt und diese beiden Gleichungen voneinander abzieht.

43. Die Gleichgewichtsbedingungen. Ein System ist dann im Gleichgewicht, wenn ohne Leistung äußerer Arbeit bzw. Zufuhr von Wärme keine Änderungen auftreten können.

Wir hatten in Ziff. 10 besprochen, daß alle abhängigen Zustandsgrößen (z. B. e, s, f, dann der Druck p und die Y bei Wahl der y und V sowie T als unabhängige Veränderliche) bei Veränderungen nicht nur von den unabhängigen Veränderlichen selbst, sondern auch von ihren zeitlichen Differentialquotienten abhängen. Vorausgesetzt, daß diese Abhängigkeit stetig ist, nähert sich aber der Wert der untersuchten Größe bei abnehmender Geschwindigkeit des Vorganges dem Wert im Gleichgewicht, unabhängig von der Richtung des Vorganges.

---

[1]) R. LORENZ u. M. KATAYAMA, ZS. f. phys. Chem. Bd. 62, S. 119. 1908.

Daraus hatten wir geschlossen, daß jede unendlich kleine Abweichung der äußeren Kräfte und anderen Bedingungen vom Gleichgewicht einen unendlich langsamen Vorgang hervorruft, wobei eine Richtungsumkehrung der erwähnten Abweichung auch den Vorgang umkehrt. Es sei z. B. ein Gefäß mit Gas gegeben, das durch einen Stempel abgeschlossen ist, der mit Gewicht belastet ist. Bei unendlich kleiner Vermehrung des Gewichtes erfolgt unendlich langsame Kompression, bei Verminderung Ausdehnung. Die Gleichgewichtsbedingung muß also ausdrücken, daß jede unendlich kleine Änderung des Zustandes einen umkehrbaren Prozeß hervorruft. Die Umkehrung dieses Satzes beweisen wir am Ende dieser Ziffer und besprechen zuerst die je nach den äußeren Bedingungen verschiedene Form der Bedingung, die die Umkehrbarkeit jedes möglichen Prozesses ausdrückt.

Es muß nämlich allgemein

$$\delta s = \frac{\delta Q}{T} \quad (\text{d. h. } \delta Q = \delta \bar{Q})$$

sein oder

$$\delta s = \frac{\delta e + \delta A}{T}. \tag{1}$$

Im besonderen ist

a) bei nach außen adiabatisch abgeschlossenen Systemen ($\delta Q = 0$) die Bedingung, daß bei allen möglichen Änderungen gilt

$$\delta s = 0; \tag{2}$$

b) bei künstlich isotherm gehaltenen Systemen ist

$$-\delta f = \delta A. \tag{3}$$

Wenn man den (rein mechanischen oder rein elektrischen) Apparat, der die Arbeit aufnimmt, mit zum System rechnet und die an ihm geleistete Arbeit δA gleich der Zunahme seiner Energie δe^* (bzw. seiner freien Energie f^*, da nichtthermische Systeme, wie Gewichte, elektrische Kondensatoren oder Elektromotoren, keine Entropie haben) setzt, so gilt für das Gesamtsystem

$$\delta(f + f^*) = 0. \tag{3'}$$

c) Ist nur ein isothermer Vorgang möglich und wird außerdem der Druck konstant gehalten, so ist es zweckmäßig, die Arbeit in den gegen den konstanten Druck geleisteten Teil $+p\,\delta v$ und die technische Arbeit δA_T zu teilen bzw. den Stempel mit Gewicht, der den Druck konstant hält, mit seiner potentiellen Energie, die gleich pv ist, mit zum System zu rechnen

$$-\delta f_v - p\,\delta v = -\delta f_p = \delta A_T. \tag{4}$$

Rechnen wir auch den Rest der Arbeit aufnehmenden Apparatur zum System, so gilt wie früher

$$\delta(f_p + \delta f_p^*) = 0. \tag{4'}$$

Nur zählt jetzt eben der Stempel nicht zum Sternsystem. Ist nur Volumarbeit (keine elektrische Arbeit u. dgl.) zu leisten, so ist

$$\delta f_p = 0. \tag{4''}$$

Wenn die Bedingungen (2) bzw. (3′) oder (4′) erfüllt sind, so folgt, daß die betrachtete Funktion s bzw. f oder f_p (den Summanden $+f^*$ begreifen wir mit ein) gegenüber allen vorkommenden Änderungen ein Maximum, Minimum oder einen Wendepunkt hat.

Hat s bzw. $-f_v$ oder $-f_p$ ein Minimum $\delta^2 s$ bzw. $-\delta^2 f$ oder $-\delta^2 f_p > 0$, so heißt das, daß eine kleine Abweichung zwar umkehrbar ist, jede größere Abweichung aber zu Vorgängen führt, bei denen die Entropie zu- bzw. die freie Energie abnimmt, die also nicht umkehrbar sind. Solche Zustände sind also labil. Derartiges haben wir z. B. in Ziff. 8 ausgeschlossen. Es ist nämlich nach (5) Ziff. 39 z. B.

$$\left(\frac{\partial^2 F}{\partial V^2}\right)_T = -\frac{\partial p}{\partial V},$$

Ist die Funktion s bzw. $-f$ oder $-f_p$ ein Maximum, $\delta^2 s$ bzw. $-\delta^2 f$ oder $-\delta^2 f_p < 0$, so bewirkt zwar eine unendlich klein gedachte (virtuelle) Zustandsänderung nur eine Änderung zweiter Ordnung in s (bzw. f oder f_p), jede endliche Änderung des Zustandes würde aber eine Abnahme nach sich ziehen. Eine solche kann aber nicht eintreten, ohne daß Wärme zugeführt (bzw. von außen her Arbeit gegen das betrachtete System geleistet) wurde, ist also bei den vorausgesetzten Bedingungen (der adiabatischen Abgeschlossenheit z. B.) überhaupt unmöglich. Daher gibt diese Bedingung ein stabiles Gleichgewicht. Hiermit ist zugleich der zu Anfang dieser Ziffer noch aufgeschobene Beweis nachgeholt, daß die Gleichungen (2) bzw. (3'), (4') nicht nur notwendige, sondern auch hinreichende Gleichgewichtsbedingungen sind (wenn außerdem ein Maximum vorliegt). Endlich könnte der betrachtete Zustand noch einem Wendepunkt entsprechen, in welchem Fall der Zustand wieder labil wäre.

44. Spezielle Form der allgemeinen Gleichgewichtsbedingung. Es sei ein System gegeben, das aus einer Anzahl von chemischen Stoffen besteht, die wir durch untere Indizes unterscheiden wollen. Hierbei liegt es vollkommen in unserer Willkür, wie wir die chemischen Stoffe gegeneinander abgrenzen wollen. Wir können jede Molekülart als chemischen Stoff bezeichnen und dabei z. B. S_2 und S_4, die beide im Schwefeldampf vorkommen, als verschiedene Stoffe auffassen. Wir können sogar zwei Moleküle S_2, die in verschiedenen inneren „Quantenzuständen" sind, als verschiedene chemische Stoffe ansehen[1]). Wir können andererseits als einheitlichen Stoff auch jede Substanz der gleichen Bruttozusammensetzung betrachten, z. B. jede, die nur aus Schwefelatomen besteht.

Die Art der Definition hat nur Einfluß auf die Form der Funktion f, mit der wir gleich zu tun haben werden, und die natürlich anders aussieht, wenn wir die Zusammensetzung durch die Gesamtzahl n der Grammatome Schwefel charakterisieren, als wenn wir dies durch die Molzahl n_2 von S_2, n_4 von S_4 usw. tun.

Die Zusammensetzung soll, wie schon erwähnt, in Molen angegeben werden, wobei wir in Fällen, wo das Molekulargewicht nicht eindeutig festzulegen ist, als solches das Atom- bzw. Formelgewicht wählen, z. B. bei flüssigem Schwefel $S = 32$. Wir treffen diese Wahl statt der gedanklich einfacheren des Gramm als Einheit, um unsere Formeln nur mit ganzen Zahlen statt mit Irrationalzahlen (den Atomgewichten) zu schreiben (Ziff. 6). Das System möge aus verschiedenen Phasen bestehen, die wir durch obere Striche unterscheiden.

Wir setzen die Größen des Gesamtsystems additiv aus denen der einzelnen Phasen auf Grund der Überlegungen von Ziff. 4 zusammen, d. h. wir vernachlässigen die Oberflächengrößen. Es ist also

$$v = v' + v'' + \cdots,$$
$$e = e' + e'' + \cdots,$$
$$f = f' + f'' + \cdots. \qquad \text{(Index } v \text{ oder } p\text{)}.$$

[1]) A. EINSTEIN, Verh. d. D. Phys. Ges. Bd. 16, S. 820. 1914.

Zur Angabe der Eigenschaften einer Phase gehört V' (oder p), T, dann $n'_1 \ldots n'_s$, d. h. ihre chemische Zusammensetzung. Diese Größen bestimmen ihre Energie e', ihre freie Energie f' usw. In welcher Weise die wirkliche Berechnung vorgenommen wird, wird im Abschn. IV Ziff. 55 ff. erörtert werden, vorderhand genügt es, zu wissen, daß die Eigenschaften einer Phase nur durch ihre eigenen Zustandsgrößen V', T, $n'_1, \ldots n'_r$ bestimmt sind, nicht durch die Anwesenheit anderer Phasen. Diese letzteren wirken nur insoweit ein, als sie die freie Wählbarkeit der Zahlenwerte der Zustandsvariabeln v', T, $n'_1 \ldots$ einschränken. Das Gleichgewicht ist nun nach Ziff. 43 dadurch charakterisiert, daß gegenüber allen möglichen unendlich kleinen materiellen Änderungen, die bei konstanter Temperatur und ohne äußere Volumarbeit bzw. bei konstantem Druck erfolgen

$$\delta_T f_v = 0 \quad \text{bzw.} \quad \delta_T f_p = 0$$

ist. Alle möglichen materiellen Änderungen können wir folgendermaßen erhalten (wobei wir bei den Differentiationen den Index T weglassen und nach Belieben den Index v oder p anfügen können).

Wir entnehmen einer Phase ($\varkappa$) die Substanzmenge δn_r des $r$ten Stoffes und bringen sie in die Phase (ι). Der Stoffumsatz beträgt hierbei $\delta n_r^{(\varkappa)} = -\delta n_r^{(\iota)}$. Die gesamte Änderung der freien Energie setzt sich aus zwei Teilen zusammen: erstens der Abnahme der freien Energie, die die Phase $\varkappa$ durch die Entfernung der Substanzmenge erleidet und die gleich $-\dfrac{\partial f^{(\varkappa)}}{\partial n_r^{(\varkappa)}}\delta n_r^{(\varkappa)}$ ist; zweitens der Zunahme der freien Energie, welche die Phase ι durch die Zufügung von $\delta n_r^{(\iota)} = -\delta n_r^{(\varkappa)}$ erfährt und welche gleich $\delta n_r^{(\iota)}\dfrac{\partial f^{(\iota)}}{\partial n_r^{(\iota)}}$ ist. Wenn die Gesamtänderung der freien Energie bei diesem virtuellen Umsatz verschwinden soll, so muß gelten

$$\frac{\partial f^{(\iota)}}{\partial n_r^{(\iota)}} = \frac{\partial f^{(\varkappa)}}{\partial n_r^{(\varkappa)}}. \tag{1}$$

Das gilt allgemein für alle ι, $\varkappa$, r.

Die Größe

$$\frac{\partial f^{(\varkappa)}}{\partial n_r^{(\varkappa)}} = \mu_r^{(\varkappa)}, \tag{2}$$

bezeichnet man nach Gibbs als das „chemische Potential des $r$ten Stoffes in der $\varkappa$ten Phase". Die Gleichgewichtsbedingung für die Phasen untereinander lautet also. Das chemische Potential jedes einzelnen Stoffes hat in allen Phasen, in denen er vorkommt, den gleichen Zahlenwert (nicht etwa die gleiche Funktionsform) oder

$$\mu_r^{(\varkappa)} = \mu_r^{(\iota)}. \tag{2'}$$

Eine solche Gleichung ist, wie eben erwähnt, eine Bestimmungsgleichung für die in μ auftretenden Variabeln $n_1^{(\varkappa)} \ldots n_r^{(\varkappa)}$ als Funktion von $V^{(\varkappa)}$ oder p, T und $n_1^{(\iota)} \ldots n_r^{(\iota)}$. Solcher Gleichungen gibt es m (Anzahl der Phasen) -1 unabhängige für jeden Stoff.

Daneben sind noch materielle Umsetzungen innerhalb einer Phase möglich. Es sei z. B. eine chemische Reaktionsgleichung in der ι-ten Phase

$$a_1^{(\iota)} A_2^{(\iota)} + a_2^{(\iota)} A_2^{(\iota)} \ldots \rightleftarrows a_3^{(\iota)} A_3^{(\iota)} + a_4^{(\iota)} A_4^{(\iota)}, \tag{3}$$

wobei die $a^{(\iota)}$ ganze Zahlen und die A chemische Symbole sind. Läßt man einen kleinen Umsatz gemäß dieser Gleichung erfolgen und drückt wieder aus, daß dadurch keine Änderung der gesamten freien Energie erfolgen soll, so lautet die Bedingung

$$a_1^{(\iota)} \mu_1^{(\iota)} + a_2^{(\iota)} \mu_2^{(\iota)} = a_3^{(\iota)} \mu_3^{(\iota)} + a_4^{(\iota)} \mu_4^{(\iota)}. \tag{4}$$

Kann derselbe stöchiometrische Umsatz auch in der $\varkappa$ten Phase erfolgen (z. B. $2\,S_2 \rightarrow S_4$ im Gaszustand und in der Schmelze), so bringt die hierfür geltende Gleichung

$$a_1^{(\varkappa)}\mu_1^{(\varkappa)} + a_2^{(\varkappa)}\mu_2^{(\varkappa)} = a_3^{(\varkappa)}\mu_3^{(\varkappa)} + a_4^{(\varkappa)}\mu_4^{(\varkappa)}$$

nichts Neues, wie der Vergleich von (2′) und (4) zeigt, weil $a_1^{(\varkappa)} = a_1^{(\iota)} \ldots$ ist, da es sich um dieselbe Reaktion handelt. D. h. z. B., wenn das Gleichgewicht zwischen S_2 und S_4 im Gaszustand hergestellt ist, ferner das Gleichgewicht von S_2 zwischen Schmelze und Gaszustand und das Gleichgewicht von S_4 zwischen Schmelze und Gaszustand, so ist auch das Gleichgewicht zwischen S_2 und S_4 in der Schmelze vorhanden. Das letzte Resultat bedeutet nur die eindeutige Definition des Gleichgewichtes unabhängig von der Art etwa noch hinzugefügter anderer Systeme, die mit dem ursprünglichen auch im Gleichgewicht stehen (z. B. Gasphase), ähnlich wie bei dem Temperaturgleichgewicht (Ziff. 5).

Wir können demnach unsere Gleichgewichtsbedingung unter Zusammenfassung von (2′) und (4′) so ausdrücken.

Es gehe irgendein materieller Umsatz (natürlich nach stöchiometrischen Gleichungen) vor sich. Die Menge des $r$ten Stoffes, die aus der $\varkappa$ten Phase verschwindet, sei $a_r^{(\varkappa)}\delta n$, wo $a_r^{(\varkappa)}$ ganzzahlig ist und positiv bei Verschwinden, negativ bei Entstehen gerechnet wird. Dann lautet die Gleichgewichtsbedingung

$$\delta f = -\delta n \sum_{\varkappa}\sum_{r} a_r^{(\varkappa)} \frac{\partial f^{\varkappa}}{\partial n_r^{\varkappa}} = 0$$

oder

$$\sum_{\varkappa}\sum_{r} a_r^{(\varkappa)}\mu_r^{(\varkappa)} = 0. \tag{5}$$

Für jede im System irgend mögliche Umsetzung gilt eine solche Gleichung. Hierin sind die μ als bekannte Funktionen von T, p und der Zusammensetzung aufzufassen. Gleichung (5) ist dann eine Gleichung zur Berechnung der Zusammensetzung (bzw. des Druckes).

Um eine etwas konkretere Vorstellung von der Bedeutung der chemischen Potentiale μ zu bekommen, nehmen wir voraus, daß bei gegebener Temperatur es besonders in einem reinen idealen Gas möglich ist, alle möglichen Werte von μ unterhalb einer gewissen Grenze durch Veränderung der Dichte herzustellen (s. Ziff. 61). Wenn wir jetzt in Gedanken $\mu_r^{(\varkappa)}$, das chemische Potential des $r$ten Stoffes in der $\varkappa$ten Phase, messen wollen, gehen wir so vor (s. auch Ziff. 66): wir denken uns einen Raum, gefüllt mit dem $r$ten Stoff in Gasform. Dieser Raum ist auf der einen Seite mit einem regulierbaren Stempel versehen, auf der anderen Seite mit einer Wand, die folgende Eigenschaft haben soll: Sie läßt die Moleküle r widerstandslos durch, d. h. so, daß es keine Arbeit erfordert, ein Molekül r von der einen Seite der Wand auf die andere zu bringen. Andere Moleküle läßt sie aber nicht durch. Genauer gesagt, soll die Geschwindigkeit, mit der sich das Gleichgewicht auf der inneren Seite der Wand herstellt, viel schneller sein, wenn man das beschriebene Gefäß in einen mit dem Dampf r gefüllten großen Raum bringt, als wenn es sich um einen anderen Stoff handelt. Eine solche Wand nennt man semipermeabel oder halbdurchlässig. Man kennt eine Reihe von Fällen, in denen die Semipermeabilität gut realisiert ist, und es ist kein Grund vorhanden, einen Widerspruch der erhaltenen Resultate mit der Erfahrung zu fürchten, wenn man sich die Existenz semipermeabler Wände auch für andere Stoffe vorstellt und mit ihnen Gedankenexperimente macht. Als Beispiele seien angeführt: Erhitztes Palladium ist fast nur für Wasserstoff durchlässig. Eine Schicht von Kupferferrozyanür ist für gelöste Salzionen, aber nicht für Zuckermoleküle durchlässig.

Den oben beschriebenen Probekasten (Sternsystem) lassen wir mit unserer $\varkappa$ten Phase ins Gleichgewicht treten. In dem neuen System: Phase $\varkappa$, halbdurchlässige Wand, Kasteninneres stellt sich Gleichgewicht in bezug auf r ein. $\mu_r^{(\varkappa)} = \mu_r^*$. Das Potential im Innern des Kastens ist aber eindeutig durch die Dichte der Gase gegeben.

Den Inhalt von Formel (2′) kann man dann so ausdrücken, daß Phasen, die in bezug auf den Stoff r miteinander im Gleichgewicht sind, denselben Dampfdruck im Probekasten erzeugen. Die Angabe dieses Gleichgewichtsdampfdruckes an Stelle des chemischen Potentials, mit dem er bei gegebener Temperatur in eindeutiger Beziehung steht, ist wegen seiner Anschaulichkeit in der physikalischen Chemie sehr beliebt.

Wir hatten in Gleichung (2) keinen Index v oder p angebracht. Wir tragen den Beweis nach, daß

$$\mu_r^{(\varkappa)} = \left(\frac{\partial f_v^{(\varkappa)}}{\partial n_r^\varkappa}\right)_{v,T} = \left(\frac{\partial f_p^{(\varkappa)}}{\partial n_r^{(\varkappa)}}\right)_{p,T}. \tag{6}$$

Es ist nämlich

$$\left(\frac{\partial f_p}{\partial n}\right)_{p,T} = \left(\frac{\partial f_v}{\partial n}\right)_{p,T} + p\left(\frac{dv}{dn}\right)_{p,T} = \left(\frac{\partial f_v}{\partial n}\right)_{v,T} + \left(\frac{\partial f_v}{\partial v}\right)_{n,T}\left(\frac{dv}{dn}\right)_{p,T} + p\left(\frac{dv}{dn}\right)_{p,T}.$$

Daraus folgt (6) mit (5) Ziff. 39. Entsprechendes gilt natürlich bei Vorhandensein weiterer Koordinaten.

45. Die Abhängigkeit des Gleichgewichts von Druck und Temperatur. In der vorigen Ziffer hatten wir unter (5) die allgemeine Gleichgewichtsbedingung hingeschrieben. In dieser kann man eine Beziehung sehen, die bei gegebenem Volumen oder Druck und bei gegebener Temperatur die Beziehungen zwischen den verschiedenen Konzentrationen oder Molenbrüchen herstellt und so diese bestimmt. Wir untersuchen jetzt, wie bei Änderung der äußeren Bedingungen, d. h. Druck (bzw. Volumen) und Temperatur, sich die Zusammensetzung ändert. Die Zusammensetzung kann sich dadurch ändern, daß gemäß (3) Ziff. 44 ein Umsatz erfolgt. Und zwar wollen wir sagen, es sei der Umsatz δn erfolgt, wenn von der Substanz 1 $a_1^\varkappa \delta n = \delta n_1^\varkappa$ Mol verschwinden usw., von der Substanz 3 $a_3^\varkappa \delta n = \delta n_3^\varkappa$ Mol entstehen usw. Da die Form von Gleichung (5) auch unter den geänderten Bedingungen erhalten bleibt, so muß das vollständige Differential der linken Seite verschwinden, d. h.

$$\left.\begin{aligned} dT\frac{\partial}{\partial T}\sum a_\iota^{(\varkappa)}\mu_\iota^{(\varkappa)} + dp\frac{\partial}{\partial p}\sum a_\iota^{(\varkappa)}\mu_\iota^{(\varkappa)} + dn_1^{(1)}\frac{\partial}{\partial n_1^{(1)}}\sum a_\iota^{(\varkappa)}\mu_\iota^{(\varkappa)} \\ + \cdots dn_r^{(e)}\frac{\partial}{\partial n_r^{(m)}}\sum a_\iota^{(\varkappa)}\mu_\iota^{(\varkappa)} = 0. \end{aligned}\right\} \tag{1}$$

(Alle $\mu_r^{(\varkappa)}$ hängen von allen $n_j^\varkappa$ ab!)

Diese Gleichung läßt sich noch etwas umschreiben, es ist nämlich nach (4), (4′) Ziff. 39 $\left(\frac{\partial f_v}{\partial T}\right)_v = -s$ bzw. $\left(\frac{\partial f_p}{\partial T}\right)_p = -s$ und infolgedessen der Ausdruck

$$\frac{\partial}{\partial T}\sum a_\iota^{(\varkappa)}\mu_\iota^{(\varkappa)} = -\sum a_\iota^{(\varkappa)}\frac{\partial s}{\partial n_\iota^\varkappa};$$

ersetzt man nun ds durch $\frac{\delta \overline{Q}}{T}$, $\frac{\partial s}{\partial n_\iota^\varkappa}$ durch $\frac{1}{T}\frac{\delta\overline{Q}}{\delta n_\iota^{(\varkappa)}}$, so wird die erste Summe in (1)

$$-\frac{1}{T}\sum a_\iota^{(\varkappa)}\frac{\delta\overline{Q}}{\delta n_\iota^{(\varkappa)}} = -\frac{1}{T}\Delta\overline{Q} = -\frac{U_v}{T} \text{ bzw. } -\frac{U_p}{T}. \tag{2}$$

Diese Größe U ist die Wärmemenge, die man zuführen muß, wenn der Umsatz von soviel Mol, als es die stöchiometrische Gleichung ausdrückt, erfolgt, d. h. von $\delta n = 1$. Z. B. ist bei der Verdampfung, wo die stöchiometrische Gleichung das Verschwinden von einem Mol der flüssigen Phase und das Auftreten von einem Mol Dampf anzeigt, (2) gleich der Verdampfungswärme von einem Mol, und zwar je nach der Wahl von f in den weiteren Summanden bei konstantem Volumen oder konstantem Druck. Wenn wir die zweite Summe zuerst für den Fall konstanten Druckes umformen wollen, so beachten wir (5′) Ziff. 39 und finden nach einer ähnlichen Diskussion, wie oben, daß

$$\frac{\partial}{\partial p}\sum a_\iota^{(\varkappa)}\mu_\iota^{(\varkappa)} = \sum a_\iota^{(\varkappa)}\frac{\partial v}{\partial n_\iota^{(\varkappa)}} = \Delta v\,,$$

wobei ΔV die Volumvermehrung ist, die eintritt, wenn bei konstantem Druck und bei konstanter Temperatur der der stöchiometrischen Gleichung, und zwar bei Ablauf der Reaktion von links nach rechts, entsprechende Umsatz erfolgt ($\delta n = 1$). Wir finden so folgenden Ausdruck für die Abhängigkeit der Zusammensetzung von äußeren Umständen

$$-\frac{U_p}{T}\,dT + dp\,\Delta v + \sum_{(\lambda)}\sum_j dn_j^{(\lambda)}\sum a_\iota^{(\varkappa)}\left(\frac{\partial\mu_\iota^\varkappa}{\partial n_j^{(\lambda)}}\right)_p = 0\,. \tag{3}$$

Entsprechend gilt bei konstantem Volumen folgende Gleichung

$$-\frac{U_v}{T}\,dT - dv\,\Delta p + \sum_{(\lambda)}\sum_j dn_j^{(\lambda)}\sum a_\iota^{(}\left(\frac{\partial n_\iota^\varkappa}{\partial\mu_j^{(\lambda)}}\right)_v = 0\,, \tag{4}$$

wobei $\Delta p = \sum a_\iota^\varkappa\left(\frac{\partial p}{\partial n_\iota^\varkappa}\right)_{v,T}$ die Druckänderung bedeutet, die eintreten würde, wenn man den besprochenen Umsatz bei konstantem Volumen und konstanter Temperatur vor sich gehen ließe, also z. B. bei Betrachtung eines Lösungsgleichgewichtes die Druckänderung, die erfolgen würde, wenn man ein Mol des festen Stoffes auflöst, ohne eine Änderung des Gesamtvolumens zuzulassen.

Wir können die erwähnten Formeln in leicht verständlicher Weise verallgemeinern, wenn wir außer dem Volumen noch andere unabhängige Variabeln zulassen. Dann ist nach Ziff. 39 (6) und (6′) die Gleichung (3) durch

$$+\sum dY_\iota\,\Delta y_\iota \tag{5}$$

die Gleichung (4) durch

$$-\sum dy_\iota\,\Delta Y_\iota \tag{6}$$

zu ergänzen. Hierin bedeutet ganz entsprechend $\Delta y_\iota = \sum_{r,\varkappa} a_r^{(\varkappa)}\left(\frac{\partial y_\iota}{\partial n_r^{(\varkappa)}}\right)_{Y,T}$ die Änderung der Koordinate y_ι, die eintritt, wenn man den betrachteten Umsatz bei konstant gehaltener Temperatur, konstantem Druck und konstanten Kräften Y vor sich gehen läßt, z. B. bei einem galvanischen Element die Anzahl Coulomb, die hindurchgehen müßten, wenn die gewünschte chemische Reaktion erfolgen soll, wobei der Vorgang isotherm bei unverändertem Druck und unveränderter elektromotorischer Kraft Y vor sich geht. Entsprechend bedeutet $\Delta Y_\iota = \sum_{r,\varkappa} a_r^{(\varkappa)}\left(\frac{\partial Y_\iota}{\partial n_r^\varkappa}\right)_{y,T}$, die Änderung der Kräfte, die eintreten würde, wenn trotz des Umsatzes sich die Koordinaten y nicht ändern dürften. Z. B. wäre $\Delta Y\delta n$ die Änderung der Spannung, die eintreten würde, wenn sich δn Molionen abscheiden, ohne daß Strom fließt, d. h. bei offenem Stromkreis.

Wenn die Ergänzung (5) zu (3) hinzugefügt wird, so ist natürlich zu beachten, daß die μ jetzt eine andere Bedeutung haben (s. Ziff. 39), nämlich

$$\frac{\partial}{\partial n_r^{(\varkappa)}}\left(f_p + \sum Y y\right).$$

Wenn nur eine einzige Reaktion möglich ist und die Änderungen in der Zusammensetzung nur durch diesen Umsatz erfolgen, so muß gelten

$$d n_\iota^{(\varkappa)} = a_\iota^{(\varkappa)} d n \tag{7}$$

wobei dn durch (7) definiert ist und das Ausmaß der Reaktion bestimmt. Dann wird (3)

$$-\frac{U_p}{T} dT + \Delta v\, dp + dn \sum_{\varkappa\iota}\sum_{\lambda,j} a_\iota^{(\varkappa)} a_j^{(\lambda)} \frac{\partial^2 f_p}{\partial n_\iota^{(\varkappa)}\,\partial n_j^{(\lambda)}} = 0\,. \tag{8}$$

Nun ist aber

$$\sum_{\varkappa\iota}\sum_{\lambda j} a_\iota^{(\varkappa)} a_j^{(\lambda)} \frac{\partial^2 f_p}{\partial n_\iota^{(\varkappa)}\,\partial n_j^{(\lambda)}} = \frac{\partial^2 f_p}{\partial n^2} \tag{9}$$

also wird

$$-\frac{U_p}{T} dT + \Delta v\, dp + dn\left(\frac{\partial^2 f_p}{\partial n^2}\right)_{p,T} = 0 \tag{10}$$

bzw.

$$-\frac{U_v}{T} dT - \Delta p\, dv + dn\left(\frac{\partial^2 f_v}{\partial n^2}\right)_{v,T} = 0\,. \tag{11}$$

Im allgemeinen Fall, in dem mehrere Reaktionen unabhängig voneinander ablaufen können, an denen derselbe Stoff beteiligt ist, kann man die einfache Bedingung (7) und daher auch die Formen (10) und (11) nicht benutzen. Wenn wir z. B. den Fall betrachten, in dem Sauerstoff, Wasserstoff, Wasserdampf gasförmig über flüssigem Wasser mit gelöstem Sauer- und Wasserstoff im Gleichgewicht sind, so bewirkt eine Temperaturerhöhung nicht nur explizite eine Verschiebung des Gleichgewichtes zwischen gasförmigem und gelöstem Sauerstoff und dadurch eine Vermehrung des gasförmigen, sondern auch das Gleichgewicht zwischen gasförmigem O_2, H_2 und Wasserdampf wird zugunsten einer Vermehrung von O_2 verschoben, was wieder Sauerstoff in vermehrtem Maß in Lösung bringt. In einem solchen Fall muß man also für jede Reaktion die allgemeine Form (3), (4) benutzen.

46. Das BRAUN-LE CHATELIERsche Prinzip. Wir wollen Formel (10), (11) Ziff. 45 zuerst auf den Fall spezialisieren, daß nur die Temperatur geändert wird und das Volumen bzw. der Druck konstant bleibt ($dp = 0$ bzw. $dv = 0$). Dann lautet die Gleichung (10), (11)

$$+\frac{U_p}{T}\frac{1}{\left(\frac{\partial^2 f_p}{\partial n^2}\right)} = \left(\frac{dn}{dT}\right)_p \tag{1}$$

bzw.

$$+\frac{U_v}{T}\frac{1}{\left(\frac{\partial^2 f_v}{\partial n^2}\right)} = \left(\frac{dn}{dT}\right)_v\,. \tag{1'}$$

Nun ist allgemein $\frac{\partial^2 f_v}{\partial n^2} > 0$, weil im stabilen Gleichgewicht die freie Energie ein Minimum gegenüber allen möglichen Reaktionen ist (Ziff. 43). Daraus folgt, daß dn/dT das Vorzeichen von U hat. D. h. aber: Es sei dT positiv, es finde also eine Temperaturerhöhung statt. Ist U positiv, so wird Wärme verbraucht, wenn der Umsatz von links nach rechts geht (Ziff. 45 $\delta n = 1$). Die Temperaturerhöhung bewirkt dann, daß dn positiv ist, d. h., daß das Gleichgewicht sich weiter von links nach rechts, oder in dem Sinn verschiebt, daß Wärme verbraucht wird.

Setzen wir andererseits $dT = 0$, halten also die Temperatur konstant, so gilt

$$-\frac{\Delta V}{\left(\frac{\partial^2 f_p}{\partial n^2}\right)_{p,T}} = \left(\frac{dn}{dp}\right)_T \tag{2}$$

bzw.

$$+\frac{\Delta p}{\left(\frac{\partial^2 f_v}{\partial n^2}\right)_{v,T}} = \left(\frac{dn}{dv}\right)_T. \tag{3}$$

Wir nehmen also jetzt z. B. eine Druckerhöhung vor, $dp > 0$; dann ist dn positiv, der Umsatz geht von links nach rechts, wenn ΔV negativ ist. Daß ΔV negativ ist, bedeutet aber das Eintreten einer Volumverminderung, wenn der Umsatz von links nach rechts geht.

Demnach tritt bei Druckerhöhung ein chemischer Umsatz in einem solchen Sinn ein, daß durch diesen Umsatz das Volumen vermindert wird. Entsprechend folgt aus (3), daß bei Volumvermehrung der Umsatz eintritt, welcher eine Drucksteigerung bewirkt.

Wenn auch noch andere Koordinaten [(5) und (6) von Ziff. 45] vorhanden sind, gelten entsprechend die Gleichungen

$$-\frac{\Delta y_\iota}{\left(\frac{\partial^2 f_{p,Y}}{\partial n^2}\right)_{p,Y,T}} = \left(\frac{dn}{dY_\iota}\right)_{p,T,Y_j}, \tag{4}$$

$$\frac{\Delta Y_\iota}{\left(\frac{\partial^2 f_v}{\partial n^2}\right)_{v,T,y}} = \left(\frac{dn}{dy_\iota}\right)_{v,T,y_j}. \tag{5}$$

47. Formales über die Abhängigkeit der charakteristischen Funktionen von Zusammensetzung und Menge der Substanz. Um die Zusammensetzung einer homogenen Phase anzugeben, kann man verschiedene Variablen wählen. Man kann erstens für alle Stoffe die Volumkonzentrationen wählen, d. h. die Größen

$$c_\iota = \frac{n_\iota}{v}. \tag{1}$$

Das gibt bei r Stoffen r Größen, welche über die Zusammensetzung und das spezifische Volumen Aufschluß geben. Gibt man außerdem noch das Gesamtvolumen der Phase an, so ist damit auch die absolute Menge festgelegt. Zweitens kann man auch den sog. Molenbruch angeben. Darunter versteht man das Verhältnis der Molzahl eines Stoffes zur Summe aller vorhandenen Molzahlen (wobei man sich bei Stoffen, deren Molekularzustand nicht ohne weiteres festgelegt werden kann, auf das Formelgewicht beziehen mag). Der Molenbruch ist also

$$x_1 = \frac{n_1}{n_1 + n_2 + \cdots + n_r}, \qquad x_\iota = \frac{n_\iota}{n_1 + n_2 + \cdots + n_r}. \tag{2}$$

Daraus folgt

$$x_1 + x_2 + \cdots + x_r = \sum x_\iota = 1, \tag{3}$$

so daß von den r Größen x_ι nur $r - 1$ unabhängig sind. Außer der Angabe der Molenbrüche braucht man dann zur vollständigen Festlegung noch entweder die gesamte Molmenge $\sum n_\iota$ und die Dichte oder das Gesamtvolumen und die Dichte. Endlich kann man statt des Molenbruches auch das Molverhältnis nehmen

$$\frac{n_2}{n_1}, \ldots \frac{n_r}{n_1},$$

indem man einen bestimmten Stoff auszeichnet (z. B. als Lösungsmittel). Früher war auch die Angabe von Gewichtsverhältnissen üblich. Die Umrechnung in Molverhältnis erfolgt dann einfach nach der Formel

$$\frac{n_2}{n_1} = \frac{M_1}{M_2} \frac{g_2}{g_1}.$$

Gibt man statt des Gewichtsverhältnisses die Gewichtsprozente $100 \frac{g_j}{\sum g_\iota}$, die dem Molenbruch entsprechen, an, so lautet die Umrechnung in die hier gewählten Einheiten

$$x_j = \frac{\frac{1}{M_j} \frac{g_j}{\sum g_\iota}}{\sum_\varkappa \frac{1}{M_\varkappa} \left(\frac{g_\varkappa}{\sum_\iota g_\iota} \right)}. \tag{4}$$

Nach dem, was wir in Ziff. 4 gesagt haben, ist für genügend große Mengen v, e, s, f proportional der Menge bei gegebener Zusammensetzung, d. h. bei festgehaltenen Molenbrüchen. Das bedeutet, daß diese Größen homogene Funktionen ersten Grades der Molzahlen n_i sind. Dann gilt nach dem EULERschen Satz

$$f = \sum n_\iota \frac{\partial f}{\partial n_\iota} = \sum n_\iota \mu_\iota. \tag{5}$$

Die Größen μ_ι dagegen sind jetzt nicht mehr von den absoluten Mengen, sondern nur von den Verhältnissen und dem spezifischen Volumen, d. h. von den Molbrüchen und der Dichte bzw. den Volumkonzentrationen abhängig. Sie sind demnach „spezifische" Größen. Bei reinen Stoffen ist nun

$$f_p = n F_p$$

oder

$$F_p = \mu. \tag{6}$$

D. h. bei reinen Stoffen ist das chemische Potential gleich der freien Energie pro Mol.

Dasselbe gilt für Gemische idealer Gase, wenn man alles durch die Konzentrationen ausdrückt

$$\mu_\iota = F_{p\iota}. \tag{7}$$

Aus der Definition der chemischen Potentiale folgt ferner

$$\frac{\partial \mu_\iota}{\partial n_j} = \frac{\partial \mu_j}{\partial n_\iota}, \tag{8}$$

sei es bei konstantem p oder V. Statt dessen kann man auch schreiben

$$\left(\frac{\partial \mu_\iota}{\partial c_j} \right)_v = \left(\frac{\partial \mu_j}{\partial c_\iota} \right)_v \tag{8'}$$

(im allgemeinen wird eine Vertauschung mit dem Index p nicht viel ändern). Für mehr als zwei Stoffe heißt (8) in den x

$$\frac{\partial \mu_\iota}{\partial x_j} - \sum_1^{r-1} {}_\varkappa \frac{\partial \mu_\iota}{\partial x_\varkappa} x_\varkappa = \frac{\partial \mu_j}{\partial x_\iota} - \sum_1^{r-1} \frac{\partial \mu_j}{\partial x_\varkappa} x_\varkappa \qquad j < r,$$

bzw.

$$-\sum_1^{r-1} \frac{\partial \mu_\iota}{\partial x_\varkappa} x_\varkappa = \frac{\partial \mu_r}{\partial x_\iota} - \sum_1^{r-1} \frac{\partial \mu_r}{\partial x_\varkappa} x_\varkappa. \tag{9'}$$

In dem speziellen Fall, daß nur zwei Stoffe vorhanden sind, man also die Zusammensetzung durch den einen Molenbruch $x_1 = x = \frac{n_1}{n_1 + n_2}$, $x_2 = 1 - x$ charakterisieren kann, wird daraus

$$x \frac{\partial \mu_1}{\partial x} + (1 - x) \frac{\partial \mu_2}{\partial x} = 0, \tag{9}$$

d. h. also, wenn man die Abhängigkeit des chemischen Potentials μ_1 der einen Komponente in dem Gemisch von der Zusammensetzung kennt, kann man ohne weiteres auch die Abhängigkeit der anderen μ_2 berechnen. Das liegt daran, daß man die relative Menge des Stoffes (1) im Gemisch dadurch vermehren kann, daß man entweder Stoff 1 dazugibt oder im Verhältnis $\frac{1-x}{x}$ vom Stoff 2 wegnimmt.

48. Die verschiedenen Methoden zur Berechnung der Gleichgewichte. Es sind derzeit im wesentlichen 3 Methoden zur Berechnung von Gleichgewichten üblich, die aber, wie gezeigt werden soll, nur formal verschieden sind. Die erste Methode, welche wir hier verfolgen wollen, nennt man auch nach GIBBS die Methode des thermodynamischen Potentials oder, wie wir lieber sagen wollen, der freien Energie. Sie besteht darin, daß man ein für allemal für die verschiedenen reinen Stoffe und für die Gemische die Größen f bzw. μ als Funktionen der Temperatur, des Volumens oder Druckes und der Zusammensetzung zu berechnen sucht. Kennt man diese Größen, dann kann man irgendein beliebiges Gleichgewicht einfach durch formales Einsetzen dieser Funktionen in die Gleichgewichtsbedingung (5) Ziff. 44 berechnen.

Nur äußerlich unterscheidet sich hiervon die zweite Methode durch Benutzung der Entropie statt der freien Energie. Auch sie berechnet diese Größe für alle vorkommenden Systeme ein für allemal. Während aber die erste Methode etwa das Sublimationsgleichgewicht zwischen Dampf und fester Phase in der Form hinschreibt, daß sie die spezifischen freien Energien dieser beiden einander gleichsetzt, drückt die zweite Methode das so aus, daß sie die bei der Verdampfung von 1 Mol eintretende Entropiezunahme, also die Differenz der Entropie von 1 Mol Dampf beim Gleichgewichtsdruck und von 1 Mol festen Stoffes gleich der durch die zugeführte Wärme, nämlich die Verdampfungswärme, hervorgerufenen Entropieänderung setzt, also

$$S_D - S_s = \frac{U_{f \to D, p}}{T}. \tag{1}$$

Tatsächlich ist diese Form von der in der ersten Methode gebräuchlichen nur äußerlich verschieden. Es ist nämlich die Verdampfungswärme z. B. bei konstantem Druck gleich der Differenz der Wärmeinhalte der beiden Phasen oder

$$S_D - S_s = \frac{E_{pD} - E_{ps}}{T}.$$

Dies kann man aber leicht in die Form

$$E_{pD} - T S_D = E_{ps} - T S_s \qquad \text{oder} \qquad F_{pD} = F_{ps} \tag{2}$$

umschreiben, die mit dem erstbesprochenen Ansatz übereinstimmt.

Etwas größer ist der Unterschied gegen die dritte Methode, die Methode der Kreisprozesse. Man kann diese dadurch charakterisieren, daß die Grundüberlegungen, die zur Bildung des Begriffes der freien Energie und zur Gleichung (5) Ziff. 44 geführt haben, hier für jeden Gleichgewichtszustand von neuem durchgeführt werden. Die Methode verwendet hierzu zwei Prozesse: Erstens isotherme Kreisprozesse, bei denen die in Summe geleistete Arbeit Null ist. Zweitens kleine CARNOTsche oder CLAPEYRONsche Kreisprozesse, bei denen Formel (2) Ziff. 31 angewandt wird. Um z. B. die Dampfdruckerniedrigung eines Lösungsmittels durch ein gelöstes Salz zu berechnen, geht man so vor, daß man das Lösungsmittel aus der Lösung beim Gleichgewichtsdruck p' verdampft, es nun isotherm unter Zuführung der Arbeit

$$RT \ln \frac{p_0}{p'} \tag{3}$$

auf den Gleichgewichtsdruck p_0 des reinen Lösungsmittels komprimiert, dann ohne Leistung von technischer Arbeit zu reinem Lösungsmittel kondensiert und nun dieses auf umkehrbarem Wege mit Hilfe einer halbdurchlässigen (d. h. nur für das Lösungsmittel, nicht für das Salz durchlässigen) Wand wieder in die Lösung schafft, wobei die Arbeit $p_L V$ (V Volumvermehrung der Lösung bei Zugabe von 1 Mol Lösungsmittel) vom osmotischen Druck p_L der Lösung geleistet wird. Setzt man die Gesamtarbeit Null (isothermer Kreisprozeß!), so ergibt sich demnach

$$\ln \frac{p_0}{p} = \frac{p_L V}{RT}. \tag{4}$$

Die Methode der freien Energie hingegen hätte ein für allemal die Potentialdifferenz des Lösungsmittels in der Lösung und des reinen Lösungsmittels zu

$$\mu - \mu_0 = -p_L V \tag{5}$$

bestimmt und würde diese gleiche Formel dann auch zur Berechnung der Gefrierpunktserniedrigung und anderer Gleichgewichte anwenden. Sie hätte andererseits die Abhängigkeit des Potentials des Dampfes vom Druck ein für allemal (Ziff. 61) zu

$$\mu_D(p) - \mu_D(p_0) = RT \ln \frac{p}{p_0} \tag{6}$$

bestimmt und würde diese Formel für alle Gleichgewichte benutzen, bei denen der Dampf irgendeine Rolle spielt. Das Gleichsetzen der beiden Ausdrücke (5) und (6) liefert natürlich ebenfalls (4).

Als Beispiel für die Anwendung CLAPEYRONscher Kreisprozesse diene die Ableitung der sog. CLAUSIUS-CLAPEYRONschen Dampfdruckformel (s. Ziff. 78). Die Methode des Kreisprozesses würde dabei folgendermaßen verfahren. Man verdampft isotherm ein Mol des Stoffes bei der Temperatur T und gewinnt dabei die Arbeit $p(V_D - V_l)$. p bedeutet hierbei den Dampfdruck bei der Temperatur T. Hierbei ist die Verdampfungswärme bei konstantem Druck $U_{l \to D,p}$ aus dem wärmeren Behälter zuzuführen. Nun kühlt man ohne Volumänderung, also ohne Arbeitsleistung, um dT ab, wobei sich erstens ein wenig Dampf kondensiert und zweitens der Dampfdruck auf den Wert $p - \frac{dp}{dT} dT$ sinkt. Dann komprimiert man bei der tieferen Temperatur $T - dT$ auf das Anfangsvolumen, wobei sich im allgemeinen der größte Teil des Dampfes wieder kondensiert. Hierbei ist die Arbeit $\left(p - \frac{dp}{dT} dT\right)(V_D - V_l)$ zu leisten. Es sei bemerkt, daß auch hier V_D bzw. V_l die Molekularvolumina von Dampf und Flüssigkeit bei der Temperatur T und dem zugehörigen Druck p bedeuten, während die Differenz des Molekularvolumens von Dampf und Flüssigkeit bei der Temperatur $T - dT$ und bei dem zugehörigen Dampfdruck größer ist, so daß sich am Ende der Kompression im allgemeinen noch nicht aller Dampf wieder kondensiert hat. Nur bei der oben gewählten Festlegung bekommt man einen CLAPEYRONschen Prozeß, bei welchem die nun folgende Erwärmung um dT ohne Arbeitsleistung, d. h. bei konstantem Volumen, in den Ausgangszustand zurückführt.

Die Arbeit, die der ganze Kreisprozeß liefert, ist demnach

$$A_0 = \frac{dp}{dT} dT (V_D - V_l). \tag{7}$$

Wendet man nun die Formel (2) Ziff. 31 für den Wirkungsgrad bei umkehrbaren Kreisprozessen an, so ergibt sich die gesuchte Formel zu

$$\frac{dp}{dT} = \frac{U_{l \to D, p}}{T(V_D - V_l)}. \tag{8}$$

Die Methode der freien Energie würde statt dessen so verfahren, daß sie allgemein die Potentiale von Dampf und Flüssigkeit bzw. hier, wo es sich um reine Stoffe handelt, die auf das Mol bezogenen freien Energien (bei konstantem Druck) einander gleichsetzt und mittels der allgemeinen Formeln (4′) und (5′) der Ziff. 39 den Zusammenhang zwischen Temperatur und Druckänderung angibt. Man gelangt direkt hierzu durch Spezialisierung der in dieser Weise abgeleiteten allgemeinen Formel (10) Ziff. 45, in der man (infolge der konstanten Zusammensetzung) $dn = 0$ zu setzen hat. Berücksichtigt man, daß hier $\Delta V = V_D - V_l$ ist, so findet man direkt (8).

Der Vergleich zwischen der Methode des Kreisprozesses und der Methode der freien Energie zeigt somit, daß im Grunde beide Methoden auf das gleiche hinauslaufen. Die Methode des Kreisprozesses beginnt jedesmal ab ovo und hat damit den Vorteil, daß sie jedesmal die Voraussetzungen, von denen man ausgeht, ausdrücklich wieder ins Bewußtsein zurückbringt. Man erkennt jedesmal ohne weiteres, wie ein Widerspruch zwischen dem richtig abgeleiteten Resultat und der Erfahrung die Konstruktion eines Perpetuum mobile zweiter Art ermöglichen würde. Die Operationen, von denen sie Gebrauch macht, sind alle sehr anschaulich. Sie hat andererseits den Nachteil, daß ihre Ableitungen ziemlich lang sind, und daß man leichter irgendeinen Teilprozeß übersieht.

Ihr gegenüber hat die Methode der freien Energie den Vorteil großer Kürze. Wenn man einmal die Berechnung der Potentiale als Funktionen von Druck, Temperatur und Zusammensetzung ausgeführt hat, so erfordert alles weitere nurmehr einfachste Rechenoperationen, bei denen ein Irrtum kaum möglich ist. Der Nachteil besteht in der Unanschaulichkeit dieser Operationen und darin, daß man nicht jedesmal dazu gezwungen ist, zu kontrollieren, ob die Annahmen über das System, die man bei der Bestimmung der freien Energien gemacht hat, auch in diesem speziellen Fall erfüllt sind bzw. ob tatsächlich die angesetzten Gleichgewichte vorliegen.

49. Gleichgewichte bei Anwesenheit äußerer Kräfte. Wir haben bisher bei Besprechung der Gleichgewichtsbedingungen seit Ziff. 43 stillschweigend äußere Kräfte ausgeschlossen. Wir nehmen nun an, daß solche vorhanden sind, die eine potentielle Energie E^* haben. Damit soll folgendes gemeint sein: Nehmen wir an, daß wir das System in seinem gegenwärtigen Zustande, d. h. in seiner Temperaturverteilung, Dichteverteilung und chemischen Zusammensetzung fixieren könnten. Wenn wir nun dn_ι Mol der ιten Substanz von der betrachteten Stelle entfernen und ins Unendliche bringen, wo keine äußeren Kräfte herrschen, und sie dort einem System von sonst gleicher Beschaffenheit wie das Ursprungssystem wieder zuführen, so würde dabei eine bestimmte Arbeit geliefert werden. Diese Arbeit ist nun gleich $+\frac{\partial E^*}{\partial n_\iota} dn_\iota$. Das benutzen wir als Definition der potentiellen Energie. Um Beispiele zu geben: Bei einem Gas im Schwerefeld ist die Größe

$$\frac{\partial E^*}{\partial n_\iota} = Mgz \tag{1}$$

(M Molekulargewicht, g Schwerebeschleunigung, z Höhe),

weil eine Verschiebung von einem Mol Gas im Schwerefeld in eine gleich beschaffene Umgebung, die in anderer Höhe z_0 liegt, die Arbeit $+Mg(z - z_0)$ liefert. Im elektrischen Feld ist aus entsprechenden Gründen die potentielle Energie $[e][\mathbf{V}]$, weil eine Verschiebung in diesem Feld eine Arbeit $[e]([\mathbf{V}] - [\mathbf{V}_0])$ liefert, wenn $[\mathbf{V}] - [\mathbf{V}_0]$ die elektrische Potentialdifferenz ist und die verschobene Substanz wieder in eine gleich beschaffene Umgebung kommt, so daß keine Arbeit infolge der Veränderung der Umgebung zu leisten ist, wie es z. B. bei einem Übergang aus Flüssigkeit in Dampf der Fall wäre.

Dann nehmen wir das Feld, welches die äußeren Kräfte erzeugt, als „Sternsystem" zu dem untersuchten System hinzu. Wir wollen nun voraussetzen, daß die potentielle Energie E^* nicht explizit von der Temperatur abhängig ist, sondern nur möglicherweise implizit, insofern als die Dichte und chemische Zusammensetzung sich mit der Temperatur ändert. Dann ist bei festgehaltener Dichte und Zusammensetzung des Systems bei Temperaturerhöhung keine Wärme dem Sternsystem zuzuführen, ebenso wird keine Arbeit geleistet, und wir können demnach die freie Energie desselben als explizit von der Temperatur unabhängig ansehen. Bei isothermen Änderungen hingegen ist ihre Abnahme durch die geleistete Arbeit gegeben. Wir können demnach ansetzen

$$F^* = E^*, \tag{2}$$

wie wir dies in einfacheren Fällen schon in Ziff. 43 getan haben. Das Gleichgewicht gegenüber isothermen Änderungen ist dann durch das Minimum der gesamten freien Energie $f + F^*$ gegeben. Die Gleichgewichtsbedingung (5) Ziff. 44 nimmt somit die Form an

$$\sum a_r^{(\varkappa)} \left(\mu_r^{(\varkappa)} + \frac{\partial E^*}{\partial n_r^{(\varkappa)}} \right) = 0. \tag{3}$$

Hieraus können wir sofort einige Schlüsse ziehen. Die Gleichgewichtsbedingung einer chemischen Umsetzung wird durch die Schwerkraft nicht explizit verschoben, denn bei einer chemischen Umsetzung an einer bestimmten Stelle ändert sich die Gesamtmasse nicht, d. h. es ist $\sum a_r^{(\varkappa)} M_r = 0$. Dagegen kann eine indirekte Beeinflussung dadurch stattfinden, daß die Konzentration des einen Stoffes an der betreffenden Stelle vermindert wird, weil dieser Stoff anderswohin geschafft wird. Ebenso ändert sich die Form der Gleichgewichtsbedingung eines chemischen Umsatzes durch die Anwesenheit elektrischer Kräfte nicht direkt, weil auch hier die algebraische Summe von entstehenden und verschwindenden Ladungen $\sum a_r^{(\varkappa)} [e_r]$ Null ist. Aber auch hier kann eine indirekte Beeinflussung der Gleichgewichtskonzentrationen durch Verschiebung der geladenen Teilnehmer stattfinden.

50. Beispiele. a) Das Gas im Schwerefeld. Wie wir in Ziff. 61 zeigen werden, ist bei gegebener Temperatur das Potential eines Gases durch die Formel bestimmt

$$\mu(p) = \mu(p_0) + RT \ln \frac{p}{p_0}. \tag{1}$$

Die Gleichgewichtsbedingung im Schwerefeld heißt demnach

$$\mu(p) + Mgz = \text{konst.} = \mu(p_0), \tag{2}$$

wenn sich der Index Null auf den Boden ($z = 0$) bezieht. Daraus folgt sofort die sog. Barometerformel

$$\frac{p}{p_0} = e^{-\frac{Mgz}{RT}}. \tag{3}$$

Man kann diese natürlich auch direkt ableiten, indem man ansetzt, daß das Gewicht einer Schicht von der Dicke dz den Betrag Mg/V hat und von der Druckdifferenz dp zwischen Ober- und Unterseite der Schicht getragen werden. Man kann das schreiben

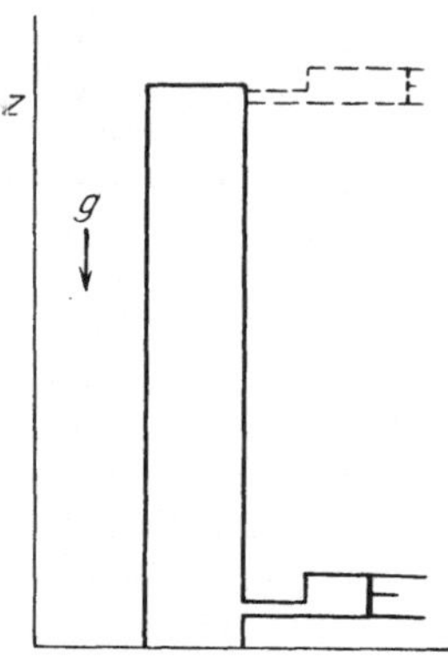

Abb. 8. Gas im Schwerefeld.

$$-Mg\,dz = V dp. \tag{4}$$

Diese Gleichung ist aber mit unserem aus den freien Energien abgeleiteten Ansatz identisch. Wir erkennen das, wenn wir (2) nach z differenzieren und beachten, daß $\frac{\partial \mu}{\partial z} dz$ die technische Arbeit $V dp$ bedeutet, die bei der umkehrbaren isothermen Verschiebung geleistet wird. Unseren Ansatz für die freie Energie hatten wir gerade daraus abgeleitet, daß bei isothermen umkehrbaren Änderungen die Änderung der freien Energie gleich der Arbeit (die bei einem idealen Gas und konstanter Temperatur mit der technischen Arbeit zusammenfällt) ist

$$(d_T F_V)_T = (dF_p)_T = p\, d_T V = d(pV)_T - V dp = d(RT)_T - V dp.$$

Es ist noch lehrreich, dieses Gleichgewicht mit Hilfe eines Kreisprozesses abzuleiten. Hierzu denken wir uns (Abb. 8) eine seitlich begrenzte Gassäule im Schwerefeld. Wir können außen an diese Gassäule ein Gefäß anschließen, dessen Volumen regulierbar ist und das ein Mol Gas enthält. Außerhalb der Gassäule sei vollkommenes Vakuum, so daß unser Gefäß keinen Auftrieb erleidet. Zuerst ist das Gefäß am Boden angeschlossen und mit Gas vom Druck p_0, wie er am Boden herrscht, gefüllt. Dann wird die Verbindung getrennt und das Gefäß bei konstantem Volumen in die Höhe z gehoben, wobei die Arbeit Mgz geleistet werden muß. Würde man jetzt die Verbindung mit der Gassäule wiederherstellen, so fände ein nicht umkehrbares Ausströmen des Gases aus dem Gefäß in die Säule infolge des an dieser Stelle in der Säule herrschenden niedrigeren Druckes p statt. Man muß daher das Gas umkehrbar isotherm auf den Druck p sich ausdehnen lassen, der in der betreffenden Höhe in der Säule herrscht. Hierbei gewinnt man die Arbeit $RT \ln \frac{p_0}{p}$. Bei diesem isothermen Kreisprozeß darf keine Arbeit gewonnen werden, demnach muß gelten:

$$RT \ln \frac{p_0}{p} - Mgz = 0.$$

b) Verschiebung von Gleichgewichten durch elektrische Kräfte. Es sei ein Gleichgewicht zwischen Molekülen M, positiven und negativen Ionen gegeben nach der stöchiometrischen Gleichung

$$a_+ (+) + a_- (-) = a_M (M) .$$

Wir wollen voraussetzen, daß eine verdünnte Lösung in dem Sinne vorhanden ist, daß das chemische Potential der unzersetzten Moleküle an einem bestimmten Ort nur von der Konzentration dieser Moleküle c_M selbst, nicht aber von der daneben vorhandenen Konzentration der Ionen abhängt (s. Ziff. 65). Ohne elektrisches Feld heißt dann die Gleichgewichtsbedingung

$$a_+ \mu_+ + a_- \mu_- = a_M \mu_M(c_M) . \tag{5}$$

Nun wollen wir ein elektrisches Feld anlegen. Wir haben nun zuerst die Gleichgewichtsbedingung der einzelnen Komponenten für sich im Feld anzusetzen. Da die Moleküle elektrisch neutral sind, wird ihr Potential von der Anwesenheit des elektrischen Feldes überhaupt nicht beeinflußt, d. h. die Gleichgewichtsbedingung der unzersetzten Moleküle an verschiedenen Stellen untereinander lautet $\mu_M =$ konst., oder die Konzentration der unzersetzten Moleküle ist überall gleich. Andererseits erfordert das Gleichgewicht der positiven Ionen untereinander bzw. der negativen Ionen untereinander

$$\mu_+^{(1)} + (e_+)[\mathbf{V}_1] = \mu_+^{(2)} + [e_+][\mathbf{V}_2] ,$$

$$\mu_-^{(1)} + [e_-][\mathbf{V}_1] = \mu_-^{(2)} + [e_-][\mathbf{V}_2] ,$$

d. h. die Konzentration sowohl der positiven als der negativen Ionen ändert sich von Stelle zu Stelle, und zwar in entgegengesetztem Sinn (entgegengesetztes Vorzeichen der e). Trotzdem, und zwar gerade deshalb, weil diese Änderung im entgegengesetzten Sinn erfolgt, ist die Bedingung des chemischen Gleichgewichts nicht im Widerspruch mit der Konstanz der Konzentration der unzersetzten Moleküle, wie die Gleichung

$$a_+ \mu_+^{(1)} + a_- \mu_-^{(1)} = a_+ \mu_-^{(2)} + a_- \mu_-^{(2)} = a_M \mu_M$$

zeigt. Wir können ein solches System als aus unendlich vielen Phasen bestehend auffassen (s. Ziff. 76).

51. Teilweises Gleichgewicht. Es kommen sehr häufig Fälle vor, in denen eine der oben angeführten Gleichungen gegenüber manchen Änderungen erfüllt sind, gegen andere nicht. Wir wollen z. B. von der Gleichung (4′) Ziff. 43 sprechen, doch gilt das hierüber zu Sagende auch für (2) und (3′).

Als Beispiel diene etwa ein Gefäß, gefüllt mit flüssigem Wasser, Wasserdampf, gasförmigem Sauerstoff und Wasserstoff. Die Temperatur sei gegeben, ebenso der Druck. Dann sind noch folgende weitere Veränderliche vorhanden. Das Gesamtvolumen v, die Konzentrationen von H_2O, O_2, H_2 in der Dampfphase (c_1, c_2, c_3), die Konzentrationen des gelösten Sauerstoffs und Wasserstoffs (c_2', c_3'). Es ist die freie Energie Funktion der 8 Variabeln

$$f_p(p, T, v, c_1, c_2, c_3, c_2', c_3') .$$

Die Gleichgewichtsbedingung (4′) verlangt

$$\left(\frac{\partial f_p}{\partial v}\right)_{p,T} = 0 , \tag{1}$$

ferner gilt eine Gleichung, die die Wasserdampfkonzentration über dem flüssigen Wasser bestimmt,

$$\mu_1 = \mu_1' \tag{2}$$

eine, die das Gleichgewicht von Sauerstoff im Gasraum und in gelöstem Zustand angibt,

$$\mu_2 = \mu_2', \tag{3}$$

eine ebensolche für Wasserstoff

$$\mu_3 = \mu_3' \tag{4}$$

und endlich eine für das chemische Gleichgewicht von Wasserstoff, Sauerstoff und Wasserdampf in der Gasphase (s. auch Ziff. 44)

$$\mu_2 + 2\mu_3 = 2\mu_1. \tag{5}$$

Nun kommt es häufig vor, daß bei der künstlichen Herstellung des Systems diese Gleichungen verletzt sind. Dann treten im allgemeinen irreversible Vorgänge auf, durch die f_p abnimmt und die zur Herstellung des Gleichgewichtes führen. Es kann aber sein, daß die Geschwindigkeit, mit der sich das Gleichgewicht gegenüber verschiedenen gedachten Änderungen herstellt, sehr verschieden ist. Z. B. stellt sich die Gültigkeit von (1) bis (4) sehr viel schneller ein als die von (5). Das soll z. B. heißen, daß sich nach (2) c_1 richtig einstellt und weiter nicht mehr ändert. (5) ist nicht erfüllt, d. h. c_3 und c_2 ändern sich sehr langsam in dem Sinne, daß $\mu_2 + 2\mu_3$ immer näher gleich $2\mu_1$ wird. Dagegen gilt (3) und (4) mit den augenblicklich herrschenden Werten von c_2 und c_3, nach denen sich c_2' und c_3' einstellt. Trotzdem also in einer Beziehung kein Maximum der freien Energie vorhanden ist, stellen sich die schneller verlaufenden Veränderungen auf einen Zustand ein, als ob der andere Vorgang, der noch nicht zum Gleichgewicht geführt hat, überhaupt nicht vorhanden wäre.

Der Grund hierfür liegt offenbar in folgendem, eigentlich nicht in das Erscheinungsgebiet der Thermodynamik gehörigen Umstand:

Die Geschwindigkeit, mit der sich irgendein bestimmter Vorgang einstellt, z. B. das Gleichgewicht Wasserdampf—flüssiges Wasser, hängt im allgemeinen von allen Zustandsgrößen ab (T, V, c_1, c_2, c_3, c_2', c_3'), ferner aber auch von deren Änderungsgeschwindigkeiten, z. B. $\left(\frac{dc_2}{dt} \cdots \frac{dc_3}{dt}\right)$. Man kann aber bei kleinen Änderungsgeschwindigkeiten der anderen Vorgänge nach diesen entwickeln. und wenn irgendeiner derselben besonders langsam vor sich geht (z. B. die Einstellung des Gleichgewichts Wasserstoff-Sauerstoff-Wasserdampf), so verlaufen die anderen Vorgänge (z. B. die Einstellung Wasserdampf-Wasser) so, als ob der langsame Vorgang die Änderungsgeschwindigkeit Null hätte, d. h. überhaupt nicht vorhanden wäre.

Demnach ist auch das teilweise Gleichgewicht, zu dem die schnell verlaufenden Vorgänge führen, so, als ob die langsamen Prozesse überhaupt nicht vorhanden wären. Es gilt demnach z. B. die Gleichung für das Gleichgewicht gasförmiger-gelöster Sauerstoff (3) in derselben Form, aber natürlich mit anderen Zahlwerten, wie wenn es überhaupt keine Verbindungsmöglichkeit zwischen Wasserstoff und Sauerstoff gäbe. Die langsame Reaktion zwischen diesen beiden bewirkt, daß sich die Zahlenwerte von c_2 in (3), c_3 in (4) langsam ändern, und damit auch die dadurch bestimmten Werte c_2' und c_3'. Die Form der Gleichungen (2), (3), (4) bleibt aber, wie erwähnt, bestehen bis auf Glieder von der Größenordnung $\frac{\text{langsame}}{\text{schnelle}}$ Reaktionsgeschwindigkeit.

Der Beweis für die obige Behauptung kann natürlich nur der Lehre von der Reaktionsgeschwindigkeit (kinetische Theorie) oder der Erfahrung entnommen werden.

Es sei aber noch darauf hingewiesen, daß die Richtigkeit dieser Sätze Vorbedingung dafür ist, daß wir überhaupt von einer Thermodynamik reden können, denn wir haben es genau genommen immer mit solchen teilweisen Gleichgewichten zu tun.

Wenn wir z. B. ein Gas in ein Gefäß einschließen und für dieses Gas die Zustandsgleichung, etwa die Abhängigkeit des Druckes vom Volumen, durch Hineinschieben eines Stempels bestimmen wollen, so ist dieses Gas im Innern des Gefäßes mit der äußeren Umgebung des Gefäßes nicht im Gleichgewicht; das letztere ist nur bei gleicher Dichte des untersuchten Gases innen und außen vorhanden. Da nun prinzipiell Gase auch durch feste Hüllen diffundieren können, tritt, wenn auch mit unmeßbarer Langsamkeit, das abgeschlossene Gas durch die Hülle nach außen aus. Trotzdem gelingt eine „statische" Druckmessung, ohne Rücksicht auf diesen Umstand und die Unvollständigkeit des Gleichgewichts, weil die Geschwindigkeit der Druckeinstellung sehr schnell gegen die der Diffusion ist. Je poröser das Gefäß ist, desto mehr weicht der gemessene Druck von dem statischen, d. h. sehr langsam veränderlichen Druck ab.

So wie hier geschildert, liegen die Verhältnisse aber allgemein, denn vollständiges Gleichgewicht würde die Gleichheit der Temperatur und die Unmöglichkeit jedes von selbst verlaufenden chemischen Vorgangs im Universum bedeuten.

52. Metastabile Zustände. Außer den in Ziff. 51 angeführten Fällen, in welchen eine Gleichgewichtsbedingung infolge zu langsamer Einstellung nicht erfüllt ist, man aber die übrigen Gleichungsbedingungen unverändert anwenden kann, sind noch andere ähnliche Fälle wichtig. Hierher gehören unterkühlte Flüssigkeiten oder Dämpfe, überhitzte Flüssigkeiten und feste Phasen, welche über einen Umwandlungspunkt hinaus erhitzt oder unterkühlt sind (Näheres über diese Begriffe sehe man unter Ziff. 77). Diese Beispiele unterscheiden sich von den in Ziff. 51 besprochenen dadurch, daß dort ein dauernder, wenn auch bei konstant gehaltener Temperatur sehr langsamer Vorgang statthat, welcher die Zusammensetzung in solchem Sinne ändert, daß der bisher nicht erfüllten Gleichgewichtsbedingung allmählich immer genauer genügt wird. Im Gegensatz dazu findet bei den jetzt angeführten Abweichungen von einer Gleichgewichtsbedingung kein allmählicher, sondern nur ein, sei es durch äußere, sei es durch innere Anlässe (die letzteren müssen in den von der Molekulartheorie geforderten Schwankungen ihren Grund haben), hervorgerufener plötzlicher Übergang in den von der letzten Bedingung verlangten Gleichgewichtszustand statt. Hierbei ist nicht etwa wie bei Explosionen die durch den Vorgang selbst hervorgerufene Temperatursteigerung wesentlich beteiligt, dieselbe würde im Gegenteil nach dem Braun-le-Chatelierschen Prinzip, Ziff. 46, häufig den Vorgang hemmen.

Wenn wir nun eine solche metastabile Phase vor uns haben, so sind alle anderen Gleichgewichtsbedingungen vollkommen erfüllt. Auch ihre Eigenschaften schließen ganz kontinuierlich an die Eigenschaften im stabilen Zustand an. Wenn wir z. B. Wasser, ausgehend von einer Temperatur über dem Schmelzpunkt, unterkühlen, so ändern sich sämtliche Eigenschaften, Volumen, Brechungsindex und damit Farbe, spezifische Wärme und damit Energieinhalt, Entropie, Ausdehnungskoeffizient, Kompressibilität usw. vollkommen kontinuierlich. Trägt man irgendeine dieser Eigenschaften als Funktion der Temperatur auf, so hebt sich in dieser Kurve der Schmelzpunkt, d. h. der Punkt, von dem ab der metastabile Zustand, die Nichterfüllung der einen Gleichgewichtsbedingung, beginnt, in keiner Weise ab. Wir benutzen also auch für solche metastabile Zustände ohne weiteres alle die Gleichgewichtsbedingungen in unveränderter Form mit Ausnahme derjenigen, deren Verletzung eben den metastabilen Zustand bedingt. Z. B. können wir bei unterkühltem Wasser die Gleichgewichtsbedingung zwischen diesem unterkühlten flüssigen Wasser und Wasserdampf ganz ebenso ansetzen wie zwischen Wasser über dem Schmelzpunkt und Wasserdampf. Verletzt ist nur die Gleichgewichtsbedingung zwischen Wasser und Eis.

Warum wir die Kurven der Eigenschaften (Kompressibilität, Brechungsindex usw.) für das flüssige Wasser ohne weiteres in das unterkühlte Gebiet fortsetzen können, dafür kann die reine Thermodynamik prinzipiell keine vollkommen zwingenden Gründe geben. Sie kann nur sagen, daß der Gleichgewichtszustand eben nur durch die Gleichheit der chemischen Potentiale beider Phasen gegeben ist (s. Ziff. 76). Der Schmelzpunkt ist nur dadurch charakterisiert, daß an ihm die chemischen Potentiale von Wasser und Eis den gleichen Zahlenwert haben. Für die flüssige Phase Wasser allein aber ist dieser bestimmte Zahlenwert in keiner Weise ausgezeichnet, sondern er ist nur durch beide Phasen charakterisiert, und wenn die eine, das Eis, fehlt, merkt das Wasser sozusagen gar nicht, daß es den Schmelzpunkt während der Abkühlung unterschreitet.

Gibt man das eben Gesagte zu, dann folgt allerdings aus ganz ähnlichen Überlegungen, wie in Ziff. 44, die Gültigkeit der gewöhnlichen Gleichgewichtsbedingungen für alle anderen möglichen Umsetzungen, denn man kann mit dem unterkühlten Wasser, solange man nur seine Umwandlung in Eis verhütet, genau so wie mit einem vollkommen im Gleichgewichte befindlichen Stoff reversible Kreisprozesse durchführen. Für das isotherme Gleichgewicht erhält man demnach wieder das Maximum der freien Energie gegenüber allen isothermen Änderungen mit Ausnahme der einen verbotenen.

53. Die falschen Gleichgewichte. Im Gegensatz zu der hier geschilderten Auffassung steht die besonders von DUHEM[1]) vertretene Annahme der Existenz wirklicher „falscher Gleichgewichte" (Faux equilibres).

Im vorhergehenden war die Auffassung vertreten worden, daß bei homogenen Reaktionen mit fallender Temperatur eine vollkommen kontinuierliche, wenn auch teilweise sehr schnelle Abnahme der Reaktionsgeschwindigkeit mit der Temperatur eintritt. Was wir eben über die Reaktionsgeschwindigkeit von homogenen Gleichgewichten gesagt haben, gilt in entsprechender Weise auch für nichthomogene, wenn die miteinander reagierenden Phasen beide vorhanden sind. Bei Überhitzungs- bzw. Unterkühlungserscheinungen, bei welchen nur eine Phase (z. B. unterkühltes Wasser ohne Eis) da ist, sollte die plötzliche zufällige Einstellung des Gleichgewichtes nach einer Zeit eintreten, die im Mittel von den Bedingungen abhängt und bei genügender Unterkühlung enorm groß werden kann, aber diese Zeit sollte durchaus kontinuierlich mit der Temperatur sich ändern.

Die Meinung DUHEMS hingegen ist in groben Umrissen, daß die Einstellung des Gleichgewichts, wie es von der Thermodynamik gefordert wird, nur oberhalb einer bestimmten unteren Temperaturgrenze, wenn auch bei fallender Temperatur mit abnehmender Geschwindigkeit, erfolgt. Unterhalb dieser Grenze, des „Reaktionspunktes", gibt es ein Gebiet der „falschen Gleichgewichte", in welchem die von der gewöhnlichen Thermodynamik erforderte Gleichgewichtseinstellung nicht erfolgt. Er drückt dies mit MOUTIER[2]) so aus, daß er sagt: es findet nie eine Veränderung statt, die die Thermodynamik verbietet, aber es finden manchmal Veränderungen nicht statt, welche die Thermodynamik erlaubt.

Um nun zu Einzelheiten überzugehen, liegen nach DUHEM die Verhältnisse bei den obenerwähnten einphasigen Verzögerungserscheinungen folgendermaßen.

[1]) P. DUHEM, ZS. f. phys. Chem. Bd. 29, S. 711. 1899; Arch. Néerland. (II) Bd. 6, S. 93. 1901, ausführlich mit Beispielen in dem Buch „Thermodynamique et chimie", 2. Aufl., S. 431ff. Paris 1910; s. auch G. TAMMANN, Kristallisieren und Schmelzen, 2. Aufl., Leipzig.

[2]) J. MOUTIER, Bull. Soc. Philomat. (7) Bd. 4, S. 86. 1880.

Wenn wir etwa das p-T-Diagramm, in welchem jeder Punkt einen Zustand des Systems darstellt, benutzen, so zerfällt etwa für das System Kalzit-Aragonit die Zustandsebene nach der gewöhnlichen Thermodynamik in zwei Teile, in deren einem der Kalzit, in deren anderem der Aragonit stabil ist. Diese beiden Teile werden durch die Gleichgewichtskurve AB getrennt. Bei den zusammengehörigen pT-Werten, die auf ihr liegen, sind Kalzit und Aragonit nebeneinander im Gleichgewicht (Näheres darüber s. Ziff. 77 u. ff.). Nach DUHEM hingegen ist diese Beschreibung nur für das Stück BC richtig; statt der Fortsetzung nach A gabelt sich die Kurve in die beiden Stücke CD und CE, die in der angegebenen Weise auseinandergehen. Nur im Gebiet oberhalb der Kurve DCB ist bloß Aragonit beständig, so daß sich Kalzit, in diesen Zustand gebracht, in Aragonit verwandeln würde. Ebenso ist rechts von BCE nur Kalzit beständig, so daß sich Aragonit in diesem Zustand sogleich in Kalzit verwandeln würde. Das Gebiet zwischen DCE und A hingegen ist das der falschen Gleichgewichte, in welchen die beiden Zustände nebeneinander stabil sind.

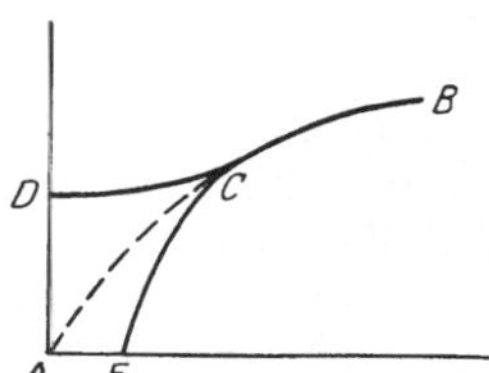

Abb. 9. Wahres und falsches Gleichgewicht zwischen Kalzit und Aragonit.

Entsprechendes würde nach ihm auch für die homogenen Gleichgewichte gelten: Bei genügend hoher Temperatur Einstellung des Gleichgewichtes, z. B. für ein Wasserstoff-Sauerstoff-Gemisch oberhalb 180°, bei tieferer Temperatur ein immer breiteres Konzentrationsgebiet, innerhalb dessen keine Reaktion eintritt.

Für diese Auffassung spricht, daß tatsächlich bei manchen heterogenen Reaktionen ein Anhalten der Reaktion lange vor ihrem Ende gefunden wurde[1]), obgleich vorher die Reaktion mit merklicher Geschwindigkeit vor sich ging und nach der üblichen Lehre von den Reaktionsgeschwindigkeiten die Abnahme der Geschwindigkeit, die infolge der Annäherung an das Gleichgewicht eintreten muß, noch nicht sehr groß hätte sein dürfen (die Temperatur wird konstant gehalten). Wenn man vom üblichen Standpunkt diese Erscheinung erklären will, kann man die Bildung einer reaktionshemmenden, störenden Schicht an der Grenzfläche der beiden Phasen annehmen, die mit der Reaktion selbst nichts zu tun hat. Hierfür spricht, daß BODENSTEIN[2]) bei genügend großer Oberfläche der festen Phase die Erscheinung nicht gefunden hat. Allerdings hat BAUR[3]) auch in homogener flüssiger Phase einen nur einseitig erreichbaren Endzustand konstatiert. Gegen die allgemeine DUHEMsche Auffassung ist einzuwenden, daß, wie schon erwähnt, die Untersuchung der Reaktionsgeschwindigkeiten in zahlreichen Fällen von homogenen Reaktionen, ferner bei einer Reihe von Verzögerungserscheinungen[4]) eine vollkommen kontinuierliche Abnahme der Reaktionsgeschwindigkeit mit der Temperatur ergeben hat von der Art, daß die Extrapolation zu den hier interessierenden Temperaturen die Nichtbeobachtbarkeit einer Reaktion vollkommen erklärt. OSTWALD[5]) hatte anfangs eine ähnliche

---

[1]) H. PÉLABON, Mém. de la Soc. d. Sc. phys. et nat. Bordeaux (5) Bd. 3, S. 141, 232, 257. 1878; R. MARC u. W. WENK, ZS. f. phys. chem. Bd. 68, S. 104. 1910.

[2]) M. BODENSTEIN, ZS. f. phys. Chem. Bd. 29, S. 315, 429. 1899.

[3]) E. BAUR, ZS. f. phys. Chem. Bd. 112, S. 199. 1924.

[4]) L. PFAUNDLER, Wiener Ber. Bd. 72, S. 61. 1875; Bd. 73, S. 707. 1876; L. C. DE COPPET, Ann. de chim. et phys. (5) Bd. 6, S. 275. 1875; (8) Bd. 10, S. 457. 1907; N. STÜCKER, Wiener Ber. (2a) Bd. 114, S. 1389. 1905; P. OTHMER, ZS. f. anorg. Chem. Bd. 91, S. 209. 1915; G. KORNFELD, Wiener Monatsh. Bd. 37, S. 609. 1916. Theor. Ansätze: M. v. SMOLUCHOWSKI, Ann. d. Phys. Bd. 25, S. 205. 1908; W. J. JONES u. J. R. PARTINGTON, ZS. f. phys. Chem. Bd. 88, S. 291. 1913.

[5]) W. OSTWALD, Lehrb. d. phys. Chemie, 2. Aufl., Bd. II, 2, S. 349, 432. Leipzig 1902.

Begriffsbildung wie DUHEM versucht und für solche vom Gleichgewicht abweichende, scheinbar stationäre Zustände den Namen „metastabile Zustände" im Gegensatz zu „labilen" vorgeschlagen.

54. Verhältnis von erstem und zweitem Hauptsatz bei Festlegung der Vorgänge. In dieser Ziffer soll klargestellt werden, daß sich erstens der zweite Hauptsatz nicht aus dem ersten ableiten läßt, zweitens wie das Verhalten der Wärmeerscheinungen zu den mechanischen in bezug auf die Bestimmung des Gleichgewichtes ist.

Hierzu sei zuerst darauf hingewiesen, daß auch in der Mechanik der erste Hauptsatz, d. h. der Energiesatz, bloß dann zur vollkommenen Bestimmung der Bewegung, d. h. zur Zurückführung der Bewegungsgleichungen auf eine Quadratur ausreicht, wenn nur eine einzige Variable vorliegt.

Diese Voraussetzung trifft aber bei Wärmeerscheinungen, wo stets neben der Temperatur noch eine Koordinate vorhanden ist, nie zu. In allen anderen Fällen aber genügt in der Mechanik zwar die Kenntnis der Form der Energiefunktion (HAMILTONschen Funktion) zur Aufstellung der Bewegungsgleichungen, aber dieselben müssen noch integriert werden, und bei dieser Integration treten bei mehr als einer Unbekannten stets noch andere Konstante außer der Energiekonstanten auf. Gehen wir nun zu Einzelheiten über, so betrachten wir erstens den Fall der Ruhe. Hier ist in der Mechanik das Gleichgewicht gegeben durch das Minimum der potentiellen Energie. Diese Bedingung läßt sich als hinreichend aus dem Energiesatz ableiten.

Im Fall der Wärmeerscheinungen ist entsprechend das Gleichgewicht (bei gegebener Temperatur) durch das Minimum der freien Energie gegeben. Daß hier nicht die Energie auftritt, liegt daran, daß das Gleichgewicht nur makroskopisch der „Ruhelage" des mechanischen Falles entspricht, während mikroskopisch noch kinetische Energie vorhanden ist. Deren Einfluß verändert die Gleichgewichtsbedingung. Verschwindet diese kinetische Energie am absoluten Nullpunkt, so wird die freie Energie mit der potentiellen Energie identisch (Ziff. 37), es stimmen auch die thermodynamische und die mechanische Gleichgewichtsbedingung überein.

Ein neues Prinzip, das bei höherer Temperatur zur Festlegung des thermodynamischen Gleichgewichtszustandes erforderlich ist und das eben im zweiten Hauptsatz enthalten ist, liegt darin, daß erst angegeben werden muß, welche mikroskopischen Verhältnisse makroskopisch als Gleichgewicht erscheinen.

Für nichtstationäre Bewegungen ist die Ähnlichkeit weniger groß. Die Prinzipien, die die Bewegung festlegen, sind nicht durch das Energieprinzip allein gegeben, sondern durch Differentialgleichungen oder durch mit ihnen gleichwertige Minimalbedingungen, aber nicht von Funktionen, sondern von Bahnintegralen. Diese legen im Verein mit Integrationskonstanten die Bewegung auch in ihrem zeitlichen Ablauf fest.

Anders in der Thermodynamik. Hier wird bloß die Richtung festgelegt, in welcher sich ein System, ausgehend von einem Nichtgleichgewichtszustand, verändert, über den zeitlichen Ablauf kann gar nichts gesagt werden. Man hat zwar Versuche gemacht, auch die Geschwindigkeit von Veränderungen durch solche Größen allein zu bestimmen, die thermodynamische Bedeutung haben, doch hat dieser Versuch noch keine allgemeinen Resultate ergeben[1]).

---

[1]) J. D. VAN DER WAALS, Versl. Akad. Amsterdam Bd. 3, S. 205. 1895; PH. KOHNSTAMM, ebenda Bd. 19, S. 864. 1911; PH. KOHNSTAMM u. F. E. C. SCHEFFER, ebenda Bd. 19, S. 878. 1911; VAN DER WAALS-KOHNSTAMM, Lehrb. d. Thermodynamik, Leipzig, Bd. I, S. 155. 1908; Bd. II 1912, S. 103; R. MARCELLIN, C. R. Bd. 151, S. 1052. 1910; Bd. 158, S. 116. 1914; Journ. chim. phys. Bd. 9, S. 399. 1911; A. MARCH, Phys. ZS. Bd. 18, S. 53. 1917.

IV. Homogenes System.

Eine einzige Phase.

a) Einheitliches System.

55. Die kanonische Zustandsgleichung. Wir wollen in diesem Abschnitt voraussetzen, daß das betrachtete System chemisch einheitlich sei, d. h. daß wir es durch seine Temperatur und sein Volumen oder seinen Druck vollständig festlegen können. Hierbei ist durchaus möglich, daß sich bei Änderungen dieser Größen im Inneren des Systems chemische Umsetzungen vollziehen, z. B. kann sich in Schwefeldampf das Gleichgewicht zwischen Molekülen S_2 und S_4 verschieben. Vorausgesetzt wird nur, daß wir die chemische Zusammensetzung nicht willkürlich ändern können und sich die Einstellung des Gleichgewichtes genügend schnell vollzieht, so daß zu gegebenen Werten von V und T eindeutige Werte der Energie, der Entropie usw. gehören. Diese Größen mögen als Funktionen von V und T bzw. p und T bekannt sein.

Wir gehen nun daran, den Sinn einiger Differentialbeziehungen, die wir in den Ziff. 39 und 40 rein formal und ohne weitere Diskussion abgeleitet haben, uns klarzumachen. Wir beginnen mit 5 bzw. 5′ von Ziff. 39

$$\left(\frac{\partial F_v}{\partial V}\right)_T = -p, \quad (1) \qquad \left(\frac{\partial F_p}{\partial p}\right)_T = V. \quad (2)$$

In diesen Gleichungen ist F_v als Funktion von V und T bekannt, ebenso natürlich auch F_p als Funktion von p und T. Die Gleichung (1) gibt daher an, wie sich der Druck p aus Volumen und Temperatur berechnet, d. h. sie ist die Zustandsgleichung, und zwar die sogenannte „thermische“ Zustandsgleichung. Ebenso ist (2) dieselbe thermische Zustandsgleichung, nur nach V statt nach p aufgelöst.

Vergleicht man ferner (4) Ziff. 39 und (1) Ziff. 40 bzw. (4′) Ziff. 39 und (1′) Ziff. 40, so erhält man

$$-\left(\frac{\partial^2 F_v}{\partial T^2}\right)_v = \frac{C_v}{T}, \quad (3) \qquad -\left(\frac{\partial^2 F_p}{\partial T^2}\right)_p = \frac{C_p}{F}. \quad (4)$$

Die Kenntnis von F_v als Funktion von V und T bzw. von F_p als Funktion von p und T liefert demnach nicht nur die thermische Zustandsgleichung, d. h. den Zusammenhang zwischen Druck, Volumen und Temperatur, sondern auch die sogenannte „kalorische“ Zustandsgleichung, d. h. die spezifische Wärme als Funktion von Temperatur und Volumen bzw. Druck. Ebenso kann man auch die Energie selbst aus

$$E = F_v - T\left(\frac{\partial F_v}{\partial T}\right)_v, \quad (5) \qquad E_p = F_p - T\left(\frac{\partial F_p}{\partial T}\right)_p \quad (6)$$

bestimmen.

Die Angabe der für die gewünschten unabhängigen Variabeln geeignetsten Funktion reicht demnach allein aus, um das Verhalten des Stoffes in jeder Beziehung festzulegen. Nach MASSIEU (1869) nennt man daher die betreffenden Funktionen „charakteristische Funktionen“. Diese Funktion ist für die Wahl von V und T: F_v. Daraus folgt die thermische Zutsandsgleichung (1), die kalorische Zustandsgleichung (3) bzw. (5). Für p und T als unabhängige Variable: F_p; daraus thermische Zustandsgleichung (2), kalorische (4) bzw. (6). Für die unabhängigen Variabeln V und Energie E statt der Temperatur T: die Entropie S. Man erhält dann die thermische Zustandsgleichung durch Elimination von E aus (4′′′′) und (5′′′′) der Ziff. 39, während die kalorische Zustandsgleichung, d. h. der Zusammenhang zwischen der Energie, dem Volumen und der Temperatur in (4′′′′)

selbst vorliegt. Wählt man als unabhängige Variable statt des Volumens den Druck und wieder statt der Temperatur die Energie, so benutzt man als charakteristische Funktion abermals die Entropie, jetzt ausgedrückt in den Variabeln p und E. Die Zustandsgleichungen haben dann die am Schluß von Ziff. 39 angedeutete Gestalt. Endlich kann man noch als unabhängige Variable das Volumen V und statt der Temperatur die Entropie S nehmen. Dann ist die geeignete charakteristische Funktion die Energie ausgedrückt durch S und V. Die Zustandsgleichungen sind dann folgendermaßen zu finden: Die thermischen, indem man zwischen (4'') und (5'') von Ziff. 39 die Entropie eliminiert und so eine Beziehung zwischen p, V und T findet; die kalorische, indem man die Entropie aus (4'') und dem Ausdruck $E = E(S, V)$ eliminiert und so T durch E und V dargestellt erhält. Wählt man zum Schluß statt V und S die Variabeln p und S als Bestimmungsgrößen, so tritt als charakteristische Funktion der „Wärmeinhalt" E_p auf. Die Zustandsgleichungen erhält man dann aus (4''') und (5''') Ziff. 39 in ganz analoger Weise, wie es eben für den Fall V, S beschrieben wurde. Den Ersatz der beiden getrennten Zustandsgleichungen, der kalorischen und der thermischen, durch den einen Ausdruck der charakteristischen Funktion in Abhängigkeit von den zugehörigen unabhängigen Größen verdankt man Planck, der hierfür den Namen „kanonische Zustandsgleichung" eingeführt hat. Je nach der Wahl der unabhängigen Variablen gibt es demnach verschiedene, untereinander natürlich vollkommen gleichwertige kanonische Zustandsgleichungen. Wir haben im vorhergehenden deren 6 aufgezählt. Praktisch am wichtigsten sind

$$F_v = F_v(V, T)\,, \quad F_p = F_p(p, T)\,.$$

56. Der zweite Hauptsatz als Verknüpfung von kalorischen und thermischen Zustandsgrößen. Aus den Überlegungen der vorigen Ziffer können wir einen neuen Einblick in die Bedeutung des zweiten Hauptsatzes und sein Verhältnis zum ersten Hauptsatz bekommen. Wir haben in Ziff. 1, 8 sehr stark betont, daß die Form der thermischen Zustandsgleichung, welche wir dort einfach als die Zustandsgleichung bezeichneten, durch die Thermodynamik in keiner Weise vorgeschrieben ist (bis auf die sehr geringe Einschränkung der Stabilitätsbedingung). Es ist demnach die Abhängigkeit des Druckes von Volumen und Temperatur weitgehend freigestellt und von spezifischen Eigenschaften der Körper abhängig. Wir haben andererseits die kalorische Zustandsgleichung, d. h. im wesentlichen die Angabe der spezifischen Wärme C_v als Funktion von Temperatur und Volumen mit der einzigen Einschränkung, daß sie positiv sein muß. Nehmen wir nun nur den ersten Hauptsatz dazu, so bleibt die Möglichkeit bestehen, sich Stoffe zu denken, für die man willkürlich sowohl die thermische Zustandsgleichung als auch C_v (V, T) vorschreiben kann. Der erste Hauptsatz ermöglicht nur, mit diesen Angaben dann eine Funktion von V und T zu bestimmen, die wir innere Energie genannt haben. Er ermöglicht weiter, mit dieser Funktion die spezifische Wärme bei anderen Zustandsänderungen, als es Temperaturerhöhungen bei konstantem Volumen sind, zu berechnen, z. B. auch C_p.

Hier greift nun der zweite Hauptsatz einschränkend ein. Indem er gestattet, aus derselben charakteristischen Funktion die kalorische und die thermische Zustandsgleichung abzuleiten, stellt er eine Verknüpfung zwischen der Abhängigkeit des Druckes von Volumen und Temperatur und der Abhängigkeit der spezifischen Wärme von Volumen und Temperatur her. Dieselbe drückt sich z. B. in der Gleichung (10) oder (10') Ziff. 40 aus. Zwar ist es nicht so, daß etwa aus der thermischen Zustandsgleichung $p = p(V, T)$ sich die Abhängigkeit der spezifischen Wärme von Volumen und Temperatur restlos berechnen ließe. Man erkennt aus der eben angeführten Gleichung (10) Ziff. 40, daß

$$C_v = \int T \frac{\partial^2 p}{\partial T^2} dV + C'(T), \tag{1}$$

wobei C' noch eine willkürliche Funktion von T sein kann, aber diese muß von V unabhängig sein.

Aus (4) Ziff. 40 folgt, daß bei einer Zustandsgleichung, in welcher p bei konstantem V proportional T ist, d. h. die von der Form ist

$$p\varphi(V) = T, \tag{2}$$

die Energie (und damit die spezifische Wärme C_v) nicht vom Volumen abhängt. Ebenso gilt die Umkehrung, insofern als (2) aus $\frac{\partial E}{\partial V} = 0$ folgt. Daß der GAY-LUSSACsche Versuch Ziff. 18 keine Temperaturänderung ergeben kann, ist demnach eine strenge Folge der Gasgleichung und des zweiten Hauptsatzes. Andererseits kann man aus dem GAY-LUSSACschen Versuch auf eine Zustandsgleichung der Form (2) schließen. Wenn bei realen Gasen der GAY-LUSSACsche Versuch eine Temperaturänderung ergibt, so können daraus Schlüsse auf die Zustandsgleichung gezogen werden (Ziff. 58).

Ist nicht $\left(\frac{\partial E}{\partial V}\right)_T = 0$, sondern nur $\left(\frac{\partial C_v}{\partial V}\right)_T = 0$, d. h. $E(V, T) = E(V, 0) + \int_0^T C_v dT$, so gilt nach (4) Ziff. 40

$$p\varphi(V) = T + \Phi(V). \tag{2'}$$

Aus dem eben Gesagten folgt, daß die bis Ziff. 24 festgehaltene Temperaturskala der idealen Gase mit der von dort an benützten thermodynamischen übereinstimmt.

Wäre die durch die erwähnte Gleichung verlangte Abhängigkeit zwischen C und der Zustandsgleichung verletzt, so wäre es ohne weiteres möglich, ein Perpetuum mobile zweiter Art zu konstruieren. Es sei etwa ein Stoff gegeben, der der Zustandsgleichung der idealen Gase $pV = RT$ genügt, während seine spezifische Wärme mit wachsendem Volumen abnimmt, wobei wir sie der Einfachheit halber als von T unabhängig annehmen. Dann kann man sich sofort einen umkehrbaren CLAPEYRONschen Kreisprozeß (Ziff. 22) konstruiert denken, dessen Wirkungsgrad $\eta \neq \frac{T_2 - T_1}{T_2}$ ist. Es findet zuerst bei der Temperatur T_2 eine Volumenausdehnung vom Volumen V' bis zum Volumen V'' statt. Hierbei wird die Arbeit $A_{\mathrm{I}} = RT_2 \ln \frac{V''}{V'}$ geleistet und die Wärme $Q_{\mathrm{I}} = RT_2 \ln \frac{V''}{V'} + (C_{v''} - C_{v'}) T_2$ aus dem Wärmebehälter 2 aufgenommen. Nun findet mit Hilfe des in Ziff. 22 besprochenen Hilfsbehälters die Abkühlung auf T_1 bei konstantem Volumen statt. Hierauf die Kompression auf V', wobei die Arbeit $A_{\mathrm{III}} = -RT_1 \ln \frac{V''}{V'}$ geleistet und die Wärme $-Q_{\mathrm{III}} = RT_1 \ln \frac{V''}{V'} + (C_{v''} - C_{v'}) T_1$ an den kälteren Behälter abgegeben wird. Endlich wird mittels des Hilfsbehälters wieder bei konstantem Volumen V' zur Temperatur T_2 erhitzt. Bei diesem Teilvorgang IV hat der Hilfsbehälter eine andere Wärme zuzuführen, als beim Vorgang II abgeführt wurde, nämlich $C_{v'}(T_2 - T_1)$ gegen $C_{v''}(T_2 - T_1)$. Während des Vorganges II hat die Hilfsapparatur dauernd kleine umkehrbare Kreisprozesse vollführt. Sie hat, um dem untersuchten System bei der

Abkühlung von T auf $T - dT$ die Wärmemenge $C_{v''} dT$ zu entziehen, einen umkehrbaren, arbeitverbrauchenden Carnotprozeß ausgeführt, bei dem an den Behälter 2 die Wärmemenge $\frac{T_2}{T} C_{v''} dT$ abgegeben und die Arbeit $\frac{T_2 - T}{T} C_{v''} dT$ verbraucht wurde. Bei der entsprechenden Erwärmung während des Teilvorgangs IV nimmt das Hilfssystem aus dem Behälter 2 die Wärmemenge $\frac{T_2}{T} C_{v'} dT$ auf und leistet die Arbeit $\frac{T_2 - T}{T} C_{v'} dT$. Im ganzen wird während der Vorgänge II und IV dem Behälter 2 die Wärmemenge $T_2 (C_{v'} - C_{v''}) \ln \frac{T_2}{T_1}$ entzogen und die Arbeit $T_2 (C_{v'} - C_{v''}) \ln \frac{T_2}{T_1} - (C_{v'} - C_{v''}) (T_2 - T_1)$ geleistet. Es ist daher

$$+Q_{\mathrm{I}} = R T_2 \ln \frac{V''}{V'} + T_2 (C_{v'} - C_{v''}) \left(\ln \frac{T_2}{T_1} - 1\right),$$

$$A_0 = R (T_2 - T_1) \ln \frac{V''}{V'} + (T_2 - T_1)(C_{v'} - C_{v''}) \left(\ln \frac{T_2}{T_1} - 1\right) + T_1 (C_{v'} - C_{v''}) \ln \frac{T_2}{T_1}$$

oder

$$\frac{A_0}{+Q_{\mathrm{I}}} = \frac{T_2 - T_1}{T_2} + \frac{T_1 (C_{v'} - C_{v''}) \ln \frac{T_2}{T_1}}{+Q_{\mathrm{I}}},$$

was sofort die Konstruktion eines Perpetuum mobile II. Art ermöglichen würde.

57. Der Grüneisensche Satz. GRÜNEISEN[1]) hat molekulartheoretisch gezeigt, daß für Kristalle folgende Beziehung nahezu gilt: Es ist der thermische Ausdehnungskoeffizient als Funktion der Temperatur proportional C_p. Auch bei einatomigen idealen Gasen gilt das gleiche (hier sind beide Größen temperaturunabhängig).

Allgemein untersucht MACHE[2]), für welche Zustandsgleichungen man in ähnlicher Weise

$$\left(\frac{\partial p}{\partial T}\right)_v = C_v \varphi(V) \tag{1}$$

setzen kann. Nach GRÜNEISEN hätte man die analoge, aber nicht identische Gleichung

$$\left(\frac{\partial V}{\partial T}\right)_p = C_p \varphi_1(p) \tag{2}$$

zu schreiben, die wir anschließend behandeln.

Differentiert man (1) nach Division durch φ nach V und benützt (10) Ziff. 40, so erhält man folgende Differentialgleichung für p

$$\frac{\partial^2}{\partial T \, \partial V} \frac{p}{\varphi(V)} = T \frac{\partial^2 p}{\partial T^2}. \tag{3}$$

Die allgemeine Integration dieser Gleichung gibt

$$p = -E_0'(V) + \varphi(V) \cdot T \cdot \Phi[T e^{\int \varphi \, dV}]. \tag{3'}$$

Hierin ist Φ eine willkürliche Funktion des in Klammern geschriebenen Arguments. Für C_v bzw. E_v erhält man:

$$C_v = \frac{\partial}{\partial T} (T \Phi), \quad (4) \qquad E_v = E_0(V) + T \Phi. \quad (5)$$

$$E_0'(V) \text{ in (3) ist } \frac{d E_0(V)}{dV}.$$

[1]) E. GRÜNEISEN, Ann. d. Phys. Bd. 26, S. 393. 1908; Bd. 39, S. 257. 1912.
[2]) H. MACHE, ZS. f. Phys. Bd. 5, S. 363. 1921.

Die Isentrope eines solchen Körpers ist durch $Te^{\int \varphi dV} =$ konst. oder $C_v =$ konst. gegeben. In ganz analoger Weise führt (2) zu

$$V = \frac{dE_{0p}(p)}{dp} + \varphi_1(p) T \Phi[Te^{-\int \varphi_1 dp}], \tag{6}$$

$$C_p = \frac{\partial}{\partial T}(T\Phi), \quad (7) \qquad E_p(p,T) = E_{0p}(p) + T\Phi. \quad (8)$$

Zur Ableitung von (5) und (8) sind die Gleichungen (1) und (4′) von Ziff. 16 benützt.

58. Der GAY-LUSSACsche Versuch und die Zustandsgleichung. Wir hatten in Ziff. 18 den Versuch von GAY-LUSSAC beschrieben, der zeigen sollte, daß bei idealen Gasen die innere Energie E nur von der Temperatur, nicht aber dem Volumen abhängig sei. Wir hatten im Vorhergehenden gesehen, daß dieses Resultat eine Folgerung des zweiten Hauptsatzes ist. Man kann daher umgekehrt aus den Abweichungen des Versuches von den Verhältnissen bei idealen Gasen, d. h. aus der bei der irreversiblen Ausdehnung erfolgenden Temperaturabnahme, auf die Abweichungen der Zustandsgleichung von der Gasgleichung $pV = RT$ schließen.

Die Gleichung, die während des Versuches erfüllt sein muß, lautet

$$\Delta E = 0, \tag{1}$$

da weder Wärme zugeführt noch Arbeit geleistet wird. Mit (2′) Ziff. 35 erhält man daher (ΔV klein vorausgesetzt)

$$T\Delta S - p\Delta V = 0, \tag{2}$$

wo nach den Bemerkungen von Ziff. 35 der Druck p den Wert haben muß, den er hat, wenn man vom Anfangs- in den Endzustand auf umkehrbarem Weg übergeht. Hierfür kann man schreiben

$$T\left(\frac{\partial S}{\partial T}\right)_v \Delta T + \left[T\left(\frac{\partial S}{\partial V}\right)_T - p\right]\Delta V = 0. \tag{3}$$

Das ergibt mit (1) und (8) Ziff. 40

$$-\Delta T = \frac{T\left(\frac{\partial p}{\partial T}\right)_v - p}{C_v}\Delta V. \tag{4}$$

Es ist demnach die Temperaturerniedrigung ΔT bei einer gegebenen Volumvermehrung ΔV proportional der Größe $T\left(\frac{\partial p}{\partial T}\right)_v - p$, welche als Maß der Abweichung des Stoffes vom idealen Gaszustand angesehen werden kann und mit dieser verschwindet. Zwar ist auch der Nenner C_v für einen nicht idealen Stoff nicht mehr vom Volumen unabhängig, aber wenn wir $C_v = C_{v0} + (C_v - C_{v0})$ schreiben, wo C_{v0} die Molwärme des idealen Gases ist, so ist nur die Differenz $C_v - C_{v0}$ der Abweichung vom idealen Gaszustand proportional und, wenn diese klein ist, selbst klein gegen C_{v0}.

Die genauere Auswertung dieser Formel wollen wir aber nicht vornehmen, sondern verweisen auf den im folgenden behandelten analogen Fall, bei dem sich die Messung genauer durchführen läßt.

59. Der JOULE-THOMSONsche Versuch[1]). Zu ähnlichen Ergebnissen wie der GAY-LUSSACsche Versuch führt eine Anordnung von JOULE und THOMSON. Sie ist aber genauer, weil sie statt mit einer beschränkten Gasmasse, die nur einmal expandiert wird, mit einem kontinuierlichen Gasstrom arbeitet. Schematisch besteht die Anordnung aus einem Rohr, das in der Mitte einen porösen Propfen enthält. Preßt man nun von der einen Seite langsam einen Gasstrom hindurch, so erfordert die Überwindung der Reibung dieses Pfropfens einen gewissen Druckabfall, so daß der Druck des auf der anderen Seite langsam ausströmenden Gases geringer ist. Es sei das Rohr mit dem Pfropfen ohne wärmeleitende Verbindungen nach außen, so daß nach Erreichung des stationären Zustandes dem Gas keine Wärme zugeführt wird. Dagegen wird auf das strömende Gas Arbeit ausgeübt. Es leistet nämlich die Maschine, welche den Druck auf der Einströmseite erzeugt, pro Mol des Gases die Arbeit $p_1 V_1$, auf der Ausströmseite muß das Gas, sei es gegen die Atmosphäre, sei es bei geschlossenem Kreislauf gegen die Maschine die Arbeit $p_2 V_2$ leisten. Dagegen ist jetzt die technische Arbeit (d. h. die Arbeit abzüglich der eben genannten Beträge) gleich Null. Die Größe, die jetzt während des Prozesses konstant ist; ist nicht die Energie, sondern der Wärmeinhalt oder die Wärmefunktion bei konstantem Druck $E_p = E + pV$

$$E_1 + p_1 V_1 = E_2 + p_2 V_2, \quad dE_p = 0. \tag{1}$$

Wenden wir jetzt die Formeln (1'), (8') Ziff. 40 an, so erhält man die Temperaturänderung des strömenden Gases bei einer gegebenen Druckdifferenz Δp. Bei einer Rechnung analog zu der in Ziff. 58 ist demnach

$$\Delta T = \frac{T\left(\frac{\partial V}{\partial T}\right)_p - V}{C_p} \Delta p. \tag{2}$$

Auch hier gilt wieder, was wir in Ziff. 58 gesagt haben, daß der Zähler im wesentlichen als Maß für die Abweichung vom Gesetz der idealen Gase angesehen werden kann. Um diese Formel zur Berechnung der Zustandsgleichung zu benützen, führen wir als Abkürzung die Größe

$$J(T,p) = \frac{\Delta T}{\Delta p} = \frac{T\left(\frac{\partial V}{\partial T}\right)_p - V}{C_p}. \tag{3}$$

ein, die demnach aus den Versuchen als Funktion von Druck und Temperatur gegeben sein muß. Multiplizieren wir in (3) C_p auf die andere Seite, differenzieren

[1]) Neuere theoretische Arbeiten: M. JACOB, Mitt. üb. Forschungsarb. d. Ver. D. Ing. Nr. 202, Berlin 1914; Ann. d. Phys. Bd. 55, S. 531. 1918; Phys. ZS. Bd. 22, S. 65. 1921; J. SCHAMES, Ann. d. Phys. Bd. 57, S. 321. 1918; R. PLANCK, Phys. ZS. Bd. 21, S. 150. 1920; — Zusammenfassende Darstellung von Theorie, experimenteller Methode und Versuchsergebnissen bei F. POLLITZER, in MÜLLER-POUILLET, Lehrb. d. Phys., 11. Aufl., Bd. III, 1. Braunschweig 1926. — Neuere experimentelle Arbeiten: E. VOGEL, Mitt. üb. Forschungsarb. d. Ver. D. Ing. Nr. 108/109, Berlin 1910; F. NOELL, ebenda Nr. 184. 1916; H. HAUSEN, ebenda Nr. 274. 1925; J. P. DALTON, Comm. Leiden Nr. 109. 1909; W. A. D. RUDGE, Phil. Mag. (6) Bd. 18, S. 159. 1909; W. P. BRADLEY u. F. C. HALE, Phys. Rev. (1) Bd. 29, S. 258. 1909; L. G. HOXTON, ebenda (2) Bd. 13, S. 438. 1919 (ausführliche Literaturangaben); H. M. TRUEBLOOD, Proc. Amer. Acad. Bd. 52, S. 733. 1917; W. MEISSNER, ZS. f. Phys. Bd. 18, S. 12. 1923; E. S. BURNETT, Journ. Amer. Chem. Soc. Bd. 43, S. 590. 1923; W. H. RODEBUSH, J. W. ANDREWS u. J. B. TAYLOR, ebenda Bd. 47, S. 313. 1925; O. KNOBLAUCH u. H. HAUSEN, Phys. ZS. Bd. 24, S. 473. 1923.

nach T und benützen (10') Ziff. 40, so erhalten wir folgende Differentialgleichung für die spezifische Wärme bei konstantem Druck.

$$\left(\frac{\partial C_p}{\partial p}\right)_T + J(T,p)\left(\frac{\partial C_p}{\partial T}\right)_p + C_p\left(\frac{\partial J}{\partial T}\right)_p = 0. \tag{5}$$

Eine ganz entsprechende Differentialgleichung für C_v würden wir in Ziff. 58 zur Auswertung der Messungen beim GAY-LUSSACschen Versuch erhalten können. Hat man Gleichung (5) integriert, so folgt dann die Zustandsgleichung, da nach (3)

$$T^2 \frac{\partial}{\partial T}\left(\frac{V}{T}\right)_p = J(T,p)C_p \tag{6}$$

ist, zu

$$\frac{V}{T} = \int \frac{J(T,p)}{T^2} C_p\, dT + \Phi(p) \quad [\Phi(p) \text{ willkürliche Funktion von } p \text{ allein}]. \tag{7}$$

Man kann (5) allgemein integrieren für den Fall, daß sich J als Produkt zweier Funktionen darstellen läßt, deren eine nur vom Druck, deren andere nur von der Temperatur abhängt.

$$J = J_1(p)\, J_2(T) \tag{8}$$

Die Messungsergebnisse von THOMSON und JOULE lassen sich durch einen Spezialfall dieses Ansatzes darstellen, nämlich durch $J = \text{konst.}\, \frac{1}{T^2}$. Man erhält als allgemeine Lösung von (5), falls (8) gilt

$$C_p = \frac{1}{J_2(T)}\, \varphi(I_1 - I_2), \tag{9}$$

wo φ eine beliebige Funktion des Argumentes $I_1 - I_2$ und

$$I_1 = \int J_1\, dp, \qquad I_2 = \int \frac{1}{J_2}\, dT \tag{10}$$

bedeuten. Hieraus folgt als Zustandsgleichung

$$\frac{V}{T} = J_1(p) \int \varphi(I_1 - I_2) \frac{dT}{T^2} + \Phi(p), \tag{11}$$

wo $\Phi(p)$ eine weitere willkürliche Funktion des Druckes allein ist.

Im speziellen Fall, der VAN DER WAALSschen Zustandsgleichung ergibt sich für den Joule-Thomsoneffekt

$$\Delta T = \frac{2a(V-b)^2 - RTbV^2}{RTV^3 - 2a(V-b)^2} \frac{V\Delta p}{C_p}.$$

welche Formel für große Volumina und hohe Temperaturen, d. h. bei kleinen Abweichungen vom idealen Gaszustand, in

$$\Delta T = \left(\frac{2a}{RT} - b\right) \frac{\Delta p}{C_p} \tag{12}$$

übergeht. Der Sinn dieser letzteren Formel ist besonders einfach. Um die Abkühlung hintanzuhalten, hätte man dem Gas die Wärmemenge $C_p \cdot \Delta T$ zuführen müssen. Diese dient zu zwei Zwecken. Erstens zur Deckung der Zunahme der inneren Energie, welche bei der Volumvermehrung eintritt und angenähert $\frac{a}{V^2}\Delta V \sim -\frac{a}{RT}\Delta p$ ausmacht. Zweitens muß sie die äußere Arbeit $p_2V_2 - p_1V_1$ decken, welche im Fall eines idealen Gases bei konstanter Temperatur verschwindet $(RT - RT)$, hier aber $\left(\frac{a}{RT} - b\right)\Delta p$ beträgt.

Für das Auftreten eines Joule-Thomsoneffekts, welcher bei Druckverminderung Temperaturerhöhung gibt, ist wesentlich: Das gegenüber dem idealen Gas endliche wahre Volumen der Moleküle, das in b steckt, bedingt Erhöhung des Druckes. Infolge dieser stärkeren Zunahme des Druckes mit dem Volumen ist die von der Maschine gelieferte Arbeit $p_1V_1 - p_2V_2$ so groß, daß sie nicht nur die innere Arbeit gegen die Anziehungskräfte deckt, sondern auch noch zur Temperaturerhöhung reicht. Im umgekehrten Fall sind gerade die Anziehungskräfte maßgebend, und zwar in zweierlei Weise [Faktor 2 in Formel (12)]. Erstens muß direkt gegen sie im Innern des Gases Arbeit geleistet werden (Vermehrung der inneren Energie), zweitens vermindern sie aber auch die äußere Arbeit, welche bei gegebener Druckdifferenz die Maschine in das Gas hineinsteckt.

60. Der Inversionspunkt. Der Joule-Thomsoneffekt hat dasselbe Vorzeichen wie die Größe $T\left(\frac{\partial V}{\partial T}\right)_p - V$. Verschwindet sie, so verschwindet auch der Joule Thomsoneffekt. Wenn wir die Zustandsgleichung in der Form $V = V(p, T)$ schreiben, so verschwindet der Joule Thomsoneffekt für solche zusammengehörige Werte von p und T, welche der Gleichung genügen

$$\left(\frac{\partial V}{\partial T}\right)_p = \frac{V}{T}. \tag{1}$$

Im allgemeinen gibt es für jeden Druck einen solchen Wert. Man nennt die betreffende Temperatur die Inversionstemperatur bei dem betreffenden Druck, weil der Ausdruck

$$T\left(\frac{\partial V}{\partial T}\right)_p - V$$

und damit auch der Joule Thomsoneffekt beim Durchgang durch Null im allgemeinen auch sein Zeichen wechselt. Für den speziellen Fall der VAN DER WAALSschen Zustandsgleichung liegt bei geringen Abweichungen vom Gesetz der idealen Gase der Inversionspunkt für alle nicht zu hohen Drucke bei einem bestimmten Gas an derselben Stelle, nämlich nach (12) Ziff. 59 bei

$$T_{\text{inv}} = \frac{2a}{Rb}.$$

Hier ist, wie Formel (12) Ziff. 59 zeigt, bei Temperaturen über dem Inversionspunkt T_{inv} der Klammerausdruck negativ, d. h. einer Ausdehnung (Druckabnahme) entspricht, eine Erwärmung. Dieser Fall liegt bei Wasserstoff, der seinen Inversionspunkt bei $-56°$ C hat, vor. Unterhalb des Inversionspunktes dagegen ist der Klammerausdruck positiv, so daß einer Entspannung Abkühlung entspricht. Diese Tatsache ist in der Konstruktion der LINDEschen Luftverflüssigungsmaschine verwendet. In ihr kann man die meisten Gase mit Ausnahme von Wasserstoff ohne weiteres arbeiten lassen, da ihr Inversionspunkt über der Zimmertemperatur liegt, Wasserstoff muß erst von außen her abgekühlt werden.

61. Berechnung der freien Energien für reine Stoffe. a) Ideale Gase. Für ideale Gase ist die Energie

$$E = E(T_0) + \int_{T_0}^{T} C_v dT \tag{1}$$

nach Ziff. 18 und 56 vom Volumen unabhängig. Die Entropiedifferenz zwischen zwei Zuständen gleichen Volumens bei verschiedener Temperatur ist demnach ebenfalls vom Volumen unabhängig, gleich

$$S(V_0, T) - S(V_0, T_0) = \int_{T_0}^{T} \frac{\delta Q_v}{T} = \int_{T_0}^{T} \frac{C_v dT}{T}. \tag{2}$$

Wenn wir einen beliebigen Zustand V_0, T_0 als Bezugszustand festsetzen, so ist demnach die freie Energie aller Zustände des gleichen Volumens V_0 gegeben durch

$$\left.\begin{aligned} F_v(V_0, T) &= E(V_0, T) - TS(V_0, T) \\ &= F_v(V_0, T_0) - (T - T_0)S(V_0, T_0) + \int_{T_0}^{T} C_v dT - T\int_{T_0}^{T} \frac{C_v}{T} dT \\ &= F_v(V_0, T_0) - T\int_{T_0}^{T} \frac{dT}{T^2}\int_{T_0}^{T} C_v dT - (T - T_0)S(V_0, T_0). \end{aligned}\right\} \quad (3)$$

Die Abhängigkeit der freien Energie bei gegebener Temperatur vom Volumen kann man nun berechnen, wenn man berücksichtigt, daß bei isothermen umkehrbaren Änderungen die Abnahme der freien Energie gleich der geleisteten Arbeit ist (Ziff. 37). Das ergibt

$$F_v(V, T) - F_v(V_0, T) = -RT \ln \frac{V}{V_0} \quad (4)$$

und demnach als Schlußformel

$$F_v(V, T) = F_v(V_0, T_0) - (T - T_0)S(V_0, T_0) + \int_{T_0}^{T} C_v dT - T\int_{T_0}^{T} \frac{C_v}{T} dT - RT \ln \frac{V}{V_0}. \quad (5)$$

Ist im speziellen C_v auch von der Temperatur unabhängig, so wird daraus

$$\left.\begin{aligned} F_v(V, T) &= F_v(V_0, T_0) - (T - T_0)S(V_0, T_0) + C_v(T - T_0) - C_v T \ln \frac{T}{T_0} - RT \ln \frac{V}{V_0} \\ &= C_v T - C_v T \ln T - R \ln V + T(C_v \ln T_0 + R \ln V_0) + F_v(V_0, T_0) \\ &\quad - C_v T_0 - (T - T_0)S(V_0, T_0). \end{aligned}\right\} \quad (5')$$

Hierin muß der Ausdruck

$$T(C_v \ln T_0 + R \ln V_0) + F_v(V_0, T_0) - C_v T_0 - (T - T_0)S(V_0, T_0)$$

von der speziellen Wahl von V_0, T_0 unabhängig und von der Form $AT + B$ sein, wo A und B nur mehr von der Natur des Gases abhängen. Geht man mit Hilfe der Gleichung

$$F_p = F_v + pV = F_v + RT, \quad (6)$$

ferner der Gasgleichung $pV = RT$ und der Gleichung (2) Ziff. 18 zu konstantem Druck über, so findet man

$$F_p(p, T) = F_p(p_0, T_0) - (T - T_0)S(p_0, T_0) + \int_{T_0}^{T} C_p dT - T\int_{T_0}^{T} \frac{C_p}{T} dT + RT \ln \frac{p}{p_0} \quad (7)$$

bzw.

$$\left.\begin{aligned} F_p(p, T) &= C_p T - C_p T \ln T + RT \ln p + T(C_p \ln T_0 - R \ln p_0) + F_p(p_0, T_0) \\ &\quad - (T - T_0)S(p_0, T_0) - C_p T_0. \end{aligned}\right\} \quad (7')$$

Diese Gleichung hätte man natürlich auch direkt ableiten können, so wie wir im Obigen die Gleichung für F_v abgeleitet haben. Es sei hierbei hervorgehoben, wie sich der Übergang von C_v zu $C_p = C_v + R$ automatisch dadurch vollzieht, daß in dem Ausdruck $-RT\ln V$ die Einsetzung der Gasgleichung zu $RT\ln p - RT\ln R - RT\ln T$ führt. Während $RT\ln R$ und $RT\ln V_0$ sich bei der Differenzbildung herausheben, ergibt $RT\ln\frac{T}{T_0}$ zusammen mit $T\int\limits_{T_0}^{T}\frac{C_v}{T}\,dT$ den in (7) auftretenden Ausdruck $T\int\limits_{T_0}^{T}\frac{C_p}{T}\,dT$, ebenso ist der Summand RT in (6) mit $\int\limits_{T_0}^{T}C_v\,dT$ in (5) zu $\int\limits_{T_0}^{T}C_p\,dT$ in (7) zusammenzufassen. Es tritt in (7) außer Größen wie C_p noch der Ausdruck $F_p(p_0, T_0) - (T - T_0)S(p_0, T_0) = E_p(p_0, T_0) - TS(p_0, T_0)$, d. h. außer der Energie der mit T multiplizierte Absolutwert der Entropie im Bezugszustande auf.

b) Kondensierte reine Stoffe. Unter kondensierten Stoffen sollen feste und flüssige zusammengefaßt werden. „Rein" soll bedeuten, daß durch Druck und Temperatur bzw. spezifisches Volumen und Temperatur der Zustand vollkommen festgelegt ist, soll aber keine Aussage darüber sein, ob nur eine Molekülgattung vorhanden ist. Dann gilt entsprechend wie unter a)

$$F_v(V_0, T) = E_v(V_0, T_0) - TS(V_0, T_0) - T\int\limits_{T_0}^{T}\frac{dT}{T^2}\int\limits_{T_0}^{T}C_v(V_0)\,dT. \tag{8}$$

Die Abhängigkeit der freien Energie vom Volumen ist dann durch die Formel gegeben

$$F_v(V, T) = F_v(V_0, T) - \int\limits_{V_0, T}^{V, T} p\,dV. \tag{9}$$

Infolge der geringen Kompressibilität ist das Integral bei nicht zu hohen Drucken im allgemeinen klein.

Entsprechend heißen die für konstanten Druck gültigen Formeln

$$F_p(p, T) = E_p(p_0, T_0) - TS(p_0, T_0) - T\int\limits_{T_0}^{T}\frac{dT}{T^2}\int\limits_{T_0}^{T}C_p(p_0)\,dT + \int\limits_{p_0, T}^{p, T} V(T)\,dp. \tag{10}$$

Infolge des kleinen Molvolumens pflegt auch das letztere Integral klein zu sein, allerdings größer als das Integral in (9), denn es ist

$$\int\limits_{p_0}^{p} V\,dp = pV - p_0V_0 - \int\limits_{V_0}^{V} p\,dV = pV - p_0V_0 - \int\limits_{p_0}^{p} p\left(\frac{\partial V}{\partial p}\right)_T dp. \tag{11}$$

Bei Hg und einer Druckerhöhung um 100 at ist dabei mit $V \sim 15\ \text{cm}^3$

$$pV - p_0V_0 \sim 1{,}5 \cdot 10^9\ \text{Erg} \sim 36\ \text{g cal}, \qquad \int V\,dp \sim 3 \cdot 10^5\ \text{Erg} \sim 0{,}007\ \text{cal}.$$

Natürlich kann man in (10) ebensogut schreiben

$$F_p(p, T) = E_p(p_0, T_0) - TS(p_0, T_0) - T\int\limits_{T_0}^{T}\frac{dT}{T^2}\int\limits_{T_0}^{T}C_p(p)\,dT + \int\limits_{p_0, T_0}^{p, T_0} V(T_0)\,dp, \tag{10'}$$

indem man die Reihenfolge der Operationen $p_0, T_0 \to p_0, T \to p, T$ in die Reihenfolge $p_0, T_0 \to p, T_0 \to p, T$ abändert. Daß dasselbe herauskommt, ist eine Folge des zweiten Hauptsatzes, der verlangt, daß

$$\frac{\partial}{\partial T}\left(\frac{\partial F_p}{\partial p}\right) = \frac{\partial}{\partial p}\left(\frac{\partial F_p}{\partial T}\right)$$

ist, was die Beziehungen (10′) Ziff. 40 bedingt, welche die Identität von (10) und (10′) ergeben.

Ebenso bedingen die Gleichungen (13) Ziff. 40, daß (8) und (10) mit

$$F_p = F_v + pV$$

vereinbar ist.

Die Erfahrung zeigt, daß bei allen kondensierten Körpern die spezifischen Wärmen, und zwar sowohl C_v als C_p für $T = 0$ verschwinden (s. Kap. 7); dann konvergiert (10) bzw. (8) für $T = 0$, und man kann schreiben

$$F_v(V, T) = E_v(V_0, T = 0) - TS(V_0, T = 0) - T\int_0^T \frac{dT}{T^2}\int_0^T C_v(V_0)\, dT - \int_{V_0,T}^{V,T} p\, dV \quad (8')$$

bzw.

$$F_p(p, T) = E_p(p_0, T = 0) - TS(p_0, T = 0) - T\int_0^T \frac{dT}{T^2}\int_0^T C_p(p_0)\, dT + \int_{p_0,T}^{p,T} V\, dp\,. \quad (10'')$$

Insbesondere kann man bei vielen festen Körpern C_v oft in der Form darstellen

$$C_v = C_{v\infty}\frac{d}{dT}\frac{\beta\nu}{e^{\frac{\beta\nu}{T}} - 1}, \quad (12)$$

wo ν die Eigenschwingungszahl der Teilchen und β eine Konstante ($4{,}77 \cdot 10^{-11}$ secGrad) ist. Dann wird (8′)

$$F_v(V, T) = E_v(V_0, T = 0) - TS(V_0, T = 0) + C_v T \ln\left(1 - e^{-\frac{\beta\nu}{T}}\right) - \int_{V_0,T}^{V,T} p\, dV \quad (8'')$$

für hohe Temperaturen kann man $C_v \ln\left(1 - e^{-\frac{\beta\nu}{T}}\right) \sim C_v \ln\frac{\beta\nu}{T}$ setzen. Für tiefe Temperaturen stimmt

$$C_v = a' T^3 \quad (12')$$

besser. Dann ist

$$\int_0^T \frac{dT}{T^2}\int_0^T C_v\, dT = \frac{a'}{12} T^3 = \frac{C_v}{12}.$$

Um (12) und (12′) in (10″) benützen zu können, muß man noch $C_p - C_v$ kennen, das allerdings bei festen Körpern und nicht zu hoher Temperatur klein gegen C_v selbst ist. Verwendet man Formel (13) Ziff. 40, sowie den GRÜNEISENschen empirischen Satz Ziff. 57, vernachlässigt man ferner in diesem Korrekturglied die Temperaturabhängigkeit der Kompressibilität, so wird mit einer vom Druck und dem betrachteten Körper abhängigen Größe a''

$$C_p - C_v = a'' T C_p^2 \sim a'' T C_p^2$$

Dann wird im Gültigkeitsbereich von (12′)

$$\int_0^T \frac{dT}{T^2}\int_0^T (C_p - C_v)\,dT = \frac{a'' a'^2}{56} T^7 ,$$

für hohe Temperaturen, wo C_v konstant wird, wird das Integral $\frac{a''}{2} C_v^2 T$. Beide Formeln für die freie Energie (5′) bzw. (7′), sowohl wie (8′) bzw. (10″), enthalten eine mit T multiplizierte Konstante S_0. Diese spielt im Verhalten des betreffenden Stoffes allein, d. h. in seiner Zustandsgleichung, keine Rolle, sondern nur bei einer Umwandlung, sei es in eine andere Phase, sei es bei einer chemischen Umwandlung. Sie kann auch nur aus der experimentellen Untersuchung einer solchen oder auch aus einer molekular-theoretischen Vorstellung gewonnen werden.

b) Gemische.

62. Definition der Größen, die zur Beschreibung der Eigenschaften eines Stoffes in einer Mischung geeignet sind. Wir betrachten nun Gemische; deren Zustand ist durch Druck, Temperatur und Zusammensetzung gegeben, wobei wir die Zusammensetzung, wie in Ziff. 47 besprochen, in verschiedener Weise angeben können. Wir werden von einem Mol des Gemisches sprechen, wenn die Summe der Molzahlen aller Komponenten gleich 1 ist. Dementsprechend können wir das Molvolumen des Gemisches definieren, die Molarwärme, Energieinhalt pro Mol usw. Häufig ist es von Interesse zu wissen, wieviel eine der Komponenten zu der betreffenden Größe des Gemisches beiträgt, z. B. welchen Anteil des Molvolumens einer Lösung wir dem Lösungsmittel, welchen Anteil wir der gelösten Substanz zuschreiben wollen. Die geeigneten Begriffe definieren wir nach LEWIS[1]) folgendermaßen: Wenn v das totale Volumen einer Mischung ist, in welcher n_1 Mol des Stoffes $1 \ldots, n_\iota$ Mol des Stoffes ι enthalten sind, so nennen wir „partielles Molarvolum" des Stoffes ι (partial-molal-volume) V_ι folgende Größe

$$V_\iota = \frac{\partial v}{\partial n_\iota}. \tag{1}$$

Das ist also die Abnahme des Volumens der Mischung bei Entfernung von 1 Mol des Stoffes ι. Ebenso definieren wir als partielle Molarwärme C_ι den Ausdruck

$$C_\iota = \frac{\partial c}{\partial n_\iota}, \tag{2}$$

also die Abnahme der spezifischen Wärme der Mischung bei Entfernung von 1 Mol ι. Entsprechende Definitionen lassen sich für die anderen partiellen Molargrößen (Energie, Wärmeinhalt, Entropie usw.) aufstellen. Wir bemerken, daß die partielle molare freie Energie gleich dem chemischen Potential ist (s. Ziff. 44) $\mu_\iota = \frac{\partial f}{\partial n_\iota}$. Es ist klar, daß man die auftretenden Differentiationen nach n_ι in der Reihenfolge mit anderen Differentiationen vertauschen kann, es ist z. B.

$$\frac{\partial}{\partial n_\iota}\left(\frac{\partial v}{\partial T}\right) = \frac{\partial}{\partial T}\left(\frac{\partial v}{\partial n_\iota}\right) = \frac{\partial V_\iota}{\partial T},$$

[1]) G. N. LEWIS u. M. RANDALL, Thermodynamics and The Free Energy of chemical Substances, London u. New York 1923.

d. h. es ist der partielle Koeffizient der Volumausdehnung gleich dem Temperaturkoeffizienten des partiellen Molvolumens. Verschieden vom partiellen Molvolumen ist das manchmal gebrauchte scheinbare Molvolumen $\tilde{V}$. Hat man etwa eine Lösung von n_2 Mol gelöster Substanz und n_1 Mol Lösungsmittel und ist das Molvolumen des reinen Lösungsmittels V_1^0, so ist das scheinbare Molvolumen des gelösten Stoffes bei der gegebenen Konzentration $\tilde{V}_2 = \frac{v - n_1 V_1^0}{n_2}$, während das partielle Molarvolumen $V_2 = \frac{v - n_1 V_1}{n_2}$ ist. Wie wir es schon bei den chemischen Potentialen in Ziff. 47 gesagt haben, sind auch die anderen partiellen Molargrößen nicht von der Gesamtmenge des Systems, sondern nur von der Zusammensetzung abhängig, während das Volumen, die spezifische Wärme, die Energie usw. homogene Funktionen erster Ordnung der Molmengen n_ι sind. Daher gilt, wenn g irgendeine der genannten Größen bedeutet

$$g = \sum n_\iota G_\iota . \tag{3}$$

Es folgt dann ähnlich wie in Ziff. 47 für die Abhängigkeit der partiellen Molargrößen von der Zusammensetzung, also bei konstantem Druck und konstanter Temperatur

$$\frac{\partial G_\iota}{\partial n_r} = \frac{\partial G_r}{\partial n_\iota} \tag{4}$$

und im speziellen Fall von nur zwei Teilnehmern wie in (9) Ziff. 47

$$x \frac{\partial G_1}{\partial x} + (1 - x) \frac{\partial G_2}{\partial x} = 0, \qquad x = \frac{n_1}{n_1 + n_2} . \tag{5}$$

63. Methoden zur Bestimmung der partiellen Molargrößen. Wir wollen im folgenden stets vom Molvolumen reden, doch bezieht sich alles in dieser Nummer Gesagte in gleicher Weise auch auf die anderen Größen.

Am einfachsten ist die Berechnung der partiellen Molargrößen, wenn das Gesamtvolumen explizit durch eine Formel als Funktion der Molzahlen gegeben ist. Dann hat man nur partiell zu differentieren. (Bei festgehaltener Menge der andern Komponenten, nicht bei festgehaltener Zusammensetzung.) Liegt keine Formel vor, so trägt man das Volumen der Lösung bei festgehaltener Menge der andern Komponenten als Funktion von n_ι auf und bestimmt graphisch die Neigung. Sind im ganzen m Komponenten vorhanden, so reicht es, dieses Verfahren für $m - 1$ Komponenten vorzunehmen, da nach Ziff. 62 das $m$te partielle Molvolumen hiermit festgelegt ist.

Ist bei einer Mischung von nur zwei Komponenten das scheinbare Molvolumen $\tilde{V}_2$ der einen (2) gegeben, so trägt man dieses gegen $\ln n_2$ auf. Man erhält nach leichter Rechnung

$$V_2 - \tilde{V}_2 = \frac{\partial \tilde{V}_2}{\partial \ln n_2} . \tag{1}$$

Es sei endlich das gesamte Molvolumen $\frac{v}{n_1 + n_2} = x V_1 + (1 - x) V_2$ als Funktion des Molbruches aufgetragen. Dann zieht man an der Stelle x', für die man die beiden partiellen Molvolumina erhalten will, die Tangente an die Kurve und verlängert sie bis zum Schnittpunkt mit den beiden Vertikalen $x = 0$ ($n_1 = 1$, $n_2 = 0$) und $x = 1$ ($n_1 = 0$, $n_2 = 1$). Diese Schnittpunkte geben V_1 und V_2. Es ist nämlich die Gleichung der Tangente

$$y - [x' V_1' + (1 - x') V_2'] = \frac{d}{dx} [x V_1 + (1 - x) V_2] [x - x'] . \tag{2}$$

Beachtet man (3) und (5) Ziff. 62, so wird hieraus

$$y - x'V_1' - (1 - x')V_2' = (V_1' - V_2')(x - x'). \tag{3}$$

Daraus folgt sofort das gewünschte Resultat.

64. Die verschiedenen Arten von Lösungs- und Verdünnungswärmen[1]. Eine besonders wichtige Anwendung der im vorigen besprochenen Definitionen ergibt sich bei der Messung der Wärmetönungen, die beim Mischen auftreten. Dieses Mischen erfolgt stets nichtumkehrbar und ohne Leistung äußerer Arbeit (bei konstantem Volumen) oder ohne Leistung von technischer Arbeit (bei konstantem Druck). Die Wärmetönung ist demnach nach Ziff. 25 gleich der Differenz der Gesamtenergien bzw. der Wärmeinhalte. Hierbei hat man nun verschiedene Größen zu unterscheiden, weil im allgemeinen die Wärmetönungen von der Konzentration der Mischung abhängen. Die elementare Größe ist die „differentiale intermediäre Lösungswärme", welche beim Auflösen von ein Mol der Substanz in sehr viel Lösung einer bestimmten Konzentration entwickelt wird. Sie ist gleich der Energie $E_{\iota R}$ (bzw. dem Wärmeinhalt) von 1 Mol des reinen Stoffes ι, der gelöst wird, weniger der Zunahme der Energie der Lösung beim Zufügen von 1 Mol des Stoffes ι. Sie ist also gleich

$$U_\iota^J = E_{\iota R} - \frac{\partial e_L(c_\iota)}{\partial n_\iota} = E_{\iota R} - E_\iota , \tag{1}$$

wenn e_L die Energie bzw. den Wärmeinhalt der Lösung, demnach $E_\iota = \frac{\partial e_L}{\partial n_\iota}$ die partielle molare Energie des Stoffes ι in der Lösung, E_R die Energie von 1 Mol des reinen Stoffes ι bedeutet. Die intermediäre Lösungswärme hängt im allgemeinen von der Konzentration ab. Sie kann positiv oder negativ sein und kann auch bei Änderung der Konzentration von positiven zu negativen Werten übergehen. Extremwerte der intermediären Lösungswärme sind:

1. Die erste Lösungswärme U^E, die entwickelt wird, wenn die Konzentration sehr klein, im Grenzfall Null ist. Sie tritt auf bei der Auflösung von 1 Mol gelösten Stoffes in sehr viel reinem Lösungsmittel. Ist genügend Lösungsmittel vorhanden, so ist diese erste Lösungswärme von der Menge des Lösungsmittels unabhängig. Hierbei ist vorausgesetzt, daß die intermediäre Lösungswärme U^J eine stetige Funktion der Konzentration ist, so daß für sehr kleine Konzentrationen U^J gleich dem Grenzwert U^E für $c_\iota = 0$ gesetzt werden kann.

2. Den anderen Grenzfall bildet die sog. letzte Lösungswärme U^L, auch „theoretische" oder „fiktive" Lösungswärme genannt. Sie wird frei, wenn man ein Mol des gelösten Stoffes in sehr viel fast gesättigter Lösung auflöst bzw. wird verbraucht, wenn man aus sehr viel ganz wenig übersättigter Lösung 1 Mol Gelöstes z. B. auskristallisieren läßt. Die experimentelle Bestimmung dieser Größe ist nicht ganz einfach, weil die vollständige Herstellung des Gleichgewichtes bei einer fast gesättigten Lösung sehr langsam vor sich geht. Genau genommen könnte man die Kurve der intermediären Lösungswärme in Abhängigkeit von der Konzentration noch über die gesättigte Lösung, d. h. über die letzte Lösungswärme hinaus fortsetzen; natürlich nicht durch weitere Auflösung, wohl aber dadurch, daß man eine übersättigte Lösung mit der Konzentration c größer als die Sättigungskonzentration herstellt und dann durch Erschütterung oder Impfen mit einem sehr kleinen Kristall die Kristallisation auslöst. Allerdings kristallisiert dann aller über die Sättigung hinaus noch gelöste Stoff aus, so daß man nicht

[1] H. W. B. ROOZEBOOM, Die heterogenen Gleichgewichte, II/1, S. 288, Braunschweig 1904; H. W. B. ROOZEBOOM, Rec. trav. chim. Bd. 5, S. 335. 1886, Bd. 8, S. 121. 1889; CH. M. VAN DEVENTER u. H. J. VAN DE STADT, ZS. f. phys. Chem. Bd. 9, S. 43. 1892.

die oben angeführte differentiale intermediäre Lösungswärme mißt, sondern die gleich zu besprechende Größe. Doch läßt sich die gesuchte Zahl nach Gleichung (2) durch Differentiation daraus bestimmen. Solche Messungen scheinen aber noch nicht vorzuliegen.

3. Praktisch nimmt man die Messungen natürlich nicht mit unendlich viel Lösung vor, so daß jedes Auflösen von weiterer Substanz eine Konzentrationsänderung bedingt. Sind in n_1 Mol Lösungsmittel n_2' Mol Gelöstes enthalten und fügt man n_2'' Mol des gelösten Stoffes zu, so nennt man die dabei auftretende Wärmetönung „intermediäre Lösungswärme" schlechthin. Wir können sie mit ${}^{n_2'}_{n_1}u^{n_2''}$ bezeichnen. Sie berechnet sich aus der differentialen intermediären Lösungswärme durch

$$ {}^{n_2'}_{n_1}u^{n_2''} = \int_{n_2'}^{n_2'+n_2''} U\left(\frac{n_2}{n_1+n_2}\right) d n_2 . \tag{2} $$

Als „mittlere intermediäre Lösungswärme" in dem Molenbruchintervall

$$ \frac{n_2'}{n_1+n_2'} \text{ bis } \frac{n_2'+n_2''}{n_1+n_2'+n_2''} \text{ kann man } {}^{n_2'}_{n_1}\overline{U}^{n_2''} = \frac{1}{n_2''}\,{}^{n_2'}_{n_1}u^{n_2''} \text{ bezeichnen.} \tag{3} $$

Ist die Anfangskonzentration, von der man ausgeht, Null, also n_2' gleich Null, d. h. löst man in n_1 Mol reinem Wasser n_2'' Mol gelösten Stoff, so nennt man die dabei pro Mol Gelöstes entwickelte Wärmemenge die integrale Lösungswärme

$$ {}^{0}_{n_1}U^{n_2''} = \frac{1}{n_2''}\int_0^{n_2''} U\left(\frac{n_2}{n_1+n_2}\right) d n_2 = \frac{1}{n_2''}\cdot {}^{0}_{n_1}u^{n_2''} . \tag{4} $$

Falls die entstehende Lösung gerade gesättigt ist, so daß $\frac{n_2''}{n_1+n_2''}$ den Molenbruch der gesättigten Lösung darstellt, so heißt die freiwerdende Wärmemenge, auf 1 Mol Salz, gerechnet, die „ganze Lösungswärme".

Man kann die Konzentration der Lösung aber auch dadurch ändern, daß man zu ihr Lösungsmittel hinzufügt. Die betreffende Wärmetönung nennt man dann die Verdünnungswämre. Der differentialen intermediären Lösungswärme entspricht die differentiale Verdünnungswärme U', die frei wird, wenn man zu einer sehr großen Menge der Lösung mit dem Molenbruch $\frac{n_2}{n_1+n_2}$ 1 Mol Lösungsmittel hinzufügt, so daß praktisch keine Konzentrationsänderung eintritt. Sie ist gleich

$$ U' = E_{1R} - \frac{\partial e_L}{\partial n_1} = E_{1R} - E_1 , \tag{5} $$

wo E_1 der partielle molare Wärmeinhalt des Lösungsmittels ist. Nach (3) Ziff. 62 besteht in einer Lösung, die nur einen einzigen gelösten Stoff enthält, die Beziehung

$$ e_L = n_1 E_1 + n_2 E_2 . $$

Berücksichtigt man, daß $n_1 E_{1R} + n_2 E_{2R} - e_L = {}^{0}_{n_1}u^{n_2}$ ist, so folgt mit (1) und (5)

$$ n_2 U_2 + n_1 U' = {}^{0}_{n_1}u^{n_2} . \tag{6} $$

Entsprechend der intermediären Lösungswärme schlechthin spricht man von der Verdünnungswärme ${}^{n_2}_{n_1'}u_{n_1''}$ schlechthin, die frei wird, wenn man zu einer

Lösung, die n_1' Mol Lösungsmittel und n_2 Mol gelösten Stoff enthält, n_1'' Mol Lösungsmittel hinzusetzt. Es gilt

$$ {}^{n_2}_{n_1'}u_{n_1''} = \int\limits_{n_1'}^{n_1'+n_1''} U'\left(\frac{n_1}{n_1+n_2}\right) d n_1 . \tag{7}$$

Nach dem ersten Hauptsatz bestehen folgende einfachen Beziehungen[1])

$$ {}^{0}_{n_1}u^{n_2'} + {}^{n_2'}_{n_1}u^{n_2''} = {}^{0}_{n_1}u^{n_2'+n_2''} , \tag{8}$$

d. h. man erhält die integrale Lösungswärme einer Lösung von der Zusammensetzung n_1, $n_2' + n_2''$, indem man zuerst die Lösung n_1, n_2' herstellt und dann weiter noch n_2'' Mol Gelöstes hinzufügt. Entsprechend gilt

$$ {}^{0}_{n_1'}u^{n_2} + {}^{n_2}_{n_1'}u'_{n_1''} = {}^{0}_{n_1'+n_1''}u^{n_2} . \tag{9}$$

Was die Berechnung der einzelnen Größen aus den experimentellen Bestimmungen betrifft, gilt folgendes[2]): Man kann erstens eine Reihe integraler Lösungswärmen bestimmen, indem man in einer gegebenen Menge reinen Lösungsmittels der Reihe nach verschiedene Mengen Salz auflöst. Trägt man diese integralen Lösungswärmen als Funktion der Molmenge des gelösten Stoffes auf, so erhält man durch Differentiation die differentiale intermediäre Lösungswärme. Aus ihr kann man mit Hilfe von (6) die differentiale Verdünnungswärme finden. Zweitens kann man in ein und dieselbe Menge Lösungsmittel allmählich immer mehr gelöste Substanz bringen, dann erhält man die intermediäre Lösungswärme, die man auf Mol des mittleren Molbruches in dem betreffenden Konzentrationsintervall umrechnet und daraus durch ein Näherungsverfahren die differentialen Lösungswärmen bestimmt. Drittens kann man die erste Methode umkehren, indem man eine integrale Lösungswärme mißt und von ihr ausgehend intermediäre Verdünnungswärmen. Aus letzteren gewinnt man durch Differentiation die differentialen Verdünnungswärmen und aus den letzteren und der einen integralen Lösungswärme nach (5) die differentialen Lösungswärmen.

65. Berechnung des Potentials von Mischungen, insbesondere von verdünnten Lösungen. Die freie Energie von Mischungen kann man entweder, ganz ähnlich wie das für alle Stoffe geschieht, aus Messungen entnehmen oder mit Hilfe einer statistischen Überlegung berechnen. Man kann aber auch einen formalen Ansatz machen, der zwar nicht für sich allein ausreicht, aber einen gewissen Fingerzeig gibt. Hierzu gehen wir mit PLANCK und VAN DER WAALS[3]) folgendermaßen vor. Wir denken uns die Mischung der gewünschten Zusammensetzung und der gewünschten Temperatur zuerst auf ein so großes Volumen gebracht, daß alle Teilnehmer, vollständig verdampft, als ideales Gas vorliegen. Das ist immer möglich. Zwar werden, wenn sich chemische Umsetzungen zwischen den Teilnehmern abspielen können, diese vom Volumen abhängen, so daß es tatsächlich nicht möglich ist, die Mischung in der Zusammensetzung, in der man sie später untersuchen will, unverändert in den Gaszustand zu bringen. Wir machen aber hier von den Überlegungen der Ziff. 66 Gebrauch und denken uns, daß es durch irgendeinen Kunstgriff möglich wäre, die chemische

[1]) J. N. BRÖNSTED, ZS. f. phys. Chem. Bd. 56, S. 660. 1906.

[2]) S. z. B. J. WÜST u. E. LANGE, ZS. f. phys. Chem. Bd. 116, S. 161. 1924; E. LANGE, Dissert. Dresden 1924.

[3]) M. PLANCK, Wied. Ann. Bd. 32, S. 462. 1887; ZS. f. phys. Chem. Bd. 1, S. 577. 1887; Bd. 2, S. 405. 1888; VAN DER WAALS-KOHNSTAMM, Lehrb. d. Thermodynamik, Bd. 2. Leipzig 1912.

Veränderung während der Volumvergrößerung zu unterbinden. Wir setzen dabei voraus, daß dieser gedachte Kunstgriff auf die sonstigen thermodynamischen Eigenschaften der Mischung keinen Einfluß hat.

Nun ist es möglich, die freie Energie einer Mischung von idealen Gasen additiv aus den freien Energien der einzelnen Bestandteile der Mischung zu setzen, d. h. es ist nach (7) Ziff. 61 und Ziff. 68

$$\left.\begin{aligned} f_g &= \sum n_\iota F_{p,\iota} = \sum n_\iota [F_{p,\iota}(p_\iota = 1, T) + RT \ln p_\iota] \\ &= \sum n_\iota [F_{p,\iota}(1, T) + RT \ln p_G + RT \ln x_\iota], \end{aligned}\right\} \tag{1}$$

wo

$$p_\iota = c_\iota RT = x_\iota p_G \tag{2}$$

der Partialdrucke des ιten Gases im Gemisch ist.

Verkleinert man nun isotherm umkehrbar das Volumen, d. h. erhöht man den Druck, so gelangt man zu der zu untersuchenden homogenen Mischung. Die dabei aufgewendete technische Arbeit ist gleich der Differenz der freien Energien der zu untersuchenden Mischung (L) und des idealen Gasgemenges. Denn es ist

$$\left.\begin{aligned} f_L - f_G &= e_L - e_g - T(s_L - s_G) + (pv)_L - (pv)_G \\ &= e_L - e_G - T\int_G^L \frac{de + p\,dv}{T} + (pv)_L - (pv)_G = \int_G^L v\,dp. \end{aligned}\right\} \tag{3}$$

Nun liege eine verdünnte Lösung vor, d. h. ein Gemenge, in welchem eine Substanz, das Lösungsmittel, weitaus überwiegt. Bezeichnen wir diese mit dem Index Null, so ist also n_0 sehr groß gegen die Molzahlen $n_1 \ldots$ der gelösten Stoffe. Es habe nun die Lösung das Volumen v. Wir bilden die Größe v/n_0. Wir nehmen an, daß wir diese Größe nach den kleinen Größen $n_1/n_0, \ldots$ entwickeln können. Es wird dann

$$\frac{v}{n_0} = V_0 + \sum_{\iota \geqq 1} \left(\frac{\partial v}{\partial n_\iota}\right)_{n=0} \frac{n_\iota}{n_0} + \frac{1}{2} \sum_{\iota, r} \frac{\partial^2 v}{\partial n_\iota \partial n_r} \frac{n_\iota}{n_0} \frac{n_r}{n_0} + \cdots. \tag{4}$$

Hierin ist V_0 das Molekularvolumen des reinen Lösungsmittels, wie man erkennt, wenn man die $n_\iota \ldots$ gleich Null setzt. Die Größe $\left(\frac{\partial v}{\partial n_\iota}\right)_{n=0}$, hängt mit dem in Ziff. 62 eingeführten partiellen Molarvolumen $V_\iota = \frac{\partial v}{\partial n_\iota}$ folgendermaßen zusammen

$$V_\iota = \left(\frac{\partial v}{\partial n_\iota}\right)_{n=0} + \frac{1}{2} \sum_{r \neq \iota} \left(\frac{\partial^2 v}{\partial n_r \partial n_\iota}\right)_0 \frac{n_r}{n_0} + \left(\frac{\partial^2 v}{\partial n_\iota^2}\right)_0 \frac{n_\iota}{n_0} + \cdots,$$

d. h. $\left(\frac{\partial v}{\partial n_\iota}\right)_{n=0}$ ist das partielle Molekularvolumen des ιten Stoffes bei so kleinen n_ι, daß man die höheren Glieder in (4) vernachlässigen kann, also in sehr verdünnter Lösung. Wir wollen nun annehmen, die Lösung sei so verdünnt, daß wir uns in (4) mit den linearen Gliedern begnügen können. Wie groß die Verdünnung dazu getrieben werden muß, kann entweder nur die Erfahrung oder eine kinetische Theorie lehren.

Wir setzen demnach

$$v = V_0 n_0 + V_1 n_1 + \cdots. \tag{5}$$

Hierbei hängen alle V von p und T ab, außerdem V_0 nur von der Natur des Lösungsmittels, $V_\iota (\iota \geqq 1)$ von der Natur des Lösungsmittels und des ιten Stoffes allein. Setzt man das in dem Ausdruck für die technische Arbeit ein, so wird diese

$$\int_G^L v\,dp = n_0 \int_{p_G}^{p_L} V_0\,dp + \sum_{L>0} n_\iota \int_{p_G}^{p_L} V_\iota\,dp, \tag{6}$$

d. h. auch sie setzt sich additiv aus Größen zusammen, die sich nur auf die einzelnen Stoffe beziehen. Man erhält demnach als freie Energie der Mischung

$$f_L = f_G + \sum_\iota n_\iota \int V_\iota\,dp = \sum n_\iota \left[F_p(1, T) + RT\ln p_G + \int_{p_G}^{p_L} V_\iota\,dp + RT\ln x_\iota\right] \tag{7}$$

und als chemisches Potential des ιten Stoffes in der Mischung

$$\mu_\iota = \mu'_\iota(1, T) + RT\ln x_\iota, \qquad \mu_\iota = F_p(1, T) + RT\ln p_G + \int_{p_G}^{p_L} V_\iota\,dp \tag{8}$$

wobei man bei den gelösten Komponenten oft schreiben kann:

$$x_\iota = c_\iota \cdot V \backsim c_\iota V_0. \qquad \left(V = \frac{v}{n_0 + n_1 + \cdots}\right)$$

66. Methode zur reversiblen Durchführung von Mischungen oder chemischen Reaktionen im homogen System. Um Stoffe, die chemisch miteinander reagieren können, auf umkehrbarem Weg voneinander zu trennen, dient der sog. Gleichgewichtskasten (VAN 'T HOFF-HABER-PLANCK), der im allgemeinen allerdings technisch nicht realisierbar ist. Er beruht darauf, daß man sich sog. halbdurchlässige oder semipermeable Wände denken und für manche Fälle auch nahezu realisieren kann, d. h. Wände, die für alle Stoffe eines Gemisches bis auf einen undurchlässig sind, während sie dem Durchtritt dieses einen Stoffes kein Hindernis bieten. Wir besprechen diesen Kasten im einfachsten Fall der Reaktion

$$A + B = D + G.$$

Es herrsche zwischen den vier Stoffen ein homogenes Gleichgewicht, bei welchem die Konzentrationen c_A, c_B, c_D, c_G betragen. Wir haben getrennt ein Mol A und ein Mol B und möchten diese beiden in reversibler Weise zu je einem Mol D und G umsetzen. Wir wollen zuerst voraussetzen, daß alle vier Stoffe ideale Gase sind. Wir bringen zuerst A und B durch reversible Ausdehnung oder Kompression auf die Konzentrationen c_A und c_B. Nun denken wir uns folgenden Apparat: Es sei ein kleiner Kasten gegeben, der Reaktionskasten; von dessen Wänden seien vier $ABDG$ halbdurchlässige Wände, und zwar so, daß die Wand A bloß für den Stoff A, die Wand B nur für den Stoff B usw. durchlässig sei. An diese Wände schließen dann zylindrische, mit Stempel versehene Gefäße an, die mit den entsprechenden Gasen A, B usw. in den Gleichgewichtskonzentrationen c_A, c_B ... und den entsprechenden Drucken p_A, p_B ... gefüllt seien. Dann treten die Gase in den mittleren Reaktionsraum über. Da sie in den Gleichgewichtskonzentrationen sind, herrscht auch in diesem Raume Gleichgewicht. Der Austritt aus den Ansatzstücken A, B ... in den Reaktionsraum erfolgt allerdings durch irreversible Diffusion. Wenn man aber den Reaktionsraum

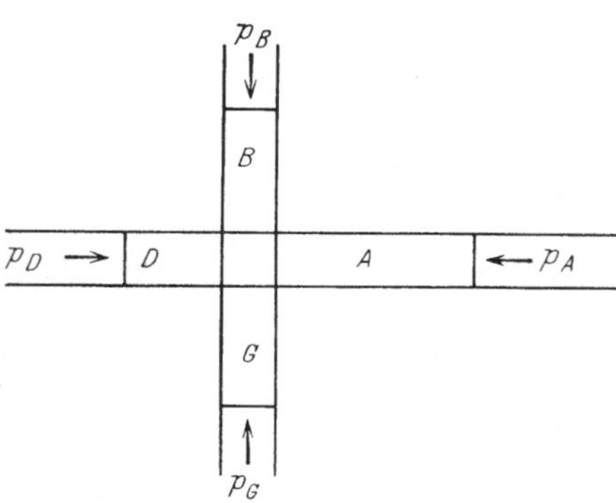

Abb. 10. Gleichgewichtskasten zur reversiblen isothermen Durchführung einer Reaktion.

genügend klein wählt, kann man die eingetretene Gasmenge und damit auch die eintretende Abnahme der freien Energie beliebig klein machen[1]). Ist durch diesen Übertritt kleiner Gasmengen im Reaktionsraum das Gleichgewicht hergestellt, so kann man weiter beliebig große Mengen von $A + B$ auf reversiblem Weg in $D + G$ überführen. Zu diesem Zweck schiebt man unendlich langsam die abschließenden Stempel der Gefäße A und B hinein und zieht die abschließenden Stempel der Gefäße D und G heraus. Man muß dabei das Verhältnis der Geschwindigkeit so wählen, daß in gleichen Zeiten gleiche Molmengen aller dieser Gase ein- bzw. austreten; da die Gleichgewichtskonzentrationen verschieden sind, haben diese Gase natürlich verschiedene Volumina. Dieser Prozeß ist vollkommen umkehrbar, denn das Gas A im Ansatz A steht durch die halbdurchlässige Wand A hindurch dauernd im Gleichgewicht mit den im Reaktionskasten befindlichen Gas gleicher Konzentration. dieses aber hat eine solche Konzentration, daß es stets mit den anderen Reaktionsteilnehmern im Reaktionskasten im Gleichgewicht ist. Bei diesem Prozeß wird die technische Arbeit Null geleistet, da alles, was an äußerer Arbeit geleistet wird, gleich $\sum p_\iota V_\iota$ ist. Dem Verschwinden der technischen Arbeit entspricht die Gleichgewichtsbedingung, nach welcher bei dem Prozeß die Summe der freien Energien bei konstantem Druck $\sum a_\iota F_{p,\iota} = \sum a_\iota \mu_\iota$ gleich Null sein muß. Auf mehr als vier Teilnehmer läßt sich dieser Vorgang in leicht verständlicher Weise erweitern. Auf den Fall einer Dissoziation, $A + B = AB$, ist diese Apparatur nicht ohne weiteres anwendbar, weil zwar die Gase A und B sich nur im Reaktionskasten vereinigen können, das Gas AB aber in dem Ansatz, der nur dieses Gas enthalten sollte, zerfallen kann. Man muß daher den Fall so wählen, daß AB nur unter Mithilfe eines Katalysators zerfällt. Dann bringt man diesen Katalysator nur in den Reaktionsraum; in dem für AB bestimmten Ansatz des Gefäßes findet kein Zerfall statt. Dasselbe gilt im Fall einer isomeren Umlagerung $A = B$.

Wenn wir kein gasförmiges System haben, so können wir die Apparatur trotzdem ohne weiteres übertragen. Um z. B. reversibel eine Lösung von Kohlensäure in Wasser herzustellen, nehmen wir einen Reaktionskasten, der folgende halbdurchlässige Wände enthält: Eine Wand A, die nur gasförmige Kohlensäure durchläßt, eine Wand B, die nur reines Wasser durchläßt, endlich eine Wand C, die nur die Lösung durchläßt; diese letzte Einschränkung hat keine Bedeutung, im allgemeinen wird sich das auch nicht realisieren lassen; als Wand C kann eine einfache Tonplatte dienen. Nun preßt man durch die Wand A Kohlensäure unter einem Druck ein, der dem Dampfdruck der Kohlensäure über der Lösung entspricht. Durch die Wand B preßt man reines Wasser unter dem entsprechenden Gleichgewichtsdruck ein, aus der Tonplatte C strömt dann die Lösung der gewünschten Zusammensetzung ab. Der genannte Fall unterscheidet sich von dem Fall der idealen Gase nur dadurch, daß die Gleichgewichtskonzentration der einzelnen Stoffe in den Ansätzen im allgemeinen nicht gleich der Gleichgewichtskonzentration der betreffenden Stoffe im Reaktionskasten ist.

67. Chemische Umsetzungen in Gemischen. Es liege ein homogenes Gemisch vor, innerhalb dessen sich ein chemischer Umsatz nach der Formel $a_1 A_1 + \cdots = a_1' A_1' + \cdots$ vollziehen kann. Dann heißt die Gleichgewichtsbedingung nach (5) Ziff. 44

$$\sum a_\iota \mu_\iota = \sum a_\iota' \mu_\iota' . \tag{1}$$

Diese Gleichung gibt bei vorgegebenem Druck und vorgegebener Temperatur die Beziehung zwischen den Molenbrüchen der einzelnen Reaktionsteilnehmer.

---

[1]) Der irreversible Übertritt geschieht also nur, um die Reaktion einzuleiten, und spielt weiterhin keine Rolle.

Um ihre Anwendung in einem bestimmten Fall zu zeigen, wollen wir sie auf die in der Ziff. 65 behandelten verdünnten Lösungen anwenden, in welchen

$$\mu_\iota = \mu_\iota(1, T) + RT \ln c_\iota \tag{2}$$

gilt. Aus Gleichung (1) wird dann

$$\sum a_\iota \mu_\iota(1, T) + \sum a_\iota RT \ln c_\iota = \sum a'_\iota \mu'_\iota(1, T) + \sum a'_\iota RT \ln c'_\iota \tag{1'}$$

oder

$$\frac{c_1^{a_1} c_2^{a_2} \ldots}{c_1'^{a_1'} c_2'^{a_2'}} = K, \quad \text{wobei} \quad -RT \ln K = \sum a_\iota \mu_\iota(1, T) - \sum a'_\iota \mu'_\iota(1, T). \tag{3}$$

Das ist das sog. Massenwirkungsgesetz von GULDBERG und WAAGE (1867). In ihm stehen links im Zähler die Produkte der Konzentrationen derjenigen Stoffe, die verschwinden, jede zu einer Potenz erhoben, die gleich der Zahl der in der stöchiometrischen Gleichung des Umsatzes auftretenden Moleküle des betreffenden Stoffes ist. Im Nenner stehen die entsprechenden Größen für die entstehenden Moleküle. Den rechtsstehenden Ausdruck $K = e^{-\frac{\sum a_\iota \mu_\iota(1, T) - \sum a'_\iota \mu'_\iota(1, T)}{RT}}$, der zwar noch von Temperatur, Druck und der Natur der teilnehmenden Stoffe, nicht aber von den Konzentrationen abhängt, nennt man Gleichgewichtskonstante. Man sieht aus der Formel, daß eine Hinzufügung der Endprodukte, d. h. eine Vergrößerung des Nenners, eine Vergrößerung des Zählers zur Folge hat, d. h. eine Erhöhung der Konzentration der Ausgangsstoffe bedingt; mit anderen Worten: durch Zusatz der Endprodukte wird die Reaktion zurückgedrängt. Wenn z. B. in einer Lösung das Gleichgewicht $NH_3 + H_2O = NH_4^+ + OH^-$ besteht (d. h. also ein Gleichgewicht zwischen in Wasser gelöstem Ammoniak einerseits und den Dissoziationsprodukten Ammoniumion und Hydroxylion andererseits), und wenn man dann Hydroxylion hinzusetzt, etwa durch Hinzufügung von Natronlauge NaOH, so wird die Dissoziation des Ammoniumhydroxyds zurückgedrängt und die Menge des freien Ammoniaks vermehrt, was man am Steigen des Dampfdruckes des Ammoniaks über der Lösung erkennen kann. Auf weitere Einzelheiten, insbesondere auf die Bedeutung des Massenwirkungsgesetzes für die Chemie, kann hier nicht eingegangen werden.

Die Abhängigkeit der Gleichgewichtskonstante von der Temperatur erhält man ohne weiteres durch Differentiation von (3) und Berücksichtigung von (2) Ziff. 45 oder direkt aus (4) Ziff. 45 und (2)

$$\frac{\partial \ln K}{\partial T} = \frac{U}{RT^2}. \tag{4}$$

Hier ist U die Wärmetönung, die bei einem der stöchiometrischen Gleichung entsprechenden Umsatz von rechts nach links frei wird. Erhöhung der Temperatur begünstigt daher die Konzentrationen derjenigen Stoffe, deren Bildung Wärme verbraucht (endotherme Stoffe). Darum steigen auch alle Dissoziationen bei steigender Temperatur. Als Dissoziationen bezeichnet man bekanntlich Vorgänge, bei denen ein Molekül in mehrere selbständige Teile zerfällt. Nun sind nur solche komplizierter gebauten Moleküle bei mittlerer Temperatur beständig, welche einen geringeren Energieinhalt haben als ihre Bestandteile, was allerdings erst aus den Formeln des NERNSTschen Wärmetheorems folgt[1]). Infolgedessen ist eine meßbare Dissoziation stets ein Vorgang, der Wärme verbraucht.

[1]) S. z. B. K. F. HERZFELD, Phys. ZS. Bd. 23, S. 95. 1922.

Auch Druckveränderung beeinflußt die Gleichgewichtskonstante. Es ist nämlich nach Ziff. 45

$$\frac{\partial \ln K}{\partial p} = -\frac{\Delta V}{RT}, \tag{5}$$

wo ΔV die bei dem oben gekennzeichneten Umsatz eintretende Volumänderung gibt. Der Umsatz, der bei einer Druckerhöhung eintritt, erfolgt daher in einer solchen Richtung, daß durch diesen Umsatz, wenn er bei konstantem Druck erfolgen würde, das Volumen abnähme (Sätze von MOUTIER und ROBIN, s. Ziff. 46). Im allgemeinen ändert sich bei chemischen Umsetzungen in verdünnten Lösungen das Volumen sehr wenig, d. h. ΔV ist sehr klein und demnach das Gleichgewicht sehr unempfindlich gegen Druckänderung.

Bei höheren Konzentrationen gilt die Formel (2) im allgemeinen nicht mehr. Infolge ihrer bequemen Form hat es sich aber insbesondere nach dem Vorgang von LEWIS[1]) eingebürgert, eine Größe „Aktivität" $\mathfrak{a}$ folgendermaßen zu definieren: Es soll für alle Konzentrationen

$$\mu = \mu(1, T) + RT \ln \mathfrak{a} \tag{6}$$

sein, wo $\mu(1, T)$ von der Konzentration nicht abhängt und dadurch definiert ist, daß für sehr verdünnte Lösungen Gleichung (2) gilt. Die Aktivität $\mathfrak{a}_i$ ist dann eine Funktion der Konzentration, der Temperatur und im allgemeinen auch der Konzentrationen der anderen Stoffe, geht aber für verdünnte Lösungen in c_i über. Dann kann man das chemische Gleichgewicht wieder in der Form (3')

$$\frac{\mathfrak{a}_1^{a_1} \mathfrak{a}_2^{a_2} \ldots}{\mathfrak{a}_1'^{a_2'} \mathfrak{a}_2'^{a_2'} \ldots} = K' \tag{3'}$$

schreiben. Wenn wir im vorhergehenden von verdünnten Lösungen gesprochen haben, so haben wir dabei die stillschweigende Voraussetzung gemacht, daß sich das Lösungsmittel nicht an der Reaktion beteiligt, denn wenn wir das Lösungsmittel mit einbeziehen, so können wir nicht mehr von einer verdünnten Lösung in bezug auf alle Reaktionsteilnehmer sprechen. Beteiligt sich aber das Lösungsmittel an der Reaktion, dann kann man mit der Genauigkeit, auf die wir uns hier beschränken, sein chemisches Potential als von der Anwesenheit der anderen Reaktionsteilnehmer unbeeinflußt (und daher nur von Temperatur, Druck und seiner eigenen Natur abhängig) ansehen und es somit auf die rechte Seite von Gleichung (3) ziehen. Die Beteiligung des Lösungsmittels macht sich dann nicht in der Form des Massenwirkungsgesetzes, d. h. in der Abhängigkeit des Gleichgewichts von den Konzentrationen, sondern nur im Zahlenwert der Konstanten bemerkbar und wäre infolgedessen nur dann daraus zu erkennen, wenn eine theoretische Vorausberechnung der Konstanten möglich wäre. Wieweit man aus den bei höheren Konzentrationen auftretenden Abweichungen von Formel (3) auf eine solche Mitbeteiligung des Lösungsmittels schließen kann[2]), ist dadurch bedingt, wieweit man die Abhängigkeit der Aktivität von der Konzentration abgesehen von dieser Beteiligung vorausberechnen kann[3,4]).

Bringt man Stoffe, die miteinander reagieren können, in Konzentrationen, die von den Gleichgewichtskonzentrationen abweichen, zusammen, so geht im allgemeinen die Reaktion irreversibel unter Abnahme der freien Energie bis zum Erreichen des Gleichgewichts vor sich. Unter bestimmten Bedingungen

1) G. N. LEWIS, ZS. f. phys. Chem. Bd. 61, S. 129. 1908.

2) S. z. B. N. BJERRUM, ZS. f. anorg. Chem. Bd. 109, S. 275. 1920.

3) S. z. B. E. HÜCKEL, Fortschr. d. exakt. Naturwiss. III, S. 199, Berlin 1924; Phys. ZS. Bd. 26, S. 93. 1925.

4) S. z. B. W. HEITLER, Diss. München 1926.

kann man aber auch den Ablauf umkehrbar erfolgen lassen, z. B. dadurch, daß man ein geeignetes galvanisches Element zusammenstellt, oder auch mit Hilfe des PLANCKschen Gleichgewichtskastens (s. Ziff. 66). Als Beispiel für ein solches galvanisches Element diene die Kombination

Silberelektrode | $AgNO_3$ Konz. c_1 | KCl Konz. c_2 mit festem AgCl als Bodenkörper | Silberelektrode.

Wenn hier ein FARADAYsches Äquivalent = 96490 Coulomb durchströmt, so wird dabei ein Mol festes Silberchlorid aus Silberionen der Konzentration c_1 und Chlorionen der Konzentration c_2 gebildet. Wir können daher in diesem Element denselben Vorgang umkehrbar leiten, der beim direkten Zusammenschütten von 1 Mol $AgNO_3$ und 1 Mol KCl solcher Konzentration, daß im ersten Augenblick nach dem Mischen die Konzentrationen c_1 und c_2 bestünden, in irreversibler Weise eintreten würde. Die Arbeit, die wir dabei bekommen und die gleich ist dem Produkt der elektromotorischen Kraft des Elements mal 96490 Coulomb, beträgt

$$A = \mu_1(c_1) + \mu_2(c_2) - \mu_1(c_1^0) - \mu_2(c_2^0) = RT\ln\frac{c_1 c_2}{c_1^0 c_2^0} = RT\ln c_1 c_2 - RT\ln K.$$

Der Index 0 bezieht sich auf das Gleichgewicht. Die entsprechende Formel gilt allgemein:

$$A = RT\ln\frac{c_1^{a_1} c_2^{a_2}\ldots}{c_1'^{a_1'} c_2'^{a_2'}\ldots} - RT\ln K. \tag{7}$$

68. Gasgleichgewichte. Ganz Ähnliches wie bei verdünnten Lösungen gilt auch bei Gasgemischen (Bd. X). Hier ist nach dem GIBBSschen Paradoxon die freie Energie des Gemisches gleich der Summe der freien Energien, welche die einzelnen Komponenten des Gemisches hätten, wenn sie in der betreffenden Konzentration allein da wären. Man kann daher schreiben

$$\mu(c) = \mu(1, T) + RT\ln c \tag{1}$$

und als Gleichgewichtsformel

$$\frac{c_1^{a_1} c_2^{a_2}\ldots}{c_1'^{a_1'} c_2'^{a_2'}\ldots} = K_v \qquad -RT\ln K_v = \sum a_\iota \mu_\iota(1, T) - \sum a_\iota' \mu_\iota'(1, T). \tag{2}$$

Führt man an Stelle der Konzentrationen die Partialdrucke ein

$$p_\iota = c_\iota RT, \tag{3}$$

so wird daraus

$$\frac{p_1^{a_1} p_2^{a_2}\ldots}{p_1'^{a_1'} p_2'^{a_2'}\ldots} = K_p, \quad (4) \qquad K_p = K_v(RT)^{\Sigma a_\iota - \Sigma a_\iota'}. \quad (5)$$

Wenn bei der Reaktion keine Änderung der Molekülzahl eintritt $\sum a_\iota = \sum a_\iota'$, ist demnach $K_v = K_p$. Führt man den Molenbruch ein, so heißt die Gleichgewichtsformel

$$\frac{x_1^{a_1} x_2^{a_2}\ldots}{x_1'^{a_1'} x_2'^{a_2'}\ldots} p^{\Sigma a_\iota - \Sigma a_\iota'} = K_p. \tag{6}$$

Wird demnach die Molzahl durch den Umsatz nicht geändert, so ist die Zusammensetzung des Gemisches vom Druck unabhängig, sonst findet bei Drucksteigerung eine Verschiebung des Gleichgewichts nach derjenigen Seite statt, welcher weniger Moleküle entsprechen (z. B. eine Verminderung der Dissoziation).

Diese Formeln sind natürlich nur eine Spezialausführung zu Formel (5) Ziff. 67, indem bei Gasgemischen $-\Delta V = \frac{RT}{p}(\sum a_\iota' - \sum a_\iota)$ ist. Ebenso gilt entsprechend (4) Ziff. 67.

V. Heterogene Systeme.

a) Die Phasenregel.

69. Allgemeine Formulierung der Phasenregel bei Abwesenheit chemischer Umsetzungen. Die Phasenregel ist eine formale Regel, welche den Grad der Bestimmtheit eines Systems aus der Zahl der Gleichgewichtsbedingungen und der unabhängigen Variablen ableitet. Sie ist zuerst von GIBBS aufgestellt, hat aber erst durch die Untersuchungen von BAKHUIS ROOZEBOOM ihre Fruchtbarkeit gezeigt. Unser System bestehe aus m Phasen und r Stoffen. Während wir den Begriff Phase erst später (Ziff. 71) scharf definieren, wollen wir von den Stoffen voraussetzen, daß vorderhand keine chemischen Umsetzungen im System stattfinden können, sondern nur Übergang der Stoffe aus einer Phase in die andere. Zur Beschreibung des inneren Zustandes des Systems sind dann folgende Größen nötig: die Temperatur T und der Druck p, die dem ganzen System gemeinsam sind. Ferner in jeder Phase $r - 1$ Molenbrüche der r Komponenten, welche die Zusammensetzung angeben. (Da die Summe der Molenbrüche in jeder Phase 1 ergibt, reichen $r - 1$ Molenbrüche.) Das sind im ganzen $2 + m(r - 1)$ unabhängige Veränderliche. Die Gleichgewichtsbedingungen drücken aus, daß für jeden Stoff in allen Phasen das chemische Potential gleich ist.

$$\left.\begin{array}{l} \mu_1^{(1)} = \mu_1^{(2)} = \cdots = \mu_1^{(m)}, \\ \mu_2^{(1)} = \mu_2^{(2)} = \cdots = \mu_2^{(m)}, \\ \cdots\cdots\cdots\cdots\cdots\cdots \\ \mu_r^{(1)} = \mu_r^{(2)} = \cdots = \mu_r^{(m)}. \end{array}\right\} \qquad (1)$$

Jede dieser r Zeilen, die sich auf einen Stoff bezieht, repräsentiert $m - 1$ Gleichungen, so daß zwischen den $2 + mr - m$ Unbekannten $rm - r$ Gleichungen bestehen, d. h. daß man von den Unbekannten noch $2 + rm - m - (mr - r) = 2 + r - m$ willkürlich wählen kann. Die übrigen sind dann fest bestimmt. Man nennt die Anzahl der Unbekannten, die man willkürlich wählen kann, die Zahl der Freiheitsgrade des Systems. Dieser Begriff hat hier demnach einen anderen Sinn als in der kinetischen Theorie (s. ds. Bd. Kap. 6). Die Phasenregel sagt also aus: Die Zahl der Freiheitsgrade eines Systems ist um 2 größer als der Überschuß der Komponenten über die Phasen.

Welche Bestimmungsstücke man willkürlich wählt, ist dabei im allgemeinen freigestellt. Wählt man zur Beschreibung der Zusammensetzung des Systems statt der Molenbrüche die Volumkonzentrationen, so hat man pro Phase (außer Druck und Temperatur) nicht $r - 1$, sondern r Bestimmungsstücke, nämlich die Konzentrationen, welche außer der Zusammensetzung noch die Dichte angeben, aber neben diesem neuen Bestimmungsstück kommt für jede Phase auch eine neue Bestimmungsgleichung, nämlich die Zustandsgleichung dieser Phase, hinzu, welche den Zusammenhang zwischen der Dichte bzw. dem Molekularvolumen dieser Phase und Druck, Temperatur und Zusammensetzung angibt, so daß die Vermehrung der Variablen durch eine gleich große Vermehrung der Gleichungen gerade kompensiert wird und die Zahl der frei verfügbaren Größen unverändert bleibt.

70. Einige Beispiele zur Phasenregel. Am einfachsten liegen die Verhältnisse beim Vorhandensein nur eines Stoffes, $r = 1$. Hier sind folgende Fälle möglich:

α) Eine Phase, $m = 1$, daher 2 Freiheitsgrade. Bei einer Phase sind sowohl Druck als Temperatur willkürlich innerhalb weiter Grenzen wählbar.

β) Zwei Phasen, $m = 2$, daher 1 Freiheitsgrad. Bei 2 Phasen, z. B. Gleichgewicht zwischen Eis und flüssigem Wasser oder flüssigem Wasser und Wasserdampf, kann man innerhalb gewisser Grenzen die Temperatur willkürlich wählen, dann ist der Gleichgewichtsdruck bestimmt (der Schmelzdruck bzw. Dampfdruck), oder man wählt den Druck; dann ist dadurch die Temperatur festgelegt, z. B. für eine Atmosphäre der Siedepunkt.

γ) Drei Phasen, $m = 3$, daher die Zahl der Freiheitsgrade $2 + 1 - 3 = 0$. Das bedeutet, daß 3 Phasen nur an einem bestimmten Punkt, d. h. bei einer einzigen Temperatur und einem einzigen Druck im Gleichgewicht sein können. Man nennt diesen Punkt den Tripelpunkt. Es gibt also nur eine Temperatur, bei welcher Eis, flüssiges Wasser und Dampf gleichzeitig bestehen können oder, anders gesagt, bei welchem der Dampfdruck von Wasser und Eis gleich werden. Mehr als 3 Phasen können im allgemeinen bei einem einzigen Stoff überhaupt nicht im Gleichgewicht sein, da es im allgemeinen unmöglich ist, mit bloß 2 Unbekannten, p, T die 3 Gleichungen

$$\mu_1 = \mu_2, \qquad \mu_2 = \mu_3, \qquad \mu_3 = \mu_4 \tag{1}$$

zu erfüllen. Allerdings wäre es möglich, daß es zufällig infolge des speziellen Charakters der 4 Funktionen $\mu_1(p, T)$, $\mu_2(p, T)$, $\mu_3(p, T)$, $\mu_4(p, T)$ bestimmte Werte T und p gibt, bei denen eine solche Relation (1) erfüllt ist. Das liegt aber dann an dieser speziellen Form bzw. an einer Verknüpfung der in den chemischen Potentialen steckenden Zustandsgleichungen der 3 Phasen[1, 2].

Als nächst einfachen Fall wollen wir den zweier Stoffe behandeln, $r = 2$. Hier sind bei einer einzigen Phase 3 Freiheitsgrade vorhanden. Man kann z. B. Druck, Temperatur und Zusammensetzung frei wählen. Als Beispiel diene etwa ein gasförmiges Gemenge von Stickstoff und Wasserdampf.

α) Bei 2 Phasen, $m = 2$, hat man jetzt 2 Freiheitsgrade. Wenn wir etwa eine flüssige und eine dampfförmige Phase des Systems Stickstoff—Wasser betrachten, so können wir etwa die Temperatur und die Zusammensetzung der Gasphase frei wählen, dann ist die Zusammensetzung der flüssigen Phase und der Druck festgelegt. Wir können auch die Zusammensetzung beider Phasen vorschreiben; diese Vorschrift ist nur bei einer einzigen Temperatur und einem einzigen Druck erfüllbar. Das ebengenannte Beispiel ist deshalb wichtig, weil es einen Einwand widerlegt, der bei oberflächlicher Betrachtung gegen die Phasenregel erhoben werden könnte. Man könnte nämlich auf den Augenschein hinweisen, der beweist, daß Wasser bei beliebiger Temperatur und fest vorgegebenem Druck (dem Atmosphärendruck) im Gleichgewicht mit einer Gasphase bestehen kann. Hier handelt es sich aber eben um ein System von 2 Bestandteilen, nämlich dem Wasser und dem fremden Gas, welches zur Einstellung des Gesamtdruckes (z. B. des Atmosphärendruckes) dient. Bei diesem System aber kann man tatsächlich Temperatur und Druck frei vorgeben, es ist dann die Zusammensetzung in beiden Phasen bestimmt. Hierbei kann es sein, daß der eine Stoff, z. B. das neutrale Gas, in der einen, z. B. der flüssigen, Phase so wenig löslich ist, daß man ihn überhaupt nicht chemisch nachweisen kann. Trotzdem können wir auch dann noch unsere Überlegung anwenden, denn wie in Ziff. 67 gezeigt wurde, hat sein Potential in dieser Phase dann die Form

$$\mu_1 = \mu_1^0(1, T) + RT \ln x_1,$$

wobei sich die Schwerlöslichkeit in einem sehr großen Wert von μ_1^0 ausdrückt (Ziff. 87). Um sein chemisches Potential auf den verhältnismäßig niedrigen Wert zu drücken, den es in der anderen Phase hat, muß x_1 sehr niedrig gewählt werden.

---

[1]) J. W. Gibbs, Thermodynamische Studien, herausgeg. von W. Ostwald, Leipzig 1892.

[2]) R. Wegscheider, ZS. f. phys. Chem. Bd. 43, S. 93. 1903; Bd. 45, S. 697. 1903; Bd. 47, S. 740. 1904; Bd. 50, S. 357. 1905; Bd. 52, S. 171. 1905; A. Byk, ebenda Bd. 45, S. 465. 1903; Bd. 47, S. 223. 1904; Bd. 49, S. 233. 1904.

Wenn es aber sehr niedrig ist, dann kann man durch eine absolut genommen sehr kleine Änderung von x_1 dem Potential beliebige Werte erteilen und damit das Gleichgewicht des Stoffes 1 in beiden Phasen herstellen. Dieser Fall, in welchem scheinbar einer (oder mehrere) Stoffe in einer (oder mehreren) Phasen nicht enthalten ist, bedeutet also für die Phasenregel keinerlei Schwierigkeit.

Statt einer flüssigen und einer gasförmigen Phase können natürlich auch eine feste und eine flüssige Phase, zwei feste oder eine feste und eine gasförmige im Gleichgewicht sein. Es ist sogar möglich, daß zwei flüssige Phasen verschiedener Zusammensetzung im Gleichgewicht stehen, z. B. bei Gemengen von Wasser und Äther eine wasserreiche und eine ätherreiche Phase.

β) Bei 3 Phasen hat man jetzt noch einen Freiheitsgrad, man kann etwa die Zusammensetzung der Gasphase eines Wasserdampf- und Stickstoffgemisches festlegen, dann sind für das Gleichgewicht mit flüssiger und fester Phase gleichzeitig Temperatur, Druck und der Stickstoffgehalt im Wasser und Eis festgelegt. Man kann aber auch den Gesamtdruck vorgeben, dann bestimmt sich aus diesem die Zusammensetzung der Gasphase und alles andere.

γ) Erst bei 4 Phasen, z. B. festem Stickstoff, flüssigem Stickstoff, festem Eis und einem Gasgemisch aus Wasserdampf und Stickstoff sind keine Freiheitsgrade vorhanden, d. h. Druck, Temperatur und alle Zusammensetzungen bestimmt (Quadrupelpunkt).

71. Genaue Definition der Phase. Wir holen nun die scharfe Definition der Phase nach. Hierbei wollen wir zuerst die Abwesenheit äußerer Kräfte annehmen (s. Ziff. 76). Aus dem Vorhergehenden ist klar, in welchem Sinn das Wort Phase in der Phasenregel gebraucht wird. Mit jeder neuen Phase tritt für jeden Stoff eine neue Bedingungsgleichung auf. Daraus folgt: 2 Teile des Systems gehören dann zur selben Phase, wenn bestimmten Zahlenwerten der chemischen Potentiale in dem einen Systemteil von selbst, d. h. nicht etwa nach Vereinigung zu einem Gesamtsystem, die gleichen Zahlenwerte der chemischen Potentiale in dem andern Systemteil entsprechen, sobald der Druck und die Temperatur dieselben sind[1]). In diesem Fall bedeutet das Hinzufügen des zweiten Teiles des Systems zum ersten unter dem gleichen Druck und der gleichen Temperatur keine neue Bedingung, welcher die unabhängigen Variabeln genügen müssen, denn die Gleichheit der chemischen Potentiale ist von selbst erfüllt. Andernfalls, wenn also bei Gleichheit des äußeren Druckes und der Temperatur nicht bei allen Zuständen die chemischen Potentiale gleich sind, sondern z. B. nur bei bestimmten p-T-Kombinationen, bedingt das Hinzukommen des zweiten Teiles des Systems zum ersten eine neue Gleichung, die nur bei bestimmten Werten der unabhängigen Variabeln erfüllt ist.

Demnach sind alle zusammenhängenden Teile eines homogenen Gebildes als eine Phase aufzufassen, da sie alle ihrer inneren Beschaffenheit nach gleich sind (homogenes Gebilde!) und demnach bei einheitlichem Druck und einheitlicher Temperatur von selbst die gleiche freie Energie besitzen (sowohl der Funktionsform als dem Zahlwert nach). Ebenso sind als eine Phase verschiedene räumlich getrennte, aber ihrer inneren Natur nach (chemische Zusammensetzung, Aggregatzustand bzw. Kristallgitter und Modifikation) gleiche Stücke anzusehen, da auch hier diese Stücke identische freie Energien, bezogen auf gleiche Menge, haben. Das ist genau richtig, wenn die Stücke geometrisch gleich sind; sind sie verschieden groß, oder haben sie verschiedene Oberflächengestalt, so ist es nur richtig, wenn man von den verschiedenen freien Energien der Oberfläche absieht. Tatsächlich sind auch genau genommen zwei verschieden große Stücke desselben

[1]) Das heißt also, daß beide Systemteile identisch die gleiche Zustandsgleichung (thermisch und kalorisch) haben.

Kristalls in einer Lösung bei gegebener Temperatur und gegebenem Druck nicht miteinander im Gleichgewicht, man hat also tatsächlich nicht zwei Freiheitsgrade, wie es zwei Stoffen (Lösungsmittel und Salz) bei nur zwei Phasen entsprechen würde. Man muß demgemäß hier mit drei Phasen rechnen. Im allgemeinen aber kann man diese von der Oberfläche herrührenden Unterschiede vernachlässigen, also die beiden ungleich großen Salzstücke als im Gleichgewicht ansehen und demnach alle Teile gleicher innerer Beschaffenheit als eine Phase auffassen. Als verschiedene Phasen sind dagegen zu betrachten: Teile verschiedener chemischer Zusammensetzung, allgemeiner verschiedener chemischer Natur (s. Ziff. 3); ferner Teile, die sich in verschiedenem Aggregatzustand befinden. Wir wissen nämlich, daß z. B. für Dampf und Flüssigkeit gleicher Temperatur und gleichen Druckes die freien Energien im allgemeinen verschieden sind und nur bei bestimmt gewählten Werten der Variabeln identisch werden.

Verschiedene Kristallgitter desselben Stoffes werden im allgemeinen eine verschiedene Abhängigkeit ihrer freien Energien vom Druck und Temperatur zeigen bzw. verschiedene Absolutwerte derselben haben und daher als verschiedene Phasen zu betrachten sein. Der einzige Fall, in welchem trotz verschiedener Kristallgitter die freie Energie bei gleichem Druck und bei gleicher Temperatur dieselbe ist, ist derjenige zweier spiegelbildlich isomerer Formen (optische Antipoden), bei welchen die Isomerie eben auf der spiegelbildlichen Anordnung des Gitters beruht. Das ist z. B. bei Natriumchlorat der Fall. Hier haben die beiden Formen natürlich identische freie Energie und sind daher als eine Phase anzusehen. In diesem Fall gibt es auch keine Mischkristallbildung zwischen den beiden Formen; die Lösung des Salzes ist optisch inaktiv. Anders wäre das bei solchen Stoffen, bei welchen die optische Aktivität auch im Dampf bzw. in der isotropen Flüssigkeit erhalten bleibt und daher nicht der Kristallgitteranordnung, sondern dem Molekül zuzuschreiben ist. Hier haben wir es nicht mit einem, sondern mit zwei Stoffen zu tun und dementsprechend auch mit zwei verschiedenen festen Phasen; obgleich auch hier in diesen beiden festen Phasen die freie Energie identisch ist, wenn Druck und Temperatur gleich sind, so bezieht sie sich auf zwei verschiedene Stoffe.

Endlich ist noch das Auftreten sog. kritischer Phasen zu behandeln. In kritischen Phasen kommen als Bedingung des kritischen Zustandes außer der Gleichung, welche die Gleichheit des Potentials dieser Phase mit den andern Phasen ausdrückt, noch zwei Gleichungen als Bedingung des kritischen Zustandes hinzu. Demnach ist eine kritische Phase so zu zählen, wie drei andere Phasen. Man kann dies mit VAN DER WAALS[1]) auch so ausdrücken, daß man sagt: Im kritischen Zustand werden zwei aneinandergrenzende stabile und die zwischen ihnen liegende im allgemeinen nicht realisierbare labile Phase identisch.

72. Phasenregel in Systemen mit chemischen Umsetzungen. Wir wollen nun die Einschränkung fallen lassen, daß zwischen den Stoffen des Systems keine chemische Umsetzung möglich sein soll. Dann können wir aus den vorhandenen Molekülarten r herausgreifen, die wir als unabhängige Bestandteile oder Komponenten bezeichnen wollen. Diese sollen dadurch definiert sein, daß durch die Angabe ihrer Menge in jeder Phase die chemische Bruttozusammensetzung angegeben ist. Wenn wir z. B. ein Gemenge von 4 g Wasserstoff, 18 g Wasser und 16 g Sauerstoff haben, brauchen wir zwei unabhängige Bestandteile, um die Gesamtzusammensetzung zu beschreiben. Was wir als unabhängige Bestandteile wählen, ist willkürlich. Wir können z. B. folgendermaßen beschreiben: das System enthält 3 Mol H_2 und 1 Mol O_2, oder das System enthält

[1]) VAN DER WAALS-KOHNSTAMM, Lehrb. d. Thermodynamik Bd. II, S. 37. Leipzig 1912.

1 Mol H_2 und 2 Mol H_2O, oder das System enthält 3 Mol H_2O und $-\ ^1/_2$ Mol O_2. Jede dieser Angaben reicht zur Kenntnis der Zusammensetzung; sie sind untereinander äquivalent.

r möge also die Zahl derjenigen unabhängigen Bestandteile sein, die zur Beschreibung der Zusammensetzung des Systems nötig sind. Für sie gilt dann als Bedingung des Gleichgewichts zwischen den verschiedenen Phasen das System der Gleichungen (1) Ziff. 69. Hierbei sind als chemische Potentiale die wirklichen chemischen Potentiale dieser Stoffe in jeder Phase einzusetzen. Wenn wir etwa im obigen Beispiel als unabhängige Bestandteile H_2 und O_2 wählen, so sind als chemische Potentiale diejenigen des elementaren H_2 bzw. O_2 in der Mischung zu wählen. Nun ist aber die Zusammensetzung nicht vollständig beschrieben, wenn nur die Molenbrüche der unabhängigen Bestandteile als solche angegeben werden. Es müssen auch noch die Molenbrüche der aus ihnen (durch Addition oder Subtraktion) zu bildenden abhängigen Bestandteile (wir wollen kurz sagen der Verbindungen) angegeben werden. Wir zeigen aber jetzt, daß zu jeder dadurch neu auftretenden Unbekannten gerade eine Gleichung dazu kommt, so daß die Differenz zwischen der Zahl der Unbekannten und der Zahl der Gleichungen, d. h. die Zahl der Freiheitsgrade, richtig herauskommt, wenn man nur auf die unabhängigen Bestandteile Rücksicht nimmt. Hierzu berücksichtigen wir das chemische Gleichgewicht zwischen den unabhängigen Bestandteilen und der Verbindung in jeder Phase. Das gibt für die in jeder Phase neu auftretende Unbekannte, nämlich den Molenbruch der Verbindung in dieser Phase, eine Gleichung (5) Ziff. 44. Wenn aber die unabhängigen Bestandteile in allen Phasen im Gleichgewicht sind, und die Verbindung in jeder Phase mit den unabhängigen Bestandteilen derselben Phase im Gleichgewicht ist, so ist nach Ziff. 44 auch das Gleichgewicht dieser Verbindung in den verschiedenen Phasen untereinander von selbst vorhanden. Es kommen also keine neuen Gleichungen hinzu, die ausdrücken müßten, daß die verschiedenen Phasen untereinander in bezug auf die Verbindungen im Gleichgewicht sind.

Die Phasenregel in der Formulierung von Ziff. 69 gilt also auch bei Vorhandensein von chemischen Umsetzungen, wenn man als Zahl der Stoffe die Zahl der unabhängigen Bestandteile einsetzt.

Allerdings ist die vorhin gegebene Definition der unabhängigen Bestandteile nur dann richtig, wenn für alle „Verbindungen“ Gleichgewicht mit diesen unabhängigen Bestandteilen herrscht, d. h. wenn der Molenbruch der Verbindung mittels einer Gleichung (5) Ziff. 44 durch die Molenbrüche der unabhängigen Bestandteile festgelegt ist. Wenn sich aber dieses Gleichgewicht so langsam einstellt, daß wir bei Experimenten von beschränkter Zeitdauer auf diese Gleichgewichtsbedingung nicht Rücksicht zu nehmen brauchen, so ist der Molenbruch einer Verbindung nicht durch die Molenbrüche der unabhängigen Bestandteile festgelegt (Temperatur und Druck sind selbstverständlich als gegeben vorausgesetzt). Man kann daher auch den Molenbruch dieser Verbindung in der Phase als frei wählbare Variable auffassen (abgesehen von der Gleichgewichtsbedingung mit anderen Phasen) und bekommt daher eine neue unabhängige Variable, der keine neue Bestimmungsgleichung entspricht. In diesem Fall ist auch diese Verbindung als unabhängiger Bestandteil zu zählen. Wann das der Fall ist, hängt von den Bedingungen ab, die die Reaktionsgeschwindigkeit bestimmen. So wird in dem vorhin genannten Beispiel eines Gemenges von H_2, O_2 und H_2O bei normaler Temperatur und ohne besondere Hilfsmittel die Zahl der unabhängigen Bestanteile 3 sein, weil die Verbindung von H_2 und O_2 zu Wasser unmeßbar langsam vor sich geht und man daher bei gegebener Wasserstoff- und Sauerstoffkonzentration noch immer willkürlich die Konzentration des Wasserdampfes in einer abgeschlossenen Gasphase ändern kann. Dagegen werden beim Zufügen eines Katalysators oder bei höherer Temperatur nur mehr zwei unabhängige Bestandteile zu zählen sein, weil sich hier infolge der großen Reaktionsgeschwindigkeit zu einer gegebenen Wasserstoff- und Sauerstoffkonzentration stets bei gegebenem Druck und gegebener Temperatur nur eine bestimmte Wasserdampfkonzentration als Gleichgewichtskonzentration herstellen läßt. Ist die Reaktionsgeschwindigkeit aber weder sehr groß noch sehr klein, so ist die Phasenregel nicht anwendbar, weil man das System dann nicht als im Gleichgewicht betrachten darf.

73. Abhängigkeit des Gleichgewichtes von Volumänderungen und Wärmezufuhr. Wir haben bisher als unabhängige Veränderliche Druck und Temperatur angenommen. Bei gegebenem Druck, bei gegebener Temperatur und gegebener Zusammensetzung ist natürlich das spezifische bzw. Molekularvolumen jeder einzelnen Phase festgelegt. Dagegen ist das Gesamtvolumen des Systems nicht festgelegt, denn dieses hängt noch davon ab, wie sich die gesamte Masse des Systems auf die verschiedenen Phasen verteilt. Bezeichnen wir die gesamte Molmenge einer Phase mit $n^{(m)}$, wobei sie als die Summe der Molmengen aller in ihr enthaltenen Stoffe zu berechnen ist, und ihr Molvolumen mit $V^{(m)}$, so erhält man für das Gesamtvolumen des Systems

$$v = n^{(1)} \cdot V^{(1)} + n^{(2)} V^{(2)} + \cdots . \tag{1}$$

Die Gleichgewichtsbedingungen (1) Ziff. 69 legen nur die innere Beschaffenheit der Phasen fest, sagen aber nichts über die absoluten Mengen der Phasen aus. Im allgemeinen sind die Mengen der Phasen auch nicht durch deren innere Zusammensetzung, die im ganzen vorhandenen Mengen der einzelnen Stoffe und das Gesamtvolumen bestimmt. Ist die im ganzen vorhandene Menge des $r$ten Stoffes $\bar{n}_r$, so gelten folgende Bestimmungsgleichungen

$$\left.\begin{array}{l} n^{(1)} \cdot x_1^{(1)} + n^{(2)} x_1^{(2)} + n^{(3)} x_1^{(3)} + \cdots = \bar{n}_1 \\ n^{(1)} \cdot x_2^{(1)} + n^{(2)} x_2^{(2)} + n^{(3)} x_2^{(3)} + \cdots = \bar{n}_2 \\ \cdots\cdots\cdots\cdots\cdots\cdots\cdots\cdots \end{array}\right\} \tag{2}$$

Es gibt r solcher Gleichungen, für jeden Stoff eine, ferner die Gleichung (1), demnach im ganzen $r + 1$ Gleichungen. Dagegen sind m Unbekannte $n^{(m)}$ vorhanden. Man sieht, daß die Gesamtmenge jeder Phase nur bei solchen Systemen durch die Gesamtmenge der Stoffe und das Gesamtvolumen festgelegt ist, bei welchen $m = r + 1$ ist, also bei Systemen mit einem Freiheitsgrad. Bei Systemen ohne Freiheitsgrad reicht die Volumangabe nicht aus (wir kommen auf diesen Fall gleich noch näher zu sprechen), bei Systemen mit mehr Freiheitsgraden läßt sich bei willkürlicher Wahl der unabhängigen Variablen für diese Freiheitsgrade, z. B. bei Festlegung von Druck, Temperatur und der willkürlich wählbaren Konzentrationen bei gegebenen Gesamtmengen der Bestandteile nicht jedes Volumen herstellen. Wenn wir den oben erwähnten Fall eines Systems von zwei Stoffen und zwei Phasen, also von zwei Freiheitsgraden betrachten, in welchen Stickstoff und Wasser in flüssiger und Gasphase auftreten, so können wir als Freiheitsgrade die Temperatur und die Zusammensetzung der Gasphase wählen. Dann ist dadurch auch die Zusammensetzung der Flüssigkeitsphase gegeben, d. h. die im Wasser gelöste Stickstoffkonzentration. Bei gegebenen Gesamtmengen von H_2O und N_2 ist dann aber auch das Gesamtvolumen fest vorgegeben. Wir erkennen daher, daß im allgemeinen bei Systemen mit mehr als einem Freiheitsgrad jeder Volumänderung bei konstanter Temperatur auch eine Druckänderung entsprechen wird. Als einfachstes Beispiel hierfür dient eine einzige Phase beliebiger aber fester Zusammensetzung. Bei mehr als zwei Freiheitsgraden und freier Wahl der unabhängigen Variabeln lassen sich im allgemeinen nicht mehr alle $\bar{n}$ frei wählen.

Dagegen zeichnen sich Systeme von einem Freiheitsgrad dadurch aus, daß man bei festgehaltener Temperatur, welche als der willkürlich zu bestimmende Freiheitsgrad gewählt sei, das Volumen ändern kann, ohne daß sich die Zusammensetzung der Phasen oder der Druck ändert. Es verschiebt sich nur gemäß den Gleichungen (1) und (2) das Gesamtmengenverhältnis der einzelnen Phasen. Diese Tatsache, welche ROOZEBOOM experimentell gefunden hatte, war es besonders, welche die Aufmerksamkeit auf die Phasenregel lenkte. Die Druckkonstanz bleibt solange bestehen, als sich die Zahl der Freiheitsgrade, d. h. die Zahl der vorhandenen Phasen nicht ändert. Es seien einige einfache Beispiele besprochen.

Beim Verdampfungsgleichgewicht eines Stoffes haben wir zwei Phasen, die Dampfphase und die Flüssigkeitsphase. Wenn wir das Volumen isotherm vermindern, kondensiert sich der Dampf, ohne daß sich der Dampfdruck ändert, solange, bis der Dampf vollkommen kondensiert ist und eine weitere Volumverminderung eine Kompression der Flüssigkeit ergeben würde, die Ansteigen des Druckes erfordert. Ein weiteres Beispiel liefert das Kalkbrennen nach der Gleichung $CaCO_3 = CaO + CO_2$. Hier haben wir zwei unabhängige Bestandteile, z. B. CaO und CO_2, und drei Phasen $CaCO_3$, CaO, beide fest, und CO_2, gasförmig. Solange alle drei Phasen vorhanden sind, ist bei gegebener Temperatur der Kohlensäuredruck konstant, Volumverminderung bedingt einfach Verschwinden der Kohlensäure und Bildung von $CaCO_3$. Sobald aber eine der Phasen verschwindet, ändert sich das. Ist z. B. Kohlensäure im Überschuß vorhanden und hat man das Volumen soweit vermindert, daß alles CaO in $CaCO_3$ verwandelt ist, so steigert eine weitere Volumverkleinerung den Druck, da der Vorgang jetzt im wesentlichen auf ein Zusammendrücken des noch vorhandenen gasförmigen CO_2 hinausläuft. Hat man umgekehrt das Volumen soweit vergrößert, daß alles $CaCO_3$ in CaO und CO_2 zerfallen ist, so sinkt bei weiterer Volumvergrößerung der Druck, da es nun im wesentlichen auf eine Ausdehnung der gasförmigen Kohlensäure ankommt. Es ist klar, daß bei einer Volumverkleinerung diejenigen Phasen entstehen, welche das kleinere spezifische Volumen haben. Im Falle so weniger Phasen wie in den besprochenen Beispielen ist die Entscheidung einfach, in komplizierteren Fällen aber kann die Rechnung schwieriger sein, denn es handelt sich darum, daß aus mehreren Phasen mehrere andere aufgebaut werden. Auch hier gilt natürlich wieder die allgemeine Formel (3) Ziff. 46.

Das gleiche, was hier über Volumänderung gesagt wurde, kann man auch über arbeitslose Wärmezufuhr sagen, indem man die Gleichung (1) durch die entsprechende Gleichung

$$e = n^{(1)}E^{(1)} + n^{(2)}E^{(2)} + \cdots \tag{3}$$

ersetzt. Auch hier ist nur bei Systemen mit einem Freiheitsgrade eine Wärmezufuhr bei konstanter Temperatur möglich, welche den Druck unverändert läßt (das Volumen ändert sich hierbei natürlich). Als Beispiel kann wieder die Verdampfung dienen. Bei Wärmezufuhr entsteht die Phase mit dem höheren molekularen Energieinhalt E bzw. Wärmeinhalt E_p.

Gehen wir endlich zu Systemen ohne Freiheitsgrad über, z. B. zu dem Gleichgewicht von Eis, flüssigem Wasser und Wasserdampf beim Tripelpunkt, so sahen wir, daß hier die Mengen der einzelnen Phasen erst bei der Vorgabe einer weiteren Größe des Gesamtsystems festgelegt sind, etwa bei Vorgabe der Gesamtenergie (3). Man sieht das leicht ein. Seien etwa unter den gegebenen Bedingungen die spezifischen Volumina von Eis, flüssigem Wasser und Wasserdampf $V^{(1)}$, $V^{(2)}$, $V^{(3)}$, so ist die Reihenfolge dieser Größen hier bekanntlich $V^{(3)}$, $V^{(1)}$, $V^{(2)}$. Eine Verwandlung von n Mol Eis in Wasserdampf bedingt daher eine Volumvermehrung $n\cdot(V^{(3)}-V^{(1)})$, eine Verwandlung von n' Mol Eis in Wasser bedingt eine Volumverminderung $n'\,(V^{(1)}-V^{(2)})$. Wenn man daher gleichzeitig n Mol Eis in Wasserdampf und n' Mol Eis in flüssiges Wasser verwandelt, und diese Mengen so wählt, daß

$$n(V^{(3)}-V^{(1)})=n'(V^{(1)}-V^{(2)}) \tag{4}$$

ist, so bleibt das Gesamtvolumen unverändert. Aber es wird dabei eine Wärmemenge verbraucht von der Größe $n(E_p^{(3)}-E_p^{(1)})+n'(E_p^{(2)}-E_p^{(1)})$. Daraus folgt, daß eine Volumänderung nicht eindeutig die Änderung der Mengen jeder Phase bestimmt. Erst wenn man auch die Wärmezufuhr vorschreibt, ist die Änderung vollständig bestimmt. Wir kommen in Ziff. 83 noch einmal auf diesen Punkt zurück.

74. Anderer Beweis des Satzes über Systeme mit einem Freiheitsgrad. Es ist bemerkenswert, daß man nach VAN DER WAALS die Tatsache, daß bei bestimmten Systemen eine Volumänderung keine Druckänderung bedingt, ohne Benützung der Gleichgewichtsbedingungen der Thermodynamik beweisen kann. Man muß nur voraussetzen, daß es ein System gibt, in welchem das Gleichgewicht der Phasen untereinander nur von deren innerer Zusammensetzung, nicht von ihren Absolutmengen abhängt. Die Zusammensetzung der einzelnen Phasen wird als bekannt vorausgesetzt. Dann entnimmt man $m-1$ willkürlich gewählten Phasen des Systems solche Molmengen $\Delta\bar{n}^{(1)},\ldots\Delta\bar{n}^{(m-1)}$, daß man aus ihnen gerade ein Gemenge von der Zusammensetzung der $m$ten Phase und der Molzahl $\Delta\bar{n}^{(m)}$ herstellen kann. Das Gemenge hat die Molzahl

$$\Delta\bar{n}^{(1)}+\Delta\bar{n}^{(2)}+\Delta\bar{n}^{(m-1)}=\Delta\bar{n}^{(m)}. \tag{1}$$

Man muß die den einzelnen Phasen zu entnehmenden Mengen in solchem Verhältnis wählen, daß gilt

$$\left.\begin{aligned}\Delta\bar{n}^{(1)}x_1^{(1)}+\Delta\bar{n}^{(2)}x_1^{(2)}+\cdots\Delta\bar{n}^{(m-1)}x_1^{(m-1)}&=\Delta\bar{n}^{(m)}x_1^{(m)}\\ \cdots\cdots\cdots\cdots\cdots\cdots&\\ \Delta\bar{n}^{(1)}x_r^{(1)}+\Delta\bar{n}^{(2)}x_r^{(2)}\cdots+\Delta\bar{n}^{(m-1)}x_r^{(m-1)}&=\Delta\bar{n}^{(m)}x_r^{(m)}.\end{aligned}\right\} \tag{2}$$

Die letzte dieser Gleichungen läßt sich aber aus den $r-1$ anderen ableiten. Man kann demnach $r-1$ Unbekannte hieraus ausrechnen, die Volumänderung ist dann gegeben durch

$$\Delta V=V^{(m)}\Delta\bar{n}^{(m)}-\{V^{(1)}\Delta\bar{n}^{(1)}+\cdots V^{(m-1)}\Delta\bar{n}^{(m-1)}\}. \tag{3}$$

Schreibt man auch die Volumänderung noch vor, so sind r von den $m-1$ Größen $\Delta\bar{n}$ bestimmt. Bei einem System von $m=r+1$ Phasen ist demnach alles bestimmt, für $m=r+2$ Phasen bleibt eine Größe unbestimmt, für weniger als r Phasen dagegen ist es nicht mehr möglich, eine Phase aus den anderen aufzubauen und dabei das Volumen in bestimmter Weise zu ändern, ohne daß die innere Beschaffenheit der Phasen geändert wird.

75. Besprechung scheinbarer Einschränkungen der Phasenregel[1]**.** Wir hatten im vorigen gezeigt, daß nur Systeme mit einem oder gar keinem Freiheitsgrad eine Volumänderung zulassen, ohne daß sich dabei der Druck oder irgendeine andere die innere Natur der einzelnen Phase bestimmende Größe ändert. Scheinbar gibt es hiergegen aber Widersprüche. Betrachten wir etwa ein System, bestehend aus einer festen Phase von Salmiak NH_4Cl und darüber einer Gasphase

[1] R. WEGSCHEIDER, ZS. f. phys. Chem. Bd. 43, S. 89, 376. 1903; Bd. 45, S. 496. 1903; Bd. 49, S. 229. 1904; W. NERNST, ebenda Bd. 43, S. 113. 1903; Bd. 49, S. 232. 1904; J. J. VAN LAAR, ebenda Bd. 43, S. 741. 1903; Bd. 47, S. 228. 1904.

bestehend aus einem Gemisch von Ammoniak NH_3 und Salzsäure HCl, wobei in diesem Gemisch auch NH_4Cl-Dampfmoleküle vorhanden sein werden, so hat dieses System zwei Phasen und zwei unabhängige Bestandteile, z. B. NH_3 und HCl, demnach zwei Freiheitsgrade. Es kann die Temperatur und z. B. das Verhältnis von NH_3 zu HCl in der Gasphase willkürlich gewählt werden. Verkleinert man das Volumen bei konstanter Temperatur, so kondensiert sich NH_4Cl; dadurch wird das Verhältnis von NH_3 und HCl in der Gasphase geändert und der Druck ändert sich, weil den vorhandenen verschiedenen Mengen NH_3 und HCl gleiche Mengen für Bildung von NH_4Cl entnommen werden. Das System verhält sich also so, wie wir erwartet haben. Ist dagegen von vornherein gleichviel NH_3 und HCl vorhanden, so bleibt bei Volumverkleinerung der Druck konstant, denn auch nach der Kondensation sind die noch vorhandenen Mengen der beiden unabhängigen Bestandteile gleich. Das System verhält sich so, als ob ein einheitlicher Dampf von der Formel $^1/_2\, NH_4Cl$ kondensiert würde, also wie ein System von bloß einem Freiheitsgrad. Tatsächlich hat das System auch nur einen Freiheitsgrad, nämlich etwa die Temperatur; denn über den anderen Freiheitsgrad, die Zusammensetzung der Gasphase, ist in ganz spezieller Weise verfügt worden, indem man äquivalente Mengen von Ammoniak und Salzsäure voraussetzte. Formal kann man ein solches System mit Wegscheider in die frühere Terminologie von Ziff. 73 einordnen, indem man es als System mit einem einzigen unabhängigen Bestandteil NH_4Cl auffaßt. Diese Angabe reicht ja bei Vorhandensein äquivalenter Mengen von Ammoniak und Salzsäure zur Beschreibung der chemischen Bruttozusammensetzung.

Es gibt aber andere Fälle, in denen man mit dieser Definition der unabhängigen Bestandteile nicht auskommt. Man kann nämlich die Zahl der Freiheitsgrade eines Systems in viel allgemeinerer Weise um r' herabsetzen, indem man dem System r' weitere Bedingungen auferlegt, denn dadurch sind dem System eben r' weitere Gleichungen vorgeschrieben, die r' weitere Unbekannte bestimmen. Wenn sich diese r' Vorschriften auf die Zusammensetzung des Systems beziehen, so reicht das aber nicht hin, um den Kunstgriff anzuwenden, den wir mit Wegscheider in dem oben genannten Beispiel benützt haben. Dieser Kunstgriff bestand darin, daß wir einen Körper der vorgegebenen Zusammensetzung als neuen chemischen Stoff auffassen, welcher allein als unabhängiger Bestandteil dient. Nur wenn das möglich wäre, könnten wir unverändert die Terminologie von Ziff. 73 beibehalten. Wir geben ein Beispiel, an dem man erkennt, daß es nicht allgemein möglich ist. Es sei ein Gemenge von gleichen Gesamtmengen Wasser und Alkohol in flüssiger und gasförmiger Phase gegeben. Hier können wir nicht das Gebilde H_2O — C_2H_5OH als unabhängigen Bestandteil auffassen, weil der Molenbruch in beiden Phasen verschieden und zwar in der einen größer als 1, in der andern kleiner als 1 ist. Wir erkennen demnach ohne weiteres, wann eine solche Vorschrift äquivalenter oder allgemeiner in ganzzahligen Verhältnissen stehender Zusammensetzung eine Beschreibung durch einen einzigen unabhängigen Bestanteil gestattet: nämlich dann, wenn die Zusammensetzung aller Phasen bis auf eine von Natur aus unveränderlich durch dieses Verhältnis gegeben ist. Wenn wir also in unserem Beispiel statt der flüssigen Phase etwa eine feste Komplexverbindung von der Formel $H_2O \cdot C_2H_5OH$ hätten, dann würde auch die Zusammensetzung der einen Phase, welche ihrer Natur nach beliebige Zusammensetzung haben kann, z. B. der Gasphase, dauernd den vorgeschriebenen Wert haben. In dem erstangeführten Beispiel hat die feste Phase praktisch die unveränderliche Zusammensetzung NH_4Cl, und wenn die Gesamtzusammensetzung ebenfalls NH_4Cl ist, muß auch die Zusammensetzung der Gasphase NH_4Cl sein, wie auch das Mengenverhältnis zwischen Gasphase und fester Phase sein mag.

Falls die eben besprochene Möglichkeit der Formulierung nicht vorliegt, muß man daher sagen: Nach der Phasenregel ist die Zahl der Freiheitsgrade um 2 größer als die Zahl der unabhängigen Bestandteile weniger der Zahl der Phasen weniger der Zahl der sonstigen Einschränkungen.

Als solche Einschränkungen kann z. B. die Vorschrift gleicher Dichten der beiden Phasen dienen. Es werde etwa ein System betrachtet, das als unabhängige Bestandteile zwei Metalle und als Phasen einen festen Mischkristall der beiden und eine geschmolzene Legierung enthält. Bei gleicher Zusammensetzung wird im allgemeinen die feste Phase dichter sein, bei gleicher Dichte der beiden Phasen muß daher die Schmelze mehr von dem schwereren Metall enthalten.

76. Phasenregel bei Vorhandensein äußerer Kräfte. Aus der Besprechung der Phasenregel können wir folgendes erkennen: Wenn unser System nur aus einer endlichen Anzahl unabhängiger Bestandteile zusammengesetzt ist, so kann es im Gleichgewicht nur aus einer endlichen Anzahl in sich homogener Teile bestehen, wobei wir von den Oberflächenschichten ständig abstrahiert haben. Das wird anders, sobald wir äußere Kräfte zulassen. Ein einheitliches Gas bildet ohne äußere Kräfte eine einzige Phase, in der im Mittel alle Stellen gleiche Beschaffenheit haben. Im Fall äußerer Kräfte dagegen, z. B. im Schwerefeld, variieren die Eigenschaften des Gases kontinuierlich von Stelle zu Stelle. Wir könnten uns die Gassäule in eine unendliche Anzahl sehr dünner in sich homogener Schichten zerlegt denken und deren jede als einzelne Phase auffassen. Von solchen Phasen würde daher im Gegensatz zu dem früher Gesagten eine unendliche Anzahl auftreten. Das ist aber kein Widerspruch gegen die Grundlage, aus der die Phasenregel abgeleitet ist, denn dabei war bei der Abzählung der Unbekannten nur von einem einheitlichen Druck die Rede, während wir jetzt ebensoviel verschiedene Drucke zu unterscheiden haben als Phasen, nämlich in jeder Höhe einen. Die Zahl der Freiheitsgrade ist daher die gleiche, wie wenn man das Gas als eine Phase zählen würde, d. h. wie wenn die äußeren Kräfte nicht vorhanden wären.

Wir hatten eben davon gesprochen, daß in diesem Beispiel der Druck variiert und daß daher mehr Unbekannte vorhanden sind. Von diesem Fall ist ein anderer zu unterscheiden. Es ist möglich, daß zwei Phasen des Systems unter zwei verschiedenen Drucken stehen. Wenn wir z. B. eine flüssige und eine Gasphase eines einheitlichen Stoffes haben, dann kann man dieselben durch eine Tonplatte trennen, die nur den Dampf, nicht die Flüssigkeit durchläßt. Belastet man diese Tonplatte mit dem Zusatzdruck p_0, so ist der Druck auf die Flüssigkeit ein anderer als auf den Dampf. Dann ändert sich zwar die Form der Gleichgewichtsbedingungen (Ziff. 84), aber als Unbekannte tritt nur ein Druck auf, etwa der Druck des Dampfes p; der Druck der Flüssigkeit $p + p_0$ ist durch diesen vollkommen festgelegt. Dagegen ist in dem oben genannten Fall der Gassäule im Schwerfeld der Druck an einer Stelle durch den Druck an einer anderen Stelle erst dann bestimmt, wenn man weiß, wie die innere Natur der Phasen beschaffen ist, d. h. wieviel Gas zwischen den beiden Stellen liegt.

b) Inhomogenes System aus einer einzigen Komponente.

(Einstoffsystem.)

77. Allgemeines über die Gleichgewichtsverhältnisse von Einstoffsystemen. Wir wollen hier wie schon früher unter einem reinen System oder einem Einstoffsystem ein solches verstehen, dessen chemische Zusammensetzung (als Brutto-Zusammensetzung, nicht aber als Angabe der Molekülarten gedacht) fest vorgegeben und in allen Teilen gleich ist.

Dieses System kann in verschiedenen Agregatzuständen bzw. Phasen bestehen. Wenn wir eine dieser Phasen für sich betrachten und ihre Zustandsgleichung und ihre spezifische Wärme (die ja teilweise nach Ziff. 56 verknüpft sind) kennen, kann man für jeden Zustand der Phase die freie Energie berechnen. Den Zustand können wir entweder durch die Angabe von V und T oder von p und T oder von V und p charakterisieren, da ja zwei dieser Größen mit der dritten durch die Zustandsgleichung eindeutig verknüpft sind. Wir wollen im folgenden die Darstellung in der pT Ebene wählen, wobei T im Prinzip alle Werte von 0 bis ∞ (abgesehen von bei höheren Temperaturen eintretenden Zersetzungen) durchlaufen kann. p kann jedenfalls Werte zwischen 0 und ∞ annehmen, bei flüssigen und festen Phasen auch noch negative Werte bis zu einer Größe, bei welcher der Körper zerreißt. Wir werden im folgenden von einem Zustand mit gegebenem p und T als einem Punkt in der Zustandsebene sprechen, von einer Reihe von Zuständen, welche durch unabhängige kontiniuerliche Änderung von p und T ineinander übergehen, als von einem Gebiet in der Zustandsebene. Wenn wir, wie erwähnt, für jeden Punkt der Zustandsebene bei einer bestimmten Phase die freie Energie angeben wollen, so zeigt es sich, daß dies für jede Phase nur in einem beschränkten Gebiet, nicht in der ganzen Ebene möglich ist. In dem Gebiet, in dem es möglich ist, ist aber die freie Energie eine stetige Funktion von p und T, weil sowohl Zustandsgleichung als auch spezifische Wärme stetige Funktionen sind. Diese letztere Behauptung ist allerdings nur Erfahrungstatsache (Ziff. 52). Man kann die Sachlage auch so auffassen, daß man jede Unstetigkeit als Auftreten einer neuen Phase definiert, die nicht ins metastabile Gebiet fortgesetzt werden kann. Führt man die erwähnte Untersuchung für alle möglichen Phasen durch, so zeigt sich, daß in bestimmten Gebieten die Zustandsebene von den Existenzbereichen mehrerer Phasen überdeckt wird. Dieselben haben dann in dem gleichen Punkt p, T im allgemeinen verschiedene freie Energien. Es ist nicht möglich, daß in endlichen zweidimensionalen Gebieten der Phasenebene die freien Energien verschiedener Phasen den gleichen Wert haben, da dieselben im allgemeinen verschiedene Funktionen von Druck und Temperatur sind. Wohl aber ist es möglich, daß an bestimmten Punkten der Zahlenwert für die freie Energie zweier verschiedener Phasen gleich wird. Ist das an einem bestimmten Punkt $p_0 T_0$ der Fall, dann geht im allgemeinen, von ganz singulären Fällen abgesehen, durch diesen Punkt auch eine ganze Kurve, auf welcher die Zahlenwerte der beiden freien Energien gleich sind, aber eben nur eine eindimensionale Kurve. Das ist leicht zu beweisen; denn wenn gilt

$$F_{pA}(p_0, T_0) = F_{pB}(p_0, T_0)\,, \tag{1}$$

so kann man stets die Kurvenrichtung dp/dT so bestimmen, daß auch an dem Punkt $p_0 + dp$, $T_0 + dT$ die freien Energien gleich sind. Es muß nämlich dann sein

$$\frac{\partial F_A}{\partial p} dp + \frac{\partial F_A}{\partial T} dT = \frac{\partial F_B}{\partial p} dp + \frac{\partial F_B}{\partial T} dT \quad \text{oder} \quad \frac{dp}{dT} = -\frac{\dfrac{\partial (F_A - F_B)}{\partial T}}{\dfrac{\partial (F_A - F_B)}{\partial p}}\,. \tag{2}$$

Abgesehen von diesen Kurven gleicher freier Energien aber wird im allgemeinen unter den in endlicher Zahl vorausgesetzten Phasen, die in einem bestimmten Zustandsbereich existenzfähig sind, eine sein, die die kleinste freie Energie hat. Es wird daher die freie Energie abnehmen, wenn sich die anderen in diese Phase bei konstanter Temperatur verwandeln. Diese Umwandlung ist infolgedessen

(Ziff. 43) ein freiwillig verlaufender Vorgang. Nur die Phase kleinster freier Energie ist in einem bestimmten Zustand stabil, alle anderen sind „metastabil" oder „labil" (Ziff. 52).

Daß demnach eine Phase in einem bestimmten Zustand metastabil oder labil ist, merkt man nicht an den Eigenschaften der Phase selbst, an ihrer freien Energie, der Zustandsgleichung oder ihrer spezifischen Wärme, sondern nur beim Vergleich ihrer freien Energie mit den entsprechenden Größen der andern Phasen. Sie ist sozusagen nicht in sich labil, sondern nur im Vergleich mit einer bestimmten anderen Phase. Es kann z. B. sein, daß an und für sich in einem bestimmten Zustand sowohl übersättigter Dampf als unterkühlte Flüssigkeit, als auch Kristalle existenzfähig wären. Dann würde im Vergleich mit dem Dampf die unterkühlte Flüssigkeit als stabil erscheinen und nur im Vergleich mit dem Kristall, der eine noch kleinere freie Energie hat, ist sie labil. Die Unterscheidung zwischen Labilität und Metastabilität, die von OSTWALD herrührt (s. Ziff. 53), sollte andeuten, daß der Übergang aus labilen Zuständen in die stabileren von selbst erfolgt, der Übergang aus dem metastabilen nicht; doch scheint in Wirklichkeit der Unterschied nur ein gradueller Geschwindigkeitsunterschied zu sein.

Es möge nun ein Zustandsbereich betrachtet werden, in welchem zwei verschiedene Phasen A und B existenzfähig sind. A möge an der betrachteten Stelle die kleinere freie Energie haben, also stabil sein. Gehen wir nun zu anderen Werten von p und T über, so kann es sein, daß die freie Energie von B im ganzen Zustandsgebiet über derjenigen von A bleibt. In diesem Fall ist die Phase B nirgends stabil. Sie kann nur aus von A verschiedenen Zuständen gewonnen werden. Solche Fälle sind nur bei kristallisierten Modifikationen bekannt. Man nennt sie nach O. LEHMANN „monotrope Zustände", weil nur in einer Richtung, nämlich von B nach A, eine Umwandlung möglich ist. Als Beispiel hierfür diene Benzophenon.

Es kann aber auch sein, daß man an eine Stelle p_0 und T_0 kommt, an welcher die freien Energien von A und B gleich werden. Durch diese Stelle geht dann im allgemeinen eine Kurve, auf deren ganzer Länge dies der Fall ist. Man nennt sie die Gleichgewichtskurve, weil auf ihr die Gleichgewichtsbedingung

$$\mu_A = \mu_B, \quad \text{hier speziell} \quad F_A = F_B \tag{3}$$

(Ziff. 44) erfüllt ist. Bei den zusammengehörigen Werten von p und T sind demnach die beiden Phasen im Gleichgewicht, da eine Umwandlung der einen in die andere keine Änderung der gesamten freien Energie des Systems bewirkt. In diesem Fall nennt man B enantiotrop, da sowohl der Übergang $A \rightarrow B$ als der $B \rightarrow A$ möglich ist. Dieses Gleichgewicht ist, solange man die Oberflächenspannung (Ziff. 4) vernachlässigen kann, unabhängig von den Mengen der beiden Phasen. Überschreitet man die Gleichgewichtskurve, so kehrt sich im allgemeinen das Vorzeichen der Differenz $F_B - F_A$ um. Vor der Gleichgewichtskurve war diese Größe positiv, auf der Gleichgewichtskurve geht sie durch Null und hat daher im allgemeinen auf der andern Seite der Gleichgewichtskurve ein negatives Vorzeichen. Wann hiervon Ausnahmen eintreten können, ist in ds. Handb. Bd. X Artikel KOHNSTAMM näher diskutiert. Jenseits der Gleichgewichtskurve ist demnach die Phase B die stabilere. Geht man nun in demjenigen Bereich, in welchem die Phase B stabil ist, weiter, so kann dreierlei passieren. Entweder man gelangt ohne weiteres Überschreiten einer Gleichgewichtskurve ins Unendliche, das ist z. B. der Fall, wenn man bei nicht zu hohen Drucken im Bereich des Dampfes zu immer höheren Temperaturen übergeht. In diesem ganzen Bereich ist demnach die freie Energie der Phase B die kleinste unter allen möglichen. Zweitens ist es möglich, daß man auf die Gleichgewichtskurve mit einer dritten Phase C stößt, d. h. auf eine Kurve, auf welcher die freie Energie von B gleich ist der freien Energie von C, während die freie Energie von A größer ist. Beim Überschreiten dieser Kurve kommt man dann in den Stabilitätsbereich von C. (Beispiel: Bei Atmosphärendruck allmähliche Erhöhung der Temperatur; Phase A Eis, Phase B flüssiges Wasser, Phase C Wasserdampf.) Drittens ist es möglich, daß man beim Fortschreiten im Stabilitätsbereich der Phase B wieder auf die Gleichgewichtskurve A stößt, d. h. an einen Punkt kommt, in welchem nochmals die freie Energie von A gleich der von B wird. Beim weiteren Fortschreiten kommt man dann wieder in den Stabilitätsbereich von A zurück[1].

Es ist demnach möglich, daß der Stabilitätsbereich von B wie eine Insel vollkommen vom Stabilitätsbereich von A umschlossen ist.

TAMMANN[2] vertritt die Meinung, daß der Zustandsbereich der flüssigen isotropen Phase stets ein geschlossener ist.

Man kann häufig dennoch für eine bestimmte Phase in den Bereich über die Gleichgewichtskurve hinaus gelangen, aber diese Phase ist dann nicht mehr stabil, wenn man, wie schon erwähnt, diese Tatsache auch an ihren Eigenschaften nicht merkt. Manchmal ist es möglich, den metastabilen Geltungsbereich einer Phase A sehr weit hinaus zu verfolgen. Hierbei kann man eine neue Gleichgewichtskurve bekommen. Um beim vorigen Beispiel zu bleiben, ist es z. B. möglich, in demjenigen Gebiet, in welchem das Wasser unterkühlt ist, also seine freie Energie größer als die des festen Eises ist, seinen Dampfdruck zu messen, d. h. das Gleichgewicht mit Wasserdampf. Dieser Wasserdampf hat natürlich dann ebenfalls eine höhere freie Energie als das hier allein stabile Eis. Man verfolgt also die freie Energie von B und C in ein Gebiet, wo nur A stabil ist, berechnet das gegenseitige Verhalten von B und C, ohne sich darum zu kümmern, daß eine Phase A möglich ist, die kleinere freie Energie hat. (Gestrichelte Kurve im Gebiet s der Abb. 12.)

78. Umwandlungen allotroper Modifikationen. Es seien zwei kristallisierte Phasen A und B möglich. Dann lautet die Gleichgewichtsbedingung

$$F_{Ap} = F_{Bp} . \tag{1}$$

Für gegebenen Druck ist das eine Bestimmungsgleichung für die Umwandlungstemperatur T. Um diese Gleichung zu diskutieren, wollen wir mit B die Phase mit dem kleineren Energieinhalt bezeichnen. Nach dem BERTHELOTschen Prinzip wäre sie bei allen Temperaturen allein beständig. Da aber in Wirklichkeit nicht die Gesamtenergie, sondern die freie Energie maßgebend ist, kommt es darauf an, daß TS_B kleiner ist als TS_A, so daß das größere TS_A das größere E_A kompensierend die freie Energie von A auf denselben Wert herunterbringt, den die Differenz der beiden kleineren Glieder E_B und TS_B hat.

Da sowohl S_B als S_A mit steigender Temperatur zunehmen, ferner natürlich TS_B und TS_A für $T = 0$ gleich sind, ist demnach eine notwendige und hinreichende Bedingung dafür, daß es eine Gleichgewichtstemperatur bei gegebenem Druck gibt, die, daß $TS_B - TS_A < 0$, und daß die Differenz mit steigender Temperatur genügend hohe Werte annimmt.

In diesem Fall gilt bei tiefer Temperatur das BERTHELOTsche Prinzip, es ist die Phase mit dem kleinsten Energieinhalt beständig, mit steigender Temperatur weicht die freie Energie immer mehr von der Gesamtenergie ab und über dem Umwandlungspunkt hat die Phase größeren Energieinhalts die kleinere freie Energie und ist daher die stabile.

[1] Näheres s. bei G. TAMMANN, Aggregatzustände. Leipzig u. Hamburg 1923.
[2] G. TAMMANN, Kristallisieren und Schmelzen. Leipzig u. Hamburg 1903.

Setzt man für F im speziellen die Ausdrücke (10′) Ziff. 61 ein und versteht unter $U_{T_0} = E_{Ap}(p_0, T_0) - E_{Bp}(p_0, T_0)$ die Wärmemenge, die frei wird, wenn ein Mol der Phase A in die Phase B beim Druck p_0 und der Temperatur T_0 übergeht, so erhält man bei der Gleichgewichtstemperatur T

$$U_{T_0} = T\int_{T_0}^{T}\frac{dT}{T^2}\int_{T_0}^{T}(C_{p_0 A} - C_{p_0 B})dT + \int_{p_0}^{p}(V_B - V_A)dp - T[S_B(p_0, T_0) - S_A(p_0, T_0)]. \quad (2)$$

Kann man $T_0 = 0$ setzen (s. Ziff. 61), und arbeitet man beim Druck p_0, so wird hieraus

$$U_0 = T\int_0^T\frac{dT}{T^2}\int_0^T(C_{p_0 A} - C_{p_0 B})\,dT - T\,[S_B(p_0, 0) - S_A(p_0, 0)]. \quad (3)$$

Wir wollen zwei spezielle Temperaturgebiete behandeln. Erstens das Gebiet tiefer Temperaturen, in welchem nach DEBYE annähernd gilt $C_p = aT^3$. Dann lautet die Gleichgewichtsformel

$$U_0 = (a_A - a_B)\frac{T^4}{12} - T\,[S_B(p_0, 0) - S_A(p_0, 0)],$$

d. h. wenn, wie das NERNSTsche Wärmetheorem (ds. Band Kapitel 2) verlangt, $S_B(p_0, 0) = S_A(p_0, 0)$ ist, gibt es bei tiefen Temperaturen kein Gleichgewicht zwischen allotropen Modifikationen mit merklich verschiedener Energie, es gilt das BERTHOLOTsche Prinzip. Für hohe Temperaturen kann man erfahrungsgemäß C_p als von der Temperatur unabhängig und für beide Modifikationen C_v als gleich ansehen, dann wird nach Ziff. 61

$$\int_0^T\frac{dT}{T^2}\int_0^T(C_{pA} - C_{pB})\,dT = C_v \ln\frac{\nu_B}{\nu_A} + \frac{T}{2}(a''_A C^2_{pA} - a''_B C^2_{pB}),$$

und die Gleichgewichtsformel lautet nun

$$U_0 = T\left\{C_v \ln\frac{\nu_B}{\nu_A} - S_B(p_0, 0) + S_A(p_0, 0) + \frac{T}{2}(a''_A C^2_{pA} - a''_B C^2_{pB})\right\}.$$

Bei Gültigkeit des NERNSTschen Theorems ist nur dann zwischen zwei Modifikationen ein Gleichgewicht erreichbar, wenn die Modifikation mit dem größeren Energieinhalt auch (bei tiefen Temperaturen) die höhere spezifische Wärme hat, da $1/\nu$ ebenfalls mit steigender spezifischer Wärme zunimmt und der letzte Ausdruck klein bleibt. Praktisch ist der Bereich, in welchem die Umwandlungswärme U variiert, nicht sehr groß. Nach dem NERNSTschen Theorem ist dies leicht erklärlich, da dann, wenn man für die spezifischen Wärmen die theoretisch begründeten Formeln einsetzt, die rechte Seite die Gestalt $TC_v \ln\frac{\nu_B}{\nu_A}$ hat. Hierin bedeuten die ν die Schwingungszahlen der Teilchen in der Substanz. Die Differenz zwischen dem Wert von $C_v \ln \nu$ für verschiedene Modifikationen desselben Stoffes pflegt nicht größer als wenige kleine Kalorien pro Grad zu sein. Da nämlich die Teilchen der beiden Modifikationen die gleiche Masse haben, ist das Verhältnis der Schwingungszahlen gleich dem Verhältnis der Wurzel aus den Direktionskräften. Selbst wenn diese im Verhältnis 1 : 4 variieren, hat $R \ln\frac{\nu_B}{\nu_A}$ erst den

Wert 1,4 cal/Grad. Innerhalb des leicht zugänglichen Temperaturintervalls z. B. unter 1000° abs. kann es daher Gleichgewichte nur zwischen solchen Modifikationen geben, deren Umwandlungswärme nicht größer ist als etwa 1,5 kcal. Modifikationen, deren Energie um mehr als diesen Betrag höher liegt als die der stabilsten Modifikation, können unter normalem Druck nicht auf umkehrbarem Weg erreicht werden, sondern höchstens als Zwischenstadien z. B. aus Dampf entstehen.

Wir haben bisher den Einfluß des Druckes nicht berücksichtigt. Um diesen zu diskutieren, machen wir als erste Vereinfachung die Annahme, daß der Körper inkompressibel ist, d. h. daß weder E noch C_v vom Druck abhängen, und daß sein Ausdehnungskoeffizient verschwindet, d. h. daß auch C_p vom Druck unabhängig ist. Dann besteht der Einfluß des Druckes einfach darin, daß er die Werte von $E_p = E + pV$ verändert. Besitzt die Modifikation mit dem kleineren Energieinhalt das größere Volumen, so wird, wenn man bei gegebener Temperatur den Druck steigert, ihr pV gegenüber dem pV der anderen stärker ansteigen und dieses Ansteigen wird die Differenz der E_v kompensieren und überkompensieren können. Für einen Druck, bei welchem

$$E_{vA} + pV_A = E_{vB} + pV_B \text{ oder } U_p = 0$$

ist, herrscht demnach auch für $T = 0$ Gleichgewicht zwischen den beiden Modifikationen. Hier ist es der äußere Druck, welcher die zur Umwandlung nötige Arbeit leistet. Bei steigender Temperatur wird, falls $S_B - S_A$ negtiv ist und mit steigender Temperatur genügend stark ansteigt, so daß auch für verschwindenden Druck bei genügend hoher Temperatur Gleichgewicht erreicht würde, bei höherem Druck dieses Gleichgewicht schon früher erreicht werden. Es kann aber durch die Drucksteigerung das Gleichgewicht auch dann erzwungen werden, wenn es bei verschwindendem Druck kein Gleichgewicht gibt. Dann ist es die Arbeit des äußeren Druckes, welcher die Differenz der freien Energien $F_{vA} - F_{vB}$ liefert.

Hat dagegen die Modifikation mit dem kleineren Energieinhalt auch noch das kleinere Volumen, so wird sie bei gesteigertem Druck noch mehr begünstigt, und es kann bei genügend hohem Druck die Modifikation mit dem größeren Energieinhalt im ganzen Temperaturbereich unstabil wérden.

Lassen wir die Voraussetzung der Unzusammendrückbarkeit und des verschwindenden Ausdehnungskoeffizienten fallen, so bleiben im Prinzip die Verhältnisse ähnlich, nur beeinflußt der Druck jetzt noch explizit E_v und C_p.

Im allgemeinen ist die Kurve, die die Abhängigkeit des Gleichgewichtsdruckes von der Gleichgewichtstemperatur darstellt, ziemlich steil, es ist eine sehr hohe Drucksteigerung nötig, um eine merkliche Temperaturänderung zu erlangen. Wenn $V_B - V_A = 10\text{ cm}^3$ ist, was schon recht viel ist, so ist mit $p = 100$ at $p(V_B - V_A)$ etwa 30 cal. Die genaue Form der Abhängigkeit wird durch die CLAUSIUS-CLAPEYRONsche Gleichung geliefert, die wir in Ziff. 48 abgeleitet hatten und die lautet (U positiv bei Verbrauch im Gegensatz zu 2 und 3):

$$\frac{dp}{dT} = \frac{U_{A \to B}}{(V_B - V_A)T}. \tag{4}$$

Hierin bezieht sich $U_{A \to B}$ auf die Beobachtungstemperatur. Aus ihr kann man alles Gesagte ohne weiteres ablesen. Man erkennt, daß ein Temperaturmaximum oder -minimum der Umwandlungspunkte dann vorliegt, wenn $V_A = V_B$ wird. Ein Druckmaximum bzw. -minimum, oberhalb bzw. unterhalb dessen eine Umwandlung nicht mehr vor sich gehen kann, tritt dann auf, wenn $U = 0$ wird.

Die Gleichungen für den Schmelzvorgang sind im allgemeinen vollkommen analog, sie unterscheiden sich von den hier beschriebenen nur dadurch, daß man für die spezifische Wärme der Schmelze im allgemeinen keine so einfache Formel angeben kann. Außerdem weicht auch die spezifische Wärme der festen Phase unmittelbar unterhalb des Schmelzpunktes nach oben von dem nach der Formel (12) Ziff. 61 zu erwartenden Werte ab.

79. Verdampfungsvorgang. Im Prinzip liegen die Gleichgewichtsverhältnisse zwischen der Gasphase und der flüssigen Phase genau so, wie wir es im vorigen beschrieben haben. Es läßt sich hier nur Genaueres aussagen, denn bei einem einheitlichen Stoff ist stets unterhalb des kritischen Punktes die Verdampfungswärme positiv und gleichzeitig die Dichte des Gases kleiner als die der flüssigen Phase. In der CLAUSIUS-CLAPEYRONschen Gleichung (4), Ziff. 78, die auch hier gilt und jetzt die Abhängigkeit des Dampfdruckes von der Temperatur darstellt, sind daher sowohl Zähler als Nenner positiv, d. h. der Dampfdruck nimmt stets mit steigender Temperatur zu. Ferner verschwindet beim absoluten Nullpunkt der Temperatur der Dampfdruck immer. Die Begründung hierfür folgt in Ziff. 81. Die Dampfdruckkurve, welche das Gleichgewicht zwischen Dampf und flüssiger Phase darstellt, beginnt daher stets im Nullpunkt des p, T-Diagramms, vorausgesetzt, daß man die Flüssigkeit so weit unterkühlen kann, was aber nur eine praktische Frage ist. Dann steigt die Dampfdruckkurve dauernd nach rechts oben hin, sie endet im kritischen Punkt. Das eben Gesagte gilt auch für die Sublimation, das Gleichgewicht zwischen Kristallphase und Dampf, nur endet diese Kurve wahrscheinlich nicht in einem kritischen Punkt, sondern in einem Tripelpunkt (vgl. Ziff. 83), da sich ein Kristall nicht überhitzen läßt.

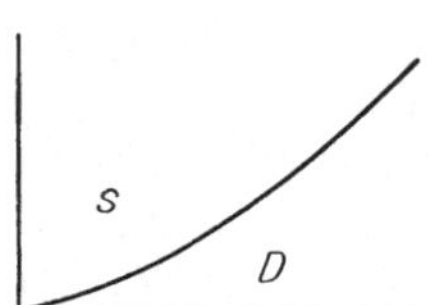

Abb. 11. Sublimationskurve. S Gebiet der festen Phase, D Gebiet des Dampfes.

Das Gebiet der Dampfphase liegt dann rechts von der Gleichgewichtskurve (bei gegebenem Druck höhere Temperaturen als die betreffende Siedetemperatur), das Gebiet der kondensierten Phase links davon (das Gebiet kleinerer Temperaturen als die Siedetemperatur bei gegebenem Druck). Wenn der Dampf als ideales Gas angesehen werden kann, kann man in der CLAUSIUS-CLAPEYRONschen Gleichung $V_D = \frac{RT}{p}$ setzen. Vernachlässigt man außerdem das Molekularvolumen der kondensierten Phase neben dem Molekularvolumen des Dampfes beim betreffenden Druck und der gegebenen Temperatur, so kann man die Gleichung in die Form bringen

$$\frac{d \ln p}{dT} = \frac{U}{RT^2}. \tag{1}$$

Um zu sehen, wieweit dies erlaubt ist, bedenke man, daß bei einer Atmosphäre und Zimmertemperatur das Molekularvolumen eines idealen Gases etwa 24000 cm³ beträgt, während das von flüssigem Wasser 18 cm³ ausmacht. Wenn bei einer gegebenen Temperatur und dem entsprechenden Dampfdruck ein Dampf ein ideales Gas ist, so gilt das erst recht bei allen tieferen Temperaturen, nicht etwa, wie man zuerst vermuten sollte, bei allen höheren. Allerdings wird ein Gas bei gegebener Dichte desto mehr einem idealen Gas ähnlich, je höher die Temperatur ist. Bei einem Dampf aber, der mit seinem Kondensat im Gleichgewicht steht, nimmt mit fallender Temperatur der Dampfdruck und damit die Dichte so stark ab, daß diese Abnahme der Dichte den expliziten Einfluß der abnehmenden Temperatur weitaus überkompensiert, so daß die Abweichungen vom idealen Gaszustand abnehmen.

80. Spezifische Wärme des gesättigten Dampfes. Temperaturabhängigkeit der Verdampfungswärme. Wir hatten in Ziff. 16 besprochen, daß die spezifische Wärme, d. h. die zugeführte Wärmemenge dividiert durch die Temperaturerhöhung, ganz davon abhängt, wie sich die andern Variabeln dabei ändern. Wir wollen nun nach der sog. „spezifischen Wärme des gesättigten Dampfes" fragen, d. h. nach der Größe $C_{\text{ges}\,D} = \left(\frac{\delta Q}{\delta T}\right)_{\text{ges}}$, wenn wir gleichzeitig mit der Temperatur den Druck so ändern, daß der Dampf gesättigt bleibt, d. h. so, daß $\left(\frac{dp}{dT}\right)_{\text{ges}}$ durch die CLAUSIUS-CLAPEYRONsche Gleichung bestimmt ist.

Es ist allgemein

$$\delta Q = dE + p\,dV = dE_p - V\,dp = \left(\frac{\partial E_p}{\partial T}\right)_p dT + \left(\frac{\partial E_p}{\partial p} - V\right) dp\,. \tag{1}$$

Also nach Ziff. 40 (4') und 4 Ziff. 78.

$$C_{\text{ges}} = C_p - T\left(\frac{\partial V}{\partial T}\right)_p \left(\frac{dp}{dT}\right)_{\text{ges}} = C_p - \left(\frac{\partial V}{\partial T}\right)_p \frac{U_{1\to 2}}{V_2 - V_1}\,. \tag{2}$$

Diese Formel gilt sowohl für den Dampf wie für das Kondensat, nur ist bei letzterem $\left(\frac{\partial V}{\partial T}\right)_p$ im allgemeinen so klein, daß sich C_{ges} kaum von C_p unterscheidet. Dagegen ist für den Dampf der Unterschied sehr merklich; es kann sogar C_{ges} negativ werden; dann ist die Kompressionswärme, die beim Zusammenpressen auf den nötigen höheren Dampfdruck frei wird, so groß, daß sie nicht nur die ganze zum Erhitzen nötige Wärme liefert, sondern auch noch ein Teil abgeführt werden muß. Es ist hier übrigens charakteristisch in bezug auf unsere Behauptung, die Sättigung sei nur in bezug auf eine bestimmte andere Phase zu definieren, daß in dem Ausdruck für C_{ges} des Dampfes auch Bestimmungsstücke der andern Phase auftreten.

Für ein ideales Gas und bei Vernachlässigung des Volums der kondensierten Phase V_1 gegen das Molvolum des Gases V_2 wird Gleichung (2)

$$C_{\text{ges}\,2} = C_{p\,2} - \frac{U_{1\to 2}}{T}\,. \tag{2'}$$

Die Größe C_{ges} bestimmt auch, was geschieht, wenn man eine Phase, z. B. Dampf, die in bezug auf eine andere, z. B. Flüssigkeit gerade gesättigt ist, von dieser andern Phase trennt und adiabatisch zusammendrückt. Wir wollen der Einfachheit halber von Dampf reden, doch gilt das für alle andern Phasen ebenso. Die adiabatische Kompression bewirkt zweierlei: Erstens steigert sie den Druck, hierdurch würde der Dampf übersättigt werden, wenn die Drucksteigerung der einzige Effekt wäre. Zweitens steigert sie die Temperatur, hierdurch würde der Dampf überhitzt werden, wenn sonst nichts einträte. Die Wirkung von Druck- und Temperatursteigerung hängt vom Verhältnis $\left(\frac{dp}{dT}\right)_{\text{ad}}$ ab. Graphisch sieht man das folgendermaßen: Man geht von einem Punkt der Gleichgewichtskurve bei gleichzeitiger Temperatur- und Drucksteigerung nach rechts oben. Will man in das Gebiet der Gasphase (ungesättigter Dampf) kommen, so muß man weniger steil aufsteigen, als es der Dampfdruckkurve entspricht. Will man nach links in das Gebiet kommen, wo die Flüssigkeit stabil ist, so muß die Adiabate steiler sein als die Dampfdruckkurve.

Die Adiabate, die nach Ziff. 16 durch $C_{\text{ad}} = 0$ gekennzeichnet ist, gehorcht nun der analog zu (2) abgeleiteten Gleichung

$$0 = C_p - T\left(\frac{\partial V}{\partial T}\right)_p \left(\frac{dp}{dT}\right)_{\text{ad}}. \tag{3}$$

Man hat demnach

$$T\left(\frac{\partial V}{\partial T}\right)_p \left(\frac{dp}{dT}\right)_{\text{ad}} = C_p,$$

$$T\left(\frac{\partial V}{\partial T}\right)_p \left(\frac{dp}{dT}\right)_{\text{ges}} = C_p - C_{\text{ges}}$$

oder

$$\left(\frac{dp}{dT}\right)_{\text{ad}} = \frac{C_p}{C_p - C_{\text{ges}}}\left(\frac{dp}{dT}\right)_{\text{ges}}. \tag{4}$$

Es findet daher bei adiabatisch reversibler Kompression dann Übersättigung statt, wenn C_{ges} positiv ist. Ist $C_{\text{ges}} = 0$, so bleibt man bei adiabatischer Kompression auf der Gleichgewichtskurve. Für Wasserdampf von $100°\,C$ ist $C_{\text{ges}} = -18{,}72$ cal/Grad.

Will man die Temperaturabhängigkeit der Verdampfungswärme $U_{1\to 2}$ untersuchen, so könnte man in Analogie zu den in Ziff. 26 behandelten Fällen meinen, es sei

$$\frac{\partial U_{1\to 2}}{\partial T} = C_{\text{ges}\,2} - C_{\text{ges}\,1}.$$

Das ist aber nicht richtig, da die Verdampfung bei den Temperaturen T und $T + dT$ weder beim selben Druck noch mit ungeändertem Volumen vor sich geht. Es ist vielmehr

$$U_{1\to 2} = E_{p2} - E_{p1}.$$

Hier steht E_p, weil der Verdampfungsvorgang bei bestimmter Temperatur unter konstantem Druck erfolgt. Daher ist, wie man nach (1) erkennt

$$\frac{\partial U_{1\to 2}}{\partial T} = \frac{\partial (E_{p2} - E_{p1})}{\partial T} = C_{\text{ges}\,2} - C_{\text{ges}\,1} + (V_2 - V_1)\left(\frac{dp}{dT}\right)_{\text{ges}}$$

oder mit (2)

$$\left.\begin{aligned} \frac{\partial U_{1\to 2}}{\partial T} &= C_{p2} - C_{p1} + \left[V_2 - V_1 - T\left(\frac{\partial V_2 - V_1}{\partial T}\right)_p\right]\left(\frac{dp}{dT}\right)_{\text{ges}} \\ &= C_{p2} - C_{p1} + \left[1 - T\left(\frac{\partial \ln(V_2 - V_1)}{\partial T}\right)_p\right]\frac{U_{1\to 2}}{T}. \end{aligned}\right\} \tag{5}$$

Für ein ideales Gas und unter Vernachlässigung von V_1 gegen V_2 wird daraus

$$\frac{\partial U_{1\to 2}}{\partial T} = C_{pD} - C_{ps}. \tag{5'}$$

81. Die Form der Dampfdruckkurve. Wenn wir voraussetzen, daß sich der Dampf als ideales Gas verhält, so geht die allgemeine Gleichgewichtsbedingung

$$F_s = F_D \tag{1}$$

in die spezielle Form über [(7′) und (10″) Ziff. 61)]

$$\ln p = -\frac{U_0}{RT} + \frac{C_{p0D}}{R}\ln T + \int_0^T \frac{dT}{T^2}\int_0^T \frac{C_{pD} - C_{p0D} - C_{ps}}{R}\,dT + j. \tag{2}$$

Hier ist U_0 die Sublimationswärme für $T = 0$, von der spezifischen Wärme des Dampfes ist der Anteil C_{p0D} für $T = 0$ abgetrennt, um das Integral über den Rest $C_{pD} - C_{p0D}$ auch für $T = 0$ konvergent zu machen, endlich ist j folgende Konstante:

$$j = -\frac{C_{p0D}}{R} - \lim_{T=0} \frac{1}{R} [C_{p0D} \ln T - S_D(p_0, T)] + \ln p_0 - \frac{1}{R} S_s(p_0, T = 0) .$$

Man nennt sie die wahre chemische Konstante des Dampfes in bezug auf den Bodenkörper. Wir haben das hier für die Sublimation hingeschrieben, weil die spezifische Wärme der festen Phase besser bekannt ist, doch gilt diese Formel ebensogut für die Verdampfung. Bevor wir die Gleichung eingehender diskutieren, wollen wir eine allgemeine Bemerkung über die aus dem zweiten Hauptsatz folgenden Gleichgewichtsbedingungen einschalten, die hier besonders deutlich wird. Wir betrachten das Sublimationsgleichgewicht eines Stoffes mit hoher Verdampfungswärme, z. B. das Dampfdruckgleichgewicht von festem Silber und Silberdampf bei nicht zu hoher Temperatur. Der Energieinhalt des Silberdampfes ist stets sehr viel größer als der des festen Silbers, solange man nicht in die Nähe eines etwa vorhandenen kritischen Punktes kommt. Wenn, wie es das BERTHELOTsche Prinzip (Ziff. 78) will, die Energien maßgebend wären, so könnte nie Silberdampf mit festem Silber im Gleichgewicht sein. Stets wäre das feste Silber die stabilere Phase. Ein Gleichgewicht ist nur dadurch möglich, daß hierfür die Gleichheit der freien Energien maßgebend ist. Der Silberdampf hat nun die Möglichkeit, trotz seiner hohen Energie seine freie Energie $F_D = E_D - TS_D$ auf den niedrigen Wert der freien Energie des festen Silbers dadurch zu bringen, daß er bei konstanter Temperatur seine Entropie vergrößert. Dies ist dadurch möglich, daß er sein Molvolumen sehr groß macht. Wenn wir die Gleichgewichtsbedingung in der Form schreiben

$$\frac{E_D}{T} - S_D = \frac{E_s}{T} - S_s ,$$

so sehen wir, daß mit fallender Temperatur der Einfluß der großen Energiedifferenz $U = E_D - E_s$ immer größer wird, während die explizite Temperaturabhängigkeit der beiden Entropien verhältnismäßig wenig ausmacht. Um diesen mit fallender Temperatur immer mehr die kondensierte Phase begünstigenden Einfluß der Energiedifferenz auszugleichen, muß mit fallender Temperatur die Entropie des Dampfes sehr stark zunehmen, d. h. das Molvolumen des Dampfes im gesättigten Zustand muß mit fallender Temperatur sehr stark ansteigen, und zwar deshalb so stark, weil die Entropie nur logarithmisch vom Molvolumen bzw. dem Druck des Dampfes abhängt. Bei dieser Überlegung ist davon Gebrauch gemacht, daß bei niederen Drucken der Zustand der festen Phase (sowohl E als S) sehr wenig vom Druck beeinflußt wird. Die kinetische Theorie lehrt, daß die hier besprochenen Verhältnisse tatsächlich genau erfüllt sind, insofern auch die Änderung der Entropie mit der Temperatur sich durch eine Volumänderung und zwar im „Phasenraum" darstellen läßt, so daß man allgemein sagen kann: hätten die kondensierte und die dampfförmige Phase gleiches mittleres Volumen im „Phasenraum", so wäre nur die kondensierte Phase infolge ihres kleineren Energieinhalts stabil. Die gasförmige Phase kompensiert den Einfluß ihres höheren Energieinhalts durch ihre geringere Dichte im Phasenraum so, daß sich das Verhältnis der mittleren Dichten im Phasenraum durch die Formel darstellt $e^{-\frac{U_0}{RT}}$, wo U_0 die Verdampfungswärme beim absoluten Nullpunkt ist[1]). Je tiefer die Temperatur, desto verschiedener müssen die Dichten im Phasenraum sein.

[1]) S. z. B. K. F. HERZFELD, Kinetische Theorie der Wärme. Braunschweig 1925.

Der starke quantitative Unterschied zwischen einem Dampfdruckgleichgewicht und einem Schmelzgleichgewicht oder einer allotropen Umwandlung besteht nun darin, daß der Dampf durch sehr starke Volumänderungen ohne Änderung seiner Energie seine Entropie in weitgehendem Maße ändern kann, und zwar kann er sie beliebig dadurch vergrößern, daß der Druck entsprechend klein wird. Dagegen kann eine kondensierte Phase ihre Entropie bei gegebener Temperatur durch Verkleinern des äußeren Druckes vom Wert einer Atmosphäre auf kleinere Werte nur wenig ändern. Es hat daher die Phase mit dem größeren Energieinhalt nicht die Möglichkeit, durch Volumvergrößerung den Energieunterschied zu kompensieren. Wenn man Gleichgewicht bei beliebig gegebener Temperatur erreichen will, dann muß man im allgemeinen künstlich hohe äußere Drucke anwenden; diese Druckänderung wirkt im allgemeinen nicht so sehr auf die Entropiedifferenz, als auf die Umwandlungswärme bei konstantem Druck, d. h. auf die Differenz der Wärmeinhalte ein.

Die Auswertung der Formel (2) ergibt bei Temperaturen, bei welchen sowohl das Gas als auch der feste Körper im Gebiet konstanter spezifischer Wärme $C_v^{(\infty)}$ sind, nach Ziff. 61

$$\ln p = -\frac{U_0}{RT} + \frac{C_{pD}^{(\infty)} - C_{vs}^{(\infty)}}{R} \ln T - \frac{a' C_v^2}{2R} + j' . \tag{3}$$

wo j' eine Konstante ist, die den Wert hat

$$j' = j + \lim_{T=\infty} \left\{ \int_0^T \frac{dT}{T^2} \int_0^T \frac{C_{pD} - C_{poD}}{R} dT - \frac{C_{pD}^{(\infty)} - C_{poD}}{R} \ln T \right\} + C_{vs}^{(\infty)} \ln \beta\nu . \tag{4}$$

Für so tiefe Temperaturen, daß sich der feste Körper im T^3-Gebiet befindet und $C_{pD} - C_{poD}$ verschwindet, lautet die Dampfdruckformel

$$\ln p = -\frac{U_0}{RT} + \frac{C_{poD}}{R} \ln T - \frac{a'}{12} T^3 - \frac{a'' a'^2}{56} T^7 + j . \tag{5}$$

Es sei bei dieser Gelegenheit nochmals betont, daß sich ein gesättigter Dampf vor einem Dampf in anderen Zuständen nicht durch irgendwelche inneren Eigenschaften auszeichnet. Wenn man ihn in Abwesenheit der kondensierten Phase unterkühlt, läßt sich an Messungen, die an dem Dampf vorgenommen werden, nirgends der Sättigungspunkt feststellen. Der Zustand der Sättigung ist nur durch das Gleichgewicht mit der Phase festgelegt, in bezug auf welche der Dampf gesättigt ist.

82. Einheitliche Zustandsgleichung. Eine besondere Beziehung tritt noch auf, wenn zwei Phasen eine für beide geltende gemeinsame Zustandsgleichung besitzen. So umfaßt die verallgemeinerte Zustandsgleichung von VAN DER WAALS die gasförmige und die flüssige Phase. Sie beherrscht daher auch das Gleichgewicht zwischen ihnen. Zwischen den beiden Phasen liegt nach VAN DER WAALS eine labile Phase, die sich nicht realisieren läßt, weil bei ihr $\frac{\partial p}{\partial V} > 0$ ist, deren Isotherme aber einen kontinuierlichen Übergang zwischen den Isothermen der gasförmigen und flüssigen Phase bildet. In der $V-T$-Ebene trennt das Gebiet der labilen Phase die beiden Gebiete von Dampf und Flüssigkeit unterhalb des kritischen Punktes (s. ds. Handb. Bd. X). Die Frage ist nun, welche Werte des Molekularvolumens zur Koexistenz der beiden Phasen bei einer gegebenen Temperatur gehören.

Zwar liefert die Zustandsgleichung zu gegebenen Druck- und Temperaturwerten in diesem Bereich 3 Molvolumenwerte, die zum Gas, der Flüssigkeit und der labilen Phase gehören, aber man weiß nicht, welcher Druckwert im Gleichgewicht zu einer gegebenen Temperatur gehört. Man kann nun so vorgehen. Man denke sich ein Mol der Flüssigkeit vom Molvolumen V_1 einmal durch isotherme reversible Verdampfung unter dem Gleichgewichtsdruck p_{ges} in Dampf vom Molvolumen V_2 übergeführt, wobei die Arbeit $p_{\text{ges}}(V_2 - V_1)$ zu leisten ist, die sich nach der Zustandsgleichung als Funktion von p_{ges} und T berechnen läßt. Dann denke man sich dasselbe so ausgeführt, daß man nicht über das Zweiphasengleichgewicht, sondern längs der kontinuierlichen, wenn auch nicht realisierbaren Zustandskurve, d. h. über die labile Form geht; hierbei bleibt der Druck nicht konstant, die Arbeit ist $\int\limits_{V_1}^{V_2} p\,dV$. Infolge der reversibel-isothermen Durchführung muß gelten

$$p_{\text{ges}}(V_2 - V_1) = \int\limits_{V_1}^{V_2} p\,dV \tag{1}$$

(MAXWELLsche Regel), wobei beide Seiten bekannte Funktionen von T und p_{ges} sind; daher kann (1) zur Berechnung von p_{ges} dienen.

83. Der Tripelpunkt. Nach Ziff. 70γ ist ein Tripelpunkt ein Punkt, an welchem drei Phasen im Gleichgewicht sind, an welchem also zwischen Temperatur und Druck die Gleichungen

$$\mu_1(p, T) = \mu_2(p, T), \qquad \mu_2(p, T) = \mu_3(p, T)$$

gelten.

In dem p, T-Diagramm stellt sich das so dar, daß sich zwei Gleichgewichtskurven dort schneiden (Abb. 12). Wenn sich bei dem Zahlenwert $p_0 T_0$ die beiden Gleichgewichtskurven

$$\mu_1(p, T) = \mu_2(p, T) \tag{1}$$

und

$$\mu_2(p, T) = \mu_3(p, T) \tag{2}$$

treffen, so muß dort auch gelten

$$\mu_1(p_0, T_0) = \mu_3(p_0, T_0),$$

d. h. es muß durch denselben Punkt eine dritte Gleichgewichtskurve

$$\mu_1(p, T) = \mu_3(p, T) \tag{3}$$

gehen.

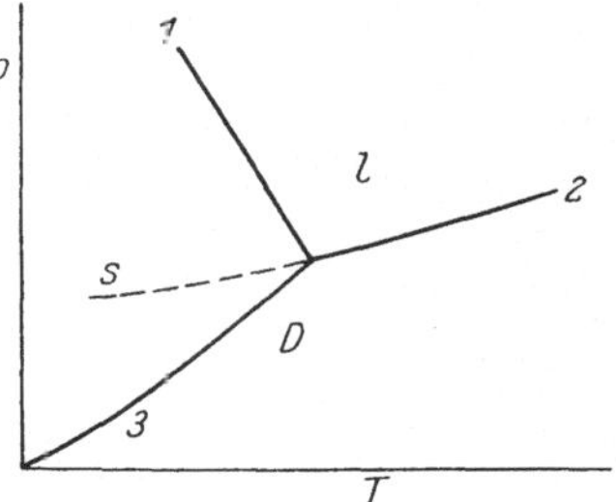

Abb. 12. Dreiphasengleichgewicht. s Gebiet der festen, l der flüssigen, D der gasförmigen Phase.

Wenn die Phasen 1, 2, 3 der Reihe nach eine feste, eine flüssige und eine gasförmige Phase bedeuten, demnach die Kurve (1) die Schmelzpunktskurve, die Kurve (2) die Verdampfungskurve ist, so geht durch denselben Punkt auch die Sublimationskurve (3). Es ist dann das mit s bezeichnete Gebiet dasjenige, in welchem die feste Phase stabil ist. Das mit l bezeichnete ist das Gebiet der flüssigen, das mit D bezeichnete das der gasförmigen Phase. Wie schon in Ziff. 77 erwähnt, kann man aber wenigstens einen Teil der Grenzkurven fortsetzen, also z. B. die Siedepunktskurve in das Gebiet s, in dem man die Flüssigkeit unterkühlt, wobei ihr Zustand in ein Gebiet rückt, in welchem l instabiler ist, als die feste Phase. Ebenso ist auf dieser metastabilen Verlängerung von (2) der Dampf in bezug auf die feste Phase übersättigt.

Was die gegenseitige Lage der drei Kurven betrifft, so ist ihre Steilheit durch die CLAUSIUS-CLAPEYRONsche Gleichung gegeben. Sowohl die Sublimation als das Verdampfen geht stets unter Wärmeverbrauch und Volumvergrößerung vor sich, daher ist sowohl für die Sublimation wie für die Verdampfungskurve dp/dT stets positiv. Darum liegt das Gebiet D stets rechts unten, wie wir es gezeichnet haben. Ferner ist im allgemeinen die Volumänderung bei der Verdampfung sehr viel größer als die beim Schmelzen, so daß meistens $\left|\frac{U_{l\to D}}{V_D - V_l}\right| < \left|\frac{U_{s\to l}}{V_l - V_s}\right|$ ist, wenn nicht die Verdampfungswärme abnorm groß gegen die Schmelzwärme ist. Dann verläuft also die Schmelzkurve steiler als die Verdampfungskurve. Ob sie nach rechts oder nach links hin ansteigt, hängt dagegen von dem Vorzeichen der Volumänderung und auch von der Schmelzwärme ab. Diese selbst ist bei normalen Drucken stets positiv, wird aber nach TAMMANN für hohe Drucke und tiefe Temperaturen Null und negativ. Wenn der Tripelpunkt bei nicht zu hohen Drucken liegt, so ist demnach an ihm die beim Schmelzen verbrauchte Wärme positiv. Darum schmilzt der Körper bei Temperaturerhöhung; das Flüssigkeitsgebiet liegt, wie wir gezeichnet haben, rechts vom Gebiet der festen Phase. Ebenso ist nach Ziff. 28 die Verdampfungswärme kleiner als die Sublimationswärme und da sich bei nicht zu hohen Drucken und nicht zu tiefen Temperaturen die Volumänderungen beim Sublimieren und beim Verdampfen relativ wenig unterscheiden, so verläuft die Verdampfungskurve weniger steil als die Sublimationskurve.

Bei gegebener Temperatur steigt die freie Energie der Gasphase mit dem Gasdruck, darum hat die instabile Form stets den höheren Dampfdruck, also z. B. die unterkühlte Flüssigkeit einen höheren als der Kristall. Da sich die Kurven im Tripelpunkt schneiden und in ihm die Dampfdruckkurve des instabilen Zustandes bei Temperaturerhöhung ins stabile Gebiet übergeht, muß sie das kleinere dp/dT haben.

Gibt es mehrere feste Modifikationen, so besitzen nicht mehr alle Phasen gegenseitig direkte stabile Grenzkurven. Wohl aber kann man infolge der langsamen Umwandlungsgeschwindigkeit oft die Phasen in metastabiles Gebiet bringen und so zu metastabilen Schmelzkurven und Tripelpunkten gelangen. So kann man metastabiles Schmelzen von rhombischem Schwefel erzielen. Im zugehörigen metastabilen Tripelpunkt sind rhombischer, flüssiger und dampfförmiger Schwefel gegenseitig stabil, dagegen in bezug auf monoklinen instabil.

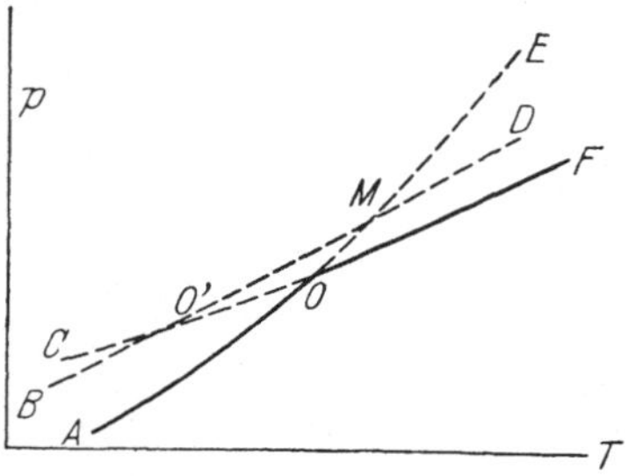

Abb. 13. Gleichgewichtskurven bei monotropen Stoffen. $AOME$ Sublimationskurve der stabilen Phase, $BO'MD$ Sublimationskurve der instabilen Phase, $CO'OF$ Dampfdruckkurve der flüssigen Phase, O stabiler, O' instabiler Tripelpunkt.

Bei monotropen Stoffen liegt die Dampfdruckkurve der metastabilen Form dauernd über der der stabilen festen und flüssigen und weiter links. Daraus folgt, daß der Tripelpunkt instabile Form, flüssige und gasförmige Phase (Punkt O' Abb. 13) tiefer liegen muß als der Tripelpunkt O bei der stabilen Form. Er ist infolge geringer Umwandlungsgeschwindigkeit oft erreichbar. OSTWALD und SCHAUM nehmen an, daß die Dampfdruckkurve der instabilen Form den metastabilen Teil der Dampfdruckkurve der stabilen Form oberhalb der Kurve der Schmelze schneidet, so daß der Umwandlungspunkt infolge vorher eintretenden Schmelzens unerreichbar ist.

Wir fragen nun, wie sich ein System im Tripelpunkt bei Wärmezufuhr bei konstantem Volumen oder bei Volumänderung ohne Wärmezufuhr verhält. Prinzipiell ist die Antwort hierauf durch die Formeln von Ziff. 73 gegeben. Wir können jede Änderung dadurch darstellen, daß wir n_{21} Mol aus der Phase 2 in die Phase 1 und n_{23} Mol aus der Phase 2 in die Phase 3 übergehen lassen, wobei diese Zahlen auch negativ sein können. Die Volumänderung ist dann

$$\varDelta V = n_{21}(V_1 - V_2) + n_{23}(V_3 - V_2).$$

Die zugeführte Wärme wird

$$Q_p = n_{21}(E_{p_1} - E_{p_2}) + n_{23}(E_{p_3} - E_{p_2}). \tag{2}$$

Hieraus ergibt sich mit $U_{2\to 3} = E_{p3} - E_{p2}$, $U_{2\to 1} = E_{p1} - E_{p2}$

$$n_{21} = \frac{U_{2\to 3}\Delta V - Q_p(V_3 - V_2)}{(V_1 - V_2)U_{2\to 3} - (V_3 - V_2)U_{2\to 1}},$$

$$n_{23} = \frac{U_{2\to 1}\Delta V - Q_p(V_1 - V_2)}{-(V_1 - V_2)U_{2\to 3} + (V_3 - V_2)U_{2\to 1}}.$$

Aus der Abb. 12 kann man das folgendermaßen ablesen:

a) Bei Wärmezufuhr und konstantem Volumen: eine der drei Phasen hat im Tripelpunkt ein Temperatur$^{\text{maximum}}_{\text{minimum}}$. Sie wird bei Wärme$^{\text{entzug}}_{\text{zufuhr}}$ aus den beiden anderen entstehen, bezw. beim entgegengesetzten Prozeß sich in sie verwandeln.

b) Bei Volumänderung: Hier liegen die Verhältnisse analog, nur gibt es bei Vorhandensein der Gasphase keine Phase mit Druckmaximum (wenn der obenerwähnte Fall ausgeschlossen wird, daß die Verdampfungswärme sehr groß ist). Die Phase mit Druckminimum wandelt sich bei Volumenvergrößerung in die beiden anderen um.

Diese beiden Prozesse lassen sich bis zur vollständigen Aufzehrung der einen Phase durchführen. Sind nur mehr zwei Phasen da, so geht man bei adiabatischem Arbeiten auf der entsprechenden Grenzkurve weiter, bis eine Phase verbraucht ist, während man beim isothermen Prozeß bei den Werten des Tripelpunktes bleibt, bis nur mehr eine Phase übrigbleibt.

84. Gleichgewicht zwischen zwei Phasen unter verschiedenem Druck. Wir hatten schon in Ziff. 76 die Möglichkeit erwähnt, daß zwei Phasen, die miteinander im Gleichgewicht sind, unter verschiedenem Druck stehen können. Man kann z. B. bei Vorhandensein einer festen und einer flüssigen Phase die feste mit Hilfe eines Stempels pressen, welcher die flüssige Phase widerstandslos durchläßt. Allerdings wird es dabei im allgemeinen nicht ohne weiteres gelingen, den Druck von allen Seiten gleichmäßig zu gestalten. Leichter ist es, bei einem Gleichgewicht zwischen flüssiger und gasförmiger Phase die kondensierte Phase durch Einschluß in ein Gefäß unter Druck zu setzen, dessen Wände für den Dampf durchlässig sind. Der Druck kann auch negativ sein (Zug). Einen positiven Druck kann man auch dadurch ausüben, daß man in die Gasphase ein fremdes Gas bringt, welches sich in der kondensierten Phase nicht merklich löst und dessen Partialdruck steigert. Solange das zugesetzte Gas noch als ideal behandelt werden kann, hat seine Anwesenheit auf das chemische Potential des untersuchten Dampfes bei gegebener Temperatur und gegebenem Partialdruck desselben keinen Einfluß. Allerdings ist dann das System ein Zweistoffsystem (vgl. Ziff. 70), doch ändert das nichts für die folgenden Rechnungen.

Es seien also die beiden Phasen 1 und 2 bei dem gemeinsamen Druck p und der Temperatur T im Gleichgewicht

$$F_p^{(1)}(p, T) = F_p^{(2)}(p, T). \tag{1}$$

Nun erhöhen wir den Druck über der Phase 1 um Δp_1. Hierdurch wird die freie Energie der Phase 1. geändert. Zur Berechnung dieser Änderung wollen wir eine Entwicklung nach Δp_1 vornehmen, wollen aber voraussetzen, daß Δp_1

klein genug ist, um mit dem linearen Glied abbrechen zu können. Es nimmt demnach infolge der Druckerhöhung die freie Energie der Phase 1 um den Wert

$$\varDelta F_p^{(1)} = \varDelta p_1 \frac{\partial F_p^{(1)}}{\partial p} = \varDelta p_1 V_1 \tag{2}$$

zu. Damit wieder Gleichgewicht herrscht, muß man auch die freie Energie der zweiten Phase um ebensoviel ändern wie die freie Energie der ersten, d. h. man muß auch den Druck über der zweiten Phase ändern. Eine Druckänderung der zweiten Phase um $\varDelta p_2$ erzeugt eine Änderung ihrer freien Energie um

$$\varDelta F_p^{(2)} = \varDelta p_2 \frac{\partial F_p^{(2)}}{\partial p} = \varDelta p_2 V_2 . \tag{2'}$$

Es herrscht daher wieder Gleichgewicht, wenn gilt

$$\frac{\varDelta p_1}{\varDelta p_2} = \frac{V_2}{V_1} . \tag{3}$$

Die Druckänderungen sind für beide Phasen verschieden. Würde man nämlich den Druck für beide Phasen um denselben Betrag erhöhen, während man die Temperatur festhält, so würde man die Gleichgewichtskurve verlassen. Nur in dem Fall, daß die Molvolumina der beiden Phasen gleich sind, $V_1 = V_2$, sind die beiden Druckerhöhungen gleich; dann ist nämlich die Volumänderung des ganzen Systems bei der Umwandlung von 1 Mol aus der einen Phase in die andere $V_2 - V_1 = 0$ und daher nach Ziff. 46 das Gleichgewicht druckunabhängig.

Ist die eine Phase ein ideales Gas, so gilt für sie $V_1 = \frac{RT}{p_1}$, und man erhält die Dampfdruckzunahme bei einer Erhöhung des Druckes über der kondensierten Phase zu

$$RT \frac{\varDelta p_1}{p_1} = V_2 \varDelta p_2 . \tag{4}$$

Geht man in der Entwicklung bis zu quadratischen Gliedern, so wird aus Formel (2)

$$\varDelta p_1 V_1 + \tfrac{1}{2} \chi_1 V_1 (\varDelta p_1)^2 ,$$

aus (3)

$$\frac{\varDelta p_1}{\varDelta p_2} = \frac{V_2}{V_1} \frac{1 + \frac{1}{2}\chi_2 \varDelta p_2}{1 + \frac{1}{2}\chi_1 \varDelta p_1} = \frac{V_2}{V_1} \frac{1 + \frac{1}{2}\chi_2 \varDelta p_2}{1 + \frac{1}{2}\chi_1 \frac{V_2}{V_1} \varDelta p_2} , \tag{3'}$$

wo die Größen χ die Kompressibilität bedeuten.

Will man den Druck der zweiten Phase konstant lassen, so muß man, um wieder Gleichgewicht zu bekommen, die Temperatur ändern. Das hat deshalb Erfolg, weil die Temperaturabhängigkeit der freien Energie in beiden Phasen verschieden groß ist. Die Gleichgewichtsbedingung lautet nun

$$\frac{\partial F_p^{(1)}}{\partial p} \varDelta p_1 + \frac{\partial F_p^{(1)}}{\partial T} \varDelta T = \frac{\partial F_p^{(2)}}{\partial T} \varDelta T$$

oder

$$V_1 \varDelta p = - U_{1 \to 2, p} \frac{\varDelta T}{T} ,$$

wo $U_{1 \to 2, p}$ die Wärmemenge ist, die man zuführen muß, um reversibel, isotherm und bei konstantem Druck ein Mol aus der Phase 1 in die Phase 2 zu bringen. Diese Formel gibt also z. B. die Siedepunktsänderung bei Erhöhung des Druckes über der flüssigen Phase allein oder die Verschiebung des Umwandlungspunktes bei Erhöhung des Druckes über nur einer der beiden festen Phasen.

85. Abhängigkeit des Dampfdrucks von der Oberflächenspannung. Wir wollen nun den Fall untersuchen, daß man die freie Energie der Oberfläche nicht mehr gegen die gesamte freie Energie vernachlässigen darf. Es seien wieder zwei Phasen gegeben, welche die auf ein Mol bezogenen freien Energien $F_p^{(1)}, F_p^{(2)}$ haben. Die freie Energie für 1 cm² der gemeinsamen Oberfläche sei $\bar{f}$, dann muß im Gleichgewicht die Änderung der gesamten freien Energie beim Übergang von dn Mol aus der einen (1) in die andere (2) verschwinden. Hierbei möge sich die Oberfläche um dO ändern. Es ist also

$$(F_p^{(2)}(p, T) - F_p^{(1)}(p, T))\, dn + \bar{f}\, dO = 0 \tag{1}$$

oder

$$F_p^{(2)}(p, T) - F_p^{(1)}(p, T) = -\bar{f}\frac{dO}{dn}. \tag{2}$$

Wenn die eine Phase in Form kleiner Kugeln (Radius r) vorliegt, so ist $\frac{dO}{dn} = -\frac{2M}{r\varrho}$ (ϱ Dichte). Das Gleichgewicht liegt jetzt bei einem anderen Druck p als im Falle kleiner Gesamtoberfläche, in welchem gilt

$$F_p^{(2)}(p_0 T) - F_p^{(1)}(p_0 T) = 0. \tag{3}$$

Für die Druckdifferenz $\Delta p = p - p_0$ erhält man demnach

$$\Delta p \frac{\partial}{\partial p}[F_p^{(2)}(p, T) - F_p^{(1)}(p, T)] = -\bar{f}\frac{dO}{dn}. \tag{4}$$

bzw. mit Ziff. 39 (5′)

$$\Delta p (V_2 - V_1) = -\bar{f}\frac{dO}{dn}. \tag{5}$$

Diese Formel gibt die Dampfdruckerhöhung bei kleinen Teilchen. Diese tritt auch dann schon ein, wenn die innere Beschaffenheit des kleinen Teilchens sich nicht merklich von der massiver Stücke unterscheidet.

Wenn bei ganz kleinen Teilchen, die nur mehr wenige Moleküle enthalten, auch Abweichungen in der inneren Natur der Teilchen merklich werden, z. B. der Molekülabstand ein anderer ist als in großen Stücken, so kann man auch den Einfluß dieser Änderung formal als Oberflächenspannung ansetzen.

c) Mehrstoffsysteme.

86. Mehrere Phasen unveränderlicher Zusammensetzung. Am einfachsten liegen die Verhältnisse, wenn nur Phasen konstanter Zusammensetzung auftreten. Dann ist die freie Energie einer solchen Phase pro Mol gleichzeitig ihr chemisches Potential. Ist außerdem die Zahl der Phasen um 1 größer als die der unabhängigen Bestandteile, so hat das System einen einzigen Freiheitsgrad, als welchen man die Temperatur wählen kann, welche den Druck bestimmt; die Zusammensetzungen sind ja ohnedies als unveränderlich angenommen. Als Beispiel hierfür diene das schon in Ziff. 70 besprochene Kalkbrennen, $CaCO_3 = CaO + CO_2$, mit den beiden unabhängigen Bestandteilen CaO und CO_2 und den drei Phasen festes $CaCO_3$, festes CaO und gasförmiges CO_2. Daß es sich hierbei um zwei feste Phasen handelt, ist ein Ausdruck dafür, daß in dem System eine wohldefinierte Grenzfläche zwischen dem ungebrannten $CaCO_3$ und dem CaO existiert und daß der Prozeß nur an dieser Grenzfläche vor sich geht. Beim Fortschreiten des Prozesses verschiebt sich diese Grenzfläche. Würde die Kohlensäureentwicklung auch im Inneren der Kalziumkarbonatmasse auftreten, und würden dadurch im Inneren molekular verstreut CaO-Teilchen entstehen, so müßte man von einer festen Phase reden, und zwar von einer festen Lösung (Mischkristall) von CaO in $CaCO_3$. Unser System hätte dann zwei Freiheitsgrade, nämlich außer T den Gehalt der festen Lösung an CaO. Der Kohlensäuredruck wäre bei gegebener Temperatur nicht mehr fest vorgegeben, sondern würde sich mit steigendem CaO-Gehalt ändern (und zwar abnehmen). Die Gleichgewichtsbedingung lautet:

$$F_{CaCO_3} = F_{CaO} + F_{CO_2}.$$

Diese Größen sind nach den Formeln von Ziff. 61 ohne weiteres einzusetzen und ergeben gegenüber dem Sublimationsgleichgewicht von Ziff. 81 nichts prinzipiell Neues. In ds. Handb. Bd. X werden sie ausführlich besprochen. Für die Temperaturabhängigkeit des Gleichgewichts gilt wieder die CLAUSIUS-CLAPEYRONsche Gleichung $\frac{dp}{dT} = \frac{U}{\Delta V \cdot T}$. In ihr bedeutet ΔV die Volumzunahme, die beim Umsatz von 1 Mol eintritt und U die Wärmemenge, die bei diesem Umsatz zuzuführen ist.

87. Gleichgewicht zwischen festem Salz und Lösung. Hier haben wir zwei Phasen, das feste Salz und die Lösung, und zwei unabhängige Bestandteile, nämlich das Salz (1) und das Lösungsmittel (2). Wir haben demnach ein System von zwei Freiheitsgraden, als welche wir die Temperatur und den Druck wählen können. Dann ist alles andere festgelegt. Ändern wir den Druck nicht, so verhält sich unser System wie ein solches mit bloß einem Freiheitsgrad (eine einschränkende Bedingung nach Ziff. 75). Wenn das Lösungsmittel im festen Salz nicht in merkbarer Weise aufgenommen wird, so können wir in bezug auf das Potential des festen Salzes dieses als von konstanter Zusammensetzung annehmen (vgl. Ziff. 70). Die Gleichgewichtsbedingung enthält dann nur die Aussage gleichen chemischen Potentials des Salzes im festen Bodenkörper und in der Lösung

$$\mu_1^{(s)} = \mu_1^{(L)}. \tag{1}$$

Um die Abhängigkeit der Löslichkeit von der Temperatur zu untersuchen, schreibt man die Bedingung (1) für eine um dT erhöhte Temperatur hin, was nur bei gleichzeitiger Veränderung des Molenbruchs x in der Lösung möglich ist, und erhält

$$\frac{\partial \mu_1^{(s)}}{\partial T} dT = \frac{\partial \mu_1^{(L)}}{\partial T} dT + \frac{\partial \mu_1^{(L)}}{\partial x} dx.$$

Mit Berücksichtigung von (2) Ziff. 45 wird daraus

$$\frac{\partial x}{\partial T} = \frac{U}{T \frac{\partial \mu_1^{(L)}}{\partial x}}, \tag{2}$$

wobei U die Wärmemenge ist, die zugeführt werden muß, wenn man bei den gegebenen Druck- und Temperaturbedingungen 1 Mol des Salzes in der fast gesättigten Lösung auflöst, also die letzte Lösungswärme (Ziff. 64). Bei einer verdünnten Lösung, bei welcher man nach Ziff. 65 angenähert schreiben kann

$$\mu_1^{(L)} = \mu_1^0 + RT \ln x, \tag{3}$$

wird daraus

$$\frac{d \ln x}{dT} \left(\sim \frac{d \ln c}{dT} \right) = \frac{U}{RT^2}. \tag{4}$$

Die Löslichkeit nimmt demnach mit steigender Temperatur zu, wenn die Lösungswärme $-U$ negativ ist. Ähnlich bekommt man für die Druckabhängigkeit der Löslichkeit

$$\frac{\partial x}{\partial p} = -\frac{\Delta V}{\frac{\partial \mu_1^{(L)}}{\partial x}}, \tag{5}$$

worin ΔV die beim Lösen von 1 Mol Salz auftretende Zunahme des gesamten Volumens ist. Diese beiden Formeln sind nur Spezialfälle der allgemeinen Formeln von Ziff. 45.

Ist bei einer gegebenen Temperatur T und gegebenem Druck p die Lösung mit dem festen Salz im Gleichgewicht und will man nun Druck und Temperatur gleichzeitig so ändern, daß dabei die Konzentration der gesättigten Lösung ungeändert bleibt, so erhält man einfach wieder die CLAUSIUS-CLAPEYRONsche Gleichung

$$\left(\frac{\partial p}{\partial T}\right)_x = \frac{U}{\Delta V \cdot T},$$

wie man beim Vergleich der Formeln (2) und (5) oder auch direkt aus Formel (10) Ziff. 45 ersehen kann, wenn man dort $dn = 0$ setzt.

88. Gefrierpunktserniedrigung des Lösungsmittels. Ist als feste Phase nicht das Salz, sondern das Lösungsmittel gegeben, so ist das kein prinzipieller Unterschied. Es gelten jetzt nur die Gleichgewichtsbedingungen, die sich früher auf das Salz bezogen haben, für das Lösungsmittel

$$\mu_2^{(s)} = \mu_2^{(L)}(x, T). \tag{1}$$

Wenn bei dem gegebenen Druck der Gefrierpunkt des reinen Lösungsmittels (Index R) T_R ist, so gilt demnach die Gleichung

$$\mu_2^{(s)}(T_R) = \mu_2(x = 0, T_R). \tag{2}$$

Das Gleichgewicht zwischen dem festen Lösungsmittel (Eis) und dem Lösungsmittel in der Lösung kann nicht mehr bei derselben Temperatur und demselben Druck stattfinden, weil das chemische Potential des Lösungsmittels in der Lösung kleiner ist. Um trotzdem Gleichgewicht zu haben, muß man die Temperatur herabsetzen, weil sich hierbei das chemische Potential des Lösungsmittels in der Lösung stärker ändert als das des festen Lösungsmittels, wenigstens solange beim Übergang von Lösungsmittel aus dem festen Zustand in die Lösung Wärme verbraucht wird. Es ergibt sich demnach für die Gefrierpunktserniedrigung

$$\begin{aligned}\mu_2^{(s)}(T) - \mu_2^{(s)}(T_R) &= \mu_2^{(L)}(x, T) - \mu_2^{(L)}(0, T_R)\\ &= \mu_2^{(L)}(x, T) - \mu_2^{(L)}(x, T_R) + \mu_2^{(L)}(x T_R) - \mu_2^{(L)}(0, T_R)\end{aligned}$$

oder

$$\Delta T \frac{U_2}{T} = \mu_2^{(L)}(x, T_R) - \mu_2^{(L)}(0, T_R), \tag{3}$$

wobei U_2 die Wärmemenge ist, die verbraucht wird, wenn ein Mol Lösungsmittel aus dem festen Zustand in die Lösung gebracht wird. Man kann sich diesen Vorgang nun in zwei Stufen durchgeführt denken: Erstens Schmelzen des reinen Lösungsmittels, zweitens Verbringen des geschmolzenen reinen Lösungsmittels in die Lösung. Daraus folgt, daß U die Differenz der Schmelzwärme des reinen Lösungsmittels und der differentialen Verdünnungswärme der Lösung (Ziff. 64) ist.

Die Formel für den Fall, daß die Lösung unter anderem Druck steht als der Bodenkörper, sind nach den Entwicklungen von Ziff. 84 leicht hinzuschreiben.

Für verdünnte Lösungen geht Formel (3) über in

$$+\Delta T \frac{U_2}{T} = RT \ln(1-x) \sim -RT \frac{n_1}{n_2}. \tag{4}$$

Im allgemeinen kann man als streng gültige Differentialgleichung schreiben

$$\frac{dT}{dx} = \frac{T}{U_2} \frac{\partial \mu_2^{(L)}}{\partial x} \tag{5}$$

analog (2) Ziff. 87.

89. Anwesenheit der festen Phase des Lösungsmittels und des gelösten Stoffes. Ist das Salz und die feste Phase des Lösungsmittels neben der Lösung vorhanden, so haben wir drei Phasen mit zwei festen Stoffen, demnach einen Freiheitsgrad, und wenn wir den Druck nicht ändern wollen, keinen Freiheitsgrad, d. h. einen Tripelpunkt, den man in diesem Fall den eutektischen Punkt nennt. Hier liegen die Verhältnisse ganz entsprechend wie bei einem Tripelpunkt in Einstoffsystemen; bei Wärmeentzug friert die Lösung, ohne daß sich die Zusammensetzung der flüssigen Lösung oder die Temperatur ändert, indem sich die beiden festen Phasen in demselben Mengenverhältnis bilden, in dem die beiden Stoffe in der Lösung vorhanden sind, während in Abwesenheit der festen Phase des Lösungsmittels sich bei Abkühlung nur der gelöste Stoff abscheidet, wobei Temperatur und Zusammensetzung der Lösung sich gemäß (7) Ziff. 87 dauernd ändert. Ebenso scheidet sich in Abwesenheit des festen Salzes nur Lösungsmittel aus (Ziff. 88). Man hat wegen der konstanten Zusammensetzung am eutektischen Punkt anfangs gemeint, es handle sich hier um Verbindungen. Tatsächlich scheiden sich aber die beiden Phasen getrennt aus, wenn auch in feiner schichtenweisen Anordnung. Auch hängt die Zusammensetzung vom äußeren Druck ab. Die Lage des eutektischen Punktes ist durch die Gleichungen gegeben

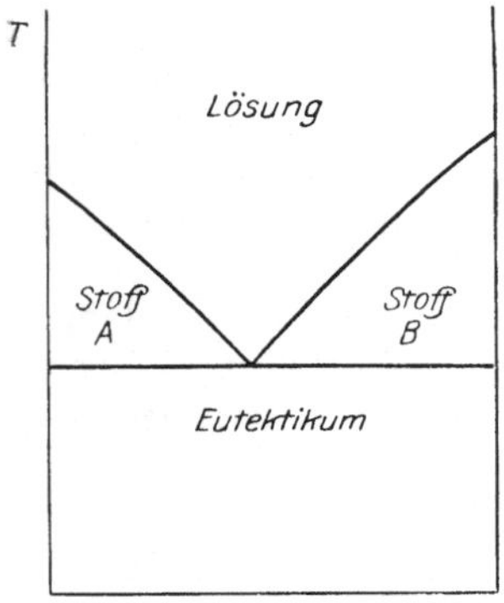

$$\left.\begin{aligned} \mu_1^{(s)} &= \mu_1^{(L)}, \\ \mu_2^{(s)} &= \mu_2^{(L)}. \end{aligned}\right\} \tag{1}$$

Man kann sagen, daß er dort liegt, wo sich die Gefrierpunktskurve des Lösungsmittels (A) mit der Sättigungskurve des Salzes (B) schneidet (Abb. 14). Ist das Salz schwer löslich und beträgt seine Löslichkeit beim Gefrierpunkt T_0 des reinen Lösungsmittels x_0, so daß gilt [(4) Ziff. 87]

$$\Delta x = x_0 \frac{U_1}{RT_0^2} \Delta T,$$

T

Lösung

Stoff A

Stoff B

Eutektikum

Zusammensetzung B

Abb. 14. Gleichgewicht zwischen Lösung, festem Salz und festem Lösungsmittel.

so findet man nach Formel (4) von Ziff. 88 für das Eutektikum die Temperatur

$$T_0 + \Delta T = T_0 - \frac{RT^2}{U_2} x_0$$

und die Zusammensetzung

$$x_0 \left(1 - \frac{U_1}{U_2} x_0\right),$$

wobei U_2 die Schmelzwärme des Lösungsmittels, $-U_1$ die Lösungswärme des Salzes ist.

90. Der osmotische Druck. Wir untersuchen nun das Gleichgewicht zwischen einer Lösung und dem reinen Lösungsmittel. Das chemische Potential des Lösungsmittels in der Lösung ist kleiner als das des reinen Lösungsmittels bei der gleichen Temperatur mit dem gleichen Druck, wie wir schon in Ziff. 88 erwähnt hatten. Wir müssen daher, da die Temperatur gleichbleiben muß, den Druck über der Lösung soweit erhöhen, daß das chemische Potential des Lösungsmittels in der Lösung gleich dem des reinen Lösungsmittels wird. Es sei also die Lösung in einem Gefäß eingeschlossen, das wenigstens teilweise durch eine halbdurchlässige Wand begrenzt ist, die für den gelösten Stoff undurchlässig, für das Lösungsmittel widerstandslos durchlässig ist. „Widerstandslos" soll dabei bedeuten: Wenn wir auf einer Seite reines Lösungsmittel unter einem bestimmten Druck haben, stellt sich in reinem Lösungsmittel auf der andern Seite in nicht zu langer Zeit der gleiche Druck ein. Dann lautet die Gleichgewichtsbedingung

$$\mu_2(p + p_{\text{osm}}, x) = \mu_2(p, x = 0)$$

oder

$$p_{\text{osm}} = -\frac{1}{V_2}\frac{\partial \mu_2}{\partial x}\, x\,. \tag{1}$$

Hierin bedeutet V_2 die Volumvermehrung von sehr viel Lösung der gegebenen Konzentration beim Druck $p + p_{\text{osm}}$, wenn ihr ein Mol reines Lösungsmittel zugefügt wird, also das Partialmolvolumen des Lösungsmittels in der Lösung (Ziff. 62)

$$\frac{\partial \mu_2}{\partial p} = \frac{\partial}{\partial n_2}\frac{\partial f}{\partial p}\,.$$

Für hohe Konzentrationen ist (1) als Differentialgleichung aufzufassen

$$\frac{\partial p_{\text{osm}}}{\partial x} = -\frac{1}{V_2}\frac{\partial \mu_2}{\partial x}\,. \tag{2}$$

Für verdünnte Lösungen hat $\mu_2(x) - \mu_2(0)$ den Wert $RT\ln(1-x)$ und die Formel für den osmotischen Druck lautet dann

$$p_{\text{osm}} = x\frac{RT}{V_2} \sim n_1\frac{RT}{v}\,, \tag{3}$$

da man hier angenähert $(n_1 + n_2)V_2 = v$, dem Gesamtvolumen der Lösung, setzen kann.

Da sowohl V_2 als auch $\frac{\partial \mu_2}{\partial x}$ vom Gesamtdruck abhängen $\Bigl($das letztere nach der Formel $\frac{\partial}{\partial p}\frac{\partial \mu_2}{\partial x} = \frac{\partial}{\partial x}\frac{\partial \mu_2}{\partial p} = \frac{\partial V_2}{\partial x}\Bigr)$, so ist auch der osmotische Druck vom Gesamtdruck abhängig. Man kann natürlich auch den Druck über der Lösung unverändert lassen, muß aber dann auf das reine Lösungsmittel einen Zug (negativen p_{osm}) ausüben.

91. Dampfdruckerniedrigung und Siedepunktserhöhung. Wenn die zweite Phase, welche nur das Lösungsmittel enthält, die Dampfphase ist, so sind die Rechnungen besonders einfach, wenn wir den Dampf als ideales Gas ansehen. Es gelten dann bei gegebener Temperatur folgende Gleichungen: Für das reine Lösungsmittel

$$\mu_2^{(L)}(p_0, x = 0) = \mu_2^{D}(p_0)\,. \tag{1}$$

Für das Lösungsmittel in der Lösung

$$\mu_2^{(L)}(p, x) = \mu_2^D(p) = \mu_2^D(p_0) + RT\ln\frac{p}{p_0}. \tag{1'}$$

Das ergibt für die Dampfdruckänderung des Lösungsmittels in der Lösung die Gleichung

$$V_2 dp + \frac{\partial\mu_2}{\partial x}dx = \frac{RT}{p}dp$$

oder

$$\frac{dp}{dx}\left(\frac{RT}{p} - V_2\right) = \frac{\partial\mu_2}{\partial x}. \tag{2}$$

Vernachlässigt man das Volumen des Lösungsmittels V_2 gegen das Dampfvolumen $\frac{RT}{p}$, oder setzt man in (1) (1')

$$\mu_2^{(L)}(p, x) = \mu_2^{(L)}(p_0, x),$$

so wird daraus

$$RT\ln\frac{p}{p_0} = \mu_2(x) - \mu_2(0). \tag{3}$$

Ist die Lösung verdünnt, so hat wieder $\mu_2(x) - \mu_2(0)$ den Wert $RT\ln(1 - x)$ und die Gleichung (3) wird

$$\frac{p}{p_0} = 1 - x = \frac{n_2}{n_1 + n_2} \quad \text{oder} \quad \frac{p_0 - p}{p_0} = \frac{n_1}{n_1 + n_2} \tag{4}$$

(RAOULTsches Gesetz). Hierbei ist n_2 so zu berechnen, daß das Molekulargewicht des Lösungsmittels im Dampfzustand eingesetzt wird, wie aus der Benützung der Gleichung (1') folgt, die sich auf 1 Mol dampfförmiges Lösungsmittel bezieht. Man kann daher aus der Dampfdruckänderung nicht auf das Molekulargewicht des Lösungsmittels im flüssigen Zustand schließen. Die Größe n_1 gibt die Zahl der Mole der gelösten Substanz an, das Molekulargewicht derselben aber nur indirekt als den Quotienten der eingewogenen Menge durch die Zahl der Mole. Die Rechnung kann daher nichts darüber aussagen, ob sich etwa Lösungsmittel an den gelösten Stoff angelagert hat, solange die Lösung verdünnt ist.

Will man die Temperatur soweit erhöhen, daß der Dampfdruck über der Lösung wieder denselben Wert annimmt, den er über dem reinen Lösungsmittel bei der tieferen Temperatur hatte, will man also die Siedepunktserhöhung bestimmen, so hat man die Gleichungen zu benützen

$$\mu_2^{(L)}(T_0, x = 0) = \mu_2^D(T_0),$$

$$\mu_2^{(L)}(T, x) = \mu_2^D(T)$$

oder

$$T - T_0 = -\frac{T}{U_2}\frac{\partial\mu_2^{(L)}}{\partial x}x. \tag{5}$$

Für größere x ist dies als Differentialgleichung aufzufassen

$$-\frac{U_2}{T}\frac{dT}{dx} = \frac{\partial\mu_2}{\partial x}, \tag{6}$$

in ihr bedeutet U_2 die Verdampfungswärme des Lösungsmittels aus der Lösung, die gleich der Verdampfungswärme des reinen Lösungsmittels + der differentialen

Verdünnungswärme bei der gegebenen Konzentration ist. Für kleine Konzentrationen, wenn wieder der Ansatz $\mu_2(x) - \mu_2(0) = RT\ln(1 - x)$ gilt, folgt daraus

$$T - T_0 = \frac{RT^2}{U} x, \tag{7}$$

die vollkommen der Gefrierpunktserniedrigung (4) Ziff. 88 entspricht, nur daß jetzt U die Verdampfungswärme, nicht die Schmelzwärme ist. Hier ist eine Temperaturerhöhung statt einer Erniedrigung vorhanden, weil jetzt die Phase mit dem kleineren Energieinhalt den gelösten Stoff enthält, bei der Gefrierpunktserniedrigung dagegen die Phase mit dem höheren Energieinhalt. Würde man U nicht so festlegen, daß es die bei der Umwandlung aus der energieärmeren in die energiereichere Phase verbrauchte Wärme angibt, sondern so, daß es die bei der Umwandlung von 1 Mol Lösungsmittel aus der Lösung in die reine Phase verbrauchte Wärme betrifft, so hätte U in den beiden Fällen das entgegengesetzte Vorzeichen. Man kann auch (6) aus (2) mit Hilfe der CLAUSIUS-CLAPEYRONschen Gleichung ableiten.

92. Zusammenhang zwischen osmotischem Druck, Gefrierpunktserniedrigung und Dampfdruckerniedrigung. Diejenige Größe, welche alle drei in der Überschrift genannten Erscheinungen beherrscht, ist die Änderung des chemischen Potentials des Lösungsmittels durch die Auflösung des gelösten Stoffes.

Man hat für den osmotischen Druck

$$-V_2 \frac{dp_{\text{osm}}}{dx} = \frac{\partial \mu_2}{\partial x}$$

für die Gefrierpunktserniedrigung

$$\frac{U_{2\,\text{gef}}}{T} \frac{dT_{\text{gef}}}{dx} = \frac{\partial \mu_2}{\partial x}$$

und für die Dampfdruckerniedrigung

$$\frac{dp}{dx}\left(\frac{RT}{p} - V_2\right) = \frac{\partial \mu_2}{\partial x}.$$

Aus diesen Gleichungen kann man $\partial \mu_2/\partial x$ eliminieren und somit jede der drei Größen osmotischen Druck, Gefrierpunktserniedrigung oder Dampfdruckerniedrigung aus einer anderen eindeutig thermodynamisch berechnen. Ebenso kann man, wenn eine dieser Größen experimentell als Funktion des Molenbruches x bestimmt wird, daraus $\partial \mu_2/\partial x$ als Funktion des Molenbruches berechnen. Da nach Ziff. 62 gilt

$$x \frac{\partial \mu_1}{\partial x} + (1-x) \frac{\partial \mu_2}{\partial x} = 0,$$

so findet man auch die Abhängigkeit des Potentials des gelösten Stoffes von der Konzentration hieraus gemäß der Formel

$$\mu_1 = -\int \frac{1-x}{x} \frac{\partial \mu_2}{\partial x} dx.$$

Allerdings fehlt hierin noch eine Integrationskonstante, welche z. B. die Löslichkeit bestimmt. $\mu_1(x = 1)$ ist das Potential des reinen Stoffes 1. Für μ_2 ist diese Integrationskonstante bekannt, da $\mu_2(x = 0)$ das Potential des reinen Lösungsmittels ist.

93. Zwei Phasen variabler Zusammensetzung. Der Fall, daß beide Phasen variable Zusammensetzung haben, liegt z. B. vor: beim Gleichgewicht einer Lösung mit ihrem Dampf, wenn beide Stoffe merklichen Dampfdruck haben; ferner beim Gleichgewicht zweier flüssiger Phasen, beim Gleichgewicht einer flüssigen Lösung und einer festen Phase, die eine feste Lösung (Mischkristall) der beiden Komponenten darstellt. Wir haben nun für jeden der beiden Stoffe die Gleichgewichtsbedingung anzusetzen

$$\left.\begin{aligned} \mu_1^{(1)}(x^{(1)}) &= \mu_1^{(2)}(x^{(2)}), \\ \mu_2^{(1)}(x^{(1)}) &= \mu_2^{(2)}(x^{(2)}). \end{aligned}\right\} \tag{1}$$

Wendet man hierauf die allgemeinen Gleichungen der Ziff. 45 an, so erhält man

$$-\frac{U_1}{T}dT + [V_1^{(2)} - V_1^{(1)}]dp - \frac{\partial\mu_1^{(1)}}{\partial x^{(1)}}dx^{(1)} + \frac{\partial\mu_1^{(2)}}{\partial x^{(2)}}dx^{(2)} = 0, \tag{2}$$

$$-\frac{U_2}{T}dT + [V_2^{(2)} - V_2^{(1)}]dp - \frac{\partial\mu_2^{(1)}}{\partial x^{(1)}}dx^{(1)} + \frac{\partial\mu_2^{(2)}}{\partial x_2^{(2)}}dx^{(2)} = 0. \tag{3}$$

Hierin bedeutet U_1 die Wärmemenge, die zugeführt werden muß, wenn 1 Mol des ersten Stoffes aus der ersten in die zweite Phase übergeführt wird, U_2 ist dieselbe Größe für den zweiten Stoff. $V_1^{(2)} - V_1^{(1)}$ bedeutet die Volumzunahme des Systems, wenn 1 Mol des ersten Stoffes aus der ersten in die zweite Phase übergeführt wird. Sie ist gleich der Differenz der Partialmolvolumina des ersten Stoffes in der zweiten und ersten Phase. Hierbei besteht zwischen den Größen μ_1 und μ_2 folgende Beziehung

$$x^{(1)}\frac{\partial\mu_1^{(1)}}{\partial x^{(1)}} + (1 - x^{(1)})\frac{\partial\mu_2^{(1)}}{\partial x^{(1)}} = 0, \qquad x^{(2)}\frac{\partial\mu_1^{(2)}}{\partial x^{(2)}} + (1 - x^{(2)})\frac{\partial\mu_2^{(2)}}{\partial x^{(2)}} = 0, \tag{4}$$

so daß wir auch schreiben können

$$-\frac{U_2}{T}dT + [V_2^{(2)} - V_2^{(1)}]dp + \frac{x^{(1)}}{1 - x^{(1)}}\frac{\partial\mu_1^{(1)}}{\partial x^{(1)}}dx^{(1)} - \frac{x^{(2)}}{1 - x^{(2)}}\frac{\partial\mu_1^{(2)}}{\partial x^{(2)}}dx^{(2)} = 0. \tag{3'}$$

Wir erhalten demnach folgende beiden Gleichungen

$$\left.\begin{aligned} -dx^{(1)} = {} & \frac{1 - x^{(1)}}{[x^{(2)} - x^{(1)}]\dfrac{\partial\mu_1^{(1)}}{\partial x^{(1)}}}\left\{[U_2(1 - x^{(2)}) + U_1 x^{(2)}]\frac{dT}{T}\right. \\ & \left. - [(V_2^{(2)} - V_2^{(1)})(1 - x^{(2)}) + (V_1^{(2)} - V_1^{(1)})x^{(2)}]dp\right\}, \end{aligned}\right\} \tag{5}$$

$$\left.\begin{aligned} -dx^{(2)} = {} & \frac{1 - x^{(2)}}{[x^{(2)} - x^{(1)}]\dfrac{\partial\mu_1^{(2)}}{\partial x^{(2)}}}\left\{[U_2(1 - x^{(1)}) + U_1 x^{(1)}]\frac{dT}{T}\right. \\ & \left. - [(V_2^{(2)} - V_2^{(1)})(1 - x^{(1)}) + (V_1^{(2)} - V_1^{(1)})x^{(1)}]dp\right\}. \end{aligned}\right\} \tag{6}$$

Halten wir den Druck konstant, $dp = 0$, so geben die beiden entstehenden Gleichungen

$$-dx^{(1)} = \frac{1 - x^{(1)}}{x^{(2)} - x^{(1)}} \frac{1}{\frac{\partial \mu_1^{(1)}}{\partial x^{(1)}}} [U_2(1 - x^{(2)}) + U_1 x_1^{(2)}] \frac{dT}{T}, \tag{7}$$

$$-dx^{(2)} = \frac{1 - x^{(2)}}{x^{(2)} - x^{(1)}} \frac{1}{\frac{\partial \mu_1^{(2)}}{\partial x^{(2)}}} [U_2(1 - x^{(1)}) + U_1 x^{(1)}] \frac{dT}{T} \tag{8}$$

die Änderung der Zusammensetzung der beiden Phasen mit der Gleichgewichtstemperatur an. Sie geben also z. B. die Änderung der Siedetemperatur bei konstantem Druck als Funktion der Zusammensetzung der einen Phase und damit weiter auch die Änderung der Zusammensetzung der anderen Phase. Division der beiden Gleichungen führt dann zu

$$\frac{dx^{(1)}}{dx^{(2)}} = \frac{1 - x^{(1)}}{1 - x^{(2)}} \frac{\frac{\partial \mu_1^{(2)}}{\partial x^{(2)}}}{\frac{\partial \mu_1^{(1)}}{\partial x^{(1)}}} \frac{U_2(1 - x^{(2)}) + U_1 x^{(2)}}{U_2(1 - x^{(1)}) + U_1 x^{(1)}},$$

ergibt somit

$$\frac{dx^{(1)}}{dx^{(2)}} > 0,$$

außer wenn $\frac{U_2}{U_1}$ negativ ist und sein Absolutwert zwischen $\frac{x^{(1)}}{1 - x^{(1)}}$ und $\frac{x^{(2)}}{1 - x^{(2)}}$ liegt.

Daraus folgt, daß sich die Konzentration $x^{(1)}$ und $x^{(2)}$ beim Dampfdruckgleichgewicht in beiden Phasen im selben Sinn ändert, weil die rechte Seite stets positiv ist (falls U_2 und U_1 dasselbe Zeichen haben).

Aus (5) folgen die früher abgeleiteten Formeln und zwar die Gefrierpunktserniedrigung, indem man als Phase 2 die Lösung, als Phase 1 das Eis setzt ($x^{(1)} = 0$) und von (4) Gebrauch macht.

Man erhält

$$dx^{(2)} = \frac{1}{\frac{\partial \mu_2^{(2)}}{\partial x^{(2)}}} U_2 \frac{dT}{T}, \tag{9}$$

die mit (5) Ziff. 88 genau übereinstimmt.

Wenn der Stoff 1 auch in die andere Phase geht, wird die nach (9) berechnete Gefrierpunktserniedrigung mit dem Faktor

$$\frac{x^{(2)} - x^{(1)}}{x^{(2)}} \frac{U_2}{U_2 + x^{(1)}(U_1 - U_2)}$$

multipliziert, der meist < 1 ist. Wenn daher die feste Phase ein Mischkristall ist, ist im allgemeinen die Gefrierpunktserniedrigung kleiner als bei reinem Eis. Ähnlich kann man auch die andern Erscheinungen (Ziff. 88 bis 91) durchdiskutieren. Wenn der gelöste Stoff flüchtig ist, wird die gemessene Siedepunktserhöhung kleiner und kann sogar in eine Erniedrigung umschlagen. Endlich findet man den Satz von KONOWALOW: Wenn beide Phasen gleiche Zusammensetzung haben

$$x^{(2)} = x^{(1)}$$

so ist

$$dT = 0.$$

Bei gegebenem Druck hat dann die Temperatur einen Extremwert; außerdem verdampft die Substanz mit konstanter Zusammensetzung. Daß man es hier nicht mit einer Verbindung zu tun hat, erkennt man nur an der Abhängigkeit dieser Zusammensetzung vom Druck.

Ebenso gilt: Wenn man den Druck als Funktion der Zusammensetzung (z. B. $x^{(1)}$) studiert, und man findet ein Maximum des Druckes, so haben dort beide Phasen gleiche Zusammensetzung, $x^{(1)} = x^{(2)}$.

Kapitel 2.

Der Nernstsche Wärmesatz.

Von

K. Bennewitz, Berlin.

I. Einleitung.

a) Begriff und Definition der Affinität.

1. Erweiterung der klassischen Thermodynamik. Mit der Aufstellung der eiden Hauptsätze (s. ds. Band Kap. 1) scheinen die Beziehungen zwischen den hermodynamischen Größen, soweit sie nicht Fragen der Zustandsgleichung etreffen, im wesentlichen festgelegt zu sein. Die Gesamtenergie U, die Entropie S nd die freie Energie F sind zwar noch mit einer additiven Konstanten behaftet, ber die die Hauptsätze nichts auszusagen vermögen; aber da es sich bei Messungen nmer um Differenzen handelt, fallen sie für alle praktischen Zwecke heraus nd sind überhaupt unkontrollierbar.

Indessen tritt bei der freien Energie $F = U - TS$ noch ein zweites willürliches Glied auf, nämlich die mit der Temperatur multiplizierte Entropieonstante. Dieses Glied hebt sich nun bei gewissen Messungen nicht ohne weiteres eraus, so daß die Entropiekonstante von Bedeutung und experimentell prüfbar ird. Da die klassische Thermodynamik über ihre Größe nichts aussagen kann, o bedarf es einer neuen Erkenntnis, die über die beiden Hauptsätze hinausgeht. as leistet der von Nernst[1] (1906) aufgestellte neue Wärmesatz, dessen Dartellung dieser Abschnitt gewidmet ist.

Seine Darstellung würde sich am kürzesten gestalten, wenn man, sich auf ie Ergebnisse der Quantentheorie stützend, sofort zu der von Planck gegebenen orm des Satzes überginge. Indessen träte damit weder die allgemeine Gültigeit im Sinne der Thermodynamik in Evidenz, noch zeigte sich seine vielseitige edeutung. Gerade die geschichtliche Entwicklung der Erkenntnis wirkt hier lärend und ihr wollen wir uns anschließen.

Den Ausgangspunkt bildete die Frage nach einer quantitativen Formulierung er chemischen Verwandtschaft oder der „Affinität" einer Reaktion, also des estrebens gewisser Stoffe, Verbindungen einzugehen. Eine derartige Fragetellung ist von vornherein nicht eindeutig; ja nicht einmal die „Dimension" es Begriffes ist damit irgendwie gekennzeichnet. Es wäre durchaus nicht so idersinnig, etwa die Reaktionsgeschwindigkeit als Maß zu benutzen, woran ie Erfahrungstatsache, daß diese Größe durch die Gegenwart von Katalysatoren ngeheuer beeinflußbar ist, nichts im geringsten ändern würde. Man verstände ann eben unter der Affinität eine Größe, die nicht nur vom reagierenden System,

---

[1]) W. Nernst, Göttinger Nachr. 1906, Heft 1.

sondern auch noch von anderen Bedingungen abhängig wäre. Eine solche Auffassung scheint sogar heute berechtigter als je, seitdem wir wissen, daß das Reaktionsergebnis in manchen Fällen direkt von der Wahl des Katalysators abhängig ist. Trotzdem ist das so gestellte Problem auch jetzt noch viel zu undurchsichtig, als daß es eine geeignete Grundlage abgeben könnte.

In zweiter Linie könnte man versuchen, durch Aufzwingung äußerer Bedingungen, etwa geeigneter Kräfte, die Reaktion zum Stillstand zu bringen. Hier ist die Katalysatorenwirkung ausgeschaltet; und es könnten diese Zusatzkräfte als Maß der Affinität dienen. Die Durchführung dieses Gedankens wäre durchaus sinnvoll, ist aber praktisch nur in seltenen Fällen zu verwirklichen.

So lag es denn näher, zuerst einmal experimentell leicht und eindeutig feststellbare Begleiterscheinungen der Reaktion auf ihre Verwendbarkeit als Affinitätsmaß zu prüfen. J. THOMSEN (1854) und M. BERTHELOT (1868) glaubten die Lösung darin gefunden zu haben, daß sie die Wärmetönung des ohne Volumenveränderung verlaufenden Prozesses als Maß der Affinität ansprachen. Der Umstand, daß die große Mehrzahl der Reaktionen mit positiver Wärmetönung, also exotherm vor sich gehen, schien diese Auffassung zu stützen; aber die nachweisliche Existenz auch endothermer Prozesse war hiermit nicht in Einklang zu bringen. So konnte diese Lösung nicht befriedigen. Formal betrachtet lag der Mißerfolg daran, daß als Maß eine Größe, eben die Wärmetönung, benutzt wurde, die nicht den Charakter eines thermodynamischen Potentials besitzt, wie es der energetisch aufgefaßte Begriff der Affinität anscheinend verlangt.

Der Schritt VAN T' HOFFS (1883), als er an Stelle der Wärmetönung die Abnahme der freien Energie als eines thermodynamischen Potentials oder die damit äquivalente, bei einem reversibel und isotherm geleiteten Prozesse gewinnbare maximale Arbeit vorschlug, war somit nur folgerichtig. Nur bedurfte es noch gewisser Festsetzungen hinsichtlich der spontan geleisteten Arbeit, um ein in jeder Hinsicht befriedigendes Maß der Affinität zu erhalten. War die Wärmetönung auch schon deshalb ungeeignet, weil sie im Falle des Gleichgewichts keineswegs zu verschwinden brauchte, wie es von einer Affinitätsgröße zu fordern war, so war andererseits die Abnahme der freien Energie ohne weiteres auch nur für Prozesse konstanten Volumens verwendbar. Die Ausdehnung auf Vorgänge konstanten Druckes erforderte also eine Erweiterung.

Von diesen Fragen soll zuerst die Rede sein.

2. Die freie Energie. Die beiden Hauptsätze der Thermodynamik führen zu einem allgemeinen Ausdruck für die von irgendeinem thermodynamischen Prozeß nach außen geleistete differentielle Arbeit dA. Es seien dU und dS die hierbei auftretenden Zuwüchse der Energie bzw. der Entropie des Systems. Dann ist

$$dA \leqq T dS - dU. \tag{1}$$

Dabei gilt das Gleichheitszeichen dann, wenn der Prozeß in allen seinen Teilen reversibel verläuft. Von besonderer Bedeutung sind nun Vorgänge, die ohne Änderung der Temperatur, also isotherm, verlaufen. Dann läßt sich (1) schreiben

$$dA \leqq d(TS - U), \tag{2}$$

und die Gleichung wird integrierbar. Geht das System dabei von dem Zustand 1 in den endlich verschiedenen 2 über, so erhält man für die endliche, vom System geleistete Arbeit

$$A \leqq (TS_2 - U_2) - (TS_1 - U_1) = (U_1 - TS_1) - (U_2 - TS_2). \tag{3}$$

Wir führen nun folgende Bezeichnungen ein

$$\left.\begin{aligned} &U - TS = F; \\ &U_2 - U_1 = \Delta U; \qquad S_2 - S_1 = \Delta S; \qquad F_2 - F_1 = \Delta F. \end{aligned}\right\} \tag{4}$$

Es bedeuten also die Δ Zunahmen der betreffenden Zustandsgrößen, die an sich positiv oder negativ sein können; $U_1 - U_2 = -\Delta U$ usw. wäre also als Abnahme zu bezeichnen, gleichgültig, ob sie zahlenmäßig positiv oder negativ ist; die Festlegung dieser Ausdrücke ist zur Vermeidung von Mißverständnissen nötig. Damit folgt aus (3)

$$A \leqq F_1 - F_2 = -\Delta F; \tag{5}$$

also: die vom Prozeß geleistete Arbeit ist kleiner, im reversiblen Falle gleich der Abnahme der Funktion F. Damit ist die Arbeit eines isothermen Vorganges dargestellt durch Funktionen, die sich ausschließlich auf den Anfangs- bzw. Endzustand des Systems beziehen. Die Größe F hat somit den Charakter eines Potentials hinsichtlich der äußeren Arbeit, analog zu der Gesamtenergie U, die ein Potential hinsichtlich der Summe von äußerer Arbeit und äußerer Wärme darstellt. Aus diesem Grunde bezeichnet man nach HELMHOLTZ die Größe F als freie Energie.

Für die freie Energie F gilt also nach (4)

$$F = U - TS. \tag{6}$$

Um die Größe S zu eliminieren, verfahren wir folgendermaßen. Aus (6) folgt: $dF = dU - TdS - SdT$; wegen der allgemeinen Beziehung: $dS = \frac{dU + p\,dv}{T}$ wird also

$$dF = -p\,dv - S\,dT.$$

Da aber allgemein gilt:

$$dF = \left(\frac{\partial F}{\partial v}\right)_T dv + \left(\frac{\partial F}{\partial T}\right)_v dT,$$

so ergibt der Vergleich der beiden letzten Gleichungen

$$S = -\left(\frac{\partial F}{\partial T}\right)_v \tag{7a}$$

und

$$p = -\left(\frac{\partial F}{\partial v}\right)_T. \tag{7b}$$

Aus (6) und (7a) folgt nun

$$F = U + T\left(\frac{\partial F}{\partial T}\right)_v. \tag{8}$$

Bei einem Übergange vom Zustand 1 in den Zustand 2 beträgt somit die Zunahme der freien Energie

$$F_2 - F_1 = (U_2 - U_1) + T\left(\frac{\partial(F_2 - F_1)}{\partial T}\right)_v,$$

oder mit (4)

$$\Delta F = \Delta U + T\left(\frac{\partial(\Delta F)}{\partial T}\right)_v. \tag{8a}$$

Hieraus ergibt sich, daß F ebenso wie ΔF, mit Vorteil als eine Funktion der Zustandsgrößen v und T dargestellt wird und insbesondere dann direkt verwendbar ist, wenn die Reaktion unter konstantem Volumen verläuft. Will man aber auch Reaktionen unter konstantem Druck betrachten, so erweist sich eine andere Funktion als geeigneter.

Wir führen als neue Zustandsgrößen ein

$$G = F + pv, \tag{9}$$

(G „thermodynamisches Potential“) und

$$W = U + pv \tag{10}$$

(W „Wärmefunktion“); dann wird aus (6)

$$G = W - TS. \tag{11}$$

Nun verfahren wir wie oben. Aus (11) und (10) folgt

$$dG = dU + p\,dv + v\,dp - TdS - SdT,$$

oder

$$dG = +v\,dp - SdT.$$

Allgemein gilt

$$dG = \left(\frac{\partial G}{\partial p}\right)_T dp + \left(\frac{\partial G}{\partial T}\right)_p dT.$$

Durch Vergleich der beiden letzten Gleichungen folgt

$$S = -\left(\frac{\partial G}{\partial T}\right)_p \tag{12a}$$

und

$$v = \left(\frac{\partial G}{\partial p}\right)_T. \tag{12b}$$

Damit wird (11)

$$G = W + T\left(\frac{\partial G}{\partial T}\right)_p. \tag{13}$$

Wieder auf zwei Zustände angewandt, ergibt sich mit (4) für die Zunahme von G

$$\Delta G = \Delta W + T\left(\frac{\partial(\Delta G)}{\partial T}\right)_p. \tag{13a}$$

G wie ΔG ist also vorteilhaft als $G(p, T)$ darstellbar und für Prozesse bei konstantem Druck geeigneter als F. Führen wir nun Gleichung (9) in der Differenzenform $\Delta G = \Delta F + p\,\Delta v$ in Gleichung (5) ein, so erhalten wir

$$A - p\Delta v \leqq -\Delta G. \tag{14}$$

3. Affinität und freie Energie. Die beiden Funktionen F und G sollen nun darauf untersucht werden, ob sie die an den Begriff der „Affinität“ zu stellenden Forderungen erfüllen. Erstens soll die Affinität vorzeichenmäßig die Richtung des Vorganges festlegen und zweitens soll sie verschwinden, wenn das System im Gleichgewicht ist.

Da nun nach (1) für jede tatsächlich eintretende Änderung des Systems gilt

$$dA < TdS - dU, \tag{15}$$

so muß Gleichgewicht immer dann bestehen, wenn für jede mit den äußeren Bedingungen verträgliche, virtuelle Zustandsänderung gilt

$$\delta A \geqq T\delta S - \delta U. \tag{16}$$

Da aber im Falle chemischer und physikalisch-chemischer Reaktionen im allgemeinen eine Rückläufigkeit der Zustandsänderung möglich ist, d. h. bei vorgeschriebenen Bedingungen je zwei einander entgegengesetzte virtuelle Änderungen mit ihnen verträglich sind, so könnte man in (16) statt der δ auch $-\delta$ einführen. Dann würde aber nach (15) für das Ungleichheitszeichen eine tatsächliche Änderung eintreten müssen, und das Gleichgewicht wäre nicht erreicht. Daraus folgt, daß nur die Bedingung

$$\delta A = T\delta S - \delta U \tag{17}$$

ein Gleichgewicht verbürgt.

Bisweilen scheint (17) nicht einmal notwendig zu sein, nämlich dann, wenn ein labiles Gleichgewicht besteht. Solche durch eine Art passiven Reaktionswiderstandes hervorgerufenen Pseudogleichgewichte, wie sie z. B. Knallgas, explosible Substanzen, übersättigte Dämpfe darstellen, sollen, da sie durch katalytische Mittel aufgehoben werden können, von der Betrachtung ausgeschlossen bleiben.

Für einen isothermen Vorgang lautet also die Gleichgewichtsbedingung

$$\delta A = \delta(TS - U),$$

oder mit (4):

$$-\delta F = \delta A.$$

Ist die äußere Arbeitsleistung Null, läßt man also den Vorgang bei konstantem Volumen erfolgen, so wird daraus

$$\delta F = 0. \tag{18}$$

Der Gleichgewichtszustand bei einem isotherm-isochoren Vorgang ist also dann erreicht, wenn die freie Energie ein Minimum ist.

Erfolgt der Prozeß unter Konstanthaltung des Druckes an Stelle des Volumens, so ist die virtuelle Arbeit gleich $\delta(pv)$ und es folgt

$$\delta(F + pv) = \delta G = 0. \tag{19}$$

Der Gleichgewichtszustand bei einem isothermen-isobaren Vorgang ist also dann erreicht, wenn die Funktion G ein Minimum ist.

Aus (18) und (19) folgt nun sofort, daß jeder tatsächlich eintretende Vorgang mit einer Verminderung der Größe F bzw. G verknüpft ist, und weiter, daß ΔF bzw. ΔG im Gleichgewicht verschwinden. Das sind aber die Forderungen, die an den Begriff der Affinität gestellt wurden. Im Falle eines isotherm-isochoren oder isotherm-isobaren Vorganges ist also die Affinität durch $-\Delta F$ bzw. $-\Delta G$ eindeutig gekennzeichnet. Die Minuszeichen sind deshalb gewählt, weil ΔF wie ΔG bei jedem tatsächlichen Vorgange wesentlich negative Größen sind, während die Affinität begriffsmäßig als positiv zu setzen ist.

Der Umstand, daß wir scheinbar zu zwei Lösungen gelangt sind, darf nicht überraschen; tatsächlich sagen beide dasselbe aus, nur sind sie formal auf zwei verschieden geartete Fälle zugeschnitten. Bei einem reversiblen Prozesse sind nämlich nach (5) und (14) die fraglichen Größen

$$-\Delta F = A_{m(v)} \text{ für isochore}, \tag{20a}$$

$$-\Delta G = A_{m(p)} - p\Delta v = A_{m(v)} \text{ für isobare Vorgänge} \tag{20b}$$

durch die maximalen Arbeiten A_m unter Abzug der im ganzen aufgetretenen Volumarbeit, die im ersten Falle gleich Null ist, dargestellt. Die oft diskutierte Frage, welche Funktion denn nun allgemein die Affinität darstellt, ist somit eindeutig beantwortet; es ist die Größe A_m bei konstantem Volumen, die bei Vorgängen unter konstantem Volumen mit $-\Delta F$, bei solchen unter konstantem

Druck mit $-\Delta G$ identisch ist. Der allgemeine Fall, daß sich Volumen und Druck zugleich ändern, wäre dargestellt durch

$$A_m - \int_{v_1}^{v_2} p\,dv = A_{m(v)}.$$

Das Resultat unserer Betrachtungen kann nun in der von VAN T' HOFF[1]) gegebenen Form ausgesprochen werden:

„Die bei einer Reaktion maximal zu gewinnende Arbeit (A_m), abzüglich der bei etwaiger Volumänderung nach außen geleisteten Arbeit ($p\Delta v$) soll als Maß für die Affinität genommen werden.“

Vielleicht ist folgende Fassung noch anschaulicher:

„Die Affinität ist die auf dem Wege über Gleichgewichte gewinnbare maximale Arbeit, vermindert um die bei dem tatsächlichen Vorgang auftretende Volumarbeit.“

Wir wollen auch formelmäßig die Vereinigung der beiden Lösungen sowie der Gleichungen (8a) und (13a) vollziehen, indem wir statt $-\Delta F$, bzw. $-\Delta G$ schlechthin die Affinität A, statt der Energieabnahme $-\Delta U$ die „Wärmetönung“ bei konstantem Volumen, $+U'$, statt $-\Delta W$ diejenige bei konstantem Druck, $+W'$, einführen. Wir erhalten dann

$$A - U' = T\left(\frac{\partial A}{\partial T}\right)_v \tag{21a}$$

und

$$A - W' = T\left(\frac{\partial A}{\partial T}\right)_p. \tag{21b}$$

Da Gleichung (20b) Gleichung (20a) mit umfaßt, insofern, als für $\Delta v = 0$ und beliebiges p beide identisch werden, soll weiterhin meistens mit der Gleichung (21b) gerechnet werden, was für die Mehrzahl der Fälle angemessener ist.

b) Direkte Bestimmung der Affinität.

In gewissen Fällen ist die Größe A einer direkten Messung zugänglich, und diese sollen zuerst betrachtet werden. Immer kommt es darauf an, für die Reaktion einen reversiblen Weg aufzusuchen, der in allen seinen Teilen bestimmbar ist.

4. Umwandlung zweier festen Modifikationen über die Gas- oder Lösungsphase. Ein Stoff existiere unterhalb der Temperatur T' stabil in der Modifikation I, oberhalb von T' in derjenigen II. Gefragt wird nach der Affinität der Umwandlung $II \to I$ bei $T < T'$, oder $I \to II$ bei $T > T'$. Dabei ist vorausgesetzt, daß II unterhalb T' überhaupt existenzfähig, aber labil ist und vice versa. Wir verdampfen etwa ein Mol II vom Volumen v_{II} bei der Temperatur T unter seinem Dampfdruck π_{II}, bringen durch isotherme Volumänderung π_{II} auf π_I und V_{II} auf V_I und kondensieren unter π_I, dem Dampfdruck von I, zum Volumen v_I. Damit haben wir ein Mol II auf reversiblem und isothermem Wege in ein Mol I verwandelt. Die dabei erhaltene (also maximale) Arbeit beträgt

$$A_m = \pi_{II}(V_{II} - v_{II}) + RT\ln\frac{\pi_{II}}{\pi_I} - \pi_I(V_I - v_I).$$

Unter der Annahme, daß die Dämpfe sich wie ideale Gase verhalten, ist $\pi_{II} V_{II} = RT = \pi_I V_I$. Es folgt

$$A_m - (\pi_I v_I - \pi_{II} v_{II}) = RT\ln\frac{\pi_{II}}{\pi_I}.$$

[1]) J. H. VAN 'T HOFF, Études de Dynamique chimique, S. 177ff. 1883.

Auf der linken Seite steht aber nichts anderes als die oben festgelegte Affinität. Es ist also

$$A_{II \to I} = RT \ln \frac{\pi_{II}}{\pi_I}. \tag{22}$$

Der hier betrachtete Prozeß $II \to I$ verläuft freiwillig nur dann, wenn $T < T'$ ist. Da nun A positiv sein muß, gilt

$$\pi_{II} > \pi_I \text{ (für } T < T'),$$

oder in Worten: Die wegen $T < T'$ instabile Modifikation hat einen größeren Dampfdruck als die stabile. Allgemein ist die stabile Form immer durch den kleinsten Dampfdruck gekennzeichnet.

Für den umgekehrten Prozeß $I \to II$, der freiwillig nur bei einer Temperatur größer als T' verläuft, gilt

$$A_{I \to II} = RT \ln \frac{\pi_I}{\pi_{II}}. \tag{22a}$$

Wegen des positiven A ist π_I hier größer als π_{II}. Im Falle $\pi_I = \pi_{II}$ wird $A = 0$, d. h. das System befindet sich im Gleichgewicht und die Affinität ist verschwunden.

Das Glied $(\pi_I v_I - \pi_{II} v_{II})$ ist bei Umwandlungen fester oder flüssiger Stoffe im allgemeinen so klein, daß es neben A_m keine Rolle spielt. In solchen Fällen sind die Größen ΔF und ΔG nahezu gleich. Es ist aber zu bemerken, daß Gleichung (22) streng gilt; es ist ein Irrtum, der häufig begangen wird, wenn man das A_m der vorhergehenden Gleichung als Affinität anspricht, das Glied $(\pi_I v_I - \pi_{II} v_{II})$ als klein streicht und nun (22) als nur angenähert gültig betrachtet. Man sieht, daß auch in solchen Fällen die Rechnung über die Funktion G sachgemäßer ist.

Wenn die Dampfdrucke ihrer geringen Differenz wegen nicht genügend exakt bestimmt werden können, bietet sich ein anderer Weg der isotherm-reversiblen Umwandlung in der Verwendung der Löslichkeiten der beiden Modifikationen in irgendeinem Lösungsmittel dar. Diese seien ausgedrückt durch die Sättigungskonzentrationen c_I und c_{II}. Indem wir also ein Mol von II gesättigt in Lösung gehen lassen, die erhaltene Konzentration c_{II} auf c_I bringen und nun in Form von I wieder auskristallisieren, können wir die Rechnung genau wie oben führen, wobei die den Gasgesetzen analogen Gesetze des osmotischen Druckes auftreten. Wir erhalten

$$A_{II \to I} = RT \ln \frac{c_{II}}{c_I} \text{ usw.} \tag{23}$$

Da nun die Affinität der Reaktion nicht von dem verwandten Lösungsmittel abhängen kann, so folgt, daß das Verhältnis c_{II}/c_I für verschiedene Mittel konstant sein muß, eine Folgerung, die sich in der Tat als richtig erwiesen hat[1]) (wenigstens solange die osmotischen Drucke das ideale Gasgesetz befolgen).

5. Elektromotorische Kräfte. Läßt sich der chemische Vorgang zur Herstellung eines reversibel arbeitenden galvanischen Elements verwenden, so gibt die — leicht bestimmbare — elektromotorische Kraft E desselben sofort seine Affinität.

Die Umkehrbarkeit des Prozesses ist dann gewährleistet, wenn die von dem Element geleistete Stromarbeit gerade genügt, um die während des Stromlieferungsprozesses eingetretene Reaktion wieder rückgängig zu machen. Läßt man ein Mol eines n-wertigen Stoffes sich umsetzen, so ist die erhaltene elektrische Energie

$$A = nF \cdot E \text{(Volt-Coulomb)} = \frac{96540}{4{,}187} \cdot nE \text{(cal)}. \tag{24}$$

---

[1]) J. N. Brönsted, ZS. f. phys. Chem. Bd. 55, S. 371. 1906.

Hier bedeutet F die Coulombzahl des Grammäquivalents. Im Falle des Gleichgewichts verschwindet E.

Diese Methode der direkten Affinitätsbestimmung ist wohl die genaueste. Treten bei der Reaktion gasförmige Komponenten auf, so ändert das nichts an der Betrachtung. Man ersieht aber an diesem Beispiel besonders klar, daß die zugleich geleistete Volumenarbeit der entstandenen Gase gar nicht in die Größe der Affinität eingeht, die auch hier ausschließlich durch die elektromotorische Kraft gegeben ist. Es liegt eben ein Fall vor, bei dem nur die Funktion G verwendet werden kann.

6. Gasreaktionen. Die Behandlung von Gasreaktionen unterscheidet sich von derjenigen kondensierter Stoffe im wesentlichen dadurch, daß es zur Charakterisierung der Ausgangs- und Endprodukte nicht genügt, neben der festgelegten Temperatur die am Umsatz beteiligten Massen anzugeben, sondern daß auch noch ihre Dichten (Konzentrationen oder Partialdrucke) von Bedeutung sind. Das wirkt sich für den chemischen Umsatz dahin aus, daß hier nicht ein einfacher Umwandlungspunkt vorhanden ist, sondern ein durch die Veränderlichkeit der Partialdrucke bedingter Gleichgewichtsbereich, dessen Verhalten durch das Massenwirkungsgesetz geregelt ist. Wir wollen die Dinge hier nur insoweit betrachten, wie sie für die Frage der Affinität von Bedeutung sind.

Wir nehmen an, zwei Gase A und B reagieren miteinander und erzeugen dabei wieder zwei Gase C und D; und zwar möge der Prozeß nach der Reaktionsgleichung verlaufen

$$aA + bB = cC + dD \quad (a, b \ldots \text{ Molzahlen, bei Gasen allgemein } \nu \text{ bezeichnet}).$$

Wir bringen nun beliebige, aber große Mengen von A, B, C und D in einen gemeinsamen Raum und warten bei der konstant gehaltenen Temperatur T das Ende der Reaktion ab. Die nun vorhandenen Partialdrucke der vier Stoffe, deren keiner vollkommen verschwunden ist, betragen p'_A, p'_B, p'_C und p'_D. Ein solches System nennen wir einen Gleichgewichtsraum, mit dessen Hilfe wir nun einen durch die Reaktionsgleichung molmäßig festgelegten Prozeß reversibel und isotherm durchführen wollen. Um die Ausgangsprodukte (a Mole der Art A und b Mole der Art B), die getrennt in Behältern enthalten seien, reversibel in unseren Gleichgewichtsraum hineinbringen zu können, müssen wir etwa mittels eines Kolbens ihre willkürlichen Anfangsdrucke p_A und p_B zuerst auf die Drucke p'_A und p'_B bringen. Hierbei gewinnen wir die Arbeiten

$$aRT \ln \frac{p_A}{p'_A} \qquad \text{und} \qquad bRT \ln \frac{p_B}{p'_B}.$$

Nun können wir die Gase vermittels Kolbens durch semipermeable Wände in den Gleichgewichtsraum überführen. Die beim Entstehen eines Mols Gas vom System geleistete Arbeit bei konstantem Druck beträgt RT; hier verschwinden nun $a + b$ Mole; die insgesamt vom System geleistete Arbeit ist also gleich $-(a + b)RT$.

Der Gleichgewichtsraum ist als so groß anzunehmen, daß die Hinzufügung der Mengen aA und bB die Drucke im Innern nicht merklich ändert. Trotzdem ist das Gleichgewicht als differentiell gestört zu betrachten, so daß nunmehr die Reaktion nach dem obigen Schema vor sich geht. Da sie ohne Volumenänderung verläuft, leistet sie keine Arbeit. Gleichzeitig lassen wir durch entsprechende semipermeable Wände die Gasmengen cC und dD unter ihren Drucken p'_C und p'_D in zwei mit Kolben versehene Zylinder treten. Die gewonnene Arbeit beträgt hier $+(c + d)RT$. Nach Trennung der Zylinder vom Gleichgewichtsraum bringen wir die Drucke p'_C und p'_D auf zwei andere, in unser Belieben gestellte Drucke p_C und p_D. Wir gewinnen die Arbeiten

$$c R T \ln \frac{p'_C}{p_C} \qquad \text{und} \qquad d R T \ln \frac{p'_D}{p_D}.$$

Die bei dem gesamten Prozeß $aA + bB = cC + dD$ gewonnene Arbeit ist nun

$$A_m = RT\left(\ln \frac{p_A^a p_B^b}{p_C^c p_D^d} - \ln \frac{p_A'^a p_B'^b}{p_C'^c p_D'^d}\right) + (-a - b + c + d) RT.$$

Die Größe $(-a - b + c + d) = -\sum \nu$ stellt den Überschuß der Molzahlen nach Beendigung des Prozesses gegenüber den anfänglichen dar; der ganze letzte Ausdruck ist also nichts anderes als die Arbeit, die der Prozeß leisten würde, wenn man ihn direkt, d. h. ohne Umweg in einem Gefäß sich abspielen ließe, wobei man lediglich das Volumen so regulierte, daß die Anfangs- und Endpartialdrucke den oben benutzten gleich werden. Nach unseren allgemeinen Betrachtungen haben wir diese Größe von der reversibel gewonnenen Arbeit abzuziehen, um die Affinität A zu erhalten. Also bleibt in vereinfachter Schreibweise übrig

$$A = RT\left(\sum \nu \ln p_\nu - \sum \nu \ln p'_\nu\right). \tag{25}$$

Die ursprünglichen Mengen im Gleichgewichtsraum waren nun ganz willkürlich, und es hindert nichts, den Versuch mit einer anderen Füllung, der die Gleichgewichtspartialdrucke p''_A, p''_B, p''_C und p''_D entsprechen, zu wiederholen. Wir erhielten dann wieder die obige Gleichung, in der die p'_ν durch p''_ν ersetzt wären. Da aber die Affinität A des Vorganges ganz unabhängig von dem Zwischengefäß sein muß, solange der Vorgang nur reversibel erfolgt, ist das nur möglich, wenn

$$\sum \nu \ln p'_\nu = \sum \nu \ln p''_\nu = \ln K_p$$

konstant ist, wo K_p also die Bedeutung hat

$$K_p = \left(\frac{p_A^a p_B^b}{p_C^c p_D^d}\right)_{\text{im Gleichgewichtsraum}} \tag{26}$$

und als Massenwirkungskonstante bezeichnet wird. Wir schreiben daher (25)

$$A = RT\left(\sum \nu \ln p_\nu - \ln K_p\right). \tag{27}$$

Nun wollen wir uns durch eine Konvention noch von den willkürlichen Größen $p_A p_B$ usw. befreien. Genau so, wie wir als Masseneinheit immer das Mol verwenden, wollen wir als Anfangs- und Endpartialdruck die Druckeinheit (etwa 1 at) einführen. Die Größen $p_A p_B \ldots$ werden dann 1, und das erste Glied der Klammer in (27) verschwindet. Unter der „Normalaffinität" einer Gasreaktion (A_{norm}) verstehen wir zur Unterscheidung von der Affinität schlechthin [nach (27)] immer den so reduzierten Ausdruck

$$A_{\text{norm}} = -RT \ln K_p. \tag{28}$$

Diese ist somit durch die Gleichgewichtskonstante vollständig bestimmt.

Die ganzen Betrachtungen lassen sich ohne weiteres auf Reaktionen in verdünnten Lösungen übertragen. An Stelle von Partialdrucken spricht man dann lieber von Konzentrationen $c_A c_B \ldots$ und führt statt K_p die Konstante K_C ein. Auch hier macht man konventionell die Anfangs- und Endkonzentrationen zu

1 (etwa 1 Mol pro Liter) und erhält dann eine (28) analoge Gleichung. Zwischen K_p und K_C besteht die Beziehung[1])

$$K_p = K_C (RT)^{\Sigma \nu}.$$

Es sei hier betont, daß die Formeln für Gase und Lösungen die Annahme der Gültigkeit der Gasgesetze und der Gesetze des osmotischen Drucks enthalten.

7. Heterogene Reaktionen. Einige von den soeben betrachteten Gasen, etwa die Stoffe A und C, seien gesättigte Dämpfe, die mit ihrem Kondensat im Gleichgewicht stehen. Es gelingt nun nicht, die betreffenden Dampfdrucke (π_A und π_C), solange noch „Bodenkörper" vorhanden ist, auf die zufällig im Gleichgewichtsraum herrschenden Gasdrucke p'_A und p'_C durch Volumenänderung zu bringen. Man kann aber unter den zahllosen Gleichgewichtseinstellungen im Gleichgewichtsraum durch Massenänderung der Komponenten eine solche heraussuchen, bei der $p'_A = \pi_A$ und $p'_C = \pi_C$ ist; man macht das so, daß man auch in den Gleichgewichtsraum Bodenkörper derjenigen Stoffe bringt, die in den Ausgangs- oder Endkomponenten solche enthalten. Dadurch gelingt die reversible Überführung auch gesättigter Dämpfe in den Reaktionsraum. Nunmehr ist in der Gleichung (25) $p'_A = p_A$ und $p'_C = p_C$ geworden, und die Größen heben sich heraus. Die Affinität wird nun

$$A = RT\left(\ln \frac{p_B'^{\,b}}{p_D'^{\,d}} - \ln K_p\right). \tag{29}$$

Allgemein fallen bei derartigen Reaktionen die Drucke der Stoffe heraus, die zugleich in kondensierter Phase vorhanden sind. Die Gleichung (27) gilt also auch hier, wenn man unter $\sum \nu \ln p_\nu$ die nur gasförmigen Komponenten zusammenfaßt. Das gilt indessen nur so lange, als das benötigte Gemisch im Gleichgewichtsraum nach der Phasenregel noch möglich ist. Wären z. B. Bodenkörper aller Komponenten vorhanden, so müßte nach der Vorschrift die Affinität in (29) verschwinden; das ist auch der Fall, jedoch nur für eine ganz bestimmte Temperatur, denn nur in einem singulären Punkte ist phasentheoretisch eine derartige Gleichgewichtsmischung möglich.

8. Beziehung zwischen der Normalaffinität einer Gasreaktion und der Affinität im gleichen kondensierten System. Eine für das Spätere wichtige Beziehung erhält man, wenn man ein System einmal über die Kondensate, ein andermal über die Gasphase reagieren läßt. Die Affinität in ersterem Falle sei A_{cond}. Für den zweiten Fall verdampfen wir die Ausgangsprodukte unter ihren Dampfdrucken $\pi_A \pi_B \ldots$, lassen nun die Reaktion in dem nur Gase geringeren Druckes enthaltenden Gleichgewichtsraum reagieren und kondensieren die Endprodukte unter ihren Dampfdrucken $\pi_C \pi_D \ldots$ wieder. Bei den Verdampfungs- bzw. Kondensationsprozessen haben wir es offenbar mit Reaktionen unter konstantem Druck zu tun, bei denen die Affinität durch $-\Delta G$ auszudrücken ist. Da sich nun die Funktion G hierbei nicht ändert, ΔG also gleich Null ist, tragen diese Prozesse nichts zur Affinität bei.

Für die Reaktion der gesättigten Dämpfe gilt aber nach (27)

$$A_{\text{gas}} = RT\left(\sum \nu \ln \pi_\nu - \ln K_p\right). \tag{30}$$

Wegen des zweiten Hauptsatzes muß nun $A_{\text{cond}} = A_{\text{gas}}$ sein, also

$$-RT \ln K_p = A_{\text{norm}} = A_{\text{cond}} - RT \sum \nu \ln \pi_\nu. \tag{31}$$

[1]) Bezüglich der Umrechnung von Konzentrationen usw. siehe z. B.: F. POLLITZER, Die Berechnung chemischer Affinitäten nach dem NERNSTschen Wärmetheorem, S. 157. Stuttgart 1912.

Die Normalaffinität der Gasreaktion oder auch die Gleichgewichtskonstante ist damit auf die Affinität im kondensierten System und die Dampfdrucke der Reaktionsteilnehmer zurückgeführt.

9. Abhängigkeit der Affinität von der Temperatur. Die bisher betrachteten Methoden der direkten Affinitätsbestimmung aus Dampfdrucken, Lösungstensionen, elektromotorischen Kräften und Gasgleichgewichten liefern jedesmal nur den A-Wert für die Temperatur, bei der die Bestimmungsstücke erhalten sind. Um die ganze Skala der A-Werte über ein größeres Temperaturintervall zu gewinnen, hätte man also diese Messungen in dem ganzen Bereich auszuführen. Anstatt diesen, namentlich für Gasgleichgewichte, mühsamen Weg zu gehen, lehrt die Thermodynamik der ersten beiden Hauptsätze ein anderes Verfahren.

Hierzu gehen wir auf die Gleichung (21b) [oder auch (21a)]

$$A - W' = T\frac{\partial A}{\partial T} \tag{21b}$$

zurück. Wir können (21b) zwischen den Temperaturen T_1 und T integrieren, wobei T_1 die Temperatur sei, bei der nach einer der obigen Methoden A_1 bestimmt wurde. Wir erhalten

$$\frac{T\dfrac{\partial A}{\partial T} - A}{T^2} = \frac{\partial\left(\dfrac{A}{T}\right)}{\partial T} = -\frac{W'}{T^2}$$

und nach Integration

$$A = A_1\frac{T}{T_1} - T\int\limits_{T_1}^{T}\frac{W'}{T^2}\,dT\,. \tag{32}$$

Die Größe W', die Wärmetönung der Reaktion bei konstantem Druck, ist mit den Molekularwärmen der Ausgangsstoffe (C_{p_1}) und denen der Endstoffe (C_{p_2}) durch den KIRCHHOFFschen Satz folgendermaßen verknüpft

$$W' = W'_0 + \int\limits_0^T\left(\sum\nu_1 C_{p1} - \sum\nu_2 C_{p_2}\right)dT = W'_0 + \int\limits_0^T\sum\nu\, C_p\, dT\,, \tag{33}$$

worin ν die Molzahlen der betreffenden C_p darstellen, nach denen sie sich gemäß der Reaktionsgleichung umsetzen. Bei Benutzung von (21a) erhielte man überall U' an Stelle von W' und die C_v an Stelle der C_p.

Die vorerst unbekannte Größe W'_0 ist als gegeben zu betrachten, wenn man ein einziges W' bei der Temperatur T und den gesamten Verlauf aller beteiligten spezifischen Wärmen von 0 bis T kennt. Damit ist dann nach (33) W' und weiter nach Gleichung (32) A für das ganze Temperaturgebiet von 0 bis T berechenbar.

Während nun die experimentelle Bestimmung von W'- und C_p- bzw. U'- und C_v-Größen als immer möglich betrachtet zu werden pflegt, ist die Festlegung des A_1 in (32) mit den oben besprochenen direkten Methoden häufig unausführbar, und es entsteht die Frage, ob nicht die Elimination von A_1 in (32) durchführbar ist. Hierzu bedürfen wir jedoch einer neuen Erkenntnis, die von den beiden Hauptsätzen der Thermodynamik nicht geliefert wird, und die den Inhalt des NERNSTschen Theorems ausmacht.

II. Aufstellung des NERNSTschen Theorems.

a) Kondensierte Systeme.

10. Integration der HELMHOLTZschen Gleichung. Die zu lösende Aufgabe ist die Darstellung der Affinität lediglich durch solche Größen, die durch rein thermische Messungen ermittelt werden können. Den Ausgangspunkt bilden wieder die Gleichungen (21a) und (21b)

$$A - U' = T\left(\frac{\partial A}{\partial T}\right)_v \tag{21a}$$

und

$$A - W' = T\left(\frac{\partial A}{\partial T}\right)_p . \tag{21b}$$

Wegen des völlig symmetrischen Baues beider können wir uns der Einfachheit halber auf die Betrachtung einer derselben, etwa der ersteren beschränken. Die Ergebnisse können dann ohne weiteres auf die andere Form übertragen werden. Für die praktische Anwendung ist der Unterschied beider Formen wohl zu beachten.

Man pflegt diese Gleichungen unbestimmt zu integrieren, wobei dann eine unbestimmte Konstante auftritt; durch nachträgliche Festlegung der Grenzen erhält diese dann einen ganz bestimmten Wert. Wir wollen den anschaulicheren Weg gehen und sogleich zwischen den Grenzen 0 und T integrieren, wobei wir U' zerlegen in $U_0' + (U' - U_0')$, um Konvergenz des Integrals zu erreichen. Es folgt dann

$$\left[\frac{A}{T}\right]_0^T = -\int_0^T \frac{U_0'}{T^2}\,dT - \int_0^T \frac{U' - U_0'}{T^2}\,dT$$

oder

$$\frac{A}{T} - \left(\frac{A}{T}\right)_0 = \frac{U_0'}{T} - \left(\frac{U'}{T}\right)_0 - \int_0^T \frac{U' - U_0'}{T^2}\,dT$$

oder

$$A = U_0' - T\int_0^T \frac{U' - U_0'}{T^2}\,dT + \left(\frac{A - U'}{T}\right)_0 \cdot T\,; \tag{34a}$$

bzw.

$$A = W_0' - T\int_0^T \frac{W' - W_0'}{T^2}\,dT + \left(\frac{A - W'}{T}\right)_0 T\,. \tag{34b}$$

Die Integrationskonstanten, die wir J_v und J_p nennen wollen, haben also die Bedeutung

$$J_v = \left(\frac{A - U'}{T}\right)_0 = \left(\frac{\partial A}{\partial T}\right)_{v(T=0)} \tag{35a}$$

und

$$J_p = \left(\frac{A - W'}{T}\right)_0 = \left(\frac{\partial A}{\partial T}\right)_{p(T=0)} . \tag{35b}$$

Für das Spätere können die Indizes v und p wieder unterdrückt werden. Die Bestimmung des Wertes dieser Konstanten ist auf Grund der zwei Hauptsätze nicht möglich.

NERNST erkannte, daß man, um hier weiterzukommen, sich vorerst auf gewisse Spezialfälle beschränken müsse. Der bei Ausdehnung idealer Gase und Vermischung verdünnter Lösungen auftretende Fall $U' = 0$, also $\frac{A}{T} = \frac{\partial A}{\partial T}$, hat zur Folge, daß $\left(\frac{\partial A}{\partial T}\right)_0$ unendlich wird, wenn man der Erfahrung gemäß A_0 einen endlichen Wert beilegt. Dies Resultat ist völlig unbefriedigend, weil es für endliche Temperaturen gemäß (34a) zu einem unendlichen Werte von A führt. Der zweite Fall $A = U'$ gibt für $T > 0$ sofort eine eindeutige Lösung $\left(\frac{\partial A}{\partial T}\right)_{T>0} = 0$. Dieser Fall ist nun immer realisiert, wenn es sich um Systeme mit temperaturunabhängigen Kräftefunktionen handelt, mit einer gewissen Annäherung aber auch bei solchen chemischen und elektrochemischen Vorgängen, bei denen nur reine feste oder flüssige Komponenten mitwirken. Als besonders auffällig erschien es, daß diese Gleichheit von A und U' sich um so besser erfüllt zeigte, bei je tieferen Temperaturen diese Größen bestimmt wurden. Als Beispiel hierfür sei das DANIELLsche Element erwähnt, bei dem A und U' schon bei Zimmertemperatur so nahe einander gleich werden, daß sie für die Berechnung der elektromotorischen Kraft ohne weiteres durcheinander ersetzt werden konnten.

Wenn auch der für alle Temperaturen als streng aufgefaßte Ansatz $A = U'$, den THOMSEN und BERTHELOT vertreten hatten, sicher unrichtig ist, so hatte er allem Anschein nach um so mehr Berechtigung, je mehr man sich dem Nullpunkt der Temperatur näherte, so daß der Schluß: $A_0 = U'_0$ für kondensierte Systeme — und nur von solchen soll zunächst die Rede sein — strenge Geltung haben konnte. Diese Gleichsetzung besagt indessen für die Größe $J = \left(\frac{\partial A}{\partial T}\right)_0$ nur, daß sie endlich (einschließlich Null) oder unendlich von kleinerer Ordnung als $1/T$ sein muß.

Aber es läßt sich ein anderer Schluß daraus ziehen. Wenn nämlich gesetzt wird

$$A_0 = U'_0, \tag{36}$$

dann wird $\left(\frac{\partial A}{\partial T}\right)_0 = \left(\frac{A - U'}{T}\right)_0 = \frac{0}{0}$, und dieser unbestimmte Wert ergibt nach bekannten Methoden: $\left(\frac{\frac{\partial A}{\partial T} - \frac{\partial U'}{\partial T}}{\frac{\partial T}{\partial T}}\right)_0$ oder

$$\left(\frac{\partial A}{\partial T}\right)_0 = \left(\frac{\partial A}{\partial T}\right)_0 - \left(\frac{\partial U'}{\partial T}\right)_0. \tag{37}$$

NERNST macht nun entsprechend dem Befunde, daß die annähernde Gleichheit von A und U' auch noch bei höheren Temperaturen besteht, die weitergehende Annahme, daß sich die betreffenden Kurven im Nullpunkt nicht nur schneiden, sondern sogar tangieren. Die Forderung lautet also

$$\left(\frac{\partial A}{\partial T}\right)_0 = \left(\frac{\partial U'}{\partial T}\right)_0. \tag{38}$$

Mit (37) folgt dann sofort

$$\left(\frac{\partial A}{\partial T}\right)_0 = 0 \tag{39}$$

und mit (35)

$$J = 0 .$$

Also: Die Integrationskonstante J verschwindet für kondensierte Reaktionen, eine Behauptung, deren Folgerungen sich prüfen lassen.

11. Zur Axiomatik des NERNSTschen Theorems. Die eigenartige Verknüpfung der Größen A und U' rechtfertigt eine kurze axiomatische Untersuchung der Sachlage, die wir hier geben wollen.

Die ursprüngliche (heuristische) Fassung des Theorems durch NERNST[1]) umfaßte die zwei notwendigen und hinreichenden Aussagen (36) und (38). Erst danach wurde sie durch die einfache Aussage (39) ersetzt, die tatsächlich den gesamten Inhalt des Theorems wiedergibt.

Man könnte geneigt sein, aus der Gleichung (37) zu schließen

$$\left(\frac{\partial U'}{\partial T}\right)_0 = 0 , \tag{40}$$

indessen ist das nur erlaubt, wenn $\left(\frac{\partial A}{\partial T}\right)_0$ endlich oder Null ist, andernfalls könnte $\left(\frac{\partial U'}{\partial T}\right)_0 = \infty - \infty$, also in Anbetracht des Grenzüberganges vor (37) unbestimmt sein.

Weiter kann man (36) ersetzen durch: A_0 ist endlich (einschließlich Null) oder durch: U_0 ist endlich (einschließlich Null), was hier nicht bewiesen werden soll. Schließlich kann man das Theorem noch in einer anderen Form aussprechen, die wir hier ableiten wollen. Wir wollen nämlich setzen

$$\lim_{T=0}\left(\frac{\partial A}{\partial T}\right) = -\frac{1}{b}\lim_{T=0}\left(\frac{\partial U'}{\partial T}\right), \tag{41}$$

worin b eine unbestimmte positive Konstante ist. Hier bedeutet der Ausdruck limes, daß die Gleichung noch in unmittelbarer Nachbarschaft des absoluten Nullpunktes gelten soll. [In Gleichung (38) braucht das nicht der Fall zu sein!] Durch Differentiation von (21a) erhalten wir

$$\frac{\partial U'}{\partial T} = -T\frac{\partial^2 A}{\partial T^2}. \tag{42}$$

In der Umgebung von $T = 0$ dürfen wir (42) in (41) einführen

$$\lim_{T=0}\left[\frac{\partial A}{\partial T} = \frac{T}{b}\frac{\partial^2 A}{\partial T^2}\right]$$

und integriert

$$\lim_{T=0}\left[\frac{\partial A}{\partial T} = \text{Konst.}\cdot T^b\right]$$

oder

$$\left(\frac{\partial A}{\partial T}\right)_0 = 0 .$$

---

[1]) W. NERNST, Über die Berechnung chemischer Gleichgewichte aus thermischen Messungen. Göttinger Nachr. 1906, S. 1; Berl. Ber. 1906, S. 933.

Damit ist bewiesen, daß (41) mit (39) identisch ist. Würde man in (41) das Minuszeichen durch ein Pluszeichen ersetzen, so folgte auf gleichem Wege

$$\left(\frac{\partial A}{\partial T}\right)_0 = \left(\frac{\text{Konst.}}{T^b}\right)_0 = \infty .$$

Gleichung (41) spricht aus, daß die A- und U'-Kurven den Nullpunkt auf verschiedenen Seiten der Horizontalen verlassen; der entgegengesetzte Fall würde gerade zu der falschen Lösung VAN 'T HOFFS führen. Die übliche Schreibweise des Theorems: $\lim\left(\frac{\partial A}{\partial T}\right) = \lim\left(\frac{\partial U'}{\partial T}\right)$ ist also nicht korrekt; faßt man den limes in dem oben erwähnten Sinne auf, so ist sie sogar falsch; soll sie indessen nur den Inhalt der Gleichung (38) geben, so ist sie zwar richtig, aber unvollständig, insofern als daneben noch Gleichung (36) bestehen muß, um den Inhalt des Theorems zu erschöpfen.

Der NERNSTsche Satz läßt sich also in mehrfacher Form aussprechen. Um die Übersicht zu erleichtern, geben wir ein Schema. In jede horizontale Reihe von (43) sind Ausdrücke aufgenommen, die völlig gleiche Aussagen enthalten und beliebig durcheinander ersetzbar sind. Die Aussagen der ersten Reihe sind inhaltlich die engsten; die der zweiten Reihe sind inhaltlich weitergehend und haben die der ersten zur Folge. Die Gleichung der dritten Reihe ergibt in Kombination mit einer solchen der ersten oder a fortiori mit einer der zweiten Reihe den vollständigen Inhalt des Theorems. Die vierte Reihe endlich enthält Aussagen, deren jede für sich das Theorem ausspricht.

$$\left.\begin{array}{ll}
\text{I.} & A_0 = U'_0;\quad A_0 \text{ ist endlich};\quad U'_0 \text{ ist endlich}, \\
\text{II.} & \left(\frac{\partial U'}{\partial T}\right)_0 = 0;\quad \left(\frac{\partial A}{\partial T}\right)_0 \text{ ist endlich (einschl. 0)}, \\
\text{III.} & \left(\frac{\partial A}{\partial T}\right)_0 = \left(\frac{\partial U'}{\partial T}\right)_0, \\
\text{IV.} & \left(\frac{\partial A}{\partial T}\right)_0 = 0;\quad \left(\frac{A-U'}{T}\right)_0 = 0;\quad \lim\limits_{T=0}\left(\frac{\partial A}{\partial T}\right) = -\frac{1}{b}\lim\left(\frac{\partial U'}{\partial T}\right) \\
& \text{(wo } b \text{ eine nicht bestimmte positive Konstante ist.)}
\end{array}\right\} \quad (43)$$

Das NERNSTsche Theorem (39) oder (41) wird in der Thermodynamik ebenso dogmatisch eingeführt, wie es mit den beiden ersten Hauptsätzen geschieht. Seine Rechtfertigung erhält es erst durch die Bestätigung seiner Folgerungen, und diese lauten in allen bisher untersuchten Fällen positiv. Es hat deshalb mit vollem Recht die Bezeichnung eines dritten Hauptsatzes erhalten, auch wenn es sich in seiner ursprünglichen Form nur auf reine kondensierte Stoffe bezieht.

12. Die Affinität kondensierter Systeme. Indem wir das Theorem auf Gleichung (34) anwenden, erhalten wir

$$A = U'_0 - T\int\limits_0^T \frac{U' - U'_0}{T^2}\,dT \tag{44}$$

(für reine kondensierte Stoffe gültig), wobei U' und U'_0 wieder durch W' und W'_0 ersetzt werden können, was bei kondensierten Systemen praktisch dasselbe ist.

Damit ist die Affinität A auf rein thermische (kalorische) Größen zurückgeführt. Man kann hierin noch ersetzen:

$$U' - U'_0 = \int_0^T \sum n\, c_{v_n}\, dT \qquad \text{und} \qquad W' - W'_0 = \int_0^T \sum n\, c_{p_n}\, dT\,,$$

indem die Molzahlen kondensierter Stoffe durch n ausgedrückt werden. Gleichung (44) kann noch in andere Formen gebracht werden, die häufig benutzt werden und bisweilen von Vorteil sind. Durch partielle Integration erhält man

$$\left.\begin{aligned} A &= U' - T\int_0^T \frac{1}{T}\left(\frac{\partial U'}{\partial T}\right)_v dT = U' - T\int_0^T \frac{\sum n\, c_{v_n}}{T}\, dT \\ \text{oder auch}\quad & \\ A &= W' - T\int_0^T \frac{1}{T}\left(\frac{\partial W'}{\partial T}\right)_p dT = U' - T\int_0^T \frac{\sum n\, c_{p_n}}{T}\, dT\,; \end{aligned}\right\} \tag{45}$$

eine Form, die direkt die spezifischen Wärmen enthält. Weiter ergibt sich aus dem Umstande, daß das Integral in (44) an der unteren Grenze verschwindet, die Möglichkeit, einfach seine untere Grenze zu streichen. Die Integration führt dann sofort zu

$$A = -T\int^T \frac{U'}{T^2}\, dT = -T\int^T \frac{W'}{T^2}\, dT\,, \tag{46}$$

worin also formal nur die obere Grenze einzusetzen ist und nicht etwa Null als untere. Überblickt man den hier gegebenen Übergang von (44) zu (46), so scheint mir die Frage[1]) nach dem wahren Wert der unteren Grenze in (46) keinen physikalischen Sinn zu haben.

Die Ermittlung der Affinität reiner kondensierter Reaktionen ist somit zurückgeführt auf die Bestimmung der Molekularwärme aller reagierenden Substanzen von T bis zum absoluten Nullpunkt herab sowie einer Wärmetönung der Reaktion zwischen Null und T. Die erstere Forderung scheint unerfüllbar zu sein; indessen ermöglicht die Entwicklung der Quantentheorie kondensierter Stoffe, insbesondere das DEBYEsche T^3-Gesetz, die Bestimmung der spezifischen Wärmen bereits in gut erreichbaren Gebieten abzubrechen und durch Extrapolation zu vervollständigen. Diese Dinge, ebenso wie die zahlreichen Bestätigungen des Satzes, werden an anderer Stelle[2]) behandelt.

b) Die Affinität der Systeme mit Gasphasen.

13. Die Reaktionsisochore der Gasreaktionen. Der Versuch, die Affinität einer Gasreaktion, A_{norm}, in gleicher Weise wie bei kondensierten Systemen auf ausschließlich thermische Daten zurückzuführen, gestaltet sich wesentlich schwieriger und führt zu Überlegungen ganz anderer Art. Zwar kann man Gleichung (21b) auch hier ohne weiteres verwenden und für A die Affinität einer Gasreaktion entweder in der allgemeinen Form (27) oder der speziellen (28) einführen. [Man hat bei Benutzung von (27) für Bildung des Ausdruckes $\left(\frac{\partial A}{\partial T}\right)_p$ zu beachten, daß die Größen $p_A\, p_B \ldots$ bei dem Übergang von der Temperatur T

[1]) A. BYK, Phys. ZS. Bd. 20, S. 505. 1919.

[2]) S. Artikel SIMON ds. Handb. Bd. X.

zu $T + dT$ als Konstante zu behandeln sind.] In beiden Fällen erhält man übereinstimmend die wichtige Beziehung

$$W'_{\text{gas}} = RT^2 \frac{d \ln K_p}{dT}, \tag{47}$$

die nach NERNST als Reaktionsisochore bezeichnet wird. Ersetzt man W'_{gas} durch $W'_{0\,\text{gas}} + (W'_{\text{gas}} - W'_{0\,\text{gas}})$, so ergibt die Integration zwischen den Grenzen Null und T

$$\ln K_p = -\frac{W'_{0\,\text{gas}}}{RT} + \frac{1}{R}\int_0^T \frac{W'_{\text{gas}} - W'_{0\,\text{gas}}}{T^2}\, dT + \text{Konst.}, \tag{47a}$$

und die Erweiterung mit $- RT$ führt unter Berücksichtigung von (28) zu

$$A_{\text{norm}} = -RT \ln K_p = W'_{0\,\text{gas}} - T\int_0^p \frac{W'_{\text{gas}} - W'_{0\,\text{gas}}}{T^2}\, dT + J_{\text{gas}}\, T, \tag{48}$$

eine Gleichung, die bis auf das letzte Glied vollständig analog der für kondensierte Reaktionen gültigen (44b) ist. Aber gerade dieses letztere Glied bildet eine wesentliche Schwierigkeit. Zwar ist gemäß der allgemein gültigen Beziehung (35) auch hier $J_{\text{gas}} = \left(\frac{\partial A}{\partial T}\right)_0$; aber über die wahre Größe von $\left(\frac{\partial A}{\partial T}\right)_0$ können wir bei Gasen auch heute noch nichts Sicheres aussagen; insbesondere wissen wir nicht, ob das NERNSTsche Theorem auf Gase anwendbar ist, ob also etwa $\left(\frac{\partial A}{\partial T}\right)_0 = 0$ auch hier gilt. Das hierüber entscheidende Experiment steht zur Zeit noch aus.

Die Frage, warum sich die Ausführungen der letzten Ziffern nicht ohne weiteres auch auf solche Reaktionen ausdehnen lassen, bei denen Gase im Spiele sind, läßt sich erst beantworten, wenn wir den Übergang zu den Gasen wirklich vollzogen haben. So viel aber können wir aus dem Bisherigen entnehmen, daß es mit dem Umstand zusammenhängt, daß der Begriff der Affinität bei Gasen vieldeutig ist, insofern die Anfangs- und Enddrucke noch willkürlich festgesetzt werden können. Dieser Umstand führte uns auf den Begriff der „Normalaffinität". Würde man an Stelle dieser den Begriff einer „Sättigungs"affinität der Gasreaktion einführen, bei der also die Anfangs- und Enddrucke gleich den Sättigungsdrucken der betreffenden Bodenkörper sind, so wäre diese gleich der Affinität der kondensierten Reaktion, und die Frage wäre gelöst. Aber damit ist praktisch wenig erreicht, da wir ohne Kenntnis der Dampfdrucke noch nichts, z. B. über die Lage des Gleichgewichts, aussagen können. Erst die Einbeziehung der Dampfdrucke in die Affinität löst die praktisch vorliegende Aufgabe, und gerade die innige Verschmelzung dieser Dinge führt zu überraschenden Erkenntnissen.

14. Die CLAUSIUS-CLAPEYRONsche Gleichung. Wir greifen auf das in Ziff. 4 angestellte Gedankenexperiment zurück, bei dem wir ein kondensiertes System einmal direkt reagieren ließen, ein andermal zuerst verdampften und die Reaktion in den Gasraum verlegten. Für die Affinitätsbilanz fallen die Verdampfungs- bzw. Kondensationsprozesse fort, weil die ΔG derselben Null sind, und zwar einzeln, nicht etwa nur in Summa. Hierin liegt etwas Befremdendes, da doch ein so durchgreifender Prozeß wie eine Aggregatänderung sich in irgendeiner Weise in der Rechnung bemerkbar machen müßte. Tatsächlich ist dies auch der Fall, wie nun gezeigt werden soll.

Betrachten wir die Verdampfung als Reaktion und wenden wir die Grundformeln (13a) $\Delta G = \Delta W + T\left(\frac{\partial \Delta G}{\partial T}\right)_p$ auf den Verdampfungsprozeß einer Komponente an, so ist also $\Delta G = 0$ zu setzen. Es bleibt, wenn wir hier ΔW als die Verdampfungswärme λ bezeichnen:

$$\Delta W = \lambda = -T\left(\frac{\partial \Delta G}{\partial T}\right)_p. \tag{49}$$

Allgemein gilt für diesen Vorgang wegen $\Delta G = 0$ unabhängig von T

$$d(\Delta G) = \left(\frac{\partial \Delta G}{\partial T}\right)_p dT + \left(\frac{\partial \Delta G}{\partial p}\right)_T dp = 0$$

oder

$$\left(\frac{\partial \Delta G}{\partial T}\right)_p = -\left(\frac{\partial \Delta G}{\partial p}\right)_T \cdot \left(\frac{\partial p}{\partial T}\right)_{\Delta G}. \tag{50}$$

Die Größe $\left(\frac{\partial p}{\partial T}\right)_{\Delta G}$ bedeutet nun als Änderung des Druckes auf der Sättigungskurve nichts anderes als $d\pi/dT$, die totale Änderung des Dampfdrucks mit der Temperatur. Also wird (50) unter Berücksichtigung von (12b)

$$\left(\frac{\partial \Delta G}{\partial T}\right)_p = -(v_2 - v_1)\frac{d\pi}{dT}$$

und mit (49):

$$\lambda = T\frac{d\pi}{dT}(v_2 - v_1). \tag{51}$$

Wir haben damit die CLAUSIUS-CLAPEYRONsche Gleichung erhalten, und das ist für das Verständnis der oben aufgeworfenen Frage bedeutungsvoll. Die Behandlung des Verdampfungsvorganges nach Art einer Reaktion führt zwar nicht zu einem Beitrag der Affinität, wohl aber zu einer Aussage über die Dampfdrucke, d. h. zur Kenntnis gerade derjenigen Größen, die gemäß (30) und (31) die Brücke zwischen der Affinität A_{kond} in der kondensierten Phase und der Normalaffinität A_{norm} bilden. Ganz Entsprechendes gilt für die Kondensationsvorgänge.

Um die Dampfdrucke π zu erhalten, hat man (51) zu integrieren. Da man jedoch die Größe $(v_2 - v_1)$ als Temperaturfunktion in Strenge nicht kennen wird, ist hier eine Vernachlässigung schwer vermeidbar. Wir wollen die Dampfdrucke als so klein betrachten, daß wir erstens das Volumen v_1 des Kondensats neben dem v_2 des Gases vernachlässigen und zweitens auf v_2 das Gesetz der idealen Gase anwenden dürfen. Übrigens ist eine Berücksichtigung weitergehender Zustandsgleichungen durchaus möglich[1]). Es folgt aus (51):

$$\frac{d\ln\pi}{dT} = \frac{\lambda}{RT^2}. \tag{52}$$

Die wie oben ausgeführte Integration ergibt

$$\ln\pi = -\frac{\lambda_0}{RT} + \frac{1}{R}\int_0^T \frac{\lambda - \lambda_0}{T^2}\,dT + i, \tag{53}$$

---

[1]) S. z. B. W. NERNST, Grundlagen des neuen Wärmesatzes, S. 108, Halle 1924; F. SIMON, ZS. f. Phys. Bd. 15, S. 310. 1923; A. EUCKEN, E. KARWAT u. F. FRIED, ebenda Bd. 29, S. 4. 1924.

wobei alle konstanten Glieder in die Integrationskonstante i einbezogen sind. An Stelle $\lambda - \lambda_0$ kann man auch setzen

$$\lambda - \lambda_0 = \int_0^T (C_{p_2} - c_{p_1}) dT. \tag{53a}$$

15. Die Normalaffinität der Gasreaktionen. Nunmehr können wir die Bilanz ziehen. Die Reaktion über die Gasphase liefert nach (30)

$$A_{\text{gas}} = RT \sum \nu \ln \pi_\nu - RT \ln K_p .$$

Das erste Glied ist durch (53), das zweite durch (48) gegeben. Setzen wir

$$\left. \begin{aligned} a\lambda_A + b\lambda_B - c\lambda_C - d\lambda_D &= \sum \nu \lambda_\nu \\ \text{und} \quad a i_A + b i_B - c i_C - d i_D &= \sum \nu i_\nu , \end{aligned} \right\} \tag{54}$$

so folgt

$$A_{\text{gas}} = W'_{0\,\text{gas}} - \sum \nu \lambda_{0_\nu} - T \int_0^T \frac{dT}{T^2} \left[(W'_{\text{gas}} - \sum \nu \lambda_\nu) - (W'_{0\,\text{gas}} - \sum \nu \lambda_{0_\nu}) \right] + T(J_{\text{gas}} + R \sum \nu i_\nu) .$$

Da weiter nach dem ersten Hauptsatz gilt

$$W'_{\text{gas}} - \sum \nu \lambda_\nu = W'_{\text{kond}} , \tag{54a}$$

so wird

$$A_{\text{gas}} = W'_{0\,\text{cond}} - T \int_0^T \frac{W'_{\text{kond}} - W'_{0\,\text{kond}}}{T^2} dT + T(J_{\text{gas}} + R \sum \nu i_\nu) .$$

Dagegen liefert der Reaktionsweg über die kondensierte Phase nach (44)

$$A_{\text{cond}} = W'_{0\,\text{cond}} - T \int_0^T \frac{W'_{\text{kond}} - W'_{0\,\text{kond}}}{T^2} dT ;$$

da wegen des zweiten Hauptsatzes $A_{\text{gas}} = A_{\text{kond}}$ sein muß, folgt

$$J_{\text{gas}} = -R \sum \nu i_\nu , \tag{56}$$

d. h. die Integrationskonstante der Normalaffinität oder auch die Größe $\left(\frac{\partial A}{\partial T}\right)_0$ einer Gasreaktion unter Normalbedingungen ist gleich dem aus den Dampfdruckkonstanten gebildeten Ausdruck $-R \sum \nu i_\nu$.

Damit wird (48) unter gleichzeitiger Einführung der Molwärmen

$$A_{\text{norm}} = W'_{0\,\text{gas}} - T \int_0^T \frac{dT}{T^2} \int_0^T \sum \nu \, C_{p_\nu} dT - RT \sum \nu i_\nu , \tag{57}$$

und die Normalaffinität bei Gasen ist auf thermische Größen der Gasphase und Dampfdruckkonstanten zurückgeführt.

Der Reaktionsweg über die kondensierte Phase ist nun unabhängig davon, ob man ihn über feste oder flüssige Komponenten leitet. Von dem Gaswege muß dasselbe gelten; ob also die Größen i_ν herrühren von einem Übergange fest $\rightleftarrows$ Gas oder flüssig $\rightleftarrows$ Gas, muß für sie belanglos sein. D. h. aber, daß Sublimation und Verdampfung einer Komponente durch die gleiche Konstante i_ν gekennzeichnet sind.

Weiter erkennt man, daß auch die Modifikation des Stoffes keine Rolle spielt. Eliminiert man aus der Gleichung (22) für die Umwandlungsaffinität zweier Modifikationen die Dampfdrucke π mit Hilfe von (53) und seien i und i' die diesen Modifikationen entsprechenden Dampfdruckkonstanten, so ergibt eine kurze, der obigen Rechnung ähnliche Überlegung, daß als Konstante nunmehr $i - i'$ auftritt. Da die Reaktion aber auch im kondensierten System verlaufend gedacht werden kann, wobei sie nach dem Theorem eine Konstante 0 erhält, so folgt sofort: $i = i'$.

Da somit die i den Komponenten lediglich in chemischer, nicht in physikalischer Beziehung zugeordnet sind, werden sie nach NERNST „Chemische Konstanten" genannt.

Es sei anläßlich neuerdings aufgetauchter Bedenken[1]) noch folgendes hinzugefügt. Sollte das NERNSTsche Theorem für kondensierte Stoffe nicht völlig zu Recht bestehen, so hätte man (55) mit (34b) zu vergleichen und erhielte statt (56)

$$J_{\text{gas}} = J_{\text{kond}} - R\sum \nu i_\nu, \tag{56a}$$

eine Beziehung die nur die beiden ersten Hauptsätze voraussetzt. Auf diese Dinge wird an anderem Ort[2]) eingegangen. Wir wollen bis zur Klärung der Frage an (56) festhalten.

16. Die Affinität heterogener Reaktionen. Gleichung (57) bezieht sich auf reine Gasreaktionen, bei denen Bodenkörper nicht vorhanden sind. Verläuft jedoch die Reaktion heterogen, so führt eine einfache Überlegung zu der Form

$$A_{\text{heterogen}} = W'_{0\,\text{heterogen}} - T\int_0^T \frac{dT}{T^2}\int_0^T \left(\sum \nu C_{p_\nu} + \sum n c_{p_n}\right) dT - RT\sum \nu i_\nu, \tag{57a}$$

worin sich die Summationen $\sum \nu$ auf die nur als Gase vorhandenen Teilnehmer, $\sum n$ auf die zugleich als Kondensate auftretenden bezieht, während $W'_{0\,\text{heterogen}}$ die Wärmefunktion im heterogenen System bedeutet.

Sind alle Teilnehmer als Bodenkörper zugegen, so verschwinden die $\sum \nu$, und es resultiert die für kondensierte Systeme gültige Gleichung (44b). Insbesondere sei bemerkt, daß eine chemische Konstante immer nur bei reinen Gaskomponenten auftritt.

c) Die chemische Konstante.

17. Die experimentelle Ermittlung der chemischen Konstanten. Es handelt sich nun darum, die Größen i wirklich zu ermitteln. Hierzu wollen wir (53) in der ausführlicheren Form schreiben

$$\ln \pi = -\frac{\lambda_0}{RT} + \frac{1}{R}\int_0^T \frac{dT}{T}\int_0^T (C_p - c_p)\, dT + i. \tag{58}$$

Die Gleichung ist aus (52) durch bestimmte Integration entstanden; die Größe i ist somit nichts anderes als $\left(\ln \pi + \frac{\lambda_0}{RT}\right)_0$, ein Ausdruck, der nach der klassischen Auffassung gleich $-\infty + \infty$, also unbestimmt wird.

Aber auch bei endlichen Temperaturen ist die Größe i nicht angebbar, und zwar aus folgenden Gründen. Während die Molekularwärme des Kondensates, c_p, bei $T = 0$ erfahrungsgemäß und in Übereinstimmung mit der Quanten-

---

1) A. EUCKEN u. F. FRIED, ZS. f. Phys. Bd. 29, S. 36. 1924.

2) S. hierzu Artikel SIMON ds. Handb. Bd. X.

theorie fester Körper in solchem Grade gegen Null konvergiert, daß ihr Beitrag im Integral der Gleichung (58) verschwindet, ist eine solche Konvergenz für die Molekularwärme eines Gases, C_p, bisher weder experimentell feststellbar, noch auch quantentheoretisch unbedingt erforderlich, höchstens möglich.

Man kann nun zwei Wege zur Lösung dieser Schwierigkeit gehen; entweder man stützt sich lediglich auf die vorliegenden Erfahrungen und erhält so eindeutig verwertbare Resultate, deren theoretische Interpretation indessen nur in gewissem Maße möglich ist; oder man ist zu einer neuen Hypothese, der sog. Gasentartung, gezwungen, die zwar ein viel homogeneres Bild liefert, jedoch sich bisher der experimentellen Bestätigung hartnäckig entzogen hat.

Wir betrachten zunächst die erste Lösung. Der Versuch lehrt, daß die Molwärme der einatomigen Gase sich mit sinkendem T hinlänglich genau dem Werte $\frac{5}{2} R$ nähert. Nimmt man diesen Wert als den wahren Endwert an, so kann man setzen

$$C_p = C_{p_0} + C'_T = \tfrac{5}{2} R + C'_T \quad \text{(zunächst für einatomige Gase)}, \tag{59}$$

worin also C'_T den von der Temperatur abhängigen Bestandteil bedeutet. Von letzterem soll weiter angenommen werden, daß er — wie bei Kondensaten — hinlänglich schnell gegen 0 konvergiert, so daß sein Beitrag für die untere Grenze des Integrals in (58) verschwindet. Für Temperaturen, bei denen weder C'_T noch c_p merklich sind, läßt sich dann (58) schreiben

$$\ln \pi = -\frac{\lambda'_0}{RT} + \frac{5}{2} \ln T + i' \tag{60}$$

(für einatomige Gase bei tiefen Temperaturen)

Die Konstante i' unterscheidet sich (schon wegen des Gliedes $\frac{5}{2} \ln T$) von der Größe i, aber sie ist jetzt zweifellos endlich und bestimmbar, wie der Einsatz einer endlichen Temperatur erkennen läßt. Auch die Größe λ'_0 hat durch (59) nach dem ersten Hauptsatz eine ganz bestimmte Größe erhalten, nämlich

$$\lambda'_0 = \lambda - \tfrac{5}{2} RT - \int_0^T (C'_T - c_p)\, dT. \tag{61}$$

Für höhere Temperaturen gilt dann

$$\ln \pi = -\frac{\lambda'_0}{RT} + \frac{5}{2} \ln T + \frac{1}{R}\int_0^T \frac{dT}{T^2}\int_0^T (C'_T - c_p)\, dT + i'. \tag{62}$$

Bei zweiatomigen Gasen mit starren Molekeln ist der klassische Grenzwert der Molwärme C_{p_0} gleich $\frac{7}{2} R$. Also gilt für diese, entsprechend (59), (61) und (62)

$$C_p = \tfrac{7}{2} R + C''_T, \tag{63}$$

$$\lambda''_0 = \lambda - \tfrac{7}{2} RT - \int_0^T (C''_T - c_p)\, dT, \tag{64}$$

und

$$\ln \pi = -\frac{\lambda''_0}{RT} + \frac{7}{2} \ln T + \frac{1}{R}\int_0^T \frac{dT}{T^2}\int_0^T (C''_T - c_p)\, dT + i''. \tag{65}$$

Nun wissen wir aber, daß bei tiefen Temperaturen dieser erste klassische Grenzwert von $\frac{7}{2} R$ durch Verlust der Rotationsenergie, also zweier Freiheitsgrade, unterschritten wird und ein neuer Grenzwert von $\frac{5}{2} R$ auftritt; mit anderen Worten: jedes zweiatomige Gas verhält sich bei hinreichend tiefen Temperaturen wie ein einatomiges. Nennt man die dieser Rotationsenergie entsprechende spezifische Rotationswärme pro Mol C_R, so ist in diesem Temperaturgebiet statt (63) zu setzen

$$C_p = \tfrac{5}{2}R + (C_R + C_T''). \tag{63a}$$

Das ist aber vollständig analog der Gleichung (59), wenn wir C_T' durch $(C_R + C_T'')$ ersetzen. Führen wir diese Substitution auch in (61) und (62) durch, so ergibt sich

$$\lambda_0' = \lambda - \tfrac{5}{2}RT - \int_0^T (C_R + C_T'' - c_p)\,dT \tag{64a}$$

und

$$\ln\pi = -\frac{\lambda_0'}{RT} + \frac{5}{2}\ln T + \frac{1}{R}\int_0^T \frac{dT}{T^2}\int_0^T (C_R + C_T'' - c_p)\,dT + i'. \tag{65a}$$

Nimmt man nun eine so hohe Temperatur ϑ an, daß der klassische Grenzwert $\frac{7}{2}R$ vorhanden ist, so müssen (64) und (64a) bzw. (65) und (65a) gleich werden. Aus dieser Gleichsetzung folgt:

$$\lambda_0'' = \lambda_0' + \int_0^\vartheta C_R\,dT - R\vartheta \tag{66}$$

und

$$i'' = i' - 1 - \ln\vartheta + \frac{1}{R\vartheta}\int_0^\vartheta C_R\,dT + \frac{1}{R}\int_0^\vartheta \frac{C_R}{T^2}\,dT. \tag{67}$$

Es zeigt sich also, daß je nach der Wahl des unteren Grenzwertes C_{p_0}, die in gewissem Sinne in unser Belieben gestellt ist, verschiedene Werte nicht nur für i, sondern auch für λ_0 erscheinen. Die für (57) benötigte Größe i ist also nicht eindeutig definiert, solange nicht eine Angabe über die zugrunde gelegte Form der Molwärme gemacht wird. Man unterscheidet so chemische Konstanten, bezogen auf den einatomigen (i') und den zweiatomigen (i'') Zustand. Auch auf mehratomige Moleküle läßt sich dies Verfahren verallgemeinern.

Die Mehrdeutigkeit verschwindet aber für Gleichung (57) sofort, wenn

1. die Größen i,
2. die Größen C_p,
3. $W'_{0\,\mathrm{gas}}$, ermittelt aus $W'_{0\,\mathrm{gas}} - \int_0^T \sum \nu C_{p_\nu}\,dT$,

sämtlich nach demselben Ansatz, etwa (59), (63) oder (63a) bestimmt werden. Die Wahl ist indessen nur insoweit freigestellt, als der gewählte Ansatz C_p an der Stelle der Bestimmungstemperatur noch richtig wiedergibt, was für (59) oder (63a) in allen bekannten Fällen zutrifft, für (63) jedoch unter Umständen nicht. Das hier verfolgte Verfahren beruht also im wesentlichen darauf, daß man die Umgebung des Nullpunktes für die Berechnung gewissermaßen ausschaltet. Man kann nunmehr (57) allgemein die Form geben:

$$A_{\mathrm{norm}} = W'_{0\,\mathrm{gas}} - \sum \nu C_{p_0} T\ln T - T\int_0^T \frac{dT}{T^2}\int_0^T \sum \nu C_T'\,dT - RT\sum \nu i_\nu', \tag{68}$$

wobei zur Bestimmung der i' zu benutzen ist:

$$\ln\pi = -\frac{\lambda_0'}{RT} + \frac{C_{p_0}}{R}\ln T + \frac{1}{R}\int_0^T \frac{dT}{T^2}\int_0^T (C_T' - c_p)\,dT + i', \tag{69}$$

zur Bestimmung von $W'_{0\,\mathrm{gas}}$:

$$W'_{0\,\mathrm{gas}} = W'_{\mathrm{gas}} - \sum \nu C_{p_0} - \int_0^T \sum \nu C_{T_\nu}'\,dT. \tag{70}$$

Die Bestimmung von i' aus (69) erfordert neben der Kenntnis des gesamten Verlaufs von C'_T und c_p die Messung mindestens zweier Dampfdrucke (zur Elimination von λ'_0). Außerdem ist W'_{gas} bei einer beliebigen Temperatur zu bestimmen. Damit ist A_{norm} oder auch K_p vollständig festgelegt. Trotz der Benutzung fiktiver Werte für C_{p_0} ist (68) absolut streng (bis auf die Benutzung der Gasgesetze).

18. Die theoretische Bedeutung der chemischen Konstanten. Die Abhängigkeit der Größe i' von der Wahl des C_p-Ansatzes läßt erkennen, daß sie nicht durch rein thermodynamische Betrachtungen gewonnen werden kann, daß also trotz der Beziehung (56) ein Analogon zum NERNSTschen Theorem $J_{\mathrm{kond}} = 0$ bei Gasen nicht ohne weiteres existiert.

Um so bedeutungsvoller erscheint es, daß eine Klärung der Frage auf ganz anderem Wege, nämlich unter Hinzuziehung kinetisch-statistischer Betrachtungen gelungen ist. Als einer der ersten kam O. STERN[1]) zu einer brauchbaren Lösung, indem er an Hand eines molekularmechanischen Modells für ein Verdampfungsgleichgewicht eine auf der klassisch-kinetischen Theorie beruhende Dampfdruckformel aufstellt und nachträglich das Kondensat nach den Vorschriften der Quantentheorie behandelt. Er erhält auf diesem Wege für die Konstante, die gewöhnlich als „theoretische chemische Konstante“ ι bezeichnet wird, bei einatomigen Gasen:

$$\iota' = \ln \frac{(2\pi m)^{\frac{3}{2}} k^{\frac{5}{2}}}{h^3} = \ln\left(\frac{2\pi}{N}\right)^{\frac{3}{2}} \frac{k^{\frac{5}{2}}}{h^3} + \frac{3}{2} \ln M \tag{71}$$

(m Masse des Moleküls, M Molekulargewicht, k BOLTZMANNsche Konstante, h PLANCKsches Wirkungsquantum).

Die Erfahrung lehrt, daß dieses ι' mit dem aus (69) ermittelten i' (für $C_{p_0} = \frac{5}{2} R$) tatsächlich in einer Zahl von Fällen praktisch identisch ist; ein Beweis, daß wenigstens in diesen Fällen das zugrunde gelegte Modell wesentlich zutrifft.

Die Eigenart der STERNschen Ableitung liegt darin, daß das Gas selber nicht nach quantentheoretischen Ansätzen behandelt wird, sondern erst bei so hoher Temperatur eingeführt wird, daß eine klassische Behandlung als berechtigt erscheint. Im Gegensatz dazu haben schon früher und auch späterhin mehrere Autoren[2]) den Versuch gemacht, das Gas selber zu „quanteln“. Bezüglich der Einzelheiten dieser Untersuchungen wird auf die Artikel SCHRÖDINGER und SMEKAL dieses Handbuchs Bd. X und IX verwiesen.

Fast alle diese Autoren erhalten für ι' (einatomig) den Wert (71), trotzdem die eingeschlagenen Wege recht verschieden sind; durch ein konstantes Glied unterscheidet sich das Ergebnis von NERNST $\left(\ln \frac{2^{\frac{3}{2}}}{e}\right)$, was jedoch heute als belanglos anzusehen ist. Somit ist der Wert (71) als gut gesichert zu betrachten. Des weiteren haben STERN sowie EHRENFEST und TRKAL entsprechende Werte für mehratomige Moleküle auf statistischer Basis abgeleitet und erhalten

$$\left.\begin{aligned} \iota'' &= \iota' + \ln(\alpha J) && \text{für zweiatomige Gase,} \\ \iota''' &= \iota' + \tfrac{3}{2}\ln(\alpha J) && \text{für dreiatomige Gase,} \end{aligned}\right\} \tag{72}$$

[1]) O. STERN, Phys. ZS. Bd. 14, S. 629. 1913.

[2]) H. TETRODE, Ann. d. Phys. Bd. 38, S. 434; Bd. 39, S. 255. 1912; O. SACKUR, Nernst-Festschrift 1912, S. 405; Ann. d. Phys. Bd. 40, S. 67. 1913; P. SCHERRER, Göttinger Ber. 1916, S. 154; W. NERNST, Verh. d. D. Phys. Ges. Bd. 18, S. 83. 1916; M. PLANCK, Berl. Ber. 1916, S. 653; E. BRODY, ZS. f. Phys. Bd. 6, S. 79. 1921; P. EHRENFEST u. V. TRKAL, Ann. d. Phys. Bd. 65, S. 609. 1921; K. F. HERZFELD, Phys. ZS. Bd. 22, S. 186. 1921; A. EINSTEIN, Berl. Ber. 1924, S. 261; 1925, S. 3, 18; M. PLANCK, ebenda 1925, S. 49.

worin J das mittlere Trägheitsmoment der Molekel ist und $\alpha = \frac{8\pi^2 k}{h^2}$ (oder wenigstens angenähert nach STERN-EUCKEN), $\alpha = \frac{8\pi k}{h^2 \sigma}$ (nach EHRENFEST und TRKAL; σ Symmetriezahl). Wegen der nicht ganz eindeutigen Festlegung dieser Werte[1]) ist eine experimentelle Prüfung zur Zeit erschwert; immerhin scheinen sie von der Wahrheit nicht allzu weit entfernt zu liegen.

Betreffs der einatomigen Gase sei noch folgendes bemerkt. Die Anwendung der Quantenregeln auf diese kann heute noch nicht mit Bestimmtheit formuliert werden; infolgedessen glaubte man, die STERNsche Betrachtungsweise als denen der anderen Autoren überlegen hinstellen zu sollen. Wenn man aber beachtet, daß die Entropiekonstante des STERNschen Gases die Größe h enthält, so sieht man, daß es sich auch hier um das Residuum eines „Quantengases" handelt. Die bei Quantelung der Gase durch die anderen Autoren unvermeidliche und nicht nachprüfbare Willkür ist bei STERN einfach in das Verdampfungsmodell verschoben worden.

Nun haben neuerliche Berechnungen von F. SIMON[2]), K. WOHL[3]) und anderen gezeigt, daß der Wert i' sich in einigen Fällen mit den aus (69) ermittelten i' einwandfrei nicht deckt. Da nun (69) wenigstens bei kleinen Drucken als streng gültig zu betrachten ist, kann (71) nur den Charakter einer — bisweilen recht genauen — Näherung haben. Bezüglich der Einzelheiten dieser Fragen sei auf den Artikel SIMON ds. Handb. X verwiesen.

Die Betrachtungen der Ziff. 17 haben ergeben, daß die Größen i und λ_0 von dem Ansatze für C_p abhängig sind. Ob die zugrunde gelegten Grenzwerte reell sind oder nur fiktiv, spielt dann keine Rolle, wenn es sich lediglich um die Aufstellung einer exakten Dampfdruckformel handelt. Für eine rationelle Lösung hätte man indessen statt eines willkürlichen Ansatzes für C_p den wahren Verlauf der Molwärme des Gases bis zum Nullpunkt herab einzusetzen. Da aber über diesen experimentell nichts bekannt ist, so ist man auf Erwägungen allgemeiner Art angewiesen.

III. Erweiterung des Theorems und Folgerungen.

a) Die Gasentartung.

19. Erweiterung des Theorems auf Gase. Das NERNSTsche Theorem ist bisher nur für kondensierte Stoffe als gültig postuliert worden; ob es sich auch auf Gasreaktionen direkt anwenden läßt, darüber sagt das Vorangegangene gar nichts aus. Für die Integrationskonstante der HELMHOLTZschen Gleichung gilt zwar nach (56) die Beziehung: $J_{\text{gas}} = -R \sum \nu i_\nu$; da aber die i_ν nur fiktive Größen sind und vom Ansatz für C_p abhängen, ist damit über den wahren Wert von J_{gas} noch nichts gesagt.

Wenn das NERNSTsche Theorem aber den Anspruch auf ein Naturprinzip im Sinne der Hauptsätze erhebt, so sollte es auch bei Gasen nicht versagen. Schon der Umstand, daß eine Flüssigkeit mit Umgehung des kritischen Punktes kontinuierlich in ein Gas überführbar ist, läßt die Frage auftauchen, wo denn bei diesem Übergange die Grenze für die Gültigkeit des Theorems anzusetzen ist. Zwingender indessen sind Überlegungen aus der Quantentheorie heraus, nach denen die für sie charakteristischen Impulsänderungen der Moleküle auch bei

[1]) S. z. B. A. EUCKEN, Ergebn. d. exakt. Naturwiss. Bd. I, S. 155. 1922.
[2]) F. SIMON, ZS. f. phys. Chem. Bd. 110, S. 572. 1924.
[3]) K. WOHL, ZS. f. phys. Chem. Bd. 110, S. 166. 1924.

zwischen Wänden eingeschlossenen Gasen auftreten und jedenfalls keinen wesentlichen Unterschied zwischen kondensierten und Gassystemen aufzustellen erlauben. So wird man denn unmittelbar zur Folgerung geführt, den Gültigkeitsbereich des Theorems nunmehr auch auf Gase auszudehnen. Es handelt sich dann darum, die aus dieser Verallgemeinerung herzuleitenden Folgerungen zu ziehen.

Wir postulieren also mit NERNST: Auch für Gasreaktionen soll gelten

$$\left(\frac{\partial A}{\partial T}\right)_{0\,\mathrm{gas}} = 0. \tag{73}$$

Da nun nach (35) $\left(\frac{\partial A}{\partial T}\right)_0 = J_{\mathrm{gas}}$ ist, so ergibt (56) sofort

$$\sum \nu i_\nu = 0.$$

Da aber die i_ν völlig unabhängig voneinander sind (einzelne i_ν können z. B. durch Kondensation zum Verschwinden gebracht werden), folgt, daß sie einzeln Null werden müssen. Also

$$i_\nu = 0. \tag{74}$$

Weiter gilt nach (49) für jede Komponente

$$\lambda = -T\left(\frac{\partial \Delta G}{\partial T}\right)_p = T\frac{\partial A}{\partial T}.$$

Daraus folgt bei $T = 0$

$$\lambda_0 = \left(T\frac{\partial A}{\partial T}\right)_0 = 0. \tag{75}$$

Schließlich folgt wegen $W'_{\mathrm{gas}} - W'_{\mathrm{kond}} = \sum \nu \lambda_\nu$

$$W'_{0\,\mathrm{gas}} = W'_{0\,\mathrm{kond}}. \tag{76}$$

Damit geht die Gleichung der Gasreaktion (48) vollständig in die der kondensierten (44) über, nur daß in ersterer die Molwärmen der Gase zu benutzen sind. Formal ist dadurch völlige Homogenität erreicht, und die chemischen Konstanten sind verschwunden (74). Da indessen nun die wahren C_p zu benutzen sind, über diese aber nichts bekannt ist, so ist ein praktischer Gewinn damit nicht erzielt.

Gleichwohl bedeutet dieser von NERNST getane Schritt eine erhebliche Vertiefung unserer Naturauffassung. Da nämlich mit der Annahme (73) nicht jeder beliebige Verlauf von C_p vereinbar ist, so enthält sie einige Aussagen über die Eigenschaften der Gase, die man nach NERNST unter der Bezeichnung „Gasentartung“ zusammenfaßt.

Der Umstand, daß bei der bisherigen Betrachtungsweise $\left(\frac{\partial A}{\partial T}\right)_0$ für Gasreaktionen nicht verschwindet, sondern sogar wegen des Gliedes $\sum \nu C_p T \ln T$ in Gleichung (68) unendlich wird, ist darauf zurückzuführen, daß das Gesetz der idealen Gase als bis zum Nullpunkt herab gültig angenommen wurde. Betrachtet man etwa die isotherme Ausdehnung eines einzelnen Gases, so erhält man unter Benutzung des Gasgesetzes für die maximale Arbeit

$$A = +\int_{v_1}^{v_2} p\,dv = RT\ln\frac{v_2}{v_1} \quad \text{oder} \quad \frac{\partial A}{\partial T} = R\ln\frac{v_2}{v_1},$$

eine Größe, die für $T = 0$ keineswegs verschwindet. Die Forderung, daß das NERNSTsche Theorem unmittelbar auf Gase anwendbar sei, bedingt also die Notwendigkeit einer Revision der Gesetze idealer Gase.

Hierzu bieten sich zwei Wege dar. Einmal kann man versuchen, die Erfahrungskomplexe, die am kondensierten System mit Hilfe der Quantenvorstellungen gewonnen wurden und insbesondere das Verschwinden der spezifischen Wärmen betreffen, auf die Gase zu übertragen, d. h. sie zu quanteln. Auf diesem Wege ist ein großer Teil der obengenannten Forscher[1]) vorgegangen. Da jedoch diese Gedankengänge der Thermodynamik an sich fern liegen, sei hier von einer Wiedergabe der einzelnen Theorien abgesehen und auf den Artikel SMEKAL ds. Handb. verwiesen. Insbesondere aber ist eine experimentelle Entscheidung zwischen den so erhaltenen, voneinander abweichenden Resultaten heute noch nicht möglich und überhaupt unwahrscheinlich.

20. Thermodynamik der Gasentartung. An Stelle dessen wählen wir einen anderen Weg[2]), der zwar nicht zu expliziten Ausdrücken führt, dagegen alle die charakteristischen Merkmale vereinigt, zu denen die speziellen Behandlungsweisen führen. Die so erhaltenen Ergebnisse gehen nur so weit, als sie experimentell prüfbar sind.

Die Fragestellung lautet: Welche Gestalt muß die Zustandsgleichung idealer Gase annehmen, damit sie mit den drei Hauptsätzen der Thermodynamik nicht in Konflikt gerät? Wir denken speziell an einatomige Gase; da aber nach unseren Erfahrungen bei hinreichend tiefen Temperaturen alle Gase sich thermisch einatomig verhalten, liegt darin keine Beschränkung.

Als einziger der Thermodynamik fremder Ansatz wird eine Beziehung benötigt, die zwischen rein mechanischen Zustandsgrößen des Gases besteht, unabhängig vom Gleichgewichtszustand und insbesondere vom MAXWELLschen Verteilungsgesetz ist und die die Temperatur explizite nicht enthält. Hier erweist sich als geeignet die aus dem Virialtheorem folgende Gleichung

$$pv = \tfrac{2}{3} U . \tag{77}$$

(v Molvolumen des Gases, U kinetische Energie = Gesamtenergie.) Diese Beziehung soll also auch im Entartungszustand immer streng erfüllt sein. Es sei hier eingefügt, daß in allen speziellen, auch den neuesten quantentheoretischen Behandlungen der Gase sich diese Beziehung als tatsächlich erfüllt erwiesen hat, wie z. B. EINSTEIN[3]) hervorhebt.

Wir zerlegen (77) in die zwei Gleichungen (φ Funktion)

$$U = \tfrac{3}{2} R\varphi(T, v) \qquad \text{und} \qquad pv = R\varphi(T, v). \tag{77a}$$

Betrachtet wird eine isotherme Ausdehnung von v_1 auf v_2. Es ist

$$A = \int_{v_1}^{v_2} p\,dv = R\int_{v_1}^{v_2} \frac{\varphi(T,v)}{v}\,dv,$$

also

$$\left(\frac{\partial A}{\partial T}\right)_v = R\int\left(\frac{\partial \varphi}{\partial T}\right)_v \cdot \frac{dv}{v} \qquad \text{und} \qquad U' = U_1 - U_2 = \frac{3}{2} R\,[\varphi]_2^1 .$$

Es muß nun gelten (wegen des ersten und zweiten Hauptsatzes)

$$A - U' = T\left(\frac{\partial A}{\partial T}\right)_v$$

oder

$$R\int_{v_1}^{v_2} \frac{\varphi}{v}\,dv + \frac{3}{2} R\,[\varphi]_1^2 = RT\int_{v_1}^{v_2}\left(\frac{\partial \varphi}{\partial T}\right)_v \frac{dv}{v} .$$

---

[1]) S. Fußnote Ziff. 18.

[2]) K. BENNEWITZ, ZS. f. phys. Chem. Bd. 110, S. 725. 1924.

[3]) A. EINSTEIN, Berl. Ber. 1924, S. 264.

Differentiation nach der oberen Grenze liefert

$$\varphi + \frac{3}{2} v \frac{\partial \varphi}{\partial v} = T \frac{\partial \varphi}{\partial T}:$$

Die Lösung dieser linearen Differentialgleichung ist

$$\varphi = T \cdot \psi\left(\frac{C}{T v^{\frac{2}{3}}}\right), \tag{78}$$

worin C eine Konstante, ψ eine willkürliche Funktion bedeutet. Für ψ liefert der dritte Hauptsatz die Bedingung

$$\left(\frac{\partial A}{\partial T}\right)_0 = 0 = \left[R \int_{v_1}^{v_2} \left(\psi + T \frac{\partial \psi}{\partial T}\right) \frac{dv}{v}\right]_{T=0}$$

oder

$$\left(\psi + T \frac{\partial \psi}{\partial T}\right)_{T=0} = 0. \tag{79}$$

Durch Einsetzen von (78) in (77a) wird erhalten:

$$U = \frac{3}{2} R T \psi\left(\frac{C}{T v^{\frac{2}{3}}}\right) \quad \text{und} \quad p v = R T \psi\left(\frac{C}{T v^{\frac{2}{3}}}\right) \tag{80}$$

als Energie- und Zustandsgleichung eines idealen Gases, das den drei Hauptsätzen genügt, wobei die Bedingung (79) erfüllt sein muß.

Die Funktion ψ sowie die Konstante C kann explizite nur durch spezielle quantentheoretische Ansätze gewonnen werden. In diesem Punkte weichen die einzelnen obenerwähnten Theorien voneinander ab; in der Form (80) und (79) stimmen sie sämtlich überein. Damit ist nun das ganze Verhalten des Gases hinreichend festgelegt, um einen allgemeinen Schluß zu gestatten. Man erhält zunächst für die chemische Konstante i' [entsprechend (62)]

$$i' = \left[\ln R\psi(0) - \frac{3}{2} \ln C - \frac{5}{2} + \frac{1}{R\psi(0)} \int_{\infty}^{0} \ln x \frac{d C_v}{d x} dx\right], \quad \text{wo} \quad x = \frac{C}{T v^{\frac{2}{3}}}. \tag{81}$$

Sie stellt sich im wesentlichen dar als ein Integral der spezifischen Wärme, das indessen schon bei tiefsten Temperaturen praktisch konstant wird, so daß ein Beitrag zu seinem Inhalt nur in diesem Temperaturgebiet merklich ist.

Weiter ersieht man aus (80), daß die Funktion ψ in Bereichen, in denen die Gase sich klassisch verhalten, also bei großem T oder v, den Wert 1 erhält oder anders ausgedrückt: mit verschwindendem Argument nähert sich ψ der 1. Ein überhaupt nicht entartendes Gas wäre also durch das Argument 0 für alle T oder v, also durch $C = 0$, gekennzeichnet. Tragen wir dies in (81) ein, so würde für ein solches Gas, da das erste und dritte Glied endlich ist, das vierte wegen $C_v =$ Konst. verschwindet, folgen: $i' = \infty$. Damit würde aber der Dampfdruck bei beliebigen endlichen Temperaturen unendlich werden. Diesem unmöglichen Resultat entgeht man nur, wenn man der Konstanten C einen endlichen Wert beilegt, also eine durch (79) und (80) gekennzeichnete Entartung fordert.

Die Endlichkeit des Dampfdruckes bedingt notwendig die Entartung der Gase; unter diesen Umständen ist das NERNSTsche Theorem aber auch unmittelbar auf Gase anwendbar, es gilt somit ganz allgemein.

21. Folgerung aus der Gasentartung. Über den Mechanismus der Entartung ist damit jedoch noch wenig gewonnen; nur das eine steht fest, daß sie ihre Wurzel in der Quantentheorie hat. Man kann nun zwei Gesichtspunkte vertreten. Einmal betrachtet man ein kräftefreies, also wirklich ideales Gas, dessen Moleküle bei den Stößen untereinander oder an Wände sprungweise Impulsänderungen erleiden. Alle diese Ansätze führen zur Gleichung (71), die als Parameter nur das Molekulargewicht enthält, wie leicht verständlich ist. Berücksichtigt man andererseits aber auch die zwischen den Teilchen wirksamen VAN DER WAALSschen Kräfte, so muß Gleichung (71) eine Erweiterung erfahren, insofern jetzt mehr Parameter auftreten, als welche z. B. Verdampfungswärmen oder andere mit diesen Kräften verknüpfte Größen in Betracht kommen können. Das steht aber ganz in Übereinstimmung mit dem empirischen Befunde[1]), der besagt, daß zwischen den Abweichungen der chemischen Konstanten von ihrem theoretischen Wert, also der Größe $i' - \iota'$ und den Verdampfungswärmen, ein gewisser Parallelismus vorhanden zu sein scheint.

Gleichung (81) zeigt, daß eine Änderung der Temperaturfunktion von C_v auf den Wert von i' von Bedeutung ist. Eine wirkliche Berechnung würde indessen erst dann möglich sein, wenn die oben für ideale Gase angestellten Betrachtungen auf reale ausgedehnt würden, was zur Zeit noch aussteht.

b) NERNST-PLANCKsches Theorem.

22. Erweiterung des Theorems durch PLANCK. Das NERNSTsche Theorem, als gewonnen aus Affinitätsbetrachtungen an Reaktionen, handelt ursprünglich nur von Differenzen gewisser Zustandsgrößen in zwei Zuständen. M. PLANCK[2]) ging nun einen Schritt weiter, indem er die Gleichung (39)

$$\left(\frac{\partial A}{\partial T}\right)_0 = \left[\frac{\partial (F_1 - F_2)}{\partial T}\right]_0 = \left[\frac{\partial (G_1 - G_2)}{\partial T}\right]_0 = 0$$

in je zwei Gleichungen

$$\left(\frac{\partial F_1}{\partial T}\right)_0 = 0 \ldots \qquad \text{und} \qquad \left(\frac{\partial G_1}{\partial T}\right)_0 = 0 \ldots$$

zerlegt. Beachtet man, daß $-\left(\frac{\partial F}{\partial T}\right)_v$ ebenso wie $-\left(\frac{\partial G}{\partial T}\right)_p$ die Entropie darstellt, so lautet die neue Forderung:

$$S_0 = 0. \tag{82}$$

Der NERNST-PLANCKsche Wärmesatz lautet also: Beim Nullpunkt besitzt die Entropie eines jeden chemisch reinen, homogenen festen oder flüssigen Körpers den Wert 0.

Damit folgt sofort aus $\left(\frac{\partial S}{\partial T}\right)_v = \frac{c_v}{T}$:

$$S = \int_0^T \frac{c_v}{T} dT \qquad \text{und analog} \qquad S = \int_0^T \frac{c_p}{T} dT. \tag{83}$$

Wenn aber die Entropie für endliche Temperaturen endliche Werte behalten soll, dann müssen die spezifischen Wärmen am Nullpunkt in hinreichend hoher Ordnung mit T verschwinden. Während die NERNSTsche Fassung verlangte, daß die gesamte Wärmekapazität des Systems bei einer Reaktion am Nullpunkt

---

[1]) F. SIMON, ZS. f. phys. Chem. Bd. 110, S. 572. 1924.

[2]) M. PLANCK, Thermodynamik, S. 269. Leipzig 1911.

sich nicht ändert, daß also die KOPPsche Regel von der Additivität der Atomwärmen für $T = 0$ streng erfüllt sei, wird hier gewissermaßen eine Begründung dieses Verhaltens geben. In thermodynamischer Denkweise könnte man vielleicht das Zutreffen der NERNSTschen Forderung, daß nämlich die Wärmekapazitäten der verschwindenden und entstehenden Stoffe gleich werden, ungezwungen nur so deuten, daß sie gleich 0 werden. Die historische Entwicklung zeigt aber, daß eine solche Schlußweise anfänglich durchaus nicht nahe lag. Heute sind diese Fragen entschieden, nachdem die theoretische und experimentelle Ausbeute der Quantentheorie eindeutig die engere PLANCKsche Fassung und somit a fortiori die weitere NERNSTsche als zu Recht bestehend erwiesen hat.

Die Form (41) des NERNSTschen Theorems läßt sich ebenfalls auf die PLANCKsche Erweiterung übertragen. Da $A = F_1 - F_2 = G_1 - G_2$ und $U' = U_1 - U_2 = W_1 - W_2$ ist, folgt aus (41)

$$\lim_{T=0}\left(\frac{\partial F}{\partial T}\right)_v = -\frac{1}{b}\lim_{T=0}\left(\frac{\partial U}{\partial T}\right)_v \quad \text{und} \quad \lim_{T=0}\left(\frac{\partial G}{\partial T}\right)_p = -\frac{1}{b}\lim_{T=0}\left(\frac{\partial W}{\partial T}\right)_p;$$

oder

$$\lim_{T=0} S_v = \frac{1}{b}\lim_{T=0} c_v \quad \text{und} \quad \lim_{T=0} S_p = \frac{1}{b}\lim_{T=0} c_p. \tag{84a}$$

Auch diese Form ist ein eindeutiger Ausdruck des NERNST-PLANCKschen Theorems und gleichbedeutend mit (82). Die positive Konstante b bleibt thermodynamisch unbestimmt. Die DEBYEsche Theorie der festen Körper lehrt, daß für diese $b = 3$ wird.

Es entsteht nun die Frage, ob die an sich einleuchtende PLANCKsche Fassung auch experimentell bestätigt ist. Was die spezifischen Wärmen betrifft, so ist es unzweifelhaft der Fall. Affinitätsbestimmungen sind offenbar nicht dazu geeignet, zwischen beiden Fassungen zu entscheiden; wohl aber hat man geglaubt, aus gewissen Eigenschaften des Einzelkörpers Entscheidungen hierüber treffen zu können[1]). Indessen zeigt eine nähere Betrachtung, daß hier die NERNSTsche Aussage völlig genügt. Wir wollen dies in folgendem zeigen.

c) Folgerungen aus den beiden Fassungen des Theorems.

23. Spannungskoeffizient und Ausdehnungskoeffizient. Wir betrachten zuerst den Spannungskoeffizienten; die beiden ersten Hauptsätze geben für ihn:

$$\left(\frac{\partial p}{\partial T}\right)_v = \left(\frac{\partial S}{\partial v}\right)_T.$$

Hierauf wenden wir zuerst die PLANCKsche Aussage (83) an und erhalten:

$$\left(\frac{\partial p}{\partial T}\right)_v = \int_0^T \frac{1}{T}\left(\frac{\partial c_v}{\partial v}\right)_T dT = \int_0^T \left(\frac{\partial^2 p}{\partial T^2}\right)_v dT = \left(\frac{\partial p}{\partial T}\right)_v - \left(\frac{\partial p}{\partial T}\right)_{v(T=0)}$$

oder

$$\left(\frac{\partial p}{\partial T}\right)_{v(T=0)} = 0. \tag{85}$$

Also: der Spannungskoeffizient verschwindet beim Nullpunkt.

[1]) Z. B.: CL. SCHAEFER, Theoret. Physik Bd. II, S. 317. Berlin 1921.

In ganz analoger Weise folgern wir für den Ausdehnungskoeffizienten aus

$$\left(\frac{\partial v}{\partial T}\right)_p = -\left(\frac{\partial S}{\partial p}\right)_T :$$

$$\left(\frac{\partial v}{\partial T}\right)_p = -\int_0^T \frac{1}{T}\left(\frac{\partial c_p}{\partial p}\right)_T dT = +\int_0^T \left(\frac{\partial^2 v}{\partial T^2}\right)_v dT = \left(\frac{\partial v}{\partial T}\right)_p - \left(\frac{\partial v}{\partial T}\right)_{p(T=0)}$$

oder

$$\left(\frac{\partial v}{\partial T}\right)_{p(T=0)} = 0 . \tag{86}$$

Also: der kubische Ausdehnungskoeffizient verschwindet beim Nullpunkt.

Die Ergebnisse (85) und (86) sind nun durch die Erfahrung in weitem Maße bestätigt worden, insbesondere wurde das Verschwinden des Ausdehnungskoeffizienten von GRÜNEISEN bereits vor Aufstellung der Beziehung (82) experimentell gefunden. Sie sind eine Folge davon, daß die Integrationskonstante in (83), S_0, verschwindet. Tatsächlich ist diese Forderung aber gar nicht nötig, es genügt, daß S_0 eine absolute Konstante ist, um zu (85) und (86) zu gelangen; aber gerade das ist der Inhalt der NERNSTschen Form, im Gegensatz zu dem Resultat der beiden ersten Hauptsätze, nach denen S_0 noch Funktionen von v oder p sein können.

Um das zu zeigen, werde eine isotherme Ausdehnung eines homogenen Körpers betrachtet. Die maximale Arbeit ist gegeben durch $A = \int_{v_1}^{v_2} p\,dv$. Die Änderung von A, die eintritt, wenn derselbe Prozeß zwischen den gleichen Grenzen bei einer um dT höheren Temperatur verläuft, ist

$$\left(\frac{\partial A}{\partial T}\right)_v = \int_{v_1}^{v_2} \left(\frac{\partial p}{\partial T}\right)_v dv .$$

Für den absoluten Nullpunkt soll das nach NERNST Null werden. Das könnte nun so sein, daß $\left(\frac{\partial p}{\partial T}\right)_v$ als Funktion von v neben positiven auch negative Werte annimmt. Da aber die Grenzen v_1 und v_2 ganz beliebige sind, so ist sein Verschwinden nur möglich, wenn

$$\left(\frac{\partial p}{\partial T}\right)_{v(T=0)} = 0 \tag{85a}$$

ist.

Etwas umständlicher ist der Nachweis, daß auch der Ausdehnungskoeffizient in der NERNSTschen Fassung verschwindet. Die Ausgangsgleichung ist die gleiche in partiell integrierter Form: $A = [pv]_1^2 - \int_{p_1}^{p_2} v\,dp$. Für den Übergang zur benachbarten Temperatur werden jetzt die Anfangs- und Enddrucke als Konstanten behandelt. Zur Bildung von $\left(\frac{\partial A}{\partial T}\right)_p$ hat man also gemäß Gleichung (20) nicht von $A = F_1 - F_2$, sondern von $A = (F_1 + p_1 v_1) - (F_2 + p_2 v_2) = G_1 - G_2$ auszugehen, und erhält dann:

$$\left(\frac{\partial A}{\partial T}\right)_p = \left(\frac{\partial (G_1 - G_2)}{\partial T}\right)_p = -\int_{p_1}^{p_2} \left(\frac{\partial v}{\partial T}\right)_p dp .$$

Durch den gleichen Schluß wie oben folgt nunmehr:

$$\left(\frac{\partial v}{\partial T}\right)_{p(T=0)} = 0. \tag{86a}$$

Man kann übrigens auch anders verfahren, indem man die Gleichungen $\left(\frac{\partial U}{\partial v}\right)_T = T\left(\frac{\partial p}{\partial T}\right)_v - p$ und $\left(\frac{\partial W}{\partial p}\right)_T = v - T\left(\frac{\partial v}{\partial T}\right)_p$ über v bzw. p integriert und (21a) bzw. (21b) einführt; man gelangt dann ohne weiteres auf den oben beschrittenen Weg.

Somit sind die Beziehungen (85) und (86) als Folgen bereits der NERNSTschen Fassung nachgewiesen und können nicht als Stütze der PLANCKschen Form dienen.

24. Verallgemeinerte Folgerungen aus dem Theorem. Man kann die letzten Betrachtungen verallgemeinern, indem man sie auf solche Vorgänge ausdehnt, bei denen Arbeiten nicht nur durch Volumenänderung geleistet werden. Ist ein Vorgang außer vom Volumen noch von anderen Parametern abhängig, so kann man ansetzen

$$\left.\begin{aligned} A &= K_1\,dw_1 + K_2\,dw_2 + \cdots + p\,dv, \\ U' &= k_1\,dw_1 + k_2\,dw_2 + \cdots + \left(p - T\frac{\partial p}{\partial T}\right)dv. \end{aligned}\right\} \tag{87}$$

Für die Faktoren gilt dann nach (21a)

$$K_n - k_n = T\frac{\partial K_n}{\partial T}; \tag{87a}$$

das NERNSTsche Theorem verlangt, daß

$$\left.\begin{aligned} &\left(\frac{\partial K_n}{\partial T}\right)_{T=0} = \frac{\partial}{\partial T}\left(\frac{\partial A}{\partial w_n}\right)_0 = \frac{\partial}{\partial w_n}\left(\frac{\partial A}{\partial T}\right)_0 = 0 \\ \text{und}\quad &\left(\frac{\partial k_n}{\partial T}\right)_{T=0} = \frac{\partial}{\partial T}\left(\frac{\partial U}{\partial w_n}\right)_0 = \frac{\partial}{\partial w_n}\left(\frac{\partial U}{\partial T}\right)_0 = 0 \end{aligned}\right\} \tag{88}$$

wird. Statt v in (87) könnte man auch p als Parameter wählen.

Wird die Oberfläche eines Körpers um $dw_1 = dO$ vergrößert, so ist der zugehörige Faktor K_1 gleich der Oberflächenspannung α. Aus (88) folgt sofort, daß $\left(\frac{\partial \alpha}{\partial T}\right)_0 = 0$ wird. Der Faktor k_1 ist die beim Verschwinden der Oberflächeneinheit ohne Arbeitsleistung auftretende Wärmeenergie; diese wird nach (87a) und (88) beim Nullpunkt gleich der Oberflächenspannung.

Fließt durch die Kontaktstelle zweier Metalle mit der thermoelektrischen Potentialdifferenz e die Elektrizitätsmenge $d\varepsilon$, so ist $K\,dw = e\,d\varepsilon$ die geleistete Arbeit, $T\left(\frac{\partial e}{dT}\right)d\varepsilon$ die dabei auftretende Peltierwärme. Wegen (88) gilt $\left(\frac{\partial e}{\partial T}\right)_0 = 0$.

Erzeugt ein magnetisches Feld der Stärke $H = 1$ in einem Körper ein magnetisches Moment M, so ist die durch Wachsen des Feldes um dH geleistete Arbeit $K\,dw = M\,dH$; wieder gilt $\left(\frac{\partial M}{\partial T}\right)_0 = 0$ oder auch: die Suszeptibilität wird bei tiefer Temperatur von dieser unabhängig.

Alle diese Sätze vom Verschwinden der Temperaturkoeffizienten gewisser Intensitätsgrößen beim Nullpunkt als direkte Folgen des Theorems sind durch die Erfahrung[1]) gut bestätigt. Sie lassen sich beliebig vermehren, und zwar immer

[1]) G. WIETZEL, Ann. d. Phys. Bd. 43, S. 605. 1913; W. H. KEESOM, Phys. ZS. Bd. 14, S. 674. 1913; E. OOSTERHUIS, ebenda Bd. 14, S. 862. 1913.

dann, wenn es sich um grundsätzlich reversible Vorgänge mit thermischen Begleiterscheinungen handelt.

Nun gibt es in der Natur noch Arbeitsvorgänge, die anscheinend frei von solchen thermischen Wirkungen sind, etwa die Äußerungen der Gravitationskräfte, der COULOMBschen Kräfte usw. Man kann diese mit NERNST[1]) in der Weise dem obigen Schema einordnen, daß man ihre „charakteristische Temperatur", nämlich diejenige, bei der U' und A merklich verschieden werden, als so hoch ansieht, daß bei allen experimentell erreichbaren Temperaturen immer noch $\left(\frac{\partial A}{\partial T}\right) = 0$ erfüllt ist. Der damit gegebene neue Gesichtspunkt ist von hohem theoretischen Interesse, soll aber hier mangels experimenteller Beweise nicht näher besprochen werden.

d) Prinzip von der Unerreichbarkeit des absoluten Nullpunktes.

25. Aufstellung des Prinzips und seine Äquivalenz mit dem NERNST-PLANCKschen Theorem. Die Einreihung des Theorems in die thermodynamischen Hauptsätze läßt es wünschenswert erscheinen, seine Form derjenigen der anderen Hauptsätze anzupassen. In diesem Bestreben wurde NERNST[2]) zur Formulierung des Prinzips von der Unerreichbarkeit des absoluten Nullpunktes geführt. Es lautet:

„Es darf keinen in endlichen Dimensionen verlaufenden Prozeß geben, mit Hilfe dessen ein Körper bis zum absoluten Nullpunkte abgekühlt werden kann."

Hieran knüpft sich ein ganzer Komplex von Fragen, der eine längere Diskussion verschiedener Autoren[3]) zur Folge gehabt hat. Um diese etwas verwickelten Dinge zu übersehen, wollen wir folgende drei Fragestellungen scharf voneinander trennen:

a) Ist das Prinzip der Unerreichbarkeit des Nullpunktes (UP.) ohne weiteres zurückführbar auf den zweiten Hauptsatz (II. HS.), oder bedarf es dazu noch weiterer Annahmen?

b) Ist das NERNSTsche Theorem (Th.) ohne weiteres zurückführbar auf das UP. oder bedarf es hierzu noch weiterer Annahmen?

c) Ist das Th. zurückführbar auf den II. HS. unter Zuhilfenahme der Erfahrungstatsache des Verschwindens der spezifischen Wärmen (C-Forderung)?

Zu a) Der NERNSTsche Beweis benutzt einen CARNOTschen Kreisprozeß, dessen obere Isotherme bei der kleinen, aber endlichen Temperatur τ und dessen untere Isotherme bei $T = 0$ verläuft. Da nun ein Wärmeübergang weder auf den Adiabaten noch auf der Isotherme $T = 0$ stattfinden kann (letzteres wegen der zwar einschränkenden, aber kaum bestrittenen Aussage: $A_0 - U_0 = Q = 0$), so würde bei diesem Prozesse die ganze aus dem Reservoir τ entnommene Wärme in Arbeit verwandelt, was dem II. HS. widersprechen soll. Daraus wird geschlossen, daß ein solcher Kreisprozeß unmöglich ist, daß vielmehr der Nullpunkt durch eine Adiabate nicht erreicht werden kann, also überhaupt unerreichbar ist.

Dieser Schluß erscheint mir nicht zwingend. Der II. HS. behauptet, daß die bei einem CARNOTschen Kreisprozeß maximal gewinnbare Arbeit $A = Q_1 \frac{T_1 - T_2}{T_1}$, wobei Q_1 die von dem wärmeren Reservoir T_1 abgegebene Wärmemenge bedeutet. Setzt man $T_2 = 0$, so wird $A = Q_1$; d. h. aber, daß die ganze Wärme aus dem Reservoir T_1 in Arbeit verwandelt wird. Dieses Resultat kann nicht im Wider-

[1]) W. NERNST, Grundlagen d. n. Wärmesatzes, S. 181. Halle 1918.

[2]) W. NERNST, Berl. Ber. 1912, S. 134.

[3]) H. A. LORENTZ, Chem. Weekblad 1913, S. 621; P. CZUKOR, Verh. d. D. Phys. Ges. Bd. 16, S. 486. 1914; M. POLANYI, ebenda Bd. 16, S. 333. 1914; Bd. 17, S. 350. 1915; A. EINSTEIN, Solvay-Kongreß 1911.

spruch zum II. HS. stehen, da es ausschließlich aus ihm gewonnen wurde. Damit fällt aber auch die Folgerung der Unmöglichkeit eines solchen Prozesses fort.

Um nun zu untersuchen, in welcher Aussage das Unerreichbarkeitsprinzip über den Inhalt des II. Hauptsatzes hinausgeht, wollen wir es zuerst für den Fall der adiabatischen Ausdehnung eines festen Körpers streng formulieren. Aus der allgemeinen Beziehung $ds = \left(\frac{\partial p}{\partial T}\right)_v dv + \frac{c_v}{T} dT$ folgt bei einem adiabatischen Prozeß ($ds = 0$) für die einer Volumenvergrößerung Δv entsprechende Temperaturerniedrigung $-\Delta T$:

$$-\Delta T = \frac{T}{c_v}\left(\frac{\partial p}{\partial T}\right)_v \Delta v. \tag{89}$$

Die Unerreichbarkeit des Nullpunktes ist dann gewährleistet, wenn $-\Delta T_{(T=0)} = 0$ für jedes beliebige positive oder negative Δv ist, d. h. also, wenn $\left[\frac{T}{c_v}\left(\frac{\partial p}{\partial T}\right)_v\right]_{T=0}$ verschwindet. Wir entwickeln die Energie U an der Stelle $T = 0$ nach T:

$$U = U_0 + \left(\frac{\partial U}{\partial T}\right)_0 T + \frac{1}{2!}\left(\frac{\partial^2 U}{\partial T^2}\right)_0 T^2 + \cdots = U_0 + \left(\frac{\partial U}{\partial T}\right)_0 T + b T^2 + c T^3 \ldots \tag{90}$$

Dann folgt durch Integration von (8) nach Art von (34a):

$$F = U_0 - \left(\frac{\partial U}{\partial T}\right)_0 T(\ln T - \ln T_0) + \left(\frac{\partial F}{\partial T}\right)_0 T - b T^2 - \frac{c}{2} T^3 \ldots$$

und weiter

$$\begin{aligned}\left(\frac{\partial p}{\partial T}\right)_v &= \frac{\partial}{\partial T}\left(-\frac{\partial F}{\partial v}\right)\\ &= (\ln T - \ln T_0)\frac{\partial}{\partial v}\left(\frac{\partial U}{\partial T}\right)_0 + \frac{\partial}{\partial v}\left[\left(\frac{\partial U}{\partial T}\right)_0 - \left(\frac{\partial F}{\partial T}\right)_0\right] + 2T\frac{\partial b}{\partial v} + \frac{3}{2}T^2\left(\frac{\partial c}{\partial v}\right)\ldots\end{aligned}$$

Endlich ist

$$c_v = \frac{\partial U}{\partial T} = \left(\frac{\partial U}{\partial T}\right)_0 + 2bT + 3cT^2 \ldots$$

Also wird

$$\frac{T}{c_v}\left(\frac{\partial p}{\partial T}\right)_v = \frac{T(\ln T - \ln T_0)\frac{\partial}{\partial v}\left(\frac{\partial U}{\partial T}\right)_0 + T\frac{\partial}{\partial v}\left[\left(\frac{\partial U}{\partial T}\right)_0 - \left(\frac{\partial F}{\partial T}\right)_0\right] - 2T^2\frac{\partial b}{\partial v} + \frac{3}{2}T^3\left(\frac{\partial c}{\partial v}\right)\ldots}{\left(\frac{\partial U}{\partial T}\right)_0 + 2bT + 3cT^2\ldots} \tag{91}$$

Wir untersuchen, unter welchen Bedingungen dies für $T = 0$ verschwindet. Zuerst können wir das Glied mit $(\ln T - \ln T_0)$ als identisch verschwindend streichen. Ist nunmehr $\left(\frac{\partial U}{\partial T}\right)_0$ endlich, so verschwindet der ganze Ausdruck (91). Dieser Fall entspricht der klassischen Anschauung, nach der c_v am Nullpunkt endlich bleibt; hierfür ist also das Unerreichbarkeitsprinzip erfüllt. Lassen wir indessen ein Verschwinden der spez. Wärme zu, so wird der Ausdruck für $T = 0$:

$$\frac{\frac{\partial}{\partial v}\left[\left(\frac{\partial U}{\partial T}\right)_0 - \left(\frac{\partial F}{\partial T}\right)_0\right]}{2b}.$$

Da nun b nicht unendlich ist, U und F aber sehr wohl von v abhängen werden, kann das nur verschwinden, wenn

$$\left(\frac{\partial U}{\partial T}\right)_0 = \left(\frac{\partial F}{\partial T}\right)_0 \tag{92}$$

ist.

Diese Gleichung stellt also die allgemeine Bedingung für die Gültigkeit des Unerreichbarkeitsprinzips dar. Sie ist notwendig, aber auch hinreichend; sollten nämlich überdies auch die $b, c \ldots$ Null sein, so überzeugt man sich leicht, daß das Verschwinden des Ausdrucks dadurch nicht in Frage gestellt wird.

Ganz entsprechend verläuft die Rechnung, wenn wir an Stelle einer adiabatischen Ausdehnung einen andern geeigneten Vorgang, etwa eine Sublimation oder eine chemische Reaktion, betrachtet hätten. Das Unerreichbarkeitsprinzip läßt sich also aus dem II. Hauptsatz herleiten nur unter der darüber hinausgehenden Bedingung $\left(\frac{\partial U}{\partial T}\right)_0 = \left(\frac{\partial F}{\partial T}\right)_0$. Diese stellt aber bereits einen Teil des NERNSTschen Theorems dar (Tangierungsforderung).

Zu b). Nunmehr lassen sich die Fragen unter b) und c) ohne weiteres beantworten. Das NERNSTsche Theorem geht insofern über die Aussage des Unerreichbarkeitsprinzips hinaus, als es überdies verlangt

$$\left(\frac{\partial U}{\partial T}\right)_0 = 0. \tag{93}$$

Wir erhalten also das Schema:

II. Hauptsatz + Tangierungsforderung (92)

Unerreichbarkeitsprinzip + C-Forderung (93)

NERNSTsches Theorem.

Zu c). Daraus folgt sofort, daß — entgegen der Ansicht mancher Autoren — das NERNSTsche Theorem sich nicht aus dem II. Hauptsatz unter Hinzunahme des Verschwindens der spez. Wärmen herleiten läßt. Im übrigen verweisen wir auf Ziff. 11 [Gleichung (43)], deren Resultate mit dem hier gewonnenen Standpunkt in Übereinstimmung stehen. Die Zerlegung der Aussage $\left(\frac{\partial A}{\partial T}\right)_0 = 0$ in zwei Teile findet eine natürliche Deutung durch die Zwischenschaltung des Unerreichbarkeitsprinzips, das somit eine eigenartige Mittelstellung zwischen dem II. und III. Hauptsatz einnimmt.

Auch die verschärfte Forderung[1]), daß $\left(\frac{c_v}{T}\right)_{T=0} = 0$ sein soll, vermag die Tangierungsforderung nicht zu ersetzen, wie man sofort aus Gleichung (91) erkennt. Ebenso sind Erörterungen über die Nichteinstellung des Gleichgewichts zwar von gewisser Bedeutung, haben aber nichts mit den hier behandelten Fragen zu tun. Die Tangierungsforderung läßt sich indessen auf quantentheoretischem Wege begründen, worauf hier nicht eingegangen werden soll.

Wenn man trotzdem das Unerreichbarkeitsprinzip als ein Äquivalent des III. Hauptsatzes betrachten will, so läßt sich das nur damit rechtfertigen, daß man das Verschwinden der spez. Wärmen als eine durch Experiment und Theorie bewiesene Tatsache voraussetzt. In diesem Sinne läßt sich dann der III. Hauptsatz aussprechen:

„Es ist unmöglich, eine Vorrichtung zu ersinnen, durch die ein Körper völlig der Wärme beraubt, d. h. bis zum absoluten Nullpunkt abgekühlt werden kann."

[1]) M. POLANYI, Verh. d. D. Phys. Ges. Bd. 16, S. 333. 1914; Bd. 17, S. 350. 1915.

Kapitel 3.

Statistische und molekulare Theorie der Wärme.

Von

ADOLF SMEKAL, Wien.

I. Einleitung.

1. Aufgaben einer molekularen Theorie der Wärme. Die mangelnde Kohäsion des Gaszustandes, die zahlreichen von der Thermodynamik unbenutzt gelassenen makroskopischen Zustandsdaten etwa der festen Körper und nicht zuletzt die Vorgänge bei der „wärmeleitenden Berührung" verschieden temperierter Systeme hätten auch dann die Idee eines den Wärmeerscheinungen zugrundeliegenden „verborgenen" Mechanismus entstehen lassen müssen, wenn die Hypothese einer molekularen Konstitution der Materie nicht schon von alters her ganz bestimmte Bilder zur Deutung jener Erscheinungen bereitgehalten hätte. Die beispiellosen Erfolge der theoretischen und experimentellen Atomistik dieses Jahrhunderts haben die Berechtigung und Nützlichkeit jener Bilder über jeden Zweifel erhoben und damit auch direkte empirische Unterlagen für eine molekulare Theorie der Wärme geliefert. Die Aufgabe einer solchen Theorie muß es daher sein, die makroskopischen Gesetzmäßigkeiten mit den bisher erkannten molekularen zu verknüpfen und diese Wechselseitigkeit durch Auswertung immer neuer Erfahrungstatsachen des makroskopischen und des molekularen Gebietes zu vertiefen.

Als Ausgangspunkt für eine Bearbeitung dieses Programms können entweder makroskopisch-thermische oder molekulare Erkenntnisse gewählt werden. Der erstere Weg entspricht sowohl der historischen Entwicklung als auch den besonderen Zwecken der vorliegenden Darstellung mehr als der letztere. Er kann die Frage nach der Natur des Mechanismus der Wärmeerscheinungen zunächst ganz unvoreingenommen verfolgen, indem er die verschiedensten Modellvorstellungen für warme Körper hinsichtlich ihrer Eignung prüft und unter ihnen eine engere Wahl zu treffen sucht. Um die Tragweite der allgemeinen thermodynamischen Sätze klarzustellen, wird es dabei notwendig sein, in einem ersten Stadium der Theorie von der Berücksichtigung aller qualitativen und quantitativen Materialeigenschaften der wirklichen Körper abzusehen und deren Verwertung einer tiefergehenden Analyse vorzubehalten, welche den Sitz eben dieser Materialeigenschaften zu ermitteln haben wird. Wie sich zeigt, gelangt man auf diesem Wege ganz zwangläufig zur Molekulartheorie, so daß es keine Schwierigkeiten bieten wird, auch deren unabhängig von der Thermodynamik gefundenen Erkenntnisse mit der molekularen Theorie der Wärme zu verbinden.

2. Die makroskopischen Zustandsgrößen. Die makroskopische oder klassische Thermodynamik benutzt nahezu ausschließlich phänomenologische Begriffe und Schlußweisen. Sie betrachtet die warmen Körper im allgemeinen als einheitliche Systeme, deren nähere Konstitution für sie bis auf die Unterscheidung von Aggregatzuständen ohne Interesse ist. Das Verhalten der warmen Körper wird von ihr meist nur für den Zustand völliger makroskopischer Unveränderlichkeit gekennzeichnet. Die Beschreibung dieses thermodynamischen Gleichgewichtszustandes erfolgt daher mittels zeitunabhängiger phänomenologischer Zustandsgrößen, unter gewöhnlichen Bedingungen drei an der Zahl, welche durch die individuelle „Zustandsgleichung" des warmen Körpers miteinander verknüpft sind. Wie sich zeigen wird, ist es für die Ausführungen des vorliegenden Abschnittes vorteilhaft, neben dem Volumen V und der absoluten Temperatur T an Stelle des gewöhnlich bevorzugten äußeren Druckes p den Energieinhalt E des warmen Körpers als Zustandsgröße zu benutzen. Befindet sich der Körper in irgendwelchen unveränderlichen äußeren Kraftfeldern, so werden zu den genannten noch weitere zeitunabhängige Zustandsgrößen hinzutreten, für welche etwa die makroskopischen (elektrischen, magnetischen, ...) Feldstärken gewählt werden können. Der Einfluß derartiger äußerer Kraftfelder auf den Körper ist von ganz ähnlicher Beschaffenheit wie der jener äußeren Wirkungen, durch welche man sich eine spontane Volumenänderung des Körpers verhindert zu denken hat; es empfiehlt sich darum, Volumen und äußere Feldstärken unter der gemeinsamen Bezeichnung: makroskopische äußere Parameter a^* zusammenzufassen und damit alle äußeren makroskopischen Wirkungen einer einheitlichen Behandlung zugänglich zu machen. — Die Beeinflussung warmer Körper durch zeitlich veränderliche makroskopische Parameter beliebiger Beschaffenheit fällt außerhalb des Rahmens der gewöhnlichen Wärmelehre; eine Sonderstellung von allerdings grundlegender Bedeutung kommt nur „umkehrbar" und „unendlich langsam" veränderlich erfolgenden äußeren Beeinflussungen zu, während welcher der Körper zu jedem Zeitpunkte als praktisch im Wärmegleichgewicht befindlich angesehen werden kann.

3. Die Aussagen der beiden Hauptsätze. Die Thermodynamik sieht es als zumindest prinzipiell möglich an, jeden warmen Körper von seiner makroskopischen Umgebung energetisch beliebig weitgehend zu isolieren. Die Annahme dieser Vereinfachung berechtigt vor allem zu einer vorläufigen Vernachlässigung der Strahlungswirkungen, auf die erst in Abschnitt 6, Ziff. 69ff. näher eingegangen werden wird; weiterhin ermöglicht sie es, die in einem makroskopischen, abgeschlossenen, materiefreien Volumen befindliche Strahlung in thermodynamischer Hinsicht einem warmen Körper gleichzustellen und wie einen solchen zu behandeln (Abschnitt 6, Ziff. 67ff.). Der erste Hauptsatz der Wärmetheorie besagt dann, daß der Energieinhalt E eines isolierten warmen Körpers dauernd unveränderlich ist und gleiches auch von der Energiesumme mehrerer warmer Körper gilt, unabhängig davon, ob irgendwelche Energieaustausch ermöglichende Berührungen beliebiger Art zwischen ihnen hergestellt bzw. unterbrochen werden, oder chemische Umsetzungen unter ihnen stattfinden. Die Unveränderlichkeit dieser Energieinhalte ermöglicht es, die bereits in Ziff. 2 bevorzugte Aufnahme von E unter die makroskopischen Zustandsveränderlichen zu rechtfertigen.

Die Aussagen des zweiten Hauptsatzes betreffen Veränderungen an dem Zustand der warmen Körper und sind besonders mit der Unterscheidung von reversiblen und irreversiblen Prozessen verknüpft. Die Integrabilität des Differentialausdruckes der reversibel zugeführten Wärme mittels der absoluten Temperatur T als integrierendem Nenner liefert in der Entropie S eine makroskopische Zustandsfunktion, welche sich „adiabatisch"-reversiblen, „unendlich langsamen" Verschiebungen der äußeren makroskopischen Parameter a^* gegenüber invariant verhält. Die Irreversibilität aller mit endlichen Geschwindigkeiten vor sich gehender thermischer Prozesse, insbesondere des Wärmeausgleiches zwischen ursprünglich verschieden temperierten Körpern ist demgegenüber durch einseitige Zunahme der mittels reversibler Prozesse definierten makroskopischen Entropiefunktion gekennzeichnet. Die prinzipielle Umkehrbarkeit aller übrigen Vorgänge der klassischen Physik läßt diese Folgerung bereits an sich als besonders fundamental erscheinen; sie wird es erst recht für eine molekulare Theorie der Wärme, welche an ihre Aufgabe ja gar nicht anders herantreten kann, als unter Berufung auf klassisch-umkehrbare Modellvorstellungen[1]).

II. Mechanisch-deterministische Modelle warmer Körper.

4. Bewegungsgleichungen mechanischer Modelle. Erster Hauptsatz. Mit Rücksicht auf die dauernde Energiekonstanz isolierter warmer Körper (Ziff. 3) kommen für diese nur solche Modelle in Betracht, deren Bewegungsgleichungen eine eindeutige und von der Zeit explizit unabhängige Invariante von der Dimension eines Energiebetrages besitzen. Der Bequemlichkeit halber mögen solche Modelle als „mechanisch" oder „quasimechanisch" bezeichnet werden, weil die gewöhnlichen mechanischen Systeme der genannten Forderung in zwar spezieller, aber anschaulicher Weise zu entsprechen vermögen und praktisch ohnehin allein für sie in Frage kommen. Im folgenden sollen zunächst die mechanischen Modelle behandelt werden, während den quasimechanischen (mechanisch-statistischen) Modellen die späteren Abschnitte gewidmet sind.

Die Anzahl der Freiheitsgrade des mechanischen Modells sei s; ein beliebiges System von zueinander kanonisch konjugierten Koordinaten und Impulsen des Modells (s. ds. Handb. V) möge mit q_k und p_k $(k = 1, 2, \ldots s)$, die Zeit mit t bezeichnet werden. Dann lauten seine Bewegungsgleichungen in der HAMILTONschen kanonischen Form

$$(k = 1, 2 \ldots s) \qquad \frac{dq_k}{dt} = \frac{\partial E}{\partial p_k}, \qquad \frac{dp_k}{dt} = -\frac{\partial E}{\partial q_k}. \tag{1}$$

Da das Modell im Sinne der Thermodynamik durch Verschiebung äußerer makroskopischer Parameter a^* umkehrbar und unendlich langsam beeinflußbar sein soll (Ziff. 2), muß die in (1) auftretende Funktion E außer von den „Phasen" q_k und p_k auch noch von den a^* abhängig sein; damit E überdies mit der Energie des Modells identisch werden kann, darf die Zeit t darin explizit nicht vorkommen. Aus den Gleichungen (1) folgt dann in der Tat für jede beliebige Wahl der Koordinaten q_k des Modells bei konstant gehaltenen Parametern a^*

$$\frac{dE}{dt} = 0,$$

[1]) Als zusammenfassende Darstellungen der statistischen und molekularen Theorie der Wärme, auf welche bezüglich der meisten Literaturangaben und vieler Einzelheiten hier ein für allemal verwiesen sei, kommen in Betracht: P. u. T. EHRENFEST, Begriffliche Grundlagen der statistischen Auffassung in der Mechanik. Enzyklop. d. math. Wiss. Bd. IV, Heft 32, Leipzig: Teubner 1912; P. HERTZ, Statistische Mechanik, in WEBER-GANS, Repert. d. Phys. Bd. I, Teil 2, Leipzig: Teubner 1916; K. F. HERZFELD, Kinetische Theorie der Wärme, aus MÜLLER-POUILLET, Lehrb. d. Phys., 11. Aufl., Bd. III, 2. Hälfte, Braunschweig: Vieweg 1925; A. SMEKAL, Allgemeine Grundlagen der Quantenstatistik und Quantentheorie. Sonderabdr. a. d. Enzyklop. d. math. Wiss. Bd. V, Nr. 28, Leipzig: Teubner 1926.

so daß die Energiefunktion E gemäß

$$E(q_k, p_k, a^*) = \mathsf{E} \tag{2}$$

dem konstanten Energieinhalt E des isolierten warmen Körpers gleichgesetzt werden kann. Für die Gültigkeit von (2) ist es natürlich gänzlich belanglos, ob die Gleichungen (1) die Bewegung etwa eines Systems von Massenpunkten oder die eines beliebigen andersbeschaffenen Gebildes zur Darstellung bringen und ob die inneren Kräfte des Modelles im speziellen Sinne des Wortes „mechanische" sind. Von gewissen Spezialfällen abgesehen, setzt die Beschreibbarkeit eines Bewegungsvorganges mittels der Gleichungen (1) überhaupt nur voraus, daß die Bewegungsgleichungen aus einem Variationsprinzip abgeleitet werden können. Bei gewöhnlichen mechanischen Systemen ist die Energiefunktion stets eindeutig und gestattet im Falle konservativer Kräfte eine Zerlegung in die kinetische Energie E_p und die potentielle Energie E_q von der Form

$$E(q_k, p_k, a^*) = E_p(q_k, p_k) + E_q(q_k, a^*), \tag{3}$$

wobei E_p bei Ausschluß relativitätstheoretischer Betrachtungen eine quadratische Funktion der p_k darstellt.

Wenn sich ein vorgelegtes mechanisches System als Modell eines warmen Körpers brauchbar erweisen sollte, so würde (2) offenbar nichts anderes darstellen als das Analogon zu der Aussage des ersten Hauptsatzes; die Wiedergabe der Materialeigenschaften des Körpers würde durch die individuelle Abhängigkeit der Energiefunktion (2) bzw. (3) von den q_k, p_k und den a^* gekennzeichnet sein.

5. Das Integrationsergebnis der Bewegungsgleichungen. Die vollständige Integration der Bewegungsgleichungen (1) erfolgt am einfachsten mittels der HAMILTON-JACOBIschen partiellen Differentialgleichung. Man erhält diese Differentialgleichung, indem man in (2) an Stelle der Impulsgrößen p_k durch die s Gleichungen

$$(k = 1, 2, \ldots s) \qquad p_k = \frac{\partial W}{\partial q_k} \tag{4}$$

die Differentialquotienten einer Funktion W einführt

$$E\left(q_1, \ldots, q_s, \frac{\partial W}{\partial q_1}, \ldots, \frac{\partial W}{\partial q_s}, a^*\right) = \mathsf{E}. \tag{5}$$

Wenn nun

$$W(q_1, \ldots, q_s, \alpha_1, \ldots, \alpha_s, a^*) + \text{Konst.} \tag{6}$$

eine vollständige Lösung von (5) ist, worin $\alpha_1 = \mathsf{E}$, sowie $\alpha_2, \ldots, \alpha_s$ willkürliche Konstanten bedeuten, so stellen die Gleichungen

$$\frac{\partial W}{\partial \alpha_1} = t + \beta_1; \qquad \frac{\partial W}{\partial \alpha_i} = \beta_i \qquad (i = 2, 3, \ldots s) \tag{7}$$

zusammen mit den Gleichungen (4) die allgemeine Lösung der Bewegungsgleichungen (1) dar; $\beta_1, \cdots, \beta_s$ sind ebenfalls willkürliche Konstanten, t bedeutet wiederum die Zeit. Die Gleichungen (4) und (7) gestatten einerseits die „Phasen" q_k, p_k als Funktionen der α_i, β_i, a^* und der Zeit auszudrücken

$$(k = 1, 2, \ldots s), \qquad \begin{aligned} q_k &= q_k(\alpha_1, \ldots, \alpha_s, t + \beta_1, \beta_2, \ldots, \beta_s, a^*) \\ p_k &= p_k(\alpha_1, \ldots, \alpha_s, t + \beta_1, \beta_2, \ldots, \beta_s, a^*) \end{aligned} \tag{8}$$

oder umgekehrt die voneinander unabhängige „Integrale" A_i, B_i $(i = 1, 2, \ldots, s)$ als Funktionen der q_k, p_k, a^* darzustellen

$$\left.\begin{aligned} \mathsf{E} = E(q_k, p_k, a^*) \equiv A_1(q_k, p_k, a^*) &= \alpha_1; \quad B_1(q_k, p_k, a^*) = t + \beta_1, \\ (i = 2, 3, \ldots, s) \qquad A_i(q_k, p_k, a^*) &= \alpha_i; \quad B_i(q_k, p_k, a^*) = \beta_i. \end{aligned}\right\} \tag{9}$$

Wie man sieht, tritt die Zeit t nur in einem einzigen dieser Integrale auf, die übrigen $2s - 1$ Integrale sind zeitfrei. Außer der Energie (2) des Systems gibt es daher noch $2s - 2$ voneinander unabhängige Funktionen der gemäß (1) und (8) mit der Zeit dauernd veränderlichen Phasen q_k und p_k, welche bei Konstantbleiben der äußeren Parameter a^* ihre Werte ungeändert beibehalten. Wählt man an Stelle der q_k, p_k neue kanonische Variable q_k^*, p_k^*, für welche die Bewegungsgleichungen wieder von der allgemeinen Form (1) sind, so bleibt die Eigenschaft der entsprechend transformierten $2s$-Funktionen A_i, B_i in (9), Integrale der Bewegungsgleichungen darzustellen, erhalten; die willkürlichen Konstantwerte α_i, β_i dieser Integrale besitzen demnach eine von der an sich willkürlichen Koordinatenwahl völlig unabhängige Bedeutung.

6. Darstellung der Bewegung des Modells im Phasenraume. Wenn man die $2s$-„Phasen" q_k, p_k des Modells als CARTESische Koordinaten in einem ebenen $2s$-dimensionalen „Phasenraum" auffaßt, kann den Integrationsergebnissen (8) und (9) eine anschauliche geometrische Deutung gegeben werden, auf welche im folgenden öfter bezug genommen wird. Für jede bestimmte Wahl der $2s - 1$ willkürlichen Integrationskonstanten $\alpha_1, \ldots, \alpha_s, \beta_2, \ldots, \beta_s$ stellen die Beziehungen (8) im Phasenraum offensichtlich eine $2s$-dimensionale Raumkurve dar, deren einzelne Punkte durch bestimmte Werte von $t + \beta_1$ gekennzeichnet sind; wird der Beginn der Zeitzählung durch Verfügung über β_1 festgelegt, so durchläuft jeder beliebige „Phasenpunkt" für $-\infty < t < +\infty$ die gesamte „Bahnkurve" oder „Phasenkurve" des Systems. Jedes der $2s$-Integrale (9) bedeutet dann eine eindimensionale Schar von $(2s - 1)$-dimensionalen „Hyperflächen"; durch Festlegung von $\alpha_1, \ldots, \alpha_s, t + \beta_1, \beta_2, \ldots, \beta_s$ erhält man aus (9) $2s$ individuelle derartige Hyperflächen, deren gemeinsame „Schnittlinie" eine Phasenkurve ergibt. Die der Energiegleichung (2) zugeordneten $(2s - 1)$-dimensionalen Hyperflächen werden insbesondere die „Energieflächen" des mechanischen Modells genannt.

Wie man erkennt, ist die geometrische Abbildung der Modellbewegung im Phasenraum abhängig von der besonderen Wahl der ihr zugrunde liegenden kanonischen Veränderlichen q_k, p_k. Aus der oben hervorgehobenen Unabhängigkeit der Größen $\alpha_1 \ldots \alpha_s$, $t + \beta_1$, $\beta_2 \ldots \beta_s$ von dieser Wahl folgt jedoch, daß die Mannigfaltigkeit der Bahnkurven des Modells hiervon unbeeinflußt bleibt; da es physikalisch allein auf die letzteren ankommt, ist dieser Umstand demnach für alle weiteren Schlüsse belanglos.

Während hier der Phasenraum des Modelles für den einheitlichen warmen Körper in Betracht gezogen worden ist, wird es sich vom folgenden Abschnitt an als notwendig erweisen, auch die Bewegung der Bausteine eines Atoms oder Moleküls in einem Phasenraume darzustellen. Von der bevorzugten Behandlung gasförmiger Systeme her ist es üblich, den hier benutzten Phasenraum dem später einzuführenden μ-Raum (Molekülphasenraum, Ziff. 25) als Γ-Raum (Gasphasenraum) gegenüberzustellen.

7. Stabilität der Modellbewegung. Wiederkehrsatz und Periodizitätseigenschaften. Die Endlichkeit des dreidimensionalen Volumens der warmen Körper bringt es mit sich, daß die Koordinaten q_k ihrer Modelle für alle Zeiten nur zwischen endlichen festen, wenn auch parameterabhängigen Grenzen veränderlich sein dürfen. Wenn die kinetische Energie E_p der Modelle als (definite) quadratische Form der Impulse p_k angesehen werden darf (Ziff. 4), folgt aus (2) mit Rücksicht auf den endlichen Energieinhalt E auch eine ähnliche Beschränkung für die Impulsgrößen. Es kommen also von vornherein nur „stabile" mechanische Modelle oder „stabile" Lösungen (8) der Bewegungsgleichungen (1) in Betracht, welche auch für unbeschränkt abnehmende oder wachsende Werte von $t + \beta_1$ durch

$$(k=1,2,\ldots s) \quad \left.\begin{array}{l} q_k^{(1)} < q_k(\alpha_1, \ldots, \alpha_s, t+\beta_1, \beta_2, \ldots, \beta_s, a^*) < q_k^{(2)} \\ p_k^{(1)} < p_k(\alpha_1, \ldots, \alpha_s, t+\beta_1, \beta_2, \ldots, \beta_s, a^*) < p_k^{(2)} \end{array}\right\} \qquad (10)$$

gekennzeichnet sind.

Im Phasenraum betrachtet, besagen die Bedingungen (10), daß der gesamte unendliche Verlauf der „stabilen" Bahnkurven auf ein endliches, $2s$-dimensionales parallelepipedisches Gebiet beschränkt bleiben muß. Der POINCARÉ-CARATHÉODORYsche Wiederkehrsatz[1]) verschärft diese triviale Feststellung zu der aus (10) und den Bewegungsgleichungen (1) ableitbaren Folgerung, daß jede im obigen Sinne „stabile" Bahnkurve im Phasenraum einen bestimmten endlichen „Wiederkehrbereich" überall dicht erfüllt, d. h. jedem seiner Punkte (bis auf eine „Nullmenge" von Punkten) immer wieder beliebig nahekommt. Die Bedingungen (10) haben also eine gewisse „Quasiperiodizität" der Modellbewegung zur Folge, indem jede Koordinaten- und Impulskonfiguration des Systems nach wechselnden, aber stets endlichen Zeitdauern „praktisch" immer von neuem wiederkehrt. — Da jede Bahnkurve auf einer $(2s - 1)$-dimensionalen Energiefläche des Systems verlaufen muß, kann die Dimensionszahl des Wiederkehrbereiches höchstens $2s - 1$ betragen; ihre genauere Festlegung hängt von der individuellen Beschaffenheit des Modelles ab und steht in engem Zusammenhang mit seinen analytischen (strengen) Periodizitätseigenschaften.

Wenn die HAMILTON-JACOBIsche partielle Differentialgleichung (5) des Systems für irgendwelche kanonische Veränderliche q_k, p_k durch „Separation der Variablen" vollständig integrierbar ist[2]), d. h. wenn die Funktion W (6) in der besonderen Form

$$W(q_k, \alpha_i, a^*) = W_1(q_1, \alpha_i, a^*) + \cdots + W_s(q_s, \alpha_i, a^*) \qquad (11)$$

erhalten werden kann und überdies die Bedingungen (10) erfüllt sind, so können die q_k und p_k stets dargestellt werden als mehrfach periodische Funktionen der Zeit[3]). Derartige Systeme heißen „bedingt periodisch" (Ziff. 14), weil man sie durch Gleichsetzung oder Kommensurabelmachen ihrer Perioden zu gewöhnlichen, einfach periodischen Systemen (Ziff. 13, 14) „entarten" lassen kann; ihre „stabilen" Lösungen ergeben sich aus (8), wenn man die willkürlichen Integrationskonstanten $\alpha_1, \ldots, \alpha_s$ in (11) auf bestimmte, individuelle Wertebereiche beschränkt, welche in jedem Einzelfalle rechnerisch ermittelt werden können. Die Wiederkehreigenschaft der Bahnkurven solcher Systeme kann unmittelbar aus ihren Periodizitätseigenschaften erschlossen werden; die Dimensionszahl ihres Wiederkehrbereiches ist gleich der Anzahl der untereinander inkommensurablen Perioden oder dem „Periodizitätsgrad" des Systems, welcher höchstens s betragen kann.

Bei nichtseparierbaren mechanischen Systemen sind die besonderen Verhältnisse, welche die Bedingungen (10) mit sich bringen, wesentlich davon abhängig, ob der Wiederkehrbereich in seinem Inneren oder unter den Punkten seiner Begrenzung Singularitäten der Bewegungsgleichungen (1) enthält, welchen die Bahnkurven immer wieder beliebig nahekommen. Wenn dies nicht zutrifft,

---

[1]) C. CARATHÉODORY, Berl. Ber. 1919, S. 580.

[2]) Die Bedingungen hierfür hat T. LEVI-CIVITA, Math. Ann. Bd. 59, S. 363. 1904, aufgestellt und für $s = 2$ vollständig diskutiert; für $s = 3$ vgl. man F. A. DALL'ACQUA, Math. Ann. Bd. 66, S. 398. 1909.

[3]) P. STÄCKEL, Habilitationsschr. Halle 1891, S. 16; C. R. Bd. 116, S. 485. 1893; Bd. 121, S. 489. 1895; C. L. CHARLIER, Die Mechanik des Himmels, Bd. I, Leipzig 1902.

so verhält sich das System wie ein bedingt periodisches[1]), dessen Periodizitätsgrad wiederum die Dimensionszahl des Wiederkehrbereiches angibt, hier aber notwendig stets kleiner als s sein muß[2]). Das Auftreten von Singularitäten der erwähnten Beschaffenheit bewirkt jedoch eine völlige Abänderung dieser einfachen Verhältnisse; wie sich gezeigt hat, kann der Wiederkehrbereich in diesem Falle sogar $(2s - 1)$-dimensional werden, wobei die Bahnkurven wesentlich unperiodisch sind[3]). Bei mehrdeutigen oder von der Zeit abhängigen Energieintegralen gibt es wiederum beliebig vielfach periodische Bahnkurven, welche dann aber jedem Punkte eines $2s$-dimensionalen Phasenraumgebietes beliebig nahekommen können[4]).

8. „Mechanische Zustandsgrößen". Um die Anzahl jener „Zustandsgrößen" angeben zu können, welche das Verhalten des gewählten Modelles unabhängig vom zeitlichen Ablauf seiner Bewegung eindeutig festlegen, ist es notwendig, zu untersuchen, welche von den Integralen (9), abgesehen vom Zeitintegral $B_1(q_k, p_k, a^*)$, bei Hinzunahme der Nebenbedingungen (10) eindeutige Funktionen der q_k, p_k und a^* sind, vorausgesetzt, daß das Energieintegral (2) bereits von vornherein als eindeutige Funktion der q_k, p_k, a^* gewählt worden war. Das Ergebnis einer solchen Untersuchung ist abhängig von der individuellen Beschaffenheit der Energiefunktion (2), so daß bereits an dieser Stelle eine nähere Auswahl unter den vorliegenden Möglichkeiten getroffen werden muß, falls die Anzahl σ der voneinander unabhängigen eindeutigen Integrale (9) in bestimmter Weise vorgeschrieben wird.

Bei separierbaren Systemen (Ziff. 7) stimmt diese Anzahl mit dem Periodizitätsgrad überein, so daß hier $\sigma \leqq s$ wird. Bei nichtseparierbaren Systemen mit singularitätenfreiem Wiederkehrbereich (Ziff. 7) ist die Anzahl der unter den Bedingungen (10) eindeutigen, voneinander unabhängigen Integrale jedoch gleich der Differenz zwischen doppelter Anzahl der Freiheitsgrade und Periodizitätsgrad[5]), so daß $\sigma \geqq s + 1$. Vom Energieintegral sowie den Flächen- und Schwerpunktssätzen abgesehen, haben diese Integrale aber die für das Folgende (Ziff. 10) wichtige, von jenen der separierbaren Systeme verschiedene Eigenschaft, daß sie keine Entwicklung nach zunehmenden Potenzen beliebiger kleiner konstanter Parameterverschiebungen δa^* zulassen[6]). Bei nichtseparierbaren Systemen mit Singularitäten enthaltendem oder von Singularitäten begrenztem Wiederkehrbereich (Ziff. 7) endlich kann das Energieintegral sogar das einzige eindeutige Integral darstellen. Bis auf diesen Fall ist die Anzahl der voneinander unabhängigen eindeutigen Integrale demnach wesentlich von jener der Freiheitsgrade des gewählten Modelles abhängig.

9. Makroskopische Größen und Zeitmittelwerte. Da es von vornherein keineswegs sichersteht, ob die soeben betrachteten „mechanischen Zustandsgrößen" in der speziellen durch die Integration der Bewegungsgleichungen (Ziff. 5) gelieferten Form makroskopisch beobachtbaren Zustandsgrößen entsprechen, müssen auch alle beliebigen (eindeutigen) Funktionen von eindeutigen Integralen und makroskopischen Parametern a^* auf ihre Eignung hin geprüft werden, derartige Zustandsgrößen darzustellen. Zu diesen Funktionen kommt man ganz allgemein, wenn man die Modellbewegung im makroskopischen

[1]) T. M. Cherry, Trans. Cambr. Phil. Soc. Bd. 23, S. 43. 1924.

[2]) Nach einem Satz von G. Herglotz können für jedes derartige System mit dem Periodizitätsgrad s Separationsvariable gefunden werden.

[3]) E. Artin, Abh. Math. Sem. Hamburg Bd. 3, S. 170. 1924.

[4]) G. Wataghin, Ann. d. Phys. Bd. 76, S. 41. 1925.

[5]) T. M. Cherry, Trans. Cambr. Phil. Soc. Bd. 23, S. 43. 1924.

[6]) H. Poincaré, Les méthodes nouvelles de la mécanique céleste, Paris 1892, Bd. I, Kap. V; T. M. Cherry, Proc. Cambr. Phil. Soc. Bd. 22, S. 287. 1924.

Sinne als „verborgen" erklärt und bloß über die Beobachtungsdauern gebildete Mittelwerte gewisser „Phasen"funktionen als makroskopisch wahrnehmbar ansieht.

Die innerhalb der Meßfehlergrenzen gefundene Unabhängigkeit der makroskopischen Beobachtungsergebnisse von den Meßdauern erfordert, daß die durchschnittlichen Wiederkehrzeiten der Modelle (Ziff. 7) klein sind gegenüber den kürzesten makroskopischen Beobachtungsdauern. Unter dieser Voraussetzung folgt aus dem Wiederkehrsatz, daß jeder über eine solche endliche Beobachtungsdauer $t_2 - t_1$ erstreckte Mittelwert einer zeitlich veränderlichen Phasenfunktion $\varphi(q_k, p_k, a^*)$ bis auf vernachlässigbare Beträge mit dem von $t = -\infty$ bis $t = +\infty$ erstreckten Zeitmittelwert $\overline{\varphi}$ von φ übereinstimmt

$$\frac{1}{t_2 - t_1}\int\limits_{t_1}^{t_2} \varphi(q_k, p_k, a^*) \cdot dt \backsim \lim_{\substack{t_1 = -\infty \\ t_2 = +\infty}} \frac{1}{t_2 - t_1}\int\limits_{t_1}^{t_2} \varphi(q_k, p_k, a^*) \cdot dt \equiv \overline{\varphi}. \tag{12}$$

Um diese Integrale auszuwerten, hat man die Ausdrücke (8) an Stelle von q_k und p_k einzusetzen, so daß das Integral linker Hand eine Funktion von $t_1 + \beta_1$, $t_2 + \beta_1$ sowie $\alpha_1, \ldots, \alpha_s, \beta_2, \ldots, \beta_s, a^*$ ergeben würde. Da die Integration von $t = -\infty$ bis $t = +\infty$ einer Mittelbildung über die gesamte unendliche Länge einer Bahnkurve entspricht (Ziff. 6), welche ihrerseits ihren endlichen mehrdimensionalen Wiederkehrbereich überall dicht überdeckt (Ziff. 7), so hat man vermutet, daß das Limes-Integral in (12) in allen Fällen konvergiert und die zeitliche Mittelung durch Integration über den endlichen mehrdimensionalen Inhalt des Wiederkehrbereiches ersetzt werden kann, was einer Mittelbildung über sämtliche mehrdeutigen unter den Integralen (9) gleichkommen würde. Für alle Systeme von bedingt periodischem Typus (Ziff. 7, 14) ist diese Vermutung erweisbar[1]), so daß man allgemein

$$\overline{\varphi} = \overline{\varphi}(J_1, \ldots, J_\sigma, a^*) \tag{13}$$

erhält, wo $J_1, \ldots, J_\sigma$ die eindeutigen unter den Integralen (9) bedeuten. Bei Systemen mit wesentlich unperiodischen stabilen Bahnkurven ist die allgemeine Konvergenz des Limes-Integrals in (12) jedoch zweifelhaft und mit Rücksicht auf die Rolle ihrer Singularitäten (Ziff. 7) sogar unwahrscheinlich; sie ist indessen hypothetisch eingeführt worden für Systeme, deren Energieintegral ihr einziges eindeutiges Integral darstellt (Quasiergodenhypothese), und würde ergeben

$$\overline{\varphi} = \overline{\varphi}(\mathsf{E}, a^*). \tag{14}$$

Derartige Systeme heißen „quasiergodisch", von ihren Bahnkurven wird vorausgesetzt, daß sie jedem Punkte ihrer überdies als endlich und geschlossen angenommenen Energiefläche immer wieder beliebig nahekommen.

10. Mechanische Wirkungen unendlich langsamer, umkehrbarer Parameter-Verschiebungen. Parameterinvarianten. Die in Ziff. 3 formulierte Aussage des zweiten Hauptsatzes mißt den unendlich langsam und umkehrbar ausgeführten makroskopischen Parameterverschiebungen eine ausgezeichnete Rolle bei, welche die Untersuchung der Wirkungen solcher Prozesse auch an den mechanischen Modellen erforderlich macht. Eine unendlich langsame Parameterverschiebung δa^* erweist sich vor allem stets dann als umkehrbar, wenn nach der Beendigung dieses Vorganges aus der ursprünglichen „stabilen" Modellbewegung eine neue, ebensolche Bewegung hervorgegangen ist, deren Wiederkehrbereich (Ziff. 7) im Phasenraum in einer durch die Größenordnung

[1]) J. M. BURGERS, Ann. d. Phys. Bd. 52, S. 195. 1917; Versl. Akad. Amsterdam Bd. 25, S. 849, 918. 1916.

von $|\delta a^*|$ gekennzeichneten „Umgebung" des Wiederkehrbereiches der früheren Bewegung gelegen ist. Bei separierbaren Systemen (Ziff. 7) ist diese Bedingung ebenso wie bei den hypothetischen „quasiergodischen" Modellen (Ziff. 9) für alle vorkommenden Parameter von selbst erfüllt, bei nichtseparierbaren Systemen wegen des besonderen Verhaltens ihrer eindeutigen Integrale (Ziff. 8) jedoch bloß für ausgewählte Parameter a^*.

Zur Berechnung des Einflusses umkehrbarer, unendlich langsamer Parameteränderungen δa^* auf die „mechanischen Zustandsgrößen" (Ziff. 8) oder auf beliebige Zeitmittelwerte (Ziff. 9) genügt es, bloß die ersteren zu betrachten, da die letzteren von diesen nach Ziff. 9 allein abhängig sind. Wenn die Parameterverschiebung durch die viele Wiederkehrzeiten umfassende Dauer $t_2 - t_1$ hindurch mit näherungsweise konstanter Geschwindigkeit $\frac{da^*}{dt}$ ausgeführt wird, so hat man

$$\int_{t_1}^{t_2} \frac{da^*}{dt} \cdot dt = da^* \cdot (t_2 - t_1) = \delta a^* \tag{15}$$

und für die Änderung eines beliebigen der Integrale (9), z. B. von A_i, bei Benutzung der Gleichsetzung (12)

$$\delta\alpha_i = \frac{1}{t_2 - t_1} \int_{t_1}^{t_2} \frac{\partial A_i(q_k, p_k, a^*)}{\partial a^*} \cdot \frac{da^*}{dt} \cdot dt \cdot (t_2 - t_1) \backsim \overline{\frac{\partial A_i(q_k, p_k, a^*)}{\partial a^*}} \cdot \delta a^*. \tag{16}$$

Die Änderungen sämtlicher willkürlicher Integrationskonstanten $\alpha_1, \ldots \alpha_s$, $\beta_1, \ldots \beta_s$ der Bewegung bei einer Verschiebung des Parameters a^* können mittels der Funktion (6) bzw. (11) nach vorangegangener Substitution der Ausdrücke (8) für die q_k in der Form erhalten werden

$$\delta\alpha_i = -\overline{\frac{\partial^2 W}{\delta a^* \partial \beta_i}} \cdot \delta a^*; \qquad \delta\beta_i = \overline{\frac{\partial^2 W}{\partial a^* \partial \alpha_i}} \cdot \delta a^*. \qquad (i = 1, 2, \ldots s) \tag{17}$$

Die Integrale dieses nicht-HAMILTONschen Differentialgleichungssystems stellen offenbar Funktionen der α_i, β_i dar, welche die Eigenschaft besitzen, den Verschiebungen δa^* des benutzten Parameters a^* gegenüber dauernd unverändert zu bleiben. Um die eindeutigen unter diesen „Parameterinvarianten" oder „adiabatischen Invarianten" aufzufinden, hat man zu bedenken, daß die rechten Seiten der Gleichungen (17) gemäß (13) oder (14) nur von eindeutigen Integralen abhängen, so daß man sich auf die Integration jener von den Beziehungen (17) zu beschränken hat, welche die Änderungen der willkürlichen Konstanten eindeutiger Integrale angeben. Da die so ermittelten eindeutigen Parameterinvarianten Funktionen der σ voneinander unabhängigen eindeutigen Integrale der Bewegungsgleichungen (und damit selbst solche Integrale) darstellen, so kann es für jeden einzelnen Parameter a^* höchstens σ voneinander unabhängige eindeutige Parameterinvarianten geben.

Das Auftreten der partiellen Differentialquotienten von W nach a^* in (17) zeigt, daß man für verschiedene Parameter im allgemeinen verschiedene Systeme von Parameterinvarianten erhalten muß. Eine hinreichende Bedingung für das Zusammenfallen dieser Systeme ist offenbar

$$\frac{\partial W}{\partial a^*} = 0; \tag{18}$$

wenn es gelingt, die Integration der HAMILTON-JACOBIschen partiellen Differentialgleichung (5) in solchen kanonischen Veränderlichen q_k, p_k durchzuführen, für welche die Funktion W von sämtlichen an dem Modell auftretenden Parametern a^* unabhängig gewählt werden kann, so stimmen die Parameterinvarianten für alle beliebigen umkehrbaren, unendlich langsamen Parameterverschiebungen miteinander überein.

11. Die Integrabilität des mechanischen Differentialausdruckes für die reversibel „zugeführte Wärme". Wird der Energieinhalt E des betrachteten Modelles um $\delta \mathsf{E}$ geändert und gleichzeitig durch unendlich langsame und umkehrbare Verschiebung δa^* aller äußeren Parameter Arbeit geleistet, so beträgt der thermodynamische Ausdruck für die reversibel „zugeführte Wärme"

$$\delta Q = \delta \mathsf{E} + \sum_{a^*} A^* \cdot \delta a^* . \tag{19}$$

Den makroskopischen äußeren Kräften A^* entsprechen hier offenbar Zeitmittelwerte (Ziff. 9), welche für die Momentanwerte der durch die Verschiebungen δa^* hervorgerufenen „mechanischen" Kräfte zu bilden sind. Indem man die mechanischen Bewegungsgleichungen auf die Parameter a^* als „langsam veränderliche Koordinaten" anwendet, bekommt man so

$$A^* = -\overline{\frac{\partial E(q_k, p_k, a^*)}{\partial a^*}}, \tag{20}$$

wo der Zeitmittelwert auf der rechten Seite gemäß (13) oder (14) bloß von eindeutigen Integralen der Bewegungsgleichungen abhängen kann. Wenn man die Energie E mit dem ersten eindeutigen Integral J_1 identifiziert, wird der Ausdruck für δQ nach (13) allgemein von der Form

$$\delta Q = \delta J_1 + \sum_{a^*} A^*(J_1, J_2, \ldots J_\sigma, a^*) \cdot \delta a^* . \tag{21}$$

Eine allgemeine Integrabilität dieses Differentialausdruckes ist offensichtlich unmöglich; die Integration kann bloß für den Fall gelingen, daß die Energie das einzige eindeutige Integral der Bewegungsgleichungen darstellt, wodurch $\sigma = 1$ wird.

Um einzusehen, daß die Existenz einer einzigen eindeutigen, für die verschiedenen Parameter a^* gemeinsamen Parameterinvariante I in diesem Falle zur Integration von (21) hinreicht, kann man δQ zunächst unter der Voraussetzung des Vorhandenseins mehrerer solcher Invarianten I_r ($r = 1, 2, \ldots \varrho$) ausdrücken. Wenn die Energie (2) dann die Form

$$E(I_r, a^*) = \mathsf{E} \tag{22}$$

besitzt, ergibt sich für A^* an Stelle von (20) einfach

$$A^* = -\frac{\partial E(I_r, a^*)}{\partial a^*} \tag{23}$$

und daher für die „zugeführte Wärme"

$$\delta Q = \sum_{r=1}^{\varrho} \frac{\partial E(I_r, a^*)}{\partial I_r} \cdot \delta I_r . \tag{24}$$

Daß bei einem „adiabatisch-reversiblen" Prozeß, d. h. bei alleiniger Verschiebung von Parametern, keine Wärmezufuhr stattfindet, also $\delta Q = 0$ wird, erscheint hier unmittelbar durch die Parameterinvarianz oder „adiabatische Invarianz" der „mechanischen" Größen I_r ausgedrückt. Falls für mindestens zwei von den I_r allgemein

$$\frac{\partial E(I_r, a^*)}{\partial I_r} \neq 0 \tag{25}$$

wird, so ist (24) wiederum nicht integrabel. Setzt man daher $\varrho = 1$, so wird E von $I\,(=I_1)$ allein abhängig, und man bekommt tatsächlich einen vollständigen Differentialausdruck

$$\frac{\delta Q}{\dfrac{\partial E(I, a^*)}{\partial I}} = \delta I \tag{26}$$

Da die Differentialbedingung $\delta Q = 0$ mit Rücksicht auf (19) im Falle der Integrabilität von (21) die Existenz einer für sämtliche Parameter gemeinsamen eindeutigen Parameterinvariante definiert, so ist das Vorhandensein einer einzigen solchen Invariante auch notwendig für die Integrabilität von δQ.

12. Mechanische Analoga für Entropie und Temperatur. Die vorangehenden Betrachtungen ergeben in Übereinstimmung mit den analytischen Eigentümlichkeiten der makroskopischen Wärmetheorie, daß die Alleinexistenz eines mit dem Energieinhalt identischen eindeutigen Integrals der Bewegungsgleichungen (1) für die Integrabilität von δQ notwendig ist. Das hierfür überdies hinreichend notwendige Vorhandensein einer eindeutigen, für alle umkehrbar verschieblichen Parameter a^* gemeinsamen mechanischen Parameterinvariante entspricht offenbar der durch den zweiten Hauptsatz sichergestellten Existenz der gleichbeschaffenen thermodynamischen Parameterinvariante, welche von der makroskopischen Entropie dargestellt wird (Ziff. 3). Die Erfüllung der genannten mechanischen Bedingungen bringt sehr weitgehende Beschränkungen bezüglich der freien Wählbarkeit brauchbarer mechanischer Modelle für warme Körper mit sich, welche bloß durch gesonderte Untersuchungen einzelner Typen von mechanischen Systemen ermittelt werden können (Ziff. 13, 14, 15).

Zur Bestimmung des mechanischen Entropieanalogons ist es der Thermodynamik gemäß erforderlich, jenen integrierenden Nenner von δQ ausfindig zu machen, welcher nach Koppelung zweier gleichbeschaffener Systeme und eingetretenem Wärmeaustausch die Eigenschaften einer „empirischen Temperatur"größe aufweist und zufolge

$$\frac{\delta Q}{T} = \delta S \tag{27}$$

als mechanisches Analogon der absoluten Temperatur T eingeführt werden kann. Bei der einstweiligen Beschränkung auf die Untersuchung von Modellen isolierter warmer Körper kann vorläufig bloß gefordert werden, daß das mechanische Temperaturanalogon von der Dimension eines Energiebetrages wird, wie das für die gewöhnlich allerdings in thermischen Graden gemessene absolute Temperatur zutrifft. Wenn k eine ihrem Zahlenwerte nach zunächst unbestimmt bleibende Maßkonstante von der Dimension: Energie pro Grad bezeichnet, so hat man in mechanischem Maß

$$\frac{\delta Q}{kT} = \frac{1}{k} \cdot \delta S. \tag{28}$$

Der Vergleich mit (26) ergibt, daß

$$kT = \frac{\partial E(I, a^*)}{\partial I} \cdot \psi(I) \tag{29}$$

wird, wo die Dimension $[\psi]$ der einstweilen noch unbestimmten Funktion $\psi(I)$ jetzt offenbar durch

$$[\psi(I)] = [I] \tag{30}$$

gegeben sein muß. Für das mechanische Entropieanalogon erhält man dann nach (28) und (29)

$$S = k \int \frac{\delta I}{\psi(I)}. \tag{31}$$

13. Periodische und monozyklische Systeme von einem Freiheitsgrade. Die Bedingung der alleinigen Existenz eines eindeutigen Energieintegrals der Bewegungsgleichungen (Ziff. 11, 12) ist für $s = 1$ von selbst erfüllt, da außer dem Energiesatz hier überhaupt kein weiteres zeitfreies Integral vorhanden ist. In der HAMILTON-JACOBIschen Differentialgleichung (5) kommt dann nur eine einzige Variable q vor, so daß (6) und (11) miteinander identisch werden und die nun stets mögliche Integration von (5) als eine Degeneration der Variablenseparation (Ziff. 7) aufgefaßt werden kann. Bei Hinzunahme der Beschränkungen (10) wird die Bewegung einfach periodisch mit der Periode $P = \frac{1}{\omega}$. Ersetzt man die Phasen q, p durch neue kanonische Veränderliche w, I, wobei

$$w = \omega t + \gamma, \tag{32}$$

so ergeben die Bewegungsgleichungen (1)

$$\frac{dw}{dt} = \omega = \frac{\partial E}{\partial I}, \qquad \frac{dI}{dt} = -\frac{\partial E}{\partial w} = 0; \tag{33}$$

es ist demnach

$$I = \text{konst.} \tag{34}$$

und

$$E(I, a^*) = \mathsf{E}. \tag{35}$$

Wenn das System von vornherein in kanonischen Variablen w, I vorgelegen hat, so heißt es „monozyklisch“, weil w in (35) nicht auftritt und die Bewegung daher als eine „verborgene“, in sich zurücklaufende, angesehen werden kann. Da (34) nach (35) dem Energieintegral und (32) dem Zeitintegral mit der willkürlichen Integrationskonstante $\beta = \frac{\gamma}{\omega}$ äquivalent wird, kann die Funktion W (6) gemäß (4) in der Form

$$W = I \cdot w + \text{konst.} \tag{36}$$

geschrieben werden, in welcher keiner der verschiedenen Parameter a^* des Systems explizite auftritt. Aus (18) und (17) folgt daher der zuerst von BOLTZMANN bewiesene Satz, daß I (34) eine für alle beliebigen a^* gemeinsame Parameterinvariante der betrachteten Systeme darstellt. Die Periodizität der Bewegung macht w zu einer Winkelgröße, so daß I gemäß (33) von der Dimension einer Wirkungsgröße ist. Wie man auf Grund von (26) und (33) leicht finden kann, ist I darstellbar durch das doppelte Zeitmittel der kinetischen Energie E_p des Systems dividiert mit seiner „Grundschwingungszahl“ ω, oder durch ein über eine volle Periode erstrecktes „Phasenintegral“

$$I = \frac{2 \cdot \overline{E_p}}{\omega} = \oint p \cdot dq. \tag{37}$$

Die vorstehenden Ergebnisse zeigen, daß monozyklische oder periodische Systeme von einem Freiheitsgrade allen in Ziff. 12 formulierten mechanischen Bedingungen genügen, so daß die formale Konstruktion mechanischer Entropie- und Temperaturanaloga bei ihnen keinerlei Schwierigkeiten begegnet. Da jedoch bereits die Vielfältigkeit der makroskopischen Eigenschaften warmer Körper dem Vorhandensein eines einzigen Freiheitsgrades widerspricht, können derartige Systeme als Modelle thermischer Vorgänge nicht in Betracht gezogen werden.

14. Separierbare Systeme beliebig zahlreicher Freiheitsgrade. Die praktische Ausführung einer Integration der Bewegungsgleichungen (1) für Systeme beliebig vieler Freiheitsgrade ist bisher auf den Fall von Systemen beschränkt, deren HAMILTON-JACOBIsche Differentialgleichung (5) durch Separation der

Variablen behandelt werden kann. Die Periodizitätseigenschaften der „stabilen“ Bewegungen solcher Systeme (Ziff. 7) ermöglichen hier die Einführung zyklischer Koordinanten w_r ähnlich wie bei Systemen von einem Freiheitsgrade. Wenn der Periodizitätsgrad u des Systems seine Maximalzahl s erreicht, wobei die s Perioden $P_r = \frac{1}{\omega_r}$ untereinander sämtlich inkommensurabel sind, so kann man mittels der Ansätze

$$(r = 1, 2, \ldots u) \qquad w_r = \omega_r t + \gamma_r \tag{38}$$

von den ursprünglichen kanonischen Phasenvariablen q_k, p_k $(k = 1, 2, \ldots s)$ eindeutig zu den neuen kanonischen Veränderlichen w_r, I_r $(r = 1, 2, \ldots u[= s])$ übergehen, für welche auf Grund ähnlicher Gleichungen wie (33)

$$\dot{I}_r = \text{konst.} \tag{39}$$

und

$$E(I_r, a^*) = \mathsf{E} \tag{40}$$

wird; Systeme mit einem Energieintegral von der Form (40) heißen „polyzyklisch“, weil ihre „Koordinaten“ w_r in (40) nicht auftreten und daher als „verborgen“ angesehen werden können. Die Größen w_r, I_r enthalten nach (38) und (39) $2s$ voneinander unabhängige willkürliche Konstanten, welche den α_i, β_i in (9) äquivalent sind, so daß man aus ihnen analog (36) die Integrationsfunktion W (11) in der speziellen Separationsform

$$W = \sum_{r=1}^{u} I_r \cdot w_r + \text{konst.} \tag{41}$$

bilden kann, welche explizite von allen an dem System auftretenden Parametern a^* unabhängig ist. Die Beziehungen (18) und (17) gestatten dann unmittelbar die von BURGERS gefundene Tatsache zu begründen, daß sämtliche Größen I_r (39) voneinander unabhängige eindeutige Parameterinvarianten des Systems in bezug auf seine sämtlichen Parameter a^* darstellen. Da die q_k, p_k in den w_r (38) periodisch mit der Periode 1 sind, kann man sich durch Vergleich von (11) und (41) leicht überzeugen, daß die I_r ebenso wie I in (37) durch „Phasenintegrale“ dargestellt werden können, welche für je eine volle Periode eines der s Freiheitsgrade gebildet sind:

$$(r = 1, 2, \ldots u) \qquad I_r = \oint p_r \cdot dq_r ; \tag{42}$$

aus den Bewegungsgleichungen (1) kann unmittelbar abgelesen werden, daß die I_r ebenso wie I in Ziff. 13 von der Dimension einer Wirkungsgröße sind.

Die Anzahl $u = s$ der voneinander unabhängigen eindeutigen Integrale (39) ist nach der über die Freiheitsgrade eingeführten Voraussetzung größer als 1, so daß die Bedingungen von Ziff. 11 und 12 unerfüllbar sind. Um diese Anzahl bei gleichbleibender Zahl s der Freiheitsgrade zu vermindern, kann man mehrere von den Perioden P_r des „nichtentarteten“ „bedingt periodischen“ Systems (Ziff. 7) kommensurabel machen, wodurch der Periodizitätsgrad u abnimmt und das System „entartet“ wird. Durch Einführung geeigneter kanonischer Veränderlicher q_r, p_r $(r = 1, 2, \ldots u)$ ist es dann immer möglich, das System formal auf ein solches von u Freiheitsgraden zu transformieren, für welches ähnlich wie beim „nichtentarteten“ System kanonische Variable w_r, I_r mit den Eigenschaften (38) bis (42) gefunden werden können. Da die Anzahl u der I_r des „entarteten“ Systems jetzt kleiner als s ist, kann man die Entartung bis zu dem gewünschten Ergebnisse $u = 1$ fortsetzen, wofür das System von

s Freiheitsgraden einfach periodisch wird und die Beziehungen (38) bis (42) in (32), (34) bis (37) von Ziff. 13 übergehen. Die in Ziff. 12 formulierten mechanischen Bedingungen für brauchbare Modelle warmer Körper sind demnach für einfach periodische Systeme von beliebig vielen Freiheitsgraden erfüllbar.

15. Schwierigkeiten einfach periodischer Modelle von beliebig zahlreichen Freiheitsgraden. Die vorangehenden Feststellungen über separierbare Systeme geben in mehrfacher Hinsicht Anlaß zu besonderer Beachtung:

α) Wenn das System nicht von vornherein einfach periodisch, sondern „bedingt periodisch" war und durch „Entartung" einfach periodisch gemacht worden ist, so kann dieser Übergang stets durch Bedingungen von der Form

$$(j = 1, 2, \ldots, s-1) \qquad \omega_j = \frac{\partial E}{\partial I_j} = 0\,; \quad w_j = \text{konst.}; \quad I_j = \text{konst.} \tag{43}$$

ausgedrückt werden, welche mit Rücksicht auf (26) für die Integrabilität von δQ in (24) auch tatsächlich erforderlich sind. Wenn s sehr groß gewählt ist (>11), können die $2s - 2$ willkürlichen Konstanten in (43) keineswegs sämtlich makroskopische Äquivalente (Schwerpunktskoordinaten und -geschwindigkeiten, räumliche Orientierung des warmen Körpers) besitzen; man muß sie daher für unbeobachtbar und eventuell durch Materialeigenschaften festgelegt erklären.

β) Jede Wärmezufuhr δQ hat nach (26) eine Änderung von I und damit gemäß (29) eine Temperaturänderung zur Folge; aus (33) ergibt sich, daß dann auch eine Periodenänderung eintritt. Wenn die Wärmeerscheinungen in vielen oder allen Fällen auf einfach periodische Vorgänge zurückführbar wären, müßte die Temperaturabhängigkeit der gegen makroskopische Beobachtungszeiten allerdings kurzen Periodendauern (= Wiederkehrzeiten, Ziff. 9) zu einer Reihe charakteristischer optischer und elektrischer Effekte Anlaß geben, welche nicht beobachtet werden.

γ) Aus der Gittertheorie der kristallisierten Festkörper (Ziff. 57) folgt in Verbindung mit ihren elastischen Eigenschaften weitgehend voraussetzungslos, daß die Bausteine des festen Aggregatzustandes „bedingt periodische" Bewegungen ausführen, welche bei nicht allzu hohen Energieinhalten E formal auf unabhängige Schwingungsvorgänge je eines von den s Freiheitsgraden zurückgeführt werden können, wobei die s Perioden $P_r = \frac{1}{\omega_r}$ untereinander verschieden und voneinander unabhängig sind (Ziff. 57). Es gibt hier also s eindeutige, voneinander unabhängige Parameterinvarianten (37), und δQ ist nach (24) nicht integrabel, was der makroskopischen Thermodynamik widerspricht.

Die angeführten Schwierigkeiten α und β zeigen, daß auch einfach periodische Systeme von beliebig vielen Freiheitsgraden aus allgemeinen Gründen für Modelle warmer Körper unbrauchbar sind.

16. Nichtseparierbare und quasiergodische Systeme beliebig zahlreicher Freiheitsgrade. Für nichtseparierbare Systeme mit singularitätenfreien Wiederkehrbereichen gilt nach Ziff. 7 ganz Ähnliches wie für „bedingt periodische" Systeme, so daß die ablehnenden Betrachtungen von Ziff. 14 und 15 über derartige Systeme hier unverändert übernommen werden können. Bei Systemen mit Wiederkehrbereichen, welche in ihrem Inneren oder an ihren Begrenzungen Singularitäten aufweisen (Ziff. 7), erheben sich Bedenken bereits gegen die Existenz stetiger Zeitmittelwerte (Ziff. 9), wogegen die Schwierigkeit der makroskopisch, optisch oder elektrisch unbeobachtbaren Wirkungen jener Singularitäten allenfalls durch geeignete Annahmen über ihre Anzahl und räumliche Verteilung gemildert werden kann.

Die zweifelhafte Hypothese der Existenz „quasiergodischer" Systeme (Ziff. 9) leugnet jene Schwierigkeiten; sie ist gemäß (14) von vornherein so eingerichtet, daß die Energiegleichung (2) das einzige eindeutige Integral der Bewegungsgleichungen darstellt. Das von der endlichen, geschlossenen $(2s-1)$-dimensionalen Energiefläche (Ziff. 9) begrenzte $2s$-dimensionale Gebiet des „Phasenraumes"

$$V^{(2s)}(\mathsf{E}, a^*) = \int\limits_{E(q_k, p_k, a^*)=0}^{E(q_k, p_k, a^*)=\mathsf{E}} \cdots (2s) \cdots \int dq_1 \ldots dq_s \cdot dp_1 \ldots dp_s \tag{44}$$

wird hier als „Phasenvolumen" bezeichnet und erweist sich nach P. HERTZ als einzige eindeutige und für alle a^* gemeinsame Parameterinvariante[1]), wodurch die Integrabilität von δQ für „quasiergodische" Systeme gesichert ist; wie z. B. der Vergleich mit (37) lehrt, ist diese Invariante im Gegensatz zu den früheren von der Dimension der sten Potenz einer Wirkungsgröße. — Sofern „quasiergodische" Systeme überhaupt existenzfähig sind, wären sie also die einzigen mechanischen Systeme, welche den bisherigen allgemeinen, von besonderen Materialeigentümlichkeiten unabhängigen Bedingungen für Modelle thermischer Gebilde genügen. Die Frage nach ihrer Anpassungsfähigkeit an die Materialeigenschaften konkreter warmer Körper kann jedoch erst auf Grund einer Bestimmung ihres mechanischen Temperaturanalogons entschieden werden, welche die Temperaturabhängigkeit jener Eigenschaften zu diskutieren ermöglicht.

17. Mechanische Umkehrbarkeit und makroskopische Irreversibilität. Während es bisher ausreichend war, die modellmäßige Wiedergabe der allgemeinen thermisch-reversiblen Gesetzmäßigkeiten isolierter warmer Körper zu beanspruchen, bedarf es zur Einführung des Temperaturbegriffes einer Untersuchung des dem Wärmegleichgewicht vorangehenden Wärmeausgleiches zwischen mehreren miteinander in Kontakt gebrachten thermischen Systemen. Die makroskopische Irreversibilität dieses Vorganges (Ziff. 3) bietet jedoch zwei fundamentale Schwierigkeiten für alle bisher betrachteten mechanischen Modelle: A. weil die Modellbewegung eine „Wiederkehrbewegung" ist (Ziff. 7) und durch Umkehrung des Zeitsinnes aus ihr eine ebenfalls mögliche und zulässige Bewegung entsteht; B. weil die mittleren Wiederkehrzeiten mit Rücksicht auf eine eindeutige Bestimmbarkeit der Zeitmittelwerte als klein gegenüber den kürzesten makroskopischen Beobachtungszeiten vorausgesetzt werden mußten (Ziff. 9). Die Schwierigkeit A ist offenbar prinzipiell und daher überhaupt nicht zu beseitigen; ihre Milderung bis zur makroskopischen Unbeobachtbarkeit ist jedoch möglich, wenn man B vermeidet und Wiederkehrzeiten einführt, deren mittlere Dauer jede makroskopisch meßbare Zeitdauer um viele Größenordnungen übertrifft, so daß irreversible und reversible makroskopische Vorgänge bereits innerhalb von Bruchteilen einer einzigen Wiederkehrzeit gedeutet werden können. Dieser Ausweg ist nur dadurch realisierbar, daß man der unbeobachtbar langsamen „Quasiperiodizität" der Wiederkehrbewegung eine neue, makroskopisch unbeobachtbar häufige „Quasiperiodizität" überlagert, welche die eindeutige Berechenbarkeit der Zeitmittelwerte sicherstellt.

Zur Verwirklichung dieser beiden Extreme sind Voraussetzungen über die besondere Struktur der Energiefunktion (2) notwendig, welche zwar auf beliebige Systeme von zahlreichen Freiheitsgraden anwendbar sind, abgesehen von den bereits als unbrauchbar erkannten mehrfach periodischen Systemen (Ziff. 14),

[1]) P. HERTZ, Ann. d. Phys. Bd. 33, S. 225, 537, § 11. 1910; „Statistische Mechanik" in WEBER-GANS, Repert. d. Phys. Bd. I, 2, Nr. 270. Leipzig 1916.

hier aber nur für „quasiergodische" Modelle zu dem gewünschten Ergebnisse führen — was einer weiteren Bestätigung der Ungeeignetheit einfach periodischer Systeme (Ziff. 15) gleichkommt. Diese Voraussetzungen sind: a) die Anzahl s der Freiheitsgrade des Modells ist außerordentlich groß; b) sie zerfällt in $\tilde{i}$ verschiedene Gruppen von $s_i(i = 1, 2, \ldots \tilde{i})$ praktisch gleichbeschaffenen Freiheitsgraden, so daß die Energiefunktion (2) von den zugehörigen Phasenvariablen q_{ki}, p_{ki} ($k = 1, 2, \ldots s_i$) praktisch in derselben Weise abhängt; c) die s_i sind von der gleichen Größenordnung wie s. Die benötigte „schnelle" Quasiperiodizität der Bewegung ist nun durch jene mittlere Zeitdauer gekennzeichnet, welche verfließen muß, bis die augenblicklichen q_{ki}-, p_{ki}-Werte irgendeines Paares von Freiheitsgraden der gleichen Sorte ihre Träger praktisch zum ersten Male miteinander vertauscht haben. Die mittlere Wiederkehrzeit der Bewegung ist demgegenüber durch die praktisch eingetretene, gleichzeitige Rückkehr sämtlicher Freiheitsgrade zu irgendwelchen individuellen q_{ki}-, p_{ki}-Ausgangswerten gegeben und wächst mit der Gesamtzahl s der Freiheitsgrade (Annahme a) über alle Grenzen. Allerdings vermag der Wiederkehrsatz (Ziff. 7) dieses Ergebnis bloß für eine mittlere Wiederkehrzeit zu folgern; beliebig kurzdauernde Wiederkehrzeiten werden bei großem s zwar unwahrscheinlich (Ziff. 41), bleiben jedoch prinzipiell stets möglich.

18. Zerlegung des Gesamtsystems in sehr zahlreiche gleichbeschaffene Teilsysteme. Die Annahmen a) bis c) der vorangehenden Ziffer laufen offensichtlich auf eine Zerlegung des Modelles in eine nicht allzu große Anzahl verschiedener Gruppen von sehr zahlreichen gleichbeschaffenen Teilsystemen hinaus, welche schwache, aber doch grundsätzlich vorhandene Wechselwirkungen aufeinander ausüben. Da das Gesamtsystem „quasiergodisch" sein muß (Ziff. 16, 17), hat man die gleiche Eigenschaft auch für die Teilsysteme und ihre gegenseitigen Wechselwirkungen zu folgern. Anzahl und nähere Beschaffenheit der verschiedenen Arten von Teilsystemen können im übrigen als Materialeigenschaften betrachtet werden, so daß es naheliegt, z. B. für chemisch homogene Körper nur eine einzige Art von Teilsystemen vorauszusetzen.

Das Bild, welches man von der Struktur der warmen Körper durch ihre Zerlegung in zahlreiche gleichartige Teilsysteme erhält, trägt bereits grundlegende Züge der Molekulartheorie, jedoch ohne diese einstweilen explizite voraussetzen zu müssen. Die weitgehende makroskopische Teilbarkeit der materiellen Körper, welche von keinem erkennbaren Einfluß auf die thermischen Eigenschaften ist, erlaubt eine derartige Zerlegung tatsächlich noch ganz phänomenologisch zu rechtfertigen, so daß eine Berufung auf die Molekulartheorie hier völlig entbehrlich bleibt. Die Beziehung zwischen den makroskopischen Irreversibilitätsforderungen einerseits und der quantitativen Bedeutungslosigkeit der Wechselwirkungen zwischen den Teilsystemen gegenüber ihren inneren Bewegungen anderseits läßt daher auch eine befriedigende Deutung der Vorgänge bei der „wärmeleitenden Berührung" thermischer Systeme mittels solcher Wechselwirkungen zu, welche formal von der Molekulartheorie unabhängig ist.

19. Das mechanische Temperaturanalogon „quasiergodischer" Systeme. Die vorangehende Klarstellung der Irreversibilitätsfragen (Ziff. 18, 19) hat eine mechanische Deutung der zum Wärmegleichgewicht zweier Körper führenden Vorgänge als durchführbar gezeigt, so daß nun auch deren mechanisches Temperaturanalogon der Ermittlung zugänglich geworden ist. Seine Bestimmung ist unter wesentlicher Bezugnahme auf die Teilsysteme (Ziff. 19) für die hier allein in Betracht kommenden „quasiergodischen" Systeme mittels statistischer

Betrachtungen (Ziff. 30ff.) von P. HERTZ[1]) ausgeführt worden; als „mechanische Zustandsgrößen" (Ziff. 8, 9) mit den Kennzeichen einer für die beiden im Gleichgewichte befindlichen Körper übereinstimmenden „empirischen" Temperatur erhält man beliebige Funktionen der Größe

$$\mathrm{t} = \frac{V^{(2s)}(\mathsf{E}, a^*)}{\frac{\partial V^{(2s)}(\mathsf{E}, a^*)}{\partial \mathsf{E}}}, \tag{45}$$

worin $V^{(2s)}$ das „Phasenvolumen" (44) darstellt. Wegen der Parameterinvarianz von $V^{(2s)}$ (Ziff. 16) bekommt man für $I = V^{(2s)}$ aus (29)

$$\psi(I) = V^{(2s)} \tag{46}$$

und

$$\mathrm{t} = kT, \tag{47}$$

so daß also (45) einfach proportional der absoluten Temperatur wird. Aus (31) und (46) ergibt sich schließlich auch das mechanische Entropieanalogon „quasiergodischer" Systeme:

$$S = k \cdot \log V^{(2s)}. \tag{48}$$

Die Beziehung (45) stellt ersichtlich die nach der absoluten Temperatur (47) aufgelöste Zustandsgleichung von „quasiergodischen" Modellen warmer Körper dar.

20. Spezifische Wärme und Gleichverteilungssatz „quasiergodischer" Systeme. Zur Prüfung der Anpassungsfähigkeit der hypothetischen „quasiergodischen" Modelle an die Materialeigenschaften konkreter warmer Körper wäre es am einfachsten, die Temperaturabhängigkeit ihres Energieinhaltes E zu bestimmen, welche bei vorgegebener Energiefunktion (2) mittels (44) und (45) gefunden werden kann. Ohne spezielle Voraussetzungen über (2) lassen sich hingegen bloß die Energieflächenmittelwerte gewisser ausgewählter Phasenfunktionen $\varphi(q_k, p_k, a^*)$ berechnen, welche nach der „Quasiergodenhypothese" (Ziff. 9) und (14) dann auch als Zeitmittelwerte aufzufassen sind. Für die Mittelwerte der Funktionen $q_k \cdot \frac{\partial E}{\partial q_k}$ und $p_k \cdot \frac{\partial E}{\partial p_k}$ erhält man so unabhängig von der spezifischen Beschaffenheit des $k$ten Freiheitsgrades

$$(k = 1, 2, \ldots s) \qquad \overline{q_k \cdot \frac{\partial E}{\partial q_k}} = \mathrm{t}; \qquad \overline{p_k \cdot \frac{\partial E}{\partial p_k}} = \mathrm{t}, \tag{49}$$

worin t mit (45) übereinstimmt. Aus der homogen-quadratischen Abhängigkeit der kinetischen Energie E_p von den p_k folgt

$$2\overline{E_p} = \sum_{k=1}^{s} \overline{p_k \cdot \frac{\partial E}{\partial p_k}} = s \cdot \mathrm{t}, \tag{50}$$

was der Aussage des sog. „Gleichverteilungssatzes der (mittleren) kinetischen Energie über alle Freiheitsgrade" entspricht. Nach (47) ist demnach das Zeitmittel der kinetischen Energie jedes beliebigen „quasiergodischen" Modelles der absoluten Temperatur proportional:

$$\overline{E_p} = s \cdot \frac{kT}{2}. \tag{51}$$

[1]) P. HERTZ, „Statistische Mechanik" in WEBER-GANS, Repert. d. Phys. Bd. I, 2. Leipzig 1916.

Nimmt man mit Rücksicht auf die mangelnde Kohäsion des Gaszustandes an, daß hier von der Berücksichtigung einer merklichen potentiellen Energie abgesehen werden kann, so sollte (51) zugleich die Temperaturabhängigkeit des gesamten Energieinhaltes E beliebiger Gase angeben:

$$(\mathsf{E})_{\text{Gas}} = s \cdot \frac{k}{2} \cdot T \tag{52}$$

und daher zu der temperaturunabhängigen spezifischen Wärme

$$(c_V)_{\text{Gas}} = s \cdot \frac{k}{2} \tag{53}$$

Veranlassung geben. Bezeichnet man mit R die „ideale" Gaskonstante pro Mol, so lehrt die Erfahrung in der Tat, daß die Gase nahezu konstante spezifische Wärmen besitzen: a) im Grenzfall extrem tiefer Temperaturen, wo $c_V = \frac{3}{2} R$ ist; b) im Grenzfall hoher Temperaturen, wo man am häufigsten annähernd die Werte $c_V = \frac{3}{2} R, \frac{5}{2} R, 2R, \frac{7}{2} R$ pro Mol vorfindet. Bis auf jene Gase, für welche auch bei hohen Temperaturen $c_V = \frac{3}{2} R$ ist, steigt die spezifische Wärme dagegen im mittleren Temperaturgebiete monoton mit der Temperatur an. Eine solche Temperaturabhängigkeit vermögen „quasiergodische" Gasmodelle nach (53) jedoch nicht wiederzugeben, so daß sie allgemein jedenfalls nicht geeignet sein können, die Materialeigenschaften beliebiger Gase wiederzugeben.

Eine weitere Prüfung „quasiergodischer" Modelle kann für kristallisierte Festkörper vorgenommen werden, wenn deren potentielle Energie E_q näherungsweise als quadratische Funktion der Koordinaten q_k angesehen wird, wie es aus ihren makroskopisch-elastischen Eigenschaften gefolgert werden muß. Durch Summation sämtlicher $2s$-Gleichungen (49) erhält man für den Energieinhalt des „quasiergodischen" Festkörpermodells

$$(\mathsf{E})_{\text{Fest}} = s \cdot k \cdot T, \tag{54}$$

was neuerlich eine temperaturunabhängige spezifische Wärme bedingt

$$(c_V)_{\text{Fest}} = s \cdot k. \tag{55}$$

Die Erfahrung besagt demgegenüber, daß die spezifische Wärme der Festkörper im Grenzfalle hoher Temperaturen praktisch konstant wird und pro Mol $c_V = 3R$ ist, bei tiefen Temperaturen jedoch absinkt und dem Werte Null zustrebt. Auch die „quasiergodischen" Festkörpermodelle sind also nicht geeignet, eine Anpassung an die Materialeigenschaften wirklicher warmer Körper zuzulassen.

21. Rückblick auf den Mißerfolg der mechanischen Modelle. Die in Ziff. 20 vorgenommene Prüfung der „quasiergodischen" Modelle an der Erfahrung lehrt, daß derartige Gebilde die thermischen Eigenschaften wirklicher Körper nur für die Grenzfälle tiefer und hoher Temperatur qualitativ wiederzugeben vermögen. In quantitativer Hinsicht ist jedenfalls bemerkenswert und befriedigend, daß sie für die Anzahl der auf das Mol entfallenden Freiheitsgrade bei Festkörpern hoher Temperatur den gleichen Betrag

$$s = \frac{R}{k} \tag{56}$$

ergeben wie für Gase tiefster Temperatur. Die zumindest scheinbare Änderung dieser Anzahl innerhalb aller übrigen Temperaturbereiche, insbesondere ihr Nullwerden bei tiefsten Festkörpertemperaturen, widerspricht aber auf das schärfste der ganz trivialen Temperaturunabhängigkeit von s, welche für jedes rein mechanische Modell mit Notwendigkeit gefolgert werden muß. Die rein mechanischen Modelle müssen also an einem prinzipiellen Mangel leiden, der nur durch völlige Abkehr von ihnen beseitigt werden kann. Dieser Verzicht kann allerdings kaum mehr als besonders schwerwiegend angesehen werden, nachdem die Betrachtungen der Ziff. 13 bis 16 bereits früher zum Ausschluß aller stabilen, von Singularitäten freien Bewegungsarten geführt haben, die analytische Widerspruchslosigkeit der verbliebenen „quasiergodischen" Bewegungen (Ziff. 9, 16) hingegen überhaupt zweifelhaft ist. Ein Umstand, der das Verlassen rein mechanischer Modelle sogar besonders wünschenswert macht, liegt namentlich in dem Widerspruch, welcher bei der Behandlung des Irreversibilitätsproblems fühlbar geworden ist: der strenge Determinismus der mechanischen Bewegungsgesetze mit seinen Wiederkehr- und Umkehrfolgerungen (Ziff. 17) läßt jedes Verständnis einer einseitig gerichteten Entwicklungstendenz prinzipiell als unmöglich erkennen.

III. Allgemeine Theorie quasimechanisch-statistischer Modelle warmer Körper.

22. Quasimechanische Modelle. Das Hauptproblem jedes beliebigen Modelles warmer Körper gegenüber den thermodynamisch-reversiblen Gesetzmäßigkeiten entsteht aus der Notwendigkeit, seine Energie E als einzige makroskopisch wahrnehmbare Bewegungsinvariante darzustellen (Ziff. 11). Der bei rein mechanischen Systemen hierzu allein in Betracht kommende Ausweg, alle weiteren Integrale der Bewegungsgleichungen (1) als mehrdeutig anzunehmen und deswegen für makroskopisch unbeobachtbar zu erklären, hat indessen versagt (Abschnitt II), so daß nach einer Möglichkeit gesucht werden muß, eindeutige Bewegungsinvarianten von makroskopisch unbeobachtbarer Beschaffenheit aufzufinden. Da die makroskopisch beobachtbaren Zeitmittelwerte nach (13) zugleich mit den willkürlichen Konstantwerten der eindeutigen Integrale veränderlich sind, kommen hierfür nur mehr die folgenden beiden Möglichkeiten in Betracht: a) Die im mechanischen Sinne willkürlichen Integrationskonstanten der eindeutigen Integrale sind bis auf das Energieintegral (sowie die Schwerpunkts- und Drehbewegungsintegrale des Modells) durch individuelle Materialkonstanten festgelegt, so daß die Zeitmittelwerte allein mit E (und den a^*) verändert werden können. b) Die Werte dieser Integrationskonstanten ändern sich während des zeitlichen Ablaufes der Bewegung immer wieder von neuem unstetig und durchlaufen gewisse, für das Modell kennzeichnende Wertemengen, über welche bei der Bildung der Zeitmittelwerte ebenfalls gemittelt werden muß, so daß die Zeitmittelwerte schließlich wiederum nur mehr von E (und den äußeren Parametern a^*) abhängen; die zeitliche Häufigkeit der „Sprünge" ist durch ein Wahrscheinlichkeitsgesetz bestimmt und makroskopisch unbeobachtbar groß. — Beide Modelltypen sind offenbar unmechanisch; da sie aber mechanische Bewegungsvorgänge in besonderem Ausmaße verwerten, so mögen sie als „quasimechanisch" bezeichnet werden.

Wenn man die Materialkonstanten, wie billig, als individuelle Größen definiert, welche allen äußeren Einflüssen gegenüber unverändert bleiben, so ist der Fall a) jedenfalls nur an mechanischen Modellen realisierbar, welche eindeutige, für alle äußeren Parameter a^* gemeinsame Parameterinvarianten (Ziff. 10) besitzen. Wie aus (24) hervorgeht, dürfen dann allerdings nicht sämtliche derartigen Parameterinvarianten durch Materialkonstanten festgelegt werden, so daß einfach periodische (Ziff. 13, 14) und „quasiergodische" (Ziff. 16) Systeme von vornherein auszuscheiden sind, damit das Modell überhaupt einer „Wärmeenergie“ fähig sein kann. Falls die Energie des Gesamtsystems sich aus den Energien von Teilsystemen in Strenge oder wenigstens praktisch additiv zusammensetzt, sind aus demselben Grunde ferner alle jene (gleichbeschaffenen oder ungleichbeschaffenen) Teilsysteme auszuschließen, deren Bewegung eine einzige, ihrer Energie äquivalente Parameterinvariante besitzt. Da letztere Einschränkung das bereits in Ziff. 15 unter γ) angedeutete, gut begründete Festkörpermodell mit ausschließt, kann von der Möglichkeit einer allgemeinen Brauchbarkeit des Modelltypus a) jedenfalls nicht die Rede sein.

Was demgegenüber die Verwendbarkeit des allgemeineren Modelltypus b) anbetrifft, welcher a) übrigens als Spezialfall in sich schließt, so wird die nachfolgende Darstellung zu zeigen haben, daß er im weitestgehenden Maße dazu geeignet ist, das Verhalten warmer Körper wiederzugeben. Mit Rücksicht auf die Erfordernisse thermodynamisch-irreversibler Prozesse wird ebenso wie bei den rein mechanischen Modellen (Ziff. 17, 18) die Zerlegbarkeit des Gesamtsystems in sehr zahlreiche, gleichbeschaffene Teilsysteme zu folgern sein, zwischen welchen nur geringfügige Wechselwirkungen auftreten. Die letztere Eigenschaft legt es in besonderem Maße nahe, den intermittierenden Charakter der Modellbewegung mit jenen Wechselwirkungen zu verknüpfen. Sieht man das Zustandekommen der verschiedenen Bewegungsunstetigkeiten demgemäß als einzige, praktisch in Betracht kommende Folge jener Wechselwirkungen an, so werden die Bewegungen der einzelnen Teilsysteme voneinander unabhängig sein, bis auf die geringfügigen Zeitdauern jener Unstetigkeiten. Da die eindeutigen Integrale der Modellbewegung dann durch alle eindeutigen Integrale der voneinander unabhängigen Teilsystembewegungen gegeben sind, wird jede der Bewegungsunstetigkeiten durch plötzliche Änderungen gewisser „mechanischer Zustandsgrößen“ (Ziff. 8) der Bewegung bestimmter Teilsysteme gekennzeichnet werden können. Vielzahl, Gleichartigkeit und gegenseitige Unabhängigkeit der Teilsysteme lassen dann eine statistische Behandlung der Modellbewegung für angezeigt erscheinen, gegenüber welcher die mechanischen Vorgänge an den Teilsystemen mehrfach in den Hintergrund treten.

23. Quasimechanische Eigenschaften der Teilsysteme. Wenn das Gesamtsystem aus einer sehr großen Anzahl N von Teilsystemen besteht, so reicht es zunächst hin, physikalisch und chemisch einheitliche Körper mit lauter gleichbeschaffenen Teilsystemen zu betrachten (Ziff. 18); die Behandlung physikalischer (Ziff. 52, 57) und chemischer (Abschnitt 7, Ziff. 72ff.) Gemische kann späteren Verallgemeinerungen vorbehalten bleiben. Den phänomenologischen Verhältnissen gemäß (Ziff. 18) werden einige oder sämtliche Raumdimensionen der Teilsysteme als makroskopisch unerkennbar zu gelten haben; Annahmen über ihre molekular-theoretische Bedeutung hingegen sind für die allgemeine Theorie belanglos und brauchen erst bei den verschiedenen Anwendungen ihrer Ergebnisse (Abschnitte IV ff.) eingeführt zu werden. Die Teilsysteme können einzelne Atome oder Moleküle, aber auch Eigenschwingungen (Ziff. 57, 67) oder thermische Schwankungsbereiche (s. ds. Handb. Kapitel 6) der warmen Körper darstellen.

Die (innere) mechanische Bewegung der einzelnen Teilsysteme kann man, ebenso wie im vorigen Abschnitt die Bewegung des Gesamtsystems, als gegeben ansehen durch HAMILTONsche kanonische Bewegungsgleichungen (1); die Bezeichnung s der Freiheitsgradeanzahl in (1) möge daher künftighin auch für die Teilsysteme benutzt werden. Die Integration der Bewegungsgleichungen (1) erfolgt dann in derselben Art und mit dem gleichen Ergebnisse wie dies in Ziff. 5 dargestellt worden ist. Da die obige vorläufige Beschränkung auf gleichbeschaffene Teilsysteme deren Stabilität gegenüber allen quasimechanischen Vorgängen mit einschließt, werden die näheren Folgerungen von Ziff. 7, 8 und 9 über die Besonderheiten „stabiler" Bewegungsformen auch für die innere Bewegung der Teilsysteme einschließlich allfälliger Rotationsbewegungen maßgebend sein.

Die in einigen Fällen, namentlich bei Gasmolekülen, wesentliche Schwerpunktsbewegung der Teilsysteme erfordert demgegenüber eine besondere Behandlung. Da die Teilsysteme bis auf ihre unmechanischen Wechselwirkungen voneinander gänzlich unabhängig sein sollen, so kann diese Bewegung nur geradlinig und gleichförmig vor sich gehen; Verallgemeinerungen, welche auch mechanische Wechselwirkungen zwischen den Teilsystemen zu berücksichtigen suchen, sind prinzipiell zwar ebenfalls möglich, bisher jedoch auf die kinetische Gastheorie (s. ds. Handb. Kapitel 6) beschränkt. Von einer potentiellen Energie der Schwerpunktsbewegung kann demnach im folgenden abgesehen werden; die kinetische Energie der Fortbewegung E_f ist dann allein abhängig von der Masse M des Teilsystems und seinen rechtwinkligen Impulskomponenten p_x, p_y, p_z in bezug auf ein im Schwerpunkt des Gesamtsystems ruhendes cartesisches Koordinatensystem

$$E_f(p_x, p_y, p_z) = \frac{1}{2M}(p_x^2 + p_y^2 + p_z^2). \tag{57}$$

Die Zählung der Translationsfreiheitsgrade möge unabhängig von jener der s „inneren" Freiheitsgrade vorgenommen werden, so daß die Gesamtenergie eines Teilsystems im Falle von Translationsbewegungen durch

$$E(q_1, \dots q_s, p_1, \dots p_s, a^*) + E_f(p_x, p_y, p_z) \tag{58}$$

gegeben ist.

24. Mechanische Einwirkungen unendlich langsamer, umkehrbarer makroskopischer Parameterverschiebungen auf die Teilsysteme. Die Auflösung des Gesamtsystems in lauter fast stets voneinander unabhängige Teilsysteme bringt es mit sich, daß die Wirkungen äußerer makroskopischer Parameteränderungen an jedem einzelnen nichtmakroskopischen Teilsystem gesondert „angreifen" müssen. Die Untersuchung solcher Wirkungen auf die inneren Teilsystembewegungen bei unendlich langsam und umkehrbar vorgenommenen Verschiebungen δa^* wird demnach wiederum in derselben Art wie in Ziff. 10 zu erfolgen haben und dieselben Ergebnisse hervorbringen, welche in Ziff. 13, 14 und 16 für die verschiedenen ‚stabilen" Bewegungstypen angegeben werden konnten. Als prinzipieller Unterschied gegenüber den früher untersuchten Gesamtsystemen ist jetzt aber hervorzuheben, daß die Integrabilität des formal gebildeten Differentialausdruckes δQ für die reversibel zugeführte Wärme (Ziff. 11) von den Teilsystemen nicht gefordert werden muß, da diesen einzeln keinerlei makroskopische Bedeutung zukommt. Die Forderung der Integrabilität von δQ ist vielmehr nur für die Gesamtheit aller Teilsysteme von Belang (Ziff. 38), so daß den Teilsystemen daraus zunächst keinerlei einschränkende Bedingungen hinsichtlich ihrer speziellen Bewegungsformen erwachsen. Da die Anzahl der Teilsystem-Freiheitsgrade überdies beliebig gering sein kann, kommen für das Folgende sämtliche in den Ziff. 13, 14 und 16 untersuchten ein- oder mehrfach periodischen Bewegungstypen in Betracht, wogegen zu der fragwürdig hypothetischen Einführung „quasiergodischer" Teilsysteme (Ziff. 9, 16, 18, 20) keinerlei Veranlassung mehr vorliegt.

Als nicht „stabile" Bewegungsart nimmt die etwaige Translationsbewegung der Teilsysteme den makroskopischen Parameterverschiebungen gegenüber eine gesonderte Stellung ein. Die Wirkung einer beliebigen Parameteränderung δa^* auf die Translation eines einzelnen Teilsystems ist formal nicht umkehrbar, so daß hier keine Parameterinvarianten (Ziff. 10) bestehen können. Für die thermodynamischen Anwendungen bedeutet dies aber keine Schwierigkeit, wenn durch äußere Wirkungen, wie feste Wände oder andere abstoßende Kraftfelder, dafür gesorgt ist, daß den Teilsystemen nur endliche Volumina zu Gebote stehen, wodurch auch ihre Schwerpunktsbewegungen den Charakter von reversibel beeinflußbaren quasiperiodischen Bewegungsvorgängen erhalten.

25. Darstellung der Bewegungen der Teilsysteme im μ-Phasenraum. Wenn x, y, z die Schwerpunktskoordinaten eines beliebigen Teilsystems bedeuten, deren Werte auf das Innere des makroskopisch-räumlichen Volumens V beschränkt sein mögen, so treten zu den $2s$-Phasen q_k, p_k der inneren Bewegung noch weitere 6 von der Translation herrührende kanonische Phasenveränderliche x, y, z, p_x, p_y, p_z hinzu. Faßt man die Gesamtheit dieser $2s + 6$-Variablen als Koordinaten eines ebenen $(2s + 6)$-dimensionalen „μ-Phasenraumes" auf, so läßt die Teilsystembewegung in ihm eine ähnliche geometrische Darstellung zu, wie sie für die Bewegung des Gesamtsystems im „Γ-Phasenraum" (Ziff. 6) möglich war. Projiziert man diesen „μ-Raum" auf einen 6-dimensionalen „Translations-μ-Raum" und einen $2s$-dimensionalen „μ-Raum der inneren Bewegung", so werden die Phasenkurven der Teilsysteme in beiden Projektionen ein ganz andersartiges Verhalten aufweisen: der Translations-μ-Raum enthält lauter Gerade, welche zu seinen p_x-, p_y-, p_z-Achsen parallel verlaufen und durch die konstanten p_x-, p_y-, p_z-Werte einer individuellen Bewegung gekennzeichnet sind; im μ-Raum der inneren Bewegung hingegen treten Raumkurven mit bestimmten mehrdimensionalen Wiederkehrbereichen (Ziff. 7) auf, deren Lage und Größe durch die willkürlichen Konstantwerte aller eindeutigen Integrale der Bewegungsgleichungen (1) (Ziff. 7, 8) festgelegt sind.

Die wirkliche Bewegung der verschiedenen Teilsysteme wird den ganzen unendlichen Verlauf dieser Bahnkurven allerdings niemals zu vollenden vermögen: die für quasimechanische Systeme charakteristische Voraussetzung sich immer wieder erneuernder Bewegungsunstetigkeiten (Ziff. 22, b) bewirkt, daß ein bestimmtes Teilsystem jeweils nur ein endliches Stück einer beliebigen seiner Bahnkurven durchlaufen kann, dann auf eine neue Bahnkurve übergeht, auch diese verläßt, und dieses Spiel immer von neuem wiederholt. Das Ausmaß jedes dieser Übergänge wird offenbar gekennzeichnet sein durch die Änderungen, welche die Größen p_x, p_y, p_z sowie die Konstanten der eindeutigen Integrale $J_1, \ldots J_\sigma$ dabei mitmachen. Für das geometrische Abbild der wirklichen Teilsystembewegung im μ-Raum erhält man demnach eine stets zunehmende Menge von Bahnkurvenstücken endlicher Längen, welche in einer für individuelle Teilsysteme charakteristischen Weise über den μ-Raum verstreut anzunehmen sind (Ziff. 26).

Da die Translationsbewegung der Teilsysteme über die Begrenzungen des makroskopischen Volumens V hinaus nicht fortgesetzt werden kann, müssen ihre Bahnkurven auch aus diesem Grunde gelegentlich abbrechen. Die dadurch erforderlichen Übergänge der Teilsysteme in andere Bahnkurven brauchen jedoch für das Folgende zunächst keineswegs als reelle unmechanische Bewegungsstetigkeiten aufgefaßt zu werden; durch Einführung einer lokalen, bei der Annäherung rasch ansteigenden potentiellen Energie der „Wandwirkung" wird die erforderliche Richtungsänderung der Bewegung auch ohne jede wirkliche Unstetigkeit herbeizuführen sein.

26. Materialeigenschaften der Teilsysteme. Während die bisherigen Annahmen und Betrachtungen über das Verhalten der Teilsysteme völlig unabhängig geblieben sind von den spezifischen Materialeigenschaften der warmen Körper, wird eine Verfügung darüber unvermeidlich, sobald man auch das unmechanische Verhalten der quasimechanischen Modelle einer exakten Analyse zugänglich machen will. Hierfür sind zweierlei Arten von Häufigkeitseigenschaften a priori festzulegen: a) phasenräumliche, welche die Realisierung bestimmter Bewegungszustände der Teilsysteme an sich betreffen (Ziff. 28); b) zeitliche, welche auf die Häufigkeit von Übergängen zwischen je einem Paar bestimmter solcher Bewegungszustände Bezug haben (Ziff. 29). Eine konkrete Verfügung über diese Eigenschaften erscheint von vornherein unzulässig, wenn man für sie eine Abhängigkeit von dem zunächst unbekannten Mechanismus der Teilsysteme erwartet, d. h. von der speziellen analytischen Beschaffenheit der Energiefunktion (58). Es ist daher notwendig, für diese Häufigkeitseigenschaften gewisse unbestimmt bleibende Ansätze einzuführen und zuzusehen, ob dies nicht etwa schon dazu hinreicht, die allgemeinen makroskopisch-thermodynamischen Gesetzmäßigkeiten modellmäßig wiederzugeben. Wie sich zeigen wird, ist das nicht bloß wirklich der Fall (Ziff. 37ff.), sondern es gelingt überdies, jene Ansätze für individuelle warme Körper hinterher auf Grund empirischer, makroskopisch-thermischer Daten näher zu bestimmen (Ziff. 60ff).

27. A priori gleichhäufige Bewegungszustände der Teilsysteme. Um zu einem brauchbaren Ansatz für die phasenräumlichen a priori-Häufigkeitseigenschaften der Teilsysteme zu gelangen, bedarf es zunächst der Feststellung, welche ihrer Bewegungszustände von vornherein als gleichhäufig angesehen werden müssen. Alle Punkte einer individuellen Bahnkurve im μ-Raum (Ziff. 25) bilden Bewegungszustände der Teilsysteme ab, welche vermöge der kanonischen Differentialgleichungen (1) miteinander eindeutig verknüpft sind; da alle diese Zustände durch den zeitlichen Ablauf der mechanischen Bewegung auseinander hervorgehen können, müssen sie jedenfalls als a priori gleichhäufig betrachtet werden. Man überzeugt sich leicht, daß die modellgemäß bloß stückweise Benutzung der Bahnkurven durch die Teilsystembewegungen (Ziff. 25) an dieser für jede individuelle Bahnkurve gesondert geltenden Feststellung nichts abzuändern vermag, wenn das Eintreten der unmechanischen Bewegungsstetigkeiten der Teilsysteme (Ziff. 22) zeitlich regellos erfolgt. Der unmechanische Charakter dieser Unstetigkeiten schließt es aber aus, auf ähnlichem Wege Aussagen über die Relativhäufigkeiten der Bewegungszustände verschiedener Teilsystembahnkurven abzuleiten, so daß über solche Relativhäufigkeiten a priori keinerlei Kenntnisse vorliegen.

Wie in Ziff. 10 gezeigt worden ist, kann der Einfluß unendlich langsamer, umkehrbarer makroskopischer Parameterverschiebungen auf die mechanische Bewegung der Teilsysteme (Ziff. 24) mittels der mechanischen Bewegungsgleichungen (1) bestimmt werden, so daß solche Parameterverschiebungen gleichfalls Bewegungsvorgänge darstellen, welche a priori gleichhäufige Bewegungszustände der Teilsysteme ineinander überführen. Da weitere mechanische Beeinflussungsmöglichkeiten der Teilsysteme nicht vorhanden sind, erhält man als geometrische Örter aller gleichhäufigen Bewegungszustände eines Teilsystems im μ-Phasenraume die Gesamtheiten aller jener Bahnkurven, welche vermittels der genannten Parameterverschiebungen in eine einzige, individuelle Bahnkurve übergeführt werden können. Wenn die innere Bewegung der Teilsysteme ϱ eindeutige Parameterinvarianten $I_1, \ldots, I_\varrho$ besitzt, welche für sämtliche äußere makroskopische Parameter miteinander übereinstimmen (Ziff. 10), so wird ein beliebiges derartiges „Bahnkurvenbündel" durch individuelle Konstantwerte der $I_1, \ldots, I_\varrho$ gekennzeichnet sein.

Da eine etwaige Translationsbewegung der Teilsysteme nach Ziff. 24 keine umkehrbare Beeinflussung durch äußere Parameterverschiebungen zuläßt, kann die Frage nach den a priori-gleichhäufigen Translationsbewegungszuständen hier nur auf Grund einer besonderen Untersuchung beantwortet werden; sie ist dank dem einfachen Charakter der Bewegung ausführbar und ergibt, daß alle beliebigen Translationsbewegungszustände untereinander a priori gleichhäufig sind. Dieses Ergebnis gilt allerdings nur so lange, als die Vernachlässigung mechanischer Wechselwirkungen zwischen den Teilsystemen (Ziff. 23) gerechtfertigt erscheint; andernfalls ist die Möglichkeit einer Existenz von Parameterinvarianten auch bei der Schwerpunktsbewegung gegeben, was dann zu ähnlichen Verhältnissen wie bei der inneren Bewegung der Teilsysteme führt.

28. Phasenräumliche a priori-Häufigkeitsansätze für die innere Bewegung der Teilsysteme. Die vorstehende Abgrenzung der a priori gleichhäufigen Bewegungszustände von beliebigen Teilsystemen quasimechanischer Modelle läßt erkennen, daß für sämtliche Bewegungszustände einer individuellen Bahnkurve der Teilsysteme eine ihr eigentümliche „a priori-Häufigkeit" definiert werden kann, welche die „Vorliebe" der Teilsysteme für diese Bahnkurve mißt und sich unendlich langsamen, umkehrbaren äußeren Parameterverschiebungen gegenüber invariant verhält. Da es sich vorstehend als unmöglich erwiesen hat, die Relativhäufigkeiten zweier verschiedener Bahnkurven mechanisch zu bestimmen, ist es erforderlich, hierfür einen mathematischen Ansatz einzuführen, welcher an sich zunächst unbestimmt bleiben kann (Ziff. 26). Hierzu ordnet man jeder Bahnkurve die Werte einer vorläufig beliebigen, dimensionslosen „Gewichtsfunktion" $G(q_k, p_k, a^*)$ zu, welche ersichtlich bloß von den eindeutigen Parameterinvarianten der Teilsysteme abhängen darf

$$G = G(I_1, \ldots, I_\varrho). \tag{59}$$

Da Relativhäufigkeiten nur bis auf eine multiplikative Konstante bestimmt sein können, muß (59) einen willkürlichen „Gewichtsfaktor" g enthalten, dessen explizite Berücksichtigung für die chemische Thermodynamik (Abschnitt 7, Ziff. 73ff.) von Bedeutung ist. G kann im übrigen einen ganz beliebigen Verlauf haben, stetig oder unstetig sein, für bestimmte Wertekombinationen oder Werteintervalle der $I_1, \ldots, I_\varrho$ verschwinden usf. Für den möglichen Spezialfall der Gleichhäufigkeit sämtlicher denkbaren Bewegungszustände der Teilsysteme wird

$$G = \text{const.} \tag{60}$$

Nach den Ausführungen am Ende der vorigen Ziffer ist (60) für eine etwa vorhandene Schwerpunktsbewegung der Teilsysteme aus mechanischen Gründen weitestgehend erfüllt, so daß der allgemeine Ansatz (59) dann wesentlich bloß für die innere Bewegung der Teilsysteme von Belang bleibt.

29. Zeitliche a priori-Häufigkeitsansätze für das unmechanische Verhalten der Teilsysteme. Die angenommene zeitliche Regellosigkeit der unmechanischen Übergänge zwischen verschiedenen Bahnkurven (Ziff. 22, 27), welche die Teilsysteme nach jeweiliger Zurücklegung endlicher Bahnkurvenstücke (Ziff. 25) ausführen, kann durch Benutzung einer zweiten Häufigkeitsfunktion präzisiert werden, welche ebenso wie die Gewichtsfunktion (59) die Bedeutung eines zunächst unspezialisiert bleibenden Ansatzes besitzt. Als einfachstes Vorbild hierfür kann der Stoßzahlansatz der klassischen kinetischen Gastheorie (s. ds. Band. Kapitel 6) genannt werden, welche sich an Stelle allgemeinerer unmechanischer Übergänge auf die gewöhnlichen Molekülzusammenstöße beschränkt. Wenn ein Teilsystem sich in Bewegungszuständen einer Bahnkurve mit dem Index n' befindet und innerhalb vernachlässigbar kurzer Zeit (Ziff. 27) zu Bewegungszuständen einer Bahnkurve mit dem Index n'' übergeht, so möge die a priori-Häufigkeit eines solchen Überganges während der Zeitstrecke dt durch

$$(n' \to n'') \qquad C_{n'}^{n''} \cdot dt \tag{61a}$$

gegeben sein, für den inversen Vorgang hingegen durch

$$(n'' \to n') \qquad C_{n''}^{n'} \cdot dt. \tag{61b}$$

Wie man unmittelbar erkennt, können die „Übergangswahrscheinlichkeiten" C von den Werten $G_{n'}$ und $G_{n''}$ der Gewichtsfunktion (59) für das betrachtete Bahnkurvenpaar nicht unabhängig sein; man hat in der Tat

$$C_{n'}^{n''} = \frac{G_{n''}}{G_{n'}} \cdot D_{n'}^{n''}, \qquad C_{n''}^{n'} = \frac{G_{n'}}{G_{n''}} \cdot D_{n'}^{n''}. \tag{62}$$

Da das Eintreten der Übergänge auf die Wechselwirkungen zwischen den Teilsystemen zurückzuführen ist (Ziff. 22), sind nähere Angaben über die Beschaffenheit der Übergangskoeffizienten D in (62) nur auf Grund spezieller Annahmen über die Natur der Übergangsprozesse möglich. Beispiele hierzu für Zusammenstöße und Reaktionsvorgänge finden sich in Abschnitt 7, Ziff. 73 ff., für Strahlungsvorgänge in Abschnitt 6, Ziff. 70.

30. Statistische Methodik. — a) Zellenstruktur des μ-Phasenraumes. Um den Momentanzustand der betrachteten quasimechanischen Modelle warmer Körper zu kennzeichnen, wäre es erforderlich, die augenblicklichen Koordinaten- und Impulswerte jedes einzelnen Teilsystems anzugeben. Die überaus große Anzahl der Teilsysteme (Ziff. 18, 22) macht ein solches Verfahren praktisch unausführbar, legt aber zugleich die Anwendung mehr summarisch vorgehender statistischer Methoden nahe. Ebenso wie sich der Versicherungsstatistiker damit begnügt, das Geburtsjahr und nicht den genauen Zeitpunkt der Geburt seiner menschlichen Zählobjekte zu ermitteln, kann der statistisch arbeitende Physiker auf eine exakte Wiedergabe momentaner Phasenwerte der Teilsysteme verzichten, falls er Anzahlen von Teilsystemen innerhalb gewisser endlicher Zustandsbereiche im μ-Phasenraum verwertet, Bereiche, deren Bedeutung offensichtlich jener der Jahreslänge in der Lebensalterstatistik zu entsprechen hat. Man gelangt so zu der methodisch begründeten Notwendigkeit einer Zelleneinteilung des μ-Raumes, welche so beschaffen sein muß, daß alle Teilsysteme, deren Phasenpunkte sich in derselben Phasenraumzelle vorfinden, als einander gleichwertig, daher ununterscheidbar und miteinander vertauschbar angesehen werden können.

Aus dieser Folgerung ergibt sich zunächst, daß in den Inhalt einer Zelle bloß solche Phasenpunkte aufgenommen werden dürfen, welche zu Bahnkurven mit gleichen oder nur wenig abweichenden phasenräumlichen a priori-Häufigkeiten (Ziff. 28) gehören. Für den allenfalls vorhandenen Translationsanteil der Teilsystembewegungen ist diese Vorbedingung wegen (60) stets erfüllt, so daß die Zelleneinteilung des „Translations-μ-Raumes" (Ziff. 25) völlig willkürlich vorgenommen werden kann. Da die innere Bewegung der Teilsysteme eine Wiederkehrbewegung mit endlichen Wiederkehrbereichen (Ziff. 7, 23) darstellt, wird die Zelleneinteilung des „μ-Raumes der inneren Bewegung" (Ziff. 25) vorteilhaft so gewählt werden, daß jede Zelle einander benachbarte Bahnkurven in ihrer ganzen unendlichen Erstreckung einschließt. Wenn man die Zelleneinteilung so vornimmt, daß die ϱ Flächenscharen

$$\left.\begin{aligned} I_r(q_k, p_k, a^*) = I_r^{(0)}, \quad I_r = I_r^{(1)}, \quad I_r = I_r^{(2)}, \ldots, I_r = I_r^{(n_r)}, \ldots \\ (r = 1, 2, \ldots \varrho) \end{aligned}\right\} \tag{63}$$

miteinander zum Schnitt gebracht, die verschiedenen μ-Zellen liefern, so wird durch die Parameterinvarianz der I_r (Ziff. 10ff., 24) gesichert, daß die oben an die Zelleneinteilung gestellten Bedingungen auch im Verlaufe jeder umkehrbar unendlich langsamen Verschiebung der äußeren makroskopischen Parameter a^* erfüllt bleiben — wie das für die thermodynamischen Anforderungen (Ziff. 3, 24) unerläßlich ist. Über die Werte der ϱ Konstantenfolgen $I_r^{(0)}$, $I_r^{(1)}$, $I_r^{(2)}, \ldots, I_r^{(n_r)}, \ldots$ $(r = 1, 2, \ldots \varrho)$ in (63) braucht einstweilen nichts weiter vorausgesetzt werden, als daß sie mit dem oberen Index n_r monoton ansteigen und die durch (63) bestimmte Zelleneinteilung dann den ganzen von den Teilsystemen physikalisch realisierbaren Bereich des μ-Raumes überdeckt; ihre genauere Festlegung kann ebenso wie jene der Zellenvolumina offenbleiben, wobei letztere bloß als hinreichend klein gegenüber der feinsten makroskopischen Unterscheidbarkeit zu wählen sind.

Wie die nähere Prüfung etwa für bedingt periodische Teilsysteme (Ziff. 14) lehrt, ist eine Zelleneinteilung von der Art (63), welche sämtliche voneinander unabhängigen eindeutigen Parameterinvarianten der Teilsysteme benutzt, die einzige, welche den erwähnten Anforderungen genügt. Unabhängig von der Größe der Phasenraumzellen ist dadurch eine bestimmte Struktur des μ-Phasenraumes festgelegt. Wenn man in (63) die besondere normierte Form (42) dieser Parameterinvarianten anwendet, so läßt sich das Zellenvolumen für „nichtentartete" Systeme ($\varrho = u = s$, Ziff. 14) in der Form

$$\Omega_n \equiv \Omega_{n_1, n_2, \ldots n_s} = \prod_{r=1}^{s} \left(I_r^{(n_r)} - I_r^{(n_r - 1)} \right) \tag{64}$$

darstellen und nur wenig abweichend auch für „entartete" Systeme ($\varrho = u < s$, Ziff. 14). Jede Zelle kann gemäß der in (64) benutzten Schreibweise durch eine Indexkombination $n_1, n_2, \ldots, n_s$ oder kürzer durch einen einzigen Index n gekennzeichnet werden.

Da alle Teilsysteme, deren Phasenpunkte in die gleiche Zelle n fallen, statistisch als ununterscheidbar zu gelten haben, wird man ihnen allen den gleichen (mittleren) Energiewert E_n, den gleichen (mittleren) Wert ihrer Gewichtsfunktion (59) G_n (Ziff. 28) und ebenso gleiche (mittlere) Werte aller übrigen Phasenfunktionen zuzuschreiben haben. Die Zahlwerte $E_n, G_n, \ldots$ sind somit für die n-te μ-Zelle charakteristisch. Betrachtet man unmechanische Übergänge der Teilsysteme zwischen verschiedenen Bahnkurven (Ziff. 29), so kommen für die vorzunehmenden statistischen Anwendungen offensichtlich nur Übergänge zwischen solchen Bahnkurven in Frage, welche zu verschiedenen μ-Zellen gehören, wodurch eine Übertragung der Definitionen (61 a), (61 b) für die „Übergangswahrscheinlichkeiten" auf „Übergänge zwischen verschiedenen μ-Zellen" möglich und erforderlich wird.

Aus der Unabhängigkeit der Konstantwerte $I_r^{(n_r)}$ der (zeitfreien) Integrale I_r (63) der Teilsystem-Bewegungsgleichungen von der besonderen Wahl der kanonischen Veränderlichen q_k, p_k (Ziff. 5) ergibt sich, daß auch die durch (63) gegeneinander abgegrenzten Bereiche von Teilsystem-Bewegungszuständen von dieser Wahl unabhängig sind. Dasselbe gilt von den Zellenwerten für Energie, Gewichtsfunktion und Übergangswahrscheinlichkeiten, weil alle diese Größen ebenfalls durch (zeitfreie) Integrale der Teilsystem-Bewegung bestimmt werden. Das physikalisch belanglose geometrische Bild der Zelleneinteilung des μ-Raumes dagegen ist von der willkürlichen Wahl der kanonischen Variablen q_k, p_k abhängig, weil der Phasenraum sowie die geometrischen Abbilder der Teilsystem-Bahnkurven in ihm überhaupt erst auf Grund einer solchen Wahl angebbar sind (Ziff. 6). Wie man sieht, ist es also physikalisch belanglos, wenn im Vorstehenden und ebenso bei den nachfolgenden statistischen Betrachtungen der Bequemlichkeit halber auf einen beliebig gewählten Phasenraum und seine Zellenstruktur Bezug genommen wird.

31. Statistische Methodik. — b) Zustandsverteilungen und statistische Mittelwerte. Denkt man sich alle μ-Zellen mittels eines Index l etwa im Sinne zunehmender Zellen-Energiewerte E_l numeriert, so mögen sich zu einem bestimmten Zeitpunkte $N_{L,1}, N_{L,2}, \ldots, N_{L,l}, \ldots$ Teilsystemphasenpunkte in den Zellen befinden. Die Zahlenfolge $N_{L,1}, N_{L,2}, \ldots, N_{L,l}, \ldots$ heißt die Zustandsverteilung Z_L, welche das Gesamtmodell zu dem betrachteten Zeitpunkt besitzt. Wenn N die Gesamtzahl aller Teilsysteme und E die gegebene Gesamtenergie des warmen Körpers bedeutet, so ist offenbar

$$\sum_{l=1}^{\infty} N_{L,l} = N \tag{65}$$

und

$$\sum_{l=1}^{\infty} E_l \cdot N_{L,l} = \mathsf{E}\,; \tag{66}$$

weiteren Beschränkungen unterliegen die Anzahlen $N_{L,l}$ im allgemeinen nicht.

Die Gleichbeschaffenheit aller Teilsysteme (Ziff. 18, 22) sowie die definitionsgemäße Ununterscheidbarkeit aller Insassen der gleichen μ-Zelle (Ziff. 30) lassen erkennen, daß die Zustandsverteilung Z_L durch sehr zahlreiche Arten individueller Anordnungen der N Teilsysteme wiedergegeben werden kann. Wenn man bedenkt, daß die relative Häufigkeit für das gleichzeitige Vorkommen von $N_{L,l}$ Teilsystemen in der l-ten Zelle vom „Gewicht" G_l durch

$$[G_l]^{N_{L,l}}$$

gemessen wird, berechnet sich die Anzahl $R(Z_L)$ der Realisierungsmöglichkeiten von Z_L nach den Regeln der Kombinatorik zu

$$R(Z_L) = \frac{N!}{N_{L,1}!\, N_{L,2}! \ldots N_{L,l}! \ldots} \cdot [G_1]^{N_{L,1}} [G_2]^{N_{L,2}} \ldots [G_l]^{N_{L,l}}, \ldots \tag{67}$$

Bezeichnen $\varphi_1, \varphi_2, \ldots, \varphi_l, \ldots$ die Zellenwerte einer beliebigen Phasenfunktion $\varphi(q_k, p_k, a^*)$ der Teilsysteme oder, falls φ von der Zeit abhängig ist, ihres Zeitmittelwertes $\overline{\varphi}$ (12), (13), dann stellt

$$[\varphi]_L = \frac{1}{N} \sum_{l=1}^{\infty} \varphi_l \cdot N_{L,l} \tag{68}$$

ersichtlich den statistischen Mittelwert von φ für das einzelne Teilsystem dar,

$$N \cdot [\varphi]_L \tag{69}$$

hingegen das makroskopische Äquivalent dieses Mittels von φ für die Zustandsverteilung Z_L. Da die Größe der Anzahlen $N_{L,l}$ bei vorgegebenem N und E von den Volumengrößen der gewählten μ-Zellen (Ziff. 30) abhängt, werden die Mittelwerte (68), (69) nur dann von den Zelleninhalten merklich unabhängig ausfallen, wenn die übergroße Mehrzahl der besetzten Zellen sehr viele Teilsystemphasenpunkte enthält. Dieser Umstand ist von besonderem Interesse für den oft benutzten Kunstgriff einer stetigen Approximation von Mittelwertsummen (68) durch über den μ-Raum erstreckte Integralausdrücke, welche dem Grenzübergang zu beliebig abnehmenden Zellendimensionen gleichkommt; die Ausführung des letzteren muß dann durch eine fiktive unbegrenzte Zunahme von N gerechtfertigt werden, welche die Größenordnung der $N_{L,l}$ trotz abnehmender Zellvolumina aufrechterhält, in Anbetracht des molekularen Ausmaßes von N aber meist als unbedenklich angesehen werden darf.

32. Die Zeitgesamtheit quasimechanisch-statistischer Modelle. Statistische Zeitmittelwerte. Nach Einführung des Begriffes einer Zustandsverteilung hat es keine Schwierigkeit, nun auch den zeitlichen Ablauf der Bewegung des Gesamtmodells einer statistischen Behandlung zugänglich zu machen. Geht man von der zum Zeitpunkt t_0 herrschenden Zustandsverteilung $Z(t_0)$ aus, so wird nach Ablauf einer geeignet gewählten Zeitdauer dt zumindest eine unmechanische Bewegungsunstetigkeit des Modells eingetreten sein, welcher ein Zellenwechsel von einigen Teilsystemen (Ziff. 30) entspricht. Dies bedeutet, daß zum Zeitpunkt t_1 eine neue, im allgemeinen von $Z(t_0)$ verschiedene Zustandsverteilung $Z(t_1)$ vorhanden ist. Nach Ablauf weiterer Zeitstrecken dt mögen aus $Z(t_1)$ weitere Zustandsverteilungen $Z(t_2)$, $Z(t_3)$, ..., $Z(t_m)$, ... hervorgehen. Die Aufeinanderfolge aller dieser Zustandsverteilungen heißt die Zeitgesamtheit des Modelles. Betrachtet man eine sehr große Anzahl m von solchen zeitlich aufeinandergefolgten Zustandsverteilungen, so werden sich bestimmte Zustandsverteilungen Z_L darin immer von neuem wiederholen, einige öfter, andere seltener. Wenn Z_L gerade τ_L-mal aufgetreten ist, so hat man, summiert über alle L^* überhaupt denkbaren, mit (65) und (66) verträglichen Zustandsverteilungen

$$\sum_{L=1}^{L^*} \tau_L \cdot dt = t_m - t_0 .$$

Für den Zeitmittelwert des in der vorigen Ziffer betrachteten momentanen oder phasenräumlichen Mittelwertes $[\varphi]_L$ (68) einer Teilsystem-Phasenfunktion $\varphi(q_k, p_k, a^*)$, genommen über die Zeitstrecke $t_m - t_0$, erhält man dann

$$\varphi = \frac{1}{t_m - t_0} \sum_{L=1}^{L^*} \tau_L \cdot dt \cdot [\varphi]_L = \frac{1}{N} \frac{1}{t_m - t_0} \sum_{L=1}^{L^*} \sum_{l=1}^{\infty} \tau_L \cdot N_{L,l} \cdot \varphi_l \cdot dt .$$

Durch Vertauschung der beiden Summationen ergibt sich

$$\bar{\varphi} = \frac{1}{N} \sum_{l=1}^{\infty} N_l \cdot \varphi_l , \tag{70}$$

worin

$$N_l = \frac{1}{t_m - t_0} \sum_{L=1}^{L^*} \tau_L \cdot N_{L,l} \cdot dt \tag{71}$$

die mittlere, während $t_m - t_0$ in der l-ten Zelle des μ-Raumes vorhandene Anzahl von Teilsystem-Phasenpunkten bedeutet. Die N_l sind im allgemeinen keine ganzen Zahlen mehr, so daß die Zahlenfolge N_1, N_2, ..., N_l, ... keine Zustandsverteilung darstellt, sondern bloß den zeitlich mittleren Verteilungszustand der Teilsysteme kennzeichnet. Bei hinreichender Kleinheit von dt und entsprechender Größe der „Beobachtungsdauer“ $t_m - t_0$ werden die Zeitmittelwerte (70) und (71) offenbar merklich unabhängig von diesen beiden Zeitmaßen ausfallen. $\bar{\varphi}$ ist nach (70) für jede beliebige Phasenfunktion φ berechenbar, falls die mittleren Teilsystemanzahlen (71) als bekannt angesehen werden dürfen.

33. Statistische Äquivalenz von Zeitgesamtheit und Raumgesamtheit. Aus dem zufallsgesetzlichen Charakter der unmechanischen Übergangsprozesse (Ziff. 22, 29), welche die Änderung einer Zustandsverteilung früher oder später herbeiführen, ergibt sich zwangläufig, daß die Vorausberechnung eines konkreten Zeitablaufes der Modellvorgänge grundsätzlich unausführbar ist. Betrachtet man jedoch eine sehr große Anzahl möglicher zeitlicher Aufeinanderfolgen von Zustandsverteilungen, so gelingt es auf Grund der bisherigen Häufigkeitsansätze (Ziff. 28, 29, 30), wenigstens das wahrscheinliche zeitgemittelte

Verhalten des Modells, also die wahrscheinlichen mittleren Teilsystemanzahlen (71) abzuleiten. Indem man wieder von einer beliebigen, aber bestimmten Anfangsverteilung Z_0 ausgeht, kann man nämlich die Frage stellen, mit welcher relativen Häufigkeit das Auftreten einer bestimmten, beliebigen anderen Zustandsverteilung Z_1 als Folge beliebiger unmechanischer Übergangsprozesse nach Ablauf von dt zu erwarten ist, wobei natürlich an den Bedingungen (65) und (66) von Ziff. 31 festgehalten werden muß. Diese Relativhäufigkeit ist ebenso berechenbar wie jene dafür, daß nach Ablauf von m Zeitstrecken dt gerade die m Zustandsverteilungen $Z_1, Z_2, \ldots, Z_m$ aufeinandergefolgt sind. In dieser Reihe von Zustandsverteilungen wird etwa die l-te Zelle des μ-Raumes eine ganz bestimmte Anzahl von Malen die Anzahl $N_l^{(1,2,\ldots,m)}$ von Teilsystem-Phasenpunkten enthalten haben. Man kann nun weiterfragen nach der Relativhäufigkeit, mit der $N_l^{(1,2,\ldots,m)}$ Teilsysteme in der l-ten Zelle während einer Aufeinanderfolge von m mit (65) und (66) verträglichen, im übrigen aber ganz beliebigen Zustandsverteilungen, welche aus Z_0 hervorgegangen sind, vorkommen können. Auch diese Relativhäufigkeit ist ermittelbar und hängt verständlicherweise von $N_l^{(1,2,\ldots,m)}$, N, E, Z_0 und m, ferner den Zellenwerten für Energie und „Gewicht" der Teilsysteme sowie von den „Übergangswahrscheinlichkeiten" (61a), (61b) (Ziff. 30) ab. Für sehr große Werte von N, E und m besitzt sie an einer im allgemeinen unganzzahligen Stelle $N_l^{(1,2,\ldots,m)} = N_l$ ein beliebig steil zu erhaltendes Maximum, von dessen Umgebung dann mit beliebig weitgehender Genauigkeit abgesehen werden kann. N_l wird in der Grenze von Z_0 und den „Übergangswahrscheinlichkeiten" unabhängig und entspricht offenbar der gesuchten wahrscheinlichen zeitgemittelten Teilsystemanzahl für die l-te Phasenraumzelle.

Die Unabhängigkeit der N_l von den „Übergangswahrscheinlichkeiten" lehrt, daß man diese Verteilungszahlen auch auf wesentlich einfacherem Wege bestimmen können muß. Wie Rechnung und Überlegung zeigen, kann man hierzu die sog. Raumgesamtheit benutzen. Sie wird erhalten, wenn man eine sehr große Anzahl M voneinander unabhängiger Modelle von der gleichen Beschaffenheit und der gleichen Teilsystemanzahl N zugrunde legt und die Folge der Zustandsverteilungen betrachtet, welche an ihnen während des gleichen, an sich aber beliebigen Zeitpunktes auftreten. Mittelt man die Anzahl der Teilsystem-Phasenpunkte für die l-te μ-Zelle über diese Folge von Zustandsverteilungen, so wird der wahrscheinliche Mittelwert für sehr große M identisch mit N_l und ist gegeben durch

$$N_l = \frac{\sum\limits_{L=1}^{L^*} R(Z_L) \cdot N_{L,l}}{\sum\limits_{L=1}^{L^*} R(Z_L)}; \tag{72}$$

hierin bedeutet $R(Z_L)$ die Gesamtzahl (67) der Realisierungsmöglichkeiten von Z_L und zugleich die Relativhäufigkeit, mit der Z_L für sehr große M in der Raumgesamtheit vorkommt, L^* hingegen wie in Ziff. 32 die Anzahl aller jener Zustandsverteilungen Z_L, welche den Bedingungen (65) und (66) für die Unveränderlichkeit von Gesamtzahl und Energiesumme der Teilsysteme genügen. Für das wahrscheinliche zeitgemittelte Verhalten des quasimechanischen Modells wird der „Raummittelwert" (72) demnach mit dem für sehr große m genommenen Zeitmittelwert (71) identisch; für Zeitstrecken, welche sehr zahlreiche „schnelle" Quasiperioden der Modellbewegung (Ziff. 17) umfassen, liefert dies

$$\tau_L = \text{const} \cdot R(Z_L),$$

eine Beziehung, welche die Proportionalität der wahrscheinlichen mittleren Realisierungsdauer einer beliebigen Zustandsverteilung Z_L mit der Anzahl (67) (Ziff. 31) ihrer Realisierungsmöglichkeiten ausspricht und damit den einfachsten formelmäßigen Ausdruck für die hier benutzte statistische Äquivalenz von Zeit- und Raumgesamtheit angibt. Eine weitere allgemeine Beziehung dieser Art findet man, wenn man die gegenseitige statistische Unabhängigkeit der Teilsysteme in Rücksicht zieht, deren Verwertung erst die oben geschilderte Untersuchung des wahrscheinlichen mittleren zeitlichen Verhaltens der quasimechanischen Modelle möglich gemacht hat. Auf Grund dieser gegenseitigen statistischen Gleichwertigkeit der Teilsysteme ist es offenbar sinnvoll, die allgemeine phasenräumlich-zeitliche Mittelwertformel (70), angewendet auf das wahrscheinliche mittlere Verhalten des warmen Körpers, als eine über die Bewegung eines einzigen von seinen Teilsystemen ausgeführte zeitliche Mittelbildung aufzufassen. Bezeichnet man die wahrscheinliche mittlere Aufenthaltsdauer eines Teilsystems während der Zeiteinheit in der l-ten Zelle seines Phasenraumes mit t_l, so ergibt sich an Stelle von (70)

$$\overline{\overline{\varphi}} = \sum_{l=1}^{\infty} t_l \cdot \varphi_l \tag{70a}$$

und man erkennt, daß

$$(l = 1, 2, \ldots) \qquad N_l = N \cdot t_l \tag{72a}$$

wird. Die von der Raumgesamtheit gelieferte mittlere Teilsystemanzahl (72) für die l-te Phasenraumzelle ist also der wahrscheinlichen mittleren Aufenthaltsdauer des einzelnen Teilsystems in dieser Zelle proportional.

Wie man durch Übertragung der vorstehenden Betrachtungen auf das geometrische Abbild des untersuchten quasimechanischen Modells im Γ-Phasenraum (Ziff. 6) zeigen kann, entspricht die hier benutzte Äquivalenz von Zeitgesamtheit und Raumgesamtheit der bei den quasiergodischen mechanischen Modellen (Ziff. 9, 16ff.) postulierten Ersetzbarkeit der Zeitmittelwerte durch (phasenräumliche) Energieflächenmittelwerte; während aber letztere als exakt vorausgesetzt werden mußte, findet erstere bloß asymptotisch für große Werte von N und E statt. Durch beide Verfahren wird erreicht, alle in Betracht kommenden makroskopisch beobachtbaren Mittelwerte [(14) bzw. (70)] als bloße Funktionen von E und den a^* zu erhalten, wie es nach Ziff. 11 und 22 für die makroskopische Wärmelehre unerläßlich ist.

34. Boltzmannsche Verteilung. Methode der Verteilungsfunktionen. Die Folge $N_1, N_2, \ldots, N_l, \ldots$ der durch (72) bestimmten wahrscheinlichen Werte der zeitgemittelten Teilsystemanzahlen pro μ-Raumzelle wird im folgenden als Boltzmannsche Verteilung der quasimechanischen Modelle benannt. Sie kennzeichnet einen mittleren quasistationären Modellzustand, welchem als makroskopisches Äquivalent offensichtlich der thermodynamische Gleichgewichtszustand warmer Körper zuzuordnen ist. Der genauere Nachweis hierfür (Ziff. 37ff.) erfordert die Auswertung von (72), welche durch Benutzung gewisser mathematischer Kunstgriffe sehr erleichtert werden kann. Als Verteilungsfunktion der Teilsysteme wird im folgenden die mittels der Zellenwerte für Energie und Gewicht (Ziff. 30) definierte, von der Willkürlichkeit der dem Phasenraum zugrundeliegenden Koordinatenwahl unabhängige Funktion

$$f(\zeta) = \sum_{l=1}^{\infty} G_l \cdot \zeta^{E_l} \tag{73}$$

der komplexen Veränderlichen ζ bezeichnet, deren Konvergenz vorausgesetzt werden darf (Ziff. 66); ferner als Verteilungsfunktion des warmen Körpers das Produkt der Verteilungsfunktion aller seiner Teilsysteme:

$$F(\zeta) = [f(\zeta)]^N. \tag{74}$$

Da die E_l im Gegensatz zu den G_l (Ziff. 28) gemäß (22) bzw. (58) mit den makroskopischen Parametern a^* veränderlich sind, hängen die Verteilungsfunktionen ebenfalls von den a^* ab, was im Bedarfsfalle (Ziff. 38ff.) durch die Schreibweise $f(\zeta, a^*)$ bzw. $F(\zeta, a^*)$ zum Ausdruck gebracht werden soll. Denkt man sich die Folge der Zellenenergiewerte $E_1, E_2, \ldots, E_l, \ldots$ durch rationale Zahlen beliebig weitgehend approximiert, so ist leicht einzusehen, daß der Koeffizient von ζ^{E} in der Potenzentwicklung von (74) wegen der Energiebedingung (66) gleich der im Nenner von (72) auftretenden Summe

$$R^* = \sum_{L=1}^{L^*} R(Z_L) \tag{75}$$

ist. Die CAUCHYschen Integralformeln ergeben daher

$$R^* = \frac{1}{2\pi i} \int_\gamma \frac{d\zeta}{\zeta^{\mathsf{E}+1}} [f(\zeta)]^N, \tag{76}$$

wobei die Integration in der komplexen Zahlenebene längs eines Kreises vom Radius $|\gamma| < 1$ erfolgt. Durch Vermittlung der Doppelsumme

$$R^* \cdot \mathsf{E} = \sum_{L=1}^{L^*} R(Z_L) \cdot \sum_{l=1}^{\infty} N_{L,l} \cdot E_l, \tag{66a}$$

welche ersichtlich mit dem Koeffizienten von ζ^{E} in

$$\zeta \frac{d}{d\zeta} [f(\zeta)]^N$$

übereinstimmt, ergibt sich auf dem gleichen Wege

$$R^* \cdot \mathsf{E} = \frac{1}{2\pi i} \int_\gamma \frac{d\zeta}{\zeta^{\mathsf{E}+1}} \zeta \frac{d}{d\zeta} [f(\zeta)]^N. \tag{77}$$

Für die BOLTZMANNsche Verteilung endlich erhält man auf Grund von (72) als Koeffizienten von $\zeta^{\mathsf{E}-E_l}$ in der Potenzentwicklung von

$$N \cdot [f(\zeta)]^{N-1}$$

den Integralausdruck

$$R^* \cdot N_l = N \frac{1}{2\pi i} \int_\gamma \frac{d\zeta}{\zeta^{\mathsf{E}+1}} G_l \cdot \zeta^{E_l} \cdot [f(\zeta)]^{N-1}. \tag{78}$$

Integrale von der Form (76), (77), (78) lassen im Falle sehr großer N und E asymptotische Entwicklungen zu, die eine Zurückführung von (77) und (78) auf (76) ermöglichen. Die Schlußweise ist dabei etwa die folgende[1]): Die Integranden aller dieser Integrale werden auf der reellen positiven Halbachse für $\zeta = 0$ und $\zeta = 1$ unendlich und besitzen an einer einzigen dazwischenliegenden Stelle $\zeta = \vartheta$ ein Minimum. Führt man den Kreis γ gerade durch $\zeta = \vartheta$ hindurch, so findet man, daß unter allen Werten dieser Integranden längs des Umfanges von γ jene, welche dem auf der positiven reellen Halbachse liegenden Punkte entsprechen, desto steilere Maxima sind, je größer N und E gewählt werden.

[1]) C. G. DARWIN u. R. H. FOWLER, Phil. Mag. Bd. 44, S. 450. 1922; A. SMEKAL, Allgemeine Grundlagen der Quantenstatistik und Quantentheorie, Nr. 5a, Anm. 95. Leipzig: Teubner 1926.

Man kann also die Integrale durch die Werte ihrer Integranden an der reellen Stelle $\zeta = \vartheta$ ersetzen und zur Bestimmung von ϑ von jenen Faktoren absehen, welche keine durch die Größe von N und E bedingten steilen Maxima besitzen. Von solchen Faktoren abgesehen, lautet die gemeinsame Minimumbedingung der Integranden in (76), (77), (78)

$$\frac{d}{d\zeta}\left(\zeta^{-\mathsf{E}}[f(\zeta)]^N\right) = 0. \tag{79}$$

Wenn ϑ also ihre einzige reelle Lösung bedeutet $(0 < \vartheta < 1)$, ergeben (79) und (77) übereinstimmend

$$\mathsf{E} = N \cdot \vartheta \frac{d \log f(\vartheta)}{d\vartheta} = \vartheta \frac{d \log F(\vartheta)}{d\vartheta}. \tag{80}$$

Aus (78) folgt jetzt für die BOLTZMANNsche Verteilung

$$N_l = N \frac{G_l \vartheta^{E_l}}{\sum\limits_{l=1}^{\infty} G_l \vartheta^{E_l}} = N \frac{G_l \vartheta^{E_l}}{f(\vartheta)}, \tag{81}$$

wodurch gleichzeitig nach (70) auch alle Mittelwerte von Teilsystem-Phasenfunktionen φ bestimmt sind. Setzt man für φ die Teilsystemenergie $E(q_k, p_k, a^*)$, so wird in Übereinstimmung mit (80)

$$\overline{\overline{E}} = \frac{\mathsf{E}}{N} = \frac{\sum\limits_{l=1}^{\infty} G_l \cdot E_l \vartheta^{E_l}}{f(\vartheta)} = \vartheta \cdot \frac{d \log f(\vartheta)}{d\vartheta}.$$

35. BOLTZMANNsche Verteilung und wahrscheinlichste Zustandsverteilung. Die Unabhängigkeit der BOLTZMANNschen Verteilung von den „Übergangswahrscheinlichkeiten" (Ziff. 33) ist nur verständlich, wenn praktisch die Relativhäufigkeit einer einzigen Zustandsverteilung Z_{MB} — „MAXWELL-BOLTZMANNsche Zustandsverteilung" — für sie maßgebend ist, indem sie sowohl in der Zeitgesamtheit als auch in der Raumgesamtheit die Relativhäufigkeiten aller übrigen Zustandsverteilungen für große N und E um Größenordnungen übertrifft. In diesem Falle wird aus (75)

$$R^* \sim R(Z_{MB}), \tag{82}$$

und man erkennt nach (72), daß die „wahrscheinlichste" Zustandsverteilung Z_{MB} mit der BOLTZMANNschen Verteilung praktisch übereinstimmen muß. Der damit gekennzeichnete Weg zur Aufsuchung der BOLTZMANNschen Verteilung entbehrt naturgemäß der Strenge, ist aber von besonderer Anschaulichkeit und Einfachheit.

Um jene Zustandsverteilung aufzufinden, welche $R(Z_L)$ (67) mit Berücksichtigung der Nebenbedingungen (65) und (66)

$$\sum_{l=1}^{\infty} N_{L,l} = N, \qquad \sum_{l=1}^{\infty} N_{L,l} \cdot E_l = \mathsf{E}$$

zu einem Maximum macht, bildet man mittels zweier willkürlicher LAGRANGEscher Multiplikatoren ϱ und $-\vartheta_1$ den Ausdruck

$$\log R(Z_L) + \varrho \cdot N - \vartheta_1 \cdot \mathsf{E}$$

und hat nun dessen Änderungen für beliebige Änderungen der $N_{L,l}$ gleich Null zu setzen:

$$\delta[\log R(Z_L) + \varrho \cdot N - \vartheta_1 \cdot \mathsf{E}] = 0. \tag{83}$$

Die allerdings bloß für sehr große $N_{L,l}$ legitim anwendbare, asymptotisch geltende STIRLINGsche Formel

$$n! \sim n^n \cdot e^{-n} \tag{84}$$

ergibt für (67)

$$\log R(Z_L) = N \cdot \log N - N + \sum_{l=1}^{\infty} \left(N_{L,l} \cdot \log \frac{G_l}{N_{L,l}} + N_{L,l} \right);$$

führt man dies und die beiden Nebenbedingungen in (83) ein, so erhält man

$$N_{MB,l} = N \frac{G_l \cdot e^{-\vartheta_1 E_l}}{\sum\limits_{l=1}^{\infty} G_l \cdot e^{-\vartheta_1 E_l}}, \tag{85}$$

wobei der Lagrangefaktor $-\vartheta_1$ durch die Energie-Nebenbedingung bestimmt ist. Wie der Vergleich mit der BOLTZMANNschen Verteilung (81) dartut, hat man tatsächlich volle Übereinstimmung, sobald man die neueingeführten Größen ϑ und ϑ_1 durch

$$\vartheta = e^{-\vartheta_1} \tag{86}$$

aufeinander bezogen hat.

36. Stationaritätsbedingung und Übergangswahrscheinlichkeiten. Da die BOLTZMANNsche Verteilung durch Zeitmittelwerte von Teilsystemanzahlen gekennzeichnet ist, müssen die mittleren zeitlichen Änderungen dieser Mittelwerte verschwinden. Nach der Definition der „Übergangswahrscheinlichkeiten" (Ziff. 29) ergibt dies etwa für die Zelle n'

$$\sum_{n''} \left(N_{n'} \overline{\overline{C}}{}_{n'}^{n''} - N_{n''} \overline{\overline{C}}{}_{n''}^{n'} \right) \cdot dt = 0, \qquad (n' = 1, 2, \ldots) \tag{87}$$

worin die Größen $\overline{\overline{C}}$ die Mittelwerte (70) der „Übergangswahrscheinlichkeiten" (61a), (61b) darstellen.

Die Frage, inwieweit die Stationaritätsbedingungen (87) auf einfachere Beziehungen zurückzuführen sind, ist auf rein statistischem Wege unbeantwortbar und kann nur aus besonderen Eigenschaften der Teilsysteme heraus entschieden werden. Wie sowohl die modernen Molekulartheorien (Quantentheorie) als auch die Erfahrung gelehrt haben, kann bei echtem Wärmegleichgewicht für jedes beliebige Zellenpaar n', n'' gesondert eine „elementare" Stationaritätsbedingung in der Form

$$N_{n'} \cdot \overline{\overline{C}}{}_{n'}^{n''} = N_{n''} \cdot \overline{\overline{C}}{}_{n''}^{n'} \tag{88}$$

geschrieben werden. Mit Benutzung der BOLTZMANNschen Verteilung (81) führt dies zu der allgemeinen Beziehung

$$\overline{\overline{C}}{}_{n'}^{n''} : \overline{\overline{C}}{}_{n''}^{n'} = \frac{G_{n''}}{G_{n'}} \cdot \vartheta^{E_{n''} - E_{n'}}, \tag{89}$$

welcher das Mittelwertverhältnis solcher Übergangswahrscheinlichkeiten für jeden elementaren Übergangsprozeß und Gegenprozeß zu genügen hat. — Ein zweiter Typus von „elementaren" Stationaritätsbedingungen verknüpft mindestens drei verschiedene μ-Zelleninhalte untereinander *zyklisch* und ist von der allgemeinen Gestalt

$$N_a \cdot \overline{\overline{C}}{}_a^b = N_b \cdot \overline{\overline{C}}{}_b^c = N_c \cdot \overline{\overline{C}}{}_c^a; \tag{90}$$

soviel bekannt, ist er ausschließlich für stationäre thermische *Nichtgleich*gewichtszustände von Bedeutung.

37. Erster Hauptsatz. Thermodynamisches Gleichgewicht und empirische Temperatur. Die bisherigen Betrachtungen über die BOLTZMANNsche Verteilung leiden formal noch unter dem Mangel, daß der warme Körper als gegen seine Umgebung energetisch völlig isoliert angesehen worden ist, was sich nur mit einer gewissen Annäherung (Ziff. 3) verwirklichen läßt. Zur Beseitigung dieser Einschränkung möge im folgenden die energetische Wechselwirkung einer willkürlichen Anzahl thermischer Systeme, materieller Körper in beliebigen Aggregatzuständen und Hohlraumstrahlung (Ziff. 3, Abschnitt VI), vertreten durch ihre quasimechanischen Modelle $A, B, C, \ldots$ untersucht werden. Nach Einführung der für die Wechselwirkungen verschieden beschaffener Teilsysteme erforderlichen „Übergangswahrscheinlichkeiten" (Ziff. 29) erkennt man leicht, daß alle zur Begründung und Auswertung der BOLTZMANNschen Verteilung notwendigen Schritte auch jetzt noch in der gleichen Weise wie beim isolierten Einzelmodell ausführbar sind. Als einziger Unterschied kommt in Betracht, daß die Verteilungsfunktion $F(\xi)$ des isolierten warmen Körpers nunmehr durch das Produkt Π der Verteilungsfunktionen aller beteiligten warmen Körper zu ersetzen ist:

$$\Pi(\zeta) \equiv F_A(\zeta) \cdot F_B(\zeta) \cdot F_C(\zeta) \ldots, \tag{91}$$

was zugleich auch einer sinngemäßen Verallgemeinerung des Zusammenhanges (74) zwischen den Verteilungsfunktionen von Teilsystem und Gesamtmodell auf ein umfassenderes System mit verschiedenartigen Teilsystemen entspricht. Für die zu (75) analoge Summe R^* der Realisierungsmöglichkeiten sämtlicher Zustandsverteilungen, welche die betrachtete Körpermenge bei vorgegebener Energiesumme E anzunehmen vermag, ergibt (76)

$$R^* = \frac{1}{2\pi i}\int_\gamma \frac{d\zeta}{\zeta^{\mathsf{E}+1}} \cdot \Pi(\zeta). \tag{92}$$

Maßgebend für die asymptotische Entwicklung dieses und aller ähnlich gebauten komplexen Integrale (Ziff. 34) ist die einzige Wurzel $\zeta = \vartheta$ $(0 < \vartheta < 1)$ der Bedingungsgleichung

$$\frac{d}{d\zeta}[\zeta^{-\mathsf{E}} \cdot \Pi(\zeta)] = \frac{d}{d\zeta}[\zeta^{-\mathsf{E}} \cdot F_A(\zeta) \cdot F_B(\zeta) \cdot F_C(\zeta) \ldots] = 0.$$

Die Gesamtenergie E des Körpergebildes wird dadurch ausgedrückt in der Form

$$\mathsf{E} = \vartheta\frac{d\log\Pi(\vartheta)}{d\vartheta} = \vartheta\frac{d\log F_A(\vartheta)}{d\vartheta} + \vartheta\frac{d\log F_B(\vartheta)}{d\vartheta} + \vartheta\frac{d\log F_C(\vartheta)}{d\vartheta} + \cdots, \tag{93}$$

eine Beziehung, deren naher Zusammenhang mit (80) unmittelbar kenntlich ist. Die einzelnen Summanden dieses Ausdruckes gehören ersichtlich bloß je einem von den energieaustauschenden warmen Körpern an, und jeder Summand entspricht dem zeitlichen Mittelwert E_A, E_B, $\mathsf{E}_C, \ldots$ des auf den betreffenden Körper entfallenden Energieinhaltes

$$\mathsf{E}_A = \vartheta\frac{d\log F_A(\vartheta)}{d\vartheta}, \quad \mathsf{E}_B = \vartheta\frac{d\log F_B(\vartheta)}{d\vartheta}, \quad \mathsf{E}_C = \vartheta\frac{d\log F_C(\vartheta)}{d\vartheta}, \quad \ldots, \tag{94}$$

wovon man sich auch direkt durch Auswertung eines zu (77) und (92) analog gebauten komplexen Integrales überzeugen kann. Die Beziehung (93) bedeutet daher nichts anderes als die statistische Form des ersten Hauptsatzes der Thermodynamik

$$\mathsf{E} = \mathsf{E}_A + \mathsf{E}_B + \mathsf{E}_C + \cdots, \tag{95}$$

wobei sie, allerdings von der makroskopischen Theorie abweichend, die Konstanz der Summe aller mittleren Energieinhalte der beteiligten warmen Körper ausspricht. Für die BOLTZMANNsche Verteilung jedes einzelnen Teilnehmers erhält man mittels ähnlich gebauter Integrale wie (78) und (92) in leicht verständlicher Bezeichnungsweise

$$N_{l_1}^{(A)} = N^{(A)} \frac{G_{l_1}^{(A)} \cdot \vartheta^{E_{l_1}^{(A)}}}{f_A(\vartheta)}; \quad N_{l_2}^{(B)} = \cdots; \quad N_{l_3}^{(C)} = \cdots; \quad \cdots; \tag{96}$$

was mit (81) (Ziff. 34) völlig übereinstimmt.

Über den ersten Hauptsatz in der Form (95) hinausgehend, besagt (93) weiterhin, daß der als BOLTZMANNsche Verteilung bezeichnete mittlere Verteilungszustand durch eine einzige, jetzt allen am „Wärmeaustausch" beteiligten warmen Körpern gemeinsame Größe ϑ bestimmt ist. ϑ besitzt somit die Eigenschaften einer Zustandsgröße, welche man in der makroskopischen Thermodynamik als empirische Temperatur zu bezeichnen hätte. Mit dem Nachweis der Existenz einer solchen statistischen Zustandsgröße ist sichergestellt, daß die zugrunde liegenden quasimechanischen Modelle warmer Körper tatsächlich also solche brauchbar sind und daß der BOLTZMANNsche Verteilungszustand als Zustand thermodynamischen Gleichgewichtes angesprochen werden darf. Wie aus (80) zu ersehen ist, hängt die statistisch definierte empirische Temperatur ϑ des isolierten warmen Körpers von seinem gesamten Energieinhalt E, ferner durch Vermittlung der Teilsystem-Energiewerte E_l in den Verteilungsfunktionen (73) auch von den makroskopischen Parametern a^* ab; ϑ ist demnach genau wie jede analoge Zustandsgröße in der makroskopischen Thermodynamik eine Funktion seiner inneren Energie E und, falls man von der Mitwirkung weiterer Parameter absehen kann, seines Volumens V.

38. Statistische Form des zweiten Hauptsatzes für reversible Prozesse. Absolute Temperatur. Die Klarstellung der statistischen Bedeutung des Temperaturbegriffes kann erst als abgeschlossen gelten, wenn gezeigt wird, daß einer ganz bestimmten Funktion der statistischen empirischen Temperatur ϑ Eigenschaften zukommen, wie sie in der makroskopischen Thermodynamik die absolute Temperatur T als integrierender Nenner des Differentialausdruckes ϑQ der reversibel „zugeführten Wärme" (Ziff. 3, 12) besitzt. Zur Untersuchung der Integrabilität dieses Ausdruckes (Ziff. 11) hat man zunächst die den äußeren makroskopischen Kräften A^* entsprechenden Zeitmittelwerte für quasimechanische Modelle zu ermitteln. Wendet man (22) und (23) auf die Teilsysteme an, so ergibt die allgemeine Mittelwertformel (70) zusammen mit der BOLTZMANNschen Verteilung (81) für das Gesamtmodell

$$A^* = N \cdot \frac{\sum_{l=1}^{\infty} G_l \frac{\partial E_l}{\partial a^*} \cdot \vartheta^{E_l}}{f(\vartheta)}.$$

Für die Vereinfachung dieses Ausdruckes wie für die zu erweisende Integrabilität von δQ ist es von wesentlicher Bedeutung, daß die „Gewichte" G_l nach (59) parameterinvariant sind und daß somit notwendig

$$(l = 1, 2, \ldots) \qquad \frac{\partial G_l}{\partial a^*} = 0$$

ist; bei Berücksichtigung dieses Umstandes läßt sich A^* offenbar in der allgemeinen Form

$$A^* = \frac{1}{\log \frac{1}{\vartheta}} \cdot \frac{\partial \log F(\vartheta, a^*)}{\partial a^*} \tag{97}$$

schreiben, wo die hier maßgebende, durch (22) vermittelte Abhängigkeit der Verteilungsfunktionen von den Parametern a^* explizite zum Ausdruck gebracht ist. In der gleichen Bezeichnungsweise erhält man nach (80) für den Energieinhalt

$$\mathsf{E} = \vartheta \frac{\partial \log F(\vartheta, a^*)}{\partial \vartheta}. \tag{98}$$

Durch Einführung von (97) und (98) in den Ausdruck (19) für δQ und entsprechende Vereinfachung ergibt sich

$$\delta Q = \frac{1}{\log \frac{1}{\vartheta}} \cdot d\left[\log F(\vartheta, a^*) + \log \frac{1}{\vartheta} \cdot \vartheta \cdot \frac{\partial \log F(\vartheta, a^*)}{\partial \vartheta}\right].$$

og $1/\vartheta$ ist also ein integrierender Faktor von δQ, und zwar offenbar der einzige, der von ϑ allein abhängig ist. Man findet daher

$$\log \frac{1}{\vartheta} \cdot \delta Q = d\left[\log F(\vartheta, a^*) + \log \frac{1}{\vartheta} \cdot \mathsf{E}\right]. \tag{99}$$

Der Vergleich mit (27) lehrt, daß die Einführung einer statistisch definierten „absoluten“ Temperatur T tatsächlich möglich ist und

$$\frac{1}{\log \frac{1}{\vartheta}} = k \cdot T; \qquad \vartheta = e^{-\frac{1}{kT}} \tag{100}$$

gesetzt werden muß, wo k eine erst später (Ziff. 48) zu ermittelnde universelle Konstante bedeutet. Aus (27) und (100) sowie (98) folgt weiterhin, daß die Entropie S des warmen Körpers durch

$$S = k \cdot \log F(T, a^*) + \frac{\mathsf{E}}{T} + S_0 \tag{101}$$

gegeben ist; wegen (100) erscheinen die Verteilungsfunktionen (73), (74) hierbei in der Form

$$f(T, a^*) = \sum_{l=1}^{\infty} G_l \cdot e^{-\frac{E_l}{kT}}; \quad F(T, a^*) = [f(T, a^*)]^N. \tag{102}$$

Da die Gewichtswerte G_l sämtlich einem willkürlichen Gewichtsfaktor g (Ziff. 28) proportional sind, muß auch $f(T, a^*)$ diesen Faktor enthalten; neben der willkürlichen Integrationskonstante S_0 wird somit in dem allgemeinen statistischen Entropieausdruck (101) ein weiteres willkürliches Glied von der Form $N \cdot \log g$ auftreten, welches auf thermodynamisch-statistischem Wege ebensowenig bestimmt werden kann wie S_0.

39. Statistische Zustandsfunktionen. Die vorstehenden Ergebnisse lehren, daß äußere Kraft (97), Energieinhalt (98) und Entropie (101) für beliebige quasimechanische Modelle warmer Körper auf statistischem Wege definiert werden können und in einfacher Weise mit den Verteilungsfunktionen (102) zusammenhängen. Bezeichnet man die PLANCKsche charakteristische Funktion der Zustandsveränderlichen T und a^* mit $\Psi(T, a^*)$, so liefert die makroskopische Thermodynamik für jene Zustandsfunktionen die Beziehungen

$$A^* = T \cdot \frac{\partial \Psi}{\partial a^*}, \quad \mathsf{E} = T^2 \cdot \frac{\partial \Psi}{\partial T}, \quad S = \Psi + T \cdot \frac{\partial \Psi}{\partial T}, \tag{103}$$

wobei Ψ mit der freien Energie F durch

$$F = -T \cdot \Psi \tag{103a}$$

verknüpft ist. Mit Rücksicht auf (100) ergibt der Vergleich von (97), (98) und (101) mit (103), daß die charakteristische Funktion bis auf den konstanten Faktor k und die willkürliche additive Entropiekonstante S_0 mit dem natürlichen Logarithmus der Verteilungsfunktion des quasimechanischen Modelles übereinstimmt:

$$\Psi(T, a^*) = k \cdot \log F(T, a^*) + S_0 \,. \tag{104}$$

Da jede beliebige thermodynamische Größe auf Grund von $\Psi(T, a^*)$ oder (103a) berechenbar ist, erscheinen die makroskopischen und die statistischen Zustandsfunktionen durch die Beziehung (104) in besonders einfacher und allgemeiner Weise aufeinander zurückgeführt.

Alle diese Beziehungen bleiben ersichtlich in Geltung, wenn man an Stelle eines isolierten warmen Körpers eine beliebige Anzahl solcher Körper betrachtet, welche sich untereinander im Wärmeaustausch befinden. Ersetzt man $F(T, a^*)$ gemäß Ziff. 38 durch das Produkt $\Pi(T, a^*)$ ihrer Verteilungsfunktionen, so erhält man für die charakteristische Funktion des Körpersystems statt (104)

$$\Psi_{A, B, C, \ldots}(T, a^*) = k \cdot \log \Pi(T, a^*) + \Psi_0^{(A, B, C, \ldots)}.$$

Substitution von (91) ergibt

$$\Psi_{A, B, C, \ldots} = \Psi_A + \Psi_B + \Psi_C + \cdots, \tag{105}$$

wo jeder einzelne Summand von der Form (104) ist. Durch die Beziehung (105) wird die für das thermodynamische Gleichgewicht charakteristische Additivität aller Zustandsfunktionen auch auf statistischem Wege sichergestellt.

40. BOLTZMANNsches Prinzip. Während die bisherigen statistischen Betrachtungen zum zweiten Hauptsatz (Ziff. 38) ausschließlich auf die Benutzung der Verteilungsfunktionen (Ziff. 34) gegründet waren, ist eine weniger strenge, aber übersichtliche Behandlung auch im Anschluß an die „wahrscheinlichste" MAXWELL-BOLTZMANNsche Zustandsverteilung Z_{MB} der warmen Körper (Ziff. 35) möglich. Wendet man die allgemeine Beziehung (83), welcher die Zustandsverteilung Z_{MB} maximaler Anzahl der Realisierungsmöglichkeiten $R(Z_L)$ (67) genügt, auf solche Änderungen $\delta N_{L,l}$ an, welche einer infinitesimalen Energieänderung dE und einer umkehrbaren, unendlich langsam ausgeführten Arbeitsleistung $\sum A^* \cdot da^*$ entsprechen, so erhält man

$$d \log R(Z_{MB}) = d(-\varrho \cdot N_1 + \vartheta_1 \cdot \mathsf{E}),$$

wofür die MAXWELL-BOLTZMANNsche Zustandsverteilung (85) bei Rücksichtnahme auf (19), (65) und (66) nach kurzer Zwischenrechnung

$$d \log R(Z_{MB}) = \vartheta_1 \cdot \delta Q \tag{106}$$

liefert. ϑ_1 oder $\log 1/\vartheta$ (86) erweist sich demnach auch auf diesem Wege als integrierender Faktor des Differentialausdruckes für die reversibel „zugeführte Wärme" δQ, so daß man nach (27) und (100) durch Integration für die Entropie S den mit (101) gleichwertigen Ausdruck bekommt

$$S = k \cdot \log R(Z_{MB}) + S_0^* \,. \tag{107}$$

Bezeichnet man

$$W \equiv R(Z) \tag{67a}$$

mit PLANCK als „thermodynamische Wahrscheinlichkeit" der Zustandsverteilung Z, so kann man das sog. Boltzmannsche Prinzip

$$S = k \cdot \log W \tag{107a}$$

in der einfachen Form aussprechen, daß die Entropie eines beliebigen statistischen Gebildes, abgesehen von der hier unterdrückten willkürlichen additiven Konstante, dem natürlichen Logarithmus der (thermodynamischen) Wahrscheinlichkeit seines (MAXWELL-BOLTZMANNschen) Verteilungszustandes proportional ist.

Obgleich die Gestalt (107) oder (107a) des BOLTZMANNschen Prinzips durch ähnliche Einfachheit ausgezeichnet ist wie jene der charakteristischen Funktion (104), erscheint sie von geringerer praktischer Bedeutung wegen ihrer expliziten Beziehungslosigkeit zum absoluten Temperaturanalogon der Statistik (100). Allerdings ist dieser Umstand zeitweilig auch als besonderer Vorzug angesehen und zur Grundlage einer Ableitung von (107a) mittels der formalen, a priori jedoch unbeweisbaren Forderung

$$S = f(W)$$

gemacht worden. Wie man sich leicht überzeugt, führt dieser Ansatz dann und nur dann zu (107a), wenn man die Additivität der Teilentropien eines Körpersystems (Ziff. 39) voraussetzt und W wie eine echte, dem Multiplikationstheorem genügende Wahrscheinlichkeitsgröße behandelt; dann ergibt sich nämlich die Funktionalgleichung

$$f(W_1) + f(W_2) = f(W_1 \cdot W_2)$$

für S, deren Lösung tatsächlich von der Form (107a) ist. Wenngleich auch $R(Z)$ (67a) einem Multiplikationstheorem genügt, so ist $R(Z_{MB})$ doch keine echte Wahrscheinlichkeit, womit das angedeutete Verfahren seine Beweiskraft verliert. Ein anderer Mangel desselben liegt darin, daß es für beliebige statistische Systeme mit der Definition eines Entropieausdruckes beginnt, ohne deren thermodynamische Eignung vorher durch Nachweis der Existenz statistischer Temperaturanaloga gesichert zu haben[1]).

Der oben eingeschlagene Weg zur Ableitung des dem BOLTZMANNschen Prinzip zugrunde liegenden Zusammenhanges (107) bietet sich gewissermaßen von selbst dar, genügt aber ebensowenig wie die Betrachtungen der Ziff. 35 den Anforderungen der strengen Theorie der BOLTZMANNschen Verteilung (Ziff. 34). Um von dieser aus zu einer Ableitung von (107) zu gelangen, möge zunächst das komplexe Integral (76) (Ziff. 34) für die Gesamtzahl R^* (75) der Realisierungsmöglichkeiten aller mit den äußeren Bedingungen verträglichen Zustandsverteilungen in der Form

$$R^* = \frac{1}{2\pi i} \int\limits_{\gamma} \frac{d\zeta}{\zeta} \cdot e^{\log [f(\zeta)]^N - \mathsf{E} \cdot \log \zeta} \tag{76a}$$

geschrieben werden. Wie der Vergleich der Exponentialfunktion im Integranden von (76a) mit dem allgemeinen Entropieausdruck (101) (Ziff. 38) des warmen Körpers zeigt, kann an Stelle von (76a) auch

$$R^* = \frac{1}{2\pi i} \int\limits_{\gamma} \frac{d\zeta}{\zeta} \cdot e^{\frac{S - S_0}{k}} \tag{76b}$$

gesetzt werden, wenn unter $S - S_0$ jetzt die Funktion

$$\log [f(\zeta)]^N - \mathsf{E} \cdot \log \zeta$$

der komplexen Veränderlichen ζ verstanden wird. Macht man jetzt $\zeta = \vartheta$, so folgt bei asymptotischer Entwicklung von (76b) nach der Bedeutung von ϑ (Ziff. 34) und wegen

$$\int\limits_{\gamma} \frac{d\zeta}{\zeta} = 2\pi i,$$

[1]) Vgl. dazu M. PLANCK, Wärmestrahlung, §§ 119, 120; A. SMEKAL, Allgemeine Grundlagen der Quantenstatistik und Quantentheorie, Nr. 8b, 27. Leipzig 1926.

daß $S - S_0$ asymptotisch durch

$$S - S_0 = k \log R^* \tag{107b}$$

bestimmt ist, was mit Rücksicht auf (82) (Ziff. 35) der Beziehung (107), wiederum asymptotisch, gleichwertig ist.

41. Zufallsgesetzliche Umkehrbarkeit und makroskopische Irreversibilität. Wenn für eine Anzahl von „elementaren" Übergangsprozessen der Teilsysteme $n' \to n''$ auch die zugehörigen Gegenprozesse $n'' \to n'$ möglich sind (Ziff. 29, 36), wird in der Zeitgesamtheit quasimechanischer Modelle (Ziff. 32) jede Aufeinanderfolge Z_1, Z_2 eines Paares von Zustandsverteilungen prinzipiell ebenso realisiert werden können wie die umgekehrte Aufeinanderfolge Z_2, Z_1. Die quasimechanischen Modelle sind demnach ebenso umkehrbar wie die mechanischen (Ziff. 17). Während aber jeder Bewegungszustand eines mechanischen Modelles innerhalb vorausberechenbarer Zeitdauern mit eindeutiger Bestimmtheit wiederkehrt, ist eine solche Wiederkehr beim quasimechanischen Modell bloß möglich und wahrscheinlich; ebenso wie sie, selbst innerhalb beliebig großer Zeiträume nicht wirklich einzutreffen braucht, kann sie aber auch innerhalb sehr zahlreich aufeinanderfolgender, kürzester Zeitstrecken immer wieder von neuem eintreten.

Wie aus der Ableitung (Ziff. 33) der dem thermischen Gleichgewichtszustand (Ziff. 37) entsprechenden BOLTZMANNschen Verteilung hervorgegangen ist, handelt es sich dabei bloß um eine Bestimmung des wahrscheinlichen zeitgemittelten Modellverhaltens, nicht um eine exakte Vorausberechnung eines tatsächlichen Bewegungsablaufs (Ziff. 32). Die hervorgehobene Umkehrbarkeit der Modellbewegung wird demnach für die makroskopische Wahrnehmung im allgemeinen belanglos sein, wenn die mittlere Realisierungszeit jeder von der zeitlich häufigsten MAXWELL-BOLTZMANNschen Zustandsverteilung Z_{MB} (Ziff. 35, 40) merklich abweichenden Zustandsverteilung klein gegen makroskopische Beobachtungszeiten ausfällt, wie das nach den vorangegangenen Betrachtungen (Ziff. 32ff.) auch tatsächlich zutrifft. Was damit für die Mittelwerte ausgesagt ist, braucht jedoch keineswegs auch für den konkreten Einzelfall Geltung zu haben. Da beliebig lange Realisierungsdauern „abweichender" Zustandsverteilungen nach Vorstehendem grundsätzlich möglich — wenn auch bei sehr großer Teilsystemanzahl N äußerst unwahrscheinlich — sind, muß man bei der Benutzung quasimechanischer Modelle die Folgerung in Kauf nehmen, daß bei isolierten warmen Körpern spontane makroskopisch beobachtbare Abweichungen vom thermodynamischen Gleichgewichtszustande möglich sind. Derartige Abweichungen geringen Grades sind für die thermischen Schwankungserscheinungen (Ziff. 42, s. auch ds. Band, Kapitel 6) maßgebend und können durch sie als bestätigt gelten, während „grobe" Abweichungen vom Wärmegleichgewicht bisher nicht beobachtet worden sind, wie es eben ihrer wahrscheinlichen Seltenheit entspricht.

Ebenso wie der Zustand des Wärmegleichgewichtes durch die BOLTZMANNsche Verteilung ist auch der spontane irreversible, mit einseitiger Entropiezunahme verbundene Übergang eines warmen Körpers aus einem beliebigen makroskopischen Nichtgleichgewichtszustand in den Zustand thermodynamischen Gleichgewichts auf quasimechanisch-statistischem Wege grundsätzlich nur unter Zuhilfenahme wahrscheinlicher Mittelwertgrößen darstellbar. Geht man wie in Ziff. 33 von einer bestimmten, jetzt dem makroskopischen Nichtgleichgewichtszustand entsprechenden Anfangs-Zustandsverteilung Z_0 aus, so kann man den dort geschilderten Rechenvorgang zunächst auf begrenzte Zeitstrecken anwenden und den makroskopischen Übergangsprozeß dadurch wiederzugeben trachten, wobei die Wahl von Z_0 und die verschiedenen „Übergangswahrscheinlichkeiten" der Teilsysteme (Ziff. 29) von bestimmendem Einfluß auf das Ergebnis sind. Daß man für hinreichend lange Zeitdauern zu der von Z_0 und den „Übergangswahrscheinlichkeiten" gänzlich unabhängigen BOLTZMANNschen Verteilung gelangt (Ziff. 33), entspricht jetzt dem Auslaufen jedes beliebigen makroskopischen irreversiblen Prozesses in den Zustand thermodynamischen Gleichgewichtes. Die damit verbundene makroskopische Entropievermehrung wird auf Grund des BOLTZMANNschen Prinzipes (107) unmittelbar anschaulich, wenn man die statistische Entropiedefinition (107) auch für den makroskopischen Nichtgleichgewichtszustand mit der Zustandsverteilung Z_0, sowie für alle übrigen Zwischenzustände des irreversiblen Prozesses aufrechterhält; da offenbar $R(Z_0) \ll R(Z_{MB})$ ist, ergibt (107) in der Tat

$$S(Z_0) < S(Z_{MB}), \tag{108}$$

wie es von der makroskopischen Thermodynamik gefolgert wird.

Um mit dem statistischen Nachweis der Entropievermehrung bei irreversiblen Prozessen auch jenen des dabei eintretenden Temperaturausgleiches verbinden zu können, hat man die Entropiedefinition (101) anzuwenden und ebenfalls für Nichtgleichgewicht festzuhalten. Zwei isolierte, für sich im Wärmegleichgewicht befindliche Körper A und B, deren Entropie, Energie und Temperaturmaß durch S_A, E_A, ϑ_A bzw. S_B, E_B, ϑ_B gegeben sein sollen, mögen miteinander in Wärmeaustausch ermöglichende „Berührung" gebracht werden; nach Ablauf des irreversiblen Wärmeausgleiches soll der Zustand thermischen Gleichgewichts von $A + B$ durch die Größen S_{A+B}, $\mathsf{E}_{A+B} = \mathsf{E}_A + \mathsf{E}_B$, ϑ_{A+B} gekennzeichnet sein. Betrachtet man die in (101) bzw. (99) auftretende Entropie*funktion*

$$\log F(\zeta) - \mathsf{E} \cdot \log \zeta$$

und sucht jenen Wert von ζ, für welchen sie bei vorgegebenem Energieinhalt E ihr (einziges) *Minimum* erreicht, so ergibt sich für ζ die Bestimmungsgleichung

$$\mathsf{E} = \zeta \frac{\partial \log F(\zeta)}{\partial \zeta}$$

oder, wie der Vergleich mit (98) zeigt, $\zeta = \vartheta$; die statistische Entropie*funktion* erreicht demnach für den dem Wärmegleichgewicht entsprechenden Wert des Temperaturmaßes ϑ ihr Minimum[1]). Man hat daher

$$\frac{1}{k}(S_A - S_{0,A}) = \log F_A(\vartheta_A) - \mathsf{E}_A \cdot \log \vartheta_A \leqq \log F_A(\vartheta_{A+B}) - \mathsf{E}_A \cdot \log \vartheta_{A+B},$$

$$\frac{1}{k}(S_B - S_{0,B}) = \log F_E(\vartheta_B) - \mathsf{E}_B \cdot \log \vartheta_B \leqq \log F_B(\vartheta_{A+B}) - \mathsf{E}_B \cdot \log \vartheta_{A+B}$$

ferner nach (101) und Ziff. 39

$$\frac{1}{k}(S_{A+B} - S_{0,A+B}) = \log F_A(\vartheta_{A+B}) + \log F_B(\vartheta_{A+A}) - (\mathsf{E}_A + \mathsf{E}_B) \cdot \log \vartheta_{A+B},$$

woraus in Übereinstimmung mit der makroskopischen Thermodynamik folgt

$$S_A - S_{0,A} + S_B - S_{0,B} \leqq S_{A+B} - S_{0,A+B}; \tag{109}$$

[1]) Diese Eigenschaft der Entropie*funktion* liegt natürlich bereits der asymptotischen Auswertung des komplexen Integrals (76) (Ziff. 34) bzw. (76a) (Ziff. 40) zugrunde, wie aus dessen Form (76b) (Ziff. 40) und der Minimumbedingung (79) (Ziff. 34) entnommen werden kann. Innerhalb der makroskopischen Thermodynamik ist diese Eigenschaft geradezu trivial, wie man aus den beiden letzten Beziehungen (103) (Ziff. 39) erkennt, so daß der obige Beweis für den Temperaturausgleich keine eigentlich statistischen Momente beinhaltet.

wie man sich überdies leicht überzeugt, ist entweder $\vartheta_A \leqq \vartheta_{A+B} \leqq \vartheta_B$ oder $\vartheta_A \geqq \vartheta_{A+B} \geqq \vartheta_B$, was dem gleichzeitig mit dem Wärmeausgleich eingetretenen Temperaturausgleich gleichkommt.

42. Statistische Schwankungsvorgänge. Kanonische Verteilung. Die grundsätzliche Umkehrbarkeit auch der quasimechanischen Modelle (Ziff. 41) bewirkt Schwankungsvorgänge um den Mittelzustand der BOLTZMANNschen Verteilung, deren wahrscheinliche Zeitmittelwerte nach der gleichen Methode ausgewertet werden können wie die BOLTZMANNsche Verteilung selbst (Ziff. 34).

Betrachtet man zunächst einen isolierten warmen Körper mit vorgegebenem konstanten Energieinhalt E, so kann man nach dem mittleren Schwankungsquadrat

$$\overline{\overline{(N_{L,l} - N_l)^2}} = \overline{\overline{N_{L,l}^2}} - N_l^2$$

seiner Molekülphasenpunkte $N_{L,l}$ pro μ-Raumzelle um den zugehörigen BOLTZMANNschen Verteilungswert N_l (81) fragen. Die Berechnung von $\overline{\overline{N_{L,l}^2}}$ erfolgt auf Grund eines zu (78) analogen komplexen Integrals für $R^* \cdot \overline{\overline{N_{L,l}^2}}$ und liefert nach asymptotischer Entwicklung einschließlich der Glieder zweiter Ordnung

$$\overline{\overline{(N_{L,l} - N_l)^2}} = N_l \cdot \left[1 + \frac{N_l}{N} \cdot \left\{1 + \frac{N \cdot \left(E_l - \frac{\mathsf{E}}{N}\right)^2}{\vartheta \frac{\partial \mathsf{E}}{\partial \vartheta}}\right\}\right] \text{ [1]}. \tag{110}$$

Zur Ermittlung der Energieschwankungen eines warmen Körpers A, der sich mit anderen warmen Körpern $B, C, \ldots$ im Wärmegleichgewicht befindet (Ziff. 37, 39), hat man das Quadratmittel der Abweichungen der momentanen Energiesummen seiner Teilsysteme $E_{A,L}$ vom Zeitmittelwerte E_A (94) seines Energieinhaltes zu untersuchen. Wenn E wie in (95) die unverändert bleibende Gesamtenergie des wärmeaustauschenden Körpersystems bedeutet, findet man, wiederum einschließlich von Entwicklungsgliedern zweiter Ordnung:

$$\overline{\overline{(E_{A,L} - \mathsf{E}_A)^2}} = \vartheta \frac{\partial \mathsf{E}_A}{\partial \vartheta} \left[1 - \frac{\frac{\partial \mathsf{E}_A}{\partial \vartheta}}{\frac{\partial \mathsf{E}}{\partial \vartheta}}\right] \text{ [1]}. \tag{111}$$

Während die eingehende Untersuchung lehrt, daß die Glieder zweiter Ordnung in den asymptotischen Entwicklungen der komplexen Integrale (76), (77), (78) ohne Belang sind[1]), kommt ihnen in den Schwankungsformeln (110), (111) ersichtlich nicht bloß zahlenmäßige, sondern auch grundsätzliche Bedeutung zu. Ihre Vernachlässigung ist nur für sehr große Werte von N und E statthaft und führt dann zu Näherungsformeln, welche von N_l bzw. vom Körper A allein abhängen. Nach Substitution der absoluten Temperatur (100) erhält man so insbesondere für den wichtigen Fall der Energieschwankungen (Abschnitt VI, Ziff. 69) die Beziehung

$$\overline{\overline{(E_{A,L} - \mathsf{E}_A)^2}} = kT^2 \cdot \frac{\partial \mathsf{E}_A}{\partial T}; \tag{112}$$

für ihre Anwendung ist von Wichtigkeit, daß die zur Ableitung von (111) führende statistische Betrachtung die dauernde Unveränderlichkeit der äußeren makroskopischen Parameter a^* (Volumen, äußere Kraftfelder, Ziff. 2) zur stillschweigenden

[1]) C. G. DARWIN u. R. H. FOWLER, Phil. Mag. Bd. 44, S. 450. 1922.

Voraussetzung hat, was ohne entsprechende Verallgemeinerung[1]) bloß für Gase und inkompressible kondensierte Körper gerechtfertigt erscheint.

Für den besonderen Fall, daß die mit dem Körper A in Wärmeaustausch stehenden Körper $B, C, \ldots$ sehr zahlreich und sämtlich von der gleichen Beschaffenheit und Teilsystemanzahl wie A sind, ist es auf Grund der bisherigen Betrachtungen ohne Schwierigkeit möglich, auch die zeitliche Relativhäufigkeit dafür anzugeben, daß der dauernd schwankende Energieinhalt des Körpers A einen bestimmten Energiebetrag $E_{A,L}$ besitzt. Hierzu ist bloß erforderlich, die Gesamtheit der Körper $A, B, C, \ldots$ als ein einheitliches quasimechanisches Modell mit lauter gleichbeschaffenen Teilsystemen anzusehen und alle im vorliegenden Abschnitt enthaltenen statistischen Betrachtungen auf dasselbe anzuwenden. An Stelle der μ-Raum-Zelleneinteilung für die Teilsysteme von A (Ziff. 30) tritt jetzt eine entsprechende Γ-Raum- (Ziff. 6) -Zelleneinteilung für die gleichbeschaffenen warmen Körper A und die Aufsuchung ihres wahrscheinlich mittleren BOLTZMANNschen Verteilungszustandes liefert wiederum (81), wenn auch mit entsprechend geänderter Bedeutung. Wie nach (72a) (Ziff. 33) aus (81) durch Vertauschung von E_l mit $E_{A,L}$ und Benutzung von (100) hervorgeht, wird die zeitliche Relativhäufigkeit eines Energieinhaltes $E_{A,L}$ von A proportional

$$G_{A,L} \cdot e^{-\frac{E_{A,L}}{kT}}. \tag{113}$$

Der durch (113) gekennzeichnete mittlere Verteilungszustand stellt wegen der statistischen Äquivalenz von Zeitgesamtheit und Raumgesamtheit (Ziff. 33) auch ein Maß der wahrscheinlichen mittleren Anzahl von warmen Körpern A der betrachteten Körpermenge dar, welche zum gleichen Zeitpunkt den Energieinhalt $E_{A,L}$ besitzen. Nach GIBBS, welcher (113) in der letzteren Bedeutung als Ansatz einer systematischen Behandlung der statistischen Thermodynamik zugrunde gelegt hat[2]), bezeichnet man (113) als die kanonische Verteilung der warmen Körper A.

43. Rückblick auf die Erfolge der quasimechanischen Modelle. Wie die Entwicklungen des vorstehenden Abschnittes gezeigt haben, ist es auf statistischem Wege möglich, die allgemeinen Sätze der makroskopischen Thermodynamik für quasimechanische Modelle warmer Körper (Ziff. 22) ohne jede Einschränkung abzuleiten. Dieser Erfolg ist um so höher einzuschätzen, als es hierbei an keiner Stelle der Betrachtungen erforderlich war, die Thermodynamik zu irgendwelchen Hilfeleistungen heranzuziehen. In der Tat ergibt sich in der Statistik sogar der empirische Temperaturbegriff (Ziff. 37) und seine Bedeutung für die Integrabilität des Differentialausdruckes δQ der „zugeführten Wärme" (Ziff. 38) ganz selbständig. Zur Erlangung der absoluten Temperaturdefinition (100) wird eine Berufung auf den zweiten Hauptsatz der Thermodynamik allerdings unerläßlich, weil die absolute Temperatur als ein Begriff klassisch-thermodynamischer Herkunft nur durch Bezugnahme auf die statistischen Analoga der in das Entropiedifferential eingehenden thermodynamischen Funktionen mit einer rein statistischen Größe identifiziert werden kann. Diese logische Notwendigkeit erscheint aber sachlich völlig belanglos, da die schließlich nach (100) zur absoluten Temperatur erklärte Größe $\frac{1}{k} \cdot \log \frac{1}{\vartheta}$ in die Verteilungsfunktionen (73), (74), (102) der warmen Körper von vornherein als universelle, von der individuellen Natur jener Körper unabhängige Veränderliche eingeht.

[1]) Siehe etwa R. FÜRTH, Schwankungserscheinungen in der Physik. Braunschweig: Vieweg 1920.

[2]) J. W. GIBBS, Elementary Principles in Statistical Mechanics 1902, deutsch von E. ZERMELO. Leipzig 1905.

Der universelle Charakter der Verteilungsfunktionen scheint auf den ersten Blick eine besondere, weitgehende Beschränkung jener Allgemeinheit darzustellen, durch welche die klassisch-thermodynamischen Ansätze für die Zustandsfunktionen der warmen Körper ausgezeichnet sind. Wie die nähere Prüfung zeigt, wird eine solche Allgemeinheit jedoch in vielfacher Hinsicht bloß vorgetäuscht durch den phänomenologischen Charakter der Grundlagen aller klassisch-wärmetheoretischen Betrachtungen — Grundlagen, welche die statistische Thermodynamik völlig zu entbehren vermag, indem sie von der Hypothese der Existenz quasimechanischer Teilsystemgesamtheiten ihren Ausgang nimmt. Man wird darum sachgemäßer schließen, wenn man die statistische Wärmelehre als eine sehr allgemeine, vielleicht sogar die allgemeinst-mögliche Vertiefung der phänomenologischen Thermodynamik ansieht und die Frage stellt, welche Aussagen über den Bau der warmen Körper — und damit über den Bau der Materie überhaupt — sie zu liefern imstande ist.

Was zunächst die Folgerung eines allgemeinen Aufbaues der Materie aus Teilsystemvielheiten anbetrifft, so hat die Molekulartheorie hierauf eine erschöpfend-bestätigende Antwort gegeben, deren verschiedene Stufen in den nächsten beiden Abschnitten zur Darstellung gelangen sollen. Der vorausgesetzte quasimechanische Charakter der Teilsysteme und ihrer Wechselwirkungen zeigt sich nach ihr gerade in jedem Ausmaße verwirklicht (Ziff. 64), in welchem er für die statistischen Betrachtungen zur Verwertung gekommen ist. Hinsichtlich aller besonderen Teilsystemeigenschaften aber läßt die Statistik volle Freiheit und Anpassungsfähigkeit. Sie verlangt die Möglichkeit physikalisch sinnvoller μ-Raum-Zelleneinteilungen mit Existenz von Zellenwerten der Teilsysteme für „Gewicht", Energie, Parameterwirkungen und „Übergangswahrscheinlichkeiten" (Ziff. 30); jede konkrete Festlegung dieser Größen und damit der Materialeigenschaften der warmen Körper, jede Verfügung über die absoluten oder relativen Abmessungen von μ-Raumzellen bleiben ihr ebenso fremd wie tiefer gehende Forderungen hinsichtlich der physikalischen Natur der Teilsysteme. Die theoretische wie die experimentelle Quantenlehre haben nicht nur die Notwendigkeit dieses allgemeinen Rahmens dargetan, sondern auch gezeigt, wie er mit konkreten Bildern von Teilsystemen zu erfüllen ist.

IV. Statistische Thermodynamik quasistarrer Atome und Moleküle.

44. Quasistarre Moleküle. Bevor die neuere Molekulartheorie auf experimentellem und theoretischem Wege genauere Anhaltspunkte über den Bau der Atomsysteme geliefert hat (Ziff. 64ff.), war es naheliegend, diese Gebilde entweder als Massenpunkte oder als starre, vollkommen elastische Teilchen von endlicher Raumbeanspruchung zu idealisieren, zwischen welchen dem jeweiligen Aggregatzustand angepaßte Wechselwirkungskräfte vorauszusetzen waren. Beide Annahmen sind auch gegenwärtig noch berechtigt, wenn man sie als erste Annäherungen an die tatsächliche Atom- oder Molekularstruktur auffaßt. Der von den chemischen Grundtatsachen geforderten Unveränderlichkeit aller letzten Materiebausteine wird damit im wörtlichen Sinne Genüge geleistet.

Nach den Ausführungen des vorangehenden Abschnittes wird eine statistische Behandlung des Zusammenwirkens einer sehr großen Anzahl von Molekülen zu einem warmen Körper ausführbar sein, wenn letzterer als ein quasimechanisches Gebilde dargestellt werden kann, das aus sehr zahlreichen gleichbeschaffenen Teilsystemen zusammengesetzt ist. Wie in den nachfolgenden Unterabschnitten gezeigt werden soll, ist dies sowohl für den gasförmigen als auch den festen Aggregatzustand durchführbar. Obwohl allgemeine thermodynamisch-statistische Erwägungen (Ziff. 43) sehr zugunsten auch einer ähnlichen Behandelbarkeit der Flüssigkeiten sprechen, ist es bisher nicht möglich gewesen, eine solche vorzunehmen (s. ds. Handb. X, Kapitel 5, Abschnitt d).

Da die Kenntnis der statistischen Verteilungsfunktion eines warmen Körpers (Ziff. 34) nach Ziff. 39 für die Beherrschung seiner sämtlichen makroskopisch-thermodynamischen Eigenschaften allein maßgebend ist, bildet ihre Ermittlung für jeden einzelnen zur Betrachtung gelangenden konkreten Fall das ausschließliche Ziel der nachfolgenden Ausführungen. Zur Prüfung der dabei gewonnenen Ergebnisse an der experimentellen Erfahrung kommt in den meisten Fällen bloß Größe und Temperaturabhängigkeit der spezifischen Wärme bei konstantem Volumen in Frage, wofür in jedem Falle auf ds. Handb. X, Kapitel 5, verwiesen werden muß. Die Unabhängigkeit der Betrachtungen von jeder besonderen Annahme über den Aufbau der Atomsysteme bewirkt, daß alle Resultate innerhalb gewisser Grenzen für warme Körper von beliebiger chemischer Beschaffenheit zutreffen müssen; die Erfahrung bestätigt dies, indem sie für jeden Aggregatzustand charakteristische Gesetze „übereinstimmender Zustände" liefert, was mit der theoretischen Erwartung gleichbedeutend ist.

45. „Klassische Statistik" und „Quantenstatistik". Die Molekulartheorie ermöglicht nach dem Vorstehenden die Teilsysteme ausfindig zu machen, auf welche die statistische Behandlung der gasförmigen und der festen warmen Körper zurückgeführt werden kann. Was die phasenräumlichen (Ziff. 28) und zeitlichen (Ziff. 29) a priori-Häufigkeitseigenschaften der Teilsysteme anbetrifft, so vermag sie diese jedoch nicht ohne ausdrückliche Berufung auf die Erfahrung (Abschnitt V, Ziff. 60ff.) anzugeben. Nun ist zwar die Kenntnis der „Übergangswahrscheinlichkeiten" für die Thermodynamik reversibler Prozesse belanglos (Ziff. 33, 35, 41), nicht aber jene der Gewichtsfunktionen der Teilsysteme (Ziff. 28), deren Zellenwerte G_l in den Verteilungsfunktionen (73), (74), (102) eine wesentliche Rolle spielen. Die vorläufige Annahme quasistarrer Moleküle (Ziff. 44) wird daher noch durch ebenso schematische „Gewichts"annahmen zu ergänzen sein, für welche die beiden folgenden Extremfälle von besonderem Interesse sind:

α) In der sog. „klassischen Statistik" wird vorausgesetzt, daß die Gewichtsfunktion bei Bezugnahme auf einen beliebigen q_k, p_k-Phasenraum eine Konstante ist oder, anders ausgedrückt, daß alle denkbaren Bewegungszustände der Teilsysteme a priori gleich häufig (Ziff. 27) sind. Die Notwendigkeit einer solchen Festlegung besteht nach (60) Ziff. 28 jedoch nur bei der Translation isolierter kräftefreier Gasmoleküle. Für die innere Bewegung klassisch-mechanischer Teilsysteme kann bloß die Existenz einer stetigen, von Null verschiedenen, beliebigen parameterinvarianten Gewichtsfunktion gefolgert werden; die Zusatzforderung ihrer Konstanz ist statistisch der Annahme eines quasiergodischen Charakters der Bewegung des Gesamtmodelles (Ziff. 7, 16) gleichwertig, ohne im übrigen mit ihr identisch zu sein. Die statistischen Eigenschaften quasiergodischer mechanischer Systeme (Ziff. 19, 20) und quasimechanischer Modelle mit konstanter Gewichtsfunktion stimmen daher miteinander überein (Ziff. 33).

β) In der „Quantenstatistik" wird angenommen, daß die Gewichtsfunktion einen prinzipiell diskontinuierlichen Verlauf besitzt und bloß für eine diskrete, abzählbar unendliche Menge von Bewegungszuständen der Teilsysteme von Null verschieden ist. Den von der Quantentheorie für allein möglich erklärten Bewegungsvorgängen an den Teilsystemen kommen daher diskrete

Energiewerte $E_1, E_2, \ldots E_n, \ldots$ zu, die Bewegungen selbst sind im klassischen Sinne unmechanisch. Von der Folge $G_1, G_2, \ldots G_n, \ldots$ der „Quantengewichte" wird in der Quantentheorie gezeigt, daß sie bis auf einen geeigneten willkürlichen Gewichtsfaktor g als ganzzahlig angesehen werden darf.

Die a priori-Gleichhäufigkeit des gesamten Kontinuums mechanisch möglicher Bewegungsvorgänge der Teilsysteme in der klassischen Statistik erfordert, daß jede methodisch zulässige μ-Raum-Zelleneinteilung (Ziff. 30) lauter Zellen gleichen Rauminhaltes Ω besitzt, so daß die Anzahl und Größe der Summenglieder ihrer Verteilungsfunktionen (102)

$$f(T, a^*) = g \cdot \sum_{l=1}^{\infty} e^{-\frac{E_l}{kT}} \tag{114}$$

von der willkürlich gewählten Zellengröße abhängig sein wird. Verkleinert man die Größe der Zellenvolumina Ω, so wird die Gliederzahl in (114) offenbar zunehmen, bis (114) für $\lim \Omega \to 0$ in das über den ganzen μ-Phasenraum erstreckte Integral

$$f(T, a^*) = \frac{1}{g_\Omega} \int e^{-\frac{E_l}{kT}} \cdot d\,\Omega \tag{115}$$

übergeht, welches ebenso wie die Summenform (114) der Verteilungsfunktionen eine von dem benutzten Phasenraum (und der ihm zugrunde liegenden Koordinatenwahl, Ziff. 30) unabhängige Bedeutung besitzt. Hierbei ist

$$g = \frac{d\Omega}{g_\Omega} \tag{116}$$

gesetzt, wo die willkürliche Konstante g_Ω, um g in (116) dimensionslos (Ziff. 28) zu machen, für Teilsysteme von s Freiheitsgraden von der Dimension der s ten Potenz einer Wirkungsgröße gewählt werden muß. Das „Zustandsintegral" (115) ist ersichtlich von jeder beliebigen Zelleneinteilung des μ-Raumes unabhängig und bloß für die klassisch-mechanischen Teilsysteme kennzeichnend. Die Ausführung des Grenzüberganges $\lim \Omega \to 0$ bedeutet im übrigen eine, hier durch die besonderen Gewichtsverhältnisse auch physikalisch geforderte, stetige Approximation aller mit (114) zusammenhängenden statistischen Mittelwerte, deren diskontinuierlicher Charakter ebenso wie jener von (114) gegenüber (115) durch die methodisch unvermeidliche Endlichkeit der μ-Zellenvolumina (Ziff. 30, 31) bedingt wird. Wie bereits am Ende von Ziff. 31 hervorgehoben worden ist, erfordert eine statistische Rechtfertigung von $\lim \Omega \to 0$ formal überdies noch die Ausführung eines zweiten Grenzüberganges $\lim N \to \infty$, welcher mit dem ersten durch eine Bedingung von der Form $\Omega \cdot N =$ konst. verknüpft sein muß.

Im Gegensatz zur „klassischen Statistik" erhält man in der Quantenstatistik stets dann schon einen von der Willkür der μ-Zelleneinteilungen unabhängigen Ausdruck für die Verteilungsfunktionen (102), wenn man die Zellengrößen nach oben hin derart beschränkt, daß keine Zelle mehr als einen zulässigen „Quantenzustand" enthalten kann. Für das Maximalvolumen Ω_m der μ-Zellen liefert die Quantentheorie bei beliebigen „nicht entarteten" (Ziff. 14) Systemen von s Freiheitsgraden entweder mittels der Quantenbedingungen oder auf Grund des Bohrschen Korrespondenzprinzips im Anschluß an (64) (Ziff. 30)

$$\Omega_m = h^s, \tag{117}$$

wobei h das PLANCKsche Wirkungsquantum bedeutet. Die Verteilungsfunktionen (102) sind dann durch die „Zustandssummen"

$$f(T, a^*) = g \cdot \sum_{n=1}^{\infty} \cdot G_n \, e^{-\frac{E_n}{kT}} \tag{118}$$

bestimmt, wobei die Summation über sämtliche „Quantenzustände" der Teilsysteme zu erstrecken ist. Der Summencharakter von (118) ist demnach hier gegenüber (115) physikalisch ausschließlich durch den diskontinuierlichen Charakter der Quantenstufen für Energie (E_n) und Gewicht (G_n) der Teilsysteme bedingt.

a) Einatomige Gase.

46. Verteilungsfunktion des idealen einatomigen Gases. A. Klassische Theorie. Das Gas bestehe wie nach der kinetischen Gastheorie (s. ds. Band, Kapitel 6) aus einer sehr großen Anzahl N von Punktmolekülen der Masse M, welche innerhalb des Volumens V voneinander unabhängige gleichförmig-geradlinige Bewegungen ausführen. Wenn zwei Moleküle einander räumlich nahe kommen, soll diese Begegnung ein (elastischer) „Zusammenstoß" genannt werden und mit der Möglichkeit des praktisch zeitlosen Eintretens von Geschwindigkeits- und Richtungsänderungen ausgestattet sein, deren Ausmaß durch die Bedingungen des Energie- und Linearimpulssatzes festgelegt ist. Die Rechtfertigung dieser Annahme für raumbeanspruchende, kugelsymmetrische Moleküle, deren Durchmesser gegen den mittleren Molekülabstand (genauer: gegen die „mittlere freie Weglänge", ds. Handb. Kapitel 6) vernachlässigt werden kann, liegt unmittelbar auf der Hand, falls hinterher auch noch das Molekülvolumen vernachlässigt wird. Einer näheren Begründung bedarf es hingegen für die weitere Voraussetzung zufallsgesetzlicher Bedingtheit von individuellen Zusammenstößen, welche dem eindeutigen Determinismus der mechanischen Bewegungsvorgänge zu widersprechen scheint. Auch diese Schwierigkeit löst sich zunächst wiederum für raumbeanspruchende Moleküle, wenn man bedenkt, daß „unendlich kleine" Abweichungen vom zentralen Aufeinanderlosfliegen der Moleküle endlich große mechanische Bewegungsunterschiede nach dem „Zusammenstoß" zur Folge haben können; in der Umgebung des mechanisch-singulären Zentralstoßes setzt somit eine mechanische Unbestimmtheit der Bewegungsvorgänge ein, welche ohne jeden Verstoß gegen die Mechanik durch Einführung eines unmechanischen Häufigkeitsansatzes (Ziff. 29) überbrückt werden kann. Von einer Berücksichtigung zwischenmolekularer Wechselwirkungskräfte (Ziff. 23, 51) wird beim idealen Gase abgesehen.

Die angeführten Voraussetzungen und deren Rechtfertigung zeigen, daß für ideale einatomige Gase ein quasimechanisches Modell angegeben werden kann, dessen Teilsysteme in seinen Einzelmolekülen mit ihren Translationsbewegungen zu suchen sind. Die Gewichtsfunktion (Ziff. 28) dieser Bewegungen ist nach (60) für beliebige Translationsenergien E_f (57) konstant und die Zelleneinteilung ihres μ-Raumes kann völlig willkürlich vorgenommen werden (Ziff. 30). Wenn $E_{f,1}, E_{f,2}, \ldots, Z_{f,l}, \ldots$ die Zellenwerte der Translationsenergie E_f für eine solche Einteilung bedeuten und g den willkürlichen konstanten Gewichtsfaktor darstellt (Ziff. 28), so erhält man für die Verteilungsfunktion (73) des Einzelmoleküls die über den ganzen μ-Phasenraum erstreckte Summe

$$f(\vartheta, a^*) = g \cdot \sum_{l=1}^{\infty} \vartheta^{E_{f,l}}; \tag{119}$$

sie konvergiert in jedem Falle, weil nach Ziff. 34 stets $0 < \vartheta < 1$ sein muß. Da nach der klassischen Mechanik von einem Molekül jeder beliebige Translationsenergiewert E_f angenommen werden kann, darf die Zelleneinteilung des μ-Raumes beliebig fein gemacht werden (Ziff. 45), ohne die statistische Brauchbarkeit von (119) (Ziff. 31, 34) anzutasten, ferner muß die Einteilung so gewählt werden, daß allen μ-Zellen das gleiche Phasenraumvolumen

$$\Omega = \int\!\!\int\!\!\int\!\!\int\!\!\int\!\!\int_{\text{über die}}^{\text{Zellbegrenzungen}} dx \cdot dy \cdot dz \cdot dp_x \cdot dp_y \cdot dp_z$$

zukommt (Ziff. 45). Setzt man nach (116)

$$g = \frac{d\Omega}{g_\Omega} = \frac{dx \cdot dy \cdot dz \cdot dp_x \cdot dp_y \cdot dp_z}{g_\Omega}, \tag{120}$$

worin g_Ω um g dimensionslos zu machen, von der Dimension der dritten Potenz einer Wirkungsgröße sein muß, so kann man (119) für $\lim \Omega \to 0$ durch das über den ganzen μ-Phasenraum erstreckte Integral

$$\left.\begin{aligned} f(\vartheta, a^*) &= \frac{1}{g_\Omega}\int \vartheta^{E_{f,1}} \cdot d\Omega \\ &= \frac{1}{g_\Omega}\int\!\!\int\!\!\int dx \cdot dy \cdot dz \cdot \int\!\!\int\!\!\int \vartheta^{\frac{1}{2}M(p_x^2+p_y^2+p_z^2)} \cdot dp_x \cdot dp_y \cdot dp_z \end{aligned}\right\} \tag{121}$$

approximieren (Ziff. 45). Zur Ausrechnung von (121) hat man zu berücksichtigen, daß den Koordinaten x, y, z der Punktmoleküle das gesamte Volumen V freisteht, was die Integrationsgrenzen des ersten Integralfaktors von (121) bestimmt; jene des zweiten sind streng genommen durch den vorgegebenen gesamten Energieinhalt E des Gases festgelegt, können aber in Anbetracht seiner Größe durch unendliche Grenzen $(-\infty \leqq p_x, p_y, p_z \leqq +\infty)$ angenähert werden. Da außer V keine weiteren makroskopischen Parameter a^* auftreten, kann das Endergebnis in der Form geschrieben werden

$$f(\vartheta, V) = \frac{V}{g_\Omega} \cdot \left[\frac{2\pi M}{\log\frac{1}{\vartheta}}\right]^{\frac{3}{2}}. \tag{122}$$

47. Verteilungsfunktion des idealen einatomigen Gases. B. Quantentheorie der Gasentartung. Die theoretischen und experimentellen Erfolge des NERNSTschen Wärmesatzes (ds. Band, Kapitel 2) legen die Folgerung einer „Gasentartung" bei tiefsten Temperaturen nahe, welche einer Anwendung der Quantenlehre auf die Translationsbewegung der Gasmoleküle gleichkommt. Die Frage, inwieweit Erscheinungen dieser Art von der Erfahrung gefordert werden (s. auch ds. Handb. X, Kapitel 5, Abschnitt 6), kann hier ebenso unberücksichtigt bleiben, wie jene prinzipielle nach der quantentheoretischen Behandelbarkeit der Translation überhaupt.

Während die klassische Mechanik (Ziff. 46) jede beliebige Geschwindigkeitsgröße und -richtung der Gasmoleküle zuläßt und damit eine grundsätzlich kontinuierliche Mannigfaltigkeit von Bewegungserscheinungen fordert, zeichnet die Quantentheorie diskontinuierlich bestimmte Bewegungsvorgänge aus, welche prinzipiell in bloß abzählbarer Menge möglich sind. Die dadurch bedingte Auszeichnung bestimmter diskreter Geschwindigkeitsstufen und -richtungen erfordert die Wirksamkeit von Molekül„zusammenstößen" solcher Art, daß die Stoßteilnehmer auch nach dem Stoße quantenhaft zugelassene Bewegungen ausführen. Da die Quantenbewegungen der Moleküle schon an sich unmechanisch bzw. quasimechanisch sind, bedarf es hier zur Einführung bestimmter unmechanischer „Übergangswahrscheinlichkeiten" (Ziff. 29) für individuelle Quantenzusammenstöße keiner besonderen Rechtfertigung. Das entartete Gas erscheint damit ebenso wie das nichtentartete (Ziff. 46) als quasimechanisches Gebilde darstellbar und seine Teilsysteme sind durch die Einzelmoleküle mit ihren Quantenbewegungen gekennzeichnet.

In welcher besonderen Art die Molekültranslation quantenhaft zu beschreiben ist, hat bisher noch keine einheitliche Beurteilung gefunden, vor allem deshalb, weil die Quantenvorschriften bisher nur auf mehrfach periodische Bewegungsvorgänge (Ziff. 7) anwendbar sind. Vielfach hat man darum versucht, von den „Zusammenstößen" überhaupt abzusehen und entweder die zwischen den makroskopischen Gefäßwänden hin- und hergehende Bewegung des Einzelmoleküls als bedingt periodischen (Ziff. 7, 14) Teilvorgang der Wärmebewegung des Gases anzusehen, oder letztere in ihrer Gesamtheit durch Schwingungsvorgänge von der Art der Kristallgitterschwingungen (Ziff. 57) anzunähern. Durch die Nichtberücksichtigung der Zusammenstöße lassen beide Verfahren die Frage nach der Natur der für die statistische Behandlung unerläßlichen unmechanischen Übergangsprozesse nicht bloß offen und unbeantwortbar, sondern entfernen sich auch so weit von den Tatsachen, daß ihnen kaum tiefere Bedeutung zugeschrieben werden kann. Eine befriedigendere, wenn auch notwendigerweise noch immer sehr schematische Behandlungsweise rührt von SCHRÖDINGER her und idealisiert die Bewegung des Einzelmoleküls als raumfesten geradlinig-gleichförmigen periodischen Hin- und Hergang zwischen zwei Zusammenstößen; die tatsächliche Molekülbewegung kann dann aufgefaßt werden als mehrfacher Hin- und Hergang (allenfalls mit jedesmaligem Wechsel der Quantengeschwindigkeit) längs einer freien Weglänge λ, Übergang auf eine zweite, dritte Weglänge usw., wobei wegen der großen Zahl der Moleküle und ihrer freien Wege eine Bezugnahme auf mittlere freie Weglängen $\bar{\lambda}$ (s. ds. Band, Kapitel 6) hinreicht.

Bedeutet $p = M \cdot v$ den Linearimpuls des Moleküls und q seine in der Richtung von $\bar{\lambda}$ gezählte Koordinate, so liefert die allgemeine Quantenbedingung für ein einfach periodisches (Ziff. 13) System das über die ganze Periode erstreckte „Phasenintegral"

$$(n = 1, 2, \ldots) \qquad n \cdot h = I = \oint p \cdot dq = 2 M v \cdot \bar{\lambda}, \tag{123}$$

welches die Quantenstufen der Geschwindigkeit v und Energie E_f der fortschreitenden Bewegung des Moleküls mittels des PLANCKschen Wirkungsquantums h zu

$$(n = 1, 2, \ldots) \qquad v_n = n \cdot \frac{h}{2 M \bar{\lambda}}, \qquad E_{f,n} = n^2 \cdot \frac{h^2}{8 M \cdot \bar{\lambda}^2} \tag{124}$$

bestimmt. Zur quantentheoretischen Festlegung einer Richtungsabhängigkeit von v_n erscheint es konsequent, festzusetzen, daß für v_n im Mittel größenordnungsmäßig so viele verschiedene diskrete Richtungen k_n zu unterscheiden sein sollen, als einer Vektordifferenz benachbarter Richtungen von der Größenordnung

$$v_1 = v_n - v_{n-1} = \frac{h}{2 M \cdot \bar{\lambda}}$$

entspricht; k_n erhält dadurch die Größenordnung

$$k_n = \frac{4 \pi v_n^2}{v_1^2} = 4 \pi \cdot n^2, \tag{129}$$

woraus befriedigenderweise hervorgeht, daß die Anzahl der zulässigen Quantenrichtungen mit n^2 anwächst und die Molekularbewegung desto ungeordneter werden muß, je höhere Molekulargeschwindigkeiten auftreten.

Angesichts der scharfen Energiestufen (124) der Translationsbewegung ist es klar, daß jede Zelleneinteilung des μ-Phasenraumes (Ziff. 30) für den Fall der Gasentartung brauchbar sein wird, deren Zellen höchstens je eine zulässige Quantenbewegung enthalten (Ziff. 45). Da die Quantenbedingung (123) pro Freiheitsgrad für zwei aufeinanderfolgende Quantenbewegungen die Differenz h liefert, erhält man wegen der drei Freiheitsgrade der Translation für das zulässige Maximalvolumen der μ-Zellen (Ziff. 45)

$$\Omega_m = h^3. \tag{126}$$

Für das Volumen, welches einer individuellen Quantenbewegung des Einzelmoleküls im dreidimensionalen physikalischen Raum zur Verfügung steht, ergibt sich dann nach (123) $(2\bar{\lambda})^3 = 8\bar{\lambda}^3$; es gibt demnach $\frac{V}{8\bar{\lambda}^3}$ solche Raumbereiche im Gasvolumen V. Die phasenräumliche a priori-Häufigkeit (Ziff. 28) einer Molekülbewegung mit der „Quantenzahl" n wird damit zu

$$G_n = g \cdot \frac{k_n V}{8\bar{\lambda}^3} \tag{127}$$

gefunden, worin k_n durch (120) bestimmt ist und g den willkürlichen Gewichtsfaktor bedeutet. Die Verteilungsfunktion (73) des Einzelmoleküls lautet dann

$$f(\vartheta, V) = g \cdot \frac{\pi V}{8\bar{\lambda}^3} \sum_{n=1}^{\infty} n^2 \cdot \vartheta^{n^2 \frac{h^2}{8M\bar{\lambda}^2}}; \tag{128}$$

ihre Konvergenz ist durch die statistische Gleichgewichtsbedingung $0 < \vartheta < 1$ (Ziff. 34) allgemein gesichert. Wenn $\vartheta^{\frac{h^2}{8M\bar{\lambda}^2}}$ numerisch klein ist, kann die „Zustandssumme" (128) rechnerisch durch ein Integral nach dn approximiert werden und ergibt den von der mittleren freien Weglänge $\bar{\lambda}$ unabhängigen Ausdruck

$$f(\vartheta, V) = g \frac{V}{h^3} \left[\frac{2\pi M}{\log\frac{1}{\vartheta}}\right]^{\frac{3}{2}}. \tag{129}$$

Für den betrachteten Grenzfall stimmt demnach die Verteilungsfunktion der Moleküle des entarteten Gases mit der Verteilungsfunktion (122) der Moleküle nichtentarteter Gase überein; der Umrechnungsfaktor

$$g_\Omega = \frac{h^3}{g} \tag{130}$$

wird ersichtlich durch das Maximalvolumen (126) der μ-Zellen bestimmt. Da die Maximalgröße (126) nach Ziff. 45 (117) für ganz beliebige Quantenbewegungen von drei Freiheitsgraden maßgebend ist, stimmen hinsichtlich des betrachteten Grenzfalles auch alle von der vorliegenden Darstellung abweichenden statistischen Behandlungen der Gasentartung mit (129) überein. Die quantentheoretische Universalität von (126) hat auch zu Versuchen geführt, die Quantenstatistik der Gasentartung allein auf (126) zu stützen und damit von einer Entscheidung über die konkrete Beschaffenheit der quantenhaften Molekülbewegungen unabhängig zu machen[1]); eine voll befriedigende Rechtfertigung dieser Versuche steht jedoch noch aus.

48. Zustandsgleichung, Energieinhalt, Gasthermometrische Temperatur-Skala. Um den Zusammenhang der empirischen Temperaturgröße ϑ (Ziff. 37) mit der gasthermometrischen Temperaturskala aufzuzeigen, ist es erforderlich, die Zustandsgleichung des idealen einatomigen Gases abzuleiten. Wie bereits in Ziff. 39 hervorgehoben wurde, ist eine derartige Aufgabe nach Ermittlung der Verteilungsfunktion eines warmen Körpers stets im Wege geläufiger makroskopisch-thermodynamischer Zustandsbeziehungen beantwortbar. Indem man (97) (Ziff. 38) für den Volumenparameter $a^* \equiv V$ des idealen Gases zur Anwendung bringt, ergibt die Verteilungsfunktion (122) für den Druck p des nicht entarteten Gases

$$p = \frac{1}{\log\frac{1}{\vartheta}} \cdot \frac{N}{V}, \tag{131}$$

was gleichzeitig mit dessen Zustandsgleichung übereinstimmen muß. Das Gasgesetz liefert demgegenüber

$$p = kT \cdot \frac{N}{V}, \tag{132}$$

worin N die Molekülzahl, k die sog. BOLTZMANN-PLANCKsche Konstante

$$k = 1{,}372 \cdot 10^{-16} \text{ Erg/Grad} \tag{133}$$

und T die gasthermometrische Temperatur bedeutet. In Übereinstimmung mit (100) (Ziff. 38) hat man demnach

$$T = \frac{k}{\log\frac{1}{\vartheta}}, \qquad \vartheta = e^{-\frac{1}{kT}}, \tag{134}$$

worin k jetzt aber als bekannt und durch (133) bestimmt anzusehen ist.

Für den thermischen Energieinhalt des nicht entarteten idealen einatomigen Gases ergibt die „klassische" Verteilungsfunktion (122) nach (98) (Ziff. 38) und (134)

$$\mathsf{E} = 3N \cdot \frac{k \cdot T}{2}; \tag{135}$$

auf jeden der $3N$ Freiheitsgrade des Gases entfällt somit der gleiche mittlere Energiebetrag $\frac{1}{2}kT$, was den Inhalt des „Gleichverteilungssatzes der mittleren (kinetischen) Energie" ausmacht. Dieses Ergebnis ist von der gleichen Form wie die allgemeine Aussage (52) (Ziff. 20) über den Energieinhalt beliebiger quasiergodischer Gasmodelle; setzt man für die Anzahl der Freiheitsgrade eines solchen $s = 3N$, wie das dem idealen einatomigen (und nur dem einatomigen) Gase entspricht, so stimmen (52) und (135) völlig miteinander überein, wie bereits aus allgemeinen Gründen (Ziff. 45, α) vorauszusehen war. Für die spezifische Wärme c_V des Gases ergibt (135)

$$c_V = \frac{\partial \mathsf{E}}{\partial T} = \frac{3}{2} Nk, \tag{136}$$

was pro Mol $\frac{3}{2}R$ liefert, einen Betrag, welcher in der Tat auch von keinem realen Gase unterschritten wird (Ziff. 20, ds. Handb. X, Kapitel 5, Abschnitt b).

[1]) M. PLANCK, Berl. Ber. 1925, S. 49. Die Theorie von A. EINSTEIN, Berl. Ber. 1924, S. 261 u. 1925, S. 3, 18, leugnet überdies die Zulässigkeit einer statistischen Unabhängigkeit der Moleküle, indem sie die in Ziff. 30 als grundlegend eingeführte statistische Unabhängigkeit der Teilsysteme durch eine solche der Zustandsverteilungen (Ziff. 31) ersetzt.

Die Ausdehnung der vorstehenden Betrachtungen über Druck und thermischen Energieinhalt der nicht entarteten ideal-einatomigen Gase auf entartete Gase begegnet keinerlei Schwierigkeiten. Setzt man

$$\Theta = \frac{h^2}{8M\bar{\lambda}^2 k}, \tag{137}$$

so bekommt die Verteilungsfunktion (128) des entarteten Gases bei Rücksichtnahme auf (134) die einfache Form

$$f(T,V) = g\cdot\frac{\pi V}{8\bar{\lambda}^3}\sum_{n=1}^{\infty} n^2\cdot e^{-n^2\frac{\Theta}{T}}. \tag{128a}$$

Da man für die „charakteristische Temperatur“ Θ der Gasentartung mittels (133) bei Normalbedingungen etwa 10^{-4} Grad errechnet, ist die Approximation von (128) durch den Integralausdruck (129) praktisch für alle Temperaturen gerechtfertigt. Die Abweichungen des entarteten Gases vom Verhalten eines nichtentarteten bleiben daher auf die nächste Umgebung des absoluten Nullpunktes beschränkt (s. ds. Handb. X, Kapitel 5 und 7).

49. MAXWELLsches Geschwindigkeitsverteilungsgesetz. Wie der allgemeinen Statistik zu entnehmen war, ist mit der Kenntnis der Verteilungsfunktionen zugleich auch jene der BOLTZMANNschen Verteilung (81) (Ziff. 34) gegeben, welche den Zustand thermodynamischen Gleichgewichts bestimmt (Ziff. 37). Für das nichtentartete, ideal-einatomige Gas (Ziff. 46) ergibt zunächst (119) nach (81) und (134)

$$N_l = N\cdot\frac{e^{-\frac{E_{f,l}}{kT}}}{\sum\limits_{l=1}^{\infty} e^{-\frac{E_{f,l}}{kT}}}, \tag{138a}$$

worin $E_{f,l}$ wiederum die Translationsenergie (57) jener Moleküle bedeutet, deren Phasenpunkte in die l-te μ-Phasenraumzelle fallen und N_l die mittlere Anzahl dieser Moleküle bei Wärmegleichgewicht. Durch Ausführung des an den Ansatz (120) anknüpfenden Grenzüberganges für unbegrenzt abnehmende Zellenvolumina Ω erhält man für die mittlere Anzahl N^* aller jener Moleküle, deren Koordinaten- und Impulswerte zwischen den infinitesimalen Grenzen $x, x+dx;\ y, y+dy;\ z, z+dz;\ p_x, p_x+dp_x;\ p_y, p_y+dp_y;\ p_z, p_z+dp_z$ gelegen sind

$$N^* = N\cdot\frac{e^{-\frac{p_x^2+p_y^2+p_z^2}{2MkT}}}{V(2\pi MkT)^{\frac{3}{2}}}\,dx\cdot dy\cdot dz\cdot dp_x\cdot dp_y\cdot dp_z. \tag{138b}$$

Integriert man hier noch nach den Koordinaten über das Gasvolumen V und substituiert an Stelle der Impulsgrößen die Molekülgeschwindigkeit

$$v = \frac{1}{M}(p_x^2+p_y^2+p_z^2)^{\frac{1}{2}},$$

so erhält man für die Gesamtzahl aller Moleküle des Gases, deren Geschwindigkeitswerte zwischen v und $v+dv$ gelegen sind

$$\overline{N} = \frac{4N}{\sqrt{\pi}}\left[\frac{M}{2kT}\right]^{\frac{3}{2}}\cdot e^{-v^2\cdot\frac{M}{2kT}}\cdot v^2\cdot dv. \tag{139}$$

Die Beziehung (139) stimmt in allen Einzelheiten mit dem von der kinetischen Gastheorie (ds. Band, Kapitel 6) auf völlig anderem Wege abgeleiteten

MAXWELLschen Geschwindigkeitsverteilungsgesetz überein und hat sich auch einer direkten experimentellen Bestätigung fähig erwiesen. Die Abweichungen von diesem Gesetze, welche sich infolge der Gasentartung (Ziff. 47) bei sehr tiefen Temperaturen einstellen sollten, können auf ähnlichem Wege wie (139), jedoch unter Zugrundelegung der Verteilungsfunktion (128), bzw. (128a) für das entartete Gas, ermittelt werden; aus der in Ziff. 48 genannten Größenordnung, welche die „charakteristische Temperatur" (137) der Gasentartung annimmt, folgt jedoch, daß diese Abweichungen praktisch unmerklich sein müssen.

50. Statistische Entropie des idealen einatomigen Gases. Wendet man die „klassische" Verteilungsfunktion (122) bzw. (129) des idealen einatomigen Gases zur Berechnung seines statistischen Entropiebetrages an, so ergeben die Beziehungen (101) (Ziff. 38) und (135) (Ziff. 48)

$$S - S_0 = \frac{3}{2} Nk \log T + Nk \log V + Nk \log \left[\frac{(2\pi M e k)^{\frac{3}{2}}}{g_\Omega} \right]. \qquad (140)$$

Während die bisher diskutierten thermischen Zustandsfunktionen von willkürlichen Gewichtsfaktoren g wie (120) oder (130) unabhängig waren, tritt g_Ω jetzt in einer additiven Konstante $-Nk \log g_\Omega$ auf, welche statistisch aber ebenso unbestimmbar ist, wie die Integrationskonstante S_0 (Ziff. 38). Da die Gesamtzahl der Moleküle N des Gases für (140) als eine unveränderliche Größe angesehen werden muß, kann S_0 von N abhängen.

Die Form (140) des statistischen Entropieausdruckes besitzt die Eigentümlichkeit, daß sie für die doppelte Gasmenge im doppelten Volumen keineswegs den doppelten Betrag (140) ergibt. Die in der makroskopischen Thermodynamik bevorzugte Schreibweise der Gasentropie

$$S = \frac{3}{2} Nk \log T + Nk \log \frac{V}{N} + \text{konst.} \qquad (140\text{a})$$

genügt hingegen dieser formalen Erwartung; man überzeugt sich aber leicht, daß der Unterschied ohne jede thermodynamische Bedeutung ist. Setzt man nämlich

$$S_0 = S_0' - k \log N! \qquad (141)$$

und wertet den Logarithmus unter Zuhilfenahme der STIRLINGschen Formel (84) aus, deren Anwendung hier legitim erfolgt, so erhält man an Stelle von (140)

$$S - S_0' = Nk \log T + Nk \log \frac{V}{N} + Nk \log \left[\frac{(2\pi M k)^{\frac{3}{2}} \cdot e^{\frac{5}{2}}}{g_\Omega} \right], \qquad (142)$$

was mit (140a) gleichbedeutend ist.

Die Einführung der „Vertauschungszahl" $N!$ in den statistischen Entropieausdruck des idealen einatomigen Gases ist offenbar von Belang, wenn man durch geeignete Verfügung über die Integrationskonstante S_0 oder S_0' „absolute" statistische Entropiebeträge zu definieren sucht. Wählt man etwa

$$S_0' = 0$$

um die erwähnte thermodynamisch-formale Eigenschaft von (140a) auch in die Statistik herübernehmen zu können, so bedeutet diese Konvention, daß man für das BOLTZMANNsche Prinzip (107) (Ziff. 40) beim idealen einatomigen Gas

$$S = k \log \frac{R(Z_{MB})}{N!} \qquad (143)$$

anzusetzen hat. Was die statistische Deutbarkeit der Vertauschungszahl anbetrifft, so wird sich bei der statistischen Behandlung der Festkörper (Ziff. 58) herausstellen, daß man den Betrag

$$k \cdot \log N! + \text{konst.} \qquad (144)$$

als Nullpunktsentropie von N kondensierten Molekülen auffassen darf. Die danach auf den Gaszustand allein bezughabenden Entropieausdrücke (142) und (143) können dann angesehen werden als Differenzbetrag zwischen der Gesamtentropie von N frei beweglichen Molekülen und der Nullpunktsentropie (144) ihrer kondensierten Modifikation; daß dieser Betrag der Molekülanzahl proportional sein muß, ist thermodynamisch unmittelbar evident.

51. Nichtideale einatomige Gase. Im Gegensatz zum idealen Gas (Ziff. 46) ist es bei den wirklichen Gasen nicht mehr gestattet, Raumbeanspruchung und Wechselwirkungskräfte der Moleküle zu vernachlässigen. Die systematische Berücksichtigung dieser Korrektionen ist Gegenstand der VAN DER WAALSschen Theorie (s. ds. Handb. X, Kap. 3). Ohne auf ihre Einzelheiten eingehen zu müssen, kann man leicht überblicken, von welcher Art die Abänderungen sein werden, welche sie an der Zustandsgleichung (132) (Ziff. 48) der idealen Gase hervorbringt.

α) Die Berücksichtigung des Eigenvolumens der Moleküle bewirkt, daß der Gesamtraum, welcher dem Schwerpunkt eines Moleküls zur Verfügung steht, kleiner sein muß als das Gasvolumen V. Nennt man das bei dichtester Lagerung von den Molekülen eingenommene Volumen b, so kann die Integration nach den Koordinatendifferentialen im „Zustandsintegral" (121) (Ziff. 46) nicht mehr über das Gesamtvolumen V, sondern bloß über das „freie" Volumen $V - b$ erstreckt werden. Die Verteilungsfunktion (122) wird daher in jene des nichtidealen einatomigen Gases übergehen, wenn man V darin durch $V - b$ ersetzt. Die gleiche Abänderung der Beziehung (131) für den Gasdruck p liefert dann eine Zustandsgleichung von der Form

$$p \cdot (V - b) = N \cdot kT. \tag{145}$$

β) Während die Berücksichtigung der Molekülvolumina die Verteilungsfunktion (114) des Gases formal ungeändert läßt und bloß ihre Gliederanzahl beschränkt, verursacht die Einführung der zwischenmolekularen Wechselwirkungskräfte eine formale Abänderung der Verteilungsfunktion. Außer der Translationsenergie E_f jedes Moleküls tritt jetzt auch noch ein Energieanteil potentieller Natur E_w auf, welcher von den Wechselwirkungen herrührt und daher von den Koordinaten aller Moleküle abhängt. Wie die genauere Überlegung und Rechnung lehrt, besteht der Einfluß hiervon bei überwiegend anziehenden Wechselwirkungskräften in einer Verkleinerung des Gasdruckes, welche in erster Annäherung als eine reine Volumenfunktion $\varphi(V)$ aufgefaßt werden darf. Mit (145) vereinigt, ergibt dies

$$[p + \varphi(V)] \cdot (V - b) = N \cdot kT, \tag{146}$$

was bis auf eine nähere Ermittlung von $\varphi(V)$ der VAN DER WAALSschen Zustandsgleichung (s. ds. Handb. X, Kap. 3) entspricht.

52. Gasgemische. $N^{(1)}$ Moleküle mit den Massen M_1 eines idealen einatomigen Gases 1, $N^{(2)}$ Moleküle mit den Massen M_2 eines idealen einatomigen Gases 2, ... sollen im gleichen Volumen V vereinigt sein, ohne irgendwelche chemische Umsetzungen (Abschnitt VII) miteinander eingehen zu können. Ihre Verteilungsfunktionen sind dann gemäß (122) und (134)

$$f_1(T, V) = \frac{V}{g_\Omega^{(1)}} \cdot (2\pi M_1 kT)^{\frac{3}{2}}, \quad f_2(T, V) = \frac{V}{g_\Omega^{(2)}} \cdot (2\pi M_2 kT)^{\frac{3}{2}}, \quad \ldots,$$

woraus die Verteilungsfunktion des Gemisches nach Ziff. 37 leicht zu

$$\Pi(T, V) = [f_1(T, V)]^{N^{(1)}} \cdot [f_2(T, V)]^{N^{(2)}} \ldots$$

gefunden wird. Wenn E die Gesamtenergie des Gemisches bedeutet, so ist seine absolute Temperatur T durch die Beziehung (93) bzw. (103) und (104)

$$\mathsf{E} = k\,T^2 \frac{\partial \log \Pi}{\partial T} = \frac{3}{2}\,(N^{(1)} + N^{(2)} + \cdots) \cdot k\,T$$

bestimmt, während der Gesamtdruck p nach (103)

$$p = k\,T \frac{\partial \log \Pi}{\partial V} = (N^{(1)} + N^{(2)} + \cdots) \cdot \frac{kT}{V}$$

beträgt. Wie der Vergleich mit den analogen Beziehungen (132) und (135) für das chemisch-einheitliche ideale Gas lehrt, verhält sich das Gemisch in thermodynamisch-statistischer Hinsicht bis auf den Unterschied der Molekülanzahlen ganz ebenso wie das einheitliche Gas. Wendet man (132) auf jede einzelne Komponente des Gemisches an, so sieht man unmittelbar, daß der Gesamtdruck gleich der Partialdrucksumme aller Komponenten ist. Dem Umstand, daß jede Gemischkomponente sich thermisch so verhält, als wäre sie im Volumen V allein anwesend, entspricht statistisch die formale Übereinstimmung aller Komponenten-Verteilungsfunktionen und ihre multiplikative Zusammensetzung zur Verteilungsfunktion ihrer Mischung.

b) Mehratomige Gase.

53. Allgemeine Form der Verteilungsfunktionen mehratomiger Gase. Die einatomigen Gase sind dadurch ausgezeichnet, daß ihre Moleküle mit weitgehender Annäherung als punktförmige oder starre, kugelsymmetrische Gebilde angesehen werden dürfen, deren Bewegungen rein translatorischen Charakters sind (Ziff. 46). Bei mehratomigen Molekülen ist eine so weitgehende Schematisierung bloß für die allertiefsten Temperaturen zulässig; im gesamten übrigen Temperaturgebiet wird es erforderlich, den Einfluß des zusammengesetzten Baues der Moleküle zu berücksichtigen, welcher Abweichungen sowohl von der Kugelsymmetrie als auch von der Starrheit bedingt. Die ersteren geben Anlaß zu Drehbewegungen der Moleküle (Ziff. 54, 55), die letzteren zum Auftreten von gegenseitigen Schwingungen der Atome, welche die Moleküle zusammensetzen (Ziff. 56). Faßt man beide Arten von Bewegungsvorgängen als „innere" Bewegungen (Ziff. 23) der Moleküle zusammen, so kann deren Energie $E(q_k, p_k, a^*)$ als unabhängig von der Translationsenergie E_f (57) der Moleküle gelten.

Auf ähnlichem Wege, wie dies in Ziff. 46 und 47 für ideale einatomige Gase gezeigt worden ist, überzeugt man sich, daß auch bei mehratomigen idealen Gasen die Moleküle direkt als statistische Teilsysteme des Gases aufzufassen sind. Als einzige notwendige Zusatzvoraussetzung zu den dortigen Betrachtungen findet man, daß die „Zusammenstöße" der Moleküle untereinander neben dem Austausch von Translationsenergie auch einen solchen von „innerer" Molekülenergie bewirken müssen, wobei die zeitliche Häufigkeit auch von Vorgängen dieser Beschaffenheit wiederum durch einen zufallsgesetzlichen Ansatz (Ziff. 29) beschrieben werden kann. Da die Gesamtenergie des Teilsystems jetzt durch die Summe (58) der „inneren" und der Translationsenergie eines Moleküls gegeben ist, wird die allgemeine Verteilungsfunktion (102) für das mehratomige Gas von der Form

$$f(T, a^*) = \sum_{l=1}^{\infty} G_l \cdot e^{-\frac{(E_l + F_{f,l})}{kT}}\,. \tag{147}$$

Die gegenseitige Unabhängigkeit von „innerer" und fortschreitender Molekülbewegung bewirkt, daß die Zelleneinteilung des „μ-Raumes der inneren Bewegung" mit dem Zellenindex l_1 unabhängig von jener des „Translations-μ-Raumes" mit dem Zellenindex l_2 vorgenommen werden kann (Ziff. 25). Jeder beliebige Bewegungszustand eines Moleküls ist hier seiner Zugehörigkeit zu den μ-Zellen nach also durch ein Indexpaar (l_1, l_2) gezeichnet, wobei l_1 von l_2 völlig unabhängig ist. Man überzeugt sich leicht, daß die Verteilungsfunktion (147) der mehratomigen Gasmoleküle dann durch das Produkt zweier formal gleichgebauter Summenausdrücke darstellbar wird, von welchen der eine bloß mit der fortschreitenden Bewegung, der andere bloß mit der „inneren" Bewegung der Moleküle zusammenhängt:

$$f(T, a^*) = \left[\sum_{l_1=1}^{\infty} G_{f,l_1} e^{-\frac{E_{f,l_1}}{kT}}\right] \cdot \left[\sum_{l_2=1}^{\infty} G_{l_2} e^{-\frac{E_{l_2}}{kT}}\right] = f^{(1)}(T, a^*) \cdot f^{(2)}(T, a^*). \quad (148)$$

Der erste Faktor dieses Ausdruckes stimmt offenbar mit der Verteilungsfunktion eines einatomigen Gases (Ziff. 46, 47, 51) überein; nach (122) bzw. (129) und (134) ist er bei vernachlässigbarer Raumbeanspruchung der Moleküle praktisch für alle Temperaturen durch

$$f^{(1)}(T, V) = \frac{V}{g_\Omega} (2\pi M kT)^{\frac{3}{2}} \quad (149)$$

bestimmt, wozu bei Molekülen von endlichen Abmessungen noch die Berücksichtigung der in Ziff. 51 besprochenen VAN DER WAALSschen Korrekturen erforderlich wird.

Für die Verteilungsfunktion $F(T, a^*)$ des aus N Molekülen bestehenden mehratomigen Gases liefert (102) nach (148)

$$F(T, a^*) = [f^{(1)}(T, V)]^N \cdot [f^{(2)}(T, a^*)]^N. \quad (150)$$

Die Form dieser Beziehung stimmt ersichtlich mit jener des allgemeinen Ausdrucks (91) (Ziff. 37) für die Verteilungsfunktion eines statistischen Gebildes überein, welches aus mehreren in thermischer Wechselwirkung befindlichen warmen Körpern zusammengesetzt ist. Daraus geht hervor, daß ein mehratomiges Gas für die statistische Thermodynamik einem Gemische zweier Gase (Ziff. 52) von übereinstimmender Molekülanzahl N und gleich großen Molekülmassen M äquivalent ist, dessen eine Komponente einem gewöhnlichen einatomigen Gase im Volumen V entspricht, während die Moleküle der zweiten Komponente raumfeste, willkürlich über V verteilte Schwerpunkte besitzen und bloß „innerer" Bewegungsvorgänge fähig sind. Bezüglich der Molekültranslation verhalten sich mehratomige Gase demnach ebenso wie einatomige, insbesondere gilt auch für mehratomige Moleküle bei Wärmegleichgewicht das MAXWELLsche Geschwindigkeitsverteilungsgesetz (Ziff. 49). Da auch alle übrigen statistisch bemerkenswerten Eigenschaften der einatomigen Gase bereits im Anschluß an die Ableitung ihrer Verteilungsfunktion (149) besprochen worden sind, ist für die statistische Behandlung der mehratomigen Gase im folgenden bloß eine nähere Prüfung des allein von den „inneren" Molekülbewegungen abhängigen Faktors $f^{(2)}(T, a^*)$ der allgemeinen Verteilungsfunktion (148) erforderlich:

$$f^{(2)}(T, a^*) = \sum_{l_2=1}^{\infty} G_{l_2} \cdot e^{-\frac{E_{l_2}}{kT}}. \quad (151)$$

Solange es gerechtfertigt werden kann, die Drehbewegung eines Moleküls als unabhängig von seinen inneren Atomschwingungen zu betrachten, zerfällt die „innere" Energie E des mehratomigen Moleküls in zwei voneinander unabhängige Summanden, seine Rotationsenergie E_r und seine Schwingungsenergie E_s.

Der μ-Raum seiner „inneren" Bewegung (Ziff. 25) kann dann gespalten werden in einen μ-Raum seiner Rotationsbewegung und in einen μ-Raum seiner Atomschwingungen, so daß beide Räume als Projektion des einheitlichen μ-Raumes der „inneren" Bewegung aufzufassen sind und unabhängig voneinander in μ-Zellen eingeteilt werden können (Ziff. 30). Auf dem gleichen Wege, auf welchem oben die Auflösung der einheitlichen Verteilungsfunktion (147) in das Produkt (148) der beiden Faktoren (149) und (151) gefolgert worden ist, kann jetzt gezeigt werden, daß auch (151) als Produkt zweier Faktoren

$$f^{(2)}(T, a^*) = f_r(T, a^*) \cdot f_s(T, a^*) \tag{152}$$

dargestellt werden kann, von welchen der eine bloß auf die Moleküldrehung, der andere bloß auf die Atomschwingungen Bezug hat. Beide Faktoren sind formal von der gleichen Bauart wie die Verteilungsfunktion (102) und sollen daher im folgenden als „Verteilungsfunktion der Molekülrotation"

$$f_r(T, a^*) = \sum_{l=1}^{\infty} G_{r,l} \cdot e^{-\frac{E_{r,l}}{kT}} \tag{153}$$

sowie als „Verteilungsfunktion der Molekülschwingungen"

$$f_s(T, a^*) = \sum_{l=1}^{\infty} G_{s,l} \cdot e^{-\frac{E_{s;l}}{kT}} \tag{154}$$

unabhängig voneinander besprochen werden.

54. Verteilungsfunktion der Molekülrotation. a) Klassische Theorie. Wenn die Einzelatome, welche das Molekül zusammensetzen, wie beim idealen einatomigen Gas (Ziff. 46) als punktförmig angenommen werden, so ist es für die Drehbewegung quasistarrer Moleküle (Ziff. 44) wesentlich, ob sie zwei- oder mehratomig sind. Beim zweiatomigen starren „Hantelmolekül" ist das Trägheitsmoment um die Verbindungslinie der beiden Atome mit den Massen M_1 und M_2 Null, senkrecht zu dieser Richtung

$$J = \frac{M_1 \cdot M_2}{(M_1 + M_2)} \cdot d^2, \tag{155}$$

wo d den unveränderlichen Atomabstand bedeutet. Bei drei- und mehratomigen Molekülen hingegen sind alle drei Hauptträgheitsmomente von Null verschieden. Während die Rotation eines zweiatomigen Moleküls demnach bloß um zwei aufeinander und zum Atomabstand senkrechte Achsenrichtungen durch den Schwerpunkt erfolgen kann, kommt bei mehratomigen Gebilden noch die dritte mögliche Rotationsachse hinzu.

Zur Festlegung der willkürlichen räumlichen Orientierung der Hantelachse des zweiatomigen Moleküls mögen Polarkoordinaten ϑ, φ benutzt werden, mittels welcher die Rotationsenergie E_r in der Form

$$E_r = \frac{1}{2J} \cdot \left(p_\vartheta^2 + \frac{p_\varphi^2}{\sin^2\vartheta}\right) \tag{156}$$

ausgedrückt werden kann, worin p_ϑ, p_φ die zu den Koordinaten ϑ, φ kanonisch konjugierten Impulsgrößen (Ziff. 4) darstellen. Wählt man jetzt für die Gewichtswerte $G_{r,l}$ in (153) gemäß der „klassischen Statistik" (Ziff. 45, α) eine willkürliche Konstante $g^{(r)}$ und approximiert die Verteilungsfunktion (153) mittels des Ansatzes (116)

$$g^{(r)} = \frac{d\vartheta \cdot d\varphi \cdot dp_\vartheta \cdot dp_\varphi}{g_\Omega^{(r)}}$$

durch ein „Zustandsintegral", so erhält man

$$f_r(T, J) = \frac{1}{g_\Omega^{(r)}} \int_0^{\pi} \int_{-\infty}^{+\infty} e^{-\frac{p_\vartheta^2}{2JkT}} \cdot d\vartheta \cdot dp_\vartheta \int_0^{2\pi} \int_{-\infty}^{+\infty} e^{-\frac{p_\varphi^2}{2J \cdot \sin^2\vartheta \cdot kT}} \cdot d\varphi \cdot dp_\varphi$$

oder

$$f_r(T, J) = \frac{1}{g_\Omega^{(r)}} \cdot 8\pi^2 J kT. \tag{157}$$

Die Gegenüberstellung dieses für die zwei Rotationsfreiheitsgrade des zweiatomigen Moleküls geltenden Ausdruckes mit der „klassischen" Verteilungsfunktion (149) für die drei Freiheitsgrade der fortschreitenden Bewegung

$$f^{(1)}(T, V) = \frac{V}{g_\Omega^{(1)}} (2\pi M kT)^{\frac{3}{2}} \tag{149'}$$

läßt erkennen, daß jeder einzelne Molekülfreiheitsgrad nach der klassischen Statistik ohne Rücksichtnahme auf seine physikalische Bedeutung zu der Verteilungsfunktion einen Temperaturfaktor $\sqrt{kT}$ beisteuert. Dieses Ergebnis findet sich auch bei drei- und mehratomigen Molekülen wieder, wo wegen der Ungleichheit der drei Hauptträgheitsmomente J, K, L ein dritter Rotationsfreiheitsgrad hinzukommt. Auf ähnlichem Wege wie für das zweiatomige Molekül ermittelt man hier

$$f_r(T, J, K, L) = \frac{1}{g_\Omega^{(r)}} \cdot 8\pi^2 (2\pi kT)^{\frac{3}{2}} \sqrt{J \cdot K \cdot L}. \tag{158}$$

Die Gleichartigkeit des Temperaturfaktors $\sqrt{kT}$ pro Freiheitsgrad in den „klassischen" Verteilungsfunktionen führt bei der Molekülrotation ebenso wie bei der fortschreitenden Bewegung (Ziff. 48) zum klassischen „Gleichverteilungssatz der mittleren kinetischen Energie über die Freiheitsgrade", entsprechend der bereits unter Ziff. 45, α) vorausgesehenen Übereinstimmung mit der allgemeinen Aussage (52) (Ziff. 20) über den mittleren Energieinhalt beliebiger quasiergodischer Gasmodelle. Die Erfahrung (Ziff. 20; s. ds. Handb. X, Kapitel 5) vermag dieses Ergebnis an der spezifischen Rotationswärme zwei- und mehratomiger Gase jedoch bloß für den Grenzfall hoher Temperaturen zu bestätigen. Während dieser Umstand für quasiergodische Gasmodelle als verhängnisvoll erkannt werden mußte (Ziff. 21), ist er im Rahmen der quasimechanischen Molekularstatistik einfach dadurch zu beseitigen, daß man die willkürliche Gewichtskonstanz der klassischen Statistik durch eine andersartige — quantenstatistische — Gewichtswahl ersetzt.

55. Verteilungsfunktion der Molekülrotation. b) Quantentheorie. Nach der Quantentheorie kann die Drehbewegung der Moleküle nur mit bestimmten diskreten Rotationsgeschwindigkeiten v_r stattfinden, welche durch die Vorschrift festgelegt sind, daß der Gesamtdrehimpuls p_r des Moleküls ein ganzzahliges Vielfaches von $h/2\pi$ sein muß, wo h das PLANCKsche Wirkungsquantum bedeutet. Der Einfachheit halber mögen bloß zweiatomige Moleküle in Betracht gezogen werden, deren Rotation um eine senkrecht zum Atomabstand stehende Achse vor sich geht, für welche das Trägheitsmoment J des Moleküls wiederum durch (155) gegeben ist. Dann liefert die genannte Quantenbedingung

$$p_r = v_r \cdot J = n_r \cdot \frac{h}{2\pi}, \tag{159}$$

worin die „Rotationsquantenzahl" n_r alle möglichen ganzzahligen Beträge annehmen kann; rechnet man die Winkelgeschwindigkeit v_r je nach dem Umdrehungssinn positiv oder negativ, so kann man auch n_r positive und negative Werte zuschreiben. Für die Quantenstufen der Rotationsenergie E_r folgt jetzt aus (159)

$$(n_r = 0, \pm 1, \pm 2, \ldots) \qquad E_{r, n_r} = \frac{1}{2} v_{r, n_r}^2 \cdot J = \frac{h^2}{8\pi^2 J} \cdot n_r^2 \tag{160}$$

und damit bei Hinzunahme der „Quantengewichte“ $g_r \cdot G_{r, n_r}$ (Ziff. 45) nach (118) und (153) für die quantenstatistische Verteilungsfunktion der Molekülrotation

$$f_r(T, J) = g_r \cdot \sum_{n_r=0}^{\infty} G_{r, n_r} \cdot e^{-\frac{h^2 n_r^2}{8\pi^2 J k T}}. \tag{161}$$

Nennt man

$$\frac{h^2}{8\pi^2 J k} = \Theta \tag{162}$$

die „charakteristische Temperatur“ [vgl. (137), Ziff. 48] der Molekülrotation, so kann an Stelle von (161) geschrieben werden

$$f_r(T, \Theta) = g_r \cdot \sum_{n_r=0}^{\infty} G_{r, n_r} \cdot e^{-n_r^2 \cdot \frac{\Theta}{T}}, \tag{163}$$

woraus man entnimmt, daß die quantenstatistische Verteilungsfunktion der Molekülrotation sich für verschiedene Molekülarten nur durch die jeweiligen Zahlenwerte des Parameters Θ unterscheidet, falls die Folge der Quantengewichte G_{r, n_r} für diese Molekülarten dieselbe ist. Die letztere Bedingung erscheint trivial, da ja hier für alle zweiatomigen Moleküle das gleiche „Hantelmodell“ zugrunde gelegt worden ist; sie braucht es jedoch keineswegs zu sein, wenn man den Vergleich der aus (163) abgeleiteten statistisch-thermodynamischen Eigenschaften mit jenen von wirklichen Molekülen in Betracht zu ziehen haben wird (Abschnitt V, Ziff. 63).

Da die Gewichtsfunktion für die innere Bewegung der statistischen Teilsysteme nach Ziff. 28 bloß von den eindeutigen Parameterinvarianten I der inneren Bewegung (Ziff. 10) abhängen darf, kann man diese Bedingung heranziehen, um näheren Aufschluß über die Abhängigkeit der bisher unbestimmt gebliebenen Quantengewichte G_{r,n_r} zu erhalten. Die Drehbewegung des „Hantelmodells“ besitzt zwei Freiheitsgrade (Ziff. 54) und ist bedingt periodisch ($s = 2$) (Ziff. 14), muß aber als „entartet“ ($u < s$) (Ziff. 14) bezeichnet werden, da sie — wie im vorstehenden — formal als einfach periodische Bewegung um eine raumfeste Achse aufgefaßt werden kann, was einem einzigen Freiheitsgrade ($u = 1$) entspricht. Die einzige Parameterinvariante I eines einfach periodischen Systems ist durch (37) (Ziff. 13) bestimmt und im Falle der Molekülrotation durch den Drehwinkel q_r und den Drehimpuls p_r in der Form

$$I = \oint p_r \cdot dq_r = 2\pi \cdot p_r \tag{164}$$

darstellbar. Wenn die Quantentheorie gemäß (159) und (164)

$$(n_r = 0, 1, 2, \ldots) \qquad I_{n_r} = n_r \cdot h \tag{165}$$

setzt, so wird durch die Parameterinvarianz von I die naheliegende Bedingung erfüllt, daß die Quantenvorschriften der Molekülbewegung keinen zusätzlichen unmechanischen Zwang auferlegen sollen, wenn die Bewegung durch Parameterverschiebungen umkehrbar unendlich langsam abgeändert werden würde (was im vorliegenden Falle allerdings nur durch eine Veränderung des Trägheitsmomentes realisiert werden könnte); wäre nämlich die Parameterinvarianz nicht vorhanden, so müßte sich die linke Seite von (165) bei einer derartigen Beeinflussung der Bewegung dauernd verändern, was der Konstanz der rechten Seite von (165) widerspricht. — Aus (165) ist zu entnehmen, daß die Quantengewichte G_{r,n_r} der Molekülrotation bei alleiniger Abhängigkeit von der Parameterinvariante (164) nur durch die Rotationsquantenzahl n_r bestimmt sein können. Welche Funktion $\Gamma(n_r)$ von n_r für die G_{r,n_r} zu wählen ist, kann nach der Quantentheorie sehr wesentlich vom feineren Aufbau der Moleküle abhängen, so daß man nicht hoffen darf, mit dem von ihr für das grobschematische „Hantelmodell" gelieferten Ausdruck

$$G_{r,n_r} = 2n_r + 1 \tag{166}$$

mehr als einen qualitativ befriedigenden Anschluß der Verteilungsfunktion (163) an die Erfahrungstatsachen zu erzielen; in der Tat ist sogar dies, wie die Rechnung lehrt, erst dann zutreffend, wenn man die Einschränkung

$$n_r \neq 0 \tag{166a}$$

zu (166) hinzunimmt (s. ds. Handb. X, Kapitel 5, Ziff. 8). Es erscheint daher vorteilhafter, die nähere Bestimmung der Quantengewichte $\Gamma(n_r)$ einstweilen offenzulassen und erst hinterher (Ziff. 63) an Hand der Erfahrung vorzunehmen. Unabhängig von einer genauen Kenntnis der Funktion $\Gamma(n_r)$ ist jedenfalls klar, daß die Willkürlichkeit der räumlichen Orientierung der molekularen Rotationsachsen, welche der Ableitung von (166) zugrunde liegt (Ziff. 65), auf sie von mitbestimmendem Einfluß sein muß, wie auch der expliziten Berücksichtigung dieses Einflusses in der klassischen Statistik (Ziff. 56) bei der Ausrechnung des Zustandsintegrals (157) eine maßgebliche Rolle zugekommen ist.

56. Verteilungsfunktion der Molekülschwingungen nach der klassischen und nach der Quantentheorie. Um die inneren Schwingungen eines Moleküls berücksichtigen zu können, muß die bisher vorausgesetzte Starrheit der innermolekularen Atombindungen aufgegeben werden. Der Einfachheit halber mögen auch im folgenden bloß zweiatomige Moleküle betrachtet werden; der Schwingungsvorgang besteht dann in einer periodischen Veränderung des Atomabstandes, welche jedenfalls für nicht allzu große Amplituden als harmonisch angesehen werden darf, hier aber ganz allgemein als solche gelten soll. Wird dieser Bewegungsvorgang von einem Freiheitsgrade mittels der „Normalkoordinate" q_s und dem dazu kanonisch konjugierten Impuls p_s beschrieben, so lautet seine Energie E_s bei einer Schwingungsfrequenz ν

$$E_s = \tfrac{1}{2}p_s^2 + 2\pi^2\nu^2 q_s^2. \tag{167}$$

Wenn man für die Gewichtswerte $G_{s,l}$ der „Verteilungsfunktion der Molekülschwingungen" (154) gemäß der „klassischen Statistik" (Ziff. 45, α) eine willkürliche Konstante $g^{(s)}$ wählt und die Verteilungsfunktion auf Grund des Ansatzes (116)

$$g^{(s)} = \frac{dq_s \cdot dp_s}{g_\Omega^{(s)}}$$

durch ein „Zustandsintegral" approximiert, bekommt man

$$f_s(T,\nu) = \frac{1}{g_\Omega^{(s)}}\int\limits_{-\infty}^{+\infty} e^{-\frac{p_s^2}{2kT}} \cdot dp_s \int\limits_{-\infty}^{+\infty} e^{-\frac{2\pi^2\nu^2 q_s^2}{kT}} \cdot dq_s = \frac{1}{g_\Omega^{(s)}}\,\frac{kT}{\nu}. \tag{168}$$

Ebenso wie in (157) (Ziff. 54) steuert hier jedes der beiden Integrale einen Temperaturfaktor $\sqrt{kT}$ zur Verteilungsfunktion (168) bei, wegen des Vorhandenseins einer potentiellen Energie in (167) entfällt aber jetzt $(\sqrt{kT})^2$ auf den einen vorhandenen Freiheitsgrad, so daß zwar auch hier der klassische „Gleichverteilungssatz der mittleren kinetischen Energie" gilt (Ziff. 45, 54), für die gesamte mittlere Schwingungsenergie aber der doppelte Gleichverteilungswert $\frac{1}{2} k T$ pro Freiheitsgrad [vgl. (135), Ziff. 48) herauskommt. Wie die Erfahrung lehrt, kann (168) nur für den Grenzfall hoher Temperaturen als brauchbar angesehen werden (s. ds. Handb. X, Kapitel 5, Ziff. 5), so daß bei der Statistik der Molekülschwingungen ebenso wie bei jener der Molekülrotation allgemeinere Gewichtsannahmen erforderlich sind.

Wendet man die Quantentheorie auf das Problem harmonischer Molekülschwingungen an, so liefert die zu (165) analoge Quantenbedingung

$$(n_s = 0, 1, 2, \ldots) \qquad I = \oint p_s \cdot d q_s = n_s \cdot h \tag{169}$$

die Aussage, daß quantentheoretisch nur solche Schwingungsamplituden der Atome vorkommen können, für welche

$$(n_s = 0, 1, 2, \ldots) \qquad I = \frac{E_s}{\nu} = n_s \cdot h \tag{169'}$$

gilt, d. h. für welche die Energie der Molekülschwingungen durch die Stufenfolge

$$(n_s = 0, 1, 2, \ldots) \qquad E_{s, n_s} = n_s \cdot h \nu \tag{170}$$

bestimmt ist. Zur Aufstellung der quantenstatistischen Verteilungsfunktion der Molekülschwingungen (154) bedarf es dann noch einer Kenntnis der den einzelnen Energiestufen (170) zugehörigen Gewichtsstufen $g_s \cdot G_{s, n_s}$. Ähnlich wie in Ziff. 55 kann zunächst geschlossen werden, daß die Quantengewichte G_{s, n_s} wegen Ziff. 28 und der Parameterinvarianz der Quantenbedingung (169) allein Funktionen der „Schwingungsquantenzahl" n_s sein können. Die Quantentheorie liefert insbesondere

$$(n_s = 0, 1, 2, \ldots) \qquad G_{s, n_s} = 1\,, \tag{171}$$

so daß die gesuchte quantenstatistische Verteilungsfunktion

$$f_s(T, \nu) = g_s \cdot \sum_{n_s = 0}^{\infty} e^{-n_s \frac{h\nu}{kT}} = \frac{g_s}{1 - e^{-\frac{h\nu}{kT}}} \tag{172}$$

wird. Führt man durch

$$\frac{h\nu}{k} = \Theta \tag{173}$$

eine „charakteristische Temperatur" [vgl. (137), Ziff. 48; (162), Ziff. 55] der Molekülschwingungen ein, so nimmt (172) die universelle Form

$$f_s(T, \Theta) = \frac{g_s}{1 - e^{-\frac{\Theta}{T}}} \tag{174}$$

an, welche sich bisher der Erfahrung gegenüber zu bewähren scheint (s. ds. Handb. X, Kapitel 5, Ziff. 5). Für hohe Temperaturen wird Θ/T so klein, daß der Nenner von (174) durch Θ/T ersetzt werden kann. Dies liefert

$$(\lim T \to \infty) \qquad f_s(T, \nu) = \frac{g_s}{h} \cdot \frac{kT}{\nu}\,, \tag{168'}$$

was mit der „klassischen" Verteilungsfunktion (168) übereinstimmt, wenn in letzterer

$$g^{(s)} = \frac{h}{g_s} \tag{168a}$$

angenommen wird, wie es auch in Anbetracht der Wirkungsdimension der PLANCKschen Konstante h der Dimensionslosigkeit des Gewichtsfaktors g_s entspricht.

c) Festkörper.

57. Eigenschwingungen und Verteilungsfunktion der Festkörper. Um den festen Körper ähnlich wie die Gase auf statistisch-thermodynamischem Wege untersuchen zu können, ist nach den allgemeinen Ausführungen über die Grundlagen der Statistik (Abschnitt III) der Nachweis erforderlich, daß er als quasimechanisches Gebilde dargestellt werden kann. Hierzu bedarf es eines genaueren Einblickes in die Wärmebewegung der Festkörperbausteine, wofür neben der Möglichkeit molekularer Ortsveränderungen vor allem jene Vorgänge zu berücksichtigen sind, welche durch das Wechselspiel der hier alles dominierenden Kohäsionskräfte bedingt werden. Die Festkörperbausteine selbst, Atome, Moleküle, Ionen, mögen wie im idealen Gaszustand (Ziff. 46) durch punktförmige oder starre, kugelsymmetrische Gebilde idealisiert werden. Die Geringfügigkeit der Wärmeausdehnung fester Körper lehrt, daß die zwischen ihren Molekülen tätigen Wechselwirkungskräfte zumindest im Gebiete tiefer und mittlerer Temperaturen annähernd als lineare Funktionen der jeweiligen Abstände der Moleküle von ihren mittleren Nullpunktsruhelagen angesehen werden können. Durch Einführung geeigneter „Normalkoordinaten" und -impulse $q_k, p_k\,(k = 1, 2, \cdots 3N)$ ist es dann stets möglich, die Wärmebewegung von N Festkörpermolekülen auf ihre praktisch in der Anzahl $3N$ vorhandenen und voneinander unabhängigen harmonischen Eigenschwingungen zurückzuführen (s. ds. Handb. XXIV, Kap. 5). Die Energiegleichung etwa der k-ten von diesen Eigenschwingungen mit der Frequenz ν_k besitzt die mit (167) (Ziff. 56) übereinstimmende Form

$$E(\nu_k) = \tfrac{1}{2} p_k^2 + 2\pi^2 \nu_k^2 q_k^2 . \tag{175}$$

Da jede Eigenschwingung mechanisch ein abgeschlossenes System von einem Freiheitsgrade mit unveränderlichem Energieinhalt E bedeutet, wäre die Herstellung thermodynamischen Gleichgewichtes in Festkörpern, oder anders ausgedrückt, die Realisierung einer gewissen zeitlich-mittleren Energieverteilung (nämlich der Boltzmannschen Verteilung, Ziff. 34) über seine Eigenschwingungen undenkbar, wenn es keinen zusätzlichen unmechanischen Mechanismus gäbe, welcher einen zeitweiligen, kurzdauernden Energieaustausch unter den Eigenschwingungen ermöglicht. Die ausdrückliche Voraussetzung derartiger unmechanischer Wechselwirkungsvorgänge zwischen den Eigenschwingungen der Festkörper (mit zufallsgesetzlich bestimmter zeitlicher Häufigkeit, s. Ziff. 29) gehört also ebenso notwendig zum molekulartheoretischen Festkörpermodell, wie jene der gaskinetischen Molekülzusammenstöße zu dem Bilde, welches die Molekulartheorie für den Gaszustand entwirft. Ihre Notwendigkeit beweist, daß auch der Festkörper als quasimechanisches Gebilde (Ziff. 22) angesehen werden muß und daß als seine Teilsysteme die einzelnen Eigenschwingungen zu gelten haben.

Da die statistische Behandlung einer sehr großen Anzahl ungleicher Teilsysteme, wie es die Festkörpereigenschwingungen im allgemeinen sind, nach der Statistik nur ausführbar ist, wenn sie auf jene von einzelnen Komponenten mit lauter gleichartigen Teilsystemen zurückgeführt werden kann, ist es vorerst notwendig, die Gesamtheit aller Festkörpereigenschwingungen in Gruppen gleicher Beschaffenheit, also gleicher Schwingungsfrequenz ν aufzuteilen und das Zusammenwirken dieser Gruppen statistisch hinterher auf ähnlichem Wege zu berücksichtigen, wie dies bereits für den Fall physikalischer Gasgemische (Ziff. 52) angegeben worden ist. Faßt man als zu je einer „Gemischkomponente" gleichbeschaffener Eigenschwingungen gehörig, alle jene Eigenschwingungen zusammen, deren Frequenzen in den infinitesimalen Frequenzbereich zwischen ν und $\nu + d\nu$ fallen, so liefert die Debye-Born-Kármánsche Theorie der Kristallgitterschwingungen (s. ds. Handb. XXIV, Kapitel 5) für ihre Anzahl $N(\nu)\cdot d\nu$ im Volumen V den Ausdruck

$$N(\nu)\cdot d\nu = \frac{12\pi\nu^2\cdot d\nu}{v^3}\cdot V\,, \tag{176}$$

in dem v eine gewisse mittlere Fortpflanzungsgeschwindigkeit im Festkörper für longitudinale und transversale Wellen bedeutet. Da die Gesamtzahl $3N$ aller Eigenfrequenzen endlich ist, besteht das „elastische" Spektrum der Festkörper aus einer gedrängten, aber diskreten „Linien"folge, welche nur für sehr große N gemäß (176) als quasikontinuierlich gelten kann und sich auch dann nur bis zu einer endlichen oberen Grenze ν_D, der DEBYEschen Grenzfrequenz, erstreckt. Nach der BORN-KÁRMÁNschen Theorie kann zu diesem quasikontinuierlichen „elastischen" Spektrum noch ein „optisches", aus einzelnen diskreten Frequenzen bestehendes Linienspektrum hinzukommen, dessen Glieder statistisch dann gesondert neben den vom Verteilungsgesetz (176) erfaßten Eigenschwingungen zu berücksichtigen sind (s. ds. Handb. X, Kapitel 5, Ziff. 21).

Wenn $f(T,\nu)$ die Verteilungsfunktion einer einzelnen Festkörpereigenschwingung von der Frequenz ν bezeichnet, ergibt (102) für die Verteilungsfunktion aller in das Frequenzintervall ν bis $\nu + d\nu$ fallender Eigenschwingungen

$$[f(T,\nu)]^{N(\nu)\cdot d\nu},$$

worin der Exponent durch (176) bestimmt ist. Behandelt man die verschiedenen Eigenschwingungsgruppen benachbarter Frequenz ähnlich wie die Komponenten des physikalischen Gasgemisches (Ziff. 52), so findet man für die Verteilungsfunktion $F(T,V)$ sämtlicher Eigenschwingungen eines festen Körpers vom Volumen V das bis zur DEBYEschen Grenzfrequenz ν_D erstreckte Produkt

$$F(T,V) = \prod_{\nu=0}^{\nu_D}[f(T,\nu)]^{N(\nu)\cdot d\nu},$$

welches nach Einführung der Verteilungsformel (176) und Übergang zur Integralschreibweise die Form annimmt

$$F(T,V) = e^{\frac{12\pi V}{v^3}\int\limits_0^{\nu_D}\nu^2\log f(T,\nu)\cdot d\nu} \tag{177}$$

Da das Volumen V der Anzahl N der Festkörpermoleküle proportional ist, entnimmt man aus (177), daß die Verteilungsfunktion der Festkörpereigenschwingungen unter allen Umständen von der Gestalt

$$F(T,N) = [F_1(T)]^N \tag{178}$$

sein wird, worin F_1 für hinreichend große N von N praktisch unabhängig ist.

Wie bereits zu Beginn der vorliegenden Ziffer angedeutet worden ist, kommt beim festen Körper neben den bisher behandelten Wärmeschwingungen ortsfester Moleküle auch noch die Möglichkeit molekularer Ortsveränderungen in Betracht, welche bisher nicht in Rücksicht gezogen worden ist, so daß (177) bzw. (178) noch nicht als die vollständige Verteilungsfunktion des festen Körpers gelten kann. Wenn sich der feste Körper mit seinem eigenen Dampf im Wärmegleichgewicht befindet (Abschnitt VII, Ziff. 77), so findet an seinen äußeren und inneren Oberflächen ein fortwährender Molekülaustausch mit der Gasphase statt, welcher bewirkt, daß die individuelle Verteilung der kondensierten Moleküle über das Volumen V des Körpers dauernd geändert wird. Da prinzipiell jedes kondensierte Molekül durch teilweise Verdampfung und anderweitige Kondensation seiner molekularen Nachbarschaft zu einem Oberflächenmolekül werden und damit selbst zur Verdampfung gelangen kann, ist im Wege solcher Vorgänge die Realisierung einer ortsfesten Molekülanordnung im Volumen V prinzipiell auf ebensoviele Arten möglich, als die Anzahl individueller Verteilungen von N Molekülen über N ortsfeste Plätze, nämlich $N!$ beträgt. Diesem „äußeren" Molekülaustausch gegenüber sind nach neueren Anschauungen Platzwechselvorgänge zwischen benachbarten Molekülen im Inneren idealregelmäßiger Kristallgitterbereiche unmöglich, so daß die angegebene „Vertauschungszahl" $N!$ durch „inneren" Molekülaustausch keine Herabsetzung erfährt[1]). Weil die Verteilungsfunktion (177) bzw. (178) der Festkörpereigenschwingungen offenbar für jede einzelne individuelle Molekülanordnung im Körper gilt, erhält man für die vollständige Verteilungsfunktion des Festkörpers mit Benutzung von (178)

$$N! \cdot [F_1(T)]^N. \tag{179}$$

58. Verteilungsfunktion der Festkörpereigenschwingungen nach der klassischen und nach der Quantentheorie. Nullpunktsentropie des kondensierten Zustandes. Die vorangehenden Betrachtungen zur Verteilungsfunktion der Festkörper haben die Existenz einer bestimmten Verteilungsfunktion $f(T, \nu)$ jeder einzelnen Eigenschwingung von der Frequenz ν vorausgesetzt, ohne auf deren näheren Aufbau eingehen zu müssen. Wegen der mechanischen Gleichartigkeit einer Festkörpereigenschwingung mit der Eigenschwingung eines zweiatomigen Moleküls (Ziff. 56) und in Anbetracht der völligen Übereinstimmung des Energieausdrucks (175) (Ziff. 57) der ersteren mit der analogen Funktion (167) (Ziff. 56) für die letztere ist unmittelbar evident, daß die in Ziff. 56 besprochenen Eigenschaften der Verteilungsfunktion von Molekülschwingungen mit jenen der Verteilungsfunktion von Festkörpereigenschwingungen übereinstimmen müssen. Danach ergibt die „klassische" Statistik für eine Eigenschwingung von der Frequenz ν

$$f(T, \nu) = \frac{1}{g_\Omega} \frac{kT}{\nu}, \tag{168A}$$

ferner die Quantenstatistik

$$f(T, \nu) = \frac{g}{1 - e^{-\frac{h\nu}{kT}}}, \tag{172A}$$

worin den Gewichtsfaktoren g_Ω bzw. g die gleiche Bedeutung zukommt, wie den entsprechenden Größen $g_\Omega^{(s)}$, g_s in (168) und (172). Unter der keineswegs selbstverständlichen Annahme der Gleichheit dieser Gewichtsfaktoren für sämtliche Eigenschwingungen, welche indes von der Erfahrung gerechtfertigt zu werden scheint, ist es dann möglich, die Ausdrücke (168A) und (172A) in die allgemeine Darstellung (177) der Verteilungsfunktion sämtlicher Festkörpereigenschwingungen einzuführen und bei Berücksichtigung des „Vertauschungsfaktors" $N!$ in (179) die vollständige Verteilungsfunktion des Festkörpers nach der klassischen und nach der Quantenstatistik auszurechnen. Mit Benutzung der in Anlehnung an das Verteilungsgesetz (176) der Eigenschwingungen naheliegenden Debyeschen Abschätzung der Grenzfrequenz ν_D des „elastischen" Spektrums

$$\frac{12\pi V}{v^3} \int_0^{\nu_D} \nu^2 \cdot d\nu = 3N$$

[1]) Nach A. Smekal [Phys. ZS. Bd. 26, S. 707. 1925; Verh. d. D. Phys. Ges. (3) Bd 6, S. 50, 52. 1925] findet nämlich Selbstdiffusion und elektrolytische Stromleitung in Kristallen nur längs der „inneren" Oberflächen submikroskopischer Poren und anderer Gitterstörungszonen statt, was unabhängig mittels des lichtelektrischen Effektes oder der Festigkeitseigenschaften der Kristalle belegt werden kann.

findet man so etwa für die „klassische" Verteilungsfunktion des Festkörpers

$$N!\left[\frac{kT}{g_\Omega}\frac{e}{\nu_D}\right]^{3N}. \tag{180}$$

Die Proportionalität dieses Ausdrucks mit $(kT)^{3N}$ setzt den Umstand in Evidenz, daß jedem einzelnen Festkörperfreiheitsgrad bei hohen Temperaturen — dem Gültigkeitsbereich der „klassischen" Verteilungsfunktion (168A) — der doppelte „Gleichverteilungsbetrag" an mittlerem Energiebesitz zukommt, wie beim idealen Gas [Ziff. 48, Gleichung (135)], wo hierfür der Faktor $\sqrt{kT}$ pro Freiheitsgrad zu stehen kommt (s. Ziff. 56, wo dieser Unterschied bereits für die Einzelschwingung besprochen wird). Um das für eine nachfolgende Feststellung wichtige Verhalten der quantenstatistischen Festkörper-Verteilungsfunktion beim absoluten Nullpunkt überblicken zu können, ist es am einfachsten, anzuwenden, daß der Ausdruck (177) seiner Ableitung gemäß, als Produkt der Verteilungsfunktionen $f(T, \nu)$ sämtlicher $3N$ einzelnen Eigenschwingungen aufgefaßt werden kann[1]). Die quantenstatistische Verteilungsfunktion (172A) der Einzelschwingung liefert dann

$$N!\,g^N\prod_{k=1}^{3N}\left(\frac{1}{1-e^{-\frac{h\nu_k}{kT}}}\right), \tag{181}$$

was für $T \to 0$

$$N!\,g^N \tag{181'}$$

ergibt. — Bezüglich aller weiteren Eigenschaften der Festkörper-Verteilungsfunktionen muß ebenso wie hinsichtlich der spezifischen Wärme der Festkörper und des Vergleiches mit der Erfahrung auf Band X, Kapitel 5 dieses Handbuches verwiesen werden.

Das Auftreten des für alle thermischen Gleichgewichtszustände konstanten Faktors $N!$ in den Verteilungsfunktionen (179), (180), (181) ist auf die meisten statistisch-thermodynamischen Funktionen der festen Körper ohne Einfluß, da sie nach Ziff. 39 allgemein durch irgendwelche Differentialquotienten des natürlichen Logarithmus der Verteilungsfunktionen bestimmt sind, bei welchen jener Faktor fortfällt. Nach (103) und (104) (Ziff. 39) tritt er aber jedenfalls im statistischen Entropieausdruck des Festkörpers auf, zu welchem er den konstanten Beitrag

$$k \cdot \log N! \tag{182}$$

leistet. Nach (181′) ist dies nichts anderes als die statistische Nullpunktsentropie

$$k \cdot \log N! + kN \cdot \log g \tag{182'}$$

des Festkörpers, wenn man die willkürlichen Gewichtsfaktoren g zur Einheit normiert. Damit ist zugleich auch jener Entropiesummand (144) wiedergefunden, der sich in Ziff. 50 im Zusammenhang mit der statistischen Entropie der idealen Gase ergeben hat und dort unter Hinweis auf den kondensierten Zustand gedeutet worden ist.

59. Anharmonische Festkörperschwingungen bei hohen Temperaturen. Wie bereits zu Eingang von Ziff. 57 angedeutet worden ist, kann die Annahme harmonischer Festkörpereigenschwingungen nur als eine für tiefe und mittlere Temperaturen brauchbare Annäherung angesehen werden. Wärmeausdehnung, Kompressibilität (s. ds. Handb. X, Kapitel 1) und vor allem der Schmelzvorgang weisen darauf hin, daß die Wärmeschwingungen anharmonisch und nur endlicher

[1]) In Verbindung mit dieser Form der Verteilungsfunktion ist auch unmittelbar ersichtlich, in welcher Art die etwa vorhandenen Frequenzen des „optischen" Festkörperspektrums (Ziff. 57) mitberücksichtigt werden könnten, auf welche im Texte nicht weiter Bezug genommen worden ist.

Maximalenergieinhalte fähig sein können. Die potentielle Energie des Systems gekoppelter Massenpunkte, als welches der Körper im molekulartheoretischen Sinne nach wie vor zu gelten hat, enthält dann auch höhere als quadratische Potenzen der Koordinaten, welche die Ermittlung von „Normalkoordinaten" und Auflösung der Wärmebewegung in voneinander unabhängige Teilschwingungen nicht mehr zulassen. Eine rationelle Behandlung dieses Falles ist nur ausführbar, wenn man die Abweichungen von dem quadratischen Anteil der potentiellen Energie als kleine Störungsgrößen ansehen darf, was für die „störungsfreie" Bewegung wiederum zu den Normalkoordinaten zurückführt und eine Ermittlung der „gestörten" Bewegung durch sukzessive Annäherungen ermöglicht. Auch jetzt noch können die einzelnen Teilschwingungen der Wärmebewegung als Teilsysteme des warmen Körpers im statistischen Sinne betrachtet werden — aber diese Teilsysteme sind nicht mehr völlig unabhängig voneinander, sondern üben schwache, aber doch merkliche mechanische Wechselwirkungen aufeinander aus, welchen sich die unmechanischen, durch den „quasimechanischen" Charakter des Festkörpers (Ziff. 57) bedingten zufallsgesetzlichen Wechselwirkungen der anharmonisch gewordenen Eigenschwingungen überlagern. Das Problem der Wärmebewegung der Festkörper bei höheren Temperaturen tritt dadurch in Analogie zur VAN DER WAALSschen Wechselwirkung der Gasmoleküle bei nichtidealen Gasen (Ziff. 51) und entzieht sich ebenso wie letztere einer unmittelbaren Behandlung auf Grund der allgemeinen μ-Raumstatistik (Abschnitt III). Um hier dennoch eine statistische Behandlung zu ermöglichen, muß man den festen Körper als Riesenmolekül betrachten, das sich entweder mit einer sehr großen Anzahl gleichgeschaffener Gebilde, oder aber mit einem aus beliebigen Körpern bestehenden, sehr energiereichen Wärmereservoir in Energieaustausch befindet. Dies führt zur Anwendung der kanonischen Verteilung (Ziff. 42) auf den Festkörper und liefert die Abweichungen seiner thermischen Eigenschaften von jenen, welche durch die „klassische" Verteilungsfunktion (180) des harmonisch schwingenden Festkörpers bestimmt sind[1]).

Die bisherigen Betrachtungen über harmonische und anharmonische Festkörperschwingungen haben stillschweigend vorausgesetzt, daß sämtliche Moleküle des Körpers an ihnen völlig gleichberechtigten Anteil haben. Dies ist nun offensichtlich unzutreffend für die Moleküle, welche die äußeren und inneren[2]) Oberflächen des Körpers zusammensetzen, wegen der geringen Anzahl der „Oberflächenmoleküle" gegenüber den „Volumenmolekülen" aber auch belanglos für alle Temperaturen, die nicht in allzu großer Nähe des Schmelzpunktes gelegen sind. In der Nähe des Schmelzpunktes jedoch ist zu erwarten, daß die locker gebundenen Oberflächenmoleküle erheblich mehr Energie aufzunehmen vermögen als die im Inneren gelegenen Festkörperbausteine, so daß der Körper in diesem Bereiche auch eine Überschreitung desjenigen thermischen Energieinhaltes aufweisen sollte, den man auf Grund seiner anharmonischen Wärmebewegung errechnet. Anomalien dieser Art sind in einigen Fällen auch tatsächlich experimentell sichergestellt[3]) und scheinen mit solchen parallel zu laufen, bei welchen eine Mitwirkung der Oberflächenmoleküle in hohem Grade wahrscheinlich ist[4]).

---

[1]) E. SCHRÖDINGER, ZS. f. Phys. Bd. 11, S. 170, 396. 1922; M. BORN u. E. BRODY, ebenda Bd. 6, S. 132. 1921; s. auch ds. Handb. X, Kap. 5, Ziff. 24.

[2]) Siehe die Fußnote zu Ziff. 57.

[3]) E. SCHRÖDINGER, Phys. ZS. Bd. 20, S. 420, 450, 474, 497, 523. 1919, Tabelle V (H_2O, $ZnSO_4 \cdot 7\,H_2O$); R. LADENBURG u. R. MINKOWSKI, ZS. f. Phys. Bd. 8, S. 137. 1922, Fig. 1 (Na), s. ferner ds. Handb. X, Kap. 5, Ziff. 24.

[4]) Man denke etwa an den mehrfach beobachteten exponentiellen Temperaturanstieg (positiver Exponent!) der elektrolytischen Leitfähigkeit in der Nähe des Schmelzpunktes (z. B. bei NaCl) und vergleiche hierzu die Fußnote zu Ziff. 57.

V. Statistische Thermodynamik realer Moleküle.

a) Theoretische Verwertung makroskopischer Ergebnisse.

60. Anwendung des FOURIERschen Umkehrtheorems. Die auf (102) (Ziff. 38) gestützte universelle Struktur der statistischen Verteilungsfunktionen und deren erschöpfende Bedeutung für die statistisch-thermodynamischen Zustandsgrößen (Ziff. 39) sind im vorangehenden Abschnitte dazu benutzt worden, die Grundlagen für eine Behandlung des gasförmigen und des festen Aggregatzustandes unter Zuhilfenahme möglichst einfacher molekulartheoretischer Bilder zu geben. Für die damit erzielbaren Erfolge mußte auf den anderwärts durchgeführten Vergleich mit der Erfahrung (s. ds. Handb. X, Kapitel 5) verwiesen werden; sie sprechen in großen Zügen zugunsten der benutzten Bilder, falls man für genügend hohe Temperaturen die Ergebnisse der „klassischen" Statistik (Ziff. 45, α), für mittlere und tiefe Temperaturen hingegen die Aussagen der Quantenstatistik (Ziff. 45, β) anwendet. In der Unterscheidung und Beschränkung auf diese beiden Extremfälle von Annahmen über das Verhalten der statistischen Gewichtsfunktionen (Ziff. 45) liegt indessen ein Umstand, welcher auf dem Boden der Statistik im Vorangehenden noch keine Begründung gefunden hat. In Verbindung damit ist bisher auch die Frage unbeachtet geblieben, inwieweit zwischen einem bestimmten Ansatz über das Verhalten der Gewichtsfunktion und den makroskopischen Eigenschaften des betrachteten warmen Körpers eine eindeutige Verknüpfung besteht. Eine Klärung dieser Punkte ist offenbar nur dann herbeizuführen, wenn als Ausgangspunkt der Betrachtung eine direkte rechnerische Verwertung makroskopischer Erfahrungstatsachen herangezogen wird. Dies bringt es mit sich, daß die nachfolgenden Ergebnisse nicht mehr auf so weitgehend idealisierte Bilder bezug haben können, wie sie im Vorangehenden benutzt wurden, sondern der tatsächlichen Molekularstruktur der Materie zuzuschreiben sind.

Der eingangs erwähnte Zusammenhang zwischen den makroskopischen Zustandsgrößen warmer Körper und ihren Verteilungsfunktionen ermöglicht es wenigstens prinzipiell, die letzteren auf Grund empirischer Daten zu ermitteln. Aus den thermodynamischen Beziehungen der Ziff. 39 geht hervor, daß die PLANCKsche Wärmefunktion $\Psi(T, a^*)$ bis auf ihre willkürliche additive Konstante S_0 auf rein thermodynamischem Wege bestimmbar ist, worauf die Beziehung (104) für die gesuchte Verteilungsfunktion des warmen Körpers $F(T, a^*)$ den Ausdruck liefert

$$F(T, a^*) = e^{\frac{\Psi(T, a^*) - S_0}{k}}. \tag{183}$$

Für die weitere Verwertung dieses Ergebnisses ist es von grundsätzlicher Bedeutung, unterscheiden zu können, ob der betrachtete warme Körper aus lauter gleichartigen Teilsystemen aufgebaut ist und in welcher Anzahl diese Teilsysteme vorhanden sind. Die orientierenden Betrachtungen des vorangehenden Abschnittes gestatten es, die notwendigen Angaben für den gasförmigen und den festen Aggregatzustand ohne wesentliche Unsicherheit namhaft zu machen und die Reduktion von (183) auf die Verteilungsfunktionen $f(T, a^*)$ der einzelnen Teilsysteme vorzunehmen. Für den flüssigen Aggregatzustand sind die erforderlichen Daten unbekannt; selbst ihr Ersatz durch probeweise Einführung bestimmter Hypothesen ist noch nicht vorgenommen worden. — Der Fall der Koexistenz ungleichartiger Teilsysteme im warmen Körper (Gasgemische, Festkörpereigenschwingungen) möge der Einfachheit halber zunächst beiseitegelassen werden. Bei gleichartigen Teilsystemen von der Gesamtanzahl N folgt dann aus der Beziehung (102) (Ziff. 38) für den Zusammenhang zwischen $F(T, a^*)$ und $f(T, a^*)$

$$f(T, a^*) = e^{\frac{\Psi(T, a^*) - S_0}{kN}}; \tag{184}$$

die Verteilungsfunktion des Einzel-Teilsystems kann dadurch in ihrer Abhängigkeit von der absoluten Temperatur auf makroskopisch-experimentellem Wege wenigstens prinzipiell mit beliebig weitgehender Genauigkeit bestimmt werden.

Ist nun dieserart die Verteilungsfunktion der Teilsysteme empirisch ermittelt, so kann man sie der universellen Funktionsform (102) (Ziff. 38) gegenüberstellen und den in der letzteren enthaltenen Zusammenhang zwischen Teilsystemenergie E und zugehörigem „Gewicht" G zu ermitteln suchen. Um dabei neben stetigen Gewichtsfunktionen [„Zustandsintegrale" $f(T, a^*)$, Ziff. 45, α) auch unstetige [„Zustandssummen" $f(T, a^*)$, Ziff. 45, β] berücksichtigen zu können, möge $f(T, a^*)$ als STIELTJESsches Integral

$$f(T, a^*) = \int_0^\infty e^{-\frac{E}{kT}} \cdot dG' \tag{102a}$$

geschrieben werden; hier tritt dG' an Stelle der bisherigen Gewichte G_l, so daß die a priori-Häufigkeit dafür, daß die Energie E eines Teilsystems zwischen E_1 und $E_2 (> E_1)$ gelegen sei, jetzt durch $G'(E_2) - G'(E_1)$ gemessen wird. Nach Einführung der neuen Veränderlichen

$$\tau = \frac{1}{kT} \tag{185}$$

und bei Nichtbeachtung der Parameterabhängigkeiten hat man

$$f(\tau) = \int_0^\infty e^{-\tau E} \cdot dG'. \tag{186}$$

Das auf STIELTJESsche Integrale passend erweiterte FOURIERsche Integraltheorem liefert dann mit

$$G'(E) = \frac{1}{2\pi i} \int_{a - i\infty}^{a + i\infty} f(\tau)\, e^{\tau \cdot E} \cdot \frac{d\tau}{\tau} \tag{187}$$

den Zusammenhang zwischen dem „Integralgewicht" G' und der zugeordneten Teilsystemenergie E, wobei a eine beliebige positive reelle Zahl bedeutet, die einen gewissen Grenzwert nicht unterschreiten darf[1]). Bei vorgegebener Verteilungsfunktion $f(\tau)$ ist die gegenseitige Abhängigkeit von E und G' demnach eindeutig bestimmt. Aus (187) entnimmt man, daß $f(\tau)$ als komplexe Funktion ihres Argumentes gegeben sein muß, was im allgemeinen nur annäherungsweise der Fall sein wird, wenn $f(\tau)$ auf Grund experimenteller, stets mit Ungenauigkeiten und Fehlern behafteter Meßergebnisse durch eine ausgleichende Formel dargestellt werden konnte; doch läßt sich diese Schwierigkeit — wenn erforderlich — auch vermeiden und G' als Funktion von E mit Benutzung bloß reeller Tabellenwerte für $f(\tau)$ bestimmen[2]).

[1]) Das erweiterte Umkehrtheorem findet sich im wesentlichen bereits 1859 bei B. RIEMANN, Gesammelte Werke, 2. Aufl., S. 149 und ist in neuerer Zeit namentlich von R. H. FOWLER, Proc. Roy. Soc. London (A) Bd. 99, S. 462. 1921 diskutiert worden.

[2]) R. H. FOWLER, a. a. O.; C. G. DARWIN u. R. H. FOWLER, Phil. Mag. Bd. 44, S. 823. 1922

61. Energie- und Gewichtsstufen der Hohlraumstrahlung. Die praktische Anwendung der vorstehenden, in prinzipieller Hinsicht sehr weittragenden Methode ist durch den Mangel eines hierzu geeignet zahlreichen Beobachtungsmaterials bedauerlicherweise noch sehr beschränkt. Am günstigsten liegen die Verhältnisse bezüglich der Energieverteilung im Normalspektrum der Hohlraumstrahlung, also eines nichtmateriellen Systems, welches hier zunächst, dem Abschnitt VI vorgreifend, als besonders lehrreiches Beispiel eingeschaltet werden möge.

Die letzten zur Prüfung des PLANCKschen Strahlungsgesetzes angestellten Messungen von RUBENS und MICHEL[1]) haben ergeben, daß der PLANCKsche Ausdruck für die Strahlungsdichte monochromatischen Lichtes von der Frequenz ν,

$$\varrho(\nu,T) = \frac{8\pi h\nu^3}{c^3}\cdot\frac{1}{e^{\frac{h\nu}{kT}}-1} \tag{188}$$

die beobachteten Größen innerhalb der 1% betragenden Meßgenauigkeit vollkommen wiedergibt. Sowohl die klassische Elektrodynamik (Ziff. 67), als auch die Lichtquantentheorie (Ziff. 68) führen zu der Anschauung, daß man die einfärbige Vakuumstrahlung statistisch ähnlich wie einen warmen Körper behandeln dürfe, welcher auf die Volumeneinheit bezogen, aus

$$N(\nu) = \frac{8\pi\nu^2}{c^3} \tag{189}$$

gleichartigen Teilsystemen besteht, worin c die Lichtgeschwindigkeit bedeutet. (188) und (189) ergeben für den mittleren Energieinhalt $\varepsilon(\nu, T)$ eines Strahlungsteilsystems von der Frequenz ν

$$\varepsilon(\nu,T) = \frac{h\nu}{e^{\frac{h\nu}{kT}}-1}, \tag{190}$$

und nach den grundlegenden Beziehungen (103) und (104) von Ziff. 39 muß dies mit

$$kT^2\cdot\frac{\partial\log f(T,\nu)}{\partial T}$$

identisch sein. Für die zunächst gesuchte Verteilungsfunktion $f(T,\nu)$ der Strahlungsteilsysteme folgt daraus

$$f(T,\nu) = \frac{C(\nu)}{1-e^{-\frac{h\nu}{kT}}}, \tag{191}$$

worin $C(\nu)$ eine willkürliche, allenfalls von ν abhängige Integrationskonstante darstellt. Durch Anwendung der in der vorigen Ziffer geschilderten allgemeinen Methode ergibt sich dann, daß für jeden ganzzahligen Wert von n

$$(n = 0, 1, 2, \ldots \infty) \qquad \lim_{\eta\to 0}\int\limits_{nh\nu-\eta}^{nh\nu+\eta}\frac{dG'}{dE}\cdot dE = C \tag{192}$$

ist, wobei E die Energie und G' das „Integralgewicht" eines Strahlungsteilsystems bedeuten und die Konstante $C(\nu)$ willkürlich bleibt. Hierfür kann auch einfacher geschrieben werden

$$(n = 0, 1, 2, \ldots \infty) \qquad \begin{aligned} G &= C = \text{konst.} \quad &\text{für}\quad E_n &= n\cdot h\nu,\\ G &= O &\text{für}\quad E &\neq E_n. \end{aligned} \tag{193}$$

[1]) H. RUBENS u. G. MICHEL, Berl. Ber. 1921, S. 590; Phys. ZS. Bd. 22, S. 569. 1921.

Die Notwendigkeit dieses Ergebnisses ist auch auf elementarem Wege unmittelbar einzusehen, wenn man die Verteilungsfunktion in die Reihe

$$f(T, \nu) = C(\nu) \cdot \sum_{n=0}^{\infty} e^{-\frac{n h \nu}{k T}} \tag{191 a}$$

entwickelt und mit dem allgemeinen Ausdruck (102) (Ziff. 38) einer beliebigen Verteilungsfunktion für ein Teilsystem vergleicht [s. auch (172), Ziff. 56]. Die Willkürlichkeit von $C(\nu)$ entspricht offenbar der Willkürlichkeit des in allen Verteilungsfunktionen auftretenden multiplikativen „Gewichtsfaktors"; da die Gewichte parameterinvariant sein müssen (Ziff. 27) kann man hinterher noch schließen, daß C von ν unabhängig und daher eine willkürliche Zahlenkonstante sein muß.

Im vorstehenden ist angenommen worden, daß die PLANCKsche Strahlungsformel den exakten Ausdruck für die Energieverteilung der schwarzen Strahlung angibt. Unter dieser Voraussetzung besagt (193), daß die Gewichtsfunktion der Hohlraumstrahlung unstetig ist und nur isolierte, von Null verschiedene Werte annimmt, ferner, daß jedes von den statistischen Teilsystemen der Strahlung entweder überhaupt keine Energie besitzt oder einen Energiebetrag, welcher einem ganzzahligen Vielfachen von $h\nu$ entspricht; das diese Quantengröße bestimmende PLANCKsche Wirkungsquantum h wird aus den direkt bestimmten Konstanten der PLANCKschen Strahlungsgleichung (188) zu $6{,}52 \cdot 10^{-27}$ Erg · sec berechnet. Alle übrigen denkbaren Energiewerte E der Strahlungs-Teilsysteme haben das Gewicht Null, können also überhaupt nicht auftreten.

Wie man sieht, entscheidet die Erfahrung in der Form von (188) für die Strahlung eindeutig zugunsten der Quantenstatistik (Ziff. 45, β) und tatsächlich ist auch der wesentliche Inhalt der eben ausgesprochenen Ergebnisse in Gestalt besonderer, selbständiger Hypothesen der ersten PLANCKschen Quantentheorie des Strahlungsgesetzes ausdrücklich zugrunde gelegt worden. Die außerordentliche Tragweite dieser Grundlagen läßt es wünschenswert erscheinen, festzustellen, inwieweit sie geringfügigen Abweichungen von der Strahlungsformel (188) gegenüber unempfindlich sind. Nimmt man etwa an, daß an Stelle von (188)

$$\varrho(\nu, T) = \frac{8\pi h \nu^3}{c^3} \frac{1}{e^{\frac{h\nu}{kT}} - 1} \left[1 + \alpha\left(\frac{\nu}{T}\right)\right] \tag{188a}$$

mit

$$\lim_{x \to 0} \alpha(x) = 0, \qquad \lim_{x \to \infty} \alpha(x) = 0 \tag{188a'}$$

gilt, so ergibt die Methode von Ziff. 60 anstatt (193) die Aussagen

$$\left.\begin{array}{lll} G = C = \text{konst.} & \text{für} & E_0 = 0,\ E_1 = h\nu, \\ G = 0 & ,, & 0 < E < E_1, \\ G \text{ beliebig} & ,, & E > E_1, \\ \lim G \to C & ,, & \lim E/kT \to 0\,. \end{array}\right\} \tag{193a}$$

Die Existenz des isolierten Nullwertes von E sowie einer quantenhaften Energie-„schwelle" bei $E_1 = h\nu$ kann auch in diesem Falle nicht umgangen werden; ebenso wäre eine beliebige, wenn auch jetzt bloß endliche Anzahl der Quantenstufen $E_n = n \cdot h\nu$ in (193) mit (193a) wohlverträglich. Die Notwendigkeit der singulären Stellung von E_1 kommt erst in Fortfall, wenn man den exponentiellen Abfall der Nennerfunktion des Strahlungsgesetzes für ungesichert erklären wollte; die Isolierung des Nullwertes E_0 schließlich ist für jede Strahlungsformel verbindlich, welche der erfahrungsmäßigen Endlichkeit der Gesamtstrahlung $\int\limits_0^\infty \varrho(\nu, T) \cdot d\nu$ genügt.

62. Energie- und Gewichtsstufen materieller Festkörper. Ganz ähnliche Betrachtungen, wie sie in der vorigen Ziffer für die Hohlraumstrahlung ausgeführt worden sind, lassen sich auch bezüglich der thermischen Eigenschaften fester Körper vornehmen. Da sie hier im wesentlichen auf eine Umkehrung der in den Ziff. 57 und 58 besprochenen Schlußweisen hinauslaufen, mögen sie nur kurz angedeutet werden.

Das Erfahrungsresultat, von welchem man bei den festen Körpern auszugehen hat, ist die Temperaturabhängigkeit ihrer spezifischen Wärme bei konstantem Volumen c_V, welche sich für etwa zwanzig, meist regulär kristallisierende, chemisch verhältnismäßig einfach gebaute Stoffe bis zu den tiefsten Temperaturen durch das folgende „Gesetz übereinstimmender Zustände" darstellen läßt:

$$c_V = 3kN \cdot \left[12\left(\frac{T}{\Theta}\right)^3 \int\limits_0^{\frac{\Theta}{T}} \frac{\xi^3}{e^\xi - 1} d\xi - \frac{3\frac{\Theta}{T}}{e^{\frac{\Theta}{T}} - 1}\right], \tag{194}$$

in welchem Θ eine individuelle „charakteristische Temperatur" des Festkörpers und N seine Molekül- (bzw. Atom-)Zahl bedeutet. Die vorzügliche Übereinstimmung dieser aus der DEBYEschen Theorie erfließenden Formel mit der Erfahrung wird in ds. Handb. X, Kapitel 5 (Abb. 4), eingehender belegt. In einer weiteren, recht beträchtlichen Anzahl von Fällen treten neben Gliedern der Form (194) („Debyefunktionen") und damit additiv verbunden, solche von der Gestalt

$$kN \cdot \frac{\left(\frac{\Theta_1}{T}\right)^2 e^{\frac{\Theta_1}{T}}}{\left(e^{\frac{\Theta_1}{T}} - 1\right)^2} \tag{195}$$

auf („Einsteinfunktionen"). Nach den allgemeinen qualitativen Betrachtungen von Ziff. 57 zur Theorie der harmonischen Festkörperschwingungen kann nicht zweifelhaft sein, daß man es hier mit einer Vielheit von mehrfach untereinander verschiedenen Teilsystemen zu tun hat und daß die „charakteristische Temperatur" Θ mit der DEBYEschen Grenzfrequenz ν_D gemäß

$$\Theta = \frac{h\nu_D}{k} \tag{194a}$$

zusammenhängen muß. Durch Benutzung des Verteilungsgesetzes (176) für die Festkörpereigenschwingungen und Integration von c_V nach T bekommt man für den Energieinhalt E des festen Körpers

$$\mathsf{E} = \int\limits_0^{\nu_D} N(\nu)[\varepsilon(\nu, T) + \varepsilon_0(\nu)] \cdot d\nu, \tag{196}$$

wozu im Falle des Auftretens von (195) in Verbindung mit dem „optischen" Festkörperspektrum (Ziff. 57) noch Glieder der Form

$$N \cdot [\varepsilon(\nu_1, T) + \varepsilon_0^{(1)}(\nu_1)] \tag{196a}$$

hinzutreten; dabei zeigt sich, daß

$$\xi = \frac{h\nu}{kT}, \qquad \Theta_1 = \frac{h\nu_1}{kT}$$

sein muß und $\varepsilon(\nu, T)$ die in der vorigen Ziffer analysierte PLANCKsche Funktion (190) darstellt, während $\varepsilon_0(\nu)$, $\varepsilon_0^{(1)}(\nu_1)$ willkürliche Integrationskonstanten sind, welche von ν bzw. ν_1 keineswegs in universeller Art abhängen müssen. Mit (196) und (196a) ist es offenbar gelungen, die Reduktion der Beobachtungen bis zum Ausdruck

$$\varepsilon(\nu, T) + \varepsilon_0(\nu) \tag{197}$$

für die zeitlich-mittlere Energie des einzelnen Festkörper-Teilsystems, nämlich einer Eigenschwingung von der Frequenz ν, fortzuführen. Auf ähnlichem Wege wie in der vorigen Ziffer gewinnt man aus (197) für die Verteilungsfunktion $f(T, \nu)$ des Teilsystems

$$f(T, \nu) = \frac{C \cdot e^{-\frac{\varepsilon_0(\nu)}{kT}}}{1 - e^{-\frac{h\nu}{kT}}} = C \cdot \sum_{n=0}^{\infty} e^{-\frac{\varepsilon_0(\nu) + nh\nu}{kT}}, \tag{198}$$

worin neben der unbekannten „Nullpunktsenergie" $\varepsilon_0(\nu)$ noch eine zweite willkürliche Integrationskonstante C auftritt. Wie der näheren Untersuchung dieser Funktion oder direkt aus ihrer Reihenentwicklung (198) entnommen werden kann, gilt für die Gewichts- und Energiestufen der Festkörpereigenschwingungen mit Notwendigkeit

$$(n = 0, 1, 2, \cdots \infty) \qquad \begin{array}{ll} G = C = \text{konst.} & \text{für } E_n = \varepsilon_0(\nu) + n \cdot h\nu \\ G = 0 & \text{für } E \neq E_n. \end{array} \tag{199}$$

Der Unterschied gegenüber den Teilsystemen der Hohlraumstrahlung und gegenüber den in den Ziff. 56 und 58 benutzten spezielleren quantentheoretischen Ansätzen für E liegt in dem Auftreten der willkürlich gebliebenen „Nullpunktsenergie" $\varepsilon_0(\nu)$ der Schwingungen, über welche nur auf Grund direkter experimenteller Daten über den thermischen Energieinhalt E (196) der Festkörper nähere Aussagen möglich sind (s. ds. Band, Kapitel 5). Im übrigen entscheidet die Erfahrung in der Form von (194) auch hier eindeutig zugunsten der Quantenstatistik und bekräftigt, daß den Schwingungsenergien E_n in (199) stationäre Quantenzustände der Festkörpereigenschwingungen entsprechen müssen, während alle übrigen denkbaren Bewegungszustände entweder überhaupt ausgeschlossen oder aber nichtstationär sind in dem Sinne, daß ihre Realisierung nur für unmerkbar kurze Zeitdauern möglich ist. Läßt man, den Ungenauigkeiten der Messungsergebnisse gemäß, von (194) gewisse Abweichungen zu, so gelangt man zu ganz ähnlichen Schlüssen, wie sie vorstehend für die Hohlraumstrahlung gezogen worden sind. Das für alle Festkörper bei tiefsten Temperaturen bisher ausnahmslos bestätigte DEBYEsche T^3-Gesetz der spezifischen Wärme c_V (s. ds. Handb. X, Kapitel 5, Ziff. 17, 23) beruht auf einer ähnlichen Sonderstellung des Nullpunktswertes $E_0 = \varepsilon_0(\nu)$ für ganz beliebige Festkörper, wie sie in (193a) (Ziff. 61) für $E_0 = 0$ bei der Hohlraumstrahlung hervorgehoben worden ist. Die bereits früher betonte Brauchbarkeit der „klassischen Statistik" beim Festkörper für hohe Temperaturen (Ziff. 58) entspricht dem DULONG-PETITschen Grenzgesetz für c_V in diesem Temperaturgebiet und ist mit (199) im Einklang, wenn man bedenkt, daß die Energiestufen E_n bei hohen Temperaturen, oder anders ausgedrückt, bei hohem mittleren Energieinhalt E meist sehr großen Anzahlen n zugehören müssen, für welche sie prozentisch so nahe zusammenrücken, daß asymptotisch

$$\lim G \to C = \text{konst. für } \lim n \to \infty \text{ bzw. } \lim T \to \infty \tag{200}$$

wird, während die klassische Statistik (Ziff. 45, α) für alle Temperaturen

$$G = \text{konst.} \tag{200a}$$

verlangen würde.

63. Energie- und Gewichtsstufen der Gasmoleküle. Zur Anwendung ähnlicher Schlußweisen, wie in den beiden vorangehenden Ziffern, wäre es bei den Gasen vor allem notwendig, ausschließlich Messungen im hinreichend idealen, verdünnten Zustande heranzuziehen, damit eine gegenseitige Wechselwirkung der Moleküle (Ziff. 51) als weitgehend ausgeschaltet gelten könnte. Der Umstand, daß bei mittleren Temperaturen für die Molekülrotation der meisten Gase bereits die Domäne der klassischen Statistik beginnt, für welche bloß eine asymptotische Gewichtsbestimmung erwartet werden kann, macht eine halbwegs scharfe Bestimmbarkeit der Energie- und Gewichtsstufen der Molekülrotation ziemlich aussichtslos. Beim Wasserstoff, dem Gase, bei welchem die Verhältnisse wegen seines kleinstmöglichen Molekülträgheitsmomentes am günstigsten liegen, ist die spezifische Wärme c_V zwar mehrfach gemessen worden und zeigt qualitativ einen ähnlichen Verlauf mit der Temperatur wie bei den Festkörpern; doch reicht die Genauigkeit der Beobachtungen[1]) einstweilen noch nicht aus, um die Temperaturabhängigkeit für die nach Ziff. 60 anzustellenden Rechnungen mit der erforderlichen Sicherheit festzulegen. Ähnliche Gründe sind es, welche vorläufig auch eine Anwendung dieser Methoden auf den Anteil der Molekülschwingungen an der spezifischen Wärme c_V der Gase unausführbar gemacht haben.

Angesichts dieser Sachlage kann es nur als ein vorübergehender Notbehelf gewertet werden, wenn man versucht hat, auf Grund quantentheoretischer Erwägungen bestimmte Annahmen über die Energiestufen der Molekülrotation einzuführen (Ziff. 55; ds. Handb. X, Kapitel 5, Ziff. 8, 9) und aus den Beobachtungsergebnissen auf die zugehörigen Gewichtsstufen quantitativ zurückzuschließen. Da nach Ziff. 60 die Energie- und die Gewichtsstufen der Teilsysteme zugleich eindeutig durch die empirisch ermittelte Verteilungsfunktion oder eine ihr gleichwertige thermodynamische Größe festgelegt sind, können diese Versuche[2]) erst dann zu einwandfreien Ergebnissen führen, wenn die zugrundegelegten Energiestufen bereits anderweitig als zutreffend nachgewiesen werden konnten. Eine Möglichkeit hierfür liefern die Bandenspektren (Ziff. 65), von deren restloser Deutung man aber gerade beim Wasserstoff noch weit entfernt zu sein scheint. — Wenn somit hinsichtlich einer quantitativen Bestimmung von Energie- und Gewichtsstufen der Gasmoleküle auf Grund makroskopischer Daten einstweilen keinerlei Erfolge verzeichnet werden können, so ist es anderseits doch nicht völlig ausgeschlossen, hier wenigstens zu einigen qualitativen Feststellungen vorzudringen. Daß die Gewichtsfunktion der Molekülrotation keine Konstante sein kann, folgt zunächst ganz allgemein aus dem Versagen der klassischen Statistik bei tiefen Temperaturen (Ziff. 54); darüber hinaus kann selbst bei bloß größenordnungsmäßiger Brauchbarkeit der einfachsten quantentheoretischen Energiestufen (160) (Ziff. 55) aus dem monotonen Temperaturanstieg der Rotationswärme geschlossen werden, daß ein rotationsloser Molekülzustand nicht vorkommen kann, daß also

$$G = 0 \quad \text{für} \quad E_r = 0$$

ist. Dieses wichtige Resultat spricht zugunsten einer quantenstatistischen Gewichtsfunktion und wird auch durch die quantentheoretischen Deutungen von

[1]) A. EUCKEN, Berl. Ber. 1912, S. 141; K. SCHEEL u. W. HEUSE, ebenda 1913, S. 44; Ann. d. Phys. Bd. 40, S. 484. 1913; M. TRAUTZ u. K. HEBBEL, Ann. d. Phys. Bd. 74, S. 285. 1924; J. H. BRINKWORTH, Proc. Roy. Soc. London (A) Bd. 107, S. 510. 1925; F. A. GIACOMINI, Phil. Mag. Bd. 50, S. 146. 1925.

[2]) F. REICHE, Ann. d. Phys. Bd. 58, S. 657. 1919; D. ENSKOG, ebenda Bd. 72, S. 321. 1923; E. SCHRÖDINGER, ZS. f. Phys. Bd. 30, S. 341. 1924; H. LESSHEIM, ebenda Bd. 35, S. 831. 1926. Siehe ferner die Zusammenstellung von A. EUCKEN, ZS. f. techn. Phys. Bd. 7, S. 180, 216. 1926, welche von der gleichen Grundlage ausgeht.

Bandenspektren bestätigt. Ebenfalls auf Grund bloß qualitativer Richtigkeit von (160) kann nachgewiesen werden, daß die unbekannten Quantengewichte für Molekülrotationszustände sehr hoher Rotationsquantenzahlen n_r asymptotisch wie $2n_r$ unendlich werden müssen, damit die erfahrungsmäßige Brauchbarkeit der klassischen Statistik für hohe Temperaturen (Ziff. 54) zustande kommen kann. Endlich sei noch erwähnt, daß das Verhältnis der Gewichtsfaktoren von gasförmiger und fester Phase eines Stoffes aus seiner Dampfdruckformel, also wiederum auf Grund makroskopischer Daten, berechnet werden kann, falls man in irgendeiner Weise über das Gewicht des „untersten" Rotationsquantenzustandes seiner freien Moleküle verfügt (Ziff. 77, ferner ds. Band, Kapitel 5).

b) Theoretische Voraussagen auf Grund molekularphysikalischer Ergebnisse.

64. Kinetische und spektroskopische Bestimmung molekularer Energie- und Gewichtsstufen. Unmechanische Wechselwirkungsprozesse und ihre Übergangswahrscheinlichkeiten. Ganz unvergleichlich ertragreicher als die makroskopisch-thermodynamischen Erfahrungsdaten sind die experimentellen Methoden der modernen Molekularphysik zur Ermittlung der die Statistik interessierenden Atom- und Molekulareigenschaften. Hier sind es die einzelnen Teilsysteme selbst, an welchen die Elementarprozesse angreifen, so daß keine wesentlichen Reduktionen der Beobachtungsergebnisse erforderlich sind, um ihre wahre molekulartheoretische Bedeutung anzugeben. Den prinzipiell allgemeinsten Weg zur Erforschung der molekularen Energieverhältnisse bietet die Anregung der Gasmoleküle durch willkürlich geleitete Stoßprozesse (s. ds. Handb. XXIII). Die Ergebnisse der diesbezüglichen Methoden decken unmittelbar, wenn auch nicht mit besonderer numerischer Schärfe, sämtliche möglichen Energiestufen der Atome und Moleküle auf und lassen erkennen, daß die diskreten Folgen dieser Stufen bei endlichen Energiebeträgen liegende Häufungsstellen besitzen, an welchen ein teilweiser Abbau der gestoßenen Gebilde durch Ionisation oder Dissoziation stattfindet. Eine bis ins einzelne gehende Verfeinerung dieser Resultate zu ganz unerhörter quantitativer Schärfe vermag die Termanalyse der Linien- und Bandenspektren zu liefern (s. ds. Handb. XXI), gestützt auf den Erfahrungssatz, daß der Differenzbetrag zweier Energiestufen E_1, E_2 eines molekularen Gebildes gemäß der Bohrschen Frequenzbedingung

$$E_2 - E_1 = h\nu \tag{201}$$

die Frequenz ν einer seiner Spektrallinien bestimmt, falls das Gebilde überhaupt durch Absorption oder Emission von Strahlung aus der einen dieser Stufen unmittelbar in die andere überzugehen vermag. Bei den Molekülspektren gelingt es auf diesem Wege insbesondere, die Energiestufen der Molekülrotation und der Molekülschwingungen von den übrigen Anregungsstufen der Moleküle zu trennen, während bei den Atomen nur Energiestufen der letzteren Art gefunden werden. Da die Anregung dieser letzterwähnten Stufen sowohl bei Atomen als auch bei Molekülen erhebliche Energiebeträge erfordert, welche die Wärmebewegung im Wärmegleichgewicht erst bei sehr beträchtlichen Temperaturen aufzubringen vermag, erscheint es durch die Erfahrung hinterher völlig gerechtfertigt, wenn im vorangehenden Abschnitt einatomige Gasmoleküle durch punktförmige oder starre kugelsymmetrische Gebilde, mehratomige Moleküle hingegen als starre nichtkugelförmige Teilchen angenähert wurden. Ähnliche Gründe sind es auch, welche die Beschränkung der bisherigen statistischen Betrachtungen für Gase auf unveränderliche, chemisch träge Moleküle rechtfertigen — eine Beschränkung, welche erst im Abschnitt VII fallengelassen werden wird.

Gegenüber den vorstehend erwähnten Möglichkeiten zur präzisen Bestimmung molekularer Energiestufen befinden sich Methoden zur experimentellen Ermittlung der zugehörigen Gewichtsstufen erst am Beginne ihrer Entwicklung; quantitativ vielversprechende Ansätze hierzu bietet vor allem die Intensitätstheorie der Komplexstrukturen in den Serien- und Bandenspektren.

Das unmechanische Verhalten der Gasmoleküle hinsichtlich ihres nur in diskreten Quantenstufen möglichen Besitzes an innerer Energie zieht mit Notwendigkeit auch die Existenz unmechanischer Wechselwirkungsvorgänge der Moleküle während ihrer gegenseitigen Zusammenstöße nach sich. Der experimentelle Nachweis eines Austausches von innerer und Translationsenergie bei Stoßprozessen (Stöße „erster" und „zweiter Art") rechtfertigt so unmittelbar den früher behaupteten (Ziff. 46, 53) quasimechanischen Charakter (Ziff. 22) der Wärmebewegung im Gaszustand und belegt auch die Umkehrbarkeit der Einzelvorgänge (Ziff. 36). Bestimmungen der mittleren „Lebensdauer" molekularer Gebilde, welche höhere Energiestufen innehaben, sowie Schätzungen der Zeitdauern von Stoßprozessen und spontanen Energieausstrahlungsvorgängen bestätigen überdies, daß die letzteren gegenüber den ersteren zu vernachlässigen sind (Ziff. 22). Was endlich den vorausgesetzten zufallsgesetzlichen Charakter der unmechanischen Wechselwirkungsvorgänge zwischen molekularen Gebilden (Ziff. 22, 29, 46, 53) anbetrifft, so wird er außer durch den experimentellen Nachweis von halbmakroskopischen Schwankungserscheinungen (z. B. BROWNsche Bewegung, ds. Band, Kapitel 6) in gewissem Sinne auch durch das Zerfallsgesetz der radioaktiven Elementarvorgänge bestätigt, welche nach der Auffassung der Quantentheorie als eine besondere Form ausgearteter Stoßprozesse zu gelten haben. Das Ausmaß der „Übergangswahrscheinlichkeiten" (Ziff. 29, 36) hat sich in einigen Fällen, wenn auch nicht völlig unabhängig von der fraglichen Größe der Quantengewichte, auf experimentellem Wege bestimmen lassen; da die „Übergangswahrscheinlichkeiten" für das statistische Wärmegleichgewicht nicht von Belang sind (Ziff. 33), braucht jedoch auf diesen Umstand hier nicht näher eingegangen zu werden.

Zusammenfassend kann gesagt werden, daß die neuere experimentelle Atomistik zumindest bei den Gasen in allen wesentlichen Punkten jene Voraussetzungen nachzuweisen vermocht hat, auf welchen die erfolgreiche Statistik quasimechanischer Modelle warmer Körper aufgebaut ist. Darüber hinaus liefert sie prinzipiell sämtliche, abzählbar unendlich zahlreichen Energiestufen der Atome und Moleküle — praktisch allerdings nur eine endliche, wenn auch zuweilen sehr große Anzahl davon. Wenn es gelänge, bestimmte experimentelle oder theoretische Anhaltspunkte hinsichtlich der dazugehörigen Gewichtsstufen aufzufinden, so hat es den Anschein, als wären damit sämtliche molekularen Eigenschaften bekannt, welche erforderlich sind, um die Verteilungsfunktionen (118) (Ziff. 45) und damit die makroskopisch-thermischen Zustandsgrößen aller Gase im hinreichend verdünnten Zustand (Ziff. 63), aber für beliebig tiefe oder hohe Temperaturen vorauszuberechnen. Die einzige, derartigen Versuchen dann noch entgegenstehende Schwierigkeit, verursacht durch die formale Divergenz der Verteilungsfunktionen realer Moleküle, wird in Ziff. 66 geklärt.

65. RUTHERFORD-BOHRsche Atom- und Molekülmodelle und ihre quantentheoretischen Gewichtsstufen. Nach den experimentellen Ergebnissen über die Zerstreuung der Alpha- und Betastrahlen beim Durchgang durch die Materie bestehen die Atome aller Elemente aus einem zentralen, massetragenden, positiv geladenen Atomkern und einer konzentrischen „Hülle" einzelner Elektronen, durch deren „Oberfläche" das Atomvolumen mehr oder minder scharf abgegrenzt ist. Wenn die BOHRsche Quantentheorie des Atombaues die vorstehend besprochenen Energiestufen der Atome auf gewisse quantentheoretisch ausgezeichnete diskrete Folgen von Elektronenbewegungen zurückgeführt hat, so geht sie dabei von dem gleichen Versuch wie die allgemeine Statistik (Abschnitt III) aus, die Atome bzw. Teilsysteme als „mechanische" Gebilde aufzufassen, welche, wenigstens mit einer gewissen Annäherung, HAMILTONschen Bewegungsgleichungen (1) (Ziff. 4) Genüge leisten. Diese im Rahmen der Statistik für die Einführung der a priori-Gewichtsfunktion (Ziff. 22, 28) wichtige, wenn auch nicht unumgängliche Forderung kann demnach durch die außerordentlichen Erfolge der BOHRschen Theorie im gleichen Ausmaß als gerechtfertigt angesehen werden, in welchem sie sich bei den Atombauproblemen bisher bewährt hat (s. ds. Handb. XXIII). Dieser Umstand ist jedenfalls bemerkenswert, obgleich es sich hierbei um keinen vitalen Punkt in den Grundlagen der Statistik handelt. In der Tat stellt sich die Annahme „mechanisch" deutbarer Teilsysteme für die Statistik (und primär ebenso für die Quantentheorie) ja nur als naheliegend dar im Zusammenhang mit den Gesetzen der klassischen Physik. Wie bereits in Ziff. 43 hervorgehoben worden ist, bedarf die Statistik zu ihrer Durchführbarkeit neben der bereits belegten Existenz von „Übergangswahrscheinlichkeiten" unmechanischer Wechselwirkungsprozesse (Ziff. 64) im Grunde nur des bloßen Vorhandenseins der in den Verteilungsfunktionen auftretenden, prinzipiell beobachtbaren Energie- und Gewichtsstufen der Teilsysteme; welche Bilder man zur gegenseitigen Verknüpfung dieser Quantengrößen bevorzugen mag, ist für sie völlig gleichgültig. Eine solche Auffassung ist es auch naturgemäß, welche den in den Ziff. 60 bis 63 besprochenen Methoden der Ermittlung von Energie- und Gewichtsstufen aus makroskopischen Beobachtungsergebnissen zugrunde liegt.

Die Deutung der molekularen Energiestufen durch gesetzmäßige Folgen diskreter Bewegungszustände ermöglicht es, die Eigenschaften angeregter Atome und Moleküle unter den gleichen Gesichtspunkt einzuordnen wie die der Molekülrotation zugeschriebenen Energiestufen, bei welchen mit Rücksicht auf die asymptotische Gültigkeit der klassischen Statistik (Ziff. 54, 63) an der Berechtigung eines solchen Bildes kaum gezweifelt werden kann. Danach müßte erwartet werden, daß bei zunehmender Anregung eines molekularen Gebildes der mittlere Abstand des „Leuchtelektrons" vom Atom- bzw. Molekülrumpf im allgemeinen größer wird, was einer Vergrößerung des Atom- bzw. Molekülvolumens gleichkommt. Diese für das Folgende wesentliche Eigenschaft ist durch die experimentelle Verfolgung geeigneter Stoßvorgänge auch tatsächlich bestätigt worden[1]); ebenso scheint aus den bisher analysierten Bandenspektren mit Sicherheit hervorzugehen, daß angeregte bzw. angeregt schwingende Moleküle im allgemeinen größere Trägheitsmomente besitzen als unangeregte, was der erwarteten Vergrößerung der Molekülvolumina gleichkommt (s. ds. Handbuch XXII, Kapitel 5, Ziff. 62).

Nach der BOHRschen Quantentheorie des Atombaues kommen der Elektronenbewegung in beliebigen Atomen und Molekülen quantenhaft festgelegte Drehimpulswerte zu, welchen bei den Molekülen noch die nach Größe (und allenfalls auch nach Richtung) davon abweichenden Drehimpulsstufen der Molekülrotation (Ziff. 55) überlagert sind (s. ds. Handb. X, Kapitel 5, Ziff. 9; ds. Handb. XXIII). In jedem Falle ist also eine bestimmte Drehimpulsachse vorhanden, deren räumliche Orientierung willkürlich ist, außer wenn äußere (elektrische oder magnetische) Kraftfelder die molekularen Gebilde zu quantenhaft festgelegter Richtungseinstellung nötigen. Sofern die innere Bewegung der Atome und Moleküle quasi bedingt periodischen Charakter hat, ist sie bei

[1]) Siehe etwa die kürzlich gegebene Übersicht von J. FRANCK, Naturwissensch. Bd. 14, S. 211. 1926.

willkürlicher Orientierung der Impulsachse offenbar als „entartet“, bei quantenmäßiger Richtungseinstellung hingegen als „nicht entartet“ (Ziff. 14) anzusprechen, falls keine weiteren „Entartungs“merkmale vorliegen. Da die Quantentheorie allen zulässigen, „nicht entarteten“ Quantenzuständen das gleiche Quantengewicht zuerteilt, kann man das Quantengewicht eines „entarteten“ Zustandes bestimmen, indem man abzählt, wie viele „nicht entartete“ Zustände bei Aufhebung des äußeren Feldes in dem „entarteten“ Zustande zusammenlaufen. Nun hängt die Anzahl der quantenmäßigen Richtungseinstellungen gegen ein äußeres Kraftfeld von der Größe der vorhandenen Drehimpulsstufe ab, welche mit wachsender Anregung zunimmt; man kann demnach voraussehen, daß den angeregten Quantenzuständen größere Quantengewichte zukommen müssen als dem „untersten“ oder Normalzustand der molekularen Gebilde. Wenn der Drehimpuls D seinem absoluten Betrage nach etwa durch eine Quantenbedingung von der Form

$$(j = 1, 2, \ldots \text{ oder } \tfrac{1}{2}, \tfrac{3}{2}, \ldots) \qquad 2\pi \cdot |D| = |I| = j \cdot h, \tag{202}$$

festgelegt ist, wie sie die Termanalyse der Spektren liefert, wenn ferner keine weitere Entartung der inneren Bewegung vorliegt, findet man für das zu einer beliebigen Energiestufe E_n gehörige Quantengewicht

$$G_n = \Gamma_n(j) = 2j + 1, \tag{203}$$

worin j die (ganzzahlige oder halbzahlige) Drehimpulsquantenzahl des n ten Quantenzustandes bedeutet. Sind noch weitere Entartungsgrade der inneren Bewegung vorhanden, so müssen die Quantengewichte G_n besonders ermittelt werden. — Hat man es mit einem molekularen Gebilde zu tun, dessen quasi bedingt periodischen Quantenzustände mittels der u „Phasenintegrale“ I_r (42) (Ziff. 14) durch die u Quantenbedingungen

$$(r = 1, 2, \ldots u; \quad n_r = 1, 2, \ldots \infty) \qquad I_r = \oint p_r \cdot dq_r = n_r \cdot h \tag{204}$$

festgelegt sind, so findet man in allen Fällen, daß seine Quantengewichte alleinige Funktionen einiger oder sämtlicher Quantenzahlen n_r sind

$$G = \Gamma(n_1, n_2, \ldots, n_u), \tag{205}$$

während seine serienanalytisch-empirisch (Ziff. 64) oder rechnerisch nach (40) (Ziff. 14) ermittelten Energiestufen von der Form

$$E = E(n_1, n_2, \ldots, n_u, a^*) \tag{206}$$

sind. Die Parameterinvarianz der Funktionen I_r (Ziff. 14) in (204) bewirkt dabei von selbst, daß auch die Quantengewichte (205) im Sinne der gewöhnlichen Mechanik parameterinvariant sind (vgl. hierzu die strengere Formulierung des EHRENFESTschen Adiabatenprinzips, s. ds. Handb. XXIII, Kapitel 1), wie es die allgemeine Statistik verlangt (Ziff. 28, 38) und wie es in Ziff. 55 bereits für einen Spezialfall näher besprochen worden ist.

66. Konvergenz der Verteilungsfunktionen realer Moleküle. Wenn man es versucht, die Verteilungsfunktionen realer Moleküle mittels der empirisch bestimmbaren Energiestufen (Ziff. 64) und der quantentheoretisch gefolgerten Gewichtsstufen (Ziff. 65) vorauszuberechnen, indem man sie formal gemäß (118) (Ziff. 45) aufbaut, zeigt sich, daß diese Exponentialfunktionenreihen in allen Fällen divergent sind. Der Grund dafür liegt in der bereits früher (Ziff. 64) erwähnten Eigentümlichkeit realer Atome und Moleküle, daß ihre Energiestufen bei endlichen Beträgen liegende Häufungsstellen besitzen, von welchen jeweils *eine* alle übrigen Stufen an Größe übertrifft. Daß diese Schwierigkeit sich bei den qualitativ-orientierenden Betrachtungen quantenstatistischer Natur im Abschnitt IV (Ziff. 55, 56, 58) nicht fühlbar gemacht hat, hängt mit den dort vorsätzlich benutzten Idealisierungen starrer Atome und Moleküle sowie streng harmonischer Schwingungsbewegungen zusammen. Bei Voraussetzung unstarrer, deformierbarer Atom- und Molekülmodelle (Ziff. 65) ist sofort verständlich, daß die Atomschwingungen der Moleküle bei zunehmenden Amplituden ebensowenig harmonisch bleiben können wie die Wärmeschwingungen der Festkörper (Ziff. 59), und daß auch nur auf diese Art die Endlichkeit der Dissoziations- und Schmelzwärmen begründet werden kann; die Drehbewegung der Moleküle kann gleichfalls nicht bei beliebig hohen Rotationsenergien möglich sein, wenn man die deformierende und schließlich zerstörende Wirkung der Fliehkräfte auf unstarre rotierende Gebilde in Rücksicht zieht. Überdies ist klar, daß unter solchen Umständen auch von einer beliebig weitgehenden gegenseitigen Unabhängigkeit der Rotations- und Schwingungsbewegungen, wie sie in Ziff. 53 angenommen wurde, nicht mehr die Rede sein kann. Was schließlich die Anregungsstufen der Elektronenbewegung in den molekularen Gebilden anbetrifft, so ist die Endlichkeit der Abtrennungsarbeiten einzelner Elektronen hier eine unmittelbare Folge des elektrostatischen Charakters der inneratomaren Kräfte.

Zur Überwindung der eingangs erwähnten Schwierigkeiten ist die bereits früher gemachte Feststellung (Ziff. 65) von entscheidender Bedeutung, daß das Volumen der Atome und Moleküle mit wachsender Anregung zunimmt. Ordnet man den Energie- und Gewichtsstufen E_n, G_n der molekularen Gebilde nun auch noch eine Folge diskreter Eigenvolumina V_n zu, so muß man nach den Betrachtungen der vorigen Ziffer

$$\lim_{n\to\infty} E_n = \text{konst.}, \qquad \lim_{n\to\infty} G_n = \infty, \qquad \lim_{n\to\infty} V_n = \infty \tag{207}$$

erwarten, falls die Energiestufen E_n im Sinne wachsender Einzelwerte geordnet sind [was im allgemeinen zugleich auch einer Ordnung der Quantenzustände nach nicht abnehmenden Quantenzahlen n_r in (204) entspricht]. Wenn man bedenkt, daß den Molekülen eines Gases stets nur ein endliches Volumen V zu Gebote steht, so ist klar, daß die Realisierung beliebig hoher Quantenstufen n schon aus bloßem Raummangel unterbleiben müßte — ganz abgesehen von dem Spiel der VAN DER WAALSschen Wechselwirkungskräfte (Ziff. 51), welches im gleichen Sinne tätig sein muß. Der primitivste Versuch einer Berücksichtigung dieser Umstände, die Verteilungsfunktion realer Moleküle nach einer endlichen Gliederzahl ohne weitere Modifikation der beibehaltenen Terme abzubrechen, führt jedoch, wie man leicht nachrechnet, zu Widersprüchen mit dem monotonen Temperaturanstieg der spezifischen Wärme c_V (Ziff. 63).

Der Ausweg, welcher sich hier von selbst darbietet, ist in der systematischen Berücksichtigung des nach (207) prinzipiell nicht idealen Charakters der realen Gase zu erblicken. Während aber die „klassische" VAN DER WAALSsche Theorie (Ziff. 51) sämtliche Moleküle als gleichbeschaffen und mit dem gleichen Eigenvolumen ausgestattet ansieht, ist hier die Ungleichheit der Molekularvolumina verschiedener Anregungsstufen von besonderer Tragweite. Man gelangt jedoch zur einfachen VAN DER WAALSschen Theorie zurück, wenn man das reale Gas als Gemisch (Ziff. 52) unbeschränkt vieler VAN DER WAALSscher Gase betrachtet, dessen einzelne Komponenten bloß von Molekülen der gleichen Energiestufe gebildet werden. Bedeutet N_n die vorläufig noch unbekannte Anzahl der bei Wärmegleichgewicht im $n$ten Quantenzustande vorhandenen Moleküle mit dem Eigenvolumen V_n, ferner N die gesamte Molekülzahl

$$N = \sum_{n=1}^{\infty} N_n, \tag{208}$$

so findet man in Anlehnung an die VAN DER WAALSsche Theorie (s. ds. Handb. X, Kapitel 3, Ziff. 9) für die Volumskorrektur b der vereinfachten VAN DER WAALSschen Zustandsgleichung (145) (Ziff. 51)

$$b = \tfrac{1}{2} N \cdot \sum_{n=1}^{\infty} N_n \sum_{n'=1}^{\infty} N_{n'} \left[\sqrt[3]{V_n} + \sqrt[3]{V_{n'}}\right]^3. \tag{209}$$

Setzt man dies in die Zustandsgleichung (145) (Ziff. 51) ein und berechnet daraus auf ähnlichem Wege wie in Ziff. 50 die Entropie S des Gases, so kann man dessen freie Energie $F = \mathsf{E} - T \cdot S$ ermitteln, wenn man noch hinzunimmt, daß sein Energieinhalt E sich additiv aus dem Translationsbetrage (135) (Ziff. 48) und seiner inneren Energie zusammensetzt

$$\mathsf{E} = 3 N \cdot \frac{kT}{2} + \sum_{n=1}^{\infty} N_n E_n . \tag{210}$$

Für $b \ll V$ bekommt man so

$$F = 3 N \cdot \frac{kT}{2} + \sum_{n=1}^{\infty} N_n E_n - N k T \left[\frac{3}{2} \log T + \log V - \frac{b}{V} - \sum_{n=1}^{\infty} \frac{N_n}{N} \log N_n\right], \tag{211}$$

worin die N_n noch so zu bestimmen sind, daß zwischen den Einzelkomponenten Wärmegleichgewicht herrscht. Dies kann entweder statistisch (Abschnitt VII) oder — einfacher — rein thermodynamisch (s. ds. Band Kapitel 1) geschehen, indem man F als Funktion der N_n zu einem Minimum macht. Mit Rücksicht auf die Nebenbedingung (208) erhält man dann an Stelle der gewöhnlichen BOLTZMANNschen Verteilung (Ziff. 34)

$$(n = 1, 2, \ldots) \qquad N_n = N \cdot \frac{G_n e^{-\frac{E_n}{kT} - \frac{N}{V} \frac{\partial b}{\partial N_n}}}{\sum_{n=1}^{\infty} G_n e^{-\frac{E_n}{kT} - \frac{N}{V} \frac{\partial b}{\partial N_n}}} \tag{212}$$

Da $\frac{\partial b}{\partial N_n}$ nach (209) von den Molekülanzahlen N_n abhängig ist, wären die Beziehungen (212) streng genommen erst nach den einzelnen N_n aufzulösen; bei Rücksichtnahme auf die vorkommenden Größenordnungen wird dies jedoch meist entbehrlich sein. Vor allem wird man den Kleinstwert V_1 der Molekülvolumina gegen die übrigen V_n vielfach vernachlässigen dürfen und für nicht allzu extreme Temperaturen $N_2, N_3, \ldots$ in $\frac{\partial b}{\partial N_n}$ gegenüber $N_1 \backsim N$ fortlassen können. Dann wird

$$(n = 1, 2, \ldots) \qquad N_n = N \cdot \frac{G_n e^{-\frac{E_n}{kT} - \frac{N}{V} V_n}}{\sum_{n=1}^{\infty} G_n e^{-\frac{E_n}{kT} - \frac{N}{V} V_n}} \tag{213}$$

und die gesuchte endliche Verteilungsfunktion hat die Form

$$f(T, V) = g \cdot \sum_{n=1}^{\infty} G_n e^{-\frac{E_n}{kT} - \frac{N}{V} V_n}, \tag{214}$$

deren formelle Konvergenz wegen (207) unmittelbar ersichtlich ist.

Die für die Konvergenz entscheidenden Faktoren $e^{-\frac{N \cdot V_n}{V}}$, welche die Verteilungsfunktion (214) von allen bisherigen Verteilungsfunktionen unterscheiden, können offenbar als durch die Undurchdringlichkeit der Moleküle bedingte Zusatzgewichte zu den Quantengewichten G_n gedeutet werden. Der a priori-Charakter der letzteren wird dadurch in keiner Weise berührt, da die G_n ihrer Definition und statistischen Benutzung nach nur auf einzelne, voneinander beliebig weit entfernte Moleküle Bezug haben, an welchen sie als prinzipiell durch Beobachtung feststellbar gelten müssen. Von den Zusatzgewichten aber kann leicht gezeigt werden, daß auch sie auf a priori-Gewichtsansätze zurückführbar sind, welche die verschiedensten räumlichen Konfigurationen von Molekülschwerpunkten mit Rücksicht auf die Undurchdringlichkeit der Moleküle betreffen und einer nachträglichen Mittelbildung über sämtliche Moleküle unterworfen sind; diese Mittelbildung ist es auch, welche zusammen mit der bloß angenäherten Gültigkeit von (212) bzw. (214) verursacht, daß die Zusatzgewichte im Gegensatz zu den ursprünglichen Gewichtsansätzen keinerlei Parameterinvarianzeigenschaften (Ziff. 28) mehr aufweisen können. — Wie man aus (209) und (214) entnehmen kann, muß die VAN DER WAALSsche Volums„konstante“ b bei realen Molekülen im allgemeinen eine Temperaturfunktion sein, was die Erfahrung bestätigt (s. ds. Handb. X, Kapitel 3, Ziff. 15, z. B. Tabelle 8; ds. Handb. XXII, Kapitel 5, Ziff. 12).

Mit den vorstehenden Betrachtungen ist zum mindesten prinzipiell gezeigt, wie man die Verteilungsfunktionen von realen Atomen und Molekülen und damit nach Ziff. 39 auch die statistisch-thermodynamischen Zustandsgrößen der von ihnen gebildeten Gase im voraus berechnen kann. Es liegt auf der Hand, daß sie gegebenenfalls noch einer Ergänzung bedürfen, welche den Einfluß der VAN DER WAALSschen Wechselwirkungskräfte zwischen den Molekülen (Ziff. 51) berücksichtigt. Im übrigen zeigen die Ergebnisse (212) bzw. (214) mit großer Deutlichkeit die Begrenztheit der in den Ziff. 60 bis 63 besprochenen Methode zur empirischen Bestimmung von Energie- und Gewichtsstufen auf Grund makroskopisch-thermodynamischer Erfahrungsdaten — Einschränkungen, von welchen allein die Hohlraumstrahlung (Ziff. 61) als nicht-materielles System unabhängig ist, was erhebliche prinzipielle Tragweite besitzt. Wenn $\frac{\partial b}{\partial N_n}$ in (212) einen merklichen Temperaturgang besitzt, so muß diese Methode bei bloß mäßig verdünnten Gasen (Ziff. 63) molekulare Energiestufen liefern, welche mit zunehmenden Energiebeträgen systematisch wachsende Abweichungen von den wahren Stufengrößen aufweisen; wenn die Funktionen $\frac{\partial b}{\partial N_n}$ hingegen merklich temperaturunabhängig sind, sollten sich Abweichungen in erster Linie bei den Gewichtsstufen einstellen, wo sie den volumenabhängigen Zusatzgewichten in (214) entsprechen müßten.

VI. Statistische Thermodynamik der Wärmestrahlung.

Die nachstehende Übersicht über die statistische Theorie der Wärmestrahlung beabsichtigt zu zeigen, in welchem Sinne die Strahlung als ein „warmer Körper“ aufgefaßt und nach den allgemeinen Ansätzen des Abschnittes III behandelt werden kann. Bezüglich der allgemeinen elektrodynamischen und quantentheoretischen Zusammenhänge sowie aller Einzelheiten der Strahlungsfragen muß auf die einschlägigen Kapitel in ds. Handb. XII, XX und XXIII verwiesen werden.

67. Wellentheorie. Um die Strahlung als energetisch abgeschlossenen warmen Körper betrachten zu können, muß man sie als „Hohlraumstrahlung“ ins Auge fassen, welche ein abgeschlossenes, evakuiertes und von vollkommen (regulär oder diffus) reflektierenden Wänden begrenztes Volumen V erfüllt. Nach der wellentheoretischen Auffassung der klassischen Elektrodynamik müssen sich in einem derartigen Hohlraum stehende Schwingungen ausbilden, welchen die „Eigenschwingungen des Hohlraums" zugrunde liegen. Durch Einführung geeigneter „Normalkoordinaten" q_k und der zugehörigen kanonisch konjugierten Impulse p_k ist es nämlich nach JEANS möglich, den stehenden Schwingungsvorgang in lauter voneinander unabhängige, linear polarisierte harmonische Einzelschwingungen zu zerlegen, deren jede eine Energiegleichung von der gleichen Form (175) besitzt wie eine Festkörpereigenschwingung mit der Frequenz ν_k (Ziff. 57). Die Unabhängigkeit der Eigenschwingungen ermöglicht es, sie (ähnlich wie beim Festkörper) als „Teilsysteme" der Strahlung aufzufassen. Im Gegensatz zum Festkörper ist jedoch das Spektrum der Hohlraumstrahlung prinzipiell kontinuierlich und unbegrenzt; die Anzahl ihrer Teilsysteme ist demnach unendlich, doch kommt nach JEANS auf jeden endlichen Frequenzbereich von ν bis $\nu + d\nu$ die endliche, zu (176) (Ziff. 57) analoge Anzahl

$$N(\nu) \cdot d\nu = \frac{8\pi\nu^2 \cdot d\nu}{c^3} V, \tag{215}$$

wobei c die Vakuumlichtgeschwindigkeit bezeichnet. Ähnlich wie den Festkörper (Ziff. 57) wird man also auch die Hohlraumstrahlung statistisch wie ein Gemisch (Ziff. 52) von Einzelkomponenten aus je $N(\nu) \cdot d\nu$ gleichbeschaffenen Teilsystemen zu behandeln haben.

Wenn es somit keinerlei Schwierigkeiten bietet, die wellentheoretische Hohlraumstrahlung in einzelne voneinander unabhängige Teilsysteme zu zerlegen, so bleibt doch noch die weitere, für die Anwendbarkeit der Statistik wesentliche Frage nach der Existenz unmechanischer Wechselwirkungsprozesse zwischen den Teilsystemen offen. Diese Frage kann von der Wellentheorie zweifellos nur dahin beantwortet werden, daß es derartige Wechselwirkungsprozesse zwischen einander durchkreuzenden stehenden Wellen nicht gibt — eine Aussage, welche auch als befriedigend gelten muß, da die experimentelle Verfolgung von Strahlungsvorgängen im Vakuum ohne Zuhilfenahme materieller Körper prinzipiell ausgeschlossen ist. Die ideale wellentheoretische Hohlraumstrahlung stellt also keinen quasimechanischen „warmen Körper" dar — im Gegensatz zu allen materiellen warmen Körpern, bei welchen diese Bedingung im vorangehenden stets verwirklicht gefunden worden ist. Die Hohlraumstrahlung ist aber auch keine „wirkliche" Strahlung, deren Quellen und Senken materielle Körper sind. Die Abstraktion vollkommen reflektierender Hohlraumwände kommt unmateriellen Grenzbedingungen des Strahlungsfeldes gleich und kann daher nur beibehalten werden, wenn man zugleich mit der Strahlung auch einen (beliebig klein zu wählenden) materiellen Körper in den Hohlraum einschließt, der prinzipiell mit sämtlichen Hohlraumeigenschwingungen in Wechselwirkung treten kann. Die Benutzung dieses „absolut schwarzen" Körpers — des PLANCKschen Kohlestäubchens — bedingt zwar eine neue, nichtrealisierbare Abstraktion, da die diskreten Energiestufen der wirklichen Materie (Ziff. 62, 64) zusammen mit der BOHRschen Frequenzbedingung (201) (Ziff. 64) den Bestand absolut schwarzer Körper prinzipiell ausschließen; doch ist ohne weiteres ersichtlich, daß der Einfluß realer Wandsubstanz von beliebiger Zusammensetzung und beliebiger Menge jedenfalls durch den des idealen Kohlenstäubchens ersetzt werden kann. Wenn man überdies annehmen darf, daß die Wechselwirkung zwischen der eingebrachten Materie und den Hohlraumeigenschwingungen zufallsgesetzlichen Charakter besitzt, so wird auf diese Weise eine wenigstens indirekte Wechselwirkung der Hohlraumeigenschwingungen untereinander herbeigeführt, welche den sonst unentbehrlichen direkten unmechanischen Wechselwirkungsprozessen zwischen den Teilsystemen in ihrer Wirkung gleichkommt, falls der mittlere Energieinhalt des Kohlestäubchens gegen die Gesamtenergie der Strahlung vernachlässigt werden darf. Nur bei dauernder Wechselwirkung mit realer Materie kann die Hohlraumstrahlung als quasimechanischer warmer Körper angesehen werden.

Die formale Ermittlung der Verteilungsfunktion $F(T, V)$ der Hohlraumstrahlung kann nun auf dem gleichen Wege erfolgen wie beim Festkörper (Ziff. 57). Bedeutet $f(T,\nu)$ die Verteilungsfunktion einer einzelnen Eigenschwingung von der Frequenz ν, so findet man bei Berücksichtigung des Verteilungsgesetzes (215) analog zu (177)

$$F(T, V) = e^{\frac{8\pi V}{c^3}\int\limits_0^\infty \nu^2 \cdot \log f(T,\nu) \cdot d\nu} \tag{216}$$

Dieser Ausdruck kann nur endlich sein, wenn das Integral

$$\int\limits_0^\infty \nu^2 \cdot \log f(T, \nu) \cdot d\nu \tag{216a}$$

konvergiert, was offenbar nur für bestimmte Verteilungsfunktionen $f(T,\nu)$ möglich ist. Nach (102) (Ziff. 38) und (169′) (Ziff. 56) ist $f(T,\nu)$ für harmonische Schwingungen von der allgemeinen Form

$$f(T,\nu) = g \cdot \sum_{l=1}^{\infty} G_l e^{-\frac{I_l \cdot \nu}{kT}} = f\left(\frac{\nu}{T}\right),$$

woraus geschlossen werden kann, daß die Begründung des WIENschen Verschiebungsgesetzes [und im Falle der Konvergenz von (216a) auch die des STEFAN-BOLTZMANNschen Gesetzes für die Gesamtstrahlung] auf statistischem Wege ganz unabhängig von speziellen „Gewichts"annahmen möglich ist. Die „klassische" Statistik liefert für die Verteilungsfunktion harmonischer Schwingungen den bereits in Ziff. 56 berechneten Ausdruck (168)

$$f(T,\nu) = \frac{1}{g_\Omega} \cdot \frac{kT}{\nu}, \tag{168B}$$

für welchen das Integral (216a) divergiert. Nach der Quantenstatistik hingegen hat man gemäß (172) (Ziff. 56)

$$f(T,\nu) = \frac{g}{1 - e^{-\frac{h\nu}{kT}}}, \tag{172B}$$

wofür das Integral (216a) endlich wird.

Die quantenstatistische Verteilungsfunktion (172B) einer Hohlraumeigenschwingung von der Frequenz ν stimmt in allen Punkten mit der Verteilungsfunktion (191) überein, welche in Ziff. 61 bereits aus der empirischen Bewährung des PLANCKschen Strahlungsgesetzes (188) sowie des Verteilungsgesetzes (215) bzw. (189) gefolgert worden ist. Nach der wellentheoretischen Auffassung der klassischen Elektrodynamik kann eine mit der Erfahrung übereinstimmende statistische Behandlung der Hohlraumstrahlung demnach nur gegeben werden, wenn man die einzelne Hohlraumeigenschwingung den in (193) (Ziff. 61) zusammengefaßten Quantengesetzen unterwirft. Diese besagen, daß eine linear polarisierte Hohlraumschwingung von der Frequenz ν bloß die Energiestufen

$$(n = 0, 1, 2, \cdots) \qquad E_n = n \cdot h\nu \tag{217}$$

annehmen kann.

68. Lichtquantentheorie. Die von EINSTEIN begründete Korpuskulartheorie der Hohlraumstrahlung nimmt an, daß einfärbiges Licht von der Frequenz ν aus einzelnen geradlinig bewegten „Lichtquanten" besteht, welche sämtlich die gleiche Energie $h\nu$ und den — ihrer Fortpflanzungsgeschwindigkeit c entsprechenden — Linearimpuls $h\nu/c$ besitzen. Weitere Eigenschaften der Lichtquanten sind ungewiß. Die Duplizität der zu einer bestimmten Strahlrichtung gehörigen linearen oder zirkularen Polarisation läßt zwar wegen der Doppeldeutigkeit des Drehungssinnes das Vorhandensein eines universellen Drehimpulses, etwa von der Größe $h/2\pi$, vermuten, doch ist eine solche Deutung ebensowenig gesichert wie die Zuordnung einer bestimmten Phase zu jedem Lichtquant, obwohl auch dies für eine Korpuskulartheorie der Strahlung unentbehrlich zu sein scheint.

Denkt man sich den Strahlungshohlraum zunächst bloß mit Lichtquanten einer einzigen, ganz bestimmten Frequenz ν angefüllt, welche zwischen seinen Wänden elastisch hin und her reflektiert werden, so ist leicht einzusehen, daß diese Lichtquanten keineswegs als statistische Teilsysteme einer monochromatischen Hohlraumstrahlung in Betracht kommen können, wie man bei oberflächlicher Betrachtung sonst auf Grund scheinbarer Analogie mit einem idealen Gase (Ziff. 46, 47) vermuten würde. Da alle Lichtquanten gleiche Energien und gleiche Geschwindigkeiten besitzen, sind sie ja energetisch einander völlig gleichwertig, während die statistischen Teilsysteme verschiedener Energieinhalte fähig sein müssen, über welche ein vorgegebener Energiebetrag, also im vorliegenden Falle eine bestimmte Anzahl von Lichtquanten, auf die mannigfachsten Arten zu verteilen ist. Damit aber wird klar, daß jedes der gesuchten Teilsysteme unter Umständen dazu fähig sein muß, mehr als ein einziges Lichtquant zugeordnet zu erhalten, was die Vorstellung statistisch voneinander gänzlich unabhängiger Lichtquanten zumindest bedingungsweise ausschließt.

Welches sind nun die Unterscheidungsmerkmale voneinander unabhängiger Lichtquanten? Wegen der energetischen Gleichwertigkeit kommen hierfür offenbar bloß Geschwindigkeitsrichtung und räumliche Lokalisation innerhalb des Volumens V in Betracht. Zur Bestimmung der Anzahl aller denkbaren, im quantenstatistischen Sinne unterscheidbaren Bewegungen voneinander unabhängiger Lichtquanten in V kann man ähnlich wie zur Gewichtsbestimmung des entarteten Idealgases (Ziff. 47) von einer Zelleneinteilung des μ-Raumes ausgehen, indem man, den drei Schwerpunktsfreiheitsgraden des Lichtquants entsprechend, für das zulässige Maximalvolumen (Ziff. 45) der μ-Zellen hier wie dort das Quantenmaß

$$\Omega_m = h^3 \tag{218}$$

benutzt. Da der Linearimpuls

$$p = \sqrt{p_x^2 + p_y^2 + p_z^2} = \frac{h\nu}{c}$$

des Lichtquants seinem absoluten Betrag nach allen Richtungsänderungen gegenüber erhalten bleibt, entspricht der Strahlung des Frequenzintervalles zwischen ν und $\nu + d\nu$ im dreidimensionalen $p_x p_y p_z$-Raum eine Kugelschale vom Inhalt $4\pi p^2 \cdot dp$. Betrachtet man jetzt die vielfarbige Hohlraumstrahlung und greift aus ihr ein beliebiges Frequenzintervall von der Breite $d\nu$ heraus, so liefert der sechsdimensionale μ-Raum der Lichtquanten hierfür den Rauminhalt

$$\int_V dx \cdot dy \cdot dz \int_p^{p+dp} dp_x \cdot dp_y \cdot dp_z = 4\pi p^2 \cdot dp \cdot V = \frac{4\pi\nu^2 \cdot d\nu}{c^3} \cdot h^3 \cdot V,$$

welcher durch (218) geteilt, als Anzahl der im quantenstatistischen Sinne unterscheidbaren Bewegungen voneinander unabhängiger Lichtquanten nach Bose das Verteilungsgesetz

$$N^*(\nu)\cdot d\nu = \frac{4\pi\nu^2\cdot d\nu}{c^3}\cdot V \tag{219}$$

liefert. Um den Polarisationseigenschaften des natürlichen Lichtes Rechnung zu tragen, muß man, wie bereits eingangs angedeutet, den Lichtquanten entsprechende Eigenschaften zuschreiben, so daß man durch Verdopplung von (219) für die Gesamtzahl der „inkohärenten“, linear polarisierten „Quantenbündel“ der Hohlraumstrahlung des Frequenzbereiches $d\nu$ im Volumen V

$$N(\nu)\cdot d\nu = \frac{8\pi\nu^2\cdot d\nu}{c^3}\cdot V \tag{220}$$

erhält. Wie der Vergleich dieses Ausdrucks mit dem analogen Verteilungsgesetze (215) in Ziff. 67 lehrt, stimmt die Anzahl der wellentheoretischen „Hohlraumeigenschwingungen“ von der Frequenz ν mit jener der lichtquantentheoretischen „Quantenbündel“ überein. Der bereits oben gezogene Schluß, daß nicht die einzelnen Lichtquanten, sondern die verschiedenen, voneinander unterscheidbaren Bewegungsmöglichkeiten der Lichtquanten als statistische Teilsysteme der Lichtquantenstrahlung zu gelten haben, erfährt durch die eben festgestellte Äquivalenz von „Hohlraumeigenschwingungen“ und „Quantenbündeln“ volle Bestätigung.

Mit der Einsicht, daß die „Quantenbündel“ (220) die Teilsysteme der Lichtquanten-Hohlraumstrahlung darstellen, erhebt sich sogleich wieder die Frage nach der Möglichkeit unmechanischer Wechselwirkungsprozesse zwischen den Teilsystemen. Hier gelten alle diesbezüglichen Ergebnisse der wellentheoretischen Betrachtungen von Ziff. 67 unverändert und besagen, daß direkte Prozesse dieser Art nicht möglich sind, indirekte Vorgänge geeigneter Wirksamkeit aber nur durch Einbringung des idealen Planckschen Kohlenstäubchens oder realer Materie in den Hohlraum herbeigeführt werden können[1]). Die allenfalls naheliegende Idee, direkte Wechselwirkungsprozesse der verlangten Art durch „Zusammenstöße“ von Lichtquanten ausgeführt zu denken, scheidet angesichts der Notwendigkeit aus, daß bloß die Wechselwirkung zwischen Strahlung und Materie prinzipiell beobachtbar ist, so daß die hypothetischen „Lichtquantenzusammenstöße“ unwirksam und daher überflüssig wären.

Zur Aufstellung der Verteilungsfunktion $f(T, \nu)$ eines einzelnen linear polarisierten Quantenbündels hat man mit Rücksicht auf die Unteilbarkeit der Lichtquanten zu bedenken, daß das Bündel nur eine ganze Anzahl von Lichtquanten erhalten kann, daß seine „Energiestufen“ daher durch

$$(n = 0, 1, 2, \ldots) \qquad E_n = n\cdot h\nu \tag{221}$$

bestimmt sein müssen, was mit dem Ergebnis (193) der allgemeinen statistischen Analyse des empirischen Planckschen Strahlungsgesetzes (188) in Ziff. 61 und

[1]) Im Zusammenhang mit diesem Umstand ist es besonders befriedigend, daß es kürzlich gelungen ist (A. Smekal, ZS. f. Phys. Bd. 37. S. 319, 1926), die Begründung des Verteilungsgesetzes (219) ausschließlich auf die elementaren Wechselwirkungsprozesse zwischen Strahlung und realer Materie aufzubauen. Hierzu muß (218) als Volumen der Phasenraumzellen für die Translationsbewegung (Ziff. 47) realer absorbierender und emittierender Moleküle (Ziff. 70, 71) betrachtet und gefordert werden, daß jeder prinzipiell beobachtbare elementare Absorptions- oder Emissionsakt eines Moleküls von einem durch den elementaren Linearimpuls-Umsatz $h\nu/c$ veranlaßten Wechsel seiner augenblicklichen Translations-Quantenzelle begleitet ist. (219) ergibt sich dann als Anzahl der voneinander prinzipiell unterscheidbaren Strahlrichtungen, welche dem Molekül innerhalb des Volumens V für seine elementaren Wechselwirkungsvorgänge mit der Strahlung zu Gebote stehen. (Zusatz b. d. Korrektur.)

seiner wellentheoretischen Form (217) (Ziff. 67) übereinstimmt. Die Verteilungsfunktion $f(T, \nu)$ lautet daher

$$f(T, \nu) = g \cdot \sum_{n=0}^{\infty} e^{-\frac{n \cdot h\nu}{kT}} = \frac{g}{1 - e^{-\frac{h\nu}{kT}}}, \tag{172C}$$

ganz ebenso wie nach (172B) der wellentheoretischen Auffassung.

Das Ergebnis (221), wonach ein Quantenbündel entweder „leer" ist oder eine ganze Zahl von einzelnen Lichtquanten auf sich vereinigt, erscheint bloß deswegen unanschaulicher als die Quantelung der „Hohlraumeigenschwingungen", weil man letztere auf einen mechanisch vorstellbaren Bewegungsvorgang abzubilden vermag; gegenüber der Lichtquantenvorstellung hat sie aber den empfindlichen Nachteil, die Ausbreitungsgeschwindigkeit und den gerichteten Charakter der Strahlung völlig außer Acht lassen zu müssen. Der Umstand, daß mehrere auf dem gleichen Bündel befindliche Lichtquanten statistisch wie ein einheitliches Ganzes wirksam sind, ist verschiedentlich als Assoziation oder als Interferenz[1]) einzelner Lichtquanten gedeutet worden. Auch hat man gemeint, ihn überhaupt verwerfen und daher die Anwendbarkeit der bisherigen Statistik auf die Lichtquantenstrahlung ablehnen zu sollen; die hierzu ersonnene neue Strahlungsstatistik[2]) beruht indessen auf Ansätzen, welche (221) völlig gleichwertig sind, so daß bisher kein zwingender Grund dafür bekannt geworden ist, von einer Darstellungsmöglichkeit, wie der oben gegebenen, abzugehen[3]).

69. Strahlungsschwankungen. Nachdem gezeigt ist, daß die Hohlraumstrahlung als quasimechanischer warmer Körper angesehen werden kann, wenn sie sich in Wechselwirkung mit wirklicher Materie befindet, kann man auch die Energieschwankungen berechnen, die sie im Wärmegleichgewicht mit beliebigen materiellen Körpern ausführt. Für die allgemeine statistische Theorie dieses Gleichgewichtszustandes sind die Betrachtungen von Ziff. 37 in völlig unveränderter Weise anwendbar, wenn man unter einem von den dort vorausgesetzten warmen Körpern $A, B, C, \ldots$ die Hohlraumstrahlung versteht und ihre Verteilungsfunktion (216) (Ziff. 67) benutzt. Die Energieschwankungen der Strahlung sind dann ebenso wie die eines beliebigen materiellen Körpers durch die allgemeinen Schwankungsformeln (111) bzw. (112) von Ziff. 42 bestimmt. Wendet man (112) auf die Strahlung an, deren mittlerer Energieinhalt für die Volumeneinheit durch das PLANCKsche Strahlungsgesetz (188) (Ziff. 61) gegeben ist, so findet man für das mittlere Energieschwankungsquadrat der Volumeneinheit

$$kT^2 \frac{\partial \varrho(\nu, T)}{\partial T} \cdot d\nu = \left\{ h\nu \cdot \varrho(\nu, T) + \frac{c^3}{8\pi\nu^2} [\varrho(\nu, T)]^2 \right\} \cdot d\nu. \tag{222}$$

Das zweite Glied auf der rechten Seite von (222) ist mit Rücksicht auf das Verteilungsgesetz (215) (Ziff. 67) bzw. (220) (Ziff. 68) von der Form

$$\frac{[\varrho(\nu, T) \cdot d\nu]^2}{N(\nu) \cdot d\nu} \tag{223}$$

und stellt die sog. „Interferenzschwankungen" der Strahlung dar. Wie H. A. LORENTZ gezeigt hat, kann man nämlich (223) auf wellentheoretischem Wege

[1]) A. LANDÉ, ZS. f. Phys. Bd. 33, S. 571. 1925.

[2]) S. N. BOSE, ZS. f. Phys. Bd. 26, S. 178. 1924; A. EINSTEIN, Berl. Ber. 1924, S. 261; 1925, S. 3.

[3]) Vgl. hierzu jüngst auch E. SCHRÖDINGER, Phys. ZS. Bd. 27, S. 95. 1926. (Zusatz b. d. Korrektur.)

erhalten, wenn man die Energieschwankungen von stehenden Hohlraumschwingungen (Ziff. 67) ganz willkürlicher Spektralverteilung berechnet und dabei die Mitwirkung realer absorbierender und emittierender Materie ausschließt. Nach Ziff. 67 folgt daraus, daß an dem Zustandekommen der wellentheoretischen Interferenzschwankungen (223) unmechanische Wechselwirkungsprozesse zwischen Hohlraumeigenschwingungen verschiedener räumlicher Orientierung unter Umständen ganz unbeteiligt bleiben können. Die Mitwirkung derartiger Prozesse muß es demnach sein, welche das Auftreten des ersten Gliedes auf der rechten Seite von (223) hervorruft; auf die Strahlungsdichte als Einheit bezogen, entspricht es dem Energiebetrag

$$h\nu, \tag{224}$$

was mit der Differenz je zweier aufeinanderfolgender Energiestufen (217) (Ziff. 67) bzw. (221) (Ziff. 68) der Teilsysteme der Hohlraumstrahlung übereinstimmt. Dieser Umstand bestätigt unmittelbar die Folgerung von EINSTEIN, daß (224) nichts anderes als den Energieumsatz darstellt, welcher beim Elementarprozeß der Emission oder Absorption von Strahlung durch reale Materie auftritt; er beweist ferner, daß jeder solcher Elementarprozeß als Wechselwirkung des materiellen Körpers mit einem *einzigen* von den der Frequenz ν zugeordneten Teilsystemen der Strahlung (Hohlraumeigenschwingung oder Quantenbündel) aufzufassen ist. Offenbar ist der Energiebetrag der Lichtquanten (Ziff. 68) diesem ganz allgemeinen Ergebnisse angepaßt, während die BOHRsche Frequenzbedingung (201) (Ziff. 64) bloß einen Spezialfall von (224) darstellt[1]).

70. Allgemeine Mittelwertgesetze für die Wechselwirkung zwischen Strahlung und Materie bei Wärmegleichgewicht. Nach dem Endergebnis der vorigen Ziffer befindet sich ein materieller Körper während der monochromatischen Elementarprozesse seiner Wechselwirkungen mit dem Strahlungsfelde jeweils in Verbindung mit einem *einzigen* Teilsystem der Hohlraumstrahlung. Da letzteres dabei eine beliebige von den Energiestufen (217) (Ziff. 67) bzw. (221) (Ziff. 68) annehmen kann, werden die „Übergangswahrscheinlichkeiten" (Ziff. 29) der Elementarprozesse jedenfalls von den augenblicklichen Stufenhöhen abhängen. Sei also $C_n^{n-1}(\nu)\cdot dt$ die a priori-Häufigkeit dafür, daß das auf seiner n-ten Energiestufe befindliche Teilsystem der Strahlung (Hohlraumeigenschwingung oder Quantenbündel) von der Frequenz ν mit dem Körper während der Zeit dt in Wechselwirkung tritt und gemäß (224) den Energiebetrag $h\nu$ an ihn abgibt, ferner $C_{n-1}^n(\nu)\cdot dt$ die analoge Größe für die Aufnahme des vom Körper gelieferten Energiequants $h\nu$ durch das auf der $(n-1)$-ten Stufe befindliche Strahlungs-Teilsystem. Betrachtet man nun den Fall des Wärmegleichgewichts, so muß der pro Zeiteinheit von dem Strahlungs-Teilsystem an den Körper gelieferte Energiebetrag im *Zeitmittel* gleich sein dem vom Körper auf das Teilsystem übergegangenen Energiebetrag. Die mittlere Realisierungsdauer pro Zeiteinheit für einen von den Zuständen des Körpers, in welchen er zur Absorption von Strahlung der Frequenz ν befähigt wäre, möge mit t_I, diejenige von dem dazu korrespondierenden unter den Zuständen, in welchen er Strahlung von der Frequenz ν emittieren könnte, mit t_{II} bezeichnet werden; da die Energien

[1]) Die im Texte offen gebliebene Frage nach der quantenstatistischen Bedeutung der „Interferenzschwankungen" ist von L. S. ORNSTEIN und F. ZERNIKE, Versl. Akad. Amsterd. Bd. 28, S. 280. 1919/20, sowie vom Verfasser [im Zusammenhang mit der in Anm. 1 auf S. 83 erwähnten Begründung von (219)] beantwortet worden. Auch dies bedarf der Bezugnahme auf die elementaren Wechselwirkungsprozesse des Strahlungsfeldes mit *realer* Materie (Ziff. 70, 71). Es zeigt sich, daß die „Interferenzschwankungen" hauptsächlich durch die „negativen Einstrahlungsvorgänge" an der Materie (Ziff. 70) hervorgerufen werden, während das erste („lichtquantentheoretische") Glied in der Schwankungsformel (222) durch die „spontanen Ausstrahlungsprozesse" (Ziff. 70) bedingt wird. (Zusatz b. d. Korrektur.)

der erwähnten Zustände sich voneinander paarweise um den Betrag $h\nu$ unterscheiden müssen

$$E_{II} - E_I = h\nu, \tag{224a}$$

liefert die BOLTZMANNsche Verteilung (Ziff. 34, 42) bei gleichem a priori-Gewichtsverhältnis G_I/G_{II} ohne Rücksicht auf Anzahl und Verschiedenheit dieser Zustände nach (72a) (Ziff. 33)

$$\frac{t_I}{t_{II}} = \frac{G_I}{G_{II}} \cdot e^{\frac{E_{II}-E_I}{kT}} = \frac{G_I}{G_{II}} \cdot e^{\frac{h\nu}{kT}}. \tag{225}$$

Für die mittlere Realisierungsdauer der n-ten Energiestufe des betrachteten Teilsystems der Strahlung hingegen ergibt die BOLTZMANNsche Verteilung bei Rücksichtnahme auf die Verteilungsfunktion (191) (Ziff. 61) bzw. (172B), (172C) (Ziff. 67, 68) dieser Teilsysteme, bezogen auf die Zeiteinheit

$$(n = 0, 1, 2, \ldots) \qquad e^{-n\cdot\frac{h\nu}{kT}} \cdot \left[1 - e^{-\frac{h\nu}{kT}}\right]. \tag{226}$$

Die erwähnte zeitgemittelte Energiebilanz hat dann die Form der (zeitlichen) Stationaritätsbedingung (Ziff. 36)

$$\left.\begin{aligned} &t_I \cdot h\nu \sum_{n=1}^{\infty} C_n^{n-1}(\nu) \cdot e^{-\frac{nh\nu}{kT}} \cdot \left(1 - e^{-\frac{h\nu}{kT}}\right) \\ &= t_{II} \cdot h\nu \sum_{n=1}^{\infty} C_{n-1}^{n}(\nu) \cdot e^{-\frac{(n-1)\cdot h\nu}{kT}} \cdot \left(1 - e^{-\frac{h\nu}{kT}}\right). \end{aligned}\right\} \tag{227}$$

Durch Anwendung von (225) findet man zunächst aus (227)

$$(n = 0, 1, 2, \ldots) \qquad \frac{C_n^{n-1}(\nu)}{G_{II}} = \frac{C_{n-1}^{n}(\nu)}{G_I}, \tag{228}$$

woraus allgemein zu entnehmen ist, daß auch zwischen dem Körper und jedem einzelnen Paar aufeinanderfolgender Energiestufen des Strahlungs-Teilsystems Gleichgewicht herrschen muß (Ziff. 36). Da es nun keine anderen als die betrachteten Wechselwirkungsprozesse mit materiellen Körpern gibt, vermöge welcher ein Wechsel der Energiestufen des Strahlungs-Teilsystems im Spiegelhohlraum eintreten kann (Ziff. 67, 68), ist nach dem Energiesatz unmittelbar evident, daß das Teilsystem seinen Zustand stets bloß zwischen zwei benachbarten Energiestufen verändern könnte, wenn der Körper nicht auch noch gelegentlich mit anderen Teilsystemen in Wechselwirkung treten würde und fähig wäre, hierbei aufgenommene Energie„quanten“ $h\nu$ durch „spontane Ausstrahlung“ zuweilen auch an das betrachtete Strahlungs-Teilsystem abzugeben. Der zufallsgesetzliche Charakter dieser „spontanen“ Elementarprozesse bedingt, daß der von ihnen pro Zeiteinheit im Mittel gelieferte Energiebetrag temperaturabhängig und dem Energie„quant“ $h\nu$ proportional sein muß. Wenn $S_{n-1}^{n}(\nu) \cdot dt$ ihre „Übergangswahrscheinlichkeiten“ sind, lautet dieser Energiebetrag

$$\left.\begin{aligned} &h\nu \sum_{n=1}^{\infty} S_{n-1}^{n}(\nu) \cdot e^{-\frac{(n-1)\cdot h\nu}{kT}} \cdot \left(1 - e^{-\frac{h\nu}{kT}}\right) \\ &= G_I \cdot K(\nu) \cdot h\nu = G_I \cdot K(\nu) \cdot h\nu \sum_{n=1}^{\infty} e^{-(n-1)\frac{h\nu}{kT}} \cdot \left(1 - e^{-\frac{h\nu}{kT}}\right), \end{aligned}\right\} \tag{229}$$

wobei $K(\nu)$ eine für den materiellen Körper kennzeichnende Intensitätsfunktion darstellt; bei Rücksichtnahme auf die rechte Seite von (227) findet man für sie aus (229)

$$(n = 0, 1, 2, \ldots) \qquad G_I K(\nu) = C_0^1(\nu) = S_{n-1}^n(\nu). \tag{230}$$

Mit den Abkürzungen

$$(n = 0, 1, 2, \ldots) \qquad D_n^{n-1}(\nu) = \frac{G_I}{G_{II}} \cdot \frac{C_n^{n-1}(\nu)}{C_0^1(\nu)} = D_{n-1}^n(\nu) = \frac{C_{n-1}^n(\nu)}{C_0^1(\nu)} \tag{231}$$

kann man auf Grund von (228) und (230) jetzt der Stationaritätsbedingung (227) die Form geben

$$\left.\begin{aligned} &t_I \cdot h\nu G_{II} K(\nu) \sum_{n=1}^{\infty} D_n^{n-1}(\nu) \cdot e^{-\frac{nh\nu}{kT}} \cdot \left(1 - e^{-\frac{h\nu}{kT}}\right) \\ &= t_{II} \cdot h\nu G_I K(\nu) \cdot \left\{1 + \sum_{n=1}^{\infty} [D_n^{n+1}(\nu) - 1] \cdot e^{-\frac{nh\nu}{kT}} \cdot \left(1 - e^{-\frac{h\nu}{kT}}\right)\right\}; \end{aligned}\right\} \tag{227a}$$

die Koeffizienten $D_n^{n-1}(\nu)$ erscheinen darin als „normierte Übergangswahrscheinlichkeiten" der Elementarprozesse einer „positiven Einstrahlung" in den materiellen Körper von seiten des Strahlungs-Teilsystems, die Größen $D_n^{n+1}(\nu) - 1$ hingegen als solche einer vom Teilsystem verursachten „negativen Einstrahlung". Die Duplizität der Einstrahlungs-Elementarprozesse ist offenbar dadurch bedingt, daß das Teilsystem der Strahlung in jeder von Null verschiedenen Energiestufe den Strahlungsenergiebetrag $h\nu$ abzugeben oder aufzunehmen vermag, während der materielle Körper sich entweder in einem Zustande (I) befindet, in welchem $h\nu$ bloß aufgenommen, oder in einem Zustande (II), in welchem $h\nu$ bloß abgegeben werden kann. Wenn man aus diesem Grunde annimmt, daß Aufnahme oder Abgabe von $h\nu$ durch das Strahlungs-Teilsystem a priori-gleichhäufige Elementarvorgänge sind, so befindet man sich damit in völliger Übereinstimmung sowohl mit den wellentheoretischen Folgerungen der klassischen Elektrodynamik als auch mit dem quantentheoretischen Korrespondenzprinzip von Bohr (Band XXIII); insbesondere nach der wellentheoretischen Auffassung ist unmittelbar anschaulich, daß die von der äußeren Strahlung am Körper bewirkte „Einstrahlung" je nach ihrer Phase a priori-gleichhäufig „positiv" oder „negativ" ausfallen muß. Dies bedeutet

$$(n = 1, 2, \ldots) \qquad D_n^{n-1}(\nu) = D_n^{n+1}(\nu) - 1$$

und wegen $D_0^1 = 1$,

$$(n = 1, 2, \ldots) \qquad D_n^{n-1}(\nu) = D_{n-1}^n(\nu) = n, \tag{232}$$

womit die energetische Gleichgewichtsbedingung (227a) bei Einführung der mittleren Energie $\varepsilon(\nu, T)$ (190) (Ziff. 61) des Strahlungsteilsystems auf die Form

$$t_I \cdot G_{II} K(\nu)\, \varepsilon(\nu, T) = t_{II} \cdot G_I K(\nu) \cdot [h\nu + \varepsilon(\nu, T)] \tag{227b}$$

gebracht werden kann, welche durch (225) offensichtlich identisch befriedigt wird. Aus (227b) geht hervor, daß die zeitgemittelten Übergangswahrscheinlichkeiten (pro Zeiteinheit) für die „positive" und die „negative Einstrahlung" durch

$$G_{II} \frac{K(\nu)}{h\nu} \cdot \varepsilon(\nu, T), \qquad G_I \frac{K(\nu)}{h\nu} \cdot \varepsilon(\nu, T) \tag{233}$$

gegeben und dem mittleren thermischen Energieinhalt des Strahlungs-Teilsystems proportional sind; für die „spontane Ausstrahlung" des materiellen Körpers hingegen bekommt man die vom Körper allein abhängige Größe

$$G_I K(\nu). \tag{234}$$

Die vorstehenden Betrachtungen zeigen, daß neben den „Gewichten“ G_I, G_{II} für die Wechselwirkung eines beliebigen materiellen Körpers (Atome, Moleküle, Festkörper) mit dem Strahlungsfelde eine einzige Körperfunktion $K(\nu)$ maßgebend ist. Wenn man für die „positive“ und „negative Einstrahlung“, sowie für die „spontane Ausstrahlung“ des Körpers auf makroskopischem Wege bestimmbare, gemittelte Übergangswahrscheinlichkeiten erhalten will, muß man die Funktionen (233) und (234) noch mit der Anzahl (215) bzw. (220) (Ziff. 67, 68) aller Teilsysteme der Strahlung multiplizieren, da zwischen den letzteren makroskopisch im allgemeinen — Interferenzerscheinungen ausgenommen — nicht unterschieden werden kann. Bei Einführung der durch das PLANCKsche Strahlungsgesetz (188) (Ziff. 61) ausgedrückten mittleren Strahlungsdichte $\varrho(\nu, T)$ bekommt man so die Größen

$$B_I^{II} \cdot \varrho(\nu, T) = G_{II} \frac{K(\nu)}{h\nu} \cdot \varrho(\nu, T); \quad B_{II}^I \cdot \varrho(\nu, T) = G_I \frac{K(\nu)}{h\nu} \cdot \varrho(\nu, T) \tag{235}$$

und

$$A_{II}^I = G_I \cdot K(\nu) \frac{8\pi\nu^2}{c^3}, \tag{236}$$

welche mit den von EINSTEIN seiner Theorie des Strahlungsgleichgewichtes auf axiomatischem Wege zugrunde gelegten „Übergangswahrscheinlichkeiten“ der vorerwähnten Elementarprozesse[1]) identisch sind (Band XX, XXIII); wie man sofort sieht, genügen sie in der Tat den von EINSTEIN abgeleiteten Beziehungen

$$G_I \cdot B_I^{II} = G_{II} \cdot B_{II}^I \tag{235a}$$

und

$$\frac{A_{II}^I}{B_{II}^I} = \frac{8\pi h\nu^3}{c^3}, \tag{236a}$$

welche im wesentlichen mit (235) und (236) gleichbedeutend sind.

71. Energie- und Impulsgleichgewicht zwischen Gasmolekülen und Hohlraumstrahlung. Die vorstehende Ableitung der EINSTEINschen Übergangswahrscheinlichkeiten für die elementaren Wechselwirkungsprozesse zwischen Strahlung und Materie geht von der Forderung aus, daß der mittlere Energieumsatz zwischen den beiden thermischen Systemen bei Wärmegleichgewicht verschwinden soll. Diese Bedingung ist jedenfalls notwendig, doch läßt sich von vornherein keineswegs übersehen, ob sie für das Bestehen des Gleichgewichtszustandes auch hinreicht. Handelt es sich bei dem Strahlungsgleichgewicht um einen Festkörper nicht allzu kleiner Masse, so wird es zweifellos gerechtfertigt sein, die Druckwirkungen der Strahlung auf ihn annäherungsweise zu vernachlässigen; bei einzelnen Gebilden von molekularer Größenordnung ist dies aber sicherlich nicht mehr zulässig, so daß eine Untersuchung der Wechselwirkung zwischen schwarzer Strahlung und thermisch bewegten Gasmolekülen auch auf die Notwendigkeit des Impulsgleichgewichtes ausgedehnt werden muß.

E_I, G_I und E_{II}, G_{II} ($E_{II} > E_I$) mögen Paare zusammengehöriger Energie- und Gewichtsstufen der „inneren“ Bewegung der Gasmoleküle sein, ferner $E_{f,I}$ und $E_{f,II}$ Energiewerte ihrer fortschreitenden Bewegung, welche den infinitesimalen, gleich großen Bereichen $d\tau_I$ und $d\tau_{II}$ ihres Translationsphasenraumes zugehören. Bezeichnet man die mittleren Anzahlen der Moleküle, welche bei Wärmegleichgewicht in den Bewegungszuständen I, II vorhanden sind,

[1]) A. EINSTEIN, Verh. d. D. Phys. Ges. Bd. 18, S. 318. 1916; Phys. ZS. Bd. 18 S. 121. 1917.

mit N_I, N_{II}, so liefert die BOLTZMANNsche Verteilung (Ziff. 34, 49) für das Verhältnis dieser Zahlen

$$N_I : N_{II} = G_I \cdot e^{-\frac{E_I + E_{f,I}}{kT}} : G_{II} \cdot e^{-\frac{E_{II} + E_{f,II}}{kT}}. \tag{237}$$

Was zunächst die Frage des Energiegleichgewichts zwischen der Strahlung und den Gasmolekülen anbetrifft, so läßt sie sich sofort beantworten, wenn man die allgemeine (zeitlich-räumliche) Stationaritätsbedingung (88) (Ziff. 36) auf die EINSTEINschen Wechselwirkungsprozesse anwendet. Wenn man hinschreibt, daß die mittlere Anzahl der N_I Moleküle, welche den Übergang $I \rightarrow II$ in der Zeiteinheit durch „positive Einstrahlung" ausführen, jener von den N_{II} Molekülen gleich sein soll, welche den Übergang $II \rightarrow I$ unterdessen im Wege „spontaner Ausstrahlung" und „negativer Einstrahlung" bewerkstelligt haben, so bedeutet dies bei Multiplikation mit $[E_{II} + E_{f,II} - E_I - E_{f,I}]$ auch Gleichsetzung der beiderseitigen Energiebilanzen und liefert mit (235) und (236)

$$N_I \cdot B_I^{II} \varrho(\nu, T) = N_{II} \cdot \left[A_{II}^I + B_{II}^I \varrho(\nu, T)\right]. \tag{238}$$

Durch Einsetzen von (237) und (235a) ergibt sich für die mittlere Strahlungsdichte $\varrho(\nu, T)$ zunächst allgemein

$$\varrho(\nu, T) = \frac{\frac{A_{II}^I}{B_{II}^I}}{e^{\frac{E_{II} + E_{f,II} - E_I - E_{f,I}}{kT}} - 1}, \tag{239}$$

ein Ausdruck, der bereits die Temperaturabhängigkeit des PLANCKschen Gesetzes (188) (Ziff. 61) aufweist. Mit (236a) und

$$E_{II} + E_{f,II} - E_I - E_{f,I} = h\nu \tag{240}$$

bekommt man die PLANCKsche Strahlungsformel selbst; da der Beweis für jedes beliebige Paar I, II molekularer Bewegungszustände ungeändert bleibt, ist damit allgemein bestätigt, daß das Energiegleichgewicht zwischen Strahlung und Gasmolekülen durch die EINSTEINschen Wechselwirkungsprozesse nicht aufgehoben werden kann, wie es nach Ziff. 70 auch nicht mehr anders zu erwarten war. Die Beziehung (240) entspricht offensichtlich einer einfachen Erweiterung der BOHRschen Frequenzbedingung (201) (Ziff. 64), welche die Mitwirkung der molekularen Fortbewegungsenergien an den Strahlungsvorgängen in Rechnung stellt.

Zur Berücksichtigung des Impulsaustausches zwischen den Molekülen und der Strahlung ist es erforderlich, das Schicksal eines einzelnen Moleküls während seiner Bewegung im Strahlungsfelde genauer zu verfolgen. Der Einfachheit halber sei angenommen, daß die Bewegung bloß in einer bestimmten Richtung erfolgt, eine belanglose Einschränkung, auf welche die reale Zickzackbewegung der Gasmoleküle leicht zurückgeführt werden kann. Wenn M die Masse und v die Momentangeschwindigkeit des Moleküls bedeuten, so kann man nach EINSTEIN zweierlei Änderungen unterscheiden, welche der Linearimpuls $M \cdot v$ des Moleküls während einer kurzen Zeit t infolge der Anwesenheit des Strahlungsfeldes erfährt:

α) Der Strahlungsdruck verursacht eine Widerstandskraft, welche die Bewegung zu hemmen sucht und in erster Annäherung proportional der Geschwindigkeit v wird; die dadurch während der Zeit t bewirkte Impulsänderung betrage $-D \cdot v \cdot t$.

β) Die Unregelmäßigkeiten des Strahlungsfeldes übertragen auf das Molekül einen nach Größe und Vorzeichen stets wechselnden Impuls Δ, der innerhalb des gleichen Annäherungsgrades wie bei α) als von v unabhängig gelten darf.

Bei Vernachlässigung der Strahlungswirkungen beträgt die mittlere kinetische Energie des Moleküls in der Bewegungsrichtung nach dem „Gleichverteilungssatz" (Ziff. 48) bei Wärmegleichgewicht

$$\tfrac{1}{2} M \overline{v^2} = \tfrac{1}{2} k T, \tag{241}$$

wodurch das mittlere Impulsquadrat $M^2 \cdot \overline{v^2}$ des Moleküls zu MkT festgelegt erscheint. Wenn durch die Wechselwirkung des Moleküls mit dem Strahlungsfelde während der Zeit t keine Änderung dieses Betrages hervorgerufen werden soll, wenn also Impulsgleichgewicht gefordert wird, muß

$$\overline{(M \cdot v)^2} = \overline{(M \cdot v - D \cdot v \cdot t + \Delta)^2}$$

und wegen

$$\overline{v \cdot \Delta} = 0$$

bis auf das zu vernachlässigende Glied mit t^2 nach (241)

$$\frac{\overline{\Delta^2}}{t} = 2 D M \overline{v^2} = 2 D k T \tag{242}$$

sein.

α) Zur Bestimmung von D kommen offenbar allein die vom Strahlungsfelde ausgehenden Wirkungen der „positiven" und „negativen" „Einstrahlungs"-vorgänge in Betracht, deren Übergangswahrscheinlichkeiten (255) die mittlere Strahlungsdichte $\varrho(\nu, T)$ als Faktor enthalten; dies macht es erforderlich, die letztere vorerst auf ein mit der Relativgeschwindigkeit v gegen die Begrenzungen des Strahlungsfeldes bewegtes Bezugssystem zu transformieren, da das Strahlungsfeld nur für ein relativ zu diesen Begrenzungen ruhendes Molekül im Mittel als isotrop angesehen werden dürfte. Für eine Strahlrichtung, welche mit der Bewegungsrichtung im bewegten Bezugssystem den Winkel φ' bildet, liefern die relativistischen Transformationsformeln

$$\varrho'(\nu', \varphi', T) = \left[\varrho(\nu') + \frac{v}{c} \nu' \cdot \cos\varphi' \cdot \frac{\partial \varrho(\nu', T)}{\partial \nu'}\right] \cdot \left(1 - 3 \frac{v}{c} \cos\varphi'\right).$$

Für das Folgende reicht es ebenso wie beim Energiegleichgewicht wieder hin, bloß zwei verschiedene Bewegungszustände I, II des Moleküls ins Auge zu fassen. Dann folgt aus der BOLTZMANNschen Verteilung (237) mit Rücksicht auf die in Ziff. 33 erwiesene statistische Äquivalenz von Raum- und Zeitgesamtheit, daß die mittleren Aufenthaltsdauern t_I und t_{II} des Moleküls in diesen Zuständen gemäß (72a), bezogen auf die Zeiteinheit, den mittleren Molekülanzahlen N_I, N_{II} im Gase bei Wärmegleichgewicht proportional sind, so daß

$$t_I : t_{II} = N_I : N_{II}. \tag{243}$$

Der bei jedem Elementarprozeß der Wechselwirkung des Moleküls und der Strahlung zugleich mit dem Energiebetrag (240) übermittelte Impulsbetrag möge zunächst allgemein mit $I(\nu)$ bezeichnet werden; jeder „positive" Einstrahlungsvorgang aus der Richtung φ' wird dann dem Molekül in der Bewegungsrichtung die Impulskomponente $+I(\nu) \cdot \cos\varphi'$, jeder „negative" Einstrahlungsprozeß die Komponente $-I(\nu) \cdot \cos\varphi'$ mitteilen. Der vom Molekül auf diese Weise pro Zeiteinheit empfangene Gesamtimpuls in der Bewegungsrichtung ist nach α) gleich $-D \cdot v$ und beträgt

$$I(\nu) \cdot \left(t_I \cdot B_I^{II} - t_{II} \cdot B_{II}^{I}\right) \cdot \int \varrho'(\nu', \varphi', T) \cos\varphi' \frac{d\omega'}{4\pi},$$

wobei die Integration nach dem Raumwinkel $d\omega'$ über alle Richtungen zu erstrecken ist. Durch Einführung des angegebenen Ausdruckes für die transformierte Strahlungsdichte und Auswertung des Integrals gewinnt man, wenn nachträglich noch ν anstatt ν' geschrieben wird,

$$-D\cdot v = -I(\nu)\cdot(t_I\cdot B_I^{II} - t_{II}\cdot B_{II}^{I})\cdot\left[\varrho(\nu, T) - \frac{\nu}{3}\frac{\partial\varrho(\nu, T)}{\partial\nu}\right]\cdot\frac{v}{c}, \tag{244}$$

womit die Bestimmung von D beendet ist.

β) Für die Berechnung des Quadratmittels $\overline{\Delta^2}$ der unsystematischen „Schüttelwirkung" des Strahlungsfeldes kommen offenbar sowohl die „Einstrahlungs"vorgänge als auch die „spontanen Ausstrahlungs"vorgänge in Betracht. Da die Einzelprozesse voneinander völlig unabhängig erfolgen, wird $\overline{\Delta^2}$ gleich dem Quadratmittel der in die Bewegungsrichtung des Moleküls fallenden Impulskomponente

$$I(\nu)^2\cdot\overline{\cos^2\varphi} = \tfrac{1}{3}I(\nu)^2,$$

multipliziert mit der Anzahl sämtlicher drei Arten von Einzelprozessen in der Zeiteinheit, welche nach (238) und (243)

$$2t_I\cdot B_I^{II}\cdot\varrho(\nu, T)$$

beträgt. Man findet daher

$$\frac{\overline{\Delta^2}}{t} = \frac{2}{3}I(\nu)^2\cdot t_I B_I^{II}\cdot\varrho(\nu, T). \tag{245}$$

Auf Grund der Ergebnisse (244) und (245) ist es nun ohne weiteres möglich, die allgemeine Geltung der Impuls-Gleichgewichtsbedingung (242) einer Prüfung zu unterwerfen. Durch Einführung der erhaltenen Ausdrücke in (242) ergibt sich

$$I(\nu) = \frac{3kT}{c}\cdot\left[1 - \frac{t_{II}^{I}\cdot B_{II}^{I}}{t_I\cdot B_I^{II}}\right]\cdot\left[1 - \frac{\nu}{3}\frac{1}{\varrho}\cdot\frac{\partial\varrho}{\partial\nu}\right],$$

was mit Rücksicht auf das PLANCKsche Strahlungsgesetz (188) (Ziff. 61) und die Beziehungen (235a) (Ziff. 71), (237), (240) und (242) in

$$I(\nu) = \frac{h\nu}{c} \tag{246}$$

übergeht. Der beim Elementarprozeß der Wechselwirkung zwischen Strahlung und Molekül umgesetzte Linearimpuls ist demnach von der gleichen Größe, wie ihn die Lichtquantentheorie (Ziff. 68) voraussetzen muß, um zum Verteilungsgesetz (220) der „Quantenbündel" und damit zum PLANCKschen Strahlungsgesetz (188) zu gelangen. Damit ist gezeigt, daß die EINSTEINschen Übergangsprozesse (235) und (236) auch auf die Forderung molekularen Impulsgleichgewichtes angewendet, die Aufrechterhaltung des statistisch-thermodynamischen Gleichgewichtszustandes im Gase sicherstellen.

Die vorstehenden Darlegungen gehen mit Rücksicht auf die verallgemeinerte BOHRsche Frequenzbedingung (240) von der Voraussetzung aus, daß zunächst nur solche Frequenzen ν des Strahlungsfeldes in Betracht zu ziehen sind, welche die Spektralfrequenzen der Moleküle, einschließlich ihrer thermokinetischen Verbreiterung anzuregen vermögen. Strahlung anderer Frequenzen wird von den Molekülen bloß zerstreut, so daß es den Anschein hat, als müßte eine Untersuchung der diesbezüglichen Wechselbeziehungen zwischen Gas und Hohlraumstrahlung von gänzlich andersartigen statistischen Grundlagen aus vorgenommen werden. Wie jedoch durch Verallgemeinerung der COMPTON-DEBYEschen Theorie des Comptoneffektes (s. ds. Handb. XX, XXIII) erkannt werden konnte[1]), sind bloß geringfügige Erweiterungen der vorangehenden Betrachtungen erforderlich, um auch die Behandlung der Zerstreuung des Lichtes durch die Moleküle und den damit verbundenen Einfluß auf das Energie- und Impulsgleichgewicht in sie einbeziehen zu können. Die Elementarvorgänge der Zerstreuung sind hierbei dadurch gekennzeichnet, daß das Molekül praktisch gleichzeitig mit zwei verschiedenen Teilsystemen der Strahlung von verschiedener Frequenz in Wechselwirkung steht. Je nachdem, ob dabei bloß die Translationsenergie der Moleküle in Mitleidenschaft gezogen wird oder auch ein Übergang zwischen zwei beliebigen Energiestufen E_I, E_{II} der inneren Bewegung des Moleküls beteiligt ist, kann man dann zwischen „normaler" und „anomaler" Zerstreuung unterscheiden. Die Energiebilanz derartiger Elementarvorgänge ist allgemein durch die Beziehung

$$\pm h\nu_1 + E_I + E_{f,I} = \pm h\nu_2 + E_{II} + E_{f,II} \tag{247}$$

gekennzeichnet, welche eine neue Erweiterung der BOHRschen Frequenzbedingung (201) (Ziff. 64) vorstellt; eine ähnliche, jedoch vektorielle Beziehung gilt dann auch für die zugehörige Impulsbilanz, welche (246) sowohl für ν_1 als auch ν_2 zu berücksichtigen hat und die Bewegungsrichtungen des Moleküls vor und nach dem Elementarprozeß mit dem Winkel zwischen den Strahlrichtungen von ν_1 und ν_2 verknüpft. Wenn man die Wechselwirkung zwischen dem Molekül und jedem von den beiden Strahlungs-Teilsystemen je nach dem positiven oder dem negativen Vorzeichen in (247) als absorptionsähnliche oder emissionsähnliche monochromatische Teilprozesse des Zerstreuungsvorganges deutet, kann man jedem von ihnen alle drei Arten von gewöhnlichen EINSTEINschen Übergangsprozessen mit den zugehörigen Übergangswahrscheinlichkeiten (235), (236) (Ziff. 70) zuordnen. Die Übergangswahrscheinlichkeiten der Zerstreuungs-Elementarvorgänge sind dann von der Form

$$\left.\begin{aligned} B_I^{II}(\nu_1)\cdot\varrho(\nu_1,T)\cdot\left[A_{II}^I(\nu_2) + B_{II}^I(\nu_2)\cdot\varrho(\nu_2,T)\right], \\ \left[A_{II}^I(\nu_1) + B_{II}^I(\nu_1)\cdot\varrho(\nu_1,T)\right]\cdot B_I^{II}(\nu_2)\cdot\varrho(\nu_2,T) \end{aligned}\right\} \tag{248a}$$

bzw.

$$\left.\begin{aligned} \left[A_{II}^I(\nu_1) + B_{II}^I(\nu_1)\cdot\varrho(\nu_1,T)\right]\cdot\left[A_{II}^I(\nu_2) + B_{II}^I(\nu_2)\cdot\varrho(\nu_2,T)\right], \\ B_I^{II}(\nu_1)\cdot\varrho(\nu_1,T)\cdot B_I^{II}(\nu_2)\cdot\varrho(\nu_2,T); \end{aligned}\right\} \tag{248b}$$

die Beibehaltung der oberen und unteren Indizes I, II soll andeuten, welche von den einzelnen Teilprozessen auf „positive" oder „negative Einstrahlung" sowie auf „spontane Ausstrahlung" zurückzuführen sind, ferner soll sie unabhängig von der Reihenfolge zum Ausdruck bringen, daß das Molekül während des Streuprozesses einen von den beiden Übergängen $I \rightleftarrows II$ zwischen zwei Quantenstufen seiner inneren Bewegung ausführen kann, je nachdem, welche Vorzeichen und Größenverhältnisse den ν_1, ν_2 in (247) zukommen. Wie man ohne genauere Rechnung einsehen kann, ist die Wiederholung sämtlicher im vorangehenden ausgeführten Überlegungen auch auf Grund der „Übergangswahrscheinlichkeiten" (248) mit unveränderten Ergebnissen ausführbar; das Energie- und Impulsgleichgewicht zwischen Gasmolekülen und schwarzer Strahlung bleibt demnach auch gegenüber den Elementarprozessen der Zerstreuung des Lichtes dauernd erhalten.

---

[1]) A. SMEKAL, Naturwissensch. Bd. 11, S. 873. 1923; ZS. f. Phys. Bd. 32, S. 241. 1925; Bd. 34, S. 81. 1925; H. A. KRAMERS u. W. HEISENBERG, ZS. f. Phys. Bd. 31, S. 681. 1925.

VII. Statistische Theorie des chemisch-thermodynamischen Gleichgewichtes.

72. Veränderliche Teilsystemanzahlen. Die bisherige Darstellung der allgemeinen Statistik (Abschnitt III) hat von den quasimechanischen Modellen warmer Körper vorausgesetzt, daß sie aus einer sehr großen Menge völlig gleichbeschaffener Teilsysteme von unveränderlicher Anzahl aufgebaut sind. Wie die statistische Behandlung der Gasgemische (Ziff. 52), der Festkörper (Ziff. 57) und der Hohlraumstrahlung (Ziff. 67) gezeigt hat, bietet es keinerlei Schwierigkeiten, die Annahme lauter gleichbeschaffener Teilsysteme zugunsten ungleichartiger Teilsysteme fallen zu lassen, da es in diesen Fällen immer möglich ist, die letzteren zu mehr oder minder zahlreichen Gruppen von gleichbeschaffenen Teilsystemen zusammenzufassen; auch da ist es aber für die statistisch-thermodynamischen Folgerungen wesentlich, daß die Anzahlen aller untereinander gleichbeschaffenen Teilsysteme als unveränderlich angesehen werden können. Die Notwendigkeit, von dieser Unveränderlichkeitsbedingung gelegentlich absehen zu können, wird durch die mannigfachsten Arten von Gleichgewichten gefordert, welche zwischen chemisch homogenen und heterogenen Phasen bestehen können und durch temperaturabhängige Teilsystemanzahlen gekennzeichnet sind. Obwohl die hier in Betracht kommenden Teilsysteme fast stets molekulare Gebilde sind, welche entweder in verschiedenen Aggregatzuständen auftreten oder chemische Verbindungen miteinander eingehen, soll die allgemeine statistische Theorie dieser „chemischen Gemische" wiederum zuerst für warme Körper mit beliebigen Teilsystemen durchgeführt werden, um anzudeuten, daß die nachfolgend genauer besprochenen Gas- und Verdampfungsgleichgewichte ihr als Sonderfälle einzuordnen sind.

Wie die allgemeine Statistik und auch die Behandlung der „physikalischen Gemische" ergeben haben, kann die Verteilungsfunktion eines warmen Körpers aufgefaßt werden als das Produkt der Verteilungsfunktion aller seiner Teilsysteme, unabhängig davon, ob diese gleichartig sind oder nicht. Da für die makroskopisch-thermodynamischen Eigenschaften nach Ziff. 39 ausschließlich die Körper-Verteilungsfunktionen maßgebend sind, wäre es naheliegend, den genannten Satz auf „chemische Gemische" einfach zu übertragen und die Gleichgewichtsbedingungen für die Teilsystemanzahlen der einzelnen Gemischkomponenten erst hinterher mittels der Reaktionsbeziehungen zwischen den verschiedenen Teilsystemarten zu bestimmen. Wie man sich leicht überzeugt, würde ein solches Verfahren, welches die Existenz eines statistischen Gleichgewichtszustandes gewissermaßen vorwegnimmt, in allem Wesentlichen jenem der makroskopischen Thermodynamik entsprechen. Die nachfolgende Behandlung der Gleichgewichtsfragen ist demgegenüber von Anbeginn darauf gerichtet, zugleich mit den Gleichgewichtsbedingungen auch die Existenz des statistischen Gleichgewichtszustandes auf rein statistischem Wege zu begründen.

73. Formale Statistik „chemischer Gemische". Zur Vereinfachung der Formelbilder mögen die folgenden Darlegungen auf die Wechselwirkung dreier Komponenten (verschiedene Aggregatzustände desselben Stoffes, chemisch verschiedene Stoffe) beschränkt bleiben, von welchen jede aus lauter gleichbeschaffenen Teilsystemen A bzw. B, C besteht; zwischen den Teilsystemen (molekulare Gebilde, Eigenschwingungen usw.) soll eine „Reaktion" von der Form

$$a \cdot A + b \cdot B \rightleftarrows c \cdot C \tag{249}$$

möglich sein, wo a, b und c ganzzahlig sind. Wie aus dem Folgenden von selbst hervorgehen wird, bedeutet dies keine Einschränkung prinzipieller Natur, so daß die Erweiterung auf beliebig zahlreiche Komponenten mit beliebig zahlreichen, linear-ganzzahligen Reaktionsbeziehungen ohne weiteres ausführbar ist. — Die μ-Phasenräume der Teilsysteme A, B, C mögen in μ-Zellen eingeteilt und mit den zugehörigen Zellenwerten $E^A_{l_1}$, $E^B_{l_2}$, $E^C_{l_3}$ bzw. $G^A_{l_1}$, $G^B_{l_2}$, $G^C_{l_3}$ für Energie und „Gewicht" der Teilsysteme versehen werden (Ziff. 30). Mit Rücksicht auf den Einfluß der „Elementarreaktionen" (249) ist dabei erforderlich, diese Größen im gleichen Maßsystem zu messen, was bei den Teilsystemenergien auf Zählung von einem gemeinsamen Energie-Nullniveau aus hinausläuft. Bei den Gewichtswerten ist ein ähnliches Verfahren erst möglich, wenn über den Mechanismus der „Reaktion" (249) volle Klarheit herrscht; da dies gegenwärtig nicht einmal für die einfachsten Gasreaktionen zutrifft, möge das Gewicht der „untersten" μ-Zelle jeweils der Einheit gleichgesetzt werden:

$$G^A_1 = G^B_1 = G^C_1 = 1\,, \tag{250}$$

und die Unbestimmtheit der Gewichtsverhältnisse zwischen A, B und C durch Mitführung unbestimmt bleibender „Gewichtsfaktoren" g_A, g_B, g_C (Ziff. 28, 45) Berücksichtigung finden. Die bis vor kurzem allein in Betracht gezogene Annahme

$$g_A = g_B = g_C = 1 \tag{250a}$$

ist an sich unbegründet und kann auch den Beobachtungsergebnissen gegenüber schwerlich als ausreichend angesehen werden. — Da je c Teilsysteme C nach (249) entweder durch direkten Aufbau oder durch spezifische gegenseitige Wechselwirkung aus a Teilsystemen A und b Teilsystemen B hervorgehen, wird man anzunehmen haben, daß die Summen aller „freien" und in den C „gebundenen" Teilsysteme A bzw. B von vornherein feste Anzahlen X^A, X^B besitzen, falls das betrachtete „chemische Gemisch" nach außen hin abgeschlossen ist; der ebenfalls unveränderliche thermische Energieinhalt des Gemisches sei E.

Wenn man voraussetzt, daß mit den μ-Zelleneinteilungen der Teilsysteme A, B und C zugleich auch die zugehörigen „Übergangswahrscheinlichkeiten" (Ziff. 29) der Teilsysteme bestimmt werden, wenn überdies auch für die „Elementarreaktion" (249) gewisse „Übergangswahrscheinlichkeiten" bekannt sind, lassen sich sämtliche Schlüsse wiederholen, welche zur Feststellung der statistischen Äquivalenz von Zeitgesamtheit und Raumgesamtheit geführt haben (Ziff. 33) und zur Erkenntnis, daß ein von den Übergangswahrscheinlichkeiten unabhängiger statistischer Gleichgewichtszustand wirklich erreicht und durch die BOLTZMANNsche Verteilung (Ziff. 34) gemäß (72) (Ziff. 33) gekennzeichnet wird. Um (72) für das „chemische Gemisch" auszuwerten, muß zunächst die Anzahl $R(Z^{ABC}_L)$ der Realisierungsmöglichkeiten einer beliebigen Zustandsverteilung Z^{ABC}_L (Ziff. 31) für das Gemisch bekannt sein. Wenn zu einem bestimmten Zeitpunkt gerade die Zustandsverteilung Z^{ABC}_L vorhanden ist, mögen die Anzahlen der Teilsysteme A, B, C, welche gerade auf die l_1-te bzw. l_2-te, l_3-te Zelle ihres μ-Phasenraumes kommen, N^A_{L,l_1}, N^B_{L,l_2}, N^C_{L,l_3} betragen. Setzt man

$$N^A_L = \sum_{l_1=1}^{\infty} N^A_{L,l_1}\,, \qquad N^B_L = \sum_{l_2=1}^{\infty} N^B_{L,l_2}\,, \qquad N^C_L = \sum_{l_3=1}^{\infty} N^C_{L,l_3}\,, \tag{251}$$

so gilt wegen (249) offenbar

$$c N^A_L + a N^C_L = c X^A\,, \qquad c N^B_L + b N^C_L = c X^B\,, \tag{252}$$

und überdies hat man für die Gesamtenergie

$$\mathsf{E} = \sum_{l_1=1}^{\infty} N^A_{L,l_1} \cdot E^A_{l_1} + \sum_{l_2=1}^{\infty} N^B_{L,l_2} \cdot E^B_{l_2} + \sum_{l_3=1}^{\infty} N^C_{L,l_3} \cdot E^C_{l_3}\,. \tag{253}$$

Die Anzahl der Realisierungsmöglichkeiten von Z_L^{ABC} läßt sich nach BOLTZMANN und EHRENFEST aus zwei Faktoren von grundsätzlich verschiedener Bedeutung ermitteln. Betrachtet man vorerst alle mit (251) verträglichen Realisierungen von Z_L^{ABC}, bei welchen die Teilsysteme bloß innerhalb der Einzelkomponenten des Gemisches sämtliche wechselseitigen Vertauschungsmöglichkeiten ausnützen, so erhält man für jede Komponente einen Beitrag von der Form (67) (Ziff. 31), für alle drei Komponenten zusammengenommen daher als ersten gesuchten Faktor von $R(Z_L^{ABC})$

$$N_L^A!\; N_L^B!\; N_L^C! \cdot g_A^{N_L^A} \cdot g_B^{N_L^B} \cdot g_C^{N_L^C} \prod_{l_1 l_2 l_3} \frac{[G_{l_1}^A]^{N_{L,l_1}^A}}{N_{L,l_1}^A!} \cdot \frac{[G_{l_2}^B]^{N_{L,l_2}^B}}{N_{L,l_2}^B!} \cdot \frac{[G_{l_3}^C]^{N_{L,l_3}^C}}{N_{L,l_3}^C!}. \tag{254}$$

Vertauscht man jetzt auch noch alle in Teilsystemen C „gebundenen" Teilsysteme A und B mit den „freien" Teilsystemen A, B, so bekommt man für den zweiten gesuchten Faktor von $R(Z_L^{ABC})$

$$\frac{X^A!\; X^B!}{N_L^A! \cdot N_L^B! \cdot N_L^C!}. \tag{255}$$

Aus (254) und (255) folgt

$$R(Z_L^{ABC}) = X^A!\; X^B!\; g_A^{N_L^A}\, g_B^{N_L^B}\, g_C^{N_L^C} \prod_{l_1 l_2 l_3} \frac{[G_{l_1}^A]^{N_{L,l_1}^A}}{N_{L,l_1}^A!} \cdot \frac{[G_{l_2}^B]^{N_{L,l_2}^B}}{N_{L,l_2}^B!} \cdot \frac{[G_{l_3}^C]^{N_{L,l_3}^C}}{N_{L,l_3}^C!}. \tag{256}$$

Um die in (72) (Ziff. 33) im Nenner auftretende Gesamtzahl

$$R^* = \sum_{L=1}^{L^*} R(Z_L^{ABC}) \tag{257}$$

der Realisierungsmöglichkeiten sämtlicher mit den Bedingungen (251), (252) und (253) verträglicher Zustandsverteilungen zu berechnen, erweist es sich ebenso wie in Ziff. 34 als nützlich, die Verteilungsfunktionen der Teilsysteme A, B, C einzuführen

$$f_A(\zeta) = g_A \cdot \sum_{l_1=1}^{\infty} G_{l_1}^A \zeta^{E_{l_1}^A}; \qquad f_B(\zeta) = g_B \cdot \sum_{l_2=1}^{\infty} G_{l_2}^B \zeta^{E_{l_2}^B}; \qquad f_C(\zeta) = g_C \cdot \sum_{l_3=1}^{\infty} G_{l_3}^C \zeta^{E_{l_3}^C}. \tag{258}$$

Bildet man jetzt die Potenzreihenentwicklung des Exponentialausdruckes

$$X^A!\; X^B! \cdot e^{\xi_1^c f_A(\zeta) + \xi_2^c f_B(\zeta) + \xi_1^a \xi_2^b f_C(\zeta)}, \tag{259}$$

worin ξ_1, ξ_2, ζ als komplexe Veränderliche betrachtet werden, so überzeugt man sich leicht, daß (257) mit dem Koeffizienten jenes Potenzreihengliedes von (259) identisch wird, welches die Variablen ξ_1, ξ_2, ζ in der Verbindung

$$\xi_1^{cX^A} \cdot \xi_2^{cX^B} \cdot \zeta^{\mathsf{E}}$$

enthält. Die CAUCHYschen Integralformeln ergeben daher in entsprechender Verallgemeinerung von (76) (Ziff. 34)

$$R^* = \frac{X^A!\; X^B!}{(2\pi i)^3} \iiint \frac{d\xi_1 \cdot d\xi_2 \cdot d\zeta \cdot e^{\xi_1^c f_A(\zeta) + \xi_2^c f_B(\zeta) + \xi_1^a \xi_2^b f_C(\zeta)}}{\xi_1^{cX^A+1} \cdot \xi_2^{cX^B+1} \cdot \zeta^{\mathsf{E}+1}}. \tag{260}$$

Mit Berücksichtigung von Identitäten der Form

$$R^* \cdot N_{l_1}^A = G_{l_1}^A \cdot \frac{\partial R^*}{\partial G_{l_1}^A}$$

und

$$R^* \cdot \mathsf{E}_A = \sum_{l_1=1}^{\infty} G_{l_1}^A \cdot E_{l_1}^A \frac{\partial R^*}{\partial G_{l_1}^A}$$

hat es keine Schwierigkeiten, ähnliche Integralausdrücke auch für die BOLTZMANNsche Verteilung $N_{l_1}^A$, $N_{l_2}^B$, $N_{l_3}^C$ der Teilsysteme A, B, C, sowie für die mittleren Energieinhalte E_A, E_B, E_C der drei Komponenten des „chemischen Gemisches" bei Wärmegleichgewicht hinzuschreiben, welche den entsprechenden komplexen Integralen (77) und (78) in Ziff. 34 völlig analog sind. Die asymptotische Entwicklung dieser Integrale erfolgt auf dem gleichen Wege wie in Ziff. 34; für sehr große Werte von X^A, X^B und E ergibt sich so ein einziges, positiv-reelles Wertetripel

$$\xi_1 = x_1, \qquad \xi_2 = x_2, \qquad \zeta = \vartheta,$$

für welches man an Stelle aller dieser Integrale mit sehr weitgehender Annäherung deren Integranden setzen kann. Aus (260) findet man dann die Beziehungen

$$\left.\begin{aligned} c\,x_1^c \cdot f_A(\vartheta) + a\,x_1^a x_2^b \cdot f_C(\vartheta) &= c\,X^A \\ c\,x_2^c \cdot f_B(\vartheta) + b\,x_1^a x_2^b \cdot f_C(\vartheta) &= c\,X^B \end{aligned}\right\} \tag{261}$$

und

$$x_1^c \cdot \vartheta \frac{d f_A(\vartheta)}{d\vartheta} + x_2^c \cdot \vartheta \frac{d f_B(\vartheta)}{d\vartheta} + x_1^a x_2^b \cdot \vartheta \frac{d f_C(\vartheta)}{d\vartheta} = \mathsf{E}, \tag{262}$$

durch welche die Größen x_1, x_2 und ϑ auf Grund der vorgegebenen Anzahlen X^A, X^B, sowie des vorgegebenen Gesamtenergieinhaltes E bestimmt sind. Weiters ergibt sich für die BOLTZMANNsche Verteilung

$$N_{l_1}^A = x_1^c g_A \cdot G_{l_1}^A \vartheta^{E_{l_1}^A}; \qquad N_{l_2}^B = x_2^c g_B \cdot G_{l_2}^B \vartheta^{E_{l_2}^B}; \qquad N_{l_3}^C = x_1^a x_2^b g_C \cdot G_{l_3}^C \vartheta^{E_{l_3}^C}, \tag{263}$$

woraus man durch Summation über die verschiedenen Zellenindizes nach (251) die mittlere Anzahlen N_A, N_B, N_C gewinnt, welche bei Wärmegleichgewicht auf die drei Gemischkomponenten entfallen

$$N_A = x_1^c \cdot f_A(\vartheta), \qquad N_B = x_2^c \cdot f_B(\vartheta), \qquad N_C = x_1^a x_2^b \cdot f_C(\vartheta); \tag{264}$$

auf ähnlichem Wege bekommt man für die mittleren Energieinhalte E_A, E_B, E_C der Komponenten

$$\mathsf{E}_A = x_1^c \cdot \vartheta \frac{d f_A(\vartheta)}{d\vartheta}, \qquad \mathsf{E}_B = x_2^c \cdot \vartheta \frac{d f_B(\vartheta)}{d\vartheta}, \qquad \mathsf{E}_C = x_1^a x_2^b \cdot \vartheta \frac{d f_C(\vartheta)}{d\vartheta}, \tag{265}$$

womit zugleich ersichtlich wird, daß (262) nichts anderes als den Energiesatz in der Form

$$\mathsf{E}_A + \mathsf{E}_B + \mathsf{E}_C = \mathsf{E} \tag{262a}$$

darstellt. Eliminiert man aus (264) die Hilfsgrößen x_1 und x_2, so erhält man als Bedingung für das Bestehen des „chemischen Gleichgewichts" die symmetrisch gebaute Beziehung

$$\left[\frac{N_C}{f_C(\vartheta)}\right]^c = \left[\frac{N_A}{f_A(\vartheta)}\right]^a \cdot \left[\frac{N_B}{f_B(\vartheta)}\right]^b, \tag{266}$$

wobei ϑ nach (262) und (264) durch

$$\mathsf{E} = N_A \vartheta \frac{d \log f_A(\vartheta)}{d\vartheta} + N_B \vartheta \frac{d \log f_B(\vartheta)}{d\vartheta} + N_C \vartheta \frac{d \log f_C(\vartheta)}{d\vartheta} \tag{262b}$$

oder

$$\mathsf{E} = \vartheta \frac{d \log\{[f_A(\vartheta)]^{N_A} \cdot [f_B(\vartheta)]^{N_B} \cdot [f_C(\vartheta)]^{N_C}\}}{d\vartheta} \tag{262c}$$

bestimmt ist. Da jede von den Verteilungsfunktionen (258) einen allgemein nicht näher bestimmbaren Gewichtsfaktor g besitzt, erkennt man, daß dies das Auftreten eines Faktors $\frac{g_A^a \cdot g_B^b}{g_C^c}$ in der Gleichgewichtsformel (266) bedingen wird, welcher auf das Gleichgewicht bestimmenden Einfluß nimmt.

Durch Division der einander entsprechenden Gleichungen (263) und (264) ergeben sich auch für die BOLTZMANNsche Verteilung der Teilsysteme A, B und C Ausdrücke, welche von den Hilfsgrößen x_1 und x_2 unabhängig sind

$$N_{l_1}^A = N_A \cdot \frac{g_A G_{l_1}^A \vartheta^{E_{l_1}^A}}{f_A(\vartheta)}, \quad N_{l_2}^B = N_B \cdot \frac{g_B G_{l_2}^B \vartheta^{E_{l_2}^B}}{f_B(\vartheta)}, \quad N_{l_3}^C = N_C \cdot \frac{g_C G_{l_3}^C \vartheta^{E_{l_3}^C}}{f_C(\vartheta)}. \tag{267}$$

Aus ihrer vollständigen Übereinstimmung mit dem Ausdruck (81) (Ziff. 34) für die BOLTZMANNsche Verteilung eines warmen Körpers mit einer einzigen Sorte von gleichbeschaffenen Teilsystemen geht hervor, daß sich jede Gemischkomponente im Falle statistischen Gleichgewichtes genau so verhält, als wäre sie unabhängig von den übrigen Komponenten vorhanden und bloß die Anzahl ihrer Teilsysteme durch den aus den Bedingungen (261), (264) und (266) folgenden Gleichgewichtswert bestimmt.

74. Statistische Thermodynamik chemischer Gleichgewichte. Wie den eben gemachten Feststellungen, insbesondere aber dem direkten Vergleich zwischen den Beziehungen (80) (Ziff. 34) und (262c) (Ziff. 73) zu entnehmen ist, kann man das betrachtete „chemische Gemisch" im Gleichgewichtszustande wie einen chemisch unveränderlichen warmen Körper behandeln mit der komplexen Verteilungsfunktion

$$\Pi(\vartheta, a^*) = [f_A(\vartheta, a^*)]^{N_A} \cdot [f_B(\vartheta, a^*)]^{N_B} \cdot [f_C(\vartheta, a^*)]^{N_C}; \tag{268}$$

dabei ist gegenüber den Bezeichnungen (258) für die Verteilungsfunktionen der Teilsysteme jetzt ihre explizite Abhängigkeit von den in die Teilsystemenergien E eingehenden makroskopischen Parametern a^* kenntlich gemacht, welche für die nachfolgenden statistisch-thermodynamischen Überlegungen von Wichtigkeit ist. Läßt man den durch die Verteilungsfunktion (268) gekennzeichneten warmen Körper mit anderen warmen Körpern in Energieaustausch treten, so sind die Betrachtungen von Ziff. 37 auch auf ihn anwendbar und beweisen, daß ϑ auch hier alle Eigenschaften einer empirischen Temperaturgröße besitzt, wie es mit Rücksicht auf die universelle Abhängigkeit aller Teilsystem-Verteilungsfunktionen von ϑ auch vorauszusehen war. Da die in Ziff. 38 vorgenommene Berechnung des Differentialausdruckes δQ für die reversibel „zugeführte Wärme" ebenfalls bloß das Vorhandensein einer Körper-Verteilungsfunktion von der allgemeinen Struktur (268) zur Voraussetzung hat, kann man für konstant gehaltene N_A, N_B, N_C aus (99) (Ziff. 38) unmittelbar ablesen, daß

$$\delta Q = \frac{1}{\log \frac{1}{\vartheta}} \cdot d\left[\log \Pi(\vartheta, a^*) + \log \frac{1}{\vartheta} \cdot \mathsf{E}\right] \tag{269}$$

ist. Für veränderliche Verteilungszahlen N_A, N_B, N_C kann man das vollständige Differential auf der rechten Seite von (269) auch in diesem Sinne gelten lassen, muß dann aber den Ausdruck

$$\delta_N Q = -\frac{1}{\log \frac{1}{\vartheta}} \cdot \left[\frac{\partial \log \Pi}{\partial N_A} \cdot dN_A + \frac{\partial \log \Pi}{\partial N_B} \cdot dN_B + \frac{\partial \log \Pi}{\partial N_C} \cdot dN_C\right] \tag{270}$$

zu (269) addieren, da bei der Bildung von δQ gemäß (19) (Ziff. 11) nur die Abhängigkeit der Energieänderung $d\mathsf{E}$ von den Verteilungszahlen, also jene des zweiten Klammergliedes in (269) allein, in Rechnung zu stellen ist. Wegen der zwischen den Verteilungszahlen nach (261) und (264) bestehenden, zu (252) analogen Beziehungen

$$c N_A + a N_C = c X^A, \qquad c N_B + b N_C = c X^B \tag{261a}$$

ist es vorteilhaft, die Änderungen der N_A, N_B, N_C durch jene von N_C auszudrücken und der Gemisch-Verteilungsfunktion (268) hierzu die Form

$$\Pi(\vartheta, a^*) = [f_A(\vartheta, a^*)]^{X^A} \cdot [f_B(\vartheta, a^*)]^{X^B} \cdot \left\{\frac{f_C(\vartheta, a^*)}{[f_A(\vartheta, a^*)]^{\frac{a}{c}} \cdot [f_B(\vartheta, a^*)]^{\frac{b}{c}}}\right\}^{N_C} \tag{268a}$$

zu geben. Dann wird die eckige Klammer auf der rechten Seite von (270) gleich dem natürlichen Logarithmus des Inhalts der geschweiften Klammer in (268a), multipliziert mit dN_C; nach der Gleichgewichtsbedingung (266) ist der Inhalt dieser geschweiften Klammer aber nichts anderes als $\frac{N_C}{N_A^{a/c} \cdot N_B^{b/c}}$, womit man man bei Rücksichtnahme auf (261a)

$$\delta_N Q = \frac{1}{\log\frac{1}{\vartheta}}, [\log N_A \cdot dN_A + \log N_B \cdot dN_B + \log N_C \cdot dN_C] \tag{270a}$$

bekommt. Da der hier auftretende Klammerinhalt ein vollständiges Differential darstellt, erhält man bei Vereinigung von (269) und (270a)

$$\left.\begin{aligned}\log\frac{1}{\vartheta} \cdot \delta Q = d\Big[\log \Pi(\vartheta, a^*) + \log\frac{1}{\vartheta} \cdot \mathsf{E} \\ - \{N_A \cdot (\log N_A - 1) + N_B \cdot (\log N_B - 1) + N_C \cdot (\log N_C - 1)\}\Big].\end{aligned}\right\} \tag{271}$$

Ebenso wie in Ziff. 38 zeigt sich also allgemein, daß $\log 1/\vartheta$ ein integrierender Faktor von δQ ist und zwar wiederum der einzige, der von der empirischen Temperaturgröße ϑ allein abhängig ist. Für den Zusammenhang zwischen ϑ und der absoluten Temperatur T ergibt sich daher wie schon nach (100) (Ziff. 38)

$$\frac{1}{\log\frac{1}{\vartheta}} = k \cdot T, \qquad \vartheta = e^{-\frac{1}{kT}}. \tag{272}$$

Die Integration von (271) liefert für die Entropie, abzüglich einer willkürlichen Integrationskonstante S_0 den Ausdruck

$$S - S_0 = k \log \Pi(T, a^*) + \frac{\mathsf{E}}{T} - k \log N_A! - k \log N_B! - k \log N_C!, \tag{273}$$

wobei zur Umformung der von den Teilsystemanzahlen abhängigen Glieder in (271) von der (hier legitim anwendbaren) STIRLINGschen Formel (84) (Ziff. 35) Gebrauch gemacht ist. Bei Rücksichtnahme auf (262a) (Ziff. 73) und Einführung der Gemisch-Verteilungsfunktion (268) in den Entropieausdruck (273) erkennt man, daß die Entropiedifferenz $S - S_0$ sich aus gleichartigen Teilgrößen additiv aufbauen läßt, welche auf jede einzelne Gemischkomponente gesondert bezug haben und die Form besitzen

$$S_A - S_{A,0} = k \log [f_A(T, a^*)]^{N_A} + \frac{\mathsf{E}_A}{T} - k \log N_A!, \ldots \tag{274}$$

Wie der Vergleich mit dem in Ziff. 38 gefundenen allgemeinen statistischen Entropieausdruck (101) für einen chemisch indifferenten warmen Körper zeigt, sind die Teilgrößen (274) von (273) als zugehörige Entropiedifferenzen der einzelnen Gemischkomponenten anzusprechen; sie unterscheiden sich von (101) durch das Auftreten der „Vertauschungsglieder" von der Form $k \log N!$, deren Vorhandensein offenbar für die Additivität der Teilentropiedifferenzen der Komponenten maßgebend ist, wie sich dies unter verwandten Bedingungen auch schon bei der statistischen Entropie des Idealgases (Ziff. 50) herausgestellt hat. Nach (103) (Ziff. 39) ist die PLANCKsche Wärmefunktion Ψ der Gemischkomponenten von der Form

$$\Psi_A(T, a^*) = k \log \frac{[f_A(T, a^*)]^{N_A}}{N_A!} + S_{A,0}, \tag{275}$$

so daß, vom Einfluß der „Vertauschungszahlen" $N!$ abgesehen, alle in Ziff. 39 hervorgehobenen Zusammenhänge zwischen den makroskopischen und den statistischen thermodynamischen Zustandsfunktionen bei chemischen Gleichgewichten unverändert Geltung haben, wie es auch von der makroskopischen Thermodynamik gefordert wird. Bei Rücksichtnahme auf diese Zusammenhänge ist es daher auch unschwer möglich, den Nachweis zu führen, daß die in Ziff. 73 gefundene allgemeine Gleichgewichtsbedingung (266) mit den diesbezüglichen Folgerungen der phänomenologischen Thermodynamik übereinstimmt.

Wie in Ziff. 41 gezeigt wurde, ist die Irreversibilität des Wärmeausgleiches zwischen zwei zur gegenseitigen thermischen „Berührung" gebrachten warmen Körpern im Rahmen der Statistik dadurch nachweisbar, daß man von der Eigenschaft der Entropiefunktion Gebrauch macht, im Falle des Wärmegleichgewichtes ihr (einziges) Minimum anzunehmen. Die gleiche Beweismöglichkeit liegt auch bei den chemischen Gleichgewichten vor, wie man sofort einsieht, wenn man den Entropieausdruck (273) des „chemischen Gemisches" mittels der in Ziff. 73 eingeführten Hilfsveränderlichen x_1 und x_2 ausdrückt. Hierbei bekommt man

$$\left.\begin{aligned} S - S_0 = {} & k\, x_1^c \cdot f_A(\vartheta, a^*) + k\, x_2^c \cdot f_B(\vartheta, a^*) + k\, x_1^a x_2^b \cdot f_C(\vartheta, a^*) - k\, \mathsf{E} \log \vartheta \\ & - k \cdot X^A \cdot \log x_1^c - k \cdot X^B \cdot \log x_2^c\,; \end{aligned}\right\} \tag{276}$$

die Forderungen

$$\frac{\partial(S - S_0)}{\partial x_1} = 0\,, \qquad \frac{\partial(S - S_0)}{\partial x_2} = 0\,, \qquad \frac{\partial(S - S_0)}{\partial \vartheta} = 0\,,$$

liefern dann offensichtlich genau die für das Gleichgewicht maßgebenden Bedingungen (261) und (262) von Ziff. 73, so daß die behauptete Minimaleigenschaft des Wärmegleichgewichtszustandes tatsächlich vorhanden ist. [Der innere Grund hierfür liegt wiederum (Ziff. 40) darin, daß die komplexe Integraldarstellung (260) der Realisierungsmöglichkeiten-Gesamtzahl R^* (257) aller zulässigen Zustandsverteilungen von der Form

$$R^* = \frac{X^A!\, X^B!}{(2\pi i)^3} \iiint \frac{d\xi_1}{\xi_1} \cdot \frac{d\xi_2}{\xi_2} \cdot \frac{d\zeta}{\zeta} \cdot e^{\frac{S - S_0}{k}}$$

ist [(vgl. (76b) (Ziff. 40)], deren asymptotische Auswertung gerade auf Anwendung der obigen Minimumbedingungen beruht.]

75. Dissoziationsgleichgewicht. Der denkbar einfachste Spezialfall, auf welchen die vorstehenden allgemeinen Betrachtungen über chemische Gleichgewichte anwendbar sind, ist die thermische Dissoziation der Moleküle eines zweiatomigen Gases in seine Atome, entsprechend der Reaktionsgleichung

$$A + A \rightleftarrows B\,. \tag{277}$$

Aus der allgemeinen Gleichgewichtsbedingung (266) (Ziff. 73) folgt hierfür das Massenwirkungsgesetz

$$\frac{N_B}{N_A^2} = \frac{f_B(T, a^*)}{[f_A(T, a^*)]^2}, \tag{278}$$

worin N_A, N_B und $f_A(T, a^*)$, $f_B(T, a^*)$ die mittleren Anzahlen bei Wärmegleichgewicht, sowie die Verteilungsfunktionen der Atome A und der Moleküle B bedeuten sollen, welche die Massen M_A bzw. M_B besitzen und sich in einem gemeinsamen Volumen von der Größe V befinden mögen. Bezeichnet man die Verteilungsfunktionen der inneren Bewegungen von A und B gemäß (148) (Ziff. 53) mit $f_A^{(2)}(T, a^*)$, $f_B^{(2)}(T, a^*)$, und setzt für die Verteilungsfunktionen der Atom- bzw. Molekültranslation die entsprechenden quantenstatistischen Werte (129)

$$f_A^{(1)}(T, V) = g_A \frac{V}{h^3} (2\pi M_A kT)^{\frac{3}{2}}, \qquad f_B^{(1)}(T, V) = g_B \frac{V}{h^3} (2\pi M_B kT)^{\frac{3}{2}}$$

an, so liefert die Gleichgewichtsbedingung (278)

$$\frac{N_B}{N_A^2} = \frac{g_B}{g_A^2} \frac{h^3}{V \cdot (2\pi k)^{\frac{3}{2}}} \left(\frac{M_B}{M_A^2}\right)^{\frac{3}{2}} \cdot T^{-\frac{3}{2}} \frac{f_B^{(2)}(T, a^*)}{[f_A^{(2)}(T, a^*)]^2}, \tag{279}$$

welche für ganz beliebige Temperaturen Gültigkeit besitzt. Wenn die Molekülvolumina hinreichend klein sind, so daß man das Gleichgewicht wie ein ideales Gas behandeln kann, ist seine Zustandsgleichung durch das einfache Gasgesetz (132) (Ziff. 48) gegeben, welches hier die Form

$$p \cdot V = (N_A + N_B) \cdot kT \tag{280}$$

besitzt. Bei Einführung der Molekülkonzentrationen

$$\frac{N_A}{N_A + N_B} = c_A, \qquad \frac{N_B}{N_A + N_B} = c_B \tag{281}$$

kann man (279) dann auch die Form geben

$$\frac{c_B}{c_A^2} = \frac{g_B}{g_A^2} \frac{h^3}{(2\pi)^{\frac{3}{2}} k^{\frac{5}{2}}} \left(\frac{M_B}{M_A^2}\right)^{\frac{3}{2}} \cdot p T^{-\frac{5}{2}} \frac{f_B^{(2)}(T, a^*)}{[f_A^{(2)}(T, a^*)]^2}. \tag{279a}$$

Zur genaueren Diskussion der gefundenen Gleichgewichtsbeziehung ist es erforderlich, ihr Verhalten innerhalb charakteristischer Temperaturbereiche einer näheren Prüfung zu unterziehen. Bei tiefen und mittleren Temperaturen befindet sich die Elektronenbewegung sowohl bei den Atomen als auch bei den Molekülen praktisch ausschließlich im „untersten" Quantenzustand; das Gleiche gilt für die Molekülschwingungen, während die Molekülrotation bloß bei den tiefsten Temperaturen „abstirbt". Man kann demnach die folgenden Extremfälle herausheben:

α) Bei den tiefsten Temperaturen sind sämtliche „inneren" Freiheitsgrade der Atome und Moleküle „eingefroren". Die Verteilungsfunktionen ihrer „inneren" Bewegung reduzieren sich dann auf ihre Anfangsglieder, so daß mit Rücksicht auf die Festsetzung (250)

$$f_A^{(2)}(T, a^*) \sim g_A e^{-\frac{E_1^A}{kT}}, \qquad f_B^{(2)}(T, a^*) \sim g_B e^{-\frac{E_1^B}{kT}} \tag{282}$$

wird, wobei die „untersten" Energiestufen E_1^A und E_1^B gemäß Ziff. 73 vom gleichen Energienullniveau aus zu zählen sind. Setzt man

$$2E_1^A - E_1^B = Q \tag{283}$$

und bezeichnet diese Größe als „molekulare Dissoziationsenergie beim absoluten Nullpunkt", so liefert (279a)

$$\log c_B - 2\log c_A = \log p - \frac{5}{2}\log T + \frac{Q}{kT} + i_{B,0} - 2i_{A,0}, \tag{284}$$

wobei gesetzt ist

$$i_{A,0} = \log\left[g_A \frac{(2\pi M_A)^{\frac{3}{2}} k^{\frac{5}{2}}}{h^3}\right], \qquad i_{B,0} = \log\left[g_B \frac{(2\pi M_B)^{\frac{3}{2}} k^{\frac{5}{2}}}{h^3}\right]. \tag{285}$$

β) Bei mittleren Temperaturen sind die Freiheitsgrade der Elektronenbewegungen, sowie der Molekülschwingungen praktisch noch immer „unerregt", die Rotationsfreiheitsgrade hingegen „voll erregt", so daß man für $f_A^{(2)}(T, a^*)$ und $f_B^{(2)}(T, a^*)$ noch immer (282) zu benutzen hat, für $f_B^{(2)}(T, a^*)$ jedoch mit der für solche Temperaturen asymptotisch gültige „klassische" Verteilungsfunktion der Molekülrotation (Ziff. 55) multiplizieren muß. Mit Rücksicht auf die Zweiatomigkeit der Moleküle hat man (157) (Ziff. 54) anzuwenden und für den dort eingehenden Gewichtsfaktor g_Ω gemäß (116) und (117) (Ziff. 45) den quantenstatistischen Ausdruck g/h^2 einzuführen; dies liefert

$$f_B^{(2)}(T, a^*) \sim g_B \frac{8\pi^2 J_B kT}{h^2} \cdot e^{-\frac{E_1^{b*}}{kT}}, \tag{286}$$

womit (279a) übergeht in

$$\log c_B - 2\log c_A = \log p - \frac{7}{2}\log T + \frac{Q^*}{kT} + i_{B,\infty} - 2i_{A,0}. \tag{287}$$

(287) ist also äußerlich von der gleichen Form wie (284), doch ist der (mit der spezifischen Wärme bei konstantem Druck c_p identische) Koeffizient des $\log T$-Gliedes ein anderer und außerdem tritt an Stelle der „Nullpunktskonstante" $i_{B,0}$ die „klassische Konstante"

$$i_{B,\infty} = \log\left[g_B \frac{8\pi^2 J_B (2\pi M_B)^{\frac{3}{2}} k^{\frac{5}{2}}}{h^5}\right] \tag{288}$$

auf, in welcher neben der Molekülmasse M_B auch noch das molekulare Trägheitsmoment J_B vorkommt.

γ) Bei sehr hohen Temperaturen werden auch die Freiheitsgrade der Molekülschwingungen sowie der atomaren und molekularen Elektronenbewegungen „erregt". Eine einfache Gesetzmäßigkeit von der Gestalt (284) oder (287) ist dann ebensowenig wie für die Temperaturzwischengebiete der bisher diskutierten Fälle angebbar; erst wenn der Energieinhalt des Gasgemisches soweit gesteigert ist, daß eine merkliche Ionisation (Ziff. 76) seiner Bestandteile eintritt, kann eine neuerliche nennenswerte Vereinfachung der thermischen Verhältnisse zustandekommen.

Wie der Vergleich der vorstehend diskutierten statistischen Folgerungen aus dem Massenwirkungsgesetz (278) mit den entsprechenden Aussagen der makroskopischen Thermodynamik über Gasgleichgewichte (s. ds. Band Kapitel 1) ergibt, herrscht hier — wie auch nicht anders zu erwarten — vollständige Übereinstimmung. Der von Temperatur, sowie Volumen bzw. Druck unabhängige, konstante Faktor auf der rechten Seite der Beziehung (279) bzw. (279a) bleibt allerdings ohne Zuhilfenahme des NERNSTschen Wärmetheorems (ds. Band, Kapitel 2) in der klassischen Wärmelehre unbestimmbar; wie aus der Unbestimmtheit der Gewichtsfaktoren g_A, g_B der Reaktionsteilnehmer geschlossen werden muß, ist das in gewissem Sinne auch hier der Fall, doch vermag die Statistik (sei es in ihrer „klassischen" Form oder der hier bevorzugten quantenstatistischen) wenigstens die Bedeutung des konstanten Faktors aufzuklären. Um seinen Zahlenwert angeben zu können, bedarf es also auch hier einer Zusatzannahme; sie hat das Verhältnis der in das Gleichgewicht eingehenden Gewichtsfaktoren g_B/g_A^2 festzulegen, braucht im übrigen mit dem NERNSTschen Theorem aber keineswegs gleichbedeutend zu sein. Wenn man sich zunächst auf den im Abschnitt V unter a) gewählten Standpunkt der statistischen Verwertung makroskopisch-empirischer Ergebnisse stellt, so ist das Verhältnis g_B/g_A^2 mittels (279) oder (279a) jedenfalls grundsätzlich empirisch bestimmbar. Dieser Standpunkt scheint für die Statistik unausweichlich zu sein, solange die Molekularkonstitution als unbekannt oder als noch zu wenig erforscht angesehen werden muß und eine a priori-Bestimmung von g_B/g_A^2 auf Grund des Reaktionsmechanismus von (277) daher nicht ausführbar ist.

Die einzige, von solcher genauerer Kenntnis unabhängige Aussage über g_B/g_A^2 wird durch den besonderen Umstand ermöglicht, daß es sich im vorstehenden um die Dissoziation von Molekülen in je zwei gleichartige Atome handelt. Wenn man die formale Statistik eines derartigen Sonderfalles an Hand der Entwicklungen von Ziff. 73 nochmals durchgeht, so zeigt sich, daß bei der Berechnung des Faktors (255) für die Anzahl der Realisierungsmöglichkeiten einer beliebigen Zustandsverteilung die Molekülsymmetrie in bezug auf die beiden Atome A von vornherein Berücksichtigung finden kann, indem man (255) und daher auch (256) mit einem Zusatzfaktor $1/\sigma_B^{N_L^B}$ versieht, in welchem $\sigma_B = 2$ die ,,Symmetriezahl" der Moleküle B bezüglich der Atome A bedeutet. Da dieser Zusatzfaktor aber mit $[g_B]^{N_L^B}$ zu

$$\left[\frac{g_B}{\sigma_B}\right]^{N_L^B} = [g'_B]^{N_L^B}$$

vereinigt werden kann, worin g'_B ebenso wie g_B weiterhin unbestimmt bleibt, ist damit zwar ein prinzipieller Einfluß von ,,Symmetriezahlen" auf das Gleichgewicht erkannt, doch reicht er zur Bestimmung von g'_B/g_A^2 nicht aus. Gleiches gilt offenbar auch von dem Einfluß der Gewichte der untersten Quantenzustände aller Reaktionsteilnehmer auf dieses Verhältnis, welcher durch die an sich willkürliche Gewichts,,normierung" (250) (Ziff. 73) bedingt wird. Erst wenn es anderweitig gelungen ist, das Ausmaß dieser Quantengewichte sowie die in Betracht kommenden Symmetriezahlen zu bestimmen, ist eine gesicherte Ermittlung des von diesen Einflüssen befreiten Gewichtsfaktorenverhältnisses auf Grund empirischer Daten über Gasgleichgewichte in den Bereich der Möglichkeit gerückt.

Wie leicht zu sehen ist, können alle im vorangehenden gezogenen Schlüsse auf Gasgleichgewichte von beliebiger Zusammensetzung ansgedehnt werden, so daß die Behandlung weiterer derartiger Fälle keine neuen Gesichtspunkte liefert. Im Falle der Gültigkeit des NERNSTschen Wärmetheorems (s. ds. Band Kapitel 2) sind die mittels (285) bzw. (288) eingeführten ,,klassischen" bzw. ,,Nullpunktskonstanten" der einzelnen Reaktionsteilnehmer mit den aus dem Verdampfungsgleichgewicht (Ziff. 77) folgenden ,,chemischen Konstanten" identisch. Da in den Gasgleichgewichten, wie bereits hervorgehoben, bloß Verhältniszahlen der Gewichtsfaktoren eine bestimmende Rolle spielen, sind die i-Konstanten immer nur bis auf gewisse willkürlich bleibende additive Konstantwerte i' bestimmt, welche durch die Gleichgewichtsbedingungen miteinander linear verknüpft sind; für den vorstehend behandelten Sonderfall hat man so

$$2 i'_A = i'_B . \tag{289}$$

76. Ionisationsgleichgewicht. Eine besonders einfache Gestalt nehmen die Gleichgewichtsbeziehungen der Gasgleichgewichte an, wenn es sich anstatt einer molekularen Dissoziation oder Reaktion um die thermische Zerlegung molekularer Gebilde A in Ionen A^+ und freie Elektronen e handelt, entsprechend der „Reaktionsgleichung“

$$A^+ + e \rightleftarrows A\,. \tag{290}$$

Wenn das Gleichgewicht elektrisch neutral ist, hat man $N_{A^+} = N_e$, ferner kann die Masse M_{A^+} des Ions mit Rücksicht auf die Kleinheit der Elektronenmasse m gleich jener des Atoms bzw. Moleküls M_A gesetzt werden. Weiter folgt wegen der elementaren Natur des Elektrons, daß hier eine innere Bewegung nicht in Betracht kommt, so daß für e bloß die Verteilungsfunktion seiner Translationsbewegung einzuführen ist. Mit den Bezeichnungen $f_A^{(2)}(T, a^*)$, $f_{A^+}^{(2)}(T, a^*)$ für die Verteilungsfunktionen der inneren Bewegung von A und A^+ bekommt man dann aus der allgemeinen Gleichgewichtsformel (266)

$$\frac{N_A}{N_{A^+}^2} = \frac{g_A}{g_{A^+}\cdot g_e}\cdot\frac{h^3}{V(2\pi m k)^{\frac{3}{2}}}\cdot T^{-\frac{3}{2}}\cdot\frac{f_A^{(2)}(T, a^*)}{f_{A^+}^{(2)}(T, a^*)} \tag{291}$$

oder nach Einführung des Bruchteils x der ionisierten Moleküle A

$$x = \frac{N_{A^+}}{N_A + N_{A^+}}$$

und des Gleichgewichtsdruckes p

$$\log\frac{x^2\cdot p}{1 - x^2} = \frac{5}{2}\log T + \log f_{A^+}^{(2)}(T, a^*) - \log f_A^{(2)}(T, a^*) + \log\left[\frac{g_{A^+}}{g_A}\cdot g_e\cdot\frac{(2\pi m)^{\frac{3}{2}} k^{\frac{5}{2}}}{h^3}\right]. \tag{292}$$

Den einzigen Spezialfall, für welchen diese Beziehung in allen Einzelheiten angegeben werden kann, bildet daß Ionisationsgleichgewicht des einatomigen Wasserstoffes. Die Energiestufen (206) (Ziff. 65) von H werden von Theorie und Beobachtung (bei Vernachlässigung der hier bedeutungslosen Feinstruktur) übereinstimmend zu

$$(n = 1, 2, \cdots \infty) \qquad E_n = -\frac{2\pi^2 m e^4}{n^2\cdot h^2} \tag{293 a}$$

gefunden, wenn der Konfiguration der weit voneinander entfernten und relativ zueinander ruhenden Bestandteile des Wasserstoffatoms — Proton und Elektron — die Energie Null zugeschrieben wird; die zugehörigen Gewichtsstufen müssen wegen der Doppelentartung der (nicht relativistischen) elliptischen Elektronenbewegung nach (205) (Ziff. 65) besonders ermittelt werden und betragen

$$(n = 1, 2, \cdots \infty) \qquad G_n = n(n + 1)\,. \tag{293 b}$$

Zur Festlegung der in die Verteilungsfunktionen realer Atome eingehenden Stufenwerte V_n der Eigenvolumina ihrer Quantenzustände (Ziff. 66) kann man hierfür den Rauminhalt einer Kugel in Ansatz bringen, deren Radius proportional der großen Achse der Elektronenbahn ist; dies liefert

$$(n = 1,2, \ldots \infty) \qquad V_n = V_1\cdot n^6\,, \tag{293 c}$$

wo V_1 das Atomvolumen für den Normalzustand des Wasserstoffatoms bedeutet. Endlich kann für H-Atome — und dies ist wohl bisher der einzige derartige Fall — auf Grund der Theorie mit ziemlicher Sicherheit behauptet werden, daß bei Bezugnahme auf (293 b) für die Gewichtsfaktoren

$$g_H = g_{H^+}\cdot g_e \tag{293 d}$$

gilt. Da das Wasserstoffion als strukturlose Elementarladung gleich dem Elektron keine innere Bewegung aufweist, wird $f_{H^+}^{(2)}(T, a^*) = 1$, während die Verteilungsfunktion für die innere Bewegung der Wasserstoffatome mit Rücksicht auf die

Konvergenzfrage nach Ziff. 66 in der Form (214) anzusetzen ist. Auf Grund aller vorstehend zusammengestellten Daten bekommt man

$$\left.\begin{aligned} \log\frac{x^2\cdot p}{1-x^2} &= \frac{5}{2}\log T - \frac{2\pi^2 m e^4}{h^2\cdot kT} + i_e \\ &- \log\sum_{n=1}^{\infty} n\cdot(n+1)\cdot e^{\frac{2\pi^2 m e^4}{h^2\cdot kT}\left(1-\frac{1}{n^2}\right) - V_1\frac{1-x}{1+x}\cdot\frac{p}{kT}n^6}, \end{aligned}\right\} \tag{294}$$

worin

$$Q = -E_1 = \frac{2\pi^2 m e^4}{h^2} \tag{293e}$$

die Ionisierungsenergie des Wasserstoffatoms und i_e die „chemische Konstante" des Elektronengases

$$i_e = \log\left[\frac{(2\pi m)^{\frac{3}{2}} k^{\frac{5}{2}}}{h^3}\right], \tag{295}$$

bedeutet. Beziehungen von der Form (292) und (294) bilden die Grundlage der von SAHA herrührenden Theorie der Temperaturionisation in den Sternatmosphären (ds. Handb. XI, Kap. 5).

77. Verdampfungsgleichgewicht. Chemische Konstante. Das Wärmegleichgewicht zwischen Dampf und festem Bodenkörper ist einer jener Fälle, in welchem neben Teilsystemen molekularen Charakters auch andersartige — im vorliegenden Falle Festkörpereigenschwingungen (Ziff. 57) — auftreten. Da die Festkörper-Teilsysteme keineswegs sämtlich untereinander gleichartig sind, würde eine direkte Anwendung der allgemeinen statistischen Gleichgewichtsbedingung (266) von Ziff. 73 zu einer weitläufigen Nebenbetrachtung Anlaß geben, weshalb es vorteilhaft erscheint, die für den Verdampfungsvorgang geltenden Gleichgewichtsbeziehungen aus einer selbständigen, dem Problem besonders angemessenen Behandlung abzuleiten.

Der Einfachheit halber möge vorausgesetzt werden, daß insgesamt X Moleküle A vorhanden sind, von welchen zu einem beliebigen Zeitpunkte etwa N_L^d Dampfmoleküle bilden, während die übrigen N_L^f das feste Kondensat B zusammensetzen mögen. Es ist also

$$N_L^d + N_L^f = X, \tag{296}$$

und die „Reaktionsgleichung" des Verdampfungsvorganges hat die Form

$$A + B(N_L^f) \rightleftarrows B(N_L^f + 1). \tag{297}$$

Ebenso wie in Ziff. 73 muß zunächst wiederum die Anzahl der Realisierungsmöglichkeiten $R(Z_L)$ einer beliebigen mit (296) sowie mit einem vorgegebenen thermischen Energieinhalt E verträglichen Zustandsverteilung Z_L bestimmt werden, um mittels (72) (Ziff. 33) zur BOLTZMANNschen Verteilung (Ziff. 34) zu gelangen. Hier wie dort setzt sich $R(Z_L)$ aus zwei Faktoren zusammen, von welchen der erste, zu (254) analoge, wegen (67) (Ziff. 31) (Dampf) und (179) (Ziff. 57) (Festkörper) in leicht verständlicher Bezeichnungsweise in der Gestalt

$$(g_A)^{N_L^d}\cdot N_L^d!\prod_{l=1}^{\infty}\frac{[G_l^A]^{N_{L,l}^d}}{N_{L,l}^d!}\cdot N_L^f!\cdot[F_{1,B}(\zeta)]^{N_L^f} \tag{298}$$

geschrieben werden kann, während der zweite, dem Ausdruck (255) entsprechende wegen (296) offenbar

$$\frac{X!}{N_L^d!\cdot N_L^f!} \tag{299}$$

lautet. Man hat demnach

$$R(Z_L) = X![F_{1,B}(\zeta)]^{N_L^f}\cdot g_A^{N_L^d}\cdot\prod_{l=1}^{\infty}\frac{[G_l^A]^{N_{L,l}^d}}{N_{L,l}^d!}. \tag{300}$$

Die Gesamtzahl $R^* = \sum_{L=1}^{L^*} R(Z_L)$ aller mit (296) und vorgegebener Gesamtenergie E verträglicher Zustandsverteilungen kann jetzt wiederum durch ein komplexes Integral von der Gestalt (260) (Ziff. 73) dargestellt werden. Wenn $f_A(\zeta)$ gemäß (258) (Ziff. 73) die Verteilungsfunktion der Dampfmoleküle bedeutet, findet man nämlich, daß R^* mit dem Koeffizienten von $\xi^X \cdot \zeta^{\mathsf{E}}$ in der Potenzreihenentwicklung der mittels der beiden komplexen Veränderlichen ξ und ζ gebildeten Hilfsfunktion

$$X!\,[\xi \cdot F_{1,B}(\xi)]^{N_L^f} \cdot e^{\xi f_A(\zeta)} \qquad (301)$$

identisch ist. Die asymptotische Entwicklung des zugehörigen komplexen Doppelintegrals kann für sehr große Werte von X, N_L^f und E durch ein einziges, positiv-reelles Wertepaar

$$\xi = x\,, \qquad \zeta = \vartheta$$

gekennzeichnet werden. Sie liefert die BOLTZMANNsche Verteilung (Ziff. 34) für die Dampfphase ähnlich wie (263) (Ziff. 73) in der Gestalt

$$N_l^d = x \cdot g_A G_l^A \vartheta^{E_l^A}, \qquad (302)$$

so daß man für die mittlere Anzahl der Dampfmoleküle bei Wärmegleichgewicht durch Summation von (302) nach dem μ-Zellenindex l

$$N^d = x \cdot f_A(\vartheta) \qquad (303)$$

und nach Division von (302) mit (303) die gewöhnliche Form der BOLTZMANNschen Verteilung (81) (Ziff. 34) erhält. Die mittlere Anzahl N^f der kondensierten Moleküle wird demgegenüber in erster Näherung

$$N^f = \frac{x \cdot F_{1,B}(\vartheta)}{1 - x \cdot F_{1,B}(\vartheta)}, \qquad (304)$$

ferner der Energieinhalt

$$\mathsf{E} = x \cdot \vartheta \frac{d f_A(\vartheta)}{d\vartheta} + \frac{x}{1 - x \cdot F_{1,B}(\vartheta)} \vartheta \frac{d F_{1,B}(\vartheta)}{d\vartheta}; \qquad (305)$$

aus (305) ist unschwer wiederzuerkennen, daß ϑ ein Temperaturmaß darstellt und mit der absoluten Temperatur T gemäß (272) (Ziff. 74) zusammenhängt. Da nach (296) $N^d + N^f = X$, sind x und ϑ durch die Beziehungen (303), (304) und (305) eindeutig festgelegt. Wenn $N^f \gg N^d$, ergibt (304)

$$x \cdot F_{1,B}(\vartheta) = 1\,;$$

eliminiert man hier x durch (303), so findet man an Stelle der früheren Gleichgewichtsbedingung (266) (Ziff. 73) für das Verdampfungsgleichgewicht

$$N^d = \frac{f_A(\vartheta)}{F_{1,B}(\vartheta)}. \qquad (306)$$

Zur praktischen Auswertung der Gleichgewichtsformel (306) wird man den Dampf als ideales Gas ansehen, was nach der Zustandsgleichung (132) (Ziff. 48)

$$N^d = \frac{p \cdot V}{kT}$$

liefert, wo p den Dampfdruck und V das Dampfvolumen angibt. Für die Verteilungsfunktion $f_A(\vartheta) = f_A(T, a^*)$ der Dampfmoleküle kann man ähnlich wie in Ziff. 75 das Produkt aus ihrer Translations-Verteilungsfunktion

$$f^{(1)}(T,V) = g_A \cdot \frac{V}{h^3} (2\pi M_A kT)^{\frac{3}{2}}$$

und ihrer Verteilungsfunktion der inneren Bewegung, $f^{(2)}(T, a^*)$, einführen; die Festkörperfunktion $F_{1,B}(\vartheta) = F_{1,B}(T)$ endlich hängt nach (178) (Ziff. 57) mit der gewöhnlichen Verteilungsfunktion $F_B(T, V_B)$ des Kondensates vom Volumen V_B durch

$$[F_{1,B}(T)]^{N^f} = [g_f]^{N^f} \cdot F_B(T, V_B)$$

zusammen, wobei der größeren Deutlichkeit halber der unbestimmte Gewichtsfaktor g_f des festen Zustandes explizite angeschrieben ist. Bei der Definition der Verteilungsfunktionen $f_A^{(2)}(T, a)$ und $F_B(T, V_B)$ ist nach Ziff. 73 darauf zu achten, daß die Energien der beteiligten statistischen Teilsysteme (Dampfmoleküle, Festkörpereigenschwingungen) vom gleichen Energie-Nullniveau aus gezählt werden müssen; die Differenz Q der „untersten" Energiestufen von Gasmolekül und Festkörper liefert dann offenbar die molekulare Verdampfungswärme beim absoluten Nullpunkt. — Die Berücksichtigung aller vorstehend genannten Zusammenhänge ergibt aus (306) die Dampfdruckformel

$$\log p = \frac{5}{2} \log T - \frac{Q}{kT} + \log f_A^{(2)}(T, a^*) - \frac{1}{N_f} \log F_B(T, V_B) + i_{A,0}^*, \tag{307}$$

wobei

$$i_{A,0}^* = \log \left[\frac{g_A}{g_f} \frac{(2\pi M_A)^{\frac{3}{2}} k^{\frac{5}{2}}}{h_3}\right] \tag{308}$$

gesetzt ist. Wie man sieht, wird die Größe des Dampfdruckes durch den Wert des in $i_{A,0}^*$ auftretenden Verhältnisses der Gewichtsfaktoren g_A und g_f des dampfförmigen und des kondensierten Zustandes entscheidend beeinflußt, so daß dieses Verhältnis, welches wiederum (Ziff. 75) die Quantengewichte der „untersten" Energiestufen der Teilsysteme in sich schließt, bei Benutzung von Dampfdruckmessungen grundsätzlich auf makroskopisch-empirischem Wege bestimmbar ist.

Zur genaueren Diskussion der Dampfdruckformel (307) wären ganz dieselben Betrachtungen erforderlich, wie sie im Anschluß an (279a) bereits in Ziff. 75 für die Gasgleichgewichte angedeutet worden sind. Neben der „Nullpunktskonstante" i_0^* (308) würde sich dabei für „mittlere" Temperaturen auch wiederum eine „klassische Konstante" i_∞^* von ähnlichem Bau wie (288) ergeben. i_0^* bzw. i_∞^* bezeichnet man nach NERNST als „chemische Konstanten" des Dampfes. Damit die „chemischen Konstanten" im Sinne des NERNSTschen Wärmetheorems (ds. Band, Kapitel 2) mit den bei den Gasgleichgewichten eingeführten i-Konstanten identisch werden, wäre zu folgern, daß der Gewichtsfaktor g_f für den kondensierten Zustand von Substanzen beliebiger chemischer Zusammensetzung stets denselben (nach wie vor unbestimmt bleibenden) Wert besitzt. Da die Gewichtsfaktoren in Ziff. 73 durch die willkürliche Vorschrift (250) normiert wurden, wonach die untersten Gewichtsstufen der Einheit gleichgesetzt waren, enthält diese Folgerung implizite auch eine Aussage über die „Quantengewichte" der „untersten" Quantenstufen [im Sinne von (205), Ziff. 65] beliebiger Festkörper. Vom Standpunkt der Statistik aus ist die Forderung universeller Gewichtsfaktoren g_f für den festen Zustand möglich — ja, sogar sehr naheliegend —, aber keineswegs notwendig; sie könnte ohne weiteres auch durch andersartige, nichtuniverselle Vorschriften über das Verhalten der g_f ersetzt werden, doch würde die statistische Tragweite derartiger Ansätze jener des NERNSTschen Wärmesatzes prinzipiell gleichgeordnet sein.

Kapitel 4.

Axiomatische Begründung der Thermodynamik durch CARATHÉODORY.

Von

A. LANDÉ, Tübingen.

a) Der erste Hauptsatz.

1. Einleitung. Die Formulierung der thermodynamischen Grundsätze und die Art, wie man sie durch Zurückführen auf bekannt angenommene Erfahrungen beweist, schließt sich gewöhnlich eng an die historische Entwicklung der Thermodynamik an. Geleitet durch die negative Erkenntnis, daß gewisse Prozesse (Perpetuum mobile 1. und 2. Art, Erreichen des absoluten Nullpunktes) nicht ausführbar sind, gewinnt man positive Aussagen über die Möglichkeit und den Verlauf anderer Prozesse. Diese in der traditionellen Thermodynamik übliche Schlußweise ist gekennzeichnet durch die Verwendung von mehr oder weniger komplizierten und idealisierten Gedankenexperimenten. Wenn diese nun auch dem anschaulichen Erfassen der thermodynamischen Sätze nur förderlich sein können, so leidet doch die formale Geschlossenheit des Beweisganges und die Übersicht über seine notwendigen und hinreichenden Voraussetzungen, und die Trennungslinie zwischen mathematisch-logischen und physikalischen Beweisstücken wird verwischt. Wenn z. B. zur Ableitung des Temperaturbegriffes die Fiktion des idealen Gases und zum Beweis des 2. Hauptsatzes ein CARNOTscher Kreisprozeß verwendet wird, so ist dabei offenbar überflüssiges Beiwerk im Spiel; auch bleibt ja in den mathematischen Endformeln der zu beweisenden allgemeinen Sätze wenig von jenen speziellen Konstruktionen übrig. Die hier nötige Arbeit, alle unwesentlichen Elemente auszuschalten und der Thermodynamik eine der Mechanik ebenbürtige Begründung more geometrico zu geben, ist von C. CARATHÉODORY[1]) geleistet worden, und zwar in sehr allgemein umfassender und abstrakter Weise. Wichtige Ergänzungen sind ferner T. EHRENFEST-AFANASSJEWA[2]) zu verdanken. Im folgenden schließen wir uns teilweise einer von M. BORN[3]) gegebenen Darstellung an, die den Bedürfnissen des Physikers mehr entgegenkommt.

---

[1]) C. CARATHÉODORY, Untersuchungen über die Grundlagen der Thermodynamik, Math. Ann. Bd. 67, S. 355. 1909; Über die Bestimmung der Energie und der absoluten Temperatur mit Hilfe von reversiblen Prozessen. Berl. Ber. 1925, S. 39.

[2]) T. EHRENFEST-AFANASSJEWA, Zur Axiomatisierung des zweiten Hauptsatzes der Thermodynamik. ZS. f. Phys. Bd. 33, S. 933. 1925 u. Bd. 34, S. 638. 1925; A. E. RUARCK, The proof of the corollary of Carnots theorem. Phil. Mag. Bd. 49, S. 584. 1925.

[3]) M. BORN, Kritische Betrachtungen zur traditionellen Darstellung der Thermodynamik. Phys. ZS. Bd. 22, S. 218. 1921.

Bei der axiomatischen Behandlung, d. h. beim logischen Aufbau einer Theorie aus gewissen als Erfahrungstatsachen hingenommenen Sätzen, bieten sich zwei Wege dar. Die deduktive Methode stellt einen möglichst allgemeinen Satz an die Spitze, in der Mechanik etwa das HAMILTONsche Prinzip, und leitet aus ihm spezielle Folgerungen ab, die experimentell greifbar sind; die Summe solcher Einzelerfahrungen läßt dann rückwärts das abstrakte Axiom mit größerer oder geringerer Wahrscheinlichkeit als wahr erscheinen. Die konstruktive Methode verwendet dagegen als Axiome nur Sätze, deren physikalischer Inhalt unmittelbar dem Experiment zugänglich ist. Auf diesen gründet sie das theoretische Gerüst, das dann in gewissen allgemeinen Grundsätzen gipfeln kann. Die konstruktive Axiomatik hat den Vorteil, daß sie die Tragweite der grundlegenden Experimente klar erkennen läßt. Denn manche Sätze der Theorie erfordern nur die Geltung eines Teiles der Erfahrungsaxiome, und falls etwa von letzteren einige aufgegeben werden müssen, ist die dadurch im Gebäude der Theorie geschlagene Lücke leicht abzugrenzen. Bei dem noch zur Diskussion stehenden Geltungsbereich der Relativitätstheorie ist daher eine konstruktive Axiomatik, wie sie H. REICHENBACH durchgeführt hat, von besonderem Wert. In der Thermodynamik hingegen, deren Hauptsätze trotz der Anfechtungen von seiten der Kinetik im obigen Sinne konstruktiv besonders sicher fundiert sind, darf die von CARATHÉODORY benutzte deduktive Methode ohne Gefahr eines plötzlichen Umsturzes der Grundaxiome Anwendung finden.

Kurz zusammengefaßt läßt sich CARATHÉODORYS Leistung darin erblicken, daß er die Existenz eines integrierenden Nenners für den Ausdruck $dQ = dU - dA$ und dadurch die Existenz der Entropiefunktion auf ein einfacheres Axiom als das Prinzip von THOMSON und das Prinzip von CLAUSIUS zurückgeführt hat. Durch Heranziehen der Theorie der PFAFFschen Gleichungen, die er noch durch einen wesentlichen Satz ergänzte, hat er den Existenzbeweis des integrierenden Nenners in besonders einfacher Form geführt und ferner gezeigt, aus welchen mathematischen Gründen der integrierende Nenner einen abspaltbaren Faktor haben muß, der eine Funktion der empirischen Temperatur allein ist, unabhängig von besonderen Körpereigenschaften, und der die universelle „absolute Temperatur" darstellt. T. EHRENFEST-AFANASSJEWA hat dann die Rolle der quasistatischen gegenüber den nichtstatischen Prozessen im Gebäude der Thermodynamik besonders klar herausgearbeitet.

2. Definitionen. Zunächst müssen einige in der Thermodynamik übliche Begriffe definiert werden. Dabei sollen die mechanischen Grundbegriffe, wie Masse, Volumen, Druck, Arbeit, als bekannt vorausgesetzt werden.

Wir betrachten einen mechanisch homogenen isotropen Körper im Gleichgewichtszustand. Seine physikalischen Eigenschaften sind dann Funktionen etwa des Druckes p. Z. B. ist das Volumen V durch p bestimmt, jedenfalls solange man eine rein mechanische Betrachtungsweise zugrunde legt. In Wirklichkeit kann man aber bei fest gegebenem p noch die übrigen Eigenschaften, z. B. V ändern, eben durch Prozesse, die man als thermisch bezeichnet (Erwärmung, Abkühlung). In der Thermodynamik ist also neben p noch irgendeine andere Größe als unabhängige Variable einzuführen, z. B. V. Durch die mechanisch meßbaren Größen p und V sind dann alle andern Eigenschaften, die den „Zustand" des homogenen isotropen Körpers ausmachen, bestimmt. Jedem Gleichgewichtszustand des Körpers entspricht ein Punkt in der pV-Ebene[1]).

In der Mechanik braucht man den Begriff der für Substanz undurchlässigen Wand. In der physikalischen Chemie arbeitet man mit Wänden, die für eine

[1]) Bei einem homogenen anisotropen Körper (Kristall) hat man mehr als zwei, jedoch stets endlich viele (n) unabhängige Zustandsparameter.

Art Substanz durchlässig (permeabel), für eine andere Art undurchlässig sind In der Wärmelehre spielen eine große Rolle Wände, die als wärmedurchlässig (diatherman) oder als wärmeundurchlässig (adiabatisch) bezeichnet werden. Da wir aber den Begriff Wärme noch nicht eingeführt haben, müssen die beiden Wandarten nur mit Hinzuziehung mechanischer Begriffe definiert werden:

Adiabatisch heißt die einen Körper einschließende Wand, wenn der Zustand des Körpers nur durch mechanische Eingriffe geändert werden kann (z. B. durch Bewegung von Teilen der Wand, durch Umrühren innerhalb der Wand usw. Zu den „mechanischen Eingriffen" sind hier auch die elektrischen zu rechnen, wie das Hindurchschicken eines galvanischen Stroms).

Diatherman heißt jede nichtadiabatische Wand.

Wir brauchen ferner eine Klassifikation der Zustandsänderungen als quasistatische oder nichtstatische Prozesse.

Quasistatisch heißt eine Zustandsänderung, wenn sie so langsam, im Grenzfall unendlich langsam geführt wird, daß die Zwischenzustände eine kontinuierliche Reihe von lauter Gleichgewichtszuständen bilden.

Nichtstatisch heißt jede andere Zustandsänderung.

Wenn z. B. ein Gas durch Zurückziehen eines Stempels so langsam ausgedehnt wird, daß der Druck im Innern des Gases überall merklich gleich und gleich dem Gegendruck des Stempels und der Wände ist, so hat man eine quasistatische Dilatation. Läßt man dagegen ein Gas in ein größeres Volumen ausströmen, in welchem vorher ein Unterdruck herrschte, so ist jeder Zwischenzustand dieses turbulenten Vorgangs kein Gleichgewichtszustand, und man hat einen nichtstatischen Prozeß vor sich. Auch das Erwärmen durch Umrühren ist nichtstatisch.

Allgemein ist der Zustand eines Systems in jedem Augenblick eines nichtstatischen Prozesses nicht mehr durch dieselbe Anzahl n von Zustandsvariablen bestimmt wie in einem statischen Zustand. Vielmehr treten Inhomogenitäten, Temperatur-, Druck- und Konzentrationsgefälle auf, so daß der Zustand jetzt durch unendlich viele Parameter bestimmt ist. War ein Gleichgewichtszustand durch einen Punkt im n-dimensionalen Zustandsraum bestimmt, so verläßt das System bei nichtstatischen Vorgängen diesen Raum. Man sieht, daß es von großem Vorteil sein wird, sich zunächst nur auf quasistatische Prozesse zu beschränken.

Nebenbei sei bemerkt, daß die quasistatischen Prozesse zeitlich auch in umgekehrter Richtung geführt werden können, die nichtstatischen dagegen nicht umkehrbar sind. Z. B. kann das Ausströmen eines Gases durch ein geöffnetes Ventil nicht rückgängig gemacht werden durch zeitliche Umkehrung aller Manipulationen, und die durch Rühren erzeugte Zustandsänderung kann durch Zurückrühren nicht beseitigt werden. Näheres s. Ziff. 10 und 11.

3. Quasistatische Prozesse. Ein Körper sei nun von adiabatischen Wänden eingeschlossen und befinde sich in einem Anfangszustand p_0, V_0. Wir ändern jetzt quasistatisch-adiabatisch sein Volumen um in V, wobei gleichzeitig p_0 in p übergeht. Alle von (p_0, V_0) so erreichbaren Zustände (p, V) bilden dann die durch (p_0, V_0) hindurchgehende Adiabate des Körpers, geometrisch eine Kurve in der pV-Ebene. Die Adiabaten — genauer müßte man sagen die quasistatisch-adiabatischen Kurven — bilden eine einparametrige Kurvenschar in der pV-Ebene, welche ein Gebiet dieser Ebene überall dicht überdeckt und dargestellt wird durch eine Gleichung der Form

$$s(p, V) = s \tag{1}$$

(Adiabaten) mit dem Parameter s. Dieselbe Kurvenschar kann natürlich auch durch eine Gleichung

$$S\,[s(p, V)] = S[s] = S$$

mit dem Parameter S dargestellt werden, wo S eine beliebige umkehrbar eindeutige Funktion von s bedeutet. Entsprechend besitze ein zweiter Körper die Adiabatenschar

$$\bar{s}(\bar{p}, \bar{V}) = \bar{s} \tag{1'}$$

oder auch, falls $\bar{S}$ eine andere willkürliche Funktion bedeutet:

$$\bar{S}[\bar{s}(\bar{p}, \bar{V})] = \bar{S}[\bar{s}] = \bar{S}.$$

Unter allen diesen willkürlichen Darstellungen der Adiabaten seien für den ersten und zweiten Körper je eine ausgewählt und in der Form (1) bzw. (1') geschrieben.

Sind die beiden Körper durch eine adiabatische Wand getrennt, so können beliebige Werte $p, V; \bar{p}, \bar{V}$ koexistieren, ohne daß zeitliche Änderungen eintreten. Ist dagegen die Zwischenwand diatherman, so besteht erfahrungsgemäß Gleichgewicht nur, wenn $p, V; \bar{p}, \bar{V}$ einer gewissen Bedingung genügen, die wir später als Temperaturgleichheit erkennen werden, und die wir zunächst in der Form

$$F(p, V; \bar{p}, \bar{V}) = 0 \tag{2}$$

als Bedingung des „thermischen Gleichgewichts" einführen können (die Funktion F braucht dabei nicht symmetrisch in p, V und $\bar{p}, \bar{V}$ zu sein).

Das Experiment zeigt nun weiter die Geltung des folgenden Gleichgewichtssatzes: Sind (p_1, V_1), (p_2, V_2), $(\bar{p}_1, \bar{V}_1)$, $(\bar{p}_2, \bar{V}_2)$ je zwei verschiedene Zustände des ersten und zweiten Körpers, und ist sowohl (p_1, V_1) wie (p_2, V_2) mit $(\bar{p}_1, \bar{V}_1)$ im thermischen Gleichgewicht, und ist weiterhin (p_1, V_1) mit $(\bar{p}_2, \bar{V}_2)$ im Gleichgewicht, so ist auch (p_2, V_2) mit $(\bar{p}_2, \bar{V}_2)$ im Gleichgewicht.

In mathematischer Formulierung heißt das: Gilt gleichzeitig

$$F(p_1, V_1; \bar{p}_1, \bar{V}_1) = 0, \quad F(p_2, V_2; \bar{p}_1, \bar{V}_1) = 0, \quad F(p_1, V_1; \bar{p}_2, \bar{V}_2) = 0,$$

so folgt erfahrungsgemäß daraus stets die Gültigkeit von

$$F(p_2, V_2; \bar{p}_2, \bar{V}_2) = 0.$$

Dies ist aber dann und nur dann möglich, wenn die Relation $F(p, V; \bar{p}, \bar{V}) = 0$ die Form

$$t(p, V) - \bar{t}(\bar{p}, \bar{V}) = 0 \tag{3}$$

besitzt.

Dabei sind aber $\bar{t}$ und t nicht eindeutig bestimmte Funktionsformen; denn die Gleichgewichtsbedingung (3) kann auch in der Form

$$T[t(p, V)] = T[\bar{t}(\bar{p}, \bar{V})] \tag{3'}$$

geschrieben werden, wo $T[x]$ eine willkürliche Funktion bedeutet (im Gegensatz zu den zwei oben erlaubten willkürlichen Funktionen S und $\bar{S}$). Unter allen möglichen Formen der Gleichgewichtsbedingung sei nun willkürlich eine ausgewählt und in der Form (3) geschrieben. Die Werte $t(p, V)$ und $\bar{t}(\bar{p}, \bar{V})$ nennt man dann die (in willkürlicher Skala gemessene) empirische Temperatur der beiden Körper, und im Gleichgewicht herrscht stets Temperaturgleichheit der diatherman sich berührenden Körper

$$t(p, V) = t, \quad \bar{t}(\bar{p}, \bar{V}) = \bar{t}, \tag{4}$$

$$\boxed{t = \bar{t} \text{ im Gleichgewicht}}. \tag{5}$$

Die Gleichungen (4) geben in der pV-Ebene bzw. $\bar{p}\bar{V}$-Ebene die Isothermen des ersten bzw. zweiten Körpers an. Die Gleichungen (4) werden auch als Zustandsgleichungen der Körper bezeichnet.

Ist die Temperaturskala t einmal (willkürlich) festgelegt, so kann man statt p und V auch p und t oder V und t oder zwei beliebige Funktionen von ihnen als Zustandsvariable benutzen. Z. B. kann man aus der Gleichung $s(p, V) = s$ der Adiabaten und $t(p, V) = t$ der Isothermen die Größen p und V berechnen in der Form

$$p = p(s, t), \quad V = V(s, t), \tag{6}$$

worin jetzt s und t als Zustandsvariable auftreten.

4. Energie und Wärmemenge. Es kommt darauf an, den ersten Hauptsatz (Energieerhaltungssatz) zu formulieren, ohne dabei den Begriff der Wärmemenge zu benutzen; letztere soll vielmehr umgekehrt erst nach Einführung des Energiebegriffs mit Hilfe des ersten Hauptsatzes definiert werden. Dies ist möglich, wenn man den Energiesatz auf Erfahrungen bei adiabatischen Prozessen gründet; dabei kommt man aber nicht mit quasistatischen Vorgängen aus, sondern muß notwendig auch einen nichtstatisch-adiabatischen Prozeß heranziehen (s. auch Ziff. 10 b und c). Wir formulieren das Axiom des ersten Hauptsatzes in folgender Weise:

I. Um einen Körper oder ein System von Körpern auf **adiabatische** Weise von einem bestimmten Anfangs- zu einem bestimmten Endzustand zu bringen, ist stets ein und dieselbe mechanische Arbeit nötig, unabhängig von den durchlaufenen Gleichgewichts- oder Nichtgleichgewichts-Zwischenzuständen.

Die adiabatisch dem Körper dabei zugeführte (positive oder negative) Arbeit $\int dA$ nennt man seinen Energiezuwachs.

Die Energie U selbst ist somit als Zustandsfunktion bis auf eine willkürliche additive Konstante U_1 bestimmt

$$\boxed{U_2 = \int_1^2 dA + U_1 \quad \text{(adiabatisch)}} \tag{7}$$

Es ist übrigens gar nicht immer möglich, von jedem beliebigen Zustand 1 nach jedem beliebigen 2 auf adiabatische Weise zu gelangen. In Ziff. 10 werden wir aber sehen, daß man dann stets umgekehrt adiabatisch von 2 nach 1 gelangen und so den Energieunterschied zwischen 1 und 2 gemäß (7) durch einen adiabatischen Prozeß feststellen kann.

Nachdem durch den Energiesatz I die Energiefunktion und ihr Zuwachs als adiabatisch geleistete Arbeit eingeführt ist, kann jetzt die Wärmezufuhr definiert werden. Ebenso wie die aufgewandte Arbeit $\int_1^2 dA$ bei einem nicht adiabatischen Prozeß hängt die Wärmezufuhr $\int_1^2 dQ$ von dem Wege, d. h. von den durchlaufenen Zwischenzuständen ab, die vom Anfangszustand 1 zum Endzustand 2 des Körpers führen.

Die auf einem bestimmten Wege zwischen den Zuständen 1 und 2 zugeführte Wärmemenge $\int_1^2 dQ$ ist definiert als die Differenz der zugeführten

Arbeit auf diesem Wege gegen den vom Weg unabhängigen Energiezuwachs

$$\boxed{\int_1^2 dQ = (U_2 - U_1) - \int_1^2 dA} \tag{8}$$

(der Weg braucht weder quasistatisch noch adiabatisch zu sein).

Geht man speziell quasistatisch vor, so ist die an dem Körper geleistete mechanische Arbeit

$$dA = -p\,dV\,, \tag{9}$$

also

$$dQ = dU + p\,dV\,. \tag{10}$$

Ist der Prozeß speziell adiabatisch, so ist entsprechend der Definition des Energiezuwachses

$$dQ = dU - dA = 0\,. \tag{11}$$

Ist der Prozeß quasistatisch-adiabatisch, so ist

$$dQ = 0 = dU + p\,dV\,. \tag{12}$$

Bei mehreren Körpern, die durch adiabatische oder diathermane Wände getrennt sind, addieren sich die Arbeitsleistungen und die Energiezufuhren (das sind die auf adiabatischem Wege vorgenommenen gedachten Arbeitsleistungen); daher gilt entsprechend (10) für zwei Körper bei quasistatischen Zustandsänderungen

$$dQ + d\overline{Q} = dU + d\overline{U} + p\,dV + p\,d\overline{V} \text{ (quasistatisch).} \tag{10'}$$

Wenn die beiden Körper gemeinsam von einer adiabatischen Wand nach außen abgeschlossen sind, ist

$$dQ + d\overline{Q} = 0 \text{ (adiabatisch)} \tag{11'}$$

und schließlich entsprechend (12)

$$dQ + d\overline{Q} = 0 = dU + d\overline{U} + p\,dV + \overline{p}\,d\overline{V} \text{ (quasistatisch-adiabatisch)} \tag{12'}$$

An Stelle der in den letzten Gleichungen auftretenden Differentiale dU und dV der Zustandsgrößen U und V kann man auch Differentiale von beliebigen andern Zustandsvariablen einführen, z. B. V und t. Da

$$dU = \frac{\partial U}{\partial V}\,dV + \frac{\partial U}{\partial t}\,dt\,,$$

wird die Differentialgleichung der (quasistatischen) Adiabaten eines Körpers nach (12)

$$dQ = 0 = \left(\frac{\partial U}{\partial V} + p\right)dV + \frac{\partial U}{\partial t}\,dt\,, \tag{13}$$

und für zwei im thermischen Gleichgewicht $t = \overline{t}$ stehende, diatherman sich berührende Körper wird die Adiabatengleichung (12')

$$dQ + d\overline{Q} = 0 = \left(\frac{\partial U}{\partial V} + p\right)dV + \left(\frac{\partial \overline{U}}{\partial \overline{V}} + \overline{p}\right)d\overline{V} + \left(\frac{\partial U}{\partial t} + \frac{\partial \overline{U}}{\partial t}\right)dt\,. \tag{14}$$

b) Der zweite Hauptsatz für quasistatische Prozesse.

5. Mathematische Hilfssätze. Die rechten Seiten der Gleichungen (9) bis (14) haben die Form der sog. PFAFFschen (d. i. linearen) Differentialausdrücke, auf deren mathematische Eigenschaften wir näher eingehen wollen, um bei der Behandlung des zweiten Hauptsatzes der Thermodynamik uns auf die hier abzuleitenden formalen Resultate berufen zu können.

Wir betrachten zunächst einen PFAFFschen Differentialausdruck von nur zwei Variablen x und y

$$dQ = X(x, y)\,dx + Y(x, y)\,dy\,, \tag{15}$$

welcher die Form der thermodynamischen Gleichung (10) hat. Das Integral von dQ zwischen zwei Punkten 1 und 2 ist im allgemeinen abhängig vom Integrationsweg, $\int\limits_1^2 dQ$ kann also nicht in der Form $Q(x_2\,y_2) - Q(x_1\,y_1)$ geschrieben werden, dQ ist nicht „integrabel", dQ ist kein „vollständiges Differential" einer Zustandsfunktion $Q(x, y)$. Wäre nämlich $dQ = d\sigma$, wo σ eine Funktion von x und y ist mit

$$d\sigma = \frac{\partial\sigma}{\partial x}dx + \frac{\partial\sigma}{\partial y}dy\,, \tag{15'}$$

so würde aus der Gleichsetzung von (15) mit (15') folgen

$$X(x, y) = \frac{\partial\sigma}{\partial x}, \qquad Y(x, y) = \frac{\partial\sigma}{\partial y},$$

also

$$\frac{\partial X(x, y)}{\delta y} = \frac{\partial Y(x, y)}{\partial x}\,,$$

was im allgemeinen, bei beliebigen Funktionen X und Y, nicht erfüllt sein wird. Dagegen kann man eine mit dQ zwar nicht gleiche, aber in naher Beziehung zu dQ stehende Zustandsfunktion $\sigma(x, y)$ in folgender Weise einführen: Die zu dQ gehörige PFAFFsche Differentialgleichung $dQ = 0$

$$dQ = X\,dx + Y\,dy = 0 \tag{16}$$

läßt sich umformen in die Gleichung

$$\frac{dy}{dx} = -\frac{X(x, y)}{Y(x, y)} \tag{17}$$

und wird gelöst durch eine einparametrige Kurvenschar in der xy-Ebene $\sigma(x, y) = \sigma$ mit dem Parameter σ, deren Kurven in den einzelnen Punkten (x, y) die durch (17) geforderten Richtungen besitzen. Längs jeder dieser Kurven ist also sowohl $dQ = 0$ wie auch

$$d\sigma = \frac{\partial\sigma}{\partial x}dx + \frac{\partial\sigma}{\partial y}dy = 0\,, \tag{16'}$$

also

$$\frac{dy}{dx} = -\frac{\partial\sigma/\partial x}{\partial\sigma/\partial y}. \tag{17'}$$

Durch Vergleich von (17) mit (17') folgt

$$X = \tau\cdot\frac{\partial\sigma}{\partial x}, \quad Y = \tau\cdot\frac{\partial\sigma}{\partial y}, \tag{18}$$

wo $\tau(x, y)$ ein von x und y abhängiger Faktor ist. Es wird demnach

$$dQ = \tau \cdot d\sigma, \quad \frac{dQ}{\tau} = d\sigma. \tag{19}$$

Da hier dQ durch Division mit dem Nenner $\tau(x, y)$ in das vollständige Differential $d\sigma$ einer Zustandsfunktion $\sigma(x, y)$ übergeht, wird $\tau(x, y)$ ein „integrierender Nenner" von dQ genannt.

Ein PFAFFscher Ausdruck (15) von zwei Variablen besitzt also stets einen integrierenden Nenner, nämlich nach (18) in der Form

$$\tau(x, y) = \frac{X(x, y)}{\partial\sigma/\partial x} = \frac{Y(x, y)}{\partial\sigma/\partial y}, \tag{20}$$

wo $\sigma(x, y) = \sigma$ die integrierende Kurvenschar von $dQ = 0$ ist. Letztere kann nun auch in der Form $S[\sigma(x, y)] = S$ dargestellt werden, wo $S[\sigma]$ eine beliebige umkehrbar eindeutige Funktion ist. Dann wird

$$dS = \frac{dS}{d\sigma} d\sigma = \frac{dS}{d\sigma} \cdot \frac{dQ}{\tau},$$

oder bei Einführung der Abkürzung

$$T(x, y) = \tau(x, y) \cdot \frac{d\sigma}{dS} \tag{20'}$$

wird aus (19)

$$dQ = \tau(x, y) \cdot d\sigma(x, y) = T(x, y) \cdot dS(x, y). \tag{21}$$

Man kann demnach als integrierender Nenner von dQ statt $\tau(x, y)$ auch $T(x, y)$ benutzen, wodurch als integrierende Funktion statt $\sigma(x, y)$ dann $S(x, y)$ auftritt. Aus einem integrierenden Nenner $\tau(x, y)$ kann man gemäß (20') mit Hilfe willkürlicher Funktionen $S[\sigma]$ beliebig viele andere integrierende Nenner von dQ ableiten.

Betrachten wir nun den PFAFFschen Differentialausdruck von drei Variablen[1])

$$dQ = X dx + Y dy + Z dz,$$

der die Form der thermodynamischen Gleichung (14) hat. Im allgemeinen ist wieder dQ kein vollständiges Differential. Denn wäre

$$dQ = d\sigma(x, y, z) = \frac{\partial\sigma}{\partial x} dx + \frac{\partial\sigma}{\partial y} dy + \frac{\partial\sigma}{\partial z} dz,$$

so müßte gelten

$$X = \frac{\partial\sigma}{\partial x}, \qquad Y = \frac{\partial\sigma}{\partial y}, \qquad Z = \frac{\partial\sigma}{\partial z},$$

demnach

$$\frac{\partial Y}{\partial z} = \frac{\partial Z}{\partial y}, \quad \frac{\partial Z}{\partial x} = \frac{\partial X}{\partial z}, \quad \frac{\partial X}{\partial y} = \frac{\partial Y}{\partial x},$$

was im allgemeinen, bei beliebigen Funktionen X, Y und Z, nicht der Fall zu sein braucht.

Man kann aber fragen, ob auch hier wieder dQ stets einen integrierenden Nenner τ besitzt, derart, daß

$$\frac{dQ}{\tau(xyz)} = d\sigma = \frac{\partial\sigma}{\partial x} dx + \frac{\partial\sigma}{\partial y} dy + \frac{\partial\sigma}{\partial z} dz$$

---

[1]) Die Verallgemeinerung auf mehr als drei Variablen ergibt sich ohne weiteres.

ist; wäre dies der Fall, so würde jede Lösung der Differentialgleichung $dQ = 0$ auch eine Lösung von $d\sigma = 0$ sein. Man kann nun etwa durch folgendes Beispiel zeigen, daß dQ bei drei Variablen durchaus nicht immer einen integrierenden Nenner zu haben braucht.

Es sei gegeben die spezielle PFAFFsche Differentialgleichung

$$dQ = x dy + k dz = 0.$$

Wäre nun

$$\frac{dQ}{\tau} = d\sigma = \frac{\partial \sigma}{\partial x} dx + \frac{\partial \sigma}{\partial y} dy + \frac{\partial \sigma}{\partial z} dz,$$

so müßte sein

$$\frac{\partial \sigma}{\partial x} = 0, \qquad \frac{\partial \sigma}{\partial y} = \frac{x}{\tau}, \qquad \frac{\partial \sigma}{\partial z} = \frac{k}{\tau}.$$

Nach der ersten dieser Gleichungen müßte σ nur von y und z abhängen, nach der letzten müßte dann auch τ nur von y und z abhängen, und die zweite Gleichung wäre nicht möglich.

Man sieht also, daß ein PFAFFscher Differentialausdruck von drei (und mehr) Variablen im allgemeinen keinen integrierenden Nenner hat und der Besitz eines Nenners für solche Ausdrücke eine Ausnahme darstellt. Die Differentialgleichungen der Thermodynamik sind nun, das ist ihre Besonderheit, gerade so beschaffen, daß sie einen integrierenden Nenner und somit unendlich viele solche Nenner (20′) besitzen.

Die PFAFFschen Differentialausdrücke mit mehr als 2 Variablen lassen sich also mathematisch einteilen in solche mit und solche ohne integrierenden Nenner. An Stelle dieses etwas abstrakten Einteilungsmerkmals geben wir jetzt nach CARATHÉODORY ein anderes gleichwertiges Merkmal an, das leichter in seinen physikalischen Anwendungen erkennbar ist.

Wir behaupten nämlich folgenden Satz, dessen physikalische Anwendung mit dem 2. Hauptsatz der Thermodynamik übereinstimmt:

Satz. Wenn ein PFAFFscher Differentialausdruck

$$dQ = X(x\,y\,z)\,dx + Y(x\,y\,z)\,dx + Z(x\,y\,z)\,dz$$

einen integrierenden Nenner hat, so gibt es in beliebiger Nähe jedes Punktes $P_0 = (x_0 y_0 z_0)$ Nachbarpunkte $P_1 = (x_1 y_1 z_1)$, die von P_0 aus nicht erreichbar sind auf einem Wege, der nur aus Stücken $dQ = 0$ zusammengesetzt ist.

Existiert nämlich ein integrierender Nenner $\tau(x\,y\,z)$, so daß $dQ/\tau = d\sigma(x\,y\,z)$, so liegen die durch P_0 gehenden Lösungskurven von $dQ = 0$ alle gleichzeitig in einer Fläche $\sigma(x\,y\,z) = \sigma_0$ der einparametrigen Flächenschar $\sigma(xyz) = \sigma$; man kann demnach von P_0 aus nur die auf dieser Fläche σ_0 liegenden Punkte vermittels $dQ = 0$ erreichen, nicht aber Punkte P_1 einer andern Fläche $\sigma(x\,y\,z) = \sigma_1$ der Schar.

Besonders einfach ist der Satz im Zweidimensionalen. Hier hat $dQ = X dx + Y dy$ stets einen integrierenden Nenner $\tau(xy)$ und eine Schar $\sigma(x\,y) = \sigma$ einander sich nicht schneidender Lösungskurven $dQ = 0$; bei der Vorschrift $dQ = 0$ kann man also niemals von einem Punkt $(x_0 y_0)$, welcher auf der Kurve $\sigma(xy) = \sigma_0$ liegt, einen Punkt der Kurve $\sigma(xy) = \sigma_1$ erreichen.

Betrachten wir aber das oben angeführte Beispiel $dQ = x dy + k dz$, wo dQ keinen integrierenden Nenner besitzt. Hier kann man in der Tat von einem Punkt $P_0 = (x_0\,y_0\,z_0)$ aus jeden beliebigen andern Punkt $P_1 = (x_1 y_1 z_1)$ längs Stücken $dQ = 0$ erreichen. Man gehe nämlich von $(x_0\,y_0\,z_0)$ aus zunächst längs einer Geraden $dy = 0$, $dz = 0$, d. h. parallel der x-Achse bis zu einem solchen Punkt $(x' y_0 z_0)$, daß $x' \cdot (y_1 - y_0) + k \cdot (z_1 - z_0) = 0$ wird; von diesem Punkt $(x' y_0 z_0)$ aus gehe man dann in der Ebene $x = x'$ längs der Geraden $x'(y - y_0) + k(z - z_0) = 0$ bis zum Punkt $(x' y_1 z_1)$, und schließlich auf der Geraden $dy = 0$, $dz = 0$ zum Punkt $(x_1 y_1 z_1)$; letzterer ist so längs Stücken $dQ = 0$ erreicht.

Wir können auch die Umkehrung des obigen Satzes beweisen:

Satz. Wenn ein PFAFFscher Differentialausdruck

$$dQ = X(x\,y\,z)\,dx + Y(x\,y\,z)\,dy + Z(x\,y\,z)\,dz$$

die Eigenschaft hat, daß in beliebiger Nähe jedes Raumpunktes P_0 andere Punkte P_1 liegen, die von ihm aus auf Stücken $dQ = 0$ nicht erreichbar sind, so besitzt dQ einen integrierenden Nenner:

Die von P_0 aus auf Stücken $dQ = 0$ erreichbaren Punkte müssen nämlich kontinuierlich mit P_0 zusammenhängen (das heißt ja „erreichbar"), könnten also in einem Raumgebiet um P_0 oder in einer Fläche durch P_0 oder in einer Linie durch P_0 liegen. Ersteres ist ausgeschlossen, weil ja dann von P_0 aus jeder Punkt dieses Raumgebiets erreichbar wäre. Letzteres ist ausgeschlossen, weil ja $dQ = 0 = X dx + Y dy + Z dz$ bereits ein ebenes Flächenelement von erreichbaren Punkten um P_0 angibt. Die von P_0 aus unmittelbar erreichbaren Punkte können also nur auf einer durch P_0 gehenden Fläche dF_0 liegen. Denkt man sich nun die Randpunkte P' von dF_0 als Ausgangspunkte neuer Flächenelemente dF' genommen, so werden diese teilweise über dF_0 hinausragen, zum andern Teil aber müssen sie mit dF_0 zusammenfallen, nicht etwa wie Schuppen unter oder über dF_0 aufliegen; denn sonst würden ja von P_0 aus auf dem Umweg über die Randpunkte von dF_0, auch Punkte über und unter dF_0, im ganzen also Punkte eines ganzen Raumgebietes um P_0 erreichbar sein, entgegen der Voraussetzung. Man gelangt also (strenger Beweis siehe bei CARATHÉODORY) von P_0 aus längs $dQ = 0$ stets nur zu Punkten einer durch P_0 gehenden Fläche F_0. Geht man entsprechend von andern, nicht auf F_0 liegenden Punkten $P_1 P_2 \ldots$ aus, so kann man ein ganzes Gebiet des xyz-Raumes mit einander nicht schneidenden Flächen $F_0 F_1 F_2 \ldots$ dicht durchziehen, wobei jeweilig die Punkte einer Fläche nur von Punkten derselben Fläche aus erreichbar sind. Diese Flächen bilden eine einparametrige Schar $\sigma(x\,y\,z) = \sigma$, auf denen $d\sigma$ gleichzeitig mit dQ verschwindet. Demnach ist

$$dQ = \tau(xyz)\,d\sigma(xyz), \qquad \boxed{\frac{dQ}{\tau} = d\sigma} \tag{22}$$

wobei [vgl. (20)]

$$\tau = \frac{X}{\partial\sigma/\partial x} = \frac{Y}{\partial\sigma/\partial y} = \frac{Z}{\partial\sigma/\partial z}. \tag{23}$$

Da die Flächenschar $\sigma(xyz) = \sigma$ auch durch eine Gleichung $S[\sigma(xyz)] = S$ dargestellt werden kann, ergibt sich wieder als ein ebenfalls integrierender Nenner wie in (20')

$$T = \tau \cdot \frac{d\sigma}{dS} = \frac{X}{\partial S/\partial x} = \frac{Y}{\partial S/\partial y} = \frac{Z}{\partial S/\partial z},$$

so daß

$$dQ = T(xyz) \cdot dS(xyz) = \tau(xyz) \cdot d\sigma(xyz), \qquad \boxed{\frac{dQ}{T} = dS} \tag{24}$$

wird, wo S eine beliebige umkehrbar eindeutige Funktion von σ ist.

Die mathematische Gleichwertigkeit der Unerreichbarkeit längs Stücken $dQ = 0$ mit der Existenz eines integrierenden Nenners τ zu dQ, d. h. der Existenz einer Zustandsfunktion σ mit $d\sigma = dQ/\tau$ läßt sich auch für n Variable beweisen.

6. Entropie und absolute Temperatur. Der zweite Hauptsatz der Thermodynamik über die Existenz einer Entropiefunktion (s. unten) ist abgeleitet aus der Erfahrung, daß bestimmte Prozesse unausführbar sind. Z. B. behauptet das

Prinzip von THOMSON:

Es ist unmöglich, durch einen Kreisprozeß einem Wärmereservoir Wärme zu entziehen und in Arbeit zu verwandeln, ohne daß zugleich eine gewisse Wärmemenge von einem wärmeren zu einem kälteren Körper übertragen wird, (Umöglichkeit des Perpetuum mobile zweiter Art), und das

Prinzip von CLAUSIUS:

Es ist unmöglich, durch einen Kreisprozeß Wärme aus einem kälteren in einen wärmeren Körper zu transportieren, ohne daß zugleich eine gewisse Menge Arbeit in Wärme verwandelt wird.

Wie CARATHÉODORY zuerst gezeigt hat, genügt es aber, von solchen speziellen unausführbaren Prozessen abzusehen und ganz allgemein sich darauf zu stützen, daß es überhaupt unausführbare Prozesse gibt, entsprechend folgendem Axiom:

Prinzip von CARATHÉODORY:

In beliebiger Nähe jedes Zustands eines Systems von Körpern gibt es Nachbarzustände, die vom ersten Zustand aus nicht auf adiabatischem Wege erreichbar sind.

Um so mehr gibt es dann Nachbarzustände, die quasistatisch-adiabatisch, d. h. auf Adiabaten nicht erreicht werden können.

Wir werden nun zunächst nur die eingeschränkte Behauptung benutzen, daß es quasistatisch-adiabatisch unerreichbare Nachbarzustände gibt. Erst in Ziff. 10 und 11 wird dann CARATHÉODORYS weitergehende Behauptung benutzt, daß es Nachbarzustände gibt, die nicht einmal nichtstatisch-adiabatisch erreichbar sind.

Aus der eingeschränkten Fassung des CARATHÉODORYschen Prinzips folgt nach den mathematischen Hilfssätzen der Ziff. 5 ohne weiteres, daß der PFAFFsche Differentialausdruck für dQ, der eine quasistatische Zustandsänderung bedeutet, einen integrierenden Nenner besitzt

$$\boxed{dQ = \tau \cdot d\sigma}\,, \tag{25}$$

und hieraus ergeben sich dann die Formeln der Thermodynamik für quasistatische Zustandsänderungen auf folgende Weise.

Für einen homogenen isotropen Körper mit zwei Zustandsvariablen ist nach Ziff. 5 die Existenz eines integrierenden Nenners τ_1, der von dQ_1 zu einer Zustandsfunktion σ_1 führt, eine mathematische Selbstverständlichkeit.

Erst für ein System von zwei Körpern, welche im thermischen Kontakt $t_1 = t_2 = t$ zu einem PFAFFschen Ausdruck dQ mit drei Variablen (t, V_1, V_2) führen, sagt CARATHÉODORYS Prinzip etwas physikalisch Neues aus, nämlich daß $dQ = dQ_1 + dQ_2$ stets in der Form

$$dQ_1 + dQ_2 = dQ = \tau(V_1, V_2, t) \cdot d\sigma(V_1, V_2, t)$$

geschrieben werden kann. Da nun für jeden einzelnen Körper für sich gilt

$$dQ_1 = \tau_1(V_1, t) \cdot d\sigma(V_1, t), \qquad dQ_2 = \tau_2(V_2, t) \cdot d\sigma_2(V_2, t),$$

so folgt

$$\tau\, d\sigma = \tau_1 d\sigma_1 + \tau_2 d\sigma_2 . \tag{26}$$

Über die mathematischen Ergebnisse von Ziff. 5 hinaus können wir aber im Anschluß an CARATHEODORY noch weitere Aussagen über die Funktionen $\tau, \tau_1, \tau_2, \sigma, \sigma_1, \sigma_2$ gewinnen, wenn wir benutzen, daß die unabhängige Variable t für beide Körper den gleichen Wert besitzt:

$$\boxed{t_1 = t_2 = t}\,.$$

Wählen wir nämlich statt $V_1 V_2 t$ als unabhängige Variable die Zustandsgrößen σ_1, σ_2, t, so sind τ und σ als Funktionen von σ_1, σ_2, t aufzufassen, und aus (26) folgt

$$\frac{\partial\sigma}{\partial\sigma_1} = \frac{\tau_1(\sigma_1 t)}{\tau(\sigma_1\sigma_2 t)}, \qquad \frac{\partial\sigma}{\partial\sigma_2} = \frac{\tau_2(\sigma_2 t)}{\tau(\sigma_1\sigma_2 t)}, \qquad \frac{\partial\sigma}{\partial t} = 0\,.$$

Die dritte dieser Gleichungen zeigt, daß σ gar nicht von t abhängt,

$$\boxed{\sigma = \sigma(\sigma_1, \sigma_2)}\,,$$

so daß nach den ersten beiden Gleichungen die Quotienten

$$\frac{\tau_1}{\tau} \quad\text{und}\quad \frac{\tau_2}{\tau}$$

von t unabhängig sind, anders geschrieben

$$\frac{\partial}{\partial t}\left(\frac{\tau_1}{\tau}\right) = 0\,, \qquad \frac{\partial}{\partial t}\left(\frac{\tau_2}{\tau}\right) = 0\,,$$

oder schließlich in noch anderer Form

$$\frac{1}{\tau_1}\frac{\partial\tau_1}{\partial t} = \frac{1}{\tau_2}\frac{\partial\tau_2}{\partial t} = \frac{1}{\tau}\frac{\partial\tau}{\partial t}\,. \tag{26'}$$

Da nun τ_1 nur von t und σ_1, τ_2 nur von t und σ_2 abhängt, kann das erste Gleichheitszeichen in (26') nur gelten, wenn τ_1 und τ_2 beide weder von σ_1 noch von σ_2, sondern beide nur von t abhängen. Es wird also aus (26')

$$\frac{d\lg\tau_1}{dt} = \frac{d\lg\tau_2}{dt} = \frac{d\lg\tau}{dt} = g(t)\,, \tag{27}$$

wo $g(t)$, unabhängig von besonderen Eigenschaften des Körpers 1 und 2, eine für alle im thermischen Kontakt stehenden Körper gemeinsame („universelle") Funktion der empirischen Temperatur t ist.

Für ein beliebiges System bzw. seine Teilsysteme erhält man durch Integration von (27)

$$\lg\tau = \int g(t)\,dt + \lg\Sigma(\sigma_1, \sigma_2)\,, \qquad \lg\tau_i = \int g(t)\,dt + \lg\Sigma_i(\sigma_i)\,.$$

worin die Integrationskonstanten Σ und Σ_i nicht mehr von t, sondern nur von den andern Zustandsvariablen des Systems abhängen. Die letzte Gleichung formt sich um in

$$\boxed{\tau = e^{\int g(t)\,dt}\cdot\Sigma(\sigma_1, \sigma_2), \qquad \tau_i = e^{\int g(t)\,dt}\cdot\Sigma_i(\sigma_i)\,.} \tag{28}$$

Diese Gleichung läßt sich so aussprechen:

Bei jedem aus gleichtemperierten Teilsystemen bestehenden System zerfällt der integrierende Nenner τ von dQ in zwei Faktoren, von denen der eine nur von der allen Teilsystemen gemeinsamen Temperatur t abhängt, der andere Faktor aber die besonderen Zustandsvariablen der verschiedenen Körper, z. B. σ_1 und σ_2 enthält.

Nennt man den ersteren Faktor

$$C \cdot e^{\int g(t)\,dt} = T(t) = \text{„absolute Temperatur"}, \tag{29}$$

so ist der willkürliche Faktor C [statt dessen man auch eine willkürliche untere Integrationsgrenze im Exponenten von (29) einführen könnte] dadurch festlegbar, daß man fordert, T solle zwischen zwei vorgegebenen Fixpunkten eine bestimmte Differenz besitzen, etwa vom Schmelz- zum Siedepunkt des Wassers um 100 zunehmen. Dagegen ist in (29) keine willkürliche additive Konstante mehr frei, d. h. der Nullpunkt von T ist physikalisch bestimmt.

Jetzt erhält man aus (25) wegen (28), (29)

$$dQ = \tau\, d\sigma = T \cdot \frac{\Sigma}{C}\, d\sigma, \quad dQ_i = \tau_i\, d\sigma_i = T \cdot \frac{\Sigma_i}{C}\, d\sigma_1. \tag{30}$$

Liegt ein einziger Körper vor mit den Zustandsvariablen t und σ_1, so wird Σ_1 nur von σ_1 abhängen, so daß die Funktion

$$S_1 = \frac{1}{C}\int \Sigma_1(\sigma_1)\, d\sigma_1 + \text{const.} = \text{„Entropiefunktion"} \tag{30'}$$

ebenfalls nur σ_1 enthält und (30) überführt in

$$\boxed{dQ_1 = \tau_1 d\sigma_1 = T dS_1}. \tag{31}$$

Die bis auf eine additive Konstante bestimmte Funktion $S_1(\sigma_1)$ wird die Entropie des Körpers genannt, und (31) stellt die Formel des „zweiten Hauptsatzes" für quasistatische Zustandsänderungen eines einzelnen Körpers dar, als Folge des CARATHEODORYschen Prinzips: Durch den integrierenden Nenner $T(t)$ = absolute Temperatur wird aus dQ_1 das vollständige Differential dS_1 der Entropiefunktion $S(\sigma_1)$.

Geht man jetzt zu zwei Körpern in thermischer Berührung über ($t_1 = t_2 = t$), so gilt für jeden einzeln

$$dQ_1 = \tau_1\, d\sigma_1 = T dS_1, \quad dQ_2 = \tau_2\, d\sigma_2 = T dS_2 \tag{32}$$

und für das Gesamtsystem nach (30)

$$dQ = \tau\, d\sigma = T \cdot \frac{\Sigma(\sigma_1, \sigma_2)}{C}\, d\sigma(\sigma_1, \sigma_2).$$

Hier hat nun das Temperaturgleichgewicht eine eigentümliche Folge für die Gestalt der Funktion $\Sigma(\sigma_1, \sigma_2)$; wie nämlich am Schluß dieser Ziff. 6 bewiesen wird, enthält $\Sigma(\sigma_1, \sigma_2)$ die Variablen σ_1 und σ_2 nur in der Kombination $\sigma(\sigma_1, \sigma_2)$, d. h. es ist $\Sigma = \Sigma(\sigma)$, so daß sich die letzte Gleichung in der Form schreibt

$$\boxed{dQ = \tau \cdot d\sigma = T \cdot dS} \tag{33}$$

mit der Abkürzung

$$S = \frac{1}{C}\int \sum(\sigma)\, d\sigma + \text{konst.} = \text{„Gesamtentropie"}. \tag{33'}$$

Ein wesentlicher Unterschied von (33) gegenüber (24) ist, daß in (24) T und S, ebenso wie τ und σ, Funktionen aller Zustandsvariablen sind, hier jedoch τ und T nur von der allen Teilsystemen gemeinsamen empirischen Temperatur t, σ und S nur von den bei adiabatischen Änderungen unverändert bleibenden Zustandsvariablen σ_1, σ_2 abhängen, und überdies T eine universelle Funktion von t ist, S eine Funktion nur von $\sigma(\sigma_1, \sigma_2)$ ist.

Wegen $dQ = dQ_1 + dQ_2$ und $T_1 = T_2 = T$ folgt dann aus (32), (33)

$$\boxed{dS = dS_1 + dS_2 = d(S_1 + S_2)}\,, \tag{34}$$

d. h. die Entropieänderungen der sich thermisch berührenden Teilsysteme bei quasistatischer Zustandsänderung addieren sich zur Entropieänderung des Gesamtsystems.

Bei geeigneter Normierung der unbestimmten Entropiekonstanten kann man noch setzen

$$S = S_1 + S_2\,, \tag{34'}$$

d. h. die Entropie des Gesamtsystems ist gleich der Summe der Entropie seiner Teile.

Auch für adiabatisch getrennte Teilsysteme gilt (34), wenn man hier (34′) als Definition der Gesamtentropie ansieht.

Die Erweiterung der obigen Ergebnisse auf mehr als zwei Teilsysteme gelingt ohne weiteres.

Nachzutragen ist jetzt noch der Beweis, daß die Funktion $\Sigma(\sigma_1, \sigma_2)$ die Form $\Sigma(\sigma)$ mit dem Argument $\sigma(\sigma_1, \sigma_2)$ hat. Nach (26) und (28) folgt nämlich

$$\Sigma d\sigma = \Sigma_1 d\sigma_1 + \Sigma_2 d\sigma_2\,,$$

demnach

$$\Sigma \cdot \frac{\partial \sigma}{\partial \sigma_1} = \Sigma_1(\sigma_1)\,, \qquad \Sigma \cdot \frac{\partial \sigma}{\partial \sigma_2} = \Sigma_2(\sigma_2)\,.$$

Durch Differentiation nach σ_2 bzw. σ_1 erhält man daraus

$$\frac{\partial \Sigma}{\partial \sigma_2}\frac{\partial \sigma}{\partial \sigma_1} + \Sigma \cdot \frac{\partial^2 \sigma}{\partial \sigma_1 \partial \sigma_2} = 0 = \frac{\partial \Sigma}{\partial \sigma_1}\frac{\partial \sigma}{\partial \sigma_2} + \Sigma \cdot \frac{\partial^2 \sigma}{\partial \sigma_2 \partial \sigma_1}\,,$$

woraus folgt, daß die Funktionaldeterminante

$$\frac{\partial \Sigma}{\partial \sigma_1} \cdot \frac{\partial \sigma}{\partial \sigma_2} - \frac{\partial \Sigma}{\partial \sigma_2} \cdot \frac{\partial \sigma}{\partial \sigma_1} = \frac{\partial(\Sigma, \sigma)}{\partial(\sigma_1, \sigma_2)}$$

gleich Null ist, daher Σ nur von σ abhängt.

7. Empirische Bestimmung von U, S, T. Wir fragen nun, wie sich die Energie U, die Entropie S und die absolute Temperatur T eines Körpers bestimmen, wenn durch empirische Feststellung der Adiabaten (1) und Isothermen (4) p und V als Funktionen von s und t in empirischen Skalen (6) bekannt sind. Wir beachten zu diesem Zweck, daß nach (32) für einen Körper

$$dQ = T(t) \cdot \frac{dS(s)}{ds}\, ds = dU + p\, dV(s, t)$$

geschrieben werden kann. Daher wird

$$\left.\begin{aligned} dU &= T dS - p dV \\ dU &= \left(T(t)\,\frac{dS}{ds} - p\,\frac{\partial V}{\partial s}\right) ds - p\,\frac{\partial V}{\partial t}\, dt\,, \end{aligned}\right\} \tag{35}$$

andererseits ist

$$dU = \frac{\partial U}{\partial s} \cdot ds + \frac{\partial U}{\partial t} dt,$$

woraus folgt

$$\frac{\partial}{\partial t}\left(T(t)\frac{dS}{ds} - p\frac{\partial V}{\partial s}\right) = \frac{\partial^2 U}{\partial s \partial t} = \frac{\partial}{\partial s}\left(-p\frac{\partial V}{\partial t}\right)$$

oder anders geschrieben

$$\frac{dS(s)}{ds} \cdot \frac{dT(t)}{dt} = \frac{\partial V}{\partial s}\frac{\partial p}{\partial t} - \frac{\partial V}{\partial t}\frac{\partial p}{\partial s} = \frac{\partial(V,p)}{\partial(s,t)}, \tag{36}$$

d. h. es ist die Funktionaldeterminante $\partial(V,p) : \partial(s,t)$ stets ein Produkt aus einer Funktion von s allein mit einer Funktion von t allein. Denkt man sich nun umgekehrt die empirisch bekannte Funktionaldeterminante in ihre zwei Faktoren zerlegt

$$\frac{\partial(V,p)}{\partial(s,t)} = \alpha(s) \cdot \beta(t), \tag{36'}$$

wobei also $\alpha(s)$ und $\beta(t)$ als empirisch bekannt anzusehen sind, so erhält man S, T, U in folgender Form durch Vergleich von (36′) mit (36)

$$\left.\begin{aligned} S(s) &= \int \frac{\alpha(s)}{C} ds + S_0 \\ T(t) &= C \cdot \int \beta(t)\, dt + T_0, \text{ und durch Integration von (35)} \\ U(s,t) &= f(s,t) + U_0 . \end{aligned}\right\} \tag{37}$$

Die Konstanten C, S_0 und U_0 sind willkürlich normierbar; z. B. kann C so bestimmt werden, daß T zwischen Eis- und Siedepunkt des Wassers um 100 zunimmt. Die in (37) unbestimmte Konstante T_0 ist aber in Wirklichkeit nicht verfügbar, sondern physikalisch eindeutig festgelegt. Denn nach (29) ist die richtige absolute Temperatur T nur bis auf einen konstanten Faktor C unbestimmt, ihr Nullpunkt $T = 0$ dagegen physikalisch festliegend. Eine Bestimmung der absoluten Temperaturskala mit Hilfe der zu (37) führenden quasistatischen Prozesse (empirische Feststellung von $s(p, V)$ und $t(p, V)$ ist also nicht möglich, der Nullpunkt der T-Skala bleibt dabei unbestimmt. Um auch den physikalisch festliegenden Nullpunkt der Skala bzw. die additive Konstante T_0 in (37) richtig bestimmen zu können, muß man nichtstatische Prozesse heranziehen (s. Beispiel in Ziff. 8). Es genügt aber, wegen der universellen Natur der absoluten Temperaturskala einmal für eine einzige Substanz T durch einen nichtstatischen Vorgang zu normieren.

Würde man statt der richtig normierten Temperatur T eine neue Größe

$$T' = T + T_0$$

einführen, so würde $dU = TdS - pdV$ übergehen in

$$T'dS - pdV = d(U + T_0 S) = dU',$$

d. h. man würde durch Integration der letzten Gleichung zu falschen Energiewerten U' statt U gelangen.

8. Ideale Gase. Wir wenden diese Überlegungen an auf „ideale Gase“, das sind Körper, deren Isothermen der Gleichung

$$p \cdot V = t \tag{38}$$

und deren Adiabaten der Gleichung

$$p \cdot V^{1+\gamma} = s \tag{38'}$$

genügen sollen (in einer gewissen empirischen Skala t und s); γ ist eine Konstante. Durch logarithmische Differentiation erhält man

$$\frac{1}{s}\frac{\partial s}{\partial V} = \frac{1+\gamma}{V}, \qquad \frac{1}{s}\frac{\partial s}{\partial p} = \frac{1}{p},$$

$$\frac{1}{t}\frac{\partial t}{\partial V} = \frac{1}{V}, \qquad \frac{1}{t}\frac{\partial t}{d p} = \frac{1}{p}.$$

Hieraus ergibt sich die Funktionaldeterminante

$$\frac{\partial(s, t)}{\partial(V, p)} = \frac{st \cdot \gamma}{pV} = \gamma \cdot s,$$

dagegen nach (36)

$$\frac{\partial(V, p)}{\partial(s, t)} = \frac{1}{\gamma s} = \frac{dT}{dt} \cdot \frac{dS}{ds}.$$

Daher wird die absolute Temperatur und die Entropie durch Integration der letzten Gleichung

$$T(t) = Ct + T_0, \qquad S(s) = \frac{1}{C\gamma}\lg s. \tag{39}$$

Für die Energiezunahme ergibt sich somit

$$\begin{aligned} dU = TdS - p\,dV &= (Ct + T_0)\frac{1}{C\gamma}\,d\lg s - p\,dV \\ &= \frac{T_0}{C\gamma}\,d\lg s + \frac{t}{\gamma}\frac{ds}{s} - t\frac{dV}{V} \\ &= \frac{T_0}{C\gamma}\,d\lg s + \frac{t}{\gamma}\,d[\lg(sV^{-\gamma})] \\ &= \frac{T_0}{C\gamma}\,d\lg s + \frac{1}{\gamma}\,dt, \end{aligned}$$

woraus folgt

$$U = \frac{T_0}{C\gamma}\lg s + \frac{t}{\gamma} + U_0 = \frac{T_0}{C\gamma}\lg(tV^{\gamma}) + \frac{t}{\gamma} + U_0$$

als Funktion von t und V. Wie man durch einen nichtstatischen Prozeß feststellt, ist nun $U(t, V)$ bei idealen Gasen unabhängig vom Volumen V. (Läßt man nämlich ein adiabatisch abgeschlossenes ideales Gas in einen leeren Raum hineinströmen, was ohne Arbeitsleistung bewerkstelligt werden kann, so daß U konstant bleibt, so zeigt das Experiment von JOULE und THOMSON, daß auch T dabei konstant bleibt, trotzdem V zugenommen hat.) Es muß also hier $T_0 = 0$ gesetzt werden, damit $U(t, V)$ nicht V enthält; also

$$U = \frac{t}{\gamma} + U_0, \qquad T(t) = C \cdot t, \qquad S(s) = \frac{1}{C\gamma}\lg s. \tag{40}$$

9. Invarianz von S, U, T. Eine physikalische Bedeutung kann den Größen S, U, T, welche in (37) vermittels willkürlicher empirischer Skalen s und t bestimmt waren, nur zukommen, falls ihre Werte unverändert bleiben, wenn man zu andern Skalen s^* und t^* übergeht, die mit s und t zusammenhängen durch beliebige Funktionen

$$s = s(s^*), \qquad t = t(t^*).$$

Diese Invarianz von S, U, T ist aber leicht zu beweisen. Es seien $U^*(s^*, t^*)$, $S^*(s^*, t^*)$, $T^*(s^*, t^*)$ mit Hilfe des in Ziff. 7 angegebenen Verfahrens, jedoch unter Ersetzung von $USTst$ durch $U^*S^*T^*s^*t^*$, berechneten Größen, d. h. berechnet aus den Gleichungen

$$\left.\begin{aligned} dU^* + p\,dV &= T^*(t^*) \cdot \frac{dS^*(s^*)}{ds^*}\,ds^*, \\ \frac{dS^*(s^*)}{ds^*} \cdot \frac{dT^*(t^*)}{dt^*} &= \frac{\partial(V,p)}{\partial(s^*,t^*)}. \end{aligned}\right\} \tag{41}$$

Da nun letztere Funktionaldeterminante sich transformiert gemäß

$$\frac{\partial(V,p)}{\partial(s^*,t^*)} = \frac{\partial(V,p)}{\partial(s,t)} \cdot \frac{ds}{ds^*} \cdot \frac{dt}{dt^*},$$

hierin aber nach (36)

$$\frac{\partial(V,p)}{\partial(s,t)} = \frac{dS(s)}{ds} \cdot \frac{dT(t)}{dt}$$

ist, so ergibt sich aus (41)

$$\frac{dT^*}{dt^*} = \frac{dT}{dt} \cdot \frac{dt}{dt^*}, \qquad \frac{dS^*}{ds^*} = \frac{dS}{ds}\,\frac{ds}{ds^*},$$

woraus folgt, daß abgesehen von Integrationskonstanten T_0 und S_0

$$T^*(t^*) = T(t), \qquad S^*(s^*) = S(s) \tag{42}$$

ist, d. h. die Invarianz der Werte von S und T ist bewiesen. Die erste Gleichung (41) formt sich also um in

$$dU^* + p\,dV = T(t) \cdot \frac{dS}{ds}\,\frac{ds}{ds^*}\,ds^* = T(t) \cdot dS,$$

d. h. U^* berechnet sich durch dieselbe Gleichung wie U in (35), gibt also, abgesehen von einer Integrationskonstanten U_0,

$$U^*(s^*,t^*) = U(s,t), \tag{42'}$$

womit die Invarianz auch des Wertes U gegen Übergänge von den Skalen s, t zu einer willkürlichen andern Skala s^*, t^* bewiesen ist.

c) Der zweite Hauptsatz für nichtstatische Prozesse.

10. Vermehrung der Entropie. Bisher waren durch Benutzung der Pfaffschen Differentialausdrücke für dQ stets quasistatische Zustandsänderungen in Betracht gezogen, obwohl sich schon oben ergab (Ziff. 7), daß zur eindeutigen Festlegung von T bereits ein nichtstatischer Prozeß zu Hilfe gezogen werden muß. Wir wollen nun nichtstatische Vorgänge allgemein mitbetrachten.

Bei einem aus zwei Körpern in thermischem Gleichgewicht bestehenden System, welches nach außen adiabatisch abgeschlossen ist, hängt jeder Gleichgewichtszustand wieder von drei Variablen ab, als welche wir jetzt $V_1 V_2$ und die

Gesamtentropie S nehmen wollen. Es sei im Anfang der Zustand $V_1^0 V_2^0 S^0$, am Ende der Zustand V_1, V_2, S vorhanden. Wir behaupten dann folgenden Satz:

Bei allen möglichen (quasistatischen oder auch nichtstatischen) Prozessen, die das adiabatisch abgeschlossene System erleiden kann, wird die Entropie entweder niemals zunehmen oder niemals abnehmen.

Zum Beweis denken wir uns die obengenannte Zustandsänderung in zwei Schritten vorgenommen.

a) Wir ändern die Volumina V_1^0 und V_2^0 auf quasistatisch-adiabatische Weise in V_1 und V_2 um. Dabei bleibt wegen $dQ = TdS = 0$ auch $dS = 0$, also bleibt S^0 erhalten, und wir sind beim Zustand $V_1 V_2 S^0$ angelangt.

b) Wir ändern bei konstant erhaltenen V_1 und V_2 jetzt S^0 auf adiabatisch-nichtstatische Weise (z. B. durch Rühren, Reiben, wobei zwar $dQ = 0$, nicht aber $dQ = TdS$ ist), bis S^0 in S übergegangen ist.

Könnte man nun, je nach dem angewandten Verfahren (b), die Entropie vergrößern oder auch verkleinern, so könnte man von $V_1^0 V_2^0 S^0$ jeden Nachbarzustand $V_1 V_2 S$ durch zwei Schritte a) und b) erreichen. (Nach Erreichung des Zustands $V_1 V_2 S$ ist durch ein Verfahren a) auch jeder Zustand $V_1' V_2' S$ erreichbar.) Das widerspricht aber dem Axiom von CARATHÉODORY in seiner weiteren Fassung, daß in jeder beliebigen Nähe eines Zustandes $V_1 V_2 S$ adiabatisch unerreichbare Nachbarzustände existieren, wenn auch nur auf nichtstatischem Wege. Demnach kann durch ein Verfahren b), somit auch durch a) und b), die Entropie S^0 des adiabatisch nach außen abgeschlossenen Systems entweder nur zunehmen oder nur abnehmen. Es muß also die Beziehung $S \geqq S^0$ oder die Beziehung $S \leqq S^0$ gelten. Da dasselbe für jeden andern Ausgangspunkt gilt, folgt aus Stetigkeitsgründen, daß die ebengenannte Alternative für den ganzen Zustandsbereich des Systems gelten muß.

Ob nun der Wert von S bei einem Prozeß zu- oder abnimmt, hängt von dem Vorzeichen der Konstante C in (29) (30') ab. C wird so gewählt, daß die absolute Temperatur T positiv ausfällt. Es genügt dann ein einziges adiabatisch-nichtstatisches Experiment, um bei ihm das Vorzeichen der Entropieänderung festzustellen: Beim Ausströmen eines idealen Gases G in den leeren Raum nimmt nun S_G zu [denn t bleibt dabei konstant, nach (38') nimmt also s zu, und nach (39) auch S_G, falls T und somit C positiv sein soll). Man denke sich nun ein System, bestehend aus dem Gas G und einem andern Körper K. Da bei einem adiabatischen Prozeß, bei dem nur G sich ändern soll, S_G zunimmt, und somit auch $S = S_G + S_K$ zunimmt, kann S bei jedem adiabatischen Prozeß nur zunehmen, z. B. bei einem Prozeß, bei dem G unverändert bleibt und nur K sich ändert. Bei letzterem Prozeß rührt aber die Zunahme von S nur von S_K her, woraus folgt, daß auch S_K stets nur zunehmen kann; das gilt somit auch dann noch, wenn K von G ganz getrennt wird. Es folgt also allgemein:

Bei einer Zustandsänderung eines beliebigen adiabatisch abgeschlossenen Systems kann die Entropie nicht abnehmen.

$$\left.\begin{aligned} S &> S^0 \text{ nichtstatisch-adiabatisch,} \\ S &= S_0 \text{ quasistatisch-adiabatisch.} \end{aligned}\right\} \tag{43}$$

Wegen der nur einseitigen Änderungsmöglichkeit der Entropie kann eine einmal eingetretene Entropiezunahme eines adiabatisch abgeschlossenen Systems nicht mehr adiabatisch rückgängig gemacht werden, d. h.:

Jede Zustandsänderung eines adiabatisch abgeschlossenen Systems, bei der die Entropie sich ändert (nämlich zunimmt) ist adiabatisch irreversibel.

Dies kann man auch so formulieren:

In einem adiabatisch abgeschlossenen System strebt die Entropie einem Maximum zu.

11. Irreversible Zustandsänderungen. Welche Stellung nehmen nun die Prinzipe von THOMSON und von CLAUSIUS (vgl. Ziff. 6) innerhalb der CARATHÉODORYschen Axiomatik ein? Betrachten wir zunächst wieder CARATHEODORYS Prinzip in der spezielleren Form, daß es stets Nachbarzustände gebe, welche quasistatisch-adiabatisch nicht erreichbar sind, so folgt daraus allein schon die Existenz der Entropiefunktion (Ziff. 6), und weiterhin folgen, bei Anwendung auf quasistatische Kreisprozesse, die Sätze von THOMSON und CLAUSIUS ohne weiteres[1]) in folgender von der üblichen nichtstatischen Formulierung abweichenden Gestalt:

In einem quasistatischen Kreisprozeß kann

1. nicht Wärme in Arbeit verwandelt werden, ohne daß zugleich eine entsprechende Wärmemenge von einem wärmeren zu einem kälteren Körper übertragen wird;

2. nicht Wärme von einem kälteren zu einem wärmeren Körper übertragen werden, ohne daß zugleich eine entsprechende Menge Arbeit in Wärme verwandelt wird;

3. nicht Arbeit in Wärme verwandelt werden, ohne daß zugleich eine entsprechende Wärmemenge von einem kälteren zu einem wärmeren Körper übertragen wird;

4. nicht Wärme von einem wärmeren zu einem kälteren Körper übertragen werden, ohne daß zugleich eine entsprechende Wärmemenge in Arbeit verwandelt wird.

(3) und (4) bilden die Umkehrung zu (1) und (2). (1) und (2) würden mit der üblichen Fassung des THOMSONschen und CLAUSIUSschen Prinzips übereinstimmen, wenn hier nicht die Beschränkung auf quasistatische Prozesse eingeführt wäre, welche auch die Gültigkeit der Umkehrung (3) und (4) gewährleistet. Erst wenn man nichtstatische Vorgänge zuläßt, werden (3) und (4) ungültig, (1) und (2) bleiben in Kraft. Die Theorie der quasistatischen Zustandsänderungen (Existenz der Entropie usw.) ist aber unabhängig von eventuellen Aussagen über das Verhalten bei nichtstatischen Prozessen; z. B. würden alle Sätze (1) (2) (3) (4) für quasistatische Vorgänge unverändert gültig bleiben, auch wenn bei nichtstatischen Vorgängen (3) und (4), statt (1) und (2), in Kraft blieben, d. h. also, wenn die irreversiblen Vorgänge in umgekehrter Richtung als tatsächlich verlaufen würden.

In der Tat ist ja der zweite Hauptsatz für quasistatische Prozesse nach CARATHÉODORY aufgebaut allein auf der Forderung einer quasistatisch-adiabatischen Unerreichbarkeit von Nachbarzuständen, „Unerreichbarkeit" ist aber scharf zu unterscheiden von „Irreversibilität", wie besonders T. EHRENFEST (l. c.) klargemacht hat: „Der Ausdruck Unerreichbarkeit, insofern er zur Begründung der Behauptung, daß dQ einen integrierenden Nenner hat, gebraucht wird, bezieht sich auf eine Gleichung (die PFAFFsche Gleichung $X_1\,dx_1 + X_2\,dx_2 + \cdots = 0$), welche die Zeit überhaupt nicht enthält. Diese Gleichung definiert nur eine Beziehung zwischen den Parameteränderungen, welche den jeweiligen adiabatischen Zuständen entsprechen; aus ihr kann man ablesen, welche sukzessiven Gleichgewichtszustände auf einem adiabatischen

---

[1]) T. EHRENFEST-AFANASSJEWA (l. c.) hat durch genaue begriffliche Analyse gezeigt, daß noch gewisse Zusatzaxiome implizite bei diesem Schluß verwandt werden, welche die Eindeutigkeit, die thermische Koppelung durch eine einzige Art thermischer Größe (nämlich die Temperatur) und die positiv definite Natur letzterer Größe betreffen.

Wege liegen können, man kann aus ihr aber nicht ablesen, in welcher Richtung dieser Weg mit wachsender Zeit durchlaufen werden muß, ob in beiden oder nur in einer. Zwei Zustände, welche auf einem adiabatischen Wege auf zwei verschiedenen Seiten eines gegebenen Zustandes liegen, würden im Hinblick auf diese Gleichung stets „erreichbar" sein — auch dann, wenn dieser Weg im Hinblick auf die Zeitfolge „irreversibel" sein sollte. Ob ein gewisser Zustand aus einem gegebenen adiabatisch-quasistatisch erreichbar ist, hängt nur von den Koeffizienten dieser PFAFFschen Gleichung ab und von nichts anderem. Wir schließen also erstens, daß es für das Bestehen der Entropie irrelevant ist, ob die quasistatischen Prozesse selber reversibel sind oder nicht."

Zweitens schließt man, daß das Bestehen der Entropie (oder die quasistatisch-adiabatische Unerreichbarkeit von Nachbarpunkten) auch unabhängig davon ist, ob die nichtstatischen Prozesse reversibel sind oder nicht. Denn die nichtstatischen Prozesse, bei denen stets Inhomogenitäten, Temperatur-, Druck- oder Konzentrationsgefälle eine Rolle spielen, werden gar nicht in demselben n-dimensionalen Raume von n Zustandsvariablen abgebildet, auf den sich die PFAFFsche Gleichung bezieht, haben also mit Folgerungen aus dieser Gleichung nichts zu tun. Der zweite Hauptsatz für quasistatische Zustandsänderungen wäre also auch dann nicht einmal gefährdet, wenn es gelänge, nichtstatische Vorgänge zeitlich reversibel zu machen. Freilich würde dann das THOMSONsche und CLAUSIUSsche Prinzip für nichtstatische Vorgänge in allen vier Formen (1) (2) (3) (4) ungültig werden. Dieser Fall würde eintreten, wenn man die Zeiten verkehrten Ablaufs der Prozesse, wie sie nach Aussage der kinetischen Theorien nicht auszuschließen sind, mit in den Kreis der Betrachtung ziehen würde.

Kapitel 5.

Quantentheorie der molaren thermodynamischen Zustandsgrößen.

Von

A. Byk, Charlottenburg.

Mit 2 Abbildungen.

a) Energie- und Entropiekonstanten in der Thermodynamik.

1. Thermodynamische Unbestimmtheit der charakteristischen Funktionen. Die klassische Thermodynamik führt das mechanisch-thermische Verhalten der chemischen Individuen und der Gemische auf gewisse Funktionen der Zustandsvariablen des betreffenden Systems zurück. Dabei genügt eine einzige derartige charakteristische thermodynamische Funktion, um das System vollständig zu kennzeichnen, und die Mehrzahl von Funktionen kommt nur dadurch zustande, daß zu jeder Auswahl eines Satzes von unabhängigen veränderlichen Zustandsgrößen eine bestimmte charakteristische Funktion gehört. So ist die Entropie S die charakteristische Funktion für die unabhängigen Variablen Gesamtenergie U und Volumen V, die freie Energie

$$F = U - T \cdot S \tag{1}$$

diejenige für Volumen V und absolute Temperatur T, die Funktion

$$\Phi = S - \frac{U + pV}{T} \tag{2}$$

für Druck p und T. Von den Zustandsgrößen U, p, V, T lassen sich die beiden jeweils nicht als unabhängige Veränderliche gewählten als Funktionen der beiden übrigen mit Hilfe der zugehörigen charakteristischen Funktion darstellen.

Über die Art und Weise, wie die charakteristischen thermodynamischen Funktionen von den ihnen zugeordneten Variablen abhängen, sagt die reine Thermodynamik nichts aus. Während sie aber den Größen p, V, T wenigstens einen empirisch bestimmbaren, wenn auch durch thermodynamische Betrachtungen von vornherein nicht angebbaren Wert zuschreibt, treten in den Funktionen S, F, Φ und U gewisse Konstanten auf, die sich zunächst auch der empirischen Bestimmung vollständig entziehen und von denen es daher auf den ersten Blick zweifelhaft ist, ob ihnen überhaupt eine physikalische Bedeutung zukommt. Diese unbestimmten Konstanten sind im Falle von U und S additiv; im Falle von F und Φ treten sogar zwei unbestimmte Konstanten auf, von denen die eine additiv ist, während die zweite den Koeffizienten der ersten positiven bzw. negativen Potenz von T darstellt.

2. Molekular-statistische Behebung der Unbestimmtheit. Da die molekular-statistische Theorie der Wärme die reine Thermodynamik mit dem Anspruch ergänzt, ein wesentlich mehr ins einzelne gehendes Bild von den mechanisch-thermischen Vorgängen zu liefern, so wird man sie zur Hebung dieser Unbestimmtheiten so weit wie möglich heranziehen müssen. Dabei wird die Form der thermodynamischen Funktionen verschieden ausfallen je nach den gewählten molekularstatistischen Voraussetzungen, die sich in erster Linie durch die Benutzung der Vorstellungen der klassischen Theorie oder der Quantentheorie voneinander unterscheiden. Die Aufgabe der Molekularstatistik ist dabei eine zwiefache. Einmal handelt es sich darum, Beziehungen, die als solche von der Thermodynamik gefordert werden, eine explizite analytische Form zu geben, etwa Zustandsgleichungen einer bestimmten Substanz zu ermitteln. Diese Aufgabe wird an anderer Stelle des vorliegenden Werkes behandelt (s. ds. Handb. X). Dann aber liefert die Molekularstatistik auch gewisse der reinen Thermodynamik durchaus fremde Beziehungen zwischen Zustandsvariablen und Zustandsfunktionen. Dahin gehören Aussagen über die obengenannten unbestimmten Konstanten der thermodynamischen Funktionen sowie auch Beziehungen der Zustandsfunktionen verschiedener chemischer Individuen untereinander, die in dem sog. Theorem der übereinstimmenden Zustände zusammengefaßt werden.

3. Thermodynamische Unabhängigkeit der Energie- und der Entropiekonstanten voneinander. Die wichtigsten unter den Konstanten der thermodynamischen Funktionen sind diejenigen der Gesamtenergie und der Entropie. Man kann sich überzeugen, daß sie zunächst durchaus unabhängig voneinander sind. Für T und p als unabhängige Variable ist nämlich[1])

$$\left(\frac{\partial \Phi}{\partial T}\right)_p = \frac{U + pV}{T^2} = \frac{U' + pV}{T^2} + \frac{b}{T^2}, \tag{3}$$

$$\left(\frac{\partial \Phi}{\partial p}\right)_T = -\frac{V}{T}, \tag{4}$$

wenn wir, unter Einführung der willkürlichen Energiekonstanten b,

$$U = U' + b \tag{5}$$

setzen. Nach den Regeln über die Integration vollständiger Differentiale wird nach (3) und (4)

$$\Phi = \int\limits_{T_0}^{T} \left[\frac{\partial \Phi(T, p)}{\partial T}\right]_p dT + \int\limits_{p_0}^{p} \left[\frac{\partial \Phi(T_0, p)}{\partial p}\right]_T \cdot dp + a. \tag{6}$$

Dabei stellen T_0 und p_0 ein willkürliches Wertepaar von Druck und Temperatur dar, bei welchem die charakteristische Funktion den ebenfalls willkürlichen Wert a annimmt. Während p als Parameter im ersten Integral unbestimmt bleibt, ist im zweiten der Parameter T durch die untere Grenze des ersten Integrals festgelegt. Führt man in (6) die Differentialquotienten aus (3) und (4) ein, so hat man

$$\Phi = \int\limits_{T_0}^{T} \left(\frac{U' + pV}{T^2}\right) dT - b\left(\frac{1}{T} - \frac{1}{T_0}\right) - \int\limits_{p_0}^{p} \frac{V(T_0, p)}{T} \cdot dp + a, \tag{7}$$

---

[1]) Vgl. z. B. M. PLANCK, Thermodynamik, 6. Aufl., S. 122. Berlin u. Leipzig 1921.

wobei in dem Volumen V die Temperatur als Parameter wieder durch T_0 festgelegt ist. Damit wird die Entropie

$$S = \Phi + T\left(\frac{\partial \Phi}{\partial T}\right)_p$$

$$= \int_{T_0}^{T}\left(\frac{U' + pV}{T^2}\right) dT + \frac{U' + pV}{T} - \int_{p_0}^{p} \frac{V(T_0, p)}{T}\, dp + \left(a + \frac{b}{T_0}\right). \tag{8}$$

Wenn auch die Konstanten b und $C = a + b/T_0$ in (5) und (8) nicht wie die Konstante a in (6) zu dem willkürlichen Wertepaar p_0, T_0 in der einfachen Beziehung stehen, daß sie unmittelbar den Wert der betreffenden thermodynamischen Funktion für dieses Wertepaar angeben, so lassen sich doch auch aus (5) und (8) b und C durch die Forderung bestimmen, daß für vorgeschriebene Werte von p_0 und T_0 die Gesamtenergie und die Entropie einen vorgeschriebenen Wert haben. Natürlich muß man dabei U' und V als explizite Funktionen von p und T kennen. Für T_0 wählt man mit Vorliebe den absoluten Nullpunkt der Temperatur. Dadurch geht die Fragestellung nach der Energie- und der Entropiekonstanten in diejenige nach der Nullpunktenergie und der Nullpunktentropie über.

Gleichung (8) zeigt, daß die Entropiekonstante $C = a + b/T_0$ durchaus unabhängig von der Energiekonstanten b gewählt werden kann, da die freie Verfügung über die bei Integration der Gleichungen (3) und (4) eingeführten willkürlichen Konstanten a und T_0 bei gegebenem b jeden Wert von C zu erhalten gestattet. Ebenso kann man bei vorgeschriebenem C noch zu jedem beliebigen Werte von b kommen. Die willkürlichen Konstanten der Gesamtenergie und der Entropie sind also in der Tat vom Standpunkt der Thermodynamik voneinander unabhängig. Dem entspricht auch, daß in den im Ausdruck für die freie Energie $F = U - T \cdot S$ auftretenden unbestimmten Gliedern $b - T \cdot C$ nur die Konstante C durch das NERNSTsche Wärmetheorem festgelegt wird, während die Bestimmung der Konstanten b eine davon unabhängige Zusatzannahme erfordert[1]).

b) Entropiekonstante und Quantentheorie.

4. Definition der Entropie durch die Wahrscheinlichkeit. Sobald man versucht, molekulare Vorstellungen zur Deutung der durch die Thermodynamik unbestimmt gelassenen Energie- und Entropiekonstanten heranzuziehen, zeigt sich entsprechend ihrer thermodynamischen Unabhängigkeit voneinander, daß beide Größen eine durchaus verschiedene molekulartheoretische Bedeutung besitzen. Während es nämlich sehr leicht ist, sich molekulare Vorstellungen von einer etwa vorhandenen Nullpunktsenergie zu bilden, ist zunächst völlig dunkel, was die Entropie denn überhaupt mit dem Aufbau der Körper aus diskreten kleinsten Teilchen zu tun hat. In der Tat bedurfte es erst der BOLTZMANNschen Entdeckung des Zusammenhanges zwischen Entropie und Wahrscheinlichkeit, um auch nur einen Ausgangspunkt für molekulartheoretische Betrachtungen über Entropie zu gewinnen.

Nach BOLTZMANN ist die Entropie eine Funktion der thermodynamischen Wahrscheinlichkeit W eines physikalischen Systems in einem bestimmten Zustand, so daß

$$S = f(W). \tag{9}$$

[1]) Vgl. K. BENNEWITZ, ZS. f. phys. Chem. Bd. 110, S. 748. 1924.

Zur Bestimmung der analytischen Form von f genügt die Bemerkung, daß die Wahrscheinlichkeit des Zusammentreffens zweier voneinander unabhängiger Ereignisse durch das Produkt der Einzelwahrscheinlichkeiten dieser Ereignisse gegeben ist. Sind demnach W_1 und W_2 die Wahrscheinlichkeiten zweier verschiedener Zustände eines Systems, also etwa von 1 Gramm-Mol H_2 in zwei verschiedenen Lagen- und Geschwindigkeitsverteilungen seiner $N = 6{,}06 \cdot 10^{23}$ Moleküle, W' im speziellen Falle die Wahrscheinlichkeit W dafür, daß sich die beiden physikalisch voneinander isolierten Gramm-Mole H_2 gleichzeitig gerade in den angegebenen Zuständen befinden, so ist

$$W' = W_1 \cdot W_2 . \tag{10}$$

Andererseits setzen sich die Entropien S_1 und S_2 der beiden voneinander getrennten Systeme rein additiv zu ihrer Gesamtentropie S' zusammen, so daß

$$S' = S_1 + S_2 . \tag{11}$$

Gemäß (9) bis (11) müssen gleichzeitig die Beziehungen bestehen

$$S_1 = f(W_1); \quad S_2 = f(W_2)$$

$$S_1 + S_2 = f(W_1 \cdot W_2)$$

und somit auch

$$f(W_1 \cdot W_2) = f(W_1) + f(W_2) . \tag{12}$$

Die Funktion f, welche dieser Funktionalgleichung genügt, ist bis auf eine multiplikative unbestimmte Konstante k eindeutig bestimmt[1]) zu

$$S = f(W) = k \log W . \tag{13}$$

Eine additive Konstante tritt hier nicht auf. Die additive Unbestimmtheit der Entropie muß sich also beheben lassen, falls die thermodynamische Wahrscheinlichkeit W molekulartheoretisch eindeutig festgelegt ist.

5. Mathematische und thermodynamische Wahrscheinlichkeit. Es fragt sich indes, wieweit von vornherein von einer derartigen eindeutigen Festlegung die Rede sein kann oder wieweit die Bestimmung von W auch vom Standpunkt der Molekulartheorie aus willkürlich ist. Die mathematische Wahrscheinlichkeit eines Ereignisses ist durch das Verhältnis der für dieses Ereignis günstigen Einzelfälle zu der Anzahl der überhaupt möglichen Einzelfälle gegeben. Die Anwendung dieser Wahrscheinlichkeitsdefinition würde W und damit und auch nach Fixierung von k die Entropie S eindeutig festlegen. Aber es ist keineswegs notwendig, W mit der mathematischen Wahrscheinlichkeit zu identifizieren. Da wir nur von der durch (10) gekennzeichneten Eigenschaft der Wahrscheinlichkeit Gebrauch gemacht haben, so ist unsere Wahl der Definition von W auch nur durch diese Gleichung beschränkt. Ist n die Anzahl der günstigen, ν die Anzahl der möglichen Einzelfälle, so wäre bei Anwendung des Begriffs der mathematischen Wahrscheinlichkeit

$$W_1 = \frac{n_1}{\nu_1}, \qquad W_2 = \frac{n_2}{\nu_2}, \qquad W' = \frac{n'}{\nu'},$$

und (10) würde fordern

$$\frac{n_1 \cdot n_2}{\nu_1 \cdot \nu_2} = \frac{n'}{\nu'} .$$

Nun ist aber diese Gleichung bereits für die Zähler und für die Nenner einzeln erfüllt. Denn wenn die möglichen Einzelfälle des durch den Index 1 bezeichneten

[1]) Vgl. Enzyklop. d. math. Wissensch. Bd. II, 1, S. 798.

Systems mit den möglichen Einzelfällen des durch den Index 2 bezeichneten, davon unabhängigen Systems zu den möglichen Einzelfällen des kombinierten Systems zusammengefaßt werden, so ergibt sich dabei offenbar eine Anzahl möglicher Einzelfälle ν', die gleich dem Produkte der möglichen Einzelfälle der beiden Teilsysteme, d. h. gleich $\nu_1 \nu_2$ ist. Das Gleiche gilt von den günstigen Einzelfällen, so daß auch $n_1 \cdot n_2 = n'$ wird. Wir können also (10), indem wir unter W', W_1, W_2 die mathematischen Wahrscheinlichkeiten verstehen, auch in der Form schreiben

$$(\nu' \cdot W') = (\nu_1 W_1) \cdot (\nu_2 \cdot W_2)\,.$$

Es gilt dann für die Größen $\nu_1 W_1 = n_1$, $\nu_2 W_2 = n_2$, $\nu' W' = n'$ wieder die Beziehung, daß sich der auf die Zusammenfassung zweier voneinander unabhängiger Systeme bezügliche Zahlenwert multiplikativ aus den auf die Teilsysteme bezüglichen Zahlenwerten zusammensetzt. Hiermit sind aber die Größen n_1, n_2, n' zur Definition der thermodynamischen Wahrscheinlichkeiten geeignet und werden üblicherweise hierfür benutzt[1]). Sie stellen die Anzahl der für einen zu realisierenden thermodynamischen Zustand geeigneten Fälle von molekularen Anordnungen dar, d. h. die Anzahl der Realisierungsmöglichkeiten eines bestimmten thermodynamischen Zustandes. Sie werden der Natur der Sache nach durch ganze Zahlen, nicht durch Brüche wie die mathematischen Wahrscheinlichkeiten ausgedrückt. Bei dieser Definition der thermodynamischen Wahrscheinlichkeit hat man den Vorteil, daß die Entropie eine natürliche untere Grenze, nämlich 0, erhält, da die Anzahl der Realisierungsmöglichkeiten eines thermodynamischen Zustandes jedenfalls nicht kleiner als 1 sein kann und die Entropie in diesem Falle $k \log 1 = 0$ wird. Der Nullpunkt der Entropie erhält hierbei eine anschauliche Bedeutung; er kommt einem Zustande zu, der sich nur auf eine einzige Art verwirklichen läßt.

Da somit die Möglichkeit besteht, für die Wahrscheinlichkeit W je nach ihrer Definition in jedem Einzelfalle zum mindesten noch zwei verschiedene, von vornherein gleichberechtigte Zahlenwerte zu erhalten, so kann man nicht sagen, daß, auch abgesehen von der zunächst bestehenden Unbestimmtheit der Integrationskonstante k, die Entropie durch (13) eindeutig festgelegt ist. Denn wir haben nebeneinander als mögliche Ausdrücke für die Entropie die Werte:

$$k \log(n) \qquad \text{und} \qquad k \log\left(\frac{n}{\nu}\right) = k \log n - k \log \nu\,.$$

Dabei ist der zweite Summand des letzten Ausdrucks im Gegensatz zum ersten als eine Konstante zu betrachten; denn für ein gegebenes Molekülsystem ändert sich zwar die Anzahl der für einen bestimmten Zustand, etwa der Temperatur, in Betracht kommenden Einzelfälle der molekularen Anordnung mit wechselnder Temperatur, nicht aber die Anzahl der überhaupt möglichen, von der Temperatur unabhängigen Einzelzustände des molekularen Systems. Eine absolute Bestimmung der Entropie, Befreiung der Entropie von ihrer additiven Konstanten, erfordert also zunächst eine bis zu einem gewissen Grade willkürliche Definition der thermodynamischen Wahrscheinlichkeit.

6. Die multiplikative Konstante der Entropie. Während die reine Thermodynamik nach (8) für die Entropie noch eine additive Konstante offen läßt, ist dies bezüglich der multiplikativen Konstanten k in Gleichung (13) nicht der Fall. Diese Konstante k muß daher einen bestimmten und zwar universellen

[1]) Vgl. M. Planck, Vorlesungen über die Theorie der Wärmestrahlung, 4. Aufl., S. 122. Leipzig 1921.

Wert haben, der sich aus irgendeinem beliebigen Einzelfall bestimmen lassen muß, in welchem die Entropie bis auf ihre additive Konstante empirisch bekannt ist und in welchem sich andererseits die Anzahl der Realisierungsmöglichkeiten des thermodynamischen Zustandes angeben läßt.

Als Einzelfall dieser Art eignet sich besonders der des einfachsten materiellen Systems, des idealen Gases. Ist $p \cdot V = R \cdot T$ die Zustandsgleichung des idealen Gases, bezogen auf 1 Grammol Substanz, R somit die molare Gaskonstante, so ergibt sich

$$k = \frac{R}{N},$$

wobei N die LOSCHMIDTsche Zahl, d. h. die Anzahl Moleküle in Grammol; k ist also die molekulare Gaskonstante, d. h. der Quotient der molaren Gaskonstanten und der LOSCHMIDTschen Zahl.

Nach Fixierung von k und Festsetzung der Definition der Wahrscheinlichkeit eines thermodynamischen Zustandes ist die Ermittlung der Entropie auf eine bloße Abzählung der Realisierungsmöglichkeiten des betreffenden Zustandes zurückgeführt. Die Abzählung von Einzelzuständen eines molekularen Systems ist aber durchaus nicht leicht, ja in strengem Sinne eigentlich unmöglich, solange wir die molekularen Systeme so betrachten, wie wir die makroskopischen Systeme zu betrachten gewohnt sind.

7. Endliche Anzahl möglicher Zustände eines Molekülsystems. Der Zustand eines Molekülsystems von f Freiheitsgraden wird bekanntlich durch Angabe von $2f$ Lage- und Impulskoordinaten beschrieben, die zwischen bestimmten Grenzen stetig veränderlich sind. Die Anzahl der möglichen verschiedenen Zustände eines Einzelmoleküls ist dabei keine endliche. Um so mehr ist auch die Anzahl der Einzelzustände des Molekülsystems, die sich durch die Verteilung der Einzelmoleküle auf ihre möglichen Zustände ergibt, unendlich groß. Gleichung (13) erscheint daher unter diesen Umständen nicht geeignet, wie doch nötig, einen endlichen Wert der Entropie oder auch nur eine endliche Differenz zwischen den Entropien zweier verschiedener Zustände zu liefern.

Die Anzahl der möglichen Zustände eines Einzelmoleküls läßt sich dadurch zu einer endlichen machen, daß man aus den Werten ihrer Lage- und Impulskoordinaten eine endliche Anzahl herausgreift und für ausschließlich möglich erklärt. Dies ist ein Verfahren, das der sog. ersten Form der Quantentheorie entspricht und von der Theorie der Wärmestrahlung her, wo es von M. PLANCK entwickelt wurde, zuerst von A. EINSTEIN im Falle der spezifischen Wärmen der festen Körper[1]) auf Molekülsysteme übertragen worden ist.

Wie aber die zweite PLANCKsche Quantentheorie zeigt, gibt es auch noch ganz andere Mittel, die thermodynamische Wahrscheinlichkeit zu einer endlichen Zahl zu machen. Die Quantentheorie in ihrer allgemeineren Form, wie sie sowohl der ersten wie der zweiten Modifikation zugrunde liegt, kommt zu einer Begrenzung der Zahl der Realisierungsmöglichkeiten eines bestimmten thermodynamischen Zustandes durch Einführung der endlichen Elementargebiete des Phasenraumes, des $2f$-dimensionalen Raumes, dessen Koordination durch die Lage- und Impulskoordinaten der Moleküle dargestellt werden.

Die Rolle der Elementargebiete für die Abzählung der Realisierungsmöglichkeiten besteht dabei in folgendem. Sind in dem ν-ten Elementargebiet n_ν Moleküle enthalten, so gilt damit der Zustand in diesem Elementargebiet als vollkommen bestimmt. Die n_ν Moleküle verteilen sich nach einem bestimmten Gesetz über die Volumelemente des endlichen Elementargebietes. Welches dieses Gesetz

[1]) A. EINSTEIN, Ann. d. Phys. (4) Bd. 22, S. 180. 1907.

ist, ist für die Frage der Bestimmtheit des Zustandes gleichgültig. Der Standpunkt der ersten Quantentheorie, nach welchem sämtliche Moleküle eines Elementargebietes die gleiche Energie besitzen, und der Standpunkt der zweiten Fassung der Theorie, nach welchem sich die Moleküle gleichmäßig über alle Volumelemente des Elementargebietes verteilen, sind Beispiele derartiger möglicher Gesetze.

8. Berechnung der endlichen thermodynamischen Wahrscheinlichkeit aus der Molekülverteilung im Phasenraum. Ist der Zustand von n Molekülen etwa durch Angabe ihres Gesamtvolumens V und ihrer Gesamtenergie U bestimmt, so stellt sich als thermodynamischer Gleichgewichtszustand derjenige des Maximums der Entropie her. Diese Maximumbedingung genügt im Verein mit den vorgeschriebenen Werten von U und V, um aus (13) die Verteilungszahlen $w_\nu = \frac{n_\nu}{n}$ für die verschiedenen Elementargebiete herzuleiten. Einem bestimmten thermodynamischen Zustand entspricht somit ein bestimmtes System von Verteilungszahlen w_ν. Die Zahl der Realisierungsmöglichkeiten des thermodynamischen Zustandes bemißt sich nach der Anzahl von möglichen Einzelverteilungen der n Moleküle auf die einzelnen Elementargebiete, die den vorgeschriebenen Verteilungszahlen w_ν entsprechen. Dagegen kommt es nicht darauf an, wie sich die n_ν individuellen einem Elementargebiete zugeteilten Moleküle innerhalb dieses Elementargebietes nach dem Gesetz verteilen, das je nach Anwendung der besonderen Form der Quantentheorie die Verteilung der Moleküle innerhalb des Elementargebietes regelt.

Da n eine endliche, wenn auch sehr große Zahl ist, so muß die Anzahl der Elementargebiete, auf welche die Verteilung erfolgt, die also mindestens ein Molekül enthalten, notwendig auch eine endliche sein. Die Anzahl der Realisierungsmöglichkeiten des thermodynamischen Zustandes wird dann nach den Regeln der Kombinatorik durch eine endliche Zahl ausgedrückt, und zwar ist sie, wenn man, wie zulässig, die Anzahl der Moleküle in jedem Elementargebiet als groß ansieht

$$W = \left(\frac{n}{n_0}\right)^{n_0} \cdot \left(\frac{n}{n_1}\right)^{n_1} \cdot \left(\frac{n}{n_2}\right)^{n_2} \cdots \tag{14}$$

Jeder einzelne Faktor des Produkts ist wegen der Endlichkeit von n, aus der a fortiori die Endlichkeit der Zahlen n_0, n_1 usw. folgt, endlich. Die Anzahl der Faktoren des Produkts ist gleich der Anzahl von Elementargebieten, die überhaupt mit Molekülen besetzt sind und daher endlich. Somit ist W selbst eine endliche Zahl.

Die Endlichkeit von W wird nach Vorstehendem bereits dadurch erreicht, daß die Zuweisung einer bestimmten Anzahl von Molekülen zu einem Elementargebiet einem als eindeutig anzusehenden Zustand im Elementargebiete entspricht. Aber damit die Entropie einen bestimmten Wert hat, muß W nicht nur endlich, sondern auch bestimmt sein. Hierzu ist aber nötig, daß die Elementargebiete, auf welche die Verteilung der Moleküle gemäß den erst zu ermittelnden Verteilungszahlen w_ν erfolgt, ganz bestimmt abgegrenzte Teile des Phasenraumes sind. Das ist aber nur möglich, wenn sie eine ganz bestimmte Form und ein endliches Volumen besitzen.

9. Zurückführung der Entropie auf die Molekülverteilung im Phasenraum. In welcher Weise die bestimmte Abgrenzung und das endliche Volumen der Elementargebiete für die Bestimmtheit der thermodynamischen Wahrscheinlichkeit und damit der Entropie notwendig ist, läßt sich am besten an den Formeln der Statistik klarmachen, welche die molekularen Zustandsgrößen mit den charakteristischen thermodynamischen Funktionen verbinden. Die Entropie eines Systems von n Molekülen mit vorgeschriebenen Werten von U und V wird[1])

$$S = kn \log \sum e^{-\beta \bar{\varepsilon}_\nu} + k\beta U. \tag{15}$$

Dabei bedeutet $\bar{\varepsilon}_\nu$ den Mittelwert der Energie eines Moleküls im ν^{ten} Elementargebiet. Daß ein solcher Mittelwert existiert, folgt aus der Forderung, daß der Zustand eines Elementargebietes durch die Zahl der in ihm enthaltenen Moleküle vollständig bestimmt ist, im Verein mit der Annahme, daß n_ν eine so große Zahl ist, daß die Anzahl der einem bestimmten Energiewert entsprechenden Moleküle innerhalb des Elementargebietes der Gesamtzahl der Moleküle im Elementargebiet proportional betrachtet werden darf. Die hier auftretende Größe β ist auf die $\bar{\varepsilon}_\nu$ mittels der Beziehung zurückzuführen

$$\sum \bar{\varepsilon}_\nu \cdot e^{-\beta \cdot \bar{\varepsilon}_\nu} = \bar{\varepsilon} \cdot \sum e^{-\beta \cdot \bar{\varepsilon}_\nu}, \tag{16}$$

wobei

$$\bar{\varepsilon} = \frac{U}{n}. \tag{17}$$

Von den beiden thermodynamischen Zustandsvariablen, für welche S die charakteristische Funktion ist, tritt explizite in (15) nur U auf. Damit ist aber nicht etwa gesagt, daß S von V unabhängig wäre. Dies würde ja auch der Erfahrung widersprechen, da z. B. die Entropie eines idealen Gases bei konstanter innerer Energie mit dem Volumen zunimmt. In der Tat wird die Abhängigkeit der rechten Seite von (15) von V dadurch bewirkt, daß die angedeutete Summierung sich auf eine um so größere Anzahl von Elementargebieten erstreckt, je größer das zur Verfügung stehende Gesamtvolumen V ist. Jedes neu berücksichtigte Elementargebiet vergrößert die positive Summe Σ in (15) sowie auch den zugehörigen log und, da der erste Summand wesentlich positiv ist, ebenfalls die Entropie S. Die Entropie wächst daher, wie es bei einem idealen Gase sein muß, bei konstanter Gesamtenergie mit wachsendem Volumen.

Im Gegensatz zu den Veränderlichen U und V stellen für eine gegebene Gesamtzahl n von Molekülen die $\bar{\varepsilon}_\nu$ Konstanten dar, da die mittlere Energie eines Moleküls in einem bestimmten Zustandsgebiet von Lage- und Impulskoordinaten offenbar eine Eigenschaft der Molekülgattung als solcher ist. β wird gemäß (16) und (17) teilweise auf die Variable U, teilweise auf die Konstanten $\bar{\varepsilon}_\nu$ und n zurückgeführt. k endlich ist, wie bereits oben Ziff. 6 erwähnt, eine universelle Konstante. S nimmt also, wie zu erwarten, die Form einer für jedes Molekülsystem individuell bestimmten Funktion von V und U an. Allerdings werden die mittlere Energie $\bar{\varepsilon}_\nu$ des einzelnen Elementargebietes wie die Zahl der Elementargebiete, die man beide zur Ausführung der Summation in (15) kennen muß, erst bestimmt sein, wenn man außer dem Gesetz der Verteilung der Moleküle innerhalb des einzelnen Elementargebietes die Teilung des Phasenraumes in die einzelnen Elementargebiete wirklich kennt. Die Entropie und damit das gesamte thermodynamische Verhalten der Substanz ist also nur dann bestimmt, wenn eine bestimmte Teilung des Phasenraumes in Elementargebiete und ein bestimmtes Verteilungsgesetz der Moleküle innerhalb der Elementargebiete besteht. Wie diese Einteilung und dieses Verteilungsgesetz im einzelnen beschaffen ist, ist zwar von Bedeutung für die spezielle Form der thermodynamischen Funktionen, nicht aber für ihre Bestimmtheit als solche.

Da nach obigem (Ziff. 3) die thermodynamisch unbestimmten Konstanten der Gesamtenergie und der Entropie voneinander unabhängig sind, so darf in (15)

[1]) Vgl. M. PLANCK, Wärmestrahlung, 4. Aufl., S. 126.

die Zufügung einer unbestimmten Konstanten b zu U den Wert von S nicht verändern. Dies trifft, trotzdem U als Summand in S auftritt, in der Tat zu. Bei der Vergrößerung von U steigt nämlich die Energie jedes Einzelmoleküls um b/n und damit auch die mittlere Energie $\overline{\varepsilon_\nu}$ um b/n. Dann wird

$$S = kn \log \sum e^{-\beta \overline{\varepsilon_\nu}} + kn \log e^{-\beta \frac{b}{n}} + k\beta U + k\beta b\,,$$

d. h. gleich seinem ursprünglichen Wert nach (15).

10. Fixierung der Entropiekonstanten durch die Quantentheorie. Wir können also die Frage, wie weit die Molekularstatistik in ihrer Quantenform die charakteristische thermodynamische Funktion der Entropie einschließlich der von der reinen Thermodynamik selbst unbestimmt gelassenen additiven Konstanten bestimmt, folgendermaßen beantworten. Die Grundannahme, daß die Entropie eines thermodynamischen Zustandes eine Funktion seiner Wahrscheinlichkeit sei, führt, falls man ein festes Maß für die Wahrscheinlichkeit des Zustandes besitzt, zu einem Ausdruck für die Entropie, der zwar frei von einer additiven, aber mit einer multiplikativen Konstante behaftet ist. Diese letztere, welche von universellem Charakter ist, läßt sich aus irgendeinem Einzelfall, dessen Entropie bekannt ist, bestimmen. Die Wahl der Anzahl der Realisierungsmöglichkeiten eines thermodynamischen Zustandes als Maß der Wahrscheinlichkeit, die erst den molekular-statistischen Ausdruck für die Entropie von seiner additiven Konstante befreit, ist bis zu einem gewissen Grade willkürlich. Daß diese Anzahl der Realisierungsmöglichkeiten eine endliche und bestimmte wird, ist eine Folge der Einteilung des Phasenraumes in endliche Elementargebiete. Doch würde an sich auch jede andere Molekularstatistik eine bestimmte, von additiven Konstanten freie Entropie liefern, wenn sie nur zu einer endlichen und bestimmten Anzahl der Realisierungsmöglichkeiten eines bestimmten thermodynamischen Zustandes führt.

11. Fixierung der übrigen charakteristischen thermodynamischen Funktionen durch die Quantentheorie. Die Festlegung der Entropie befreit die beiden übrigen charakteristischen Funktionen F und Φ noch nicht ohne weiteres von ihren unbestimmten Konstanten, da in sie [vgl. oben Gleichungen (1) und (2)] außer S auch U eingeht. Berechnet man z. B. nach (1) F aus (15), wobei $\beta = \frac{1}{kT}$ zu setzen ist, so hat man

$$F = -knT \log \sum e^{-\frac{\overline{\varepsilon_\nu}}{kT}}\,. \tag{18}$$

Eine Vergrößerung von U um b liefert in (18) ein Zusatzglied

$$-knT \log e^{-\frac{b}{nkT}} = +b\,,$$

d. h., wie es nach Ziff. 3 sein muß, eine additive Konstante gleich derjenigen der inneren Energie selbst.

Auch in (18) tritt wieder die Abhängigkeit von V nicht explizite hervor, sondern findet darin ihren Ausdruck, daß für ein größeres Volumen die Summation über eine größere Anzahl von Elementargebieten zu erstrecken ist. Wegen des negativen Vorzeichens in (18) sinkt hier im Gegensatz zum Verhalten der Entropie gemäß (15) die freie Energie bei Berücksichtigung weiterer Elementargebiete bei wachsendem Volumen. Dies entspricht in der Tat wieder dem Verhalten eines idealen Gases, dessen freie Energie mit Volumvergrößerung abnimmt. Der Ausdruck (18) für die freie Energie besitzt vor demjenigen für die Entropie (15), in welchem β erst durch die Gleichungen (16) und (17) eliminiert werden mußte, den Vorteil größerer Einfachheit und Durchsichtigkeit. Der individuelle

Einfluß der Molekülgattung erscheint lediglich auf den Ausdruck $\sum e^{-\frac{\bar{\varepsilon}_\nu}{kT}}$, die sog. Zustandssumme, reduziert, wobei allerdings nicht vergessen werden darf, daß deren Auswertung die Kenntnis der Struktur des Phasenraums und diejenige der Verteilung der Moleküle innerhalb der einzelnen Elementargebiete erfordert. Die Form des Exponenten von e in der Zustandssumme zeigt, daß solche Elementargebiete für die Bildung der freien Energie praktisch nicht in Betracht kommen, bei denen

$$\bar{\varepsilon}_\nu \gg kT \tag{19}$$

ist. Da die lebendige Kraft eines Moleküls eines idealen Gases bei der Temperatur T gleich $\frac{3}{2} kT$ ist, so scheiden also alle Elementargebiete aus, deren mittlere Energie groß gegen die mittlere lebendige Kraft der Translation eines Gasmoleküls bei der fraglichen Temperatur ist. Es ist eben außerordentlich unwahrscheinlich, daß ein Gasmolekül, sei es als lebendige Kraft der Translation, sei es in anderer Form, etwa als Rotationsenergie, Beträge annimmt, gegen welche die mittlere Energie der molekularen Translation verschwindet.

c) Nullpunktsentropie (NERNSTsches Wärmetheorem).

12. Absoluter Nullpunkt der Temperatur als Nullpunkt der Entropie. Kann man so die Entropie eines durch die Werte seiner unabhängigen thermodynamischen Variablen charakterisierten Zustandes allgemein angeben, ohne daß gewisse Konstanten unbestimmt bleiben, so wird es auch möglich sein, Zustände aufzusuchen, bei denen etwa die Entropie verschwindet. Nach (13) sind dies offenbar diejenigen, bei denen $W = 1$, also $\log W = 0$ ist. Nach der getroffenen Definition der thermodynamischen Wahrscheinlichkeit bedeutet das, daß die Entropie 0 einem Zustande zukommt, der sich nur auf eine einzige Art realisieren läßt, bei welchem also alle Moleküle in dem gleichen Elementargebiete des Phasenraumes liegen. Da nun das NERNSTsche Wärmetheorem wenigstens in seiner weiteren Fassung[1]) für alle Modifikationen eines chemisch homogenen Körpers beim absoluten Nullpunkt die Entropie 0 fordert, so kommt das Verhältnis des Wärmetheorems zur Quantentheorie auf die Frage hinaus, ob der Zustand der Moleküle mit unbegrenzt abnehmender Temperatur schließlich derartig gleichförmig wird, daß sie sämtlich in einem und demselben Elementargebiete des Phasenraumes ihren Platz finden.

Voraussetzung eines molekularen Bildes für materielle Körper ist die Kenntnis ihres empirischen Verhaltens. Man wird also zunächst die rein thermodynamischen Folgerungen aus dem NERNSTschen Wärmetheorem zu ziehen haben, die der experimentellen Prüfung zugänglich sind. Nur für diejenigen Körper, an denen sich diese Folgerungen bestätigen, hat es dann Zweck, ein entsprechendes molekulartheoretisches Bild aufzusuchen; bei den Körperklassen dagegen, die dem Theorem widersprechende Eigenschaften zeigen, kommt es ebenso wie seine molekulartheoretische Deutung nur in Betracht, wenn etwa in der Nähe des absoluten Nullpunktes eine Änderung des empirischen thermodynamischen Verhaltens eintritt, die eine Extrapolation der bei höherer Temperatur gewonnenen Ergebnisse auf den absoluten Nullpunkt nicht mehr gestattet. Es liegen in der Tat Andeutungen empirischer und theoretischer Art für einen solchen Wechsel der thermodynamischen Eigenschaften in unmittelbarer Nähe des absoluten Nullpunktes vor, deren wichtigsten Fall die sog. Entartung der Gase bildet.

[1]) Vgl. M. PLANCK, Thermodynamik, 6. Aufl., S. 272.

13. NERNSTsches Wärmetheorem bei kristallisierten Körpern. Die wichtigste thermodynamische Folgerung des NERNSTschen Wärmetheorems bezieht sich auf die Molekularwärme bei konstantem Druck C_p der reinen flüssigen und festen Körper. Diese soll bekanntlich mit abnehmender Temperatur unbegrenzt abnehmen, eine Folgerung, die sich in überraschender Weise bestätigt hat. Stellt man sich einen festen kristallisierten Körper als Raumgitter vor, so werden die Atome, die hier die Rolle der Moleküle übernehmen, um bestimmte Ruhelagen Schwingungen ausführen, deren Amplitude sich bei Annäherung an den absoluten Nullpunkt mehr und mehr verkleinert. Aber auch wenn sie bei diesem nicht vollständig zur Ruhe gekommen sein sollten, so können wir doch alle Zustände, bei denen die Gleichgewichtslagen der Atome die gleichen sind, als identisch ansehen. Hierzu berechtigt uns das der Quantentheorie eigentümliche Verfahren, zwischen den einzelnen Zuständen des gleichen Elementargebietes des Phasenraumes nicht zu unterscheiden. Nun bestehen allerdings von vornherein noch außerordentlich viele Realisierungsmöglichkeiten des Raumgitters je nach der Stelle, die die einzelnen unter sich gleichartigen Individuen jeder einzelnen Atomart im Gitter einnehmen. Aber wenn wir wieder auf Grund des obenerwähnten, von der Quantentheorie in Anspruch genommenen Rechtes auf freie Beweiswürdigung der Identität von Systemzuständen die Gesamtheit der durch diese Art von Vertauschungen erhaltenen Zustände für einen einzigen erklären, so erscheint die Zahl der Realisierungsmöglichkeiten des Kristalls auf eine einzige reduziert und damit seine Entropie auf den Wert 0 [1]).

Das Urteil über Identität oder Verschiedenheit einzelner Systemzustände bleibt dabei allerdings bis zu einem gewissen Grade willkürlich. So hat andererseits A. EINSTEIN [2]) bei dem Raumgitterbild des kristallisierten Körpers die Vertauschung der Atome gleicher Art nicht als quantentheoretisch indifferent angenommen. Tut man dies nicht und sind $n_1, n_2, \ldots$ die Anzahl der Atome der verschiedenen Arten im Kristall, so ist die Anzahl der durch Vertauschung zu erhaltenden, den gleichen thermodynamischen Zustand des absoluten Nullpunktes realisierenden Einzelzustände

$$Z = n_1!\, n_2! \ldots, \tag{19}$$

also auch bei Beschränkung auf eine einzige Molekülgattung im Kristall nicht etwa gleich 1, sondern vielmehr eine sehr große Zahl; d. h. die Entropie verschwindet beim absoluten Nullpunkt hiernach keineswegs. Der Wert von Z in (19) ist offenbar von der Art der Gruppierung der Atome des Raumgitters unabhängig, wenn nur die Zahlen $n_1, n_2, \ldots$ gleich sind. Für zwei verschiedene kristallinische Modifikationen der gleichen chemisch-homogenen Substanz ist daher beim absoluten Nullpunkt die Entropie die gleiche. Dies ist die engere, ursprüngliche Fassung des NERNSTschen Wärmetheorems [3]), die nicht das Verschwinden der Molekularwärmen beim absoluten Nullpunkt, sondern nur Gleichheit der Molekularwärmen für die verschiedenen Modifikationen eines chemischen Individuums fordert. Die von der Quantentheorie nicht eindeutig erledigte Frage nach der Zählung der Realisierungsmöglichkeiten eines thermodynamischen Zustandes führt also je nach ihrer Beantwortung zu durchaus voneinander unterscheidbaren experimentellen Ergebnissen.

Außer den beiden extremen Fällen, daß sich der thermodynamische Zustand beim absoluten Nullpunkt auf nur eine einzige oder auf sehr viele Arten realisieren läßt, ist namentlich auf Grund von experimentellen Daten, die zur Bestimmung

[1]) O. STERN, Ann. d. Phys. (4) Bd. 49, S. 826. 1916.
[2]) A. EINSTEIN, Verh. d. D. Phys. Ges. Bd. 16, S. 827. 1914.
[3]) W. NERNST, Göttinger Nachr. 1906, S. 1; Berl. Ber. 1906, S. 933.

der Nullpunktsentropie des Kondensats außer der Untersuchung der Verdampfungsvorgänge auch die Heranziehung chemischer Gleichgewichte erfordern[1]) die Möglichkeit erwogen worden[2]), daß nur einige wenige, etwa zwei, Realisierungsmöglichkeiten bestehen, womit sich dann z. B. eine Nullpunktsentropie von $k \log 2$ je Molekül ergeben würde.

14. Unvereinbarkeit des Verhaltens von Gasen und Lösungen von höherer Temperatur mit dem NERNSTschen Wärmetheorem. Während die festen und flüssigen Körper durch die unbegrenzte Abnahme der Molekularwärmen das NERNSTsche Wärmetheorem in augenfälliger Weise bestätigen, liegen die Verhältnisse bei den Gasen wesentlich davon verschieden. Zwar findet wenigstens bei den mehratomigen Gasen eine Abnahme von C_p mit abnehmender Temperatur statt; aber der Grenzwert, dem sich dieses in dem untersten, auch die niedrigsten Kelvintemperaturen umfassenden Gebiete nähert, ist nicht 0, sondern vielmehr

$$C_p = \frac{5}{2} \cdot R, \tag{20}$$

die Molekularwärme der idealen einatomigen Gase.

Ebenso hört, sobald man von reinen, flüssigen oder festen Körpern zu homogenen Systemen von mehr als einer Molekülart, also zu flüssigen oder festen Lösungen übergeht, zunächst die empirische Gültigkeit des NERNSTschen Wärmetheorems auf. Man sieht das am einfachsten im Falle einer verdünnten Lösung, für welche die Entropie ist[3])

$$S = \sum_0^m n_\nu s_\nu - R \sum_0^m n_\nu \log c_\nu, \tag{21}$$

wobei die n_ν die Molekülzahlen der $m + 1$ einzelnen Komponenten der verdünnten Lösung einschließlich des in großem Überschuß vorhandenen Lösungsmittels bezeichnen, s_ν die je Molekül gerechnete Entropie der einzelnen reinen Substanzen und wobei die Konzentration

$$c_\nu = \frac{n_\nu}{\sum_0^m n_\nu}$$

ist. Es tritt also zu der durch das erste Glied in (21) dargestellten Entropie der reinen Komponenten noch eine durch die Mischung bedingte, durch das zweite Glied ausgedrückte Entropiezunahme hinzu, die offenbar positiv ist, weil die c_ν echte Brüche sind. Eine Entropievermehrung beim Übergang zur Lösung entspricht dem Umstande, daß die Bildung der Lösung ein unumkehrbarer Prozeß ist. Da das zweite Glied in (21) im Gegensatz zu dem ersten unabhängig von der Temperatur ist, so gilt es noch für den absoluten Nullpunkt, für welchen die s_ν als Entropien flüssiger und fester Körper verschwinden. Man wird also für $T = 0$ bei der Lösung zu einer von 0 abweichenden positiven Entropie geführt.

15. Entartung der Gase bei tiefen Temperaturen. Für Gase und Lösungen wird demnach das NERNSTsche Wärmetheorem nur aufrechtzuerhalten sein, wenn im ersteren Falle C_p, im zweiten S nicht mehr durch (20) bzw. (21) gegeben sind. Um die Gültigkeit des Theorems in diesen beiden Fällen zu wahren, würde man annehmen müssen, daß die genannten Formeln nur Grenzwerte darstellen,

---

[1]) A. EUCKEN, ZS. f. Phys. Bd. 29, S. 36. 1924.

[2]) W. SCHOTTKY, Phys. ZS. Bd. 22, S. 1. 1921; F. SIMON, ZS. f. Phys. Bd. 31, S. 226. 1925; A. EUCKEN u. F. FRIED, ebenda Bd. 32, S. 156. 1925.

[3]) Vgl. M. PLANCK, Thermodynamik, 6. Aufl., S. 234.

denen sich die thermodynamischen Funktionen für wachsende Temperaturen nähern, während bei $T = 0$ selbst und in unmittelbarer Nähe des absoluten Nullpunkts diese Funktionen eine verallgemeinerte Form besitzen, die die Erfüllung des Wärmetheorems gestattet. Da man die zu verallgemeinernden Formeln so wählen kann, daß sie bereits beliebig nahe bei $T = 0$ in ihre Grenzwerte übergehen und da man sich andererseits experimentell wahrscheinlich dem Nullpunkt zwar immer weiter nähern kann, ohne ihn aber jemals völlig zu erreichen [Prinzip der Unerreichbarkeit des absoluten Nullpunktes[1])], so ließe sich die Allgemeinheit des Theorems jedem empirisch gefundenen Verlaufe der thermodynamischen Funktionen gegenüber verteidigen; aber man hat sich begreiflicherweise mit diesem Verlegenheitsausweg nicht begnügt, sondern sowohl experimentelle Hinweise auf eine Änderung des thermodynamischen Verhaltens bei sehr tiefen Temperaturen[2]) wie auch Kriterien dafür gesucht, bei welcher Kelvintemperatur diese sich zuerst bemerklich machen sollten. Die Hauptaufmerksamkeit hat man in dieser Beziehung dem Verhalten der Gase zugewandt, und die gesuchten Erscheinungen sind daher mit einem besonderen Namen als Entartung der Gase bezeichnet worden.

16. Verhalten der Gase gemäß der Methode der Eigenschwingungen bei höheren Temperaturen. Da die Methode der Eigenschwingungen nach Debye[3]) für den festen Körper entsprechend dem Nernstschen Wärmetheorem eine bei $T = 0$ verschwindende Entropie liefert[4]), so hat man versucht, sie derart auf Gase anzuwenden, daß dies Ergebnis beibehalten wird, während sich für höhere Temperaturen die Gleichungen der idealen Gase ergeben. Diesen Weg haben zuerst H. Tetrode[5]) und später W. H. Keesom[6]) sowie A. Sommerfeld und W. Lenz[7]) eingeschlagen. Tetrode zerlegt die in einem gegebenen Gasvolumen möglichen Bewegungen in Sinusschwingungen und schreibt jeder von ihnen, soweit sie unterhalb einer gewissen maximalen Schwingungszahl ν_m liegen, eine kinetische Energie vom Betrage

$$\frac{\frac{1}{2}h\nu}{e^{\frac{h\nu}{kT}} - 1} \tag{22}$$

zu (h Wirkungsquantum, ν Schwingungszahl). Die Zustandsgleichung wird in der Form angesetzt

$$pV = \tfrac{2}{3}U\,, \tag{23}$$

wobei aber zwischen Energie und Temperatur nicht mehr allgemein die für ideale Gase gültige Beziehung $U = \frac{3}{2} \cdot R \cdot T$ besteht. Der Debyesche Ansatz[8]) für die Anzahl dz der Eigenschwingungen von N einatomigen Molekülen im Gebiete ν bis $\nu + d\nu$

$$dz = 9N \cdot \frac{\nu^2 d\nu}{\nu_m^3} \tag{24}$$

---

[1]) Vgl. W. Nernst, Die theoretischen und experimentellen Grundlagen des neuen Wärmesatzes, S. 72. Halle 1918.

[2]) O. Sackur, Chem. Ber. Bd. 47, S. 1318. 1914; A. Eucken, Berl. Ber. 1914, S. 691.

[3]) P. Debye, Ann. d. Phys. (4) Bd. 39, S. 789. 1912.

[4]) M. Planck, Wärmestrahlung, 4. Aufl., S. 217.

[5]) H. Tetrode, Phys. ZS. Bd. 14, S. 212. 1913.

[6]) W. H. Keesom, Phys. ZS. Bd. 15, S. 695. 1914.

[7]) A. Sommerfeld u. W. Lenz, Vorträge über die kinetische Theorie der Materie und der Elektrizität, S. 125. B. G. Teubner 1914.

[8]) P. Debye, Ann. d. Phys. (4) Bd. 39, S. 796. 1912.

liefert im Verein mit (22) für die Gesamtenergie des Gases

$$U = \frac{9N}{2\nu_m^3}\int_0^{\nu_m}\frac{h\nu}{e^{\frac{h\nu}{kT}}-1}\cdot\nu^2\cdot d\nu\,. \tag{25}$$

Dabei ist die maximale Schwingungszahl

$$\nu_m = \left(\frac{9N}{4\pi V}\right)^{\frac{1}{3}}\cdot\gamma = \left(\frac{9N}{4\pi V}\right)^{\frac{1}{3}}\cdot\left(\frac{dp}{d\varrho}\right)^{\frac{1}{2}}$$

(γ Schallgeschwindigkeit, ϱ Dichte). Der Ausdruck geht für adiabatische Vorgänge über in

$$\nu_m = \left(\frac{9N}{4\pi V}\right)^{\frac{1}{3}}\cdot\left(\frac{10\,U}{9\,m\,N}\right)^{\frac{1}{2}}. \tag{26}$$

Soll die Entropie entsprechend dem NERNSTschen Wärmetheorem beim absoluten Nullpunkt verschwinden, so ist sie bei der beliebigen Temperatur T

$$S = \int_0^T\frac{dU + p\,dV}{T}\,. \tag{27}$$

Gleichung (23) führt p auf V und U zurück; Gleichung (25) stellt unter Berücksichtigung von (26) eine Beziehung zwischen T, U, V dar, die auch T auf U und V zurückführt. Somit ist nach (27) die Entropie als Funktion von Energie und Volumen gegeben. Da sie aber für diese beiden unabhängigen Variablen die charakteristische thermodynamische Funktion ist, so ist damit der thermodynamische Zustand des Gases vollständig bestimmt.

Weil indes das NERNSTsche Wärmetheorem als ein Satz betreffend den Nullpunkt der absoluten Temperatur ausgesprochen wird, ist es zweckmäßig, S als Funktion von V und T zu schreiben. Wird ν_m als temperaturunabhängig vorausgesetzt, so liefert (26) die einfache Beziehung zwischen den Differentialen der Energie und des Volumens

$$dV = \frac{3}{2}\frac{V}{U}\cdot dU\,,$$

die im Verein mit (23)

$$p\,dV = \frac{2}{3}\frac{U}{V}\cdot\frac{3}{2}\frac{V}{U}\cdot dU = dU$$

ergibt. Man hat dann nach (27)

$$S = \int_0^T\frac{2\,dU}{T} = \frac{9N}{\nu_m^3}\int_0^T\frac{dT}{T}\cdot\left[\frac{d}{dT}\int_0^{\nu_m}\frac{h\nu^3\,d\nu}{e^{\frac{h\nu}{kT}}-1}\right].$$

Infolge der Unabhängigkeit des ν_m von T läßt sich die Differentiation nach T unter dem zweiten Integralzeichen ausführen und zugleich die Reihenfolge der Integrationen vertauschen, so daß

$$S = \frac{9Nh}{\nu_m^3}\int_0^{\nu_m}\nu^3\,d\nu\int_0^T\frac{1}{T}\,d\left(\frac{1}{e^{\frac{h\nu}{kT}}-1}\right). \tag{28}$$

Umformung des zweiten Integrals durch partielle Integration gibt

$$S = \frac{9N}{\nu_m^3}\int_0^{\nu_m}\left\{\frac{h\nu}{T\left(1-e^{-\frac{h\nu}{kT}}\right)} - k\log\left(e^{\frac{h\nu}{kT}}-1\right)\right\}\nu^2 d\nu. \tag{29}$$

Es genügt, S für die am meisten interessierenden Fälle sehr hoher und sehr niedriger Temperatur zu berechnen.

Ist $T \gg \frac{h\nu_m}{k}$ und damit erst recht $T \gg \frac{h\nu}{kT}$, so wird nach (25)

$$U = \frac{9N}{2\nu_m^3}\int_0^{\nu_m} kT\cdot\nu^2\cdot d\nu = \frac{3}{2}RT \tag{30}$$

und damit nach (26)

$$\nu_m = \left(\frac{9N}{4\pi V}\right)^{\frac{1}{3}}\left(\frac{5}{3}\cdot\frac{kT}{m}\right)^{\frac{1}{2}}. \tag{31}$$

Zugleich reduziert sich (29) auf

$$S = \frac{9kN}{\nu_m^3}\left\{\int_0^{\nu_m}\nu^2 d\nu - \int_0^{\nu_m}\left[\log\left(\frac{h\nu}{kT}\right)\right]\cdot\nu^2\cdot d\nu\right\}.$$

Der zweite Integrand läßt sich nach Einführung von $\log\frac{h\nu}{kT}$ als Hilfsvariable durch partielle Integration auswerten, und man erhält dann unter Berücksichtigung von (31)

$$\left.\begin{aligned} S &= R\log(V\cdot T^{\frac{3}{2}}) + R\log\left\{\frac{4\pi}{9}\cdot\left(\frac{3}{5}\right)^{\frac{3}{2}}e^4\cdot\frac{(km)^{\frac{3}{2}}}{h^3 N}\right\}\\ &= R\log(p^{-1}T^{\frac{5}{2}}) + R\log\left\{\frac{4\pi}{9}\cdot\left(\frac{3}{5}\right)^{\frac{3}{2}}\cdot e^4\cdot\frac{k^{\frac{5}{2}}\cdot m^{\frac{3}{2}}}{h^3}\right\}.\end{aligned}\right\} \tag{32}$$

Es ergibt sich so in der Tat für hohe Temperaturen das typische Verhalten der einatomigen idealen Gase. Denn (30) und (23) ergeben deren Zustandsgleichung

$$pV = \tfrac{2}{3}U = RT \tag{33}$$

und hiernach wieder in Verbindung mit (30) die Molekularwärme bei konstantem Druck

$$C_p = \tfrac{5}{2}R, \tag{34}$$

die bei Extrapolation auf den absoluten Nullpunkt nicht verschwinden würde. (32) zeigt die für ideale Gase charakteristische Abhängigkeit der Entropie von Volumen und Temperatur bzw. Volumen und Druck.

17. Verhalten der Gase gemäß der Methode der Eigenschwingungen bei tiefen Temperaturen. Für beliebige T wird nach (25)

$$U = \frac{9N}{2\nu_m^3}\cdot\frac{(kT)^4}{h^3}\int_0^{\frac{h\nu_m}{kT}}\frac{\left(\frac{h\nu}{kT}\right)^3 d\left(\frac{h\nu}{kT}\right)}{e^{\frac{h\nu}{kT}}-1}. \tag{35}$$

Für die jetzt zu betrachtenden niedrigen Temperaturen, die durch die Bedingung $T \ll \frac{h\nu_m}{k}$ gekennzeichnet sind, ist die obere Grenze des Integrals in (35) gleich ∞, womit dann das Integral den Wert $\pi^4/15$ annimmt[1]) und somit

$$U = \frac{9N}{2\nu_m^3} \cdot \frac{(kT)^4}{h^3} \cdot \frac{\pi^4}{15}. \tag{36}$$

(36) gestattet im Verein mit (26) U und ν_m in Funktion von V und T darzustellen:

$$U = a' \cdot \left\{ \frac{N^3 m^3}{h^6} (kT)^8 \cdot V^2 \right\}^{\frac{1}{5}}, \tag{37}$$

$$\nu_m = b' \cdot \frac{N^{\frac{2}{15}}}{m^{\frac{1}{5}} \cdot h^{\frac{3}{5}}} (kT)^{\frac{4}{5}} \cdot V^{-\frac{2}{15}}, \tag{38}$$

wobei a' und b' reine Zahlenfaktoren sind. (29) läßt sich in der Form schreiben

$$S = \frac{9N}{\nu_m^3} \cdot k^4 \cdot \left(\frac{T}{h}\right)^3 \cdot \left[\int_0^{\frac{h\nu_m}{kT}} \frac{e^y \cdot y^3}{e^y - 1} \cdot dy - \int_0^{\frac{h\nu_m}{kT}} \{\log(e^y - 1)\} \cdot y^2 \cdot dy \right] \tag{39}$$

Das erste Integral kann man durch partielle Integration auf das zweite zurückführen

$$\int_0^{\frac{h\nu_m}{kT}} \frac{y^3 e^y dy}{e^y - 1} = \int_0^{\frac{h\nu_m}{kT}} y^3 d\log(e^y - 1) = \overline{\underline{y^3 \log(e^y - 1)}}_0^{\frac{h\nu_m}{kT}} - 3\int_0^{\frac{h\nu_m}{kT}} \log(e^y - 1) \cdot y^2 \cdot dy,$$

so daß für $T \ll \frac{h\nu_m}{k}$

$$S = \frac{9N}{\nu_m^3} \cdot k^4 \cdot \left(\frac{T}{h}\right)^3 \cdot \left[\left(\frac{h\nu_m}{kT}\right)^4 - 4\int_0^{\frac{h\nu_m}{kT}} \log(e^y - 1) \cdot y^2 \cdot dy \right]. \tag{40}$$

Das noch in S übrige Integral läßt sich ebenfalls durch partielle Integration umformen:

$$\left.\begin{aligned} \int_0^{\frac{h\nu_m}{kT}} \log(e^y - 1) \cdot y^2 \cdot dy &= \int_0^{\frac{h\nu_m}{kT}} \log(1 - e^{-y}) \cdot y^2 \cdot dy - \int_0^{\frac{h\nu_m}{kT}} \log(e^{-y}) \cdot y^2 \cdot dy \\ &= \overline{\underline{\frac{1}{3} y^3 \log(1 - e^{-y})}}_0^{\frac{h\nu_m}{kT}} - \frac{1}{3}\int_0^{\frac{h\nu_m}{kT}} \frac{y^3}{1 - e^{-y}} \cdot e^{-y} \cdot dy + \frac{1}{4}\left(\frac{h\nu_m}{kT}\right)^4. \end{aligned}\right\} \tag{41}$$

---

[1]) Vgl. BIERENS DE HAAN, Tables d'intégrales définies, S. 124, Formel 4. Leyden 1867.

(41) in (40) eingesetzt gibt für $T \ll \frac{h\nu_m}{k}$

$$S = \frac{9N}{\nu_m^3} \cdot k^4 \cdot \left(\frac{T}{h}\right)^3 \cdot \frac{4}{3} \cdot \int\limits_0^\infty \frac{y^3}{e^y - 1} \cdot dy = \frac{4}{5} \pi^4 \cdot N \cdot \frac{1}{\nu_m^3} \cdot k^4 \cdot \left(\frac{T}{h}\right)^3$$

und nach (38)

$$S = c' \cdot k \cdot \left(\frac{N \cdot m}{h^2}\right)^{\frac{3}{5}} \cdot V^{\frac{2}{5}} (k\,T)^{\frac{3}{5}}, \tag{42}$$

wenn c' wieder einen Zahlenfaktor bedeutet.

Als Zustandsgleichung erhält man für sehr tiefe Temperaturen nach (23) und (37)

$$p^5 V^3 = \left(\frac{2}{3} a'\right)^5 \left(\frac{N^3 m^3}{h^6}\right) (k\,T)^8 \tag{43}$$

und als Molekularwärme bei konstantem Druck[1]) bei Berücksichtigung von (43) und (37)

$$C_p = \left(\frac{\partial U}{\partial T}\right)_p + p \left(\frac{\partial V}{\partial T}\right)_p = d' k \cdot \frac{N \cdot m}{h^2} \cdot p^{-\frac{2}{3}} (k\,T)^{\frac{5}{3}}, \tag{44}$$

wobei d' ein Zahlenfaktor.

Führt man nach (43) p statt V in (42) ein, so wird

$$S = c' k \left(\frac{2}{3} a'\right)^{\frac{2}{3}} \cdot \frac{N \cdot m}{h^2} \cdot p^{-\frac{2}{3}} \cdot (kT)^{\frac{5}{3}}. \tag{45}$$

S und C_p unterscheiden sich hier also nur durch einen bloßen Zahlenfaktor voneinander und besitzen die gleiche Abhängigkeit von p und T und natürlich auch von V und T.

Könnte man das Gasvolumen bis zum absoluten Nullpunkt endlich halten, betrachtet man also übersättigte Dämpfe, so wird man für diese zum NERNSTschen Wärmetheorem geführt. Denn nach (42) verschwindet unter diesen Umständen S für $T = 0$ und damit nach obiger Bemerkung über den Zusammenhang von S und C_p auch die letztere Größe. Darin liegt in der Tat eine Leistung des Ansatzes von TETRODE. Denn für ideale Gase würde ein solches Verhalten auch für endliches V keineswegs eintreten. Nach (32) wird nämlich in diesem Falle $S = -\infty$ und nach (34) $C_p = \frac{5}{2} \cdot R$, so daß keine von diesen beiden Größen verschwindet. Die Methode der Eigenschwingungen gestattet also in der Tat, die Gase, solange sie gegen Änderungen des Aggregatzustandes geschützt sind, dem im NERNSTschen Wärmetheorem zum Ausdruck kommenden typischen thermodynamischen Verhalten der Flüssigkeiten und festen Körper beim absoluten Nullpunkt anzupassen.

18. Versagen der Thermodynamik bei extrem tiefen Temperaturen. In gewissem Sinne muß allerdings bei der Theorie von TETRODE wie bei allen erwähnten Theorien der Entropiewert $S = 0$ als ein bloßer Grenzwert aufgefaßt werden. Zwar gestattet die Einführung der Quanten, die Anzahl der Realisierungsmöglichkeiten eines thermodynamischen Zustandes im Gegensatz zur klassischen Statistik zu einer endlichen zu machen. Aber dabei wird doch, um überhaupt Wahrscheinlichkeitsbetrachtungen anwenden zu können, vorausgesetzt, daß diese Anzahl W noch sehr groß ist. Da aber für $S = 0$ bzw. $k \log W = 0$ nur eine

---

[1]) Vgl. M. PLANCK, Thermodynamik, 6. Aufl., S. 57.

einzige Realisierungsmöglichkeit übrigbleiben würde, so würde im Gebiete verschwindender Entropie eine wesentliche Voraussetzung der ganzen Betrachtung wegfallen. Es ist strenggenommen überhaupt nicht erlaubt, in einem derartigen Gebiete von thermodynamischen Funktionen wie der Entropie zu sprechen[1]). Die Aussage, daß die Entropie beim absoluten Nullpunkt verschwindet, hat also nur den Sinn, daß dies für eine Funktion wie etwa die durch (29) dargestellte gilt, die für höhere Temperaturen, bei denen die Anzahl der Realisierungsmöglichkeiten des durch V und T charakterisierten thermodynamischen Zustandes noch eine große ist, die Entropie darstellt, die aber bei Verminderung der Zahl der Realisierungsmöglichkeiten bis auf eine einzige noch verbleibende diese Bedeutung verliert.

Die eigentümlichen Verhältnisse, die sich für die thermodynamischen Funktionen ergeben, wenn sich W der Größenordnung 1 nähert, sind genauer von CL. SCHAEFER[2]) an der DEBYEschen Theorie der Molekularwärmen fester Körper verfolgt worden. DEBYE ersetzt die Summe der Energien der $3N$ Eigenschwingungen des aus N Molekülen bestehenden Systems, die bei ihm die Gesamtenergie des festen Körpers darstellt,

$$U = \sum_{\lambda=1}^{\lambda=3N} \frac{h\nu_\lambda}{e^{\frac{h\nu_\lambda}{kT}} - 1} \tag{46}$$

in der Weise durch ein Integral, daß er denjenigen unter ihnen, die dem Intervall ν bis $\nu + d\nu$ angehören, die zu ν gehörende Energie einer Eigenschwingung zuschreibt. Ist Δz die Anzahl der Eigenschwingungen in dem genannten Intervall, so wird, wenn ν_m wieder die maximale Eigenschwingungszahl bezeichnet, zunächst

$$U = kT \sum_{\sigma=0}^{\sigma=\frac{\nu_m-\nu_1}{\Delta\nu}} \frac{\frac{h(\nu_1 + \sigma\cdot\Delta\nu)}{kT}}{e^{\frac{h(\nu_1+\sigma\,\Delta\nu)}{kT}} - 1} \cdot \Delta z. \tag{47}$$

Damit man die Summe (47) in ein Integral umwandeln kann, ist nötig, daß auch noch für sehr kleine Werte von $\Delta\nu$ sich Δz als Funktion von ν in der Form

$$\Delta z = f(\nu)\cdot\Delta\nu \tag{48}$$

darstellen läßt. Das wird aber nur der Fall sein, wenn Δz auch für hinreichend kleine $\Delta\nu$ noch eine so große Zahl ist, daß wir die Funktion $f(\nu)$ als stetig behandeln und ihr den DEBYEschen Wert

$$f(\nu) = 3F'V\nu^2 \tag{49}$$

zuschreiben können. F' ist dabei eine bestimmte Funktion der elastischen Konstanten und der Dichte des festen Körpers.

Andererseits muß bei dem zulässigen Maximalwert von Δz in der Darstellung

$$U = \int_0^{\nu_m} \Phi(\nu)\,d\nu \tag{50}$$

das Verhältnis $\frac{\Delta\Phi(\nu)}{\Phi(\nu)}$ für das sich aus Δz ergebende $\Delta\nu$ hinreichend klein werden. Nun ist nach (47), (48), (49)

$$\Phi(\nu) = \frac{3F'\cdot V\cdot h\cdot\nu^3}{e^{\frac{h\nu}{kT}} - 1}, \tag{51}$$

[1]) Vgl. M. PLANCK, Wärmestrahlung, 4. Aufl., S. 218.
[2]) CL. SCHAEFER, ZS. f. Phys. Bd. 7, S. 287. 1921.

so daß

$$\left.\begin{aligned}\frac{\Delta\Phi(\nu)}{\Phi(\nu)} &= \frac{\partial\Phi(\nu)}{\partial\nu}\cdot\frac{1}{\Phi(\nu)}\cdot\Delta\nu = \frac{\partial\log\Phi(\nu)}{\partial\nu}\cdot\frac{\Delta z}{3F'\cdot V\cdot\nu^2}\\ &= \left(3-\frac{\frac{h\nu}{kT}e^{\frac{h\nu}{kT}}}{e^{\frac{h\nu}{kT}}-1}\right)\cdot\frac{\Delta z}{3F'\cdot V\cdot\nu^3}.\end{aligned}\right\} \tag{52}$$

Nach (52) wird $\frac{\Delta\Phi(\nu)}{\Phi(\nu)}$ für gegebenes Δz um so größer, je kleiner V. Bei bestimmten Werten von T und ν ist also die Integraldarstellung (50) nur oberhalb einer bestimmten Grenze des Volumens zulässig. Das zweite Glied in der Klammer von (52) steigt für kleine T wegen des großen Wertes von $\frac{h\nu}{kT}$ unbegrenzt an und nähert sich für $T = 0$ dem Werte $-\frac{h\nu}{kT} = -\infty$. Sonach wird mit abnehmender Temperatur und abnehmendem Volumen die Integraldarstellung (50) nur mehr für größere und größere Werte von ν zulässig bleiben. Für die kleineren ν dagegen muß man die ursprüngliche Summendarstellung für U gemäß (46) wählen, so daß die Gesamtenergie die folgende Form erhält:

$$U = \sum_{\lambda=1}^{\lambda=p-1}\frac{h\nu_\lambda}{e^{\frac{h\nu_\lambda}{kT}}-1} + \int_{\nu_p}^{\nu_m}\frac{3F'Vh\nu^3 d\nu}{e^{\frac{h\nu}{kT}}-1}. \tag{53}$$

Dabei bedeutet ν_p die niedrigste Schwingungszahl, für welche nach obigem die Integraldarstellung noch zulässig ist. Es ist allgemein[1]) die Zahl der Eigenschwingungen unterhalb ν_λ

$$\lambda - 1 = VF'\nu_\lambda^3, \tag{54}$$

im einzelnen also

$$p - 1 = VF'\nu_p^3 \tag{55}$$

und

$$3N - 1 = VF'\nu_m^3,$$

wofür auch geschrieben werden kann, da N eine sehr große Zahl ist,

$$3N = VF'\nu_m^3. \tag{56}$$

Bei Einführung der Bezeichnungen

$$\frac{h\nu}{kT} = \xi; \tag{57}$$

$$\frac{h\nu_m}{kT} = x; \tag{58}$$

$$\frac{h\nu_p}{kT} = x_0; \tag{59}$$

$$\frac{h\nu_m}{k} = \Theta; \tag{60}$$

$$\frac{h\nu_p}{k} = \Theta_0 \tag{61}$$

1) Vgl. P. DEBYE, Ann. d. Phys. (4) Bd. 39, S. 795, 1912, Gleichung 1.

und Berücksichtigung von (56) folgt aus (53)

$$U = \sum_{\lambda=1}^{\lambda=p-1} \frac{h\nu_\lambda}{e^{\frac{h\nu_\lambda}{kT}} - 1} + \frac{9Nh\nu_m}{x^4} \int_{x_0}^{x} \frac{\xi^3\,d\xi}{e^\xi - 1}. \tag{62}$$

U ist nach (53) bis (56) durch (62) als Funktion von V und T dargestellt, so daß aus (62) C_v, die Molekularwärme bei konstantem Volumen, durch Differentiation nach T erhalten werden kann

$$C_v = k \sum_{\lambda=1}^{\lambda=p-1} \frac{\left(\frac{h\nu_\lambda}{kT}\right)^2 e^{\frac{h\nu_\lambda}{kT}}}{\left(e^{\frac{h\nu_\lambda}{kT}} - 1\right)^2} + \frac{36\,kN}{x^3} \int_{x_0}^{x} \frac{\xi^3\,d\xi}{e^\xi - 1} - \frac{9\,kNx}{e^x - 1} + \frac{9\,kN\nu_m}{\nu_p} \cdot \frac{x_0^5}{x^4(e^{x_0} - 1)}. \tag{63}$$

ν_m ist dabei nach (56) eine Funktion von V und wegen seiner Abhängigkeit von F' auch noch eine solche von T. ν_p bestimmt sich aus (52) dadurch, daß für vorgeschriebenes Δz der Ausdruck auf der rechten wie auf der linken Seite sich unterhalb eines vorgeschriebenen kleinen Wertes δ halten muß, der von der gewünschten Genauigkeit der Integraldarstellung in (50) abhängt, und wird so ebenfalls eine Funktion von V und T. Für gegebenes Gesamtvolumen V liefert (63) in verschiedenen Temperaturgebieten verschiedene Typen des Verlaufs der Molekularwärme.

Liegt T so hoch, daß sowohl $x \ll 1$ wie $x_0 \ll 1$, so wird in den Zählern der Summe $e^{\frac{h\nu_\lambda}{kT}} = 1$, während in den Nennern wegen des Minuendus 1 auch noch das zweite Glied der Exponentialreihe zu berücksichtigen ist. Man erhält so

$$C_v = k(p-1) + 12\,kN\left(1 - \frac{p-1}{3N}\right) - 9kN + 3kN\left(\frac{p-1}{N}\right) = 3kN = 3R, \tag{64}$$

den klassischen DULONG-PETITschen Wert der Molekularwärme.

Liegt T in einem Gebiet derart, daß $x \gg 1$, $x_0 \ll 1$, so wird das Integral im zweiten Gliede von (63) gleich $\int_0^\infty \frac{\xi^3\,d\xi}{e^\xi - 1} = \frac{\pi^4}{15}$, das zweite Glied selbst also $\frac{12}{5} \cdot \frac{kN\pi^4}{x^3}$, das Verhältnis des dritten zum zweiten Gliede, da 1 gegen e^x verschwindet, $-\frac{15}{4} \cdot \frac{1}{\pi^4} \cdot \frac{x^4}{e^4}$ so klein, daß wir das dritte Glied vernachlässigen können. Die Summe des ersten und letzten Gliedes in (63) wird wieder $4k(p-1)$ und da das Verhältnis dieses Ausdruckes zum zweiten Gliede

$$\frac{5}{\pi^4}\left(\frac{p-1}{3N}\right) \cdot x^3 = \frac{5}{\pi^4} \cdot x_0^3 \ll 1$$

ist, reduziert sich daher in diesem Falle die Molekularwärme auf

$$C_v = \frac{12}{5} \cdot \pi^4 \cdot \frac{kN}{\Theta^3} \cdot T^3. \tag{65}$$

entsprechend dem DEBYEschen T^3-Gesetz.

Es sei endlich T so niedrig, daß sowohl $x \gg 1$ wie auch $x_0 \gg 1$ und daß schließlich auch für die niedrigste Eigenfrequenz, ν_1, $\frac{h\nu_1}{kT} \gg 1$ wird. Das Verhältnis der absoluten Beträge der einzelnen Glieder von (63) ist dann

$$\left.\begin{array}{l}\left\{\left(\frac{h\nu_1}{kT}\right)^2 \cdot \frac{1}{e^{\frac{h\nu_1}{kT}}}\right\} : \left\{\left(\frac{h\nu_2}{kT}\right)^2 \cdot \frac{1}{e^{\frac{h\nu_2}{kT}}}\right\} : \cdots : \left\{\left(\frac{h\nu_{p-1}}{kT}\right)^2 \frac{1}{e^{\frac{h\nu_{p-1}}{kT}}}\right\} : \\ : \left\{\frac{36N}{x^3} \cdot \frac{\xi'^3}{e^{\xi'}}\right\} : \left\{\frac{9N \cdot x}{e^x}\right\} : \left\{9N \cdot \sqrt[3]{\frac{3N}{p-1}} \cdot \frac{x_0^5}{x^4 e^{x_0}}\right\},\end{array}\right\} \tag{66}$$

wobei ξ' ein Wert von ξ zwischen x_0 und x ist. Für das Größenordnungsverhältnis der einzelnen Ausdrücke sind lediglich die Exponentialfunktionen maßgebend. In dem Verhältnis der beiden ersten Ausdrücke tritt

$$\frac{1}{e^{\frac{h}{kT}(\nu_1 - \nu_2)}} = e^{\frac{h}{kT}(\nu_2 - \nu_1)} = \infty$$

auf, da $\nu_2 > \nu_1$ ist. Ebenso wird das Verhältnis des ersten Ausdruckes zu den übrigen erst recht ∞, da die Exponenten der Exponentialfunktionen im Nenner im zweiten und den höheren Gliedern sämtlich noch kleiner sind als $\frac{h\nu_2}{kT}$. Somit ergibt sich in diesem Falle

$$C_v = k\left(\frac{h\nu_1}{kT}\right)^2 e^{-\frac{h\nu_1}{kT}}. \tag{67}$$

An diesem Ausdruck ist vor allem auffällig, daß die Zunahme der inneren Energie mit der Temperatur nicht wie in den Formeln (64) und (65) der Atomzahl proportional ist, sondern daß diese in viel komplizierterer Form über die niedrigste Eigenfrequenz ν_1 weg hier eingeht. Dazu kommt, daß diese niedrigste Eigenfrequenz auch von der Gestalt des Körpers abhängt. Da wir aber in der reinen Thermodynamik die Zunahme der inneren Energie mit der Temperatur der Atomzahl proportional annehmen müssen, so wird in der Tat der gebräuchliche thermodynamische Begriff der Molekularwärme bzw. der spezifischen Wärme in dem betrachteten Temperaturgebiet hinfällig.

19. Beziehung zwischen Entropiekonstante und chemischer Konstante. In engem Zusammenhang mit den Entropiekonstanten stehen die sog. chemischen Konstanten. Es sind dies von der Thermodynamik ebenfalls unbestimmt gelassene additive Größen, die sich allerdings nicht auf eine der charakteristischen thermodynamischen Funktionen, sondern auf den Druck beziehen. Sie besitzen aber trotzdem wegen ihrer Verwendung in der chemischen Gleichgewichtslehre eine erhebliche Bedeutung und treten bei praktischen Rechnungen vielfach an Stelle der Entropiekonstanten, mit welchen sie durch eine einfache Gleichung verbunden sind. Der Druckwert, auf dessen Bestimmung sich die chemische Konstante bezieht, ist der Dampfdruck, d. h. derjenige, bei welchem sich Dampf und Kondensat miteinander im Gleichgewicht befinden.

Wie sich die Aussagen der Thermodynamik auf die Entropiedifferenzen zwischen zwei verschiedenen Zuständen beschränken, so vermag sie auch nur die Differenz zwischen den zwei vorgeschriebenen Temperaturen entsprechenden Dampfdrucken einer Substanz anzugeben, und zwar müssen diese beiden

Temperaturen auch noch sehr nahe beieinander liegen. Es gilt nämlich nach der Formel von CLAPEYRON-CLAUSIUS

$$dp = \frac{pL}{RT^2}\,dT \tag{68}$$

bzw.

$$\frac{d\log p}{dT} = \frac{L}{RT^2}, \tag{69}$$

wobei L die äußere, unter Berücksichtigung der geleisteten äußeren Arbeit berechnete Verdampfungswärme je Grammol ist.

Da alles, was die reine Thermodynamik über den Dampfdruck aussagen kann, in dieser Differentialgleichung enthalten ist, so bleibt die bei ihrer Integration eingeführte Konstante vom thermodynamischen Standpunkt aus unbestimmt. Allgemein ist die Verdampfungswärme

$$L = L_0 + \int_0^T C_p\,dT' - \int_0^T C'_p\,dT', \tag{70}$$

wobei L_0 die äußere Verdampfungswärme beim absoluten Nullpunkt, C_p und C'_p die Molekularwärmen bei konstantem Druck für den Dampf bzw. das Kondensat sind. Vorausgesetzt wird dabei, daß der Übergang von Dampf sowie Kondensat beim absoluten Nullpunkt von dem dem Nullpunkt entsprechenden Dampfdrucke zu dem der Temperatur T entsprechenden keinen merklichen Energieaufwand erfordert. Einführung von (70) in (69) und Integration liefert, wenn man C_p als von der Temperatur unabhängig ansieht

$$\log p = -\frac{L_0}{RT} + \frac{C_p}{R}\log T - \int_0^T \frac{\int_0^{T''} C'_p\,dT'}{RT''^2}\cdot dT'' + C\,. \tag{71}$$

Die Integrationskonstante C, die sog. chemische Konstante, bleibt thermodynamisch unbestimmt, läßt sich aber auf die früher betrachtete [vgl. oben Gleichung (32)] Entropiekonstante eines idealen Gases zurückführen[1]). Es war

$$S = R\log V + C_v \log T + S_0\,, \tag{72}$$

wenn wir berücksichtigen, daß $C_v = \frac{3}{2}R$ ist und wenn wir den von V und T unabhängigen Summanden abkürzend mit S_0 bezeichnen. Unter V haben wir hier das zur Temperatur T gehörige Molekularvolumen des gesättigten Dampfes zu verstehen. Da nach dem NERNSTschen Wärmetheorem die Entropie des Kondensats beim absoluten Nullpunkt verschwindet, so können wir die Entropie des als ideales Gas betrachteten Dampfes auch gleich $\sum Q/T'$ setzen, wenn Q die Wärmemenge ist, die während der reversiblen Überführung des Kondensats der Temperatur 0 in den gesättigten Dampf der Temperatur T jeweils bei der Temperatur T' aufgenommen wird. Für die genannte Überführung wird dann

$$\sum \frac{Q}{T'} = \int_0^T \frac{C'_p\,dT'}{T'} + \frac{L}{T} \tag{73}$$

[1]) O. STERN, ZS. f. Elektrochem. Bd. 25, S. 66. 1919.

somit durch Kombination von (72) und (73)

$$\int_0^T \frac{C_p' \, dT'}{T'} + \frac{L}{T} = R \log V + C_v \log T + S_0. \tag{74}$$

Für den Dampf als ideales Gas gilt $V = \frac{RT}{p}$, $C_v = C_p - R$. Führen wir dies in (74) zugleich mit (70) ein, so erhalten wir

$$R \log p = -\frac{L_0}{T} + C_p \log T + \frac{\int_0^T C_p' \, dT'}{T} - \int_0^T \frac{C_p' \, dT'}{T'} + R \log R - C_p + S_0. \tag{75}$$

Nun ist, wie man sich leicht durch Differentiation der beiden Seiten der folgenden Gleichung überzeugt,

$$\frac{\int_0^T C_p' \, dT'}{T} = \int_0^T \frac{C_p'}{T'} \, dT' - \int_0^T \frac{\int_0^{T''} C_p' \, dT'}{T''^2} \cdot dT'', \tag{76}$$

wodurch (75) übergeht in

$$\log p = -\frac{L_0}{RT} + \frac{C_p}{R} \log T - \int_0^T \frac{\int_0^{T''} C_p' \, dT'}{RT''^2} \cdot dT'' + \frac{R \log R - C_p + S_0}{R}. \tag{77}$$

Durch Vergleich mit (71) erhält man

$$C = \frac{R \log R - C_p + S_0}{R}. \tag{78}$$

(78) ist die gesuchte Beziehung zwischen der Entropiekonstanten S_0 eines idealen Gases und der chemischen Konstanten C der zugehörigen Substanz. Dabei ist es, wie aus der Ableitung hervorgeht, gleichgültig, ob das Kondensat fest oder flüssig ist bzw. aus welcher festen kristallinischen Modifikation des betreffenden chemischen Individuums es im ersteren Falle besteht. Wesentlich ist nur, daß, wie in (74) vorausgesetzt, die Entropie des Kondensats unabhängig von seinem Aggregatzustand oder seiner Kristallform beim absoluten Nullpunkt gemäß dem NERNSTschen Wärmetheorem in der PLANCKschen Fassung verschwindet.

20. Dimension der chemischen Konstanten. Wenn auch die chemische Konstante nach ihrer Definition durch Gleichung (71) in einer eine Druckgröße darstellenden Gleichung auftritt, so besitzt sie doch keineswegs selbst die Dimension eines Druckes. In der Definitionsgleichung von C sind das erste und dritte Glied auf der rechten Seite dimensionslos, so daß diese Eigenschaft auch für die Kombination

$$\log p - \frac{C_p}{R} \log T - C = \log \left\{ \frac{p}{T^{\frac{C_p}{R}} \cdot e^C} \right\}$$

gelten muß. Es besitzt daher e^C die gleiche Dimension wie $\frac{p}{T^{\frac{C_p}{R}}}$ bzw. C die gleiche Dimension wie $\log \left(\frac{p}{T^{\frac{C_p}{R}}} \right)$, ein Ausdruck, der für ein einatomiges Gas, für welches $C_p = \frac{5}{2} R$ ist, in $\log(p \cdot T^{-\frac{5}{2}})$ übergeht. In der Tat ist dies auch die Dimension des bekannten Ausdrucks für die chemische Konstante eines einatomigen Gases·

$$\log\left\{\frac{(2\pi m_0)^{\frac{3}{2}} \cdot k^{\frac{5}{2}}}{h^3}\right\}.$$

Das Auftreten einer Größe von so eigentümlicher Dimension beruht darauf, daß man bei Integration von (68) gewisse, ihrer physikalischen Bedeutung nach eigentlich untrennbare Ausdrücke voneinander getrennt hat. Diese Integration führt nämlich zunächst zu der Gleichung

$$\int\limits_{p_0}^{p} \frac{dp}{p} = \log\left(\frac{p}{p_0}\right) = \int\limits_{T_0}^{T} \frac{L}{RT^2} \cdot dT, \tag{79}$$

wobei das Auftreten der unbestimmten Integrationskonstante seinen Ausdruck in dem Umstand findet, daß man vom thermodynamischen Standpunkt aus rein willkürlich einer beliebigen Temperatur T_0 noch einen beliebigen Dampfdruck p_0 zuordnen kann. Die Gleichung (79) enthält auch beim Einsetzen von L aus (70) auf der linken wie auf der rechten Seite nur Glieder von verschwindender Dimension. Erst dadurch, daß man die Zerlegung

$$\log\left(\frac{p}{p_0}\right) = \log p - \log p_0$$

vornimmt, den Subtrahenden auf die rechte Seite hinübernimmt und dort mit den T_0 enthaltenden Gliedern vereinigt, tritt die Integrationskonstante

$$C = + \frac{L_0}{RT_0} - \frac{C_p}{R} \log T_0 + \int\limits_0^{T_0} \frac{\int\limits_0^{T''} C'_p \, dT'}{RT''^2} \cdot dT'' + \log(p_0) \tag{80}$$

mit ihrer unübersichtlichen Dimension auf.

d) Nullpunktsenergie.

21. Nullpunktsenergie in der klassischen und quantenhaften Molekularstatistik. Wie früher (Ziff. 4) erwähnt, ist eine Bestimmung der von der Thermodynamik unbestimmt gelassenen Energiekonstanten auf dem Boden der klassischen Molekularstatistik möglich, ohne daß ein Übergang zur Quantentheorie dazu erforderlich wäre. Angesichts der Bedeutung des absoluten Nullpunkts für alle thermodynamischen Betrachtungen liegt es nahe, nach dem absoluten Wert der Energie bei diesem zu fragen. Ist dieser einmal festgelegt, so ergibt sich die absolute Energie für alle anderen Temperaturen bzw. Drucke und Volumina aus der reinen Thermodynamik, die die Energiedifferenzen zwischen zwei bestimmten Zuständen einer Substanz zu übersehen gestattet.

Die klassische Molekulartheorie der Wärme sieht den absoluten Nullpunkt der Temperatur als Zustand völliger Ruhe an, dem sie daher den Energiewert 0 zuschreibt. So hat das ideale Gas der klassischen Theorie, das nur translatorische Energie der Schwerpunktsbewegung der Moleküle besitzt, eine molare Energie von $\frac{3}{2} \cdot RT$, die für $T = 0$ verschwindet. Dagegen ist es in der Quantentheorie durchaus nicht selbstverständlich, daß die Energie zugleich mit der Temperatur 0 wird. Vielmehr unterscheiden sich die verschiedenen Fassungen der Quantentheorie in dieser Beziehung in charakteristischer Weise. Kennzeichnend für die Quantenvorstellung ist die Verteilung der Gesamtenergie eines thermisch-mechanischen Systems auf die einzelnen Elementargebiete der Wahrscheinlichkeit. Die Gesamtenergie eines Systems von N gleichartigen Molekülen stellt sich in der Form dar[1])

$$E = N\,(w_0\,\bar{\varepsilon}_0 + w_1\,\bar{\varepsilon}_1 + w_2\,\bar{\varepsilon}_2 + \cdots)\,, \qquad (81)$$

wobei $w_0 = \frac{N_0}{N}$, $w_1 = \frac{N_1}{N}$, $w_2 = \frac{N_2}{N}$ die Verteilungszahlen für das durch den jeweiligen Index bezeichnete Elementargebiet, N_0, N_1, N_2 die Molekülzahlen in den betreffenden Elementargebieten sind. Die Elementargebiete sind so gewählt, daß an der Grenze der beiden Gebiete $n - 1$ und n eine ganz bestimmte Energie ε_n besteht. Die Mittelwerte $\bar{\varepsilon}_0$, $\bar{\varepsilon}_1$, $\bar{\varepsilon}_2$ der Energie in den betreffenden Elementargebieten, die so geordnet sind, daß $\bar{\varepsilon}_0 < \bar{\varepsilon}_1 < \bar{\varepsilon}_2$, sind dann dadurch eingegrenzt, daß

$$\varepsilon_0 \leqq \bar{\varepsilon}_0 \leqq \varepsilon_1 \leqq \cdots \leqq \bar{\varepsilon}_{n-1} \leqq \varepsilon_n \leqq \bar{\varepsilon}_n \leqq \varepsilon_{n+1}\,. \qquad (82)$$

Die allgemeine Forderung der Quantentheorie besteht nun lediglich darin, daß die Mittelwerte in jedem Elementargebiet unabhängig von den Verteilungszahlen einen bestimmten Wert haben, der aber je nach den besonderen Quantenannahmen irgendwo innerhalb der durch (82) angegebenen Grenzen liegen kann. Die beiden Möglichkeiten, die dabei die größte Bedeutung gewonnen haben, sind die der I. Planckschen Quantentheorie, nach welcher die in einem bestimmten Elementargebiet liegenden Moleküle sämtlich die gleiche Energie besitzen, und die II. Plancksche Quantentheorie, wonach die in einem bestimmten Elementargebiet des Zustandsraumes liegenden Moleküle das Gebiet vollkommen gleichmäßig erfüllen. Da die Energie wie im ganzen Zustandsraum, so auch an den Grenzen der einzelnen Elementargebiete notwendig positiv oder Null sein muß, so kann sie nach (82) nur an der unteren Grenze des Elementargebietes mit dem Index 0 verschwinden. Die Gesamtenergie eines Molekülsystems kann also nur dann null werden, wenn alle seine Moleküle diesem Elementargebiet angehören und wenn die Energie aller Einzelmoleküle dieses Elementargebietes gleich dem Energiewerte seiner unteren Grenze ist. Hiernach ist es nur in der I. Planckschen Quantentheorie möglich, daß die Energie beim absoluten Nullpunkt verschwindet, und auch hier nur, wenn der von vornherein unbestimmt gelassene einheitliche Energiewert aller Moleküle im untersten Elementargebiet auf die Energie seiner unteren Grenze abgestellt wird. Unter diesen Umständen wird die Energie eines aus N molekularen Oszillatoren der Schwingungszahl ν bestehenden Systems, das sich mit schwarzer Strahlung der Temperatur T im Gleichgewicht befindet[2]),

$$\frac{N h\nu}{e^{\frac{h\nu}{kT}} - 1}\,,$$

ein Ausdruck, der in der Tat für $T = 0$ gleich 0 wird. Beispiele, in denen auch nach der I. Planckschen Theorie die Nullpunktsenergie nicht verschwindet, bieten die Bohrschen Atommodelle, bei welchen auch beim absoluten Nullpunkt die Bewegung der Elektronen um den Kern noch fortdauert und auch im untersten Quantenzustand noch einer endlichen Energie entspricht.

---

[1]) Vgl. M. Planck, Wärmestrahlung, 4. Aufl., S. 125, Gleichung 177.

[2]) M. Planck, Wärmestrahlung, 1. Aufl., S. 157, Gleichung 231. Leipzig 1906.

In der II. PLANCKschen Theorie kann, wie bereits erwähnt, selbst bei Verweisung sämtlicher Moleküle in das unterste Elementargebiet, nur ein verschwindender Bruchteil von diesen an der unteren Grenze dieses Elementargebietes liegen. Der überwiegende Teil wird daher eine endliche positive Energie erhalten, die auch beim absoluten Nullpunkt fortbestehen muß. Die resultierende Nullpunktsenergie ergibt sich wieder am einfachsten für ein System von N molekularen Oszillatoren, wenn diese diesmal den Bedingungen der II. PLANCKschen Theorie unterworfen sind. Wird die Elongation der Oszillatoren als Koordinate gewählt, so wird der entsprechend dem einzigen Freiheitsgrade der Oszillatoren 2-dimensionale Phasenraum (Phasenebene) bekanntlich von elliptischen Phasenbahnen erfüllt, derart, daß die Energie jedes Teilchens auf irgendeiner Phasenbahn durch das Produkt aus dem Flächeninhalt der Ellipse g und der Schwingungszahl ν des Oszillators gemessen wird, so daß

$$\varepsilon = g\nu. \tag{83}$$

Man kann die Energie jeder Phasenbahn auch im Inneren der Elementargebiete, deren Grenzen durch die besonderen Werte $g = nh$ mit ganzzahligem n gekennzeichnet sind, angeben, wenn man nur den Flächeninhalt der von ihr umschlossenen Ellipse kennt. Führen wir g als unabhängige Veränderliche ein, so ist die Anzahl von Oszillatoren im Intervall dg gleich $W(g)\,dg$, und die Funktion $W(g)$, die Verteilungsdichte, ist dabei wegen der gleichmäßigen Erfüllung der Phasenebene mit Oszillatoren gemäß der II. PLANCKschen Theorie eine von g unabhängige Konstante W_n, die nur von der Ordnungszahl des betreffenden Elementargebietes abhängt. Die Gesamtenergie aller Oszillatoren des Intervalls dg wird gleich $\varepsilon \cdot W(g)\,dg$, diejenige sämtlicher Oszillatoren des untersten Elementargebietes

$$E = \int_0^h \varepsilon W(g)\,dg = W_0 \int_0^h \varepsilon\,dg = W_0 \nu \int_0^h g\,dg = W_0 \nu \tfrac{1}{2} h^2. \tag{84}$$

Andererseits ist die Gesamtzahl der Oszillatoren im untersten Elementargebiet

$$\int_0^h W(g)\,dg = W_0 h = N, \tag{85}$$

da sich beim absoluten Nullpunkt beim Minimum der möglichen Gesamtenergie alle Oszillatoren in diesem Elementargebiet befinden. (85) eingeführt in (84) liefert als Gesamtenergie der N Oszillatoren beim absoluten Nullpunkt

$$E = \frac{N\nu}{2} \cdot h. \tag{86}$$

Man erhält also, wie nach der II. PLANCKschen Theorie zu erwarten, eine endliche Nullpunktsenergie.

Die vergleichsweise Entwicklung der I. und II. PLANCKschen Quantentheorie für materielle Gebilde ist besonders an dem Falle der spezifischen Wärme des Wasserstoffs durchgeführt worden, ohne daß indes eine von beiden Auffassungen ein entscheidendes Übergewicht erlangt hätte[1]).

---

[1]) Vgl. F. REICHE, Die Quantentheorie, S. 88. Berlin 1921, sowie auch K. BENNEWITZ u. F. SIMON, ZS. f. Phys. Bd. 16, S. 184. 1923.

e) Einfluß der Quantentheorie auf das Theorem der übereinstimmenden Zustände.

22. Das klassische Theorem der übereinstimmenden Zustände. Jede Molekulartheorie, sei sie klassisch oder quantenhaft, beansprucht zwar aus dem von ihr gewählten Modell die thermodynamischen Eigenschaften einer bestimmten Substanz, die chemisch einfach oder zusammengesetzt sein kann, abzuleiten. Dagegen besteht zwischen den Modellen der einzelnen Substanzen und deshalb auch zwischen den aus ihnen abgeleiteten thermodynamischen Funktionen zunächst keinerlei Beziehung. Indes hat man schon früh bemerkt, daß wenigstens für die chemischen Individuen weitgehende qualitative Analogien ihrer mechanisch thermischen Eigenschaften existieren, die sich besonders in den Beziehungen der einzelnen Aggregatzustände ausprägen. Die genauere Erkenntnis der kritischen Erscheinungen hat an Stelle der lediglich qualitativen Analogien quantitative Beziehungen gesetzt. Der Fundamentalsatz auf diesem Gebiet ist das sog. Theorem der übereinstimmenden Zustände.

Wird ein aus einer Flüssigkeit und dem zugehörigen Dampf bestehendes Zweiphasensystem erwärmt, so nähern sich die Dichten beider Phasen einander mehr und mehr, indem das spezifische Gewicht der Flüssigkeit ab-, das des Dampfes dagegen zunimmt. Bei einer bestimmten Temperatur, der kritischen, werden die Dichten beider Phasen sowie alle übrigen physikalischen Eigenschaften, insbesondere auch die optischen, einander gleich. Der Unterschied zwischen Flüssigkeit und Dampf hört bei dieser Temperatur auf, um oberhalb ihrer überhaupt nicht wieder aufzutreten. Der Dampfdruck bei der kritischen Temperatur ist der kritische Druck, die gemeinschaftliche Dichte von Flüssigkeit und Dampf die kritische Dichte. Die kritischen Daten, Temperatur, Druck und Dichte, sind für das thermisch-mechanische Verhalten eines chemischen Individuums so charakteristisch, daß sie natürliche individuelle Maßeinheiten dieser drei Arten von Größen für die betreffende Substanz bilden. Führt man diese Einheiten ein, so behauptet das Theorem der übereinstimmenden Zustände, daß der Druck als Funktion von Temperatur und Volumen für alle chemischen Individuen durch eine und dieselbe universelle Beziehung ausgedrückt wird. Dies soll sowohl für die Flüssigkeiten wie für die Dämpfe gelten. In diesem Sinne besitzen sämtliche Flüssigkeiten einerseits und sämtliche Dämpfe andererseits dieselbe Zustandsgleichung. Ja, auch die Bedingungen der Koexistenz von Flüssigkeit und Dampf sind in diesem Sinne universell. Es gibt nur eine einzige Dampfdruckkurve für alle Substanzen und nur je eine Kurve, die die Dichten von Flüssigkeit und Dampf als Funktionen der Temperatur darstellt.

23. Thermodynamische Formulierung des klassischen Theorems der übereinstimmenden Zustände. Die Kontinuität des gasförmigen und flüssigen Aggregatzustandes, wie sie in den kritischen Erscheinungen ihren Ausdruck findet, hat I. D. VAN DER WAALS SEN. zur Aufstellung einer gemeinschaftlichen Zustandsgleichung für eine jede Substanz im flüssigen und gasförmigen bzw. dampfförmigen Zustand geführt, welche bekanntlich lautet

$$\left(p + \frac{a}{V^2}\right)(V - b) = RT. \tag{87}$$

Diese Gleichung liefert für gegebene Werte von p und T je nach dem Werte von T einen oder mehrere Werte von V. Der Grenzwert von T, bei welchem an Stelle der Mehrheit der V-Werte ein einziger tritt, ist offenbar von den individuellen Konstanten a und b der Zustandsgleichung (87) abhängig. Dieser Grenzwert ist nichts anderes wie die obenerwähnte kritische Temperatur.

Man kann nun in die Gleichung (87) ebensogut wie in die obengenannten Beziehungen, die den Druck von Flüssigkeit und Dampf einzeln als Funktionen von Temperatur und Volumen darstellen, Druck, Volumen und Temperatur auf die kritischen Größen, das Molvolumen im kritischen Zustand φ_0, die kritische Temperatur ϑ_0 und den kritischen Druck Π_0 als Einheiten beziehen. Man erhält damit eine universelle, das gesamte Gebiet der Gase und Flüssigkeiten umfassende Zustandsgleichung von der Form

$$\left(\frac{p}{\Pi_0} + \frac{3}{\left(\frac{V}{\varphi_0}\right)^2}\right)\left(3\frac{V}{\varphi_0} - 1\right) = 8\frac{T}{\vartheta_0},$$

oder wenn man $\frac{p}{\Pi_0} = \Pi$, $\frac{V}{\varphi_0} = \varphi$; $\frac{T}{\vartheta_0} = \vartheta$ setzt,

$$\left(\Pi + \frac{3}{\varphi^2}\right) \cdot (3\varphi - 1) = 8\vartheta. \tag{88}$$

Die auf die kritischen Größen bezogenen sog. reduzierten Zustandsgrößen gehorchen nach (88) also in der Tat einer universellen Beziehung, die nur von der einzelnen Substanz unabhängige numerische Konstanten enthält.

Wenn auch Gleichung (88) ein deutliches Bild einer dem Theorem der übereinstimmenden Zustände entsprechenden Zustandsgleichung für das gesamte fluide Gebiet darstellt, so hat sie sich doch quantitativ keineswegs bewährt. Das Theorem wird daher besser durch eine Gleichung dargestellt

$$\Phi(\varphi, \vartheta, \Pi) = 0, \tag{89}$$

bei welcher die Form der Funktion Φ im einzelnen zunächst dahingestellt bleibt und nur behauptet wird, daß sie universellen Charakter besitzt. Immerhin kann man gewisse Eigentümlichkeiten der Funktion Φ angeben, die der allgemeinen Beschaffenheit der kritischen Erscheinungen entsprechen. Löst man nämlich (89) bezüglich φ auf, so wird die Anzahl der reellen Werte von φ davon abhängen, ob $\vartheta \gtreqless 1$. Für $\vartheta < 1$, im Sättigungsgebiete unterhalb der kritischen Temperatur, ergeben sich mindestens zwei Werte, deren größter φ_D das reduzierte Dampfvolumen und deren kleinster φ_{Fl} das reduzierte Flüssigkeitsvolumen darstellt. Für $\vartheta \geqq 1$, d. h. bei der kritischen Temperatur oder oberhalb ihrer, erhält man einen einzigen Wert von φ, eben das reduzierte Volumen des permanenten Gases, das den reduzierten Druck- und Temperaturwerten Π und ϑ entspricht.

Für die Koexistenz von Dampf und Flüssigkeit gilt allgemein das MAXWELLsche Kriterium, nach welchem die äußere Arbeit bei Überführung eines Grammols gesättigter Flüssigkeit in gesättigten Dampf die gleiche sein soll, gleichgültig, ob man diese beim konstanten reduzierten Sättigungsdruck Π_{koex} oder dem nach der allgemeinen Zustandsgleichung (89) der reduzierten Sättigungstemperatur ϑ entsprechenden, noch von φ abhängigen reduzierten Drucke vornimmt. Das MAXWELLsche Kriterium stellt sich für reduzierte Zustandsgrößen in der Form dar

$$\int_{\varphi_{Fl}}^{\varphi_D} \Pi \, d\varphi = \Pi_{\text{koex.}} (\varphi_D - \varphi_{Fl}). \tag{90}$$

Setzt man die gemäß obiger Vorschrift aus (89) ermittelten Werte von φ_D und φ_{Fl} in die rechte Seite und in die Integrationsgrenzen der linken Seite, den Wert von Π als Funktion von ϑ und φ gemäß (89) in den Integranden der linken Seite von (90) ein, so erhält man bei Ausführung der Integration eine universelle

Beziehung zwischen $\Pi_{\text{koex.}}$ und ϑ, d. h. die universelle Dampfdruckkurve des Theorems der übereinstimmenden Zustände.

Da man nach (89) φ_D und φ_{Fl} als Funktionen von $\Pi_{\text{koex.}}$ und ϑ darstellen kann, die universelle Dampfdruckkurve aber genügt, um $\Pi_{\text{koex.}}$ zu eliminieren, so folgen aus (89) und (90) auch universelle Darstellungen des reduzierten Flüssigkeits- und Dampfvolumens im Sättigungsgebiete in Funktion der reduzierten Siedetemperaturen.

24. Ausnahmen vom klassischen Theorem der übereinstimmenden Zustände. Von einer Regel von solcher Allgemeinheit wie dem Theorem der übereinstimmenden Zustände, das die gesamten Volum-, Druck- und Temperaturverhältnisse sämtlicher chemischer Individuen auf die kritischen Daten zurückführen will, kann man begreiflicherweise keine absolut genaue Gültigkeit erwarten, wenn man sich die außerordentliche Kompliziertheit der Moleküle gemäß unseren chemischen Vorstellungen vergegenwärtigt. In der Tat bedingt die molekulare Individualität nicht unbeträchtliche Schwankungen der thermodynamischen Funktionen des Druckes im Gas- und Flüssigkeitsgebiet, des Sättigungsdruckes und der Sättigungsvolumina um die nach dem Theorem der übereinstimmenden Zustände zu erwartenden Normalwerte. Besonders störend erweist sich für seine Gültigkeit vor allem die Bildung von Doppelmolekülen, wie wir sie bei Verbindungen wie Wasser, Säuren, Methylalkohol auf Grund von Molekulargewichtsbestimmungen kennen. Indessen bestehen starke Abweichungen vom Theorem auch bei keineswegs assoziierten Substanzen, namentlich bei H_2 und He. Dabei fällt auf, daß es sich in solchen Fällen um Körper von besonders niedriger kritischer bzw. Siedetemperatur handelt und daß die Abweichungen gesetzmäßig um so größer werden, je niedriger die kritische Temperatur ist. So nimmt der Richtungskoeffizient in der Regel der geraden Mittellinie von Dampf- und Flüssigkeitsdichten in ihrer reduzierten Form vom Normalwert 0,93 bis auf 0,255 bei He ab[1]).

25. Ableitung des klassischen Theorems der übereinstimmenden Zustände aus dem Prinzip der mechanischen Ähnlichkeit. Eine so weitgehende Ähnlichkeit im thermodynamischen Verhalten der verschiedenen Substanzen, wie das Theorem der übereinstimmenden Zustände sie darstellt, muß natürlich irgendwie in den molekularen Modellen zum Ausdruck kommen. Man wird aber zugleich von diesen fordern müssen, daß sie der eigentümlichen Abweichung vom Theorem bei den Substanzen mit niedriger kritischer Temperatur Rechnung tragen. Die Frage, die uns an dieser Stelle in dieser Beziehung beschäftigt, ist die, wieweit die erwähnten empirischen Beziehungen auf dem Boden der klassischen Molekulartheorie bzw. der Quantentheorie verständlich zu machen sind.

Betrachtet man zunächst das Theorem in seiner Normalform, ohne sich um die Abweichungen bei niedrigen kritischen Temperaturen zu kümmern, so bietet es dem molekulartheoretischen Verständnis auf dem Boden der klassischen Theorie allein keine allzu großen Schwierigkeiten, und in der Tat ist denn auch schon früh, längst vor Begründung der Quantentheorie, von H. KAMERLINGH ONNES[2]) eine molekulartheoretische Deutung des Theorems in dieser Form gegeben worden.

Die Deutung von KAMERLINGH ONNES beruht auf dem sog. Prinzip der mechanischen Ähnlichkeit. Starr gedachte Moleküle zweier chemischer Individuen können zunächst im gewöhnlichen, d. h. geometrischen Sinne einander ähnlich sein. Auch zwei Scharen ruhender Moleküle solcher geometrisch ähnlicher Molekülarten, die durch geometrisch ähnliche Hüllen begrenzt sind, können einander geometrisch ähnlich angeordnet werden. Dazu ist offenbar nötig, daß

[1]) Vgl. H. KAMERLINGH ONNES u. W. H. KEESOM, Enzyklop. d. math. Wissensch. Bd. V, 1, S. 922.

[2]) H. KAMERLINGH ONNES, Arch. Néerland. Bd. 30, S. 112. 1897.

entsprechende Entfernungen in beiden Systemen einander proportional sind. Ist etwa λ_1/λ_2 das Verhältnis von entsprechenden Längen im ersten und im zweiten Molekülsystem, so werden alle einander entsprechenden Abmessungen in beiden Systemen durch dieselben Zahlenwerte ausgedrückt werden, wenn man für beide Systeme nicht eine gemeinschaftliche Längeneinheit, wie etwa das Zentimeter, sondern die spezifischen Längeneinheiten λ_1 und λ_2 wählt.

Da die Moleküle in den wirklichen Molekülsystemen aber nicht ruhen, sondern infolge ihrer der endlichen Temperatur entsprechenden lebendigen Kraft und infolge von Kräften, die sie aufeinander ausüben, in Bewegung sind, so kann man nicht im allgemeinen darauf rechnen, daß eine etwa anfänglich bestehende geometrische Ähnlichkeit in beiden Systemen im Laufe der Zeit fortdauern wird. Hierzu müssen offenbar noch zusätzliche Bedingungen erfüllt werden. Indes erweist sich die Forderung, daß eine etwa anfangs vorhandene geometrische Ähnlichkeit dauernd fortbesteht, für die Ableitung des Theorems der übereinstimmenden Zustände als zu weitgehend. Es genügt vielmehr zu fordern, daß die Zeiten, innerhalb welcher, ausgehend von zwei geometrisch ähnlichen Zuständen der beiden Molekülsysteme, wieder geometrisch ähnliche Zustände erreicht werden, in einem festen Verhältnis zueinander stehen. Ist dieses Verhältnis τ_1/τ_2, so werden alle einander entsprechenden Zeitgrößen in beiden Systemen, etwa diejenigen, innerhalb welcher zwei Moleküle ihre Entfernung voneinander auf die Hälfte verkürzt haben, durch die gleichen Zahlenwerte ausgedrückt werden, wenn man als Zeiteinheit nicht eine gemeinschaftliche, etwa die Sekunde, benutzt, sondern die spezifischen Zeiteinheiten τ_1 und τ_2. Man kann das Verhältnis der beiden Systeme, deren Abmessungen bei dieser spezifischen Längen- und Zeitmessung durch die gleichen Zahlenwerte ausgedrückt werden, als kinematische Ähnlichkeit bezeichnen.

Das Verhältnis der Molekularvolumina zweier kinematisch ähnlicher Molekülsysteme wird im absoluten Maßsystem offenbar durch den Quotienten

$$\frac{V_1}{V_2} = \left(\frac{\lambda_1}{\lambda_2}\right)^3 \tag{91}$$

gegeben, so daß beide in ihren spezifischen Maßsystemen das gleiche Molekularvolumen besitzen. Aber über das Verhältnis der beiden anderen thermodynamischen Zustandsgrößen, Druck und Temperatur, in beiden Molekülsystemen läßt sich auf Grund der kinematischen Ähnlichkeit noch nichts Bestimmtes aussagen. Wohl liefern die gegebenen Verhältnisse λ_1/λ_2 und τ_1/τ_2 die Verhältnisse der Geschwindigkeiten, mit denen sich einander entsprechende Teilchen etwa in einem idealen Gase zu einander entsprechenden Zeiten im Inneren des Gases sowie an seinen Begrenzungswänden bewegen. Aber in den Ausdrücken für den Druck

$$p = \frac{1}{3} \cdot \frac{N \cdot m \overline{c^2}}{V} \tag{92}$$

und die der absoluten Temperatur proportionale lebendige Kraft je Grammol

$$\frac{1}{2} N \cdot m \overline{c^2} \tag{93}$$

wobei $\overline{c^2}$ das mittlere Geschwindigkeitsquadrat und m die Molekülmasse, tritt neben der kinematischen Geschwindigkeitsgröße die ausgesprochen mechanische Massengröße auf. Solange wir also nichts über die Verhältnisse der Massen in den kinematisch ähnlichen Systemen wissen, läßt sich nichts über die Verhältnisse von Drucken und Temperaturen in ihnen aussagen. Wir fügen demgemäß als eine dritte Ähnlichkeitsbeziehung zwischen den beiden Systemen noch hinzu, daß das Verhältnis von Massen, die zu entsprechenden Zeiten entsprechende Räume erfüllen, in beiden Systemen ebenfalls konstant und zwar μ_1/μ_2 ist. Zwei Molekülsysteme, in denen einander entsprechende Längen, Zeiten und Massen in einem festen Verhältnis zueinander stehen, werden als mechanisch ähnlich bezeichnet. Die im absoluten Maßsystem gemessenen Drucke stehen dabei nach (92) in mechanisch ähnlichen Systemen zueinander in dem Verhältnis

$$\frac{p_1}{p_2} = \frac{m_1}{m_2} \cdot \frac{V_2}{V_1} \cdot \frac{\overline{c_1^2}}{\overline{c_2^2}} = \frac{\mu_1}{\mu_2} \cdot \frac{\lambda_2}{\lambda_1} \cdot \left(\frac{\tau_2}{\tau_1}\right)^2. \tag{94}$$

Sie werden in den spezifischen Maßsystemen durch dieselben Zahlenwerte gegeben. Für das Verhältnis der Temperaturen, in Kelvingraden gemessen, in mechanisch ähnlichen Systemen ergibt sich nach (93)

$$\frac{T_1}{T_2} = \frac{m_1}{m_2} \cdot \frac{\overline{c_1^2}}{\overline{c_2^2}} = \frac{\mu_1}{\mu_2} \cdot \left(\frac{\lambda_1}{\lambda_2}\right)^2 \cdot \left(\frac{\tau_2}{\tau_1}\right)^2. \tag{95}$$

Bei Einführung der spezifischen Maßeinheiten erhält man wieder gleiche Temperaturwerte.

Da also in mechanisch ähnlichen Systemen bei Einführung der spezifischen Einheiten für Länge, Zeit und Masse Molekularvolumen, Druck und Temperatur die gleichen Zahlenwerte annehmen, so werden in solchen auch dieselben Beziehungen zwischen diesen drei Größen für die einzelne Substanz bestehen müssen; d. h. mechanisch ähnliche Systeme müssen dieselbe Zustandsgleichung (89)

$$\Phi(\varphi, \vartheta, \Pi) = 0$$

besitzen.

Zur Ableitung des Theorems der übereinstimmenden Zustände aus dem Prinzip der mechanischen Ähnlichkeit ist also nur noch hinzuzufügen, daß die Einführung der spezifischen Einheiten von Volumen, Druck und Temperatur mittels der kritischen Daten φ_0, ϑ_0, Π_0 der Einführung der spezifischen Einheiten für Länge, Zeit und Masse entspricht. Dazu braucht man nur vorauszusetzen, daß die kritischen Zustände untereinander mechanisch ähnlich sind. Denn nach (91), (94) und (95) werden bei Einführung der spezifischen Einheiten von Länge, Zeit und Masse die Molekularvolumina, Drucke und Temperaturen in mechanisch ähnlichen Systemen einander gleich. Dieser Gleichheit tragen wir Rechnung, indem wir die kritischen Werte von Molekularvolumen, Druck und Temperatur bei den verschiedenen Substanzen als untereinander gleich, d. h. als Einheiten dieser Größen ansehen. Daß die kritischen Punkte, wenn man überhaupt die Möglichkeit mechanisch ähnlicher Zustände bei verschiedenartigen Molekülsystemen annimmt, derartige Zustände darstellen werden, ist plausibel, da sie für jede einzelne Substanz einen ganz bestimmten, in höchstem Maße charakteristischen Zustand von zentraler Bedeutung für ihr ganzes thermodynamisches Verhalten darstellen.

26. Das Prinzip der mechanischen Ähnlichkeit und die empirischen Abweichungen vom klassischen Theorem der übereinstimmenden Zustände. Aus der Natur der molekularmechanischen Voraussetzungen, die wir zwecks Ableitung des Theorems der übereinstimmenden Zustände haben machen müssen, ergibt sich aber auch zugleich, daß es sich hier, wie die Erfahrung lehrt, offenbar nur um ein Näherungsgesetz handeln kann, da diese molekularmechanischen Voraussetzungen nach unseren ganzen molekulartheoretischen Vorstellungen gar nicht streng erfüllt sein können. Vor allem widerspricht die vorausgesetzte strenge geometrische Ähnlichkeit der Moleküle der verschiedenen chemischen

Substanzen den wohlbegründeten Bildern der Strukturchemie und der BOHRschen Atomtheorie. Ebenso werden die Kräfte, die je zwei unter sich gleichartige Moleküle aufeinander ausüben, bei verschiedenen Substanzen wegen des verschiedenartigen Molekülaufbaues in beiden Fällen nicht in so einfachen Beziehungen zueinander stehen, daß die Bedingungen der mechanischen Ähnlichkeit streng erfüllt sind. Immerhin müssen aber doch wegen der annähernden erfahrungsmäßigen Erfüllung des Theorems die individuellen Unterschiede der einzelnen chemischen Individuen so weit zurücktreten, daß wir wenigstens für das von der Zustandsgleichung beherrschte thermodynamische Erscheinungsgebiet mit mechanischer Ähnlichkeit im großen und ganzen rechnen dürfen. Natürlich kann keine Rede davon sein, das Prinzip der mechanischen Ähnlichkeit auf andere Gesetzmäßigkeiten zu übertragen, bei denen der individuelle Charakter der Moleküle oder gar der Atome wie bei der Emission der Spektrallinien stark hervortritt.

Die kleineren Abweichungen vom Theorem bei nicht assoziierten und die größeren bei assoziierten Substanzen, bei welch letzteren nicht einmal die Identität der einzelnen Moleküle je einer Substanz untereinander erfüllt ist, erscheinen so nach der klassischen molekulartheoretischen Ableitung verständlich. Für eine Sonderstellung der Substanzen mit niedriger kritischer Temperatur aber ergeben die klassischen Vorstellungen zunächst keinerlei Anhalt. Es ist nicht einzusehen, warum für Molekülsysteme, deren spezifische Einheiten von Länge, Zeit und Masse so beschaffen sind, daß sie zu niedrigen kritischen Temperaturen, in Kelvingraden gemessen, führen, nicht mehr mechanische Ähnlichkeit mit Molekülsystemen möglich sein sollte, deren spezifische Einheiten höheren kritischen Temperaturen entsprechen.

27. Unvereinbarkeit des universellen Wirkungsquantums mit dem Prinzip der mechanischen Ähnlichkeit. Wenn nun auch die klassische Molekularmechanik keinerlei Verständnis für die Sonderstellung der niedrigen kritischen Temperaturen ergibt, so könnte es mit der Molekularmechanik auf quantentheoretischer Grundlage doch anders stehen. In der Tat steckt in den Grundlagen der Quantentheorie ein Umstand, der der Erfüllung der Forderungen des Prinzips der mechanischen Ähnlichkeit Schranken setzt, und zwar derart, daß das genannte Prinzip nur um so ungenauer erfüllt werden kann, je niedriger die kritische Temperatur ist[1]).

Für jede Anwendung der Quantentheorie ist die Einführung des elementaren Wirkungsquantums h charakteristisch, einer Konstanten von der Dimension Energie $\times$ Zeit, die im C-G-S-System den festen Zahlenwert $6{,}52 \cdot 10^{-27}$ besitzt. Mit diesem festen Zahlenwert tritt sie in jedem der verschiedenen Molekülsysteme auf. Nun fordert aber das Prinzip der mechanischen Ähnlichkeit, daß jede physikalische Größe, die in zwei mechanisch ähnlichen Molekülsystemen die gleiche Rolle spielt, nicht im C-G-S-System, sondern in dem spezifischen Maßsystem der Substanz den gleichen Zahlenwert habe. Die universelle Konstanz von h im C-G-S-System, die in dem spezifischen Maßsystem zu verschiedenen Zahlenwerten für die einzelnen Substanzen führen würde, ist also mit dem Prinzip der mechanischen Ähnlichkeit unverträglich. Somit ist in Molekülsystemen, deren Verhalten überhaupt quantentheoretisch bedingt ist, eine strenge Erfüllung des Prinzips der mechanischen Ähnlichkeit und damit auch des Theorems der übereinstimmenden Zustände unmöglich. Abweichungen von beiden werden in so stärkerem Maße zu erwarten sein, je größer die Rolle der Quanteneffekte ist. Es handelt sich darum, verständlich zu machen, warum Quanteneffekte bei Substanzen mit niedriger kritischer Temperatur stärker hervortreten als bei solchen mit höherer.

---

[1]) Vgl. A. BYK, Ann. d. Phys. (4) Bd. 66, S. 157. 1921.

Wir gehen dabei von einem chemisch einatomigen komprimierten Gase bzw. einer Flüssigkeit aus, deren starre Moleküle nicht als Massenpunkte angesehen werden dürfen. Die Thermodynamik eines Grammols einer solchen Substanz baut sich molekulartheoretisch auf der statistischen Betrachtung einer sehr großen Anzahl (N) Moleküle von je 6 Freiheitsgraden auf. Die Zustände des Molekülsystems sind daher in einem 12-N-dimensionalen Phasenraum darzustellen.

Nehmen wir zwei derartige Molekülsysteme zweier verschiedener einatomiger Substanzen an, wobei wir zunächst die klassische Molekularmechanik zugrunde legen, so werden die Phasenbahnen durch zwei Raumkurven in beiden 12-N-dimensionalen Phasenräumen dargestellt. Im Falle mechanischer Ähnlichkeit läßt sich die eine dieser Phasenbahnkurven in die andere überführen, indem man jede einzelne Koordinate des Phasenraumes in einem bestimmten Verhältnis vergrößert bzw. verkleinert. Hat irgendeine der Koordinaten und Impulse der N Moleküle, welche die $12 \cdot N$ Koordinaten des Phasenraumes darstellen, die Dimension $[M]^a \cdot [L]^b \cdot [T]^c$, so wird offenbar die Phasenbahn des Molekülsystems mit dem Index 2 in diejenige des Molekülsystems mit dem Index 1 durch Multiplikation sämtlicher Koordinaten des Phasenraumes mit dem Faktor

$$\left(\frac{\mu_1}{\mu_2}\right)^a \cdot \left(\frac{\lambda_1}{\lambda_2}\right)^b \cdot \left(\frac{\tau_1}{\tau_2}\right)^c$$

übergeführt.

28. Mechanische Ähnlichkeitstransformation verrückt Phasenbahnen aus der Grenze zweier Elementargebiete. Man kann sich die Überführung zweier entsprechender Phasenbahnen in verschiedenen Molekülsystemen ineinander durch eine Ähnlichkeitstransformation an dem einfachen Fall eines aus einem einzigen, starren, kugelförmigen Molekül der Masse m bestehenden Systems klarmachen, das nach Art eines Resonators unter Wirkung einer elastischen Kraft um einen festen Punkt oszilliert. Die Bewegung wird dann bekanntlich durch eine Koordinate, die Elongation ξ des Kugelmittelpunktes, und den zugehörigen Impuls $\psi = m\frac{d\xi}{dt}$ beschrieben, welche die kartesischen Koordinaten des zweidimensionalen Phasenraumes, der Phasenebene, bilden. Die spezifischen Einheiten von Länge und Masse bei zwei einander mechanisch ähnlichen Oszillatoren verhalten sich wie ξ_1'/ξ_2' bzw. m_1/m_2, wobei ξ_1' und ξ_2' die Maximalelongationen der beiden Schwingungen, m_1 und m_2 die Massen beider Moleküle bezeichnen mögen. Das Verhältnis der spezifischen Zeiteinheiten leitet sich aus der Größe der elastischen Kraft in beiden Fällen ab. Ist die Differentialgleichung der Bewegung

$$m\ddot{\xi} = -a^2\xi, \tag{96}$$

so ist entsprechend der Dimension der Konstanten a^2

$$\frac{a_1^2}{a_2^2} = \frac{m_1}{m_2} \cdot \frac{\tau_2^2}{\tau_1^2}$$

und

$$\frac{\tau_1}{\tau_2} = \frac{a_2}{a_1} \cdot \frac{m_1^{\frac{1}{2}}}{m_2^{\frac{1}{2}}}. \tag{97}$$

Wir wollen der Einfachheit halber annehmen, daß die Schar der Phasenbahnen der Resonatoren, die bekanntlich Ellipsen mit konstantem Achsenverhältnis sind, in beiden Fällen bereits bei Anwendung des absoluten Maßsystems zusammenfallen. Dann muß das Achsenverhältnis in beiden Fällen dasselbe sein, also

$$2\pi m_1 \nu_1 = 2\pi m_2 \nu_2,$$

wobei ν_1 und ν_2 die Schwingungszahlen der beiden Resonatoren sind. Entsprechend der Dimension der Schwingungszahl ν als reziproker Zeit bedeutet dies, daß zwischen den spezifischen Einheiten von Masse und Zeit die Beziehung besteht

$$\frac{m_1}{\tau_1} = \frac{m_2}{\tau_2} \tag{98}$$

bzw. nach (97) zwischen den Massen und den der Einheitselongation von 1 cm entsprechenden elastischen Kräften die Beziehung

$$\frac{m_1^{\frac{1}{2}}}{m_2^{\frac{1}{2}}} = \frac{a_2}{a_1}. \tag{99}$$

Für zwei mechanisch ähnliche Phasenbahnen der Oszillatoren mit den Indizes 1 und 2 ist in diesem Falle das Verhältnis der großen wie auch der kleinen Achsen der Ellipsen gleich ξ_1'/ξ_2'. In Abb. 1a und 1b stellen die ausgezogenen Ellipsen zwei im *C-G-S*-System mechanisch ähnliche Phasenbahnen für das Verhältnis $\frac{\xi_1'}{\xi_2'} = \frac{2}{3}$ dar, wobei die Bedingung (99) erfüllt ist. Die ausgezogene Ellipse der Abb. 1b geht hier entsprechend der Dimension der Koordinaten durch Multiplikation der ξ-Koordinate mit dem Faktor

$$\left(\frac{\mu_1}{\mu_2}\right)^0 \cdot \left(\frac{\lambda_1}{\lambda_2}\right)^1 \cdot \left(\frac{\tau_1}{\tau_2}\right)^0 = \frac{\xi_1'}{\xi_2'},$$

der ψ-Koordinate mit dem Faktor

$$\left(\frac{\mu_1}{\mu_2}\right)^1 \left(\frac{\lambda_1}{\lambda_2}\right)^1 \left(\frac{\tau_1}{\tau_2}\right)^{-1},$$

der nach (98) $\left(\frac{\lambda_1}{\lambda_2}\right)^1 = \frac{\xi_1'}{\xi_2'}$ wird, in die ausgezogene Ellipse der Abb. 1a über.

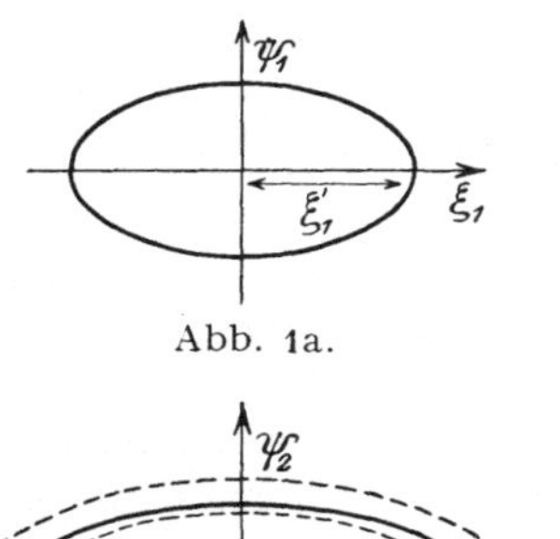

Abb. 1a.

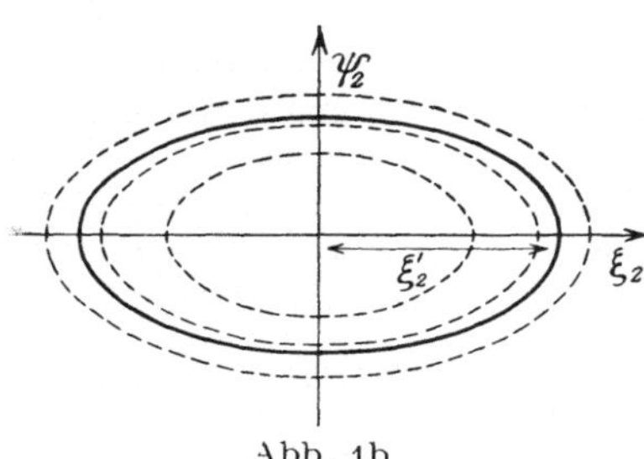

Abb. 1b.

Abb. 1a und 1b. Phasenbahnen des Resonators.

Während nach der klassischen Theorie jede Phasenbahn eine mögliche Bahn des Systems ist, ist dies in der Quantentheorie wenigstens in ihrer ersten Form nicht der Fall. Ist also die Phasenbahn eines ersten Molekülsystems eine im Sinne der Quantentheorie mögliche, so kann man nicht ohne weiteres annehmen, daß die mechanisch ähnliche Phasenbahn im zweiten Molekülsystem auch mit den Quantenbedingungen verträglich sein wird. Nach der ersten PLANCKschen Theorie verläuft nämlich eine Phasenbahn in ihrer ganzen Ausdehnung vollständig längs der Grenze zweier Elementargebiete der Wahrscheinlichkeit[1]). Damit dies wie für das erste Molekülsystem im allgemeinen auch für das zweite Molekülsystem der Fall sein soll, ist offenbar nötig, daß an Stelle der Hyperflächen, welche den ersten Phasenraum in Elementargebiete der Wahrscheinlichkeit zerlegen, im zweiten Phasenraum solche Hyperflächen treten, die aus den ersteren durch die gleiche Koordinatentransformation des Phasenraumes entstehen, die die einander entsprechenden einzelnen Phasenbahnen ineinander überführt. Da jedes einzelne Elementargebiet des Phasenraums gemäß der Quantentheorie für das erste Molekülsystem das Volumen $(h)^{6N}$ besitzt,

[1]) M. PLANCK, Ann. d. Phys. (4) Bd. 50, S. 387. 1916.

so müßte wegen der Dimension von h dieses Volumen im Phasenraum des zweiten Molekülsystems betragen

$$\left\{h\cdot\left(\frac{\mu_2}{\mu_1}\right)\cdot\left(\frac{\tau_1}{\tau_2}\right)\cdot\left(\frac{\lambda_2}{\lambda_1}\right)^2\right\}^{6N}.$$

Das ist aber unmöglich, da wegen des universellen Charakters des Wirkungsquantums auch im zweiten System das Volumen des Elementargebietes, in *C-G-S*-Einheiten gemessen, gleich $(h)^{6N}$ sein muß.

Ist etwa im vorher behandelten Beispiel des Oszillators die ausgezogene Ellipse der Abbildung 1a zugleich die obere Grenze des ersten Elementargebietes, derart, daß ihr Flächeninhalt gleich $h^1 = h$ ist, so wird die mechanisch ähnliche, voll ausgezogene Phasenbahn in Abb. 1b keineswegs mehr mit der Grenze des ersten Elementargebietes zusammenfallen, die ja unverändert bleibt und durch die kleinste gestrichelte Ellipse dargestellt wird. Sie wird überhaupt nicht auf die Grenze eines Elementargebietes, sondern zwischen die Grenzen des zweiten und dritten Elementargebietes, die ebenfalls durch gestrichelte Ellipsen angedeutet sind, fallen. Hiernach ist die der Phasenbahn des ersten Systems im zweiten System mechanisch ähnliche in dem letzteren nach der I. PLANCKschen Quantentheorie überhaupt keine mögliche Phasenbahn.

29. Das klassische Theorem der übereinstimmenden Zustände als Grenzgesetz für hohe kritische Temperaturen bzw. niedrige reduzierte Wirkungsquanten. Es bleibt noch klarzustellen, warum die Unvereinbarkeit einer quantenmäßig eingeschränkten Molekularmechanik mit dem Prinzip der mechanischen Ähnlichkeit gerade bei den Molekülsystemen mit besonders niedriger kritischer Temperatur zum Ausdruck kommt und warum der störende Einfluß der quantenhaften Struktur des Phasenraumes bei zunehmender kritischer Temperatur mehr und mehr zurücktritt. Denken wir uns für die beiden Phasenräume nicht das *C-G-S*-System, sondern die beiden spezifischen Maßsysteme zugrunde gelegt, so werden zwar die Phasenbahnen, die im Verhältnis mechanischer Ähnlichkeit zueinander stehen, in beiden Räumen identisch. Das gilt aber nicht von den die Struktur des Phasenraumes bedingenden Hyperflächen; denn dann würde ja auch das Volumen der Zellen des Phasenraumes im spezifischen Maßsystem für beide Molekülsysteme gleich sein, würde also im absoluten Maßsystem, wo es doch identisch gleich h^{6N} sein muß, verschieden ausfallen. Entsprechend der Invarianz des Zellenvolumens im absoluten Maßsystem werden bei Anwendung des spezifischen Maßsystems die Zellen um so kleiner sein, je größer die spezifische Einheit einer Größe von der Dimension von h in dem betreffenden Molekülsystem ist.

Zur unmittelbaren Anknüpfung an die Erfahrung erscheint es zweckmäßig, dem spezifischen Maßsystem die kritischen Daten zugrunde zu legen, deren Verhältnis zueinander bei zwei verschiedenen Substanzen ja nach obigem (vgl. Ziff. 25) zugleich dasjenige der spezifischen Einheiten von Größen der betreffenden Dimensionen darstellt. Wir setzen also als spezifische Einheiten des Volumens das kritische Molvolumen φ_0, als spezifische Einheit der Temperatur die kritische Temperatur ϑ_0 und als solche der Masse die Masse eines Grammols, d. h. das Molekulargewicht M. Die der ersten und dritten dieser molaren Größen entsprechenden molekularen Größen sind dann $\frac{\varphi_0}{N}$, das durchschnittliche Volumen, das einem wahren Molekül im kritischen Zustande zur Verfügung steht, und $m_0 = \frac{M}{N}$, die Molekülmasse. Die Temperatur als solche hat für das einzelne Molekül keine Bedeutung; wir wählen als spezifische Energieeinheit $k\vartheta_0$, eine Größe, die jedenfalls der Größenordnung nach nicht von der mittleren Energie eines

Moleküls im kritischen Zustande verschieden ist. Entsprechend der Dimension von h wird dann dessen spezifische Einheit

$$m_0^{\frac{1}{2}} \cdot \left(\frac{\varphi_0}{N}\right)^{\frac{1}{3}} \cdot (k\vartheta_0)^{\frac{1}{2}}$$

und das Volumen des Elementargebietes der Wahrscheinlichkeit im spezifischen Maßsystem

$$\left\{\frac{h}{m_0^{\frac{1}{2}} \cdot \left(\frac{\varphi_0}{N}\right)^{\frac{1}{3}} \cdot (k\vartheta_0)^{\frac{1}{2}}}\right\}^{6N} = w^{6N}, \tag{100}$$

wenn wir zugleich für den auf das spezifische Maßsystem bezogenen Wert des Wirkungsquantums, das reduzierte Wirkungsquantum, eine besondere Bezeichnung w einführen. Je kleiner w ist, desto dichter wird der Phasenraum von den die Elementargebiete voneinander trennenden Hyperflächen erfüllt sein, auf denen nach der I. PLANCKschen Quantentheorie die Phasenbahnen allein verlaufen dürfen. Auch bei kleinem w wird allerdings eine Phasenbahn, die im ersten Zustandsraum längs einer der charakteristischen Hyperflächen verläuft, im zweiten Phasenraum nicht mehr genau in einer Hyperfläche verlaufen. Aber sie wird bei Verkleinerung von w näher und näher an den benachbarten Hyperflächen liegen, so daß sie schließlich praktisch so betrachtet werden kann, als liege sie in einer Hyperfläche selbst. Die Beschränkung der möglichen Phasenbahnen durch die Quantentheorie verliert bei abnehmendem w immer mehr an Bedeutung. An Stelle des endlichen Elementargebietes der Wahrscheinlichkeit tritt schließlich ein differentielles Elementargebiet wie in der klassischen Molekularstatistik. Damit aber gehen die molekularen und dementsprechend auch die thermodynamischen Verhältnisse wieder in die klassischen über. Es gibt praktisch wieder mechanisch ähnliche Systeme, mit deren Hilfe wir das Theorem der übereinstimmenden Zustände ableiten können.

Um die Verhältnisse am Falle des Resonators zu erläutern, bemerken wir, daß bei Anwendung des spezifischen Maßsystems die Phasenebene um so dichter mit konzentrischen Ellipsen erfüllt sein wird, die die Grenze je zweier Elementargebiete bilden, je größer die spezifische Einheit für eine Größe der Dimension Energie $\times$ Zeit in dem betreffenden System ist, d. h. je größer (s. oben Ziff. 28) $\frac{m\,\xi'^2}{\tau}$ oder nach (98) je größer ξ' ist. Je dichter diese Erfüllung aber ist, um so genauer werden zwei Ellipsen zweier verschiedener Systeme, von denen gefordert wird, daß sie an der Grenze zweier Elementargebiete liegen sollen, miteinander übereinstimmen können.

Gleichung (100) zeigt nun in der Tat, daß das reduzierte Wirkungsquantum und damit die Abweichung vom Theorem der übereinstimmenden Zustände um so größer ist, je kleiner ϑ_0, je niedriger also die kritische Temperatur ist. Aber aus dem Ansatz (100) folgt zugleich, daß Verminderung des Molekulargewichts und des kritischen Volumens ebenso wirken wie niedrige kritische Temperaturen. Die Erfahrung bestätigt dies[1]), wobei zu bemerken ist, daß der Gang aller drei Größen ungefähr derselbe ist. Nach der hier gegebenen Erklärung durch die Quantentheorie kommt es für die Abweichungen vom Theorem der übereinstimmenden Zustände lediglich auf die in w vorkommende Kombination dieser drei Größen an. Das klassische VAN DER WAALSsche Theorem der übereinstimmenden Zustände erscheint so als ein Grenzgesetz für kleine reduzierte Wirkungsquanten oder hohe Molekulargewichte, hohe kritische Volumina und hohe kritische Temperaturen bzw. Siedepunkte.

[1]) W. NERNST, Theoretische Chemie, 8.—10. Aufl., S. 248. Stuttgart 1921.

30. Quantentheoretische Verallgemeinerung des Theorems der übereinstimmenden Zustände. Um das allgemeinere Gesetz, als dessen Grenzfall sich das klassische Theorem darstellt, abzuleiten, hat man nur zu bedenken, daß die Phasenbahnen in allen reduzierten Zustandsräumen identisch sind und daß als einziges individuelles Moment für die einzelne Substanz die Größe der unter sich gleichen Zellen des Zustandsraumes, eine Potenz des reduzierten Wirkungsquantums w, auftritt. Jede aus einer derartigen molekularen Vorstellung herzuleitende Beziehung, z. B. die allgemeine Zustandsgleichung, kann daher nur w als individuelle Konstante enthalten. Man wird so als Erweiterung der Gleichung des klassischen Theorems (89) auf die Beziehung geführt

$$\Phi(\varphi, \vartheta, \Pi, w) = 0 \tag{101}$$

oder

$$\Pi = \psi(\varphi, \vartheta, w) . \tag{102}$$

Mit Hilfe der Gleichung (101) lassen sich nun in der Tat die das Theorem der übereinstimmenden Zustände betreffenden Erfahrungstatsachen mit Einschluß der Substanzen von niedriger kritischer Temperatur darstellen[1]). Dahin gehören an Beziehungen für homogene Zustände die Zustandsgleichungen von KAMMERLINGH ONNES, KIRSTINE MEYER, AVOGADRO, D. BERTHELOT und A. WOHL sowie die Zustandsgleichungen entarteter Gase; dazu kommen noch die Verhältnisse bei den beiden ausgezeichneten Temperaturpunkten, dem Boylepunkte und dem Inversionspunkte des Joule-Kelvineffekts. An Relationen aus dem Gebiete der Sättigungserscheinungen handelt es sich hier um die Dampfdruckgleichungen von VAN DER WAALS und von NERNST, die Regel der geraden Mittellinie der Dampf- und Flüssigkeitsdichten von CAILLETET und MATHIAS, an solchen aus dem kritischen Gebiete um den eigentlichen kritischen Koeffizienten sowie um den kritischen Dampfspannungskoeffizienten. Auf das Theorem der übereinstimmenden Zustände in der Fassung der Gleichung (101) läßt sich mit Hilfe der CLAPEYRON-CLAUSIUSschen Gleichung auch die TROUTONsche Regel der Verdampfungswärmen in ihrer für niedrig siedende Substanzen nach NERNST[2]) revidierten Form zurückführen.

Die w-Werte gehen von $w = 2{,}04$ bei He bis zu 0,0131 bei $SnCl_4$ herunter. Das reduzierte Wirkungsquantum erweist sich als eine Zahl der Größenordnung 1 für die Substanzen mit niedriger kritischer Temperatur, bei denen Abweichungen vom klassischen Theorem der übereinstimmenden Zustände beobachtet werden, während sein Wert für die hochsiedenden Substanzen, die dem klassischen Theorem der übereinstimmenden Zustände folgen, wie es sein soll, durch eine sehr kleine Zahl gegeben ist. Das auf die Eigenschaften der Moleküle gegründete spezifische Maßsystem (vgl. oben Ziff. 29), das dem molekularen Charakter der Größe h Rechnung trägt, erscheint somit auch bezüglich der Größenordnung zweckmäßig gewählt.

31. Ausdehnung des Quantentheorems der übereinstimmenden Zustände vom Druck auf die freie Energie und die Entropie. Der Druck ist nicht die für Temperatur und Volumen als unabhängige Variable charakteristische thermodynamische Funktion, sondern nur deren der freien Energie F (negativ genommener) partieller Differentialquotient nach dem Volumen, derart, daß

$$\left(\frac{\partial F}{\partial V}\right)_T = -p . \tag{103}$$

Wenn man keinen Versuch gemacht hat, das klassische Theorem der übereinstimmenden Zustände auf das gesamte thermodynamische Verhalten der Flüssig-

[1]) Vgl. A. BYK, Ann. d. Phys. (4) Bd. 69, S. 161.: 1922 sowie ZS. f. phys. Chem. Bd. 110, S. 291. 1924.

[2]) W. NERNST, Theoretische Chemie, 8.—10. Aufl., S. 315.

keiten und Gase auszudehnen, so liegt das daran, daß es bei Ausdehnung auf den anderen partiellen Differentialquotienten von F, denjenigen nach der Temperatur, schon in den einfachsten Fällen völlig versagt. Dieser ist nämlich allgemein gleich der negativ genommenen Entropie

$$\left(\frac{\partial F}{\partial T}\right)_V = -S\,. \tag{104}$$

Aber schon die Entropie der einatomigen Gase hat[1]) eine Form der Abhängigkeit von den individuellen Konstanten der Substanz, von denen ausschließlich die Molekülmasse m_0 auftritt, die eine Reduktion auf die Form einer universellen Funktion von φ und ϑ ausgeschlossen erscheinen läßt.

Es ist indes kein Grund dafür einzusehen, warum die gleiche Betrachtung, die mittels der reduzierten Phasenräume zu der Gleichung (102) für den Druck führte, nicht ebensogut auf die charakteristische thermodynamische Funktion der freien Energie angewandt werden sollte. Ihr reduzierter, auf je ein Molekül bezogener Wert wird dann

$$f = \frac{\frac{F}{N}}{k\vartheta_0} = \psi(\varphi, \vartheta, w)\,. \tag{105}$$

Der Inhalt von Gleichung (105) läßt sich dann folgendermaßen ausdrücken: Die reduzierte freie Energie einer Gruppe chemisch einheitlicher Substanzen, deren thermodynamische Zustände sich bezüglich ihrer Phasenbahnen durch mechanisch ähnliche Molekülsysteme darstellen lassen, ist eine universelle Funktion des reduzierten Volumens, der reduzierten Temperatur und des reduzierten Wirkungsquantums. Diese Erweiterung des klassischen Theorems der übereinstimmenden Zustände in doppeltem Sinne, nämlich einmal durch Einführung des individuellen Parameters w und zweitens durch Erweiterung vom partiellen Differentialquotienten der freien Energie nach dem Volumen auf die freie Energie selbst wird als Quantentheorem der übereinstimmenden Zustände bezeichnet.

Die zweite Art der Erweiterung findet ihre Rechtfertigung vor allem dadurch, daß das Theorem nunmehr imstande ist, im Gegensatz zu dem klassischen auch die Entropie der einatomigen Gase darzustellen. Da die spezifische Einheit der Entropie, die aus ihrer Dimension zu $\frac{k\vartheta_0}{\vartheta_0} = k$ folgt, unabhängig von der einzelnen Substanz ist, so wird die auf ein Molekül bezogene reduzierte Entropie eines einatomigen Gases[2])

$$s = \frac{\frac{S}{N}}{k} = \log V + \frac{3}{2}\log T + \log\left[\frac{(2\pi m_0)^{\frac{3}{2}}\cdot k^{\frac{3}{2}}}{h^3 N}\right] + \frac{5}{2} \tag{106}$$

und nach Einführung von φ, ϑ, w

$$s = \log\varphi + \frac{3}{2}\log\vartheta - 3\log\left[\frac{w}{e^{\frac{5}{6}}(2\pi)^{\frac{1}{2}}}\right], \tag{107}$$

ein Ausdruck, der s sehr einfach, wie es sein soll, als Funktion von φ, ϑ, w darstellt. Es erscheint plausibel, daß eine bekanntlich quantentheoretisch abgeleitete Formel wie die Gleichung (106) für die Entropie zwar aus dem quantentheoretisch verallgemeinerten Theorem der übereinstimmenden Zustände, nicht aber aus dem auf rein klassischer molekulartheoretischer Grundlage beruhenden ursprünglichen Theorem abgeleitet werden kann.

---

[1]) Vgl. A. BYK, Ann. d. Phys. (4) Bd. 69, S. 182. 1922.

[2]) Vgl. O. STERN, ZS. f. Elektrochem. Bd. 25, S. 66. 1919.

Die Forderung bezüglich ihrer Phasenbahnen mechanisch ähnlicher Molekülsysteme beschränkt das quantentheoretisch erweiterte Theorem der übereinstimmenden Zustände strenggenommen wie das klassische auf Substanzen mit gleicher Anzahl von Atomen im Molekül. Allgemein wird es daher nur für solche Eigenschaften gelten können, bezüglich deren sich die mehratomigen Moleküle wie einatomige verhalten, für die sie also als starre Gebilde nach Art der einatomigen zu betrachten sind. Das Theorem umfaßt daher etwa die spezifischen Wärmen nicht allgemein, sondern nur für einatomige Substanzen[1]. Aber es hat sich doch beim klassischen Theorem gezeigt, und das gilt, da jetzt auch die Substanzen mit tiefen kritischen Temperaturen mit einbezogen werden können, in noch höherem Maße für das Quantentheorem, daß man auch komplizierte Moleküle sehr weitgehend als praktisch einatomig behandeln darf. Übrigens läßt sich das Quantentheorem der übereinstimmenden Zustände auch auf gewisse Erscheinungen außerhalb des Gebietes der reinen Thermodynamik (innere Reibung der Gase und Flüssigkeiten, Kapillarität und Molekularrefraktion) anwenden, wozu dann natürlich nicht mehr die thermodynamische Fassung der Gleichung (105) genügt.

32. Reduzierte freie Energie des einatomigen festen Körpers. Zur Veranschaulichung der Art der Ableitung von Gleichung (105) wollen wir diese im einzelnen für das Beispiel des Resonators durchführen. Ein System von Resonatoren stellt bekanntlich das einfachste quantentheoretische Modell eines einatomigen festen Körpers dar und ist in diesem Sinne von A. EINSTEIN[2] zur Ableitung der spezifischen Wärmen benutzt worden. Ein System aus N Atomen mit ruhenden Schwerpunkten wird durch $3N$ Schwingungselongationen und die zugehörigen Impulse charakterisiert, besitzt also einen Phasenraum von $6N$ Dimensionen. Die Phasenbahnen des gesamten Systems sowie die die Struktur des Phasenraumes bildenden Hyperflächen sind vollständig durch ihre Projektionen auf die $3N$ zweidimensionalen Ebenen bestimmt, deren Koordinaten je eine Elongation und der zugehörige Impuls bilden; diese Projektionen bestehen aus den bekannten konzentrischen Ellipsen. Das molekularstatistische Verhalten des Systems ist durch den Verlauf der der klassischen Dynamik folgenden Phasenbahnen sowie die Quantenstruktur des Phasenraumes im Verein mit der Gesamtenergie $3NU$ Erg sämtlicher Resonatoren bestimmt. In mechanisch ähnlichen Systemen sind die Kurvenscharen der klassischen Phasenbahnen miteinander identisch, wenn man die spezifischen Einheiten einführt, und die Gesamtenergie der Resonatoren ist, wieder in den spezifischen Einheiten, in beiden ebenfalls die gleiche, nämlich $3Nu$. Verschieden aber ist in beiden Fällen das Volumen der Zellen der Phasenebenen in spezifischen Einheiten, nämlich w_1 bzw. w_2.

Da wir entsprechend (105) im speziellen Falle nicht die Entropie, sondern die freie Energie als charakteristische thermodynamische Funktion aufstellen wollen, so haben wir statt der Gesamtenergie des Systems noch die Temperatur mittels der bekannten Gleichung eingeführt zu denken

$$T = \frac{1}{\left(\frac{\partial S}{\partial U}\right)_V}$$

oder bei Übergang zu den spezifischen Einheiten

$$\vartheta = \frac{1}{\left(\frac{\partial s}{\partial u}\right)_\varphi}.$$

[1] Vgl. A. BYK, Ann. d. Phys. (4) Bd. 69, S. 185. 1922.
[2] A. EINSTEIN, Ann. d. Phys. (4) Bd. 22, S. 180. 1907.

Die freie Energie des Molekülsystems wird in absoluten Einheiten[1])

$$F = -kT \log \sum e^{-\frac{\overline{E}_n}{kT}}. \tag{108}$$

Dabei bedeutet $\overline{E}_n$ die mittlere Energie des Molekülsystems im n-ten Elementargebiet, und die Summierung ist über alle Elementargebiete des in unserem Falle $6N$-dimensionalen Phasenraumes zu erstrecken. Die mittlere Energie in irgendeinem Elementargebiet des Phasenraumes des Molekülsystems ergibt sich durch Summation über die mittleren Energien einer gewissen Kombination der Elementargebiete der einzelnen $3N$ Oszillationen, so daß

$$\overline{E}_n = \overline{\varepsilon'_p} + \overline{\varepsilon''_q} + \overline{\varepsilon'''_r} + \cdots,$$

wobei die oberen Indizes die einzelne Oszillation, die unteren das Elementargebiet des Phasenraumes kennzeichnen, in dem sie sich befindet. Die Zustandssumme in (108) nimmt damit den Wert an

$$\sum e^{-\frac{\overline{\varepsilon'_p} + \overline{\varepsilon''_q} + \overline{\varepsilon'''_r} + \cdots}{kT}} = \sum e^{-\frac{\overline{\varepsilon'_p}}{kT}} \cdot \sum e^{-\frac{\overline{\varepsilon''_q}}{kT}} \cdot \sum e^{-\frac{\overline{\varepsilon'''_r}}{kT}} \cdots. \tag{109}$$

Die Summation ist für jede der $3N$ Oszillationen über ihre sämtlichen Elementargebiete von 0 bis ∞ zu erstrecken.

Bei Anwendung der I. PLANCKschen Quantentheorie wird die mittlere Energie eines Elementargebietes der Phasenebene der einzelnen Oszillation gleich der Energie seiner unteren Grenze, also unabhängig von dem oberen Index

$$\overline{\varepsilon_p} = p\nu h,$$

wobei ν die gemeinschaftliche Schwingungszahl sämtlicher Oszillationen ist. Hiernach geht die Zustandssumme wegen der Identität der einzelnen Produkte auf der rechten Seite von (109) über in

$$\left\{\sum_{p=0}^{p=\infty} \left(e^{-\frac{h\nu}{kT}}\right)^p\right\}^{3N} = \left(\frac{1}{1 - e^{-\frac{h\nu}{kT}}}\right)^{3N}.$$

Bei Einführung der spezifischen Einheiten wird die Zustandssumme, da die Energiegröße $k \cdot T$ den spezifischen Wert $\frac{kT}{k\vartheta_0} = \vartheta$ annimmt, wenn wir noch den gemäß einer Beziehung von F. A. LINDEMANN von der einzelnen Substanz unabhängigen[2]) spezifischen Wert der Schwingungszahl mit ζ bezeichnen,

$$\left(\frac{1}{1 - e^{-\frac{w\zeta}{\vartheta}}}\right)^{3N}.$$

Dies gibt, eingeführt in (108), wenn wir auch hier zu den spezifischen Einheiten übergehen,

$$f = +3N\vartheta \log\left(1 - e^{-\frac{w\zeta}{\vartheta}}\right). \tag{110}$$

Die charakteristische thermodynamische Funktion der freien Energie wird hier im spezifischen Maßsystem eine universelle Funktion ihrer zugehörigen unabhängigen Variablen ϑ allein, da φ wegfällt, mit dem Parameter w. Gleichung (110) stellt so die spezielle Form der allgemeinen Gleichung (105) des Quantentheorems der übereinstimmenden Zustände für ein System von N molekularen Resonatoren dar.

---

[1]) Vgl. M. PLANCK, Wärmestrahlung, 4. Aufl., S. 207.

[2]) Vgl. A. BYK, Ann. d. Phys. (4) Bd. 69, S. 187. 1922.

Kapitel 6.

Die kinetische Theorie der Gase und Flüssigkeiten.

Von

G. JÄGER, Wien.

Mit 13 Abbildungen.

I. Druck.

a) BOYLE-CHARLESsches Gesetz.

1. Allgemeines und Geschichtliches. Im folgenden soll eine Darstellung der wichtigsten Teile der kinetischen Gas- und Flüssigkeitstheorie gegeben werden, so wie sie sich im Laufe der Zeit entwickelt hat. Das historische Bild dürfte auch am leichtesten Einblick in den zu behandelnden Stoff und den bequemsten Weg zu dessen Verständnis darbieten. Es sollen die wesentlichen Erscheinungen, die wir an Gasen und Flüssigkeiten wahrnehmen, durch eine einheitliche Theorie wiedergegeben werden. Nicht in unsere Betrachtung einziehen, weil an anderer Stelle behandelt, werden wir die Theorie der spezifischen Wärme und der Zustandsgleichung, desgl. werden wir die Berechnung der Größe der Molekeln sowie der LOSCHMIDTschen Zahl nur streifen.

Während die Atomtheorie der Materie bis auf LEUKIPP und DEMOKRIT zurückgeht, ist eine haltbare Darstellung der drei Aggregatzustände doch erst, abgesehen von einigen Vorläufern, in der Mitte des 19. Jahrhunderts entstanden und dann fortlaufend bis zur Gegenwart weiterentwickelt worden. Am einfachsten ließen sich die Eigenschaften der Gase durch die Bewegungen der Molekeln beschreiben. Ihre Energie ist der Wärmeinhalt des Gases. Man gab der darauf aufgebauten Theorie den Namen „kinetische Gastheorie“. Auch „dynamische“ oder „mechanische“ Theorie pflegt man sie manchmal zu nennen.

Dieselben Anschauungen auf den flüssigen und festen Zustand übertragen, führen zur kinetischen Theorie der flüssigen und festen Körper. Für diese beiden Zustände erwuchsen der Theorie jedoch sehr große zum Teil unüberwindliche Schwierigkeiten. Für den festen Zustand entwickelte sich in neuerer Zeit eine Theorie unter ganz anderen Gesichtspunkten, hauptsächlich durch die Ausbildung der Quantentheorie.

Man könnte bei der Darstellung der kinetischen Theorie der Materie auch noch einen zweiten, gegenwärtig sehr gangbar gewordenen Weg einschlagen, indem man als Ausgangspunkt die „statistische Mechanik“ nimmt. Sowohl die kinetische Theorie fester Körper jedoch als auch die statistische Mechanik finden ihre selbständige Darstellung an anderer Stelle des Handbuchs und durch andere Autoren.

Als den fruchtbarsten Begründer der kinetischen Gastheorie haben wir R. CLAUSIUS anzusehen, der in seiner Abhandlung „Über die Art der Bewegung, welche wir Wärme nennen“[1]) die wichtigsten Eigenschaften der Gase und zum Teil auch der Flüssigkeiten erklärte und einige Sätze, z. B. das BOYLE-CHARLESsche Gesetz, in strenger Weise ableitete. Dieses Gesetz hat ein Jahr vor ihm (1856) in einfacher Weise A. KRÖNIG in seiner Arbeit „Grundzüge einer Theorie der Gase“[2]) mathematisch dargestellt. Aber beide Forscher, neben denen noch andere genannt werden könnten, hatten einen Vorläufer in DANIEL BERNOULLI, der in seinem bereits 1738 erschienenen Werk „Hydrodynamica“ das BOYLEsche Gesetz richtig entwickelte und auch auf andere Eigenschaften der Gase seine Erklärungsweise anwandte[3]). Zur höchsten Blüte haben die kinetische Gastheorie J. CL. MAXWELL und L. BOLTZMANN gebracht.

2. Der gasförmige Zustand. Nach der kinetischen Theorie stellen wir uns ein Gas vor, bestehend aus Molekeln, deren jede ihre eigene Bewegung auf geradliniger Bahn vollführt, indem wir von der Einwirkung einer äußeren Kraft, z. B. der Schwerkraft, vorerst absehen. Die Molekeln sollen aufeinander nur für den Fall, als sie einander sehr nahe kommen, eine Kraft ausüben, die sie wieder auseinander treibt. Wir nehmen also eine Art Abstoßungskraft an, die gleichzeitig als Zentralkraft aufgefaßt wird. Die Folge wird sein, daß im Fall einer solchen Begegnung, die wir kurz einen Zusammenstoß nennen wollen, jede der beiden Molekeln eine Geschwindigkeits- und Bewegungsrichtungsänderung erfahren, wobei der Energie- und der Impulssatz gelten sollen. Überhaupt werden alle mechanischen Erscheinungen auf Grund der klassischen Mechanik behandelt. Die Zeit einer solchen Ablenkung sowie Geschwindigkeitsänderung soll so kurz sein, daß sie gegenüber der mittleren Zeit, die eine Molekel zwischen zwei Ablenkungen durch andere Molekeln auf geradliniger Bahn zubringt, vernachlässigt werden kann. Eine Gasmolekel wird also zwischen den anderen Molekeln eine sog. Zickzacklinie beschreiben, wobei sich zwei Molekeln bei jedem Stoß bis auf einen gewissen mittleren Abstand nähern. Das hat zu einer sehr einfachen Auffassung der Molekeln überhaupt geführt, indem man sie sich wie vollkommen elastische Kugeln vorstellt, deren Durchmesser mit der von uns erwähnten mittleren Entfernung beim Stoß identisch ist.

Da wir von seiten der Chemie her gewohnt sind, die Molekeln einer Substanz als gleichartige Einzeldinge anzusehen, so schreibt man allen Molekeln eines Gases dieselbe Größe zu, die, wie schon erwähnt, gegenüber ihrer mittleren Entfernung als klein angenommen wird, so daß wir sie bei verschiedenen Rechnungen überhaupt vernachlässigen können. Gleicherweise sollen alle Molekeln eines einfachen Gases dieselbe Masse haben.

Haben wir somit ein vollkommen ruhendes Gas vor uns, so müssen wir trotzdem annehmen, daß in seinem Inneren die lebhafteste Bewegung der Molekeln vorhanden ist. Diese Bewegungen müssen demnach so vor sich gehen, daß der gemeinschaftliche Schwerpunkt der Molekeln in Ruhe bleibt, was eine Reihe von Annahmen verlangt. Erstens soll die Molekeldichte, d. h. die Zahl der Molekeln in der Volumeinheit, in allen Punkten des Gases dieselbe sein. Zweitens müssen sich nach jeder Richtung des Raumes gleich viel Molekeln mit gleicher Geschwindigkeit bewegen. Drittens dürfen sich durch die Zusammenstöße diese

[1]) R. CLAUSIUS, Pogg. Ann. Bd. 100, S. 353. 1857.
[2]) Zuerst bei A. W. HAGEN erschienen, abgedruckt in Pogg. Ann. Bd. 99, S. 315. 1856.
[3]) In Übersetzung abgedruckt in Pogg. Ann. Bd. 107, S. 490. 1859.

Verhältnisse nicht ändern, d. h. alle jene Geschwindigkeiten und Geschwindigkeitsrichtungen, die durch die Stöße gewisse Molekeln verlieren, müssen in gleicher Zahl von anderen erlangt werden.

Wir sprachen von mittleren Geschwindigkeiten. Darunter verstehen wir folgendes. Alle möglichen Geschwindigkeiten verteilen sich gleichmäßig über die Molekeln. Es muß ein Verteilungsgesetz der Geschwindigkeiten vorhanden sein. Dieses sagt aus: Die Molekeln wechseln zwar infolge der Zusammenstöße beständig ihre Geschwindigkeit, die Zahl der Molekeln, denen eine bestimmte Geschwindigkeit eigen, bleibt immer dieselbe. Die mittlere Geschwindigkeit ist der Mittelwert aller Geschwindigkeiten. Sie bleibt konstant, solange sich die Eigenschaften des Gases nicht ändern. Dies ist alles nur denkbar, wenn wir die Gesamtzahl der Molekeln außerordentlich groß annehmen. Die natürliche Folge ist, daß auch die Zusammenstöße außerordentlich häufig vorkommen müssen.

3. Verhalten der Gefäßwände. Es ist noch die Frage zu lösen, was geschieht, wenn die Gasmolekeln auf die Molekeln der Gefäßwände stoßen. Wir können natürlich nicht annehmen, daß die Gefäßwände als vollkommen glatte Flächen anzusehen sind, von denen die Molekeln nach den Gesetzen des elastischen Stoßes, wie etwa Billardbälle von der Billardwand, zurückgeworfen werden. Die Gefäßwände bestehen ja auch aus Molekeln, die außerdem infolge der Wärmebewegung an ihrem Ort nicht fix bleiben, sondern etwa eine zitternde Bewegung um einen bestimmten Punkt machen. Trifft also eine Gasmolekel auf eine Molekel der Gefäßwand, so wird sie zwar zurückgeworfen werden, die Reflexionsrichtung wird aber je nach der Art und Weise des Zusammenstoßes sehr verschieden ausfallen. Betrachten wir aber sehr viele Molekeln, so wird zur Aufrechthaltung der sichtbaren Ruhe des Gases nur notwendig sein, daß die Bewegungsrichtungen der reflektierten Molekeln im Durchschnitt ebenso im Raum verteilt sind wie jene der auftreffenden, was wir also für die Folge voraussetzen wollen. Die Richtungen der reflektierten Molekeln verhalten sich also genau so, als würde jede einzelne Molekel von einer vollkommen glatten Wand nach den Reflexionsgesetzen zurückgeworfen.

Wirkt auf eine Masse eine Kraft, so messen wir deren Größe durch die Bewegungsgröße oder den Impuls, den die Kraft der Masse in der Sekunde erteilt. Wirkt eine Kraft auf eine Fläche in der Weise, daß auf jedes Flächenelement in der Richtung der Normalen gegen die Fläche eine bestimmte unendlich kleine Kraft wirkt, so nennen wir die Summe dieser Kräfte, bezogen auf die Flächeneinheit, den mittleren Druck, unter dem die Fläche steht. Dieser Druck wird also gemessen werden können durch die Bewegungsgröße, die in der Sekunde an die Einheit der Fläche abgegeben wird.

Jetzt ist auch ohne weiteres klar, wie wir uns den Gasdruck nach der kinetischen Theorie vorzustellen haben. Sooft eine Molekel gegen die Wand fliegt, wird durch die Reflexion jene Komponente der Bewegungsgröße, die in die Normale zur Wand fällt, die entgegengesetzte Richtung annehmen. Die Molekel hat somit auf die Wand und nach dem Axiom der Gleichheit der Wirkung und Gegenwirkung ebenso die Wand auf die Molekel eine Bewegungsgröße übertragen, die gleich ist der doppelten Bewegungsgröße, die sie vor dem Stoß senkrecht gegen die Wand besaß. Die gesamte Bewegungsgröße, die auf diese Weise von den Molekeln in der Sekunde auf jeden Quadratzentimeter der Gefäßwand übertragen wird, werden wir somit als den Druck des Gases anzusehen haben.

4. Beispiel für die Kraftwirkung rasch aufeinanderfolgender Stöße. Bevor wir zur Berechnung des Gasdrucks nach den gegebenen Vorstellungen schreiten, wollen wir an einem Beispiel illustrieren, wie rasch aufeinanderfolgende

Stöße als kontinuierlich wirkende Kraft in die Erscheinung treten können. Wir denken uns zwei vollkommen elastische Kugeln; die eine habe die Masse M, die andere m, und es sei $M \gg m$. Die kleine Kugel treffe mit der Geschwindigkeit v senkrecht auf eine horizontale starre Ebene, wird also mit derselben Geschwindigkeit von ihr reflektiert werden und senkrecht nach oben fliegen. In der mäßigen Höhe h stoße sie mit der Kugel M in der Weise zusammen, daß die Zentrilinie vertikal ist. Infolge des Stoßes soll die kleine Kugel nach abwärts, die große nach aufwärts fliegen. Die kleine wird neuerdings von der Platte reflektiert werden; die große wird nach Verlauf einer bestimmten Zeit zur Ruhe kommen und dann nach abwärts fallen, so daß wiederum ein Zusammenstoß beider Kugeln erfolgen wird.

Das Ganze sei nun derartig angeordnet, daß sich die Stöße in gleichen Zeiträumen immer in derselben Weise wiederholen. Das heißt: während die kleine Kugel den Weg h nach abwärts und aufwärts zurücklegt, steigt die große Kugel nach jedem Stoß um eine kleine Strecke empor, fällt um dieselbe Strecke zurück und trifft mit der kleinen Kugel wieder in derselben Höhe zusammen. Zwischen zwei Zusammenstößen verfließe die Zeit 2τ. Die Geschwindigkeit v der kleinen Kugel nehmen wir so groß an, daß wir den Einfluß der Schwere auf die Geschwindigkeit während der kleinen Zeit τ vernachlässigen können. Es kann also $\tau = h/v$ gesetzt werden.

Nach den Gesetzen des freien Falls ist die Geschwindigkeit V, mit der die große Kugel die kleine trifft

$$V = g\tau = \frac{gh}{v},$$

wenn wir unter g die Beschleunigung der Schwere verstehen. Beim Zusammenstoß müssen beide Kugeln dieselbe Bewegungsgröße haben, es muß somit $MV = mv$ oder

$$\frac{v}{V} = \frac{M}{m}$$

sein. Die Fallhöhe der großen Kugel ist

$$H = \frac{g\tau^2}{2} = \frac{gh^2}{2v^2}.$$

Als Zahlenbeispiel wollen wir folgendes annehmen. Es sei $\frac{M}{m} = 1000$, $h = 100$ cm. Es ist somit $\frac{v}{V} = 1000$. Setzen wir rund $g = 1000$ cm, so $Vv = gh = 10^5$, mithin $v^2 = 10^8$, $v = 10^4$ cm und $\tau = \frac{h}{v} = \frac{1}{100}$ sec. In dieser Zeit fällt ein Körper um die Strecke $H = \frac{g\tau^2}{2} = \frac{1}{20}$ cm $= \frac{1}{2}$ mm. Hätten wir also zwei vollkommen elastische Kugeln von 1 kg bzw. 1 g Masse, so würde in der Höhe von 1 m über der Platte die große Kugel von der kleinen, die mit einer Geschwindigkeit von 100 m/sec fliegt, also mit dem Auge nicht verfolgt werden könnte, in der Sekunde 50 mal getroffen, wobei sie zwischen je zwei Stößen $^1/_2$ mm steigt und fällt. Die große Kugel schwebt, und wir werden sagen: Es wirkt auf sie eine Kraft senkrecht nach oben, die gleich dem Gewicht Mg der Kugel ist, was wir durch die Gleichung

$$Mg = \frac{mv^2}{h}$$

ausdrücken können. Vergrößern wir das Verhältnis M/m, so muß v und die Stoßzahl immer größer, H immer kleiner werden, so daß wir schließlich mit den feinsten Mitteln nicht mehr angeben könnten, ob die große Kugel in Ruhe oder in zitternder Bewegung ist.

5. Die Druckformel. Ähnlich wie bei unserm vorhergehenden Beispiel verhält es sich nun mit dem Gasdruck. Hätten wir eine bewegliche Gefäßwand, so würde jede auftreffende Molekel der Wand eine kleine Bewegung erteilen. Die Stöße der einzelnen Molekeln folgen aber so rasch aufeinander, und die Bewegungsgröße jeder einzelnen ist so klein, daß wir nur deren Summe beobachten können, und das ist eben der Druck, den das Gas auf die Gefäßwand ausübt. Damit die Wand in Ruhe bleibt, muß ein gleich großer Gegendruck etwa infolge der elastischen Kräfte der Wand vorhanden sein.

Wie schon früher erwähnt, können wir das Verhalten des Gases für die Rechnung so auffassen, als würden alle Molekeln ohne Störung sich geradlinig fortbewegen können, bis sie auf die Gefäßwand auftreffen. Wir wollen die Geschwindigkeit einer gegen die Gefäßwand fliegenden Molekel in drei Komponenten zerlegen. Die eine u sei senkrecht gegen die Wand gerichtet, die andern beiden v und w parallel zur Wand. Trifft die Molekel auf die Wand, so geht die Komponente u in $-u$ über, ebenso die Komponente mu der Bewegungsgröße von mu zu $-mu$, wenn wir unter m die Masse der Molekel verstehen. Auf die Wand wird also beim Stoß die Bewegungsgröße $2mu$ übertragen. Suchen wir jetzt die Bewegungsgröße, die ein Quadratzentimeter der Wand in der Sekunde erhält, so ist das der Druck, den das Gas auf die Gefäßwand ausübt.

Hätten wir ein Gas zwischen zwei sehr großen parallelen Wänden, so würde eine Molekel von der Geschwindigkeitskomponente u in jeder Sekunde $u/2a$ mal eine jede Wand treffen, wenn a der Abstand der Wände ist. Die Molekel überträgt dabei auf jede Wand die Bewegungsgröße

$$2mu \cdot \frac{u}{2a} = \frac{mu^2}{a}.$$

Sind zwischen den zwei Wänden ν_1 Molekeln vorhanden von der Geschwindigkeitskomponenten u_1, ν_2 mit der Geschwindigkeitskomponenten u_2 usw., so wird jede Fläche f in der Sekunde die Bewegungsgröße

$$\frac{m}{a}(\nu_1 u_1^2 + \nu_2 u_2^2 + \cdots) = \frac{m}{a}\sum \nu u^2$$

aufnehmen. Die Bewegungsgröße, die auf die Flächeneinheit übertragen wird, also der Gasdruck wird somit sein

$$p = \frac{m}{af}\sum \nu u^2.$$

$\sum \nu u^2$ können wir noch anders ausdrücken. Wir bilden den Mittelwert sämtlicher u^2, den wir mit $\overline{u^2}$ bezeichnen wollen. Den Mittelwert gleichartiger Größen erhält man, wenn man deren Summe durch ihre Zahl dividiert. Die Summe aller u^2 ist aber $\sum \nu u^2$, ihre Zahl ist gleich der Zahl n sämtlicher Molekeln. Folglich ist

$$\overline{u^2} = \frac{\sum \nu u^2}{n}$$

oder

$$\sum \nu u^2 = n\overline{u^2}.$$

Daraus folgt für den Gasdruck

$$p = \frac{n m \overline{u^2}}{a f}.$$

af ist das Volumen, in dem sich das Gas befindet. Folglich ist

$$\frac{n}{af} = N$$

die Zahl der Molekeln in der Volumeinheit, so daß wir für den Druck schließlich die Formel

$$p = N m \overline{u^2}$$

erhalten.

Wir wollen wieder eine Molekel unseres Gases ins Auge fassen. Ihre Geschwindigkeit sei c und deren Komponenten u, v, w. Es ist also $c^2 = u^2 + v^2 + w^2$. Wir suchen jetzt den Mittelwert von c^2 für sämtliche Molekeln, den wir analog dem früheren mit $\overline{c^2}$ bezeichnen wollen. Wir haben also wieder folgendermaßen vorzugehen. Es seien ν_1 Molekeln von der Geschwindigkeit c_1 und den Komponenten u_1, v_1, w_1, ν_2 von der Geschwindigkeit c_2 mit den Komponenten u_2, v_2, w_2 usw. vorhanden. Dann ist

$$n\overline{c^2} = \nu_1 c_1^2 + \nu_2 c_2^2 + \cdots = \sum \nu c^2.$$

Setzen wir jetzt $c_1^2 = u_1^2 + v_1^2 + w_1^2$ usw., so

$$\begin{aligned} n\overline{c^2} &= \nu_1(u_1^2 + v_1^2 + w_1^2) + \nu_2(u_2^2 + v_2^2 + w_2^2) + \cdots = \nu_1 u_1^2 + \nu_2 u_2^2 + \cdots \\ &+ \nu_1 v_1^2 + \nu_2 v_2^2 + \cdots + \nu_1 w_1^2 + \nu_2 w_2^2 + \cdots = \sum \nu u^2 + \sum \nu v^2 + \sum \nu w^2 \\ &= n\overline{u^2} + n\overline{v^2} + n\overline{w^2} = n\left(\overline{u^2} + \overline{v^2} + \overline{w^2}\right). \end{aligned}$$

Es ist also $\overline{c^2} = \overline{u^2} + \overline{v^2} + \overline{w^2}$. Wegen der gleichmäßigen Verteilung der Geschwindigkeiten muß aber $\overline{u^2} = \overline{v^2} = \overline{w^2}$, folglich $\overline{c^2} = 3\,\overline{u^2}$ oder $\overline{u^2} = \overline{c^2}/3$ sein. Das ergibt schließlich für die Druckformel

$$p = \frac{N m \overline{c^2}}{3}. \tag{1}$$

Es fragt sich noch, ob diese Formel, die wir für ein eigens dazu geformtes Gefäß, bestehend aus zwei großen parallelen Wänden von geringem Abstand, entwickelt haben, für alle andern Fälle ebenfalls gilt. Daß dem so ist, läßt sich leicht beweisen. Denken wir uns durch ein Gas eine ideale Ebene gelegt, so werden nach der einen Richtung durch die Flächeneinheit der Ebene in der Sekunde eine bestimmte Anzahl Molekeln fliegen und ebenso in entgegengesetzter Richtung. Für den Durchschnitt würde sich also nichts ändern, wenn wir uns diese ideale Ebene als starre Wand dächten, von der alle auftreffenden Molekeln reflektiert werden. Damit haben wir aber schon unsern früheren Fall. Wir ändern an der Sache nichts, wenn wir uns sehr nahe an der Gefäßwand und parallel zu ihr eine ideale Ebene denken, diese für den Fall der Rechnung als feste Wand betrachten und nun die Rechnung genau so durchführen wie früher.

6. Andere Darstellungen des Drucks. Die Gleichung (1) bildet den Ausgangspunkt der kinetischen Gastheorie. Schon BERNOULLI, später KRÖNIG, haben sie abgeleitet, allerdings unter sehr vereinfachenden Annahmen. KRÖNIGS Darstellung ist etwa folgende. In einem würfelförmigen Gefäß von der Kantenlänge a befinden sich n Molekeln. Jede habe die Geschwindigkeit c. Die Bewegung der Molekeln gehe parallel den drei in einer Ecke zusammenstoßenden Kanten vor sich, und zwar sollen parallel jeder Kante $n/3$ Molekeln zwischen den zwei dazu senkrechten Wänden hin und her fliegen. Auf eine Würfelfläche treffen daher in der Sekunde $c/2a \cdot n/3$ Molekeln. Jede überträgt an die Wand die Bewegungsgröße $2mc$. Die Gesamtkraft auf die Wand von der Fläche a^2 ist also $\frac{n m c^2}{3a}$, folglich auf die Flächeneinheit

$$p = \frac{n m c^2}{3a^3}.$$

a^3 ist aber das Volumen v des Würfels, daher

$$p = \frac{n m c^2}{3v} \qquad \text{oder} \qquad p v = \frac{n m c^2}{3}.$$

Da $\frac{n}{v} = N$ die Zahl der Molekeln in der Volumeinheit ist, so stimmt diese Gleichung tatsächlich mit Gleichung (1) überein.

7. CLAUSIUS' Ableitung. Wegen der in ihr vorkommenden und später wiederholt auftretenden mathematischen Überlegungen wollen wir noch eine Ableitung anführen, wie sie ähnlich zuerst CLAUSIUS angewandt hat. In unserem Gas seien per Volumeinheit ν Molekeln von der Geschwindigkeit c. Wir errichten über einen Punkt der Gefäßwand eine Normale und fragen nach der Zahl der Molekeln, deren Bewegungsrichtung mit der Normalen einen Winkel zwischen ϑ und $\vartheta + d\vartheta$ einschließt. Wir denken uns sämtliche Richtungen als Radien von einem Punkt ausgehend, den wir zum Mittelpunkt einer Kugel vom Radius Eins machen (Abb. 1). Die Kugeloberfläche wird also von den Geschwindigkeitsvektoren in Punkten durchstochen, die gleichmäßig über sie verteilt sind. Die Gesamtzahl dieser Punkte ist ebenfalls ν; auf die Flächeneinheit gehen also $\nu/4\pi$ Punkte. OA sei die Richtung der Normalen zur Wand. Wir denken uns unsere Zeichnung um diese Gerade rotierend. Der unendlich kleine Bogen BB' beschreibe dabei eine Kugelzone von der Breite BB' und dem Radius BC. Wir können $BB' = d\vartheta$, $BC = \sin\vartheta$ setzen.

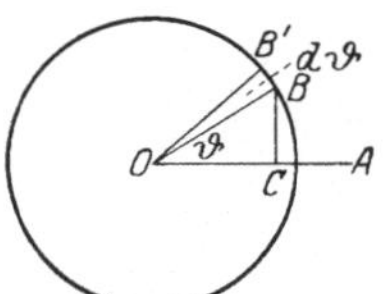

Abb. 1. Geometrische Erläuterung zur Berechnung des Gasdruckes.

Die Zahl der Richtungen denken wir uns so groß, daß selbst auf unsere Zone von der Breite $d\vartheta$ noch eine große Anzahl Richtungspunkte zu liegen kommen. Wir müssen überhaupt bedenken, daß alle unsere Rechnungen ja Wahrscheinlichkeitsrechnungen sind, die nur insofern Gewißheit zu geben scheinen, als wir nicht in der Lage sind, die Abweichungen der Erscheinungen von deren Durchschnittsresultaten zu beobachten. Unter dieser Voraussetzung sind auch gewöhnlich die vorkommenden Differentiale zu nehmen, so daß besonders vorsichtige Menschen an Stelle unseres $d\vartheta$ eine andere Bezeichnung, etwa $\Delta\vartheta$ wählen. Wir wollen bei der hergebrachten Bezeichnung bleiben. Eine störende Unsicherheit dürfte dabei kaum entstehen.

Die Fläche unserer Zone wird also durch das Produkt aus Umfang und Breite, d. i. $2\pi \sin\vartheta\, d\vartheta$, ausgedrückt. Auf ihr befinden sich somit $\frac{\nu}{4\pi} \cdot 2\pi \sin\vartheta\, d\vartheta = \frac{\nu}{2} \sin\vartheta\, d\vartheta$ Punkte. So viel Geschwindigkeiten schließen also mit der Normalen Winkel zwischen ϑ und $\vartheta + d\vartheta$ ein. Die Geschwindigkeitskomponente senkrecht gegen die Wand ist $c\cos\vartheta$ und bei jedem Stoß wird die Bewegungsgröße $2mc\cos\vartheta$ übertragen. Um die Zahl der Molekeln zu finden, die in der Sekunde die Flächeneinheit der Wand treffen, denken wir uns über diese einen schiefen Zylinder von der Länge c errichtet, dessen Achse mit der

Normalen den Winkel ϑ einschließt. So viel Molekeln als dieser Zylinder enthält werden also in der Sekunde die Grundfläche des Zylinders, d. i. die Flächeneinheit der Wand, treffen. Das Volumen des Zylinders ist $c\cos\vartheta$, da $c\cos\vartheta$ auch seine Höhe ist. In der Volumeinheit befinden sich $\frac{\nu}{2}\sin\vartheta\, d\vartheta$ Molekeln, daher im ganzen Zylinder $\frac{\nu c}{2}\cos\vartheta\sin\vartheta\, d\vartheta$. Das ist auch die Zahl der Stöße, welche die Wand per Flächeneinheit in der Sekunde erfährt. Die Stoßzahl, multipliziert mit $2mc\cos\vartheta$, gibt uns dann den Druck. Dieser ist also

$$dp = \nu m c^2 \cos^2\vartheta \sin\vartheta\, d\vartheta\,.$$

Den Gesamtdruck erhalten wir, wenn wir über alle möglichen Winkel, d. i. über ϑ von 0 bis $\pi/2$, integrieren. Wir erhalten somit

$$p = \nu m c^2 \int\limits_0^{\frac{\pi}{2}} \cos^2\vartheta \sin\vartheta\, d\vartheta = \nu m c^2 \left[-\frac{\cos^3\vartheta}{3}\right]_0^{\frac{\pi}{2}} = \frac{\nu m c^2}{3}\,.$$

Nehmen wir nun wieder an, daß wir in unserem Gefäß ν_1 Molekeln von der Geschwindigkeit c_1, ν_2 von der Geschwindigkeit c_2 usw. haben, so ist

$$p = \frac{\nu_1 m c_1^2}{3} + \frac{\nu_2 m c_2^2}{3} + \cdots = \frac{N m \overline{c^2}}{3}\,.$$

Das ist aber die Formel, die wir bereits [Gleichung (1)] kennengelernt haben.

8. Boyle-Charlessches Gesetz. Setzen wir an Stelle von N wieder n/v, schreiben also Gleichung (1) in der Form

$$pv = \frac{n m \overline{c^2}}{3}\,, \tag{2}$$

so stellt sie uns das BOYLE-CHARLESsche Gesetz dar. Es ist ja nm nichts anderes als die Gesamtmasse des Gases, das unser Gefäß ausfüllt. Die gesamte Energie des Gases nannten wir seinen Wärmeinhalt. In unserem Fall ist das lediglich die kinetische Energie der Molekeln. Diese muß konstant bleiben, falls wir dem Gas weder Energie, d. h. Wärme zuführen, noch ihm entziehen. Die Energie einer Molekel ist $mc^2/2$, die des gesamten Gases somit

$$\frac{m}{2}\sum \nu c^2 = \frac{n m \overline{c^2}}{2}\,.$$

Bei konstanter Temperatur wird diese Summe ebenfalls, mithin auch c^2, konstant bleiben. Darnach können wir also schreiben

$$pv = \text{konst.}$$

und erhalten so das BOYLEsche Gesetz. Nach dem BOYLE-CHARLESschen Gesetz ist

$$pv = RT.$$

Wollen wir das mit Gleichung (2) in Übereinstimmung bringen, so haben wir

$$\frac{n m \overline{c^2}}{3} = RT$$

zu setzen. Da $nm/3$ aber eine Konstante ist, so muß $\overline{c^2}$ proportional der absoluten Temperatur T sein, oder wenn wir das mittlere Geschwindigkeitsquadrat bei der Temperatur des schmelzenden Eises $\overline{c_0^2}$ nennen, so kann auch geschrieben werden

$$\overline{c^2} = \overline{c_0^2}(1 + \alpha t),$$

wobei jetzt t die Temperatur in Celsiusgraden und α der Ausdehnungskoeffizient idealer Gase ist. Wir können auch so sagen: Da $m\overline{c^2}/2$ die mittlere kinetische Energie einer Molekel ist, so ist diese auch proportional der absoluten Temperatur. Schließlich folgt auch, daß der gesamte Wärmeinhalt des Gases der absoluten Temperatur proportional ist.

Man bezieht das BOYLE-CHARLESsche Gesetz gewöhnlich auf eine Grammmolekel des Gases, kurz ein „Mol“ genannt; das sind so viel Gramm des Gases, als sein Molekulargewicht angibt. In diesem Fall wird die sog. Gaskonstante

$$R = 8 \cdot 315 \cdot 10^7 \frac{\text{erg}}{\text{grad}}.$$

Mit Benutzung dieses Wertes gilt dann für 1 g des Gases

$$pv = \frac{RT}{M},$$

wenn wir unter M sein Molekulargewicht verstehen.

b) Das Äquipartitionstheorem der translatorischen Bewegung.

9. Stoß zweier Molekeln. In einem Gefäß befinden sich zwei Gase. Haben sie sich vollständig gemischt, so ist keine wahrnehmbare Bewegung mehr vorhanden. Es sind dann die Molekeln jeder Gasart gleichmäßig über das ganze Gefäß verteilt. Jede Molekel des einen Gases habe die Masse m, jede des anderen die Masse M. Stoßen zwei Molekeln M und m mit entgegengesetzt gerichteten Geschwindigkeiten so zusammen, daß die Zentrilinie beim Stoß mit der Geschwindigkeitsrichtung zusammenfällt, und verhalten sich die Geschwindigkeiten vor dem Stoß wie umgekehrt die zugehörigen Massen, ist also

$$MV = mv,$$

so kehren sich beim Stoß die Geschwindigkeiten einfach um; aus V wird $-V$ usw. In diesem Fall ist der gemeinschaftliche Schwerpunkt der beiden Molekeln vor und nach dem Stoß in Ruhe.

Haben wir es mit einem schiefen Stoß zu tun, so werden sich die Komponenten in der Zentrilinie beim Stoß umkehren, die senkrecht dazu bleiben unverändert. Die Bahnen der Molekeln liegen also vor und nach dem Stoß zur Zentrilinie symmetrisch (Abb. 2).

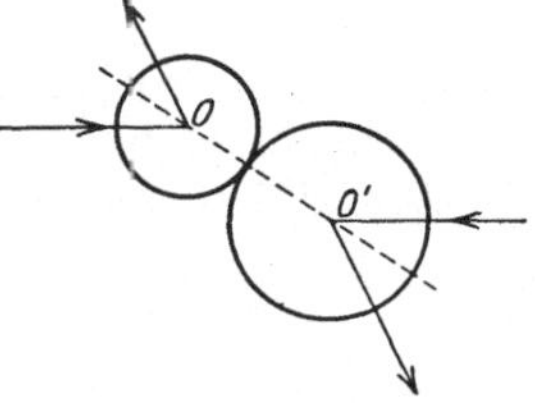

Abb. 2. Stoß zweier Kugeln bei ruhendem gemeinschaftlichen Schwerpunkt.

Bewegen sich zwei Molekeln M und m in verschiedener Richtung und betrachten wir die Geschwindigkeitskomponenten, die sie relativ zum gemeinschaftlichen Schwerpunkt haben, so trifft diesbezüglich die früher gemachte Annahme zu, d. h. beim Stoß werden sich diese beiden Komponenten einfach umkehren. Die Komponenten senkrecht dazu bleiben unverändert, die Schwerpunktsbewegung wird durch den Stoß nicht geändert. Wir können demnach durch folgende Konstruktion die Bewegung der beiden Molekeln vor und nach dem Stoß finden. OA und OB (Abb. 3) stellen uns die Geschwindigkeiten V

und v vor dem Stoß dar. AB ist dann die relative Geschwindigkeit der beiden Molekeln gegeneinander. In der Geraden AB wählen wir den Punkt G so, daß $M \cdot \overline{AG} = m \cdot \overline{BG}$ wird. Es stellt dann die Strecke OG nichts anderes als die Geschwindigkeit des gemeinschaftlichen Schwerpunkts dar. GA und GB sind also jene Komponenten der Geschwindigkeiten OA und OB, die in die Richtung gegen den Schwerpunkt fallen. Stellt GZ die Lage der Zentrilinie beim Stoß dar und errichten wir durch G eine Senkrechte dazu, so liegen die neuen Komponenten GA' und GB' bezüglich dieser Geraden symmetrisch zu den alten GA bzw. GB. Verbinden wir O mit A' und B', so erhalten wir die neuen Geschwindigkeiten.

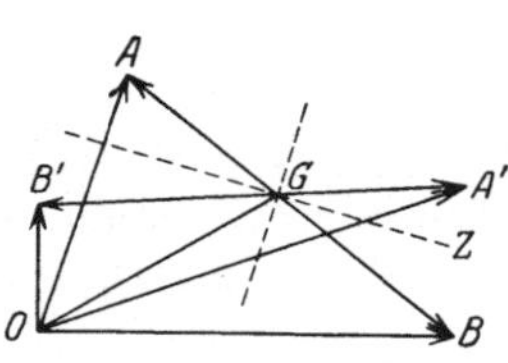

Abb. 3. Geschwindigkeitsänderungen beim Stoß zweier Molekeln.

10. Mittelwerte des Stoßes. Die mittlere Geschwindigkeit der Molekeln des ersten Gases sei c, die des zweiten C. Fassen wir eine Molekel des ersten Gases ins Auge, so wird deren Geschwindigkeit mit allen Geschwindigkeiten im zweiten Gas Winkel einschließen, die gleichmäßig über den Raum verteilt sind. Ihr Mittelwert wird also ein rechter Winkel sein. Wir können daher sagen: Wenn wir die Geschwindigkeitsrichtungen zweier Molekeln in Betracht ziehen, so werden diese im Mittel einen rechten Winkel einschließen.

Wir denken uns jetzt je eine Molekel des ersten und zweiten Gases und ihre mittleren Geschwindigkeiten $c = OA$, $C = OB$ als Katheten eines rechtwinkligen Dreiecks (Abb. 4) aufgetragen. Die Hypotenuse AB stellt dann die relative Geschwindigkeit der beiden Molekeln gegeneinander dar. Wir wählen nun wieder wie früher (Ziff. 9) in AB den Punkt G so, daß sich $AG : BG = M : m$ verhält. Was uns aber interessiert, sind wieder die Mittelwerte von OA' und OB'. Zu jeder Schwerpunktsgeschwindigkeit der beiden Molekeln können wir uns die Zentrilinie nach dem Stoß im Durchschnitt nach allen Richtungen des Raums gleichmäßig verteilt denken. Wir können also auch hier annehmen, daß deren Mittelwert zur Schwerpunktsgeschwindigkeit senkrecht stehen wird. Unter dieser Voraussetzung finden wir die Mittelwerte der Geschwindigkeiten nach dem Stoß folgendermaßen. Wir ziehen durch G auf OG die Senkrechte $A'B'$ und machen $A'G = AG$, $B'G = BG$. Es stellt uns dann $A'B'$ die mittlere relative Geschwindigkeit nach dem Stoß dar, während $OA' = c'$ und $OB' = C'$ die Geschwindigkeiten der Molekeln m bzw. M sind.

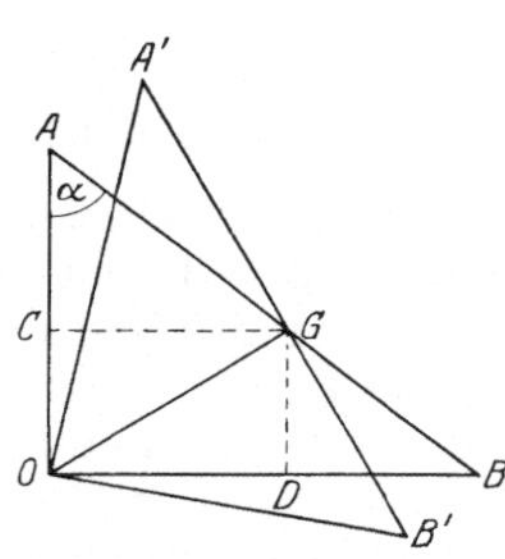

Abb. 4. Mittelwert der Geschwindigkeiten beim Stoß zweier Kugeln verschiedener Masse.

Wir bilden nun

$$\overline{OG}^2 = \overline{OC}^2 + \overline{OD}^2 = (OA - AC)^2 + (OB - BD)^2 = (OA - \overline{AG}\cos\alpha)^2 + (OB - BG\sin\alpha)^2$$
$$= \left(OA - AG\frac{OA}{AB}\right)^2 + \left(OB - BG\frac{OB}{AB}\right)^2 = \overline{OA}^2\left(\frac{AB - AG}{AB}\right)^2 - \overline{OB}^2\left(\frac{AB - BG}{AB}\right)^2$$
$$= c^2\left(\frac{BG}{AB}\right)^2 - C^2\left(\frac{AG}{AB}\right)^2 = \frac{m^2 c^2 + M^2 C^2}{(m + M)^2}.$$

Wir erhalten also für die Schwerpunktsgeschwindigkeit

$$OG = \frac{\sqrt{m^2 c^2 + M^2 C^2}}{m + M}.$$

Wir finden jetzt leicht die Ausdrücke für c' und C'. Es ist

$$c'^2 = \overline{OG}^2 + \overline{A'G}^2 = \overline{OG}^2 + \overline{AG}^2 = \frac{m^2 c^2 + M^2 C^2}{(m+M)^2} + \frac{M^2(c^2 + C^2)}{(m+M)^2},$$

indem ja

$$\frac{AG}{AB} = \frac{AG}{\sqrt{\overline{OA}^2 + \overline{OB}^2}} = \frac{AG}{\sqrt{c^2 + C^2}} = \frac{M}{m+M}$$

ist. Analog finden wir

$$C'^2 = \frac{m^2 c^2 + M^2 C^2 + m^2(c^2 + C^2)}{(m+M)^2},$$

woraus sich leicht die Gleichung gewinnen läßt

$$m c'^2 - M C'^2 = \left(\frac{M-m}{M+m}\right)^2 (m c^2 - M C^2).$$

Da $\frac{M-m}{M+m} < 1$, so muß auch

$$m c'^2 - M C'^2 < m c^2 - M C^2$$

sein. Nach einer genügend großen Anzahl von Stößen wird das dahin führen, daß $m c'^2 - M C'^2 = 0$ wird, wobei wir c'^2 und C'^2 als Mittelwerte anzusehen haben. Wir erhalten also schließlich die wichtige Beziehung

$$m \overline{c^2} = M \overline{C^2}.$$

Dasselbe wird natürlich auch der Fall sein, wenn wir mehr als zwei Gase gleichzeitig in unserem Gefäß haben. Wir können unser Resultat etwa folgendermaßen in Worte kleiden. Befinden sich in einem Gefäß gleichzeitig mehrere Gase, so hat jede Gasmolekel im Mittel dieselbe kinetische Energie. Wir wissen, daß die kinetische Energie der Molekeln proportional der absoluten Temperatur ist. Wir können also die mittlere kinetische Energie der Molekeln eines beliebigen Gases als Maß der Temperatur ansehen. Man kann diese gleichmäßige Verteilung der Energie der fortschreitenden Bewegung auf die verschiedenen Molekeln als das Äquipartitionstheorem oder den Gleichverteilungssatz der translatorischen Bewegung bezeichnen.

Wir sind bei der Ableitung dieses Theorems MAXWELL[1]) gefolgt. Die Annahme des Theorems, jedoch ohne Versuch eines Beweises, findet sich schon bei CLAUSIUS[2]).

c) Folgerungen aus der Druckformel.

11. Die Regeln von AVOGADRO und GAY-LUSSAC. Wenn wir in einem Gefäß ein Gas haben, so hängt seine Temperatur von der Temperatur des Gefäßes ab. Halten wir das Gefäß auf einer bestimmten Temperatur, so nehmen wir an, daß das darin befindliche Gas dieselbe Temperatur annimmt. Wir haben uns die Erwärmung des Gases dabei folgendermaßen vorzustellen. Die Molekeln der Gefäßwand werden natürlich geradeso wie die Gasmolekeln sich in thermischer Bewegung befinden. Je höher die Temperatur desto heftiger wird diese Bewegung sein. Mit diesen Molekeln stoßen nun die Gasmolekeln beständig zusammen, und es muß auch deren Geschwindigkeit durch die Zusammenstöße

[1]) J. M. MAXWELL, Phil. Mag. (4) Bd. 19, S. 20. 1860.

[2]) R. CLAUSIUS, Pogg. Ann. Bd. 100, S. 353. 1857.

wachsen, wenn die Geschwindigkeit der Wandmolekeln zunimmt. Bei konstanter Temperatur wird sich also ein Gleichgewichtszustand zwischen den Wand- und den Gasmolekeln einstellen. Wir sagen dann, das Gas habe die Temperatur der Wand angenommen.

Wenn wir uns nun vorstellen, daß die kinetische Energie der Gasmolekeln durch die Zusammenstöße mit den Wandmolekeln bedingt wird, daß ferner der kinetischen Energie der Gasmolekeln der Druck des Gases proportional ist, so liegt der Schluß nicht fern, daß eine Gasmolekel durch die Zusammenstöße mit den Wandmolekeln eine bestimmte kinetische Energie annimmt, die im Mittel für jede Molekel dieselbe sein wird ohne Rücksicht darauf, welche Masse eine Gasmolekel besitzt, ohne Rücksicht darauf, welcher Art das Gas im Gefäß ist, d. h. es wird für die Erörterungen gleichgültig sein, ob wir A, He, H_2, O_2 usw. einzeln oder als Gasgemenge in unserem Gefäß haben.

Nennen wir demnach die Masse der Molekeln der verschiedenen Gasarten $m, m', m'', \ldots$, so muß für den Fall, als das Gas in Ruhe ist und eine ganz bestimmte Temperatur hat, die Beziehung gelten

$$\frac{m\overline{c^2}}{2} = \frac{m'\overline{c'^2}}{2} = \frac{m''\overline{c''^2}}{2} = \cdots = k. \tag{3}$$

Da die Temperatur des Gases nach unserer Darlegung wesentlich durch die Gefäßwand bestimmt wird, so kann es keinen Unterschied für die mittlere kinetische Energie einer Molekel machen, ob wir ein Gasgemisch oder nur ein einfaches Gas in unserem Gefäß haben, d. h. die Gleichung (3) muß auch für jedes einzelne Gas für sich gelten. Haben wir verschiedene Gase unter gleichem Druck und gleicher Temperatur, so muß gelten

$$p = \frac{N m \overline{c^2}}{3} = \frac{N' m' \overline{c'^2}}{3} = \cdots.$$

Aus dieser und Gleichung (3) folgt jetzt, daß

$$N = N' = \cdots$$

sein muß. Das ist aber nichts anderes als die Regel von AVOGADRO, die besagt, daß Gase unter gleichem Druck in gleichen Räumen bei derselben Temperatur gleich viel Molekeln besitzen.

Von GAY-LUSSAC rührt folgende Regel her: „Wenn sich zwei Gase chemisch verbinden, so stehen die in Verbindung eingehenden Gasmengen, bezogen auf gleichen Druck und gleiche Temperatur, untereinander sowie zur Menge der Verbindung in Volumverhältnissen, die durch einfache ganze Zahlen dargestellt werden." Berücksichtigen wir die Regel von AVOGADRO sowie die Theorie DALTONS, daß die Molekeln einer chemischen Verbindung aus ganzen Zahlen von Atomen der sie bildenden Elemente bestehen, so ist der angeführte Satz von GAY-LUSSAC ohne weiteres klar.

12. Ausdehnungs- und Spannungskoeffizient. Gleichung (2) können wir etwa in der Form schreiben

$$p v = p_0 v_0 (1 + \alpha t).$$

Halten wir demnach das Volumen konstant, so ergibt sich für den Druck $p = p_0(1 + \alpha t)$. Halten wir hingegen den Druck konstant, so erhalten wir $v = v_0(1 + \alpha t)$. Im ersten Fall nennen wir α den Spannungskoeffizienten, im zweiten den Ausdehnungskoeffizienten idealer Gase, wobei wir unter idealen Gasen eben solche verstehen, für die das BOYLE-CHARLESsche Gesetz strenge gilt. Für solche Gase hat also der Spannungs- und der Ausdehnungskoeffizient denselben Wert, für den man $\alpha = 0{,}003662$ angibt; und zwar gilt dieser Wert für jedes ideale Gas, weil eben

$$\frac{m\overline{c^2}}{2} = \frac{m'\overline{c'^2}}{2} = \cdots = k = \frac{m\overline{c_0^2}}{2}(1 + \alpha t) = \cdots = k_0(1 + \alpha t)$$

gesetzt werden kann, wobei sich der Index 0 auf die Temperatur des schmelzenden Eises bezieht.

13. DALTONS Gesetz. Nach dem Früheren ist es für den Druck ganz gleichgültig, wie beschaffen vom chemischen Gesichtspunkt unser Gas ist. Es ist auch einerlei, ob wir ein einfaches Gas oder ein Gasgemenge vor uns haben, indem der Druck ja nur von der Zahl der Molekeln und deren mittlerer kinetischen Energie abhängt. Wir haben ja immer

$$p = \frac{Nm\overline{c^2}}{3} = \frac{2Nk}{3}.$$

Haben wir verschiedene Gase gemischt und sei die Zahl der Molekeln in der Volumseinheit für das erste Gas N_1, für das zweite N_2 usw., so ist die Gesamtzahl

$$N = N_1 + N_2 + \cdots.$$

Für den Druck können wir nun schreiben

$$p = \frac{2Nk}{3} = \frac{2N_1k}{3} + \frac{2N_2k}{3} + \cdots = p_1 + p_2 + \cdots,$$

wobei $p_1 = \frac{2N_1k}{3}$ nichts anderes als der Druck des ersten Gases ist, wenn es allein im Gefäß vorhanden wäre. Dasselbe können wir von $p_2 = \frac{2N_2k}{3}$ behaupten usw. Wir erhalten also das DALTONsche Gesetz, welches besagt, daß der Gesamtdruck eines Gasgemenges gleich ist der Summe der Partialdrucke der einzelnen Bestandteile.

14. Das mittlere Geschwindigkeitsquadrat der Molekeln. Beachten wir, daß [Gleichung (1)] N die Zahl der Molekeln in der Volumeinheit, m die Masse einer Molekel bedeutet, so ist $Nm = \varrho$ die Masse des Gases in der Volumeinheit, d. i. die Dichte des Gases. Folglich läßt sich der Druck auch darstellen durch

$$p = \frac{\varrho\overline{c^2}}{3}.$$

Schreiben wir diese Gleichung in der Form $\overline{c^2} = \frac{3p}{\varrho}$, so haben wir auf der rechten Seite der Gleichung Größen, die der Messung zugänglich sind. Infolgedessen können wir für $\overline{c^2}$ seinen Zahlenwert angeben. Damit ist natürlich nicht gesagt, daß wir auch die mittlere Geschwindigkeit $\bar{c}$ feststellen können. Das wäre nur möglich, wenn wir wüßten, in welcher Weise die verschiedenen Geschwindigkeiten über die Molekeln verteilt sind. Weichen die meisten Geschwindigkeiten nur wenig von ihrem Mittelwert ab, so werden wir nicht sehr fehl gehen, wenn wir die mittlere Geschwindigkeit in der Weise berechnen, daß wir annehmen, sämtliche Geschwindigkeiten seien einander gleich. Nennen wir diese Geschwindigkeit c, so ist $c^2 = \frac{3p}{\varrho}$, also $c = \sqrt{\frac{3p}{\varrho}}$. Nach diesem Vorgang hat schon CLAUSIUS für die verschiedenen Gase die Geschwindigkeiten der Molekeln berechnet. Er findet z. B. für

Luft	. . . . 485 m,	Stickstoff	. . . 492 m,
Sauerstoff	461 „	Wasserstoff	1844 „

für die Temperatur 0° C. Diese Geschwindigkeiten sind also sehr groß und lassen sich der Größenordnung nach etwa mit der Geschwindigkeit der Gewehr- und Kanonenkugeln vergleichen.

Wir sehen hier an einem Beispiel, deren wir später noch mehrere kennen lernen werden, wie uns die konsequente Anwendung einer Theorie Einblick in Vorgänge erlaubt, der uns von vornherein als ganz unwahrscheinlich erschienen wäre.

Für zwei Gase unter demselben Druck können wir schreiben $p = \frac{\varrho \overline{c^2}}{3} = \frac{\varrho' \overline{c'^2}}{3}$, woraus folgt

$$\frac{\overline{c^2}}{\overline{c'^2}} = \frac{\varrho'}{\varrho}.$$

Es verhalten sich somit die Dichten der Gase wie umgekehrt die mittleren Geschwindigkeitsquadrate der Molekeln. Dies trifft nun auch zu für die Ausströmungsgeschwindigkeit der Gase aus feinen Öffnungen und es hat ja BUNSEN daraufhin eine Methode ausgearbeitet, die Dichte verschiedener Gase zu vergleichen. Es ist damit aber nicht, wie geglaubt wurde, eine Stütze für die Anschauungen der kinetischen Gastheorie gegeben, sondern es folgt die Formel für die Ausströmungsgeschwindigkeit unmittelbar aus den hydrodynamischen Gleichungen.

d) Das Virial.

15. CLAUSIUS' Ableitung. Um den Druck eines Gases zu berechnen, schlug CLAUSIUS[1]) einen ganz neuen Weg ein, den wir, weil er in der Gastheorie mit Vorteil angewendet werden kann, nicht übergehen wollen.

Wir differenzieren das Produkt xu nach der Zeit, wobei x die Abszisse, u die Geschwindigkeitskomponente eines Punktes parallel zur x-Achse bedeuten soll. Wir erhalten also

$$\frac{d(xu)}{dt} = x\frac{du}{dt} + u\frac{dx}{dt} = x\frac{du}{dt} + u^2, \tag{4}$$

da ja $\frac{dx}{dt} = u$ ist. Die NEWTONschen Bewegungsgleichungen für einen Punkt von der Masse m und den Geschwindigkeitskomponenten u, v, w können wir, wenn X, Y, Z die Komponenten der auf den Punkt wirkenden Kraft bedeuten, in der Form schreiben

$$m\frac{du}{dt} = X$$

nebst zwei analogen Gleichungen für die Bewegung parallel zur y- bzw. z-Achse. Wir geben unserer Gleichung die Form

$$\frac{d(mu)}{dt} = X.$$

Wir multiplizieren die Gleichung (4) mit der Masse m, erhalten also

$$\frac{d(mxu)}{dt} = \frac{d(mu)}{dt}x + mu^2 = Xx + mu^2.$$

1) R. CLAUSIUS, Pogg. Ann. Bd. 141, S. 123. 1870.

Wir setzen voraus, daß die Koordinaten und Geschwindigkeiten unseres Massenpunktes unter dem Einfluß äußerer Kräfte im Lauf der Zeit innerhalb bestimmter endlicher Grenzen bleiben, und bilden das Zeitmittel über die einzelnen Glieder unserer letzten Gleichung; d. h. wir integrieren die Gleichung über eine beliebig große Zeit τ und dividieren den Integralwert durch τ. Wir erhalten so

$$\frac{m}{\tau}(u_\tau x_\tau - u_0 x_0) = m\overline{u^2} + \overline{Xx}.$$

Es sind also u_0 und x_0 die Werte von u bzw. x zur Zeit $t = 0$, u_τ und x_τ die analogen Werte für die Zeit τ. $u_\tau x_\tau - u_0 x_0$ ist nach unserer Voraussetzung eine endliche Größe. Für eine genügend große Zeit τ können wir somit die linke Seite gleich Null setzen und erhalten die Gleichungen

$$\begin{aligned} m\overline{u^2} + \overline{Xx} &= 0, \\ m\overline{v^2} + \overline{Yy} &= 0, \\ m\overline{w^2} + \overline{Zz} &= 0. \end{aligned}$$

Die Summe dieser Gleichungen ergibt

$$m(\overline{u^2} + \overline{v^2} + \overline{w^2}) + (\overline{Xx} + \overline{Yy} + \overline{Zz}) = 0.$$

Wir setzen nun eine beliebig große Zahl von Massenpunkten voraus, bilden für jeden diese Gleichung und addieren sämtliche Gleichungen. Berücksichtigen wir dabei, daß $\overline{u^2} + \overline{v^2} + \overline{w^2} = \overline{c^2}$ ist, wobei c die Geschwindigkeit eines Massenpunktes bedeutet, so erhalten wir

$$\sum m\overline{c^2} + \sum\overline{(Xx + Yy + Zz)} = 0.$$

Die Größe $\sum\overline{(Xx + Yy + Zz)}$ nennt CLAUSIUS das Virial der Kräfte, die auf das System der Massen wirken, so daß wir unsere letzte Gleichung in die Worte fassen können: Das Virial vermehrt um die doppelte kinetische Energie des Systems ist gleich Null.

16. Berechnung des Drucks. Mit Hilfe des Virials können wir jetzt sehr leicht die Formel für den Gasdruck gewinnen. Für ein Gas ist $\sum m\overline{c^2} = nm\overline{c^2}$, wenn wie früher m die Masse einer Molekel, n die Zahl der Gasmolekeln im Gefäß und c die Geschwindigkeit einer Molekel vorstellt. Als äußere Kräfte führen wir den Druck ein, den die Gefäßwände auf das Gas ausüben. Das Gefäß sei ein Parallelepiped von den Kanten a, b, c. Eine Ecke des Gefäßes sei der Ursprung des Koordinatensystems, die von dort ausgehenden Kanten fallen mit den Achsen des Koordinatensystems zusammen. Der äußere Druck sei p. Auf die linke Seitenfläche kommt daher die Kraft bcp. Diese Fläche bc liegt in der yz-Ebene. Der Druck, der senkrecht zur Fläche, also parallel zur x-Achse wirkt, ist noch mit der Abszisse $x = 0$ zu multiplizieren. Dieses Glied fällt also weg. Gegenüber in der Entfernung a wirkt aber die Kraft $-bcp$. Diese Fläche liefert somit für das Virial die Größe $-abcp$. Analog finden wir für die obere und untere Fläche und ebenso für die vordere und hintere für das Virial den Anteil $-abcp$, so daß das gesamte Virial den Wert $-3abcp$ besitzt. Dieses muß vermehrt um die doppelte kinetische Energie sämtlicher Molekeln den Wert Null ergeben. Wir erhalten also

$$nm\overline{c^2} - 3pv = 0$$

oder

$$pv = \frac{nm\overline{c^2}}{3}.$$

Das ist aber wieder die uns schon bekannte Gleichung für das BOYLE-CHARLESsche Gesetz.

II. Das Geschwindigkeitsverteilungsgesetz.

a) Maxwells Ableitung.

17. Die Wahrscheinlichkeit bestimmter Geschwindigkeitskomponenten. Zu wiederholten Malen haben wir schon darauf hingewiesen, daß die einzelnen Molekeln eines Gases in einem gegebenen Zeitpunkt im allgemeinen verschiedene Geschwindigkeiten besitzen müssen; denn denken wir uns den Fall, alle Molekeln hätten dieselbe Geschwindigkeit, so würde dieser Zustand ja sofort gestört werden, wenn die Molekeln nicht eine ganz bestimmte Ordnung hätten. Er könnte sich ja nur dann dauernd aufrechterhalten, wenn die Richtung der relativen Geschwindigkeit je zweier zum Stoß gelangenden Molekeln mit der Zentrilinie zusammenfallen würde (Ziff. 9), oder kurz gesagt, wenn nur zentrale Stöße vorkommen würden. Eine solche Verteilung wäre eine ganz bestimmte, „molekular geordnete", die wir aber nicht voraussetzen können. Wir nehmen vielmehr an, daß die Zentrilinie beim Stoß gegenüber der relativen Geschwindigkeit der Molekeln zueinander die verschiedensten Winkel bilde, daß wir einen „molekular ungeordneten" Zustand des Gases haben.

Wie immer sich aber die Geschwindigkeit einer Molekel von Stoß zu Stoß ändern mag, so erscheint es doch sehr plausibel, daß die verschiedenen Geschwindigkeiten, welche die Molekel im Verlauf einer genügend großen Zeit annimmt, gewisse Gesetzmäßigkeiten aufweisen werden. Es ist das etwa folgendermaßen zu verstehen. Wir nehmen an, die Molekeln können alle möglichen Geschwindigkeiten erlangen, und ordnen diese Geschwindigkeiten nach gleich großen Intervallen, so wird in jedes Intervall eine gewisse Anzahl von Geschwindigkeiten zu liegen kommen. Es seien also Geschwindigkeiten zwischen 0 und γ, solche zwischen γ und 2γ, zwischen 2γ und 3γ usw. vorhanden. Wir verfolgen nun die Molekel durch eine genügend lange Zeit, so daß sie eine sehr große Zahl von Geschwindigkeitswechseln durchgemacht hat. Wir nehmen an, daß wir infolge dieser Wechsel im ganzen n Geschwindigkeiten in Betracht zu ziehen haben. Von diesen n Geschwindigkeiten wird dann eine bestimmte Anzahl zwischen 0 und γ, eine andere zwischen γ und 2γ usw. liegen. Die Zahl der Geschwindigkeiten im ersten Intervall dividiert durch die Gesamtzahl n können wir dann die Wahrscheinlichkeit nennen, daß eine Molekel eine Geschwindigkeit zwischen 0 und γ hat, und ganz analog werden wir die Wahrscheinlichkeit für die übrigen Intervalle bilden können.

Wir setzen nun voraus, daß für einen bestimmten Zustand des Gases auch eine ganz bestimmte Verteilung der Geschwindigkeiten vorhanden ist. Diese wird so zum Ausdruck kommen, daß wir die Wahrscheinlichkeit angeben, daß die Geschwindigkeit einer Molekel innerhalb eines bestimmten Intervalls liegt. In dieser Formulierung können wir das Intervall auch beliebig klein machen. Wir können direkt nach der Wahrscheinlichkeit fragen, daß eine Molekel eine Geschwindigkeit besitze, die zwischen c und $c + dc$ zu liegen kommt. Natürlich wird sie dem Intervall, in unserem Fall dem Geschwindigkeitsdifferential dc selbst proportional, im übrigen eine Funktion der Geschwindigkeit c sein. Damit ist uns aber auch gegeben, die Zahl der Molekeln in einem Gas zu bestimmen, die eine Geschwindigkeit zwischen c und $c + dc$ haben, wobei natürlich, wie bei allen derartigen Rechnungen, nicht außer acht gelassen werden darf, daß die Gesamtzahl der Molekeln so groß sein muß, daß auch in einem Geschwindigkeitsintervall von der Größe dc noch sehr viele Molekeln vorhanden sind. Im übrigen ist immer wieder vor Augen zu halten, daß die so gewonnenen Zahlen keine Absolut-, sondern nur Wahrscheinlichkeitswerte darstellen.

Das Gesetz der Verteilung der Geschwindigkeiten hat J. CL. MAXWELL[1]) gefunden, und es führt seinen Namen. MAXWELL macht bei der Ableitung seines Gesetzes bestimmte Annahmen, die zwar recht einleuchtend sind, aber doch auch eines Beweises bedürfen. Nichtsdestoweniger wollen wir hier den ersten Gedankengang MAXWELLS wiedergeben, weil er sehr rasch zum Gesetz selbst führt und außerdem von großer historischer Bedeutung ist. Das Gesetz bezieht sich auf ein Gas im mechanischen und thermischen Gleichgewicht, also auf ein Gas, das keine sichtbare Bewegung noch Temperaturunterschiede in seinen einzelnen Teilen erkennen läßt.

Wir fassen eine bestimmte Geschwindigkeit c einer Molekel ins Auge, welche die Komponenten u, v, w parallel zu den Achsen eines rechtwinkligen Koordinatensystems besitzen soll. Es ist also

$$c^2 = u^2 + v^2 + w^2 . \tag{5}$$

Wir machen jetzt die Annahme, deren Richtigkeit allerdings zu beweisen wäre, daß die Wahrscheinlichkeit für eine Komponente zwischen u und $u + du$ unabhängig von den übrigen Komponenten ist, so daß wir diese Größe als Funktion von u allein darstellen und sie $f(u)\,du$ schreiben können. Dasselbe können wir dann auch für die übrigen Geschwindigkeitskomponenten folgern. Es muß die Wahrscheinlichkeit, daß wir eine Komponente zwischen v und $v + dv$ oder eine solche zwischen w und $w + dw$ haben, durch $f(v)\,dv$ bzw. $f(w)\,dw$ gegeben sein. Wir fragen jetzt nach der Wahrscheinlichkeit, daß eine Molekel alle drei genannten Geschwindigkeitskomponenten gleichzeitig besitzt. Nach der Wahrscheinlichkeitsrechnung ist die Wahrscheinlichkeit des gleichzeitigen Eintretens mehrerer Ereignisse gleich dem Produkt der Wahrscheinlichkeit der einzelnen Ereignisse. Die Wahrscheinlichkeit, daß unsere Molekel Geschwindigkeitskomponenten zwischen u und $u + du$, v und $v + dv$, w und $w + dw$ besitzt, wird daher durch den Ausdruck

$$f(u)\,f(v)\,f(w)\,du\,dv\,dw \tag{I}$$

gegeben sein.

Denken wir uns nun eine ganz bestimmte Geschwindigkeit c, so kann die natürlich alle möglichen Richtungen im Raum haben. Während also c konstant bleibt, werden die Werte der Komponenten u, v, w je nach der Richtung wechseln. Für dieses bestimmte c muß natürlich auch der Ausdruck (I) einen konstanten Wert behalten, da die Wahrscheinlichkeit für eine bestimmte Geschwindigkeit zwischen c und $c + dc$ von deren Richtung ja nicht abhängig sein kann. Wir könnten die Sache ja auch umkehren, indem wir eine ganz bestimmt gerichtete Geschwindigkeit ins Auge fassen, das Koordinatensystem aber beliebig legen. Die Wahrscheinlichkeit für die bestimmte Geschwindigkeit muß sich, wie man sagt, als „invariant" erweisen. Da wir $du\,dv\,dw$ ebenfalls als konstant ansehen müssen, so ist auch $f(u)\,f(v)\,f(w)$ eine Konstante. Danach muß in Gleichung (5) $d(c^2) = 0$ und ebenso $d[f(u)\,f(v)\,f(w)] = 0$ sein. Die erste Bedingung ergibt uns

$$u\,du + v\,dv + w\,dw = 0 , \tag{6}$$

die zweite

$$f'(u)\,f(v)\,f(w)\,du + f(u)\,f'(v)\,f(w)\,dv + f(u)\,f(v)\,f'(w)\,dw = 0 ,$$

welch letztere Gleichung, wenn wir sie durch $f(u)\,f(v)\,f(w)$ dividieren, wir umformen können in

$$\frac{f'(u)}{f(u)}\,du + \frac{f'(v)}{f(v)}\,dv + \frac{f'(w)}{f(w)}\,dw = 0 . \tag{7}$$

---

[1]) J. CL. MAXWELL, Phil. Mag. (4) Bd. 19, S. 22. 1860.

Die Gleichungen (6) und (7) können wir in eine vereinigen, wenn wir (6) mit einem willkürlichen Faktor λ multiplizieren und sie zu (7) addieren. Wir erhalten so

$$\left[\frac{f'(u)}{f(u)} + \lambda u\right] du + \left[\frac{f'(v)}{f(v)} + \lambda v\right] dv + \left[\frac{f'(w)}{f(w)} + \lambda w\right] dw = 0 .$$

Dabei ist zu bemerken, daß die Differentiale du, dv, dw beliebige unendlich kleine, sonst aber konstante Größen sind, so daß unsere letzte Gleichung nur denkbar ist, wenn jeder Ausdruck in eckiger Klammer für sich Null wird. Wir erhalten somit die Gleichungen

$$\frac{f'(u)}{f(u)} + \lambda u = 0 , \quad \frac{f'(v)}{f(v)} + \lambda v = 0 , \quad \frac{f'(w)}{f(w)} + \lambda w = 0 .$$

Wir wollen die erste dieser Gleichungen näher betrachten. Wir multiplizieren sie mit du und schreiben sie in der Form

$$\frac{f'(u)}{f(u)} du = -\lambda u du .$$

Da nun $\frac{f'(u)}{f(u)} = \frac{d}{du}[\ln f(u)]$ ist, so können wir auch bilden

$$d \ln f(u) = -\lambda u du$$

und die Gleichung integrieren. Das ergibt

$$\ln f(u) = -\lambda \frac{u^2}{2} + \ln A ,$$

wobei $\ln A$ also eine willkürliche Konstante bedeutet. Wir wollen die letzte Gleichung in der Form schreiben

$$f(u) = A e^{-\frac{\lambda u^2}{2}} .$$

Analoge Gleichungen erhalten wir für $f(v)$ und $f(w)$. Es wird sich später zeigen, daß wir zu einer sehr einfachen Deutung der willkürlichen Konstante λ gelangen, wenn wir sie gleich $2/\alpha^2$ setzen, so daß wir also die Gleichungen erhalten

$$f(u) = A e^{-\frac{u^2}{\alpha^2}} , \quad f(v) = A e^{-\frac{v^2}{\alpha^2}} , \quad f(w) = A e^{-\frac{w^2}{\alpha^2}} .$$

18. Bestimmung der Konstanten A und α. Wenn wir die Wahrscheinlichkeit suchen, daß eine Geschwindigkeitskomponente zwischen u und $u + du$ liegt, so erhalten wir aus der ersten der drei letzten Gleichungen dafür

$$f(u) du = A e^{-\frac{u^2}{\alpha^2}} du .$$

Wir denken uns nun eine sehr große Molekelzahl n, so muß nach dem Früheren die Zahl jener, die eine Geschwindigkeitskomponente zwischen u und $u + du$ haben, $n A e^{-\frac{u^2}{\alpha^2}} du$ sein. u kann alle Werte zwischen $-\infty$ und $+\infty$ haben. Die Zahl sämtlicher Geschwindigkeiten ist für einen gegebenen Zeitpunkt natürlich gleich der Zahl n der Molekeln. Integrieren wir daher obigen Ausdruck von $-\infty$ bis $+\infty$, so muß das Integral den Wert n haben. Wir erhalten also

$$n = n A \int_{-\infty}^{+\infty} e^{-\frac{u^2}{\alpha^2}} du$$

oder

$$A \int_{-\infty}^{+\infty} e^{-\frac{u^2}{\alpha^2}} du = 1 .$$

Können wir das Integral auswerten, so ist uns die Größe A gegeben. Zu dem Zweck wollen wir folgendermaßen verfahren. Es ist natürlich auch

$$A\int_{-\infty}^{+\infty} e^{-\frac{v^2}{\alpha^2}}\,dv = 1\,,$$

folglich auch

$$\left(A\int_{-\infty}^{+\infty} e^{-\frac{u^2}{\alpha^2}}\,du\right)\left(A\int_{-\infty}^{+\infty} e^{-\frac{v^2}{\alpha^2}}\,dv\right) = A^2\int_{-\infty}^{+\infty}\int_{-\infty}^{+\infty} e^{-\frac{u^2+v^2}{\alpha^2}}\,du\,dv = 1\,.$$

Wir führen jetzt neue Variable ein, indem wir $\frac{u}{\alpha} = x$, $\frac{v}{\alpha} = y$ setzen. Das ergibt

$$A^2\alpha^2\int_{-\infty}^{+\infty}\int_{-\infty}^{+\infty} e^{-(x^2+y^2)}\,dx\,dy = 1.$$

Die weitere Rechnung wollen wir als eine Aufgabe der Geometrie betrachten, indem wir x und y als die Koordinaten eines Punktes in einem ebenen rechtwinkeligen Koordinatensystem ansehen. Diese Koordinaten wollen wir in Polarkoordinaten umwandeln. Wir setzen also

$$x^2 + y^2 = r^2\,,\qquad dx\,dy = r\,dr\,d\varphi$$

und erhalten so

$$A^2\alpha^2\int_{-\infty}^{+\infty}\int_{-\infty}^{+\infty} e^{-(x^2+y^2)}\,dx\,dy = A^2\alpha^2\int_0^{\infty}\int_0^{2\pi} e^{-r^2}\,r\,dr\,d\varphi\,,$$

indem ja die Integration über die ganze unendliche Ebene durchzuführen ist. Die Grenzen 0 und ∞ beziehen sich also auf den Radiusvektor r, hingegen 0 und 2π auf den Winkel φ. Die Integration nach φ ergibt einfach 2π, und wir haben weiter

$$2\pi A^2\alpha^2\int_0^{\infty} e^{-r^2}\,r\,dr = -\left[\pi A^2\alpha^2 e^{-r^2}\right]_0^{\infty} = \pi A^2\alpha^2 = 1\,,$$

so daß wir schließlich für A erhalten

$$A = \frac{1}{\alpha\sqrt{\pi}}\,.$$

Die Funktion $f(u)$ können wir nun schreiben

$$f(u) = \frac{1}{\alpha\sqrt{\pi}}\,e^{-\frac{u^2}{\alpha^2}}\,.$$

Ganz analoge Gleichungen erhalten wir für v und w.

Wir stellen nun neuerdings die Formel für die Wahrscheinlichkeit einer Geschwindigkeit auf, welche die Komponenten u, v, w, d. h. eine ganz bestimmte Richtung, besitzt. Diese ergibt uns der Ausdruck (I). Sie ist

$$f(u)\,f(v)\,f(w)\,du\,dv\,dw = \frac{1}{\pi^{\frac{3}{2}}\alpha^3}\,e^{-\frac{u^2+v^2+w^2}{\alpha^2}}\,du\,dv\,dw\,.$$

Diese Formel wollen wir wiederum geometrisch veranschaulichen, indem wir u, v und w als die rechtwinkeligen Koordinaten eines Punktes betrachten und dafür Polarkoordinaten einführen. Wir haben somit zu setzen $c^2 = u^2 + v^2 + w^2$

und das Raumelement $du\,dv\,dw = c^2 dc \sin\vartheta\,d\vartheta\,d\varphi$. Wir haben also unter ϑ den Winkel zu verstehen, den c mit der z-Achse einschließt, unter φ den Winkel, den die Projektion von c auf die xy-Ebene mit der x-Achse bildet. Dies ergibt für die Wahrscheinlichkeit einer Geschwindigkeit zwischen c und $c + dc$ von einer bestimmten Richtung, die zwischen φ und $\varphi + d\varphi$, ϑ und $\vartheta + d\vartheta$ zu liegen kommt, den Ausdruck

$$\frac{1}{\pi^{\frac{3}{2}}\alpha^3} e^{-\frac{c^2}{\alpha^2}} c^2\,d\,c \sin\vartheta\,d\vartheta\,d\varphi\,.$$

Sehen wir jetzt von einer bestimmten Richtung des c ab, so erhalten wir die Wahrscheinlichkeit, daß die fragliche Geschwindigkeit zwischen c und $c + dc$ liegt, indem wir den Ausdruck nach ϑ von 0 bis π, nach φ von 0 bis 2π integrieren. Dadurch erhalten wir

$$\frac{1}{\pi^{\frac{3}{2}}\alpha^3} c^2 e^{-\frac{c^2}{\alpha^2}} d\,c \int\limits_0^\pi \int\limits_0^{2\pi} \sin\vartheta\,d\vartheta\,d\varphi = \frac{4}{\sqrt{\pi}\,\alpha^3} c^2 e^{-\frac{c^2}{\alpha^2}} d\,c\,.$$

Das ist die gesuchte Wahrscheinlichkeit. Die Zahl der Molekeln, die eine Geschwindigkeit zwischen c und $c + dc$ hat, ist somit

$$\frac{4n}{\sqrt{\pi}\,\alpha^3} c^2 e^{-\frac{c^2}{\alpha^2}} d\,c\,. \tag{II}$$

In diesem Ausdruck erscheint α noch als eine unbestimmte Konstante. Es läßt sich deren Bedeutung aber leicht finden. Wir fragen nach jener Geschwindigkeit, die am häufigsten vorkommt. Das ist also die wahrscheinlichste Geschwindigkeit. Für diese muß der Ausdruck (II) ein Maximum werden. Das ist der Fall, wenn $c^2 e^{-\frac{c^2}{\alpha^2}}$ ein Maximum wird. Für den Fall des Maximums muß aber

$$\frac{d}{dc}\left(c^2 e^{-\frac{c^2}{\alpha^2}}\right) = 2c\,e^{-\frac{c^2}{\alpha^2}} - \frac{2c^3}{\alpha^2} e^{-\frac{c^2}{\alpha^2}} = 2c\,e^{-\frac{c^2}{\alpha^2}}\left(1 - \frac{c^2}{\alpha^2}\right) = 0$$

werden. Daraus folgt weiter $1 - \frac{c^2}{\alpha^2} = 0$ oder

$$c = \alpha\,.$$

Wir haben also α als die wahrscheinlichste Geschwindigkeit der Molekeln unseres Gases anzusehen.

19. Diskussion des Maxwellschen Gesetzes. Um eine anschauliche Vorstellung vom Verteilungsgesetz der Geschwindigkeiten zu erhalten, wollen wir in dem Ausdruck (II) die wahrscheinlichste Geschwindigkeit $\alpha = 1$ setzen. Der Ausdruck für die Wahrscheinlichkeit, daß eine Molekel eine Geschwindigkeit zwischen c und $c + dc$ besitzt, ist dann

$$W_1 = \frac{4}{\sqrt{\pi}} c^2 e^{-c^2} d\,c\,.$$

Wir konstruieren uns nun eine Kurve (Abb. 5), die der Gleichung

$$y = \frac{4}{\sqrt{\pi}} x^2 e^{-x^2}$$

entspricht. Wir können dann aus der Abb. 5 ohne weiteres die Zahl der Molekeln finden, die eine Geschwindigkeit zwischen c und $c + dc$ oder auch analog zwischen größeren Geschwindigkeitsintervallen (c_1, c_2) besitzen. wenn wir auf der Abszissenachse die Geschwindigkeiten c und $c + dc$ bzw. c_1 und c_2 abschneiden und die zugehörigen Ordinaten bis zur Kurve errichten. Die so erhaltene Fläche multipliziert mit der Gesamtzahl der Molekeln gibt uns dann die Zahl der Molekeln, die Geschwindigkeiten zwischen c_1 und c_2 haben. Dem Anblick der Kurve können wir ohne weiteres entnehmen, daß jene Geschwindigkeiten, die in der Nähe der wahrscheinlichsten liegen, am häufigsten vorkommen, und daß mit der Entfernung nach links oder rechts von der wahrscheinlichsten Geschwindigkeit die Häufigkeit sehr rasch abnimmt. Daß eine Molekel vollkommen ruht oder eine von der Ruhe nur wenig verschiedene Geschwindigkeit besitzt, kommt so gut wie nie vor. Dasselbe gilt für sehr große Geschwindigkeiten. Die überwiegend große Anzahl von Molekeln hat Geschwindigkeiten zwischen $\frac{1}{2}$ und 2. Geschwindigkeiten unter $\frac{1}{2}$ und über 2 sind schon selten, so daß wir für viele Rechnungen, wo es sich um Durchschnittswerte über sämtliche Geschwindigkeiten handelt, wohl nicht sehr fehl gehen, wenn wir von vornherein annehmen, sämtliche Molekeln hätten dieselbe Geschwindigkeit. Wir werden dies später an verschiedenen Beispielen bestätigt sehen. Was die Rechnung anbelangt, so kann sie durch eine so einfache Annahme mitunter außerordentlich erleichtert werden.

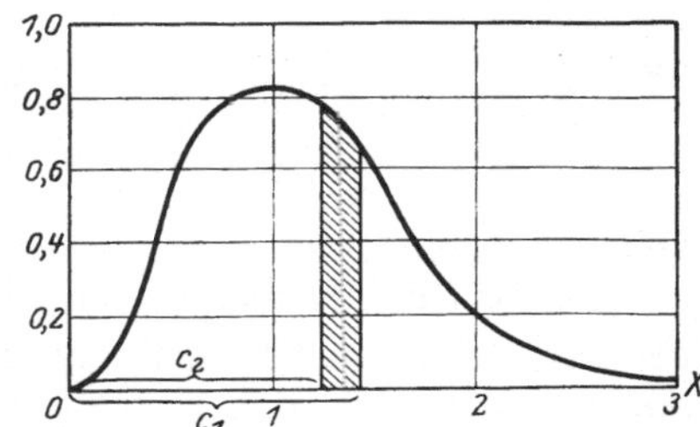

Abb. 5. Die Wahrscheinlichkeitskurve nach dem MAXWELLschen Verteilungsgesetz der Geschwindigkeiten.

Es seien noch einige Zahlenwerte angeführt, die der „kinetischen Theorie der Gase“ von O. E. MEYER entnommen sind. „Die Wahrscheinlichkeit dafür, daß ein Wert der Geschwindigkeit 0,9 bis 1,1 des wahrscheinlichsten betrage, wird durch die Zahl $0{,}2 \cdot 0{,}8 = 0{,}16$ angegeben; d. h. unter 100 Molekeln sind 16 oder unter 6 Molekeln 1, deren Geschwindigkeit um weniger als 0,1 von dem wahrscheinlichsten Wert abweicht. Dagegen gibt es, wie man ebenso findet, nur etwa 9 unter 100 Teilchen, deren Geschwindigkeit bis auf 0,1 genau den halben Wert der wahrscheinlichsten besitzt, und etwa 11, deren Geschwindigkeit ebenso genau mit dem 1,5fachen Betrag zusammenfällt; es finden sich unter 100 sogar nur 3 mit einer 4mal kleineren, und kaum mehr als diese Anzahl besitzen den doppelten Wert der wahrscheinlichsten Geschwindigkeit.“

20. Mittelwerte. Wenn wir die Abb. 5 betrachten, so erkennen wir sofort, daß die wahrscheinlichste Geschwindigkeit verschieden sein wird von der mittleren Geschwindigkeit, da ja die Geschwindigkeitskurve keine symmetrische ist. Wir sehen ohne weiteres, daß die Fläche links von der Ordinate, die zur Abszisse 1 gehört, kleiner als jene rechts ist, so daß der Mittelwert sämtlicher Geschwindigkeiten, d. i. die mittlere Geschwindigkeit, größer sein muß als die wahrscheinlichste Geschwindigkeit. Bei der Berechnung der mittleren Geschwindigkeit gehen wir genau so vor wie bei jeder Mittelwertsbildung. Wir addieren sämtliche Geschwindigkeiten und dividieren sie durch die Zahl derselben. Ist letztere n, so ist die Zahl jener Geschwindigkeiten, die zwischen c und $c + dc$ liegen, durch den Ausdruck (II) gegeben. Multiplizieren wir diesen mit der Geschwindigkeit c, so erhalten wir die Summe dieser Geschwindigkeiten. Die Summe aller Geschwindigkeiten werden wir also finden, wenn wir das so erhaltene Produkt noch nach c integrieren vom Wert 0 bis zum Wert ∞. Die Summe sämtlicher Geschwindigkeiten wird also sein

$$\frac{4n}{\sqrt{\pi}\,\alpha^3}\int_0^\infty c^3 e^{-\frac{c^2}{\alpha^2}}\,dc\,.$$

Um die mittlere Geschwindigkeit c zu erhalten, brauchen wir diesen Ausdruck nur noch durch n zu dividieren. Es resultiert also

$$\overline{c} = \frac{4}{\sqrt{\pi}\,\alpha^3}\int_0^\infty c^3 e^{-\frac{c^2}{\alpha^2}}\,dc = \frac{4\alpha}{\sqrt{\pi}}\int_0^\infty x^3 e^{-x^2}\,dx = \frac{4\alpha}{\sqrt{\pi}}\left[-\frac{x^2 e^{-x^2}}{2} + \int x e^{-x^2}\,dx\right]_0^\infty = \frac{2\alpha}{\sqrt{\pi}}.$$

Wir haben die Rechnung so durchgeführt, daß wir die neue Variable $x = \frac{c}{\alpha}$ einführten. Da $\frac{2}{\sqrt{\pi}} > 1$ ist, so ergibt sich in der Tat die mittlere Geschwindigkeit $\overline{c}$ größer als die wahrscheinlichste α.

In der Druckformel lernten wir das mittlere Quadrat der Geschwindigkeiten kennen, und wir sahen auch, daß wir diesen Wert für $\overline{c^2}$ zahlenmäßig berechnen können. Wir wollen daher noch mit Zuhilfenahme des MAXWELLschen Verteilungsgesetzes auch diesen Ausdruck bilden und ihn so in Beziehung zur wahrscheinlichsten und mittleren Geschwindigkeit bringen. Wir können dann auch deren Wert zahlenmäßig angeben.

Wir haben also jetzt den Ausdruck (II) mit c^2 zu multiplizieren, zwischen den Grenzen 0 und ∞ zu integrieren und das Ganze durch n zu dividieren. Wir werden dabei folgendermaßen vorgehen.

$$\overline{c^2} = \frac{4}{\sqrt{\pi}\,\alpha^3}\int_0^\infty c^4 e^{-\frac{c^2}{\alpha^2}}\,dc = \frac{4\alpha^2}{\sqrt{\pi}}\int_0^\infty x^4 e^{-x^2}\,dx = \frac{6\alpha^2}{\sqrt{\pi}}\int_0^\infty x^2 e^{-x^2}\,dx = \frac{3\alpha^2}{\sqrt{\pi}}\int_0^\infty e^{-x^2}\,dx = \frac{3\alpha^2}{2},$$

wobei wir

$$\int_0^\infty e^{-x^2}\,dx = \frac{\sqrt{\pi}}{2}$$

benützten, was leicht folgendermaßen zu gewinnen ist. Wir haben (Ziff. 15) kennengelernt, daß

$$\int_{-\infty}^{+\infty}\int_{-\infty}^{+\infty} e^{-(x^2+y^2)}\,dx\,dy = \pi$$

ist. Nun können wir schreiben

$$\int_{-\infty}^{+\infty}\int_{-\infty}^{+\infty} e^{-(x^2+y^2)}\,dx\,dy = \left(\int_{-\infty}^{+\infty} e^{-x^2}\,dx\right)^2 = \pi$$

oder

$$\int_{-\infty}^{+\infty} e^{-x^2}\,dx = \sqrt{\pi}.$$

Der Wert des unbestimmten Integrals ist für x derselbe wie für $-x$, so daß wir

$$\int_{-\infty}^{+\infty} e^{-x^2}\,dx = 2\int_0^\infty e^{-x^2}\,dx$$

setzen können. Darnach wird schließlich

$$\int_0^\infty e^{-x^2}\,dx = \frac{\sqrt{\pi}}{2},$$

wie wir es oben benützt haben.

Wir können jetzt aus dem mittleren Quadrat der Geschwindigkeiten die mittlere und die wahrscheinlichste Geschwindigkeit zahlenmäßig berechnen. Es besteht die Beziehung

$$\overline{c^2} = \frac{3\pi}{8}\bar{c}^2 = \frac{3\alpha^2}{2}.$$

Es ist also das mittlere Quadrat der Geschwindigkeiten größer als das Quadrat der mittleren Geschwindigkeit und dieses wieder größer als das Quadrat der wahrscheinlichsten Geschwindigkeit.

Da wir für den Druck [Gleichung (1)] $p = \frac{Nm\overline{c^2}}{3}$ und (Ziff. 8) $\overline{c^2} = \overline{c_0^2}(1 + \alpha t)$ fanden, da ferner $m\overline{c^2}$ nach dem Gleichverteilungssatz der fortschreitenden Bewegung (Ziff. 10) für alle Gase dieselbe Größe ist, so ist $\overline{c^2}$ verkehrt proportional dem Molekulargewicht. Was aber für $\overline{c^2}$ gilt, das besteht natürlich auch für $\bar{c}^2$ und für α^2. Auch diese Größen müssen direkt proportional der absoluten Temperatur und verkehrt proportional dem Molekulargewicht des Gases sein.

Die Angaben für $\sqrt{\overline{c^2}}$ (Ziff. 14) wollen wir jetzt durch die Werte von $\bar{c}$ und α ergänzen.

Tabelle 1.

Mittlere und wahrscheinlichste Geschwindigkeit der Molekeln.

	$\sqrt{\overline{c^2}}$	$\bar{c}$	α
Luft	485 m	447 m	397 m
Stickstoff	492 „	453 „	406 „
Sauerstoff	461 „	425 „	377 „
Wasserstoff	1844 „	1698 „	1508 „

Bei der Luft ist natürlich zu bemerken, daß die angeführten Geschwindigkeiten nur Mittelwerte aus den einzelnen Bestandteilen der Luft sein können.

b) BOLTZMANNS H-Theorem.

21. Zahl der Zusammenstöße. Wie wir schon früher erwähnten, hat MAXWELL sein Verteilungsgesetz der Geschwindigkeiten unter der Voraussetzung abgeleitet, daß die Wahrscheinlichkeitskomponente von der Größe der anderen Komponenten unabhängig sei. Andere Forscher fanden, daß diese Annahme selbst eines Beweises bedürfe. Es entstand so eine ausgedehnte Literatur über diesen Gegenstand, an der sich in hervorragenster Weise L. BOLTZMANN beteiligte. Seine Untersuchungen führten jedoch viel weiter als zum Beweis des MAXWELLschen Verteilungsgesetzes. BOLTZMANN stellte sich die Aufgabe, das MAXWELLsche Gesetz für ein Gemenge von zwei Gasen zu suchen. Indem er von der Veränderung der Geschwindigkeiten ausging, die beim Stoß zweier Molekeln stattfinden, gelangte er nicht nur zum MAXWELLschen Verteilungsgesetz für jedes einzelne Gas, sondern er fand auch gleichzeitig einen exakten Beweis für das Äquipartitionstheorem und weiters einen neuen überaus wichtigen Satz, den er das H-Theorem nannte und das auf nichts weniger hinausläuft als auf die Darstellung der Entropie auf Grund der Anschauungen der kinetischen Gastheorie[1]).

Es gestattet nicht der Raum, den BOLTZMANNschen Gedankengang in seiner Gänze wiederzugeben. Wir wollen aber in einfacher Weise das Wesentliche darzustellen versuchen. Wir denken uns ein einfaches Gas, etwa ein Edelgas. Die Molekeln haben also alle dieselbe Masse und Größe. Wir stellen sie uns der

[1]) Siehe L. BOLTZMANN, Vorlesungen über Gastheorie Bd. I, S. 15.

Einfachheit halber wieder als vollkommen elastische Kugeln vor. Im allgemeinen werden wir die Zahl der Molekeln, die Geschwindigkeitskomponenten zwischen u und $u + du$, v und $v + dv$, w und $w + dw$ haben, als Funktionen von u, v, w und der Zeit t darstellen können. Wir setzen vorläufig keinen stationären Zustand voraus. Unsere Zahl wird also gekennzeichnet sein durch

$$f(u, v, w, t)\, du\, dv\, dw = f\, d\omega .$$

Diese Molekeln seien im folgenden jene erster Art genannt. Für die Zahl der Molekeln zweiter Art, das sind solche, die Geschwindigkeitskomponenten zwischen u_1 und $u_1 + du_1$, v_1 und $v_1 + dv_1$, w_1 und $w_1 + dw_1$ besitzen, werden wir analog schreiben können

$$f(u_1, v_1, w_1, t)\, du_1\, dv_1\, dw_1 = f_1\, d\omega_1 .$$

Wir haben also folgende Abkürzungen eingeführt

$$f(u, v, w, t) = f,\; f(u_1, v_1, w_1, t) = f_1,\; du\, dv\, dw = d\omega \text{ und } du_1\, dv_1\, dw_1 = d\omega_1 .$$

Wir suchen jetzt die Zahl der Stöße, die eine Molekel erster Art von jenen zweiter Art erfährt. Diese wird proportional sein der Zahl der Molekeln zweiter Art $f_1\, d\omega_1$, ferner der relativen Geschwindigkeit g, welche die Molekel erster Art gegen jene zweiter besitzt. Die Zahl der Ablenkungen ist somit proportional $g f_1\, d\omega_1$. Betrachten wir nun sämtliche Molekeln erster Art, so werden sie nach dem Zusammenstoß und gleicherweise auch die Molekeln zweiter Art sehr verschiedene Geschwindigkeiten und Geschwindigkeitsrichtungen haben. Wir wollen aber nur jene Molekeln zählen, die nach dem Stoß ganz bestimmte Geschwindigkeiten und Geschwindigkeitsrichtungen besitzen, die also Zusammenstößen angehören werden, die unter ganz bestimmten geometrischen Bedingungen erfolgen. Das heißt: von sämtlichen zusammenstoßenden Molekeln werden nur relativ unendlich wenige den gegebenen Bedignungen genügen. Es werden daher die geometrischen Bedingungen beim Stoß ebenfalls durch ein Differential ausgedrückt werden können, was wir durch den Faktor dG in Rechnung ziehen wollen. Die Molekel erster Art wird von jenen zweiter Art somit in der Sekunde $g f_1 d\omega_1 dG$ Stöße erfahren. Die Zahl sämtlicher Stöße von den gegebenen Bedingungen zwischen Molekeln erster und zweiter Art wird somit $g f f_1 d\omega\, d\omega_1 dG$ sein und in der Zeit dt werden somit

$$dn = g f f_1\, d\omega\, d\omega_1\, dG\, dt \tag{8}$$

Molekeln erster Art verschwinden.

Da wir nur Zusammenstöße unter ganz bestimmten geometrischen Bedingungen dG betrachten, so werden nach dem Stoß die Molekeln erster Art ganz bestimmte Geschwindigkeitskomponenten zwischen u' und $u' + du'$, v' und $v' + dv'$, w' und $w' + dw'$, jene zweiter Art die Geschwindigkeitskomponenten zwischen u_1' und $u_1' + du_1'$, v_1' und $v_1' + dv_1'$, w_1' und $w_1' + dw_1'$ erhalten. Wir stellen nun die Frage, wie groß ist die Zahl jener Molekeln, die vor dem Stoß Komponenten der Geschwindigkeit zwischen u' und $u' + du'$ usw. bez. u_1' und $u_1' + du_1'$ hatten, nach dem Stoß hingegen Komponenten zwischen u und $u + du$ usw. und zwischen u_1 und $u_1 + du_1$ besitzen. Die geometrischen Bedingungen davon wollen wir durch dG' einführen und erhalten gerade so wie oben für die gesuchte Zahl

$$d\nu = g' f' f_1'\, d\omega'\, d\omega_1'\, dG'\, dt , \tag{9}$$

wobei die Bedeutung der gestrichelten Buchstaben aus der Analogie zu den ungestrichelten hervorgeht.

22. Die geometrischen Bedingungen und die Geschwindigkeitsräume. Betrachten wir die Zusammenstöße beider Arten, so ist ohne weiteres klar, daß $g' = g$ sein muß, da ja die relative Geschwindigkeit der Molekeln vor und nach dem Stoß, wie wir schon (Ziff. 9) gesehen haben, dieselbe bleibt. Denken wir uns die beiden gleich großen relativen Geschwindigkeiten als die gleich langen Schenkel eines Winkels aufgetragen und ziehen die Symmetrale dazu, so erhellt aus der vollkommenen Symmetrie ohne weiteres, daß die geometrischen Bedingungen des Zusammenstoßes für beide Arten des Stoßes vollkommen identisch sein müssen, d. h. es muß $dG = dG'$ sein.

Die Geschwindigkeiten der Molekeln wollen wir von einem Punkt aus, den wir zum Ursprung des Koordinatensystems machen, als Vektoren auftragen. Die Endpunkte der Vektoren bestimmen uns dann die Geschwindigkeiten als Raumpunkte. Den ganzen Raum können wir den Geschwindigkeitsraum nennen. Sprechen wir nun von Geschwindigkeiten mit den Komponenten u und $u + du$ usw., so liegen die sog. Geschwindigkeitspunkte in einem Parallelepiped von den Kanten du, dv, dw, dessen Lage selbst durch die Komponenten u, v, w als Koordinaten gegeben ist. Unsere unendlich kleinen Parallelepipede haben wir $d\omega$, $d\omega'$ usw. genannt. Wir wollen zeigen, daß $d\omega' = d\omega$ und $d\omega_1' = d\omega_1$ ist. Wir legen (Abb. 6) durch die Zentrilinie beim Stoß eine Gerade, deren Richtung OK ist. Von O aus tragen wir die Geschwindigkeiten c und c_1 durch Strecken auf. Es stellt uns dann die Strecke CC_1 die relative Geschwindigkeit g dar. Durch den Halbierungspunkt S dieser Strecke legen wir K_1K_2 parallel zu OK. Jene Komponente der relativen Geschwindigkeit g, die senkrecht zu OK oder, was dasselbe ist, zu K_1K_2 steht, erfährt durch die Ablenkung der Molekeln keine Veränderung. Die Komponente parallel zu K_1K_2 wird durch die Ablenkung einfach umgekehrt. Wir erhalten somit die neue Richtung der relativen Geschwindigkeit, wenn wir in der Ebene, welche die Geraden CC_1 und K_1K_2 bestimmen, durch S, das ist den gemeinschaftlichen Schwerpunkt beider Molekeln, eine Gerade $C'C_1'$ so legen, daß sie zu K_1K_2 dieselbe Neigung hat wie CC_1, nur in entgegengesetzter Richtung. Machen wir noch

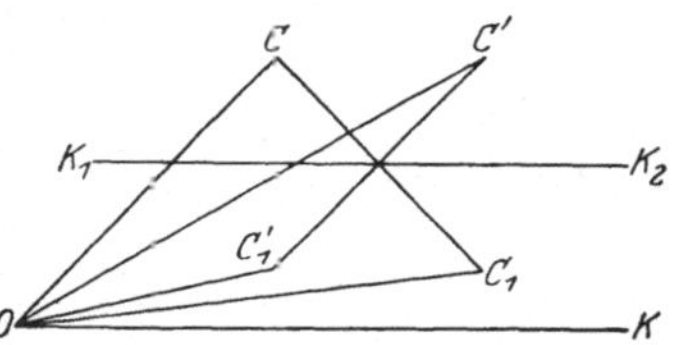

Abb. 6. Diagramm für den Beweis, daß $d\omega' = d\omega$ und $d\omega_1' = d\omega_1$ ist.

$$C'S = C_1'S = CS = C_1S,$$

so stellen uns die Strecken OC' und OC_1' die Geschwindigkeiten c' und c_1' der Molekeln nach dem Stoß dar.

Verschieben wir nun den Punkt C um die unendlich kleinen Strecken du, dv, dw, so muß sich C' wegen der vollkommenen Symmetrie um genau dieselben Strecken du', dv', dw' verschieben. Es ist somit $d\omega = d\omega'$ und ganz analog $d\omega_1 = d\omega_1'$. Ziehen wir das alles in Betracht, so können wir Gleichung (9) schreiben

$$d\nu = g f' f_1' \, d\omega \, d\omega_1 \, dG \, dt. \tag{9a}$$

23. Stationärer Zustand. Wenn sich durch die Zusammenstöße die Verhältnisse im Gase nicht ändern, so nennen wir das einen stationären Zustand. Für das Auge ist dies ein ruhendes Gas, ein Gas im mechanischen und thermischen Gleichgewicht. In diesem Fall muß also

$$\int dn = \int d\nu$$

sein. Setzen wir dafür die Werte aus den Gleichungen (8) und (9a) ein, so erhalten wir

$$\int f f_1 g \, d\omega \, d\omega_1 \, dG \, dt = \int f' f_1' g \, d\omega \, d\omega_1 \, dG \, dt,$$

woraus sofort folgt

$$f f_1 = f' f_1'. \tag{10}$$

Da für diesen Zustand die Geschwindigkeiten und ihre Richtungen gleichmäßig über den Raum verteilt sind, so können wir f ohne weiteres wegen $c^2 = u^2 + v^2 + w^2$ als Funktion von c^2 ausdrücken, wenn wir unter c die Geschwindigkeiten erster Art vor dem Stoß verstehen. Für die Geschwindigkeiten nach dem Stoß wollen wir dann analog c' setzen, während die Geschwindigkeiten der Molekeln zweiter Art vor und nach dem Stoß entsprechend c_1 und c_1' genannt werden sollen. Wir setzen

$$f = e^{\varphi(c^2)}, \qquad f_1 = e^{\varphi(c_1^2)}, \qquad f' = e^{\varphi(c'^2)}, \qquad f_1' = e^{\varphi(c_1'^2)}.$$

Infolge des Energieprinzips muß

$$m c^2 + m c_1^2 = m c'^2 + m c_1'^2$$

sein, woraus $c_1'^2 = c^2 + c_1^2 - c'^2$ folgt. Aus Gleichung (10) erhalten wir jetzt

$$\varphi(c^2) + \varphi(c_1^2) = \varphi(c'^2) + \varphi(c^2 + c_1^2 - c'^2).$$

Diese Gleichung der Reihe nach partiell nach c, c_1, c_1' differenziert, ergibt

$$\begin{aligned} \varphi'(c^2) &= \varphi'(c^2 + c_1^2 - c'^2), \\ \varphi'(c_1^2) &= \varphi'(c^2 + c_1^2 - c'^2), \\ 0 &= \varphi'(c'^2) - \varphi'(c^2 + c_1^2 - c'^2). \end{aligned}$$

Es ist somit

$$\varphi'(c^2) = \varphi'(c_1^2) = \varphi'(c'^2) = -\frac{1}{\alpha^2},$$

wenn wir $-\frac{1}{\alpha^2}$ als eine Konstante ansehen, indem ja bei der Willkür der Wahl von c^2, c_1^2 und c'^2 die letzte Gleichung nur unter dieser Bedingung möglich ist. Bilden wir aus der letzten Gleichung

$$\varphi'(c^2)\, d(c^2) = -\frac{d(c^2)}{\alpha^2},$$

so ergibt dies durch Integration

$$\varphi(c^2) = -\frac{c^2}{\alpha^2} + \ln a,$$

wenn wir $\ln a$ als willkürliche Konstante einführen. Da

$$f = e^{\varphi(c^2)}$$

gesetzt wurde, so kann

$$f = a e^{-\frac{c^2}{\alpha^2}}$$

geschrieben werden.

Die Zahl der Molekeln, deren Geschwindigkeitspunkte in den Raum $du\, dv\, dw$ liegen wird, somit sein

$$a e^{-\frac{c^2}{\alpha^2}} du\, dv\, dw = a e^{-\frac{c^2}{\alpha^2}} c^2 dc \sin\vartheta\, d\vartheta\, d\varphi,$$

wenn wir wie früher (Ziff. 18) Polarkoordinaten einführen. Die weitere Rechnung ist nun genau dieselbe, die wir bei der Ableitung des MAXWELLschen Verteilungsgesetzes durchgeführt haben. Wir erhalten für das Verteilungsgesetz der Geschwindigkeiten wieder genau dieselbe Formel wie früher, doch scheint der Beweis jetzt einwandfrei zu sein.

24. Die Funktion H und deren Änderung mit der Zeit. Erinnern wir uns, daß die abgekürzte Form f die Bedeutung $f(u, v, w)$ hat, so entspricht jeder Geschwindigkeit eine solche Funktion. Wir bilden jetzt den Logarithmus (ln) von f für jede Molekel und addieren alle diese Logarithmen. Diese Summe nennen wir mit BOLTZMANN H. Sie wird sein

$$H = \int \ln f \cdot f\, d\omega\,, \tag{11}$$

da ja $f d\omega$ die Zahl der Molekeln bedeutet, denen die Funktion $\ln f$ eigen ist.

Wir wollen nun die Änderung von H mit der Zeit bestimmen, also dH/dt bilden. Nach Gleichung (11) ist

$$\frac{dH}{dt} = \int \ln f \frac{df}{dt}\, d\omega + \int \frac{1}{f}\frac{df}{dt} f\, d\omega = \int \ln f \frac{df}{dt}\, d\omega\,,$$

was wir leicht erhalten, da das Integral

$$\int \frac{1}{f}\frac{df}{dt} f\, d\omega = \int \frac{df}{dt}\, d\omega = 0$$

ist, in dem ja $\int \frac{df}{dt}\, d\omega$ nichts anderes als die Änderung der Gesamtzahl der Molekeln mit der Zeit ist. Die Zahl der Molekeln ist aber eine konstante, infolgedessen ihre Änderung gleich Null.

Den Wert von df/dt finden wir folgendermaßen. In der Zeit dt wird sich die Zahl der Molekeln erster Art ändern um $\frac{df}{dt}\, d\omega\, dt$. Das ist aber nach den Gleichungen (8) und (9a)

$$\int d\nu - \int dn = \int (f' f_1' - f f_1)\, g\, d\omega\, d\omega_1\, dG\, dt\,,$$

daher

$$\frac{df}{dt} = \int (f' f_1' - f f_1)\, g\, d\omega_1\, dG\,.$$

führen wir das in unsere Gleichung für $\frac{dH}{dt}$ ein, so erhalten wir

$$\frac{dH}{dt} = \int \ln f (f' f_1' - f f_1)\, g\, d\omega\, d\omega_1\, dG\,. \tag{12}$$

Da die Integration immer über alle vorhandenen Werte erstreckt werden muß, also z. B. für die Geschwindigkeit von 0 bis ∞, so ist

$$H = \int \ln f \cdot f\, d\omega = \int \ln f' \cdot f' d\omega'\,,$$

somit auch

$$\frac{dH}{dt} = \int \ln f' \frac{df'}{dt}\, d\omega = -\int \ln f' (f' f_1' - f f_1) g\, d\omega\, d\omega_1\, dG\,. \tag{12a}$$

Welche Molekeln wir als jene erster und als jene zweiter Art annehmen, ist natürlich ebenfalls gleichgültig. Daher folgt aus den Gleichungen (12) und (12a) ohne weiteres

$$\frac{dH}{dt} = \int \ln f_1 (f' f_1' - f f_1) g\, d\omega\, d\omega_1\, dG \tag{12b}$$

und

$$\frac{dH}{dt} = -\int \ln f_1' (f' f_1' - f f_1) g\, d\omega\, d\omega_1\, dG\,. \tag{12c}$$

Das arithmetische Mittel aus den Gleichungen (12), (12a), (12b), (12c) ergibt schließlich

$$\frac{dH}{dt} = -\frac{1}{4}\int[\ln(f'f_1') - \ln(f f_1)](f'f_1' - f f_1) g\, d\omega\, d\omega_1 dG. \tag{13}$$

Diese Gleichung bildet den Inhalt des sog. BOLTZMANNschen H-Theorems.

Die Funktionen f, f_1, f', f_1' sind alle positive Zahlen, desgleichen muß nach den früheren Forderungen auch dG immer positiv sein. Da nun auch der Logarithmus mit dem Numerus wächst und abnimmt, so muß das gesamte Integral positiv, mithin dH/dt stets negativ sein. Das heißt, H muß infolge der Molekelstöße beständig abnehmen oder das Gas muß sich beständig einem Zustand nähern, für den

$$f f_1 = f' f_1'$$

ist. Ist dieser Zustand erreicht, so bleibt er stationär. Das Gas ist dann im thermischen und mechanischen Gleichgewicht. Dieser Zustand wird eindeutig erreicht und ist daher der einzig mögliche, so daß also das MAXWELLsche Verteilungsgesetz der Geschwindigkeiten das einzig mögliche ist, wenn das Gas sich in Ruhe und im Temperaturgleichgewicht befindet.

25. Das Äquipartitionstheorem. Wir erwähnten, daß BOLTZMANN ein Gemenge von zwei Gasen betrachtet hat. Die Aufgabe wird dadurch prinzipiell nicht schwieriger, wohl aber weitschweifiger. An Stelle der Gleichung (10), die sich auf das eine Gas bezieht, tritt eine analoge für das zweite Gas und weiter erhalten wir eine Gleichung für die Wechselwirkung beider Gase, die sich also auf die Zusammenstöße der Molekeln des einen Gases mit jenen des zweiten bezieht. Wir werden also folgende drei Gleichungen haben

$$f f_1 = f' f_1', \quad F F_1 = F' F_1', \quad f F_1 = f' F_1'. \tag{14}$$

Aus diesen drei Gleichungen finden wir nun folgendes; die erste und die zweite lassen sich in derselben Weise lösen wie Gleichung (10). Wir werden für jede Gasart eine wahrscheinlichste Geschwindigkeit finden, die im allgemeinen natürlich nicht denselben Wert haben werden. In welcher Beziehung die beiden wahrscheinlichsten Geschwindigkeiten — wir wollen sie für das erste Gas α für das zweite α_1 nennen — stehen, wird uns die dritte Gleichung sagen. Infolge des Energieprinzips gilt

$$m c^2 + m_1 c_1^2 = m c'^2 + m_1 c_1'^2, \tag{15}$$

wobei m die Masse einer Molekel des ersten, m_1 des zweiten Gases ist. Wir können jetzt ohne weiteres die Überlegungen, die wir zur Lösung von Gleichung (10) machten, wiederholen. Wir setzen

$$f = e^{\varphi(c^2)}, \quad F_1 = e^{\Phi(c_1^2)}, \quad f' = e^{\varphi(c'^2)}, \quad F_1' = e^{\Phi(c_1'^2)}.$$

Aus Gleichung (15) gewinnen wir

$$c_1'^2 = \frac{m}{m_1} c^2 + c_1^2 - \frac{m}{m_1} c'^2$$

und wir können jetzt nach der dritten der Gleichungen (14) bilden

$$\varphi(c^2) + \Phi(c_1^2) = \varphi(c'^2) + \Phi\left(\frac{m}{m_1} c^2 + c_1^2 - \frac{m}{m_1} c'^2\right).$$

Differenzieren wir diese Gleichung der Reihe nach nach c^2 bzw. c_1^2 und c'^2, so erhalten wir

$$\varphi'(c^2) = \frac{m}{m_1}\,\Phi'\left(\frac{m}{m_1}c^2 + c_1^2 - \frac{m}{m_1}c'^2\right),$$

$$\Phi'(c_1^2) = \Phi'\left(\frac{m}{m_1}c^2 + c_1^2 - \frac{m}{m_1}c'^2\right),$$

$$0 = \varphi'(c'^2) - \frac{m}{m_1}\,\Phi'\left(\frac{m}{m_1}c^2 + c_1^2 - \frac{m}{m_1}c'^2\right).$$

Es ist also analog der schon früher gemachten Überlegung

$$\varphi'(c^2) = \frac{m}{m_1}\,\Phi'(c_1^2) = \varphi'(c'^2) = -\frac{1}{\alpha^2}.$$

Wir erhalten weiter

$$\varphi(c^2) = -\frac{c^2}{\alpha^2} + \ln a\,,$$

desgleichen

$$\Phi(c_1^2) = -\frac{m_1 c_1^2}{m\,\alpha^2} + \ln A = -\frac{c_1^2}{\alpha_1^2} + \ln A\,.$$

Wiederum bedeuten jetzt α und α_1 die wahrscheinlichsten Geschwindigkeiten, und zwar gehört α dem ersten, α_1 dem zweiten Gase an. Es folgt also $\frac{m}{m_1}\alpha^2 = \alpha_1^2$ oder

$$m\,\alpha^2 = m_1\alpha_1^2\,.$$

Führen wir die mittleren Geschwindigkeitsquadrate ein, so

$$\overline{c^2} = \frac{3}{2}\alpha^2\,,\qquad \overline{c_1^2} = \frac{3}{2}\alpha_1^2\,,$$

woraus weiter folgt, daß

$$\frac{m\overline{c^2}}{2} = \frac{m_1\overline{c_1^2}}{2}$$

ist, und das ist ja nichts anderes als das gesuchte Äquipartitionstheorem.

c) Entropie eines idealen einatomigen Gases.

26. Berechnung nach den Sätzen der Thermodynamik. Wir gehen vom 1. Hauptsatz der Thermodynamik aus, indem wir ihn auf die Masseneinheit eines idealen Gases anwenden. Wir schreiben ihn

$$dQ = dU + p\,dv\,.$$

Dabei ist also dQ die zugeführte Wärme, dU die Erhöhung der inneren Energie, $p\,dv$ die geleistete äußere Arbeit. Für die innere Energie, d. i. den Wärmeinhalt, des Gases können wir (Ziff. 1 und 10)

$$U = \frac{n\,m\,\overline{c^2}}{2}$$

setzen. nm ist aber die gesamte Masse des Gases. Für die Masseneinheit muß also $nm = 1$, folglich $U = \frac{\overline{c^2}}{2}$ gesetzt werden. Aus dem BOYLE-CHARLESschen Gesetz [Gleichung (2) in Ziff. 8] folgt

$$pv = \frac{\overline{c^2}}{3} = \frac{RT}{M},$$

also

$$U = \frac{\overline{c^2}}{2} = \frac{3}{2}\frac{RT}{M},$$

somit

$$dU = \frac{3R}{2M}\,dT,$$

für die Masseneinheit können wir $v = \frac{1}{\varrho}$ setzen, wenn wir unter ϱ die Dichte des Gases verstehen. Darnach wird das BOYLE-CHARLESsche Gesetz

$$pv = \frac{p}{\varrho} = \frac{RT}{M},$$

also

$$p = \frac{\varrho RT}{M},$$

während $dv = d\left(\frac{1}{\varrho}\right)$ ist. Fassen wir das alles zusammen, so ergibt sich für den ersten Hauptsatz

$$dQ = \frac{3R}{2M}\,dT + \frac{R}{M}\,\varrho\,T\,d\left(\frac{1}{\varrho}\right).$$

Die Entropie $\int\frac{dQ}{T}$ wird folgende Form annehmen

$$\left.\begin{aligned}\int\frac{dQ}{T} = \frac{3R}{2M}\int\frac{dT}{T} + \frac{R}{M}\int\frac{d\left(\frac{1}{\varrho}\right)}{\frac{1}{\varrho}} &= \frac{R}{M}\left[\ln T^{\frac{3}{2}} + \ln\left(\frac{1}{\varrho}\right)\right] + \text{Konst},\\ &= \frac{R}{M}\ln\left(\frac{T^{\frac{3}{2}}}{\varrho}\right) + \text{Konst.}\end{aligned}\right\} \quad (16)$$

Man erkennt leicht, daß für irgendeine andere Menge des Gases der erste Summand mit der Anzahl der Gramme des Gases zu multiplizieren ist. Die Konstante bleibt natürlich willkürlich.

27. Einführung der Funktion H in die Entropiegleichung. Die Größe H wollen wir vorläufig auf die Volumeinheit des Gases beziehen und sie H_1 nennen. Wir setzen

$$H_1 = \int f \ln f\,d\omega.$$

Dabei ist $f = a e^{-\frac{c^2}{\alpha^2}}$, also

$$\ln f = \ln a - \frac{c^2}{\alpha^2}.$$

Dies in den Ausdruck für H_1 eingesetzt, ergibt

$$H_1 = \ln a \int f\,d\omega - \frac{1}{\alpha^2}\int c^2 f\,d\omega = N\ln a - \frac{N\overline{c^2}}{\alpha^2} = N\left(\ln a - \frac{3}{2}\right),$$

wenn wir unter N die Zahl der Molekeln in der Volumeinheit verstehen und berücksichtigen, daß $\overline{c^2} = \frac{3}{2}\alpha^2$ ist.

Es wurde nun früher (Ziff. 18 und 23) gezeigt, daß

$$a = \frac{N}{\pi^{\frac{3}{2}}\alpha^3}$$

ist. Ersetzen wir α^2 durch $\frac{2}{3}\overline{c^2}$, so wird

$$a = \frac{\left(\frac{3}{2}\right)^{\frac{3}{2}} N}{\left(\pi\overline{c^2}\right)^{\frac{3}{2}}}.$$

Nun ist aber nach dem Obigen

$$\overline{c^2} = \frac{3R}{M}T,$$

folglich

$$a = \frac{N}{\left(2\pi\frac{R}{M}T\right)^{\frac{3}{2}}}.$$

Multiplizieren wir Zähler und Nennen dieses Bruches mit m, der Masse der Molekeln, so wird der Zähler $Nm = \varrho$, d. i. die Dichte des Gases, und

$$a = \frac{\varrho T^{-\frac{3}{2}}}{m\sqrt{\frac{8\pi^3R^3}{M^3}}}.$$

Mit diesem Wert von a bilden wir jetzt die Größe H_1, die wir nun schreiben können

$$H_1 = N\ln a - \frac{3N}{2} = N\ln\left(\varrho T^{-\frac{3}{2}}\right) = N\left(\ln\sqrt{\frac{8\pi^3m^2R^3}{M^3}} + \frac{3}{2}\right).$$

Diesen Ausdruck für H_1 multiplizieren wir noch mit $-\frac{m}{M}Rv$, wodurch wir erhalten

$$-\frac{mH_1Rv}{M} = \frac{NmvR}{M}\ln\left(\frac{T^{\frac{3}{2}}}{\varrho}\right) + \text{Const.} = \frac{R}{M}\ln\left(\frac{T^{\frac{3}{2}}}{\varrho}\right) + \text{Konst.} \qquad (17)$$

Dabei haben wir zu beachten, daß $Nmv = 1$ ist, indem ja Nm die Masse der Volumeinheit und v das Volumen bedeutet. Das Produkt beider gibt uns die Gesamtmasse. Dafür wählten wir aber von Anfang an die Masseneinheit. Ferner ist der Ausdruck

$$\frac{NmvR}{M}\left(\ln\sqrt{\frac{8\pi^3m^2R^3}{M^3}} + \frac{3}{2}\right)$$

wegen $Nmv = 1$ tatsächlich konstant, wodurch die obige Gleichung gerechtfertigt ist.

Vergleichen wir nun die Gleichungen (16) und (17), so finden wir zwischen der Entropie S und der Funktion H_1 die einfache Beziehung

$$S = -\frac{m H_1 R v}{M} = -\frac{H R m}{M} = -\frac{R}{N} H ,$$

wobei wir jetzt $H = H_1 v$ den Wert der Funktion H für die Masseneinheit des Gases und $N = \frac{M}{m}$ als die Zahl der Molekeln in einem Mol anzusehen haben. Wir werden später erfahren, warum man diese Zahl N die LOSCHMIDTsche Zahl nennt.

28. Relative oder thermodynamische Wahrscheinlichkeit. Der sichtbare Zustand eines Gases verlangt, daß eine bestimmte Anzahl von Molekeln Geschwindigkeitskomponenten zwischen u und $u + du$, v und $v + dv$, w und $w + dw$ haben. Welche Molekeln das sind, ist ganz gleichgültig, indem ja jeder „molekulare Zustand", der die gewünschte Verteilung der Geschwindigkeiten besitzt, denselben sichtbaren Zustand darstellt. Wir wollen uns eine Vorstellung von der Zahl der molekularen Zustände machen, die ein und denselben sichtbaren Zustand verwirklichen können. Wir wählen wieder die geometrische Darstellung der Geschwindigkeiten, indem wir den Geschwindigkeitsraum einführen. Wir denken ihn uns in eine sehr große Zahl gleicher Volumteile, d. h. gleich großer „Zellen", zerlegt. Die Verteilung der Geschwindigkeitspunkte der Molekeln auf die einzelnen Zellen bestimmt dann den sichtbaren Zustand. Vertauschen wir nach Belieben der Reihe nach immer zwei Molekeln miteinander, so ändert sich am sichtbaren Zustand nichts, wohl aber am molekularen, da ja die Übertragung eines Geschwindigkeitspunktes in eine andere Zelle eine Änderung des molekularen Zustandes bedeutet. Die Zahl der Permutationen, die wir mit den n Geschwindigkeitspunkten vornehmen können, ist $n!$. Das scheint also auch die Zahl der möglichen molekularen Zustände für ein und denselben sichtbaren Zustand zu sein. Das wäre aber ein Irrtum. Ihre Zahl wird im allgemeinen kleiner sein, da ja die Vertauschung der Geschwindigkeitspunkte in einer Zelle am molekularen Zustand nichts ändert. Sind in der ersten Zelle etwa n_1 Geschwindigkeitspunkte, in der zweiten n_2 usw., so werden in der ersten $n_1!$ Permutationen möglich sein, die alle denselben molekularen Zustand darstellen. Analog werden wir durch Vertauschung der Punkte in der zweiten Zelle $n_2!$ Permutationen erhalten, ohne am molekularen Zustand etwas zu verändern, usw. Die Gesamtzahl der molekularen Zustände wird also gegeben sein durch

$$Z = \frac{n!}{n_1!\, n_2! \ldots} .$$

Diese Größe nennt BOLTZMANN[1]) die „relative Wahrscheinlichkeit" dafür, daß n_1 Geschwindigkeitspunkte in der ersten Zelle usw. liegen.

Als Beispiel für die relative Wahrscheinlichkeit wollen wir den Fall wählen, daß alle Molekeln dieselbe Geschwindigkeit haben. Dann liegen alle Geschwindigkeitspunkte in einer Zelle. In dieser ist also die Zahl der Geschwindigkeitspunkte n, während sie für alle übrigen Zellen Null ist. Wir erhalten daher die relative Wahrscheinlichkeit $Z_1 = \frac{n!}{n!} = 1$. Wir können also Z auch das Verhältnis der Wahrscheinlichkeit eines gegebenen molekularen Zustandes zu jenem gleicher Geschwindigkeiten nennen. Das erklärt die Bezeichnung „relative Wahrscheinlichkeit" für die Zahl Z. PLANCK hat ihr den Namen „thermodynamische

[1]) L. BOLTZMANN, Gastheorie Bd. I, S. 40.

Wahrscheinlichkeit" gegeben, die also für einen bestimmten sichtbaren Zustand gleich der Zahl der molekularen Zustände ist, denen er entspricht.

STIRLING hat für den Fall, daß n eine große Zahl ist, eine Formel für $n!$ abgeleitet, die wir später benutzen und daher, indem wir SCHÄFER[1]) folgen, beweisen wollen. Es ist

$$n! = n(n-1)!\,.$$

Durch Logarithmieren erhalten wir

$$\ln n! = \ln n + \ln(n-1)!\,.$$

Wir sehen $\ln n!$ als Funktion von n an, schreiben also

$$f(n) = \ln n + f(n-1). \tag{18}$$

Die Funktion $f(n-1)$ entwickeln wir nach der TAYLORschen Reihe, indem wir voraussetzen, daß n gegen 1 eine sehr große Zahl, also 1 gegen n wie eine sehr kleine Zahl behandelt werden, somit

$$f(n-1) = f(n) - f'(n)$$

gesetzt werden kann. Darnach wird Gleichung (18)

$$f(n) = \ln n + f(n) - f'(n)$$

oder

$$f'(n) = \ln n\,.$$

Durch Integration ergibt sich

$$f(n) = n\ln n - n = \ln(n^n) - \ln e^n.$$

Setzen wir für $f(n)$ wieder $\ln n!$ ein, so

$$\ln n! = \ln\left(\frac{n}{e}\right)^n.$$

Mit dieser Gleichung für $n!$ reichen wir im folgenden, da wir es nur mit sehr großen Werten von n zu tun haben, vollkommen aus.

29. Mathematische Bedeutung der Größe *H*. Wir bilden den Logarithmus der relativen Wahrscheinlichkeit

$$\ln Z = \ln(n!) - \ln(n_1!) - \ln(n_2!) - \cdots$$

und führen $\ln(n_1!)$, $\ln(n_2!)$ usw. nach der STIRLINGschen Formel ein. Das ergibt

$$\begin{aligned}\ln Z &= \ln(n!) - n_1\ln n_1 + n_1 - n_2\ln n_2 + n_2 - \cdots\\ &= -(n_1\ln n_1 + n_2\ln n_2 + \cdots) + \text{Konst.}\,,\end{aligned}$$

da in der Tat

$$\ln(n!) + (n_1 + n_2 + \cdots) = \ln(n!) + n = \text{Konst.}$$

ist.

Auf ein Gas angewendet sind nun die einzelnen Größen $n_1, n_2 \ldots$ dargestellt durch

$$f(u,v,w)\,du\,dv\,dw = f\,d\omega\,.$$

Bilden wir daher die Summe $n_1\ln n_1 + n_2\ln n_2 + \cdots$, so wird sie in unserem Fall zum Integral von der Form

$$\int f\ln f\,d\omega + \ln d\omega \int f\,d\omega\,.$$

Der zweite Teil dieser Summe ist aber wieder eine Konstante, da ja $\int f\,d\omega = n$ die Gesamtzahl der Molekeln bedeutet. Wir erhalten somit das Resultat

$$\ln Z = -\int f\ln f\,d\omega + \text{Konst.}$$

[1]) CL. SCHÄFER, Einführung in die theoretische Physik Bd. II (1), S. 409.

Das $\int f \ln f d\omega$ ist aber ja die uns bekannte Größe H. Daher ist

$$\ln Z = -H + \text{Konst.}$$

Wir fanden aber zwischen H und der Entropie S des Gases die Beziehung

$$S = -\frac{R}{N} H.$$

Folglich können wir auch schreiben

$$S = \frac{R}{N} \ln Z.$$

In der Regel wird diese Gleichung in der Form geschrieben

$$S = k \ln W,$$

wobei $k = \frac{R}{N}$ der Name „BOLTZMANNsche Konstante“ gegeben wurde, während man unter W die relative oder thermodynamische Wahrscheinlichkeit versteht. Diese Gleichung ist das berühmteste Resultat der BOLTZMANNschen Untersuchungen über die Herleitung der Entropie eines Gases aus den Anschauungen der kinetischen Gastheorie. Wir können es kurz in die Worte zusammenfassen: „Die Entropie ist proportional dem Logarithmus der Wahrscheinlichkeit.“

30. Mechanik und zweiter Hauptsatz. Was das größte Aufsehen in BOLTZMANNS Arbeit machte, war der Umstand, daß der zweite Hauptsatz der mechanischen Wärmetheorie durch eine mechanische Analogie sich darstellen ließ. Oder in anderen Worten, es wurde die Irreversibilität der thermischen Prozesse rein mechanistisch erklärt. Es stand das in vollem Widerspruch mit Folgerungen aus der Mechanik. So hat POINCARÉ gezeigt, daß ein System von Massenpunkten, auf die nur Kräfte wirken, die als Funktionen der Lage der Punkte dargestellt werden können, periodisch wieder in seinen einmal innegehabten Zustand zurückkehrt. Die Lösung, warum BOLTZMANN zu einem anderen Resultat kam, liegt eben darin, daß er nicht mit Gewißheiten, sondern mit Wahrscheinlichkeiten arbeitete.

Der Ausgang der Untersuchungen ist nicht ein bestimmter geordneter Zustand der Molekeln, sondern ein „molekular ungeordneter“ Zustand. Neben diesem setzte BOLTZMANN auch einen „molar ungeordneten“ Zustand voraus; d. h. auch der sichtbare Zustand wurde als ungeordnet angenommen. Wie also die Massenpunkte ursprünglich verteilt sind, das ist dem Zufall anheimgestellt, und wie auf Grund eines zufälligen molekularen Zustandes das Ganze verläuft, das hat BOLTZMANN bearbeitet. Alle Sätze, die er gewann, sind daher nicht Sätze der Gewißheit, sondern Wahrscheinlichkeitssätze, und zwar genau solche Wahrscheinlichkeitssätze wie alle übrigen Resultate der kinetischen Gastheorie. Daß also ein Gas den zweiten Hauptsatz befolgt, ist nicht unbedingt gewiß, aber es ist so ungeheuer wahrscheinlich, daß wir es praktisch für gewiß annehmen können. Es rührt das davon her, daß die Zahl der Einzelvorgänge, die den sichtbaren Zustand bedingen, so über alle Vorstellung hinaus groß ist, daß wir für gewöhnlich keine Abweichungen von den Durchschnittserscheinungen wahrnehmen. Daß aber solche Abweichungen, „Schwankungen“, vorhanden sind und unter Umständen auch nachgewiesen werden können, davon werden wir in einem späteren Kapitel sprechen.

Wir wollen dies an einem Beispiel illustrieren. Wir denken uns ein Gefäß, das durch einen Schieber in zwei Teile getrennt werden kann. Wir wollen sie A und B nennen. In A sei eine einzige Molekel. Ist der Schieber offen, so wird sie sich bald in A, bald in B befinden. Lassen wir die Molekel von A ausgehen, und schließen wir den Schieber, sobald sie sich wieder in A befindet, so haben wir wieder den ursprünglichen Zustand; wir haben einen reversiblen Vorgang. Es seien jetzt zwei Molekeln in A vorhanden, so wird es natürlich unwahrscheinlicher sein, daß beide wieder in A sind, als daß nur eine der beiden Molekeln sich daselbst befindet. Denken wir uns jetzt 3, 4 usw. Molekeln bei geschlossenem Schieber in A, wobei B leer sein soll, so werden sich beim Öffnen des Schiebers die Molekeln über den ganzen Raum verteilen. Es ist nun leicht einzusehen, daß die Wahrscheinlichkeit, daß wieder alle Molekeln einmal im Raum A sind, um so kleiner sein wird, je größer die Zahl der Molekeln ist. So läßt sich z. B. rechnen, daß schon bei 1000 Molekeln es sicher nur in Jahrtausenden einmal vorkommt, daß sämtliche Molekeln, und das natürlich wieder nur für eine äußerst kurze Zeit sich im Raum A befinden. Wir werden später erfahren, daß wir die Gasmolekeln in einem Kubikzentimeter nach Trillionen zählen müssen. Für solche Zahlen kommen wir dafür, daß alle Molekeln wieder einmal im Raum A sein werden, auf Zeiten, die praktisch für uns als unendlich groß gelten. So haben wir den irreversiblen Vorgang aufzufassen.

Aber auch das von uns betrachtete Beispiel ist nur richtig, wenn wir von einem „molar und molekular ungeordneten“ Zustand ausgehen. Würden wir z. B. zwischen zwei parallelen Wänden eine Anzahl von Molekeln senkrecht von einer Wand mit gleichen Geschwindigkeiten abfliegen lassen, so würden sie alle gleichzeitig wieder zurückkehren, d. h. zwischen den zwei Wänden hin und her fliegen, was in sehr kurzen Zeitintervallen geschehen könnte. Auf einen solchen Zustand könnten wir BOLTZMANNS Betrachtung nicht anwenden, weil er ein molar und molekular geordneter ist.

d) Das MAXWELL-BOLTZMANNsche Gesetz.

31. Anwendung der hydrostatischen Grundgleichungen auf ein Gas. BOLTZMANN hat das MAXWELLsche Verteilungsgesetz der Geschwindigkeiten erweitert, indem er noch den Einfluß der auf die Gasmolekeln wirkenden äußeren Kräfte berücksichtigte. Wegen seiner Wichtigkeit wollen wir auch dafür eine Ableitung geben, indem wir der Darstellung G. JÄGERS[1]) folgen. Das Gas sei molekular ungeordnet, oder, wie wir auch sagen könnten, die Molekeln sowohl als auch deren Geschwindigkeiten seien in jedem Volumelement des Gases gleichmäßig verteilt.

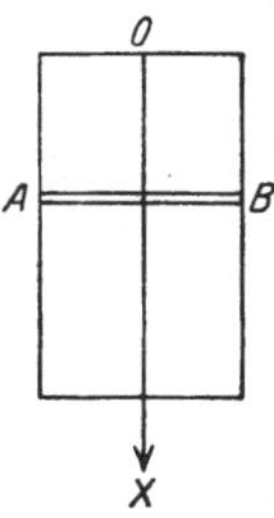

Abb. 7. Erläuterung zum MAXWELL-BOLTZMANNschen Verteilungsgesetz.

Wir denken uns nun ein zylindrisches Gefäß (Abb. 7). OX sei dessen Achse und gleichzeitig die X-Achse eines Koordinatensystems. Senkrecht zur X-Achse legen wir zwei Ebenen AB, deren unendlich kleiner Abstand δ sei. Im Zylinder befinde sich ein einfaches Gas. Auf jede Molekel desselben, die zwischen den Ebenen AB liegt, wirke eine Kraft ξ parallel zur X-Achse. Sooft demnach eine Molekel die Ebenen AB in der Richtung OX passiert; erfährt sie einen Energiezuwachs a, der gleich der Arbeit $\xi\delta$ ist, welche die Kraft ξ dabei leistet. Die in entgegengesetzter Richtung passierenden Molekeln erfahren eine Energieverminderung von gleicher Größe.

Für den Gleichgewichtszustand parallel zur X-Achse gilt die hydrostatische Grundgleichung

$$\varrho X - \frac{\partial p}{\partial x} = 0\,,$$

[1]) G. JÄGER, Fortschr. d. kinet. Gastheorie, 2. Aufl., S. 67. 1919.

wobei wir unter ϱ die Dichte, unter X die Kraft auf die Masseneinheit des Gases und unter p den Druck des Gases zu verstehen haben. Bringen wir die Gleichung in die Form

$$\frac{dp}{\varrho} = X\,dx\,,$$

so ist $X\,dx$ die Arbeit, welche die Kraft X leistet, wenn die Masseneinheit des Gases den Weg dx zurücklegt. Wir wollen diese Arbeit mit dA bezeichnen, erhalten sonach

$$\frac{dp}{\varrho} = dA$$

oder integriert

$$\int\limits_{p_0}^{p_1} \frac{dp}{\varrho} = A\,. \tag{19}$$

A ist dann die gesamte Arbeit der Kraft, wenn die Masseneinheit des Gases beim Transport vom Druck p_0 zum Druck p_1 übergeht.

Das Gas in unserem Gefäß sei ein ideales, befolge also das BOYLE-CHARLESsche Gesetz $\frac{p}{\varrho} = \frac{p_0}{\varrho_0}$. Daraus folgt $\frac{1}{\varrho} = \frac{p_0}{\varrho_0} \cdot \frac{1}{p}$, und es wird Gleichung (19)

$$\frac{p_0}{\varrho_0} \int\limits_{p_0}^{p_1} \frac{dp}{p} = A \qquad \text{oder} \qquad \ln \frac{p_1}{p_0} = A\,\frac{\varrho_0}{p_0}$$

und weiter

$$p_1 = p_0\, e^{A \frac{\varrho_0}{p_0}}\,. \tag{20}$$

Passiert die Masseneinheit des Gases die Ebenen AB in der Richtung der x-Achse, so ist die zugehörige Arbeit $A = n\,a$, wenn wir unter n die Zahl der Molekeln der Masseneinheit des Gases verstehen.

Nach der kinetischen Theorie gilt für die Beziehung zwischen Druck und Dichte, die Masseneinheit des Gases vorausgesetzt,

$$\frac{p_0}{\varrho_0} = \frac{n\,m\,\overline{c^2}}{3}\,,$$

indem für diesen Fall in Gleichung (2) $v = \frac{1}{\varrho_0}$ zu setzen ist. Folglich gilt auch

$$A\,\frac{\varrho_0}{p_0} = n\,a \cdot \frac{3}{n\,m\,\overline{c^2}} = \frac{3a}{m\,\overline{c^2}}\,,$$

und für die Gleichung (20) resultiert

$$p_1 = p_0\, e^{\frac{3a}{m\,\overline{c^2}}}\,. \tag{21}$$

32. Die Höhenformel nach der kinetischen Theorie. Die Gleichung (21) für die Beziehung zwischen p_1 und p_0 wollen wir jetzt aus den Vorstellungen der kinetischen Gastheorie ableiten. Ist ein Gleichgewichtszustand vorhanden, so müssen in derselben Zeit ebensoviel Molekeln die Ebenen AB (Abb. 7) von oben nach unten wie umgekehrt von unten nach oben durchsetzen. Wir nehmen nun an, daß ein Verteilungsgesetz der Geschwindigkeiten der Gasmolekeln existiere, dessen Form uns jedoch unbekannt ist. Die Wahrscheinlichkeit, daß eine Molekel eine Geschwindigkeitskomponente senkrecht zur Ebene AB besitzt, deren Wert zwischen u und $u + du$ liegt, wollen wir $f(u, v, w)\,du$ nennen. Wir nehmen also vorerst an, daß diese Wahrscheinlichkeit auch von den Komponenten

v und w abhängen könnte. Machen wir ferner die Voraussetzung, daß die Zahl der Molekeln in der Volumeinheit des oberen Teils des Gefäßes N_0, jene im untern N_1 sei, so haben wir oben in der Volumeinheit $N_0 f(u, v, w)\,du$ Molekeln mit einer Geschwindigkeitskomponente zwischen u und $u + du$. Die entsprechende Anzahl unten ist $N_1 f(u, v, w)\,du$. Von diesen Molekeln wandert nun in der Zeiteinheit durch die Flächeneinheit der Ebenen AB von oben nach unten (Ziff. 7) die Zahl $u N_0 f(u, v, w)\,du$.

Wollen wir die Zahl der Molekeln wissen, die überhaupt in der Zeiteinheit die Flächeneinheit von oben nach unten durchsetzen, so haben wir den gewonnenen Ausdruck über alle Geschwindigkeitskomponenten u zwischen den Grenzen 0 und ∞ zu integrieren, also zu bilden

$$\int_0^\infty N_0 u f(u, v, w)\,du = N_0 \frac{\bar{u}}{2}. \tag{III}$$

Bilden wir nämlich den Mittelwert aller $+u$ und nennen diesen $\bar{u}$, so würden wir dasselbe Resultat erhalten, wenn wir annehmen, die eine Hälfte der vorhandenen Molekeln fliege mit der Geschwindigkeit $\bar{u}$ nach oben, die andere Hälfte nach unten. Diese letztere Hälfte würde also für die Zahl der in der Zeiteinheit die Flächeneinheit der Ebenen AB durchsetzenden Molekeln den Ausdruck $\frac{N_0}{2}\bar{u}$ liefern.

Bilden wir jetzt die Zahl der Molekeln, die in der Zeiteinheit die Flächeneinheit der Ebenen AB von unten nach oben durchsetzen, so wird das nur jenen Molekeln möglich sein, die senkrecht zu AB eine Komponente der kinetischen Energie besitzen, die größer ist als a, d. h. für die $\frac{m u^2}{2} > a$ ist. Also nur jene Molekeln, denen eine Geschwindigkeitskomponente $u > \sqrt{\frac{2a}{m}}$ zukommt, können die Ebenen AB nach oben passieren, weshalb die Grenzen unseres Integrals für diesen Fall nicht 0 und ∞, sondern $\sqrt{\frac{2a}{m}}$ und ∞ sein werden. Wir bekommen demnach für die Zahl der in der Zeiteinheit durch die Flächeneinheit nach oben fliegenden Molekeln

$$\int_{\sqrt{\frac{2a}{m}}}^\infty N_1 u f(u, v, w)\,du. \tag{IV}$$

33. Die Wahrscheinlichkeit einer Geschwindigkeitskomponenten. Für den Fall des Gleichgewichts muß

$$\text{III} = \text{IV},$$

d. h.

$$\frac{N_0 \bar{u}}{2} = N_1 \int_{\sqrt{\frac{2a}{m}}}^\infty u f(u, v, w)\,du \tag{22}$$

sein. Nach bekannten Formeln [Gleichung (1)] ist aber $\frac{N_0}{N_1} = \frac{p_0}{p_1}$. Mit Zuziehung der Gleichung (22) können wir sonach bilden

$$\frac{N_0}{N_1} = \frac{p_0}{p_1} = \frac{2}{\bar{u}} \int_{\sqrt{\frac{2a}{m}}}^\infty u f(u, v, w)\,du.$$

Da nun nach Gleichung (21)

$$\frac{p_0}{p_1} = e^{-\frac{3a}{m\overline{c^2}}}$$

ist, so erhalten wir die Beziehung

$$\int\limits_{\sqrt{\frac{2a}{m}}}^{\infty} u f(u, v, w)\, du = \frac{\overline{u}}{2} e^{-\frac{3a}{m\overline{c^2}}}.$$

Wir wollen jetzt $\sqrt{\frac{2a}{m}} = x$ setzen. Es wird demnach

$$\int\limits_{x}^{\infty} u f(u, v, w)\, du = \frac{u}{2} e^{-\frac{3x^2}{2\overline{c^2}}}.$$

Diese Gleichung besagt, daß $\int u f(u, v, w)\, du$ für $u = \infty$ den Wert 0 und für $u = x$ den Wert $-\frac{\overline{u}}{2} e^{-\frac{3x^2}{2\overline{c^2}}}$ annehmen muß. In diesem Ausdruck kommt v und w oder besser gesagt, etwas, das sich auf die y- und z-Achse bezieht, gar nicht vor, d. h. $f(u, v, w)$ ist von v und w unabhängig, so daß es genügt, an Stelle dieser Funktion bloß eine Funktion von u, also lediglich $f(u)$ zu setzen. Damit ist auch der Beweis für die Richtigkeit der Annahme MAXWELLS (Ziff. 17) geliefert, daß die Wahrscheinlichkeit, daß eine Molekel eine Geschwindigkeitskomponente zwischen u und $u + du$ hat, unabhängig von den anderen Komponenten v und w ist. Was also MAXWELL annahm und BOLTZMANN aus den Zusammenstößen der Molekeln bewies, dessen Vorhandensein folgerten wir aus der makroskopischen Tatsache der hydrostatischen Grundgleichungen. Wir können jetzt weiter schließen; die Geschwindigkeitskomponenten sind deshalb voneinander unabhängig, weil die hydrostatischen Grundgleichungen voneinander unabhängig sind. Das ist die Ursache, warum in der Lösung für $f(u, v, w)$ nicht auch Größen erscheinen, die sich auf die Richtung der y- und z-Achse beziehen. Wegen der gleichmäßigen Verteilung der Geschwindigkeiten beim Ruhezustand eines Gases müssen nun die Komponenten v und w genau demselben Gesetz folgen, so daß wir nach demselben Vorgang wie früher (Ziff. 18) das MAXWELLsche Verteilungsgesetz der Geschwindigkeiten erhalten. Wir können nach dem Früheren also

$$\int x f(x)\, dx = -\frac{\overline{u}}{2} e^{-\frac{3x^2}{2\overline{c^2}}}$$

schreiben. Das Differential davon ist

$$x f(x)\, dx = \frac{3\overline{u}\, x}{2\overline{c^2}} e^{-\frac{3x^2}{2\overline{c^2}}} dx.$$

Daraus erhalten wir die Funktion

$$f(x) = \frac{3\overline{u}}{2\overline{c^2}} e^{-\frac{3x^2}{2\overline{c^2}}}.$$

34. MAXWELLS Gesetz. Kennen wir einmal die Funktion $f(x)$, so können wir daraus leicht das MAXWELLsche Gesetz erhalten. Wir finden für die Wahrscheinlichkeit, daß eine Molekel eine Geschwindigkeitskomponente zwischen u und $u + du$ besitzt

$$f(u)\, du = \frac{3\overline{u}}{2\overline{c^2}} e^{-\frac{3u^2}{2\overline{c^2}}} du.$$

Die Zahl der Molekeln in der Volumeinheit im oberen Teil unseres Gefäßes nannten wir N_0. Die Zahl jener, die gleichzeitig eine Geschwindigkeitskomponente zwischen u und $u + du$ besitzen, ist somit $N_0 f(u)\,du$ und die Gesamtzahl der Molekeln in der Volumeinheit $\int\limits_{-\infty}^{+\infty} N_0 f(u)\,du = N_0$. Daraus folgt

$$\int\limits_{-\infty}^{+\infty} f(u)\,du = \int\limits_{-\infty}^{+\infty} \frac{3\bar{u}}{2\bar{c^2}} e^{-\frac{3u^2}{2\bar{c^2}}}\,du = 1\,.$$

Wir wollen $\frac{3u^2}{2\bar{c^2}} = y^2$ setzen. Es ist dann $du = \sqrt{\frac{2\bar{c^2}}{3}}\,dy$ und weiter

$$\bar{u}\sqrt{\frac{3}{2\bar{c^2}}}\int\limits_{-\infty}^{+\infty} e^{-y^2}\,dy = 1\,.$$

Wir fanden (Ziff. 20)

$$\int\limits_{-\infty}^{+\infty} e^{-y^2}\,dy = \sqrt{\pi};$$

daraus folgt $\bar{u} = \sqrt{\frac{2\bar{c^2}}{3\pi}}$ und

$$f(u) = \sqrt{\frac{3}{2\pi\bar{c^2}}}\,e^{-\frac{3u^2}{2\bar{c^2}}} = \frac{1}{\alpha\sqrt{\pi}}\,e^{-\frac{u^2}{\alpha^2}}\,,$$

wobei wir $\frac{2\bar{c^2}}{3} = \alpha^2$ eingeführt haben.

35. Die BOLTZMANNsche Erweiterung des MAXWELLschen Gesetzes. Wir denken uns jetzt unser Gefäß (Abb. 7) nicht wie ursprünglich von einem einzigen Ebenenpaar AB, sondern von einer sehr großen Zahl paralleler Ebenenpaare durchsetzt, die alle dieselbe Eigenschaft haben, wie das Ebenenpaar AB. Während wir uns die zwei Ebenen je eines Paares unendlich nahe aneinander dachten, sei der Abstand je zweier benachbarter Paare zwar sehr klein, aber doch so groß, daß darin noch eine sehr große Anzahl von Molekeln vorhanden ist. Es läßt sich dann für zwei aufeinanderfolgende Gasschichten genau dieselbe Überlegung wiederholen, die wir früher auf das einzige Ebenenpaar angewandt haben.

Nennen wir die Zahl der Molekeln in der Volumeinheit der aufeinanderfolgenden Gasschichten $N_0, N_1, N_2 \ldots$, den Zuwachs der kinetischen Energie, die eine Molekel beim Passieren der einzelnen Ebenenpaare erfährt, $a_1, a_2, a_3 \ldots$, so ist nach Gleichung (21)

$$N_1 = N_0 e^{\frac{3a_1}{m\bar{c^2}}}\,,$$

$$N_2 = N_1 e^{\frac{3a_2}{m\bar{c^2}}} = N_0 e^{\frac{3(a_1+a_2)}{m\bar{c^2}}}\,,$$

$$\cdots\cdots\cdots\cdots\cdots\cdots\cdots\cdots$$

$$N_k = N_0 e^{\frac{3(a_1+a_2+\cdots+a_k)}{m\bar{c^2}}} = N_0 e^{\frac{3\chi}{\bar{c^2}}}\,, \tag{22a}$$

wenn wir $a_1 + a_2 + \cdots + a_k = -m\chi$ setzen.

Da die Arbeit der Kräfte gleich ist der Zunahme der kinetischen Energie, somit gleich der Abnahme der potentiellen, so können wir χ als das Potential der äußeren Kräfte auffassen. Gleichzeitig können wir unsere Überlegungen, die wir für eine Richtung des Raumes machten, auf alle drei Richtungen erweitern. Es ist dann die Zahl der Molekeln, die eine Geschwindigkeitskomponente zwischen u und $u + du$ besitzen, gegeben durch

$$\frac{N_0}{\alpha\sqrt{\pi}} e^{-\frac{3\chi}{\overline{c^2}} - \frac{u^2}{\alpha^2}} du = \frac{N_0}{\alpha\sqrt{\pi}} e^{-\frac{1}{\alpha^2}(u^2 + 2\chi)} du,$$

da ja, wie bereits erwähnt wurde $\alpha^2 = \frac{2\overline{c^2}}{3}$ ist. Die Zahl der Molekeln schließlich, die eine Geschwindigkeit zwischen c und $c + dc$ haben, ist (s. auch Ziff. 37)

$$N = \frac{4N_0}{\sqrt{\pi}\,\alpha^3} c^2 e^{-\frac{1}{\alpha^2}(c^2 + 2\chi)} dc.$$

Mit dieser BOLTZMANNschen Erweiterung pflegt man das Gesetz für die Verteilung der Geschwindigkeiten das MAXWELL-BOLTZMANNsche Verteilungsgesetz zu nennen.

36. Das Temperaturgleichgewicht. Wir haben unsere Ableitung des Geschwindigkeitsverteilungsgesetzes in der Weise gemacht, daß wir von den hydrostatischen Grundgleichungen ausgegangen sind. Bei ihrer Anwendung haben wir stillschweigend vorausgesetzt, daß für den Gleichgewichtszustand alle Punkte des Gases gleiche Temperatur haben. Für unseren Fall soll das heißen, daß der Teil oberhalb AB (Abb. 7) beständig dieselbe Temperatur hat wie der untere. Bei oberflächlicher Betrachtung könnte man nun folgern — es wurde dies auch verschiedentlich getan —, daß im unteren Teile des Gefäßes eine höhere Temperatur sei als im oberen, da ja jede Molekel, die nach unten die Ebenen AB passiert, einen Energiezuschuß erhält, während jeder Molekel, die in entgegengesetzter Richtung fliegt, ein gleich großer Abzug gemacht wird.

Es läßt sich aber leicht zeigen, daß unter Voraussetzung des MAXWELLschen Verteilungszustandes dem nicht so ist. Wir haben lediglich den Nachweis zu liefern, daß für den Fall, als alle Teile des Gases dieselbe Temperatur besitzen, die hinauffliegenden Molekeln ebensoviel Energie dem oberen Gefäß zuführen, als von den hinabfliegenden ihm entzogen wird.

Unter der Voraussetzung des MAXWELLschen Verteilungsgesetzes ist die Zahl der Molekeln in der Volumeinheit des unteren Teils, die eine Geschwindigkeitskomponente senkrecht nach oben zwischen u und $u + du$ besitzen

$$\frac{N_1}{\alpha_1\sqrt{\pi}} e^{-\frac{u^2}{\alpha_1^2}} du,$$

hingegen oben

$$\frac{N_0}{\alpha_0\sqrt{\pi}} e^{-\frac{u^2}{\alpha_0^2}} du.$$

Wir haben also vorerst angenommen, daß die Temperatur und damit die wahrscheinlichste Geschwindigkeit α_0 im oberen Teil von der Temperatur bez. von dem α_1 im unteren Teil verschieden ist. Die Zahl der Molekeln von der Geschwindigkeit u, welche die Querschnittseinheit der Ebenen AB in der Sekunde passieren, ist

$$\frac{N_0}{\alpha_0\sqrt{\pi}} u e^{-\frac{u^2}{\alpha_0^2}} du$$

und die Gesamtzahl somit

$$\frac{N_0}{\alpha_0\sqrt{\pi}}\int_0^\infty u e^{-\frac{u^2}{\alpha_0^2}}\,du. \tag{V}$$

Analog gewinnen wir wie oben (Ziff. 32) für die Zahl der von unten nach oben fliegenden Molekeln den Ausdruck

$$\frac{N_1}{\alpha_1\sqrt{\pi}}\int_{\sqrt{\frac{2a}{m}}}^\infty u e^{-\frac{u^2}{\alpha_1^2}}\,du. \tag{VI}$$

Die Gleichsetzung von (V) und (VI) liefert uns die erste Gleichgewichtsbedingung. Es muß also

$$\frac{N_0}{\alpha_0}\int_0^\infty u e^{-\frac{u^2}{\alpha_0^2}}\,du = \frac{N_1}{\alpha_1}\int_{\sqrt{\frac{2a}{m}}}^\infty u e^{-\frac{u^2}{\alpha_1^2}}\,du \tag{23}$$

sein.

Multiplizieren wir jede passierende Molekel noch mit der ihr zukommenden Energie $m u^2/2$, so erhalten wir für die dem oberen Teil entzogene Energie

$$\frac{N_0}{\alpha_0\sqrt{\pi}}\int_0^\infty \frac{m u^2}{2} u e^{-\frac{u^2}{\alpha_0^2}}\,du = \frac{N_0 m}{2\alpha_0\sqrt{\pi}}\int_0^\infty u^3 e^{-\frac{u^2}{\alpha_0^2}}\,du. \tag{VII}$$

Bei der Bewegung von unten nach oben haben wir zu berücksichtigen, daß jede Molekel die Energie a einbüßt, wenn sie die Ebenen AB passiert. Sie gelangt also nur mit der Energie $\frac{m u^2}{2} - a$ in den oberen Teil. Die gesamte eintretende Energie wird also sein

$$\frac{N_1}{\alpha_1\sqrt{\pi}}\int_{\sqrt{\frac{2a}{m}}}^\infty \left(\frac{m u^2}{2} - a\right) u e^{-\frac{u^2}{\alpha_1^2}}\,du. \tag{VIII}$$

Im Fall des thermischen Gleichgewichts muß nun

$$\text{VII} = \text{VIII}$$

also

$$\frac{N_0}{2\alpha_0\sqrt{\pi}}\int_0^\infty u^3 e^{-\frac{u^2}{\alpha_0^2}}\,du = \frac{N_1}{\alpha_1\sqrt{\pi}}\int_{\sqrt{\frac{2a}{m}}}^\infty \left(\frac{m u^2}{2} - a\right) u e^{-\frac{u^2}{\alpha_1^2}}\,du \tag{24}$$

sein. Die leicht auszuführenden Integrationen ergeben aus Gleichung (23)

$$N_0\alpha_0 = N_1\alpha_1 e^{-\frac{2a}{m\alpha_1^2}},$$

aus Gleichung (24)

$$N_0\alpha_0^3 = N_1\alpha_1^3 e^{-\frac{2a}{m\alpha_1^2}}.$$

Dividieren wir die letzte Gleichung durch die vorhergehende, so ergibt das

$$\alpha_0^2 = \alpha_1^2 .$$

Das heißt, die wahrscheinlichste Geschwindigkeit ist in beiden Gefäßteilen dieselbe, folglich muß auch in beiden dieselbe Temperatur herrschen. Durch äußere Kräfte können also im Ruhezustand keine Temperaturänderungen in den Gasen hervorgerufen werden.

Wir haben hier den Beweis G. JÄGERS[1]) wiedergegeben.

III. Dichteschwankungen.

a) Sehr kleine Schwankungen.

37. Die Wahrscheinlichkeit für eine gegebene Geschwindigkeit und einen gegebenen Ort einer Molekel. Wir greifen zurück auf die Gleichung (22a), die uns folgendes besagt: Wenn wir eine äußere Kraft haben, die in der Richtung OX eines Koordinatensystems auf die Gasmolekeln wirkt, so ist die Zahl der Molekeln in der Volumeinheit für ein beliebiges x

$$N = N_0 e^{\frac{3(a_1 + a_2 + \cdots + a_k)}{m\overline{c^2}}} = N_0 e^{\frac{3a}{m\overline{c^2}}},$$

wenn a die Arbeit ist, welche die Kraft leistet, wenn die Molekel den Weg x zurücklegt. Führen wir das Potential χ ein, so ist diese Arbeit

$$m\int_0^x X\,dx = -m\int_0^x \frac{\partial\chi}{\partial x}\,dx .$$

Folglich wird

$$N = N_0 e^{-\frac{3}{\overline{c^2}}\int_0^x \frac{\partial\chi}{\partial x}dx} .$$

Die Zahl der Molekeln, die eine Geschwindigkeitskomponente zwischen u und $u + du$ haben, wird also geschrieben werden können

$$dZ = \frac{N_0}{\alpha\sqrt{\pi}} \cdot e^{-\frac{u^2}{\alpha^2} - \frac{3}{\overline{c^2}}\int_0^x \frac{\partial\chi}{\partial x}dx}\,du .$$

Von früher her (Ziff. 20) wissen wir, daß $\overline{c^2} = \frac{3\alpha^2}{2}$ ist. Ferner fanden wir Gleichung (2)

$$\frac{n m \overline{c^2}}{3} = RT ,$$

also

$$\frac{m\overline{c^2}}{3} = \frac{m\alpha^2}{2} = \frac{R}{n}T = kT ,$$

wenn wir den Quotienten aus der Gaskonstanten und der LOSCHMIDTschen Zahl n (Ziff. 27 und 28), beide auf ein Mol bezogen, mit k bezeichnen. Wir können somit weiterbilden

$$\frac{u^2}{\alpha^2} - \frac{3}{\overline{c^2}}\int_0^x \frac{\partial\chi}{\partial x}dx = \frac{\frac{m u^2}{2}}{\frac{m\alpha^2}{2}} + \frac{m}{\frac{m\alpha^2}{2}}\int_0^x \frac{\partial\chi}{\partial x}dx = \frac{1}{kT}\left(\frac{m u^2}{2} + m\int_0^x \frac{\partial\chi}{\partial x}dx\right),$$

---

[1]) G. JÄGER, ZS. f. Phys. Bd. 17, S. 79. 1923.

woraus für Z folgt

$$dZ = \frac{N_0}{\alpha\sqrt{\pi}} e^{-\frac{1}{kT}\left(\frac{mu^2}{2} + m\int\limits_0^x \frac{\partial\chi}{\partial} dx\right)} du .$$

Das ist die Zahl der Molekeln in der Volumeinheit, die eine Geschwindigkeitskomponente zwischen u und $u + du$ haben an einem Ort, für den die Kraft X das Potential χ hat. Daraus können wir die Wahrscheinlichkeit bilden, daß eine Molekel eine Geschwindigkeitskomponente zwischen u und $u + du$ hat, indem wir anstatt N_0 Eins setzen. Diese Wahrscheinlichkeit ist also

$$dW_u = \frac{1}{\alpha\sqrt{\pi}} e^{-\frac{1}{kT}\left(\frac{mu^2}{2} + m\int\limits_0^x \frac{\partial\chi}{\partial x} dx\right)} du .$$

Analog erhalten wir für eine Richtung parallel zur y-Achse

$$dW_v = \frac{1}{\alpha\sqrt{\pi}} e^{-\frac{1}{kT}\left(\frac{mv^2}{2} + \int\limits_0^y \frac{\partial\chi}{\partial y} dy\right)} dv$$

und schließlich einen analogen Wert für eine Richtung parallel zur z-Achse. Die Wahrscheinlichkeit, daß eine Molekel alle drei Geschwindigkeitskomponenten besitzt, ist dann gleich dem Produkt dieser drei Wahrscheinlichkeiten. Dabei wollen wir noch in Betracht ziehen, daß

$$\int\limits_0^x \frac{\partial\chi}{\partial x} dx + \int\limits_0^y \frac{\partial\chi}{\partial y} dy + \int\limits_0^z \frac{\partial\chi}{\partial z} dz = \int\left(\frac{\partial\chi}{\partial x} dx + \frac{\partial\chi}{\partial y} dy + \frac{\partial\chi}{\partial z} dz\right) + \text{konst.} = \chi + \text{konst.}$$

ist. Folglich wird unsere Wahrscheinlichkeit

$$dW = dW_u \cdot dW_v \cdot dW_w = \frac{1}{\alpha^3 \pi^{\frac{3}{2}}} e^{-\frac{1}{kT}\left(\frac{mu^2}{2} + \frac{mv^2}{2} + \frac{mw^2}{2} + m\chi + k_1\right)} du\, dv\, dw$$

$$= C_1 e^{-\frac{1}{kT}\left(\frac{mc^2}{2} + m\chi\right)} du\, dv\, dw .$$

Hier sind k_1 und C_1 leicht erkennbare Konstanten.

Nennen wir jetzt die Zahl der Molekeln per Volumeinheit im Ursprung des Koordinatensystems N_0, das Potential χ_0, so ist obige Zahl gegeben durch

$$N_0 C_1 e^{-\frac{1}{kT}\left(\frac{mc^2}{2} + m\chi_0\right)} du\, dv\, dw .$$

Suchen wir die Zahl in einem Volumelement $dx\, dy\, dz$ mit den Koordinaten x, y, z und dem zugehörigen Potential χ, so ist diese

$$dZ = N_0 C_1 e^{-\frac{1}{kT}\left(\frac{mc^2}{2} + m\chi\right)} du\, dv\, dw\, dx\, dy\, dz .$$

Sehen wir von einer bestimmten Geschwindigkeit ab, d. h. integrieren wir über sämtliche Geschwindigkeiten, so können wir die Zahl der Molekeln im Volumelement $dx\, dy\, dz$ darstellen durch

$$dN = N_0 C e^{-\frac{m\chi}{kT}} dx\, dy\, dz .$$

Wir können jetzt auch so sagen: Die Zahl der Molekeln, die Koordinaten zwischen x und $x + dx$ usw. haben, ist gleich dem letzten Ausdruck. Daher ist die Wahrscheinlichkeit, daß eine Molekel Koordinaten unter diesen Bedingungen hat

$$dW = C e^{-\frac{m\chi}{kT}} dx\,dy\,dz = C e^{-\frac{m\chi}{kT}} d\tau\,, \tag{25}$$

wenn $dx\,dy\,dz = d\tau$ gesetzt wird und χ das Potential an der Stelle x, y, z ist.

38. Die Wahrscheinlichkeit eines gegebenen Orts eines Komplexes von Molekeln. Von den hydrostatischen Grundgleichungen ausgehend, erhielten wir (Ziff. 34 und 37) jene Erweiterung des MAXWELLschen Verteilungsgesetzes, die ihm BOLTZMANN gegeben hat. Wir betrachteten dort die Arbeit, welche die Kräfte leisten, wenn eine Molekel eine bestimmte Ebene passiert. Anstatt von einer Molekel auszugehen, hätten wir auch einen Komplex mehrerer Molekeln in Betracht ziehen können, indem wir etwa das Gas in gleich große „Zellen" eingeteilt hätten. Wiederum ist dann anzunehmen, daß die Zahl dieser Zellen sehr groß ist und noch eine große Zahl solcher Zellen in das Volumen $\Delta x\,\Delta y\,\Delta z$ hineingeht. Jeder Komplex enthalte ν Molekeln. Dies führt in Verfolgung der Beweisführung (Ziff. 37) zur Zahl der Komplexe, deren Schwerpunkt Geschwindigkeitskomponenten zwischen u' und $u' + du'$ usw. besitzt und die eine Lage zwischen x' und $x' + \Delta x$ usw. haben. Diese ist

$$dZ = N_0' C' e^{-\frac{1}{kT}\left(\frac{m' c'^2}{2} + \nu m \chi\right)} du'\,dv'\,dw'\,\Delta x\,\Delta y\,\Delta z\,. \tag{26}$$

Es läßt sich nun leicht zeigen — den Beweis hat bereits BOLTZMANN[1]) geliefert —, daß

$$\frac{m'\overline{c'^2}}{2} = \frac{m\overline{c^2}}{2}$$

ist. Nach G. JÄGER[2]) läßt sich der Beweis folgendermaßen führen. Das Gas habe n Molekeln, die wir paarweise zusammenfassen wollen. Die Zahl dieser Paare ist also $n/2$. Die Geschwindigkeitskomponente in der Richtung der x-Achse eines rechtwinkligen Koordinatensystems werde für die eine Molekel mit u_1, für die andere mit u_2 bezeichnet. Es ist dann die Zahl der Molekeln, die eine Geschwindigkeitskomponente zwischen u_1 und $u_1 + du_1$ besitzen $\frac{n}{2\alpha\sqrt{\pi}} e^{-\frac{u_1^2}{\alpha_1^2}} du_1$. Die Wahrscheinlichkeit, daß die paarweise zugehörigen Molekeln eine Geschwindigkeitskomponente zwischen u_2 und $u_2 + du_2$ haben, ist $\frac{1}{\alpha_1\sqrt{\pi}} e^{-\frac{u_2^2}{\alpha_1^2}} du_2$. Unter α_1 verstehen wir also die wahrscheinlichste Geschwindigkeit einer Molekel.

Wir wählen nun u_2 so, daß $u_1 + u_2 = 2\xi$ wird. ξ ist dann die Geschwindigkeitskomponente des Schwerpunkts eines Molekelpaares, so daß die eben genannte Wahrscheinlichkeit auch geschrieben werden kann

$$\frac{1}{\alpha_1\sqrt{\pi}} e^{-\frac{(2\xi - u_1)^2}{\alpha_1^2}} d(2\xi - u_1) = \frac{2}{\alpha_1\sqrt{\pi}} e^{-\frac{(2\xi - u_1)^2}{\alpha_1^2}} d\xi\,,$$

da ja u_1 als konstant angesehen werden muß, folglich $d(2\xi - u_1) = 2\,d\xi$ ist. Die Zahl der Molekelpaare, deren Einzelmolekeln die Geschwindigkeiten u_1 bzw. u_2 besitzen, während die Schwerpunktsgeschwindigkeit ξ ist, wird daher sein

$$\frac{n\,d\xi}{\pi\alpha_1^2} e^{-\frac{u_1^2 + (2\xi - u_1)^2}{\alpha_1^2}} du_1 = \frac{n\,d\xi}{\pi\alpha_1^2} e^{-\frac{2u_1^2 + 4\xi^2 - 4\xi u_1}{\alpha_1^2}} du_1 = \frac{n\,d\xi}{\pi\alpha_1^2} e^{-\frac{2\xi^2}{\alpha_1^2}} e^{-2\left(\frac{\xi - u_1}{\alpha^1}\right)^2} du_1\,.$$

[1]) L. BOLTZMANN, Gastheorie Bd. I, S. 133.

[2]) G. JÄGER, Wiener Ber. (2a) Bd. 128, S. 1271. 1919.

Suchen wir jetzt ganz allgemein die Zahl der Molekelpaare, welche die Schwerpunktsgeschwindigkeit ξ haben, so haben wir nach u_1 von $-\infty$ bis $+\infty$ zu integrieren. Das ergibt

$$\frac{n\,d\xi}{\pi\alpha_1^2}e^{-\frac{2\xi^2}{\alpha_1^2}}\int_{-\infty}^{+\infty}e^{-2\left(\frac{\xi-u_1}{\alpha_1}\right)^2}du_1=\frac{n\,d\xi}{\sqrt{2}\,\alpha_1\sqrt{\pi}}e^{-\frac{2\xi^2}{\alpha_1^2}}.$$

Da die Zahl der Molekelpaare $n/2$ ist, so istdie Wahrscheinlichkeit, daß die Schwerpunktsgeschwindigkeit zwischen ξ und $\xi+d\xi$ liegt, $\frac{\sqrt{2}}{\alpha_1\sqrt{\pi}}e^{-\frac{2\xi^2}{\alpha_1^2}}d\xi$. Wir wollen jetzt $\frac{\alpha_1}{\sqrt{2}}=\alpha_2$ setzen, dann wird unsere Wahrscheinlichkeit $\frac{1}{\alpha_2\sqrt{\pi}}e^{-\frac{\xi^2}{\alpha_2^2}}d\xi$. Das ist nun genau dieselbe Formel, wie für die Wahrscheinlichkeit der Geschwindigkeitskomponente einer einzigen Gasmolekel, wenn wir unter α_2 die wahrscheinlichste Schwerpunktsgeschwindigkeit verstehen. Schreiben wir noch u_2 an Stelle von ξ, was also mit dem früheren u_2 nicht identisch ist, so erhalten wir die Formel

$$\frac{1}{\alpha_2\sqrt{\pi}}e^{-\frac{u_2^2}{\alpha_2^2}}du_2.$$

Wir wollen jetzt unser Gas in Gruppen von je drei Molekeln zerlegen. Eine jede Gruppe fassen wir auf als ein Molekelpaar und eine Einzelmolekel. Die Gesamtzahl der Einzelmolekeln ist also $n/3$, die Zahl jener, die eine Geschwindigkeitskomponente zwischen u_1 und u_1+du_1 haben, somit $\frac{n}{3\alpha_1\sqrt{\pi}}e^{-\frac{u_1^2}{\alpha_1^2}}du_1$. Die Wahrscheinlichkeit, daß ein Molekelpaar eine Schwerpunktsgeschwindigkeitskomponente zwischen u_2 und u_2+du_2 hat, ist $\frac{1}{\alpha_2\sqrt{\pi}}e^{-\frac{u_2^2}{\alpha_2^2}}du_2$. Die Zahl der Dreiergruppen von der Bedingung, daß eine Molekel die Geschwindigkeitskomponente u_1, der Schwerpunkt der beiden andern entsprechend u_2 hat, ist daher

$$\frac{n}{3\alpha_1\alpha_2\pi}e^{-\frac{u_1^2}{\alpha_1^2}-\frac{u_2^2}{\alpha_2^2}}du_1\,du_2.$$

Die Geschwindigkeitskomponente ξ des Schwerpunkts der Dreiergruppe ist aber

$$\xi=\frac{mu_1+2mu_2}{3m}=\frac{u_1+2u_2}{3},$$

daher $\frac{3\xi-u_1}{2}=u_2$ und nach analoger Überlegung wie früher $du_2=\frac{3}{2}d\xi$. Ferner ist $\alpha_2=\frac{\alpha_1}{\sqrt{2}}$ Es läßt sich leicht finden

$$\frac{u_1^2}{\alpha_1^2}+\frac{u_2^2}{\alpha_2^2}=\frac{3\xi^2}{\alpha_1^2}+\frac{3(\xi-u_1)^2}{2\alpha_1^2}.$$

Danach wird die Zahl unserer Dreiergruppen, die eine Schwerpunktsgeschwindigkeitskomponente zwischen ξ und $\xi+d\xi$ haben

$$\frac{n\,d\xi}{2\alpha_1\alpha_2\pi}e^{-\frac{3\xi^2}{\alpha_1^2}}\int_{-\infty}^{+\infty}e^{-\frac{3(\xi-u_1)^2}{2\alpha^2}}du_1=\frac{n}{\sqrt{6\pi}\,\alpha_2}e^{-\frac{3\xi^2}{\alpha_1^2}}d\xi=\frac{n}{3\alpha_3\sqrt{\pi}}e^{-\frac{\xi^2}{\alpha_3^2}}d\xi,$$

wenn wir $\frac{\alpha_1^2}{3} = \alpha_3^2$ setzen. Für die Wahrscheinlichkeit, daß die Geschwindigkeitskomponente des Schwerpunkts einer Dreiergruppe zwischen u_3 und $u_3 + du_3$ liegt, indem wir jetzt u_3 für ξ schreiben, finden wir

$$\frac{1}{\alpha_3\sqrt{\pi}} e^{-\frac{u_3^2}{\alpha_3^2}} du_3 .$$

Diese Schlußweise läßt sich nun fortsetzen auf Vierer-, Fünfergruppen usw. Wir erhalten schließlich für die Wahrscheinlichkeit, daß eine Gruppe von n Molekeln eine Geschwindigkeitskomponente des Schwerpunkts zwischen u_n und $u_n + du_n$ hat, den Ausdruck

$$\frac{1}{\alpha_n\sqrt{\pi}} e^{-\frac{u_n^2}{\alpha_n^2}} du_n ,$$

wobei zu beachten ist, daß $\alpha_1^2 = 2\alpha_2^2 = \ldots = n\alpha_n^2$ ist. Nun ist das mittlere Quadrat der Schwerpunktsgeschwindigkeit $\overline{c_n^2}$ jeder Gruppe in gleicher Weise dem Quadrat der wahrscheinlichsten Geschwindigkeit $\overline{\alpha_n^2}$ proportional. Wir können daher auch schreiben $\overline{c_1^2} = 2\overline{c_2^2} = \ldots = n\overline{c_n^2}$. Die zugehörigen mittleren kinetischen Energien der fortschreitenden Bewegung sind aber $\frac{m\overline{c_1^2}}{2}, \frac{2m\overline{c_2^2}}{2}, \ldots, \frac{nm\overline{c_n^2}}{2}$. Wir erhalten somit den Satz: Die mittlere kinetische Energie der fortschreitenden Bewegung einer jeden Gruppe ohne Rücksicht auf die Anzahl der darin vorkommenden Molekeln ist immer dieselbe Größe; sie ist gleich der mittleren kinetischen Energie einer Molekel.

Gleichung (26) können wir nun folgendermaßen ausdrücken

$$dZ = N_0' C_1' e^{-\left(\frac{m\overline{c^2}}{2} + \nu m \chi\right)} du'\, dv'\, dw'\, \Delta x\, \Delta y\, \Delta z .$$

Für die Wahrscheinlichkeit, daß ein Komplex eine Lage zwischen x' und $x' + \Delta x$ usw. einnimmt, erhalten wir schließlich

$$dW = C e^{-\frac{\nu m \chi}{kT}} \Delta x\, \Delta y\, \Delta z = C e^{-\frac{\nu m \chi}{kT}} \Delta\tau .$$

39. SMOLUCHOWSKIS Ableitung der Dichteschwankungen. In der BOLTZMANN-Festschrift S. 626, 1904 veröffentlichte SMOLUCHOWSKI eine Arbeit „Über Unregelmäßigkeiten in der Verteilung von Gasmolekeln und deren Einfluß auf Entropie und Zustandsgleichung“, in der er nachwies, daß wir infolge der Molekularbewegung die Dichte eines Gases nicht als homogen ansehen können, sondern daß beständig Dichteschwankungen an jedem Punkt des Gases um einen bestimmten Mittelwert stattfinden. Also ähnlich, wie es ein Verteilungsgesetz für die Geschwindigkeiten der Molekeln gibt, wird es auch ein Gesetz geben, nach welchem die Dichte in einem ruhenden Gas verteilt sein muß. Dieses Gesetz fand SMOLUCHOWSKI. Wir wollen die Darstellungsweise wählen, die er in einer späteren Abhandlung „Molekularkinetische Theorie der Opaleszenz von Gasen im kritischen Zustande, sowie einiger verwandter Erscheinungen“[1]) gegeben hat.

Wir denken uns ein Gas, auf das keine äußeren Kräfte wirken. Es sei in Komplexe von je ν Molekeln eingeteilt. Wegen der Bewegung der Molekeln

[1]) M. v. SMOLUCHOWSKI, Ann. d. Phys. Bd. 25, S. 205. 1908.

wird ein solcher Komplex nicht immer dasselbe Volumen oder, was dasselbe ist, nicht immer dieselbe Dichte haben, sondern es werden Schwankungen des Volumens sowie der Dichte um einen Mittelwert statthaben. Desgleichen wird der Druck, unter dem ein Komplex steht, Schwankungen erfahren. Alle Zustandsänderungen sollen isotherm vor sich gehen. Der Durchschnittswert des Druckes sei p_0, das Durchschnittsvolumen eines Komplexes v_0. Vergrößern wir v_0 auf v, so wird sich der Druck im Komplex ändern, er sei jetzt p. Um dauernd den Komplex auf dem Volumen v zu erhalten, müßte an seiner Oberfläche der Druckunterschied $p_0 - p$ wirken. Die entgegengesetzte Druckerhöhung $p - p_0$ übt also das umgebende Gas auf den Komplex aus. Das können wir als eine äußere Kraft ansehen und deren Potential χ bestimmen, indem wir

$$\chi = -\int_{v_0}^{v} (p - p_0)\, dv$$

setzen.

Wir können jetzt die Frage stellen, welches ist die Wahrscheinlichkeit, daß ein Komplex in einem Raum zwischen v und $v + \Delta v$ liegt. Das ist nach Gleichung (26)

$$C e^{-\frac{\nu m \chi}{k T}} \Delta v = C e^{\frac{\nu m}{k T}\int_{v_0}^{v}(p - p_0)\, d v} \Delta v. \tag{27}$$

Wir nehmen jetzt einige Umformungen vor. Wir können p als Funktion von v auffassen, also $p = f(v)$ setzen. Danach wird

$$p + \Delta p = f(v + \Delta v) = f(v) + \Delta v f'(v) + \frac{(\Delta v)^2}{1 \cdot 2} f''(v) + \cdots$$

$$= p + \Delta v \frac{\partial p}{\partial v} + \frac{(\Delta v)^2}{1 \cdot 2} \frac{\partial^2 p}{\partial v^2} + \cdots$$

oder

$$\Delta p = \Delta v \frac{\partial p}{\partial v} + \frac{(\Delta v)^2}{1 \cdot 2} \frac{\partial^2 p}{\partial v^2} + \cdots.$$

Wir setzen $\Delta p = p - p_0$, desgleichen $\Delta v = v - v_0$ und erhalten so schließlich

$$p - p_0 = (v - v_0) \frac{\partial p}{\partial v} + \frac{(v - v_0)^2}{1 \cdot 2} \frac{\partial^2 p}{\partial v^2} + \cdots.$$

Danach wird

$$\int_{v_0}^{v} (p - p_0)\, dv = \frac{(v - v_0)^2}{2} \cdot \frac{\partial p}{\partial v} + \frac{(v - v_0)^3}{1 \cdot 2 \cdot 3} \frac{\partial^2 p}{\partial v^2} + \cdots, \tag{28}$$

wobei $\frac{\partial p}{\partial v}, \frac{\partial^2 p}{\partial v^2} \cdots$ als von v unabhängig angenommen wird, da diese Werte ja für $v = v_0$ gebildet werden, mithin als konstant zu behandeln sind.

SMOLUCHOWSKI setzt nun

$$\frac{v}{v_0} = 1 + \delta$$

und nennt δ die „Verdichtung“. Es wird dann $v - v_0 = v_0 \delta$ und $dv = v_0 d\delta$, daher

$$\int_{v_0}^{v} (p - p_0)\, dv = \frac{v_0^2 \delta^2}{2} \frac{\partial p}{\partial v} + \frac{v_0^3 \delta^3}{1 \cdot 2 \cdot 3} \frac{\partial^2 p}{\partial v^2} + \cdots.$$

Wir setzen die Zahl der Molekeln eines Komplexes als sehr groß voraus. Dann wird δ eine kleine Zahl werden. Wir werden uns daher in vielen Fällen auf das erste Glied unserer Reihe beschränken können. Wir können jetzt auch nach der Wahrscheinlichkeit fragen, daß das Gas eine Verdichtung zwischen δ und $\delta + d\delta$ hat. Diese wird natürlich dem $d\delta$ proportional sein. Setzen wir für diese Wahrscheinlichkeit etwa $f(\delta)\,d\delta$, so können wir sie nach Gleichung (27) darstellen durch

$$f(\delta)\,d\delta = b\,e^{\alpha\delta^2}\,d\delta\,, \tag{29}$$

wobei wir für α zu setzen haben

$$\alpha = -\frac{\nu m}{kT}\int\limits_{v_0}^{v_1}(p - p_0)\,dv = -\frac{\nu m}{kT}\cdot\frac{v_0^2}{2}\,\frac{\partial p}{\partial v}\,.$$

In b ist alles Konstante zusammengefaßt.

Von früher her wissen wir, daß $k = \frac{R}{n}$ ist. Es wird also $\frac{m}{k} = \frac{m n}{R} = \frac{M}{R}$ (M = Molekulargewicht des Gases). Ferner läßt sich $\frac{\partial p}{\partial v}$ noch folgendermaßen ausdrücken. Nach dem BOYLE-CHARLESschen Gesetz ist $pv = \frac{RT}{M}$ oder $p = \frac{RT}{M}\cdot\frac{1}{v}$, folglich $\frac{\partial p}{\partial v} = -\frac{RT}{M}\cdot\frac{1}{v^2}$, wobei wir für unseren Fall $v = v_0$ zu setzen haben. Es wird also

$$\alpha = \frac{\nu M}{RT}\cdot\frac{v_0^2}{2}\cdot\frac{RT}{M v_0^2} = \frac{\nu}{2}\,,$$

so daß wir schließlich für die Wahrscheinlichkeit dW, daß unser Gaskomplex eine Verdichtung zwischen δ und $\delta + d\delta$ besitzt, die einfache Formel gewinnen

$$dW = b\,e^{\frac{\nu\delta^2}{2}}\,d\delta\,.$$

Die Konstante b erhalten wir aus der Überlegung, daß die Summe aller Wahrscheinlichkeiten für δ gleich Eins sein muß. Wir haben somit zu bilden

$$b\int\limits_{-\infty}^{+\infty} e^{-\frac{\nu\delta^2}{2}}\,d\delta = 1\,,$$

woraus sich nach der Rechenmethode, wie wir sie bereits (Ziff. 18) kennengelernt haben, $b = \sqrt{\frac{\nu}{2\pi}}$, also

$$dW = \sqrt{\frac{\nu}{2\pi}}\,e^{-\frac{\nu\delta^2}{2}}\,d\delta$$

ergibt.

40. Die mittlere Schwankung. Der Mittelwert der Dichteschwankungen muß natürlich Null sein, da ja ebensoviel positive als negative δ vorkommen. Wir können aber nach dem Mittelwert sämtlicher positiven δ oder, was dasselbe ist, nach dem Mittelwert des absoluten Betrages von δ fragen. Fassen wir eine sehr große Zahl n von Schwankungen ins Auge, so wird die Zahl jener die einen Wert zwischen δ und $\delta + d\delta$ haben, nach unserer Formel $n\sqrt{\frac{\nu}{2\pi}}\,e^{-\frac{\nu}{2}\delta^2}\,d\delta$ sein. Die Summe dieser Schwankungen ist also $n\sqrt{\frac{\nu}{2\pi}}\,\delta e^{-\frac{\nu}{2}\delta^2}\,d\delta$ somit die Summe aller Schwankungen zwischen 0 und ∞

$$n\sqrt{\frac{\nu}{2\pi}}\int\limits_0^\infty \delta e^{-\frac{\nu}{2}\delta^2}\,d\delta = n\sqrt{\frac{1}{2\pi\nu}}$$

Die Zahl sämtlicher positiven Schwankungen ist $n/2$. Der Quotient aus Summe und Zahl ist dann die mittlere Schwankung

$$\bar{\delta} = \sqrt{\frac{2}{\pi \nu}}.$$

Wenn wir uns noch einmal vor Augen halten, daß $\delta = \frac{v - v_0}{v_0}$ ist, so stellt uns $\bar{\delta}$ im Mittel jenen Bruchteil des v_0 vor, um welchen sich das Volumen vergrößert oder verkleinert.

Betrachten wir z. B. ein Mol des Gases. Dieses enthält, wie wir später (Ziff. 72) kennenlernen werden, $62 \cdot 10^{22}$ Molekeln, während beim Druck einer Atmosphäre und der Temperatur des schmelzenden Eises sein Volumen $22412\,\mathrm{cm}^3$ beträgt. Folglich kommen auf $1\,\mathrm{cm}^3$ $\frac{62 \cdot 10^{22}}{22412} = 28 \cdot 10^{18}$ Molekeln. Daraus berechnet sich $\bar{\delta} = 15 \cdot 10^{-11}$, also eine Größe, die weit außer jeder Wahrnehmbarkeit liegt. Gehen wir auf immer kleinere ν über, so wird $\bar{\delta}$ wachsen. Aber selbst bei einer Gasmenge von Dimensionen, die mikroskopisch gerade noch wahrnehmbar sind, erreicht die mittlere Schwankung, Atmosphärendruck vorausgesetzt, erst einige Promille. Nichtsdestoweniger ist es SMOLUCHOWSKI doch gelungen, einen experimentellen Nachweis solcher Schwankungen zu liefern. RAYLEIGH hat seinerzeit gezeigt, daß in trüben Medien, das sind solche, die mikroskopisch kleine Teilchen enthalten, deren Brechungsexponent von jenem der sie umgebenden Flüssigkeit verschieden ist, eine Ablenkung des Lichts vom geradlinigen Weg auftritt, die etwa in der Blickrichtung senkrecht zum Lichtstrahl beobachtet werden kann. Die Intensität dieses gebeugten Lichts ist um so größer, je kleiner die Wellenlänge, so daß die vom weißen Licht abgebeugten Strahlen vorwiegend blaues Licht enthalten. Das ist ja RAYLEIGHS Erklärung des Himmelsblaus. SMOLUCHOWSKI konnte nun zeigen, daß dieser Effekt auch in Gasen vorhanden ist, die vollkommen rein sind, so daß die Beugungserscheinungen nur infolge der Dichteschwankungen auftreten können.

b) Schwankungen bei der kritischen Temperatur.

41. Die Opaleszenz der Gase. Der kritische Punkt eines Gases (s. den Artikel „Die Zustandsgleichung") hat die Eigenschaft, daß für ihn $\frac{\partial p}{\partial v} = \frac{\partial^2 p}{\partial v^2} = 0$ wird. Gleichung (28) wird daher für diesen Fall werden

$$\int_{v_0}^{v} (p - p_0)\, dv = \frac{(v - v_0)^4}{1 \cdot 2 \cdot 3 \cdot 4} \cdot \frac{\partial^3 p}{\partial v^3} + \cdots.$$

Von dieser Reihe berücksichtigen wir wieder nur das erste Glied und führen es in Gleichung (27) ein. Das ergibt

$$C e^{\frac{\nu m}{k T} \int_{v_0}^{v} (p - p_0)\, dv} \Delta v = C e^{\frac{\nu m}{k T} \cdot \frac{(v - v_0)^4}{4!} \cdot \frac{\partial^3 p}{\partial v^3}} \Delta v.$$

Desgleichen erhalten wir nach Analogie mit Gleichung (29) für die Wahrscheinlichkeit, daß wir eine Verdichtung zwischen δ und $\delta + d\delta$ haben,

$$dW = b e^{-\alpha \delta^4} d\delta,$$

wobei

$$\alpha = \frac{\nu m}{k T} \cdot \frac{v_0^4}{4!} \cdot \frac{\partial^3 p}{\partial v^3} = \frac{\nu M}{R T} \frac{v_0^4}{4!} \frac{\partial^3 p}{\partial v^3}$$

ist. Natürlich beziehen sich hier alle Größen auf den kritischen Punkt.

Um die mittlere Abweichung zu finden, können wir genau so wie früher (Ziff. 40) verfahren, nur gelangen wir hier zu einem Integral, dessen Lösung die Theorie der Γ-Funktionen benötigt. SMOLUCHOWSKI findet für die mittlere Abweichung

$$\bar{\delta} = \frac{0,489}{\sqrt[4]{\alpha}}.$$

Die Größe α können wir berechnen, wenn wir eine bestimmte Zustandsgleichung, etwa jene von VAN DER WAALS einführen. Aus dieser ergibt sich für den kritischen Punkt

$$\frac{\partial^3 p}{\partial v^3} = -\frac{a}{81 b^5} = -\frac{27}{8}\frac{RT}{v^4},$$

daher $\alpha = \frac{9\nu}{64}$. Die mittlere Dichteabweichung wird

$$\bar{\delta} = \frac{1,13}{\sqrt[4]{\nu}}. \tag{30}$$

Es ergibt sich also auch hier wie schon früher das interessante Resultat, daß die mittlere Schwankung von der Natur des Gases selbst völlig unabhängig ist, sondern daß sie nur durch die Zahl ν der Molekeln bedingt ist.

SMOLUCHOWSKI gibt zur Illustration der Formel folgendes Beispiel. „Die Anzahl der in einem Würfel von der Kantenlänge $0,6\,\mu$ (Länge einer Lichtwelle) enthaltenen Gasmoleküle ist unter normalen Verhältnissen $9 \cdot 10^6$, und die mittlere Abweichung von der normalen Dichte wird $\bar{\delta} = 2,7 \cdot 10^{-4}$. Dasselbe Volumen würde im kritischen Punkt des Äthyläthers $5,4 \cdot 10^8$ Äthermoleküle enthalten, und gemäß Gleichung (30) haben wir in diesem Fall $\bar{\delta} = 7,2 \cdot 10^{-3}$. Es werden also solche Volumteile im Mittel mehr als 1% Dichtenunterschiede aufweisen." „Eine solche ‚Körnigkeit' der Struktur mußte sich aber durch das Auftreten der für trübe Medien charakteristischen optischen Erscheinungen — der Opaleszenz und des sog. TYNDALLschen Phänomens — bemerkbar machen." „Bekanntlich tritt tatsächlich bei Gasen im kritischen Zustand eine deutliche Opaleszenz auf."

Zur Literatur der Schwankungserscheinungen wollen wir noch erwähnen: M. v. SMOLUCHOWSKI, Experimentell nachweisbare, der üblichen Thermodynamik widersprechende Molekularphänomene[1]; F. v. HAUER, Spontane Temperaturschwankungen in einem Gase[2]; REINHOLD FÜRTH, Schwankungserscheinungen in der Physik[3].

IV. Mittlere Weglänge und Stoßzahl der Molekeln.

a) Voraussetzung gleicher Geschwindigkeiten der Molekeln.

42. Wahrscheinlichkeit eines bestimmten Wegs. Wenn wir uns die Molekeln als vollkommen elastische Kugeln vorstellen, so wird bei ihrer großen Geschwindigkeit eine beständig auf andere stoßen. Zwischen je zwei Stößen wird die Molekel einen größeren oder kleineren Weg zurücklegen. Wir fragen nach der Wahrscheinlichkeit, daß sie ohne anzustoßen den Weg x durcheilt. Diese Aufgabe wurde zuerst von CLAUSIUS[4]) gestellt und gelöst.

[1]) M. v. SMOLUCHOWSKI, Phys. ZS. Bd. 13, S. 1069. 1912.

[2]) F. v. HAUER, Ann. d. Phys. (4) Bd. 47, S. 365. 1915.

[3]) R. FÜRTH, Phys. ZS Bd. 20, S. 303, 332, 350, 375. 1919. Braunschweig: Vieweg & Sohn 1920.

[4]) R. CLAUSIUS, Pogg. Ann. Bd. 105, S. 239, 1858.

Wir denken uns vorerst alle Molekeln ruhend und nur eine einzige in Bewegung. Wir setzen auch ein einfaches Gas voraus, dessen Molekeln Kugeln vom Durchmesser σ sein sollen. Wenn die bewegliche Kugel auf eine ruhende stößt, so nähern sich ihre Mittelpunkte bis auf die Entfernung σ. Wir würden also für die Rechnung dasselbe erhalten, wenn die bewegliche Molekel nur ein Punkt wäre, während die ruhende Kugel den Radius σ hätte. An der Rechnung würde sich aber auch dann nichts ändern, wenn die bewegliche Molekel den Radius σ hätte, die ruhenden Moelkeln aber alle Punkte wären.

Wir führen im folgenden die Rechnung so durch, als wären die ruhenden Molekeln Kugeln vom Radius σ, die bewegliche jedoch nur ein Punkt. Die Wahrscheinlichkeit nun, mit welcher der Punkt den Weg x zurücklegt, ohne auf eine Molekel zu stoßen, wollen wir

$$W = f(x)$$

nennen. Wir benützen also wieder die Wahrscheinlichkeitsrechnung. Nach früheren Erörterungen ist uns also klar, daß alle unsere Resultate strenggenommen nur Wahrscheinlichkeiten darstellen. Fragen wir jetzt nach der Wahrscheinlichkeit, daß der Punkt den Weg $x + dx$ ohne anzustoßen zurücklegt, so müssen wir diese analog darstellen durch

$$W' = f(x + dx) = f(x) + f'(x)\,dx = W + \frac{dW}{dx}\,dx\,.$$

Wir wollen den Fall, daß der Punkt den Weg x zurücklegt, als ein Ereignis von der Wahrscheinlichkeit W betrachten. Ebenso sehen wir es als ein zweites Ereignis von bestimmter Wahrscheinlichkeit an, daß der Punkt den Weg dx durchläuft. Um nun die Wahrscheinlichkeit für den Weg $x + dx$ zu finden, fassen wir dies als das gleichzeitige Eintreten zweier Ereignisse auf. Die Wahrscheinlichkeit aber, daß zwei Ereignisse gleichzeitig eintreten, ist gleich dem Produkt der Wahrscheinlichkeiten der einzelnen Ereignisse. Auf unsern Fall angewendet heißt dies, daß $W(x + dx)$ gleich ist dem Produkt aus $W(x)$ und der Wahrscheinlichkeit, daß der Punkt den Weg dx ohne anzustoßen zurücklegt.

Letztere Wahrscheinlichkeit können wir nun leicht finden. Wir legen senkrecht zur Bahn unseres Punktes zwei Ebenen, die um dx voneinander entfernt sind. Die Flächeneinheit der einen Ebene machen wir zur Grundfläche eines Zylinders, der durch die beiden Ebenen begrenzt wird. Sein Volumen ist also dx, und wenn sich in der Volumeinheit des Gases N Molekeln befinden, so sind in unserm Zylinder deren $N\,dx$. Ihr Gesamtquerschnitt ist also $N\pi\sigma^2 dx$. Wenn unser Punkt die beiden Ebenen passieren, d. h. den Weg dx zurücklegen will, so wird sich die Zahl der dem Passieren günstigen Fälle zur Zahl sämtlicher verhalten wie der zum Passieren freie Teil einer Ebene zur Gesamtfläche derselben. Nicht frei ist pro Flächeneinheit die Fläche $N\pi\sigma^2 dx$, frei ist also die Fläche $1 - N\pi\sigma^2 dx$. Die Division durch die Fläche 1 ändert an dieser Größe nichts. Folglich ist sie die von uns gesuchte Wahrscheinlichkeit, daß der Punkt ohne anzustoßen den Weg dx zurücklegt. Für die Wahrscheinlichkeit, daß er den Weg $x + dx$ durchlaufen kann, erhalten wir demnach

$$W' = W + \frac{dW}{dx}\,dx = W(1 - N\pi\sigma^2 dx)\,.$$

Daraus folgt weiter

$$\frac{dW}{dx}\,dx = -WN\pi\sigma^2 dx\,,$$

$$\frac{dW}{W} = -N\pi\sigma^2 dx\,.$$

Die Integration dieser Gleichung ergibt

$$\ln W = -N\pi\sigma^2 x + \ln C$$

und schließlich

$$W = C \cdot e^{-N\pi\sigma^2 x}.$$

Wir haben noch die willkürliche Konstante C zu bestimmen, was wir durch folgende Überlegung tun können. Die Wahrscheinlichkeit, daß unser Punkt den Weg Null zurücklegt, ist natürlich Gewißheit, d. h. für diesen Fall ist $W = 1$, woraus ohne weiteres folgt, daß $C = 1$ gesetzt werden muß. Für die Wahrscheinlichkeit, daß der Punkt ohne anzustoßen den Weg x zurücklegt, erhalten wir also

$$W = e^{-N\pi\sigma^2 x}.$$

Diese Wahrscheinlichkeit wird um so größer ausfallen, je kleiner $N\pi\sigma^2$ ist. Da $\pi\sigma^2$ der Querschnitt einer ruhenden Molekel ist, so ist $N\pi\sigma^2$ nichts anderes als die Fläche, die wir mit den in der Volumeinheit enthaltenen, als Kugeln gedachten Molekeln bedecken können.

43. Mittelwert der Wege. Wenn wir die Wahrscheinlichkeit eines bestimmten Weges kennen, den die Molekel ohne anzustoßen zurücklegen kann, so ist es natürlich auch ein leichtes, den Mittelwert aller möglichen Wege oder die sog. mittlere Weglänge zu bestimmen. Wir können da etwa folgendermaßen vorgehen. Es sei die Zahl aller in Betracht kommenden Wege n. Es ist dann die Zahl jener, die größer als x sind, gleich der Gesamtzahl n multipliziert mit der Wahrscheinlichkeit, mit der die Molekel den Weg x ohne anzustoßen zurücklegt. Diese Zahl ist somit $ne^{-N\pi\sigma^2 x}$. Die Zahl jener Wege, die größer sind als $x + dx$, ist analogerweise

$$ne^{-N\pi\sigma^2(x+dx)} = ne^{-N\pi\sigma^2 x} \cdot e^{-N\pi\sigma^2 dx} = ne^{-N\pi\sigma^2 x}(1 - N\pi\sigma^2 dx),$$

was wir durch Entwicklung von $e^{-N\pi\sigma^2 dx}$ in eine Reihe erhalten. Indem wir die beiden Zahlen für die Wege x und $x + dx$ voneinander abziehen, erhalten wir die Zahl der Wege, die zwischen x und $x + dx$ liegen. Diese ist also

$$ne^{-N\pi\sigma^2 x} - ne^{-N\pi\sigma^2 x}(1 - N\pi\sigma^2 dx) = ne^{-N\pi\sigma^2 x} \cdot N\pi\sigma^2 dx = n\alpha e^{-\alpha x} dx,$$

wenn wir der Kürze halber $N\pi\sigma^2 = \alpha$ setzen. Integrieren wir unsern Ausdruck über alle Wege von 0 bis ∞, so müssen wir wieder deren Gesamtzahl n erhalten, was auch tatsächlich der Fall ist.

Die Summe aller Wege dividiert durch deren Zahl liefert uns die mittlere Weglänge. Um die Summe zu erhalten, haben wir die Zahl der Wege von einer Länge zwischen x und $x + dx$ mit der Weglänge x selbst zu multiplizieren und das Produkt wieder von 0 bis ∞ zu integrieren. Diese Summe ist somit

$$n\alpha\int_0^\infty xe^{-\alpha x} dx = n\alpha\left|\frac{xe^{-\alpha x}}{-\alpha}\right|_0^\infty + n\int_0^\infty e^{-\alpha x} dx = \left|-\frac{n}{\alpha}e^{-\alpha x}\right|_0^\infty = \frac{n}{\alpha}.$$

Dividieren wir diesen Ausdruck durch die Zahl der Wege n, so bekommen wir die m i t t l e r e W e g l ä n g e

$$l = \frac{1}{\alpha} = \frac{1}{N\pi\sigma^2}.$$

Die Formel $l = \frac{1}{\alpha}$ können wir viel allgemeiner deuten, als wir es hier getan haben. Wenn wir nämlich von ruhenden Molekeln absehen, das Gas also nehmen, wie es wirklich ist, so wird die Wahrscheinlichkeit, daß eine Molekel einen Weg zwischen x und $x + dx$ zurücklegt, durch eine ganz analoge Formel gegeben sein, nur wird die Größe α nicht allein der Gesamtquerschnitt der Molekeln in der Volumeinheit sein, sondern er wird auch noch von der Geschwindigkeitsverteilung der Molekeln abhängen. Es wird $N\pi\sigma^2$ noch mit einem Faktor zu multiplizieren sein. Es ändert sich aber nichts daran, daß $l = \frac{1}{\alpha}$ oder $\alpha = \frac{1}{l}$ ist, so daß wir für die Wahrscheinlichkeit, daß eine Molekel den Weg x ohne anzustoßen zurücklegt,

$$W = e^{-\alpha x} = e^{-\frac{x}{l}}$$

schreiben können. In der Tat, setzen wir in unsere frühere Rechnung an Stelle von α den Wert $1/l$ ein, so ergibt sich als Mittelwert der Weglängen die Größe l. Durch eine Tabelle, die wir der Gastheorie, 2. Aufl., S. 159, von O. E. MEYER entnehmen, möge diese Formel besser illustriert werden. Von 100 Molekeln durchlaufen ohne anzustoßen

99	den	Weg	von	$0{,}01\,l$,	61	den	Weg	von	$0{,}5\,l$,
98	„	„	„	$0{,}02\,l$,	37	„	„	„	$1\,l$,
90	„	„	„	$0{,}1\,l$,	14	„	„	„	$2\,l$,
82	„	„	„	$0{,}2\,l$,	5	„	„	„	$3\,l$,
78	„	„	„	$0{,}25\,l$,	2	„	„	„	$4\,l$,
72	„	„	„	$0{,}333\,l$,	1	„	„	„	$4{,}6\,l$.

Die Tabelle lehrt, daß die mittlere Weglänge nur in äußerst seltenen Fällen erheblich überschritten wird.

44. Stoßzahl. Von den Weglängen und der jeweiligen Geschwindigkeit der Molekel wird es abhängen, wie oft sie in der Sekunde mit anderen Molekeln zusammenstößt. Man pflegt diese Zahl kurz die Stoßzahl zu nennen. Es lassen sich natürlich weder die einzelnen Wege noch die jeweiligen Geschwindigkeiten einer Molekel verfolgen. Wohl aber können wir deren Mittelwert angeben. Würde sich die Molekel nur mit der mittleren Geschwindigkeit $\bar{c}$ bewegen, so wäre dies auch der Weg, den sie in der Sekunde zurücklegt. Dieser Weg, dividiert durch die mittlere Weglänge, wird uns also die Stoßzahl $Z = \frac{\bar{c}}{l} = N\pi\sigma^2\bar{c}$ ergeben.

Die Stoßzahl können wir aber auch finden, ohne daß wir die mittlere Weglänge kennen. Wir haben ja schon früher (Ziff. 42) erwähnt, daß es für die Rechnung ganz gleichgültig ist, ob wir jeder Molekel denselben Durchmesser σ zuerkennen, oder ob wir annehmen, alle ruhenden Molekeln wären nur Punkte, während die sich bewegenden den doppelten Durchmesser, also den Radius σ, besäßen. In diesem Fall hinterläßt die Molekel als Wegspur in der Sekunde einen Zylinder vom Querschnitt $\pi\sigma^2$ und der Länge $\bar{c}$. Sein Volumen ist somit $\pi\sigma^2\bar{c}$. Soviel Molekeln nun, als in diesen Zylinder zu liegen kommen, soviel Zusammenstöße wird die wandernde Molekel machen. In der Volumeinheit haben wir N Molekeln, folglich im Zylinder $N\pi\sigma^2\bar{c}$, und das ist tatsächlich die bereits früher gefundene Zahl.

45. Einführung der relativen Geschwindigkeit. Wir nehmen jetzt an, die ursprünglich ruhenden Molekeln hätten nun auch eine bestimmte Geschwindigkeit, und zwar vorerst alle dieselbe. Dann können wir genau dieselbe Überlegung wie früher machen, nur haben wir nicht die Geschwindigkeit der herausgehobenen Molekel gegenüber einem fixen System, sondern die relative Geschwindigkeit dieser Molekel gegenüber den übrigen in Rechnung zu setzen. Aber auch dieser Fall kommt ja in Wirklichkeit nicht vor, sondern jede Molekel hat ihre eigene Geschwindigkeit, wobei die Geschwindigkeiten nach dem MAXWELLschen Gesetz verteilt sind. Um also den wahren Wert der Stoßzahl zu finden, werden wir als

Geschwindigkeit, mit der sich die Molekel gegenüber den anderen bewegt, ihre mittlere relative Geschwindigkeit einzuführen haben.

Um diese mittlere relative Geschwindigkeit zu finden, können wir folgendermaßen vorgehen. Wir denken uns vorerst zwei Geschwindigkeiten c_1 und c_2, deren Richtungen den Winkel ϑ einschließen (Abb. 8). Die Verbindungsgerade der Endpunkte beider Strecken ist dann die relative Geschwindigkeit g_1, die wir nach der Formel

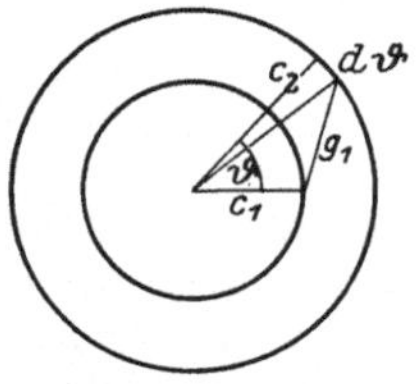

Abb. 8. Zur Berechnung der relativen Geschwindigkeit der Molekeln.

$$g_1 = \sqrt{c_1^2 + c_2^2 - 2c_1c_2\cos\vartheta}$$

berechnen. Von dieser relativen Geschwindigkeit können wir einen Mittelwert bilden, wenn wir alle möglichen Winkel ϑ in Betracht ziehen. Es ist dies dann die mittlere relative Geschwindigkeit g einer Molekel von der Geschwindigkeit c_1 gegenüber anderen von der Geschwindigkeit c_2.

Diese Mittelwertsbildung läßt sich nun folgendermaßen durchführen. Die Richtung der Geschwindigkeit c_1 sei eine fixe Gerade. Die Zahl der Geschwindigkeiten c_2, die mit c_1 einen Winkel zwischen ϑ und $\vartheta + d\vartheta$ bilden, ist (Ziff. 7) $n/2 \sin\vartheta\, d\vartheta$, wenn n die Zahl aller Geschwindigkeiten c_2 ist. Multiplizieren wir sie mit der relativen Geschwindigkeit g_1 und integrieren nach ϑ von 0 bis π, so erhalten wir die Summe aller relativen Geschwindigkeiten. Dividieren wir dann noch durch die Zahl n, so ergibt das die mittlere relative Geschwindigkeit g. Diese wird also sein

$$\begin{aligned} g &= \int_0^\pi g_1 \frac{\sin\vartheta\, d\vartheta}{2} = \frac{1}{2}\int_0^\pi \sqrt{c_1^2 + c_2^2 - 2c_1c_2\cos\vartheta}\,\sin\vartheta\, d\vartheta \\ &= \frac{1}{6c_1c_2}\Big[(c_1^2 + c_2^2 - 2c_1c_2\cos\vartheta)^{\frac{3}{2}}\Big]_0^\pi . \end{aligned} \tag{31}$$

Machen wir die vereinfachende Annahme, alle Molekeln hätten dieselbe Geschwindigkeit c, so wird unser

$$g = \frac{1}{6c^2}\Big[(2c^2 - 2c^2\cos\vartheta)^{\frac{3}{2}}\Big]_0^\pi = \frac{(4c^2)^{\frac{3}{2}}}{6c^2} = \frac{4c}{3}.$$

Wir sehen also, daß die mittlere relative Geschwindigkeit größer ist als die Geschwindigkeit c. Danach können wir jetzt auch die Formel für die mittlere Weglänge und die Stoßzahl korrigieren. Letztere wird jetzt natürlich größer, es wird

$$Z = \tfrac{4}{3} N\pi\sigma^2 c.$$

Analog wird aber die mittlere Weglänge kleiner; denn es ist ja

$$l = \frac{c}{Z} = \frac{3}{4N\pi\sigma^2}.$$

Diese Formel hat schon CLAUSIUS[1]) entwickelt. Wir können auch annehmen, daß sie nicht sehr vom wahren Wert abweichen wird, da sich ja die meisten Geschwindigkeiten um ihren Mittelwert gruppieren. Wir werden diese Annahme im folgenden bestätigt sehen.

---

[1]) R. CLAUSIUS, Pogg. Ann. Bd. 10, S. 239. 1858; Gastheorie, S. 46 (3. Bd. v. CLAUSIUS, Mech. Wärmetheorie).

b) Berücksichtigung des MAXWELLschen Gesetzes.

46. Relative Geschwindigkeit einer Molekel gegenüber den andern. Etwas komplizierter gestaltet sich die Rechnung, wenn wir den MAXWELLschen Verteilungszustand berücksichtigen. Wir kehren zur Gleichung (31) zurück und setzen daselbst die Grenzen ein. Wir bilden also

$$g = \frac{1}{6c_1c_2}\left[(c_1^2 + c_2^2 - 2c_1c_2\cos\vartheta)^{\frac{3}{2}}\right]_0^\pi = \frac{1}{6c_1c_2}\left[(c_1^2+c_2^2+2c_1c_2)^{\frac{3}{2}} - (c_1^2+c_2^2-2c_1c_2)^{\frac{3}{2}}\right].$$

Die beiden Ausdrücke in den runden Klammern sind nun nichts anderes als das Quadrat der relativen Geschwindigkeit, wenn c_1 und c_2 entgegengesetzt bzw. gleichgerichtet sind. In jedem Fall ist aber die relative Geschwindigkeit als positive Größe aufzufassen. Es müssen daher die Vorzeichen für die Quadratwurzeln aus den Klammerausdrücken so gewählt werden, daß die Wurzel selbst positiv ausfällt. Für den Fall, als $c_1 > c_2$ ist, erhalten wir

$$g = \frac{1}{6c_1c_2}[(c_1 + c_2)^3 - (c_1 - c_2)^3].$$

Ist $c_1 < c_2$, so haben wir zu schreiben

$$g = \frac{1}{6c_1c_2}[(c_1 + c_2)^3 - (c_2 - c_1)^3].$$

Im ersten Fall wird

$$g = \frac{3c_1^2 + c_2^2}{3c_1}, \tag{32}$$

im zweiten

$$g = \frac{3c_2^2 + c_1^2}{3c_2}. \tag{33}$$

Setzen wir $c_1 = c_2 = c$, so erhalten wir aus beiden Gleichungen die bekannte CLAUSIUSsche Formel.

Wir gehen jetzt so vor, daß wir die mittlere relative Geschwindigkeit einer Molekel von der Geschwindigkeit c_1 gegenüber allen übrigen bestimmen, die natürlich alle möglichen Werte von 0 bis ∞ aufweisen werden. Die Zahl der Molekeln, die eine Geschwindigkeit zwischen c_2 und $c_2 + dc_2$ besitzen, ist durch den Ausdruck

$$\frac{4n}{\sqrt{\pi}\,\alpha^3} c_2^2 e^{-\frac{c_2^2}{\alpha^2}} dc_2$$

(Ziff. 18) gegeben. Das ist natürlich auch die Zahl der relativen Geschwindigkeiten g, die eine Molekel von der Geschwindigkeit c_1 gegenüber sämtlichen von der Geschwindigkeit zwischen c_2 und $c_2 + dc_2$ besitzt. Multiplizieren wir daher diesen Ausdruck mit der relativen Geschwindigkeit g, integrieren ihn nach c_2 zwischen den Grenzen 0 und ∞ und dividieren durch die Zahl n, so erhalten wir die mittlere relative Geschwindigkeit einer Molekel von der Geschwindigkeit c_1 gegenüber allen andern Molekeln. Bei der Integration haben wir in Betracht zu ziehen, daß das Integral in zwei zerfallen wird, indem für alle Geschwindigkeiten $c_2 < c_1$ für die relative Geschwindigkeit die Gleichung (32), für alle andern, für die also $c_2 > c_1$ wird, die Gleichung (33) eingesetzt werden muß. Das ergibt dann für die relative Geschwindigkeit

$$\bar{g}_1 = \frac{4}{\sqrt{\pi}\,\alpha^3}\left[\int_0^{c_1} \frac{3c_1^2 + c_2}{3c_1} c_2^2 e^{-\frac{c_2^2}{\alpha^2}} dc_2 + \int_{c_1}^{\infty} \frac{3c_2^2 + c_1^2}{3c_2} c_2^2 e^{-\frac{c_2^2}{\alpha^2}} dc_2\right]. \tag{34}$$

47. Mittlere relative Geschwindigkeit. Um die mittlere relative Geschwindigkeit $\bar{g}$ einer Molekel gegenüber allen anderen kennenzulernen, haben wir noch den Mittelwert von $\bar{g}_1$ zu bilden, wenn c_1 alle möglichen Werte zwischen 0 und ∞ annimmt. Das tun wir in der früheren Weise. Die Zahl der Molekeln, die eine Geschwindigkeit zwischen c_1 und $c_1 + dc_1$ besitzen, ist

$$\frac{4n}{\sqrt{\pi}\,\alpha^3} c_1^2 e^{-\frac{c_1^2}{\alpha^2}} dc_1 .$$

Das ist natürlich auch die Zahl der relativen Geschwindigkeiten $\bar{g}_1$. Diese Zahl werden wir also wiederum mit g_1 zu multiplizieren, zwischen den Grenzen 0 und ∞ nach c_1 zu integrieren und schließlich durch die Gesamtzahl der Molekeln n zu dividieren haben, um den Wert der relativen Geschwindigkeit $\bar{g}$ zu erhalten. Zur Ausführung der dabei auftretenden Integrationen können wir in verschiedener Weise gelangen. Auffallend ist, daß MAXWELL[1]) den Wert für die mittlere Weglänge einfach angibt, ohne zu sagen, wie er die Rechnung durchgeführt hat. Ganz so einfach scheint die Sache aber doch nicht zu sein, sonst hätten wohl O. E. MEYER[2]) und BOLTZMANN[3]) nicht besondere Integrationsmethoden zur Lösung der Aufgabe gegeben. Wir wollen im folgenden BOLTZMANNS Weg einschlagen.

Man findet leicht
$$\bar{g} = \frac{16}{\pi\alpha^6}(J_1 + J_2),$$

wobei J_1 und J_2 folgende Bedeutung haben. Es ist

$$J_1 = \int_0^\infty c_1^2 e^{-\frac{c_1^2}{\alpha^2}} dc_1 \int_0^{c_1} \frac{3c_1^2 + c_2^2}{3c_1} c_2^2 e^{-\frac{c_2^2}{\alpha^2}} dc_2 ,$$

$$J_2 = \int_0^\infty c_1^2 e^{-\frac{c_1^2}{\alpha^2}} dc_1 \int_{c_1}^\infty \frac{3c_2^2 + c_1^2}{3c_2} c_2^2 e^{-\frac{c_2^2}{\alpha^2}} dc_2 .$$

In dem Ausdruck J_1 hat c_1 alle Werte zwischen 0 und ∞ anzunehmen, während c_2 alle Werte zu durchlaufen hat, die kleiner als c_1 sind. Vertauschen wir demnach die Integrationsordnung, so hat c_2 alle Werte von 0 bis ∞ und für jedes c_2 jedoch c_1 alle Werte anzunehmen, die größer als c_2 sind. Darnach erhalten wir also auch

$$J_1 = \int_0^\infty c_2^2 e^{-\frac{c_2^2}{\alpha^2}} dc_2 \int_{c_2}^\infty \frac{3c_1^2 + c_2^2}{3c_1} c_1^2 e^{-\frac{c_1^2}{\alpha^2}} dc_1 .$$

In einem bestimmten Integral ist es aber gleichgültig, wie wir die Variable bezeichnen. Wir können sonach in dem letzteren Ausdruck c_1 mit c_2 ohne weiteres vertauschen. Dadurch erhalten wir aber ein Integral, das mit J_2 vollkommen übereinstimmt, was sehr wichtig ist, weil uns auf diese Weise seine Auswertung ermöglicht wird. Wir erhalten so

$$\bar{g} = \frac{32}{\pi\alpha^6} J_2 .$$

1) J. CL. MAXWELL, Phil. Mag. (4) Bd. 19, S. 28. 1860.
2) O. E. MEYER, Gastheorie 1. Aufl., S. 295. In anderer Weise 2. Aufl., Math. Zus. 65.
3) L. BOLTZMANN, Gastheorie Bd. I, S. 67.

Bei der Berechnung des J_2 gelangen wir nur zu Integralen, die wir bereits früher (Ziff. 20) kennengelernt haben. Das schließliche Resultat ist

$$J_2 = \frac{\alpha^7 \sqrt{\pi}}{8\sqrt{2}} \qquad \text{und} \qquad \bar{g} = c\sqrt{2}.$$

Daraus ergibt sich für die Stoßzahl einer Molekel

$$Z = N\pi\sigma^2 \cdot \bar{g} = \sqrt{2}\, N\pi\sigma^2 \bar{c}$$

und für die mittlere Weglänge

$$l = \frac{\bar{c}}{Z} = \frac{1}{\sqrt{\pi}\, N\pi\sigma^2}.$$

Es ist also der Unterschied für den Zahlenwert zwischen der Formel von CLAUSIUS und jener von MAXWELL kein großer. Die eine besitzt den Zahlenfaktor $\frac{3}{4} = 0{,}75$, die andere $\frac{1}{\sqrt{2}} = 0{,}707$, so daß man ohne weiteres erkennt, daß auch für den Fall, daß wir von vornherein gleiche Geschwindigkeiten der Molekeln annehmen, für die mittlere Weglänge ein von der strengen Formel nicht sehr abweichender Wert gefunden wird.

Ihrer Wichtigkeit halber und weil auch anderweitig verwertbar, wollen wir noch eine andere Integrationsmethode von $J_1 + J_2$ mitteilen. J_1 stellt multipliziert mit $\frac{16n}{\pi\alpha^6}$ (n = Zahl sämtlicher Molekeln) die Summe aller relativen Geschwindigkeiten dar, für die $c_1 > c_2$ ist. Dieselbe Summe liefert uns J_2, da es uns alle jene relativen Geschwindigkeiten gibt, für die $c_2 > c_1$ ist. Wir bilden die letztere und dividieren sie durch $n/2$, so erhalten wir die mittlere relative Geschwindigkeit

$$\bar{g} = \frac{32}{\pi\alpha^6} J_2 = \frac{32}{\pi\alpha^6} \int_0^\infty c_1^2 e^{-\frac{c_1^2}{\alpha^2}} dc_1 \int_{c_1}^\infty \frac{3c_2^2 + c_1^2}{3c_2} c_2^2 e^{-\frac{c_2^2}{\alpha^2}} dc_2$$

$$= \frac{32}{\pi\alpha^6} \int_0^\infty c_1^6 e^{-\frac{c_1^2}{\alpha^2}} dc_1 \int_{c_1}^\infty \frac{\frac{3c_2^2}{c_1^2} + 1}{3} \frac{c_2}{c_1} e^{-\frac{c_2^2}{\alpha^2}} d\frac{c_2}{c_1}.$$

Diese Umformung läßt sich leicht durchführen, wenn man noch bedenkt, daß für die Integration nach c_2 die Geschwindigkeit c_1 als konstant zu betrachten ist. Wir führen jetzt die Variable $\frac{c_2}{c_1} = k$ ein. Darnach wird

$$\bar{g} = \frac{32}{3\pi\alpha^6} \int_0^\infty c_1^6 e^{-\frac{c_1^2}{\alpha^2}} dc_1 \int_1^\infty (3k^3 + k)\, e^{-\frac{k^2 c_1^2}{\alpha^2}} dk$$

$$= \frac{64}{3\pi\alpha^4} \int_0^\infty c_1^4 e^{-\frac{2c_1^2}{\alpha^2}} dc_1 + \frac{16}{\pi\alpha^2} \int_0^\infty c_1^2 e^{-\frac{2c_1^2}{\alpha^2}} dc_1 = 2\sqrt{\frac{2}{\pi}}\,\alpha = \sqrt{2}\,\bar{c},$$

da ja (Ziff. 20) $\alpha = \frac{\sqrt{\pi}}{2}\bar{c}$ ist.

c) Stoßzahl in einem Gasgemenge.

48. Voraussetzung derselben Geschwindigkeit für alle Molekeln einer Gasart. Wir nehmen an, daß unser Gasgemenge zwei verschiedene Gase enthält. Die Molekeln des einen Gases haben die Geschwindigkeit c_1, die des andern c_2. Der Durchmesser der Molekeln erster Art sei σ_1, jener zweiter σ_2. Berühren zwei Molekeln verschiedener Art einander, so ist die Entfernung ihrer Mittelpunkte $\sigma = \frac{\sigma_1 + \sigma_2}{2}$. Nach dem Früheren (Ziff. 45) wird also die Zahl der Zusammenstöße, die eine Molekel erster Art in der Sekunde mit gleichartigen macht, $\frac{4}{3} N_1 \pi \sigma_1^2 c_1$, hingegen die Zahl der Zusammenstöße, die sie mit Molekeln zweiter Art in derselben Zeit macht, $\frac{3c_1^2 + c_2^2}{3c_1} N_2 \pi \sigma^2$. Wir haben hier vorausgesetzt, daß $c_1 > c_2$ ist, da nur dann die mittlere relative Geschwindigkeit g der Molekeln der einen Art zu den Molekeln der andern durch $\frac{3c_1^2 + c_2^2}{3c_1}$ gegeben ist. Im entgegengesetzten Fall müßten wir c_1 mit c_2 vertauschen. Die Gesamtzahl der Stöße in der Zeiteinheit für eine Molekel erster Art ist somit

$$Z_1 = \frac{4 N_1 \pi \sigma_1^2 c_1}{3} + \frac{3c_1^2 + c_2^2}{3c_1} N_2 \pi \sigma^2 .$$

Daraus finden wir ohne weiteres für die mittlere Weglänge l_1 dieser Molekeln, indem wir $l_1 = c_1/Z_1$ setzen,

$$l_1 = \frac{1}{\frac{4}{3} N_1 \pi \sigma^2 + \frac{3c_1^2 + c_2^2}{3c_1^2} N_2 \pi \sigma^2} .$$

Bedenken wir schließlich, daß nach dem Äquipartitionstheorem (Ziff. 10 und 25) $m_1 c_1^2 = m_2 c_2^2$ ist, so können wir l_1 noch umformen in

$$l_1 = \frac{1}{\frac{4}{3} N_1 \pi \sigma_1^2 + \frac{3m_2 + m_1}{3m_2} N_2 \pi \sigma^2} .$$

Nach demselben Vorgang erhalten wir für die mittlere Weglänge der Molekeln zweiter Art

$$l_2 = \frac{1}{\frac{4}{3} N_2 \pi \sigma_2^2 + \frac{3c_1^2 + c_2^2}{3c_1 c_2} N_1 \pi \sigma^2} = \frac{1}{\frac{4}{3} N_2 \pi \sigma_2^2 + \frac{3m_2 + m_1}{3\sqrt{m_1 m_2}} N_1 \pi \sigma^2} .$$

49. Berücksichtigung des Maxwellschen Verteilungsgesetzes. Bezeichnen wir die relative Geschwindigkeit einer Molekel erster Art gegenüber gleichartigen Molekeln mit g_1, gegenüber den Molekeln zweiter Art mit g, so ist die Stoßzahl

$$Z_1 = N_1 \pi \sigma_1^2 g_1 + N_2 \pi \sigma^2 g .$$

Analog würden wir für die Stoßzahl einer Molekel zweiter Art finden

$$Z_2 = N_2 \pi \sigma_2^2 g_2 + N_1 \pi \sigma^2 g ,$$

wenn wir unter g_2 die relative Geschwindigkeit einer Molekel zweiter Art gegenüber gleichartigen verstehen.

Nun wissen wir, daß $g_1 = \sqrt{2}\,\bar{c}_1$ ist. In analoger Weise können wir durch Integration der Gleichung (34) das g finden. Es hat das ebenfalls bereits MAXWELL[1]) getan, und er fand

$$g = \sqrt{\bar{c}_1^2 + \bar{c}_2^2}.$$

Wir erkennen aus dieser Gleichung, daß für $\bar{c}_1 = \bar{c}_2$ ohne weiteres der Wert der mittleren relativen Geschwindigkeit für ein einfaches Gas folgt. Es würde zu weit führen, die Integration für g hier wirklich durchzuführen. Es sei diesbezüglich etwa auf die Darstellung O. E. MEYERS[2]) hingewiesen. Mit Berücksichtigung des Gesagten können wir also für Z_1 und Z_2 folgende Gleichungen aufstellen. Es ist

$$Z_1 = \sqrt{2}\,N_1 \pi \sigma_1^2 c_1 + \sqrt{\bar{c}_1^2 + \bar{c}_2^2}\,N_2 \pi \sigma^2 = \sqrt{2}\,N_1 \pi \sigma_1^2 \bar{c}_1 + \sqrt{1 + \frac{\bar{c}_2^2}{\bar{c}_1^2}}\,N_2 \pi \sigma^2 \bar{c}_1.$$

Da aber wieder nach dem Äquipartitionstheorem

$$\frac{\bar{c}_2^2}{\bar{c}_1^2} = \frac{\bar{c}_2^2}{\bar{c}_1^2} = \frac{m_1}{m_2},$$

so ist weiter

$$Z_1 = \sqrt{2}\,N_1 \pi \sigma_1^2 \bar{c} + \sqrt{\frac{m_1 + m_2}{m_2}}\,N_2 \pi \sigma^2 c_1.$$

Gleicherweise finden wir

$$Z_2 = \sqrt{2}\,N_2 \pi \sigma_2^2 \bar{c}_2 + \sqrt{\frac{m_1 + m_2}{m_1}}\,N_1 \pi \sigma^2 \bar{c}_2.$$

Für die mittlere Weglänge folgt dann ohne weiteres

$$l_1 = \frac{\bar{c}_1}{Z_1} = \frac{1}{\sqrt{2}\,N_1 \pi \sigma_1^2 + \sqrt{\frac{m_1 + m_2}{m_2}}\,N_2 \pi \sigma^2}$$

und

$$l_2 = \frac{\bar{c}_2}{Z_2} = \frac{1}{\sqrt{2}\,N_2 \pi \sigma_2^2 + \sqrt{\frac{m_1 + m_2}{m_1}}\,N_1 \pi \sigma^2}.$$

50. Einfluß des Volumens der Molekeln. Bei der Ableitung der mittleren Weglänge haben wir die Wahrscheinlichkeit gesucht, daß eine Molekel einen Weg dx ohne anzustoßen zurücklegt. Wir haben zu dem Zweck einfach das Verhältnis der vierfachen Summe der Querschnitte aller Molekeln, die in einer Schichte von der Dicke dx liegen, zum Gesamtquerschnitt der Schichte gebildet. Das ist aber nur gestattet, wenn wir es mit einem verdünnten Gas zu tun haben, bei dem das Volumen der Molekeln gegenüber dem Gesamtvolumen des Gefäßes vernachlässigt werden kann. Wir setzten nämlich voraus, daß es für die Rechnung gleichgültig sei, ob wir jede Molekel mit ihrem entsprechenden Querschnitt einführen, oder ob wir die wandernde Molekel als Punkt, die Molekeln in unserer Schicht dafür als Kugeln vom doppelten Durchmesser auffassen. Vernachlässigen wir die Ausdehnung der Molekeln im Vergleich zur Weglänge, so ist das alles gerechtfertigt. Nehmen wir aber an, das Gas wäre so verdichtet, daß der Durchmesser einer Molekel der mittleren Weglänge vergleichbar wird, so wird die Berechnung der mittleren Weglänge weitaus komplizierter. Wir

[1]) J. CL. MAXWELL, Phil. Mag. (4) Bd. 19, S. 28. 1860.

[2]) O. E. MEYER, Gastheorie 2. Aufl., Math. Zus. 67.

haben vorerst in Rechnung zu ziehen, daß ja der sich bewegende Punkt schon zum Stoß mit einer Molekel kommt, bevor er jene Ebene erreicht hat, die wir senkrecht zu seiner Bahn durch den Mittelpunkt der Molekel legen können, d. h. infolge der Ausdehnung der Molekeln wird die mittlere Weglänge in erster Linie verkürzt. Ferner werden sich aber die Querschnitte der Molekeln im Inneren der Schichte dx, denen wir ja den doppelten Durchmesser gegeben haben, überschneiden können, wodurch das Hindernis, das sie der Bewegung des Punktes darbieten, verkleinert, die mittlere Weglänge also vergrößert wird.

Auf den Einfluß der Ausdehnung der Molekeln auf die mittlere Weglänge hat zuerst VAN DER WAALS[1]) hingewiesen. Er erhielt jedoch nicht das richtige Resultat. Er leitete für die mittlere Weglänge die Formel

$$l = \frac{1 - b}{N \pi \sigma^2} \cdot \frac{\bar{c}}{g}$$

ab, wobei unter b das vierfache Volumen der in der Volumeinheit enthaltenen Molekeln zu verstehen ist. CLAUSIUS[2]) und mit ihm G. JÄGER[3]) fanden, daß für b nur das $2^1/_2$fache Molekularvolumen zu setzen ist. Übrigens ist auch diese Gleichung nur dann anwendbar, wenn die in der Volumeinheit enthaltene Zahl N der Molekeln nicht zu groß wird. Das Problem, einen Ausdruck für die mittlere Weglänge ohne Vernachlässigungen zu finden, ist bis jetzt noch nicht gelöst worden. In welcher Weise die mittlere Weglänge von inneren Kräften beeinflußt wird, werden wir bei der Besprechung der inneren Reibung behandeln.

V. Dissoziation.

a) Abhängigkeit vom Druck.

51. Mehratomige Molekeln. Grundzüge der Theorie. Wir haben bisher die Molekeln immer wie vollkommen elastische Kugeln betrachtet. Diese Auffassung liegt besonders nahe bei sog. einatomigen Gasen. Anders steht es mit den zwei- und mehratomigen Molekeln, insbesondere bei chemischen Verbindungen von Atomen verschiedener Substanzen. Haben wir solche Verbindungen im gasförmigen Zustand, so ist der allgemeine Fall der, daß neben der Verbindung auch ihre einzelnen Bestandteile im Gase vorhanden sind, und daß das Verhältnis zwischen den Mengen der einzelnen Bestandteile und jener der Verbindung abhängig ist vom Druck und von der Temperatur des Gases. Diese Zerlegung eines Gases in seine Bestandteile nennen wir Dissoziation des Gases, die Neubildung des Gases aus den Bestandteilen Assoziation. Ein Spezialfall der Dissoziation ist der, daß sich eine Molekel in zwei gleiche Teilmolekeln zerlegt, das ist z. B. bei der Dissoziation des Joddampfes oder der Untersalpetersäure der Fall. Wir können etwa kurz sagen: Es zerlegt sich eine Doppelmolekel in zwei einfache. Diesen Fall wollen wir näher betrachten, da das Verständnis komplizierterer Fälle dadurch leicht ermöglicht wird.

Die ersten, die sich an die Aufgabe wagten, die Dissoziation der Gase durch die kinetische Gastheorie darzustellen, waren BOLTZMANN[4]) und L. NATANSON[5]). Die Theorien beider sind äußerst langwierig und verwickelt. Wir wollen deshalb zugunsten der Einfachheit auf die Strenge der Darstellung verzichten, um zu

[1]) J. D. VAN DER WAALS, Over de continuiteit van den gas- en vloeistofoestand. Leiden 1873.

[2]) R. CLAUSIUS, Gastheorie, S. 57.

[3]) G. JÄGER, Wiener Ber. (2a) Bd. 105, S. 97. 1896.

[4]) L. BOLTZMANN, Wied. Ann. Bd. 22, S. 39. 1884.

[5]) L. NATANSON, Wied. Ann. Bd. 38, S. 288. 1889.

praktisch brauchbaren Formeln zu gelangen, die, wie sich zeigen wird, die Beobachtungen vorzüglich wiedergeben[1]).

Die Molekeln unseres Gases seien „Doppelmolekeln", die aus zwei gleichen Atomen oder zwei gleichen „Teilmolekeln" bestehen sollen. Wir nehmen an, daß durch besonders starke Stöße, die eine Doppelmolekel erfährt, sie in ihre Teilmolekeln zerschlagen werden kann. Ein solcher Stoß wird also derart vor sich gehen, daß zwei Molekeln heftig zusammenstoßen und nach dem Stoß drei Molekeln auseinanderfliegen. Es wurde also auf diese Weise eine Molekel dissoziiert. Derartige Dissoziationen müssen nun beständig vorkommen, was schließlich die vollkommene Dissoziation des Gases zur Folge hätte, wenn nicht gleichzeitig Teilmolekeln sich zu Doppelmolekeln assoziieren würden. Daß dies möglich ist, sehen wir ohne weiteres ein, wenn wir die Geschwindigkeit der drei nach dem Stoß auseinanderfliegenden Molekeln umkehren. Nach den Gesetzen der Mechanik müssen dann die drei Molekeln derart zusammentreffen, daß nach dem Stoß nur noch zwei Molekeln vorhanden sind, deren eine jene Doppelmolekel ist, die sich aus den zwei Teilmolekeln gebildet hat. Wir sehen also, daß in unserm Gas nicht nur beständig Dissoziationen, sondern ebenfalls fortgesetzt Assoziationen stattfinden werden. Ein Gleichgewichtszustand wird also im Gas eintreten, wenn in der Zeiteinheit ebensoviel Molekeln zerschlagen werden, als sich in derselben Zeit wieder neu bilden. Es ist auch leicht begreiflich, daß dieser Gleichgewichtszustand im allgemeinen sowohl vom Druck des Gases als auch von seiner Temperatur abhängig sein wird.

52. Zahl der Assoziationen und Dissoziationen. Stationärer Zustand. Wollen wir wissen, wie oft eine Vereinigung zweier Molekeln in der Sekunde vorkommt, so handelt es sich darum, die Zahl der Fälle zu suchen, daß gleichzeitig drei Molekeln in Wechselwirkung treten. Dieser Fall wird natürlich im Vergleich zu dem, daß zwei Molekeln zusammenstoßen, verhältnismäßig selten vorkommen. Haben wir in der Volumeinheit unseres Gases N_1 einfache Molekeln, so ist die Zahl der Zusammenstöße, die sie in der Sekunde untereinander machen, den Größen N_1^2 und $\sqrt{1+\gamma t}$ proportional (t = Temperatur, γ = Ausdehnungskoeffizient der Gase). Mithin ist auch die Zahl der jeweilig in der Volumeinheit vorhandenen Molekelpaare der Größe $N_1^2\sqrt{1+\gamma t}$ proportional. Wir wollen unter einem Molekelpaar immer zwei in Wechselwirkung befindliche Molekeln verstehen, die von selbst wieder auseinandergehen, während zwei dauernd zusammenbleibende Molekeln eine Doppelmolekel vorstellen sollen.

Unser Molekelpaar wird nun Zusammenstöße erleiden, deren Zahl abermals von der relativen Geschwindigkeit gegenüber den anderen Molekeln und von der Menge der in der Volumeinheit enthaltenen Molekeln abhängig ist. Es sei diese Zahl Z_1. Aus all dem ergibt sich jetzt leicht, daß die Zahl der in der Zeiteinheit sich bildenden Doppelmolekeln durch

$$k_1 N_1^2 Z_1 f_1(t) \tag{IX}$$

gegeben ist, wenn k_1 die entsprechende Proportionalitätskonstante und $f_1(t)$ eine Funktion der Temperatur bedeutet.

Wir fragen nun nach der Zahl der in der Zeiteinheit sich zerlegenden Doppelmolekeln. Diese wird wiederum der in der Volumeinheit befindlichen Zahl N_2 der Doppelmolekeln proportional sein. Die Zahl der Zusammenstöße, die eine dieser Molekeln in der Zeiteinheit erfährt, sei Z_2, dann ist die Zahl der in der Zeiteinheit dissoziierenden Molekeln

$$k_2 N_2 Z_2 f_2(t), \tag{X}$$

[1]) G. Jäger, Wiener Ber. (2a) Bd. 100, S. 1182. 1891; Bd. 104, S. 671. 1895; Bd. 105, S. 791. 1896.

wobei k_2 wiederum eine Proportionalitätskonstante, $f_2(t)$ eine Funktion der Temperatur bedeutet. Für den stationären Zustand müssen nun die Ausdrücke (IX) und (X) einander gleich sein. Wir haben demnach

$$k_1 N_1^2 Z_1 f_1(t) = k_2 N_2 Z_2 f_2(t) .$$

In der Ausdehnung unterscheidet sich eine Doppelmolekel in keiner Weise von einem Molekelpaar, so daß wir nach den bisherigen Annahmen die Zahl Z_2 der Zusammenstöße, die eine Doppelmolekel erleidet, gleich oder wenigstens proportional der Zahl Z_1 der Zusammenstöße setzen können, die ein Molekelpaar erfährt. Unsere Gleichung für den stationären Zustand wird dann

$$N_2 = k_3 N_1^2 f(t) ,$$

wenn wir unter k_3 die verschiedenen Konstanten zusammenfassen und unter $f(t)$ die entsprechende Temperaturfunktion verstehen.

Besitzt unser Gas das Volumen v und nennen wir die Gesamtzahl der einfachen Molekeln n_1, jene der Doppelmolekeln n_2, so ist $N_1 = \frac{n_1}{v}$, $N_2 = \frac{n_2}{v}$, woraus für unsere Gleichung folgt

$$n_2 = k_3 \frac{n_1^2}{v} f(t) . \tag{35}$$

Diese Gleichung ergeben die verschiedenen Theorien der Dissoziation[1]), und es läßt sich aus ihr sehr einfach die Abhängigkeit der Dissoziation vom Druck herleiten. Nach dem BOYLE-CHARLESschen Gesetz muß nämlich

$$p v = k_4 (n_1 + n_2)(1 + \gamma t)$$

sein, wobei k_4 eine entsprechende Konstante ist. Aus dieser und Gleichung (35) folgt

$$p \frac{k_3 f(t)}{k_4 (1 + \gamma t)} = \frac{n_2^2}{n_1^2} + \frac{n_2}{n_1} .$$

Nennen wir d die Dichte des teilweise, δ jene des vollständig dissoziierten Gases, so ist wiederum nach dem BOYLE-CHARLESschen Gesetz

$$\frac{\delta}{d} = \frac{n_1 + n_2}{n_1 + 2 n_2} .$$

Aus dieser Gleichung folgt dann

$$p = a \frac{\delta (d - \delta)}{(2\delta - d)^2} ,$$

wenn wir $\frac{k_4 (1 + \gamma t)}{k_3 f(t)} = a$ setzen. Diese Gleichung für die Abhängigkeit des Druckes von der Dissoziation stimmt mit der Beobachtung gut überein. Sie wurde zuerst auf thermodynamischem Weg von GIBBS u. a. abgeleitet.

b) Abhängigkeit von der Temperatur.

53. Bildung von Doppelmolekeln. Nicht so leicht wie die Abhängigkeit der Dissoziation vom Druck läßt sich jene von der Temperatur bestimmen. Ihre exakte Darstellung dürfte überhaupt auf unüberwindliche Schwierigkeiten stoßen. Immerhin wollen wir es wenigstens versuchen, eine Temperaturfunktion plausibel zu machen, die in jeder Beziehung mit der Erfahrung übereinstimmt.

---

[1]) S. neben den bereits angeführten Abhandlungen J. D. VAN DER WAALS, Versl. Akad. Amsterdam (2) Bd. 15, S. 199. 1880; J. J. THOMSON, Phil. Mag. (5) Bd. 18, S. 233. 1884; F. RICHARZ, Wied. Ann. Bd. 48, S. 467. 1893.

Die Geschwindigkeiten in unserm Gas seien nach MAXWELLS Gesetz verteilt. Wir setzen voraus, daß sich eine Doppelmolekel dann bilden kann, wenn beim Zusammenstoß zweier Teilmolekeln eine dritte Molekel dazwischenkommt und die Energien der Teilmolekeln als auch der intervenierenden Molekel eine gewisse Größe nicht übersteigen. Die Wahrscheinlichkeit, daß die mittlere relative Geschwindigkeit zweier Molekeln gegeneinander eine gewisse Größe nicht übersteigt, wird dem Ausdruck

$$\frac{1}{\alpha^3}\int_0^{\alpha_1} c^2 e^{-\frac{c^2}{\alpha^2}} dc$$

und die Wahrscheinlichkeit, daß eine dritte dazukommende Molekel eine gewisse Geschwindigkeit nicht übersteigt, dem Ausdruck

$$\frac{1}{\alpha^3}\int_0^{\alpha_2} c^2 e^{-\frac{c^2}{\alpha^2}} dc$$

proportional sein. Die Wahrscheinlichkeit schließlich, daß beide Fälle gleichzeitig eintreten, daß also die Möglichkeit der Bildung einer Doppelmolekel gegeben ist, ist proportional dem Produkt

$$\frac{1}{\alpha^6}\int_0^{\alpha_1} c^2 e^{-\frac{c^2}{\alpha^2}} dc \int_0^{\alpha_2} c^2 e^{-\frac{c^2}{\alpha_2}} dc .$$

α_1 und α_2 sind konstante Größen, α ist die wahrscheinlichste Geschwindigkeit der Molekeln. Wir wissen ferner von früher her, daß die Zahl der sich bildenden Doppelmolekeln auch der Größe $N_1^2\sqrt{1+\gamma t}$ und der Zahl der Zusammenstöße Z_1 proportional ist. Sie ist demnach durch den Ausdruck

$$k_5 N_1^2 Z_1 \frac{\sqrt{1+\gamma t}}{\alpha^6}\int_0^{\alpha_1} c^2 e^{-\frac{c^2}{\alpha^2}} dc \int_0^{\alpha_2} c^2 e^{-\frac{c^2}{\alpha^2}} dc \tag{XI}$$

gegeben, wenn wir unter k_5 die entsprechende Konstante verstehen.

54. Dissoziation der Doppelmolekeln. Für die Dissoziation einer Doppelmolekel muß im Mittel eine gewisse Dissoziationswärme aufgewendet werden. Soll daher eine Doppelmolekel durch den Zusammenstoß mit einer andern zerlegt werden, so wird es wieder eine gewisse mittlere Energie geben, unter welche die zusammenstoßenden Molekeln nicht herabgehen dürfen, damit eine Zerlegung erfolgen kann. Wir drücken dies dadurch aus, daß die relative Geschwindigkeit der einen Molekel gegenüber der andern unter einen gewissen Betrag nicht herabsinken darf. Mithin wird die Zahl der sich zerlegenden Doppelmolekeln der Größe

$$\frac{1}{\alpha^3}\int_{c_1}^{\infty} c^2 e^{-\frac{c^2}{\alpha^2}} dc$$

proportional gesetzt werden können. Diesen Ausdruck haben wir nach dem Obigen noch mit N_2 und Z_2 zu multiplizieren und finden so für die Zahl der in der Zeiteinheit sich zerlegenden Molekeln

$$\frac{k_6 N_2 Z_2}{\alpha^3}\int_{c_1}^{\infty} c^2 e^{-\frac{c^2}{\alpha^2}} dc . \tag{XII}$$

55. Stationärer Zustand. Für den stationären Zustand muß nun

$$(\mathrm{XI}) = (\mathrm{XII})$$

sein. Erinnern wir uns, daß $N_1 = \frac{n_1}{v}$, $N_2 = \frac{n_2}{v}$ ist, so ergibt sich

$$n_2 = \frac{n_1^2}{v} k_7 \frac{\sqrt{1+\gamma t}\int\limits_0^{\alpha_1} c^2 e^{-\frac{c^2}{\alpha^2}} dc \int\limits_0^{\alpha_2} c^2 e^{-\frac{c^2}{\alpha^2}} dc}{\alpha^3 \int\limits_{c_1}^{\infty} c^2 e^{-\frac{c^2}{\alpha^2}} dc}. \tag{36}$$

Zur Berechnung der Integrale wollen wir $\frac{c}{\alpha} = x$ setzen. Dann wird $\frac{\alpha_1}{\alpha} = \xi_1$, $\frac{\alpha_2}{\alpha} = \xi_2$, $\frac{c_1}{\alpha} = x_1$. Wir nehmen ferner an, daß α_1 und α_2 sehr klein sei, c_1 hingegen, also auch x_1, sehr groß. Es wird sich das später rechtfertigen. Wir können dann $e^{-\xi_1^2} = e^{-\xi_2^2} = 1$ setzen und erhalten

$$\int\limits_0^{\alpha_1} c^2 e^{-\frac{c^2}{\alpha^2}} dc = \alpha^3 \int\limits_0^{\xi_1} x^2 e^{-x^2} dx = \frac{\alpha^3 \xi_1^3}{3}.$$

Dasselbe gilt für das zweite Integral zwischen den Grenzen 0 und α_2. Schließlich ergibt die partielle Integration

$$\int\limits_{c_1}^{\infty} c^2 e^{-\frac{c^2}{\alpha^2}} dc = \alpha^3 \int\limits_{x_1}^{\infty} x^2 e^{-x^2} dx = \frac{\alpha^3 x_1 e^{-x_1^2}}{2} + \frac{\alpha^3}{2} \int\limits_{x_1}^{\infty} e^{-x^2} dx.$$

Da nun innerhalb der Grenzen x_1 und ∞ x^2 gegenüber Eins sehr groß ist, so muß auch $\int\limits_{x_1}^{\infty} x^2 e^{-x^2} dx$ gegen $\int\limits_{x_1}^{\infty} e^{-x^2} dx$ sehr groß sein, weshalb wir letzteres gegenüber ersterem vernachlässigen wollen, und es folgt dann

$$\alpha^3 \int\limits_{x_1}^{\infty} x^2 e^{-x^2} dx = \frac{\alpha^3 x_1 e^{-x_1^2}}{2}.$$

Gleichung (36) wird demnach

$$n_2 = \frac{2}{9} k_7 n_1^2 \sqrt{1+\gamma t} \frac{\xi_1^3 \xi_2^3 e^{x_1^2}}{v x_1}. \tag{37}$$

Wir setzen $\alpha^2 = \alpha_0^2(1+\gamma t)$ und können dann

$$\frac{\sqrt{1+\gamma t}\, \xi_1^3 \xi_2^3 e^{x_1^2}}{x_1} = \frac{k_8}{(1+\gamma t)^2} e^{\frac{\beta}{1+\gamma t}}$$

schreiben, wobei k_8 und β passende Konstanten sind. Gleichung (37) wird dadurch

$$n_2 = \frac{k_9 n_1^2 e^{\frac{\beta}{1+\gamma t}}}{v(1+\gamma t)^2}, \tag{38}$$

indem wir jetzt alles Konstante in k_9 vereinigt haben.

56. Abhängigkeit der Gasdichte von der Dissoziation. Nach unseren Annahmen erhielten wir für das BOYLE-CHARLESsche Gesetz die Gleichung $pv = k_4(n_1 + n_2)(1 + \gamma t)$. Setzen wir hier für v jenen Wert ein, den uns dafür Gleichung (38) liefert, so erhalten wir

$$\frac{p k_9 e^{\frac{\beta}{1+\gamma t}}}{k_4(1 + \gamma t)^3} = \frac{n_2^2}{n_1^2} + \frac{n_2}{n_1}.$$

Diese Gleichung können wir schreiben

$$y^2 + y = a \frac{e^{\frac{\beta}{1+\gamma t}}}{(1 + \gamma t)^3}, \tag{39}$$

indem wir $\frac{n_2}{n_1} = y$ und $\frac{p k_9}{k_4} = a$ gesetzt haben. Wir machen also unsere weiteren Untersuchungen so, daß für verschiedene Temperaturen des Gases der Druck, etwa 1 at, konstant gehalten wird. Wir wollen der Kürze halber $y^2 + y = z$ setzen, woraus für .

$$y = \frac{n_2}{n_1} = -\frac{1}{2} + \sqrt{\frac{1}{4} + z} \tag{40}$$

folgt.

Da es sich uns bei der Rechnung nur um das Verhältnis der Molekelzahlen n_1 und n_2 handelt, so können wir die Mengen n_1 und n_2 etwa in Gewichtsprozenten angeben. Wir setzen also, da die Doppelmolekel m_2 doppelt so schwer ist wie die einfache m_1,

$$n_1 + 2n_2 = 100, \tag{41}$$

folglich $n_1 + n_2 = 100 - n_2$. Für das BOYLE-CHARLESsche Gesetz erhalten wir somit

$$pv = k(100 - n_2)(1 + \gamma t).$$

Setzen wir $p = 1$ (1 at), ferner die Temperatur $t = 0°$, so wird die auf $0°$ bezogene Dichte des Gases

$$d = \frac{1}{v} = \frac{1}{k(100 - n_2)}.$$

n_2 finden wir durch Eliminierung von n_1 aus den Gleichungen (40) und (41) in der Form

$$n_2 = \frac{100}{2}\left(1 - \frac{1}{\sqrt{1 + 4z}}\right).$$

Daraus folgt

$$d = \frac{1}{50k\left(1 + \frac{1}{\sqrt{1 + 4z}}\right)}.$$

Die größtmögliche Dichte des Gases sei d_0, d. i. jene Dichte, bei der gar keine dissoziierten Molekeln im Gase vorhanden sind. Das ist der Fall für die Temperatur $-273°$. In diesem Fall wird $z = \infty$ und die zugehörige Dichte $d_0 = \frac{1}{50k}$, so daß d ausgedrückt werden kann durch

$$d = \frac{d_0}{1 - \frac{1}{\sqrt{1 + 4z}}}.$$

Diese Größe wird nun direkt durch das Experiment gefunden.

57. Dissoziation der Untersalpetersäure. Zur Verifikaton der letzten Gleichung wollen wir das Verhalten der Untersalpetersäure bei verschiedenen Temperaturen untersuchen. Wir benutzen die Angaben, die sich in A. NAUMANNS „Thermochemie" S. 117 vorfinden. Die Konstanten a und β der Gleichung (39) sind aus den Temperaturen 49,6° und 90,0° mit den zugehörigen Graden der Zersetzung von 40,04% und 84,83% gewonnen. Der Druck beträgt 1 at, $d_0 = 3{,}18$. Die Rechnung ergibt

$$a = 375 \cdot 10^{-11}, \qquad \beta = 23{,}83 .$$

Inwieweit nun Rechnung und Beobachtung übereinstimmen, zeigt folgende Tabelle.

Tabelle 2.
Auf 0° C bezogene Dichte der Untersalpetersäure.

$t°$	d (beob.)	d (berechn.)	$t°$	(d beob.)	d (berechn.)
26,7	2,65	2,70	80,6	1,80	1,79
35,4	2,53	2,55	90,0	1,72	1,72
39,8	2,46	2,46	100,1	1,68	1,67
49,6	2,27	2,27	111,3	1,65	1,64
60,2	2,08	2,07	121,5	1,62	1,62
70,0	1,92	1,92	135,0	1,60	1,60

Wir haben hier eine Übereinstimmung zwischen Rechnung und Beobachtung, die nichts zu wünschen übrig läßt. Die einzige größere Abweichung, die bei der niedrigsten Temperatur vorkommt, erklärt sich vollständig aus den gemachten Vernachlässigungen. Die beiden Temperaturen zur Bestimmung der Konstanten wurden ganz beliebig herausgegriffen. Unsere Theorie gibt somit vollständig die Tatsachen wieder.

In Gleichung (37) und den vorhergehenden bedeutet

$x_1 = \frac{c_1}{\alpha}$ also

$$x_1^2 = \frac{c_1^2}{\alpha^2} = \frac{c_0^2(1+\gamma t_1)}{\alpha_0^2(1+\gamma t)} = \frac{3}{2}\,\frac{1+\gamma t_1}{1+\gamma t}.$$

c_1 ist dabei jene Geschwindigkeit, die eine Molekel im Mittel besitzen muß, wenn sie sich beim Stoß zerlegen soll. Das Quadrat der Geschwindigkeit einer Molekel können wir aber proportional ihrer absoluten Temperatur setzen, weshalb wir $c_1^2 = c_0^2(1+\gamma t_1)$ schreiben können, wenn wir t_1 in Celsiusgraden angeben. In Gleichung (38) und im weiteren ist also $\beta = \frac{3}{2}(1+\gamma t_1)$. t ist die Temperatur des Gases. Für unser spezielles Beispiel ist $\beta = 23{,}83 = \frac{3}{2}(1+\gamma t_1)$. Daraus findet sich

$$t_1 > 4000° .$$

Nennen wir t_1 die Dissoziationstemperatur einer Molekel, so erkennen wir, daß diese außerordentlich hoch ist, was aber in der Natur der Sache vollständig begründet ist. Würden wir nämlich eine niedrigere Dissoziationstemperatur voraussetzen, so geschähe es verhältnismäßig selten, daß sich zwei getrennte Molekeln von solchen Eigenschaften treffen, die zur Vereinigung beider notwendig sind, während in derselben Zeit bei der großen Geschwindigkeit, mit der sich der MAXWELLsche Verteilungszustand herstellt, sehr viel undissoziierte Molekeln zerlegt würden. Ein Gleichgewichtszustand, wie ihn die tatsächlichen Verhältnisse zeigen, ist mithin nur dann denkbar, wenn wir eine sehr hohe Zersetzungstemperatur annehmen.

VI. Innere Reibung, Wärmeleitung, Diffusion und Größe der Molekeln.

a) Innere Reibung.

58. Definition der inneren Reibung. Bringen wir in einem abgeschlossenen Raum ein Gas etwa durch einen Rührer in Bewegung und überlassen es dann sich selbst, so zeigt sich, daß die Bewegung des Gases immer schwächer wird und schließlich ganz erlischt. Daraus müssen wir schließen, daß gegen die Bewegung Widerstände auftreten, welche die kinetische Energie des Gases in eine andere Energieform verwandeln, die hier als Wärme auftritt.

Wir wollen uns an einem möglichst einfachen Beispiel den Vorgang klarmachen. Wir denken uns drei zueinander parallele horizontale Platten. Die unterste und oberste seien fix, die mittlere sei in ihrer eigenen Ebene nach einer bestimmten Richtung beweglich und von den beiden anderen um die Strecke a entfernt. Suchen wir diese Platte mit der Geschwindigkeit u zu bewegen, so zeigt eine genaue Beobachtung, daß die Platte einen Widerstand erfährt, der proportional ihrer Fläche f und ihrer Geschwindigkeit u und verkehrt proportional ihrem Abstand a von jeder der anderen Platten ist. Nach dem Satz der Gleichheit von Aktion und Reaktion wird natürlich auf die beiden äußeren Platten zusammengenommen infolge der Bewegung der inneren ein Zug erfolgen, der ebenso groß ist wie der Widerstand, den die innere Platte erfährt. Wegen der Symmetrie liegt es auf der Hand, daß für die weitere Betrachtung zwei Platten, etwa die untere feste und die bewegliche, genügen. Wir können sagen: Die untere Platte übt auf die obere eine Verzögerung, die obere auf die untere eine gleich große Beschleunigung aus. Legen wir die z-Achse unseres Koordinatensystems senkrecht nach aufwärts, und nennen wir jetzt den Plattenabstand z, so werden wir die Verzögerung R, wenn wir sie als eine negative Kraft auffassen, darstellen können durch

$$R = -\eta f \frac{u}{z}.$$

Diese Formel hat bereits NEWTON für Flüssigkeiten aufgestellt, wobei η eine Konstante bedeutet, die von der Natur des Gases zwischen den beiden Platten abhängt. Die Beobachtung zeigt, daß unmittelbar an den Platten selbst das Gas relativ zur Platte nicht in Bewegung kommt und daß bei konstanter Geschwindigkeit der Platte die einzelnen Gasschichten zwischen den Platten Geschwindigkeiten annehmen, die mit wachsender Höhe linear von der Geschwindigkeit Null zur Geschwindigkeit u übergehen.

Liegen die Platten ohne Zwischenmittel unmittelbar aufeinander, so kommt als Widerstand gegen die Bewegung der oberen Platte die „Reibung" in Betracht. Bringen wir aber die Platten in einen gewissen Abstand und befindet sich zwischen den beiden Platten ein Gas, so ist immer noch der bereits geschilderte Widerstand vorhanden, der ganz wie eine Reibung wirkt, wenn er auch erfahrungsgemäß weitaus kleiner als die gewöhnliche Reibung ist. Die Ursache dieses Widerstands haben wir dem zwischenliegenden Gas zuzuschreiben, und seine Eigenschaften sind auch andere als die der gewöhnlichen „Reibung". Man hat daher dieser zweiten Art von Reibung den Namen „innere Reibung" gegeben, während man die Reibung zweier Körper, die aufeinander gleiten, zum Unterschied auch manchmal „äußere Reibung" nennt.

Die in obiger Formel eingeführte Größe R ist also nichts anderes als die innere Reibung, während η den Koeffizienten der inneren Reibung oder schlechtweg den Reibungskoeffizienten des Gases darstellt. Sooft die einzelnen Schichten eines Gases verschiedene Geschwindigkeit besitzen, können wir ohne weiteres den Begriff der inneren Reibung auch ohne begrenzende Wand auf die Bewegung des Gases anwenden. Es wird immer die schneller bewegte Schicht eine Verzögerung, die langsamere eine Beschleunigung erfahren, bis das Gas in allen Punkten dieselbe Geschwindigkeit hat, die in einem ruhenden Gefäß natürlich gleich Null sein muß. Wir gelangen so zur Definition der inneren Reibung, bezogen auf die Flächeneinheit der Gasschicht

$$R = -\eta \frac{du}{dz}.$$

$-\frac{du}{dz}$ ist jetzt natürlich das Geschwindigkeitsgefälle senkrecht zur Gasschicht, das sich im allgemeinen zeitlich und örtlich ändern wird.

59. MAXWELLS Erklärung der inneren Reibung. Sooft eine Kraft auf eine bewegliche Masse wirkt, können wir als Maß der Kraft immer die Bewegungsgröße ansehen, die von der Kraft auf die Masse in der Sekunde übertragen wird. Dieses NEWTONsche Prinzip benützten wir z. B. bei der Berechnung des Gasdrucks (Ziff. 4, 5 usw.). Auf unsere beiden Platten angewendet, müssen wir also sagen, daß der beweglichen Platte beständig Bewegungsgröße entzogen, der ruhenden beständig zugeführt wird. Diese Erscheinung, die nur durch das vorhandene Gas bewirkt wird, muß sich also durch die Bewegung der Molekeln des Gases zwischen den beiden Platten erklären lassen.

Diese Erklärung hat MAXWELL[1]) zuerst gegeben, indem er etwa folgende Überlegung anstellte. In einem ruhenden Gas sind die Geschwindigkeiten der Molekeln nach allen Richtungen gleichmäßig verteilt, so daß also die Durchschnittsgeschwindigkeit nach irgendeiner Richtung Null ist. Bewegt sich hingegen das Gas etwa parallel zur x-Achse eines Koordinatensystems mit der Geschwindigkeit u, so wird die Durchschnittsgeschwindigkeitskomponente in der Richtung der Gasbewegung ebenfalls gleich u sein. Im Gase sei nun die sichtbare Bewegung so, daß die einzelnen Schichten nur Geschwindigkeiten parallel zur x-Achse haben, daß also die Schichten gleicher Geschwindigkeit parallel zur xy-Ebene liegen. Kommen demnach Molekeln aus langsameren in schnellere Schichten, so müssen sie im Mittel die Geschwindigkeit der schnelleren annehmen, d. h. es muß ihnen Bewegungsgröße zugeführt werden, die infolge der Zusammenstöße der Schicht selbst aber entzogen wird. Es ist also so, daß diese Molekeln auf die schnelleren Schichten eine Verzögerung ausüben. Umgekehrt ist es natürlich, wenn Molekeln aus schnelleren in langsamere Schichten übergehen. Sie erhöhen dann infolge ihrer größeren mittleren Geschwindigkeit die Bewegungsgröße der langsameren Schicht, wodurch diese eine Beschleunigung erfährt.

60. Grundformel für die innere Reibung. Wir bleiben bei der Voraussetzung, daß die sichtbare Bewegung des Gases so erfolgt, daß jede Schicht, die parallel zur xy-Ebene liegt, eine konstante Geschwindigkeit u parallel zur x-Achse besitzt. Die Geschwindigkeit in der xy-Ebene selbst sei u_0 und nehme mit der z-Ordinate linear zu. du/dz ist also eine konstante positive Größe, und es wird

$$u = u_0 + \frac{du}{dz} z.$$

Denken wir uns das Gas etwa wie früher oben und unten durch je eine Platte begrenzt, so gibt die obere Platte beständig an die untere Bewegungsgröße ab.

[1]) J. Cl. MAXWELL, Phil. Mag. (4) Bd. 19, S. 31. 1860.

Diese Bewegungsgröße wandert also von der oberen Platte durchs Gas zur unteren. Wegen des stationären Zustandes geht daher durch die Flächeneinheit einer jeden Ebene, die wir parallel zur xy-Ebene legen, in der Sekunde dieselbe Bewegungsgröße, die dargestellt werden kann durch $-\eta\frac{du}{dz}$.

Wir fassen nun eine bestimmte Ebene ins Auge. Durch die nach oben hindurchfliegenden Molekeln wird Bewegungsgröße nach oben, durch die entgegengesetzt fliegenden nach unten getragen. Von dieser Bewegungsgröße interessiert uns nur die Komponente parallel zur x-Achse; denn nur diese wird für die hinunterfliegenden im Durchschnitt einen größeren Wert haben als für die hinauffliegenden Molekeln, da die hinunterfliegenden aus schnelleren, die hinauffliegenden aus langsameren Schichten kommen. Die Differenz zwischen der hinunter- und der hinaufgetragenen Bewegungsgröße ist dann jene Bewegungsgröße, die tatsächlich von oben nach unten getragen wird und die identisch ist mit der inneren Reibung. Die Geschwindigkeitskomponenten parallel zur y- bzw. z-Achse sind symmetrisch verteilt, kommen also für die Übertragung von Bewegungsgröße nicht in Betracht.

Um die Bewegungsgröße zu finden, die durch die Flächeneinheit unserer Ebenen wandert, können wir folgendermaßen vorgehen. Es seien in der Volumeinheit des Gases ν Molekeln vorhanden, die eine Geschwindigkeitskomponente ζ parallel zur z- und eine Geschwindigkeitskomponente ξ' parallel zur x-Achse haben. Es würden somit durch die Flächeneinheit in der Zeiteinheit von diesen Molekeln $\nu\zeta$ fliegen, und zwar von unten nach oben, wenn ζ positiv, umgekehrt, wenn es negativ ist. Jede dieser Molekeln habe eine Komponente der Bewegungsgröße $m\xi'$ parallel zur x-Achse, wobei m die Masse einer Molekel ist. Die Bewegungsgröße, die in der Sekunde durch die Flächeneinheit unserer Ebenen getragen wird, ist somit $\nu m\zeta\xi'$. Summieren wir diesen Ausdruck über sämtliche Molekeln, so ergibt sich die innere Reibung R. Diese wird also durch die Gleichung

$$R = \sum \nu m\zeta\xi'$$

dargestellt. Dieser Ausdruck entspricht tatsächlich der Differenz der hinauf- und hinuntergetragenen Bewegungsgröße, und gleichzeitig ist er negativ, da die ζ der hinabfliegenden Molekeln negativ sind und im Durchschnitt größere ξ' besitzen, während die ζ der hinauffliegenden positiv sind und, da sie aus tieferen Schichten kommen, im Durchschnitt kleinere ξ' mitbringen.

Die Komponente ξ' setzt sich zusammen aus der Geschwindigkeit ξ, welche die Molekel infolge ihrer Wärmebewegung hat, und aus der sichtbaren Geschwindigkeit u, die das Gas parallel zur x-Achse besitzt. Es ist also $\xi' = u + \xi$, folglich

$$R = \sum \nu m\zeta u + \sum \nu m\zeta\xi. \tag{42}$$

Hier können wir das zweite Glied der Summe gleich Null setzen, da ja die ξ den Geschwindigkeitskomponenten des ruhenden Gases entsprechen. In diesem haben wir aber für jedes ζ ebensoviel positive als negative ξ, die sich gegenseitig aufheben. Wir können natürlich ebensogut sagen, daß für jedes ξ die positiven und negativen ζ gleich wahrscheinlich sind. Auch so betrachtet muß $\sum \nu m\zeta\xi = 0$ werden. Wie wir früher bereits feststellten, ist $u = u_0 + \frac{du}{dz}z$, was in (42) eingesetzt ergibt

$$R = \sum \nu m\zeta u_0 + \sum \nu m\zeta z\frac{du}{dz}.$$

Das erste Glied dieser Summe ist wegen der gleich wahrscheinlichen positiven und negativen ζ gleich Null. Da du/dz eine konstante Größe ist, desgl. m, so können sie vor das Summenzeichen gesetzt werden, und wir erhalten

$$R = m \frac{du}{dz} \sum \nu \zeta z . \tag{43}$$

Besitzt eine Molekel die Geschwindigkeit c, deren Richtung mit der z-Achse den Winkel ϑ einschließt, so ist $\zeta = c \cos \vartheta$. Wir setzen nun voraus, daß eine Molekel, die unsere Ebene passiert, im Mittel eine Geschwindigkeitskomponente parallel zur x-Achse besitzt, die gleich ist der sichtbaren Geschwindigkeit jener Schicht, in der die Molekel vor dem Passieren der Ebene den letzten Zusammenstoß erfahren hat. Legt von dort bis zur Ebene die Molekel den Weg λ zurück, so liegt die Schicht, aus der sie kommt, in der Höhe $z = z' - \lambda \cos\vartheta$, wenn z' die Höhe unserer Ebene angibt. Für diese Höhe haben wir also unser u in Gleichung (42) bzw. z in Gleichung (43) einzusetzen. Darnach erhalten wir

$$R = m \frac{du}{dz} \sum \nu \zeta z' - m \frac{du}{dz} \sum \nu \zeta \lambda \cos \vartheta .$$

Wegen der gleichen Wahrscheinlichkeit positiver und negativer ζ wird das erste Glied Null. Setzen wir im zweiten noch $\zeta = c \cos\vartheta$, so wird

$$R = -m \frac{du}{dz} \sum \nu c \lambda \cos^2 \vartheta .$$

Unter ν verstehen wir also die Zahl der Molekeln, die eine Geschwindigkeit c besitzen und von ihrem letzten Zusammenstoß bis zum Passieren der Ebene den Weg λ zurücklegen.

Zur Durchführung der Summierung über alle möglichen Winkel können wir so wie früher (Ziff. 7) verfahren. Wir denken uns alle Richtungen vom Mittelpunkt einer Einheitskugel ausgehend gleichmäßig über den Raum verteilt. Die Zahl jener Richtungen, die mit einer gegebenen einen Winkel zwischen ϑ und $\vartheta + d\vartheta$ einschließen, ist gleich der Gesamtzahl multipliziert mit $\frac{1}{2} \sin\vartheta d\vartheta$. Darnach wird

$$R = -\frac{m}{2} \frac{du}{dz} \sum \nu c \lambda \cos^2 \vartheta \sin \vartheta d\vartheta .$$

Diesen Ausdruck integrieren wir nach ϑ zwischen 0 und π. Das ergibt

$$\left. \begin{aligned} R &= -\frac{m}{2} \frac{du}{dz} \sum \nu c \lambda \int_0^\pi \cos^2\vartheta \sin \vartheta d\vartheta = -\frac{m}{2} \frac{du}{dz} \sum \nu c \lambda \left[-\frac{\cos^3\vartheta}{3} \right]_0^\pi \\ &= -\frac{m}{3} \frac{du}{dz} \sum \nu c \lambda . \end{aligned} \right\} \tag{44}$$

61. Annahme gleicher Geschwindigkeiten der Molekeln. Da in Gleichung (44) sowohl λ als auch c alle Werte von 0 bis ∞ annehmen kann, so ist sowohl über sämtliche Werte des c als auch des λ von 0 bis ∞ zu summieren, wobei allerdings sich die Summationen in Integrationen verwandeln. Einen angenäherten Wert für die innere Reibung R werden wir jedenfalls erhalten, wenn wir allen Molekeln für die Wärmebewegung die mittlere Geschwindigkeit $\bar{c}$ beilegen. Dann wird

$$R = -\frac{m}{3} \frac{du}{dz} \bar{c} \sum \nu \lambda .$$

Für λ können wir jetzt ebenfalls den Mittelwert $\bar{\lambda}$ einführen, indem wir $N\bar{\lambda} = \sum \nu \lambda$ setzen, wobei jetzt N die Zahl der Molekeln in der Volumeinheit bedeutet. Bezüglich des $\bar{\lambda}$ ist nun einiges zu bemerken. Man könnte glauben, daß $\bar{\lambda}$ die Hälfte der mittleren Weglänge sei; denn wir suchen ja den Mittelwert aller jener Wege, welche die Molekeln nach ihrem letzten Zusammenstoß bis zur Ebene, auf die wir die passierende Bewegungsgröße beziehen, zurücklegen. Nun werden die Molekeln aber nicht in der Ebene einen Zusammenstoß erfahren, sondern mehr oder weniger von ihr entfernt, d. h. sie werden im allgemeinen längere Wege machen als bis zu unserer Ebene. Nennen wir nun l den Mittelwert aller jener Wege, die zwischen je zwei aufeinanderfolgenden Zusammenstößen von einer Molekel zurückgelegt werden, so scheint $\bar{\lambda} < l$ zu sein. Das wäre aber ein Trugschluß. Wenn wir die mittlere Weglänge suchen, so ist es ganz gleichgültig, von wo aus wir den Weg einer Molekel zählen. Es ist durchaus nicht nötig, daß sie an diesem Punkt einen Zusammenstoß gemacht hat. Immer wird die Wahrscheinlichkeit, daß sie den Weg λ ohne anzustoßen zurücklegt (Ziff. 43), $e^{-\frac{\lambda}{l}}$ sein. Kehren wir deshalb die Aufgabe um, indem wir nach dem Mittelwert aller Wege fragen, welche die Molekeln nach dem Passieren unserer Ebene noch zurücklegen, so sehen wir ohne weiteres, daß dieser Mittelwert $\bar{\lambda} = l$, d. h. gleich der mittleren Weglänge sein wird. Folglich wird

$$R = -\eta \frac{du}{dz} = -\frac{m}{3} \frac{du}{dz} N \bar{c} l .$$

Für die Größe des Reibungskoeffizienten erhalten wir also

$$\eta = \frac{N m \bar{c} l}{3} .$$

Bedenken wir noch, daß $Nm = \varrho$ die Dichte des Gases ist, so nimmt der Reibungskoeffizient die einfache Form

$$\eta = \frac{\varrho \bar{c} l}{3}$$

an.

62. Strengere Entwicklung der Reibungsformel. Wir wollen nun zeigen, wie man einen besseren Mittelwert von $\sum \nu c \lambda$ findet. Zuerst handelt es sich darum, für ein bestimmtes c den Mittelwert des λ zu bilden. Dieser sei $\bar{\lambda} = \frac{c}{Z}$, wenn Z die Stoßzahl bedeutet, die aber (Ziff. 46) selbst wieder eine Funktion von c ist. Danach wird unsere Summenformel $\sum \frac{\nu c^2}{Z}$, wobei jetzt ν die Zahl der Molekeln in der Volumeinheit bedeutet, die eine Geschwindigkeit c besitzen, während wir (Ziff. 46)

$$Z = N \pi \sigma^2 \bar{g_1}$$

zu setzen haben. Führen wir in dem Ausdruck, den wir für $\bar{g_1}$ gefunden haben, die Integration nach c_2 durch und setzen wir an Stelle von c_1 den Buchstaben c, so gelangen wir zur Formel

$$\bar{g_1} = \frac{\alpha e^{-\frac{c^2}{\alpha^2}}}{\sqrt{\pi}} + \frac{2}{\sqrt{\pi}} \left(c + \frac{\alpha^2}{2c} \right) \int_0^{\frac{c}{\alpha}} e^{-y^2} dy .$$

Führen wir nun die neue Variable $x = \frac{c}{\alpha}$ ein, so ergibt dies

$$\overline{g_1} = \alpha \frac{e^{-x^2}}{\sqrt{\pi}} + \frac{2\alpha}{\sqrt{\pi}}\left(x + \frac{1}{2x}\right)\int\limits_0^x e^{-y^2} dy = \frac{\alpha x}{\sqrt{\pi}}\left[\frac{1}{x} e^{-x^2} + \left(2 + \frac{1}{x^2}\right)\int\limits_0^x e^{-y^2} dy\right] = \frac{\alpha x}{\sqrt{\pi}} \psi(x).$$

Die Stoßzahl einer Molekel von der Geschwindigkeit c ist sodann

$$Z = N \pi \sigma^2 \overline{g_1} = N \sqrt{\pi} \sigma^2 \alpha \psi(x).$$

Für die Summenformel erhalten wir nun

$$\sum \frac{\nu c^2}{Z} = \sum \frac{\nu c^2}{N \sqrt{\pi} \sigma^2 \alpha x \psi(x)}.$$

Hier ist die Zahl der Molekeln, die eine Geschwindigkeit zwischen c und $c + dc$ haben

$$\nu = \frac{4N}{\sqrt{\pi} \alpha^3} c^2 e^{-\frac{c^2}{\alpha^2}} dc.$$

Wir erhalten sonach für den Ausdruck unter dem Summenzeichen

$$\frac{4 c^4 e^{-\frac{c^2}{\alpha^2}} dc}{\pi \sigma^2 \alpha^4 x \psi(x)} = \frac{4 \alpha x^3 e^{-x^2} dx}{\pi \sigma^2 \psi(x)}.$$

Anstatt zu summieren werden wir jetzt integrieren. Wir erhalten aus Gleichung (45)

$$R = -\frac{m}{3} \frac{du}{dz} \cdot \frac{\alpha}{\pi \sigma^2} \int\limits_0^\infty \frac{4 x^3}{\psi(x)} e^{-x^2} dx.$$

Wir können (Ziff. 20) $\alpha = \frac{\sqrt{\pi}}{2} \bar{c}$ und (Ziff. 47) $l = \frac{1}{\sqrt{2} N \pi \sigma^2}$ setzen und durch Einführung dieser Größe

$$R = -k N m \bar{c} l \frac{du}{dz}$$

schreiben, wobei

$$k = \frac{1}{3} \sqrt{\frac{\pi}{2}} \int\limits_0^\infty \frac{4 x^3}{\psi(x)} e^{-x^2} dx.$$

Nach BOLTZMANN, dem wir im wesentlichen bei der Ableitung dieser Formel gefolgt sind, wird

$$k = 0{,}350271.$$

Schreiben wir den Reibungskoeffizienten

$$\eta = k \varrho c l,$$

so sehen wir, daß der jetzige Wert nicht viel von dem früher erhaltenen $\eta = \frac{\varrho \bar{c} l}{3}$ abweicht.

Auch die zuletzt gegebene Ableitung gibt jedoch die Formel für den Reibungskoeffizienten nicht strenge wieder. Es kann nämlich gezeigt werden, daß dadurch, daß das Gas in Bewegung ist, der MAXWELLsche Verteilungszustand nicht aufrecht erhalten wird und daß diese Änderung Korrekturen an der Reibungsformel veranlaßt, die von der Größenordnung des Reibungskoeffizienten selbst sind. Es haben sich damit außer MAXWELL[1]) besonders BOLTZMANN[2]) und in neuerer Zeit S. CHAPMAN[3]) und D. ENSKOG[4]) beschäftigt. Ferner wurde von G. JÄGER und JEANS, worauf wir später zurückkommen werden, darauf hingewiesen, daß die Annahme jede Molekel nehme im Mittel die Durchschnittsgeschwindigkeit jener Schicht an, in der sie den Zusammenstoß erfährt, entsprechend modifiziert werden muß.

63. Die durch die innere Reibung erzeugte Wärme. Um den Versuch mit den zwei Platten (Ziff. 58) durchzuführen, müssen wir eine bestimmte Arbeit leisten, die in der Sekunde

$$A = -Ru = \eta f \frac{u^2}{z}$$

sein wird, da ja $\eta f \frac{u}{z}$ die Kraft ist, die wir überwinden, und u der Weg ist, den wir in der Sekunde zurücklegen müssen. Indem wir jetzt unter z eine beliebige Höhe verstehen wollen, bezeichnen wir zum Unterschied die Distanz der oberen Platte mit z_1, beziehen ferner die zu leistende Arbeit auf die Flächeneinheit der Platten und nennen entsprechend ihre Geschwindigkeit u_1. Die in der Sekunde zu leistende Arbeit ist also

$$A_1 = \eta \frac{u_1^2}{z_1}.$$

Ist die untere Platte in Ruhe, so hat eine Gasschicht in der Höhe z zwischen den beiden Platten die Geschwindigkeit $u = \frac{u_1}{z_1} z$.

Genau so, wie wir die Bewegungsgröße berechnet haben, die durch eine beliebige Ebene in der Höhe z in der Sekunde getragen wird, können wir dies auch mit der Energie tun. ξ', η, ζ seien die Geschwindigkeitskomponenten einer Molekel, dann ist ihre Energie $\frac{m}{2}(\xi'^2 + \eta^2 + \zeta^2)$. Die Zahl der Molekeln in der Volumeneinheit, denen diese Geschwindigkeitskomponenten zukommen, sei ν. Somit werden $\nu\zeta$ Molekeln in der Sekunde die Flächeneinheit unserer Ebene passieren und

$$E = \sum \frac{\nu m \zeta}{2} (\xi'^2 + \eta^2 + \zeta^2)$$

ist die hindurchgetragene Energie oder Wärmemenge. Wir setzen wieder $\xi' = \xi + u$, indem u die sichtbare Geschwindigkeit und ξ jene Komponente, die der Wärmebewegung zukommt, sein soll. Es wird also $\xi'^2 = \xi^2 + 2\xi u + u^2$. Die Gleichung für die passierende Energie wird

$$\begin{aligned} E &= \frac{m}{2} \sum \nu\zeta(\xi^2 + \eta^2 + \zeta^2) + m \sum \nu\zeta\xi u + \frac{m}{2} \sum \nu\zeta u^2 \\ &= \frac{m}{2} \sum \nu\zeta c^2 + m \sum \nu\zeta\xi u + \frac{m}{2} \sum \nu\zeta u^2, \end{aligned}$$

---

1) J. Cl. MAXWELL, Phil. Mag. (4) Bd. 35, S. 209. 1868.

2) L. BOLTZMANN, Wiener Ber. (2a) Bd. 66, S. 325. 1872; Bd. 81, S. 117. 1880; Bd. 84, S. 40, 1230. 1882; Bd. 94, S. 891. 1887.

3) S. CHAPMAN, Phil. Trans. (A) Bd. 211, S. 433. 1912; Bd. 216, S. 279. 1916; Bd. 217, S. 115. 1917.

4) D. ENSKOG, Phys. ZS. Bd. 12, S. 56. 1911; Ark. f. Mat. Astr. och Fysik Bd. 16, S. 1. 1921.

da wir ja $\xi^2 + \eta^2 + \zeta^2 = c^2$ setzen können. Die beiden ersten Summanden werden wegen der gleich wahrscheinlichen positiven und negativen ζ und ξ gleich Null und es bleibt nur

$$E = \frac{m}{2} \sum \nu \zeta u^2 = \frac{m u_1^2}{2 z_1^2} \sum \nu \zeta z^2 ,$$

wenn wir für die Höhe der Schicht, aus der die Molekeln kommen, z setzen. Diese Schicht ist jene, in der die Molekeln den letzten Zusammenstoß erfahren haben; ihre Höhe ist

$$z = z' - \lambda \cos\vartheta$$

(Ziff. 60), wenn λ jener Weg ist, den die Molekel seit ihrem letzten Zusammenstoß zurücklegen muß, um die Ebene z' zu passieren, während ϑ der Winkel ist, den λ mit der z-Achse einschließt. Es ist aber $\cos\vartheta = \frac{\zeta}{c}$, daher $z = z' - \frac{\zeta}{c}\lambda$ und

$$E = \frac{m u_1^2}{2 z_1^2} \sum \nu \zeta z^2 = \frac{m u_1^2 z'^2}{2 z_1^2} \sum \nu \zeta - \frac{m u_1^2 z'}{z_1^2} \sum \frac{\nu \zeta^2}{c} \lambda + \frac{m u_1^2}{2 z_1^2} \sum \frac{\nu \zeta^3}{c^2} \lambda^2 .$$

Das erste und dritte Glied dieser Summe wird aus den bekannten Gründen wieder gleich Null. Es bleibt somit nur

$$E = - \frac{u_1^2 z'}{z_1^2} \sum \frac{\nu m \zeta^2}{c} \lambda .$$

Wir nehmen der Einfachheit halber an, alle Molekeln hätten dieselbe thermische Geschwindigkeit c. Ferner setzen wir für den Mittelwert von λ die mittlere Weglänge l ein (Ziff. 61) und erhalten so

$$E = - \frac{u_1^2 z' l}{z_1^2 c} \sum \nu m \zeta^2 .$$

Es ist aber (Ziff. 5) $\sum \nu m \zeta^2 = p$ der Druck des Gases, so daß

$$E = - \frac{u_1^2 z' p l}{z_1^2 c}$$

wird. Führen wir weiter (Ziff. 5) $p = \frac{N m c^2}{3}$ ein, so erhalten wir schließlich

$$E = - \frac{N m c l}{3} \frac{u_1^2}{z_1^2} z ,$$

indem wir noch anstatt z' eine beliebige Höhe z unserer Ebene eingeführt haben.

Daß E negativ wird besagt nichts anderes, als daß die Energie nicht von unten noch oben — diese Richtung haben wir positiv gerechnet —, sondern von oben nach unten wandert. Die Energie, die von der Platte in der Höhe z_1 selbst in das Gas abwandert, ist gleich der Arbeit, die wir leisten müssen. Letztere ist

$$\eta \frac{u_1^2}{z_1^2} = \eta \left(\frac{du}{dz}\right)^2 = \frac{N m c l}{3} \frac{u_1^2}{z} .$$

Daraus gewinnen wir ohne weiteres unsere bekannte Formel für den Reibungskoeffizienten

$$\eta = \frac{N m c l}{3} .$$

Wir denken uns jetzt zwei Ebenen in der Höhe z' und z'', wobei $z'' - z' = 1$ cm sein soll. Es wandert also durch die Flächeneinheit der Ebene z'' die Energie

$$E'' = \frac{Nmcl}{3}\left(\frac{du}{dz}\right)^2 z'',$$

durch z' die Menge

$$E' = \frac{Nmcl}{3}\left(\frac{du}{dz}\right)^2 z'.$$

Die Differenz der beiden Energien ist jene Menge, die in der Volumeinheit zwischen den beiden Ebenen zurückbleibt. Es wird also jeder Volumeinheit des Gases in der Sekunde die Wärmemenge

$$E'' - E' = \frac{Nmcl}{3}\left(\frac{du}{dz}\right)^2$$

zugeführt, die durch die Arbeit zur Überwindung der inneren Reibung erzeugt wird.

64. Unabhängigkeit vom Druck. Wir wollen den Reibungskoeffizienten durch die Gleichung (Ziff. 62) $\eta = k\varrho\bar{c}l$ ausdrücken und die mittlere Weglänge l aus der Gleichung (Ziff. 48) $l = \frac{1}{\sqrt{2}N\pi\sigma^2}$ benützen. Da $\varrho = Nm$ ist, so wird

$$\eta = \frac{kNm\bar{c}}{\sqrt{2}N\pi\sigma^2} = \frac{km\bar{c}}{\sqrt{2}\pi\sigma^2}. \tag{45}$$

In dieser Formel für η sind nach unserer Voraussetzung für ein bestimmtes Gas alle vorkommenden Größen mit Ausnahme des $\bar{c}$ konstant. $\bar{c}$ ist eine Funktion der Temperatur, und zwar ist es (Ziff. 8 und 20) der Wurzel aus der absoluten Temperatur proportional. Bei konstanter Temperatur ist also η eine konstante Größe. Das heißt vor allem, daß die innere Reibung eines Gases unabhängig sein muß vom Druck, vom Volumen, von der Dichte. Das ist ein äußerst überraschendes Resultat, das zuerst von MAXWELL auf theoretischem Weg gewonnen wurde. Man ging natürlich sofort daran, diese Konsequenz der Theorie durch das Experiment auf seine Richtigkeit hin zu untersuchen.

Die ersten, die derartige Messungen machten, waren O. E. MEYER[1]) und MAXWELL[2]). MEYER befestigte mehrere horizontale kreisförmige Platten an einem konzentrischen vertikalen Stab, der um seine Achse durch Torsion des Aufhängedrahtes Schwingungen machen konnte. Das Ganze befand sich in einem abgeschlossenen Raum, in dem die darin befindliche Luft auf verschiedenen Druck gebracht werden konnte. Infolge der inneren Reibung der Luft entsteht eine gedämpfte Schwingung, deren logarithmisches Dekrement leicht bestimmt werden konnte. Es hat sich nun gezeigt, daß dieses einen konstanten Wert unabhängig vom Druck der Luft besaß.

Weitaus vorzuziehen ist die Anordnung von MAXWELL, der eine wesentliche Verbesserung der MEYERschen Methode dadurch erzielte, daß zwischen je zwei fixen Platten eine bewegliche angebracht war. Das entspricht gewissermaßen dem von uns eingangs (Ziff. 58) gegebenen Fall, welcher der Rechnung leicht zugänglich ist. So konnte MAXWELL nicht nur die Unabhängigkeit der inneren Reibung vom Druck feststellen, sondern auch die Größe des Reibungskoeffizienten selbst messen.

[1]) O. E. MEYER, Pogg. Ann. Bd. 125, S. 202. 1865.
[2]) J. Cl. MAXWELL, Phil. Trans. Bd. 156, S. 249. 1866.

Weitaus einfacher und genauer lassen sich jedoch die Reibungskoeffizienten bestimmen, indem man die Gase durch Kapillarröhren strömen läßt, an deren beiden Enden man das jeweilige Gas auf verschiedenen meßbaren Drucken hält. Solche Versuche wurden schon von GRAHAM[1]) gemacht, dem jedoch der Begriff des Koeffizienten der inneren Reibung noch nicht geläufig war. O. E. MEYER[2]) nahm dann derartige Versuche wieder auf. Er hat auch gezeigt, daß unter der Voraussetzung der Unabhängigkeit der Reibung vom Druck auch für Gase das einfache POISEUILLEsche Gesetz für die Ausströmungsmenge von Flüssigkeiten gilt. Die Versuche mit den schwingenden Platten waren also durchaus nicht überflüssig; denn ohne Kenntnis der Abhängigkeit der inneren Reibung vom Druck wäre es auch nicht möglich gewesen, eine Ausflußformel aufzustellen.

MEYER verband zwei Kupferballons durch eine Kapillare. Mit Hilfe von Luftpumpen konnte in beiden Ballons der Druck beliebig variiert und an Manometern abgelesen werden. Derartige Versuche wurden von anderen Forschern fortgesetzt, von denen nur v. OBERMAYER[3]) und PULUJ[4]) erwähnt werden sollen. Zahlenwerte werden wir später (Ziff. 71) mitteilen. Das was uns gegenwärtig interessiert, ist die Unabhängigkeit der Reibung vom Druck. Diese Unabhängigkeit darf nicht als Gesetz angesehen werden. Sie bewährt sich innerhalb eines Druckintervalls von einer Atmosphäre bis herab zu etwa 1 mm Quecksilbersäule. Für sehr niedrige, sowie für hohe Drucke stellen sich Abweichungen ein, die jedoch auch aus der kinetischen Theorie folgen, wenn wir nur beachten, daß ja unsere Ableitungen unter gewissen Einschränkungen gemacht worden sind und infolgedessen auch nur für Drucke gelten können, für die unsere Annahmen zutreffen.

65. Abhängigkeit von der Temperatur. Aus der Gleichung (45) würde folgen, daß die innere Reibung proportional der Wurzel aus der absoluten Temperatur ist, indem ja $\overline{c^2}$ der absoluten Temperatur proportional ist. In der Tat zeigen alle Experimentaluntersuchungen ein Steigen des Reibungskoeffizienten mit wachsender Temperatur, jedoch die Proportionalität mit der Quadratwurzel aus der absoluten Temperatur hat sich nicht bestätigt. Es hat sich vielmehr gezeigt, daß die innere Reibung rascher zunimmt als die $\frac{1}{2}$te Potenz der absoluten Temperatur. So fand z. B. PULUJ[5]) aus Schwingungsversuchen in einem Temperaturintervall zwischen 3° und 30° C, daß sich seine Versuche darstellen lassen durch $\eta = \eta_0 T^a$, wobei die Werte des Exponenten a für Luft 0,72, für Kohlensäure 0,92, für Wasserstoff 0,69 zu setzen sind. Analoges fanden auch andere Experimentatoren. MAXWELL[6]) stellte eine Gastheorie auf, nach der die innere Reibung proportional der ersten Potenz der absoluten Temperatur ist, aber wie das Experiment zeigt, stimmt auch das nicht mit den Tatsachen überein. Er nimmt zu dem Zweck an, daß zwischen zwei Molekeln Kräfte wirken, die verkehrt proportional der fünften Potenz der Entfernung sind. MAXWELL tat dies, um seine Gleichungen lösen zu können.

Denken wir uns die Molekeln etwa als Massenpunkte, die Zentralkräfte aufeinander ausüben, so wird die mittlere Annäherung zweier Molekeln beim Stoß eine Funktion ihrer Geschwindigkeit sein und, da diese von der Temperatur abhängt, also in letzter Linie eine Funktion dieser. In diesem Fall haben wir

[1]) W. P. GRAHAM, Phil. Trans. 1849.
[2]) O. E. MEYER, Pogg. Ann. Bd. 127, S. 253. 1866; Bd. 148, S. 1 u. 233. 1873.
[3]) A. v. OBERMAYER, Carls Rep. Bd. 12, S. 13. 1876.
[4]) J. PULUJ, Wiener Ber. (2a) Bd. 66. 1871.
[5]) J. PULUJ, Wiener Ber. (2a) Bd. 73, S. 589. 1876.
[6]) J. Cl. MAXWELL, Phil. Trans. Bd. 156. 1866.

in Gleichung (45) σ als eine Funktion der Temperatur anzusehen, derart, daß es mit wachsender Temperatur abnimmt. Wir wollen eine ganz einfache Überlegung machen. Wir denken uns zwei Molekeln als Massenpunkte in der Entfernung r voneinander. Die Kraft sei eine Abstoßungskraft verkehrt proportional der fünften Potenz von r. Sie hat somit ein Potential $V = \frac{a}{r^4}$, wobei a eine entsprechende Konstante. Wir denken uns die eine Molekel fix, die andere mit einer jeweiligen Geschwindigkeit v zentral gegen die erste fliegen. Es gilt dann der Satz von der Erhaltung der Energie, es muß

$$\frac{m v^2}{2} + \frac{a}{r^4} = C$$

sein, wobei C eine neue Konstante. In sehr großer Entfernung habe die Molekel die Geschwindigkeit c, die wir allen Molekeln des Gases zuschreiben wollen. Dann wird $\frac{m c^2}{2} = C$, folglich

$$\frac{a}{r^4} = \frac{m c^2}{2} - \frac{m v^2}{2}.$$

Je näher die bewegliche Molekel der fixen kommt, d. h. je kleiner r wird, desto kleiner muß auch v werden. Die Entfernung nun, für die $v = 0$ wird, wollen wir σ nennen. Es ist dann

$$\frac{a}{\sigma^4} = \frac{m c^2}{2}, \qquad \sigma^4 = \frac{2a}{m c^2} \text{ und } \sigma^2 = \frac{k_1}{c},$$

wenn k_1 eine entsprechende Konstante ist. Setzen wir diesen Wert von σ^2 in die Gleichung (45) ein, so können wir sie schreiben

$$\eta = \frac{k_2 c}{\sigma^2} = k_3 c^2 = k_4 T,$$

wobei die Bedeutung der Konstanten k_2, k_3, k_4 leicht zu erkennen ist. Wir können uns also schon durch diese einfache Überlegung eine Vorstellung machen, wieso die MAXWELLsche Annahme von Kräften verkehrt proportional der 5. Potenz ihrer Entfernung zur Folge hat, daß der Reibungskoeffizient proportional der absoluten Temperatur sein müßte. Es zeigt sich also, daß die Temperaturerhöhung die Wirkung hat, als würde der Durchmesser der Molekeln kleiner, die mittlere Weglänge also nach der Formel $l = \frac{1}{\sqrt{2} N \pi \sigma^2}$ größer und die Stoßzahl $Z = \frac{\bar{c}}{l}$ kleiner.

66. SUTHERLANDS Berechnung der mittleren Weglänge. W. SUTHERLAND[1]) hat den Versuch gemacht, den Einfluß von Anziehungskräften, welche die Molekeln aufeinander ausüben, in Rechnung zu ziehen und damit die Abhängigkeit des Reibungskoeffizienten von der Temperatur der Beobachtung entsprechend darzustellen. Wir wollen im folgenden den Gedankengang SUTHERLANDS wiedergeben und werden auch nicht ermangeln, jene Punkte festzustellen, in denen wir mit SUTHERLAND nicht übereinstimmen.

Bei unserer Betrachtung handelt es sich nur um die relative Bewegung zweier Molekeln gegeneinander. Es ändert also an der Rechnung nichts, wenn

1) W. SUTHERLAND, Phil. Mag. (5) Bd. 36, S. 507. 1893.

wir uns die eine Molekel fix, die andere beweglich denken, falls die Geschwindigkeit der beweglichen in Größe und Richtung mit der relativen Geschwindigkeit übereinstimmt. Da es sich nur um Zentralkräfte handelt, findet die Bewegung in einer Ebene statt, in der sich beide Molekeln befinden. Abb. 9 soll die relative Bahn der Molekel gegenüber einer Molekel im Ursprung O des Koordinatensystems darstellen.

Die Entfernung der beiden Molekeln sei ϱ, die Anziehungskraft sei durch $F(\varrho)$ gegeben. Die bewegliche Molekel habe die Masse Eins; ihre Bewegungsgleichungen sind daher

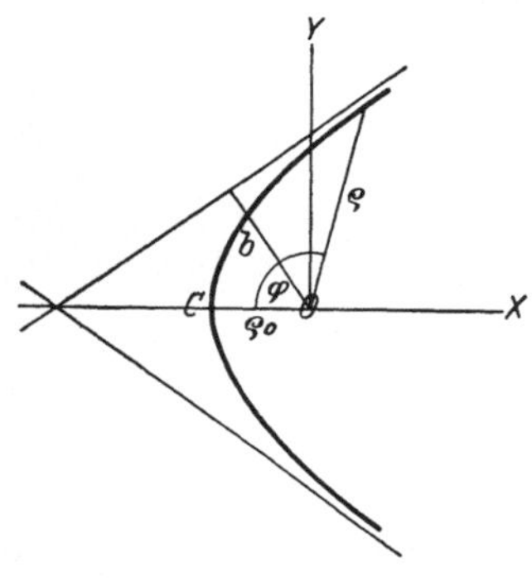

Abb. 9. Relative Bewegung einer Molekel gegenüber einer zweiten unter Voraussetzung von Anziehungskräften.

$$\frac{d^2x}{dt^2} = -F(\varrho)\frac{x}{\varrho}, \qquad \frac{d^2y}{dt^2} = -F(\varrho)\frac{y}{\varrho}. \tag{46}$$

Wir multiplizieren die erste Gleichung mit y, die zweite mit x und subtrahieren sie voneinander. Das ergibt

$$y\frac{d^2x}{dt^2} - x\frac{d^2y}{dt^2} = 0 \quad \text{oder} \quad \frac{d}{dt}\left(y\frac{dx}{dt} - x\frac{dy}{dt}\right) = 0.$$

$ydx - xdy$ ist die doppelte Dreiecksfläche, die der Radiusvektor ϱ in der Zeit dt beschreibt. Diese kann auch durch $\varrho^2 d\varphi$ dargestellt werden, so daß auch

$$\frac{d}{dt}\left(\varrho^2\frac{d\varphi}{dt}\right) = 0$$

sein muß. Es folgt weiter

$$\varrho^2\frac{d\varphi}{dt} = h, \qquad \frac{d\varphi}{dt} = \frac{h}{\varrho^2}.$$

h ist eine Konstante, die wir als die doppelte Flächengeschwindigkeit der beweglichen Molekel ansprechen können.

Wir multiplizieren jetzt die Gleichungen (46) mit dx/dt bzw. dy/dt und addieren sie. Das ergibt

$$\frac{dx}{dt}\cdot\frac{d^2x}{dt^2} + \frac{dy}{dt}\cdot\frac{d^2y}{dt^2} = -F(\varrho)\left(\frac{x}{\varrho}\frac{dx}{dt} + \frac{y}{\varrho}\cdot\frac{dy}{dt}\right)$$

oder

$$\frac{1}{2}\frac{d}{dt}\left[\left(\frac{dx}{dt}\right)^2 + \left(\frac{dy}{dt}\right)^2\right] = -\frac{F(\varrho)}{\varrho}\cdot\frac{1}{2}\frac{d}{dt}(x^2 + y^2).$$

Nun ist aber $\left(\frac{dx}{dt}\right)^2 + \left(\frac{dy}{dt}\right)^2 = c^2$, wobei c die Geschwindigkeit unserer Molekel ist. Ferner ist $x^2 + y^2 = \varrho^2$, so daß wir erhalten

$$\frac{d(c^2)}{dt} = -\frac{F(\varrho)}{\varrho}\frac{d(\varrho^2)}{dt} = -2F(\varrho)\frac{d\varrho}{dt}.$$

Wir zerlegen jetzt die Geschwindigkeit c in zwei Komponenten in der Richtung des Radiusvektor und senkrecht darauf, so wird

$$c^2 = \left(\frac{d\varrho}{dt}\right)^2 + \varrho^2\left(\frac{d\varphi}{dt}\right)^2 = \left(\frac{d\varrho}{dt}\right)^2 + \frac{h^2}{\varrho^2},$$

Ferner erhalten wir

$$\frac{d(c^2)}{dt} = 2\frac{d\varrho}{dt}\frac{d^2\varrho}{dt^2} - \frac{2h^2}{\varrho^3}\frac{d\varrho}{dt} = -2F(\varrho)\frac{d\varrho}{dt},$$

woraus schließlich folgt

$$\frac{d^2\varrho}{dt^2} - \frac{h^2}{\varrho^3} = -F(\varrho).$$

h ergibt sich aus folgender Überlegung. In sehr großer Entfernung von O können wir die Kraft $F(\varrho)$ vernachlässigen. Dann ist die Geschwindigkeit konstant gleich der relativen Geschwindigkeit r, mit der sich die Molekeln auf geradliniger Bahn einander nähern. Wir haben somit $h = rb$, wenn b der senkrechte Abstand der Molekel O von der geradlinigen Bahn ist. Folglich können wir die letzte Gleichung schreiben

$$\frac{d^2\varrho}{dt^2} = \frac{b^2 r^2}{\varrho^3} - F(\varrho)\,.$$

Multiplizieren wir die Gleichung mit $d\varrho/dt \cdot dt$ und integrieren, so erhalten wir

$$\frac{1}{2}\left(\frac{d\varrho}{dt}\right)^2 = C - \frac{1}{2}\frac{b^2 r^2}{\varrho^2} - \int F(\varrho)\,d\varrho\,.$$

Wir nehmen das Integral zwischen den Grenzen ϱ und ∞. Für $\varrho = \infty$ wird $d\varrho/dt = r$. Multiplizieren wir noch mit 2, so erhalten wir

$$r^2 - \left(\frac{d\varrho}{dt}\right)^2 = \frac{b^2 r^2}{\varrho^2} - 2\int\limits_{\varrho}^{\infty} F(\varrho)\,d\varrho\,.$$

Im Punkt C (Abb. 9) haben wir den kleinsten Abstand von O. Dort steht die Bahn auf CO senkrecht, es muß daher $d\varrho/dt = 0$ sein. Für den Punkt C ist also

$$0 = r^2 - \frac{b^2 r^2}{\varrho_0^2} + 2\int\limits_{\varrho_0}^{\infty} F(\varrho)\,d\varrho$$

und es wird

$$b^2 = \varrho_0^2\left[1 + \frac{2}{r^2}\int\limits_{\varrho_0}^{\infty} F(\varrho)\,d\varrho\right].$$

Wird nun $\varrho_0 < \sigma$, unter σ den Durchmesser einer Molekel verstanden, so wird ein Zusammenstoß stattfinden. Es bestimmt sich demnach b_0, das ist der Grenzwert des b, bei dem gerade ein Zusammenstoß noch stattfindet, aus der Gleichung

$$b_0^2 = \sigma^2\left[1 + \frac{2}{r^2}\int\limits_{\sigma}^{\infty} F(\varrho)\,d\varrho\right].$$

Für jedes kleinere b wird also ein Zusammenstoß stattfinden. Es ist so, als wären keine Anziehungskräfte vorhanden, dafür wäre aber der Durchmesser der Molekeln b_0. Wenn wir demnach in die Formel für die mittlere Weglänge

$$l = \frac{1}{\sqrt{2}\,N\pi\sigma^2}$$

b_0^2 für σ^2 einführen, so wird diese

$$l = \frac{1}{\sqrt{\pi}\,N\pi\sigma^2\left[1 + \dfrac{2}{r^2}\displaystyle\int\limits_{\sigma}^{\infty} F(\varrho)\,d\varrho\right]}$$

Da r^2 der absoluten Temperatur proportional ist, so können wir

$$\frac{2}{r^2}\int\limits_{\sigma}^{\infty} F(\varrho)\,d\varrho = \frac{C}{T}$$

setzen, unter C eine Konstante verstanden, und es wird

$$l = \frac{1}{\sqrt{2}\,N\pi\sigma^2\left(1+\frac{C}{T}\right)}.$$

67. SUTHERLANDS Formel für den Reibungskoeffizienten. Setzen wir in die von uns abgeleitete Formel für den Reibungskoeffizienten (Ziff. 62) $\eta = k\varrho\bar{c}l$ für l den von uns eben gefundenen Wert, so

$$\eta = \frac{k\varrho\bar{c}}{\sqrt{2}\,N\pi\sigma^2\left(1+\frac{C}{T}\right)}.$$

Für die Temperatur 0° erhalten wir

$$\eta_0 = \frac{k\varrho\bar{c}_0}{\sqrt{\pi}\,N\pi\sigma^2\left(1+\frac{C}{T_0}\right)}.$$

Folglich ist

$$\eta = \eta_0\frac{\bar{c}}{\bar{c}_0}\cdot\frac{1+\frac{C}{T_0}}{1+\frac{C}{T}} = \eta_0\sqrt{\frac{T}{T_0}}\,\frac{1+\frac{C}{T_0}}{1+\frac{C}{T}}.$$

Diese Formel für die Abhängigkeit der inneren Reibung von der Temperatur stimmt in vielen Fällen mit den Beobachtungen gut überein, freilich ist in die Formel eine Konstante C eingeführt worden, über die wir frei verfügen können. Wir wollen zur Beurteilung der Genauigkeit der Formel zwei Tabellen und zwar für Luft und Kohlensäure angeben, wobei die beobachteten Werte den Versuchen von HOLMAN[1]) entnommen sind.

Tabelle 3. Innere Reibung.

t	$\frac{\eta}{\eta_0}$ beob.	$\frac{\eta}{\eta_0}$ ber.	t	$\frac{\eta}{\eta_0}$ beob.	$\frac{\eta}{\eta_0}$ ber.
			Luft.		
14°	1,038	1,118	88,8°	1,241	1,241
43	1,118	1,120	99,2	1,270	1,267
67,8	1,185	1,186	124	1,331	1,329
			Kohlensäure.		
18°	1,068	1,066	119,4°	1,415	1,414
41	1,146	1,148	142	1,484	1,490
59	1,213	1,211	158	1,537	1,541
79,5	1,285	1,280	181	1,619	1,614
100,2	1,351	1,351	224	1,747	1,746

Durch die SUTHERLANDsche Formel wurde auch von verschiedenen anderen Forschern die Abhängigkeit der inneren Reibung von der Temperatur und zwar

[1]) S. W. HOLMAN, Proc. Amer. Acad. (New Series) Bd. 13, S. 13. 1885.

meist befriedigend dargestellt. Nichtsdestoweniger können wir nicht zugeben, daß sie eine folgerichtige Darstellung der Vorgänge gibt. Bei der Voraussetzung der Gasmolekeln als vollkommen elastische Kugeln, die außer beim Stoß sonst keine Kräfte aufeinander ausüben, können wir wohl annehmen, daß die Molekeln im Mittel die Geschwindigkeit jener Schicht erlangen werden, in der sie den letzten Stoß erfahren haben. Bei jedem Stoß findet ja ein Energieaustausch statt und wie wir früher (Ziff. 10 und 25) erfahren haben, nimmt jede Molekel eine Energie an, die gleich ist den Energien der Molekeln ihrer Umgebung.

Nehmen wir nun Anziehungskräfte an, die zwischen den Molekeln wirken, so lenken die Molekeln bei jeder Begegnung einander mehr oder weniger aus ihren Bahnen ab und ändern dabei auch ihre absolute Geschwindigkeit. Also auch ohne eigentliche Zusammenstöße kann ein Austausch der Energien stattfinden, wie ja schon MAXWELL gezeigt hat, in dessen Theorie — die Molekeln üben Kräfte aufeinander aus, die verkehrt proportional der 5. Potenz der Entfernung sind — ja Zusammenstöße in dem von uns charakterisierten Sinn überhaupt nicht vorkommen. Wenn trotz der Vernachlässigungen, die SUTHERLAND macht, seine Formel in vielen Fällen brauchbar ist, so dürfte dies in dem Umstand liegen, daß jener Teil des Energieaustausches, der vernachlässigt worden ist, auf die innere Reibung einen Einfluß ausübt, der in ähnlicher Weise wie der in Rechnung gezogene Energieaustausch mit der Temperatur wächst und abnimmt, so daß wir sagen können, daß zwar die aus der Rechnung gewonnene Formel nicht in stichhaltiger Weise abgeleitet worden ist, daß sie aber innerhalb gewisser Grenzen dem wahren Vorgang proportional gesetzt werden kann.

Da es sich bei der Bestimmung des Temperaturkoeffizienten der inneren Reibung nicht um die absoluten Werte, sondern nur um die Relativwerte der inneren Reibung handelt, so ist es natürlich nur notwendig, daß die Formel für den Reibungskoeffizienten Werte ergibt, die dem wirklichen Reibungskoeffizienten proportional sind.

68. REINGANUMS Theorie. Nach der BOLTZMANNschen Erweiterung des Verteilungsgesetzes der Geschwindigkeiten (Ziff. 33 und 35) können wir die Zahl der Molekeln in der Volumeinheit darstellen durch

$$N = N_0 e^{-\frac{m\chi}{kT}},$$

wobei χ das Potential der äußeren Kräfte ist, die auf die Masseneinheit des Gases wirken. Beziehen wir das auf die Kraft, die eine Molekel auf die Molekeln ihrer Umgebung ausübt, so wird im Fall von Anziehungskräften die Dichte des Gases in der Umgebung einer Molekel größer sein, als die Durchschnittsdichte des Gases, d. h. es werden zwei Molekeln bei ihrer Begegnung sich einander mehr nähern, als wenn die Anziehungskräfte nicht vorhanden wären, wie wir es ja bei der Darstellung der SUTHERLANDschen Überlegungen ausführlich nachgewiesen haben. Wir werden somit sagen können, daß infolge der Anziehungskräfte die Dichte des Gases um jede Molekel sich vergrößern wird, so daß es für jede den Anschein hat, als würde sie sich in einem dichteren Gas befinden, als es in Wirklichkeit der Fall ist. Für dieses scheinbar dichtere Gas haben wir dann als Zahl der Molekeln in der Volumeinheit

$$N = N_0 e^{\frac{C}{T}},$$

wenn N_0 die wirkliche Zahl der Molekeln in der Volumeinheit unseres Gases ist und C eine positive Konstante bedeutet, indem wir für χ, da wir Anziehungskräfte haben, einen negativen Durchschnittswert einzuführen haben. Damit haben wir bereits das wesentliche Resultat, zu dem M. REINGANUM[1]) in längerer strenger Durchführung schließlich gelangte.

Die mittlere Weglänge

$$l = \frac{1}{\sqrt{2} N \pi \sigma^2}$$

haben wir nun dahin abzuändern, daß wir für N den Ausdruck $N e^{\frac{C}{T}}$ zu setzen haben. Wir erhalten also

$$l = \frac{1}{\sqrt{2} N \pi \sigma^2 e^{\frac{C}{T}}}.$$

Für den Koeffizienten der inneren Reibung gilt die Gleichung (Ziff. 62) $\eta = k \varrho \bar{c} l$. In diese Gleichung setzen wir den neuen Wert der mittleren Weglänge ein und erhalten so

$$\eta = \frac{k \varrho \bar{c}}{\sqrt{2} N \pi \sigma^2 e^{\frac{C}{T}}}.$$

Für 0° würden wir also haben

$$\eta_0 = \frac{k \varrho \bar{c}_0}{\sqrt{2} N \pi \sigma^2 e^{\frac{C}{T_0}}},$$

woraus folgt

$$\frac{\eta}{\eta_0} = \frac{\bar{c}}{\bar{c}_0} \cdot \frac{e^{\frac{C}{T_0}}}{e^{\frac{C}{T}}} = \sqrt{\frac{T}{T_0}}\, \frac{e^{\frac{C}{T_0}}}{e^{\frac{C}{T}}}.$$

Ist C/T_0 bezüglich C/T eine kleine Zahl, so geht die Gleichung ohne weiteres in die SUTHERLANDsche über, indem wir die e-Potenzen in Reihen entwickeln und mit dem zweiten Glied abbrechen können. Es ist deshalb nicht auffallend, daß auch diese Gleichung sich den Beobachtungen sehr gut anschließt; ja, sie ist sogar der SUTHERLANDschen Formel überlegen, indem sie z. B. für große Temperaturkoeffizienten wie bei Quecksilberdampf und den Estern sich noch verwenden läßt, während die SUTHERLANDsche Formel dafür versagt. Wir können also letztere als einen Spezialfall der REINGANUMschen Formel ansehen. Auch gegen diese können wir dasselbe wie gegen die SUTHERLANDsche vorbringen. Sie zieht nur die Wirkung der Zusammenstöße, nicht aber der Ablenkungen ohne Zusammenstöße in Betracht.

69. Korrektur an der Durchschnittsgeschwindigkeit der Molekeln, die nach einer Richtung fliegen. Wir haben bisher angenommen, daß die Geschwindigkeitskomponente einer Molekel parallel zur Strömungsrichtung des Gases im Mittel der sichtbaren Geschwindigkeit des Gases an der Stelle entspricht, wo der letzte Zusammenstoß der Molekel stattgefunden hat. Das stimmt wohl für die Durchschnittsgeschwindigkeit sämtlicher Molekeln, die von einem bestimmten Punkt des Gases ausfliegen, ist aber nicht mehr richtig, wenn wir nur jene Molekeln in Betracht ziehen, die von diesem Punkt aus nach einer bestimmten Richtung fliegen. Hätte nämlich eine Molekel als Durchschnittsgeschwindigkeit die sichtbare Geschwindigkeit jenes Punktes, von dem sie ausfliegt, so würde dies voraussetzen, daß der letzte Stoß, den sie empfangen hat,

[1]) M. REINGANUM, Phys. ZS. Bd. 2, S. 242. 1900/01.

mit einer Wahrscheinlichkeit erfolgt ist, die für alle Richtungen, aus welchen die stoßende Molekel gekommen sein kann, die gleiche ist. Dies ist aber tatsächlich nicht der Fall. Wollen wir nämlich die Wahrscheinlichkeit wissen, mit welcher die stoßenden Molekeln aus einer bestimmten Richtung kommen, so können wir sie auf die Art finden, daß wir das Problem einfach umkehren und nach der Wahrscheinlichkeit fragen, mit welcher eine Molekel von gegebener Geschwindigkeit auf eine zweite von ebenfalls gegebener Richtung und Geschwindigkeit stößt. Der Einfachheit halber wollen wir voraussetzen, alle Molekeln hätten dieselbe Geschwindigkeit c. Die Zahl der Zusammenstöße, die eine Molekel mit anderen macht, deren Richtung mit der Richtung der ersten Molekel den Winkel ϑ (Ziff. 45) einschließt, ist

$$dZ = \tfrac{1}{2}\pi\sigma^2 r N \sin\vartheta\, d\vartheta,$$

wenn σ den Durchmesser einer Molekel, r die relative Geschwindigkeit bedeutet, welche die Molekeln gegeneinander haben, und N die Zahl der Molekeln in der Volumeinheit ist. Wir haben sonach

$$r = c\sqrt{2(1-\cos\vartheta)}.$$

Die Molekeln legen im Durchschnitt von einem Stoß zum nächsten die mittlere Weglänge l zurück. Die Richtung der stoßenden Molekel wollen wir uns vorläufig nach abwärts gehend denken. Eine Ebene senkrecht dazu durch den Stoßpunkt sei die xy-Ebene eines rechtwinkeligen Koordinatensystems, bezüglich deren wir die negative z-Koordinate einer Molekel ihre Tiefe nennen. Die vorhergehenden Stöße der Molekeln erfolgten demnach in einer Tiefe $-l\cos\vartheta$. Multiplizieren wir diese Größe mit der Zahl der Zusammenstöße, integrieren nach dem Winkel ϑ über den ganzen Raum und dividieren das Resultat durch die Zahl der Zusammenstöße, so ergibt dies die mittlere Tiefe, aus der die Molekeln kommen. Für die Summe sämtlicher Tiefen finden wir somit

$$S = -\frac{N\pi\sigma^2 c\, l}{\sqrt{2}}\int_0^\pi \sqrt{1-\cos\vartheta}\,\sin\vartheta\cos\vartheta\, d\vartheta = \frac{4}{15}N\pi\sigma^2 c\, l.$$

Für die Zahl der Zusammenstöße ergibt sich

$$Z = \frac{N\pi\sigma^2 c}{\sqrt{\pi}}\int_0^\pi \sqrt{1-\cos\vartheta}\,\sin\vartheta\, d\vartheta = \frac{4}{3}N\pi\sigma^2 c;$$

die Molekeln kommen mithin aus einer mittleren Tiefe

$$\frac{S}{Z} = \frac{1}{5}l.$$

Aus dieser Formel ersehen wir, daß jede Molekel ihre Geschwindigkeit durch Molekeln erlangt hat, die von einem Punkt kommen, der im Durchschnitt um $\frac{1}{5}l$ tiefer liegt als die Stelle des letzten Zusammenstoßes. Deshalb können wir auch nicht annehmen, daß unsere Molekel eine Geschwindigkeit besitzen wird, die mit der sichtbaren Geschwindigkeit des Gases übereinstimmt, da die Richtungen der sie stoßenden Molekeln über den Raum nicht gleichmäßig verteilt sind.

Das eine ist nun klar, daß wegen der allseitig gleichen Verteilung der Geschwindigkeiten eine Molekel, die aus einer gewissen Tiefe kommt, als Durchschnittsgeschwindigkeit nicht die sichtbare Geschwindigkeit des letzten Zusammenstoßpunktes besitzt. Würden die stoßenden Molekeln jene Durchschnittsgeschwindigkeit besitzen, die das Gas in den Tiefen hat, aus denen sie kommen, so hätten somit unsere gestoßenen Molekeln die Geschwindigkeit jenes Punktes, die um $\frac{1}{5}l$ tiefer liegt als der Zusammenstoßpunkt. Nach der obigen Überlegung können wir aber nicht voraussetzen, daß die stoßenden Molekeln dieser Bedingung entsprechen, sondern auch sie würden jetzt durch die früheren Stöße eine Geschwindigkeit erlangen, die wieder einem um $\frac{1}{5}l$ entfernteren Punkt entspräche. Es werden deshalb mit dieser Berücksichtigung unsere Molekeln auch nicht die Geschwindigkeit jener Stelle haben, die um $\frac{1}{5}l$ tiefer liegt als der letzte Zusammenstoßpunkt, sondern sie hätten jetzt die Geschwindigkeit jenes Punktes, der um $\frac{1}{5}(l+\frac{1}{5}l)$ tiefer liegt. Aber auch dies ist noch nicht völlig richtig; denn wir müssen von Stoß zu Stoß die Entfernung, aus der die Molekeln kommen, um $\frac{1}{5}l$ vergrößern, um deren resultierende Wirkung richtig in Rechnung zu ziehen. Wenn wir nun annehmen, wir hätten ein Gas, das parallel zur z-Achse ein Geschwindigkeitsgefälle $-\frac{du}{dz}$ besitzt, und wir legen durch dasselbe eine Ebene und es kommt gegen diese Ebene von unten eine Molekel geflogen, deren Geschwindigkeitsrichtung mit der z-Achse einen Winkel ϑ einschließt, so dürfen wir nicht annehmen, daß diese Molekel eine durchschnittliche Geschwindigkeitskomponente in der Richtung der Strömung besitzt, die das Gas in der Tiefe $l\cos\vartheta$ unter der Ebene hat, sondern daß es als Durchschnittsgeschwindigkeit die Geschwindigkeit jener Gasschichte hat, die sich in der Tiefe

$$\cos\vartheta\left(l+\frac{1}{5}l+\frac{1}{5^2}l^2+\cdots\right)=\frac{5}{4}l\cos\vartheta$$

befindet. Wir haben deshalb in die gewöhnliche Formel für den Reibungskoeffizienten $\eta=\frac{1}{3}\varrho c l$ die rechte Seite noch mit $\frac{5}{4}$ zu multiplizieren, woraus folgt

$$\eta=\frac{5}{12}\varrho c l.$$

Diese Ableitung rührt von G. JÄGER[1]) her. Später befaßte sich mit derselben Frage JEANS[2]), der auch das MAXWELLsche Verteilungsgesetz der Geschwindigkeiten in Rechnung zog. JÄGER, der JEANS Überlegungen nicht in jeder Beziehung zustimmt, behandelte neuerdings diesen Gegenstand[3]). Er gelangte dabei zu überaus komplizierten bestimmten Integralen, die sich nur mit Hilfe mechanischer Quadraturen lösen lassen.

70. Abhängigkeit der inneren Reibung von der Dichte der Gase. Wir haben die Reibungsformel $\eta=k\varrho\bar{c}l$ (Ziff. 62) unter der Voraussetzung abgeleitet, daß wir es nur mit mäßig dichten Gasen, oder besser gesagt, mit idealen Gasen zu tun haben, also solchen, die das BOYLE-CHARLESsche Gesetz befolgen. Dies ist aber nur möglich, wenn wir die Größe der Molekeln gegenüber ihrer mittleren Weglänge vernachlässigen können. Oder wir können auch so sagen: Unsere Formel wird nur dann Gültigkeit haben, wenn das Volumen, das die Molekeln wirklich mit Materie ausfüllen, gegenüber dem Volumen des Gefäßes, d. i. jenem Volumen, das ihnen für die Bewegung zur Verfügung steht, vernachlässigt werden kann.

Wir haben aber schon (Ziff. 50) erwähnt, daß bei großer Dichte die mittlere Weglänge infolge der Ausdehnung der Molekeln kleiner wird. Andererseits wächst aber mit zunehmender Dichte der Druck des Gases rascher, als nach

[1]) G. JÄGER, Wiener Ber. (2a) Bd. 108, S. 452. 1899.
[2]) J. H. JEANS, Phil. Mag. (6) Bd. 8, S. 700. 1904.
[3]) G. JÄGER, Wiener Ber. (2a) Bd. 127, S. 849. 1918.

dem BOYLE-CHARLESschen Gesetz folgen würde. D. h. die Zahl der Molekeln, die in der Sekunde die Flächeneinheit einer Ebene passieren, nimmt rascher zu, als bei Gültigkeit des BOYLE-CHARLESschen Gesetzes es der Fall sein würde. Dies hat alles G. JÄGER[1]) in Betracht gezogen und eine Formel für die innere Reibung bei höherem Druck abgeleitet, die folgende Form hat

$$\eta = \eta_0 \left(\frac{1}{A} + \frac{8b}{v} + 16A \frac{b^2}{v^2} \right).$$

A stellt dabei eine Reihe nach wachsenden Potenzen von b/v dar. Leider sind nur die ersten Glieder dieser Reihe bis jetzt berechnet worden und zwar ist

$$A = 1 + \frac{5}{2} \frac{b}{v} + \cdots$$

Das Glied $1/A$ korrigiert die mittlere Weglänge, die andern beiden die Ausdehnung der Molekeln und den Druck des Gases.

Wie man sieht, läßt sich darnach die innere Reibung in ihrer Abhängigkeit vom Volumen des Gases darstellen durch eine Reihe in der Form

$$\eta = \eta_0 \left(1 + a_1 \frac{b}{v} + a_2 \frac{b^2}{v^2} + \cdots \right).$$

Anstatt b/v könnten wir auch ϱ_1/ϱ schreiben, wenn ϱ die dem Volumen v und ϱ_1 die dem Volumen b zukommende Dichte des Gases ist. Dann wird

$$\eta = \eta_0 \left(1 + a_1 \frac{\varrho}{\varrho_1} + a_2 \frac{\varrho^2}{\varrho_1^2} + \cdots \right).$$

Mit wachsender Dichte wird also der Reibungskoeffizient immer rascher zunehmen. η_0 wäre also jener Reibungskoeffizient, der unabhängig von der Dichte ist. Das ist dann der Fall, wenn ϱ gegen ϱ_1 sehr klein wird, wie es ja bei Gasen unter normalem Druck der Fall ist.

Diese Gleichung enthält nicht die Temperatur. Das heißt weiter, daß η mit der Temperatur sich gerade so ändert wie η_0 und daß das Verhältnis η/η_0 nur von der Dichte des Gases abhängt. Dies bestätigen die Versuche von WARBURG und BABO[2]) für die innere Reibung der Kohlensäure, wie aus folgender dem WINKELMANNschen Handbuch der Physik entnommenen Tabelle zu ersehen ist:

Tabelle 4. Innere Reibung der Kohlensäure.

Dichte	$t = 40{,}3^\circ$		$t = 32{,}6^\circ$	
	Druck	η	Druck	η
0,100	45,3 at	0,000180	43,1 at	—
0,170	64,3 ,,	196	60,3 ,,	0,000188
0,240	75,9 ,,	218	69,9 ,,	213
0,310	82,7 ,,	243	74,6 ,,	239
0,380	86,8 ,	275	76,6 ,,	270
0,450	89,2 ,,	316	77,2 ,,	304
0,520	91,7 ,,	366	77,6 ,,	351
0,590	94,9 ,,	426	78,2 ,,	414
0,660	101,6 ,,	499	80,7 ,,	493
0,730	114,6 ,,	580	88,5 ,,	574
0,810	—	—	107,3 ,,	677

[1]) G. JÄGER, Wiener Ber. (2a) Bd. 105, S. 97. 1896; Bd. 108, S. 447. 1899; Bd. 109, S. 74. 1900.

[2]) E. WARBURG u. L. v. BABO, Wied. Ann. Bd. 17, S. 390. 1882.

In welcher Weise die Reibung der Gase durch hohe Verdünnung beeinflußt wird, werden wir später gleichzeitig mit anderen Eigenschaften hoch verdünnter Gase behandeln.

71. Zahlenwert der mittleren Weglänge und Stoßzahl. Wir haben erfahren, daß der Koeffizient der inneren Reibung experimentell bestimmt werden kann. In der Formel $\eta = k\varrho\bar{c}l$ sind also alle Größen mit Ausnahme der mittleren Weglänge l zahlenmäßig festzustellen. Damit können wir

$$l = \frac{\eta}{k\varrho\bar{c}}$$

seinem Zahlenwert nach angeben. Auf die Luft angewendet, erhalten wir natürlich einen Mittelwert der mittleren Weglängen der einzelnen Bestandteile der Luft. Wenn wir nach O. E. MEYER[1]) für die Temperatur 0° $\eta = 0{,}000172$, $c = 447$ m, $\varrho = 0{,}0012932$ setzen, wird

$$l = 96{,}10^{-7}\,\text{cm}.$$

Für die Zahl der Zusammenstöße einer Luftmolekel in der Sekunde folgt daraus

$$Z = \frac{\bar{c}}{l} = 4650 \text{ Millionen.}$$

Wir wollen noch eine kleine Tabelle folgen lassen, die wir der „Gastheorie" von O. E. MEYER entnommen haben. Dabei sind die Weglängen in Zentimeter angegeben und gelten bei einer Temperatur von 0° und für einen Druck von 76 cm Quecksilbersäule.

Tabelle 5.
Innere Reibung, mittlere Weglänge und Stoßzahl der Molekeln.

	η	l	Z
Wasserstoff	0,000084	0,0000178	9520 Mill.
Ammoniak	098	71	8160 ,,
Wasserdampf	097	71	7980 ,,
Kohlenoxyd	167	95	4800 ,,
Stickstoff	167	95	4780 ,,
Sauerstoff	191	102	4180 ,,
Kohlensäure	145	65	5530 ,,

Die mittlere Weglänge liegt also im allgemeinen noch unter der Wellenlänge des sichtbaren Lichts, während die Stoßzahl eine über alle Vorstellung große Zahl ist.

72. Größe der Molekeln und LOSCHMIDTsche Zahl. Die Gleichung, die wir für die mittlere Weglänge (Ziff. 47) fanden

$$l = \frac{1}{\sqrt{2}N\pi\sigma^2},$$

wollen wir beiderseits durch σ dividieren, erhalten also

$$\frac{l}{\sigma} = \frac{1}{\sqrt{2}N\pi\sigma^3}.$$

Daraus gewinnen wir

$$\sigma = \sqrt{2}N\pi\sigma^3 l = 6\sqrt{2}N\frac{\pi}{6}\sigma^3 l.$$

Nehmen wir an, wie wir es häufig getan haben, σ sei der Durchmesser einer kugelförmig gedachten Molekel, so ist $\frac{\pi}{6}\sigma^3$ nichts anderes als das Volumen

[1]) O. E. MEYER, Gastheorie, S. 322.

einer Molekel. $N\pi\sigma^3/6$ ist somit das Volumen sämtlicher Molekeln in der Volumeinheit des Gases. Nach J. LOSCHMIDT[1]), der diese Überlegung zum erstenmal machte, entspricht dieses dem kleinsten Volumen, auf welche das Gas gebracht werden kann, und er nimmt an, daß dies im flüssigen Zustand angenähert erreicht sei. Nennen wir dieses Volumen $\mathfrak{v}$, so ergibt uns die Formel

$$\sigma = 6\sqrt{2}\,\mathfrak{v}\,l$$

die Möglichkeit, den Durchmesser der Molekeln zu finden, da wir ja alle Gase verflüssigen und somit die Größe $\mathfrak{v}$ bestimmen können. In folgender kleinen Tabelle[2]) seien einige Werte des so gefundenen Molekeldurchmessers angegeben.

Tabelle 6.
Minimalvolumen und Molekeldurchmesser.

	$\mathfrak{v}$	σ
Ammoniak	0,00173	$104 \cdot 10^{-9}$ cm
Kohlensäure	293	$162 \cdot 10^{-9}$,,
Cyan	424	$144 \cdot 10^{-9}$,,
Chlor	301	$117 \cdot 10^{-9}$,,

Übrigens hat man für viele Gase und Dämpfe nach obiger Formel die Größe der Molekeln berechnet und für die einfachen Körper fast alle von derselben Größenordnung $1/10^7$ cm gefunden. Natürlich kann es sich hier nur um die Kenntnis der Größenordnung der Molekeldurchmesser handeln, aber es hat eine Reihe von Methoden (s. ds. Handb. Bd. XXII, Größe und Bau der Moleküle), die später auf Grund der kinetischen Theorie der Gase und Flüssigkeiten, der Kapillarität und anderer Eigenschaften der Körper gefunden wurden, die gleiche Größenordnung der Molekeln ergeben. Wir wollen auf alle diese Methoden nicht weiter eingehen, da sie in jüngerer Zeit durch andere auf elektrischem Gebiet weit übertroffen wurden, worauf wir hier nur hinweisen können.

Noch wichtiger als die Kenntnis der Größe der Molekeln ist die Feststellung ihrer Zahl. Wir haben ja (Ziff. 11) erfahren, daß unter gleichem Druck und gleicher Temperatur nach der Regel von AVOGADRO alle Gase in der Volumeinheit dieselbe Zahl von Molekeln enthalten. Gehen wir von den Gleichungen

$$\mathfrak{v} = \frac{N\pi\sigma^3}{6} \quad \text{und} \quad l = \frac{1}{\sqrt{2}\,N\pi\sigma^2}$$

aus, erheben die erste aufs Quadrat, die zweite zur 3. Potenz und multiplizieren beide miteinander, so erhalten wir

$$\mathfrak{v}^2 l^3 = \frac{N^2\pi^2\sigma^6}{72\sqrt{2}\,N^3\pi^3\sigma^6} = \frac{1}{72\sqrt{2}\,\pi N}\,.$$

Daraus folgt

$$N = \frac{1}{72\sqrt{2}\,\pi\,\mathfrak{v}^2 l^3}\,.$$

Da auf der rechten Seite dieser Gleichung die Größen $\mathfrak{v}$ und l zahlenmäßig angegeben werden können, so sind wir schließlich auch in der Lage, die Zahl der Molekeln in einem Kubikzentimeter eines Gases zu berechnen. Auch dies hat LOSCHMIDT bereits getan. Auf ein Mol eines Körpers bezogen, muß die Zahl der darin enthaltenen Molekeln natürlich für alle Körper dieselbe sein. Wir wollen sie die **Loschmidtsche Zahl** nennen. Diese Zahl ist es hauptsächlich,

[1]) J. LOSCHMIDT, Wiener Ber. (2a) Bd. 52, S. 395. 1865.
[2]) O. E. MEYER, Gastheorie, S. 322.

die in jüngerer Zeit durch elektrische und andere Methoden mit großer Genauigkeit bestimmt werden konnte. Sie ist rund

$$62 \cdot 10^{22}.$$

Man bezeichnet häufig mit dem Namen „Loschmidtsche Zahl" die Zahl der Molekeln eines Gases in 1 cm³ beim Druck einer Atmosphäre und der Temperatur 0°. Die von uns so bezeichnete Zahl wird oft die „AVOGADROsche Zahl" genannt, aber mit Unrecht; denn zu AVOGADROS Zeiten hatte man von einer Zahl der Molekeln noch nicht die geringste Kenntnis.

b) Wärmeleitung.

73. Definition der Wärmeleitung. Wir haben gesehen, daß in einem Gas, dessen einzelne Teile sich in Bewegung gegeneinander befinden, allmählich Ruhe eintritt, wenn das Gas sich selbst überlassen bleibt, d. h. keine äußeren Kräfte das Gas in Bewegung erhalten. Ebenso bleibt irgendeine Temperaturverteilung in einem Körper, bei der die verschiedenen Punkte des Körpers verschiedene Temperaturen haben, sobald wir ihn sich selbst überlassen, nicht bestehen, sondern es tritt ein Ausgleich der Temperaturen ein, bis alle Punkte des Körpers dieselbe Temperatur besitzen. Es wird also solange Wärme von Punkten höherer zu Punkten tieferer Temperatur strömen, solange Stellen verschiedener Temperatur im Körper vorhanden sind.

In einem Gas sind derartige Wärmeströmungen gewöhnlich mit Gasströmungen selbst verbunden, aber es lassen sich leicht Anordnungen finden, bei denen Gasströmungen ausgeschlossen sind. Haben wir etwa das Gas zwischen zwei horizontalen Platten, deren obere eine höhere Temperatur als die untere hat, so wird die obere Schichte des Gases spezifisch leichter als die tiefere sein und die Schwere kann keine Strömung des Gases hervorrufen, wohl wird aber beständig eine Wärmeströmung von der oberen zur unteren Platte statthaben. Machen wir die untere Platte zur xy-Ebene eines Koordinatensystems, so geht der Wärmestrom entgegengesetzt der positiven z-Achse. Halten wir die Temperaturen der beiden Platten konstant, so wird sich eine stationäre Wärmeströmung herstellen. Folglich muß durch die Flächeneinheit einer jeden zu den Platten parallelen Ebene in der Sekunde eine ganz bestimmte Wärmemenge strömen.

Diese Wärmemenge W kann nun erfahrungsgemäß dem Temperaturgefälle $-\frac{dT}{dz}$ proportional gesetzt werden, so daß wir

$$W = -\varkappa \frac{dT}{dz}$$

bilden können, wobei die Größe $\varkappa$ eine sog. Materialkonstante ist, indem sie lediglich von der Natur des Körpers abhängig ist, durch den die Wärme strömt. Je größer also $\varkappa$ ist, desto größer ist unter sonst gleichen Bedingungen die Wärmemenge, die durch die Querschnittseinheit unseres Körpers strömt, um so besser leitet der Körper die Wärme. $\varkappa$ kann also als Maß der Fähigkeit, die Wärme zu leiten, gelten, weshalb man es die Wärmeleitungsfähigkeit oder das Wärmeleitungsvermögen des Körpers nennt.

Von dem Wärmeinhalt eines Gases haben wir uns (Ziff. 1) eine ganz bestimmte Vorstellung gemacht. Für ideale Gase besteht der Wärmeinhalt einfach in der kinetischen Energie der Molekeln. Wollen wir also die Wärmeströmung in einem Gas darstellen, so läuft das auf den Transport der kinetischen Energie hinaus. Ein Ausgleich der Temperatur ist einfach ein Ausgleich der kinetischen Energie der Molekeln und das Temperaturgleichgewicht besteht in der Gleichheit der mittleren kinetischen Energie der Molekeln. Ferner ist die Wärmeleitungsfähigkeit jener Betrag von kinetischer Energie, der beim Temperaturgefälle $-\frac{dT}{dz} = 1$ in der Zeiteinheit die Querschnittseinheit des Körpers passiert.

74. Kinetische Theorie der Wärmeleitung. Das Wandern der kinetischen Energie in einem Gas infolge eines Temperaturgefälles wird durch die Bewegung der Molekeln hervorgerufen und zwar in genau derselben Weise wie das Wandern der Bewegungsgröße bei der inneren Reibung eines Gases. Gelangen Molekeln aus wärmeren Schichten in kältere, so kommen sie aus Schichten höherer kinetischer Energie der Molekeln in solche niedrigerer. Sie werden also an die kältere Schichte, dadurch daß sie deren mittlere Molekularenergie annehmen müssen, Energie abgeben und umgekehrt, kommen Molekeln aus kälteren Schichten in wärmere, so werden sie Energie aufnehmen, also der warmen Schicht Energie entziehen.

Wir denken uns eine Temperaturänderung lediglich in der Richtung der z-Achse, indem wir etwa, wie bereits (Ziff. 73) gezeigt worden ist, das Gas zwischen zwei horizontalen Platten haben. Der Temperaturanstieg sei ein linearer, so daß wir die Temperatur einer Schicht parallel zur xy-Ebene darstellen können durch

$$T = T_0 + \frac{dT}{dz} z ,$$

wobei also T_0 die absolute Temperatur des Gases in der xy-Ebene ist.

Die mittlere kinetische Energie einer Molekel $m\overline{c^2}/2$ (Ziff. 8) ist proportional der absoluten Temperatur. Wir können also

$$\frac{m\overline{c^2}}{2} = \frac{m\overline{c_0^2}}{2}(1 + \alpha t)$$

setzen, wenn wir unter α den Ausdehnungskoeffizienten der Gase verstehen. $m\overline{c_0^2}\alpha/2$ ist also die Zunahme der mittleren kinetischen Energie einer Molekel, wenn die Temperatur des Gases um einen Grad steigt. Wir können diese Größe somit als die Wärmekapazität einer Molekel und

$$\frac{\overline{c_0^2}\alpha}{2} = \gamma$$

als die spezifische Wärme des Gases bei konstantem Volumen ansehen. Wenn also eine Molekel in der Höhe z ihren letzten Zusammenstoß erfahren hat, so wird

$$\frac{m\overline{c_0^2}\alpha}{2} T = m\gamma T = m\gamma\left(T_0 + \frac{dT}{dz} z\right)$$

im Mittel ihr Wärmeinhalt sein und passiert sie eine bestimmte Ebene, die wir etwa zur xy-Ebene wählen können, so trägt sie ihren ganzen Wärmeinhalt durch diese Ebene.

Die gesamte Wärmemenge, die in der Sekunde durch die Flächeneinheit der xy-Ebene getragen wird, können wir nun genau so berechnen wie bei der Theorie der inneren Reibung die gesamte Bewegungsgröße. Dort gingen wir von der Bewegungsgröße aus, die eine Molekel transportiert und fanden dafür (Ziff. 60) $m\left(u_0 + \frac{du}{dz} z\right)$. Wenn wir also den Wärmetransport nach Analogie der inneren Reibung finden wollen, so brauchen wir in allen Formeln für die innere Reibung an Stelle der Masse m nur das Produkt $m\gamma$ und an Stelle der sichtbaren Geschwindigkeit u die Temperatur T zu setzen. Für den Reibungskoeffizienten fanden wir

$$\eta = k N m \bar{c} l = k \varrho \bar{c} l .$$

In gleicher Weise ergibt sich für die Wärmeleitung die Gleichung

$$\varkappa = k N m \bar{c} l \gamma = k \varrho \bar{c} l \gamma .$$

Die erste Ableitung der Wärmeleitung hat ebenso wie die der inneren Reibung MAXWELL gegeben. Zu erwähnen wären etwa noch die Arbeiten von BOLTZMANN und aus neuerer Zeit die von S. CHAPMAN und D. ENSKOG. Es sind das, wie es in der Natur der Sache liegt, dieselben Arbeiten, die wir bereits bei der Theorie der inneren Reibung zitiert haben.

Aus dem Vergleich von η und $\varkappa$ folgt die innige Beziehung zwischen innerer Reibung und Wärmeleitung

$$\varkappa = \eta \gamma .$$

In der Tat zeigt das Experiment, daß $\varkappa/\eta$ eine konstante Größe ist, die sich weder mit dem Druck noch mit der Temperatur wesentlich ändert. Es muß also auch das Wärmeleitungsvermögen der Gase vom Druck unabhängig sein. Es hat dies zuerst STEFAN[1]) gezeigt mit einem Apparat, der aus zwei ineinander befindlichen Zylindern bestand. Der Zwischenraum wurde mit dem zu untersuchenden Gas gefüllt, während der innere Zylinder als Luftthermometer benützt wurde. Das Ganze wurde mit Eis umgeben und am Luftthermometer die Abkühlung gemessen. Ähnliche Versuche, jedoch kugelförmig angeordnet, machten KUNDT und WARBURG[2]), die besonderes Gewicht auf die Eliminierung der Strahlung legten. Die Versuche wurden von anderen vielfach wiederholt und verbessert. Während bereits STEFAN nachweisen konnte, daß die Wärmeleitung der Luft in der Tat vom Druck unabhängig ist, zeigten jedoch später genauere Versuche, daß die Formel $\frac{\varkappa}{\eta} = \gamma$ nicht erfüllt wird, sondern es besteht die Beziehung

$$\frac{\varkappa}{\eta} = K\gamma ,$$

wobei K von der Atomzahl der Gasmolekeln abhängig ist, und zwar ergibt sich für einatomige Gase $K = 2 \cdot 5$, für zweiatomige $K = 1 \cdot 9$, für drei- und mehratomige liegt K zwischen 1,5 und 1,75. Die Theorie dafür hat CHAPMAN in der bereits zitierten Abhandlung gegeben. Doch erhielt schon MAXWELL für einatomige Gase die Beziehung $\frac{\varkappa}{\eta} = 2 \cdot 5 \gamma$.

c) Diffusion.

75. Definition der Diffusion und des Diffusionskoeffizienten. Wir denken uns ein vertikales zylindrisches oben und unten abgeschlossenes Gefäß. In der Mitte soll es durch einen luftdichten Schieber in zwei Hälften geteilt sein. Wir füllen bei geschlossenem Schieber die beiden Hälften mit verschiedenen Gasen und zwar so, daß in der oberen Hälfte das leichtere, in der unteren das schwerere Gas sich befindet. In beiden Hälften herrsche derselbe Druck. Öffnen wir den Schieber, so breitet sich das obere Gas nach unten, das untere nach

[1]) J. STEFAN, Wiener Ber. (2a) Bd. 65, S. 48. 1872.

[2]) A. KUNDT u. E. WARBURG, Pogg. Ann. Bd. 156, S. 177. 1875.

oben aus, indem sich beide Gase durchdringen, bis im ganzen Gefäß überall dieselbe Gasmischung vorhanden ist. Dieses gegenseitige Durchdringen zweier Gase ohne dabei auftretende sichtbare Strömungen nennen wir Diffusion und zwar im Gegensatz zum Wandern durch poröse Wände gewöhnlich freie Diffusion.

Die Diffusion kann also solange beobachtet werden, solange ein Gasgemenge an verschiedenen Punkten des Gefäßes verschiedene Konzentration hat, wenn wir etwa unter Konzentration die Menge des Gases in der Volumeinheit verstehen. Es wandert dann das Gas von Punkten höherer Konzentration zu Punkten niedrigerer, also wie etwa die Wärme von Stellen höherer zu solchen niedrigerer Temperatur sich bewegt. In der Tat können wir die Diffusion des Gases durch eine ganz analoge Formel ausdrücken wie den Vorgang der Wärmeleitung. Es kompliziert sich die Erscheinung nur insofern etwas, als wir es bei der Diffusion immer mit zwei Gasen zu tun haben. Nehmen wir also z. B. an, in unserem zylindrischen Rohr nehme die Konzentration des schwereren Gases von unten nach oben linear mit der Höhe ab, die des leichteren von unten nach oben zu. Nennen wir die Konzentration des leichteren Gases etwa C_1, die des schwereren C_2, so können wir erfahrungsgemäß die Menge des leichteren Gases, die in der Zeiteinheit durch die Einheit des Querschnitts wandert, durch $-\delta_1 \frac{dC_1}{dz}$ ausdrücken. Analog erhalten wir für die Menge des zweiten Gases $-\delta_2 \frac{dC_2}{dz}$. Drücken wir die Konzentration des Gases durch die Zahl der Molekeln in der Volumeinheit aus, so ist die Zahl der Molekeln, die in der Sekunde durch die Flächeneinheit des Gefäßquerschnitts wandern,

$$Z_1 = -\delta_1 \frac{dN_1}{dz}.$$

Für das zweite Gas erhalten wir gleicherweise

$$Z_2 = -\delta_2 \frac{dN_2}{dz}.$$

Da der Druck des Gasgemenges im Gefäß überall derselbe sein muß, so müssen durch den Querschnitt ebensoviel Molekeln des einen Gases nach der einen Richtung wandern als vom andern Gas nach der entgegengesetzten. Es muß somit $Z_1 = Z_2$ sein. Die Zahl N der Molekeln in der Volumeinheit des Gasgemenges muß aber ebenfalls konstant sein. Folglich muß für alle Punkte des Gases gelten $N_1 + N_2 = N$. Differenzieren wir diese Gleichung nach z, so erhalten wir $\frac{dN_1}{dz} + \frac{dN_2}{dz} = 0$ oder $\frac{dN_1}{dz} = -\frac{dN_2}{dz}$. Die Änderung der Molekelzahl oder, was auf dasselbe hinauskommt, des Partialdrucks ist also für beide Gase dieselbe, ihre Richtungen sind aber entgegengesetzt. Aus all dem folgt aber, daß auch $\delta_1 = \delta_2 = \delta$ sein muß, wobei wir jetzt δ den Diffusionskoeffizienten der beiden gegeneinander diffundierenden Gase nennen.

76. Kinetische Theorie der Diffusion. Wir wollen nach dem Vorhergehenden

$$\frac{dN_1}{dz} = -\frac{dN_2}{dz} = \alpha$$

setzen, wobei wir unter α eine Konstante verstehen, d. h. wir haben ein lineares Konzentrationsgefälle. Es wird also

$$N_1 = \mathfrak{N}_1 + \alpha z, \qquad N_2 = \mathfrak{N}_2 - \alpha z.$$

$\mathfrak{N}_1$ und $\mathfrak{N}_2$ sind die Werte von N_1 bez. N_2 für $z = 0$.

Wir wollen jetzt untersuchen, wieviel Molekeln von jedem Gase die Flächeneinheit des Querschnitts in der Sekunde passieren. Wir haben dabei zu beachten, daß von beiden Gasarten Molekeln sowohl von unten nach oben als von oben nach unten die xy-Ebene durchfliegen und daß für den jeweiligen Gastransport die algebraische Summe der Richtungen für jedes Gas in Betracht kommt.

Wir legen parallel zur xy-Ebene zwei Ebenen, die um dz voneinander abstehen. Aus diesen Ebenen schneiden wir die Flächeneinheit derart heraus, daß ein Zylinder von der Grundfläche 1 und der Höhe dx entsteht, der somit $N_1 dx$ Molekeln des ersten Gases enthalten wird. Diesen Molekeln soll die mittlere Weglänge l_1 und die Geschwindigkeit c_1 zukommen. Wir machen also die vereinfachende Annahme, daß alle Molekeln dieselbe Geschwindigkeit haben. Eine jede solche Molekel wird in der Sekunde c_1/l_1 Zusammenstöße erfahren. In unserem unendlich dünnen Zylinder finden demnach in der Sekunde $\frac{N_1 c_1}{l_1} dz$ Zusammenstöße derartiger Molekeln statt. Wir können sagen, daß diese Zahl in der Sekunde von unserem Zylinder ausfliegt.

Wir haben nun früher (Ziff. 43) kennengelernt, daß von n Molekeln

$$\frac{n}{l} e^{-\frac{r}{l}} dr$$

einen Weg zwischen r und $r + dr$ bis zum nächsten Zusammenstoß zurücklegen. Auf die $\frac{N_1 c_1}{l_1} dz$ Molekeln angewendet, werden also

$$\frac{N_1 c_1 e^{-\frac{r}{l_1}}}{l_1^2} dz\, dr$$

einen Weg zwischen r und $r + dr$ zurücklegen. Alle Molekeln, deren Bewegungsrichtungen mit der negativen z-Achse einen Winkel ϑ einschließen derart, daß $r\cos\vartheta > z$ ist, müssen die xy-Ebene passieren. Die Zahl der Molekeln, die Richtungswinkel zwischen ϑ und $\vartheta + d\vartheta$ haben, ist nun (Ziff. 45)

$$\frac{N_1 c_1 e^{-\frac{r}{l_1}}}{2 l_1^2} dz\, dr \sin\vartheta\, d\vartheta .$$

Daraus finden wir für die Gesamtzahl der Molekeln, welche die xy-Ebene passieren können

$$\frac{N_1 c_1 e^{-\frac{r}{l_1}} dz\, dr}{2 l_1^2} \int\limits_0^{\arccos\vartheta} \sin\vartheta\, d\vartheta = \frac{N_1 c_1 e^{-\frac{r}{l_1}} \left(1 - \frac{z}{r}\right)}{2 l_1^2} dz\, dr .$$

Wenn wir diesen Ausdruck nach z innerhalb der Grenzen 0 und r integrieren, so finden wir die Zahl sämtlicher Molekeln, die aus einer Höhe zwischen $z = 0$ und $z = r$ kommen und die Flächeneinheit der xy-Ebene durchsetzen. Beachten wir noch, daß $N_1 = \mathfrak{N}_1 + \alpha z$ ist, so ergibt dies

$$\int\limits_0^r \frac{N_1 c_1 e^{-\frac{r}{l_1}} \left(1 - \frac{z}{r}\right)}{2 l_1^2} dz\, dr = \frac{c_1 e^{-\frac{r}{l_1}}}{2 l_1^2} dr \int\limits_0^r (\mathfrak{N}_1 + \alpha z)\left(1 - \frac{z}{r}\right) dz$$

$$= \frac{c_1 e^{-\frac{r}{l_1}}}{2 l_1^2} dr \left[\mathfrak{N}_1 z + \left(\alpha - \frac{\mathfrak{N}_1}{r}\right)\frac{z^2}{2} - \frac{\alpha}{r}\frac{z^3}{3}\right]_0^r = \left(\mathfrak{N}_1 + \frac{\alpha r}{3}\right) \frac{c_1 r e^{-\frac{r}{l_1}}}{4 l_1^2} dr .$$

Die Gesamtzahl der Molekeln des ersten Gases, die in der Sekunde die Flächeneinheit der xy-Ebene in der Richtung der negativen z-Achse passieren, erhalten wir nun durch Integration nach r von 0 bis ∞. Dies durchgeführt ergibt

$$\frac{\mathfrak{N}_1 c_1}{4 l_1^2}\int_0^\infty r e^{-\frac{r}{l_1}} dr + \frac{\alpha c_1}{12 l_1^2}\int_0^\infty r^2 e^{-\frac{r}{l_1}} dr = \frac{\mathfrak{N}_1 c_1}{4} + \frac{\alpha c_1 l_1}{6}.$$

In gleicher Weise können wir die Zahl der Molekeln berechnen, die in entgegengesetzter Richtung die xy-Ebene durchfliegen. Für deren Zahl ergibt sich

$$\frac{\mathfrak{N}_1 c_1}{4} - \frac{\alpha c_1 l_1}{6}.$$

Die Differenz beider Zahlen $\frac{\alpha c_1 l_1}{3}$ ist somit der Überschuß der Molekeln auf der negativen Seite der xy-Ebene. In derselben Weise ergibt sich für den Überschuß der Molekeln des zweiten Gases auf der positiven Seite $\frac{\alpha c_2 l_2}{3}$.

$c_1 l_1$ und $c_2 l_2$ werden im allgemeinen voneinander verschieden sein, so daß $\frac{\alpha}{3}(c_1 l_1 - c_2 l_2)$ Molekeln mehr nach unten als nach oben wandern. Da aber $N_1 + N_2 = N$ sein muß, so muß gleichzeitig eine Verschiebung des ganzen Gasgemenges stattfinden, indem $\frac{\alpha}{3}(c_1 l_1 - c_2 l_2)$ Molekeln desselben nach oben wandern. Es gehen somit vom ersten Gas in der Sekunde durch die Querschnittseinheit von oben nach unten

$$\frac{\alpha c_1 l_1}{3} - \frac{\alpha}{3}(c_1 l_1 - c_2 l_2)\frac{\mathfrak{N}_1}{N} = \frac{\alpha}{3N}(c_1 l_1 \mathfrak{N}_2 + c_2 l_2 \mathfrak{N}_1)$$

Molekeln. Vom entgegengesetzt wandernden Gas müssen ebensoviel Molekeln passieren. Wir können also für die Zahl der passierenden Molekeln ganz allgemein die Gleichung aufstellen

$$Z = \frac{\alpha}{3N}(c_1 l_1 N_2 + c_2 l_2 N_1).$$

Diese Gleichung wird für jeden Querschnitt gelten, auch wenn das Konzentrationsgefälle kein konstantes ist, da wir innerhalb der kurzen Strecke von der Länge der mittleren Weglänge dieses immer als konstant ansehen können. Setzen wir für α seinen Wert $\frac{dN_1}{dz}$ ein und bedenken wir, daß nach dem Früheren (Ziff. 75) $Z = -\delta\frac{dN_1}{dz}$ ist, so erhalten wir

$$Z = -\frac{1}{3N}(c_1 l_1 N_2 + c_2 l_2 N_1)\frac{dN_1}{dz} = -\delta\frac{dN_1}{dz}.$$

Das negative Vorzeichen für Z ist zu wählen, weil das erste Gas von oben nach unten strömt.

Somit ergibt sich für den Diffusionskoeffizienten

$$\delta = \frac{1}{3N}(c_1 l_1 N_2 + c_2 l_2 N_1). \tag{47}$$

Für l_1 und l_2 sind jene Werte der mittleren Weglänge einzusetzen, die wir für Gasgemenge (Ziff. 48) gefunden haben.

Bei unserer Ableitung des Diffusionskoeffizienten haben wir uns im wesentlichen der Darstellung O. E. MEYERS[1]) angeschlossen.

[1]) O. E. MEYER, Gastheorie, S. 248; math. Zus. 116.

77. Folgerungen aus der Formel für den Diffusionskoeffizienten. Der Ausdruck $c_1 l_1 N_2 + c_2 l_2 N_1$ ist vom Druck unabhängig. Würden wir nämlich das Gasgemisch komprimieren, so würde sowohl N_1 als N_2 dem Druck proportional wachsen, gleichzeitig sind aber die mittleren Weglängen l_1 und l_2 dem Druck verkehrt proportional, so daß eine Änderung des Drucks auf unsern Ausdruck keinen Einfluß haben kann. Es wird somit δ einfach verkehrt proportional N und, da $p = \frac{N m \bar{c}^2}{3}$ ist, verkehrt proportional dem Druck p sein, falls wir die Temperatur konstant halten. Bilden wir aus der Druckgleichung $N = \frac{3p}{m\bar{c}^2}$, so ist $1/N$ auch der absoluten Temperatur proportional, und da in dem Klammerausdruck für δ c_1 und c_2 der Quadratwurzel aus der absoluten Temperatur proportional sind, so muß der Diffusionskoeffizient der $\frac{3}{2}$ten Potenz der absoluten Temperatur proportional sein.

Die Abhängigkeit des δ vom Druck hat sich tatsächlich bestätigt. Die ersten genaueren Versuche dieser Art machte LOSCHMIDT[1]). Er verschloß ein ungefähr 1 m langes Glasrohr oben und unten mit Spiegelplatten, die mit Hähnen zur Zuleitung der Gase versehen waren. In der Mitte befand sich ein Schieber aus Stahlblech. Nachdem beide Hälften mit den verschiedenen Gasen gefüllt waren, wurde der Schieber geöffnet und nach einiger Zeit wieder geschlossen, worauf die Gasgemische analysiert wurden. LOSCHMIDT fand, wie es die Theorie verlangt, den Diffusionskoeffizienten umgekehrt proportional dem Druck, jedoch proportional dem Quadrat der absoluten Temperatur. Es zeigt sich also analog wie beim Koeffizienten der inneren Reibung (Ziff. 65) und bei der Wärmeleitungsfähigkeit (Ziff. 74), daß auch der Diffusionskoeffizient mit der Temperatur rascher wächst, als aus der einfachen Theorie folgt. Die Ursachen sind auch hier dieselben wie dort. Wir brauchen nur anzunehmen, daß die Größe der Molekeln bzw. die mittlere Weglänge eine Funktion der Temperatur ist, wodurch sich dann leicht Übereinstimmung herstellen läßt. So hat SUTHERLAND[2]) auch für die Abhängigkeit der Diffusion von der Temperatur eine analoge Erklärung gegeben wie für den Reibungskoeffizienten. Es wäre diesbezüglich an die Arbeiten MAXWELLS und CHAPMANS zu erinnern, die wir bei der inneren Reibung zitiert haben.

Nach ähnlicher wie der LOSCHMIDTschen sowie nach einer Methode von STEFAN, die darin besteht, daß man über die obere Öffnung eines mit einem Gas gefüllten Rohrs einen Strom eines anderen Gases führt, hat v. OBERMAYER[3]) eine Reihe von Diffusionsversuchen gemacht mit ähnlichen Resultaten wie die LOSCHMIDTschen.

Führen wir in Gleichung (47) nicht nur Mittelwerte der einzelnen Gase, sondern für beide Gase zusammengenommen ein, schreiben wir also

$$c_1 l_1 N_2 + c_2 l_2 N_1 = c l N,$$

ferner $l = \frac{3}{4 N \pi \sigma^2}$, und drücken wir N aus der Druckgleichung $p = \frac{N m c^2}{3}$ aus, setzen also $N = \frac{3p}{mc^2}$, so folgt

$$\delta = \frac{m c^3}{12 p \pi \sigma^2}.$$

---

[1]) J. LOSCHMIDT, Wiener Ber. (2a) Bd. 61, S. 367; Bd. 62, S. 468. 1870.

[2]) W. SUTHERLAND, Phil. Mag. (5) Bd. 38, S. 1. 1894.

[3]) A. v. OBERMAYER, Wiener Ber. (2a) Bd. 85, S. 147, 748. 1882; Bd. 87, S. 188. 1883; Bd. 96, S. 546. 1887.

Diese Formel läßt uns die Abhängigkeit von Druck und Temperatur leicht erkennen. Wir bilden aber jetzt auch den Reibungskoeffizienten des Gasgemenges in der Form $\eta = \frac{1}{3}\varrho c l$ und für die Wärmeleitung $\varkappa = \frac{1}{3}\varrho c l \gamma$. Wir können jetzt sehr leicht folgende Beziehungen herleiten.

$$\delta = \frac{\eta}{\varrho},$$

d. h. der Reibungskoeffizient des Gasgemenges ist ungefähr gleich dem Diffusionskoeffizienten der beiden Gase multipliziert mit der Dichte des Gemenges. Wir erhalten ferner

$$\delta = \frac{\varkappa}{\varrho\gamma}.$$

$\varkappa/\varrho\gamma$ ist aber nichts anderes als die Temperaturleitfähigkeit des Gasgemenges bei konstantem Volumen, so daß sich der einfache Satz ergibt: Der Diffusionskoeffizient zweier Gase ist gleich der Temperaturleitungsfähigkeit des Gasgemisches bei konstantem Volumen.

78. MAXWELLS[1]) und STEFANS[2]) Theorie. Die erste kinetische Theorie der Diffusion rührt von MAXWELL her, mit der jene STEFANS in ihrem Gedankengang verschiedene Berührungspunkte hat. Beide Theorien sind in Kürze nicht wiederzugeben. Es möge daher lediglich der wesentliche Gang derselben erwähnt werden. Wie schon aus dem DALTONschen Gesetz (Ziff. 13) wahrscheinlich erscheint, verhält sich jedes Gas bezüglich des Druckes so, als wäre es für sich allein vorhanden. Es wird also jedes Gas eine Kraft erfahren, die es von Stellen höheren zu Stellen tieferen Drucks zu treiben sucht, dabei erfährt es jedoch durch das andere Gas einen Widerstand. Dieser wird nicht nur der Dichte des zweiten Gases ϱ_2, sondern auch seiner eigenen Dichte ϱ_1 proportional sein. Der Widerstand wird auch porportional der gegenseitigen Strömungsgeschwindigkeit sein, d. h. der Größe $u_1 - u_2$, wenn u_1 die Geschwindigkeit des ersten, u_2 jene des zweiten Gases ist. Auf die Volumeinheit bezogen wird also die Masse ϱ_1 multipliziert mit der Beschleunigung f_1 gleich der Kraft $-\frac{\partial p_1}{\partial x}$ vermindert um den Widerstand sein. Letzterer läßt sich darstellen durch $A_{12}\varrho_1\varrho_2(u_1 - u_2)$, so daß wir die Gleichung aufstellen können

$$\varrho_1 f_1 = -\frac{\partial p_1}{\partial x} - A_{12}\varrho_1\varrho_2(u_1 - u_2)\,.$$

Wir setzen also ein Druckgefälle $-\frac{\partial p_1}{\partial x}$ in der Richtung der x-Achse voraus. Analog werden wir für das zweite Gas erhalten

$$\delta_2 f_2 = -\frac{\partial p_2}{\delta x} - A_{12}\varrho_1\varrho_2(u_2 - u_1)\,.$$

Es liegt auf der Hand, daß die Konstante A_{12} mit dem Diffusionskoeffizienten δ in Zusammenhang steht. STEFAN stellt dafür die Gleichung auf

$$\delta = \frac{1}{A_{12}}\cdot\frac{p_0}{d_1}\cdot\frac{p_0}{d_2}\cdot\frac{T^2}{T_0^2}\cdot\frac{1}{p},$$

in der „p_0 den Normaldruck, unter welchem die beiden Gase bei der absoluten Temperatur T_0 die Dichten d_1 und d_2 haben, ferner p den Druck und T die

[1]) J. Cl. MAXWELL, Phil. Mag. (4) Bd. 20, S. 21. 1860; Bd. 35, S. 199. 1868.
[2]) J. STEFAN, Wiener Ber. (2a) Bd. 65, S. 323. 1872.

absolute Temperatur des Gasgemenges während des Versuchs bedeuten". Die Beschleunigungen f_1 und f_2 können praktisch gleich Null gesetzt werden, da die Gase ja sofort eine gegenseitige Geschwindigkeit $u_1 - u_2$ annehmen, bei der die Kraft gleich dem Widerstand ist. Der Widerstand, den ein Gas gegen das andere ausübt, ist kinetisch durch die Bewegungsgröße gegeben, die das eine Gas an das andere überträgt. Es wird zuerst der Mittelwert der Bewegungsgröße zu bilden sein, die eine Molekel des einen Gases bei den Zusammenstößen mit Molekeln des zweiten an dieses abgibt und sodann das Integral über sämtliche Stöße zu nehmen sein. „Der Wert, welchen der Widerstand W für zwei mit den Geschwindigkeiten u_1 und u_2 bewegte Gase erhält, ist

$$W = A_{12}\varrho_1\varrho_2(u_1 - u_2) = \frac{4a}{3}\,\frac{m_1 m_2}{m_1 + m_2}(u_1 - u_2)$$

und bedeutet a die Anzahl der Zusammenstöße, welche zwischen den Molekeln erster und zweiter Art in der Einheit der Zeit und des Raums erfolgen, wenn die beiden Gase in Ruhe diesen Raum erfüllen." Für a wird die Gleichung aufgestellt

$$a = N_1 N_2 \pi \sigma^2 \sqrt{c_1^2 + c_2^2},$$

wobei $\sigma = \frac{\sigma_1 + \sigma_2}{2}$ bedeutet, wenn σ_1 der Durchmesser einer Molekel des ersten, σ_2 dieselbe Größe für eine Molekel des zweiten Gases ist. Man findet jetzt leicht für A_{12} bei Berücksichtigung, daß $N_1 m_1 = \varrho_1$ und $N_2 m_2 = \varrho_2$ ist,

$$A_{12} = \frac{4\pi\sigma^2}{3}\,\frac{\sqrt{c_1^2 + c_2^2}}{m_1 + m_2}.$$

Für den Diffusionskoeffizienten ergibt sich schließlich

$$\delta = \frac{3}{4\pi\sigma^2}\,\frac{m_1 + m_2}{\sqrt{c_1^2 + c_2^2}}\cdot\frac{p_0}{d_1}\cdot\frac{p_0}{d_2}\cdot\frac{T^2}{T_0^2}\cdot\frac{1}{p}.$$

Auch nach dieser Theorie erhalten wir einen Diffusionskoeffizienten, der verkehrt proportional dem Druck und direkt proportional der $\frac{3}{2}$ten Potenz der absoluten Temperatur ist, da ja $\sqrt{c_1^2 + c_2^2} \sim T^{\frac{1}{2}}$ ist. Im großen ganzen unterscheidet sich aber der gefundene Wert des Diffusionskoeffizienten von jenem O. E. MEYERS, da dieser auch noch vom Mischungsverhältnis der Gase abhängig ist, was bei MAXWELL und STEFAN nicht vorkommt.

Es wurden viele Versuche unternommen, die zwischen der O. E. MEYERschen und der MAXWELL-STEFANschen Theorie entscheiden sollten. Bei der Schwierigkeit der Experimente konnte jedoch bisher, wie z. B. A. LONIUS[1]) gezeigt hat, nicht mit Sicherheit für die eine oder andere Theorie entschieden werden. Von älterer Literatur zu diesem Gegenstand mögen noch Arbeiten BOLTZMANNS[2]) und von neueren die Abhandlung D. ENSKOGS[3]) „Bemerkungen, zu einer Fundamentalgleichung in der kinetischen Gastheorie", angeführt werden.

79. Berechnung des Diffusions- aus den Reibungskoeffizienten. Zu wiederholten Malen haben wir schon auf den Zusammenhang zwischen innerer Reibung, Wärmeleitung und Diffusion der Gase hingewiesen. In allen drei Fällen handelt es sich um den Transport einer bestimmten Größe durch die Bewegung der Molekeln. Bei der Reibung wird Bewegungsgröße, bei der Wärmeleitung Energie transportiert, bei der Diffusion handelt es sich um einen Massentransport. Bei

[1]) A. LONIUS, Ann. d. Phys. (4) Bd. 29, S. 664. 1909.
[2]) L. BOLTZMANN, Wiener Ber. (2a) Bd. 65, S. 323. 1872; Bd. 94, S. 891. 1887.
[3]) D. ENSKOG, Phys. ZS. Bd. 12, S. 533. 1911.

allen Vorgängen spielt die mittlere Weglänge eine Rolle. Diese ist wieder neben der Anzahl der Molekeln in der Volumeinheit wesentlich bedingt durch die Größe, d. h. den Querschnitt der Molekeln. Die mittlere Weglänge können wir durch den Reibungskoeffizienten und damit wieder einen Ausdruck für den Durchmesser der Molekeln gewinnen. In der Formel für die Diffusion spielen nun eine wesentliche Rolle die mittleren Weglängen l_1 und l_2 der Molekeln des ersten bzw. zweiten Gases und in den Gleichungen für die mittlere Weglänge die Durchmesser σ_1 und σ_2 sowie der kürzeste Abstand der Mittelpunkte zweier verschiedener Molekeln $\sigma = \frac{\sigma_1 + \sigma_2}{2}$ (Ziff. 48 und 76). So konnte es STEFAN gelingen, direkt aus den Reibungskoeffizienten zweier Gase deren Diffusionskoeffizienten zu berechnen. Der Zahlenwert für die mittlere Weglänge der Molekeln des einen Gases ist uns durch den Reibungskoeffizienten $\eta_1 = \frac{1}{3}\varrho c l_1 = \frac{1}{3} N m_1 c_1 l_1$ (Ziff. 61) gegeben. Ebenso erhalten wir die Formel für das zweite Gas. In der Gleichung für den Diffusionskoeffizienten spielen die drei Größen σ_1^2, σ_2^2 und σ^2 eine Rolle. Nun ist $l_1 = \frac{3}{4N\pi\sigma_1^2}$, $l_2 = \frac{3}{4N\pi\sigma_2^2}$ oder $\sigma_1^2 = \frac{3}{4N\pi l_1}$, $\sigma_2^2 = \frac{3}{4N\pi l_2}$. Daraus folgt schließlich

$$\sigma^2 = \left(\frac{\sigma_1 + \sigma_2}{2}\right)^2 = \frac{3}{16N\pi}\left(\frac{1}{\sqrt{l_1}} + \frac{1}{\sqrt{l_2}}\right).$$

Drücken wir die mittlere Weglänge direkt durch die Reibungskoeffizienten aus, so wird

$$\sigma_1^2 = \frac{m_1 c_1}{4\pi\eta_1}, \qquad \sigma_2^2 = \frac{m_2 c_2}{4\pi\eta_2}, \qquad \sigma^2 = \frac{1}{4}\left(\sqrt{\frac{m_1 c_1}{4\pi\eta_1}} + \sqrt{\frac{m_2 c_2}{4\pi\eta_2}}\right)^2.$$

Diese Ausdrücke können wir nun direkt in die Gleichung für den Diffusionskoeffizienten einsetzen und erhalten ihn so in der Tat unmittelbar durch die Reibungskoeffizienten ausgedrückt.

Wir wollen eine kleine Tabelle nach O. E. MEYER[1]) wiedergeben, in der die so berechneten Diffusionskoeffizienten und die direkt aus der Beobachtung der Diffusion gewonnenen zusammengestellt sind.

Tabelle 7. Diffusionskoeffizienten.

	δ ber.	δ beob.
Wasserstoff-Sauerstoff . .	0,688	0,722
Wasserstoff-Kohlensäure .	0,575	0,556
Sauerstoff-Kohlensäure . .	0,133	0,161

Es ergibt sich also eine recht befriedigende Übereinstimmung zwischen Rechnung und Beobachtung.

Wir haben in unserer Tabelle drei Gase in Gruppen zu je zwei vereinigt und deren Diffusionskoeffizienten angegeben. Wir können so drei Gleichungen für die drei gemessenen Diffusionskoeffizienten aufstellen, in denen nur die drei Größen l_1, l_2 und l_3, das sind die mittleren Weglängen der drei einzelnen Gase, als Unbekannte vorkommen. Sie lassen sich also tatsächlich berechnen, und wir erkennen auf diese Weise, wie man auch aus Diffusionsversuchen die mittlere Weglänge zahlenmäßig finden kann.

[1]) O. E. MEYER, Gastheorie, S. 275.

VII. Verhalten verdünnter Gase.

a) Gase bei sehr hoher Verdünnung.

80. Beziehung zwischen mittlerer Weglänge und Gefäßdimensionen. Wir haben die mittlere Weglänge der Gase als sehr kleine Größe kennengelernt. Aus der Formel $l = \frac{1}{\sqrt{2}\, N \pi \sigma^2}$ erkennen wir die Ursache davon in der außerordentlich großen Zahl N der Molekeln in der Volumeinheit. Obwohl σ^2 eine sehr kleine Größe ist, überwiegt beim Druck einer Atmosphäre und auch noch bei weit geringeren Drucken die Zahl N derart, daß die mittlere Weglänge l gegenüber den Dimensionen der Gefäße, welche die Gase einschließen, in der Regel als sehr klein angesehen werden kann. Mit den Mitteln, die wir jedoch haben, die Gase zu verdünnen, besonders wenn wir die modernen Hochvakuumpumpen in Betracht ziehen, ist es uns möglich, die Zahl N derart herabzusetzen, daß die mittlere Weglänge nicht nur mit den Gefäßdimensionen verglichen werden kann, sondern daß umgekehrt die mittlere Weglänge sogar weitaus größer werden kann als die Abmessungen der Gefäße.

In diesem Fall können wir dann eigentlich von einer mittleren Weglänge im bisherigen Sinn nicht mehr sprechen, sondern sie nur definieren. Wir können ja auch die Dimensionen des Gefäßes in der Vorstellung beliebig wachsen lassen, so daß wir immer die Wahl so treffen können, daß die mittlere Weglänge gegenüber der Gefäßgröße klein anzusehen ist. In diesem Fall läßt sie sich immer in der gewohnten Weise definieren. Desgleichen kann ihre Größe angegeben werden. Wir können die Sache auch so auffassen, daß in mäßig großen Gefäßen bei normalem Druck die Zahl der Stöße, die auf die Gefäßwand von den Molekeln ausgeführt werden, klein ist gegenüber der Zahl der Zusammenstöße, welche die Molekeln untereinander machen. Das ist ja ohne weiteres klar. Denken wir uns etwa ein würfelförmiges Gefäß von der Kantenlänge Eins, also auch vom Volumen Eins, so ist die Zahl der Stöße, welche die Flächeneinheit der Gefäßwand in der Sekunde erfährt, $N\bar{c}/4$, was wir leicht folgendermaßen erhalten. Wir nehmen an, wir hätten in der Volumeinheit des Gases ν Molekeln von der Geschwindigkeit c. Die Zahl jener Geschwindigkeiten, die mit der Normalen zur Wandfläche einen Winkel zwischen ϑ und $\vartheta + d\vartheta$ einschließen, ist $\nu/2 \cdot \sin\vartheta\, d\vartheta$ (Ziff. 7). Ihre Geschwindigkeitskomponente senkrecht gegen die Wand ist $c\cos\vartheta$. Die Wand wird somit in der Sekunde von $\nu c/2 \cdot \sin\vartheta \cos\vartheta\, d\vartheta$ Molekeln getroffen. Integrieren wir diesen Ausdruck nach ϑ von 0 bis $\pi/2$, so erhalten wir sämtliche Stöße, die in der Sekunde die Wand erhält. Diese Zahl ist $\nu c/4$. Die Summe über sämtliche Molekeln ergibt dann die Gesamtzahl der Stöße, welche die Wand überhaupt erfährt. Diese ist somit

$$\frac{1}{4} \sum \nu c = \frac{N\bar{c}}{4},$$

hingegen die Zahl der Stöße, die eine Molekel in der Sekunde mit anderen Molekeln macht, $\sqrt{2}\, N\pi\sigma^2\bar{c}$. Die Zahl der Zusammenstöße, welche die N Molekeln in der Sekunde machen, ist daher

$$Z = \frac{\sqrt{2}\, N^2 \pi \sigma^2 \bar{c}}{2},$$

wobei der Zweier im Nenner des Bruchs davon herrührt, daß wir bei der Summierung ja jede Molekel zweimal in Rechnung gezogen haben, nämlich als stoßende und als gestoßene.

Während also die Zahl der Stöße auf die Gefäßwand mit der Zahl der Molekeln in der Volumeinheit N zu- und abnimmt, ist die Zahl der Zusammenstöße der Molekeln untereinander dem Quadrat von N proportional. Wir sehen also in der Tat, daß für normalen Druck die Zahl Z überaus groß gegen $N\bar{c}$ sein wird. Mit wachsender Verdünnung wird aber Z rascher abnehmen als N, so daß von einer gewissen Verdünnung an Z mit $N\bar{c}$ vergleichbar, ja, bei sehr großer Verdünnung gegenüber $N\bar{c}$ vernachlässigt werden kann. Auf die mittlere Weglänge angewendet heißt letzteres, daß wir die Gefäßdimensionen gegenüber der mittleren Weglänge l vernachlässigen können.

In bezug auf den jeweiligen Verdünnungsgrad werden wir nun drei Fälle unterscheiden können: 1. jenen, bei dem die mittlere Weglänge gegenüber den Gefäßdimensionen vernachlässigt werden kann; 2. den Zustand, bei welchem mittlere Weglänge und Gefäßdimension miteinander der Größe nach vergleichbar werden, und 3. den Fall, bei dem die Dimensionen der Gefäßwände gegenüber der mittleren Weglänge vernachlässigt werden können.

Für die mathematische Behandlung wird der 1. und 3. Fall der einfachere sein, da hier ja eine Größe vernachlässigt werden kann. Der mittlere Fall ist der kompliziertere. Den 1. Fall haben wir in allem Vorhergehenden angenommen und zur Genüge behandelt. Der 3. Fall führt zu Erscheinungen, die der Rechnung ebenfalls leichter zugänglich sind. Wenn sie erst in neuerer Zeit behandelt wurden, so rührt das daher, daß die experimentellen Untersuchungen, die ja sehr hohe Verdünnungen verlangen, erst in jüngerer Zeit in dem erwünschten Maße möglich wurden.

Der mittlere Fall ist für die Berechnung der schwierigste. Er bezieht sich lediglich auf das Verhalten der Gase in der Nähe der Gefäßwände. Im Innern des Gases haben wir für diesen Fall nämlich dieselben Verhältnisse wie im ersten, an der Gefäßwand selbst haben wir aber jetzt eine Schicht, die sich anders verhält als das Innere des Gases. Bei genügender Gasdichte wird diese Schicht so dünn, daß ein Einfluß auf das Verhalten des Gases nicht beobachtet werden kann. Je größer aber die mittlere Weglänge wird, desto dicker wird auch jene Wandschicht, in der sich das Gas nicht so verhält wie im Gasinnern, weil dort die Molekeln im Mittel nicht mehr jene Weglänge durchfliegen können wie hier, indem beim Fliegen gegen die Wand die Molekeln diese erreichen, bevor sie die mittlere Weglänge zurückgelegt haben. Dieses Verhalten beeinflußt besonders zwei Erscheinungen, nämlich jene der inneren Reibung und der Wärmeleitung. Hier macht sie sich im sog. Temperatursprung, dort durch die Gleitung geltend.

81. Wärmeleitung. Wir haben bereits zu Beginn (Ziff. 3) bei der Beschreibung des Verhaltens der Gefäßwände erwähnt, daß sie nicht als vollkommen glatt, sondern bezüglich molekularer Dimensionen als rauh anzusehen sind. Die auftreffenden Molekeln werden also unter den verschiedensten Winkeln zurückgeworfen werden können. Vollkommen rauh wollen wir eine Wand nennen, welche die Molekeln derart reflektiert, daß das sog. Kosinusgesetz gilt. D. h. die Zahl der von der Wand ausgesandten Molekeln ist proportional dem Kosinus des Winkels, den die Bewegungsrichtung der Molekeln mit der Normalen zur Wand einschließt[1]). Es ist das ein Analogon zur Intensität der Lichtstrahlung und folgt bei gleichmäßiger Verteilung der Molekeln und ihrer Geschwindigkeiten im Raum ohne weiteres aus der Annahme des Gleichgewichts zwischen auftreffenden und ausfliegenden Molekeln. Die absolut rauhen Gefäßwände müssen wir uns so beschaffen vorstellen, daß auftreffende Gasmolekeln in sie eindringen,

[1]) M. KNUDSEN, Ann. d. Phys. (4) Bd. 48, S. 1113. 1915; R. W. WOOD, Phil. Mag. (6) Bd. 30, S. 300. 1915.

im Innern so oft Zusammenstöße mit den Wandmolekeln erleiden, daß sie beim Verlassen der Wand nicht nur das erwähnte Reflexionsgesetz, sondern auch eine Geschwindigkeit angenommen haben, die der Temperatur der Wand entspricht.

Wir denken uns zwei vollkommen rauhe sehr große ebene horizontale Platten. Die obere habe die Temperatur T_1, die untere T_2. Die mittlere Geschwindigkeit der Molekeln, die den Temperaturen T_1 und T_2 entspricht, sei c_1 bez. c_2. Die obere Platte sendet deshalb in der Sekunde (Ziff. 80) $\frac{N_1 c_1}{4}$ Molekeln, die untere $\frac{N_2 c_2}{4}$ aus. Das Gas sei so verdünnt, daß wir annehmen können, jede Molekel, die von der einen Platte ausgesendet wird, trifft ohne Störung die zweite Platte. Der Zustand soll ein stationärer sein. Dann muß

$$\frac{N_1 c_1}{4} = \frac{N_2 c_2}{4}$$

sein. Wir wollen nun einen Mittelwert von N_1 und N_2 einführen und ihn mit N bezeichnen; desgl. sei c ein Mittelwert von c_1 und c_2, derart, daß

$$N_1 c_1 = N_2 c_2 = Nc$$

wird.

Jede von oben ausfliegende Molekel hat die Energie $\frac{m c_1^2}{2}$ Es wird somit per Flächeneinheit von dort in der Sekunde die gesamte Energie

$$\frac{N_1 c_1}{4} \cdot \frac{m c_1^2}{2} = \frac{N_1 m c_1^3}{8}$$

ausgehen und ebensoviel wird die Flächeneinheit der unteren Platte in der Zeiteinheit aufnehmen. In umgekehrter Weise geht unter denselben Bedingungen von unten nach oben die Energie $\frac{N_2 m c_2^3}{8}$. Die Gesamtenergie, die somit von oben nach unten wandert, ist also

$$\frac{m}{8}(N_1 c_1^3 - N_2 c_2^3) = \frac{Nmc}{8}(c_1^2 - c_2^2)\,.$$

Für ein Gramm des Gases können wir das BOYLE-CHARLESsche Gesetz (Ziff. 8) schreiben

$$pv = \frac{RT}{M} = \frac{p}{\varrho} = \frac{c^2}{3}\,.$$

Diese Gleichung ergibt

$$c = \sqrt{\frac{3RT}{M}}\,, \qquad c_1^2 = \frac{3RT_1}{M}\,, \qquad c_2^2 = \frac{3RT_2}{M}\,.$$

Danach können wir die übertragene Energiemenge schreiben

$$\left.\begin{aligned} E &= \frac{Nmc}{8}(c_1^2 - c_2^2) = \frac{\varrho}{8}\sqrt{\frac{3RT}{M}}(c_1^2 - c_2^2) = \frac{\varrho}{8}\sqrt{\frac{3RT}{M}} \cdot \frac{3R}{M}(T_1 - T_2) \\ &= \frac{3\varrho}{8}\sqrt{\frac{3RT}{M}} \cdot \frac{p}{\varrho T}(T_1 - T_2) = \frac{3}{8}p\sqrt{\frac{3R}{MT}}(T_1 - T_2)\,, \end{aligned}\right\} \tag{48}$$

indem wir schließlich nach dem BOYLE-CHARLESschen Gesetz $\frac{R}{M} = \frac{p}{\varrho T}$ gesetzt haben.

Wir haben hier vom MAXWELLschen Verteilungsgesetz der Geschwindigkeiten abgesehen, weil wir dadurch die Rechnung nur sehr kompliziert hätten, ohne daß wir sie ohne gewisse Vernachlässigungen hätten durchführen können. Es hat dies KNUDSEN[1]), von dem überhaupt die Theorie sehr verdünnter Gase Förderung erfahren hat, versucht und eine ähnliche Formel wie wir gewonnen. Es ist ihm auch gelungen, die Formel qualitativ experimentell zu bestätigen. Teilweise im Gegensatz zu ihm stellte sich SMOLUCHOWSKI[2]).

Haben wir ein Gas unter normalen Verhältnissen, so können wir den Wärmetransport durch die Flächeneinheit per Zeiteinheit $W = -\varkappa \frac{dT}{dz}$ setzen (Ziff. 73). Diese Gleichung gilt für alle Aggregatzustände, wobei natürlich der Wert der Wärmeleitungsfähigkeit $\varkappa$ mit der Substanz, dem Aggregatzustand und der Temperatur im allgemeinen sich ändert. Sehr verdünnte Gase können wir aber nicht mehr unter diese Formel bringen. Die Gleichung (48) enthält überhaupt kein Temperaturgefälle, sondern nur die Differenz der Temperaturen der zwei das Gas begrenzenden Platten. Ihre Entfernung kommt nicht vor. Die übergeführte Wärmemenge ist also ganz unabhängig von der Distanz der Platten. Während wir unter normalen Verhältnissen die Wärmeleitungsfähigkeit unabhängig vom Druck des Gases fanden, wird sie jetzt proportional dem Druck. D. h. sie wird mit abnehmendem Druck immer kleiner, so daß bei sehr hoher Verdünnung die Überführung der Wärme durch Leitung gegenüber jener durch Strahlung vernachlässigt werden kann. Unter normalen Verhältnissen fanden wir die Wärmeleitungsfähigkeit proportional der Wurzel aus der Temperatur, jetzt ist sie verkehrt proportional der Quadratwurzel aus der absoluten Temperatur, für welche wir einen Mittelwert zwischen den beiden Temperaturen der Platten setzen müssen.

82. Innere Reibung. Gleicherweise wie bei der Wärmeleitung können wir auch bei der Berechnung der inneren Reibung sehr verdünnter Gase vorgehen. Wir denken uns wie dort (Ziff. 81) zwei ebene horizontale Platten von sehr großer Ausdehnung. Die untere, die gleichzeitig die xy-Ebene eines Koordinatensystems sein soll, sei in Ruhe, die obere bewege sich in ihrer eigenen Ebene mit der Geschwindigkeit u in der Richtung der x-Achse. Beide Platten seien wieder vollkommen rauh. Es gehen dann von der unteren Platte per Flächen- und Zeiteinheit $Nc/4$ Molekeln aus. Ihre mittlere Geschwindigkeitskomponente parallel zur x-Achse, d. i. ihre sichtbare Geschwindigkeit ist gleich der Geschwindigkeit der Platte, von der sie ausgehen, in unserem Fall also gleich Null. Diese Molekeln dringen in die obere Platte ein und nehmen nun die sichtbare Geschwindigkeit u an. Es wird also einer jeden Molekel im Mittel die Bewegungsgröße mu und sämtlichen $Nc/4$ Molekeln die Bewegungsgröße $\frac{Nmc}{4} u$ erteilt. Diese Bewegungsgröße wird der oberen Platte entzogen, sie erfährt also einen Widerstand von der gegebenen Größe. Das ist somit auch die Größe der Reibung per Flächeneinheit der Platte. Analoges erfährt die untere Platte. Es gehen von oben $Nc/4$ Molekeln in der Sekunde per Flächeneinheit aus. Jede Molekel hat im Mittel die Komponente der Bewegungsgröße mu. An die untere Platte wird also die Bewegungsgröße $\frac{Nmc}{4} u$ übertragen, aber in dem Sinne, daß sie der unteren Platte eine Beschleunigung in der Richtung der x-Achse erteilt.

[1]) M. KNUDSEN, Ann. d. Phys. (4) Bd. 28, S. 75. 1909; Bd. 34, S. 593. 1911; Bd. 35, S. 389. 1911.

[2]) M. v. SMOLUCHOWSKI, Ann. d. Phys. (4) Bd. 33, S. 1959. 1910; Bd. 35, S. 983. 1911.

Haben im allgemeinen die beiden Platten Geschwindigkeiten, die untere etwa u_0, die obere u_1, so gilt für die Berechnung der Reibung die relative Geschwindigkeit der Platten gegeneinander. Es wird also die Reibung

$$R_1 = \frac{Nmc}{4}(u_1 - u_0).$$

$Nm = \varrho$ ist die Dichte des Gases. Ferner können wir aus dem BOYLE-CHARLESschen Gesetz wieder $c = \sqrt{\frac{3RT}{M}}$ gewinnen. Setzen wir das in die Reibungsformel ein, so wird

$$R_1 = \frac{p}{4}\sqrt{\frac{3M}{RT}}(u_1 - u_0).$$

Wir haben also auch hier sowie bei der Wärmeleitung einen großen Unterschied zwischen der inneren Reibung eines Gases bei normalem Druck und bei sehr hoher Verdünnung. Von einem Geschwindigkeitsgefälle du/dz können wir hier gar nicht reden; der Abstand der Platten spielt keine Rolle. Die innere Reibung ist nicht wie bei normalem Gasdruck unabhängig vom Druck, sondern sie ist dem Druck proportional, desgleichen verkehrt proportional der Quadratwurzel aus der absoluten Temperatur. Für Gase unter normalem Druck fanden wir (Ziff. 74) eine sehr einfache Beziehung zwischen der Wärmeleitungsfähigkeit $\varkappa$ und der inneren Reibung η des Gases in der Form $\varkappa = \eta\gamma$. Etwas ganz Ähnliches können wir auch für hochverdünnte Gase ableiten. Bilden wir den Quotienten zwischen der in der Sekunde übergehenden Wärmemenge E und der Reibung R_1, so erhalten wir

$$\frac{E}{R_1} = \frac{\frac{3}{8}p\sqrt{\frac{3R}{MT}}(T_1 - T_2)}{\frac{1}{4}p\sqrt{\frac{3M}{RT}}(u_0 - u_1)} = \frac{3}{2}\frac{R}{M}\cdot\frac{T_1 - T_2}{u_0 - u_1}.$$

Um etwas Analoges zur Wärmeleitungsfähigkeit und zum Reibungskoeffizienten in normalen Verhältnissen zu erhalten, können wir etwa folgendermaßen vorgehen. Der Reibungskoeffizient η ist die innere Reibung per Flächeneinheit beim Geschwindigkeitsgefälle Eins, desgleichen die Wärmeleitungsfähigkeit $\varkappa$ gleich der übergeführten Wärmemenge beim Temperaturgefälle Eins. Wir wollen deshalb unsere Formeln auf den Temperaturunterschied Eins und den Geschwindigkeitsunterschied Eins anwenden und erhalten

$$\frac{E}{R_1} = \frac{3}{2}\frac{R}{M}.$$

Ziehen wir wieder für das BOYLE-CHARLESsche Gesetz die Masseneinheit des Gases in Betracht, so wird, wie man leicht findet

$$\frac{c^2}{2} = \frac{3}{2}\frac{R}{M}T$$

$c^2/2$ ist aber die gesamte Energie der Masseneinheit, diese Energie vermehrt sich bei der Zunahme der Temperatur um einen Grad um $\frac{3}{2}\frac{R}{M} = \gamma$; das ist aber nichts anderes als die spezifische Wärme des Gases bei konstantem Volumen. Für das Verhältnis von innerer Reibung und Wärmeleitung erhalten wir also unter entsprechenden Voraussetzungen die gleiche Beziehung bei sehr hoher Verdünnung wie bei normalem Druck.

Wir hatten bisher immer angenommen, daß wir vollkommen rauhe Wände haben. Das trifft natürlich im allgemeinen nicht zu, sondern wenn eine Molekel auf eine Wand auftrifft, so wird sie wohl von den Wandmolekeln derartig beeinflußt werden, daß sich ihre mittlere Energie durch den Stoß auf die Wand der Energie der Wandmolekeln nähert, daß sie aber diese Energie nicht vollständig annimmt. Analoges wird bei einer bewegten Wand mit der Bewegungsgröße der Molekeln stattfinden. In diesem Fall ist die Wand nicht „absolut rauh" und es müssen die Formeln für die Wärmeleitung und innere Reibung dementsprechend abgeändert werden. Es ist die Sache dann so, als hätten wir zwar vollkommen rauhe Wände, aber an Stelle von $T_1 - T_2$ bez. $u_0 - u_1$ ist nur der entsprechende Bruchteil dieser Größe einzusetzen.

83. Strömung durch Röhren. Wir denken uns ein Flächenelement dS einer absolut rauhen Wand. Es sendet in der Sekunde $\frac{Nc}{4}dS$ (Ziff. 80) Molekeln aus. Wir suchen von diesen jene, deren Bewegungsrichtungen mit der Normalen einen Winkel zwischen α und $\alpha + d\alpha$ und deren Projektionen auf dS mit einer fixen Richtung in dS einen Winkel zwischen φ und $\varphi + d\varphi$ einschließen. Deren Zahl muß gerade so groß sein, wie die Zahl der in der Sekunde unter denselben Bedingungen einfallenden Molekeln. Von N Molekeln haben die genannte Richtung $\frac{1}{2} N \sin\alpha\, d\alpha\, d\varphi$. Die Zahl jener, die das Flächenelement treffen, finden wir, wenn wir die letztere Größe noch mit $dS\cos\alpha$ und der Geschwindigkeit c multiplizieren. Wir haben also im ganzen $\frac{1}{2}Nc \sin\alpha \cos\alpha\, d\alpha\, d\varphi\, dS$. Dieselbe Zahl muß zur Erhaltung des stationären Zustandes von dS in der entgegengesetzten Richtung per Sekunde ausfliegen. Diese Molekeln verbreiten sich also über den Raumwinkel $\frac{1}{2} \sin\alpha\, d\alpha\, d\varphi$. Haben wir in der Entfernung r von dS ein Flächenelement dS', dessen Normale mit r den Winkel α' einschließt, so sieht man es von dS aus unter dem Raumwinkel $\frac{dS'\cos\alpha'}{4\pi r^2}$. Diese Größe können wir an Stelle von $\frac{1}{2}\sin\alpha\, d\alpha\, d\varphi$ setzen und haben somit für die Zahl der von dS ausgehenden und auf dS' auftreffenden Molekeln

$$\frac{Nc \cos\alpha \cos\alpha'\, dS\, dS'}{4\pi r^2}.$$

Das ist dieselbe Formel (LAMBERTsches Kosinusgesetz), die bei Temperaturgleichgewicht für die Wärmemenge gilt, die von dS nach dS' und umgekehrt strahlt.

Wir betrachten jetzt ein kreiszylindrisches Rohr, dessen Radius R gegen die mittlere Weglänge der Gasmolekeln eine sehr kleine Größe ist. Wir nehmen ferner an, daß an allen Punkten eines Rohrquerschnitts die Dichte der durchgehenden Molekeln konstant ist, was natürlich nur angenähert richtig sein kann. Wenn wir daher die Zahl der Molekeln wissen wollen, die durch einen Rohrquerschnitt in der Sekunde gehen, so genügt es, dies für ein Flächenelement dS in der Mitte des Rohrs zu kennen. Diese Größe können wir folgendermaßen finden. Wir denken uns einen Rohrquerschnitt (Abb. 10) und in der Entfernung x von ihm zwei im Abstande dx voneinander befindliche Querschnitte senkrecht zur Rohrachse. Diese begrenzen eine Fläche $2\pi R dx$ auf der inneren Rohroberfläche. Von dort werden durch dS in der Sekunde

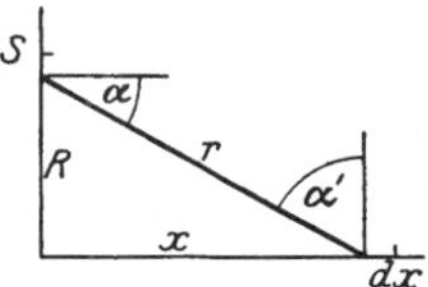

Abb. 10. Zur Berechnung der Gasströmung in einem Rohr.

$$\frac{Nc\, dS\, 2\pi R\, dx \cos\alpha \cos\alpha'}{4\pi r^2}$$

Molekeln fliegen. Wir können $\cos\alpha = \frac{x}{r}$, $\cos\alpha' = \frac{R}{r}$ setzen und erhalten

$$\frac{N c\, dS R^2 x\, dx}{2 r^4} = \frac{N c R^2 dS\, x\, dx}{2(x^2 + R^2)^2},$$

indem wir $r^2 = x^2 + R^2$ einführen.

Wir nehmen nun an, der Druck ändere sich längs des Rohrs derart, daß

$$p = p_0 - \gamma x = p_0\left(1 - \frac{\gamma}{p_0} x\right) = p_0(1 - \beta x)$$

gesetzt werden kann. Für $x = 0$ ist also $p = p_0$, desgleichen sei dort $N = N_0$ und da $\frac{N}{N_0} = \frac{p}{p_0}$, so ist auch $N = N_0(1 - \beta x)$. Unser Rohr reiche von $-a$ bis $+a$, habe also die Länge $L = 2a$, wobei a gegen R sehr groß sein soll. Suchen wir jetzt die Zahl der Molekeln, die durch die Fläche dS in der Rohrmitte in der Sekunde gehen, so haben wir zu bilden

$$\frac{N_0 c R^2 dS}{2} \int_{-a}^{+a} \frac{(1 - \beta x)\, x\, dx}{(x^2 + R^2)^2} = \frac{N_0 c R^2 dS}{2}\left[\int_{-a}^{+a} \frac{x\, dx}{(x^2 + R^2)^2} - \beta \int_{-a}^{+a} \frac{x^2 dx}{(x^2 + R^2)^2}\right].$$

Das erste dieser beiden Integrale muß Null sein, da sich die Werte des Differentialausdrucks für gleich große positive und negative x gegenseitig aufheben. Das zweite Integral ergibt folgendes. Es ist

$$\int_{-a}^{+a} \frac{x^2 dx}{(x^2 + R^2)^2} = -\frac{x}{2(x^2 + R^2)}\Bigg|_{-a}^{+a} + \frac{1}{2}\int_{-a}^{+a} \frac{dx}{x^2 + R^2} = -\frac{a}{a^2 + R^2} + \frac{1}{2R}\operatorname{arc\,tg}\frac{x}{R}\Bigg|_{-a}^{+a} = \frac{\pi}{2R},$$

indem wir wegen $a \gg R$ $\operatorname{tg}\frac{a}{R} = \frac{\pi}{2}$ setzen und $\frac{a}{a^2 + R^2}$ gegen $\frac{1}{R}$ vernachlässigen können.

Unsere Molekelzahl wird also

$$-\frac{N_0 \beta c R^2 dS}{2} \cdot \frac{\pi}{2R} = -\frac{N_0 \beta c R\, dS\, \pi}{4}.$$

Setzen wir jetzt anstatt dS den Querschnitt des Rohrs πR^2, so wird die Zahl der durchfliegenden Molekeln

$$-\frac{N_0 \beta c R \cdot \pi R^2 \cdot \pi}{4} = -\frac{\pi^2 N_0 \beta c R^3}{4}.$$

Wie aus Abb. 10 zu entnehmen ist, ist das die Zahl der von rechts nach links fliegenden Molekeln. Da diese negativ ist, so erfolgt in Wirklichkeit die Wanderung des Gases von links nach rechts, also in der Richtung der positiven x-Achse.

Nun ist nach dem Obigen $\frac{dN}{dx} = -N_0\beta$, was wir wegen $p = \frac{N m c^2}{3}$ auch schreiben können

$$\frac{dN}{dx} = \frac{3}{m c^2}\frac{dp}{dx} = -N_0\beta.$$

Für dp/dx können wir

$$-\frac{p_1 - p_2}{2a} = -\frac{p_1 - p_2}{L}$$

setzen, wobei p_1 der Druck am linken, p_2 am rechten Rohrende ist. Es wird also

$$N_0 \beta = \frac{3}{m c^2} \cdot \frac{p_1 - p_2}{L},$$

woraus für die Zahl der in der Sekunde durchströmenden Molekeln folgt

$$\frac{3\pi^2 c R^3}{4 m c^2} \cdot \frac{p_1 - p_2}{L} = \frac{3\pi^2 R^3}{4 m c} \cdot \frac{p_1 - p_2}{L}.$$

Multiplizieren wir die Zahl der Molekeln mit m, so erhalten wir deren Masse. Folglich ist die durchströmende Masse $\frac{3\pi^2 R^3}{4c} \cdot \frac{p_1 - p_2}{L}$. Wir wollen aber diese Menge durch das Produkt aus Druck und Volumen ausdrücken. Für 1 g des Gases ist dies

$$p v = \frac{R_1 T}{M} = \frac{c^2}{3} = \frac{p}{\varrho} = \frac{p_0}{\varrho_0}(1 + \alpha t),$$

wenn wir die Gaskonstante R_1 und die Dichte des Gases ϱ nennen. Multiplizieren wir diesen Wert des pv für 1 g mit unserer in der Zeiteinheit ausströmenden Gasmasse, so erhalten wir die so gewünschte Menge

$$Q = \frac{R_1 T}{M} \cdot \frac{3\pi^2 R^3}{4c} \cdot \frac{p_1 - p_2}{L} = \frac{\pi^2 R^3}{4} \sqrt{\frac{3 p_0}{\varrho_0}(1 + \alpha t)} \cdot \frac{p_1 - p_2}{L}.$$

Eine ähnliche Formel hat auch KNUDSEN[1]) abgeleitet. „Man sieht, daß das gefundene Gesetz für die molekulare Strömung ein ganz anderes als POISSEUILLES Gesetz ist. So ergibt es beim niedrigsten mittleren Druck, bei welchem Messungen vorgenommen sind, für Kohlensäure einen etwa 50 000mal größeren Wert für die durchströmende Gasmenge, als man durch Verwendung von POISSEUILLES Gesetz ohne Gleitungskorrektion finden würde."

Nennen wir für ein bestimmtes Rohr, gegebenen Druck und Temperatur, die in gleichen Zeiten durchströmenden Mengen zweier verschiedener Gase Q_1 bzw. Q_2, die zugehörigen Gasdichten ϱ_1 und ϱ_2, so muß

$$\frac{Q_1}{Q_2} = \sqrt{\frac{\varrho_2}{\varrho_1}}$$

sein. Wir erhalten also die bekannte Effusionsformel (Ziff. 14), die bei höherer Gasdichte allerdings nur für sehr feine Öffnungen gilt. Diese Folgerung für beliebig lange Röhren bei sehr verdünnten Gasen hat KNUDSEN experimentell bestätigt. Er konnte folgende Tabelle (l. c.) aufstellen.

Tabelle 8. Durchflußmenge D und Gasdichte ϱ bei sehr engen Röhren.

	D	$\sqrt{\varrho}$	$D\sqrt{\varrho}$
Wasserstoff.	0,168	1	0,168
Sauerstoff	0,0409	4	0,164
Kohlensäure	0,0348	4,69	0,163

D bedeutet die Durchflußmenge, die mit $\sqrt{\varrho}$ multipliziert für die verschiedenen Gase ein konstantes Produkt ergeben muß, was auch innerhalb der Fehlergrenzen erfüllt ist.

[1]) M. KNUDSEN, Ann. d. Phys. Bd. 28, S. 114. 1909.

84. Thermische Molekularströmung. Ein Gefäß habe eine senkrechte Scheidewand mit einer kleinen Öffnung. Das Gas links von der Scheidewand habe die Temperatur T_0, rechts T_1. Wir fragen nach dem Gleichgewicht des Gases, d. h. nach dem Verhältnis der Dichten in den beiden Teilen des Gefäßes, wenn kein Gas durch die Öffnung strömt.

Wir haben (Ziff. 80) gefunden, daß in der Zeiteinheit auf die Flächeneinheit der Gefäßwand $\frac{Nc}{4}$ Molekeln auftreffen. Hat unsere Öffnung die Größe dS, so fliegen von links nach rechts $\frac{Nc_0}{4}dS$, von rechts nach links $\frac{Nc_1}{4}dS$ Molekeln in der Sekunde durch die Öffnung. Im Falle des Gleichgewichts müssen beide Zahlen gleich groß sein. Es muß also $N_0 c_0 = N_1 c_1$ oder

$$\frac{N_0}{N_1} = \frac{\varrho_0}{\varrho_1} = \frac{c_1}{c_0} = \sqrt{\frac{T_1}{T_0}}$$

sein.

Während also bei einer größeren Öffnung $\frac{\varrho_0}{\varrho_1} = \frac{T_1}{T_0}$ ist, was unmittelbar aus dem BOYLE-CHARLESschen Gesetz folgt, gilt für die kleine Öffnung obige Beziehung. Halten wir ϱ_0, T_0 und T_1 konstant, so ist für eine große Öffnung $\varrho_1 = \varrho_0 \frac{T_0}{T_1}$, für eine kleine $\varrho_1 = \varrho_0 \sqrt{\frac{T_0}{T_1}}$. Ist $T_1 > T_0$, so $\frac{T_0}{T_1} < \sqrt{\frac{T_0}{T_1}}$, daher ist für die große Öffnung ϱ_1 kleiner als für die kleine. Haben wir also in unserer Scheidewand eine kleine und eine große Öffnung, so wird das Gas nicht im Gleichgewicht bleiben können, sondern es muß eine Strömung durch die kleine Öffnung vom kälteren zum wärmeren Teil und umgekehrt durch die große Öffnung erfolgen.

Was eine enge Öffnung bewirkt, erfolgt auch in einem Kapillarrohr, dessen eines Ende wir etwa auf der Temperatur T_0, das andere auf T_1 halten. Auch hier erfolgt ein Strömen des Gases durch das Rohr vom kälteren zum wärmeren Ende. Verbinden wir die beiden Teile des oben beschriebenen Gefäßes durch ein Kapillarrohr, so stellt sich genau so wie bei einer kleinen Öffnung ein Dichtenunterschied ein, der durch die Gleichung $\frac{\varrho_1}{\varrho_0} = \sqrt{\frac{T_0}{T_1}}$ bestimmt ist. Auch das könnten wir in ähnlicher Weise wie das Strömen durch ein enges Rohr (Ziff. 83) bei einem Druckgefälle behandeln (s. G. JÄGER, Fortschr. d. kinet. Gasth. 2. Aufl., S. 111. Braunschweig 1919). Das läßt sich auf einen Fall übertragen, der seit langem bekannt ist. Haben wir eine poröse Platte, die auf der einen Seite wärmer ist als auf der anderen, so strömt beständig Luft von der kälteren durch die Poren zur wärmeren Seite. Alle diese Erscheinungen kann man unter dem Namen „thermische Molekularströmung" zusammenfassen.

b) Gase zwischen normaler Dichte und höchster Verdünnung.

85. Gleitung der Gase. Wir denken uns wieder zwei ebene parallele horizontale Platten vom Abstand z_1. Die untere machen wir zur xy-Ebene eines Koordinatensystems. Sie bleibe beständig in Ruhe. Die obere bewege sich mit der Geschwindigkeit u_1 parallel zur x-Achse (Abb. 11). Parallel zu den beiden Platten denken wir uns zwei Ebenen u' und u'' in der Entfernung λ von der unteren bzw. der oberen Platte. Zwischen den beiden Platten sei ein Gas von der Eigenschaft, daß es zwischen den Ebenen 0 und u' sowie zwischen den Ebenen u'' und u_1 den Reibungskoeffizienten η', zwischen u' und u'' jedoch den Reibungskoeffizienten η besitzt. Da die untere Platte beständig in Ruhe, die obere sich mit konstanter Geschwindigkeit u_1 bewegt, so muß sich ein stationärer Zustand herstellen. Wir wollen unter u', u'' und u_1 auch die zu den so bezeichneten Ebenen gehörigen Geschwindigkeiten verstehen. Dann werden wir die Geschwindigkeit u' schreiben können: $u' = \left(\frac{du}{dz}\right)'\lambda$, die Geschwindigkeit

$$u'' = u' + \frac{du}{dz}(z_1 - 2\lambda)$$

und schließlich

$$u_1 = 2u' + \frac{du}{dz}(z_1 - 2\lambda) = 2\lambda\left(\frac{du}{dz}\right)' + (z_1 - 2\lambda)\frac{du}{dz}.$$

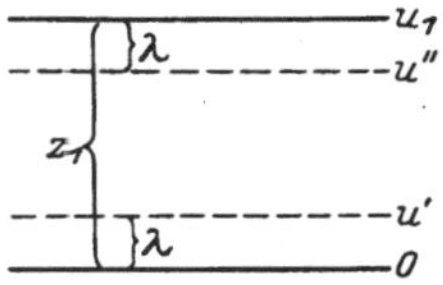

Abb. 11. Modell zur inneren Reibung eines verdünnten Gases.

Wir verstehen also unter du/dz den Geschwindigkeitsanstieg zwischen den Ebenen u' und u'', während $\left(\frac{du}{dz}\right)'$ der Geschwindigkeitsanstieg zwischen 0 und u' bzw. u'' und u_1 ist.

Die Reibung per Flächeneinheit ist nun

$$R = \eta\frac{du}{dz} = \eta'\left(\frac{du}{dz}\right)'.$$

Daraus folgt

$$\left(\frac{du}{dz}\right)' = \frac{\eta}{\eta'}\cdot\frac{du}{dz}.$$

Folglich wird

$$u_1 = 2\lambda\cdot\frac{\eta}{\eta'}\cdot\frac{du}{dz} + (z_1 - 2\lambda)\frac{du}{dz} = \left[z_1 + 2\lambda\left(\frac{\eta}{\eta'} - 1\right)\right]\frac{du}{dz}.$$

Diese Gleichung besagt uns folgendes: Bewegen wir die obere Platte mit konstanter Geschwindigkeit u_1, so hätten wir per Flächeneinheit eine Kraft $\eta\frac{du}{dz}$ aufzuwenden, wenn der ganze Zwischenraum mit einem Gas vom Reibungskoeffizienten η erfüllt wäre. Da wir aber oben und unten eine Schicht von der Dicke λ mit einem andern Reibungskoeffizienten haben, so wird dadurch du/dz, das ist der Geschwindigkeitsanstieg der mittleren Schicht, sich ändern, und zwar so, daß er kleiner wird, wenn der Klammerausdruck unserer letzten Gleichung wächst und umgekehrt. Wird aber du/dz kleiner, so wird auch die Reibung $R = \eta\frac{du}{dz}$ kleiner. Würden wir also unter diesen Verhältnissen die Sache so auffassen, als wäre der Raum zwischen den beiden Platten von einem einheitlichen Gas ausgefüllt, dessen Reibungskoeffizienten wir η_1 nennen wollen, so wäre die Reibung $R_1 = \eta_1\frac{u_1}{z_1}$, indem wir $\frac{u_1}{z_1}$ als den Geschwindigkeitsanstieg ansehen würden. Es ist aber jetzt $\eta_1 < \eta$.

Wir wollen nun voraussetzen, die Molekeln zwischen den Ebenen 0 und u' bzw. u'' und u_1 stoßen miteinander nicht zusammen, d. h. die Reibung kann für diese zwei Schichten wie für ein sehr verdünntes Gas gerechnet werden. Sie wird also sein $R_1 = \frac{p}{4}\sqrt{\frac{3M}{RT}}u'$ (Ziff. 82). Da nach dem BOYLE-CHARLESschen Gesetz für die Masseneinheit des Gases $\frac{p}{\varrho} = \frac{c^2}{3} = \frac{RT}{M}$ ist, so finden wir leicht

$$R_1 = \frac{\varrho c}{4}u' = \frac{1}{4}\varrho c\lambda\frac{u'}{\lambda} = \frac{1}{4}\varrho c\lambda\left(\frac{du}{dz}\right)' = \eta'\left(\frac{du}{dz}\right)',$$

indem wir $\frac{u'}{\lambda}$ als den Geschwindigkeitsanstieg $\left(\frac{du}{dz}\right)'$ ansehen können. In der Mittelschicht ist

$$R_1 = \frac{1}{3}\varrho c \lambda \frac{du}{dz} = \eta \frac{du}{dz}.$$

Wir finden also

$$\frac{\eta}{\eta'} = \frac{4}{3}\frac{l}{\lambda}$$

und

$$u_1 = \left[z_1 + 2\lambda\left(\frac{4}{3}\frac{l}{\lambda} - 1\right)\right]\frac{du}{dz}. \tag{49}$$

Wir wollen jetzt die Voraussetzung machen, daß wir unsern fingierten Fall teilweise der Wirklichkeit anpassen können. Innerhalb eines großen Druckintervalls bleibt der Reibungskoeffizient konstant. Für dieses Intervall haben wir $u_1 = z_1 \frac{du}{dz}$. Wir müssen also $\frac{4}{3}\frac{l}{\lambda} - 1 = 0$ oder $\frac{l}{\lambda} = \frac{3}{4}$ setzen. Es ist auch plausibel, daß die Schichtdicke, innerhalb deren wir von den Zusammenstößen der Molekeln absehen können, um so größer werden wird, je größer die mittlere Weglänge l wird, so daß also tatsächlich $\frac{l}{\lambda}$ für ein großes Druckintervall konstant $\frac{3}{4}$ bleiben wird.

Da in Wirklichkeit alle Weglängen vorkommen, nur mit verschiedener Wahrscheinlichkeit (Ziff. 43), so werden auch Molekeln von einer Platte zur andern fliegen, ohne unterwegs einen Zusammenstoß zu erleiden. Die Zahl dieser Molekeln wird bei Gasen normalen Drucks verschwindend klein sein, mit zunehmender Verdünnung werden sie aber einen merklichen Einfluß erlangen. Für diesen ist dann λ durch die Entfernung der beiden Platten begrenzt. Es kann λ nicht mehr proportional der mittleren Weglänge wachsen. Dann wird $\frac{l}{\lambda}$ ebenfalls wachsen und dementsprechend auch der Klammerausdruck in Gleichung (49). Damit wird aber $\frac{du}{dz}$, das ist der Geschwindigkeitsanstieg der mittleren Schicht, und, da $R_1 = \eta \frac{du}{dz}$, auch die Reibung kleiner werden.

Wir sehen auch, von einer gewissen Dichte an wird die Reibung und, wenn wir $R_1 = \eta_1 \frac{u_1}{z_1}$ setzen, auch der Reibungskoeffizient η_1 kleiner. Die Gesetzmäßigkeit, nach der dies erfolgt, wird natürlich ziemlich verwickelt sein. Erst wenn wir zu sehr großer Verdünnung kommen, erhalten wir die einfache Beziehung, die wir früher (Ziff. 82) gefunden haben.

Die Versuche, die KUNDT und WARBURG[1]) mit einer schwingenden Scheibe ausführten, zeigten bis herab zu $^1/_{60}$ at konstanten und dann mit weiterer Verdünnung abnehmenden Reibungskoeffizienten. Man versuchte, das durch Gleitung des Gases an der Wand zu erklären, doch kann man vom Standpunkt der kinetischen Theorie nicht gut von einer Gleitung sprechen. Auch der Umstand, daß nicht alle Wände „absolut rauh" sind, wird auf die Größe der inneren Reibung, so wie wir sie verständlich zu machen versuchten, einen Einfluß haben müssen.

---

[1]) A. KUNDT u. E. WARBURG, Pogg. Ann. Bd. 155, S. 337 u. 525. 1875.

86. Der Temperatursprung. Bei der innigen Beziehung, die zwischen innerer Reibung und Wärmeleitung besteht, steht zu erwarten, daß auch beim Übergang vom normalen Druck eines Gases zu sehr hohen Verdünnungen sich bei der Wärmeleitung ähnliche Erscheinungen wie bei der inneren Reibung einstellen werden. In der Tat haben schon KUNDT und WARBURG, als sie die Gleitung der Gase annahmen, auch darauf hingewiesen, daß für die Wärmeleitung bei sehr verdünnten Gasen etwas Ähnliches existieren müsse. Das heißt: während bei Vorhandensein der Gleitung eine Unstetigkeit in der Strömungsgeschwindigkeit nachweisbar ist an der Grenze zwischen festem Körper und Gas, so würde dies für die Wärmeleitung die Bedeutung haben, daß an dieser Grenzfläche eine Unstetigkeit in der Temperatur vorhanden sein muß, daß also für den Fall, daß Wärme vom Gas an den festen Körper oder umgekehrt abgegeben wird, an der Oberfläche des Körpers eine tiefere bzw. höhere Temperatur herrschen müßte als in der unmittelbar daranstoßenden Grenzschicht des Gases. Einen solchen Temperatursprung konnte v. SMOLUCHOWSKI[1]) mit voller Sicherheit nachweisen. Es sind bei seinen Versuchen Temperatursprünge bis zu 7° aufgetreten.

Den Nachweis liefert man in der Art, daß man ein Gefäß in einem zweiten abkühlen läßt, wobei der Zwischenraum das verdünnte Gas enthält. Macht man diesen verschieden weit, so läßt sich bei Annahme konstanter Wärmeleitung des Gases die Abkühlungsgeschwindigkeit des inneren Gefäßes berechnen. Diese Rechnungen stimmen nicht mehr, wenn man die Verdünnung genügend weit treibt. Bei Annahme eines Temperatursprungs lassen sich die experimentellen Angaben in Übereinstimmung mit der Rechnung bringen und gleichzeitig die Größe des Temperatursprungs bestimmen.

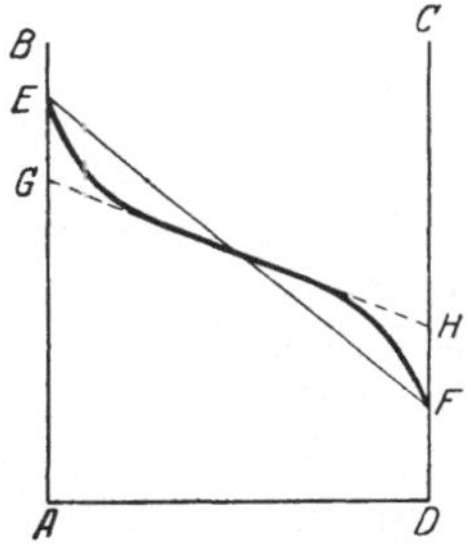

Abb. 12. Temperaturabfall eines verdünnten Gases zwischen zwei Wänden verschiedener Temperatur.

Wir haben hier einen ganz analogen Fall wie bei der inneren Reibung. *AB* und *CD* (Abb. 12) seien zwei parallele Wände. Dazwischen befinde sich ein Gas. Die Ordinaten *AE* und *DF* sollen uns die Temperaturen der Wände *AB* bzw. *CD* darstellen. Bei einem stationären Zustand und normaler Wärmeleitfähigkeit sollte nun die Temperatur zwischen den Platten längs der Geraden *EF* abfallen. Ist aber ein Temperatursprung vorhanden, so wird der Abfall längs der Kurve *EF* erfolgen. Das Temperaturgefälle im Innern des Gases, das jetzt durch die Gerade *GH* dargestellt wird, ist kleiner als früher. Entsprechend kleiner ist auch die Wärmeüberführung. *EG* und *HF* würden also die Temperatursprünge darstellen. Ein tatsächlicher Temperatursprung — natura non facit saltus — ist nach unserer Darstellung nicht vorhanden.

Wir können zur Erklärung auch hier genau so vorgehen wie bei der inneren Reibung. Es ist deshalb völlig überflüssig, noch einmal ins einzelne einzugehen. Wir können uns zwei Grenzschichten denken, die wir wie hochverdünnte Gase behandeln, und eine Mittelschicht, die sich im normalen Zustand befindet. Es wird nun mit wachsender Dicke der Grenzschicht die Wärmeüberführung anfänglich konstant bleiben und von einer gewissen Verdünnung des Gases an mit weiter abnehmendem Druck allmählich abnehmen und schließlich in den bekannten Zustand hochverdünnter Gase übergehen. Auch die Gefäßwand selbst wird einen Einfluß haben müssen; denn dadurch, daß die Gasmolekeln beim Zusammenstoß mit jenen des festen Körpers, insbesondere falls diese eine erheblich

[1]) M. v. SMOLUCHOWSKI, Wiener Ber. (2a) Bd. 107, S. 304. 1898.

verschiedene Masse haben, im allgemeinen nicht vollständig dessen Temperatur annehmen, wird ebenfalls die Wärmeüberführung herabgesetzt werden. Nach dieser Annahme muß ein Temperatursprung entstehen, der um so größer ist, je größer das Verhältnis der Masse der Molekeln der Gefäßwand zu jener des Gases ist. In der Tat haben v. SMOLUCHOWSKIS Messungen ergeben, daß der Temperatursprung, der durch diese Ursache bedingt ist, bei Wasserstoff weitaus größer ist als bei anderen Gasen, was in Übereinstimmung steht mit der weitaus geringeren Masse der Wasserstoffmolekeln gegenüber jener anderer Gase. Allerdings mag da auch die mittlere Weglänge des Wasserstoffs, die bei gleichem Druck etwa doppelt so groß ist als die anderer Gase, eine Rolle spielen. Von M. KNUDSEN[1]) wurde schließlich nachgewiesen, daß der Temperatursprung tatsächlich auch von der Natur der Gefäßwand abhängig ist.

VIII. Kinetische Theorie der Flüssigkeiten.

a) Die ideale Flüssigkeit.

87. Übergang des gasförmigen zum flüssigen Zustand; Definition der idealen Flüssigkeit. Wir haben bisher immer die Gase nur im normalen und im verdünnten Zustand behandelt, nur ganz ausnahmsweise streiften wir das Verhalten bei höherem Druck oder größerer Dichte. Es geschah dies deshalb, weil dem Verhalten der Gase bei höherem Druck bis zur Verflüssigung ein eigenes Kapitel „Zustand der gasförmigen und flüssigen Körper" gewidmet ist.

Wenn wir ein Gas immer mehr komprimieren, so zeigt sich, daß mit zunehmendem Druck die Beziehung zwischen Druck, Volumen und Temperatur, wie wir sie im BOYLE-CHARLESschen Gesetz kennengelernt haben, immer mehr von diesem Gesetz abweicht. Wir beobachten, daß das Volumen, das sich nach dem BOYLE-CHARLESschen Gesetz mit wachsendem Druck ja schließlich auf Null reduzieren müßte, auch nicht annähernd dies befolgt, sondern sich einem Grenzwert nähert, unter den wir es selbst mittels höchster Druckkräfte nicht herabbringen können. Nichtsdestoweniger bemerken wir keine Änderung des Aggregatzustandes. Wir können auch bei den höchsten Drucken das Gas als solches ansprechen. Man pflegte seinerzeit solche Gase permanente Gase zu nennen. Andere Gase verhalten sich wieder so, daß sie von einem gewissen Druck an sich zu verflüssigen beginnen. Sie teilen sich in zwei Aggregatzustände, den flüssigen und den gasförmigen. In diesem Zustand haben sie einen ganz bestimmten Druck, der nur von der Natur des Gases und der Temperatur abhängt. Wir nennen ihn den Druck des gesättigten Dampfes. Unter diesem Druck können wir das Volumen so lange verkleinern, bis sich das ganze Gas in Flüssigkeit verwandelt hat. Wollen wir jetzt weiterkomprimieren, so müssen wir selbst für kleine Volumsverringerungen oft schon sehr bedeutende Druckerhöhungen anwenden. Das Verhalten ist jetzt ein gänzlich anderes als im gasförmigen Zustand. Man hat erkannt, daß jedes Gas, auch die sog. permanenten, verflüssigt werden können, falls man nur ihre Temperatur genügend herabsetzt. Jedem Gas kommt eine Grenztemperatur zu, die sog. kritische Temperatur, oberhalb deren es nicht verflüssigt werden kann, also ein permanentes Gas ist, unterhalb deren es aber sowohl im gasförmigen als flüssigen, ja auch im festen Zustand auftreten kann. Dasselbe gilt natürlich auch für jede Flüssigkeit. Sie kann nur unterhalb der kritischen Temperatur als solche bestehen, oberhalb tritt sie nur als Gas auf.

[1]) M. KNUDSEN, Ann. d. Phys. (4) Bd. 34, S. 593. 1911.

Es gehörte zu den ersten Bemühungen der kinetischen Gastheorie, die Abweichungen vom BOYLE-CHARLESschen Gesetz zu erklären und dieses Gesetz zweckentsprechend abzuändern. Für mäßig dichte Gase war es auch nicht schwer, solche Korrekturen, und zwar theoretisch begründet, anzubringen. Es zeigte sich nun, daß sich sog. Zustandsgleichungen aufstellen ließen, die sowohl den gasförmigen als den flüssigen Zustand leidlich darstellten. Doch müssen alle diese Gleichungen mehr oder weniger als empirische Formeln angesehen werden, indem alle Versuche, aus der Theorie allein eine exakte Zustandsgleichung abzuleiten, daran scheiterten, daß bei zunehmender Dichte des Gases sich unüberwindliche Schwierigkeiten für die mathematische Darstellung bieten. Es erscheint daher auf diesem Wege vor der Hand ausgeschlossen, von der Theorie der Gase einen Übergang auf eine exakte Theorie der Flüssigkeiten zu finden, und es hat dieser Umstand G. JÄGER[1]) bewogen, die Theorie der Flüssigkeiten von einer ganz anderen Seite in Angriff zu nehmen.

Wie es von großem Vorteil für den Ausbau der kinetischen Gastheorie war, daß man zuerst die Eigenschaften der idealen Gase darzustellen suchte und später erst auf die wirklichen Gase überging, so scheint der einzig richtige Weg zum Ausbau einer kinetischen Theorie der Flüssigkeiten darin zu liegen, daß man erst versucht, eine ideale Flüssigkeit zu konstruieren und deren Eigenschaften zu präzisieren, und erst dann zu den wirklichen Flüssigkeiten übergeht.

Die Molekeln einer idealen Flüssigkeit stellen wir uns als Kugeln vor. Man tat dies ursprünglich zur Vereinfachung der Rechnung ja auch mit den Gasmolekeln. Diese Kugeln sollen für eine einfache Flüssigkeit in Größe und Masse alle einander gleich, vollkommen elastisch und unendlich wenig kompressibel sein. Sie üben Anziehungskräfte aufeinander aus, deren Wirkungssphäre so groß ist, daß innerhalb einer viele Molekeln Platz finden. Ferner sollen sie so nahe aneinanderliegen, daß die Kräfte, die eine Molekel von den Nachbarmolekeln erfährt, nach allen Richtungen dieselben sind, d. h. sich gegenseitig in ihrer Wirkung aufheben. Im Inneren der Flüssigkeit verhält sich also jede Molekel so, als würde sie von den Nachbarmolekeln gar keine Kraft erfahren. Abgesehen vom Größenunterschied der mittleren Weglängen werden sich die Molekeln genau so bewegen wie die Molekeln eines idealen Gases. Der Kompressions- sowie der thermische Ausdehnungskoeffizient der Flüssigkeit sei so klein, daß wir das Volumen bezüglich des äußeren Druckes und der Temperatur als konstant annehmen können.

Die Anziehungskräfte, welche die Molekeln aufeinander ausüben, seien nur von deren gegenseitiger Entfernung abhängig. Sie kompensieren sich zwar im Innern der Flüssigkeit, nicht aber an deren Oberfläche. Die Oberflächenmolekeln werden dadurch einen Zug gegen das Innere der Flüssigkeit erfahren, was für dieses den Effekt hat, als würde der äußere Druck auf die Flüssigkeit erhöht. Man pflegt deshalb diese Druckerhöhung den inneren Druck der Flüssigkeit zu nennen.

Nach unserer Annahme, daß wir den Kompressions- und Ausdehnungskoeffizienten der Flüssigkeit vernachlässigen können, wird der innere Druck eine konstante, vom äußeren Druck und der Temperatur unabhängige Größe sein. Auch die Kapillaritätskonstante und die Verdampfungswärme sollen in diesem Sinne als konstante Größen angesehen werden. Der gesättigte Dampf unserer Flüssigkeit soll sich wie ein ideales Gas verhalten. Seine Dichte sei gegenüber der Dichte der Flüssigkeit sehr klein, sein spezifisches Volumen im selben Sinne also sehr groß, so daß jenes der Flüssigkeit häufig vernachlässigt

[1]) G. JÄGER, Ann. d. Phys. Bd. 11, S. 1077. 1903.

werden kann; dasselbe kann mit der Dichte des Dampfes gegenüber der Flüssigkeitsdichte geschehen.

Die so definierte Flüssigkeit, der ja auch wirkliche Flüssigkeiten, wie z. B. das Quecksilber, sehr nahekommen, erleichtert die Anwendung der Sätze der Thermodynamik wie auch der kinetischen Theorie der Materie sehr bedeutend. Wir wollen dies alles dadurch erläutern, daß wir sowohl auf thermodynamischem als auch auf kinetischem Wege die Abhängigkeit des Druckes des gesättigten Dampfes von der Temperatur ableiten.

88. Die Dampfspannung einer Flüssigkeit. Nach CLAPEYRON und CLAUSIUS steht die Verdampfungswärme r einer Flüssigkeit mit der absoluten Temperatur T, dem Dampfdruck p, dem spezifischen Volumen v des Dampfes und v' der Flüssigkeit in der Beziehung

$$r = T\frac{\partial p}{\partial T}(v - v')\,. \tag{50}$$

v' soll gegen v vernachlässigt werden. Nach dem BOYLE-CHARLESschen Gesetz gilt für die Masseneinheit des Dampfes (Ziff. 8)

$$v - v' = \frac{RT}{Mp}.$$

Danach wird Gleichung (50)

$$r = \frac{RT^2}{Mp}\cdot\frac{dp}{dT}$$

oder

$$\frac{dp}{p} = \frac{rM}{R}\cdot\frac{dT}{T^2}.$$

Für die ideale Flüssigkeit sind in dieser Gleichung bloß p und T als veränderlich aufzufassen. Die Integration ergibt

$$ln p = -\frac{rM}{R}\cdot\frac{1}{T} + \ln C\,,$$

wenn C eine willkürliche Konstante ist. Indem wir an Stelle der Logarithmen deren Zahlen setzen, erhalten wir

$$p = Ce^{-\frac{rM}{RT}} \tag{51}$$

Die Verdampfungswärme r drücken wir hier in Energiemaß aus. Wir können sie als Arbeit auffassen, deren Wesen wir nach unserer Vorstellung von der Flüssigkeit leicht erkennen können. Die Oberflächenmolekeln erfahren einen Zug gegen das Innere der Flüssigkeit, der sich bis zu einer gewissen Tiefe erstreckt, nämlich so weit, als die Flüssigkeitsmolekeln noch merkbare Anziehungskräfte aufeinander ausüben. Um daher eine Molekel aus dem Flüssigkeitsinneren an die Oberfläche zu bringen, muß eine bestimmte Arbeit geleistet werden zur Überwindung der Anziehungskräfte. Diese wirken nun auch noch über die Oberfläche der Flüssigkeit hinaus, so daß also auch noch Arbeit zu leisten ist, um die Molekel von der Flüssigkeitsoberfläche in das Dampfinnere zu bringen, wo die Anziehung der Flüssigkeitsmolekeln auf die Dampfmolekeln verschwindend klein wird. Die Gesamtarbeit, die geleistet werden muß, um eine Molekel aus dem Flüssigkeitsinneren ins Dampfinnere zu bringen, sei a. Diese Größe können wir aber auch die Verdampfungswärme einer Molekel nennen. In der Masseneinheit der Flüssigkeit seien n Molekeln. Um also 1 g der Flüssigkeit zu verdampfen, ist die Arbeit na

aufzuwenden. Die Verdampfungswärme der Flüssigkeit ist na. Beachten wir, daß nach dem BOYLE-CHARLESschen Gesetz

$$\frac{nm\overline{c^2}}{3} = \frac{RT}{M}$$

ist, so können wir bilden

$$\frac{rM}{RT} = \frac{3na}{nm\overline{c^2}} = \frac{3a}{m\overline{c^2}}.$$

Für die Dampfspannung ergibt sich dann nach Gleichung (51)

$$p = Ce^{-\frac{3a}{m\overline{c^2}}}.$$

Für eine ideale Flüssigkeit können wir den Dampfdruck p auch sehr leicht aus der kinetischen Theorie herleiten. Es besteht thermisches Gleichgewicht, wenn in der Zeiteinheit ebensoviel Molekeln aus dem Dampf in die Flüssigkeit übergehen wie umgekehrt aus der Flüssigkeit in den Dampf. Ist u die Geschwindigkeitskomponente der Dampfmolekeln senkrecht zur Flüssigkeitsoberfläche, so ist $N\bar{u}/2$ die Zahl der Molekeln, die in der Sekunde durch die Oberflächeneinheit in die Flüssigkeit übertreten, wenn N die Zahl der Molekeln in der Volumeinheit des Dampfes ist. $N/2$ Molekeln fliegen also gegen die Flüssigkeitsoberfläche, die andere Hälfte entfernt sich von ihr und $\bar{u}$ ist der Mittelwert der gegen die Flüssigkeit gerichteten Geschwindigkeitskomponenten u.

Die Zahl der Molekeln, die in der Sekunde durch die Oberflächeneinheit der Flüssigkeit in den Dampf übergehen und eine Geschwindigkeitskomponente normal zur Oberfläche zwischen u und $u + du$ besitzen, sei $\varphi(u)\,du$. Nicht alle Flüssigkeitsmolekeln, welche die Oberfläche treffen, können in den Dampf übertreten, sondern nur jene, deren kinetische Energie senkrecht zur Oberfläche größer ist als die zum Übertritt nötige Arbeitsleistung a. Für die Möglichkeit der Verdampfung muß also $\frac{mu^2}{2} > a$ oder $u > \sqrt{\frac{2a}{m}}$ sein. Die Zahl der in der Sekunde durch einen Quadratzentimeter der Oberfläche übertretenden Molekeln ist somit

$$\int\limits_{\sqrt{\frac{2a}{m}}}^{\infty} \varphi(u)\,du = \int\limits_{\sqrt{\frac{2a}{m}}}^{\infty} u f(u)\,du,$$

indem wir $\varphi(u) = u f(u)$ einführen. Soll nun thermisches Gleichgewicht zwischen Flüssigkeit und Dampf vorhanden sein, so muß

$$\frac{N\bar{u}}{2} = \int\limits_{\sqrt{\frac{2a}{m}}}^{\infty} u f(u)\,du \tag{52}$$

sein; denn dann treten in einer bestimmten Zeit ebenso viel Molekeln aus der Flüssigkeit in den Dampf über, als umgekehrt ihn verlassen.

Aus der Druckgleichung $p = \frac{Nm\overline{c^2}}{3}$ gewinnen wir $N = \frac{3p}{m\overline{c^2}}$ können somit Gleichung (52) verwandeln in

$$p = \frac{2m\overline{c^2}}{3\bar{u}} \int\limits_{\sqrt{\frac{2a}{m}}}^{\infty} u f(u)\,du.$$

Früher fanden wir

$$p = C e^{-\frac{3a}{m\overline{c^2}}},$$

so daß also gilt

$$\frac{2m\overline{c^2}}{3\bar{u}} \int\limits_{\sqrt{\frac{2a}{m}}}^{\infty} u f(u) du = C e^{-\frac{3a}{m\overline{c^2}}}.$$

Wir wissen ferner von früher (Ziff. 32) her, daß

$$\int\limits_{\sqrt{\frac{2a}{m}}}^{\infty} u f(u) du = \frac{\bar{u}}{2} e^{-\frac{3a}{m\overline{c^2}}}$$

ist, und können wie dort weiter finden

$$-x f(x) dx = -\frac{9\bar{u} C x}{2m(\overline{c^2})^2} e^{-\frac{3x^2}{2\overline{c^2}}} dx.$$

Nach dem Vorhergehenden haben wir weiter $x f(x) = \varphi(x)$ und erhalten so für die Zahl der übertretenden Flüssigkeitsmolekeln

$$\varphi(u) du = \frac{9\bar{u} C u}{2m(\overline{c^2})^2} e^{-\frac{3u^2}{2\overline{c^2}}} du. \tag{53}$$

Im Innern der Flüssigkeit bewegen sich die Molekeln vollkommen kräftefrei, so daß für sie dasselbe Verteilungsgesetz der Geschwindigkeiten wie für den gasförmigen Zustand gelten muß. Wir finden also (Ziff. 34) $\bar{u} = \sqrt{\frac{2\overline{c^2}}{3\pi}}$ und können das Verteilungsgesetz der Gasmolekeln schreiben

$$\frac{N}{\alpha\sqrt{\pi}} e^{-\frac{u^2}{\alpha^2}} du = \frac{3\bar{u} N}{2\overline{c^2}} e^{-\frac{3u^2}{2\overline{c^2}}} du.$$

Die Zahl der Gasmolekeln, die in der Sekunde einen Quadratzentimeter einer Ebene passieren, finden wir, wenn wir diesen Ausdruck noch mit u multiplizieren. Wir erhalten somit der Form nach für das ideale Gas denselben Ausdruck wie für unsere Flüssigkeit, nur hätten wir in letzterem Fall N durch $\frac{3C}{m\overline{c^2}}$ zu ersetzen.

In anderen Worten heißt das nichts anderes, als daß die Zahl der Stöße, welche die Molekeln auf die Flächeneinheit einer idealen durch die Flüssigkeit gelegten Ebene ausführen, viel größer ist, als wir erhalten, wenn wir diese Zahl nach der Formel für ideale Gase berechnen würden.

89. Der innere Druck der Flüssigkeit. Wir wollen nun noch einen Blick auf die Konstante C werfen. Um deren Bedeutung einzusehen, ist es notwendig, den inneren Druck der Flüssigkeit in die Rechnung einzuführen. Den Dampfdruck sehen wir gegenüber dem inneren Druck als verschwindend klein an. Befände sich die Flüssigkeit in einem Gefäß mit vollkommen starren Wänden, das sie vollständig ausfüllt, würden die Flüssigkeitsmolekeln ihren Bewegungszustand unverändert beibehalten, ihre Anziehungskräfte aber plötzlich verschwinden, so würde die Flüssigkeit auf die Gefäßwände einen Druck ausüben, der gleich ihrem inneren Druck ist. Für ein Gas konnten wir den Druck definieren als die Gesamtbewegungsgröße, welche die Molekeln durch die Flächeneinheit einer idealen Ebene in der Sekunde tragen. Dieselbe Definition können wir auch für den Druck der Flüssigkeit anwenden.

Multiplizieren wir die Gleichung (53) mit mu, der Komponente der Bewegungsgröße, die eine Molekel von der Masse m senkrecht gegen unsere ideale Ebene besitzt, und integrieren wir nach u von $-\infty$ bis $+\infty$, so erhalten wir den inneren Druck

$$P = \int_{-\infty}^{+\infty} m u \varphi(u)\, du = \frac{9\bar{u}C}{2(\overline{c^2})^2}\int_{-\infty}^{+\infty} u^2 e^{-\frac{3u^2}{2\overline{c^2}}} du = \bar{u}C\sqrt{\frac{6}{\overline{c^2}}}\int_{-\infty}^{+\infty} x^2 e^{-x^2} dx = \bar{u}C\sqrt{\frac{3\pi}{2\overline{c^2}}}.$$

Wir haben also hier $\frac{3u^2}{2\overline{c^2}} = x^2$ und nach (Ziff. 20) $\int_{-\infty}^{+\infty} x^2 e^{-x^2} dx = \frac{\sqrt{\pi}}{2}$ gesetzt. Wir haben ferner wie oben $\bar{u} = \frac{\alpha}{\sqrt{\pi}}$ und $\alpha^2 = \frac{2\overline{c^2}}{3}$ (Ziff. 20). Nach Einführung dieser Werte für $\bar{u}$ und $\overline{c^2}$ in unsere Gleichung für den inneren Druck erhalten wir

$$P = C.$$

Folglich ist nach der eingangs gewonnenen Formel

$$p = C e^{-\frac{rM}{RT}}$$

der Dampfdruck der Flüssigkeit nichts anderes als der mit $e^{-\frac{rM}{RT}}$ multiplizierte innere Druck, so daß wir schließlich die Gleichung erhalten

$$p = P e^{-\frac{rM}{RT}}.$$

Aus dieser Formel können wir jetzt natürlich bei Kenntnis der übrigen Größen, die aber alle der Messung leicht zugänglich sind, den inneren Druck berechnen.

Zum Vergleich mit unserem Resultat wollen wir den inneren Druck noch auf eine andere Weise herleiten. Wir wollen wieder annehmen, daß der äußere Druck vernachlässigt werden kann. Erhöhen wir die Temperatur der Flüssigkeit, so muß auch die kinetische Energie der Molekeln der absoluten Temperatur proportional wachsen. Damit das Volumen der Flüssigkeit konstant bleibt, haben wir den äußeren Druck um eine bestimmte Größe p zu erhöhen. Der innere Druck hingegen bleibt konstant. Es wird sich demnach der innere Druck zum Gesamtdruck, den die Molekeln ausüben, verhalten wie die ursprüngliche absolute Temperatur T zur neuen $T + \Delta$. Es besteht somit die Gleichung

$$\frac{P}{P+p} = \frac{T}{T+\Delta}. \tag{54}$$

Ist bei vernachlässigtem äußeren Druck für die Temperatur T das Volumen der Flüssigkeit v, für die Temperatur $T + \Delta$ entsprechend v', so können wir

$$v' = v(1 + \alpha\Delta) \tag{55}$$

setzen und α den Ausdehnungskoeffizienten der Flüssigkeit nennen. Wollen wir die Flüssigkeit vom Volumen v' bei konstanter Temperatur auf das Volumen v zurückbringen, so haben wir einen entsprechend hohen äußeren Druck p aufzuwenden und wir können schreiben

$$v = v'(1 - kp), \tag{56}$$

wobei wir k den Kompressionskoeffizienten nennen. Aus Gleichung (55) folgt nun $v' - v = v'\alpha\Delta$, aus Gleichung (56) $v' - v = v'kp$, folglich ist $\alpha\Delta = kp$ oder $\Delta = \frac{kp}{\alpha}$. Führen wir diesen Wert für Δ in Gleichung (54) ein, so finden wir leicht

$$P = \frac{\alpha}{k} T. \tag{57}$$

Auf das Quecksilber, das ja die von uns geforderten Bedingungen einer idealen Flüssigkeit nahezu erfüllt, angewendet, erhält man aus der Dampfspannungsformel sowohl sowie aus dem Mittelwert der bekannten Kompressionskoeffizienten nach Gleichung (57) ähnliche Werte für P und zwar rund

$$P = 20000 \text{ Atm.}$$

90. Innere Reibung der Flüssigkeiten und Größe der Molekelen. Wollen wir für die innere Reibung einer idealen Flüssigkeit eine Formel gewinnen, so haben wir genau dieselbe Überlegung zu machen wie für ein ideales Gas. Wir erhielten dafür [Ziff. 60, Gleichung (43)]

$$R = \frac{du}{dz} \sum \nu m \zeta z.$$

Wir brauchen die hier auftretenden Größen nur für Flüssigkeiten zu interpretieren. R, $\frac{du}{dz}$, m behalten ihre alte Bedeutung. Unter ν verstanden wir bei Gasen die Zahl der Molekeln in der Volumeinheit, die eine Geschwindigkeitskomponente ζ haben. $\nu\zeta$ ist dann die Zahl der Molekeln, die in der Sekunde die Flächeneinheit einer zur xy-Ebene parallelen Ebene passieren. Der Druck ist gegeben durch $p = \sum \nu m \zeta^2$. Für die Flüssigkeit haben wir an Stelle des p den inneren Druck P zu setzen. Dieser ist $P = \sum \mathfrak{N} m \zeta^2$, so daß sich $\mathfrak{N} : \nu = P : p$ verhält. $\mathfrak{N}$ hat aber nicht die Bedeutung der Zahl der Molekeln in der Volumeinheit, sondern, wie wir (Ziff. 88 und 89) kennenlernten, haben wir dafür

$$\frac{3C}{m\bar{c}^2} = \frac{3P}{m\bar{c}^2}$$

zu setzen.

Während wir bei Gasen ohne weiteres unter z die Ordinate des Mittelpunkts der Molekel einführen konnten, da wir die Größe der Molekel gegenüber deren mittlerer Weglänge als sehr klein ansahen, müssen wir bei Flüssigkeiten die mittlere Weglänge gegenüber dem Durchmesser der Molekeln als sehr klein betrachten, so daß wir unter z nicht die Ordinate des Mittelpunktes einer Molekel, sondern die des jeweiligen Stoßpunktes der Oberfläche der Molekel einführen müssen. Es ergibt sich aus dieser Betrachtungsweise ferner, daß zwischen zwei Zusammenstößen die Molekel kaum ihren Platz ändert, so daß wir für die Entfernung der beiden Stoßpunkte im Raum einfach die Länge der Sehne einführen können, welche die beiden Stoßpunkte der Molekel miteinander verbindet. Da alle Punkte der Oberfläche einer Molekel mit derselben Wahrscheinlichkeit gestoßen werden, so ist der Mittelwert der Entfernungen zweier aufeinander folgender Stoßpunkte, wie man sich durch eine einfache Rechnung leicht überzeugen kann, gleich dem Radius der Molekel oder gleich $\sigma/2$. Während wir also bei idealen Gasen $z = -\lambda \cos\vartheta$ und für $\cos\vartheta = \frac{\zeta}{c}$, also auch $z = -\frac{\lambda\zeta}{c}$ setzen konnten, wobei wir nach der Summierung für λ die mittlere Weglänge l erhielten, haben wir jetzt an Stelle dieser mittleren Weglänge die Größe $\sigma/2$ einzuführen. Es wird demnach für die Flüssigkeit $z = -\frac{\zeta\sigma}{2c}$. Mit Benützung dieses Ausdrucks erhalten wir für die innere Reibung

$$R = -\frac{1}{2}\frac{du}{dz}\sum \mathfrak{N} m \zeta^2 = -\frac{1}{2}\frac{du}{dz}\frac{P\sigma}{c}.$$

Da auch $R = -\eta\frac{du}{dz}$, so ist

$$\eta = \frac{P\sigma}{2c}. \tag{58}$$

Vergleichen wir damit den Reibungskoeffizienten für Gase

$$\eta = \frac{1}{3} N m c l = \frac{p l}{c},$$

indem ja $p = \frac{N m c^2}{3}$, so erkennen wir ohne weiteres die Analogie zwischen Gas- und Flüssigkeitsreibung. Natürlich haben wir für l jetzt $\frac{\sigma}{2}$ zu setzen.

Da wir in der Lage sind, den Reibungskoeffizienten einer Flüssigkeit experimentell zu bestimmen und deren inneren Druck, wie früher (Ziff. 89) gezeigt wurde, zu berechnen, so gibt die letzte Formel die Möglichkeit, den Durchmesser einer Flüssigkeitsmolekel zu ermitteln, indem wir Gleichung (58)

$$\sigma = \frac{2c\eta}{P}$$

schreiben können. Auf Quecksilber angewendet, erhalten wir

$$\sigma = 30 \cdot 10^{-9}\ \mathrm{cm},$$

eine mit den Resultaten anderer Methoden übereinstimmende Größe.

b) Der osmotische Druck[1].

91. Druck eines Gases großer Dichte. Wir können den Gasdruck (Ziff. 5) auf eine beliebige Ebene beziehen, die wir durch das Gas gelegt denken, und können ihn als die gesamte Bewegungsgröße definieren, die senkrecht zur Ebene durch die Flächeneinheit derselben sowohl nach der einen als nach der anderen Richtung von den Molekeln getragen wird. Schreiben wir den Molekeln Kugelgestalt von nicht zu vernachlässigender Ausdehnung zu, so hat dies zur Folge, daß mehr Bewegungsgröße in der Sekunde durch die Flächeneinheit der Ebene getragen wird; denn denken wir uns z. B. den Fall, mehrere vollkommen elastische Kugeln — als solche wollen wir uns die Molekeln vorstellen — seien in einer geraden Linie aufgestellt. Die erste treffe mit der Geschwindigkeit c auf die zweite, so kommt die erste zur Ruhe, die zweite nimmt sofort die Geschwindigkeit der ersten an; dasselbe Spiel wiederholt sich sofort zwischen der zweiten und dritten Kugel usw. Der Verlauf ist also so, als hätte sich die erste Kugel allein bewegt, jedoch bei jedem Zusammenstoß sofort eine Wegstrecke gleich dem Durchmesser σ einer Molekel übersprungen. D. h. es wird in diesem Fall eine gewisse Strecke rascher durchlaufen, als es ohne Zusammenstöße geschieht.

[1]) Die Abschnitte b) und c) sind der Arbeit G. Jägers „Über die osmotisch-kinetische Theorie der verdünnten Lösungen" (ZS. f. phys. Chem. Bd. 93, S. 275. 1919) entnommen, die eine weitere Ausführung von Ann. d. Phys. (4) Bd. 41, S. 854. 1913; Bd. 54, S. 463. 1918 sind.

Dasselbe erfolgt, wenn zwei Kugeln zentral gegeneinander fliegen. Sie trennen sich mit vertauschten Geschwindigkeiten in entgegengesetzter Richtung. Es ist gerade so, als wären die Kugeln durcheinander hindurchgeflogen, nur hat dabei wieder jede die Strecke σ übersprungen.

In einem ruhenden Gas sind nun die Bewegungsrichtungen der Molekeln über den Raum gleichmäßig verteilt und es wird diese Verteilung durch die Zusammenstöße der Molekeln nicht gestört. Die Komponente der gesamten Bewegungsgröße der Molekeln nach einer bestimmten Richtung, wobei nur die positiven Werte gezählt werden sollen, ist daher von der Richtung selbst vollständig unabhängig und es hätte, wenn wir auf die Ausdehnung der Molekeln keine Rücksicht nehmen, die normal durch die Flächeneinheit der Ebene in der Zeiteinheit getragene Bewegungsgröße den Wert $\Sigma n m \xi^2$. Dieser Wert wird vergrößert, wenn wir den Einfluß der Zusammenstöße der Molekeln in Betracht ziehen und wir wollen diesen Einfluß mit dem Namen „Förderung der Bewegungsgröße" bezeichnen.

Stoßen zwei Molekeln mit der relativen Geschwindigkeit r gegeneinander und bildet r mit der Zentrilinie den (spitzen) Winkel χ, so erfährt dadurch die Bewegungsgröße $m r \cos\chi$ eine Förderung $\sigma m r \cos\chi$. Bildet dabei die Zentrilinie mit der Normalen zur Ebene, für die wir den Druck berechnen wollen, den Winkel α, so haben wir senkrecht zur Ebene eine Förderung der Bewegungsgröße $\sigma m r \cos\chi \cos^2\alpha$, indem wir $\sigma\cos\alpha$ für σ und $m r \cos\chi\cos\alpha$ für $m r \cos\chi$ zu setzen haben. Diese Förderung der Bewegungsgröße verteilt sich auf beide Molekeln.

Die gesamte Förderung ergibt sich jetzt durch Summierung über die in der Zeit- und Volumeinheit stattfindenden Zusammenstöße. Die Zahl der Molekeln in der Volumeinheit, die eine Geschwindigkeit zwischen c und $c + dc$ haben, sei $f(c)dc$, analog $f(c')dc'$ die Zahl von Geschwindigkeiten zwischen c' und $c' + dc'$. Für ein verdünntes Gas ist die Zahl der Zusammenstöße die eine Art der Molekeln mit der anderen in der Sekunde macht

$$\frac{\pi\sigma^2}{2} f(c)\,dc\, f(c')\,dc'\, r \sin\varphi\, d\varphi\,.$$

Diese Formel erleidet jedoch eine Veränderung, wenn das Volumen des Gases kleiner wird (Ziff. 50). Wir wollen dem dadurch gerecht werden, daß wir den letzten Ausdruck noch mit $1 + F\left(\frac{b}{v}\right)$ multiplizieren. $F\left(\frac{b}{v}\right)$ soll mit wachsendem Volumen abnehmen und für $v = \infty$ Null werden, mit abnehmendem Volumen jedoch zunehmen und, bevor es den Wert des Molekularvolumens b erreicht, unendlich groß werden.

Die Zahl der Zusammenstöße, bei welchen die relative Geschwindigkeit mit der Zentrilinie beim Stoß den Winkel λ einschließt, erhalten wir, wenn wir die obige Zahl noch mit $2\sin\chi\cos\chi\,d\chi$ multiplizieren. Ferner haben wir noch mit $\sin\alpha\, d\alpha$ zu multiplizieren, wenn wir von den Zusammenstößen die Zahl jener kennenlernen wollen, für welche die Zentrilinie mit der Normalen zu unserer Ebene den (spitzen) Winkel α einschließt. So erhalten wir schließlich

$$\pi\sigma^2\left[1 + F\left(\frac{b}{v}\right)\right] f(c)\,dc\, f(c')\,dc'\, r\sin\varphi\, d\varphi \sin\chi\cos\chi\, d\chi \sin\alpha\, d\alpha\,.$$

Um die gesamte Förderung der Bewegungsgröße kennenzulernen, haben wir diesen Ausdruck noch mit der Förderung der Bewegungsgröße für einen Stoß $\sigma m r\cos\chi\cos^2\alpha$ zu multiplizieren, zu bedenken, daß $r^2 = c^2 + c'^2 - 2cc'\cos\varphi$

ist, und nun nach α und χ zwischen den Grenzen 0 und $\pi/2$, nach φ zwischen 0 und π, nach c und c' zwischen 0 und ∞ zu integrieren. Die Integration über die verschiedenen Winkel ergibt

$$\frac{2}{9}\pi m \sigma^3 \left[1 + F\left(\frac{b}{v}\right)\right] (c^2 + c'^2) f(c) f(c') \, dc \, dc'.$$

Bei der Integration nach c und c' ist zu beachten, daß jeder Zusammenstoß zweimal gerechnet wird, so daß das Resultat durch 2 zu dividieren ist. Dies ergibt

$$\frac{\pi m \sigma^3}{9}\left[1 + F\left(\frac{b}{v}\right)\right] \int\limits_0^\infty \int\limits_0^\infty (c^2 + c'^2) f(c) f(c') \, dc \, dc' = \frac{2\pi m N^2 \sigma^3 \overline{c^2}}{9}\left[1 + F\left(\frac{b}{v}\right)\right],$$

da

$$\int\limits_0^\infty f(c)\,dc = \int\limits_0^\infty f(c')\,dc' = N$$

und

$$\int\limits_0^\infty c^2 f(c)\,dc = \int\limits_0^\infty c'^2 f(c')\,dc' = N\overline{c^2}$$

ist.

Sind n Molekeln im Volumen v, so $N = n/v$. Der Druck des verdünnten Gases ist $\frac{N m \overline{c^2}}{3} = \frac{n m \overline{c^2}}{3v}$. Zu diesem haben wir noch den letzten Ausdruck zu addieren, um den Druck des komprimierten Gases zu erhalten, so daß wir haben

$$p = \frac{n m \overline{c^2}}{3v}\left\{1 + \frac{2\pi n \sigma^3}{3v}\left[1 + F\left(\frac{b}{v}\right)\right]\right\} = \frac{n m \overline{c^2}}{3v}\left\{1 + \frac{4b}{v}\left[1 + F\left(\frac{b}{v}\right)\right]\right\},$$

indem wir $\frac{2}{3} n \pi \sigma^3 = 4b$ gesetzt haben. Führen wir noch

$$\frac{4b}{v}\left[1 + F\left(\frac{b}{v}\right)\right] = \psi$$

ein, so wird schließlich

$$p = \frac{n m \overline{c^2}}{3v}(1 + \psi).$$

ψ hat also die Eigenschaft, daß es mit wachsendem v sich der Null nähert, während es mit abnehmendem v wächst und, bevor v noch den Wert b erreicht, unendlich groß wird. Für ein Mol des Gases ändert sich jetzt das BOYLE-CHARLESsche Gesetz in $pv = RT(1 + \psi)$, für N Mole ist

$$pv = NRT(1 + \psi).$$

92. Druck der einzelnen Gase eines komprimierten Gasgemenges. Wir denken uns ein Gemenge von zwei Gasen. Von dem einen sei nur eine geringe Menge vorhanden, so daß es für sich allein als verdünntes Gas angesehen werden kann. Die Menge des andern sei so groß, daß wir das Gemenge selbst als stark komprimiert ansehen müssen. Wir suchen nun jenen Anteil des Gesamtdrucks, den das erste, das verdünnte Gas verursacht. Den Druck suchen wir in der herkömmlichen Weise, indem wir die Bewegungsgröße suchen, die durch die Molekeln in der Sekunde durch die Flächeneinheit irgendeiner im Gas fixierten Ebene, die wir zur yz-Ebene eines Koordinatensystems machen wollen, getragen wird. Parallel zu dieser Ebene legen wir zwei Ebenen die um dx voneinander entfernt sind. Wir begrenzen die Flächeneinheit der einen Ebene und errichten darauf einen Zylinder zur zweiten. Dieser hat also den Inhalt dx, er enthält $N_1 dx$ Molekeln des ersten Gases, wenn N_1 die Zahl der Molekeln dieses Gases in der Volumeinheit bedeutet. Diese Molekeln sollen die mittlere Weglänge l_1 und die Geschwindigkeit c_1 besitzen. l_1 ist dabei infolge der Anwesenheit des zweiten, verdichteten Gases sehr klein. Für das erste Gas finden $\frac{N_1 c_1}{l_1} dx$ Stöße in der Sekunde in unserm Zylinder statt. Ebensoviel Molekeln fliegen in der Sekunde von unserm Zylinder aus. Wir haben an anderer Stelle (Ziff. 43) gefunden, daß von n Molekeln $n\alpha e^{-\alpha r} dr$ einen Weg zwischen r und $r + dr$ zurücklegen, wobei unter α der reziproke Wert der mittleren Weglänge zu verstehen ist. Die Zahl der Molekeln, die aus unserm Zylinder ausfliegen und einen Weg zwischen r und $r + dr$ zurücklegen, ist somit

$$\frac{N_1 c_1 e^{-\frac{r}{l_1}}}{l_1^2} dx\, dr\,.$$

Von diesen passieren jene die yz-Ebene, deren Bewegungsrichtungen mit der negativen x-Achse einen Winkel ϑ einschließen, derart, daß $r\cos\vartheta > x$ ist. Stellen wir noch die Bedingung, daß Bewegungsrichtungen mit der negativen x-Achse einen Winkel zwischen ϑ und $\vartheta + d\vartheta$ einschließen, so gelangen wir (Ziff. 7) zur Zahl

$$\frac{N_1 c_1 e^{-\frac{r}{l_1}}}{2 l_1^2} dx\, dr \sin\vartheta\, d\vartheta\,.$$

Multiplizieren wir diesen Ausdruck noch mit der Komponente der Bewegungsgröße einer Molekel parallel zur x-Achse $m_1 c_1 \cos\vartheta$, so ergibt dies die in der Sekunde durch die Flächeneinheit der Ebene getragene Bewegungsgröße

$$\frac{N_1 m_1 c_1^2 e^{-\frac{r}{l_1}}}{2 l_1^2} dx\, dr \sin\vartheta \cos\vartheta\, d\vartheta\,.$$

Durch Integration nach den einzelnen Veränderlichen erhalten wir dann den Druck des verdünnten Gases. Die Integration nach ϑ von 0 bis $\arccos\frac{x}{r}$ ergibt

$$\frac{N_1 m_1 c_1^2 e^{-\frac{r}{l_1}}}{2 l_1^2} dx\, dr \int_0^{\arccos\frac{x}{r}} \sin\vartheta \cos\vartheta\, d\vartheta = \frac{N_1 m_1 c_1^2}{2 l_1^2} e^{-\frac{r}{l_1}} dx\, dr \left[-\frac{\cos^2\vartheta}{2}\right]_0^{\arccos\frac{x}{r}}$$

$$= \frac{N_1 m_1 c_1^2}{4 l_1^2} e^{-\frac{r}{l_1}} dx\, dr \left(1 - \frac{x^2}{r^2}\right).$$

Diesen Ausdruck integrieren wir nach x zwischen den Grenzen 0 und r und erhalten dann

$$\frac{N_1 m_1 c_1^2}{4 l_1^2} e^{-\frac{r}{l_1}} dr \int_0^r \left(1 - \frac{x^2}{r^2}\right) dx = \frac{N_1 m_1 c_1^2}{6 l_1^2} r e^{-\frac{r}{l_1}} dr\,,$$

was wir schließlich noch nach r von 0 bis ∞ zu integrieren haben. Das ergibt

$$\frac{N_1 m_1 c_1^2}{6 l_1^2} \int_0^\infty r e^{-\frac{r}{l_1}} dr = \frac{N_1 m_1 c_1^2}{6}\,.$$

Das ist die Bewegungsgröße, die von rechts nach links durch unsere Ebene getragen wird. Ebensoviel geht von links nach rechts. Die Summe beider stellt den Druck $p = \frac{N_1 m_1 c_1^2}{3}$ dar, der sich mit Rücksicht auf ein Verteilungsgesetz der Geschwindigkeiten [Ziff. 5, Gleichung (1)] schreiben läßt

$$p = \frac{N m \overline{c^2}}{3}.$$

Das Interessante des Resultats besteht nun darin, daß ein verdünntes Gas in einem Gasgemenge, das an sich unter sehr hohem Druck stehen kann, genau denselben Druck ausübt, als wäre es allein vorhanden. Dies rührt daher, daß die Förderung der Bewegungsgröße, an der es mit teilnimmt, fast ausschließlich den Molekeln des zweiten stark komprimierten Gases zukommt, während die Förderung, die eine Molekel des ersten Gases einer gleichartigen erteilt, wegen ihrer Seltenheit vernachlässigt werden kann. Wir können also den Druck des verdünnten Gases so berechnen, als kämen gar keine Zusammenstöße vor.

93. Wirkung einer halbdurchlässigen Wand. Das Gefäß, in dem sich das Gasgemenge befindet, sei durch eine halbdurchlässige Wand geteilt, durch welche das verdünnte Gas nicht hindurch kann, wohl aber das komprimierte. Dieses wird also das ganze Gefäß erfüllen. Das verdünnte Gas soll sich aber nur in dem einen Gefäßteil befinden. Das komprimierte Gas wird sich nur dann im Gleichgewicht befinden, wenn es auf beiden Seiten der Wand denselben Druck ausübt; denn nur dann werden gleich viel Molekeln nach der einen Richtung wie nach der andern die Wand in der Sekunde passieren. Dafür bildet das verdünnte Gas kein Hindernis; denn jede Molekel dieses Gases, die sich unmittelbar an der Wand befindet, ist genau so ein Hindernis für die austretenden als für die eintretenden Molekeln des zweiten Gases.

Die Sache sieht sich also folgendermaßen an. Im ganzen Gefäß befindet sich ein komprimiertes Gas, das einen bestimmten Druck ausübt, der natürlich nicht durch das Boyle-Charlessche Gesetz gegeben ist, sondern durch die früher (Ziff. 91) entwickelte Gleichung. In jenem Teil des Gefäßes aber, in dem sich auch das verdünnte Gas befindet, kommt zu dem Druck des komprimierten Gases noch jener des verdünnten hinzu. In diesem Teil des Gefäßes werden wir also einen Überdruck in Vergleich zum andern Teil haben, der das Boyle-Charlessche Gesetz befolgt.

Den von uns untersuchten Fall können wir nun ohne weiteres auf eine verdünnte Lösung anwenden. Wir denken uns in das reine Lösungsmittel ein Gefäß eingetaucht, das eine verdünnte Lösung enthalte. Eine halbdurchlässige Wand, d. h. durchlässig für das Lösungsmittel, undurchlässig für die gelöste Substanz, trenne das reine Lösungsmittel von der Lösung. Die reine Flüssigkeit sehen wir an wie ein Gas unter sehr hohem Druck. Dieser ist der innere Druck der Flüssigkeit. Die Molekeln der gelösten Substanz stehen, da wir es mit einer verdünnten Lösung zu tun haben, relativ weit voneinander ab, werden sich daher innerhalb des Lösungsmittels so verhalten wie die Molekeln eines verdünnten innerhalb eines sehr stark komprimierten Gases. Den inneren Druck einer Flüssigkeit können wir mit einem Manometer nicht messen. Der Überdruck, der in der Lösung gegenüber dem reinen Lösungsmittel vorhanden ist, wird als Druck auf die Gefäßwände sich äußern, d. h. in dem Gefäß, das die Lösung enthält, wird im Fall des Gleichgewichts des Lösungsmittels ein Überdruck vorhanden sein müssen, der manometrisch meßbar ist und den wir den osmotischen Druck nennen.

Der osmotische Druck einer verdünnten Lösung muß demnach genau dieselben Gesetze befolgen wie der Druck eines verdünnten Gases.

Für konzentrierte Lösungen können wir mit Anwendung halbdurchlässiger Wände natürlich auch den osmotischen Druck messen. Doch wird er sich dann nicht wie der Druck eines verdünnten Gases verhalten, sondern er wird ähnliche Abweichungen vom BOYLE-CHARLESschen Gesetz zeigen, wie man sie bei einem stark komprimierten Gas beobachtet.

Die formale Analogie des osmotischen Drucks mit dem Gasdruck wollen wir zur Lösung folgenden Beispiels benützen. Zwei Lösungsmittel, die sich nicht mischen, sollen einander berühren. Wir fragen: „Wie verteilt sich eine Substanz, die sich in beiden Lösungsmitteln löst, in diesen?[1]" Wir denken uns eine horizontale Trennungsfläche. In der unteren Flüssigkeit seien per Volumseinheit N in der oberen N' Molekeln des Gelösten vorhanden. Wir setzen die Gültigkeit des MAXWELLschen Verteilungsgesetzes der Geschwindigkeiten voraus. Die Arbeit, die zur Überwindung der Molekularkräfte notwendig ist, wenn eine Molekel des Gelösten durch die Trennungsebene von unten nach oben geht, sei a. Es herrscht dann Gleichgewicht (Ziff. 31), wenn

$$N' = N e^{-\frac{3a}{m\overline{c^2}}}$$

ist. Da wir $\frac{3a}{m\overline{c^2}} = \frac{rM}{RT}$ setzen können, wenn wir unter r die Differenz der Lösungswärmen in den beiden verschiedenen Lösungsmitteln verstehen bei so verdünnten Lösungen, daß bei weiterer Verdünnung keine Wärmetönung mehr stattfindet. Es bleibt also $\frac{N}{N'} = e^{-\frac{rM}{RT}}$. Bei genügend verdünnten Lösungen ist r von der Konzentration unabhängig. Bei konstanter Temperatur ist daher auch $e^{-\frac{rM}{RT}}$ konstant, und wir erhalten den NERNSTschen Satz, daß für nicht dissoziierende Substanzen das Verhältnis der Konzentrationen in den beiden Lösungsmitteln unabhängig von der Menge der gelösten Substanz ist.

c) Weitere Gesetzmäßigkeiten verdünnter Lösungen.

94. Innerer Druck, Dampfspannung, Verdampfungswärme und Siedepunkt. Wir denken uns ein U-Rohr (Abb. 13), das an seinem unteren Teil eine halbdurchlässige Wand H besitzt. Der linke Schenkel enthalte reines Lösungsmittel R, der rechte die verdünnte Lösung L. Es wird Gleichgewicht vorhanden sein, wenn die Säule der Lösung von der Höhe h im Niveau N des Lösungsmittels einen hydrostatischen Druck ausübt, der gleich dem osmotischen Druck ist. Es steht also die Lösung im Niveau N unter einem Druck, der um den osmotischen Druck höher ist als der Druck auf das reine Lösungsmittel. Vom inneren Druck des Lösungsmittels (Ziff. 89 und 90) wissen wir, daß er in einer verdünnten Lösung denselben Wert besitzt wie im reinen Lösungsmittel und daß der Anteil des Drucks der gelösten Substanz gleich dem osmotischen Druck ist. Daraus erkennen wir ohne weiteres, daß auch der Gesamtdruck, unter dem die Lösung steht, um den osmotischen Druck höher

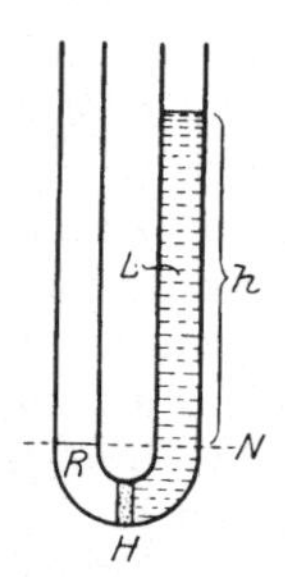

Abb. 13. Osmotischer und innerer Druck.

[1] G. JÄGER, Boltzmann-Festschrift S. 313. 1904.

ist als der Gesamtdruck des reinen Lösungsmittels. Nehmen wir deshalb vom Gesamtdruck der Lösung den osmotischen Druck weg, indem wir den äußeren Druck um diese Größe verringern, so muß Lösungsmittel und Lösung unter demselben Gesamtdruck stehen, und da der äußere Druck auf beiden jetzt derselbe ist, folgt, daß eine verdünnte Lösung denselben inneren Druck besitzen muß wie das reine Lösungsmittel.

Dasselbe Resultat können wir auch durch folgende Überlegung erhalten. Wären keine Kohäsionskräfte vorhanden, so müßte der gesamte thermische Druck, das ist die Summe aus äußerem und innerem Druck, durch den äußeren Druck allein im Gleichgewicht gehalten werden. Der Druck der Lösung, gleichviel ob äußerer oder thermischer, ist um den osmotischen Druck größer als jener des reinen Lösungsmittels. Wir führen nun wieder Kohäsionskräfte ein. Der Unterschied der äußeren Drucke soll sich nicht ändern. Die thermischen Drucke bleiben unverändert. Die äußeren Drucke müssen sich demnach um gleiche Größen verringern, nämlich um den in Lösung und Lösungsmittel gleich großen inneren Druck.

Wir stellen uns jetzt ein geschlossenes Gefäß vor, das zum Teil mit einer Flüssigkeit, zum Teil von ihrem gesättigten Dampf erfüllt ist. Wir denken uns einen Teil der Flüssigkeitsmolekeln, ohne ihre Eigenschaften sonst irgendwie zu ändern, gekennzeichnet. Hat sich ein stationärer Zustand hergestellt, so wird sowohl im Dampf als auch in der Flüssigkeit derselbe Bruchteil gekennzeichneter Molekeln vorhanden sein. Wir geben jetzt den gekennzeichneten Molekeln die Eigenschaft, daß sie zwar aus dem Dampf in die Flüssigkeit übergehen können, nicht aber aus der Flüssigkeit in den Dampf. Für die nicht gekennzeichneten Molekeln wird sich das Verhältnis zwischen Flüssigkeit und Dampf nicht ändern. Der Dampf selbst wird jetzt aber um die gekennzeichneten Molekeln ärmer werden. Der Dampfdruck wird ein kleinerer sein als früher.

Einen analogen Fall haben wir in einer verdünnten Lösung vor uns. Hier sind die gekennzeichneten Molekeln, welche die Flüssigkeit nicht verlassen können, durch die Molekeln einer gelösten nichtflüchtigen Substanz ersetzt. Die Zahl der Molekeln des Lösungsmittels, die jetzt in der Sekunde aus der Lösung in den Dampf übergehen, ist in gleicher Weise kleiner wie früher bei den fingierten gekennzeichneten Molekeln. Im selben Maß wie dort muß also auch für die Lösung der Dampfdruck kleiner sein als für das reine Lösungsmittel. Nennen wir daher die Zahl der Molekeln des Lösungsmittels in der Volumeinheit N, die Zahl der darin befindlichen Molekeln des Gelösten n, den Dampfdruck des reinen Lösungsmittels p, jenen der Lösung p', so muß die Dampfdruckerniedrigung $p - p'$ sich zum Druck p verhalten wie n zu $N + n$. Unsere Lösung sei so verdünnt, daß wir n gegen N vernachlässigen können. Dann wird

$$\frac{p - p'}{p} = \frac{n}{N}.$$

Wir erhalten also das von Raoult empirisch gefundene Gesetz der relativen Dampfdruckerniedrigung verdünnter Lösungen.

Für den Dampfdruck einer idealen Flüssigkeit fanden wir (Ziff. 89) $p = P e^{-\frac{rM}{RT}}$. Für die Lösung können wir schreiben $p' = P' e^{-\frac{r'M}{RT}}$. Dabei haben wir unter P' jenen Anteil des inneren Drucks zu verstehen, der dem reinen Lösungsmittel allein zukommt. Wie wir oben sahen, ist der innere Druck einer verdünnten Lösung gleich jenem im reinen Lösungsmittel, also gleich P. In der Lösung tragen zu diesem Druck die Molekeln des Lösungsmittels wie die der gelösten

Substanz ihrer Zahl entsprechend bei. Haben wir daher n Mole in N Molen gelöst, so muß die Gleichung bestehen

$$\frac{P}{P'} = \frac{N+n}{N}.$$

Da nun $\frac{p-p'}{p} = \frac{p-p'}{p'} = \frac{n}{N}$, was ohne weiteres so geschrieben werden kann, da $p - p'$ gegen p als klein anzunehmen ist, so können wir weiter bilden $\frac{p}{p'} - 1 = \frac{n}{N}$ oder $\frac{p}{p'} = \frac{n}{N} + 1 = \frac{N+n}{N}$, also nach dem Obigen

$$\frac{p}{p'} = \frac{P}{P'}.$$

Daraus folgt, daß auch

$$r = r'$$

sein muß, d. h. verdünnte Lösung und reines Lösungsmittel haben dieselbe Verdampfungswärme.

Es ist nun auch leicht, die Formel für die Siedepunktserhöhung einer verdünnten Lösung zu finden. Der Siedepunkt des reinen Lösungsmittels sei T. Den zugehörigen Druck einer Atmosphäre wollen wir p nennen, der Dampfdruck der Lösung sei p'. Soll er ebenfalls gleich dem Druck einer Atmosphäre werden, so haben wir die Lösung auf die Siedetemperatur $T' = T + \Delta T$ zu bringen. Den Dampfdruck einer idealen Flüssigkeit stellten wir durch $p = Pe^{-\frac{rM}{RT}}$ dar, den einer Lösung durch $p' = P'e^{-\frac{rM}{RT'}}$. Soll $p' = p$ werden, so muß $Pe^{-\frac{rM}{RT}} = P'e^{-\frac{rM}{R(T+\Delta T)}}$ werden. Da aber nach dem Obigen $P = P'\left(1 + \frac{n}{N}\right)$, so

$$\left(1 + \frac{n}{N}\right)e^{-\frac{rM}{RT}} = e^{-\frac{rM}{R(T+\Delta T)}}.$$

Da $\frac{n}{N}$ klein gegen Eins ist, so können wir $1 + \frac{n}{N} = e^{\frac{n}{N}}$ setzen und erhalten

$$e^{\frac{n}{N} - \frac{rM}{RT}} = e^{-\frac{rM}{R(T+\Delta T)}}$$

oder

$$\frac{n}{N} - \frac{rM}{RT} = -\frac{rM}{RT\left(1 + \frac{\Delta T}{T}\right)} = -\frac{rM}{RT}\left(1 - \frac{\Delta T}{T}\right),$$

woraus man leicht die bekannte Formel für die Siedepunktserhöhung

$$\Delta T = \frac{RT^2}{rM} \cdot \frac{n}{N}$$

erhält.

95. Die Gefrierpunktserniedrigung. Ein fester Körper wird nach der kinetischen Theorie mit seinem Dampf im thermischen Gleichgewicht sein, wenn in der Sekunde ebensoviel Molekeln aus dem Dampf gegen den festen Körper als umgekehrt von der Oberfläche des festen Körpers in den Dampf übergehen. Wie für die Dampfspannung p_0 beim Schmelzpunkt T_0 einer Flüssigkeit die Formel (Ziff. 85) $p_0 = Ce^{-\frac{rM}{RT_0}}$, so werden wir für den festen Körper, der beim Gefrierpunkt des thermischen Gleichgewichts halber ja dieselbe Dampfspannung haben muß, finden

$$p_0 = C' e^{-\frac{(r+l)M}{RT_0}},$$

oder es ist

$$C e^{-\frac{rM}{RT_0}} = C' e^{-\frac{rM}{RT_0}} \cdot e^{-\frac{lM}{RT_0}},$$

wenn wir unter l die Schmelzwärme des Körpers verstehen. Es muß die Verdampfungswärme des festen Körpers ja gleich seiner Schmelzwärme vermehrt um die Verdampfungswärme der Flüssigkeit sein. Es ist also

$$C = C' e^{-\frac{lM}{RT_0}}.$$

Bringen wir diese Formel mit der Theorie des Dampfdrucks in Analogie, so wird C der Zahl ν der Flüssigkeitsmolekeln proportional sein, die in der Sekunde gegen die Flächeneinheit des festen Körpers fliegen, während C' in gleicher Weise proportional der Zahl ν' der Molekeln des festen Körpers ist, die in der Sekunde von seiner Oberfläche gegen die Flüssigkeit fliegen. Von den letzteren kann aber sich nur ein Teil losreißen und in die Flüssigkeit übergehen, nämlich der Teil $\nu' e^{-\frac{lM}{RT_0}}$. Es ist also auch

$$\nu = \nu' e^{-\frac{lM}{RT_0}}. \tag{59}$$

Beim Schmelzpunkt sind Flüssigkeit und fester Körper im thermischen Gleichgewicht. Wir setzen jetzt der Flüssigkeit eine geringe Menge einer sich lösenden Substanz zu. Das hat zur Folge, daß jetzt weniger Molekeln gegen den festen Körper fliegen werden; der Körper schmilzt. Wir können aber das thermische Gleichgewicht wiederherstellen, wenn wir die Temperatur des Ganzen erniedrigen.

Die vom festen Körper ausgehende Molekelzahl ist $\nu' e^{-\frac{lM}{RT_0}}$. Die Zahl ν der aus der Lösung kommenden Molekeln des Lösungsmittels ist aber jetzt kleiner. Es ist nach (Ziff. 94) anstatt ν jetzt $\nu\left(1 - \frac{n}{N}\right)$ zu setzen, wenn sich n Mole des Gelösten in N Molen des Lösungsmittels befinden. Soll also zwischen Lösung und festem Körper das thermische Gleichgewicht hergestellt werden, so muß

$$\nu\left(1 - \frac{n}{N}\right) = \nu' e^{-\frac{lM}{R(T_0 - \Delta T)}}$$

werden, wenn ΔT die entsprechende Temperaturerniedrigung des Ganzen ist. Da wir es nur mit einer verdünnten Lösung zu tun haben, so wird ΔT gegen T derselben Größenordnung nach klein sein, wie n gegen N. Es läßt sich daher bilden

$$\frac{1}{T_0 - \Delta T} = \frac{1}{T_0\left(1 - \frac{\Delta T}{T_0}\right)} = \frac{1}{T_0}\left(1 + \frac{\Delta T}{T_0}\right) = \frac{1}{T_0} + \frac{\Delta T}{T_0^2}.$$

Danach können wir obige Gleichung verwandeln in

$$\nu - \frac{n}{N}\nu = \nu' e^{-\frac{lM}{RT_0}} \cdot e^{-\frac{lM}{RT_0^2}\Delta T} = \nu' e^{-\frac{lM}{RT_0}}\left(1 - \frac{lM}{RT_0^2}\Delta T\right).$$

Nach Gleichung (59) erhalten wir jetzt

$$\frac{n\nu}{N} = \nu' e^{-\frac{lM}{RT_0^2}} \cdot \frac{lM}{RT_0^2} \Delta T$$

oder

$$\frac{n}{N} = \frac{lM}{RT_0^2} \Delta T$$

und

$$\Delta T = \frac{RT_0^2}{Ml} \cdot \frac{n}{N}.$$

Das ist die von VAN 'T HOFF zuerst aus thermodynamischen Betrachtungen gewonnene Gleichung für die Gefrierpunktserniedrigung von Lösungen.

d) Kolloidale Lösungen.

96. Einfluß äußerer Kräfte. Wenn wir das archimedische Prinzip des Auftriebs auf beliebig große Körper anwenden, so müßte es auch möglich sein, es für die Molekeln einer gelösten Substanz als gültig anzunehmen. Die Schwierigkeit würde nur darin bestehen, festzustellen, welchen Raum eigentlich eine Molekel des Gelösten in der Lösung einnimmt, d. h. welche Flüssigkeitsmenge von der Molekel tatsächlich verdrängt wird.

Es gibt nun eine Art von Lösungen, bei welchen das Gelöste nicht bis auf seine Molekeln zerteilt wird, sondern nur ein Zerfall in verhältnismäßig große, z. B. noch mikroskopisch wahrnehmbare Körperchen vorkommt. Es sind das die Emulsionen oder Suspensionen, je nachdem man es mit der Verteilung einer Flüssigkeit in einer anderen oder eines festen Körpers zu tun hat. Mit einem gemeinsamen Namen spricht man von kolloiden oder kolloidalen Lösungen.

Löst man Gummigutt oder Mastix in Wasser, so erhalten wir Emulsionen, deren Teilchen man mikroskopisch wahrnehmen und messen kann. Durch Zentrifugieren ist es sogar möglich, kolloidale Lösungen von Teilchen gleicher Größe zu erhalten. Eine solche Lösung können wir dann genau so wie eine gewöhnliche Lösung behandeln. Es liegt z. B. kein Grund vor, daß die Gesetze des osmotischen Drucks hier nicht gelten sollten, da wir ja nicht eine Grenze der Größe oder Masse der Teilchen in diesem Verhalten feststellen mußten. Sind die gelösten Teilchen spezifisch schwerer als das Lösungsmittel, so müssen sie zu Boden fallen; aber sie werden dort nicht ein festes Ganzes bilden, sondern eine Verteilung annehmen müssen wie die Gasmolekeln unter dem Einfluß der Schwere. Sie werden unter den Gesetzen des osmotischen Drucks stehen.

Wir können auf das Verhalten der Emulsionsteilchen bei statischen Problemen die hydrostatischen Grundgleichungen anwenden. Es gilt für eine äußere Kraft parallel zur x-Achse eines Koordinatensystems die Gleichung

$$\varrho X - \frac{dp}{dx} = 0,$$

wenn wir unter X die Kraft auf die Masseneinheit der Flüssigkeit (des Gases, des Gelösten) verstehen. Denken wir uns z. B. die x-Achse senkrecht nach oben gerichtet, so wird bezüglich der Schwerkraft $X = -g$, wenn wir unter g die Beschleunigung der Schwere verstehen. Die hydrostatische Gleichung können wir dann schreiben $\frac{dp}{dx} = -\varrho g$. Mit Zuhilfenahme des BOYLE-CHARLESschen Gesetzes $\frac{p}{\varrho} = \frac{RT}{M}$ oder differenziert $dp = \frac{RT}{M} d\varrho$ können wir sie verwandeln in

$$\frac{d\varrho}{\varrho} = -\frac{Mg}{RT} dx .$$

Integriert gibt diese Gleichung

$$\ln \varrho = -\frac{Mg}{RT} x + \text{konst.}$$

oder

$$\ln \varrho - \ln \varrho_0 = -\frac{Mg}{RT} x ,$$

wenn für $x = 0$ $\varrho = \varrho_0$ gilt. Wir können ferner $\frac{\varrho_0}{\varrho} = \frac{N_0}{N}$ setzen, wenn wir wie immer unter N_0 bez. N die Zahl der Molekeln in der Volumeinheit verstehen. Es folgt also

$$\ln \varrho_0 - \ln \varrho = \ln \frac{\varrho_0}{\varrho} = \ln \frac{N_0}{N} = \frac{Mg}{RT} x .$$

Gesetzt, wir hätten verschiedene Gase und suchen für die einzelnen jene Höhen auf, für die $\frac{N_0}{N}$ denselben Wert annimmt. Dann muß $\frac{Mgx}{RT}$ für alle dieselbe Konstante sein. Haben wir also zwei Gase von den Molekulargewichten M bzw. M', so gilt für unsere Aufgabe

$$\frac{Mgx}{RT} = \frac{M'gx'}{RT}$$

oder $Mx = M'x'$. Wie immer wir also etwa das Verhältnis $\frac{\varrho_0}{\varrho}$ wählen, immer wird die Gleichung bestehen

$$\frac{M}{M'} = \frac{x'}{x} . \tag{60}$$

Diese Folgerung können wir gleicherweise auf Emulsionen anwenden, wenn wir den Auftrieb des Lösungsmittels noch in Rechnung ziehen. Die Masse der in der Volumeinheit der Lösung vorhandenen gelösten Substanz wollen wir deren Dichte $\varrho = Nm$ nennen. m ist also die Masse eines Emulsionsteilchens, die für alle Teilchen denselben Wert haben soll, d. h. wir setzen die Teilchen der Emulsion als gleichartig voraus. Wir schreiben ihnen Kugelgestalt vom Radius r und die Dichte σ zu. Dann ist $m = \frac{4\pi r^3}{3}\sigma$. Mit dieser Masse tritt aber das Teilchen nicht in unser obiges hydrostatisches Problem ein, sondern wir müssen seine Schwere um den Auftrieb vermindern, so daß wir ihm eine scheinbare Masse $m' = \frac{4\pi r^3}{3}(\sigma - \sigma')$ geben müssen, wobei σ' die Dichte des Lösungsmittels ist. Wir haben also $m' = m\frac{\sigma - \sigma'}{\sigma}$ und ebenso $\varrho' = \varrho\frac{\sigma - \sigma'}{\sigma}$. Wenden wir somit unsere Gleichung (60) so an, daß wir unter M das Molekulargewicht eines Gases, unter M' jenes eines gelösten Kolloids setzen wollen, so ist für dieses anstatt M' die Größe $\frac{\sigma - \sigma'}{\sigma} M'$ einzuführen, und es wird

$$\frac{M}{M'} = \frac{x'}{x} \cdot \frac{\sigma}{\sigma - \sigma'} .$$

Wenn wir M' das Molekulargewicht der emulgierten Substanz nennen, so wird dies genau so definiert wie das eines beliebigen Körpers. Wie es hier als das Produkt aus der LOSCHMIDTschen Zahl und der Masse einer Molekel angesehen wird, so haben wir M' ebenfalls als das Produkt aus der LOSCHMIDTschen Zahl und der Masse eines Emulsionsteilchens einzuführen. Wir können M/M' auch als das Verhältnis der Masse einer Gasmolekel zu jener eines Emulsionsteilchens ansehen.

Wenn wir also imstande sind, eine Emulsion, etwa eine Gummiguttlösung von gleichartigen Teilchen herzustellen und mit Hilfe des Mikroskops ein Teilchen auszumessen, ferner jene Höhe zu bestimmen, in der die Dichte der Teilchen etwa auf die Hälfte abnimmt, so ist in unserer letzten Gleichung alles gegeben, um die Masse einer Gasmolekel zu bestimmen. Dies ist nun alles tatsächlich möglich. Nehmen wir etwa Wasserstoff, so kann man mit Hilfe der Höhenformel ohne weiteres feststellen, in welcher Höhe er nur die halbe Dichte von jener an der Erdoberfläche besitzen würde. Das wäre also in unserer Gleichung die Größe x. Vergleichen wir damit eine wässerige Gummiguttlösung. Es ist also σ die Dichte des Gummigutts, σ' die des Wassers. Die Höhe x', innerhalb welcher die Konzentration der Gummiguttlösung auf die Hälfte abnimmt, bestimmt man derart, daß man das senkrecht gestellte Mikroskop auf eine beliebige Tiefe der Lösung einstellt. Man wird dann im Gesichtsfeld eine gewisse Anzahl von Teilchen sehen, die in der Einstellungsebene liegen müssen. Diese Zahl wechselt beständig. Man wird daher durch längere Zeit beobachten und als Teilchenzahl das Zeitmittel nehmen. Nun heben wir das Mikroskop um eine bestimmte Höhe, etwa um einige hundertstel Millimeter, und bestimmen die Zahl neuerdings. Dann heben wir wieder um dieselbe Strecke, zählen wieder und fahren so fort. Es wird sich dann zeigen, ob sich diese Zahlen in die Höhenformel einordnen lassen. Es läßt sich dann auch leicht die Höhe bestimmen, innerhalb welcher die Teilchenzahl auf die Hälfte sinkt. Das ist die Größe x' in unserer Gleichung. Daß sich die Masse M' eines Teilchens bestimmen läßt, haben wir bereits früher erwähnt. Wir haben also jetzt alle Größen, um M, die Masse der Wasserstoffmolekel, zu bestimmen. Kennt man aber M, so ist auch die LOSCHMIDTsche Zahl gefunden.

Eine solche Untersuchung ist mit großen experimentellen Schwierigkeiten verbunden. J. PERRIN[1]) hat sie überwunden. Die Höhe, auf welche z. B. die Dichte einer Gummiguttlösung auf die Hälfte abnimmt, ist nur ein kleiner Bruchteil eines Millimeters. PERRIN fand für die Loschmidtsche Zahl $6{,}8 \cdot 10^{23}$ einen etwa um 10% zu großen Wert, was in Anbetracht der Versuchsfehler immerhin als ein Beweis dafür anzusehen ist, daß die Theorie des osmotischen Drucks auf kolloidale Lösungen angewendet werden kann.

97. Die BROWNsche Bewegung. Nach dem Äquipartitionstheorem oder, wie man zu deutsch sagt, dem Gleichverteilungssatz muß jeder Körper, der sich in einem Gas oder in einer Flüssigkeit befindet, eine mittlere kinetische Energie der fortschreitenden Bewegung annehmen, die gleich der mittleren Energie einer Molekel ist. Diese Bewegung läßt sich für gewöhnlich nicht beobachten, weil sie infolge der großen Masse sichtbarer Körper zu klein ausfällt. Anders wird es jedoch, wenn wir auf mikroskopisch kleine Körperchen herabgehen. So konnte der Botaniker BROWN[2]) an Gummigutteilchen in wässeriger Lösung beobachten, daß sie sich beständig in lebhafter Bewegung befinden. Es ist das die sog. BROWNsche Bewegung. Ihre Ursache wurde zuerst von A. EINSTEIN[3]) und

[1]) J. PERRIN, Die Atome; deutsch von A. LOTTERMOSER. Dresden: Th. Steinkopf 1914.
[2]) R. BROWN, Pogg. Ann. Bd. 14, S. 294. 1828.
[3]) A. EINSTEIN, Ann. d. Phys. (4) Bd. 17, S. 549. 1905; Bd. 19, S. 371. 1906.

v. SMOLUCHOWSKI[1]) in der thermischen Bewegung der Molekeln des Lösungsmittels richtig erkannt. SMOLUCHOWSKI ging in seiner Behandlung der BROWNschen Bewegung auf den Mechanismus des Vorgangs selbst näher ein und erhielt dieselbe Formel wie EINSTEIN, nur mit einem andern Zahlenfaktor. Neuerdings hat nach SMOLUCHOWSKIS Methode F. ZEILINGER[2]) eine alles berücksichtigende Darstellung gegeben und dabei EINSTEINS Resultat erzielt.

Wir bringen im folgenden im wesentlichen die EINSTEINsche Darstellung. Wir fragen nach der Wahrscheinlichkeit, mit der ein Teilchen in der Zeit t einen Weg zurücklegt, dessen Projektion auf die x-Achse eines Koordinatensystems eine Länge zwischen ξ und $\xi + d\xi$ besitzt. Wir nehmen an, sie lasse sich durch eine Funktion $f(\xi)\,d\xi$ ausdrücken. Summieren wir alle Wahrscheinlichkeiten von $-\infty$ bis $+\infty$, so muß das 1 ergeben. Ferner muß die Wahrscheinlichkeit für negative ξ dieselbe wie für gleich große positive ξ sein. Wir haben also

$$\int_{-\infty}^{+\infty} f(\xi)\,d\xi = 1 \quad \text{und} \quad f(-\xi) = f(+\xi).$$

Wir machen unsere weitere Untersuchung so, daß wir auf die Wanderung der Teilchen die gewöhnliche Diffusionsgleichung anwenden. Wir nehmen an, längs der x-Achse haben wir ein Konzentrationsgefälle, so daß wir die Zahl der Teilchen in der Volumeinheit $N = N_0 - a x$ setzen können. Dann ist die in der Zeit t durch die Flächeneinheit einer zur yz-Ebene parallelen Ebene wandernde Teilchenzahl $-\delta \dfrac{dN}{dx} t$, wenn wir mit δ (Ziff. 75) den Diffusionskoeffizienten bezeichnen.

Dies können wir aber auch folgendermaßen formulieren. In einer Schicht vom Querschnitt 1 und der Dicke dx befinden sich $N\,dx$ Teilchen, von denen in der Zeit t die Zahl $N\,dx\,f(\xi)\,d\xi$ die Schicht verlassen und die Wegkomponente ξ zurücklegen. Liegt diese Schicht in der Entfernung x von der yz-Ebene, so werden alle diese Teilchen sowohl nach rechts und ebensoviel nach links fliegen. Letztere werden die yz-Ebene durchsetzen, falls $\xi > x$ ist. Die Gesamtzahl der Teilchen, die durch die yz-Ebene gehen, erhalten wir daher durch Integration nach ξ von $\xi = x$ bis $\xi = \infty$. Dies ist somit

$$N\,dx \int_x^\infty f(\xi)\,d\xi.$$

Integrieren wir diesen Ausdruck noch nach x von 0 bis ∞, so erhalten wir alle Teilchen, die überhaupt in der Zeit t durch die yz-Ebene von rechts nach links wandern. Dies wird somit sein

$$\int_0^\infty N\,dx \int_x^\infty f(\xi)\,d\xi = \int_0^\infty (N_0 - a x)\,dx \int_x^\infty f(\xi)\,d\xi.$$

Gleicherweise werden in umgekehrter Richtung

$$\int_0^\infty (N_0 + a x)\,dx \int_x^\infty f(\xi)\,d\xi$$

Teilchen wandern, indem im selben Sinne, wie die Konzentration nach rechts von der yz-Ebene abnimmt, sie nach links zunehmen soll. Subtrahieren wir von dieser Zahl die frühere, so erhalten wir die Zunahme der Teilchen auf der

[1]) M. v. SMOLUCHOWSKI, Ann. d. Phys. (4) Bd. 21, S. 756. 1906; vgl. auch Ostwalds Klassiker Nr. 207.

[2]) F. ZEILINGER, Ann. d. Phys. (4) Bd. 75, S. 403. 1924.

rechten Seite, d. h. die Teilchenzahl, die tatsächlich von links nach rechts wandert. Diese wird

$$2a\int_0^\infty x\,dx\int_x^\infty f(\xi)\,d\xi\,.$$

Hier ist die Integration über alle ξ zu erstrecken, die größer als x sind, und dann ist noch nach x von 0 bis ∞ zu integrieren. Vertauschen wir die Integrationsgrenzen, so haben wir über alle x, die kleiner sind als ξ, zu integrieren und dann über ξ von 0 bis ∞. Es ist also

$$2a\int_0^\infty x\,dx\int_x^\infty f(\xi)\,d\xi = 2a\int_0^\infty f(\xi)\,d\xi\int_0^\xi x\,dx = 2a\int_0^\infty f(\xi)\,d\xi\cdot\frac{\xi^2}{2} = a\int_0^\infty \xi^2 f(\xi)\,d\xi$$

$$= \frac{a}{2}\int_{-\infty}^{+\infty}\xi^2 f(\xi)\,d\xi = \frac{a\,\overline{\xi^2}}{2}\,,$$

indem ja

$$\int_{-\infty}^{+\infty}\xi^2 f(\xi)\,d\xi = \overline{\xi^2}\,,$$

wobei wir also unter $\overline{\xi^2}$ den Mittelwert der Wegkomponente ξ in der Zeiteinheit verstehen. Nach dem Früheren können wir somit die Gleichung bilden

$$\frac{a\,\overline{\xi^2}}{2} = -\frac{\overline{\xi^2}}{2}\frac{dN}{dx} = -\delta t\,\frac{dN}{dx}\,,$$

woraus

$$\overline{\xi^2} = 2\,\delta t$$

folgt. Legen wir durch die Anfangslage eines Teilchens eine Ebene, so entfernt es sich von dieser in der Zeit t um eine Strecke ξ, so daß im Mittel das Quadrat der Entfernung proportional der Zeit ist, was von EINSTEIN vorausgesagt und von anderen experimentell bestätigt wurde.

Wir haben früher (Ziff. 96) gezeigt, daß für die Emulsionen der osmotische Druck genau so gilt wie für Lösungen. Wir nehmen an, daß wir parallel zur x-Achse eines Koordinatensystems ein Konzentrationsgefälle haben. Wir denken uns ein Elementarprisma von den Kanten α, β, γ parallel zu den drei Achsen. An der linken Seitenfläche wirke der osmotische Druck p, an der rechten $p' = p + \frac{dp}{dx}\alpha$. Die Kraft, die das Prisma nach rechts erfährt, ist

$$\beta\gamma(p - p') = -\frac{dp}{dx}\alpha\beta\gamma = -\frac{m\overline{c^2}}{3}\alpha\beta\gamma\frac{dN}{dx}\,,$$

da ja $p = \frac{Nm\overline{c^2}}{3}$ ist.

Diese Kraft wirkt auf $\alpha\beta\gamma N$ Teilchen. Nennen wir die Kraft auf ein Teilchen K, so ist

$$\alpha\beta\gamma NK = -\frac{m\overline{c^2}}{3}\alpha\beta\gamma\frac{dN}{dx}$$

oder

$$NK = -\frac{m\overline{c^2}}{3}\cdot\frac{dN}{dx} = -\frac{RT}{n}\cdot\frac{dN}{dx}\,,$$

wenn wir berücksichtigen, daß $\frac{nm\overline{c^2}}{3} = RT$ ist, unter n die Zahl der Teilchen in einem Mol verstanden.

Bewegt sich eine Kugel vom Radius r in einer Flüssigkeit vom Reibungskoeffizienten η unter dem Einfluß einer Kraft K, so erlangt sie nach STOKES die Geschwindigkeit $\frac{K}{6\pi\eta r}$. Legen wir senkrecht zur Kraft eine Ebene, so wandern durch deren Einheit in der Sekunde $\frac{NK}{6\pi\eta r}$ Teilchen. Diese Zahl können wir aber auch durch $-\delta\frac{dN}{dx}$ ausdrücken und erhalten die Gleichung

$$\frac{NK}{6\pi\eta r} = -\delta\frac{dN}{dx}$$

oder

$$NK = -\frac{RT}{n}\frac{dN}{dx} = -6\pi\eta r\delta\frac{dN}{dx}.$$

Daraus folgt für den Diffusionskoeffizienten

$$\delta = \frac{RT}{n}\cdot\frac{1}{6\pi\eta r}$$

oder, wenn wir beachten, daß $\overline{\xi^2} = 2\delta t$ ist,

$$\overline{\xi^2} = \frac{1}{3\pi\eta r}\cdot\frac{RT}{n}t.$$

Bestimmen wir $\overline{\xi^2}$ experimentell, so können wir entweder durch Messung des Teilchenradius die LOSLHMIDTsche Zahl, oder unter Voraussetzung der Kenntnis der LOSLHMIDTschen Zahl die Bestimmung von $\overline{\xi^2}$ als eine Methode zur Bestimmung des Teilchenradius verwenden. Beides ist gemacht worden in befriedigender Übereinstimmung mit den Resultaten anderer Methoden.

Kapitel 7.

Erzeugung von Wärme aus anderen Energieformen.

Von

W. JAEGER, Charlottenburg.

Mit 16 Abbildungen.

I. Umwandlung der Energieformen.

a) Allgemeines.

1. Umwandlung von Energieformen ineinander. Die Erkenntnis, daß die Wärme nicht ein Stoff ist, sondern nur eine Form von Energie darstellt, daß sie aus anderen Energieformen entsteht, und im Zusammenhang damit, daß die verschiedenen Energieformen ineinander verwandelbar sind, hat sich um die Mitte des vergangenen Jahrhunderts erst allmählich Bahn gebrochen, hauptsächlich infolge der epochemachenden Arbeiten von R. MAYER und H. v. HELMHOLTZ.

Die vor dieser Zeit herrschende Stofftheorie sah die Wärme als eine unzerstörbare Substanz an, deren Vorrat unveränderlich ist. Beim Schmelzen des Eises z. B. verschwindet eine bestimmte Wärmemenge, die beim Tauen desselben wieder zum Vorschein kommt; auch beim Mischen von Substanzen bleibt die Gesamtwärmemenge unverändert. Der Hauptvertreter dieser Theorie war der im übrigen auf dem Gebiete der Wärmeerscheinungen sehr verdienstvolle Engländer BLACK, der besonders über die bis dahin (1760) vielfach durcheinandergeworfenen Begriffe der Wärmemenge und der Temperatur dadurch Klarheit schaffte, daß er die Verschiedenheit der Wärmekapazität der Körper berücksichtigte. Auf diese Erkenntnis und auf die von ihm festgestellten Tatsachen der latenten Wärme stützte er im wesentlichen seine Anschauungen, die für lange Zeit in der Wärmelehre maßgebend waren und ein Hindernis für die Verbreitung der späteren Fortschritte bildeten, welche aber doch schließlich diese Theorie stürzen mußten.

Einen zwingenden Beweis dafür, daß Wärme neu entsteht, also nicht einem bereits vorhandenen Wärmevorrat entnommen wurde, brachte wohl zuerst ein Versuch von Graf RUMFORD[1]) in München, welcher zeigte, daß beim Ausbohren eines Kanonenrohres durch die mechanische Reibung Wärme entwickelt wurde, die imstande war, Wasser zum Sieden zu bringen. Ein späteres Experiment von DAVY, auf das hier nicht näher eingegangen werden soll, war womöglich noch beweiskräftiger. Es wurde dann auch z. B. von YOUNG und von AMPÈRE ausdrücklich hervorgehoben, daß Wärme und Bewegung identisch seien und

[1]) Graf RUMFOD, Gilb. Ann. Bd. 12, S. 554. 1809.

daß sie ineinander übergeführt werden könnten[1]). Trotzdem hat es noch lange Zeit gedauert, bis diese Ansicht allgemein anerkannt wurde. SADI CARNOT, gest. 1832, dem die ersten Ansätze zur Aufstellung des zweiten Hauptsatzes der Thermodynamik und der bekannte CARNOTsche Kreisprozeß zu verdanken sind, stand noch ganz auf dem Boden der BLACKschen Anschauung, daß die Wärmemenge unveränderlich sei, ebenso CLAPEYRON.

Die Gleichwertigkeit von Wärme und Arbeit wurde später auch von verschiedenen anderen Autoren in mehr oder weniger klarer Form ausgesprochen, so 1837 von K. F. MOHR, 1841 von J. v. LIEBIG und ganz besonders in voller Klarheit von ROBERT MAYER 1842, der auch den Arbeitswert der Wärme aus Versuchen von GAY-LUSSAC über die spezifische Wärme des Gases bei konstantem Druck und konstantem Volumen berechnete, indem er berücksichtigte, daß wegen der Arbeitsleistung des Gases bei konstantem Druck eine größere Wärmemenge zugeführt werden muß als bei konstantem Volumen (vgl. Ziff. 13). Ebenso wurde das mechanische Wärmeäquivalent von J. P. JOULE im Jahre 1843 aus eigenen Versuchen über die bei der Reibung entwickelte Wärme experimentell direkt bestimmt (Ziff. 8). C. A. H. HOLTZMANN berechnete gleichfalls 1845 das Wärmeäquivalent aus den Schallversuchen von DULONG über das Verhältnis der beiden spezifischen Wärmen der Gase.

Aber alle diese Erkenntnisse blieben mehr oder weniger unbeachtet, bis 1847 die grundlegende Abhandlung von HELMHOLTZ über die „Erhaltung der Kraft" erschien. Auch HELMHOLTZ waren die Veröffentlichungen von R. MAYER entgangen, dem er später indessen volle Gerechtigkeit widerfahren ließ. Er bespricht nur die Mitteilungen von HOLTZMANN und JOULE über das mechanische Wärmeäquivalent; aber seine Betrachtungen waren viel allgemeiner und erschöpfender als diejenigen aller Vorgänger und behandelten das Prinzip der Erhaltung der Energie in den verschiedensten Erscheinungsformen und in strenger mathematischer Darstellung.

Entgegen der früheren Anschauung, daß der Wärmevorrat konstant ist, ergab sich nun als Folgerung, daß immer neue Wärme durch Umwandlung anderer Energieformen in Wärme entstehen kann. Von dieser kann aber nach dem von CLAUSIUS formulierten zweiten Hauptsatz der Thermodynamik (s. ds. Band, Artikel HERZFELD) bekanntlich nur ein Teil wieder in andere Energieform zurückverwandelt werden, und zwar nur dann, wenn Wärme von höherer zu tieferer Temperatur übergeht. Daher muß der Wärmevorrat eines abgeschlossenen Systems immer zunehmen, und wenn alle Temperaturunterschiede durch Wärmeleitung und -strahlung ausgeglichen sind, ist eine weitere Umwandlung nicht mehr möglich und das System verfällt dem sog. „Wärmetod". Dieser traurigen Konsequenz, die allerdings in Anbetracht des sonstigen, in der Natur stets beobachteten Kreislaufs aller Dinge wenig wahrscheinlich ist, kann man nur durch mehr oder weniger gewagte Hypothesen entgehen. An der Umwandlungsmöglichkeit der Energien an sich ist aber heute nicht mehr zu zweifeln.

2. Übersicht und Einteilung. Zunächst sollen im folgenden die verschiedenen Energieformen betrachtet werden, aus denen Wärme entstehen kann; sie wird gebildet:

---

[1]) Interessant ist eine Äußerung von DAVY hierüber (nach der Angabe in Gilb. Ann. Bd. 12, S. 566. 1803): „Die Wärme also oder die Kraft, welche die unmittelbare Berührung der kleinsten Teile der Körper verhindert und in uns die Empfindung der Kälte und Wärme hervorbringt, ist demnach nichts anderes als eine eigene Art der Bewegung, wahrscheinlich eine Vibration der kleinsten Teile der Körper, wodurch diese voneinander entfernt werden." Ähnlich RUMFORD (l. c. S. 557): „Da sich nun überdies die Quelle der durch Friktion erregten Wärme offenbar als unerschöpflich zeigte, so scheint mir die Wärme unmöglich ein materieller Stoff und nichts anderes als eine Art von Bewegung sein zu können."

1. aus mechanischer Arbeit durch Reibung, Stoß und Kompression;
2. aus elektrischer Energie durch den in einem OHMschen Widerstand fließenden Strom (JOULEsche Wärme);
3. aus magnetischer Energie beim Ummagnetisieren ferromagnetischer Körper (Hysteresiswärme);
4. beim Atomzerfall (radioaktive Wärme);
5. bei Aggregatsänderung und allotropen Umwandlungserscheinungen (latente Wärme);
6. bei Strahlung aller Art;
7. bei Dissoziation;
8. aus chemischer Energie (Bildungs-, Lösungs-, Hydratatious-, Verbrennungs-, Explosionswärme).

Die Umwandlung ist zum Teil irreversibel, wie bei Reibung, Stoß, JOULEscher, Hysteresis- und radioaktiver Wärme, zum Teil kann die aufgewendete Wärme wiedergewonnen werden, z. B. die für die Ausdehnung eines Gases unter konstantem Druck aufgewendete Wärme durch Kompression des Gases, die zur Verdampfung des Wassers gebrauchte Wärme durch Kondensation des Dampfes, die zur Trennung chemischer Verbindungen erforderliche Wärme durch Wiedervereinigung der Bestandteile usw. Die irreversible Umwandlung bezeichnet man auch als degradierenden Vorgang. Einer bestimmten mechanischen Arbeit und einer bestimmten elektrischen Energie entspricht stets eine ganz bestimmte Wärmemenge; die einer gewählten Wärmeeinheit entsprechende mechanische Arbeit bzw. elektrische Energie bezeichnet man als das mechanische bzw. elektrische Wärmeäquivalent, welches eine wichtige Naturkonstante der Physik darstellt. Ehe auf diese Konstante und ihre Ermittlung näher eingegangen wird, muß zunächst die Wärmeeinheit selbst näher erläutert werden, auf die alle Messungen bezogen werden.

b) Wärmeeinheit.

3. Einheit der Wärmemenge, Kalorie (cal). Diejenige Wärmemenge oder Wärmeenergie, auf welche alle Wärmemengen bezogen und durch die sie ziffernmäßig ausgedrückt werden, wird als „Kalorie“ (cal) bezeichnet. Allgemein angenommen ist heute als Wärmeeinheit diejenige Wärmemenge, durch welche 1 g Wasser von 14,5° auf 15,5°, d. h. also um 1°, gemessen in der thermodynamischen Temperaturskala (s. ds. Handb. X, Kap. 6), erwärmt wird. Diese Wärmemenge wird im folgenden als „cal“ bezeichnet.

Im deutschen Gesetz über die Temperaturskala und die Wärmeeinheit vom 7. August 1924[1]) ist diejenige Wärmemenge, welche 1 kg Wasser in der gleichen Weise erwärmt, als Wärmeeinheit definiert. Diese Einheit wird als Kilokalorie (kcal) bezeichnet im Gegensatz zu der oben definierten Grammkalorie, welche also den 1000. Teil der gesetzlichen Kalorie darstellt und die man auch wohl als 15°-Kalorie bezeichnet, da sie auf eine Mitteltemperatur von 15° bezogen ist. Die Dimension der Kalorie ist diejenige einer Energie, also im C.G.S.-System $g \cdot cm^2/sec^2$.

Es sei aber erwähnt, daß auch andere Kalorien in der Literatur zugrunde gelegt worden sind; in erster Linie die sog. „mittlere Kalorie“ (BUNSENsche Kalorie), welche den 100. Teil derjenigen Wärmemenge darstellt, durch die 1 g (bzw. kg) Wasser von 0 auf 100° erwärmt wird.

[1]) Bekanntmachung über die gesetzliche Temperaturskala. Reichsministerialbl. 1924, Nr. 40; ZS. f. Phys. Bd. 29, S. 394. 1924; Gesetz über die Temperaturskala und die Wärmeeinheit. Reichsgesetzblatt 1924, Teil I, Nr. 52, S. 676 und ZS. f. Phys. Bd. 29. S. 392. 1924.

Die Beziehung dieser mittleren Kalorie zu der oben definierten 15°-Kalorie ist aber nicht genau bekannt, so daß die Benutzung derselben Unsicherheiten im Gefolge hat. Nach Angabe mancher Autoren sollen zwar beide Kalorien praktisch identisch sein, doch ist es für die Vergleichbarkeit der Messungen unbedingt erforderlich, nur eine einzige Einheit zugrunde zu legen.

Für die praktische Anwendung der „cal" besteht leider darin eine gewisse Unbequemlichkeit, daß für die Wärmeeinheit die Mitteltemperatur von 15° festgesetzt worden ist. Merkwürdigerweise ist diese Temperatur auch bei anderen Festsetzungen gewählt worden, z. B. für die Bezugstemperatur des CLARKschen Normalelements (s. ds. Handb. XVI).

Da aber bei den Messungen im allgemeinen eine etwas höhere Temperatur (18 bis 20°) zu Verwendung kommt und da andererseits die Wärmekapazität des Wassers mit der Temperatur stark veränderlich ist (s. unten), so muß man meist die Beobachtungsergebnisse noch auf die Temperatur von 15° reduzieren. Leider gehen aber gerade die Angaben über die Veränderung der Wärmekapazität des Wassers mit der Temperatur, die sich in der Literatur finden (vgl. z. B. die Tabellen von LANDOLDT-BÖRNSTEIN), stark auseinander, so daß hierdurch Unsicherheiten in der Reduktion der gemessenen Werte entstehen. Man hätte deshalb besser, wie es neuerdings vielfach in anderen Fällen geschehen ist, eine etwas höhere Temperatur festsetzen sollen; häufig hat man sich jetzt auf die Bezugstemperatur 20° geeinigt (vgl. Westonelement, ds. Handb. XVI). Vielleicht trifft man später auch in diesem Fall eine entsprechende Abänderung der jetzt international benutzten Festsetzung für die Kalorie.

Da es aber schwer zu umgehen ist, die bei anderen Temperaturen ausgeführten Messungen von Wärmemengen auf 15° zu reduzieren, um sie in cal angeben zu können, so seien im folgenden die als zuverlässig anzusehenden Messungen über die Temperaturabhängigkeit der Wärmekapazität des Wassers angegeben, die in der Physikalisch-Technischen Reichsanstalt ausgeführt worden sind[1]).

Wird die Wärmekapazität des Wassers bei 15° gleich 1 gesetzt, so kann für die Wärmekapazität bei der Temperatur t — gültig zwischen 5 und 50° — folgende Formel benutzt werden:

$$\text{Relative Wärmekapazität} = 1 - 0{,}0002330\,(t - 15^\circ) + 6{,}321 \cdot 10^{-6}\,(t - 15^\circ)^2.$$

Das Minimum der Kurve liegt bei 33,5°.

Man erhält dann beispielsweise folgende zusammengehörige Werte (Tabelle 1):

Tabelle 1. Relative Wärmekapazität des Wassers.

t	Relative Wärmekapazität
10°	1,0013
15°	1,0000
20°	0,9990
25°	0,9983
30°	0,9979

Diese Temperaturkorrektionen müssen notwendigerweise noch zu der Definition der Wärmeeinheit hinzugenommen werden, um sie im praktischen Gebrauch anwenden zu können.

Eine ideale Einheit stellt daher die Kalorie nicht dar; besser würde eine Einheit sein, bei deren Benutzung derartige Reduktionen nicht notwendig wären. Eine solche Einheit würde z. B. die auch mehrfach zu diesem Zweck benutzte Schmelzwärme des Eises, die Verdampfungswärme des Wassers oder die Verbrennungswärme einer Normalsubstanz (Ziff. 27) sein, deren Anwendung als Wärmeeinheit jedoch erhebliche experimentelle Schwierigkeiten entgegenstehen.

Glücklicherweise zeigt sich aber ein sehr guter Ausweg aus diesen Schwierigkeiten, den man viel mehr, als es bis jetzt geschehen ist, bei genauen Messungen benutzen sollte. Da die Wärmemenge eine Form der Energie darstellt, kann als Einheit derselben auch irgendeine andere Energie dienen. Nun ist aber die elektrische Einheit der Energie, die internationale Wattsekunde

[1]) W. JAEGER u. H. v. STEINWEHR, Ann. d. Phys. Bd. 64, S. 305. 1921.

oder das Joule, außerordentlich zuverlässig und sehr genau bekannt. Bei den praktischen Messungen wird sie zurückgeführt auf die Spannung des Weston-Normalelements und einen Normalwiderstand. Beide Größen sind bis auf wenige Hunderttausendstel ihres Wertes — sogar international — festgelegt und können durch eine Eichung in der Physikalisch-Technischen Reichsanstalt auf die elektrischen Einheiten Deutschlands bezogen werden. Mit derselben Genauigkeit ist dann auch das Joule bekannt, das als e^2/r zu berechnen ist, wenn e die Spannung in Volt an den Enden eines Widerstandes von r Ohm bezeichnet. Experimentelle Schwierigkeiten entstehen durch den Gebrauch dieser Einheit nicht, da sich die elektrische Heizung fast stets leicht und bequem bewerkstelligen läßt. Mit Hilfe eines Kompensators in Verbindung mit einer Zeitmessung ist dann die elektrische Energie genau und zuverlässig zu ermitteln.

Tatsächlich ist diese elektrische Wärmeeinheit auch schon wiederholt bei Arbeiten auf dem Gebiet der Wärme benutzt worden, z. B. zur Eichung von Kalorimetern[1]), zur Bestimmung der Verbrennungswärme von Normalsubstanzen[2]), zur Ermittlung der Verdampfungswärme des Wassers[3]) usw. Aber auch die Beziehung des internationalen Joule zur 15° Kalorie (cal) ist durch die in der Physikalisch-Technischen Reichsanstalt ausgeführten Messungen jetzt mit großer Sicherheit bekannt (s. Ziff. 12); danach ist zu setzen:

$$1 \text{ cal} = 4{,}184_2 \text{ internat. Joule oder } 1 \text{ internat. Joule} = 0{,}2390 \text{ cal},$$

so daß man jederzeit, falls es erwünscht ist, die Resultate auf die „cal" als Einheit umrechnen kann.

Es kann daher nicht dringend genug empfohlen werden, in allen Fällen, wo es auf genaue Messungen ankommt, das Joule als Wärmeeinheit zu benutzen.

In dem oben angeführten deutschen Gesetz ist dementsprechend neben der Kilokalorie die Kilowattstunde (kWh) als zweite Wärmeeinheit definiert. Die Kilowattstunde ist gleich $3{,}6 \cdot 10^5$ Joule, also auch gleich 860,4 kcal. Im Gesetz ist abgerundet 1 kWh = 860 kcal gesetzt.

II. Wärmeäquivalent; Umwandlung mechanischer und elektrischer Energie in Wärme.

a) Allgemeines.

4. Übersicht; Kalorimeter. Die direkte Messung des Wärmeäquivalents ist nach verschiedenen Methoden vorgenommen worden: erstens nach der Erwärmungsmethode, bei der eine bestimmte Wassermenge durch mechanische Arbeit oder elektrische Energie erwärmt wird, zweitens nach der Strömungsmethode (stationäre Methode), bei der das strömende Wasser eine konstante Temperaturverteilung annimmt, und drittens nach der Schmelzmethode, bei der im BUNSENschen Eiskalorimeter durch die entwickelte Wärme Eis zum Schmelzen gebracht wird. Bei den beiden ersten Methoden wird das Äquivalent auf die 15°-Kalorie oder die mittlere Kalorie (0 bis 100°) bezogen, bei der dritten Methode auf die Schmelzwärme des Eises als Wärmeeinheit (vgl. hierzu Ziff. 3). Betreffs der verschiedenen Kalorimeter s. auch ds. Handb. Bd. X.

Zunächst soll auf die Erwärmungsmethode, welche die wichtigste Rolle spielt, etwas näher eingegangen werden[4]). Bei dieser wird eine abgewogene

---

[1]) W. JAEGER u. H. v. STEINWEHR, Verh. d. D. Phys. Ges. Bd. 5, S. 50. 1903; Ann. d. Phys. Bd. 21, S. 23. 1906.

[2]) E. FISCHER u. F. WREDE, ZS. f. phys. Chem. Bd. 69, S. 218. 1909.

[3]) F. HENNING, Ann. d. Phys. Bd. 21, S. 853. 1906; Bd. 29, S. 441. 1909.

[4]) Betreffs des Strömungskalorimeters s. Ziff. 11.

Wassermenge, die sich in einem Behälter befindet, durch die innerhalb des Wassers vernichtete Energie erwärmt. Die dadurch bewirkte Temperaturerhöhung muß gemessen werden, ebenso die mechanische oder elektrische Energie, welche in Wärme umgesetzt worden ist.

Die Wärmemenge Q, welche man der Masse M eines Körpers zuführen muß, um ihn von der Temperatur t_1 auf t_2 zu erwärmen, ist gegeben durch

$$Q = M\int_{t_1}^{t_2} J_t \cdot dt\,, \qquad (1)$$

wenn J_t die Wärmekapazität des Körpers bei der Temperatur t bezeichnet. Wird also J_t als Funktion von t dargestellt (Abb. 1), so erhält man die für die Masseneinheit des Körpers benötigte Wärmemenge Q/M als den in der Abbildung durch Schraffierung gekennzeichneten Integralwert. Dividiert man diesen Wert durch die Temperaturdifferenz $(t_2 - t_1)$ und ordnet ihn der Mitteltemperatur $t_m = \frac{t_1 + t_2}{2}$ zu, so ergibt sich ein Mittelwert J_m, der dargestellt wird durch

$$J_m = \frac{1}{t_2 - t_1}\int_{t_1}^{t_2} J_t\,dt \;\frac{\text{cal}}{\text{g} \cdot \text{Grad}}\,. \qquad (2)$$

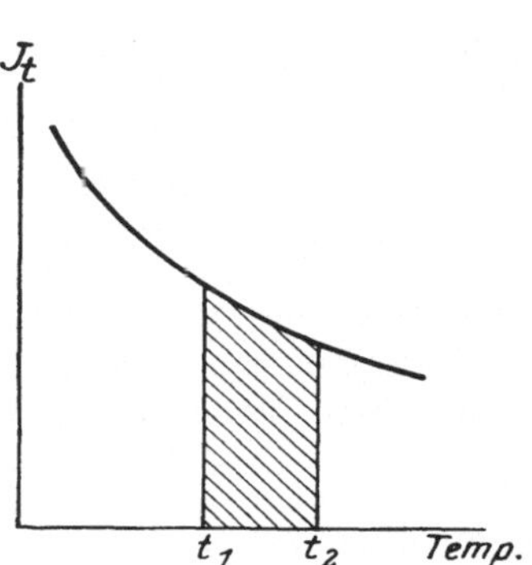

Abb. 1. Integral der Wärmekapazität.

Dieser Mittelwert J_m stimmt aber nur dann mit dem für die Temperatur t_m geltenden Wert J_t der Wärmekapazität überein, wenn sich J_t in dem Bereich von t_1 bis t_2 linear ändert.

Dies ist für Wasser nur in engen Temperaturgrenzen der Fall (vgl. die Tabelle 1 und Formel in Ziff. 3). Bei vielen experimentellen Bestimmungen des Wärmeäquivalents sind aber zum Teil sehr erhebliche Temperaturerhöhungen benutzt worden (bis zu 40°), so daß in diesem Fall stark gefälschte Werte der Wärmekapazität erhalten wurden. Die Wärmekapazität J_{15} bei 15° ist aber identisch mit dem mechanischen Wärmeäquivalent, wenn die Wärme Q in Kalorien (cal) ausgedrückt wird, oder gleich dem elektrischen Wärmeäquivalent, wenn als Wärmeeinheit das internat. Joule benutzt wird. Das Wärmeäquivalent hat also die Dimension $\frac{\text{cal}}{g \cdot \text{Grad}}$ bzw. $\frac{\text{Joule}}{g \cdot \text{Grad}}$.

Aus diesen Betrachtungen ergibt sich, daß man zur Ermittlung des Wärmeäquivalents nur geringe Temperaturerhöhungen (etwa 1 bis 2°) verwenden darf, die auch wegen eines anderen, noch zu erörternden Grundes erforderlich sind. Um dabei eine ausreichende Genauigkeit der Temperaturmessung zu erhalten, ist man zur Messung der Temperaturen auf das Platinthermometer (oder allgemein das Widerstandsthermometer) angewiesen.

In Ziff. 3 ist erläutert worden, daß die Einheit der Wärmemenge, die cal, durch eine Erwärmung von 14,5 auf 15,5° definiert ist. Diese Temperaturdifferenz ist noch klein genug, um den Mittelwert J_m der Gleichung (2) dem Wert von J bei 15° selbst gleichsetzen zu können. Die gesetzliche Definition ist also praktisch identisch mit der „idealen" Definition

$$J = \frac{d}{dt}\left(\frac{Q}{M}\right). \qquad (3)$$

Darauf, daß bei der Temperaturbestimmung die thermodynamische Temperaturskala zugrunde gelegt werden muß (ds. Band, Kap. 8), soll hier nochmals ausdrücklich hingewiesen werden. Für die älteren Messungen des Wärmeäquivalents ist diese Forderung natürlich nicht erfüllt, da die Verwirklichung dieser Skala erst neueren Datums ist. Schon aus diesem Grunde haben die älteren Beobachtungen meist nur noch historisches Interesse, da heute in der Regel nicht mehr festgestellt werden kann, in welchem Verhältnis die damals benutzte Temperaturskala zu der thermodynamischen Skala steht.

5. Erfordernisse für die Messung. Noch einige weitere Bedingungen müssen erörtert werden, welche für eine genaue Bestimmung des Wärmeäquivalents bei der Erwärmungsmethode in Betracht kommen.

Das zu erwärmende Wasser befindet sich in einem Gefäß, z. B. aus Kupfer oder Messing. Dieses Gefäß nimmt aber gleichfalls an der Erwärmung teil; man muß also auch die Wärmekapazität (spezifische Wärme) dieser Körper und ihre Abhängigkeit von der Temperatur kennen, und zwar um so genauer, je größer ihre Masse im Verhältnis zu derjenigen des Wassers ist. Die spezifische Wärme der erwähnten Metalle beträgt ungefähr den 10. Teil derjenigen des Wassers. Für diese Metallmassen setzt man den

$$\text{„Wasserwert"} = \text{Masse} \times \text{Wärmekapazität} \tag{4}$$

und fügt diesen Wasserwert der Masse des Wassers hinzu, so daß man für M in Gleichung (2) den Betrag dieser Summe einzusetzen hat.

Um die Unsicherheit, die durch die Berücksichtigung der Metallmassen bedingt wird, möglichst klein zu machen, empfiehlt es sich, recht große Wassermengen in Anwendung zu bringen, da in diesem Fall das Verhältnis der Metallmassen zu der Wassermasse kleiner gemacht werden kann als bei kleinen Wassermassen (vgl. die Messung Ziff. 12, wo die Wassermenge 50 l beträgt).

Ein weiteres Erfordernis ist, daß die Wassermasse sehr gut durchgerührt wird, damit sie sich möglichst an allen Stellen auf gleicher Temperatur befindet und diese Temperatur dem Gefäß mitteilt. Die Rührwärme muß dabei in Rücksicht gezogen werden.

Da die Gefäßwände aber nicht stets die gleiche Temperatur wie die Umgebung besitzen (vgl. indessen die sog. „adiabatischen Kalorimeter"), so müssen sie Wärme von der Umgebung aufnehmen oder an sie abgeben. Die Berücksichtigung dieses Wärmeaustausches, durch den die Temperaturerhöhung beeinflußt wird, erfordert eine Korrektion, auf die hier noch näher eingegangen werden muß.

Bei kleinen Temperaturdifferenzen zwischen der Gefäßwand und der Außentemperatur, die mit t_0 bezeichnet sei, kann das sog. NEWTONsche Abkühlungsgesetz angewendet werden, d. h. die Temperaturänderung der Gefäßwand ist proportional der Temperaturdifferenz zwischen Wand und Umgebung. Bei größeren Temperaturdifferenzen gilt dieses Gesetz aber nicht mehr, weil dann infolge der Temperaturunterschiede Konvektionsströme der Luft auftreten, welche kein regelmäßiges Gesetz befolgen. Hat die Gefäßwand die Temperatur t, die Umgebung die Temperatur t_0 und bedeutet a eine Konstante (Abkühlungskonstante), T die Zeit, so hat man also zu setzen

$$\frac{dt}{dT} = -a(t - t_0), \tag{5}$$

woraus folgt

$$t - t_0 = (t_A - t_0)\, e^{-aT}, \tag{6}$$

wenn zur Zeit $T = 0$ der Gefäßwand die Temperatur t_A zukommt. Die Temperaturänderung erfolgt also nach einer Exponentialfunktion; für kleine Zeiträume aber ändert sich, da a auch im allgemeinen eine kleine Größe ist, die Temperatur der Gefäßwand nahe linear mit der Zeit. Wenn also zwischen der Gefäßwand und der Umgebung eine kleine Temperaturdifferenz besteht, so erhält man in den Zeiten, in denen dem Wasser keine Wärme zugeführt wird, also vor und nach der Erwärmung (in der sog. Vor- und Nachperiode) lineare Temperaturgänge $\frac{dt}{dT}$, aus denen die Korrektion berechnet werden kann, die an der beobachteten Temperaturerhöhung infolge des Wärmeaustausches angebracht werden muß[1]). Diese Korrektion berechnet sich sehr einfach in folgender Weise:

Man beobachtet die Temperaturkurve bei der Erwärmung des Kalorimeters und trägt sie als Funktion der Zeit auf, wie in Abb. 2 dargestellt ist; die Temperaturänderungen der Vor- und Nachperiode sind so gering, daß die Temperatur in diesen beiden Abschnitten als konstant angesehen werden kann, so daß die Temperaturen in diesen Perioden bei dem gewählten Maßstab parallel zur Abszissenachse verlaufen. In der Abbildung ist außerdem die Außentemperatur t_0 eingetragen, die beobachtet oder berechnet werden kann. Damit man den Temperaturverlauf, auf den es ankommt, d. h. die Temperaturen der Gefäßwandung, richtig erhält, ist es erforderlich, daß die Stelle des Wassers, an der sich das Thermometer befindet, die gleiche Temperatur wie die Gefäßwand besitzt. Aus diesem Grund muß, wie bereits erwähnt, das Wasser sehr gut umgerührt werden. Den beliebig in der Vor- und Nachperiode gewählten Zeiten T_1 und T_2 entsprechen die beobachteten Anfangs- und Endtemperaturen t_1 und t_2, an deren Differenz wegen des Wärmeaustausches noch die erwähnte Korrektion anzubringen ist. Die zu irgendeiner Zeit T infolge des Unterschieds gegen die Außentemperatur eintretende kleine Temperaturänderung dt, welche der kleinen Zeit dT entspricht (s. Abb. 2), ist nach Gleichung (5) $dt = -a(t - t_0) \cdot dT$, also die ganze Temperaturänderung t' zwischen den Zeiten T_1 und T_2

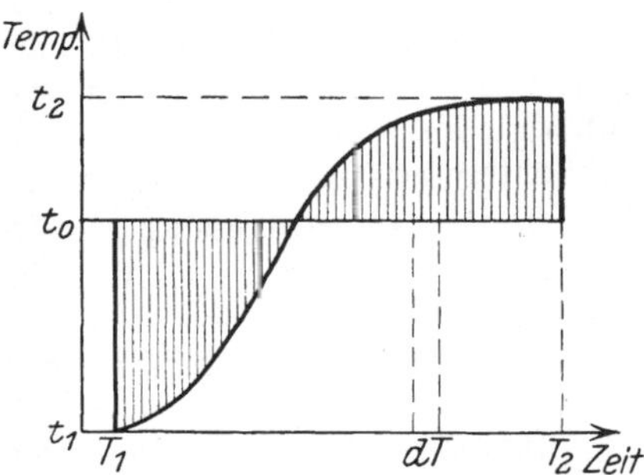

Abb. 2. Wärmeaustausch mit der Umgebung.

$$t' = -a\int_{T_1}^{T_2}(t - t_0) \cdot dT\,. \tag{7}$$

Dieses Integral entspricht der schraffierten Fläche der Abbildung; der über t_0 liegende Teil ist dabei positiv, der untere negativ zu nehmen. Die Korrektion selbst hat das umgekehrte Zeichen, so daß also für die korrigierte Temperaturdifferenz zu setzen ist

$$t_2 - t_1 - t'\,. \tag{8}$$

Die Abkühlungskonstante a und die Außentemperatur t_0 findet man aus den sehr genau zu messenden Temperaturgängen der Vor- und Nachperiode.

Setzt man für die Vorperiode $v_1 = \frac{dt_1}{dT}$ und für die Nachperiode $v_2 = \frac{dt_2}{dT}$, so ist[2])

$$\left.\begin{aligned} v_1 &= -a(t_1 - t_0)\,, \\ v_2 &= -a(t_2 - t_0)\,, \end{aligned}\right\} \tag{9}$$

[1]) W. JAEGER u. H. v. STEINWEHR, Verh. d. D. Phys. Ges. Bd. 5, S. 50. 1903; Ann. d. Phys. Bd. 21, S. 23. 1906; Bd. 64, S. 305. 1921.

[2]) Bei länger andauernden Temperaturgängen ist noch die Krümmung der Temperaturkurve gemäß Gl. (6) zu berücksichtigen, vgl. hierzu auch W. P. WHITE, Phys. Rev. Bd. 31, S. 545. 1910.

woraus sich ergibt

$$\left.\begin{aligned} a &= -\frac{1}{t_2 - t_1}(v_2 - v_1)\,, \\ t_0 &= \frac{t_1 + t_2}{2} + \frac{1}{2a}(v_1 + v_2) = \frac{1}{v_2 - v_1}(t_1 v_2 - t_2 v_1)\,. \end{aligned}\right\} \tag{10}$$

Die berechnete Außentemperatur t_0 muß bei Berücksichtigung der Rühr- und Verdampfungswärme mit der beobachteten übereinstimmen[1]).

Damit die Annahmen, auf Grund deren die Korrektion Gleichung (7) abgeleitet worden ist, wirklich erfüllt sind, muß das Kalorimetergefäß, besonders bei Temperaturen, die von der Zimmertemperatur abweichen, allseitig geschlossen sein und von einem Mantel umgeben werden, der durch zirkulierendes Wasser od. dgl. auf einer bestimmten Temperatur gehalten wird, da anderenfalls die Außentemperatur nicht scharf definiert ist.

6. Weitere Folgerungen; Kalorimeter. Die im vorstehenden abgeleitete strenge Formel für die an dem beobachteten Temperaturanstieg anzubringende Korrektion ist im Wesen identisch mit den von REGNAULT und von PFAUNDLER angegebenen Korrektionsformeln, die auf eine mechanische Quadratur der Fläche hinauskommen.

PFAUNDLER teilt das Zeitintervall T_1 bis T_2 in n Teile und stellt folgende Formel auf

$$-t' = n\,v_1 + \frac{v_2 - v_1}{t_2 - t_1}\left\{\sum_{i=1}^{n-1} t_i + \frac{t_1 + t_2}{2} - n\,t_1\right\}. \tag{11}$$

Doch ist diese Formel nicht so übersichtlich wie Gleichung (7) und läßt sich nicht so leicht den jeweiligen Verhältnissen anpassen. Für die mechanische Quadratur müssen natürlich bei einer starken Krümmung der Erwärmungskurve die Abstände der Abszissen entsprechend eng gewählt werden. Auf eine Nichtbeachtung dieser Bedingung ist das von STOHMANN[2]) angegebene Zusatzglied zu der PFAUNDLERschen Formel zurückzuführen, das häufig bei kalorimetrischen Messungen benutzt wird, das aber nur für ganz bestimmte Fälle Gültigkeit hat und deshalb nicht allgemein angewendet werden darf.

Die für eine genaue Messung des Wärmeäquivalents notwendigen Bedingungen sind im folgenden nochmals kurz zusammengestellt:

1. Große Wassermenge.
2. Kleine Temperaturerhöhung.
3. Gutes Durchrühren des Wassers.
4. Allseitig geschlossenes Kalorimetergefäß.
5. Gut definierte Außentemperatur.

Nur in seltenen Fällen sind bei den bisher ausgeführten Bestimmungen alle Bedingungen zusammen erfüllt worden (vgl. die Bestimmung in Ziff. 12).

Außer der unter 1. angeführten Bedingung müssen die obigen Forderungen bei allen kalorimetrischen Messungen eingehalten werden, bei denen das Wasserkalorimeter benutzt wird, wenn größte Genauigkeit angestrebt wird.

---

[1]) Über die Berücksichtigung einer veränderlichen Außentemperatur vgl. W. JAEGER u. H. v. STEINWEHR, Ann. d. Phys. Bd. 64, S. 335. 1921.

[2]) Vgl. STOHMANN, KLEBER u. LANGBEIN, Journ. f. prakt. Chem. Bd. 39, S. 503. 1889; STOHMANN fügte noch das empirisch ermittelte Glied $\frac{t_2 - t_1}{9}$ in der Klammer hinzu.

b) Umwandlung mechanischer Arbeit in Wärme. Mechanisches Wärmeäquivalent.

7. Messung der mechanischen Arbeit. Bei Reibung, Stoß (mit Ausnahme des vollkommen elastischen Stoßes) und bei Kompression wird mechanische Arbeit vernichtet und in Wärme umgewandelt. Wird diese Arbeit gemessen und geschieht die Vernichtung derselben in einem Kalorimeter, so kann aus der Erwärmung desselben das mechanische Wärmeäquivalent bestimmt werden. Bei den meisten Messungen ist die Reibung zu diesem Zweck benutzt worden; sie gibt auch die zuverlässigsten Werte.

Häufig wird dabei die Arbeit in Kilogrammetern gemessen, die dann also der Hebung eines Gewichts um eine bestimmte Strecke entspricht. Da aber das Gewicht von der Schwere abhängig ist, so müssen in diesem Fall die Umstände näher angegeben werden, welche das Gewicht eindeutig definieren. Es ist daher der Vergleichbarkeit wegen zweckmäßiger, als Einheit der Arbeit das Erg ($g \cdot cm^2/sec^2$) zu wählen, das von der Schwere unabhängig ist. Hinsichtlich der Kalorie (cal) und des Kalorimeters vgl. Ziff. 3 und 5, 6. Bei normaler Schwerebeschleunigung ist

$$1 \text{ Erg} = 1{,}0197 \cdot 10^{-8} \text{ Kilogrammeter.}$$

Die mechanische Arbeit läßt sich nicht mit großer Genauigkeit messen; am zuverlässigsten ist noch die Messung der Reibungsarbeit, die meist durch fallende Gewichte oder durch Bremsungsmessung ermittelt wird.

8. Messungen des mechanischen Wärmeäquivalentes. Wie bereits (Ziff. 4) erwähnt, haben die älteren Messungen dieser Art nur noch historisches Interesse, da bei ihnen die Temperatur vielfach auf die Skale beliebiger Quecksilberthermometer bezogen ist, so daß die ermittelten Zahlenwerte heute keine Gültigkeit mehr besitzen. Hierzu rechnen in erster Linie die hervorragenden Untersuchungen von JOULE[1]), der das mechanische Wärmeäquivalent auf sehr verschiedene Weise bestimmt hat. Diese Arbeiten besitzen so viel grundlegende Bedeutung, daß sie hier kurz erwähnt werden sollen. Zum Teil sind sie später mit besseren Mitteln und in vollkommenerer Weise wiederholt worden.

Im Jahre 1843 bestimmte JOULE[1]) das Wärmeäquivalent aus der Wärme, welche beim Durchströmen von Wasser durch enge Röhren entwickelt wurde, 1850 durch Reibungswärme, die beim Rühren des Wassers bzw. Quecksilbers entsteht, und durch die Reibungswärme zweier Eisenplatten aneinander, die sich in einem Wasserkalorimeter befanden; die letztere Methode hat er später wiederholt. Die mechanische Arbeit wurde dabei durch fallende Gewichte ermittelt. Bei seinen ersten Untersuchungen benutzte er noch folgendes Verfahren. Er ließ einen, in einem Wasserkalorimeter befindlichen Elektromagnet zwischen kräftigen Magneten rotieren, maß die hierzu erforderliche Arbeit durch fallende Gewichte und die in dem Elektromagnet durch Induktion entwickelte Stromwärme. Auch die durch Kompression von Luft entstehende Wärme wurde von ihm zur Bestimmung des Wärmeäquivalents benutzt. In einem Zylinder wurde die Luft auf 10 bzw. 20 Atm. komprimiert und die dadurch entstandene Temperaturerhöhung des in einem Kalorimeter befindlichen Zylinders gemessen.

Auch von HIRN[2]) wurden verschiedene Methoden zur Messung des Äquivalents angewandt. In ähnlicher Weise wie JOULE maß er die beim Ausströmen von Wasser unter hohem Druck erzeugte Wärmemenge; andererseits benutzte er auch die durch Stoß bewirkte Erwärmung zu diesem Zweck. Er ließ einen

[1]) J. P. JOULE, Phil. Mag. (3) Bd. 23, 1843; Phil. Trans. London 169, S. 365. 1878.

[2]) G. A. HIRN, Recherches sur l'équivalent mécanique de la chaleur. 1858.

schweren Eisenzylinder auf einen Sandsteinblock aufschlagen (ballistisches Pendel), wodurch ein zwischen beiden befindliches Bleistück deformiert und erwärmt wurde. In eine Höhlung des Bleistückes wurde dann rasch Wasser eingegossen und die Erwärmung desselben gemessen. Diese Meßmethode ist naturgemäß recht ungenau.

Es sei noch erwähnt, daß auch FAVRE[1]), ebenso wie PULUJ[2]) die Methode zweier aneinander reibender Eisenplatten bzw. Kegel benutzten, die sich in Quecksilber befanden. Zur Messung der Arbeit verwandte FAVRE die von JOULE angegebene Vorrichtung, PULUJ maß die Bremsarbeit, die erforderlich war, um den inneren Kegel gegen den äußeren, von einer Welle angetriebenen Kegel festzuhalten.

Die ersten zuverlässigen Messungen wurden um 1880 von ROWLAND[3]) unter Benutzung der Skale eines Luftthermometers ausgeführt, so daß seine Zahlen auf die thermodynamische Skale reduziert werden können. Bei seinen neueren Untersuchungen bestimmte er das Äquivalent aus der in Wasser entwickelten Rührwärme. Sein Kalorimeter, das einen Wasserwert von etwa 9 kg besaß, war von einem doppelwandigen Mantel umgeben, durch den Wasser floß. Die Arbeit, welche zum Rühren erforderlich war, bestimmte er durch Bremsung des um seine Achse frei drehbaren Kalorimeters, welches das durch den Rührer in Rotation versetzte Wasser mitzunehmen suchte. Seine Versuche erstreckten sich von 5 bis 35°, so daß er auch die Veränderung der Wärmekapazität des Wassers mit der Temperatur erhielt. Aus seinen Messungen ergibt sich nach Umrechnung in Erg: $1 \text{ cal} = 4{,}187 \cdot 10^7$ Erg (vgl. Anm. 5). Er hat auch die Messungen von JOULE kritisch untersucht und daraus einen reduzierten Wert von $4{,}183 \cdot 10^7$ Erg berechnet.

MICULESCU[4]) hat im Jahre 1890 auch aus Reibungsversuchen das Äquivalent bestimmt; er benutzte dabei eine „Strömungsmethode". Der Zylinder, in dem die Reibungswärme entwickelt wurde, war von einem zweiten Zylinder umgeben, durch den dauernd Wasser floß, welches die im inneren Zylinder auftretende Wärme wegführte, so daß die Temperatur des Zylinders konstant blieb. Aus dem Temperaturunterschied des in dem äußeren Zylinder ein- und austretenden Wassers und der Menge des durchgeflossenen Wassers konnte dann die abgeführte Wärmemenge berechnet werden. Die Reibungsarbeit wurde nach der von ROWLAND benutzten Methode gemessen; zur Temperaturmessung diente ein Stickstoffthermometer. Doch sind die Wärmeverluste nicht berücksichtigt, und die Länge des Bremshebels ist nicht genau definiert[5]).

Weitere Messungen des Äquivalents sind noch von REYNOLDS und MOORBY[6]) (1897), sowie von RISPAIL[7]) (1908) nach einer von CREMIEU angegebenen Methode vorgenommen worden.

In beiden Fällen wurde aber nicht die 15°-Kalorie zugrunde gelegt, sondern die mittlere Kalorie 0 bis 100° bzw. die Schmelzwärme des Eises. Bei den Messungen von REYNOLDS und MOORBY wurde die Leistung einer großen Dampfmaschine (bis 100 P.S.) abgebremst durch ein besonderes hydraulisches Bremsdynamometer. Das der Bremse zufließende Wasser hatte nahe eine Temperatur

[1]) P. A. FAVRE, C. R. Bd. 46, 1858.

[2]) J. PULUJ, Wiener Ber. Bd. 71, S. 677 u. Pogg. Ann. Bd. 157, S. 437 u. 649. 1876.

[3]) H. A. ROWLAND, Proc. Roy. Soc. London (A) Bd. 61, S. 479. 1897.

[4]) C. MICULESCU, Journ. de phys. (3) Bd. 1, S. 104. 1892; Ann. chim. phys. (6) Bd. 27, S. 202. 1897.

[5]) Vgl. K. SCHEEL u. R. LUTHER, Verh. d. D. Phys. Ges. Bd. 10, S. 584. 1908.

[6]) O. REYNOLDS u. W. H. MOORBY, Phil. Trans. (A) Bd. 190, S. 301. 1897; Proc. Roy. Soc. London (A) Bd. 61, S. 293. 1897.

[7]) L. RISPAIL, Ann. chim. phys. (8) Bd. 20, S. 417. 1910.

von 0° und verließ die Bremse mit ca. 100°. Der Einfluß des Wärmeverlustes wurde durch Messungen bei großer und geringer Belastung ermittelt. RISPAIL andererseits verwandte ein in einem Dewargefäß befindliches BUNSENsches Eiskalorimeter, in welchem die abgebremste, in Wärme umgesetzte Energie eines Elektromotors das Eis zum Schmelzen brachte. Die Bremsarbeit wurde in der früher angegebenen Weise gemessen.

Von den auf die 15°-Kalorie bezüglichen Messungen des mechanischen Wärmeäquivalents kommt nach den vorstehenden Darlegungen nur die Bestimmung von ROWLAND in Betracht, welche auf die Temperaturskala des Luftthermometers bezogen ist und den Wert $4{,}187 \cdot 10^7$ Erg ergab. Dabei ist aber zu beachten, daß, wie bereits erwähnt, die Messung der mechanischen Arbeit ungenau ist, so daß die Genauigkeit des angegebenen Wertes wohl kaum ein Promille betragen wird. (Vgl. hierzu den Wert des elektrischen Wärmeäquivalents Ziff. 12.)

c) Umwandlung der elektrischen Energie in Arbeit; elektrisches Wärmeäquivalent

9. Übersicht. Elektrische Energie wird stets dann vollständig in Wärme verwandelt (irreversibler Vorgang), wenn ein elektrischer Strom durch einen OHMschen Widerstand fließt; dabei wird die elektrische Energie, welche diesem Teil der Gesamtenergie entspricht, vernichtet. Bedeutet i den Augenblickswert des elektrischen Stroms zur Zeit t, r den OHMschen Widerstand und e die Augenblicksspannung ($e = ir$) an den Enden des Widerstandes zur Zeit t, so ist die betreffende Energie für den Zeitraum t_1 bis t_2

$$U = \int_{t_1}^{t_2} r i^2 \cdot dt = \int_{t_1}^{t_2} e i \, dt = \int_{t_1}^{t_2} \frac{e^2}{r} \, dt. \tag{12}$$

Wird die Stromstärke in Ampere, die Spannung in Volt und der Widerstand in Ohm ausgedrückt, so erhält man die Energie in Joule (Wattsekunden).

Die Gleichungen gelten ganz allgemein, ob es sich um Gleichstrom oder Wechselstrom handelt oder ob der Strom von einer Kondensatorentladung herrührt oder aber durch Induktion erzeugt wird usw.

Bei Gleichstrom ist $U = r i^2 (t_2 - t_1)$ bzw. $= e i (t_2 - t_1) = \frac{e^2}{r} (t_2 - t_1)$, wenn e und i die konstante Stromstärke bzw. Spannung bedeuten. Für konstanten Wechselstrom gelten dieselben Gleichungen, wenn man unter i und e die effektive Stromstärke und Spannung versteht und keine Phasenverschiebung zwischen Strom und Spannung vorhanden ist, also der Stromkreis frei von Induktivität und Kapazität ist. Anderenfalls gilt nur die erste der Gleichungen unverändert, bei den beiden anderen ist die Phasenverschiebung zu berücksichtigen. Bei sinusförmigem Wechselstrom z. B. muß dann die Leistung (Arbeit in der Zeiteinheit) berechnet werden als $e i \cos\varphi$, wenn φ die Phasenverschiebung bedeutet. Näheres hierüber und über andere Fälle siehe in den über Elektrizität handelnden Bänden. Erwähnt sei nur noch der Fall einer Kondensatorentladung über einen Widerstand mit oder ohne Induktivität. Wenn der Kondensator die Kapazität C und die Spannung e, also die Ladung $q = eC$ besitzt, so ist die Gesamtenergie bei der Entladung im Schließungskreis unabhängig von der Größe des Widerstandes und der Induktivität stets

$$U = \frac{e^2 C}{2} = \frac{e q}{2}\,; \tag{13}$$

dabei können die Entladungen oszillatorisch oder aperiodisch sein; die Zeitdauer für das Integral ist theoretisch unendlich lang. Voraussetzung ist aber, daß keine Funkenbildung auftritt oder daß die Wärmemenge dieser Energie mit hinzugerechnet wird.

Für die Bestimmung des elektrischen Wärmeäquivalents ist aber stets nur Gleichstrom verwendet worden. Im Gegensatz zur mechanischen Arbeit kann die elektrische Energie leicht mit großer Genauigkeit gemessen werden; bei geeigneten Meßmethoden läßt sich eine Genauigkeit von zehntausendstel des Wertes erzielen (vgl. Ziff. 12).

10. Messung der elektrischen Energie. Um bei Anwendung von Gleichstrom die in der Heizspule in Wärme umgesetzte elektrische Energie zu ermitteln, hat man die elektrische Leistung (in Watt) während der Dauer des Stromschlusses und die Zeitdauer selbst zu messen.

Die elektrische Leistung bestimmt man am besten in der Weise, daß abwechselnd der durch die Heizspule fließende Strom und die an den Enden der Heizspule herrschende Spannung bestimmt werden, wie es bereits von SCHUSTER und GANNON (1895) ausgeführt worden ist (s. Ziff. 11). Man wird dann frei von etwaigen Änderungen des Widerstandes der Heizspule (s. ,,Thermoideffekt" nach BOUSFIELD in Ziff. 11), die übrigens meist sehr gering sind. Diese Messungen werden mit dem Kompensationsapparat in bekannter Weise ausgeführt (vgl. ds. Handb. Bd. XVI); doch ist es wegen der meist geringen Dauer des Stromschlusses (wenige Minuten) ratsam, die Anordnung so zu treffen, daß man die Ablesung der Stromstärke und der Spannung rasch hintereinander abwechselnd vornehmen kann. Von der genauen Kenntnis der Widerstände im Kompensationsapparat kann man sich unabhängig machen, wenn man die Verhältnisse so wählt, daß die Einstellungen am Kompensator für Strom und Spannung nahe die gleichen werden; auf diese Weise lassen sich auch die abwechselnden Messungen rascher ausführen. Sehr zweckmäßig ist es, wenn auch das Normalelement, auf welches die Messungen mittels des Kompensators zurückgeführt werden, nahe dieselbe Einstellung gibt. In diesem Fall fallen die Widerstände des Kompensators fast völlig beim Resultat heraus, und es gehen nur die kleinen Unterschiede derselben in die Rechnung ein[1]).

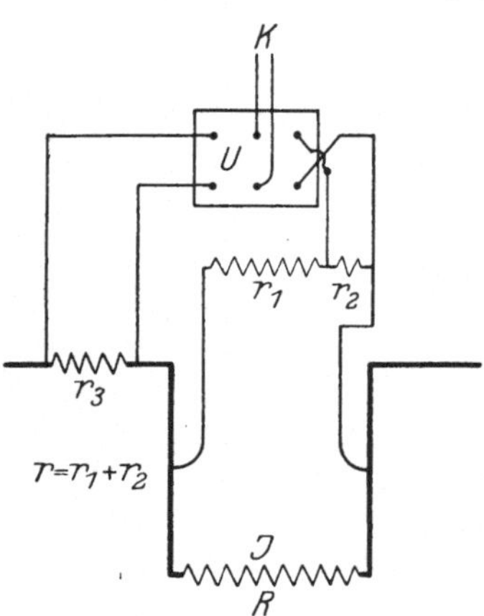

Abb. 3. Schaltung zur Messung der elektrischen Leistung.

Bei der Wichtigkeit dieser Messungen auch zu anderen Zwecken sei hier die Schaltung angegeben, durch welche man die oben angegebenen Bedingungen erreicht.

In Abb. 3 bedeutet R die Heizspule, die von dem Heizstrom J durchflossen wird. Parallel zu R ist zum Zweck der Spannungsmessung der im Verhältnis zu R große Nebenschluß $r = r_1 + r_2$ gelegt. Durch den zur Strommessung dienenden kleinen Widerstand r_3 fließt ein etwas größerer Strom als durch die Heizspule. Die Spannungen an den Enden der Widerstände r_2 und r_3 können mittels des Umschalters U abwechselnd an die zum Kompensator führende Leitung K gelegt werden. Man erhält dann an dem Kompensator die Einstellungen K_i und K_e für Strom und Spannung. Bezeichnet man noch mit K_v die Einstellung am Kompensator für das Normalelement und mit V die Spannung desselben, so

[1]) W. JAEGER u. H. v. STEINWEHR, Ann. d. Phys. Bd. 64, S. 305. 1921.

ergibt sich unter Berücksichtigung der Stromverzweigung für den Strom J und die Spannung E an den Enden der Heizspule

$$\left.\begin{aligned} J &= \frac{V \cdot K_i}{K_v} \cdot \frac{r}{r_3(r+R)}, \\ E &= \frac{V \cdot K_e}{K_v} \cdot \frac{r}{r_2} \end{aligned}\right\} \tag{14}$$

und hieraus für die Leistung EJ

$$EJ = \frac{K_e K_i}{(K_v)^2} \left\{ \frac{V^2 r}{r_2 r_3 \left(1 + \frac{R}{r}\right)} \right\}. \tag{15}$$

Hierin muß r_3 absolut bekannt sein, r/r_2 nur relativ; das Glied R/r stellt nur eine kleine Korrektion dar. Wenn K_e, K_i und K_v nahe gleich sind, ist der vor der Klammer stehende Ausdruck nahe 1, und die Leistung wird im wesentlichen durch das Quadrat der Spannung V und den Widerstand r_3 sowie das Widerstandsverhältnis r/r_2 bestimmt (vgl. auch Ziff. 12).

Damit K_i und K_e nahe gleich sind, muß angenähert gelten

$$r_2 = r_3 \frac{R + r_1}{R - r_3} \approx r_3 \frac{r_1}{R}; \tag{16}$$

damit auch ferner K_v denselben Wert wie K_i und K_e hat, muß die Spannung an r_2 bzw. r_3 annähernd 1,02 Volt sein.

Für den Heizwiderstand $R = E/J$ findet man aus den Kompensatoreinstellungen

$$R = \frac{K_e}{K_i} \frac{r_3 r}{r_2} \left(1 + \frac{R}{r}\right), \tag{17}$$

worin wieder r_3 absolut, r/r_2 relativ bekannt sein muß.

Man kann nun noch einen Schritt weiter gehen und den Kompensator ganz fortlassen und kommt dann zu der einfachen Anordnung nach Abb. 4, die außer festen Widerständen bzw. Widerstandssätzen nur ein Normalelement V und einen Drehspulgalvanometer G (Zeigerinstrument mit aufgehängter Spule) erfordert[1]); die übrigen Bezeichnungen sind dieselben wie in Abb. 3. Zwischen den Widerständen R, r_1, r_2, r_3 muß die Gleichung (16) bestehen; die Spannung an r_3 muß gleich derjenigen des Normalelements V sein, was mittels des Regulierwiderstandes r' erreicht wird. Kleine Unterschiede zwischen der Spannung an r_2 und r_3 werden durch Ausschlag des Galvanometers bestimmt und in Rechnung gezogen.

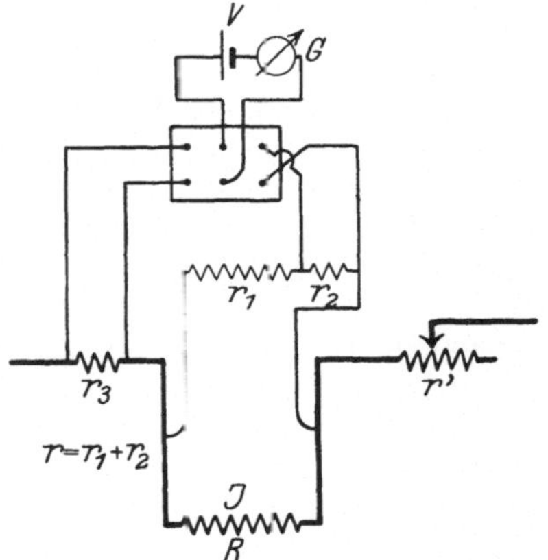

Abb. 4. Vereinfachte Schaltung zur Messung der elektrischen Leistung.

Die Messung der Zeitdauer muß mittels eines regelmäßig laufenden Chronographen vorgenommen werden. Um bei der im allgemeinen kleinen Zeitdauer von wenigen Minuten eine genügend große Genauigkeit zu erreichen (Ablesung auf einige hundertstel Sekunden), ist es erforderlich, scharfe Zeitmarken herzustellen, die man am besten durch Kondensatorentladung erhält.

[1]) H. v. Steinwehr, in Stählers Handbuch der Arbeitsmethoden in der anorganischen Chemie, Bd. 3, S. 610. Leipzig 1912 Veit u. Comp.

Für die Zeit des Schließens und Öffnens des Stromes benutzt man dazu den Stromschlüssel selbst, wie Abb. 5 zeigt. Hierin bedeutet R die Heizspule, V die den Heizstrom liefernde Spannung, C eine große Kapazität (z. B. 10 Mikrofarad aus Papier-Blockkondensatoren), E den Schreibmagnet des Chronographen, S den Stromschlüssel. Beim Schließen des Schlüssels wird der Kondensator über den Elektromagnet entladen, und es entsteht eine Marke mit scharfer Spitze (Abb. 6). Eine ganz gleiche Marke entsteht beim raschen Öffnen des Schlüssels durch den Ladestrom, der über den Kondensator fließt. Um auch bei den von einer Kontaktuhr gelieferten Sekundenmarken, die von dem zweiten Elektromagnet des Chronographen geschrieben werden, die Kondensatorentladung anzuwenden und ebenfalls die spitzen Marken zu erhalten, benutzt man die Schaltung nach Abb. 7, in welcher V, wie in Abb. 5, eine hohe Gleichspannung, r einen großen Widerstand, C eine hohe Kapazität (z. B. $V = 120$ Volt, $r = 30000$ Ohm, $C = 10$ Mikrofarad), E den Schreibmagnet des Chronographen bedeutet.

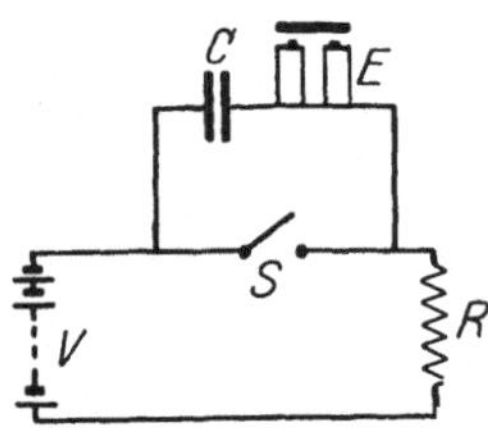

Abb. 5. Zeichengebung für Stromanfang und -ende mittels Kondensatorentladung.

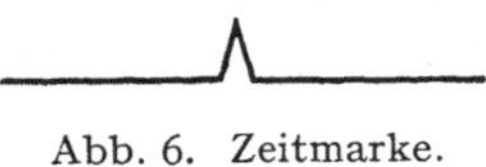
Abb. 6. Zeitmarke.

Wenn der Uhrenkontakt S geschlossen wird, entlädt sich der Kondensator durch einen Stromstoß über den Elektromagnet E und erzeugt eine scharfe Marke; nach dem Öffnen des Uhrkontaktes bis zur nächsten Sekunde lädt sich der Kondensator über den großen Widerstand r langsam auf. Dieser schwache Strom ist aber nicht imstande, den Anker des Elektromagnets E anzuziehen. Die Vorrichtung funktioniert sehr sicher und zuverlässig, was bei der gewöhnlichen Art der Zeichengebung durch einfaches Schließen und Öffnen eines Stromes nicht immer der Fall ist.

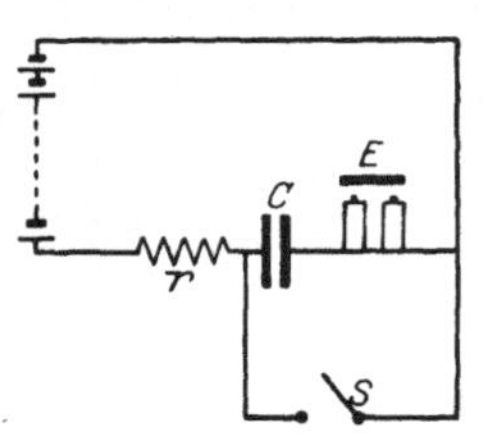

Abb. 7. Schaltung mit Kondensatorentladung für die Zeitmarken.

Sowohl die Messung der Leistung, wie diejenige der Zeitdauer und damit auch der elektrischen Energie kann auf dem angegebenen Weg mit einer Genauigkeit von ein zehntausendstel des Wertes ausgeführt werden.

11. Elektrisches Wärmeäquivalent; ältere Messungen. Für die älteren Messungen gelten hinsichtlich der Temperaturskala die in Ziff. 8 bezüglich der Bestimmung des mechanischen Wärmeäquivalents gemachten Ausführungen. Bei dem elektrischen Äquivalent kommt aber noch ein anderer Umstand hinzu, der die Verwendbarkeit fast aller früher erhaltenen Zahlenwerte ausschließt. Um nämlich die von verschiedenen Beobachtern gemessenen Äquivalente vergleichbar zu machen und anwenden zu können, ist es notwendig, daß die elektrische Energie auf feststehende, jederzeit zu Gebote stehende elektrische Einheiten zurückgeführt wird. Derartige Einheiten sind aber in internationaler Übereinstimmung erst seit dem 1. Januar 1911 in ausreichendem Maße sichergestellt. Von diesem Zeitpunkt an setzte man in den verschiedenen in Betracht kommenden Ländern die EMK des WESTONschen Normalelements (mit Überschuß von festen Kadmiumsulfatkristallen) bei 20° zu 101830 internat. Volt und hat auch eine Temperaturformel für das Element vereinbart. Zwar sind bereits im Oktober 1908 auf einem großen internationalen Kongreß in London die elektrischen Grundeinheiten international festgesetzt worden — das Ohm durch die Quecksilbernormale, das Ampere durch das Silbervoltameter — und zwar im wesentlichen in Übereinstimmungen mit den durch das deutsche Gesetz über elektrische Einheiten vom 1. Juni 1898 getroffenen Bestimmungen. Da aber für den praktischen Gebrauch das Silbervoltameter im allgemeinen nicht anwendbar ist, werden die elektrischen Messungen auf Normalwiderstände und die Spannung des Normalelements zurückgeführt, so daß es für die Übereinstimmung der Messungen erforderlich war, auch für das Normalelement einen auf das Silbervoltameter gegründeten Wert festzulegen. Dies geschah auf Grund gemeinsamer Messungen, die im Frühjahr 1910 in Washington von Deligierten aus Amerika, England, Deutschland und Frankreich ausgeführt wurden. Für Deutschland ist der Konnex mit der vor dem 1. Januar 1911 liegenden Zeit dadurch hergestellt, daß dort vor diesem Zeitpunkt für das Normalelement ein Wert von 1,0186 Volt bei 20° angenommen wurde. Näheres über diese Einheitenfrage siehe ds. Handb. Bd. II u. XVI. Bei Vergleichung elektrischer Messungen, die vor und nach dem 1. Januar 1911 liegen, muß man also die hier erörterten Verhältnisse stets berücksichtigen und bei Anwendung der auf Grund der neuen Einheiten erhaltenen Werte auch wieder diese Einheiten zugrunde legen. Durch die staatlichen Institute der verschiedenen Länder (in Deutschland die Physikalisch-Technische Reichsanstalt, in England das National Physical Laboratory zu Teddington-London, in Amerika das Bureau of Standards zu Washington) kann der Anschluß an diese internationalen Einheiten stets bewerkstelligt werden.

Nach dem oben angegebenen Zeitpunkt liegen nur die Bestimmungen des elektrischen Wärmeäquivalents von BOWSFIELD (1911) und von der Physikalisch-Technischen Reichsanstalt (1915 veröffentlicht). BOWSFIELD hat seine elektrischen Einheiten im National Physical Laboratory zu Teddington auf die Einheiten dieses Staatsinstituts zurückzuführen, und die Thermometer in der P.-T. Reichsanstalt eichen lassen, die Reichsanstalt andererseits ist selbst im Besitz der erforderlichen Einheiten.

Die ältesten Bestimmungen des elektrischen Wärmeäquivalents, welche in den neueren Zusammenstellungen, z. B. den Tabellen von LANDOLT-BÖRNSTEIN, nicht mehr enthalten sind, seien nur kurz erwähnt; es sind dies die Messungen von JOULE[1]), FR. WEBER[2]), QUINTUS ICILIUS[3]), JAHN[4]) und DIETERICI[5]) (ältere Messung). Die beiden letzteren Autoren haben das BUNSENsche Eiskalorimeter verwandt und den Strom mit der Tangentenbussole bzw. dem Silbervoltameter gemessen.

Bei den späteren Bestimmungen von GRIFFITHS[6]), SCHUSTER und GANNON[7]), BARNES[8]) und DIETERICI (neuere Messung)[9]), die auch jetzt noch häufig Berücksichtigung finden, sind die Einheiten sicherer, als bei den oben erwähnten Messungen und auch die Meßgenauigkeit entspricht mehr den heutigen Anforderungen. Allerdings ist später viel an den von diesen Forschern erhaltenen Zahlen herumgerechnet worden, um die Werte den neueren Einheiten anzupassen und man findet deshalb die verschiedensten Zahlenangaben in den Zusammenstellungen[10]).

---

[1]) J. P. JOULE, Rep. of the Brit. Assoc. 1867, S. 152.

[2]) FR. WEBER, Elektromagn. und kalorimetr. Untersuchungen, Zürich 1878; Beibl. Bd. 2, S. 499.

[3]) G. v. QUINTUS ICILIUS, Pogg. Ann. Bd. 101, S. 69. 1857.

[4]) H. JAHN, Wied. Ann. Bd. 25, S. 49. 1885; Bd. 37, S. 413. 1889.

[5]) C. DIETERICI, Wied. Ann. Bd. 33, S. 417. 1888.

[6]) E. H. GRIFFITHS, Phil. Trans. (A) Bd. 184, S. 361. 1893; Bd. 186, S. 316. 1895.

[7]) A. SCHUSTER u. W. GANNON, Phil. Trans. (A) Bd. 186, S. 415. 1895; Proc. Roy. Soc. London Bd. 51, S. 25. 1895.

[8]) H. T. BARNES, Phil. Trans. (A) Bd. 199, S. 149. 1902; Proc. Roy. Soc. London Bd. 82, S. 390. 1909.

[9]) C. DIETERICI, Ann. d. Phys. Bd. 16, S. 593. 1905.

[10]) Vgl. z. B. die Zusammenstellungen bei BARNES, l. c.; E. WARBURG, Referat über die Wärmeeinheit, Leipzig: J. A. Barth 1900; K. SCHEEL u. R. LUTHER, Verh. d. D. Phys. Ges. Bd. 10, S. 584. 1908; T. H. LABY, Proc. Phys. Soc., London Bd. 38, S. 169. 1926. Tabellen von LANDOLT-BÖRNSTEIN; C. SUTTON, Phil. Mag. (6) Bd. 35. S. 27. 1918. Hier ist aber der von der Phys.-Techn. Reichsanstalt erhaltene Wert unrichtig angegeben, vgl. W. JAEGER u. H. v. STEINWEHR, Verh. d. D. Phys. Ges. Bd. 21, S. 25. 1919 u. Ann. d. Phys. Bd. 58, S. 487. 1919.

Hierin schon spricht sich die Unsicherheit aus, welche diesen früheren Werten anhaftet; diese sind durch nachträgliche Reduktionen nicht fortzuschaffen. Denn die Grundlagen, auf welchen diese meist sehr sorgfältigen Messungen beruhen, sind fast in allen Fällen nicht mehr unverändert erhalten.

Die Messungen von GRIFFITHS und von SCHUSTER und GANNON wurden mit einem Erwärmungskalorimeter angestellt; die elektrische Leistung wurde von GRIFFITHS auf die Spannung von Clarkelementen, die in Cavendish und in Berlin gemessen waren und auf den Widerstand eines Platindrahtes zurückgeführt, wobei die Widerstandseinheit diejenige des englischen Board of Trade war. SCHUSTER und GANNON bestimmten die elektrische Leistung durch Messung der Spannung an den Enden des Heizdrahtes durch Vergleichung mit der Spannung von Clarkelementen, während die Stromstärke durch ein Silbervoltameter ermittelt wurde. Inwieweit der von diesen Forschern für ihre Clarkelemente angenommene Wert mit der heute geltenden Normalspannung in Übereinstimmung war, läßt sich nicht mehr feststellen. Die Temperaturdifferenzen wurden von GRIFFITHS auf das Stickstoffthermometer bezogen, von SCHUSTER und GANNON außerdem auch auf das Wasserstoffthermometer.

BARNES stellte seine Messungen des elektrischen Äquivalents mit dem von CALLENDAR angegebenen Strömungskalorimeter an. Das Prinzip dieses Kalorimeters zeigt schematisch Abb. 8.

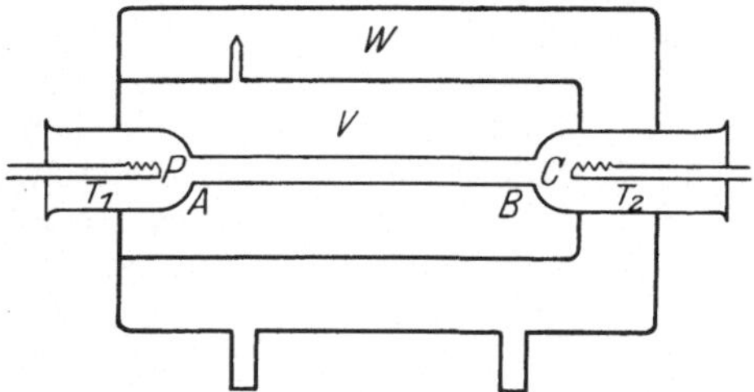

Abb. 8. Strömungskalorimeter.

Strömungskalorimeter. Durch die Glasröhre AB, in der sich ein elektrisch geheizter Platindraht befindet, strömt in gleichmäßigem Fluß Wasser von einer bestimmten Temperatur; es bildet sich dann allmählich ein stationärer Zustand aus, bei dem in dem Rohre AB eine bestimmte Temperaturverteilung herrscht. Das Wasser strömt durch den Ansatz C ein und durch die Röhre AB nach dem Ansatz P; bei seinem Austritt aus P wird es aufgefangen und nach Beendigung des Versuchs gewogen. In den Ansätzen C und P befinden sich Platinthermometer T_1 und T_2, welche die Eintritts- und Austrittstemperatur des Wassers angeben. Die Strömungsröhre ist von einem Vakuummantel V umgeben und dieser wieder von einem Wassermantel W, durch den Wasser fließt. Dieses Wasser wird auf der gleichen Temperatur gehalten, wie das in die Röhre AB eintretende Wasser. Von B nach A nimmt infolge der Erwärmung durch den Heizdraht die Temperatur des Wassers stark zu (bei BARNES um 7 bis 8°). Die Hüllen der Thermometer sind von dicken Röhren aus Kupfer umgeben, um die Temperatur auszugleichen und die Bildung von Wärme in der unmittelbaren Nähe der Thermometer zu verhindern; denn die Thermometer sollen genau die Temperaturerhöhung angeben, welche durch den Heizdraht bewirkt worden ist. Diese Temperaturerhöhung muß mit sehr großer Genauigkeit bekannt sein; aus der Temperaturerhöhung und der Masse des durchgeflossenen Wassers ergibt sich die der Heizenergie entsprechende Anzahl Kalorien.

Die Angaben der Platinthermometer wurden bei BARNES auf die Skala des Stickstoffthermometers zurückgeführt. Die elektrische Leistung wurde durch den Widerstand des Heizdrahtes und die Spannung an seinen Enden gemessen (als e^2/r). Die Einheit der Spannung war das CLARKelement, dessen Wert BARNES bei 15° zu 1,4325 Volt annahm, die Einheit des Widerstandes das „wahre Ohm" = 1,01358 Brit. Ass.-Units. Später hat BARNES selbst den von ihm erhaltenen Wert umgerechnet[1]),

[1]) H. T. BARNES, Proc. Roy. Soc. London (A) Bd. 82, S. 390. 1909.

indem er den Wert des CLARKelements zu 1,4330 internat. Volt annahm. Er erhielt dann für das elektrische Wärmeäquivalent die Zahl 4,1842 (15°). Den Widerstandsmessungen lagen 1-Ohm-Normale zugrunde, die im Jahre 1893 von dem Electrical Standards Committee der British Association geeicht worden waren. Wie diese Widerstandseinheit zu dem jetzt gültigen internationalen Ohm sich verhält, ist nicht genau bekannt, so daß auch aus diesem Grunde die von BARNES erhaltene Zahl mit anderen Werten nicht ohne weiteres vergleichbar ist.

Die von DIETERICI ausgeführte Bestimmung des Wärmeäquivalentes ist wie seine ältere Messung aus dem Jahre 1888 mit Hilfe des BUNSENschen Eiskalorimeters vorgenommen worden. Man erhält also den für die 15°-Kalorie geltenden Wert nicht direkt und mit einer erheblichen Unsicherheit behaftet. Die elektrische Leistung wurde in der Weise bestimmt, daß der Heizwiderstand von 10 Ohm mit einem ebenfalls 10 Ohm betragenden, in einem Petroleumbad befindlichen Normalwiderstand hintereinander geschaltet wurde und daß mittels eines durch ein WESTONelement eingestellten Kompensationsapparates die Spannungen an den Enden beider Widerstände gemessen wurden. Die Leistung wurde also bestimmt als e^2/r und wurde zurückgeführt auf die Spannung des WESTONelements, den Normalwiderstand von 10 Ohm und die Widerstandsverhältnisse der Einstellungen am Kompensator. Für den Wert des WESTONelements gelten die Ausführungen in Ziff. 11. Der von DIETERICI gefundene Wert des Äquivalents muß dementsprechend umgerechnet werden, vorausgesetzt allerdings, daß das von ihm verwendete Normalelement den richtigen Wert hatte, was nicht ohne weiteres sicher ist.

Bei der im Jahre 1911 von BOUSFIELD vorgenommenen Bestimmung des elektrischen Wärmeäquivalents fallen, wie erwähnt, die bei den früheren Messungen vorhandenen Bedenken wegen der zugrunde liegenden Einheiten fort. BOUSFIELD benutzte die CALLENDARsche Strömungsmethode und maß die elektrische Leistung als ri^2. Als Heizwiderstand verwandte er ein schlangenförmiges, mit Quecksilber gefülltes Glasrohr, das so ausgebildet war, daß die Vorrichtung gleichzeitig als Thermometer diente. Er wollte auf diese Weise den von ihm sog. „Thermoideffekt" vermeiden, der darin besteht, daß der Heizwiderstand eine höhere Temperatur besitzt als das umgebende Wasser. Mittels seiner Vorrichtung konnte er die wirkliche Temperatur des Heizwiderstandes berücksichtigen. Doch ist dies Vorgehen keineswegs vorbildlich, denn das Quecksilber besitzt einen großen Temperaturkoeffizienten (ca. 1‰ pro Grad) und es ist besser, statt dessen Manganin oder Konstantan zu verwenden, welche meist kaum den 100ten Teil der Widerstandsänderung besitzen. Außerdem kann man, wie schon früher ausgeführt wurde, die Leistung durch Spannung und Stromstärke messen (als ei) und vermeidet dann die ganze Schwierigkeit.

Da BOUSFIELD für seine Messungen Quecksilberthermometer verwendete, bei denen er nur eine Genauigkeit von etwa $^1/_{100}$° erreichte, war er gezwungen, ein sehr großes Temperaturintervall anzuwenden; das ein- und austretende Wasser hatte eine Temperaturdifferenz von 40°. Darauf ist es wohl auch zurückzuführen, daß er trotz zuverlässiger Einheiten einen viel zu niedrigen Wert für das Äquivalent erhielt. Er selbst schiebt allerdings die Abweichung seines Wertes von denen früherer Beobachter auf den bei diesen nicht berücksichtigten Thermoideffekt. Von diesem Effekt ist aber z. B. SCHUSTER und GANNON frei. Aus seinen Hauptmessungen erhielt BOUSFIELD nur einen Integralwert des Äquivalents zwischen 13 und 53° (vgl. Ziff. 4). Um auch die Zwischenwerte zu erhalten, bestimmte er noch mittels des Erwärmungskalorimeters die relative spezifische Wärme des Wassers zwischen 0 und 80° von 5 zu 5°. Daraus leitete er für 15° den Wert 4,1791 des Wärmeäquivalents ab, ein Wert, der um etwa 1‰ zu klein ist.

Es bleibt dann nur noch die in der Physikalisch-Technischen Reichsanstalt ausgeführte Bestimmung des elektrischen Wärmeäquivalents übrig, welche in der folgenden Ziffer 12 eingehender behandelt werden soll, da die angewendeten Meßmethoden auch in vielen anderen Fällen Anwendung finden können.

12. Bestimmung des elektrischen Wärmeäquivalents in der Physikalisch-Technischen Reichsanstalt[1]. Bei diesen Messungen sind die früher aufgestellten Bedingungen (Ziff. 6) nach Möglichkeit erfüllt worden. Es wurde eine sehr große Wassermasse, 50 Liter, verwendet. Die miterwärmten Metallmassen, die im wesentlichen aus Kupfer bestanden, wogen 7,16 kg, und entsprachen einem Wasserwert von 0,65 kg, da die spez. Wärme des Kupfers 0,091 beträgt. Der Wasserwert der Metallmassen betrug also nur etwas über 1% der Wassermasse und brauchte daher nur auf 1% bekannt zu sein. Das Wasser befand sich in einem allseitig geschlossenen Gefäß und wurde durch Schaufelräder gut durchgerührt; das Kalorimeter war von einem doppelwandigen Mantel allseitig umgeben, durch den temperiertes Wasser mit Gegenströmung hindurchfloß. Zur Erwärmung des Kalorimeters um einen Grad waren 210 Kilojoule erforderlich; die Erwärmung, die durch einen 6 Min. dauernden Strom von 10 Amp. bewirkt wurde, betrug in der Regel 1,4°. Die Leistung war demnach etwa 800 Watt und wurde in einer Heizspule von 8 Ohm Widerstand in Wärme umgesetzt. Die Temperaturmessung wurde mittels eines Platinthermometers nach der Differentialmethode[2] unter Benutzung eines Kugelpanzergalvanometers und eines Meßstromes von ca. 0,005 Amp. vorgenommen; die Angaben des Thermometers sind auf die thermodynamische Temperaturskala der P.-T. Reichsanstalt bezogen. Einige Einzelheiten seien im folgenden noch angeführt.

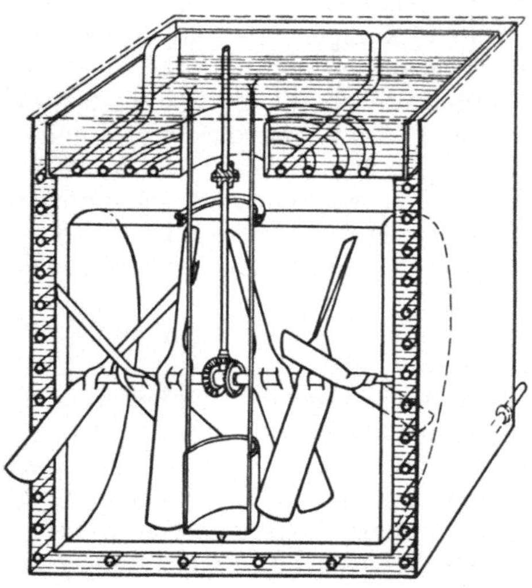

Abb. 9. Durchschnitt des Kalorimeters zur Bestimmung des elektrischen Wärmeäquivalents.

Abb. 9 zeigt das Kalorimeter mit dem dasselbe einschließenden doppelwandigen Mantel im perspektivischen Vertikalschnitt durch die Mittellinie. Das eigentliche Kalorimeter besteht aus einem Kupferzylinder mit horizontaler Achse. Um diese Achse drehen sich die links und rechts befindlichen Schaufelräder aus je drei um 120° gegeneinander versetzten Schaufeln, die fast bis zur Wandung des Kalorimeters reichen. Durch ein Differentialgetriebe werden die Rührer rechts und links in entgegengesetztem Sinne mit einer Winkelgeschwindigkeit von einer halben Umdrehung in der Sekunde gedreht (Rührwärme etwa 15 cal/min). Die Länge des Zylinders beträgt 40 cm, ebensogroß ist der Durchmesser der kreisförmigen Seitenfläche; das Kupferblech hat eine Dicke von 0,7 mm. In der Mitte der Mantelfläche ist auf der Oberseite eine kreisrunde Öffnung angebracht zur Einführung der Heizspule, die mit einer Spitze auf

[1] W. JAEGER u. H. v. STEINWEHR, Ann. d. Phys. Bd. 64, S. 305. 1921; vgl. auch Berl. Ber. 1915, S. 424, ferner Verh. d. D. Phys. Ges. Bd. 17, S. 362. 1915 u. Ann. d. Phys. Bd. 58, S. 487. 1919.

[2] W. JAEGER, ZS. f. Instrkde. Bd. 24, S. 290. 1904; W. JAEGER u. H. v. STEINWEHR, Ann. d. Phys. Bd. 21, S. 43, 50. 1906.

dem Boden des Kalorimeters aufstehend im Durchschnitt gezeichnet ist. Die Öffnung ist verschlossen durch einen mittels Überfangschraube befestigten Metalldeckel, der Löcher besitzt, durch welche die Rührachse und die Zuleitungen zur Heizspule in der Weise hindurchgehen, daß sie noch von eng anschließenden, auf die Löcher aufgesetzten Messingröhrchen von etwa 2 cm Länge umgeben werden. Dadurch war die Verdampfung des Wassers aus dem Kalorimeter nach Möglichkeit verringert; sie betrug bei Zimmertemperatur ca. 10 g in einem viertel Jahr.

Der das Kalorimeter allseitig umgebende, rechteckige Mantel besteht innen aus Kupfer, außen aus Zink, das mit Holz versteift ist; er tritt bis auf 2 cm an das Kalorimeter heran (innere Bodenfläche 44×44 cm^2). Auf der Bodenfläche liegt das Kalorimeter mit 4 Porzellanisolatoren auf, um einen direkten Wärmeübergang zu verhindern. Der Zwischenraum zwischen den Wandungen des äußeren Mantels, der 3 cm beträgt, ist mit Wasser gefüllt, durch das ein Schlangenrohr hindurchgeführt ist. Nach oben wird der Mantel durch einen abnehmbaren, ebenfalls mit Wasser gefüllten Deckel abgeschlossen. Das Schlangenrohr setzt sich in den Deckel fort, so daß es ein einziges zusammenhängendes Rohr bildet. Durch dieses Rohr wird mittels einer Pumpe Wasser gepreßt, das, nachdem es durch das Rohr geströmt ist, in den Mantelzwischenraum abfließt und am unteren Ende des Mantels wieder abgesaugt wird. Das Wasser beschreibt so einen Kreislauf, bei dem es entweder einen Heizapparat oder eine Kühlvorrichtung passiert, so daß es auf der gewünschten Temperatur gehalten werden kann. Zur automatischen Regulierung der Temperatur dient ein im Mantel angebrachter Toluolregulator. Die Temperaturdifferenz des ein- und austretenden Wassers betrug bei einer Manteltemperatur von 80° etwa $^1/_2$ bis 1°, bei tieferen Temperaturen war sie erheblich kleiner.

Das mit Wasser gefüllte Kalorimeter wurde im Mantel selbst gewogen mittels einer großen Wage (Spannweite zwischen den Schneiden 94 cm), die bei 50 kg Belastung noch $^1/_{10}$ g zu messen gestattete. Die Wägung wurde mit Vertauschung ausgeführt; die Luftkorrektion betrug rund 50 g und konnte als konstant angesehen werden.

Der Heizwiderstand bestand aus einem 14 m langen, doppelt mit Seide umsponnenen Konstantendraht von 1 mm Durchmesser (Widerstand rund 8 Ohm), der auf einem Messingzylinder von 10 cm Länge und 8 cm Durchmesser aufgewickelt und von diesem noch durch eine Glimmerunterlage isoliert war. Nach außen hin wurde der Kupferzylinder durch ein aufgelötetes Schablonenblech abgeschlossen. Noch innerhalb der Spule waren zur Vermeidung von Thermokräften starke Kupferdrähte an den Konstantandraht hart angelötet, welche zur Stromzuführung dienten. Diese Drähte verzweigten sich unterhalb der Wasseroberfläche in einen dickeren Strom- und einen dünneren Potentialdraht, so daß der hierdurch definierte Widerstand ganz innerhalb des Wassers lag. Um diese Zuleitungsdrähte isoliert aus dem Wasser herausführen zu können, wurden sie in zwei Messingröhrchen verlegt, die an den Kupferzylinder hart angelötet waren. Die oberhalb der Verzweigungsstelle liegenden Zuführungsdrähte bedingen insofern kleine Fehler, als die in dem Stromdraht entwickelte Wärme durch Leitung zum Teil in das Kalorimeterwasser gelangt.

Weitere Einzelheiten können am besten an der Hand der Schaltungsskizze Abb. 10 erläutert werden, in der Z die Zeitmessung, L die Leistungsmessung und T die Temperaturmessung bedeutet. Vor dem Versuch wird der Schlüssel S des doppelpoligen Umschalters U_1 auf einen Ersatzwiderstand R'' geschaltet, bis die Spannung der 140-Volt-Batterie konstant geworden ist. Dabei wird der Kondensator C (Papierkondensatoren von etwa 8 Mikrofarad) aufgeladen und entlädt sich beim Umlegen des Schlüssels S zu Beginn des Versuchs auf den im Kalorimeter befindlichen Heizwiderstand R' über den Elektromagnet E des Chronographen (vgl. Ziff. 10), wobei eine scharfe Marke entsteht, ebenso wie beim Öffnen des Schlüssels am Ende des Versuchs. Der andere Elektromagnet, der Sekundenmarken schreibt, wird von der Uhr betätigt; besser wird aber auch hier die in Ziff. 10 beschriebene Anordnung mit Kondensatorentladung angewendet.

Der Strom von 10 Amp. durchfließt den Widerstand r_3 von 0,1 Ohm (Manganinbüchse in Petroleum); die Spannung an den Enden des Widerstandes (ca. 1 Volt) kann durch den Umschalter U_2 auf den Kompensator geschaltet werden, ebenso wie die Spannung an den Enden von r_2 (127 Ohm), durch welche die an dem Heizwiderstand R' liegende Spannung von ca. 80 Volt gemessen wird.

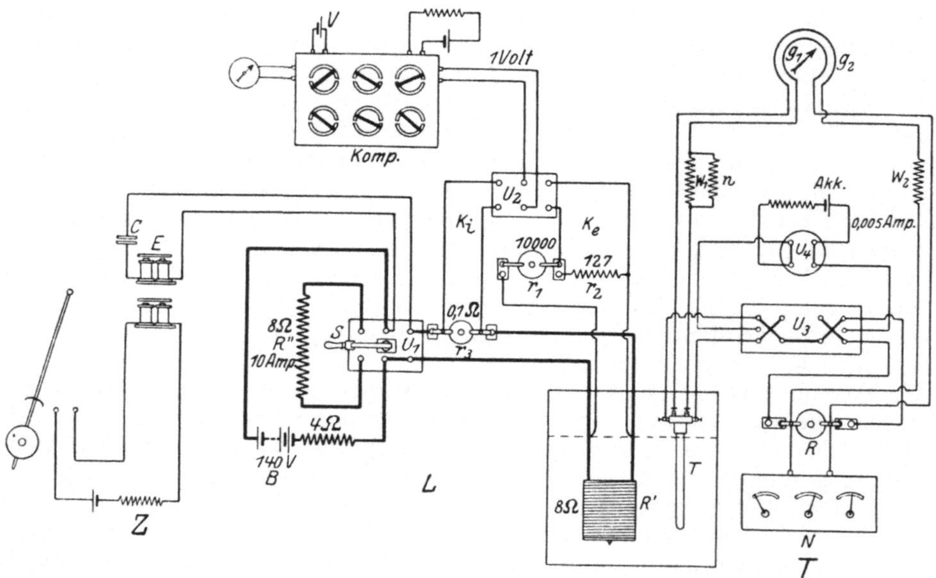

Abb. 10. Schaltungsskizze zur Messung des elektrischen Wärmeäquivalentes. Z = Zeitmessung, L = Leistungsmessung, T = Temperaturmessung.

Der Spannungsteiler wird durch die Büchse r_1 von 10000 Ohm und den Widerstand r_2 dargestellt. Der Schalter U_2 ermöglicht die rasche abwechselnde Messung beider Spannungen, denen die Einstellungen K_i und K_e am Kompensator entsprechen. Das zum Vergleich dienende WESTONsche Normalelement ist mit V bezeichnet (vgl. die Berechnung der Leistung in Ziff. 10).

Der Widerstand des im Kalorimeter befindlichen Platinthermometers T wird mittels des Differentialgalvanometers (Spulen g_1 und g_2) mit dem aus Manganinbüchsen zusammengesetzten Widerstand R verglichen, der durch einen Nebenschluß N (Kurbelkasten) dem Thermometerwiderstand gleichgemacht wird. Die Trägheit des Thermometers spielt bei den Messungen keine Rolle[1]). Wegen der Einzelheiten der Messungen sei auf die angegebene Literaturstelle verwiesen. Das Platinthermometer hatte einen Widerstand von etwa 7 Ohm und wurde mit 5 Tausendstel Amp. belastet, so daß die hierdurch entstehende Stromwärme zu vernachlässigen war.

[1]) Vgl. W. P. WHITE, Phys. Rev. Bd. 31, S. 562. 1910.

Einem Grad Temperaturerhöhung entsprach ein rechnischer Ausschlag von etwa 4000 Skalenteilen, so daß noch 1 Zehntausendstel Grad bestimmt werden konnte. Bei der kleinen Temperaturerhöhung des Kalorimeters von 1,4° ist diese Genauigkeit erforderlich. Ebenso sind die Temperaturgänge der Vor- und Nachperiode, aus denen die Korrektion wegen des Wärmeaustausches des Kalorimeters mit der Umgebung berechnet wird (vgl. Ziff. 5) sehr klein; sie betrugen im Maximum etwa 1 Tausendstel Grad in der Minute, so daß auch aus diesem Grunde eine sehr genaue Temperaturmessung erforderlich ist. Die Abkühlungskonstante des Kalorimeters betrug etwa $6 \cdot 10^{-4}$, d. h. bei einem Temperaturunterschied von 1° zwischen Kalorimeter und Mantel änderte sich die Kalorimetertemperatur in der Minute um 0,6 Tausendstel Grad. Betreffs Berücksichtigung einer veränderlichen Manteltemperatur und einer Widerstandsänderung des Vergleichswiderstandes R für das Platinthermometer, sowie betreffs weiterer Einzelheiten muß auf die Originalarbeit verwiesen werden.

Die Messungen wurden zwischen 5 und 50° ausgeführt; die ermittelte Abhängigkeit der Wärmekapazität des Wassers von der Temperatur ist in Ziff. 3 mitgeteilt. Auch hierfür geben die früheren Messungen zum Teil sehr abweichende Resultate. Für die 15°-Kalorie ergab sich mit einer Genauigkeit von etwa 2 Zehntausendstel

$$1 \text{ cal} = 4{,}184_2 \text{ internat. Joule},$$

bezogen auf die thermodynamische Temperaturskala[1]) und die internationalen elektrischen Einheiten des Widerstandes und des Weston-Normalelements (1,0183 Volt bei 20°).

Um die angegebene Zahl auf absolute Joule bzw. auf Erg (1 Joule = 10^7 Erg) umzurechnen, muß man beachten, daß nach den übereinstimmenden Messungen der Staatsinstitute in Deutschland und England (Grüneisen und Giebe bzw. Smith) 1 internat. Ohm = 1,0005 abs. Ohm zu setzen ist; der Wert für das Ampere ist noch nicht mit aller Sicherheit feststehend, man kann aber vorläufig nach der Messung im amerikanischen Staatsinstitut (Rosa, Dorsey, Miller) das internationale Ampere dem absoluten gleich setzen (vgl. ds. Handb. Bd. II). Unter dieser Voraussetzung erhält man

$$1 \text{ cal} = 4{,}186 \text{ abs. Joule} = 4{,}186 \cdot 10^7 \text{ Erg};$$

dieser Wert würde also das mechanische Wärmeäquivalent darstellen; doch ist er mit einer gewissen Reserve zu benutzen. Er stimmt übrigens nahe mit dem von Rowland gefundenen Wert 4,187 überein (Ziff. 8).

d) Indirekte Berechnung des mechanischen Wärmeäquivalentes.

13. Indirekte Berechnung des Äquivalentes. In Ziff. 1 ist bereits erwähnt, daß Rob. Mayer (1843) und Holtzmann (1845) das mechanische Wärmeäquivalent aus den spezifischen Wärmen der Gase (Luft) berechnet haben; die Berechnung ist aber nicht sehr genau.

Wenn ein Gas bei konstantem Volumen erwärmt wird, so findet keine Arbeitsleistung statt, wohl aber bei einer Erwärmung unter konstantem Druck,

---

[1]) Der Sicherheit halber wurden die Messungen auch noch auf eine andere, reproduzierbare Temperaturskala zurückgeführt, indem die Platinthermometer mit Quecksilberwiderstandsthermometern verglichen wurden, bei denen sich das Quecksilber in einem Quarzrohr befindet. Um die Temperatur dieser Thermometer abzuleiten, genügt eine Widerstandsmessung bei dieser Temperatur und die Feststellung des Widerstandes bei 0°. Vgl. W. Jaeger und H. v. Steinwehr, Ann. d. Phys. Bd. 43, S. 1165. 1914.

weil sich dabei das Gas der Erwärmung entsprechend ausdehnen muß. Einer Vergrößerung des Volumens v um dv bei dem Drucke p entspricht die Arbeit $p \cdot dv$ Erg, wenn der Druck in Dyn/cm² und das Volumen in Kubikzentimeter gemessen wird. Dabei seien p und v auf das Mol bezogen (Masse in g, die dem Molekulargewicht entspricht); die Volumvergrößerung sei durch eine Temperaturerhöhung um dT Grad hervorgebracht. Bezeichnen nun c_p und c_v die auf das Mol bezogenen spezifischen Wärmen des Gases bei konstantem Druck bzw. bei konstantem Volum (Wärmekapazität in Kalorien/Grad), so ist die Differenz der bei konstantem Druck und bei konstantem Volumen dem Gase zugeführten Wärmemengen gleich $(c_p - c_v)dT$. Diese Differenz muß gleich der mechanischen Arbeit, dividiert durch das Wärmeäquivalent J sein. Man erhält also die Beziehung

$$(c_p - c_v)dT = \frac{p \cdot dv}{J}, \tag{18}$$

woraus sich das mechanische Wärmeäquivalent berechnen läßt, wenn noch die Beziehung zwischen p und v bekannt ist.

Bei einem idealen Gase gilt nun die Beziehung

$$\frac{pv}{T} = \frac{p_0 v_0}{T_0} = R, \tag{19}$$

worin R die auf das Mol bezogene Gaskonstante (in Erg/Grad) bedeutet und der Index 0 sich auf eine beliebige (absolute) Bezugstemperatur T_0 bezieht.

Bei konstantem Druck ist also in diesem Fall $p dv = R dT$, so daß aus Gleichung (18) für ein ideales Gas folgt

$$J = \frac{R}{c_p - c_v} \frac{\text{Erg}}{\text{cal}}; \tag{20}$$

für R ist hierin der Wert $8{,}313 \cdot 10^7$ Erg/Grad zu setzen. Statt c_p und c_v kann man auch das Verhältnis der beiden spezifischen Wärmen $k = \frac{c_p}{c_v}$, das sich durch adiabatische Ausdehnung des Gases und durch Messung der Schallgeschwindigkeit ermitteln läßt, zusammen mit c_p oder c_v zur Berechnung benutzen. Führt man die Berechnung z. B. für Luft durch, so ist zu setzen $k = 1{,}40$ und auf das Mol bezogen $c_p = 0{,}241 \cdot 28{,}98 = 6{,}984$ bei 18°. Dann folgt $c_p - c_v = 1{,}995$ und für das Wärmeäquivalent

$$J = \frac{8{,}313}{1{,}993} \cdot 10^7 = 4{,}17 \cdot 10^7 \frac{\text{Erg}}{\text{cal.}}. \tag{21}$$

Diese Zahl ist naturgemäß sehr ungenau, besonders wegen des unsicheren Wertes von k.

Auch aus anderen thermodynamischen Beziehungen läßt sich das mechanische Wärmeäquivalent berechnen. So hat es CLAUSIUS[1]) aus den Daten des gesättigten Wasserdampfes abgeleitet. Er benutzt dazu die bekannte CLAPEYRONsche Gleichung[2])

$$J = \frac{T}{r} \cdot \frac{dp}{dt}(s - \sigma), \tag{22}$$

[1]) Vgl. R. CLAUSIUS, Die mechanische Wärmetheorie Bd. I, 2. Aufl., S. 160, Braunschweig: Vieweg & Sohn 1876.

[2]) Vgl. ds. Bd. Kap. 1.

in der T die absolute Temperatur, r die Verdampfungswärme, s und σ die spezifischen Volumina des gesättigten Dampfes und des Wassers, dp/dt die Druckzunahme des gesättigten Dampfes mit der Temperatur bedeuten, alles bei T Grad.

CLAUSIUS hat die von REGNAULT beobachteten Zahlen seiner Berechnung zugrunde gelegt; hier sollen die jetzt für am zuverlässigsten geltenden Zahlen für gesättigten Wasserdampf von 100° benutzt werden. Für diesen ist nach den Messungen von KNOBLAUCH, LINDE und KLEBE[1] $s = 1674\,\text{cm}^3/\text{g}$, nach HOLBORN und HENNING[2] $\frac{dp}{dt} = 27{,}14 \frac{\text{mm Quecksilber}}{\text{Grad}}$ oder $\frac{27{,}14 \cdot 1{,}0133 \cdot 10^6}{760} = 3{,}619 \cdot 10^4 \frac{Dyn}{\text{cm}^2 \cdot \text{Grad}}$, ferner nach SUTTON[3] $r = 538{,}9 \frac{\text{mittl. Kal.}}{\text{Gramm}}$; T ist $= 100 + 273 = 373$.

Man erhält dann

$$J = \frac{373 \cdot 3{,}619 \cdot 1{,}674 \cdot 10^7}{538{,}9} = 4{,}193 \cdot 10^7 \cdot \frac{\text{Erg}}{\text{Mittl. Kalorie}}. \tag{23}$$

Auch diese Zahl, die aber nicht auf die 15°-Kalorie, sondern auf die mittlere Kalorie (0 bis 100°) bezogen ist, hat entsprechend den zugrunde liegenden Zahlen eine Ungenauigkeit von schätzungsweise 2 Promille.

Es hat deshalb keinen praktischen Wert, weiter auf diese indirekten Berechnungen einzugehen, die nur in theoretischer Beziehung ein gewisses Interesse bieten (vgl. hierzu ds. Handb. Bd. XI).

Nur darauf sei noch hingewiesen, daß sich das elektrische Wärmeäquivalent auch aus den zitierten Mitteilungen von SUTTON und von HENNING indirekt berechnen läßt, von denen der erstere die Verdampfungswärme des Wassers in mittl. Kalorien gemessen hat, während HENNING die Verdampfung durch elektrische Energie bewirkte.

Bei 100° fand SUTTON $r = 538{,}9 \frac{\text{Mittl. Kal.}}{\text{g}}$, HENNING $2255 \frac{\text{int. Joule}}{\text{g}}$[4]). Daraus ergibt sich

$$J = 4{,}184_5 \frac{\text{int. Joule}}{\text{Mittl. Kal.}}\,^{5)}. \tag{24}$$

Dieser aus zuverlässigen Zahlen abgeleitete Wert stimmt fast identisch mit der in der Physikalisch-Technischen Reichsanstalt direkt gefundenen, auf die 15°-Kalorie bezogenen Zahl überein (vgl. Ziff. 12), was dafür zu sprechen scheint, daß die mittlere Kalorie nur wenig von der 15°-Kalorie verschieden ist.

---

[1]) O. KNOBLAUCH, R. LINDE u. H. KLEBE, Mitt. über Forschungsarbeiten, V. d. Ing. Bd. 21, S. 33. 1905.

[2]) L. HOLBORN u. F. HENNING, Ann. d. Phys. Bd. 26, S. 833. 1908.

[3]) C. SUTTON, Proc. Roy. Soc. London (A) Bd. 93, S. 155. 1917; der von F. HENNING, Ann. d. Phys. Bd. 29, S. 441. 1909 angegebene und Ann. d. Phys. Bd. 58, S. 759. 1919 berichtigte Wert, der an sich wohl am zuverlässigsten ist, darf hier nicht benutzt werden, da bei diesem als Wärmeeinheit das internat. Joule zugrunde gelegt ist und die in cal. angegebenen Zahlen durch Umrechnung mittels des elektrischen Wärmeäquivalents abgeleitet sind. Sie enthalten also bereits implizite das zu berechnende Wärmeäquivalent.

[4]) Die von HENNING direkt gefundene Zahl 2256 ist noch um etwa $^1/_2$ Promille zu verkleinern (also auf 2255), da seiner Berechnung der elektrischen Energie der vor dem Januar 1911 geltende Wert des Westonelements = 1,0186 internat. Volt zugrunde gelegt war, während man jetzt die Zahl 1,0183 bei 20° benutzen muß (vgl. hierzu Ziff. 11); die Differenz beider Zahlen geht in die Energie doppelt ein. Diese Korrektion ist auch an dem in Anm. 3 erwähnten berichtigten Wert der Verdampfungswärme noch anzubringen.

[5]) Vgl. C. SUTTON, Phil. Mag. Bd. 58, S. 759. 1919 und wegen des dort angeführten Wärmeäquivalents der Phys.-Techn. Reichsanstalt Ziff. 12.

III. Umsetzung anderer Energien in Wärme.

a) Wärmeerzeugung durch Magnetisieren.

14. Hysteresiswärme. Durch das Magnetisieren ferromagnetischer Stoffe und durch Änderung des Magnetismus derselben wird gleichfalls Wärme erzeugt. Die ferromagnetischen Stoffe zeigen die Erscheinung der Hysteresis, die darin besteht, daß die magnetische Induktion nicht eindeutig von der magnetischen Feldstärke abhängt, sondern je nach der Vorgeschichte des Magnetisierungsvorgangs verschieden groß ist (vgl. ds. Handb. Bd. XV).

Trägt man die magnetische Feldstärke $\mathfrak{H}$ als Abszisse, die Induktion $\mathfrak{B} = \mathfrak{H} + 4\pi J$[1]) als Ordinate auf, so erhält man eine Schleife von der in Abb 11 dargestellten Form, die sog. Hysteresisschleife. Wenn man von dem negativen Wert $-$ H der Feldstärke durch Null zu dem gleich großen positiven Wert $+$ H übergeht, durchläuft die Induktion $\mathfrak{B}$ den unteren Teil der Kurve. Geht man dann wieder zurück zu dem negativen Wert der Feldstärke, so wird der obere Teil der Kurve durchlaufen. Dem Nullwert der Feldstärke entspricht eine gewisse Induktion $+r$ und $-r$, die positiv oder negativ ist, je nachdem man von der positiven oder der negativen Seite der Feldstärke sich dem Nullwert der letzteren nähert. Dieser Betrag der Induktion heißt die Remanenz. Um die Induktion auf den Wert Null zurückzubringen, bedarf man einer gewissen Feldstärke $+c$ bzw. $-c$, die man als Koerzitivkraft bezeichnet; je größer diese ist, um so breiter ist die Schleife und um so größer der Flächeninhalt der Hysteresisschleife.

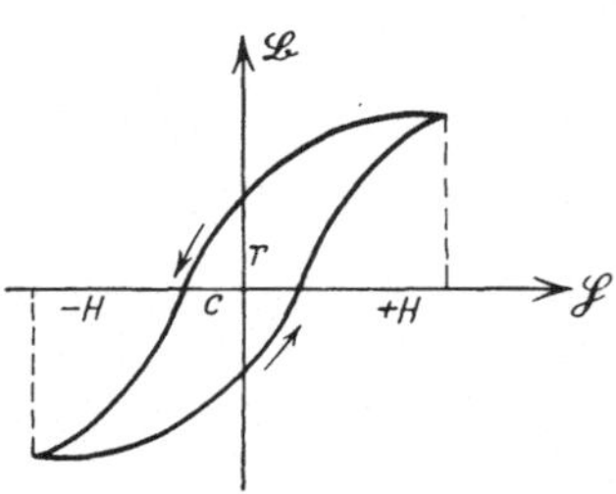

Abb. 11. Hysteresisschleife.

Zur Ummagnetisierung der ferromagnetischen Stoffe ist eine gewisse Arbeit erforderlich, die man für einen geschlossenen Kreislauf als Hysteresisverlust bezeichnet, da die aufgewendete Arbeit in Wärme umgesetzt wird und verloren geht. Für Dynamomaschinen und Transformatoren verwendet man daher solche ferromagnetische Stoffe, die einen möglichst geringen Hysteresisverlust aufweisen, also eine kleine Koerzitivkraft besitzen.

Wie WARBURG[2]) gezeigt hat, ist bei einem vollständigen Kreislauf der Magnetisierung gemäß Abb. 11 die in Wärme umgesetzte Arbeit pro Volumeneinheit proportional der Fläche der Hysteresiskurve, nämlich gleich $-\frac{1}{4\pi}\int \mathfrak{B}\,d\mathfrak{H}$, wobei $\mathfrak{H}$ die Werte von $-H$ bis $+H$ und wieder zurück zu $-H$ durchläuft.

Hysteresisschleifen entstehen bei jeder zyklischen Magnetisierung, nicht nur wenn man von $-H$ zu $+H$ und wieder zurückgeht (symmetrische Zyklen), sondern auch bei Änderung der Feldstärke von einem beliebigen Wert H_1 zu einem anderen Wert H_2 und wieder zurück (assymmetrische Zyklen). Immer ist der Arbeitsverlust durch Wärme gleich dem oben angegebenen geschlossenen Integral.

Man kann den Hysteresisverlust für einen vollständigen Zyklus auf folgende Weise ableiten. Man nähert einen kleinen Elementarmagneten einem isolierten Magnetpol (den es allerdings nur in der Vorstellung gibt), um ein kleines Stück und entfernt ihn dann wieder um denselben Betrag. Da am Ende des Vorgangs

---

[1]) J ist die magnetische Intensität (pro Volumeinheit), $\mathfrak{B} = \mu\mathfrak{H}$ und $\mu = 1 + 4\pi\varkappa$, wobei μ die Permeabilität und $\varkappa$ die Suszeptibilität bedeutet.

[2]) E. WARBURG, Wied. Ann. Bd. 13, S. 141. 1881.

sich alles wieder in dem gleichen Zustande befindet, wie im Anfang, so muß die bei diesem Vorgang aufgewendete Arbeit in Wärme umgesetzt worden sein. Allerdings entsteht auch bei den einzelnen Teilen des beschriebenen Weges Wärme; diese läßt sich aber nicht berechnen, sondern nur die für den ganzen Zyklus in Wärme umgesetzte Arbeit, die sich aus den einzelnen Wärmen zusammensetzt[1]). Besitzt der Magnetpol die magnetische Masse M, so ist die Feldstärke in der Entfernung r von demselben $\mathfrak{H} = \frac{M}{r^2}$ und in der Entfernung $r + dl$ von dem Pol $\mathfrak{H}' = \mathfrak{H} + \frac{d\mathfrak{H}}{dr} dl = \mathfrak{H} - \frac{2M}{r^3} dl$. Der Elementarmagnet habe die Länge dl und falle mit seiner Achse in die Richtung von r; seine Pole seien mit den Magnetismen $+m$ und $-m$ belegt, so daß sein magnetisches Moment gleich $m \cdot dl$ ist.

Befindet sich der Pol $+m$ des Elementarmagnets in der Entfernung r von dem festen Pol, der Pol $-m$ in der Entfernung $r + dl$ und ist der feste Pol mit negativem Magnetismus belegt, so wird der kleine Magnet mit der Kraft $K = m(\mathfrak{H} - \mathfrak{H}') = -m \frac{d\mathfrak{H}}{dr} dl$ angezogen. Nähert man ihn nun dem festen Pol um die kleine Strecke dr, so ist die dabei geleistete Arbeit gleich $K dr = -m dl \cdot d\mathfrak{H}$. Führt man für den Elementarmagnet die magnetische Intensität pro Volumeinheit $\mathfrak{J}$ ein und hat der Magnet das Volumen $d\tau$, so ist zu setzen $m \cdot dl = \mathfrak{J} d\tau$ und die Arbeit wird gleich $-\mathfrak{J} d\tau \cdot d\mathfrak{H}$. Für den ganzen Kreisprozeß erhält man dann für die Arbeit der Volumeinheit den Ausdruck $-\int \mathfrak{J} d\mathfrak{H}$, wobei das Integral über den ganzen beschriebenen Weg zu nehmen ist. Wegen der Beziehung $\mathfrak{B} = \mathfrak{H} + 4\pi\mathfrak{J}$ und da $\int \mathfrak{H} d\mathfrak{H}$ für den ganzen Kreislauf gleich Null ist, kann man für den obigen Ausdruck auch den schon weiter oben angegebenen Ausdruck $-\frac{1}{4\pi}\int \mathfrak{B} d\mathfrak{H}$ setzen.

Diese Arbeit, welche also den Hysteresisverlust darstellt, erhält man in Erg, wenn $\mathfrak{H}$ und $\mathfrak{B}$ im CGS-System ausgedrückt werden. Die Arbeit wird durch die inneren Vorgänge bei der Magnetisierung in Wärme verwandelt; die der Arbeit entsprechende Wärmemenge findet man durch Division mittels des mechanischen Wärmeäquivalents J (4,186, Ziff. 12), so daß also die bei dem zyklischen Vorgang entstehende Wärme W zu berechnen ist als

$$W = -\frac{1}{4\pi J}\int \mathfrak{B} d\mathfrak{H}. \tag{25}$$

Eine besondere Rolle spielen die Hysteresisverluste bei den Wechselstromvorgängen (Transformatoren usw.), wobei es sich stets um symmetrische Zyklen handelt. Für diesen Fall sind auch empirische Formeln für den Hysteresisverlust aufgestellt worden, bei denen nur der Maximalwert, den $\mathfrak{B}$ bzw. $\mathfrak{J}$ erreicht, eine Rolle spielt. So hat STEINMETZ[2]) die Gleichung

$$W = \eta\, \mathfrak{B}_{\max}^{1,6} \tag{26}$$

angegeben, in der η einen Proportionalitätsfaktor darstellt. Doch ist diese Formel wenig zuverlässig. Mitunter stimmt eine andere zwischen 1 und 2 liegende Potenz besser als 1,6.

---

[1]) Vgl. hierzu W. JAEGER u. W. MEISSNER, ZS. f. Phys. Bd. 36, S. 161, 1926.

[2]) P. CH. STEINMETZ, Elektrot. ZS. Bd. 12, S. 62. 1891; Bd. 13, S. 519. 1892; Electrician Bd. 28, S. 384, 408, 425. 1892.

Von RICHTER[1]) ist andererseits die Beziehung

$$W = a\,\mathfrak{B}_{\max} + b\,\mathfrak{B}^2_{\max} \tag{27}$$

geprüft worden, die besser als die STEINMETZsche zu stimmen scheint; a und b sind empirisch zu bestimmende Konstanten.

Bei der praktischen Messung des Hysteresisverlustes ferromagnetischer Stoffe im Wechselstromkreis bereitet die Trennung dieses Verlustes von dem gleichzeitig auftretenden Wirbelstromverlust gewisse Schwierigkeiten. Näheres hierüber und über die Erscheinung der Hysteresis selbst siehe ds. Handb. Bd. XV und XVI. Während die Wirbelstromverluste durch passende Unterteilung des Eisens und durch Anwendung von Siliziumeisen, das einen größeren Widerstand besitzt, erheblich herabgedrückt werden können, ist dies bei den Hysteresisverlusten in keiner anderen Weise möglich, als durch Wahl eines Eisens, welches eine möglichst schmale Hysteresisschleife besitzt.

b) Wärmeerzeugung durch Atomzerfall.

15. Allgemeines. Die radioaktiven Körper sind in einem stetigen spontanen Zerfall begriffen, wobei sie sich unter Aussendung verschiedener Strahlungsarten, die als α-, β- und γ-Strahlen bezeichnet werden, in chemisch andere Körper umwandeln. Bei diesem Zerfall werden erhebliche Wärmemengen entwickelt, so daß die Temperatur der radioaktiven Körper im allgemeinen etwas über der Temperatur der Umgebung liegt. Näheres über die radioaktiven Körper s. ds. Handb. Bd. XXII; an dieser Stelle sollen nur ganz kurz die Erscheinungen zusammengefaßt werden, welche mit der Wärmeentwicklung in Zusammenhang stehen.

Der Grund des radioaktiven Zerfalls ist unbekannt; es ist auch nicht möglich, den Zerfall durch physikalische oder chemische Mittel in irgendeiner Weise zu beeinflussen; er geht stetig und unabänderlich mit stets gleichbleibender Geschwindigkeit vor sich. Dabei zerfällt aber nicht etwa der betreffende Körper in allen seinen Teilen gleichmäßig, sondern die einzelnen Atome zerfallen in ganz regelloser Weise zeitlich nacheinander, was z. B. durch die Erscheinung der Szintillation nachgewiesen werden kann. Aber der statistische Mittelwert der in der Zeiteinheit zerfallenden Anzahl von Atomen ist ein ganz feststehender; in jeder Zeiteinheit zerfällt nämlich ein bestimmter Bruchteil des Körpers, so daß sich der Zerfallprozeß nach RUTHERFORD[2]) durch eine Exponentialfunktion darstellen läßt.

Bezeichnet man diesen Bruchteil eines zerfallenden einheitlichen Körpers für die Sekunde mit λ (sog. „Zerfallskonstante"), die zur Zeit $t = 0$ vorhandenen Atome des Körpers mit N_0 und die Atome zur Zeit t mit N_t, so ist also

$$N_t = N_0\, e^{-\lambda t}. \tag{28}$$

Nach dem gleichen Gesetz nimmt die Aktivität der Substanzen ab.

Die Zerfallskonstante λ hat nun für verschiedene radioaktive Körper ganz außerordentlich verschiedene Werte. Meist wird aber nicht die Zerfallskonstante angegeben, sondern der besseren Anschaulichkeit wegen die Zeit T, in welcher die Zahl der Atome, also auch die Aktivität des Körpers auf die Hälfte gesunken ist; diese Zeit wird die Halbwertszeit genannt. Sie steht mit λ in der aus der Gleichung (28) sich ergebenden Beziehung

$$T = \frac{\operatorname{logn} 2}{\lambda} = \frac{0{,}693}{\lambda}. \tag{29}$$

[1]) R. RICHTER, Elektrot. ZS. Bd. 21, S. 1241. 1910.

[2]) Vgl. z. B. E. RUTHERFORD, Radioactive Substances and their Radiations, Cambridge 1913; Deutsch von E. MARX, Leipzig 1913.

Es sei noch bemerkt, daß der reziproke Wert von λ die mittlere Lebensdauer eines Atoms der betreffenden radioaktiven Substanz angibt, während $\frac{\log n 2}{\lambda}$, also die Halbwertszeit, die wahrscheinlichste Lebensdauer darstellt.

Die ungeheuere Verschiedenheit der Halbwertszeiten und der Größe λ geht aus folgenden Beispielen für einige wichtige Substanzen hervor:

Tabelle 2.
Halbwertszeiten T und Zerfallskonstante λ einiger radioaktiver Elemente.

	T	λ pro sek
Thor	$1,3 \cdot 10^{10}$ Jahre	$1,7 \cdot 10^{-18}$
Uran I	$5 \cdot 10^{9}$,,	$4,4 \cdot 10^{-18}$
Radium	$2 \cdot 10^{3}$,,	$1,1 \cdot 10^{-11}$
Mesothor I	5,5 ,,	$4,0 \cdot 10^{-9}$
Polonium	136 Tage	$5,9 \cdot 10^{-8}$
Ra-Emanation	3,85 ,,	$2,1 \cdot 10^{-6}$
Aktinium A	$2 \cdot 10^{-3}$ Sek.	350

Es existieren also außerordentlich langlebige und sehr kurzlebige Substanzen, sogar noch bedeutend kurzlebigere, als in der Zusammenstellung.

Bei dem Zerfall der Atome kommt den α-Strahlen die größte Bedeutung zu, indem sie den bei weitem überwiegenden Teil der ausgestrahlten Energie enthalten. Die α-Strahlen sind Heliumatome, die zwei negative Elektronen verloren haben, also aus positiv geladenen, materiellen Teilchen gebildet werden; sie entsprechen den Kanalstrahlen, haben aber eine erheblich größere Geschwindigkeit als diese (etwa $1,5 \cdot 10^9$ cm/sec); ihre Geschwindigkeit kommt nahe an diejenige des Lichtes heran. Die β-Strahlen bestehen aus negativen Elektronen ohne ponderable Masse und sind den Kathodenstrahlen analog; sie erreichen eine Geschwindigkeit bis zu 99% der Lichtgeschwindigkeit. Die γ-Strahlen endlich, die den Röntgenstrahlen entsprechen, werden als Stoßwellen im Äther angesehen und sind durch elektrische und magnetische Kräfte nicht ablenkbar, während dies bei den beiden anderen Strahlenarten der Fall ist. Die γ-Strahlen treten in Begleitung der β-Strahlen auf und erzeugen sekundäre β-Strahlen, wenn sie auf Materie auftreffen. Ebenso werden durch Auftreffen der α-Strahlen auf Materie β-Strahlen von geringer Geschwindigkeit ausgelöst, die als δ-Strahlen bezeichnet werden.

Außerdem besteht noch die sog. „Rückstoßstrahlung“, indem das Restatom durch den explosionsartigen Zerfall des Atoms, der mit der Ausschleuderung der Strahlung verbunden ist, einen Rückstoß erfährt, wobei der gemeinsame Schwerpunkt erhalten bleibt. Die Geschwindigkeit der als korpuskulare Strahlung anzusehenden Rückstoßstrahlen hängt daher von den Massenverhältnissen der Restatome und der fortgeschleuderten Strahlen ab und läßt sich bei Kenntnis dieser beiden Größen berechnen. Da die Masse des Restatoms ungefähr das 50fache derjenigen der α-Teilchen beträgt, ist somit die Geschwindigkeit der Rückstoßstrahlung etwa der 50. Teil derjenigen der α-Strahlen.

Die Strahlenarten haben ein sehr verschiedenes Durchdringungsvermögen, entsprechend ihren verschiedenen Geschwindigkeiten. So wird von den α-Strahlen durch Aluminium von 0,0034 mm Dicke die Hälfte absorbiert, von den β-Strahlen des Urans derselbe Betrag durch 0,5 mm Aluminium, während die Intensität der γ-Strahlen erst durch 55 mm Aluminium oder 12 mm Blei auf die Hälfte herabgesetzt wird.

Bei der Absorption der Strahlen entsteht durch die Abbremsung ihrer Geschwindigkeit Wärme, die gemessen werden kann (s. unten). Sie liefert ein Maß für die Aktivität der Substanzen.

Einheitliche Substanzen sind entweder α- oder β-Strahler. Man nimmt an, daß die Strahlung aus dem Atomkern herrührt. Bei der α-Strahlung wird das Atomgewicht des Restatoms gegen das ursprüngliche Atomgewicht um 4 Einheiten verringert, da das Atomgewicht des Heliums gleich 4 ist und angenommen wird, daß bei der Zertrümmerung des Atoms ein Heliumatom fortgeschleudert wird.

Man kennt im wesentlichen drei verschiedene Zerfallsreihen, die nach ihren Ausgangsprodukten benannt sind: Die Uran-, die Aktinium- und die Thoriumreihe. Das Uran zerfällt z. B. über verschiedene Zwischenprodukte in Radium, dieses wieder in Radiumemanation usw., bis zuletzt ein unaktives Endprodukt als letztes Glied der Reihe erreicht ist, das als Blei angesehen wird. Die Mineralien der Erde, welche ein sehr hohes Alter besitzen, enthalten alle diese Umwandlungsprodukte gleichzeitig in bestimmtem Mengenverhältnis, das der Zerfallskonstante umgekehrt, der Halbwertszeit direkt proportional ist; denn infolge des hohen Alters befinden sich die verschiedenen Umwandlungsprodukte im radioaktiven Gleichgewicht, bei welchem von jeder Substanz in der Zeiteinheit soviel Atome entstehen, wie zerfallen. Diese Atomzahl muß dann für alle Produkte gleich groß sein.

Für die Aktivität dieser Gemische verschiedener radioaktiver Substanzen ergeben sich aus dem Zerfallsgesetz einheitlicher Substanzen [Gleichung (28)] komplizierten Beziehungen, worauf hier nur hingewiesen sei.

In diesen Mineralien ist dann sowohl das inaktive Endprodukt (Blei), wie das in Form von α-Strahlen ausgeschleuderte Helium, wenigstens der größte Teil desselben, noch enthalten und es ist interessant, daß man aus der Menge dieser beiden Abbauprodukte das Alter des Minerals annähernd berechnen kann. Dasselbe ergibt sich zu etwa 10^9 Jahren.

16. Radioaktive Wärme. Die Wärmeentwicklung radioaktiver Substanzen ist zuerst von CURIE und LABORDE[1]) beobachtet worden. Die erhöhte Temperatur eines Radiumpräparats kann schon bei einigen Milligrammen Radium mittels eines Quecksilberthermometers festgestellt werden.

Wenn man annimmt, daß die emittierten Strahlen in der Substanz selbst oder der Umhüllung derselben absorbiert werden und daß dort ihre kinetische Energie in Wärme umgesetzt wird, so läßt sich diese Wärme aus der Energie und der Zahl der Strahlen berechnen; diese Berechnung ist zuerst von RUTHERFORD und MCCLUNG[2]) ausgeführt worden.

Ist N die Zahl der in der Sekunde emittierten Strahlen (z. B. α-Teilchen), m und v Masse und Geschwindigkeit der Teilchen, so ist die kinetische Energie gleich

$$N\sum\frac{1}{2}m v^2 = \frac{Ne}{2}\sum\frac{m v^2}{e}. \tag{30}$$

Im zweiten, durch e erweiterten, Ausdruck, der für die numerische Berechnung geeignet ist, bedeutet e die elektrische Ladung der Teilchen. Für Radium, das mit seinen kurzlebigen Abbauprodukten (Emanation, Radium A, B, C) im Gleichgewicht sich befindet, ist für die α-Strahlung sowohl Ne, wie $\frac{mv^2}{e}$ durch Messungen von RUTHERFORD und GEIGER[3]) (Messung der von den α-Strahlen mitgeführten Ladung) und von RUTHERFORD[4]) (Messung der Strahlenablenkung

[1]) P. CURIE u. A. LABORDE, C. R. Bd. 136, S. 673. 1903.

[2]) E. RUTHERFORD u. R. K. MCCLUNG, Proc. Roy. Soc. London (A) Bd. 67, S. 245. 1901; Phil. Trans. (A) Bd. 196, S. 25. 1901.

[3]) E. RUTHERFORD u. H. GEIGER, Proc. Roy. Soc. London (A) Bd. 81, S. 162. 1908.

[4]) E. RUTHERFORD, Phil. Mag. Bd. 12, S. 348. 1906.

im elektrostatischen Feld) bekannt. Man findet auf diese Weise für die umgesetzte Wärme pro Gramm Radium $1{,}43 \cdot 10^6$ Erg/sec oder 123 cal/st.

Zu dieser durch die α-Strahlen erzeugten Wärme kommt nun noch diejenige der β- und γ-Strahlen, sowie die durch die Rückstoßatome entstehende Wärmemenge. Der Anteil der β- und γ-Strahlen an der Gesamtwärme läßt sich aus ihren ionisierenden Wirkung berechnen. Nach den Messungen von MOSELEY und ROBINSON[1]) beträgt die Wärmewirkung der beiden Strahlenarten etwa 9% derjenigen der α-Strahlen. Man erhält für die β-Strahlen etwa 5, für die γ-Strahlen 6 und für die Rückstoßatome 2 cal/st. Die Gesamtwärme für 1 g Radium, das sich im Gleichgewicht mit seinen Zerfallsprodukten befindet, berechnet sich demnach auf 136 cal/st.

Experimentelle Bestimmungen der Wärmeentwicklung von Radium sind zuerst von CURIE und LABORDE[2]) mittels eines Differentialkalorimeters bzw. eines Eiskalorimeters ausgeführt worden; aber diese Versuche sind wie diejenigen einer Reihe anderer Beobachter mit nicht genügend definierten Präparaten angestellt worden. Dagegen benutzten MEYER und HESS[3]) später ein von HÖNIGSCHMIDT für Atomgewichtsbestimmungen besonders gereinigtes Radiumpräparat und führten die Messungen mit Standardpräparaten von 680,50, 236,91 und 71,60 mg Radiumchlorid durch, die sich mit den kurzlebigen Zerfallsprodukten in radioaktivem Gleichgewicht befanden, aber fast frei waren von Radium E und F. Sie wandten dabei die schon früher von v. SCHWEIDLER und HESS[4]) benutzte Versuchsanordnung an, die darin bestand, daß in einem Differentialkalorimeter die durch das Radium bewirkte Erwärmung des einen Kalorimeterteils durch eine elektrisch erzeugte Wärme im anderen Teil kompensiert wurde (vgl. auch Ziff. 23). Das Kalorimeter bestand aus zwei dickwandigen Kupferhohlzylindern, die sich in einem Raum von konstanter Temperatur befanden. In den einen Zylinder wurde das Radiumpräparat gebracht, in den anderen eine elektrisch geheizte Manganinspule, wobei der Strom so reguliert wurde, daß beide Kalorimeter die gleiche Temperatur zeigten. Die Temperaturgleichheit wurde auf thermoelektrischem Wege festgestellt; als Thermoelement diente ein die beiden Kalorimeter verbindender Nickeldraht (Thermoelement Nickel-Kupfer). Die elektrische Leistung wurde in der früher angegebenen Weise ermittelt (Ziff. 10) und liefert, da die äußeren Bedingungen für Wärmeabgabe usw. für beide Kalorimeter gleich sind, direkt die vom Radium abgegebene Wärmemenge in Joule/sec. In Kalorien umgerechnet ergab sich in guter Übereinstimmung für die verschiedenen Präparate eine Wärmeentwicklung von 132,26 cal/st, bezogen auf das Gramm Radium. Dabei wurden die α- und β-Strahlen vollständig, die γ-Strahlen zu 18% absorbiert. Die experimentell gefundene Zahl ist in guter Übereinstimmung mit der theoretisch berechneten Wärme (s. oben).

Außer dieser Gesamtwärme des mit seinen Abbauprodukten im Gleichgewicht sich befindenden Radiums wurde auch die den einzelnen Komponenten desselben und die den verschiedenen Strahlenarten zukommende Wärme von RUTHERFORD und BARNES[5]) sowie von RUTHERFORD und ROBINSON (l. c.) gemessen.

Aus einem Präparat von 30 mg Radiumbromid wurde die Emanation durch Erhitzen ausgetrieben und in einem Röhrchen durch flüssige Luft verflüssigt. Die beiden Präparate, die Emanation einerseits und das von Emanation

---

[1]) Vgl. E. RUTHERFORD u. H. ROBINSON, Wiener Ber. Bd. 121, S. 1491. 1912.
[2]) P. CURIE u. A. LABORDE, C. R. Bd. 136, S. 673. 1903.
[3]) ST. MEYER u. V. F. HESS, Wiener Ber. Bd. 121, S. 603. 1912.
[4]) E. v. SCHWEIDLER u. V. F. HESS, Wiener Ber. Bd. 117, S. 879. 1908.
[5]) E. RUTHERFORD u. H. T. BARNES, Phil. Mag. Bd. 7, S. 202. 1904; Bd. 25, S. 312. 1913.

befreite Radiumbromid andererseits wurden dann während mehrerer Tage auf ihre Wärmeabgabe untersucht. In Übereinstimmung mit der Theorie, nach welcher die Wärmeentwicklung durch die Absorption der α-Strahlen bewirkt wird, zeigten beide Präparate ein entgegengesetztes Verhalten, indem die Wärmeabgabe des Radiums in der ersten Zeit abnahm und nach 3 Stunden nur noch ein Viertel des Anfangswertes betrug, um dann allmählich wieder anzuwachsen, bis nach etwa einem Monat der ursprüngliche Wert wieder erreicht war. Bei der Emanation dagegen stieg die Wärmeabgabe während der ersten Stunden bis zu einem Maximalwert an und fiel dann wieder nach einer Exponentialfunktion ab. Bei dem Radium erklärt sich die anfängliche rasche Abnahme der Wärmeentwicklung aus dem Abklingen des aktiven Niederschlags, die spätere allmähliche Zunahme aus der Neubildung von Emanation und deren Zerfallsprodukten.

Die relative Wärmewirkung der Emanation, des Radiums A und C ist von RUTHERFORD und ROBINSON (l. c.) in der Weise gemessen worden, daß die radioaktiven Präparate in eine Spule aus Platindraht gebracht wurden, die sich durch die Absorption der Strahlung erwärmte. Die dadurch bewirkte Widerstandsänderung der Spule wurde in der WHEATSTONEschen Brücke durch Galvanometerausschlag gemessen. 10 Minuten, nachdem das die Emanation enthaltende Röhrchen in die Spule eingebracht worden war, erreichte das Galvanometer einen konstanten Ausschlag. Dann wurde die Emanation rasch abgepumpt und in der Pumpe kondensiert. Der Ausschlag des Galvanometers, der darauf während 2 Stunden beobachtet wurde, änderte sich zunächst während der ersten 20 Minuten sehr rasch nach dem Nullwert hin, ging dann aber langsam zurück. Durch eine Analyse der dem Galvanometerausschlag entsprechenden Wärmeentwicklung fanden die Beobachter in guter Übereinstimmung mit den theoretisch zu erwartenden Zahlen, daß ungefähr 29% der anfänglichen Wärmeentwicklung auf Rechnung der Emanation selbst kommen, 31% dem Radium A und 40% dem Radium B + C zuzuteilen sind. Auch quantitative Messungen der von der Radiumemanation ausgehenden Wärme wurden mit Hilfe derselben Anordnung ausgeführt, wobei auch die von den verschiedenen Strahlensorten herrührenden Anteile durch Einschaltung von Aluminium und von Quecksilberschichten verschiedener Dicke bestimmt wurden. Wegen weiterer Einzelheiten siehe die zitierte Mitteilung von RUTHERFORD und ROBINSON[1]), der auch die folgende Tabelle entnommen ist; in dieser ist die Verteilung der Wärmeentwicklung auf die einzelnen Komponenten und Strahlenarten des Präparats angegeben, und zwar bezogen auf 1 g Radium.

Tabelle 3.
Wärmeentwicklung von Radium im Gleichgewicht mit seinen Zerfallsprodukten. cal/st.

Substanz	α-Strahlen	β-Strahlen	γ-Strahlen	Summe
Radium	25,1	—	—	25,1
Emanation	28,6	—	—	28,6
Radium A	30,5	—	—	30,5
Radium B, Radium C	39,4	4,7	6,4	50,5
Summe	123,6	4,7	6,4	134,7

Für das von seinen Zerfallsprodukten befreite Radium hat dann noch HESS[2]) die Wärme nach der oben angegebenen Methode mittels des Differential-

[1]) Vgl. auch den Artikel von H. GEIGER, „Die Radioaktivität“ in GRAETZ, Handb. d. Elektrizität u. des Magnetismus Bd. III. Leipzig 1923.

[2]) V. F. HESS, Wiener Ber. Bd. 121, S. 1419. 1912.

kalorimeters gemessen und für das Gramm den Wert 25,2 cal/st gefunden, welcher mit der in der Tabelle angegebenen Zahl übereinstimmt.

Aus der Tabelle geht hervor, daß den α-Strahlen der Hauptanteil an der Wärmeentwicklung zukommt und daß die einzelnen Komponenten des Präparats nahe die gleiche Wärmeentwicklung für die α-Strahlen zeigen; die vorhandenen Unterschiede rühren von der verschiedenen Anfangsgeschwindigkeit der Strahlen her.

Der Betrag der in Wärme umgesetzten Energie ist ganz enorm groß; für den vollständigen Zerfall von 1 g Radium (in etwa 2000 Jahren zerfällt die Hälfte desselben) beträgt die Wärmeentwicklung 3 Milliarden cal, d. h. etwa soviel, als bei der Verbrennung von 400 kg Steinkohle entsteht. Bei der Emanation wird die gleiche Wärmemenge in etwa 4 Tagen entwickelt. 1 cm³ Emanation, das sich in Gleichgewicht mit 1700 g Radium befindet, würde in der Stunde etwa 50000 cal entwickeln, bei dem vollständigen Zerfall etwa 7 Millionen cal, während 1 cm³ Knallgas beim Verbrennen eine Wärmemenge von nur ungefähr 2 cal liefert. Auf das Mol berechnet (Radium 226,5 g, Emanation 222,5 g) beträgt die ganze Zerfallswärme für Radium (ohne Zerfallsprodukte) $133 \cdot 10^9$ cal, für die Emanation $142 \cdot 10^9$ cal.

Ein chemisches Atom enthält somit eine ganz ungeheure Energiemenge, die mehr als millionenmal größer ist als die stärkste Wärmetönung der bis jetzt bekannten chemischen Reaktionen. Diese Energie wird beim Zerfall der Atome in Freiheit gesetzt, hauptsächlich als kinetische Energie der aus positiv geladenem Helium bestehenden α-Strahlen.

Auch für Thorium ist eine ähnliche Gesamtwärme wie für Radium gefunden worden. Da aber die Zerfallszeit des Thoriums sehr viel größer als diejenige des Radiums ist (s. Tabelle 2, Ziff. 15), so ist die in der Stunde entwickelte Wärme bedeutend geringer. Sie beträgt nach den Messungen von PEGRAM und WEBB[1]) (einschließlich der Wärme der Zerfallsprodukte) für das Gramm nur $2,5 \cdot 10^{-5}$ cal/st; die Messungen sind mit 4 kg Thoroxid ausgeführt worden.

Zur Messung sehr geringer Wärmemengen, wie sie bei schwach radioaktiven Substanzen vielfach vorkommen, sind von DUANE[2]) und von CALLENDAR[3]) noch besonders empfindliche Methoden ausgearbeitet worden, auf die hier kurz eingegangen werden soll, da sie auch für andere Zwecke ähnlicher Art Verwendung finden können.

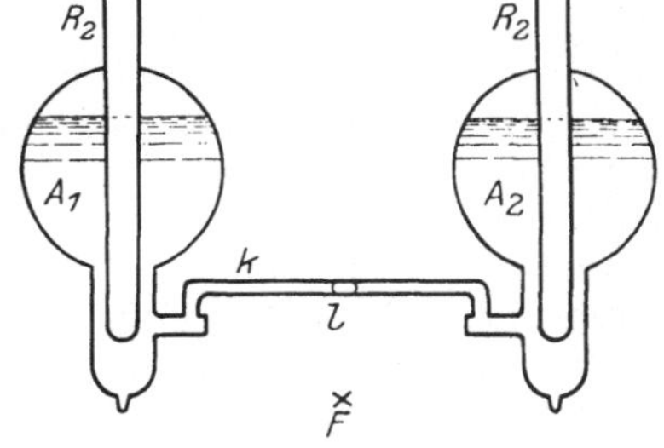

Abb. 12. Empfindliches Differentialkalorimeter.

DUANE benutzt ein Differentialkalorimeter, bei dem die beiden luftdicht abgeschlossenen Gefäße mit einer Flüssigkeit von auch bei Zimmertemperatur stark veränderlichem Dampfdruck (z. B. Schwefeläther) gefüllt sind. Als Indikator dient eine mit Fernrohr od. dgl. abgelesene Luftblase. Abb. 12 zeigt eine schematische Darstellung des Kalorimeters.

Zwei gleichgestaltete Glasgefäße A_1 und A_2, die durch ein etwa 5 cm langes Kapillarrohr k in Verbindung stehen, sind zur Hälfte mit Äther gefüllt, sodann von Luft befreit und zugeschmolzen. In der Kapillare befindet sich die kleine

[1]) B. G. PEGRAM u. H. W. WEBB, Phys. Rev. Bd. 27, S. 18. 1908. Die von diesen Beobachtern benutzte Anordnung und Meßmethode ist dieselbe, welche später auch POOLE verwendete, s. S. 504.

[2]) W. DUANE, C. R. Bd. 148, S. 1448. 1909.

[3]) H. L. CALLENDAR, Proc. Roy. Soc. London Bd. 23, S. 1. 1910.

Luftblase l, deren Stellung von dem in den Gefäßen herrschenden Dampfdruck, d. h. von der Temperatur derselben abhängt. Die Gefäße befinden sich mit ihrem unteren Ende in Paraffin und sind im übrigen zum Schutz gegen die Außentemperatur in einen großen Bleiblock von 25 kg eingepackt. Die Neigung der Gefäße und damit die Einstellung der Luftblase kann dadurch geändert werden, daß der Bleiblock um eine horizontale Achse F drehbar gelagert ist. Der Block befindet sich, von einer Wattepackung umgeben, in einem allseitig geschlossenen Messingbehälter und dieser wieder in einem Zinkbehälter, der von einem elektrisch geheizten Thermostaten umgeben ist. In die Gefäße ragen von oben eingeschmolzene, nach außen führende Röhren R_1, R_2 hinein, in welche die zu untersuchenden Substanzen gebracht werden.

Meist wendet DUANE bei der Messung der kleinen Wärmemengen eine Nullmethode an, indem er die erzeugte Wärme durch den Peltiereffekt eines Thermoelementes Eisen-Nickel kompensiert, das zusammen mit der Substanz in dasselbe Röhrchen eingeführt wird. Das Röhrchen des anderen Gefäßes bleibt in diesem Falle leer. Es wird dann der durch das Thermoelement fließende Strom gemessen, bei dem die Luftblase an ihrer Stelle bleibt. Die Eichung muß durch eine bekannte Wärmemenge erfolgen (Stromwärme).

Mit diesem Apparat hat DUANE[1]) verschiedene Messungen angestellt; so hat er die Wärmeentwicklung von Mesothor und von Polonium gemessen, bei dem die Strahlung mit der für Polonium charakteristischen Periode von 136 Tagen (s. Tabelle 2, Ziff. 15) abnahm. Ferner wies er nach, daß der Zusatz von phosphoreszierender Substanz die Strahlung des Radiums nicht verändert, so daß also nur ein sehr geringer Bruchteil der Energie des Radiums in sichtbare Strahlen umgesetzt wird.

Bei der von CALLENDAR (l. c.) angegebenen Meßmethode fällt die zu messende Strahlung durch ein Diaphragma von 2 mm Durchmesser auf eine Kupferscheibe von 3 mm Durchmesser und 0,5 mm Dicke, mit der zwei Lötstellen eines Peltierkreuzes verbunden sind. Die durch die Strahlung erwärmte Lötstelle liegt in einem Galvanometerkreis, dessen Ausschlag durch die abkühlende Peltierwirkung der zweiten Lötstelle auf Null zurückgeführt wird. Zu diesem Zweck ist die zweite Lötstelle mit einer Stromquelle verbunden, und der Strom wird so einreguliert, daß das Galvanometer keinen Ausschlag gibt. Zur Vermeidung von Nullpunktsstörungen sind zwei gleiche Kupferscheiben nebeneinander angeordnet und von einem Kupferblock umgeben. Von den beiden Scheiben wird die eine bestrahlt, die andere nicht; die unbestrahlten Scheiben werden vorher ins Gleichgewicht gebracht. Neuerdings ist auch von KAPITZA[2]) das von DUDDELL angegebene Radiomikrometer zur Messung der Energie von α-Strahlen benutzt worden. Sein Instrument bestand aus einem Thermoelement von sehr dünnem Draht, der eine Schleife bildete und an einem feinen Quarzfaden in einem magnetischen Felde aufgehängt war. Wenn die eine Lötstelle des Thermoelements bestrahlt wird, entsteht in der Schleife ein Strom, durch den sie eine mit Fernrohr und Skala gemessene Ablenkung erfährt.

POOLE[3]) hat die Wärmeentwicklung von Pechblende in folgender Weise mit einer schon von PEGRAM und WEBB angegebenen Apparatur unter kleinen Abänderungen des dort angewandten Verfahrens gemessen. Etwa $^1/_2$ kg des Materials wurden in einem kugelförmigen Dewargefäß von etwa 160 ccm Inhalt untergebracht; das Dewargefäß stand in einem zylindrischen, mit geschabtem Eis gefüllten Zinkgefäß, das seinerseits von Eis umgeben war, da die ganze

1) W. DUANE, l. c. u. C. R. Bd. 151, S. 379. 1910.
2) P. L. KAPITZA, Proc. Roy. Soc. London (A) Bd. 102, S. 48. 1922.
3) H. H. POOLE, Phil. Mag. (6) Bd. 19, S. 314. 1910; Bd. 21, S. 58. 1911.

Vorrichtung mehrere Monate auf der Temperatur von 0° gehalten werden mußte. Der Temperaturunterschied zwischen der an der Gefäßwand anliegenden Oberfläche der Pechblende und der Temperatur des Eises wurde durch fünf hintereinander geschaltete Thermoelemente Eisen-Nickel bestimmt. Die Temperatur der Pechblende nahm in den ersten 10 Stunden nach dem Einbringen derselben in das Eis rasch ab und näherte sich dann einem konstanten Wert. Wenn die Temperaturdifferenz der beiden Lötstellen des Thermoelements konstant geworden ist, muß die in der Pechblende entwickelte Wärmemenge gerade der Wärmemenge gleich sein, die durch die Oberfläche des Materials hindurchgeht. Die letztere Wärmemenge bestimmte POOLE in der Weise, daß er das Dewargefäß mit Wasser von etwas erhöhter Temperatur füllte und die Abkühlung an der Wandung des Gefäßes ermittelte; er fand, daß die sekundliche Temperaturabnahme dem NEWTONschen Abkühlungsgesetz gehorchte (vgl. Ziff. 5), d. h. dem Temperaturunterschied der Wandung und der Außentemperatur proportional war. Die bei einem gegebenen Temperaturunterschied durch die Oberfläche des Gefäßes gehende Wärmemenge konnte also berechnet werden. Er fand so aus mehreren Versuchen im Mittel für 1 g der Substanz eine Wärmeentwicklung von etwa 6 bis $7 \cdot 10^{-5}$ cal/st. Diese Wärmemenge ist etwas größer, als theoretisch zu erwarten war ($4,4 \cdot 10^{-5}$ cal/st). POOLE vermutet daher, daß in der Pechblende noch chemische Veränderungen stattfinden.

Die radioaktive Wärmeentwicklung spielt für den Wärmehaushalt der Erde und Gestirne eine bedeutende Rolle (vgl. ds. Handb. Bd. X).

c) Wärmeumsatz bei Aggregatsänderungen und allotropen Umwandlungen.

17. Übersicht. Die Aggregatsänderungen und die allotropen Umwandlungen sind mit Volumänderungen verbunden; gleichzeitig wird dabei entweder Wärme frei oder verbraucht, je nach dem Sinn, in welchem diese Änderungen des physikalischen Zustandes verlaufen. Die positiven und negativen Wärmemengen sind gleich groß, z. B. muß zum Schmelzen einer bestimmten Menge Eis dieselbe Wärmemenge zugeführt werden, die bei dem Gefrieren des Wassers frei wird. Insofern ist der Vorgang als reversibel zu bezeichnen; aber die frei gewordene Menge Wärme kann nicht von neuem zum Schmelzen des Eises verwandt werden, da nach dem zweiten Wärmesatz nur ein Teil dieser Wärme wieder in andere Energieform umgesetzt werden kann; in dieser Richtung des Vorgangs ist also keine Reversibilität vorhanden. Infolge der mit den betrachteten Vorgängen verbundenen Volumänderungen sind die aufzuwendenden oder frei werdenden Wärmemengen nach den thermodynamischen Gesetzen von Druck und Temperatur abhängig.

Man unterscheidet drei Aggregatsänderungen, den Übergang vom festen zum flüssigen Zustand (Schmelzen bzw. Erstarren), vom flüssigen zum gasförmigen Zustand (Verdampfen bzw. Kondensieren) und vom festen in den gasförmigen Zustand (Sublimieren). Wenn die Änderung des Zustandes in dem angegebenen Sinn erfolgt, muß Wärme zugeführt werden, im umgekehrten Sinn wird Wärme frei. Die Wärme wird auch als „latente" Wärme bezeichnet, da sie sich durch eine Temperaturänderung nicht bemerkbar macht; führt man z. B. einer Masse Eis von 0° soviel Wärme zu, bis es völlig geschmolzen ist, so erhält man dieselbe Masse Wasser von ebenfalls 0°. Die zugeführte Wärmemenge ist in dem Wasser von 0° „latent".

Hierauf beruht die Benutzung des schmelzenden Eises als Fixpunkt für die Temperatur von 0°.

Ebenso liegen die Verhältnisse bei den allotropen Umwandlungen. Bei diesen handelt es sich um die Umwandlung einer Modifikation in eine andere, z. B. um den Übergang aus dem amorphen in den kristallinischen Zustand (z. B. beim Phosphor), oder von einer Kristallform in eine andere (z. B. von rhombischem in monoklinen Schwefel).

Beim Schwefel liegt z. B. der Umwandlungspunkt für Atmosphärendruck bei 95,6°; bei dieser Temperatur sind beide Phasen, die monokline und die rhombische im Gleichgewicht. Bei konstant gehaltenem Druck geht oberhalb der Umwandlungstemperatur der rhombische in den monoklinen Schwefel über, unterhalb 95,6° verläuft der Prozeß umgekehrt, und zwar vollständig, bis die eine Phase, die bei der betreffenden Temperatur unbeständig ist, verschwunden ist. Dabei ist die Umwandlungsgeschwindigkeit mitunter außerordentlich klein, so daß sich auch die unstabile Phase jahrelang halten kann. Durch Impfen der Substanz mit einer ganz minimalen Menge der stabilen Substanz kann der Umwandlungsprozeß eingeleitet werden. Ähnliche Verhältnisse liegen bekanntlich bei dem unterkühlten Wasser vor, das, wenn es luftdicht abgeschlossen ist, sehr lange ohne Eisbildung flüssig bleiben kann; aber nach dem Einbringen des kleinsten Eiskristalls gefriert das Wasser sofort in der ganzen Menge. Bei der allotropen Umwandlung ist das Beharrungsvermögen der instabilen Phase oft noch viel größer, wie z. B. beim Zinn, dessen gewöhnliche, weiße Modifikation eigentlich nur über 20° stabil ist, während es unterhalb dieser Temperatur in ein graues Pulver zerfällt[1]). Aber dies geschieht nur unter Umständen in besonders kalten Wintern und kann dann als „Zinnpest" unter den Orgelpfeifen großes Unheil anrichten. Auch hier kann die „Pest" durch Impfung künstlich erzeugt werden.

Die Abhängigkeit der Umwandlungstemperatur vom Druck usw. ist für die Aggregatsänderungen und die allotropen Umwandlungen durch die bekannte CLAPEYRONsche Gleichung gegeben (ds. Band Kap. 1). Die mit den Aggregatsänderungen verbundenen Wärmetönungen und die Messung derselben wird an anderer Stelle behandelt (ds. Handb. Bd. X), so daß darauf hier nur hingewiesen sei; dagegen soll über die allotropen Umwandlungen im folgenden noch einiges mitgeteilt werden.

18. Allotrope Umwandlungen. Unter gewissen Voraussetzungen ist es möglich, die Umwandlungstemperatur allotroper Systeme und die Umwandlungswärme unter Benutzung des NERNSTschen Wärmesatzes (ds. Band Kap. 2) zu berechnen. Diese Berechnung hat z. B. NERNST[2]) für die Umwandlung des monoklinen in den rhombischen Schwefel auf Grund der Messungen von BROENSTEDT[3]) durchgeführt, worauf hier kurz eingegangen sei. BROENSTEDT hat sowohl die Gesamtenergie U wie die Arbeit (freie Energie) A für den Schwefel bei verschiedenen Temperaturen ermittelt. Zwischen U und A besteht bekanntlich die aus der Kombination des ersten und zweiten Hauptsatzes der Thermodynamik abgeleitete Beziehung

$$A - U = T\frac{dA}{dT}. \tag{31}$$

Ferner gilt für U nach dem ersten Hauptsatz die Gleichung

$$\frac{dU}{dT} = c_1 - c_2, \tag{32}$$

worin c_1 und c_2 die spezifischen Wärmen beider Modifikationen des Schwefels bedeuten.

[1]) Vgl. E. COHEN, ZS. f. phys. Chem. Bd. 30, S. 601. 1899; Bd. 33, S. 57. 1900; Bd. 35, S. 588. 1900.

[2]) W. NERNST, Theoretische Chemie, 8.—10. Aufl., S. 786. Stuttgart: F. Enke 1921.

[3]) J. N. BROENSTEDT, ZS. f. phys. Chem. Bd. 55, S. 371. 1906.

Man kann nun U nach ganzen Potenzen der absoluten Temperatur T entwickeln und in dem vorliegenden Falle mit dem zweiten Gliede abbrechen. Man erhält dann

$$U = U_0 + \alpha T + \beta T^2. \tag{33}$$

Setzt man diesen Ausdruck in obige Gleichung (31) ein, so ergibt sich durch Integration

$$A = U_0 + aT - \alpha T \operatorname{logn} T - \beta T^2, \tag{34}$$

worin a eine Integrationskonstante bedeutet.

Die Differentiation von U und A liefert dann

$$\frac{dU}{dT} = \alpha + 2\beta T; \qquad \frac{dA}{dT} = a - \alpha \operatorname{logn} T - \alpha - 2\beta T. \tag{35}$$

Nach dem NERNSTschen Wärmesatz muß nun für den absoluten Nullpunkt gesetzt werden

$$\lim \frac{dA}{dT} = \lim \frac{dU}{dT} \text{ (für } T = 0). \tag{36}$$

Diese Bedingung ist nur erfüllbar, wenn $a = 0$ und $\alpha = 0$ werden. Man erhält daher schließlich

$$U = U_0 + \beta T^2 \quad \text{und} \quad A = U_0 - \beta T^2 \tag{37}$$

und $\frac{dU}{dT} = c_1 - c_2 = 2\beta T$, also proportional der absoluten Temperatur. Wie NERNST gezeigt hat, ist diese Proportionalität von $c_1 - c_2$ mit der absoluten Temperatur zwischen $T = 83°$ und $329°$ nach den Ergebnissen verschiedener Beobachter tatsächlich nahe vorhanden. Für U_0 ergeben die bei $T = 273°$ und $T = 368°$ ausgeführten Messungen 1,57 cal, für β den Wert $1{,}15 \cdot 10^{-5}$, so daß man also für den Schwefel erhält (vgl. Abb. 13)

$$\left.\begin{aligned} U &= 1{,}57 + 1{,}15 \cdot 10^{-5}\, T^2; \\ A &= 1{,}57 - 1{,}15 \cdot 10^{-5}\, T^2; \\ \frac{dU}{dT} &= 2{,}30 \cdot 10^{-5}\, T. \end{aligned}\right\} \tag{38}$$

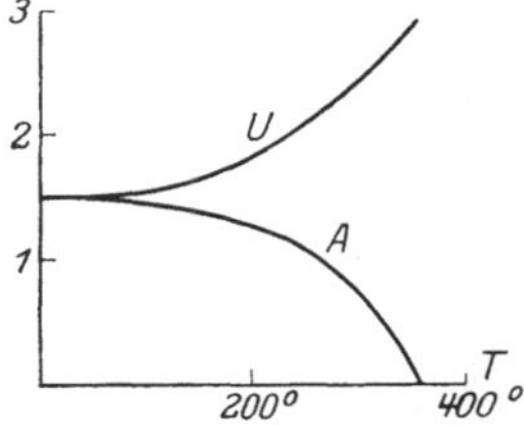

Abb. 13. Kurve für die Gesamtenergie U und die Arbeit A.

Beim Umwandlungspunkt muß $A = 0$ sein; daraus berechnet sich die Umwandlungstemperatur T_0 zu

$$T_0 = 369{,}5; \text{ beobachtet } 368{,}4.$$

Für U (Umwandlungswärme) findet man dann bei dem Umwandlungspunkt $U = 3{,}14$ cal.

Die Größe A ist von BROENSTEDT zwischen $T = 273°$ und $298°$ gemessen worden und stimmt mit den berechneten Werten gut überein. Aber nicht immer stimmt die Rechnung so gut mit der Beobachtung; so z. B. beim Wasser, bei dem die spezifische Wärme große Anomalien aufweist, weshalb bei der Entwicklung für U noch höhere Potenzen berücksichtigt werden müssen. Doch sind auch noch andere Fälle der Berechnung zugänglich gemacht worden; Näheres darüber siehe bei NERNST, l. c.

d) Wärmewirkung der Strahlen aller Art.

19. Strahlungswärme. Wenn Strahlen aller Art, mögen sie nun als Wärme-, Licht-, elektrische Strahlen, als Röntgen- oder radioaktive Strahlen bezeichnet werden, auf einen materiellen Körper auftreffen, so wird ihre kinetische Energie in dem Maße, als sie absorbiert werden, in Wärme umgesetzt. Für die radioaktiven Strahlen ist die Messung der in Wärme umgesetzten Energie bereits unter b) besprochen worden. Die bedeutende kinetische Energie der die Röntgenstrahlen erzeugenden Elektronen zeigt sich in der starken Erhitzung der sog. Antikathode, die deshalb durch besondere Maßnahmen abgekühlt werden muß (ds. Handb. Bd. XVII). Die Energie der Wärme- und Lichtstrahlen wird meist mit einem Bolometer (Widerstand) oder mit Thermoelementen bzw. mit dem Radiomikrometer gemessen, wobei die Oberfläche, auf welche die Strahlen auffallen, zum Zwecke der Absorption der Strahlen geschwärzt sein muß. Diese Messungen und die verschiedenen Arten der Bolometer und Thermosäulen werden an anderer Stelle eingehend besprochen (ds. Handb. Bd. XIX), so daß hier nur darauf Bezug genommen wird. Bekanntlich ist es auf diese Weise auch möglich, die von den Gestirnen ausgesandte Energie zu messen.

Es handelt sich also bei allen Strahlen, ob sie materieller oder immaterieller Natur sind, um die Verwandlung mechanischer Energie in die ungeordnete Bewegung der Wärme, d. h. um einen degradierenden Vorgang.

e) Wärmewirkung der Dissoziation.

20. Allgemeines. Bei gelösten Stoffen und bei Gasen treten Dissoziationserscheinungen auf, die auch von Wärmetönung begleitet sind. Die Dissoziation besteht in einer Spaltung der Moleküle in Bestandteile derselben, die als Ionen bezeichnet werden und bei elektrolytischen Lösungen elektrisch geladen sind. Z. B. spalten sich die Moleküle des Gases Stickstoffdioxyd N_2O_4 in $2\,NO_2$, des Ozons O_2 in 2 O, oder des in Wasser gelösten Salzes Kaliumchlorid KCl in K und Cl (Kation und Anion); die Dissoziation führt also zu einer Vergrößerung der Molekülzahl. Das Verhältnis der gespaltenen Moleküle zu den ursprünglich vorhandenen nennt man den Dissoziationsgrad. Die Dissoziation bewirkt, daß bei Gasen und Dämpfen die beobachtete Dampfdichte kleiner ist als die aus dem Molekulargewicht berechnete Dichte, und daß bei Lösungen die beobachtete Gefrierpunktserniedrigung größer ausfällt als die berechnete. Auch die elektrolytische Leitfähigkeit steht mit der Dissoziation in engem Zusammenhang, indem das Lösungsmittel bei elektrolytischen Leitern eine ionisierende Kraft ausübt, die je nach dem Lösungsmittel sehr verschieden groß ist.

Die theoretische Dampfdichte idealer Gase, bezogen auf Luft bei gleichem Druck und gleicher Temperatur, läßt sich aus dem Molekulargewicht des Gases berechnen. Für Sauerstoff (Molekulargewicht = 32), auf den bekanntlich die Atomgewichte bezogen werden, ist die auf Luft bezogene Dampfdichte gleich 1,1043, für ein Gas vom Molekulargewicht m erhält man daher als relative Dampfdichte

$$d_0 = \frac{1{,}1043}{32} \cdot m = \frac{m}{28{,}98,}, \tag{39}$$

da nach dem AVOGADROschen Gesetz gleiche Volumina von Gasen auch die gleiche Anzahl von Molekülen enthalten müssen. Spaltet sich nun bei der Dissoziation ein Molekül in n Bestandteile und ist die beobachtete Dampfdichte gleich d, so ist der Dissoziationsgrad α zu berechnen als

$$\alpha = \left(\frac{d_0}{d} - 1\right)\frac{1}{n-1}. \tag{40}$$

Denn bei dem Dissoziationsgrad α ist ein Bruchteil α der Moleküle zerfallen und hat $n\alpha$ neue Moleküle geliefert, während der Bruchteil $1 - \alpha$ der Moleküle nicht zerfallen ist. Die Molekülzahl hat sich daher im Verhältnis $1 : (n\alpha + 1 - \alpha)$ oder $1 : \{1 + (n-1)\alpha\}$ vermehrt, wodurch die Dampfdichte im umgekehrten Verhältnis verringert wird. Es folgt also $d_0/d = 1 + (n-1)\alpha$, woraus sich

Gleichung (40) ergibt. Bei vollkommener Dissoziation, d. h. wenn alle Moleküle gespalten sind, wird $\alpha = 1$ und $d = d_0/n$.

Die theoretische Gefrierpunktserniedrigung τ_0 eines Lösungsmittels durch Auflösung eines Stoffes in demselben ist bei geringen Konzentrationen vielfach der molekularen Konzentration der Lösung proportional. Bedeutet μ die Anzahl der in 1000 g des Lösungsmittels gelösten Mol des Körpers, so ist demnach

$$\tau_0 = \mu \cdot g, \tag{41}$$

worin die Konstante g für jedes Lösungsmittel verschieden, aber von der Art des gelösten Stoffes unabhängig ist. Auf Grund der osmotischen Theorie hat VAN 'T HOFF für g die Beziehung abgeleitet

$$g = 0{,}00198 \frac{T^2}{\varrho}; \tag{42}$$

T bedeutet hierin die absolute Schmelztemperatur und ϱ die Schmelzwärme. Für Wasser ist z. B. $g = 1{,}85$. Bei einer Dissoziation des gelösten Körpers tritt durch die Vermehrung der Moleküle eine stärkere Erniedrigung des Schmelzpunktes ein. Zerfällt bei der Dissoziation ein Molekül in n Bestandteile und wird hierfür die Gefrierpunktserniedrigung τ beobachtet, so ergibt sich aus ähnlichen Überlegungen wie oben für den Dissoziationsgrad α die Beziehung

$$\alpha = \left(\frac{\tau}{\tau_0} - 1\right)\frac{1}{n-1}. \tag{43}$$

Je größer die Verdünnung der Lösung ist, desto größer ist auch der Dissoziationsgrad; für unendliche Verdünnung nimmt man vollkommene Dissoziation an, so daß also dann $\alpha = 1$ und $\tau = n\tau_0$ wird.

Analoge Betrachtungen gelten auch für den Siedepunkt.

Bei elektrolytischen Lösungen wächst mit dem Dissoziationsgrad auch das Äquivalentleitvermögen Λ der Lösung. Diese Größe ist gleich dem (auf das cm^3 bezogenen) Leitvermögen K, dividiert durch die Äquivalentkonzentration η der Lösung, also $\Lambda = K/\eta$; η ist gleich der in einem cm^3 gelösten Anzahl von Grammäquivalenten des Körpers.

Da mit jedem Äquivalent eines Ions die gleiche Elektrizitätsmenge (elektrisches Elementarquantum $= 1{,}59 \cdot 10^{-19}$ Coulomb) wandert, so ist das Äquivalentleitvermögen Λ gleich der Summe der „Beweglichkeiten" l_K und l_A des Kations und des Anions ($\Lambda = l_K + l_A$). Mit der HITTORFschen Überführungszahl n' hängen die Beweglichkeiten durch die Beziehung $n' = l_A/(l_K + l_A)$ zusammen, so daß zu setzen ist

$$l_K = (1 - n')\Lambda \text{ und } l_A = n'\Lambda. \tag{44}$$

Die in cm/sec ausgedrückten Geschwindigkeiten U und V beider Ionen erhält man für ein Spannungsgefälle von 1 Volt auf 1 cm aus l_K und l_A durch Multiplikation dieser Werte mit $1{,}036 \cdot 10^{-5}$ [1]). Insofern man nun annehmen darf, daß der elektrische Bewegungswiderstand eines Ions in der Lösung derselbe ist wie im reinen Lösungsmittel, so ergibt sich der Dissoziationsgrad $\alpha = \Lambda/\Lambda_0$, wenn Λ das Äquivalentleitvermögen bei dem betreffenden Dissoziationsgrad und Λ_0 dasjenige für vollkommene Dissoziation ($\alpha = 1$) bedeutet. In konzentrierten Lösungen ist der elektrolytische Widerstand der Ionen aber nicht bekannt, so daß der aus den Leitfähigkeiten nach der angegebenen Gleichung berechnete Dissoziationsgrad nicht mit dem aus der Veränderung des Schmelz- und Siedepunktes berechneten übereinstimmt. Das Leitvermögen elektrolytischer

[1]) Vgl. F. KOHLRAUSCH, Lehrb. d. prakt. Physik, 96, II.

Lösungen ändert sich stark mit der Temperatur (bei Zimmertemperatur um durchschnittlich $+2\%$ für $1°$ Temperatursteigerung). Doch ist die Änderung des Dissoziationsgrades dieser Zunahme nicht etwa proportional, da sich mit wachsender Temperatur nicht nur die Dissoziation ändert, sondern auch die Ionenbeweglichkeit zunimmt. Bei Gasen wächst der Dissoziationsgrad stark mit zunehmender Temperatur, so ist z. B. Stickstoffdioxyd, das bei $20°$ zu etwa 20% in die einfacheren Moleküle NO_2 gespalten ist, bei $130°$ vollständig dissoziiert ($\alpha = 1$). Näher auf diese Verhältnisse des chemischen Gleichgewichts einzugehen, ist hier nicht der Ort; vgl. hierüber z. B. W. NERNST „Theoretische Chemie", und J. WALKER „Einführung in die physikalische Chemie", übersetzt und bearbeitet von H. v. STEINWEHR.

21. Dissoziationswärme. Das Dissoziationsgleichgewicht ist ein spezieller Fall des chemischen Gleichgewichts, dessen Gesetze aus den thermodynamischen Theorien unter gewissen Voraussetzungen abgeleitet werden können. Näheres hierüber siehe ds. Handb. Bd. X. Die bei der Dissoziation entstehende bzw. verschwindende Wärme kann aus dem Massenwirkungsgesetz und der Gleichung der Reaktionsisochore berechnet werden.

In der allgemeinen Reaktionsgleichung der Dissoziation

$$A = n_1 A_1 + n_2 A_2 + \cdots \tag{45}$$

bedeutet A die zerfallende Molekülgattung, die als Gas besteht oder in verdünnter Lösung enthalten ist, A_1, A_2 ... die durch die Dissoziation gebildeten Zerfallsprodukte und n_1, n_2 ... die Anzahl der Moleküle derselben. Sind dann c, c_1, c_2 ... die Konzentrationen von A, A_1, $A_2 \cdots$, so gilt nach dem Massenwirkungsgesetz

$$cK = c_1^{n_1} \cdot c_2^{n_2}, \cdots, \tag{46}$$

worin die „Gleichgewichtskonstante" K nur von der Temperatur abhängt. Bedeutet nun ferner α den Dissoziationsgrad, d. h. den Bruchteil der im Gleichgewichtszustand zerfallenen Moleküle, so ist $1 - \alpha$ der Bruchteil der unverändert gebliebenen Moleküle. Wird in g-Äquivalenten gerechnet und erfüllt 1 g-Mol das Volumen v, so gelten die Beziehungen

$$c = \frac{1-\alpha}{v}, \qquad c_1 = \frac{n_1 \alpha}{v}, \qquad c_2 = \frac{n_2 \alpha}{v}, \cdots, \tag{47}$$

so daß man erhält

$$K = \frac{n_1^{n_1} \cdot n_2^{n_2} \cdot \ldots \cdot \alpha^{(n_1 + n_2 + \cdots)}}{(1-\alpha)\, v^{(n_1 + n_2 + \cdots - 1)}}. \tag{48}$$

Die Gleichung der (für konstantes Volumen geltenden) Reaktionsisochore lautet[1])

$$\frac{d \ln K}{dT} = \frac{U}{RT^2} \quad \text{oder integriert} \quad \ln K_2 - \ln K_1 = \frac{U}{R}\left(\frac{1}{T_1} - \frac{1}{T_2}\right). \tag{49}$$

Hierin sind U die Gesamtenergie (Reaktionswärme), R die Gaskonstante, K_1 und K_2 die Gleichgewichtskonstanten für die absoluten Temperaturen T_1 und T_2, denen die Werte α_1 und α_2 des Dissoziationskoeffizienten und die Volumina v_1 und v_2 entsprechen.

Bei Gasen ist der Dissoziationsgrad nach Gleichung (40) aus der theoretischen Dampfdichte d_0 und derjenigen des dissoziierten Gases (d) zu berechnen. Das Volumen des dissoziierten Gases ist um den Faktor d_0/d vergrößert gegen das theoretische Volumen $v = \frac{RT}{p}$, so daß also $v_1 = \left(\frac{R}{p}\right) T_1 \frac{d_0}{d_1}$, $v_2 = \frac{R}{p} T_2 \frac{d_0}{d_2}$ zu

[1]) Vgl. W. NERNST, Theoretische Chemie Buch IV, 3.

setzen ist. (Da für das Mol $R = 8{,}313 \cdot 10^7$ Erg/Grad und für 1 Atm. $p = 1{,}0132 \cdot 10^6$ Dyn/cm² ist, so wird für 1 Atm. $R/p = 82{,}1$ cm³/Grad.)

Für die Dissoziation des Stickstoffdioxyds

$$N_2O_4 = 2NO_2 \tag{50}$$

ist z. B. $n_1 = 2$, n_2 usw. $= 0$. Für diesen Fall hat NERNST (l. c.) die auf ein Mol (= 92 g) bezogene Dissoziationswärme aus den Dissoziationsgraden bei verschiedenen Temperaturen berechnet. Für N_2O_4 ist $d_0 = \frac{92}{28{,}98} = 3{,}174$; ferner $1 + \alpha = \frac{d_0}{d}$ und $v = \frac{R}{p} T \frac{d_0}{d} = \frac{R}{p} T(1 + \alpha)$. Setzt man den letzten Ausdruck in die allgemeine Gleichung (49) ein, so ergibt sich

$$\ln \frac{\alpha_2^2}{T_2(1 - \alpha_2^2)} - \ln \frac{\alpha_1^2}{T_1(1 - \alpha_1^2)} = \frac{U}{R}\left(\frac{1}{T_1} - \frac{1}{T_2}\right). \tag{51}$$

Aus den beobachteten Werten

$$t_1 = 26{,}°7\,, \quad d_1 = 2{,}65\,, \quad (\alpha_1 = 0{,}1996)$$
$$t_2 = 111{,}°3\,, \quad d_2 = 1{,}65\,, \quad (\alpha_2 = 0{,}9267)$$

folgt dann die Dissoziationswärme $U = 12800$ cal, wenn bei der Dissoziation keine äußere Arbeit geleistet wird. Eine ähnliche Zahl (12500 cal) wurde von VAN'T HOFF aus der zwischen 27° und 150° gemessenen mittleren spezifischen Wärme des Gases berechnet, indem er von der ganzen zu dieser Temperaturerhöhung erforderlichen Wärmemenge diejenige Wärme abzog, die zur bloßen Erwärmung des Gases und zur Leistung der äußeren Arbeit erforderlich ist.

Für die Dissoziation gelöster Stoffe gelten dieselben allgemeinen Gleichungen; v_1 und v_2 sind dann die Volumina der Lösungen bei den Temperaturen T_1 und T_2, die ein Mol enthalten.

Für binäre Elektrolyte (z. B. KCl), bei denen $n_1 = n_2 = 1$ zu setzen ist, erhält man dann

$$\ln \frac{K_2}{K_1} = \ln \frac{\alpha_2^2(1 - \alpha_1) v_1}{\alpha_1^2(1 - \alpha_2) v_2} = \frac{U}{R}\left(\frac{1}{T_1} - \frac{1}{T_2}\right), \tag{52}$$

wobei man wegen der geringen Wärmeausdehnung der Lösung $v_1 = v_2$ setzen darf.

Für elektrolytische Lösungen kann man aus dem Temperaturkoeffizienten des elektrischen Leitvermögens, das mit dem Dissoziationsgrad in engem Zusammenhang steht, die Dissoziationswärme berechnen. So berechnete z. B. ARRHENIUS für 21°,5 folgende Dissoziationswärme: Essigsäure —28, Buttersäure 427, Phosphorsäure 2103, Flußsäure 3200 cal.

Wenn ein Elektrolyt bei der Spaltung in Ionen Wärme entwickelt, so muß seine Dissoziation mit zunehmender Temperatur abnehmen.

Für schwache Säuren kann man die Dissoziationswärme annähernd aus der Neutralisationswärme ermitteln, die bei der Verbindung der Säuren mit Natron oder Kali entwickelt wird. Für die Neutralisationswärme starker Säuren und Basen, die in verdünnten Lösungen fast vollständig dissoziiert sind, erhält man annähernd stets die gleiche auf das g-Äquivalent bezogene Neutralisationswärme, welche der Bildungswärme des Wassers aus den Wasserstoff- und Hydroxylionen entspricht, nämlich etwa 13700 cal. Dabei bleiben die Ionen der Säure und der Base selbst in Freiheit, wenn das aus ihnen bestehende Salz weitgehend ionisiert ist. Die verdünnten Säuren sind nun nicht vollständig dissoziiert, und man erhält deshalb eine von dem angegebenen Wert abweichende

Neutralisationswärme. Der Unterschied stellt annähernd die Dissoziationswärme der Säure dar. So erhält man z. B. für Flußsäure die Neutralisationswärme 16270 cal; der Unterschied von 2570 cal gegen 13700 cal stimmt angenähert mit der oben angegebenen berechneten Dissoziationswärme der Flußsäure (3200 cal) überein.

f) Wärmetönungen bei chemischen Vorgängen.

22. Übersicht. — Alle chemischen Vorgänge — Bildung und Zersetzung von Verbindungen, Hydratierung, Lösung, Verdünnung von Lösungen, Neutralisation usw. — sind mit Wärmetönungen verbunden, die in der einen Richtung des Vorgangs positive, in der anderen Richtung negative Werte haben; diese positiven und negativen Wärmen sind gleich groß. Im weiteren Sinne kann man diese Wärmetönungen als Bildungswärmen bezeichnen, doch werden im allgemeinen die verschiedenen Vorgänge durch die besonderen, oben angegebenen Namen unterschieden. Als Spezialfall der Bildungswärme wird noch die bei der Verbrennung von Körpern auftretende Wärme als „Verbrennungswärme" bezeichnet. Die Verbrennung braucht nicht notwendig eine Verbindung mit Sauerstoff (Oxydation) zu sein. Unter „Bildungswärme" im besonderen versteht man in der Regel die bei der Bildung einer chemischen Verbindung (z. B. Kupfersulfat aus Kupfer und Schwefelsäure) auftretende Wärme. Bei der Angabe der Bildungswärme müssen die Ausgangs- und Endprodukte genau bezeichnet sein, auch bezüglich ihres Aggregatzustandes, der Temperatur und des Druckes. In der Regel wird dabei ein isothermischer Verlauf der Reaktion zugrunde gelegt.

Die Verbrennungswärme spielt wirtschaftlich eine erhebliche Rolle, da der Heizwert von Kohle, Holz, Ölen, Gasen usw. durch die Verbrennungswärme bedingt wird. Da sich auch der Preis der Brennmaterialien nach dem Heizwert richtet, so ist es erforderlich, daß die an verschiedenen Orten vorgenommenen Messungen der Verbrennungswärmen gut übereinstimmen. Die betreffenden Apparate werden daher elektrisch geeicht, oder ihr Wasserwert wird durch eine Normalsubstanz ermittelt (vgl. Ziff. 26, 27). Über die Bedeutung der Bildungs- und Lösungswärmen für die Theorie der elektrischen Elemente s. ds. Handb. Bd. XI, Kap. 1.

Die für die theoretischen Betrachtungen verschiedenster Art erforderlichen Bildungs- und Lösungswärmen lassen sich in vielen Fällen nicht direkt ermitteln, sondern müssen auf Umwegen bestimmt werden. Dies ist z. B. auch meist der Fall für die „theoretische Lösungswärme" (ds. Handb. Bd. XI Kap. 1).

Die Bildungswärmen organischer Verbindungen werden meist aus den Verbrennungswärmen derselben berechnet. Bei der Verbrennung bildet sich Kohlensäure und Wasser, deren Bildungswärmen bekannt sind, ebenso wie diejenige von schwefliger Säure usw., die sich bei einem Gehalt an Schwefel usw. bilden. Insofern spielt auch hier die Ermittlung von Verbrennungswärmen eine wichtige Rolle. In ähnlicher Weise ist die Neutralisationswärme und die Lösungswärme von allgemeinerer Bedeutung.

In welcher Weise diese indirekte Bestimmung irgendeiner Bildungswärme zu erfolgen hat, ergibt sich aus einem allgemeingültigen Satz[1]), der aus dem ersten Hauptsatze folgt:

1. „Wenn eine Gruppe von Körpern verschiedene chemische Prozesse durchläuft und schließlich auf den ursprünglichen Zustand wieder zurückkommt und wenn dabei keine äußere Energie zugefügt oder fortgenommen wird, dann ist die Summe der Wärmetönungen sämtlicher Prozesse gleich Null."

---

[1]) Vgl. J. THOMSON, Thermochem. Untersuchungen Bd. I. Leipzig: Barth.

Daraus folgt weiter, daß die Wärmetönung bei der Bildung einer chemischen Verbindung gleich ist der Differenz der Energie der Bestandteile und derjenigen der Verbindung. Ferner: „Die Wärmetönung bei der Bildung einer Verbindung ist gleich groß, wenn diese aus denselben Bestandteilen direkt oder stufenweise zusammengesetzt wird.“ Durch eine Formel lassen sich diese Sätze in folgender Weise ausdrücken. Hat man z. B. vier Körper A, B, C, D, die sich zu einer Verbindung ABCD vereinigen, so kann man schreiben:

$$(A, B, C, D) - (AB, CD) - (A, B) - (C, D) = 0. \tag{53}$$

Hierin sind diejenigen Stoffe, welche sich vereinigen sollen, durch ein Komma getrennt. Zunächst wird also der Körper ABCD aus den einzelnen Bestandteilen gebildet (erstes Glied), dann wird er zerlegt in die Bestandteile AB und CD (zweites Glied). Diese Bestandteile werden wieder zerlegt in A und B bzw. C und D. Damit ist man wieder auf dem ursprünglichen Zustand angekommen, und die Summe aller Wärmetönungen ist Null oder, in anderen Worten, die Wärmetönung des ersten Gliedes ist gleich der Summe der mit negativem Vorzeichen versehenen Wärmetönungen. Analoge Formeln gelten natürlich für beliebig viele Körper.

Ferner kann man folgenden, ohne weiteres einleuchtenden Satz aufstellen[1]):

2. „Die Wärmetönung einer chemischen Reaktion ist gleich der Summe der Bildungswärmen für die entstandenen Moleküle, vermindert um die Summe der Bildungswärmen für die verschwundenen Moleküle.“

So läßt sich z. B. die Bildungswärme der Ameisensäure CHO(OH) (wie der meisten organischen Verbindungen) aus ihren Bestandteilen (Kohlenstoff, Wasserstoff und Sauerstoff) nicht direkt bestimmen; sie kann aber aus den Verbrennungswärmen der Kohle in Kohlensäure, des Wasserstoffs in Wasser und der Ameisensäure in Kohlensäure und in Wasser berechnet werden. Die Verbrennung der Ameisensäure geht vor sich nach der Gleichung

$$CH_2O_2 + O = CO_2 + H_2O, \tag{54}$$

ist also mit einer Zersetzung verbunden. Die Bildungswärme der Ameisensäure ist gleich der Summe der Verbrennungswärmen von Kohlenstoff und Wasserstoff, vermindert um die Verbrennungswärme der Ameisensäure, d. h.:

$$(C, H_2, O_2) = (C, O_2) + (H_2, O) - (CH_2O_2, O), \tag{55}$$

denn nach Satz 2 ist die Wärmetönung der Reaktion $CH_2O_2 + O$, d. h. die Verbrennungswärme (CH_2O_2, O) der Ameisensäure, gleich der Summe der Bildungswärmen (C, O_2) und (H_2, O) auf der rechten Seite obiger Gleichung, vermindert um die Bildungswärme auf der linken Seite, d. h. die Bildungswärme (C, H_2, O_2) der Ameisensäure.

Man muß aber bei dieser Berechnung darauf achten, daß alle in Betracht kommenden Wärmetönungen unter den gleichen Verhältnissen gemessen sind, und muß sie anderenfalls erst entsprechend umrechnen. Werden z. B. die Verbrennungen bei 20° vorgenommen, so ist die Ameisensäure und das Wasser flüssig, während Wasserstoff, Sauerstoff und Kohlensäure gasförmig sind. Auch ist zu beachten, ob die Verbrennungswärmen auf konstantes Volumen oder konstanten Druck bezogen sind; im ersteren Fall wird keine äußere Arbeit geleistet. Die Verbrennungswärme des Wasserstoffs zu flüssigem Wasser oder Wasserdampf unterscheidet sich durch die Verdampfungswärme des Wassers. Denkt man sich z. B. die Ameisensäure in der Weise entstanden, daß fester Kohlenstoff mit einem entsprechenden Volumen von Wasserstoff und Sauer-

[1]) Vgl. W. Nernst, Theoretische Chemie.

stoff unter Atmosphärendruck zusammengebracht und dann bei konstantem Volumen vereinigt wird (dieser Vorgang ist allerdings in Wirklichkeit nicht ausführbar), so muß man durch einen vollständigen Kreisprozeß wieder zu den Ausgangsprodukten zurückkommen und erhält dann die Bildungswärme der Ameisensäure unter den angegebenen Voraussetzungen. Man wird also die Ameisensäure mit Sauerstoff zusammenbringen und bei konstantem Volumen verbrennen. Die gebildete Kohlensäure wird bei konstantem Volumen in Kohlenstoff und Sauerstoff zerlegt (negative Verbrennungswärme), ebenso das Wasser in Wasserstoff und Sauerstoff. Schließlich werden die Gase wieder auf Atmosphärendruck gebracht, womit der Anfangszustand wieder erreicht ist. Aus diesem Kreisprozeß ergibt sich, für welche Anfangs- und Endprodukte die zur Berechnung erforderlichen Verbrennungswärmen gelten müssen. Es ist daher häufig eine Umrechnung der in der Literatur angegebenen Zahlen notwendig, wenn man sie zur Berechnung von Bildungswärmen unter bestimmten Voraussetzungen benutzen will.

Als ein anderes Beispiel sei die Bildungswärme von festem Chlornatrium aus metallischem Natrium und gasförmigem Chlor betrachtet, die ebenfalls nicht direkt gemessen werden kann. Doch kann sie aus der Neutralisationswärme von Natronlauge durch in Wasser gelöste Salzsäure berechnet werden, wobei auch die verschiedenen Lösungswärmen und die Bildungswärmen von Natron (Natriumhydroxyd) und Salzsäure berücksichtigt werden müssen.

Die Bildung von Chlornatrium aus Natron und Salzsäure erfolgt nach der Gleichung:

$$\mathrm{Na(OH)} + \mathrm{HCl} = \mathrm{NaCl} + \mathrm{H_2O}. \tag{56}$$

Die Wärmetönung der Reaktion ist demnach (nach Satz 2):

$$(\mathrm{Na(OH)}, \mathrm{HCl}) = (\mathrm{Na}, \mathrm{Cl}) + (\mathrm{H_2}, \mathrm{O}) - (\mathrm{H}, \mathrm{Cl}) - (\mathrm{Na}, \mathrm{O}, \mathrm{H}), \tag{57}$$

d. h. die Bildungswärme des Chlornatriums ist gleich der Neutralisationswärme von Natron durch Salzsäure, vermehrt um die Bildungswärmen von Salzsäure und von Natron und vermindert um die Verbrennungswärme des Wasserstoffs.

Die Neutralisationswärme wird sehr häufig mit Substanzen bestimmt, die sich in wässeriger Lösung befinden. Für unendliche Verdünnung nähert sich die Lösungswärme einem konstanten Wert; es sei für den vorliegenden Fall diese Wärme bekannt. Man wird dann den Kreisprozeß z. B. in folgender Weise verlaufen lassen:

Man löst das feste Chlornatrium in einer praktisch unendlich großen Wassermenge (Lösungswärme des Chlornatriums), trennt in dem Wasser das Salz in Natronlauge und Salzsäure (negative Neutralisationswärme), trennt dann das Natron und die Salzsäure von dem Wasser (negative Lösungswärmen) und zerlegt beide in ihre Bestandteile Na, O und H bzw. H und Cl (negative Bildungswärmen); schließlich vereinigt man H_2 und O zu Wasser und das gasförmige Chlor mit dem metallischen Natrium zu Chlornatrium (gesuchte Bildungswärme). Die Summe aller Wärmetönungen muß für diesen Kreisprozeß Null sein; die einzelnen Vorgänge sind indessen zum Teil nur Gedankenoperationen.

Bezeichnet man in Übereinstimmung mit der bisher benutzten Schreibweise die Lösungswärme eines Körpers X in Wasser (aq) mit (X, aq) und die Neutralisationswärme der in Wasser gelösten Körper X und Y mit $(X\,\mathrm{aq}, Y\,\mathrm{aq})$, so ist die Bildungswärme von Salzsäure in Wasser $(\mathrm{Cl}, \mathrm{H}, \mathrm{aq}) = (\mathrm{Cl}, \mathrm{H}) + (\mathrm{HCl}, \mathrm{aq})$ usw. Man erhält dann für die Bildungswärme von NaCl:

$$(\mathrm{Na}, \mathrm{Cl}) = (\mathrm{NaOH\,aq}, \mathrm{HCl\,aq}) - (\mathrm{H_2}, \mathrm{O}) - (\mathrm{NaCl}, \mathrm{aq}) + (\mathrm{Na}, \mathrm{O}, \mathrm{aq}) + (\mathrm{H}, \mathrm{Cl}, \mathrm{aq}). \tag{58}$$

Die auf der rechten Seite stehenden Wärmetönungen sind aber alle bekannt, z. B. aus THOMSENS Thermochemischen Untersuchungen (l. c).

Die beiden angeführten typischen Beispiele werden ausreichen, um für jeden vorkommenden Fall den richtigen Weg zu zeigen, den man für die Berechnung der Bildungswärmen einschlagen muß, wenn sie nicht direkt gemessen werden können.

Man ersieht auch aus den vorstehenden Ausführungen die wichtige Rolle, welche die Verbrennungs-, Neutralisations- und Lösungs- bzw. Verdünnungswärmen für die verschiedenen Berechnungen spielen.

Im folgenden sollen nun einige Messungen von Wärmetönungen bei chemischen Vorgängen und einige hierzu benutzte Methoden und Apparate kurz betrachtet werden; ein näheres Eingehen darauf würde zu weit in das physikalisch-chemische Gebiet führen. Näheres über diesen Gegenstand findet man z. B. in dem schon erwähnten Werk von J. THOMSEN, „Thermochemische Untersuchungen" sowie in den Arbeiten von BERTHELLOT und seinen Schülern. Eine zusammenfassende Zusammenstellung der bis jetzt beobachteten Wärmetönungen sowie dazugehörige Literatur ist in den bekannten Tabellen von LANDOLT-BÖRNSTEIN enthalten, worauf hier verwiesen sei.

23. Neutralisations- und Verdünnungswärmen. Die Neutralisationswärmen von Körpern, die sich in Lösung befinden, und die Verdünnungswärmen können mit derselben Apparatur gemessen werden. J. THOMSEN (l. c.) benutzte z. B. zu diesem Zweck eine Vorrichtung, die in Abb. 14 ganz schematisch angedeutet ist. Sie besteht aus zwei übereinander angebrachten Gefäßen A und B, von denen das erstere mit einem herausziehbaren Stöpsel S versehen ist. Die in beiden Gefäßen befindlichen Flüssigkeiten, z. B. verdünnte Schwefelsäure und Natronlauge, werden zunächst auf gleiche Temperatur gebracht. Sodann wird der Stöpsel herausgezogen, so daß die in A befindliche Flüssigkeit nach B abfließt; die durch die Vermischung beider Flüssigkeiten entstehende Neutralisationswärme wird dann durch die Erhöhung der Temperatur im Gefäß B gemessen, wozu man die Wärmekapazität der entstehenden Lösung von Natriumsulfat kennen muß. Die Gefäße sind durch Umhüllungen möglichst gegen den Wärmeaustausch mit der Umgebung geschützt; dieser Wärmeaustausch muß in der früher angegebenen Weise durch Beobachtung der Temperaturgänge bestimmt und in Rechnung gezogen werden (vgl. Ziff. 5). Eine automatische Rührvorrichtung sorgt für möglichst gleichmäßige Temperatur der Flüssigkeiten sowohl vor wie nach der Vermischung derselben. In derselben Weise kann auch die bei der Verdünnung von Lösungen auftretende Wärmetönung gemessen werden. In dem einen Gefäß befindet sich dann die zu verdünnende Flüssigkeit, in dem anderen reines Wasser.

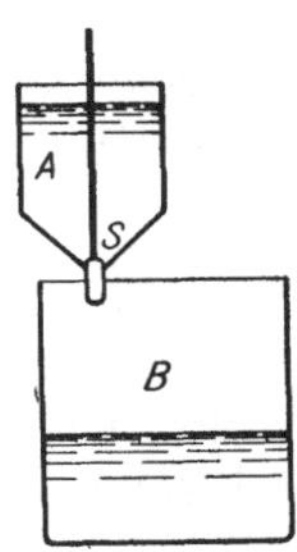

Abb. 14. Schema für das Mischungskalorimeter.

Für kleine Wärmetönungen dieser Art hat H. v. STEINWEHR[1]) ein Differentialkalorimeter angegeben, mit dem man noch sehr kleine Temperaturerhöhungen messen und evtl. durch elektrische Energie kompensieren kann. Dieser Apparat besteht, wie Abb. 15 zeigt, aus zwei gleich dimensionierten Gefäßen A und B, die sich Wand an Wand befinden und die beide mit einer automatischen Rührvorrichtung versehen sind. Der Temperaturunterschied der in beiden Gefäßen befindlichen Flüssigkeiten wird mit Thermoelementen gemessen, die hintereinander geschaltet sind und von denen sich die einen gleich-

[1]) H. v. STEINWEHR, Studien über die Thermochemie sehr verdünnter Lösungen. Dissert. Göttingen 1900; vgl. auch ZS. f. phys. Chem. Bd. 38, S. 185. 1901 u. Bd. 88, S. 229. 1914; ferner W. NERNST u. W. ORTHMANN, Berl. Ber. 1926, S. 51.

sinnigen Lötstellen in dem Gefäß A befinden, die anderen in dem Gefäß B. Die dünnen Drähte der Elemente T (Konstantan-Eisen oder Konstantan-Kupfer). sind über den Rand der Gefäße geführt; die Endlötstellen sind mit Kupferdrähten K verbunden, die zu dem Galvanometer führen. Die EMK der Elemente wird durch Kompensation oder durch Galvanometerausschlag gemessen; oder aber es wird der Galvanometerausschlag durch eine elektrische Heizung auf Null zurückgeführt. Mit 20 Thermoelementen Konstantan-Eisen konnte bei Benutzung eines Drehspulgalvanometers von kleinem Grenzwiderstand noch ein Temperaturunterschied von etwa $5 \cdot 10^{-5}$ Grad, d. h. $^1/_{20}$ eines tausendstel Grades wahrgenommen werden; NERNST und ORTHMANN haben in der zitierten Arbeit noch erheblich kleinere Temperaturdifferenzen gemessen. Da man die Zahl der Thermoelemente noch wesentlich erhöhen kann, läßt sich die Empfindlichkeit der Messung entsprechend steigern. Die Drähte der Thermoelemente können auch durch die Wand geführt werden; bei leitenden Flüssigkeiten müssen sie, z. B. durch Umhüllung mit dünnen Glasröhrchen, isoliert werden, aber derart, daß die Wärmeabgabe von der Flüssigkeit an die Lötstellen nicht erschwert wird. Dies kann dadurch erreicht werden, daß die Glasröhrchen zum Teil mit Quecksilber gefüllt werden, in welches die Lötstellen eintauchen.

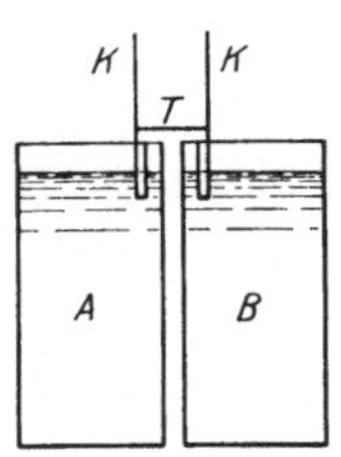

Abb. 15. Differentialkalorimeter.

Da die beiden Gefäße gleich dimensioniert sind und stets nahe dieselbe Temperatur haben, so ist auch der Wärmeaustausch mit der Umgebung für beide Gefäße nahe gleich groß, so daß die Korrektionen wegen des Wärmeaustausches fast völlig in Wegfall kommen. Selbstverständlich sind die Gefäße durch Umhüllungen möglichst gegen den Einfluß der Außentemperatur geschützt, oder sie werden in ein Dewargefäß gebracht; im letzteren Fall kann man den Gefäßen einen halbkreisförmigen Querschnitt geben und sie mit den ebenen Wänden zusammenstoßen lassen.

Je nach den Umständen können verschiedene Meßverfahren verwendet werden. Soll die Wärmetönung durch elektrische Heizung kompensiert werden, so befindet sich bei negativer Wärmetönung die Heizspule in demselben Gefäß, in welchem sich die chemische Reaktion vollzieht, bei positiver Wärmetönung in dem anderen Gefäß. Um alle Verschiedenheiten der Gefäße usw. zu eleminieren, kann man zwei Messungen anstellen, bei denen die Gefäße vertauscht werden; man benutzt dann den Mittelwert beider Messungen als Versuchsergebnis.

Als Beispiel sei die Messung der (theoretischen) Verdünnungswärme der Schwefelsäure angeführt. Zu diesem Zweck wird in Schwefelsäure einer bestimmten Konzentration eine kleine Menge Wasser mittels einer Pipette eingeblasen. Die Pipette muß vorher so weit in die Schwefelsäure eintauchen, als sie gefüllt ist, damit Wasser und Schwefelsäure sich auf gleicher Temperatur befinden; die Ausflußröhre der Pipette muß daher nach oben umgebogen sein, so daß sich die Öffnung derselben über dem Niveau der Schwefelsäure befindet. Um die Verhältnisse in beiden Gefäßen ganz gleich zu gestalten, sind beide mit einer gleichen Menge Schwefelsäure von derselben Konzentration gefüllt, und in beiden befinden sich Pipetten und Heizspulen, so daß auch die Wärmekapazitäten möglichst gleich sind und die beiden zusammengehörigen Messungen sofort hintereinander angestellt werden können. Bei sehr kleinen Temperaturerhöhungen kann statt durch Kompensation mit Ausschlag des Galvanometers gemessen werden. Auch Dissoziationswärmen können in bestimmten Fällen mit dem Apparat bestimmt werden. Näheres hierüber siehe in den zitierten Veröffentlichungen.

24. Lösungs- und Hydratations-Wärme. Die Hydratationswärme, d. h. die Wärmetönung, die bei der Vereinigung eines wasserfreien Salzes mit seinem Hydratwasser entsteht (z. B. $CuSO_4 + 5\ H_2O$), wird meist indirekt in der Weise ermittelt, daß einerseits das wasserfreie Salz, andererseits das Hydrat desselben in einer großen Wassermenge gelöst wird. Die Differenz der dabei auftretenden Wärmetönungen, auf das Mol berechnet, ist die Hydratationswärme (vgl. auch ds. Handb. Bd. IX). Die bei der Auflösung des Salzes gefundene Wärmetönung, die positiv oder negativ sein kann, ist die sog. Integrallösungswärme. Bei leicht löslichen Salzen findet man diese Lösungswärme, indem man das Salz unter starkem Rühren in Wasser auflöst und die Temperaturerhöhung bestimmt; zur Berechnung der Wärmetönung muß die spezifische Wärme der Lösung bekannt sein, wobei auch die Wärmekapazitäten der Metallteile berücksichtigt werden müssen. Das Nähere hierüber ist bei den Kalorimetern auseinandergesetzt (vgl. Ziff. 5). Die Wärmekapazität der Lösung einschließlich der in Betracht kommenden Metallteile kann am einfachsten durch elektrische Heizung ermittelt werden. Bei schwer löslichen Substanzen muß man einen indirekten Weg einschlagen (z. B. Ausfällung des Salzes aus Lösungen), worauf hier nicht näher eingegangen werden soll. Wenn außer der Integrallösungswärme für große Wassermengen auch noch die Verdünnungswärmen gemessen werden (vgl. Ziff. 23), sind alle Daten bekannt, um den ganzen Verlauf der Lösungskurve, d. h. die Lösungswärme für verschieden große Wassermengen und die theoretischen Lösungswärmen zu berechnen, worüber bereits an anderer Stelle (l. c.) das Nötige angegeben ist. Statt des Wassers können natürlich auch andere Lösungsmittel in Betracht kommen.

Die Lösungswärme (Absorptionswärme) von Gasen wird direkt in der Weise gemessen, daß sie durch die betreffende Flüssigkeit hindurchgeleitet werden. Die dabei gemessene Wärmetönung enthält noch die äußere Arbeit des Gases unter dem konstanten Druck, dem es ausgesetzt ist, in der Regel Atmosphärendruck. Um die Auflösungswärme selbst zu erhalten, muß von der ermittelten Wärmetönung noch der Betrag RT abgezogen werden, d. h. bei $20°$ etwa $1{,}99 \cdot 293$ oder rund 583 cal.

25. Bildungswärmen. Wie bereits früher erwähnt wurde (vgl. Ziff. 22), läßt sich in vielen Fällen die Bildungswärme chemischer Verbindungen nur indirekt ermitteln; besonders gilt dies für die organischen Verbindungen, für welche die Bildungswärme aus der Verbrennungswärme der Stoffe berechnet werden muß. Bei vielen anorganischen Verbindungen aber, bei denen die Reaktion leicht und schnell verläuft, kann die Bildungswärme direkt ermittelt werden. So läßt sich z. B. die Wärmetönung, welche bei der Zersetzung des Wassers durch die Leichtmetalle Kalium, Natrium und Lithium entsteht, direkt kalorimetrisch bestimmen. Es bilden sich dabei die Hydroxyde der betreffenden Metalle (NaOH usw.) in wässeriger Lösung. Um die Bildungswärme der festen Hydroxyde zu erhalten, muß von der gemessenen Wärmetönung noch die Lösungswärme der festen Körper in Wasser ermittelt und abgezogen werden. Bei der Zersetzung des Wassers durch die Leichtmetalle sind verschiedene Kunstgriffe und Vorsichtsmaßregeln erforderlich, auf die aber hier nicht eingegangen werden kann.

Ebenso läßt sich die direkte Bildungswärme von Salzsäure (bei konstantem Druck) messen, indem ein Strom von Chlorgas in einer Wasserstoffatmosphäre innerhalb eines Kalorimeters verbrannt wird. Die gebildete Salzsäure wird dann durch Wasser absorbiert und ihre Menge durch Titrieren bestimmt. Auch hier muß die Absorptionswärme der Salzsäure in Wasser von der gemessenen Wärmetönung in Abzug gebracht werden, wenn man die Bildungswärme der gasförmigen Salzsäure aus Chlor- und Wasserstoffgas erhalten will. In ähnlicher Weise wird

z. B. auch die Bildungswärme von Wasser, schweflicher Säure, Kohlensäure (bei konstantem Druck) durch Verbrennen von Wasserstoff, Schwefel, Kohle in einer Sauerstoffatmosphäre gemessen. Diese Messungen bieten mancherlei Schwierigkeiten, auf die hier nur hingewiesen sei (vgl. auch Verbrennungswärmen, Ziff. 26).

In vielen Fällen kann auch statt der Bildungswärme die Zersetzungswärme direkt gemessen werden, z. B. diejenige von Ammoniumnitrit (NO_2NH_4), das bei der Erhitzung in Stickstoff und Wasser zerfällt oder von Chlorsäure durch Zersetzung von chlorsaurem Kali in der Wärme. Nicht ganz direkt erhält man die Zersetzungswärme z. B. von HBr und HJ durch Zersetzung der Gase mittels Chlorgas. Ebenso liefert z. B. die Auflösung von Eisen in Salzsäure die Bildungswärme von Eisenchlorid auf einem indirekten Weg.

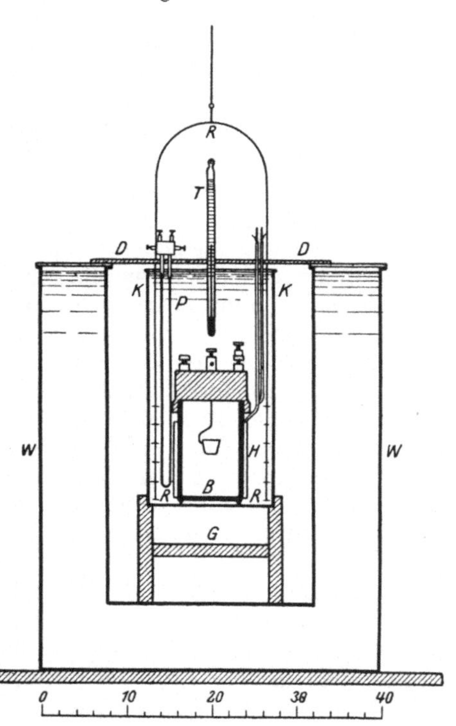

Abb. 16. Verbrennungskalorimeter.

Die angeführten Beispiele mögen genügen; wegen weiterer Einzelheiten muß auf die angeführten Spezialwerke von J. THOMSEN, BERTHELLOT usw. hingewiesen werden.

26. Verbrennungswärmen. Die Verbrennungswärmen spielen, wie bereits hervorgehoben wurde, eine bedeutende Rolle sowohl in wissenschaftlicher wie in wirtschaftlicher Hinsicht. THOMSEN hat die Verbrennungswärmen bei konstantem Druck (Verbrennung der Substanz in einem Strom von Sauerstoff) bestimmt, heute werden sie fast ausschließlich bei konstantem Volumen gemessen. Hierzu wird die von BERTHELLOT angegebene „Verbrennungsbombe" benutzt, in welcher die Substanz in einer Sauerstoffatmosphäre von hohem Druck verbrannt wird. Die Bombe steht in einem Kalorimeter, dessen Temperaturerhöhung gemessen wird.

Den ganzen Apparat in neuerer Ausführungsform[1]) zeigt Abb. 16. Er besteht aus dem Wasserkalorimeter *K* und der Bombe *B*, in der die Verbrennung vorgenommen wird. Die Verbrennungsbombe ist ein starkes Gefäß von ca. 300 ccm Inhalt, das aus Nickeleisen besteht und innen mit Platin ausgekleidet ist. Der aus Deltametall bestehende Deckel ist unter Zwischenschaltung eines Bleirings luftdicht aufgeschraubt und besitzt zwei durch Ventile verschließbare Zuführungen, um den Sauerstoff zuzuführen und die Verbrennungsgase zum Zweck der Analyse nach der Verbrennung abzuführen. Der Verschluß der Bombe und die Ventile müssen einem Druck von etwa 50 atm standhalten, da der aus einer Sauerstoffbombe eingefüllte Sauerstoff auf einen Druck von 20 bis 50 atm gebracht werden soll. Die zu verbrennende Substanz befindet sich inmitten der Bombe in einem kleinen Platintiegel oder, falls es sich um eine Flüssigkeit handelt, in einer kleinen Flasche aus Platin. Die Verbrennung wird eingeleitet

[1]) J. PETERS, Mechan. Werkstätte, Berlin.

durch einen isoliert und luftdicht eingeführten Eisendraht mittels eines kurz andauernden elektrischen Stromes, durch den sich der Eisendraht entzündet.

Die Bombe steht in dem mit einer abgewogenen Wassermenge gefüllten Kalorimeter *K*, welches außer der Bombe noch etwa 3 kg Wasser faßt; die Füße der Bombe sind unten spitz, um eine direkte Wärmeleitung zum Gefäß *K* nach Möglichkeit zu verhindern. Das auf einem Ebonitgestell *G* stehende Kalorimeter ist umgeben von einem doppelwandigen, mit Wasser gefüllten Mantel *W*, der durch einen Deckel *D* verschlossen ist. In dem Zwischenraum zwischen der Bombe und dem Kalorimetergefäß ist ein ringförmiger, mit Löchern versehener Rührer *R* angebracht, der durch einen Motor in mäßigem Tempo (25 bis 40 Touren in der Minute) auf und ab bewegt wird. Der Rührer läßt Platz für ein Platinthermometer *P* und die Zuleitungsdrähte für die Heizspule *H*, welche auf die Bombe aufgeschoben wird, wenn das Kalorimeter elektrisch geeicht werden soll.

Die Eichung des Kalorimeters kann außer auf elektrischem Wege auch durch eine Normalsubstanz erfolgen, für welche jetzt in der Regel Benzoesäure benutzt wird (vgl. Ziff. 27). Die Berechnung des Wasserwertes aus den Metallteilen und dem Wasserinhalt ist zu ungenau, da der Wasserwert der Metallteile etwa 10% des ganzen Wasserwertes ausmacht.

Die elektrische Eichung[1]) wird ganz in derselben Weise ausgeführt wie bei der Bestimmung des elektrischen Wärmeäquivalents (Ziff. 12); auch die Korrektionen wegen des Wärmeaustausches mit der Umgebung werden in der dort angegebenen Weise angebracht, so daß hier nicht weiter darauf eingegangen zu werden braucht.

Für die durch die Verbrennung bewirkte Temperaturerhöhung wird ein Betrag von 1 bis 2° gewählt; aus den früher (Ziff. 5 u. 6) angeführten Gründen ist es nicht ratsam, größere Temperaturerhöhungen zu benutzen. Zur Messung dieser kleinen Temperaturdifferenzen mit der ausreichenden Genauigkeit ist daher ein Widerstandsthermometer erforderlich.

27. Normalsubstanzen. Zur Eichung des in Ziff. 26 beschriebenen Verbrennungskalorimeters können, wie erwähnt, auch Normalsubstanzen benutzt werden, d. h. Substanzen, die einen zuverlässigen Verbrennungswert ergeben und für die dieser Wert genau bekannt ist. THOMSON hat zu diesem Zweck die Verbrennungswärme des Wasserstoffs bei konstantem Druck verwendet. Als Normalsubstanzen sind aber hauptsächlich Benzoesäure, Naphthalin und Rohrzucker benutzt worden. Von diesen scheint Benzoesäure (C_6H_5COOH) die zuverlässigste zu sein, so daß die „Commission pour l'Etablissement d'un étalon thermochimique" 1922 in Brüssel beschloß[2]), nur diese Substanz als Normalsubstanz zu empfehlen.

Die Normalsubstanz soll (nach dem Beschluß der Kommission) vom Bureau of Standards in Washington hergestellt und in Europa vom „Bureau de l'Institut International d'etalons physico-chimiques" in Brüssel vertrieben werden. Man darf aber auch die KAHLBAUMsche Benzoesäure verwenden, wenn sie von Prof. VERKADO in Rotterdam geprüft und zugelassen worden ist.

Als vorläufigen Wert für die Verbrennungswärme von 1 g Benzoesäure (im Vakuum gewogen) hat die Kommission festgesetzt:

$$\text{Verbrennungswärme der Benzoesäure} = 6319 \text{ cal/g}.$$

---

[1]) Vgl. W. JAEGER u. H. v. STEINWEHR, Ann. d. Phys. Bd. 21, S. 23. 1906. Die elektrische Eichung von Verbrennungskalorimetern wird auf Antrag in der Phys.-Techn. Reichsanstalt ausgeführt.

[2]) Unterkommission der „Union internationale de la chimie pure et appliquée", die 1922 in Lyon tagte. Dieser Kongreß war aber nicht im eigentlichen Sinne „international", da Deutschland von der Teilnahme ausgeschlossen war.

Diese Festsetzung gründet sich auf eine sehr sorgfältige Messung von DICKINSON[1]), der aber in 20°-Kalorien gemessen hat und die Zahl 6329 $cal_{20°}$ angibt, wenn die Substanz mit Messinggewichten in Luft gewogen wird.

Im Interesse der deutschen Wissenschaft muß aber hervorgehoben werden, daß EMIL FISCHER und F. WREDE[2]) bereits früher ebenfalls sehr sorgfältige Messungen der Verbrennungswärme der Benzoesäure ausgeführt haben, für welche das Kalorimeter vorher in der Physikalisch-Technischen Reichsanstalt auf elektrischem Wege unter Benutzung eines Platinthermometers geeicht worden war[3]). FISCHER und WREDE geben dementsprechend ihre Werte nicht in Kalorien, sondern in internationalen Joule an und finden für die Verbrennungswärme von 1 g Benzoesäure (im Vakuum gewogen) 26475 bzw. 26466, im Mittel 26470 Joule. Bei der Umrechnung dieser Zahl auf die 20°-Kalorie sind auch die Angaben zu beachten, die in Ziff. 11 bezüglich des Normalelements gemacht worden sind. Wird zur Umrechnung das in der Reichsanstalt bestimmte elektrische Wärmeäquivalent (Ziff. 11) zugrunde gelegt, so erhält man eine um etwa 1 ‰ höhere Zahl als die von DICKINSON angegebene. Diese Übereinstimmung ist völlig zufriedenstellend.

In der Literatur aber, besonders bei den Teilnehmern der obenerwähnten Kommission, SWIENTOSLAWSKI (Polen) und VERKADE (Holland), finden sich heftige Angriffe[4]) auf die Messungen von EMIL FISCHER und die Eichung der Reichsanstalt, die als unzuverlässig und fehlerhaft hingestellt werden, ohne daß triftige Gründe dafür angeführt werden können.

---

[1]) H. C. DICKINSON, Bull. Bureau of Stand., Washington Bd. 11, S. 190. 1915.

[2]) E. FISCHER u. F. WREDE, ZS. f. phys. Chem. Bd. 69, S. 218. 1909; Bd. 75, S. 81. 1911.

[3]) W. JAEGER u. H. v. STEINWEHR, Ann. d. Phys. Bd. 21. S. 23. 1906.

[4]) Vgl. W. JAEGER u. H. v. STEINWEHR, ZS. f. phys. Chem. Bd. 114, S. 59. 1924, wo auf S. 62, Anm. 3 einige der Literaturstellen abgedruckt sind; ferner P. E. VERKADE u. J. COOPS, ZS. f. phys. Chem. Bd. 118, S. 123. 1925; W. SWIENTOSLAWSKI, Journ. chim. phys. Bd. 22, S. 583. 1925; W. JAEGER u. H. v. STEINWEHR, ZS. f. phys. Chem. Bd. 129, S. 214. 1926.

Kapitel 8.

Temperaturmessung.

Von

F. Henning, Berlin.

Mit 16 Abbildungen.

1. Umgrenzung der Aufgabe. In diesem Kapitel werden neben den theoretischen Grundlagen jeder Temperaturmessung in erster Linie die Prinzipien und die hauptsächlichsten Instrumente besprochen, deren man sich zu bedienen hat, wenn man eine Temperatur messen will. Meßtechnische Einzelheiten sind im allgemeinen nicht erwähnt. In allen Fällen, wo eine spezielle Anordnung zur Temperaturmessung gefordert wird, um eine andere physikalische Größe (z. B. die spezifische Wärme) zu bestimmen, muß auf diejenigen Stellen des Handbuches verwiesen werden, wo ausführlich über diese Größen gesprochen wird. Im übrigen findet man vielfache Auskünfte in den Darstellungen von Knoblauch und Hencky[1]) oder Keinath[2]) sowie in dem Buch des Verfassers[3]).

a) Theoretische Grundlagen der Temperaturmessung.

2. Allgemeines über die Definition der Temperatur. Die Temperatur ist neben dem spezifischen Volumen und dem Druck eines der Hauptbestimmungsstücke für den Zustand eines Körpers. Bei einem homogenen, sowohl chemisch als auch physikalisch einheitlichen Körper läßt sich die Mannigfaltigkeit der Zustände durch eine räumliche Fläche darstellen, wenn man das spezifische Volumen v, den Druck p und die Temperatur T als Koordinaten wählt. Der mathematische Ausdruck für die Gleichung dieser Fläche $f(v, p, T) = 0$ läßt erkennen, daß bei derartigen Körpern die Temperatur T aus dem spezifischen Volumen und dem Druck berechnet werden kann, wenn der Zusammenhang zwischen den Zustandsgrößen bekannt ist. Eine Vereinfachung erzielt man, wenn man die Schnittlinie zwischen der Zustandsfläche und der Ebene $v =$ konst. oder $p =$ konst. betrachtet. Dann hängt die Temperatur nur vom Druck p oder dem spezifischen Volumen v ab. Da aber diese Abhängigkeit nicht ohne weiteres gegeben und auch nicht ohne Definition der Temperatur empirisch bestimmbar ist, so ist man ursprünglich so verfahren, daß man einen möglichst einfachen Zusammenhang zwischen den Zustandsgrößen annahm, der sodann die Temperatur zu bestimmen ermöglichte.

---

[1]) O. Knoblauch u. K. Hencky, Anleitung zur genauen technischen Temperaturmessung mit Flüssigkeits- und elektrischen Thermometern. München u. Berlin 1909.

[2]) G. Keinath, Elektrische Temperaturmeßgeräte. München u. Berlin 1923.

[3]) F. Henning, Die Grundlagen, Methoden und Ergebnisse der Temperaturmessung. Braunschweig 1915.

Dieses Vorgehen schließt viel Willkürlichkeit ein. Man muß fragen, welcher Körper und welche seiner Zustandsänderungen ausgewählt werden soll, ferner, wie die Beziehung zwischen den Zustandsgrößen beschaffen sein soll. Es lag am nächsten, die thermische Ausdehnung der Körper für die Temperaturmessung dienstbar zu machen, wobei der Anfangspunkt der Zählung und die Größe der Temperaturstufe (gradus) festgesetzt werden mußten.

3. Entwicklung der thermometrischen Prinzipien[1]. Die Anfänge der Thermometrie reichen bis zur Wende des 16. zum 17. Jahrhundert zurück. Um jene Zeit konstruierte GALILEI, fußend auf der seit HERO von Alexandrien wohlbekannten thermischen Ausdehnung der Luft, das erste Thermoskop. Auch nach der Verbesserung des Instrumentes durch den Arzt SANTORIO aus Padua, der bereits die ersten Versuche zur beliebigen Wiederherstellung der einmal angenommenen Skala mit Hilfe zweier zunächst recht unbestimmter Fundamentalpunkte anstellte, blieben die Angaben des Instrumentes abhängig vom Luftdruck. Der Schritt vom Thermoskop zum Thermometer wird dem Großherzog FERDINAND II. von Toskana zugeschrieben. Er ließ um 1660 durch einen geschickten Glasbläser die ersten mit Weingeist gefüllten Flüssigkeitsthermometer mit Gefäß und Kapillare herstellen, die zunächst nach den Angaben des SANTORIOschen Thermoskops geeicht wurden. Später wurden diese Flüssigkeitsthermometer untereinander verglichen, und man stellte eine große Anzahl übereinstimmender Instrumente her, die in erster Linie für umfangreiche, von der Academica del Cimento (Akademie für experimentelle Untersuchungen) angestellte meteorologische Beobachtungen dienten. Der Hauptmangel dieser „Florentiner" Thermometer ist der Umstand, daß ihre Skala nicht reproduzierbar ist, weil man noch keine geeigneten Fixpunkte kannte. Offenbar in dem Gedanken befangen, daß die Fixpunkte an den Enden der für den Gebrauch bestimmten Skala, d. h. bei der größten Sommerhitze und der größten Winterkälte, liegen müßten, wurde der Schmelzpunkt des Eises als Fixpunkt abgelehnt, obwohl man wußte, daß er stets bei etwa 13,5° der Florentiner Skala lag.

Eine wichtige theoretische Erkenntnis über das Wesen der Temperatur wurde zuerst von dem Pariser Akademiker AMONTONS im Jahre 1703 ausgesprochen. Er hatte sich bereits die Vorstellung gebildet, daß die Wärme eine Art Bewegung ist, und er vertrat die Ansicht, daß der natürliche Nullpunkt der Temperatur dann erreicht ist, wenn jene Bewegung völlig zur Ruhe gekommen ist. Von AMONTONS stammt das erste Gasthermometer konstanten Volumens, dessen Wirksamkeit auf dem Satz beruht, daß die Druckzunahme eines Gases von konstanter Dichte proportional der Temperaturzunahme wächst. Ausgehend von der Annahme, daß bei Aufhören der Wärmebewegung der Druck des Gases Null ist, hat AMONTONS auch zum erstenmal berechnet, wieviel Grad unter dem Schmelzpunkt des Eises der absolute Nullpunkt liegt.

Für den täglichen Gebrauch konnte das Thermometer von AMONTONS nicht in Frage kommen, weil es viel umständlicher zu handhaben war als das Flüssigkeitsthermometer, das von FAHRENHEIT, einem Danziger Glasbläser, der lange in Amsterdam lebte, noch erheblich verbessert wurde (1714). Anfangs stellte FAHRENHEIT Weingeistthermometer her, deren Skala er dadurch reproduzierbar machte, daß er die Temperatur einer Gefriermischung von Salmiak und Eis mit 0° und die normale Körpertemperatur des Menschen mit 100° bezeichnete. Später ersetzte er den Weingeist durch Quecksilber, das man wegen seiner erheblich geringeren thermischen Ausdehnung bisher als eine dem Weingeist unterlegene thermometrische Substanz angesehen hatte. Der große Vorzug des

[1] Vgl. E. GERLAND, Geschichte der Physik. Leipzig 1892.

Quecksilbers vor dem Weingeist besteht aber darin, daß es das Glas der Kapillaren nicht benetzt, und daß es ohne weiteres bis zu dem von Newton empfohlenen ausgezeichnet reproduzierbaren Wassersiedepunkt als oberen Fixpunkt erwärmt werden kann. Fahrenheit führte dann auch neben dem Schmelzpunkt des Eises, der in seiner früheren Skala bei $+32°$ lag, den Siedepunkt des Wassers als oberen Fixpunkt ein und gab ihm den Zahlenwert 212°, um mit der Skala seiner Weingeistthermometer in Einklang zu bleiben. Der Pariser Zoologe Réaumur bezeichnete den Eispunkt mit 0° und den Siedepunkt des Wassers mit 80°, indem er die Temperaturerhöhung, welche das von ihm als Thermometerflüssigkeit bevorzugte Alkohol-Wassergemisch um 0,001 seines Volumens ausdehnte, als 1° annahm. Der Streit um die Fixpunkte wurde auf das lebhafteste geführt. Der schwedische Mathematiker und Geodät Celsius, der sich wiederum den besonders zuverlässigen Quecksilberthermometern zuwandte, nannte 1742 den Schmelzpunkt des Eises 100°, den normalen Siedepunkt des Wassers 0°. Die heute übliche gerade entgegengesetzte Bezeichnung der Fixpunkte stammt von dem Schweden Strömer, der zugleich mit Celsius Mitglied der Akademie in Upsala war.

Sehr beachtenswert ist, daß der Mathematiker und Oberbaurat Friedrichs des Großen, Johann Heinrich Lambert, auf die Unentbehrlichkeit des Gasthermometers als des grundlegenden Instrumentes für die Temperaturmessung hinwies. Im Anschluß an die Überlegungen von Amontons schlug er als einzig logische Temperaturskala diejenige vor, bei der der absolute Nullpunkt mit 0° bezeichnet wird. Er fand, daß in dieser Skala ein Gasthermometer konstanten Volumens die Temperatur des siedenden Wassers zu 1370° liefert, wenn man den Schmelzpunkt des Eises mit 1000° bezeichnet. Es ist sehr bedauerlich, daß eine Skala dieser Art, die für wissenschaftliche Zwecke unentbehrlich ist, nicht allgemein eingeführt wurde. In unseren Tagen dürfte es kaum noch möglich sein, die sog. Celsiusskala (mit dem Anfangspunkt der Zählung beim Schmelzpunkt des Eises) im bürgerlichen Leben durch die absolute Skala zu ersetzen, obwohl kein innerer Grund dafür vorhanden ist, daß beide Skalen nebeneinander bestehen.

Wenn auch durch Einführung des Wassersiedepunktes als Fixpunkt die Vergleichbarkeit verschiedener Temperaturmessungen erheblich verbessert wurde, so blieb doch in der Abhängigkeit des Siedepunktes vom Barometerstand noch eine geringe Unsicherheit bestehen, bis man sich um das Jahr 1830 einigte, den Barometerstand von 760 mm Quecksilber als normalen Druck anzunehmen, auf den die Siedetemperatur zu reduzieren ist. Hierbei ist zu beachten, daß die Länge der Quecksilbersäule des Barometers auf den Fall umzurechnen ist, daß das Quecksilber eine gewisse normale Dichte besitzt und sich an einem Ort bestimmter Schwerebeschleunigung befindet. Als normale Dichte gilt 13,5955 und als normale Schwerebeschleunigung 980,665 cm/sec^2.

Die Beobachtungen von Regnault und Chappuis haben gelehrt, daß die verschiedenen Gase, obwohl ihre Eigenschaften außerordentlich ähnliche sind, doch nicht zu völlig übereinstimmenden Temperaturangaben führen, wenn man sie als thermometrische Substanz im Gasthermometer verwendet. Auch zeigte sich, daß die Dichte des Gases von Einfluß auf die Temperaturmessung ist. Um eine Temperaturskala zu definieren, die allen Ansprüchen an Genauigkeit genügen sollte, wurde vorgeschlagen, die Temperaturmessung auf ein bestimmtes Gas zu gründen, das ganz bestimmten Bedingungen unterworfen werden sollte. Aber auch auf diese Weise war keine völlig befriedigende Lösung des Problems zu gewinnen, da alle Gase in tiefer Temperatur flüssig werden und in sehr hoher Temperatur kein Material vorhanden ist, das als Gefäß für das Gas dienen könnte.

4. Die thermodynamische Temperaturskala. Einen Ausweg aus dieser Schwierigkeit bietet die Thermodynamik, da sie, wie zuerst Lord KELVIN zeigte, die Möglichkeit liefert, die Temperatur ganz unabhängig von irgendeiner Substanz zu definieren und aus verschiedenen Eigenschaften eines Körpers in übereinstimmender Weise abzuleiten. Insbesondere lehrt die Thermodynamik, wie aus gewissen Versuchen die Abweichungen berechnet werden können, welche die Angaben irgendeines Gasthermometers von der thermodynamischen Skala besitzen und wie im Glühzustande der Körper die Gasthermometrie durch Meßmethoden abgelöst werden kann, die auf der Kenntnis der Strahlungsgesetze beruhen.

Die Temperatur T wird durch den zweiten Hauptsatz der Thermodynamik eingeführt, der sich für die Masseneinheit beliebiger homogener Körper dahin aussprechen läßt, daß der Entropieunterschied (vgl. diesen Bd. Kap. 1) zwischen dem Endzustand 2 und dem Anfangszustand 1 eines Prozesses

$$s_2 - s_1 = \int_1^2 \frac{du + p\,dv}{T} \tag{1}$$

(hierbei bezeichnet u die innere Energie der Masseneinheit) durch die Differenz zweier Funktionen $f(2) - f(1)$ darstellbar ist, die nur von den Zuständen 1 und 2 abhängen. Für ein abgeschlossenes System ist die Entropieänderung entweder Null oder größer als Null, je nachdem die Zustandsänderung vollständig umkehrbar oder nicht vollständig umkehrbar ist. Im Falle umkehrbarer Volumenänderung ist dadurch eine weitere Vereinfachung möglich, daß unter dem Integral für $du + p\,dv$ die der Masseneinheit des Systems bei der Temperatur T zugeführte Wärmemenge dQ gesetzt werden darf, so daß dann

$$s_2 - s_1 = \int_1^2 \frac{dQ}{T} = 0 \tag{2}$$

ist.

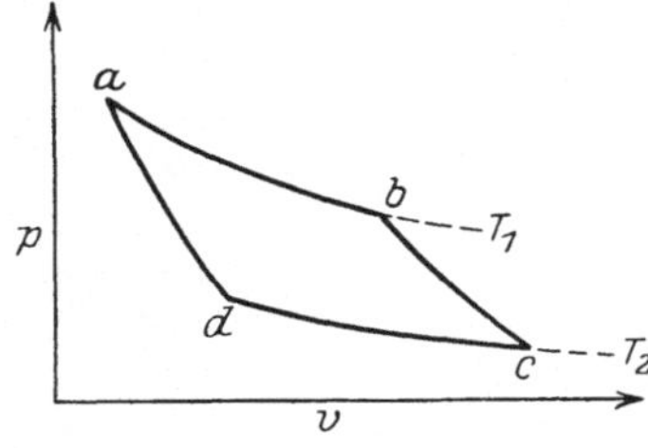

Abb. 1. CARNOTscher Kreisprozeß.

Zur Erläuterung sei angenommen, daß die Zustandsänderung in einem CARNOTschen Kreisprozeß besteht. Bei diesem idealen und in allen Teilen vollständig umkehrbaren Prozeß wird ein beliebiger Körper von einem Zustandspunkt a (Abb. 1) bis zum Punkt b ausgedehnt, während er mit einem Wärmebehälter WI von der Temperatur T_1 in Berührung bleibt, aus dem er die Wärmemenge Q_1 aufnimmt. Bei diesem isothermen Teil der Zustandsänderung erfährt der Körper die Entropiezunahme Q_1/T_1, während zugleich die Entropie des Wärmebehälters um denselben Betrag abnimmt und also die Entropieänderung des ganzen Systems Null ist. Die Zustandsänderung von b bis c erfolgt adiabatisch, d. h. ohne Wärmeaustausch, so daß also hier weder der Körper noch ein Wärmebehälter eine Entropieänderung erfährt. Von c bis d wird der Körper bei der Temperatur T_2 isotherm komprimiert. Er gibt hierbei die Wärme Q_2 an den Behälter WII ab und verliert die Entropie Q_2/T_2, die der Behälter gewinnt. Der letzte Teil des Prozesses von d bis a verläuft wieder adiabatisch ohne Entropieänderung. Während der ganzen kreisförmig geschlossenen Zustandsänderung nimmt die Entropie des Körpers um $\frac{Q_1}{T_1} - \frac{Q_2}{T_2}$ zu und die Entropie des übrigen Systems um den gleichen Betrag ab. Nun ist aber zum Schluß der Zustand des ganzen Systems der gleiche wie zu Beginn des Prozesses, also ist nach dem oben ausgesprochenen Satz für den betrachteten Körper $f(2) - f(1) = s_2 - s_1 = 0$ und folglich

$$\frac{Q_1}{T_1} = \frac{Q_2}{T_2} \tag{3}$$

oder

$$T_1 = T_2 \frac{Q_1}{Q_2} \quad \text{und} \quad T_1 - T_2 = T_2 \left(\frac{Q_1}{Q_2} - 1\right) \tag{4}$$

Aus der ersten der beiden Gleichungen (4) folgt, daß man aus dem Verhältnis Q_1/Q_2 zweier Wärmemengen eine beliebige Temperatur T_1 ermitteln kann, wenn eine Bezugstemperatur $T_2 = T_0$ gegeben ist. Z. B. könnte als Bezugstemperatur die Schmelztemperatur des Eises dienen, der man den Zahlenwert 1000 beilegt. Der historischen Entwicklung der Thermometrie entspricht dieses sehr einfache Verfahren indessen nicht. Wir bestimmen die Bezugstemperatur $T_2 = T_0$ vielmehr umständlicher in Anlehnung an die zweite Gleichung (4) dadurch, daß wir die Temperaturdifferenz zwischen zwei Fixpunkten, nämlich dem normalen Siedepunkt T_s des Wassers und dem Schmelzpunkt T_0 des Eises nach CELSIUS gleich 100° setzen. Werden bei diesen beiden Fixpunkten im CARNOTschen Prozeß die Wärmemengen Q_s und Q_0 ausgetauscht, so ist

$$T_0 = \frac{T_s - T_0}{\frac{Q_s}{Q_0} - 1} = \frac{100}{\frac{Q_s}{Q_0} - 1}. \tag{5}$$

Es ist also die Bezugstemperatur T_0 aus dem Verhältnis zweier Wärmemengen und einer willkürlich festgesetzten Temperaturdifferenz abzuleiten; dann ist weiter gemäß der ersten Gleichung (4) jede andere Temperatur bestimmbar. Die Temperatur T heißt die „absolute Temperatur", ihre Gradzahlen werden durch °K (Grad KELVIN) bezeichnet. Die Differenz $T - T_0 = t$ ist die gebräuchliche Temperatur, ihre Gradzahlen werden durch °C (Grad CELSIUS) oder einfacher durch ° bezeichnet.

5. Thermodynamische Skala und CLAUSIUS-CLAPEYRONsche Gleichung. Der CARNOTsche Prozeß, dessen Gleichungen für einen festen oder flüssigen Körper mit der gleichen Strenge gelten wie für ein Gas, läßt das Prinzipielle bei der Bestimmung der thermodynamisch begründeten Temperatur erkennen. Da er aber nicht mit der genügenden Genauigkeit experimentell zu verwirklichen ist, muß man zur Ableitung der Temperatur geeignetere Folgerungen des zweiten Hauptsatzes der Thermodynamik heranziehen. Eine solche Folgerung ist z. B. die Gleichung von CLAUSIUS-CLAPEYRON.

Sie lautet

$$L = T(v_1 - v_2)\frac{dp}{dT}, \tag{6}$$

wenn L die Verdampfungs- oder Sublimationswärme der Masseneinheit, v_1 und v_2 die spezifischen Volumina der dampfförmigen und der kondensierten Phase und p den Sättigungsdruck bei der absoluten Temperatur T bezeichnen. Die Integration dieser Gleichung liefert

$$\ln\left(\frac{T}{T_0}\right) = \int_{p_0}^{p} \frac{v_1 - v_2}{L}\, dp. \tag{7}$$

Hierin bezeichnen p und p_0 die den Temperaturen T und T_0 zugehörigen Sättigungsdrucke. Das Integral ist ausführbar, wenn L, v_1 und v_2 als Funktionen des Druckes bekannt sind. Es erscheint durchaus möglich, mit Hilfe dieser Gleichung wertvolle Temperaturmessungen besonders in sehr tiefen Temperaturen auszuführen, wo die sonst üblichen Verfahren großen Fehlern ausgesetzt sind, die schwer vollständig in Rechnung gesetzt werden können (Ziff. 18 u. 63). Dabei wäre es zweckmäßig, T_0 nicht gleich der absoluten Temperatur des Eispunktes zu setzen, sondern statt dessen eine tiefe, mit dem Gasthermometer noch genau gemessene Temperatur einzuführen.

6. Thermodynamische Skala und Joule-Thomsoneffekt. In den leichter zugänglichen Temperaturgebieten kann die Zurückführung auf die Thermodynamik durch den Joule-Thomsoneffekt bewirkt werden. Dieser besteht darin, daß ein Gas eine Temperaturänderung ΔT erfährt, wenn es beim Strömen durch eine Drosselstelle eine Druckänderung Δp erleidet. Vorausgesetzt ist dabei ein völliger Wärmeschutz gegen die Umgebung, so daß kein Energieaustausch durch die Wände der Rohre des Apparates erfolgen kann. Der Quotient $\frac{\Delta T}{\Delta p}$ hängt ziemlich stark von der Temperatur und wenig vom Druck ab. Er ist für die meisten Gase unter normalen Bedingungen negativ, so daß es üblich ist, zur Abkürzung $\mu = -\frac{\Delta T}{\Delta p}$ zu setzen. Die Gleichungen der Thermodynamik liefern die Beziehung

$$\mu = \frac{1}{c_p}\left[v - T\left(\frac{\partial v}{\partial T}\right)_p\right], \tag{8}$$

aus der nach Integration

$$\ln\frac{T}{T_0} = {}^{(p)}\!\!\int\limits_{v_0}^{v} \frac{dv}{v - \mu c_p} \tag{9}$$

folgt. Führt man nun statt der unbequem meßbaren Größe v die einem Gasthermometer konstanten Druckes (bei der Integration ist p konstant zu halten) entsprechende Größe $v = v_0\frac{T'}{T_0'}$ ein, bei der die gasthermometrisch gemessenen Temperaturen T_0' und T' durch den Index von den entsprechenden thermodynamischen Temperaturen unterschieden werden, so erhält man, wenn man als gasthermometrische Substanz den Stoff wählt, auf den sich der Joule-Thomson-Koeffizient μ bezieht,

$$\ln\frac{T}{T_0} = \int\limits_{T_0'}^{T'} \frac{dT'}{T' - \mu'\cdot c_p'\frac{T_0'}{v_0}}. \tag{10}$$

Die in der T-Skala zu messenden Größen μ und c_p sind hier durch die auf die T'-Skala bezogenen μ' und c_p' ersetzt. Dieser Austausch ist erlaubt, da die spezifische Wärme c_p als Quotient aus einer Wärmemenge und einer Temperaturdifferenz darstellbar ist und also $\mu\cdot c_p$ nicht vom Temperaturmaß abhängt. Im allgemeinen ist T' viel größer als $\mu'\cdot c_p'\frac{T_0'}{v_0}$, so daß für den Integranden mit genügender Näherung $\frac{dT'}{T'} + \mu' c_p'\frac{T_0'}{v_0}\cdot\frac{dT'}{T'^2}$ gesetzt werden darf.

Dann erhält man

$$\ln\frac{T}{T_0} = \ln\frac{T'}{T_0'} + \int\limits_{T_0'}^{T'} \mu' c_p'\frac{T_0'}{v_0}\cdot\frac{dT'}{T'^2}. \tag{11}$$

Das Integral, das zur Abkürzung mit $J(T_0', T')$ bezeichnet werde, enthält alle Größen als Funktion der gasthermometrisch meßbaren Temperatur T'. In

Berücksichtigung des Umstandes, daß T' und T sowie T_0' und T_0 nur wenig voneinander verschiedene Größen sind, erhält man nach einigen einfachen Umformungen und Kürzungen aus Gleichung (11)

$$T' - T_0' = (T - T_0)\frac{T_0'}{T_0} - T' \cdot J(T_0', T'). \tag{12}$$

Bezeichnet man mit T_0 bzw. T_0' die Temperatur des schmelzenden Eises in den beiden Temperaturskalen, ferner mit $T = T_1$ bzw. $T' = T_1'$ die Temperatur des normalen Wassersiedepunktes, so ist gemäß der Celsiusskala $T_1 = T_0 + 100$ sowie $T_1' = T_0' + 100$, und man erhält die Temperatur des Eispunktes in der thermodynamischen Skala zu

$$T_0 = T_0'\left[1 - \left(1 + \frac{T_0'}{100}\right) \cdot J(T_0', T_1)\right]. \tag{13}$$

Da nach der bereits genannten gasthermometrischen Gleichung $\frac{v_1}{v_0} = \frac{T_0' + 100}{T_0'}$ oder $T_0' = \frac{100 \cdot v_0}{v_1 - v_0}$ ist, und da $J(T_0', T_1')$ mit Hilfe des Joule-Thomson-Effektes an demselben Gas ermittelt werden kann, so sind alle Daten zur Berechnung von T_0 gegeben. Man führt nun zweckmäßig in Gleichung (12) die gebräuchliche Temperatur in den beiden Skalen ein, indem man $T' - T_0' = t'$ und $T - T_0 = t$ setzt. Dann findet man die zu einer beliebigen gasthermometrischen Temperatur t' gehörige thermodynamische Temperatur t aus der Beziehung

$$t = t'\frac{T_0}{T_0'} + T' \cdot J(T_0', T'). \tag{14}$$

Wohl zu beachten ist, daß es sich bei diesen Betrachtungen stets um das Gasthermometer konstanten Druckes handelt. Für das praktisch viel wichtigere Gasthermometer konstanten Volumens lassen sich zwar ähnliche Überlegungen anstellen, doch wird die Kenntnis eines Effektes (Jouleeffekt) gefordert, zu dessen Beobachtung die bisherigen Meßmethoden nicht ausreichen. Aber auch der Joule-Thomsoneffekt ist bisher für die thermometrisch wichtigsten Gase keineswegs mit so großer Sicherheit bekannt, daß aus ihm wirklich zuverlässige Werte für den Unterschied der Gasskala gegen die thermodynamische Skala hergeleitet werden könnten.

7. Thermodynamische Skala und Gase unendlich geringer Dichte. Man ist zu dem sichersten Zahlenwerte für diesen wichtigen Unterschied vielmehr auf einem Umwege gelangt, der von der Thermodynamik über die molekulare Theorie führt. Gleichung (13) und (14) lehren, daß t stets gleich t' ist, wenn das Integral J oder wenn der Joule-Thomsoneffekt μ für alle Temperaturen zwischen T_0' und T_1' sowie zwischen T_0' und T' verschwindet. Da der Effekt auf der Arbeitsleistung bei Überwindung der molekularen Attraktionskräfte und auf dem von Null verschiedenen Verhältnis zwischen den Molekülvolumen und dem ganzen verfügbaren Volumen beruht, so ist μ um so näher Null, je geringer die Dichte des betrachteten Gases ist. Was in dieser Beziehung für den Joule-Thomsoneffekt gilt, trifft auch für den Jouleeffekt zu, so daß sowohl ein Gasthermometer konstanten Druckes als auch ein solches konstanten Volumens in ihren Angaben um so näher mit der thermodynamischen Skala übereinstimmen, je geringer die Gasdichten sind.

Man gelangt zu einer übersichtlichen Darstellung für die Unterschiede der Skalen, wenn man bei gegebener Temperatur T die Produkte aus Druck p und spezifischem Volumen v eines Gases in Abhängigkeit vom Druck darstellt. Diese

Isothermen sind in dem Druckbereich, der für die Gasthermometrie in Frage kommt, nach unseren bisherigen Kenntnissen genügend genau durch gerade Linien wiederzugeben. In Abb. 2 sind drei solcher Isothermen, die sich auf die Temperaturen T_0 (Eispunkt), T_1 (normaler Siedepunkt des Wassers) und T beziehen, dargestellt. Die Gerade $A'\,C'$ verbindet Punkte desselben Druckes p; also verhalten sich die Strecken $A'\,O' : A'\,B' : A'\,C'$ wie die Volumina $v_0 : v_1 : v$ oder wie die mit einem Gasthermometer konstanten Druckes gemessenen Temperaturen $T'_{p_0} : T'_{p_1} : T'_p$. Rückt man mit der Geraden $A'\,C'$ zu kleineren Werten von p, so nähern sich die Temperaturen T' immer mehr den thermodynamischen Temperaturen T und gehen für $p = 0$ in diese über, so daß $AO : AB : AC = T_0 : T_1 : T$ ist. Man erkennt, daß die Neigung der drei Isothermen $\varkappa_t = \left(\frac{d\,p\,v}{d\,p}\right)_T$ das Bindeglied zwischen den Temperaturen T und T'_p bildet. Dasselbe gilt auch für die Temperaturen T'_v, die das Gasthermometer konstanten Volumens liefert. Eine Linie konstanten Volumens ist die Gerade $A\,C''$, denn für jeden ihrer Punkte ist der Quotient v zwischen Ordinate $p\,v$ und Abszisse p derselbe, nämlich gleich dem Tangens des Winkels α. Wenn aber für alle Punkte von $A\,C''$ das Volumen denselben Wert besitzt, so müssen sich die Ordinaten wie die Drucke verhalten, und man findet $A\,O' : A\,B'' : A\,C'' = p_0 : p_1 : p = T'_{v_0} : T'_{v_1} : T'_v$.

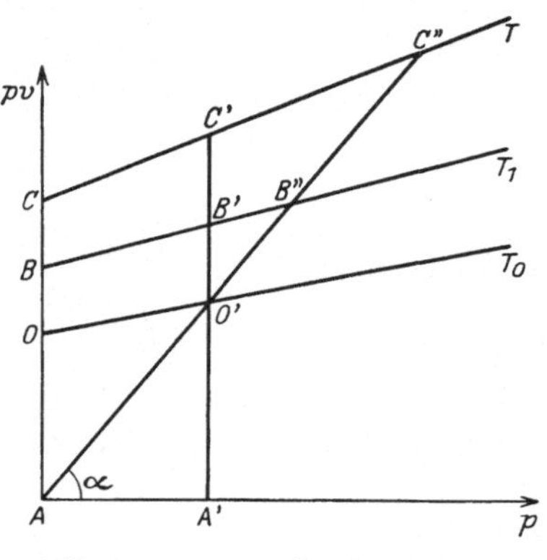

Abb. 2. $p \cdot v - p$-Isothermen eines Gases.

Die Ausrechnung liefert ohne Rücksicht auf kleine Größen höherer Ordnung, wenn man in erster Näherung $T_0 = 273$ setzt, wenn man den Druck des Gases bei 0° mit p_0 (in Atmosphären) bezeichnet und wenn man als Volumeneinheit das Volumen des Gases bei 0° unter dem Druck einer Atmosphäre einführt

$$t = t_p - 2{,}73\,p_0[(t_p - 100)\cdot\varkappa_0 - t_p\varkappa_{100} + 100\cdot\varkappa_t]\,, \tag{15}$$

$$t = t_v - p_0[2{,}73(t_v - 100)\varkappa_0 - 3{,}73\,t_v\cdot\varkappa_{100} + (273 + t_v)\varkappa_t]\,. \tag{15a}$$

Hiernach ist der Unterschied $t - t_p$ oder $t - t_v$ dem sog. Anfangsdruck p_0 proportional.

Die durch Extrapolation der geradlinig angenommenen Isothermen auf den Druck 0 gewonnene Skala nennt KAMERLINGH ONNES[1]) die AVOGADROsche Skala.

Mittels der Isothermen kann man auch die gasthermometrisch wichtigen Ausdehnungs- und Spannungskoeffizienten α und β, die durch die Gleichungen

$$\left(\frac{v_t}{v_0}\right)_p = 1 + \alpha\cdot t_p \tag{16}$$

und

$$\left(\frac{p_t}{p_0}\right)_v = 1 + \beta\cdot t_v \tag{16a}$$

nach Einführung der Temperatur $t = t_p = t_v = 100°$ definiert werden, mit dem entsprechenden Koeffizienten γ für das ideale Gas, für den die beiden Gleichungen

$$\left(\frac{v_t}{v_0}\right)_{p=0} = 1 + \gamma\cdot t \tag{17}$$

und

$$\left(\frac{p_t}{p_0}\right)_{v=\infty} = 1 + \gamma\cdot t \tag{17a}$$

[1]) P. G. CATH u. H. KAMERLINGH ONNES, Comm. Leiden Nr. 156a. 1922.

gelten, in Beziehung setzen. Man erhält bei Annahme geradliniger Isothermen, wenn wiederum kleine Größen höherer Ordnung unberücksichtigt bleiben,

$$\gamma = \alpha - p_0 [\varkappa_{100} - 1{,}367 \cdot \varkappa_0] \cdot 10^{-2}, \tag{18}$$

$$\gamma = \beta - p_0 [\varkappa_{100} - \varkappa_0] \cdot 1{,}367 \cdot 10^{-2}, \tag{18a}$$

$$\gamma = \beta + 3{,}73 (\alpha - \beta) + 1{,}367 p_0 \cdot \varkappa_0 \cdot 10^{-2}. \tag{18b}$$

Aus diesen Gleichungen ist ersichtlich, daß die Koeffizienten α und β für ein beliebiges Gas um so näher mit dem Koeffizienten γ für das ideale Gas übereinstimmen, je kleiner der Anfangsdruck p_0 ist. Die hohe Bedeutung von γ liegt darin, daß sein reziproker Wert gleich der absoluten Temperatur T_0 des Eispunktes ist. In der Tat folgt aus (17) und (17a), daß in der gebräuchlichen Skala die Temperatur des absoluten Nullpunktes ($T = T_a = 0$), bei der für ein ideales Gas $\left(\frac{v_t}{v_0}\right)_{p=0} = 0$ und $\left(\frac{p_t}{p_0}\right)_{v=\infty} = 0$ ist, durch $t_a = -\frac{1}{\gamma}$ gegeben ist. Unter Berücksichtigung des in Ziff. 4 genannten Zusammenhanges zwischen der absoluten und der gebräuchlichen Skala erhält man

$$T_a = t_a + T_0 \qquad \text{oder} \qquad T_0 = -t_a = +\frac{1}{\gamma}. \tag{19}$$

8. Thermodynamische Skala und Strahlungsgesetze. Gasthermometrische Messungen können mit befriedigender Genauigkeit nur bis etwa 1100° ausgeführt werden. Darüber hinaus muß man die Temperaturmessung auf die Strahlungsgesetze gründen, in die die Temperatur durch die Gleichungen des zweiten Hauptsatzes eingeführt wird.

Unter der Annahme, daß die Strahlung ähnlich wie ein ideales Gas einen Druck auf die einschließenden Wände ausübt, gelangt man mit BOLTZMANN zu dem zuvor von STEFAN empirisch gefundenen STEFAN-BOLTZMANNschen Gesetz. Es sagt aus, daß die Energie G, welche ein schwarzer Körper von der Temperatur T gegen seine auf der Temperatur T_u befindliche schwarze Umgebung ausstrahlt, proportional $T^4 - T_u^4$ ist. Bezeichnet man den Proportionalitätsfaktor, den man gewöhnlich auf eine ausstrahlende Oberfläche von 1 cm², den räumlichen Winkel 2π und auf 1 sec bezieht, mit σ, so ist

$$G = \sigma (T^4 - T_u^4). \tag{20}$$

Die Energie G setzt sich aus Strahlen aller Wellenlängen zusammen und wird kurz als Gesamtstrahlung bezeichnet. Ein schwarzer Körper ist durch einen gleichmäßig temperierten Hohlraum mit kleiner Öffnung zu verwirklichen. Die austretende Strahlung heißt die „schwarze Strahlung". Die Temperatur des schwarzen Körpers wird auch Temperatur der Strahlung genannt.

Schreibt man der schwarzen Strahlung neben gewissen Eigenschaften des idealen Gases auch die Fähigkeit der Wellenlängenänderung nach dem DOPPLERschen Prinzip zu, so gelangt man zu einer Beziehung zwischen der Temperatur T der Strahlung und ihrer Intensität $E(\lambda, T)$ bei der Wellenlänge λ. Man findet

$$E(\lambda, T) = \lambda^{-5} \cdot f(\lambda \cdot T) = T^5 \cdot g(\lambda \cdot T), \tag{21}$$

wobei allerdings von den Funktionen f und g zunächst nur bekannt ist, daß sie allein von dem Produkt $\lambda \cdot T$ abhängen. Aus Gleichung (21) folgen aber die WIENschen Verschiebungsgesetze für die Intensität E_m des Energiemaximums und die zugehörige Wellenlänge λ_m. Es ist nämlich für die Strahlung eines schwarzen Körpers von der Temperatur T

$$\lambda_m T = \text{konst.} \tag{22}$$

und

$$E_m \cdot T^{-5} = \text{konst.} \tag{22a}$$

Unter Einführung der Quantentheorie konnte PLANCK die Funktion $f(\lambda \cdot T)$ bzw. $g(\lambda \cdot T)$ berechnen. Hiernach gilt

$$E(\lambda, T) = \frac{c_1 \cdot \lambda^{-5}}{e^{\frac{c_2}{\lambda T}} - 1} \tag{23}$$

Die Konstante c_1 ist maßgebend für den absoluten Betrag der Intensität, während die Konstante c_2 den Verlauf der Energiekurve wesentlich bestimmt. Die Konstante c_2 ist mit der Lichtgeschwindigkeit c, der BOLTZMANNschen Konstanten k und dem PLANCKschen elementaren Wirkungsquantum h durch die Beziehung

$$c_2 = \frac{c\,h}{k} \tag{24}$$

verbunden. Auf dem Umwege über die Konstante c_1 ist auch die Proportionalitätsgröße σ des STEFAN-BOLTZMANNschen Gesetzes durch c, k und h ausdrückbar:

$$\sigma = 40{,}8026 \frac{k^4}{c^2 h^3}. \tag{25}$$

Derselbe Entwicklungsgang, der von Gleichung (21) zu (22) führt, liefert aus (23) die Folgerung

$$\lambda_m T = \frac{c_2}{4{,}9651}. \tag{26}$$

Gleichung (23) umfaßt die Gesamtheit aller Strahlungsgesetze des schwarzen Körpers, denn aus ihr läßt sich neben den Verschiebungsgesetzen auch das Gesetz der Gesamtstrahlung ableiten. In vielen Fällen läßt sich Gleichung (23) erheblich vereinfachen, nämlich dann, wenn im Nenner das Glied mit e so groß ist, daß 1 dagegen vernachlässigt werden kann.

Dann erhält man die WIENsche Strahlungsgleichung:

$$E(\lambda, T) = c_1 \lambda^{-5} e^{-\frac{c_2}{\lambda T}}. \tag{27}$$

Sie wurde eine Zeitlang als der richtige Ausdruck für die Strahlungsintensität des schwarzen Körpers angesehen, obwohl sie zu der sehr befremdlichen Folgerung führt, daß für unendlich hohe Temperatur die Strahlungsintensität einen endlichen Wert besitzt. Gleichung (27) ist als praktisch richtig nur anzusehen, solange $\lambda T < 3000$ ist. Aus ihr folgt, wenn man bei derselben Wellenlänge λ die Intensitäten E_1 und E_2 zweier schwarzer Körper von den Temperaturen T_1 und T_2 vergleicht, als die Gleichung der sog. Isochromaten

$$\ln \frac{E_1}{E_2} = \frac{c_2}{\lambda}\left(\frac{1}{T_2} - \frac{1}{T_1}\right). \tag{28}$$

Die Strahlungsgesetze nicht schwarzer Körper werden durch das KIRCHHOFFsche Gesetz auf die Gesetze der schwarzen Körper zurückgeführt. Es besagt, daß die Intensität E' eines beliebigen Strahlers bei der Temperatur T und der Wellenlänge λ gleich dem Produkt aus der entsprechenden Intensität E für den schwarzen Körper und dem Absorptionsvermögen $A(\lambda, T)$ des betreffenden nicht schwarzen Körpers ist

$$E'(\lambda, T) = A(\lambda, T) \cdot E(\lambda, T). \tag{29}$$

Da das Absorptionsvermögen A im allgemeinen nicht vollständig in seiner Abhängigkeit von der Wellenlänge und der Temperatur bekannt ist, so läßt sich an beliebigen Strahlern meist keine zuverlässige Temperaturmessung ausführen.

9. Abhängigkeit der Strahlungsskala von der gasthermometrischen Skala. Von den zahlreichen Gleichungen aus dem Gebiet der Wärmestrahlung haben zur Temperaturmessung bisher wesentlich die Gleichungen (20) und (28) gedient. Es ist beachtenswert, daß keine von beiden, im Gegensatz zu den vorher betrachteten Folgerungen der Thermodynamik (Ziff. 5 bis 7), zu Zahlenwerten für die Temperatur führt, wenn man die Bedingung aufstellt, daß die Temperaturdifferenz zwischen zwei Fundamentalpunkten eine bestimmte Anzahl Grade beträgt. Es muß vielmehr außer diesem Fundamentalabstand einer der Fundamentalpunkte noch seinem absoluten Betrage nach bekannt sein. An den Gleichungen (20) und (28) ist diese Behauptung leicht beweisbar. Sie trifft aber auch zu, wenn man die Messung auf Gleichung (22) oder (22a) gründen will, denn die Intensität eines Strahlers läßt sich ebensowenig unmittelbar messen wie seine Strahlungsenergie. Nur Differenzen solcher Größen sind beobachtbar, da das Meßinstrument selbst eine Strahlungsintensität besitzt und Energie aussendet. Es wäre somit strenggenommen notwendig, die Gleichungen (21) bis (29) umzuändern, um sie den Beobachtungsmöglichkeiten ebenso anzupassen wie Gleichung (20). Dann würde z. B. in Gleichung (23) noch eine Temperatur T_u auftreten, die sich auf die Umgebung des Strahlers oder das Meßinstrument bezieht. Auch Gleichung (28) würde eine weniger einfache Form annehmen.

Ohne Vereinfachungen einzuführen, müßte man also zwei fundamentale Bestimmungsstücke annehmen, um aus reinen Strahlungsbeobachtungen Zahlenwerte für die Temperatur zu gewinnen. Diese Vereinfachungen sind indessen leicht möglich, da die Energie, welche das Meßinstrument bei der Wellenlänge λ ausstrahlt, für gewöhnlich so klein ist, daß sie gar nicht in Betracht kommt gegen die Energie des Strahlers. Darum können auch die Gleichungen (22) und (28) in der angegebenen Schreibweise unmittelbar zur Temperaturmessung dienen, wenn der Strahler einige hundert Grad heißer ist als das Meßinstrument. Der prinzipielle Unterschied z. B. gegen die Grundlagen der Gasthermometrie bleibt aber bestehen. Er ist wesentlich darin begründet, daß die Gleichungen der Strahlungstheorie eine Konstante (c_2 oder σ) enthalten, welche einer gesonderten Bestimmung bedarf. Die Übereinstimmung wird erst dann wieder hergestellt, wenn man diese Konstanten nicht aus Strahlungsmessungen ableitet, sondern nach Gleichung (24) und (25) aus c, k und h berechnet, d. h. aus drei Größen, die auch ohne absolute Temperaturbestimmung ermittelt werden können.

Auch wenn man in der angedeuteten Weise die theoretischen Schwierigkeiten überwinden kann, so ist es wegen der geringen Strahlungsintensität, die alle Körper am Eis- und Siedepunkt des Wassers besitzen, aus praktischen Gründen nicht möglich, die Gradzahlen der Strahlungsskala völlig selbständig allein aus der Temperaturdifferenz der Fundamentalpunkte abzuleiten. Man ist darum genötigt, die Strahlungsskala an die gasthermometrische Skala anzuschließen. Hierfür genügt *ein* Punkt, der zweckmäßig möglichst hohe Temperatur besitzen soll. Auf Grund der bisherigen Beobachtungen eignet sich hierfür am besten der Schmelzpunkt des Goldes, da dieser Fixpunkt auf etwa 1° sicher bekannt ist und sich die Strahlung des schwarzen Körpers bei seiner Temperatur (1063° C) zuverlässig reproduzieren läßt. Eine sehr erwünschte Sicherung der Strahlungsskala würde es bedeuten, wenn noch ein zweiter Fixpunkt in hoher Temperatur, etwa der Schmelzpunkt des Palladiums, gasthermometrisch mit genügender Genauigkeit ermittelt werden könnte.

b) Gasthermometrie.

10. Grundgleichungen der Gasthermometrie. Es sind, wie bereits in Ziff. 7 gesagt, zwei verschiedene gasthermometrische Anordnungen zu unterscheiden: 1. das Gasthermometer konstanten Druckes und 2. das Gasthermometer konstanten Volumens oder konstanter Dichte. Die Grundgleichungen dieser Thermometer lauten im Anschluß an die Gleichung (16) und (16a) unter Einführung der Größen T_p und T_v

$$\frac{v_t}{v_0} = 1 + \alpha t_p = \alpha T_p \tag{30}$$

und

$$\frac{p_t}{p_0} = 1 + \beta t_v = \beta T_v . \tag{30a}$$

Der Druck p_0 und das spezifische Volumen v_0 beziehen sich auf die Temperatur des Eispunktes $t_p = t_v = 0°$. Die Koeffizienten α und β sind dadurch zu bestimmen, daß Volumen und Druck außer beim Eispunkt auch beim normalen Siedepunkt des Wassers $t_v = t_p = 100°$ gemessen werden. Wenn man die Koeffizienten α und β eliminiert und die auf den Siedepunkt bezüglichen Werte von v und p mit v_{100} und p_{100} bezeichnet, so erhält man statt der Gleichungen (30) und (30a)

$$\frac{v_t - v_0}{v_{100} - v_0} = \frac{t_v}{100} \tag{31}$$

und

$$\frac{p_t - p_0}{p_{100} - p_0} = \frac{t_p}{100} . \tag{31a}$$

t_v und t_p sind die „gasthermometrischen" Temperaturen.

Die genannten Beziehungen gelten aber nur für den idealen Fall, daß die ganze Masse des Gases sich auf derselben Temperatur befindet und daß der Druck bzw. das Volumen stets völlig unverändert ist. Keine dieser Bedingungen ist bei den Messungen streng erfüllt. Dementsprechend sind die Gleichungen für den praktischen Gebrauch abzuändern (s. Ziff. 11 u. 12).

11. Gasthermometer konstanten Volumens. Zunächst möge das am häufigsten verwendete Gasthermometer konstanten Volumens besprochen werden. Es ist in schematischer Weise in Abb. 3 dargestellt und besteht in der Hauptsache aus dem Gasthermometergefäß G und dem Quecksilbermanometer M, die durch ein Kapillarrohr K miteinander verbunden sind. Die mit a, k, N bezeichneten Teile stellen eine Hilfsapparatur dar. Zur Zuführung des Meßgases in das Gefäß G dient der Hahn H_1 und das mit dem Hahn H_2 und den Ampullen a versehene Kapillarrohr k. Ist die Füllung beendet, so wird das Volumen zwischen H_1 und der Teilung in der Kapillare unterhalb des kapillaren T-Stückes mit Quecksilber gefüllt, das in der Niveaukugel N enthalten war. Zur Druckmessung wird das Quecksilber in dem kurzen Schenkel des Manometers bis zu einer Marke B gehoben, die sich unmittelbar neben der Ansatzstelle der Kapillare K befindet. Die rohe Einstellung des Manometers erfolgt durch Zufluß des Quecksilbers aus dem Vorratsgefäß C nach Öffnen von Hahn H_3 oder durch Abfluß aus dem Hahn H_4. Feinere Regulierung erzielt man durch Verbiegen der Stahllamelle L mit der Schraube S, wodurch der dem Quecksilber im Fuß des Manometers zur Verfügung stehende Raum vergrößert oder verkleinert werden kann.

Das in der Kapillare K und im Raum über dem Quecksilber des kurzen Schenkels enthaltene Gas befindet sich stets auf Zimmertemperatur. Die Summe dieser Räume heißt der schädliche Raum. Sein Vorhandensein gibt zu erheblichen Korrektionen Anlaß.

Befindet sich das Hauptgefäß G, dessen Volumen mit V bezeichnet werde, auf der absoluten Temperatur T_v, während der schädliche Raum von der Größe v_s die absolute Temperatur T_s habe, so ist bei konstanter Gasmasse und bei Annahme der Gasgesetze nach Gleichung (30) und (30a)

$$p'\left[\frac{V}{T_v}+\frac{v_s}{T_s}\right]=k,$$

wenn p' den Gasdruck und k eine Konstante bedeutet. Nimmt man zugleich Rücksicht darauf, daß das Volumen V wegen der Ausdehnung des Gefäßmaterials ein wenig mit der Temperatur veränderlich ist, indem man $V=V_0(1+at)$ einführt, so erhält man nach Erweiterung mit T_v/V_0

$$p'\left[1+at+\frac{v_s}{V_0}\frac{T_v}{T_s}\right]=\frac{kT_v}{V_0}. \quad (32)$$

Übereinstimmung mit der einfachen Gleichung (30a) gewinnt man, wenn man p nicht gleich dem wirklich gemessenen Gasdruck p' setzt, sondern wenn man die Beziehung

$$p=p'\left[1+at+\frac{v_s}{V_0}\cdot\frac{T_v}{T_s}\right] \quad (33)$$

einführt. Hiernach muß allerdings zur Ermittlung von p bereits die gesuchte Größe T_v bzw. t_v bekannt sein, doch tritt sie nur in Korrektionsgliedern auf, für die eine genäherte Kenntnis der Temperatur hinreicht.

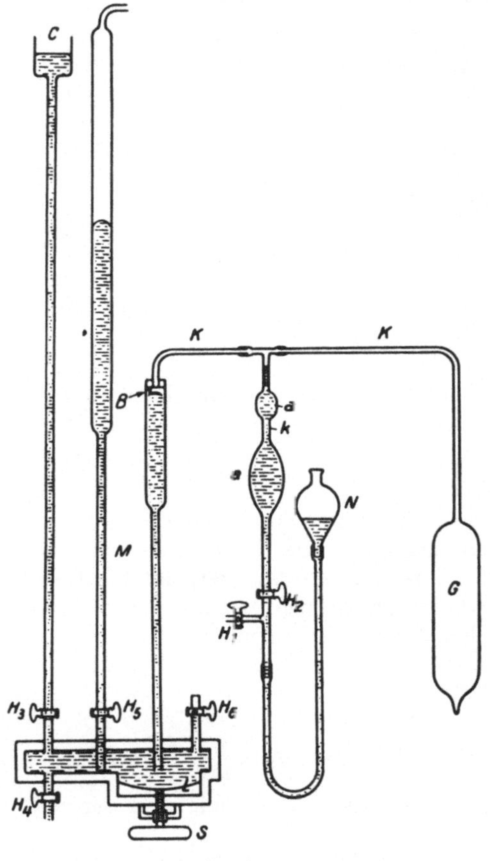

Abb. 3. Gasthermometer.

Aus Gleichung (33) ist ersichtlich, daß der Einfluß des schädlichen Raumes auf die Druckmessung um so geringer ist, je größer V_0 im Verhältnis zu v_s ist und je tiefer die zu messende Temperatur T_v liegt. Die Größe des Volumens v_s selbst kann man kaum kleiner als 0,6 ccm herstellen, wenn man so weite Manometerrohre (12 bis 14 mm) wählt, daß die Druckmessung mit genügender Genauigkeit ausgeführt werden kann; denn der Hauptteil des schädlichen Raumes liegt im allgemeinen über der Quecksilberkuppe des kurzen Manometerschenkels. Deshalb ist es nicht günstig, V unter 100 ccm zu bemessen. Man hat Thermometergefäße bis zu 1000 ccm Inhalt benutzt[1]). Indessen ist es nicht leicht, so umfangreiche Volumina völlig gleichmäßig zu temperieren. Sie sind darum nur für Messungen zwischen 0 und 100° benutzt worden.

[1]) P. Chappuis, Trav. et Mém. du Bur. Int. Bd. 6. 1888 u. Bd. 13. 1907.

12. Gasthermometer konstanten Druckes. Das Gasthermometer konstanten Druckes erfordert ein Hilfsvolumen, in welches das Gas eintreten kann, wenn die Temperatur des Gefäßes G steigt, und aus dem es entnommen werden kann, wenn diese Temperatur sinkt. Als solche Hilfsvolumina können die Ampullen a der Abb. 3 dienen. Da es darauf ankommt, das dem Gas zur Verfügung stehende Volumen so zu bemessen, daß der am Manometer abgelesene Druck stets der gleiche bleibt und das Hilfsvolumen zweckmäßigerweise stets auf derselben Temperatur, nämlich 0°, gehalten wird, so könnte man mit der in Abb. 3 dargestellten Einrichtung nur eine ganz begrenzte, der Zahl der Ampullen entsprechende Anzahl von Temperaturen messen. Man kann indessen die Anordnung leicht für die Beobachtung beliebiger Temperaturen abändern, wenn man die Größe der zusätzlichen Gasvolumina nicht aus der Größe der Ampullen, sondern aus dem Gewicht der Quecksilbermengen bestimmt, die in die Ampullen eintreten oder aus ihnen austreten müssen, damit der Gasdruck stets der gleiche bleibt[1]).

Bezeichnet man die Größe des Hilfsvolumens mit Φ_t und seine Temperatur mit T_0, so ist in Anlehnung an die Betrachtungen in Ziff. 11, wenn noch der konstante Druck p_0 genannt wird, die gesamte Masse M des Gases proportional mit $\frac{V}{T_p} + \frac{\Phi_t}{T_0} + \frac{v_s}{T_s}$ und die im Hauptgefäß G enthaltene Gasmenge ist $M \frac{\frac{V}{T_p}}{\frac{V}{T_p} + \frac{\Phi_t}{T_0} + \frac{v_s}{T_s}}$.

Hieraus folgt das spezifische Volumen des Gases im Hauptgefäß zu

$$v = \frac{V_0}{M} \cdot \left[1 + a t + \frac{\Phi_t}{V_0} \cdot \frac{T_p}{T_0} + \frac{v_s}{V_0} \cdot \frac{T_p}{T_s}\right]. \tag{34}$$

Aus dieser Gleichung ist der Einfluß des schädlichen Raumes und der thermischen Ausdehnung auf das Gasthermometer konstanten Druckes zu entnehmen.

13. Empfindlichkeit der Gasthermometer. Die Empfindlichkeit der gasthermometrischen Methoden zur Temperaturmessung ist für das Thermometer konstanten Volumens aus Gleichung (30a) abzuleiten, aus der

$$\frac{d p_t}{d T_v} = p_0 \beta = \frac{p_0}{T_{v,0}} \tag{35}$$

folgt. Bei einem Anfangsdruck von $p_0 = 1000$ mm Hg beträgt die Druckänderung je Grad also unabhängig von der jeweiligen Temperatur $\frac{1000}{273} = 3{,}7$ mm. Da einige hundertstel mm Hg mit Sicherheit ablesbar sind, so ist bei dem genannten Anfangsdruck eine Meßgenauigkeit von 0,01° möglich. Sie kann indessen nicht in demselben Maße wie der Anfangsdruck gesteigert werden, da die Höhe langer Quecksilbersäulen wegen der Schwierigkeit, ihre Temperatur genügend scharf zu messen, prozentisch kaum genauer als die Höhe kürzerer Säulen bestimmt werden kann.

Für das Gasthermometer konstanten Druckes folgt aus (34), wenn man von den Korrektionstermen absieht, $\frac{dv}{dT_p} = \frac{\Phi_t}{M}\frac{1}{T_0} + \frac{1}{M} \cdot \frac{T_p}{T_0} \cdot \frac{d\Phi_t}{dT_p}$ oder, da nach (30) $\frac{dv}{dT_p} = \alpha \cdot v_0 = \frac{v_0}{T_0} = \frac{V_0}{M}\left(1 + \frac{\psi_0}{V_0}\right)\frac{1}{T_0}$,

$$\frac{d\Phi_t}{dT_p} = \frac{V_0 + \Phi_0 - \Phi_t}{T_p} = \frac{T_0 V_0}{T_p^2}. \tag{36}$$

---

[1]) N. EUMORFOPOULOS, Proc. Roy. Soc. Bd. 81, S. 339. 1908 u. Bd. 90, S. 189, 1914.

Die Empfindlichkeit des Gasthermometers konstanten Druckes ist also nicht unabhängig von der Temperatur, sondern nimmt proportional mit dem Quadrat ihres absoluten Betrages ab. Für hohe Temperaturen kann das Gasthermometer konstanten Druckes deshalb nicht ernstlich in Frage kommen. Der Vorteil hoher Empfindlichkeit in tiefer Temperatur wird leider dadurch aufgehoben, daß hier die Korrektionen des Thermometers auf die thermodynamische Skala beträchtliche Werte annehmen. Zuverlässige Temperaturmessungen wurden mit dem Gasthermometer konstanten Druckes bisher nur am Schwefelsiedepunkt ($t = 444{,}6°$) ausgeführt.

14. Gefäßmaterial und Füllgase bei der Gasthermometrie. Als Gefäßmaterial dient für alle gasthermometrischen Messungen von den tiefsten Temperaturen bis zu etwa 450° am besten Jenaer Glas 59III. Das wegen seiner geringen thermischen Ausdehnung und seiner Wärmebeständigkeit bis 1000° besonders ausgezeichnete Quarzglas kommt für die Gasthermometrie kaum in Betracht, da es sowohl für Helium als auch Wasserstoff durchlässig ist. In hoher Temperatur muß man sich eines Metallgefäßes, am besten aus Platinrhodium bestehend, bedienen. Reines Platin ist zu weich und Platiniridium gibt oberhalb 1000° Metalldämpfe ab. Es ist bemerkenswert, daß die Platinmetalle bis 1600° auch für Helium völlig undurchlässig sind.

Man kann Helium also von den tiefsten bis zu den höchsten Temperaturen als Füllgas für das Thermometer verwenden. Wasserstoff erlaubt zwar noch Messungen bis etwa —250°, doch versagt es in hoher Temperatur wegen seiner starken chemischen Affinität zu Kieselsäure enthaltenden Stoffen und wegen seines Diffusionsvermögens durch Metalle. Gegen Stickstoff bestehen in hoher Temperatur keine Bedenken, doch muß dies Gas wegen seines verhältnismäßig hohen Siedepunktes für Messungen unterhalb —180° ausscheiden.

15. Ausdehnungs- und Spannungskoeffizienten der Füllgase. Aus den Gleichungen (30) und (30a) ist ersichtlich, daß für die Ermittelung der Temperatur die Kenntnis des Ausdehnungskoeffizienten α bzw. des Spannungskoeffizienten β notwendig ist. Diese Koeffizienten sollten bei gegebenem Anfangsdruck spezifische Konstanten der Gase sein. Doch sind unter scheinbar gleichen Bedingungen von verschiedenen Autoren und bei veränderter Versuchsanordnung auch von denselben Autoren etwas wechselnde Werte gefunden worden, deren Unterschiede die erwartete Fehlergrenze um das zwei- bis dreifache überschreiten[1]). Die Ursache hierfür ist noch nicht aufgeklärt, sie könnte in einer Wirkung der Gefäßwände zu suchen sein. Durch diese Unsicherheit wird die Zuverlässigkeit der Gasthermometrie ein wenig beeinflußt, was besonders in den tiefen Temperaturen zur Geltung kommt. Jedenfalls erscheint es notwendig, bei jedem Gasthermometer den Koeffizienten α bzw. β zu ermitteln. Die Annahme eines Koeffizienten, der mit anderer Anordnung gewonnen wurde, kann nicht ohne weiteres als zulässig erachtet werden.

In der folgenden Tabelle sind die Spannungs- und Ausdehnungskoeffizienten derjenigen Beobachtungsreihen zusammengestellt, bei denen Gasthermometergefäße von 200 ccm und mehr Verwendung fanden. Bei diesen Werten ist der Einfluß der Gefäßwände zweifellos gering, da sie auf Messungen beruhen, bei denen das Verhältnis zwischen Volumen und Oberfläche des Gefäßes verhältnismäßig große Werte hat und alle Einzelheiten der Messung unter größten Vorsichtsmaßregeln durchgeführt wurden.

---

[1]) Vgl. z. B. van Agt u. Kamerlingh Onnes, Proc. Amsterdam Bd. 28, S. 693. 1925, die berichten, daß im Leidener Laboratorium bei Verwendung von gasthermometrischen Gefäßen aus Quarzglas und aus gewöhnlichem Glas unter sonst gleichen Umständen verschiedene Temperaturen gemessen wurden, wenn man denselben Koeffizienten des Gases verwendete.

Um die einzelnen Ergebnisse leicht miteinander vergleichen zu können, ist hinter jeder Zahl für den Ausdehnungskoeffizienten α und den Spannungskoeffizienten β die Abweichung von folgenden Formeln angegeben, in denen der Anfangsdruck p_0 in m Hg auszudrücken ist.

$$\left.\begin{array}{ll} \text{Helium} & \begin{cases} 10^7\cdot\alpha = 36604 - 19\cdot p_0 \\ 10^7\cdot\beta = 36604 - 4\cdot p_0 \end{cases} \\ \text{Wasserstoff} & \begin{cases} 10^7\cdot\alpha = 36604 - 12\cdot p_0 \\ 10^7\cdot\beta = 36604 + 17\cdot p_0 \end{cases} \\ \text{Stickstoff} & \begin{cases} 10^7\cdot\alpha = 36604 + 127\cdot p_0 \\ 10^7\cdot\beta = 36604 + 134\cdot p_0 \end{cases} \end{array}\right\} \quad (37)$$

Tabelle 1.
Ausdehnungskoeffizient α und Spannungskoeffizient β von Gasen in Abhängigkeit vom Anfangsdruck p_0.

Nr.	Jahr	Gefäßmaterial	Gefäßgröße ccm	Gas	p_0 m Hg	$\alpha\cdot 10^7$ beob.	$\Delta\alpha\cdot 10^7$ beob-ber.	$\beta\cdot 10^7$ beob.	$\Delta\beta\cdot 10^7$ beob-ber.
				A. Beobachtungen von P. CHAPPUIS[1]).					
1	1887	Pt-Ir	1000	H_2	0,999	—	—	36625	+ 4
2	1907	,,	1000	,,	1,000	36600	+ 8	36630	+ 9
3	1907	verre dur	963	,,	1,001	—	—	36622	+ 1
4	1887	Pt-Ir	1000	N_2	0,996	—	—	36747	+10
5	1907	,,	1000	,,	1,002	36732	+ 1	36744	+ 6
6	1907	,,	1000	,,	1,387	36778	− 2	—	—
7	1914	Quarzglas	248	,,	0,564	—	—	36699	+20
8	1914	,,	248	,,	0,553	—	—	36694	+16
9	1914	,,	248	,,	0,562	—	—	36696	+17
				B. Beobachtungen von F. HENNING und W. HEUSE[2]).					
10	1921	Jenaer	297	He	0,50	36589	− 5	36595	− 7
11	1921	Glas 59 III	297	,,	0,52	36603	+ 9	36599	− 3
12	1921	,,	297	,,	0,76	36591	+ 2	36598	− 3
13	1921	,,	297	,,	1,10	36582	− 1	36601	+ 2
14	1921	,,	297	,,	1,12	36581	− 1	36600	+ 1
15	1921	,,	297	H_2	0,51	36602	+ 4	36612	− 1
16	1921	,,	297	,,	1,10	36590	− 1	36623	0
17	1921	,,	297	N_2	0,22	36630	− 2	36626	+ 3
18	1921	,,	297	,,	0,51	36679	+12	36675	+ 3
19	1921	,,	297	,,	1,11	36742	− 2	36752	0

16. Die absolute Temperatur des Eispunktes. Die empirisch gewonnenen Formeln (37) sind den Beobachtungen im zweiten Teil der Tabelle 1 angepaßt. Sie führen zu dem Spannungs- bzw. Ausdehnungskoeffizienten $\gamma\cdot 10^7 = 36604$ für das ideale Gas und entsprechend zu der absoluten Temperatur des Eispunktes $T_0 = \frac{1}{\gamma} = 273{,}20°$. Die Genauigkeit dieser Zahl wird auf $+0{,}05°$ geschätzt.

Die von CHAPPIUS gefundenen Koeffizienten α und β liegen im Mittel um 8 Einheiten der letzten Stelle höher, dem würde eine Erniedrigung der absoluten Temperatur T_0 um 0,06° entsprechen. D. BERTHELOT[3]) folgert in etwas anderer, zum Teil auf die Gleichung (18) und (18a) gestützten Berechnungsweise aus den CHAPPUISschen Messungen $T_0 = 273{,}09°$. Damals lagen noch keine Messungen am Helium vor, die für die Berechnung von T_0 wesentlich entscheidend sind. Eine

[1]) P. CHAPPUIS, Trav. et Mém. du Bureau internat. Bd. 6, 1888. Bd. 13, 1907 und Bd. 16, 1914.

[2]) F. HENNING u. W. HEUSE, ZS. f. Phys. Bd. 5, S. 285—314. 1921.

[3]) D. BERTHELOT, Trav. et Mém. du Bureau internat. Bd. 13. 1907.

von KEESOM und KAMERLINGH ONNES[1]) durchgeführte kritische Betrachtung aller Beobachtungsdaten, führte zu dem Wert $T_0 = 273{,}11$, wenn die Messungen von HENNING und HEUSE über den Spannungskoeffizienten des Heliums (der einen etwa 0,1° höheren Wert für T_0 lieferte) unberücksichtigt blieben. Da aber die Beobachter gerade diesen Koeffizienten durch besonders zahlreiche Versuche sichergestellt haben, so bleibt in der Darstellung der holländischen Kritiker eine Lücke. Ihre Berechnungen gründen sich auf die Gleichungen (18) und (18a). Das Verfahren ist wegen der noch bestehenden Unsicherheit in den Größen der Isothermenneigung nur verhältnismäßig geringer Genauigkeit fähig.

Übrigens liegen auch die Werte, die man für die absolute Temperatur des Eispunktes aus den Messungen des Joule-Tomsoneffektes der Luft und dem Ausdehnungskoeffizienten der Luft nach CHAPPUIS abgeleitet hat, deutlich über 273,09°. So folgt mit den sehr zuverlässigen Joule-Thomson-Beobachtungen von ROEBUCK[2]) $T_0 = 273{,}15$.

Bis es gelingt, die Beobachtungsmethoden zu verbessern, kann die absolute Temperatur des Eispunktes kaum genauer als auf 0,1° angegeben werden. Bei der Entscheidung zwischen 273,1° und 273,2° dürfte der höheren Zahl zur Zeit die größere Wahrscheinlichkeit beizumessen sein: Dementsprechend wird vorgeschlagen

$$T_0 = 273{,}20^\circ \tag{38}$$

anzunehmen.

17. Korrektion der gasthermometrischen Temperaturen auf die thermodynamische Skala. Die Reduktion der Angaben des Heliumthermometers konstanten Volumens auf die thermodynamische Skala ist auf Grund von Isothermenbeobachtungen nach der Gleichung (15a), sowohl von KAMERLINGH ONNES und KEESOM[1,3]), als auch von HOLBORN und OTTO[4]) durchgeführt worden. Die holländischen Autoren haben sich auch einer etwas abweichenden Berechnungsweise bedient, indem sie die Neigung der Isothermen $\varkappa_{100}$ bei 100° mit den Gleichungen (18) und (18a) aus den Gleichungen (15) und (15a) eliminierten. Man erhält dann die Beziehungen

$$t - t_p = t_p \frac{\alpha - \gamma}{\gamma} - p_0[273\,\varkappa_t - T\cdot\varkappa_0] \tag{39}$$

$$t - t_v = t_v \frac{\beta - \gamma}{\gamma} - p_0 T[\varkappa_t - \varkappa_0]\,. \tag{39a}$$

HOLBORN und OTTO haben aus ihren Beobachtungen der Isothermen noch die Korrektionen für eine Reihe anderer Gase und auch für das Gasthermometer konstanten Druckes abgeleitet. Im Leidener Kältelaboratorium dagegen sind die Reduktionen für andere Gase als Helium durch Vergleich von Gasthermometern verschiedener Füllung in demselben Bade gewonnen worden. Bei diesen Messungen, die von CATH und KAMERLINGH ONNES[5]) durchgeführt wurden, waren die beiden Gasthermometer so miteinander verbunden, daß sie den langen Schenkel des Quecksilbermanometers gemeinsam hatten. Diese Einrichtung wird als Differentialthermometer bezeichnet, da sie aus der einstellbaren Höhendifferenz der Kuppen in den kurzen Manometerschenkeln unmittelbar die Druckdifferenz in beiden Gasthermometern abzulesen gestattet. Der Vorteil vor der

[1]) W. H. KEESOM u. H. KAMERLINGH ONNES, Comm. Leiden, Suppl. Nr. 51a. 1924.

[2]) J. R. ROEBUCK, Proc. Amer. Acad. Bd. 60, S. 537. 1925.

[3]) H. KAMERLINGH ONNES, Comm. Leiden Nr. 102b. 1907.

[4]) L. HOLBORN u. J. OTTO, ZS. f. Phys. Bd. 23, S. 77. 1924; Bd. 30, S. 320. 1924; Bd. 33, S. 1. 1925.

[5]) P. G. CATH u. H. KAMERLINGH ONNES, Comm. Leiden Nr. 156a 1922.

Beobachtung an zwei getrennten Gasthermometern besteht darin, daß die Einstellung auf eine Quecksilberkuppe erspart wird und daß die Länge der ganzen Quecksilbersäule nur mäßig genau bekannt zu sein braucht. Dafür wird aber ein verhältnismäßig großes Bad gleichförmiger Temperatur gefordert.

Die bisherigen Beobachtungen an Isothermen, bei denen die Drucke kaum unter 15 Atm. betrugen, hatten zum Ziel, die Eigenschaften der Gase bei hohen Drucken zu ermitteln, während die gasthermometrischen Korrektionen sich als Nebenresultat ergaben. Würde man die beobachteten Punkte in Abb. 2 eintragen, so würden alle weit entfernt von den zu $p = 0$ und $p = 1$ m Hg gehörenden Geraden AC und A′C′ liegen; nur der Bezugspunkt, als welcher gewöhnlich der Eispunkt und der Druck 1 Atm. gewählt wird, würden sich in der Nachbarschaft dieser Geraden befinden. Um für dieses Gebiet die Neigung $\varkappa = \left(\frac{d p v}{d p}\right)_T$ der Isothermen zu finden, ist also eine weitgehende Extrapolation erforderlich, die nur bei nahe geradlinigen Isothermen möglich erscheint oder es spielt außer bei der Isotherme des Eispunktes die Kenntnis der absoluten Temperatur T_0 des Eispunktes eine wichtige Rolle, da nur mit Hilfe dieser Zahl die Schnittpunkte der für verschiedene Temperaturen ermittelten Isothermen mit der Ordinatenachse AC gewonnen werden können.

In Tabelle 2 und Tabelle 3 sind die auf Grund der genannten Messungen ermittelten gasthermometrischen Korrektionen zusammengestellt, die gemäß den Gleichungen (15) und (15a) dem Eispunktsdruck p_0 proportional sind.

Tabelle 2.
Korrektionen $t - t_v$ von Gasthermometern konstanten Volumens (Temp. t_v) mit einem Anfangsdruck $p_0 = 1$ m Hg auf die thermodynamische Skala (Temp. t).
a) nach CATH und KAMERLINGH ONNES, b) nach HOLBORN und OTTO.

t	Helium		Wasserstoff		Stickstoff	
	a	b	a	b	a	b
450°	—	+ 0,061°	—	—	—	+ 0,19°
400	—	+ 0,046	—	—	—	+ 0,15
350	—	+ 0,034	—	—	—	+ 0,11
300	—	+ 0,023	—	—	—	+ 0,08
250	—	+ 0,015	—	+ 0,032°	—	+ 0,050
200	—	+ 0,008	—	+ 0,017	—	+ 0,027
150	—	+ 0,003	—	+ 0,007	—	+ 0,011
100	—	± 0,000	—	± 0,000	—	± 0,000
50	—	— 0,001	—	— 0,002	—	— 0,004
0	± 0,000°	± 0,000	± 0,000°	± 0,000	± 0,000°	± 0,000
— 50	+ 0,001	+ 0,003	+ 0,007	0,006	+ 0,013	+ 0,015
—100	+ 0,003	+ 0,008	+ 0,017	0,015	+ 0,051	+ 0,052
—150	+ 0,008	+ 0,014	+ 0,035	0,027	+ 0,17	—
—183	+ 0,015	+ 0,019	+ 0,056	0,039	—	—
—200	+ 0,020	—	+ 0,069	—	—	—
—250	+ 0,037	—	+ 0,135	—	—	—

Neuerdings sind die Korrektionen für das Wasserstoffthermometer konstanten Volumens von KEESOM und KAMERLINGH ONNES[1]) auch auf Grund der Leidener Isothermenbeobachtungen an Wasserstoff berechnet worden. Sie ergeben sich hierbei unbedeutend niedriger als in Tabelle 2 angegeben und betragen bei $-150° + 0{,}030°$, bei $-200° + 0{,}057°$, bei $-250° + 0{,}109°$.

Die von den holländischen und den deutschen Autoren angegebenen Korrektionen für das Gasthermometer konstanten Volumens weichen in dem Gebiet,

[1]) W. H. KEESOM u. H. KAMERLINGH ONNES, Comm. Leiden, Suppl. Nr. 51a. 1924.

in dem ein unmittelbarer Vergleich möglich ist, so wenig voneinander ab, daß die bisherige Grenze der Meßfehler nicht überschritten wird.

Tabelle 3.
Korrektion $t - t_p$ von Gasthermometern konstanten Druckes von 1 m Hg (Temp. t_p) auf die thermodynamische Skala (Temp. t) nach Holborn und Otto.

t	Helium	Stickstoff	t	Helium	Stickstoff
450°	+0,012°	+0,67°	100°	0,000°	0,000°
400	+0,010	+0,55	50	0,000	−0,025
350	+0,008	+0,43	0	0,000	0,000
300	+0,006	+0,32	− 50	+0,002	+0,112
250	+0,004	+0,225	−100	+0,005	+0,399
200	+0,002	+0,132	−150	+0,015	—
150	+0,001	+0,056	−183	+0,029	—

Im allgemeinen sind die Korrektionen für das Gasthermometer konstanten Druckes größer als für das Gasthermometer konstanten Volumens vom gleichen Anfangsdruck. Eine Ausnahme hiervon bildet das Heliumthermometer.

Handelt es sich darum, gasthermometrische Messungen oberhalb 450° auf die thermodynamische Skala zurückzuführen, so ist man zunächst auf die Extrapolation der von Holborn und Otto ermittelten Korrektionen angewiesen. Lehnt man diese Extrapolation an die früher[1]) für diese Zwecke benutzte Zustandsgleichung von D. Berthelot an, so ergeben sich für das Helium- und Stickstoffthermometer konstanten Volumens folgende Daten:

Tabelle 4.
Extrapolierte Werte für die Korrektion $t - t_v$ eines Gasthermometers vom Eispunktsdruck $p_0 = 1$ m Hg auf die thermodynamische Skala.

t	$t - t_v$		t	$t - t_v$	
	Helium	Stickstoff		Helium	Stickstoff
500°	+0,08°	+0,24°	900°	+0,22°	+0,70°
600	+0,11	+0,34	1000	+0,26	+0,83
700	+0,14	+0,46	1063	+0,29	+0,86
800	+0,19	+0,59	1100	+0,31	+0,98

Diese Korrektionen spielen praktisch nur eine geringe Rolle, da sie fast in der Grenze der gasthermometrischen Meßgenauigkeit liegen. Darum stehen auch der Extrapolation keine Bedenken entgegen.

18. Gasthermometer und Knudseneffekt. Im Bereich sehr tiefer Temperaturen, wie sie zuerst von Kamerlingh Onnes durch die Verflüssigung des Heliums erreicht sind, tritt zu den in Ziff. 17 genannten Korrektionen des Gasthermometers noch eine weitere hinzu, die auf dem Knudseneffekt[2]) beruht. Dieser Effekt besteht darin, daß sich in einem Rohr, dessen Durchmesser im Vergleich mit der mittleren freien Weglänge der Gasmoleküle sehr klein ist, Druckunterschiede einstellen, falls längs des Rohres Temperaturunterschiede vorhanden sind. Im Grenzfall eines unendlich engen Rohres ist längs seiner Achse der Quotient aus dem Gasdruck p und der Wurzel aus der absoluten Temperatur T konstant: $p/\sqrt{T} =$ konst; während bei genügend weiten Rohren $p =$ konst zu setzen ist.

[1]) Vgl. z. B. F. Henning, Temperaturmessung. Braunschweig 1915, S. 269.
[2]) M. Knudsen, Ann. d. Phys. Bd. 31, S. 205, 633; Bd. 33, S. 1435. 1910.

Bei der gasthermometrischen Messung von Temperaturen, die unterhalb der normalen Siedetemperatur des Heliums liegen, ist man gezwungen, das Gasthermometer mit Helium von so geringer Dichte zu füllen, daß der Gasdruck p stets erheblich unter dem Sättigungdruck bleibt. In gewissen extremen Fällen muß deshalb die Druckmessung anstatt mit dem gewöhnlichen Quecksilbermanometer mit dem KNUDSENschen Hitzdrahtmanometer ausgeführt werden. Bei so geringen Drucken und genügend tiefen Temperaturen ist die freie Weglänge der Moleküle durchaus mit dem Durchmesser der Kapillarrohre des Gasthermometers vergleichbar. KAMERLINGH ONNES und WEBER[1]) haben Temperaturen bis herab von 1,4° K mit einem Heliumthermometer gemessen, das am Schmelzpunkt des Eises nur einen Gasdruck von etwa 12 mm Hg aufwies. In diesem Falle nahm infolge des Knudseneffektes der Druckunterschied zwischen dem auf tiefer Temperatur befindlichen Thermometergefäß und dem auf Zimmertemperatur befindlichen Manometer einen so hohen Betrag an, daß er eine Temperaturkorrektion von 1,1° erforderte.

Die genannten holländischen Forscher haben die Theorie des Knudseneffektes auf beliebige Verhältnisse des Rohrdurchmessers 2 R zur mittleren freien Weglänge λ erweitert. Nach ihren Ausführungen ist die für das Gasthermometer wichtige Druckdifferenz (auf graphischem Wege) aus dem Integral

$$\int \frac{dp}{p} = -\frac{3}{8} \int_{y_1}^{y_2} \frac{k_1\, dy}{y[(1+y)(1+c_3 y)(1+n) - \frac{3}{8} k_1]} \tag{40}$$

zu ermitteln, indem $y = \frac{2R}{\lambda}$ und $k_1 = \frac{4}{3} \cdot \frac{1 + c_1 \cdot c_2 \cdot y}{1 + c_1 \cdot y}$ zu setzen ist. Für Helium ist $c_1 = 0{,}550$; $c_2 = 2{,}5$; $c_3 = 0{,}119$. Ferner hat für dieses Gas n den Wert 0,147. Er ist aus dem Quotienten der inneren Reibung η bei den absoluten Temperaturen T und T_0 (T_0 = abs. Temperatur des Eispunktes) gemäß der Beziehung

$$\frac{\eta_t}{\eta_0} = \left(\frac{T}{T_0}\right)^{n+0{,}5} \tag{40a}$$

zu bestimmen.

Die Grenzen des Integrals sind also nicht nur von der Temperatur, sondern auch von dem Druck an den betreffenden Stellen des Rohres abhängig, und die Integration kann nur durch Näherungsverfahren vorgenommen werden.

c) Strahlungsthermometrie.

19. Schwarze und nicht schwarze Strahler. Die Temperaturmessung aus der Wärme- oder Lichtstrahlung eines Körpers beruht auf den oben mitgeteilten Gleichungen (20) bis (28). Sie treffen indessen nur zu, wenn der Körper ein schwarzer Strahler ist, d. h. das Emissions- und Absorptionsvermögen 1 besitzt. Diese Bedingung ist dann erfüllt, wenn die Strahlung aus einem gleichmäßig geheizten Hohlraum mit enger Öffnung austritt. Man führt darum ein einseitig geschlossenes Rohr oder anders gestaltete kleine Hohlraumstrahler[2]) in den Körper ein, dessen Temperatur gemessen werden soll, und beobachtet die Strahlung aus dem Innern dieses Rohres. Ist der Körper flüssig, so ist anzunehmen, daß Rohr und Körper genügend nahe die gleiche Temperatur besitzen; weniger sicher ist diese Annahme bei der Temperaturmessung von Ofengasen, wenn das Rohr gegen kältere Teile des Ofens ausstrahlen kann.

---

[1]) H. KAMERLINGH ONNES u. S. WEBER, Comm. Leiden Nr. 147b. 1915.

[2]) F. HOFFMANN u. W. MEISSNER, Ann. d. Phys. Bd. 60, S. 201. 1919 führten Hohlraumstrahler aus Magnesia in flüssiges Gold, Kupfer und Palladium.

Häufig sind die Bedingungen der Schwärze des Strahlers nicht erfüllbar. Wendet man trotzdem die gleichen Meßmethoden an, wie sie für die schwarze Strahlung gelten, so erhält man nicht die Temperatur des Strahlers, sondern eine andere Größe, die man als Pseudotemperatur bezeichnen kann. Ihre Beziehung zur wahren Temperatur ist durch das Emissionsvermögen des Strahlers eindeutig bestimmt unter der Voraussetzung, daß der Körper frei strahlt und kein reflektiertes Licht in das Meßinstrument sendet. Die Pseudotemperaturen haben hohe Bedeutung nicht nur in der Beleuchtungstechnik, sondern überall da, wo es sich darum handelt, einen bestimmten Temperaturzustand eines Körpers wieder herzustellen. Die wichtigsten Pseudotemperaturen sind die „schwarze Temperatur" und die „Farbtemperatur". Ihr Zusammenhang mit der wahren Temperatur kann erst in wenigen besonderen Fällen angegeben werden.

20. Die schwarze Temperatur. Die schwarze Temperatur eines Strahlers ist diejenige Temperatur, welche ein schwarzer Körper hat, wenn er in einem Spektralbereich, d. h. bei einer bestimmten Wellenlänge λ, die gleiche Strahlungsintensität besitzt wie jener Strahler. Die schwarze Temperatur, welche besser „Intensitätstemperatur" heißen sollte, ist für gewöhnlich von Wellenlänge zu Wellenlänge verschieden. Sie werde mit S (in der absoluten Skala) oder mit s (in der gebräuchlichen Skala) bezeichnet. Den Zusammenhang zwischen der schwarzen und der wahren Temperatur vermitteln die Gleichungen (27) und (29). Man erhält aus ihnen die Beziehungen

$$E'(\lambda, T) = A(\lambda, T) \cdot E(\lambda, T) = E(\lambda, S) \tag{41}$$

und

$$\frac{1}{T} = \frac{1}{S} + \frac{\lambda}{c_2} \cdot \ln A(\lambda, T)\,. \tag{42}$$

Für Eichzwecke von Strahlungspyrometern (Ziff. 33 u. 35) ist es nützlich, beliebige schwarze Temperaturen einer Wellenlänge des sichtbaren Gebietes beliebig einstellen zu können. Hierfür haben sich die „Temperaturlampen" bewährt, bei denen ein Wolframband in neutraler Atmosphäre elektrisch zum Glühen gebracht wird, dessen Helligkeit an einer besonders gekennzeichneten Stelle bis zu schwarzen Temperaturen von 2500° genügend genau als zeitlich unveränderliche Funktion der Heizstromstärke dargestellt werden kann[1]).

Es hat sich gezeigt, daß für eine Reihe von Metallen wie Silber, Gold, Platin, Iridium das Emissionsvermögen $A(\lambda, T)$, das dem Absorptionsvermögen numerisch gleich ist, im sichtbaren Spektralgebiet sehr nahe unabhängig[2]) von der Temperatur ist, so daß man $A(\lambda, T) = 1 - R(\lambda, T)$ aus dem bei Zimmertemperatur gemessenen Reflexionsvermögen $R(\lambda, T)$ ableiten kann. Bei andern Metallen, wie Tantal und Wolfram, scheint sich das Emissionsvermögen im sichtbaren Gebiet mit der Temperatur etwas zu ändern.

Für das Emissionsvermögen von Wolfram bei $\lambda = 0{,}647\ \mu$ und $\lambda = 0{,}665\ \mu$ sowie für das Gesamtstrahlungsvermögen $A(g)$ (vgl. Ziff. 22) geben FORSYTHE und WORTHING[3]) folgende Zahlen (Tabelle 5).

Tabelle 5. Emissionsvermögen $A(\lambda, T)$ und Gesamtstrahlungsvermögen $A(g)$ von Wolfram nach FORSYTHE und WORTHING.

T	$A(\lambda, T)$ $\lambda = 0{,}467\ \mu$	$A(\lambda, T)$ $\lambda = 0{,}665\ \mu$	$A(g)$
300 °K	0,505	0,470	0,032
500	0,498	0,466	0,053
1000	0,486	0,456	0,114
1500	0,476	0,445	0,192
2000	0,469	0,435	0,260
2500	0,462	0,425	0,303
3000	0,455	0,415	0,334
3500	0,449	0,405	0,351

[1]) F. HENNING, ZS. f. Instrumentenkunde Bd. 46, S. 162. 1926.

[2]) L. HOLBORN u. F. HENNING, Berl. Ber. 1905, S. 311.

[3]) W. E. FORSYTHE u. A. G. WORTHING, Astrophys. Journ. Bd. 61, S. 146. 1925.

In naher Übereinstimmung mit diesen Zahlen stehen die kürzlich von ZWIKKER[1]) angegebenen.

Nur für große Werte von λ ($\lambda > 8\,\mu$) ist die Abhängigkeit des Emissionsvermögens von der Temperatur aus der elektromagnetischen Lichttheorie zu folgern[2]), und zwar ist hiernach

$$A(\lambda, T) = 0{,}365\sqrt{\frac{\gamma}{\lambda}} - 0{,}067\frac{\gamma}{\lambda} + \cdots, \tag{43}$$

wenn γ den spezifischen Widerstand (Widerstand eines cm^3 - Würfels in Ohm) des Metalles und λ die Wellenlänge in Zentimeter bedeutet. Weitere Angaben über die Größe des Absorptionsvermögens und über die Methoden zu seiner Bestimmung finden sich in den der Optik gewidmeten Bänden dieses Handbuches.

21. Die Farbtemperatur. Die Farbtemperatur F (in absoluter Zählung) eines Strahlers ist diejenige Temperatur, die ein schwarzer Körper besitzt, wenn er dem normalen Auge in der gleichen Farbe erscheint wie der betreffende Strahler. Der subjektive Befund kann im idealen Falle darauf begründet sein, daß die spektrale Intensität $E'(\lambda, T)$ des Strahlers sich von der spektralen Intensität des schwarzen Körpers von der Temperatur F nur um einen Proportionalitätsfaktor p unterscheidet, der wohl von der Temperatur, aber innerhalb des sichtbaren Gebietes nicht von der Wellenlänge abhängt. Dann ist im Anschluß an Gleichung (41)

$$E'(\lambda, T) = A(\lambda, T) \cdot E(\lambda, T) = E(\lambda, S) = p \cdot E(\lambda, F). \tag{44}$$

Mit Gleichung (27) folgt hieraus

$$\frac{c_2}{\lambda}\left(\frac{1}{F} - \frac{1}{T}\right) = \ln p - \ln A(\lambda, T), \tag{45}$$

$$\frac{c_2}{\lambda}\left(\frac{1}{F} - \frac{1}{S}\right) = \ln p. \tag{46}$$

Hiernach ist eine Farbtemperatur F nur für solche Strahler vorhanden, bei denen

$$\frac{1}{S} = \frac{1}{F} + \lambda\zeta, \tag{47}$$

$$A(\lambda, T) = p \cdot e^{+\frac{c_2 \mu}{\lambda}} = e^{c_2\left(\frac{\mu}{\lambda} - \zeta\right)} \tag{48}$$

ist. In diesen Gleichungen ist zur Abkürzung

$$\zeta = -\frac{1}{c_2}\ln p \tag{49}$$

und

$$\mu = \frac{1}{T} - \frac{1}{F} \tag{50}$$

gesetzt. Aus (45) und (46) folgt nach Elimination von p

$$\frac{1}{F} = \frac{1}{T} - \frac{\ln A(\lambda_1, T) - \ln A(\lambda_2, T)}{c_2\left(\frac{1}{\lambda_1} - \frac{1}{\lambda_2}\right)} = \frac{\frac{1}{\lambda_1 S_1} - \frac{1}{\lambda_2 S_2}}{\frac{1}{\lambda_1} - \frac{1}{\lambda_2}}. \tag{51}$$

[1]) C. ZWIKKER, Physica Bd. 5, S. 249. 1925.
[2]) P. DRUDE, Verh. d. D. Phys. Ges. Bd. 5, S. 142. 1903.

Für graue Strahler, d. h. für solche, bei denen sich das Emissionsvermögen mit der Wellenlänge nicht ändert, muß nach Gleichung (48) $\mu = 0$ oder nach Gleichung (50) $F = T$ sein. Für sie ist also die Farbtemperatur gleich der wahren Temperatur. Bei Metallen nimmt im allgemeinen $A(\lambda, T)$ mit zunehmender Wellenlänge ab. Dann ist nach Gleichung (51) $F > T$. Da für alle Strahler $S \leq T$, so ist es also bei denjenigen Metallen, für die eine Farbtemperatur angegeben werden kann, möglich, die wahre Temperatur T durch rein optische Messungen in zwei Grenzen einzuschließen. Die Erfahrung zeigt, daß T meist beträchtlich näher an F als an S liegt.

Die Größe ζ, die sich gemäß Gleichung (47) aus der Differenz $\frac{1}{S_1} - \frac{1}{S_2}$ der reziproken schwarzen Temperaturen für zwei Wellenlängen λ_1 und λ_2 ableiten läßt, ändert sich sehr wenig mit der Temperatur. Sie kann als Maß für die Selektivität eines Strahlers gelten. Für Platin ist sehr nahe $\zeta = 1000 \cdot 10^{-7}$ und für Wolfram $\zeta = 650 \cdot 10^{-7}$.

22. Gesamtstrahlungsvermögen von Metallen. Um das Gesetz für die Gesamtstrahlung eines Körpers abzuleiten, muß sein Emissionsvermögen als Funktion der Wellenlänge und der Temperatur bekannt sein. Das Verhältnis zwischen der Gesamtstrahlung eines Körpers und der Gesamtstrahlung des schwarzen Körpers gleicher Temperatur heißt das Gesamtstrahlungsvermögen $A(g)$.

Unter der Annahme allgemeiner Gültigkeit der Gleichung (43) würde man erhalten[1])

$$A(g) = 0{,}574(\gamma \cdot T)^{0{,}5} - 0{,}177(\gamma T) + \cdots \tag{52}$$

Diese Beziehung kann mit genügender Näherung nur zutreffen, wenn es sich um die Strahlung eines Metalls von nicht sehr hoher Temperatur handelt, da sonst ein erheblicher Beitrag der Gesamtstrahlung auf das Gebiet der kurzen Wellen entfällt, für die Gleichung (43) nicht gilt. Handelt es sich um die Strahlungsenergie, die das Metall nach allen Richtungen in den Halbraum aussendet, so bedarf die Gleichung wegen der nicht strengen Erfüllung des LAMBERTschen Gesetzes noch einer Korrektion, die nach der Berechnung von DAVISSON und WEEKS[2]) für Platin eine Erhöhung des Koeffizienten $A(g)$ um etwa 20% ausmacht.

Vielfach wird das Gesamtstrahlungsvermögen durch einen rein empirischen Ausdruck der Form

$$A(g) = a \cdot T^b \tag{53}$$

dargestellt. LUMMER und PRINGSHEIM[3]) fanden für Platin b praktisch gleich 1. Nach LUMMER[4]) erhält man für die Gesamtstrahlung des Platins zwischen 100 und 1500° $G' = 1{,}40 \cdot 10^{-16} T^5\,\mathrm{cal \cdot cm^{-2} \cdot sec^{-1}\,grad^{-5}}$, also folgt hiernach, da für den schwarzen Körper entsprechend $G = 1{,}37 \cdot 10^{-12} T^4$ zu setzen ist, für das Gesamtemissionsvermögen des Platins $A(g) = 1{,}0 \cdot 10^{-4}T$. GEISS[5]) gibt an, daß für Platin im Temperaturgebiet von 200 bis 1300° die Konstanten $a = 6{,}22 \cdot 10^{-4}$ und $b = 0{,}767$ zu setzen sind. Das Gesamtstrahlungsvermögen für Wolfram ist in Tabelle 5 dargestellt.

---

[1]) E. ASCHKINASS, Ann. d. Phys. Bd. 17, S. 960. 1905 u. P. D. FOOHE, Journ. Washington Acad. Bd 5, S. 1. 1915.

[2]) C. DAVISSON u. J. R. WEEKS, Phys. Rev. Bd. 17, S. 261. 1921.

[3]) O. LUMMER u. E. PRINGSHEIM, Verh. d. D. Phys. Ges. Bd. 1, S. 215. 1899.

[4]) O. LUMMER, Grundlagen, Ziele und Grenzen der Leuchttechnik, S. 106. München u. Berlin: Oldenburg, 1918.

[5]) W. GEISS, Physica Bd. 5, S. 203. 1925.

23. Energiemaximum beliebiger Strahlen. Aus Gleichung (27) und (29) folgt, daß zwischen der Temperatur eines beliebigen Strahlers und der Wellenlänge λ_m seiner maximalen Energie die Beziehung

$$\frac{1}{T} = \left[\frac{5\lambda}{c_2} - \frac{\lambda^2}{c_2}\frac{1}{A(\lambda,T)}\cdot\frac{dA(\lambda,T)}{d\lambda}\right]_{\lambda=\lambda_m} \tag{54}$$

gilt. Führt man nun eine Größe T' nach der Beziehung $\frac{1}{T'} = \frac{5\lambda_m}{c_2}$ ein, so erkennt man, daß T' nur dann mit T in Übereinstimmung steht, wenn das Emissionsvermögen $A(\lambda, T)$ unabhängig von der Wellenlänge ist, wenn es sich also um einen schwarzen oder grauen Strahler handelt. In allen andern Fällen ist

$$\frac{1}{T'} = \frac{1}{T} + \frac{\lambda^2}{c_2}\frac{1}{A(\lambda,T)}\cdot\frac{dA(\lambda,T)}{d\lambda} = \frac{1}{T} - \frac{d\ln A(\lambda,T)}{c_2\cdot d\left(\frac{1}{\lambda}\right)}. \tag{55}$$

Der Vergleich dieser Gleichung mit Gleichung (51) lehrt, daß T' gleich der Farbtemperatur F ist, so daß also

$$\frac{1}{T'} = \frac{1}{F} = \frac{5\lambda_m}{c_2}. \tag{56}$$

Diese Gleichung steht in naher Beziehung zu Gleichung (26). Der etwa 1% betragende Unterschied in dem Zahlenfaktor rührt daher, daß Gleichung (26) aus der PLANCKschen Strahlungsgleichung (23), dagegen Gleichung (56) aus der WIENschen Strahlungsgleichung (27) abgeleitet ist.

24. Umformung der PLANCKschen Strahlungsgleichung für sehr hohe Temperaturen. Ist, wie bei vielen Fixsternen, die Temperatur so hoch, daß die WIENsche Strahlungsgleichung (27) nicht mehr verwendet werden darf, und muß man sich der PLANCKschen Strahlungsgleichung (23) bedienen, so ist die Berechnung der Temperatur aus dem monochromatischen Helligkeitsverhältnis recht unbequem. Indessen sind durch gute Näherungsrechnungen erhebliche Vereinfachungen möglich.

Für Temperaturen $T > 3000°$ setzt man

$$E(\lambda, T) = \frac{c_1\lambda^{-5}}{e^{\frac{c_2}{\lambda T}} - 1} = \frac{c_1\lambda^{-5}e^{-\frac{c_2}{\lambda T}}}{1 - e^{-\frac{c_2}{\lambda T}}} = c_1\lambda^{-5}e^{-\left[\frac{1}{\lambda}\left(\frac{c_2}{T}+\gamma'\right)+\gamma\right]}, \tag{57}$$

indem man zwei Größen γ und γ' einführt, die zwar von der Temperatur, aber praktisch nicht von der Wellenlänge abhängen. Sie müssen die Bedingung

$$\ln\left(1 - e^{-\frac{c_2}{\lambda T}}\right) = \gamma + \frac{1}{\lambda}\gamma' \tag{58}$$

erfüllen. Setzt man mit WILSING[1])

$$\gamma' = 0{,}0173\,(T - 3000)\cdot 10^{-3}, \tag{59}$$

so erhält man folgende Werte von γ, die nahezu unabhängig von der Wellenlänge zwischen $\lambda = 0{,}5$ und $\lambda = 0{,}675\ \mu$ gelten:

$T =$	5000	10000	15000	20000	30000 °K
$\gamma =$	$-0{,}067$	$-0{,}295$	$-0{,}568$	$-0{,}842$	$-1{,}38$.

[1]) J. WILSING, Publ. d. Astrophys. Observ. Potsdam Nr. 76. 1920.

Nach Gleichung (57) findet man für das bei derselben Wellenlänge λ gemessene Intensitätsverhältnis zweier schwarzer Strahler von den sehr hohen Temperaturen T_1 und T_2

$$\ln \frac{E(\lambda, T_1)}{E(\lambda, T_2)} = \frac{c_2}{\lambda}\left(\frac{1}{T_2} - \frac{1}{T_1}\right) + \frac{173 \cdot 10^{-7}}{\lambda}(T_2 - T_1) + (\gamma_2 - \gamma_1). \qquad (60)$$

Liegt die Temperatur T_2 des Vergleichsstrahlers unter $3000°$ K, so ist $\gamma_2 = 0$, und auf der rechten Seite der Gleichung (60) ist im zweiten Gliede $-T_1$ statt $T_2 - T_1$ zu setzen. Zur Auffindung des γ-Wertes muß die gesuchte Temperatur zunächst näherungsweise bekannt sein.

Handelt es sich nicht um einen schwarzen Strahler, so sind gemäß Gleichung (41) statt der wahren Temperaturen T die schwarzen Temperaturen S zu setzen. Zu bemerken ist noch, daß außerhalb des Bereiches des WIENschen Strahlungsgesetzes auch die Gleichungen (45) bis (51) ihre Gültigkeit verlieren.

25. Instrumente zur Temperaturmessung aus der Gesamtstrahlung und dem Energiemaximum. Von den Pyrometern, bei denen die Temperaturmessung auf die Gesamtstrahlung eines Körpers gegründet wird, sei zunächst kurz an das Instrument von FÉRY erinnert, welches darauf beruht, daß die Strahlung von einem Hohlspiegel aufgefangen und auf die in seinem Brennpunkt befindliche Lötstelle eines Thermoelements aus Eisen-Konstanten geworfen wird. Ein Zeigergalvanometer dient dazu, nach empirischer Eichung aus der elektromotorischen Kraft des Elements auf die Temperatur des Strahlers zu schließen. Die Eichung erfolgt vor einem schwarzen Körper. Die Verwendung des Instruments vor andern Strahlern führt zu sehr großen Fehlern, da das Emissionsvermögen für die Gesamtstrahlung bei vielen Körpern (Ziff. 22) sehr erheblich von 1 verschieden ist. Aber auch bei schwarzen Strahlern gehorcht die Eichung des Instruments nicht dem STEFAN-BOLTZMANNschen Gesetz von der 4. Potenz der Temperatur (Ziff. 8), da jedes Spiegelmetall Gebiete selektiver Reflektion aufweist, die den einfachen Verlauf der Eichkurve stören, sobald das Energiemaximum der Strahlung in die Nähe des selektiven Gebiets rückt.

Das Ardometer von KEINATH[1]) ist nach demselben Prinzip gebaut wie das FÉRYsche Instrument mit der Abänderung, daß der Spiegel, dessen Reflexionsvermögen leicht zeitliche Änderungen erfährt, durch eine Glaslinse ersetzt wurde. Es ist in seinen wesentlichen Teilen in Abb. 4 dargestellt. Die Strahlung fällt durch die Objektivlinse L_1 und die Blende B auf die Lötstelle Th des Thermoelements. Die Okularlinse L_2 gestattet, das Instrument so auf den Strahler zu richten, daß man feststellen kann, ob die Blende B vollständig mit Licht ausgefüllt ist und somit die notwendige Vorbedingung für richtige Messung gegeben ist. Das Thermoelement befindet sich in einer evakuierten Glasbirne und besteht aus zwei 0,03 mm dicken Drähten aus Nickelchrom und Konstanten, die an ihrer Kreuzungsstelle durch ein kleines geschwärztes Platinblättchen verbunden sind. Man erhält bei einem schwarzen Strahler von 1400° eine Thermokraft von 0,015 Volt, so daß eine sehr befriedigende relative Meßgenauigkeit möglich ist. Doch gelten wegen der Absorption der Strahlung durch das Glas der Linse und der Birne des Thermoelements die bei dem FÉRYschen Instrument genannten Einschränkungen für das Ardometer in erhöhtem Maße.

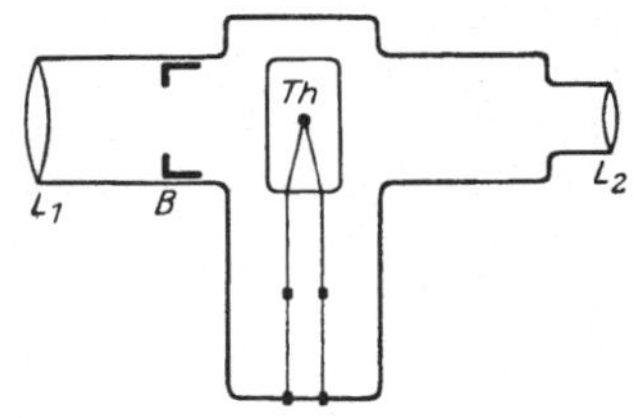

Abb. 4. Ardometer.

[1]) Vgl. G. KEINATH, Elektrische Temperaturmeßgeräte. München u. Berlin 1923.

Die Gesamtstrahlpyrometer, von denen noch eine Reihe weiterer Ausführungsformen im Handel ist, kommen weniger für wissenschaftliche als für technische Zwecke in Frage. Sie fordern zur Ausfüllung der wirksamen Blende mit Licht einen ziemlich großen gleichmäßig leuchtenden Strahler. Gerühmt wird, daß ihre Angaben automatisch registrierbar aufgezeichnet werden können, ein Vorzug, den die optischen Pyrometer nicht besitzen.

Bei genauen Temperaturmessungen kann man sich nur auf das Gesetz der Gesamtstrahlung stützen, wenn man sich sorgfältig geschwärzter Flächenbolometer bedient, deren Wirksamkeit darauf beruht, daß Platinbänder durch die auftreffende Strahlung erwärmt werden, und aus der Erhöhung ihres elektrischen Widerstandes die zugeführte strahlende Energie zu berechnen erlauben. Nach Gleichung (20) erhält man aus dem Verhältnis G_1/G_2 der Gesamtstrahlungen bei zwei Temperaturen T_1 und T_2, von denen T_1 als unbekannt angenommen sei, die Beziehung

$$T_1 = \left[T_u^4 + (T_2^4 - T_u^4)\frac{G_1}{G_2}\right]^{\frac{1}{4}}. \tag{61}$$

Hierbei bedeutet T_u die Temperatur des Bolometers. Eine eingehende Diskussion über die bei diesen Messungen zu beachtenden Vorsichtsmaßregeln (über die näher in dem Kapitel über die Wärmestrahlung ds. Handb. Bd. XX zu sprechen ist) wurde u. a. von VALENTINER[1]) und GERLACH[2]) angestellt.

Auch Temperaturmessungen auf Grund des WIENschen Verschiebungsgesetzes [Gleichungen (22) und (22a)] können nur mit Hilfe von Thermosäulen und Bolometern ausgeführt werden, die in diesem Falle in Form sehr schmaler Streifen auszubilden sind, da es darauf ankommt, innerhalb des Spektrums die Energie schmaler Wellenlängenbereiche zu ermitteln. WARBURG[3]) hat in Gemeinschaft mit LEITHÄUSER und JOHANSEN eine sehr empfindliche Form eines solchen Bolometers (Vakuumbolometer) konstruiert und seine Handhabung beschrieben. Für denselben Zweck dürfte auch das Vakuumthermoelement von MOLL und BURGER[4]) sehr geeignet sein, dessen Schenkel eine Dicke von nur etwa 1 μ besitzen Um das Energiemaximum zu ermitteln, muß ein Teil des Energiespektrums durchgemessen werden. Hierbei sind eine Anzahl wichtiger Korrektionen zu beachten. Die bei den einzelnen Wellenlängen gefundenen Intensitäten müssen nach der RUNGEschen[5]) Formel auf unendlich schmalen Spalt und unendlich schmale Bolometerbreite reduziert werden, ferner sind sie von dem Einfluß selektiver Lichtschwächung durch die Spiegel oder Linsen des Spektrometers zu befreien, und endlich müssen sie mit Hilfe der Dispersion des Prismas auf das Normalspektrum reduziert werden.

Die Temperaturmessung aus der Intensität oder Wellenlänge des Energiemaximums wird die Methode der Isothermen genannt, da sie Intensitätsmessungen bei konstant gehaltener Temperatur des Strahlers erfordert.

26. Die optische Pyrometrie. Die wichtigsten Instrumente zur Temperaturmessung aus der Strahlung eines Körpers sind die optischen Pyrometer. Im Prinzip handelt es sich bei den verschiedenen Ausführungsformen dieser Instrumente darum, bei einer bestimmten Wellenlänge λ des sichtbaren Lichts

---

[1]) S. VALENTINER, Ann. d. Phys. Bd. 31, S. 275. 1910; Bd. 39, S. 489. 1912; Bd. 41, S. 1056 u. S. 1059. 1913.

[2]) W. GERLACH, Ann. d. Phys. Bd. 38, S. 1. 1912; Bd. 40, S. 701; Bd. 41, S. 99; Bd. 42, S. 1163 u. 1167. 1913.

[3]) E. WARBURG, G. LEITHÄUSER u. Ed. JOHANSEN, Ann. d. Phys. Bd. 24, S. 25. 1907; Bd. 40, S. 609. 1913.

[4]) W. J. H. MOLL u. H. C. BURGER, ZS. f. Phys. Bd. 32, S. 575. 1925.

[5]) C. RUNGE, ZS. f. Math. u. Phys. Bd. 42, S. 205. 1897.

die Strahlungsenergien E_1 und E_2 eines schwarzen Strahlers bei zwei verschiedenen Temperaturen T_1 und T_2, von denen die eine (T_2) als bekannt vorausgesetzt wird, während die andere (T_1) gesucht wird, miteinander zu vergleichen. Da es allein auf das Verhältnis $\Phi = E_1 : E_2$ ankommt, so kann statt der Energie E die spektrale Flächenhelligkeit h eingeführt werden. Dann geht Gleichung (28) über in

$$\ln\frac{E(\lambda,T_1)}{E(\lambda,T_2)} = \ln\frac{h(\lambda,T_1)}{h(\lambda,T_2)} = \ln\Phi = \frac{c_2}{\lambda}\left(\frac{1}{T_2} - \frac{1}{T_1}\right). \qquad (62)$$

Diese Beziehung heißt auch die Gleichung der Isochromate. Ist das Produkt $\lambda \cdot T$ so groß, daß statt der Wienschen Strahlungsgleichung [Gleichung (27)] diejenige von Planck [Gleichung (23)] herangezogen werden muß, so ist die Gleichung der Isochromate weniger einfach, da sie nicht nach den Temperaturen aufgelöst werden kann. Im Prinzip entstehen dadurch keine Schwierigkeiten.

Unter der Annahme, daß T_2 konstant bleibt, ändert sich das Verhältnis $h(\lambda,T_1):h(\lambda,T_2)$ um so stärker mit der Temperatur T_1, je kürzer die Wellenlänge λ ist. Bei der optischen Pyrometrie wird meist im roten Licht beobachtet, weil man bei dieser Farbe den Meßbereich des Pyrometers am weitesten nach tiefen Temperaturen ausdehnen kann. Nimmt man die Flächenhelligkeit eines schwarzen Körpers am Goldschmelzpunkt ($T_2 = 1336°$ K oder $t_2 = 1063°$) als Einheit an, so besitzt die Flächenhelligkeit des schwarzen Körpers bei der Temperatur $T_1 = t_1 + 273°$ und der Wellenlänge $\lambda = 0{,}656\,\mu$ folgende Werte (Tabelle 6).

Tabelle 6. Abhängigkeit der monochromatischen Helligkeit ($\lambda = 0{,}656\,\mu$) eines schwarzen Körpers von der Temperatur.

t_1	$h(\lambda,T)$	t_1	$h(\lambda,T)$
500°	$0{,}6894 \cdot 10^{-5}$	2000°	$0{,}8349 \cdot 10^{3}$
750	$0{,}6792 \cdot 10^{-2}$	2500	$0{,}4702 \cdot 10^{4}$
1000	0,4464	3000	$0{,}1563 \cdot 10^{5}$
1063	1,0000	3500	$0{,}3780 \cdot 10^{5}$
1500	$0{,}5460 \cdot 10^{2}$		

Da man mit den optischen Pyrometern Helligkeitsunterschiede von 1 bis 2% feststellen kann, so ist eine beträchtliche Genauigkeit der Temperaturbestimmung möglich, nämlich etwa 0,7° bei 1000°, 2° bei 1500°, 10° bei 3000°.

Für nicht schwarze Strahler mit den verschiedenen Strahlungsintensitäten $E'(\lambda, T_1)$ und $E''(\lambda, T_2)$ erhält man mit Hilfe von Gleichung (41) an Stelle von Gleichung (62) die Beziehung

$$\ln\frac{E'(\lambda,T_1)}{E''(\lambda,T_2)} = \ln\frac{h'(\lambda,T_1)}{h''(\lambda,T_2)} = \ln\frac{E(\lambda,S_1)}{E(\lambda,S_2)} = \frac{c_2}{\lambda}\left(\frac{1}{S_2} - \frac{1}{S_1}\right). \qquad (63)$$

Bei der praktischen Ausführung der Messungen handelt es sich nicht um spektrale Flächenhelligkeiten h' und h'' bei einer bestimmten Wellenlänge λ, sondern um die Helligkeiten $H' = \int_{\lambda_1}^{\lambda_2} h'\,d\lambda$ und $H'' = \int_{\lambda_1}^{\lambda_2} h''\,d\lambda$ in einem Spektralbereich $\lambda_2 - \lambda_1$, der unter Umständen beträchtliche Breite besitzen kann. Aber auch in diesem Fall werden die Gleichungen (62) und (63) als gültig angesehen, wenn statt der Wellenlänge λ die sog. effektive Wellenlänge λ_e eingeführt wird. In Rücksicht auf die für die Farbtemperatur F bestehenden Beziehungen (Ziff. 21) gilt für das Helligkeitsverhältnis zweier Strahler mit verschiedener Selektivität ζ_1 und ζ_2 [vgl. Gleichung (47)].

$$\ln\frac{H'(\lambda,T_1)}{H''(\lambda,T_2)} = \ln\Phi = \frac{c_2}{\lambda_e}\left(\frac{1}{S_2} - \frac{1}{S_1}\right) = \frac{c_2}{\lambda_e}\left(\frac{1}{F_2} - \frac{1}{F_1}\right) + c_2(\zeta_2 - \zeta_1). \qquad (64)$$

Vergleicht man die Helligkeit eines schwarzen Körpers bei verschiedenen Temperaturen $T_1 = F_1(\zeta_1 = 0)$ mit einer auf konstanter Temperatur T_2 gehaltenen Lichtquelle der Selektivität ζ_2 bei zwei verschiedenen Wellenlängen, so läßt sich die Temperatur $T_1 = T_1^*$ angeben, bei der das Helligkeitsverhältnis für beide Wellenlängen den gleichen Wert besitzt. (Schnittpunkt der Isochromaten.) Gleichung (64) lehrt, daß $T_1^* = F_2$, d. h. gleich der Farbtemperatur des konstant temperierten Vergleichsstrahlers ist.

Über den Betrag der Strahlungskonstanten c_2 und die Ermittelung der effektiven Wellenlänge λ_e handeln die Ziff. 31 und 32.

27. Das Pyrometer von LE CHATELIER. Bei dem von LE CHATELIER[1]) angegebenen und später von FÉRY[2]) verbesserten Pyrometer bleibt die Vergleichslichtquelle stets auf derselben Temperatur T_2, und das Helligkeitsverhältnis Φ wird durch ein absorbierendes Medium kontinuierlich veränderlicher Dicke, gewöhnlich durch eine aus zwei Grauglaskeilen zusammengesetzte Platte (vgl. Abb. 5), bestimmt. Sieht man von dem Lichtverlust durch Reflektion an den Grenzflächen ab, so schwächt eine solche Platte der Dicke P das Licht um den Faktor $1 : \Phi = e^{-aP}$, wenn a den Extinktionskoeffizienten des absorbierenden Mediums bedeutet. Man erhält dann $\ln \Phi = a \cdot P$ und nach Gl. (64) indem man S_2 und λ_e mit in die Konstanten C_1 und C_2 einbegreift und S_1 durch S ersetzt

Abb. 5. Keile zur Lichtschwächung.

$$\frac{1}{S} = C_1 - C_2 \cdot P. \tag{65}$$

Durch empirische Eichung bei zwei Temperaturen sind die beiden Konstanten $C_1 = \frac{1}{S_2}$ und $C_2 = \frac{\lambda_e \cdot a}{c_2}$ bestimmbar, und man erhält die beliebige Temperatur S dann aus der Dicke P der absorbierenden Schicht. Die Wellenlänge λ_e wird durch ein farbiges Filter festgelegt. Im Gesichtsfeld des LE CHATELIERschen Pyrometers erscheinen nebeneinander zwei beleuchtete Flächen, von denen die eine ihr Licht von dem Strahler, die andere von der Vergleichslichtquelle erhält. Das strahlende Objekt ist also nicht in seinen Einzelheiten sichtbar.

28. Das Pyrometer von WANNER. Dasselbe gilt von dem Pyrometer von WANNER[3]), das auch auf dem gleichen Prinzip beruht wie das LE CHATELIER-FÉRYsche Instrument. Nur wird die Lichtschwächung nicht durch eine absorbierende Glasschicht veränderlicher Dicke, sondern wie im KÖNIGschen Photometer durch eine Polarisationseinrichtung bewirkt. Der Strahler und die Vergleichslichtquelle beleuchten je einen Teil des Objektivspaltes und je eine von zwei Flächen, die im Gesichtsfeld nebeneinander erscheinen. Durch ein WOLASTONsches Prisma wird bewirkt, daß das Licht der einen Fläche senkrecht zu demjenigen der andern Fläche polarisiert ist, indem man nach Aufspaltung der unpolarisierten Strahlen in die beiden polarisierten Anteile die eine Fläche nur durch den ordentlichen Strahl, die andere nur durch den außerordentlichen Strahl beleuchtet. Durch Drehung eines Nikols, der als Analysator dient, kann man beide Flächen auf gleiche Helligkeit einstellen.

Werden die zu den beiden Flächen gehörigen Amplituden der Lichtschwingung vor dem Analysator der Größe und Richtung nach durch die Strecken OB und OA (Abb. 6) dargestellt, und ist die Polarisationsrichtung OC des Analysators gegen

[1]) H. LE CHATELIER, Journ. de phys. Bd. 1, S. 185. 1892.
[2]) CH. FÉRY, Journ. de phys. Bd. 3, S. 32. 1904.
[3]) H. WANNER, Phys. ZS. Bd. 1, S. 226. 1900.

die Richtung OA um den Winkel φ gedreht, so sind die Amplituden des Lichtes, welches den Analysator durchsetzt hat, durch die Komponenten der Größen OA und OB in Richtung OC gegeben, d. h. durch die Beträge $OA' = OA \cdot \cos\varphi$ und $OB' = OB \sin\varphi$. Das Intensitätsverhältnis (welches dem Quadrat der Amplitude proportional ist) der beiden Lichtquellen hat vor dem Analysator den Wert $OA^2 : OB^2$ und hinter dem Analysator den Wert $OA^2 \cos^2\varphi : OB^2 \sin^2\varphi$. Um das Intensitätsverhältnis $\Phi = OA^2 : OB^2$ zu bestimmen, ist derjenige Wert von φ aufzusuchen, für den beide Felder im Gesichtsfeld des Instruments gleiche Helligkeit besitzen, d. h. für den $OA^2 \cos^2\varphi = OB^2 \sin^2\varphi$ ist. Hieraus folgt dann $OA^2 : OB^2 = \mathrm{tg}^2\varphi = \Phi$ und mit Gleichung (64) $2 \ln \mathrm{tg}\,\varphi = \frac{c_2}{\lambda_e}\left[\frac{1}{S_2} - \frac{1}{S_1}\right]$, wenn der Winkel φ von der Polarisationsrichtung OA, die dem Strahler der zunächst unbekannten Temperatur S_1 zuzuschreiben ist, gezählt wird. Führt man die Bedingung ein, daß die Temperatur S_2 der Vergleichslichtquelle stets ungeändert bleibt, so ist die letzte Gleichung in der Form

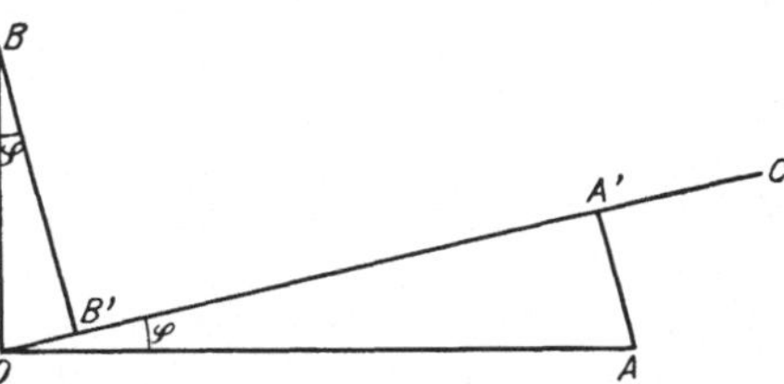

Abb. 6. Lichtschwächung durch Polarisation.

$$\frac{1}{S} = \frac{1}{S_1} = C_1 - C_2 \ln \mathrm{tg}\,\varphi \tag{66}$$

zu schreiben, in der, ebenso wie bei dem Instrument von LE CHATELIER, $C_1 = \frac{1}{S_2}$ und $C_2 = \frac{2\lambda_e}{c_2}$ zwei Konstante bedeuten, die empirisch bestimmt werden können, wenn die Helligkeiten eines Strahlers bei zwei bekannten Temperaturen gegeben sind Die Wellenlänge λ_e wird bei dem Wannerpyrometer meist durch ein Farbglas festgelegt, doch kann sie auch durch spektrale Zerlegung des Lichts gewonnen werden. In diesem Falle bedient man sich eines Spektroskops mit gerader Durchsicht.

HOFFMANN[1]) hat zum Teil in Gemeinschaft mit MEISSNER[2]) zahlreiche Temperaturmessungen mit einem etwas abgeänderten KÖNIG-MARTENSschen Spektrophotometer durchgeführt, das nur unwesentlich von dem Wannerpyrometer verschieden ist. Bei jenem Instrument liegt die brechende Kante des Prismas horizontal, und das den Okularspalt tragende Fernrohr ist schräg nach oben gerichtet. Als Vergleichsstrahler diente eine beleuchtete Mattglasscheibe, deren Licht mittels eines total reflektierenden Prismas auf die eine Hälfte des Kollimatorspaltes geworfen wurde, während man auf der andern Hälfte dieses Spaltes mittels einer Linse den Strahler, dessen Temperatur gemessen werden sollte, abbildete. Auf diese Weise ist es möglich, falls die Vergrößerung der Projektionslinse ausreicht, die Temperatur von Strahlern geringer Ausdehnung oder bestimmter Teile der Strahler zu messen.

Soll die Temperatur glühender Metalle oder anderer Körper, die polarisiertes Licht aussenden, bestimmt werden, so ist bei allen Instrumenten, bei denen eine Polarisationseinrichtung zur Lichtschwächung dient, Vorsicht geboten.

29. Das Glühfadenpyrometer. Das gebräuchlichste Instrument zur optischen Messung von Temperaturen ist das von HOLBORN und KURLBAUM[3]) zuerst angegebene Glühfadenpyrometer. Es besitzt vor dem Wannerpyrometer

---

[1]) F. HOFFMANN, ZS. f. Phys. Bd. 27, S. 285. 1924.
[2]) F. HOFFMANN u. W. MEISSNER, Ann. d. Phys. Bd. 60, S. 201. 1919.
[3]) L. HOLBORN u. F. KURLBAUM, Berl. Ber. 1901, S. 712; Ann. d. Phys. Bd. 10, S. 225. 1903.

und dem Pyrometer von LE CHATELIER-FÉRY den großen Vorzug, daß das Objekt auch bei spektraler Zerlegung[1]) in allen seinen Einzelheiten gesehen werden kann, so daß bei Anwendung einer vergrößernden Optik[2]) auch sehr kleine Gegenstände oder einzelne Teile ungleichmäßig leuchtender Strahler auf ihre Temperatur untersucht werden können.

Das Prinzip des Glühfadenpyrometers soll an den Abb. 7 und 8 erläutert werden, die das mit spektraler Zerlegung und vergrößernder Optik ausgerüstete Instrument und den Strahlengang im Farbglaspyrometer darstellen. Das eigentliche Pyrometer ist der Teil zwischen der Linse L_7 und der Blende B. Die zwischen den Blenden B und D befindliche Anordnung stellt die Vorrichtung zur spektralen Zerlegung dar. Sie kann durch ein bei B eingeschaltetes Farbglas ersetzt werden. Von dem strahlenden Objekt A, dessen Temperatur gemessen werden soll, wird durch das Linsensystem $L_6 L_7$ ein reelles Bild A' am Ort des Glühfadens der Pyrometerlampe G entworfen. Durch die Okularlinse L_3 sieht man im virtuellen Bild zugleich das Objekt und den Glühfaden scharf. Die Stromstärke i der Pyrometerlampe

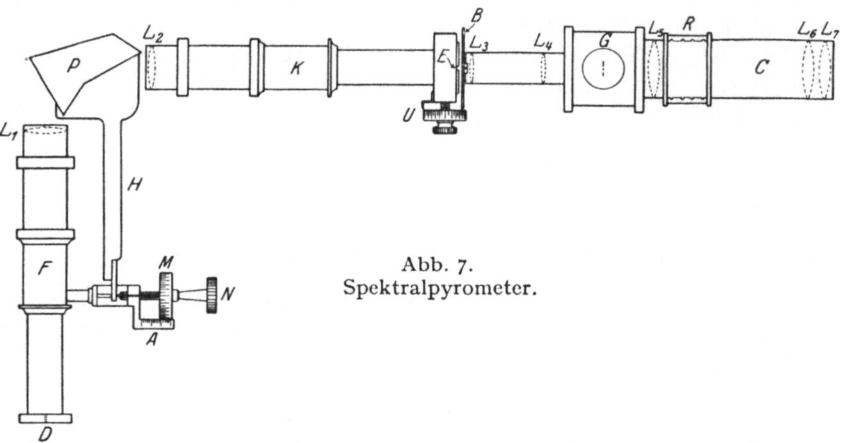

Abb. 7.
Spektralpyrometer.

wird nun so eingestellt, daß der Glühfaden die gleiche Helligkeit wie das Objekt besitzt. Nachdem die Pyrometerlampe — etwa vor einem schwarzen Körper verschiedener Temperatur — geeicht ist, kann man umgekehrt aus ihrer Stromstärke auf die Temperatur des Strahlers gleicher Helligkeit schließen. Bei dem Glühfadenpyrometer bleibt die Vergleichslichtquelle also nicht auf konstanter Temperatur, sondern sie wird in meßbarer Weise geändert. Kontinuierlich veränderliche Lichtschwächungen werden somit nicht gebraucht. Die in der Abbildung 7 dargestellten Linsen L_4 und L_5 dienen zur Vergrößerung des Gesichtsfeldes, während die Linsen L_6 und L_7 für die geometrische Vergrößerung des Objekts in seinem bei G bzw A' entstehenden Bilde entscheidend sind. Es ist ohne Schwierigkeit möglich, diese Vergrößerung im Verhältnis 4:1 zu bemessen und durch das Okular die Vergrößerung 5:1 zu bewirken, so daß das Objekt etwa 20fach, der Glühfaden dagegen nur 5fach vergrößert erscheint.

Bei dem Spektralpyrometer fällt die Strahlung des Objekts und des Glühfadens, nachdem beide die Revolverblende B durchschritten haben, auf den Objektivspalt E der Spektraleinrichtung. Das Kollimatorrohr K und das Fernrohr F sind im rechten Winkel fest zueinander montiert, und das ABBEsche Flintglasprisma P ist mittels des Hebelarmes H und der Mikrometer-

[1]) F. HENNING, ZS. f. Instrkde. Bd. 30, S. 61. 1910.
[2]) F. HENNING u. W. HEUSE, ZS. f. Phys. Bd. 16, S. 63. 1923; Bd. 29, S. 157. 1924.

schraube MN drehbar, so daß Licht beliebig einstellbarer Wellenlänge auf den Spalt D geworfen wird. Die Linsen L_1 und L_2 (Abb. 7) sind so eingerichtet, daß der Spalt E in der Ebene des Spaltes D scharf abgebildet und das Prisma P von parallelen Lichtbündeln durchsetzt wird. Zugleich dient L_1 für den durch D blickenden Beobachter als Lupe, um das bei L_2 entstehende reelle Bild des Objekts und des Glühfadens zu betrachten.

Die Nuten bei R dienen zur Aufnahme von Rauchgläsern für die Lichtschwächung, falls Strahler großer Helligkeit betrachtet werden.

In der schematischen Darstellung Abb. 8 ist die Linse L_3 als Lupe gezeichnet, wie es bei dem Farbglaspyrometer der Fall ist. Für die Flächenhelligkeit, mit der die Abb. A' des Gegenstandes A und der Bügel der Pyrometerlampe erscheint, ist der räumliche Winkel α_1 maßgebend, der kleiner sein muß als der vom Gegenstand herrührende Lichtkegel mit dem Öffnungswinkel α_2, da andernfalls verschieden große Lichtkegel von den beiden zu vergleichenden Lichtquellen ins Auge fallen würden und eine Photometrie unmöglich wäre. Durch den räumlichen Winkel α_1 ist für das beobachtende Auge auch die Flächenhelligkeit des Gegenstandes A eindeutig gegeben, wie folgende Überlegung zeigt:

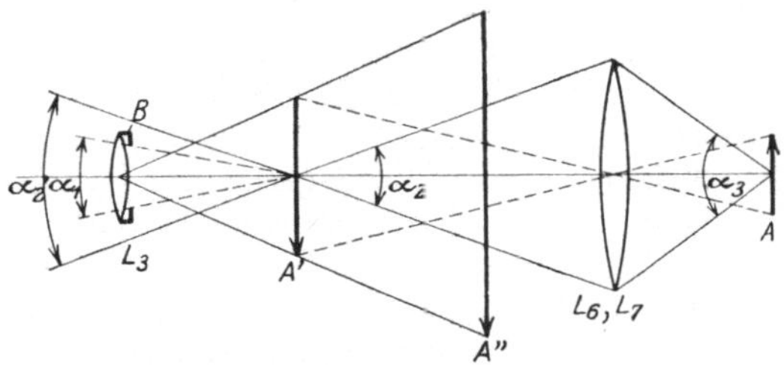

Abb. 8. Strahlengang beim optischen Pyrometer mit Vergrößerung des Objekts.

Wird die absolute Flächenhelligkeit des Gegenstandes A mit J bezeichnet, so ist der ganze von der Fläche 1 cm² auf die Linse L_6, L_7 fallende Lichtstrom proportional $\alpha_3 J$. Unter der Annahme, daß in den Linsen kein Lichtverlust eintritt, fällt derselbe Lichtstrom auf die Fläche V cm² des Bildes A', wenn V die Vergrößerung bezeichnet. Da außerdem durch die Linsen L_6, L_7 der Strahlenkegel von α_3 auf $\alpha_2 = \alpha_2'$ verändert wird, so ist bei der Flächenhelligkeit J' des Bildes A' der in den Winkelraum α_2' austretende Lichtstrom darstellbar als $VJ'\alpha_2' = J\alpha_3$, und man erhält die scheinbare Flächenhelligkeit des Bildes auf der Augenseite der Linse L_3 proportional mit $J'\alpha_1 = J\alpha_1 \cdot \frac{\alpha_3}{\alpha_2}\frac{1}{V} = J\alpha_1$, d. h. also, abgesehen von dem Lichtverlust, in den Linsen ebenso groß wie bei unmittelbarer Betrachtung des Strahlers und unabhängig von der Vergrößerung $V = \alpha_3/\alpha_2$.

Bei dem Pyrometer mit vergrößernder Optik stört die Ablenkung der Lichtbündel durch das Glas der gewöhnlichen Pyrometerlampen nicht unerheblich, weil bei genauer mechanischer Justierung im allgemeinen die wirksame Blende B des Instrumentes nicht mit Licht ausgefüllt ist. Man muß sich deshalb einer optischen oder mechanischen Kompensationseinrichtung bedienen, die die Ablenkung der Lichtbündel wieder rückgängig macht oder die mechanische Achse in die Richtung der optischen Achse einzustellen erlaubt. Am besten ist es jedoch, nicht die gewöhnlichen birn- oder kugelförmigen Pyrometerlampen zu verwenden, sondern Lampen mit planparallelen Fenstern zu benutzen, bei denen die besprochene Ablenkung nicht auftritt.

Wegen der veränderlichen Helligkeit der Vergleichslampe ist es zweckmäßig, die Grundgleichung (64) der optischen Pyrometrie für das Glühfadenpyrometer in der Form

$$\frac{c_2}{\lambda_e}\left(\frac{1}{T_{\mathrm{Au}}} - \frac{1}{S}\right) = \ln\frac{H'}{H'} + \ln\frac{H_p'}{H_{\mathrm{Au}}} \qquad (67)$$

zu schreiben, indem die Helligkeit, mit der der Glühfaden der Vergleichslampe erscheint, mit H'_p bezeichnet wird. Die Helligkeit H_{Au}, auf die nach den Ausführungsbestimmungen zum deutschen Temperaturgesetz (Ziff. 62) in Übereinstimmung mit dem allgemeinen Brauch alle optisch pyrometrischen Messungen zu beziehen sind, ist die Helligkeit des schwarzen Körpers bei der Temperatur T_{Au} des Goldschmelzpunktes. Ist es möglich, die Helligkeit H'_p der Vergleichslampe mit der Helligkeit H' des Strahlers unmittelbar in Einklang zu bringen, so daß $H'_p = H'$ und also $\ln\frac{H'}{H'_p} = 0$ ist, so nimmt die Gleichung wieder die einfache Gestalt an. Wenn andererseits H'_p nicht gleich H' gemacht werden kann, weil die letztere Helligkeit zu groß ist, so muß man sich einer Lichtschwächung von der Durchlässigkeit D bedienen und H'_p dann so abgleichen, daß $H'_p : H' = D$ ist. In jedem Falle muß durch die Eichung der Pyrometerlampe das Helligkeitsverhältnis $H'_p : H_{Au}$ als Funktion der Stromstärke i der Pyrometerlampe darzustellen sein.

30. Genauigkeit, mit der c_2 und λ bekannt sein sollten. Um die Frage beantworten zu können, welche Genauigkeit für die Konstante c_2 und die Wellenlänge λ gefordert werden muß, um nach Gleichung (62) oder (64) die Temperatur zu bestimmen, ist zunächst die Genauigkeit anzugeben, mit der die Temperatur selbst gemessen werden soll. Für diese Grenze ist bei der optischen Pyrometrie wiederum die Genauigkeitsgrenze der Helligkeitsmessung ausschlaggebend. Wenn auch in der Photometrie Helligkeiten unter günstigen Umständen noch bis auf $^1/_4$% gemessen werden können, so ist es in der Pyrometrie bisher kaum möglich, die Helligkeitsvergleichung auf weniger als 1% auszuführen. Es erscheint also zweckmäßig, eine solche Genauigkeit für c_2 und λ oder für das in der Strahlungsgleichung allein auftretende Verhältnis c_2/λ zu fordern, daß in der Temperaturmessung kein Fehler entsteht, der größer ist, als er durch eine um 1% falsche Helligkeitsmessung bewirkt wird. Unter der Annahme, daß die Helligkeit des schwarzen Körpers am Goldschmelzpunkt als Bezugswert dient, erhält man die in der folgenden Tabelle 7 zusammengestellten Werte für die Temperaturerhöhung ΔT, die einer Erhöhung der Helligkeit um 1% entspricht, und ferner für den prozentischen Fehler von c_2/λ, der den Fehler Δt bedingt, wenn die Helligkeitsmessung fehlerlos angenommen wird. Die Rechnung ist für die beiden Wellenlängen $\lambda = 0{,}5\,\mu$ und $\lambda = 0{,}7\,\mu$ durchgeführt. Hieraus ersieht man, daß es erwünscht ist, den Quotienten c_2/λ und somit auch jede der Größen c_2 und λ auf 0,1 bis 0,2% zu kennen. Bezüglich der Konstanten c_2 ist dies bisher noch nicht der Fall, wie in Ziff. 31 dargelegt wird. Bis es gelingt, genauere Werte von c_2 zu gewinnen, bleibt nur der Ausweg, einen bestimmten Wert von c_2 festzusetzen, damit die Einheitlichkeit der Temperaturmessung sichergestellt wird. Leider besteht bezüglich dieses c_2-Wertes bisher noch keine Einheitlichkeit. In Deutschland wird amtlich und von fast allen Autoren $c_2 = 1{,}430$ cm · grad angenommen, während amerikanische Forscher bisher den Wert $c_2 = 1{,}435$ oder $1{,}433$ cm · grad bevorzugen.

Tabelle 7.
Genauigkeit Δt der Temperaturmessung für die angegebenen prozentischen Fehler von c_2/λ bei zwei Wellenlängen.

t	$\lambda = 0{,}5\,\mu$		$\lambda = 0{,}7\,\mu$	
	Δt	$\Delta\left(\frac{c_2}{\lambda}\right) : \frac{c_2}{\lambda}$	Δt	$\Delta\left(\frac{c_2}{\lambda}\right) : \frac{c_2}{\lambda}$
800° C	0,4° C	−0,19%	0,6° C	−0,27%
1000	0,6	−0,95	0,8	−1,33
1500	1,1	+0,19	1,5	+0,27
2000	1,7	+0,11	2,4	+0,16
2500	2,7	+0,09	3,8	+0,13
3000	3,8	+0,08	5,3	+0,11
3500	5,0	+0,07	7,0	+0,10

31. Die Strahlungskonstante c_2. Man kann die Strahlungskonstante mit Hilfe der Gleichung (62) bestimmen, wenn die beiden Temperaturen T_1 und T_2 des schwarzen Körpers bekannt sind, auf die sich das Helligkeitsverhältnis Φ bezieht.

Die genauesten Beobachtungen dieser Art sind von WARBURG[1]) und seinen Mitarbeitern ausgeführt worden. Sie bedienten sich bei ihren letzten Versuchen eines Quarzprismas und ermittelten das Helligkeitsverhältnis Φ eines schwarzen Körpers bei den Temperaturen $T_1 = 1676$ und $T_2 = 1336°$ K und vier verschiedenen Wellenlängen λ, die zwischen 0,59 und 2,17 μ lagen. Die Temperatur T_2 ist diejenige des Goldschmelzpunktes und beruht auf gasthermometrischen Beobachtungen. Die Autoren führten eine Goldprobe in den schwarzen Körper und konnten mittels der Strahlungsintensität, die sich beim Schmelzen des Metalls ergab, den Körper stets wieder auf die gleiche Temperatur einstellen. Zur Ermittelung der höheren Temperatur T_2 bedienten sie sich der Strahlungsgesetze selbst, und zwar sowohl des Gesetzes über die Gesamtstrahlung [Gleichung (20)] als auch des WIENschen Verschiebungsgesetzes in der Form (22a) (vgl. Ziff. 8). Die Dispersion des Prismas, die auch für die Temperaturmessung nach dem WIENschen Verschiebungsgesetz bekannt sein muß, war zur Zeit der Versuche an dem verwendeten Quarzprisma noch nicht ermittelt. Es wurde der Berechnung darum sowohl die von PASCHEN als auch die von CARVALLO beobachtete Dispersionskurve des Quarzes zugrunde gelegt. Als das Mittel aus 7 Hauptversuchen haben die Autoren folgende 4 Werte gewonnen, die sich auf die beiden Methoden zur Bestimmung von T_1 und die beiden Annahmen über die Dispersion beziehen:

Tabelle 8.
Werte der Strahlungskonstanten c_2 in cm · grad nach WARBURG und MÜLLER.

	Bestimmung der Temperatur T_1 aus	
	Gesamtstrahlung	Energiemaximum
Dispersion nach PASCHEN	1,4268	1,4399
„ „ CARVALLO	1,4241	1,4295

Die Verf. leiten aus diesen Zahlen keinen Wert von c_2 ab, der als das endgültige Ergebnis ihrer Messungen anzusehen wäre, sondern sie schreiben nur: „Mit Rücksicht auf diese Ergebnisse ist in der 12. Auflage des Lehrbuches der praktischen Physik von F. KOHLRAUSCH, S. 376, $c_2 = 14300$ Mikron-Grad C gesetzt worden.“ Die Dispersion des Quarzprismas wurde später eingehend von SCHÖNROCK[2]) untersucht. Er fand im wesentlichen Übereinstimmung mit der Dispersionskurve von PASCHEN, doch ist der oben mitgeteilte Wert 1,4399 auf 1,4406 zu erhöhen. Die Differenz von etwa 1% zwischen den c_2-Werten, falls T_1 aus der Gesamtstrahlung oder aus dem Energiemaximum bestimmt wird, bleibt bestehen. Der Mittelwert würde sich also zu $1{,}433 \pm 0{,}007$ berechnen. Auch die 3 bis 4‰ betragenden Unterschiede zwischen den für c_2 bei verschiedenen Wellenlängen λ ermittelten Werte lassen sich durch die Benutzung der genauen Dispersionskurven nicht zum Verschwinden bringen. Aus den Messungen von WARBURG und seinen Mitarbeitern kann somit die Konstante c_2 nur mit einer Genauigkeit von etwa ½% abgeleitet werden.

---

1) E. WARBURG, G. LEITHÄUSER, E. HUPKA u. C. MÜLLER, Ann. d. Phys. Bd. 40, S. 609. 1913; E. WARBURG u. C. MÜLLER, ebenda Bd. 48, S. 410. 1915.

2) O. SCHÖNROCK, ZS. f. Instrkde. Bd. 43, S. 70. 1923.

Umfangreiche Messungen über die Konstante c_2 hat COBLENTZ[1]) im Bureau of Standards angestellt. Er bediente sich der Methode der Isothermen, indem er die Strahlung eines schwarzen Körpers durch ein Flußspatprisma zerlegte und aus der Wellenlänge λ_m maximaler Energie und der auf Grund gasthermometrischer Messungen gewonnenen Temperatur T gemäß Gleichung (26) $c_2 = 4{,}9651 \cdot \lambda_m T$ setzte. Für die Dispersion des Flußspats nahm er die von PASCHEN beobachteten Werte an. Die ursprünglich für die Konstante c_2 mitgeteilte Zahl mußte später[2]) wegen der inzwischen etwas verbesserten Kurven für die Dispersion und aus anderen Gründen um etwa $^3/_4\%$ erniedrigt werden. Als endgültiger Wert wird $c_2 = 1{,}4353$ angegeben. Die Temperatur der Isothermen lag meist zwischen 700 und 1250°; einige erstreckten sich bis 1520°. Die Temperaturskala ist oberhalb 1100° durch den Palladiumschmelzpunkt gekennzeichnet, der zu 1549°, also 8° tiefer angenommen wurde, als der deutschen Temperaturskala entspricht (Ziff. 62). Durch diesen Unterschied könnten die c_2-Werte nur bei den Isothermen höchster Temperatur, und zwar bis zu 0,4% beeinflußt werden. Der vielfach deutlich ausgesprochene Gang der c_2-Werte mit der Temperatur liegt allerdings nicht in dem Sinne, daß die Temperaturskala, deren sich COBLENTZ bediente, im Bereich hoher Temperaturen zu niedrige Werte lieferte.

Eine weitere experimentelle Ableitung der Strahlungskonstanten c_2 ist von G. MICHEL[3]) ausgeführt. Ihr liegt der größte Teil der umfangreichen Messungen von RUBENS und MICHEL über die Gültigkeit der PLANCKschen Strahlungsformel zugrunde. Es handelt sich um die Beobachtungen, welche bei sechs verschiedenen Wellenlängen (zwischen 4 μ und 16 μ) und im Temperaturgebiet von 100 bis 1100° nach der auch von WARBURG und seinen Mitarbeitern verwendeten Methode der Isochromaten ausgeführt wurden. Nachdem an der Gültigkeit des PLANCKschen Strahlungsgesetzes auch für jene langen Wellen Zweifel nicht mehr bestehen, ist es erlaubt, umgekehrt aus den genannten Beobachtungen die Strahlungskonstante zu ermitteln. Die Temperaturmessung ist hierbei durch Platinwiderstandsthermometer und Thermoelemente ausgeführt, die von der Physikalisch-Technischen Reichsanstalt auf Grund gasthermometrischer Messungen geeicht waren. Alle Messungen über 1100° sind dabei auszuscheiden, da die Temperaturskala der Reichsanstalt oberhalb dieser Grenze auf der Annahme des Wertes $c_2 = 1{,}43$ cm · Grad beruht. Nach den Berechnungen von MICHEL erhält man die Konstante $c_2 = 1{,}427$ cm · Grad mit einer Genauigkeit von etwa 0,5%.

Neben den rein experimentellen Ergebnissen kommt noch die Berechnung der Konstante c_2 mit Hilfe der Quantentheorie [vgl. Gleichung (24)] in Frage. Die in Gleichung (24) eingehende Größe k steht mit andern experimentell ermittelten Größen [Gaskonstante[4]) $R = 831{,}3 \cdot 10^5$ erg/grad, elektrisches Elementarquantum[5]) $e = 4{,}774 \cdot 10^{-10}$ elektrostatische C.G.S. und Valenzladung[6]) $F = 9649{,}4$ abs. Stromeinh./sec · Mol] in der Beziehung $k = \frac{R\,e}{F \cdot c}$, und man erhält, wenn man die Lichtgeschwindigkeit[7]) zu $c = 2{,}9985 \cdot 10^{10}$ cm/sec und das PLANCKsche Wirkungsquantum[7]) zu $h = 6{,}55 \cdot 10^{-27}$ erg · sec annimmt, $c_2 = 1{,}4319$.

1) W. W. COBLENTZ, Bull. Bur. Stand. Bd. 10, S. 1. 1914.

2) W. W. COBLENTZ, Bull. Bur. Stand. Bd. 13, S. 459. 1916 u. Bd. 15, S. 529. 1920.

3) G. MICHEL, ZS. f. Phys. Bd. 9, S. 285. 1922.

4) F. HENNING, ZS. f. Phys. Bd. 6, S. 69. 1921.

5) R. A. MILLIKAN, Phil. Mag. (6) Bd. 34, S. 1. 1917.

6) Berechnet aus dem Atomgewicht des Silbers 107,88 und der je Sekunde und Amp. ausgeschiedenen Silbermenge 0,001118 g.

7) Vgl. ds. Handb. Bd. II, Artikel HENNING-JÄGER.

Im ganzen liegen folgende hier in Betracht kommenden Angaben über die Konstante c_2 vor:

Tabelle 9.

Wahrscheinlichste Werte der Strahlungskonstanten c_2.	
Nach WARBURG und MÜLLER (1915)	1,433 cm · grad
COBLENTZ (1916)	1,435
MICHEL (1922)	1,427
der Quantentheorie	1,432

Keine dieser Zahlen kann eine höhere Genauigkeit als 0,5% beanspruchen. Ihr Mittelwert 1,432 cm · grad dürfte auf 0,3%, d. h. auf 4 Einheiten, der letzten Stelle zuverlässig sein. Dem derzeitigen Stand unserer Kenntnisse entspricht es,

$$c_2 = 1{,}43 \text{ cm} \cdot \text{grad} \tag{68}$$

zu setzen und für alle Temperaturbestimmungen aus Strahlungsbeobachtungen zu verwenden.

32. Berechnung der effektiven Wellenlänge bei dem optischen Pyrometer. Findet die Beobachtung mit einem Spektralpyrometer bei genügend engen Spalten statt, so ist die Wellenlänge λ_e [Gleichung (64)] nach Eichung des Prismas einfach bestimmbar. Bei weiten Spalten indessen ist ebenso wie bei Verwendung von gefärbten Lichtfiltern ein gewisser Mittelwert der Wellenlängen des hindurchgelassenen Spektralbereichs zu bilden, also die wirksame oder effektive Wellenlänge zu bestimmen. Es entsteht die Frage, nach welcher Regel dies zu geschehen hat. Ohne Zweifel ist hierbei die spektrale Helligkeit $h'(\lambda T)$, die der beliebig gedachte Strahler bei der Wellenlänge λ besitzt, von ausschlaggebender Bedeutung. Es liegt nahe, die effektive Wellenlänge λ_e aus der Gleichung

$$\lambda_e^n = \frac{\int \lambda^n h'(\lambda T)\, d\lambda}{\int h'(\lambda T)\, d\lambda} \tag{69}$$

zu bestimmen, bei der einstweilen der Exponent n unbekannt bleibt. Die spektrale Helligkeit $h'(\lambda, T)$ gewinnt man, wenn man die spektrale Intensität der Energiestrahlung $E'(\lambda, T)$ mit der spektralen Durchlässigkeit $\varrho(\lambda)$ des Filters und der spektralen Empfindlichkeit des Auges $\varphi(\lambda)$ multipliziert, so daß

$$h'(\lambda,T) = \varphi(\lambda) \cdot \varrho(\lambda) \cdot E'(\lambda,T) \tag{70}$$

zu setzen ist. Damit folgt in Rücksicht auf Gleichung (44)

$$h'(\lambda, T) = p \cdot \varphi(\lambda) \cdot \varrho(\lambda) \cdot E(\lambda, F), \tag{71}$$

so daß also die effektive Wellenlänge λ_e eine Funktion der Farbtemperatur F des Strahlers ist und gesetzt werden darf

$$\lambda_e = \lambda(F). \tag{72}$$

Bei der optischen Pyrometrie handelt es sich stets darum, die Helligkeit zweier Strahler, deren Farbtemperaturen F_1 und F_2 im allgemeinen verschieden sind, zu vergleichen. Hierbei müssen also zwei verschiedene effektive Wellenlängen $\lambda(F_1)$ und $\lambda(F_2)$ des verwendeten Farbglases in Frage kommen, die beide als gleichberechtigt anzusehen sind. Andererseits tritt aber in der Hauptgleichung für die optische Pyrometrie [Gleichung (64)] nur eine Wellenlänge λ_e auf.

Man gelangt zu einem in jeder Hinsicht befriedigenden Ausdruck für die effektive Wellenlänge, wenn man

$$\frac{1}{\lambda_e} = \frac{1}{\lambda(F_1, F_2)} = \frac{1}{2}\left[\frac{1}{\lambda(F_1)} + \frac{1}{\lambda(F_2)}\right] = \frac{1}{\Lambda} - \gamma\left(\frac{1}{F_1} + \frac{1}{F_2}\right) \tag{73}$$

setzt[1, 2]). Die Bedeutung der Konstanten Λ und γ erkennt man nach Einsetzen von Gleichung (73) in (64). Man erhält dann, falls es sich um das Helligkeitsverhältnis $H'(\lambda, T_1) : H'(\lambda, T_2)$ eines und desselben Strahlers ($\zeta_2 = \zeta_1$) bei zwei Farbtemperaturen F_1 und F_2 handelt,

$$\ln \frac{H'(\lambda, T_1)}{H'(\lambda, T_2)} = \frac{c_2}{\Lambda}\left(\frac{1}{F_2} - \frac{1}{F_1}\right) - \gamma \cdot c_2 \left(\frac{1}{F_2^2} - \frac{1}{F_1^2}\right), \tag{74}$$

woraus sich bei Einführung einer neuen Konstanten k

$$\ln H'(\lambda, T) = k - \frac{c_2}{\Lambda}\frac{1}{F} + \gamma c_2 \frac{1}{F^2} \tag{75}$$

ergibt. Diese Gleichung für die photometrische Helligkeit H' irgendeines Strahlers, der im Sinne von Gleichung (47) eine Farbtemperatur besitzt, gilt nur innerhalb der Grenzen des WIENschen Gesetzes, aber sie scheint nicht auf das begrenzte Spektralgebiet eines Farbglases, sondern auch auf die Gesamthelligkeit $[\varrho(\lambda) = \text{konst.} = 1]$ anwendbar zu sein. Der Faktor von $-\frac{c_2}{F}$, nämlich $\frac{1}{\lambda_c} = \frac{1}{\Lambda} - \frac{\gamma}{F}$, stellt den reziproken Wert der sog. Crova-Wellenlänge dar.

Um die Konstanten Λ und γ der Gleichung (73) zu ermitteln, muß die effektive Wellenlänge für zwei Wertepaare F_1 und F_2 bekannt sein. Am einfachsten liegen die Verhältnisse, wenn $F_2 = F_1 = F$ ist, d. h. wenn zwei Strahler gleicher Farbtemperatur verglichen werden. Aus Gleichung (73) folgt dann $\frac{1}{\lambda_F} = \frac{1}{\Lambda} - \frac{2\gamma}{F}$, und die gesuchten Konstanten Λ und γ lassen sich also gewinnen, wenn man nach Kenntnis des Exponenten n aus den Gleichungen (69) und (71 a) die effektive Wellenlänge für zwei Temperaturen F berechnet. Den Exponenten n findet man durch folgende Betrachtungen[3]):

Die in der Photometrie allgemein eingeführte Annahme, daß sich im Auge die Lichteindrücke $h'(\lambda, T)\,d\lambda$, welche zu verschiedenen differentialen Spektralbereichen gehören, zu einem Gesamtlichteindruck der Helligkeit H' addieren lassen, führt zu der Beziehung

$$H' = \int h'(\lambda\, T)\, d\lambda. \tag{76}$$

Mit ihr erhält man aus den Gleichungen (64) und (71) für $F_1 = F$ und $F_2 = F + dF$, falls die Selektivität ungeändert bleibt ($\zeta_2 = \zeta_1$)

$$\frac{c_2}{F^2} \cdot dF \frac{\int \frac{1}{\lambda} \cdot \varphi(\lambda) \cdot \varrho(\lambda) \cdot E(\lambda, F) \cdot d\lambda}{\int \varphi(\lambda) \cdot \varrho(\lambda) \cdot E(\lambda, F) \cdot d\lambda} = e^{\frac{c_2}{\lambda_e} \cdot \frac{dF}{F^2}} \tag{77}$$

oder nach Entwicklung der rechten Seite

$$\frac{1}{\lambda_e} = \frac{\int \frac{1}{\lambda} \cdot \varphi(\lambda) \cdot \varrho(\lambda) \cdot E(\lambda, F) \cdot d\lambda}{\int \varphi(\lambda) \cdot \varrho(\lambda) \cdot E(\lambda, F) \cdot d\lambda} = \frac{\int \frac{1}{\lambda} \cdot h'(\lambda\, T)\, d\lambda}{\int h'(\lambda\, T)\, d\lambda}. \tag{78}$$

Der Vergleich mit Gleichung (69) lehrt, daß der Exponent n den Wert -1 besitzt.

---

1) W. DE GROOT, Physica Bd. 4, S. 157. 1924.
2) F. HENNING, ZS. f. Phys. Bd. 30, S. 285. 1924.
3) P. D. FOOTE, Bull. Bur. Stand. Bd. 12, S. 483. 1916.

Da die spektrale Durchlässigkeit $\varrho(\lambda)$ des Lichtfilters leicht experimentell bestimmbar und die Intensität $E(\lambda, F)$ des schwarzen Körpers als Funktion der Wellenlänge λ und der Farbtemperatur F bekannt ist [Gleichung (27)], so wird zur Berechnung von $\lambda(F)$ nach Gleichung (69) und (71) nur noch die Kenntnis der Farbenempfindlichkeit $\varphi(\lambda)$ des Auges gefordert. Nun wird diese Farbenempfindlichkeit besonders an den Grenzen des sichtbaren Gebietes nicht von allen Beobachtern übereinstimmend angegeben; also ist nicht zu erwarten, daß die effektive Wellenlänge eines Farbglases unter sonst gleichen Bedingungen für alle Beobachter denselben Wert besitzt. Die Unterschiede betragen, wenn man die verschiedenen Angaben über die Farbenempfindlichkeit des normalen Auges zugrunde legt, 0,001 bis 0,002 μ, und sie erreichen zweifellos erheblich höhere Beträge, wenn es sich um Beobachter mit nicht normalen Augen handelt. Es empfiehlt sich, die effektive Wellenlänge zunächst auf Normalsichtigkeit zu beziehen und für die Berechnung nach Gleichung (71) bestimmte Werte von $\varphi(\lambda)$ allgemein anzunehmen. Hierfür kommen in erster Linie die in der folgenden Tabelle wiedergegebenen Ergebnisse der zahlreichen Versuche von GIBSON und TYNDALL[1]) in Betracht.

Tabelle 10. Augenempfindlichkeit nach GIBSON und TYNDALL.

λ	$\varphi(\lambda)$	λ	$\varphi(\lambda)$	λ	$\varphi(\lambda)$	λ	$\varphi(\lambda)$
0,40 μ	0,0004	0,50 μ	0,323	0,60 μ	0,631	0,70 μ	0,0041
0,41	0,0012	0,51	0,503	0,61	0,503	0,71	0,0021
0,42	0,0040	0,52	0,710	0,62	0,381	0,72	0,00105
0,43	0,0116	0,53	0,862	0,63	0,265	0,73	0,00052
0,44	0,023	0,54	0,954	0,64	0,175	0,74	0,00025
0,45	0,038	0,55	0,995	0,65	0,107	0,75	0,00012
0,46	0,060	0,56	0,995	0,66	0,061	0,76	0,00006
0,47	0,091	0,57	0,952	0,67	0,032		
0,48	0,139	0,58	0,870	0,68	0,017		
0,49	0,208	0,59	0,757	0,69	0,0082		

Nachdem in der angegebenen Weise gemäß Gleichung (78) aus zwei zu verschiedenen Farbtemperaturen gehörigen effektiven Wellenlänge λ_e die Konstanten A und γ der Gleichung (73) ermittelt sind, kann die in Gleichung (64) eingehende Wellenlänge berechnet werden, wenn die Farbtemperaturen F_1 und F_2 der beiden Strahler 1 und 2 (deren Helligkeiten miteinander in Beziehung gesetzt werden sollen) gegeben sind. Bei der optischen Pyrometrie werden die Helligkeiten dieser beiden Strahler nicht unmittelbar verglichen, sondern jede für sich mit der Helligkeit der Pyrometerlampe, deren Farbtemperatur F_p sei. Demgemäß sind drei effektive Wellenlängen zu unterscheiden, nämlich $\lambda(F_1, F_p)$, $\lambda(F_2, F_p)$ und $\lambda(F_1, F_2)$. Der Strahler 2, auf den alle Helligkeitsmessungen bezogen werden, ist der schwarze Körper. Die Pyrometerlampe, welche vor dem schwarzen Körper geeicht ist, ersetzt diesen bei der Temperaturmessung. Das für die Helligkeiten geltende Substitutionsprinzip trifft auch für die effektiven Wellenlängen zu, wie man aus Gleichung (74) erkennen kann, wenn man diese Beziehung für die 3 effektiven Wellenlängen aufstellt. Begründet ist die Möglichkeit der Substitution darin, daß $\frac{1}{\lambda(F_a, F_b)}$ stets mit dem Faktor $\frac{1}{F_b} - \frac{1}{F_a}$ behaftet ist und daß

$$\frac{1}{\lambda(F_1, F_p)}\left(\frac{1}{F_p} - \frac{1}{F_1}\right) - \frac{1}{\lambda(F_2, F_p)}\left(\frac{1}{F_p} - \frac{1}{F_2}\right) = \frac{1}{\lambda(F_1, F_2)}\left(\frac{1}{F_2} - \frac{1}{F_1}\right) \tag{79}$$

[1]) K. S. GIBSON u. E. P. T. TYNDALL, Scient. Pap. Bureau of Stand. Bd. 19, S. 131. 1923; vgl. Journ. Opt. Soc. Amer. Bd. 10. S. 232. 1925.

ist. In Gleichung (64) ist darum, soweit es sich um Anwendungen auf die optische Pyrometrie handelt, $S_2 = F_2 = T_2$ zu setzen. Letzten Endes werden alle Messungen auf die Helligkeit H_{Au} des schwarzen Körpers am Goldschmelzpunkt $T = T_{Au}$ zurückgeführt, so daß $S_2 = F_2 = T_{Au} = 1336°$ ist. Gleichung (73) geht dann über in die Beziehung

$$\frac{1}{\lambda(F, T_{Au})} = \frac{1}{\Lambda} - \gamma\left(\frac{1}{F} + \frac{1}{T_{Au}}\right), \tag{80}$$

wofür in fast stets ausreichender Näherung

$$\lambda(F, T_{Au}) = \Lambda + \gamma'\left(\frac{1}{F} + \frac{1}{T_{Au}}\right) \tag{81}$$

gesetzt werden darf.

33. Experimentelle Ermittelung der effektiven Wellenlänge. Gleichung (64) geht in Anlehnung an Gleichung (74) bei Vergleich aller Helligkeiten mit derjenigen des schwarzen Körpers am Goldschmelzpunkt unter Fortlassung des Index über in die Beziehung

$$\ln\frac{H'(\lambda, T)}{H(\lambda, T_{Au})} = \frac{c_2}{\Lambda}\left(\frac{1}{T_{Au}} - \frac{1}{F}\right) - \gamma c_2\left(\frac{1}{T_{Au}^2} - \frac{1}{F^2}\right) - c_2\zeta. \tag{82}$$

Die beiden Konstanten c_2/Λ und γc_2, die nach Ziff. 32 nur auf ziemlich umständliche Weise zu berechnen sind, könnten bei gegebener Selektivität ζ des Strahlers gemäß Gleichung (82) abgeleitet werden, wenn zwei optische Fixpunkte bekannter Farbtemperatur F gegeben wären. Nach Einführung des Zahlenwertes $c_2 = 14300\ \mu\cdot$Grad [Gleichung (68)] könnte dann auch die effektive Wellenlänge vollständig berechnet werden. Leider sind bisher derartige optische Fixpunkte, die mit genügender Sicherheit reproduzierbar sind, nicht bekannt.

Für eine Reihe von Fällen mit geringeren Ansprüchen an Genauigkeit wird die Annahme genügen, daß die Änderung der effektiven Wellenlänge mit der Farbtemperatur von untergeordneter Bedeutung ist. Dann ist die Konstante $\gamma = 0$ zu setzen und Gleichung (82) geht mit Rücksicht auf Gleichung (47) über in

$$\ln\frac{H'(\lambda, T)}{H(\lambda, T_{Au})} = \frac{c_2}{\lambda}\left(\frac{1}{T_{Au}} - \frac{1}{F}\right) - c_2\zeta = \frac{c_2}{\lambda}\left(\frac{1}{T_{Au}} - \frac{1}{S}\right). \tag{83}$$

Um die Konstante c_2/λ bzw. λ zu gewinnen, ist jetzt die Kenntnis nur eines optischen Fixpunktes erforderlich. Man hat sich bisweilen der Gleichung (83) zur Bestimmung von λ bedient, indem man einen schwarzen Körper ($\zeta = 0$) außer auf die Temperatur T_{Au} des Goldschmelzpunktes noch auf eine zweite Temperatur $T = F = S$ heizte, deren Betrag durch ein Thermoelement ermittelt wurde. Wählt man als zweite Temperatur den Palladiumschmelzpunkt $T_{Pd} = 1830°$, so ist $c_2\left(\frac{1}{T_{Au}} - \frac{1}{T_{Pd}}\right) = 2{,}888$ zu setzen[1]).

Ohne Kenntnis einer Temperatur führt eine von DE GROOT[2]) angegebene Methode zum Ziel.

Die Methode kann in etwas allgemeinerer Form als der Autor selbst sie darstellt, folgendermaßen skizziert werden: Zwei Strahler möglichst verschiedener Farbtemperaturen F_1 und F_2 gleicht man so gegeneinander ab, daß sie bei Betrachtung durch das zu untersuchende Lichtfilter gleich hell erscheinen. Es gilt dann, wenn diese beiden Helligkeiten im Anschluß an Gleichung (44) mit

[1]) G. HOLST u. E. OOSTERHUIS, Versl. Amsterdam Akad. Bd. 24, S. 1740. 1915.

[2]) W. DE GROOT, Physica Bd. 4, S. 157. 1924.

$H_1'(\lambda, T_1) = p_1 \cdot H(\lambda, F_1)$ und $H_2'(\lambda, T_2) = p_2 \cdot H(\lambda, F_2)$ bezeichnet werden, $p_2 : p_1 = H(\lambda, F_1) : H(\lambda, F_2)$ und mit Rücksicht auf Gleichung (64), da sich die Helligkeiten H auf den schwarzen Körper beziehen [vgl. Gleichung (44)]

$$\ln \frac{p_2}{p_1} = \ln \frac{H(\lambda, F_1)}{H(\lambda, F_2)} = \frac{c_2}{\lambda_e}\left(\frac{1}{F_2} - \frac{1}{F_1}\right). \tag{84}$$

Die spektralen Helligkeiten h_1' und h_2' der beiden Strahler sind im allgemeinen ungleich, und wenn man die spektralen Helligkeiten als Funktion der Wellenlänge aufträgt, so erhält man zwei Kurven, die sich in einem Punkt schneiden. Für die diesem Schnittpunkt zugehörige Wellenlänge λ' sind die spektralen Helligkeiten beider Strahler $h_1'(\lambda', T_1) = p_1 \cdot h(\lambda', F_1)$ und $h_2'(\lambda', T_2) = p_2 \cdot h(\lambda', F_2)$ einander gleich. Somit gilt für diese ausgezeichnete Wellenlänge $p_2 : p_1 = h(\lambda', F_1) : h(\lambda', F_2)$, und man erhält mit Gleichung (62)

$$\ln \frac{p_2}{p_1} = \ln \frac{h(\lambda', F_1)}{h(\lambda', F_2)} = \frac{c_2}{\lambda'}\left(\frac{1}{F_2} - \frac{1}{F_1}\right). \tag{85}$$

Der Vergleich von Gleichung (84) und Gleichung (85) lehrt, daß die gesuchte effektive Wellenlänge $\lambda_e = \lambda'$ ist.

Um die Wellenlänge λ' auf experimentellem Wege zu gewinnen, wird in das Okular eines Farbglaspyrometers ein aus zwei Prismen zusammengesetzter Würfel W (Abb. 9) eingebaut, deren gemeinsame Grenzfläche zur Hälfte versilbert ist, so daß die Hälfte ab des Strahlenbündels abc entsprechend dem gewöhnlichen Strahlengang nach dem Passieren des Farbglases G ins Auge bei A gelangt, während die andere Hälfte bc auf den Spalt P eines Spektrographen fällt. Hier entsteht ein reelles Bild des Strahlers und des Glühfadens der Pyrometerlampe. Man stellt nun in der üblichen Weise mit dem Pyrometer unter Benutzung des Farbglases auf optisches Gleichgewicht ein und photographiert dann die Spektren des Strahlers und des Glühfadens. Würden beide Lichtquellen gleiche Farbtemperatur und somit bei optischem Gleichgewicht in allen Farben gleiche Intensität besitzen, so würden sich auch die sichtbaren Teile ihrer Spektren in keiner Weise unterscheiden. Haben beide aber verschiedene Farbtemperaturen, so daß das Intensitätsverhältnis beider Lichtquellen von Wellenlänge zu Wellenlänge wechselt, so muß in einem Teil des Spektrums das strahlende Objekt, im übrigen Spektrum der Glühfaden heller erscheinen. Die Wellenlänge, welche beide Gebiete scheidet, ist die gesuchte. Sie ist um so schärfer bestimmbar, je verschiedener die Farbtemperaturen beider Strahler sind. — Eine Lichtquelle, deren Farbtemperatur von derjenigen des Glühfadens bei gleicher Helligkeit sehr verschieden ist, stellt z. B. das auf einem weißen Schirm mittels einer Linse entworfene Bild eines stark glühenden Wolframbandes dar. Statt dessen kann man auch eine gewöhnliche Lichtquelle wählen, deren Licht durch ein schwaches Blau- oder Rotfilter gefärbt wird.

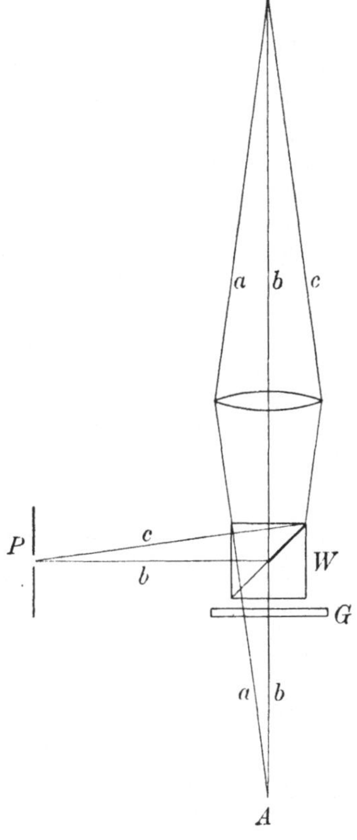

Abb. 9. Zur Bestimmung der effektiven Wellenlänge nach DE GROOT.

Zu bemerken ist noch, daß die Methode von DE GROOT nicht die eigentlich gesuchte Wellenlänge $\lambda_e = \lambda(F, T_{Au})$ (vgl. Ziff. 32) liefert, d. h. diejenige, auf welche es ankommt, wenn die Helligkeit eines Strahlers der Farbtemperatur F mit der Helligkeit des schwarzen Körpers am Goldschmelzpunkt verglichen werden soll, sondern vielmehr die effektive Wellenlänge $\lambda(F, F_p)$ für den Vergleich der Helligkeit des Strahlers mit der Helligkeit der Pyrometerlampe. Beide Wellenlängen dürften indessen meist nicht merklich verschieden sein.

Die beschriebene Methode läßt sich vereinfachen, wenn man das in Ziff. 29 beschriebene Spektralpyrometer so abändert, daß das Instrument bei derselben Stellung der Pyrometerlampe beliebig als Spektralpyrometer und als Farbglaspyrometer verwendet werden kann. Dies ist leicht dadurch möglich, daß man in den Strahlengang zwischen den Linsen L_3 und L_4 ein total reflektierendes Prisma einführt, das nach Belieben wieder entfernt werden kann und das, wenn es sich in seiner wirksamen Lage befindet, das gesamte Licht in ein mit Farbglasokular versehenes Ansatzrohr wirft. Man stellt nun zunächst in der Anordnung des Farbglaspyrometers den Heizstrom des Glühfadens auf optisches Gleichgewicht mit einem Strahler möglichst abweichender Farbtemperatur ein und sucht dann in der Anordnung des Spektralpyrometers diejenige Wellenlänge, bei der für ungeänderte Heizstromstärke des Glühfadens wieder optisches Gleichgewicht eintritt. Diese Wellenlänge ist dann die oben mit λ' bezeichnete.

Über die Ermittelung der Unterschiede von effektiven Wellenlängen verschiedener Lichtfilter und über die Veränderung der effektiven Wellenlänge für den Fall, daß ein Rauchglas verwendet wird, finden sich Angaben in den Ziff. 36 [s. Gleichung (103)] und 39.

34. Zahlenbeispiel für die Veränderlichkeit der effektiven Wellenlänge. Die folgende Tabelle gestattet einen Überblick über die Änderung der effektiven Wellenlänge mit der Farbtemperatur F, und zwar für ein SCHOTTsches Rotglas Nr. 4512 von 4 mm Dicke und ein grünes Gelatinefilter, wenn die Helligkeitsvergleichung zwischen einem Strahler der Farbtemperatur F und einem schwarzen Körper der Temperatur $T_0 = 1336°$ ausgeführt wird. Die Zahlen folgen aus den Formeln:

Rotfilter:

$$\lambda(F, T_{Au}) = 0{,}6480 + 6{,}2\left(\frac{1}{F} + \frac{1}{1336}\right),$$

Grünfilter:

$$\lambda(F, T_{Au}) = 0{,}5371 + 5{,}0\left(\frac{1}{F} + \frac{1}{1336}\right).$$

Tabelle 11. Effektive Wellenlängen zweier spezieller Lichtfilter.

$F - 273°$	Rotfilter Nr. 4512 $\lambda(F, T_{Au}) - 0{,}6560\,\mu$	Gelatinegrünfilter $\lambda(F, T_{Au}) - 0{,}5450\,\mu$
800°	+ 0,0024 μ	+ 0,0005 μ
900	+ 0,0019	+ 0,0001
1000	+ 0,0015	− 0,0002
1100	+ 0,0011	− 0,0005
1200	+ 0,0009	− 0,0008
1300	+ 0,0006	− 0,0010
1400	+ 0,0004	− 0,0012
1500	+ 0,0002	− 0,0013
2000	− 0,0006	− 0,0020
2500	− 0,0011	− 0,0023
3000	− 0,0015	− 0,0026
3500	− 0,0017	− 0,0029

In dem Temperaturintervall von 800 bis 3500° ändert sich hiernach die effektive Wellenlänge der beiden Lichtfilter um je 0,63%. Dieser Betrag übersteigt um das Mehrfache die Grenze, mit der die effektive Wellenlänge insbesondere im Gebiet der höheren Temperaturen bekannt sein muß, um die Temperatur mit derselben Genauigkeit ableiten zu können, wie sie der sonstigen Meßgenauigkeit bei der optischen Pyrometrie entspricht (s. Ziff. 30).

Es ist zu bemerken, daß die effektive Wellenlänge eines Filters nicht nur von der Temperatur des Strahlers, sondern auch ein wenig von der Temperatur des Filters selbst abhängt. Aus zahlreichen Versuchen ist bekannt, daß die Absorptionsbanden durchsichtiger Körper sich mit zunehmender Temperatur nach langen Wellen verschieben und daß besonders im Gebiet der größten Absorption die spektrale Durchlässigkeit des Filters sehr stark mit der Eigentemperatur des Filters veränderlich ist[1]). Da diese Wellenlängen aber für die Gesamtdurchlässigkeit nur einen geringen Beitrag liefern, so hält sich der Temperaturkoeffizient der effektiven Wellenlänge in mäßigen Grenzen. Bei dem SCHOTTschen Rotglas der genannten Art wächst die effektive Wellenlänge um 0,0015 μ, wenn die Temperatur des Filters von 20 auf 30° erhöht wird. Auch die Dicke des Farbglases ist von Einfluß auf die Wellenlänge, die bei dem SCHOTTschen Rotfilter um etwa 0,0035 μ wächst, wenn man statt eines Glases von 4 mm Dicke zwei derartige Gläser verwendet.

35. Eichung der Pyrometerlampe. Aus Gleichung (67) folgt mit Gleichung (47), wenn man zugleich die bereits am Schluß von Ziff. 29 angenommene Bezeichnung $H'_p : H' = D$ einführt,

$$\frac{1}{S} = \frac{\lambda_e}{c_2} \ln D + \frac{1}{T_{\mathrm{Au}}} - \frac{\lambda_e}{c_2} \ln \frac{H'_p}{H_{\mathrm{Au}}} = \frac{\lambda_e}{c_2} \ln D + \frac{1}{S'_p} \tag{86}$$

$$\frac{1}{F} = \lambda_e \left(\frac{\ln D}{c_2} - \zeta \right) + f(i), \tag{87}$$

wobei zur Abkürzung

$$\frac{1}{T_{\mathrm{Au}}} - \frac{\lambda_e}{c_2} \ln \frac{H'_p}{H_{\mathrm{Au}}} = \frac{1}{S'_p} = f(i) \tag{88}$$

gesetzt wird. Diese letzte Gleichung besagt zugleich, daß die Größe S'_p, die außer von dem Bezugspunkt (Helligkeit des schwarzen Körpers bei T_{Au}) nur von der Helligkeit H'_p, (mit der sich die Pyrometerlampe im optischen Gleichgewicht befindet) abhängt, als Funktion der Stromstärke i dieser Lampe dargestellt werden soll. Der Vergleich von (88) mit (67) oder (64) lehrt, daß S'_p die zu der Helligkeit H'_p gehörige schwarze Temperatur bedeutet. Bezieht sich H'_p auf einen schwarzen Körper, so ist S'_p durch T'_p zu ersetzen.

Häufig ist der Zusammenhang zwischen der Stromstärke i des Glühfadens und der Temperatur S'_p bzw. T'_p durch eine Gleichung der Form $i = a + bS'_p + cS'^2_p$ oder $\log i = a + b \log S'_p$ dargestellt worden, deren Konstanten durch Eichung mittels eines schwarzen Körpers oder einer geeichten Temperaturlampe (Ziff. 20) bei drei oder zwei Temperaturen ermittelt werden können. Für eine fundamentale Eichung der Pyrometerlampe ist es indessen zweckmäßiger, eine Gleichung der Form $\frac{1}{S'_p} = a + \frac{b}{i^2}$ oder, falls es sich um einen großen Meßbereich handelt, der Form

$$\frac{1}{S'_p} = f(i) = a + g(i) = a + \frac{b}{i^2} + \frac{c}{i^3} + \frac{d}{i^4} \tag{89}$$

zu wählen. Man kann dann, wie sogleich darzulegen ist, die Funktion $g(i)$ ohne Anschluß der Lampe an einen schwarzen Körper gewinnen und braucht sich dieses Normalstrahlers oder eines bekannten optischen Fixpunktes nur bei einer einzigen Temperatur zu bedienen, nämlich um die Konstante a zu ermitteln.

Aus Gleichung (88) und (89) erhält man für zwei verschiedene Helligkeiten H'_p, die kurz als H'_1 und H'_2 bezeichnet werden mögen und denen die Stromstärken i_1 und i_2 entsprechen sollen, die Beziehung

$$f(i_1) - f(i_2) = -\frac{\lambda_e}{c_2} \ln \frac{H'_1}{H'_2} = b\left(\frac{1}{i_1^2} - \frac{1}{i_2^2}\right) + c\left(\frac{1}{i_1^3} - \frac{1}{i_2^3}\right) + d\left(\frac{1}{i_1^4} - \frac{1}{i_2^4}\right). \tag{90}$$

[1]) Z. B.: F. HENNING u. W. HEUSE, ZS. f. Phys. Bd. 20, S. 132. 1923; E. P. HYDE, F. E. CADY u. W. E. FORSYTHE, Phys. Rev. Bd. 6, S. 74. 1915 u. Astrophys. Journ. Bd. 42, S. 302. 1915. F. HENNING, ZS. f. Instrkde. Bd. 46, S. 163. 1926.

Hieraus ist ersichtlich, daß die drei Konstanten b, c, d und somit die Funktion $g(i)$ bestimmbar sind, wenn drei Helligkeitsverhältnisse H_1'/H_2' bei der Wellenlänge λ_e bekannt sind. Die Art der Lichtquelle ist dabei ohne Bedeutung. Die Helligkeitsverhältnisse stellt man durch rotierende Sektoren her, deren Durchlässigkeit leicht durch Ausmessung des Öffnungswinkels bestimmt werden kann. Bei der Messung selbst wird so verfahren, daß man das Pyrometer zunächst auf einen beliebigen Strahler der unbekannten Helligkeit H_1' richtet und nach Ablesung der entsprechenden Stromstärke i_1 die Helligkeit mittels des rotierenden Sektors auf den Betrag H_2' schwächt; die zugehörige Stromstärke sei i_2. Somit sind die dem Helligkeitsverhältnis H_1'/H_2' zuzuordnenden Stromstärken i_1 und i_2 gewonnen.

Wird bei diesen Beobachtungen ein Farbglas verwendet, so scheint dadurch eine Schwierigkeit aufzutreten, daß die Wellenlänge λ_e nicht konstant bleibt. Es empfiehlt sich, ohne Rücksicht hierauf bei Berechnung der Größe $\frac{\lambda_e}{c_2}\ln\frac{H_1'}{H_2'}$ zunächst die Wellenlänge λ_e durch die konstante Wellenlänge λ_0 zu ersetzen, die so gewählt ist, daß die Unterschiede $\lambda_e - \lambda_0$ möglichst gering sind. Die auf diese Weise gewonnene Eichung der Lampe würde zur Reduktion auf die tatsächlichen Verhältnisse einer Korrektur bedürfen. Doch hat sich gezeigt[1]), daß sie im Falle des SCHOTTschen Rotglases F 4512 außerordentlich klein ist und vernachlässigt werden darf.

Die Ermittelung der Konstanten a, b und c sowie der Funktion $g(i)$ wird als die relative Eichung der Pyrometerlampe bezeichnet. Um zur absoluten Eichung überzugehen, ist noch die Konstante a zu bestimmen. Man gewinnt sie am einfachsten, wenn man gemäß Gleichung (88) die Helligkeit H_p' des Glühfadens gleich der Helligkeit des schwarzen Körpers bei der Temperatur T_{Au} des Goldschmelzpunktes macht, d. h. wenn man das Pyrometer auf einen schwarzen Körper dieser Temperatur richtet und die zugehörige Stromstärke $i = i_0$ ermittelt. Dann ist nämlich

$$f(i_0) = g(i_0) + a = \frac{1}{T_{\text{Au}}}, \tag{91}$$

und da $g(i_0)$ berechenbar ist, folgt ohne weiteres der gesuchte Wert von a. Ist ein anderer optischer Fixpunkt gegeben, dessen Helligkeitstemperatur (oder schwarze Temperatur) bei der Wellenlänge λ_e mit S_f' bezeichnet werde, so erhält man, wenn man noch die seiner Helligkeit entsprechende Stromstärke i_f nennt, gemäß Gleichung (89) ganz allgemein

$$a = \frac{1}{S_f'} - g(i_f). \tag{92}$$

Damit ist die gesuchte Funktion $1/S_p' = f(i)$ für die Wellenlänge λ_e vollständig gewonnen.

Als optischer Fixpunkt dieser Art kann der Schmelzpunkt eines frei in der Luft ausgespannten Platindrahtes[2]) angesehen werden, für den $F = 2083$ und $\zeta = 1000 \cdot 10^{-7}$ gesetzt werden darf. Man heizt ein 2 bis 3 cm langes Stück des Drahtes von etwa 0,2 mm Durchmesser möglichst unter Ausschluß von Luftströmungen — am besten in einem ziemlich engen Glasrohr mit einem Loch als Beobachtungsfenster — auf elektrischem Wege bis wenige Grade unter seinen Schmelzpunkt und überläßt ihn dann sich selbst, bis er, infolge seiner Zerstäubung nach und nach dünner werdend, nach voraufgegangener deutlicher Deformation

[1]) F. HENNING u. W. HEUSE, ZS. f. Phys. Bd. 32, S. 799. 1925.
[2]) F. HENNING u. W. HEUSE ZS. f. Phys. Bd. 29, S. 157. 1924.

in der Mitte schmilzt. Die selbsttätige Temperatursteigerung beträgt dann etwa 1° in zwei Minuten und läßt sich mittels eines Pyrometers mit vergrößernder Optik (Ziff. 29) leicht verfolgen. Aus F und ζ findet man die schwarze Temperatur S_f bei der Wellenlänge λ nach Gleichung (47) zu

$$\frac{1}{S_f} = 10^{-7}(4801 + 1000\,\lambda)\,. \tag{93}$$

36. Eichung der Pyrometerlampe für verschiedene Wellenlängen und Pyrometer. Handelt es sich darum, die Funktion $f(i)$ für mehrere Farben zu kennen, wie es z. B. für das Spektralpyrometer (Ziff. 29) gefordert werden muß, so läßt sich unter gewissen Bedingungen, die im allgemeinen mit großer Näherung erfüllt sein werden, ein abgekürztes Verfahren anwenden. Diese Abkürzung gilt besonders für den Fall, daß das Material des Glühfadens eine bestimmte Farbtemperatur im Sinne der Gleichung (47) besitzt. Diese Annahme scheint nicht nur für Kohlefäden sondern auch für Fäden aus Wolfram sehr nahe zuzutreffen. Dann gilt, da die Farbtemperatur F'' des Glühfadens als Funktion seiner wahren Temperatur T'' und also auch als Funktion $\varphi(i)$ der den Glühfaden durchfließenden Stromstärke i dargestellt werden kann, für die schwarze Temperatur S''_λ des Fadenmaterials bei der Wellenlänge λ nach (47) die Beziehung

$$\frac{1}{S''_\lambda} = \varphi(i) + \lambda \cdot \zeta''\,, \tag{94}$$

wenn das Fadenmaterial die Selektivität ζ'' besitzt. Andererseits gilt im Fall des optischen Gleichgewichts zwischen dem Glühfaden und einem Strahler der schwarzen Temperatur S'_λ bei der Wellenlänge λ, wenn sich zwischen beiden Lichtquellen innerhalb des Pyrometers lichtschwächende Medien (Linsen und andere Glasflächen) von der Durchlässigkeit D_p befinden, nach Gleichung (86)

$$\frac{1}{S''_\lambda} = \frac{1}{S'_\lambda} - \frac{\lambda}{c_2}\ln D_p\,. \tag{95}$$

Aus beiden Gleichungen folgt nach Eliminierung von S''_λ

$$\frac{1}{S'_\lambda} = \varphi(i) + \lambda\left[\zeta'' + \frac{\ln D_p}{c_2}\right]. \tag{96}$$

Hieraus ist ersichtlich, wie infolge der Selektivität des Pyrometerfadens und der Lichtschwächung durch das optische System die Temperatur S'_λ eines mit dem Glühfaden im optischen Gleichgewicht befindlichen schwarzen Körpers wechseln muß, wenn man bei konstant gehaltener Stromstärke i die Wellenlänge λ ändert. Hat nun die Eichung der Pyrometerlampe bei der Wellenlänge λ_0 in einem Pyrometer mit der optischen Durchlässigkeit D'_p stattgefunden, so hat man in Rücksicht auf Gleichung (89)

$$f(i)_{\lambda_0} = \frac{1}{S'_{\lambda_0}} = \varphi(i) + \lambda_0\left[\zeta'' + \frac{\ln D'_p}{c_2}\right] \tag{97}$$

zu setzen, und man erhält nach Eliminierung von $\varphi(i)$

$$\frac{1}{S'_\lambda} = f(i)_{\lambda_0} + (\lambda - \lambda_0)\left[\zeta'' + \frac{\ln D'_p}{c_2}\right] + \frac{\lambda}{c_2}\ln\frac{D_p}{D'_p}\,. \tag{98}$$

Diese Gleichung lehrt also, wie die schwarze Temperatur bei beliebiger Wellenlänge λ und bei Beobachtung mit einem beliebigen Pyrometer ermittelt werden kann, wenn die Eichung der Pyrometerlampe bei der Wellenlänge λ_0 in einem b e s t i m m t e n Pyrometer vorgenommen ist.

Die Größe D_p bzw. D'_p hängt nicht merklich von der Wellenlänge und wesentlich nur von der Zahl n der reflektierenden Glasflächen zwischen dem Glühfaden und dem Strahler ab. Erfahrungsgemäß kann man annähernd $D_p = (1 - 0{,}045)^n$ setzen, indem man den Reflektionsverlust an jeder Fläche zu 4,5% annimmt. Nach Einführung der Abkürzung $\xi = \zeta'' + \frac{\ln D'_p}{c_2}$ ist für $D_p = D'_p$

$$\frac{1}{S'_\lambda} = f(i)_{\lambda_0} + (\lambda - \lambda_0)\,\xi\,. \tag{99}$$

Setzt man wieder, da S'_p die schwarze Temperatur eines Strahlers ist, mit dessen Helligkeit sich die Helligkeit des Glühfadens im optischen Gleichgewicht befindet [s. Gleichung (88)], $S'_\lambda = S'_p$, so folgt aus Gleichung (86) und (99)

$$\frac{1}{S} = f(i)_{\lambda_0} + (\lambda_e - \lambda_0)\,\xi + \frac{\lambda_e}{c_2}\ln D \tag{100}$$

oder mit Gleichung (47)

$$\frac{1}{F} = f(i)_{\lambda_0} + \lambda_e\left(\frac{\ln D}{c_2} + \xi - \zeta\right) - \lambda_0\cdot\xi\,. \tag{101}$$

Diese Gleichung liefert die Farbtemperatur F eines Strahlers von der Selektivität ζ, wenn die zur Messung verwendete Lichtschwächung die Durchlässigkeit D besitzt und das Pyrometer bei der Wellenlänge λ_0 geeicht ist, während das optische Gleichgewicht bei der Wellenlänge λ_e beobachtet wird. Die Konstante ξ läßt sich dadurch ermitteln, daß man dasselbe Pyrometer ($D_p = D'_p$) bei zwei verschiedenen Wellenlängen λ_1 und λ_2 auf einen Strahler bekannter Selektivität, am einfachsten auf einen schwarzen Körper ($\zeta = 0$) einstellt. In diesem letzteren Falle muß S'_λ unabhängig von der Wellenlänge sein, und man erhält nach Gleichung (99), wenn bei den beiden Wellenlängen die Stromstärken i_1 und i_2 gemessen werden,

$$\xi = \frac{f(i_1) - f(i_2)}{\lambda_2 - \lambda_1}\,. \tag{102}$$

Da ζ bei einer Reihe von Metallen, insbesondere bei Wolfram positiv und $\ln D_p$ stets negativ ist, so kann durch passende Wahl von D_p die Konstante ξ zu Null gemacht werden, so daß auch bei selektiv strahlendem Glühfadenmaterial die Eichung unabhängig von der Wellenlänge sein kann. Für Wolfram ist $\zeta = 660\cdot 10^{-7}$, so daß für Glühfäden ($\zeta = \zeta''$) aus diesem Material $D_p = 0{,}40$ sein muß, damit $\xi = 0$ ist.

In ähnlicher Weise bietet Gleichung (101) die Möglichkeit, den Unterschied $\lambda_1 - \lambda_2$ der effektiven Wellenlängen λ_1 und λ_2 zweier verschiedener Lichtfilter zu ermitteln. Man stellt zu dem Zweck unter Verwendung der beiden Lichtfilter und einer von der Wellenlänge unabhängigen Lichtschwächung der Durchlässigkeit D (stets kleiner als 1) das Pyrometer auf einen beliebigen Strahler der Selektivität ζ ein, dessen Farbtemperatur F konstant gehalten wird. Werden die beiden Stromstärken der Pyrometerlampe im Falle des optischen Gleichgewichts mit i_1 und i_2 bezeichnet, so erhält man die Beziehung

$$\lambda_1 - \lambda_2 = \frac{f(i_2) - f(i_1)}{\frac{\ln D}{c_2} + \xi - \zeta}\,. \tag{103}$$

Die Genauigkeit dieses Verfahrens ist um so größer, je größer $-\ln D$ oder je kleiner die Durchlässigkeit der Lichtschwächung gewählt wird.

Für gewisse Fälle ist es zweckmäßig, in Gleichung (101) darauf Rücksicht zu nehmen, daß die Durchlässigkeit D der Rauchgläser von der Farbtemperatur usw. (Ziff. 38) abhängt. Dies geschieht unter Einführung des Korrektionsausdrucks ε dadurch, daß man $D = D_0(1 + \varepsilon)$ setzt. Führt man zugleich statt der veränderlichen Wellenlänge λ_e die feste Wellenlänge λ_0 und die kleine Größe $\lambda_e - \lambda_0$ [vgl. Gleichung (124)] ein, so erhält man mit einer geringen Vernachlässigung

$$\frac{1}{F} + \lambda_0\zeta = \frac{1}{S_{\lambda_0}} = f(i)_{\lambda_0} + \frac{\lambda_0}{c_2}\ln D_0 + (\lambda_e - \lambda_0)\left[\frac{\ln D_0}{c_2} + \xi - \zeta\right] + \frac{\lambda_0}{c_2}\cdot\varepsilon\,. \qquad (104)$$

37. Die Lichtschwächung. Die Eichung der Pyrometerlampen wird vielfach bis zu schwarzen Temperaturen von 1500° durchgeführt, doch ist dann die Helligkeit bereits so groß, daß sie für das Auge unangenehm ist und die maximale Einstellungsgenauigkeit nicht mehr ermöglicht, wenn man vor das Okular ein Farbglas der normalen Durchlässigkeit setzt. Es ist üblich, sich für die Beobachtung schwarzer Temperaturen oberhalb etwa 1200° zweier Farbgläser der normalen Durchlässigkeit zu bedienen, die hintereinandergeschaltet werden. Dadurch wird die Helligkeit in erwünschter Weise verringert, aber zugleich wächst die effektive Wellenlänge sprungweise (beim SCHOTTschen Rotglas unter den normalen Verhältnissen um etwa 0,004 μ, Ziff. 34). Bei Messungen hoher Genauigkeit ist es zweckmäßig, nur mit einem Farbglas zu arbeiten und ohne Lichtschwächung nur Temperaturen bis 1200° zu beobachten, wodurch die Lebensdauer und die Zuverlässigkeit der Pyrometerlampe erheblich vergrößert wird.

Handelt es sich um die Bestimmung höherer Temperaturen, so hat das Glied $\frac{\lambda_e}{c_2}\ln D$ der Gleichung (86) eine wesentliche Rolle zu spielen. Aus der folgenden Tabelle ist ersichtlich, welche schwarze Temperaturen S man bei der Wellenlänge $\lambda = 0{,}5$, 0,6 oder 0,7 μ messen kann, wenn die Pyrometerlampe auf die schwarze Temperatur des Goldschmelzpunktes ($S' = 1336°$) bei denselben Wellenlängen eingestellt ist und die Durchlässigkeit D der Lichtschwächung die angegebenen Werte besitzt. Die Tabelle lehrt, daß eine gegebene schwarze Temperatur eine um so höhere Lichtschwächung $1/D$ erfordert, je weiter die Wellenlänge, bei der beobachtet wird, in das kurzwellige Gebiet des Spektrums rückt.

Tabelle 12.
Schwarze Temperatur S, die durch ein Filter der Durchlässigkeit D auf die schwarze Temperatur $S' = 1336$ geschwächt wird.

D	S		
	0,5 μ	0,6 μ	0,7 μ
10^{-1}	1453	1534	1573
10^{-2}	1702	1801	1912
10^{-3}	1972	2180	2437
10^{-4}	2345	2762	3360
10^{-5}	2890	3768	
10^{-6}	3766		

Als Lichtschwächung, deren Betrag nicht von der Wellenlänge des hindurchtretenden Lichtes abhängt, ist in erster Linie der rotierende Sektor zu nennen. Seine Wirkung beruht darauf, daß genügend schnell aufeinanderfolgende einzelne Lichteindrücke als ein fortlaufender Lichteindruck empfunden werden, dessen Intensität proportional der Stärke der einzelnen Lichteindrücke und der Größe der Sektoröffnung ist. Dieser Satz ist bis zu 200[1]) Lichteindrücken pro Sekunde erprobt und bestätigt. Als Mindestgeschwindigkeit gilt diejenige, bei der der Lichteindruck nicht mehr als flackernd empfunden wird.

[1]) O. LUMMER u. E. BRODHUN, ZS. f. Instrkde. Bd. 16, S. 302. 1896.

Hat der in den Strahlengang eingeschaltete Sektor den Öffnungswinkel φ^0, so gelangt von dem ganzen Lichtstrom nur der durch den Faktor $\varphi/360$ bestimmte Teil ins Auge, und es ist darum $D = \frac{\varphi}{360}$ zu setzen. Bei kleinen Sektoröffnungen ist darauf zu achten, daß die Ränder des Sektorwinkels das vom Strahler ausgehende Lichtbündel nicht weiter einengen, als dem Winkel α_1 der Abb. 8, Ziff. 29, entspricht. Deshalb ist es günstig, den Sektor zwischen der Objektivlinse und der Pyrometerlampe, und zwar möglichst nahe der Pyrometerlampe, anzuordnen. Im übrigen kann man den Winkel φ kaum kleiner als etwa 4° wählen, da sonst seine Größe nicht leicht mit der notwendigen Genauigkeit von 1% ausgemessen werden kann. Durch einen rotierenden Sektor läßt sich also im Allgemeinen keine Lichtschwächung unterhalb $1 : \Phi = 100$ herstellen.

Erheblich größere Lichtschwächungen, die ebenfalls praktisch unabhängig von der Wellenlänge sind, gewinnt man durch Abbildung des Strahlers auf einem Magnesiaschirm[1]). Man entwirft von dem Strahler S (Abb. 10) mittels der Linse L ein Bild auf dem Schirm C, der durch den Rauch von brennendem Magnesium mit einer genügend dicken weißen Schicht bedeckt ist, und stellt mit dem Pyrometer P die scheinbare Temperatur dieses Bildes fest. Die Öffnung des Strahlenbündels, welches von der Lichtquelle S ausgeht, wird durch den Durchmesser d der Blende B bestimmt. Bezeichnet J die Flächenhelligkeit der Lichtquelle in der Richtung der Achse des optischen Systems, a den Abstand der Lichtquelle von der Blende, V die lineare Vergrößerung des auf dem Schirm C entstehenden Bildes, D_L die Durchlässigkeit der Linse, dann erhält man für die Beleuchtungsstärke des Schirmes $Q = J \cdot \frac{\pi d^2}{4 a^2} \cdot \frac{1}{V^2} \cdot D_L$. Die Flächenhelligkeit J'_n des Bildes findet man bei senkrechter Inzidenz des Lichtes unter Annahme des LAMBERTschen Gesetzes und des Reflektionsvermögens ϱ zu $J' = \frac{Q\varrho}{\pi}$. Damit folgt die Lichtschwächung der ganzen Anordnung zu

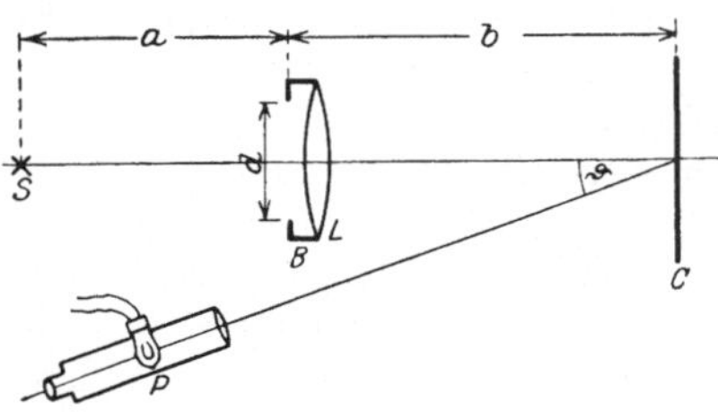

Abb. 10. Lichtschwächung durch Magnesiaschirm.

$$1 : D = \frac{J}{J'} = \frac{4 \cdot a^2 \cdot V^2}{d^2 \cdot D_L \cdot \varrho}. \tag{105}$$

Eine Untersuchung[2]) über das Reflektionsvermögen ließ erkennen, daß bei Magnesiumoxyd das LAMBERTsche Gesetz nicht streng gültig ist, und daß ϱ von dem Winkel ϑ zwischen der Beobachtungsrichtung und der Richtung des normal zum Schirm auftreffenden Lichtstrahls abhängt. Es ergab sich, wenn das zum Winkel ϑ gehörige Reflexionsvermögen mit ϱ_ϑ bezeichnet wird[3]),

$$\varrho_\vartheta = 1 - 1{,}3 \sin^4 \frac{\vartheta}{2}, \tag{106}$$

---

1) F. KURLBAUM, Berl. Ber. 1911, S. 544.

2) F. HENNING u. W. HEUSE, ZS. f. Phys. Bd. 10, S. 111. 1922.

3) G. J. POKROWSKI (ZS. f. Phys. Bd. 35, S. 390. 1926) gibt auf Grund theoretischer Betrachtungen eine andere Beziehung, die aber nach empirischer Bestimmung ihrer Konstanten innerhalb der Versuchsgrenzen mit Gleichung (106) übereinstimmende Ergebnisse liefert.

so daß für $\vartheta = 0$ das Reflexionsvermögen wie für einen ideal weißen Körper zu $\varrho = 1$ folgt. Die Beobachtungen wurden hauptsächlich für rotes Licht durchgeführt. Einige Messungen bei grünem Licht ließen keine Unterschiede in den Farben erkennen.

Im allgemeinen wird es notwendig sein, die Durchlässigkeit D_L der Linse L gesondert zu bestimmen. Dies geschieht dadurch, daß man das Bild einer Lichtquelle zunächst mit einer beliebigen Linse L' entwirft und dann die Linse L' durch die hintereinander angeordneten Linsen L' und L ersetzt. Das Verhältnis der Flächenhelligkeiten der Bilder bei diesen beiden Anordnungen liefert direkt die gesuchte Durchlässigkeit D_L. Die verschiedene Vergrößerung beider Bilder spielt keine Rolle (vgl. Ziff. 29).

Ferner ist es in vielen Fällen nicht ohne weiteres möglich, den Abstand a des Strahlers von der Blende genügend genau zu ermitteln. Man berechnet dann den Abstand a nach den Linsengesetzen aus dem leicht meßbaren Abstand b, als dessen Funktion auch die Vergrößerung V einfach bestimmbar ist. Zwischen diesen Größen, der Brennweite f, dem Abstand c der Hauptebenen voneinander und dem Abstand k der Blende von der zur Objektseite gehörigen Hauptebene gelten die Gleichungen

$$V = \frac{b}{f} - 1 - \frac{c+k}{f} \tag{107}$$

und

$$a = \frac{(b-c)(f-k) + k^2}{(b-c) - (f+k)} \tag{108}$$

und man erhält

$$aV = b\left[\left(1 - \frac{c}{b}\right)\left(1 - \frac{k}{f}\right) + \frac{k^2}{bf}\right]. \tag{109}$$

Sehr beträchtliche Lichtschwächungen kann man auch dadurch erzielen, daß man das Licht an zwei oder mehr Glasflächen reflektieren läßt, die zweckmäßig so zueinander angeordnet werden, daß die Richtung, in der der Lichtstrahl in die Schwächungsvorrichtung eintritt, parallel zu seiner Austrittsrichtung verläuft.

Das gebräuchlichste Mittel zur Lichtschwächung sind die Rauchgläser, die neben dem großen Vorzug einer sehr bequemen Handhabung den Nachteil aufweisen, daß ihre Durchlässigkeit beträchtlich mit der Farbe veränderlich ist. Man wird solche Rauchgläser bevorzugen, deren Selektivität möglichst gering ist. Hoffmann[1]) hat als besonders günstig das Schottsche Rauchglas 7839 empfohlen, dessen Durchlässigkeit sich (bei der untersuchten Dicke) aber noch von 0,05 bei $\lambda = 0{,}50\ \mu$ bis 0,14 bei $\lambda = 0{,}75\ \mu$ ändert.

Die Durchlässigkeit D_r eines Rauchglases bestimmt man gewöhnlich durch Vergleich mit der Durchlässigkeit D_s eines rotierenden Sektors. Als Meßinstrument dient hierbei zweckmäßig das optische Pyrometer, das auf einen Strahler der Farbtemperatur F gerichtet wird, indem dessen Licht abwechselnd durch das Rauchglas und den rotierenden Sektor geschwächt wird. Werden die unter diesen Bedingungen eingestellten Stromstärken der Pyrometerlampe mit i_r und i_s bezeichnet, so gilt nach Gleichung (87) ohne Rücksicht auf die nur geringen Einfluß[2]) besitzende Verschiebung der Wellenlänge

$$\ln \frac{D_r}{D_s} = \frac{c_2}{\lambda}\left[f(i_s) - f(i_r)\right]. \tag{110}$$

[1]) F. Hoffmann, ZS. f. Phys. Bd. 17, S. 1. 1923.

[2]) F. Henning u. W. Heuse, ZS. f. Phys. Bd. 32, S. 799. 1925.

Diese Methode ist auf solche Rauchgläser anwendbar, deren Durchlässigkeit von der gleichen Größenordung ist wie die Durchlässigkeit der rotierenden Sektoren. Um Lichtschwächungen geringerer Durchlässigkeit herzustellen, kann man mehrere Rauchgläser gut meßbarer Durchlässigkeit hintereinander anordnen, doch sind, wie sogleich näher zu erörtern ist, dabei gewisse Vorsichtsmaßregeln zu beachten (Ziff. 38).

Die Lichtschwächung von Rauchgläsern geringerer Durchlässigkeit ließe sich ohne Umwege mittels eines passend gelegenen optischen Fixpunktes ermitteln. In der Tat findet man aus der Farbtemperatur F und der Selektivität ζ eines Strahlers mit Gleichung (87) die Durchlässigkeit D, wenn nach Eichung der Pyrometerlampe die Stromstärke i im Falle des optischen Gleichgewichts gemessen ist.

38. Das Rauchglas als Lichtschwächung. Die Durchlässigkeit eines Rauchglases ist von der Farbtemperatur der Lichtquelle und von der Anzahl der miteinander kombinierten Rauchgläser abhängig, wenn der Spektralbereich durch ein Farbglas oder bei prismatischer Zerlegung unter Verwendung eines weiten Spaltes bestimmt wird. Um Zahlenwerte für diese Abhängigkeit berechnen zu können, ist es in erster Linie notwendig, im Bereich der sichtbaren Strahlung die monochromatische Durchlässigkeit $\vartheta(\lambda)$ des Rauchglases als Funktion der Wellenlänge λ zu kennen. Für ein SCHOTTsches Rauchglas der Schmelze 12554, das dem obengenannten (Ziff. 37) F 7839 sehr ähnlich ist, ergab sich zwischen etwa 0,5 und 0,7 μ

$$\lambda \cdot \log_{10} \vartheta(\lambda) = 0{,}50590 - 3{,}7948\,\lambda + 3{,}07691\,\lambda^2. \tag{111}$$

Für einen endlichen Spektralbereich ist die tatsächliche Durchlässigkeit D mit der monochromatischen durch eine Beziehung verbunden, die ähnlich wie Gleichung (69) zu begründen ist und

$$D = \frac{\int\limits_0^\infty \vartheta(\lambda)\cdot\varphi(\lambda)\cdot G(\lambda)\cdot E(\lambda,T)\cdot d\lambda}{\int\limits_0^\infty \varphi(\lambda)\cdot G(\lambda)\cdot E(\lambda,T)\cdot d\lambda} \tag{112}$$

lautet. Hierin bedeutet, wie früher (Ziff. 32), $\varphi(\lambda)$ die Farbenempfindlichkeit des Auges und $E(\lambda\,T)$ die Intensität des als Strahlungsquelle angenommenen schwarzen Körpers, ferner $G(\lambda)$ die spektrale Durchlässigkeit des verwendeten Instrumentes. Bei einem Spektralpyrometer ist $G(\lambda)$ nur in dem durch die Spaltbreiten bestimmten Wellenlängengebiet von Null verschieden, während im Farbglaspyrometer $G(\lambda)$ im wesentlichen durch die Durchlässigkeitskurven des Farbglases bestimmt wird. Wenn man zwei oder n gleichartige Rauchgläser miteinander kombiniert, so ist es, wie aus diesen Betrachtungen weiter folgt, nicht statthaft, die gesamte Durchlässigkeit als D^2 oder D^n anzunehmen, sondern es ist vielmehr eine erneute Integration auszuführen unter der Abänderung, daß $[\vartheta(\lambda)]^2$ oder $[\vartheta(\lambda)]^n$ an Stelle von $\vartheta(\lambda)$ gesetzt wird.

Darüber hinaus ist auf die Reflexion zwischen den einzelnen Gläsern Rücksicht zu nehmen. Bezeichnet man das Reflexionsvermögen an einer Fläche mit R, ferner den prozentischen Lichtverlust, den ein nicht wieder zurückgeworfener Strahl im Innern des Absorptionsglases von der Dicke d erleidet, mit $\alpha = e^{-a\cdot d}$, so lehrt eine elementare Rechnung, daß die gesamte Durchlässigkeit D und das gesamte Reflexionsvermögen ϱ eines Absorptionsglases durch

$$D = \frac{(1-R)^2\cdot\alpha}{1-R^2\cdot\alpha^2} \tag{113}$$

und

$$\varrho = \frac{R[1+(1-2R)\,\alpha^2]}{1-R^2\,\alpha^2} \tag{114}$$

gegeben sind. Für zwei hintereinandergeschaltete Absorptionsgläser, bei denen die Größen D und ϱ, soweit sie sich auf die einzelnen Absorptionsgläser beziehen, mit D_1, D_2 bzw. ϱ_1, ϱ_2 bezeichnet werden, gilt im ganzen

$$D' = \frac{D_1 \cdot D_2}{1 - \varrho_1 \varrho_2} \tag{115}$$

und

$$\varrho' = \varrho_1 + \frac{\varrho_2 \cdot D_1^2}{1 - \varrho_1 \varrho_2}. \tag{116}$$

Hiernach lassen sich ohne Schwierigkeit die entsprechenden Ausdrücke für drei und mehr Absorptionsgläser bilden.

Aber Gleichung (112) lehrt auch, daß die Durchlässigkeit D eines Lichtfilters von der Temperatur des Strahlers, und zwar im allgemeinen von seiner Farbtemperatur, abhängig ist. Man kann die Durchlässigkeit $D^{(n)}$ von n hintereinandergeschalteten gleichartigen Rauchgläsern demnach darstellen durch

$$D^{(n)} = D_0^n \cdot (1 + \varepsilon)^n, \tag{117}$$

wenn unter sonst gleichbleibenden Verhältnissen D_0 die Durchlässigkeit eines einzelnen Rauchglases für eine bestimmte Farbtemperatur bedeutet und ε eine Korrektionsgröße darstellt, die von der Anzahl der Rauchgläser und der Farbtemperatur des Strahlers abhängt.

Die Durchlässigkeit der Rauchgläser ist auch ein wenig abhängig von ihrer eigenen Temperatur. Für SCHOTTsche Gläser aus der Schmelze 12554, deren Durchlässigkeit im roten Licht etwa 0,1 beträgt, wurde gefunden, daß die Durchlässigkeit zwischen Zimmertemperatur und 100° um etwa 0,07% je Grad mit zunehmender Temperatur wächst. Dieser verhältnismäßig kleine Koeffizient wird im allgemeinen unberücksichtigt bleiben können. Indessen ist sein Betrag doch zu groß, als daß es erlaubt wäre, die Rauchgläser vor dem Objektiv anzuordnen, wo sie, insbesondere bei Anwendung einer vergrößernden Optik, dem Strahler, dessen Temperatur ermittelt werden soll, sehr nahe kommen können. Am besten finden die Rauchgläser ihren Platz zwischen der Pyrometerlampe und der Objektivlinse (vgl. Ziff. 29, Abb. 7).

Es ist zweckmäßig, neben dem Begriff der Lichtschwächung $1:D$ noch den der „Temperaturschwächung"

$$\tau = \frac{\lambda}{c_2} \ln D \tag{118}$$

einzuführen, was besonders vorteilhaft bei den Rauchgläsern in die Erscheinung tritt, die bei gegebener Wellenlänge, also etwa für das Farbglaspyrometer, einen konstanten Wert von τ besitzen. Die nicht ganz folgerichtige Bezeichnung „Temperaturschwächung" ist dadurch entstanden, daß nach Gleichung (86)

$$\frac{1}{S} - \frac{1}{S'} = \tau \tag{119}$$

zu setzen ist, und τ also den Betrag darstellt, um den der reziproke Wert der schwarzen Temperatur S der betrachteten Lichtquelle vermindert werden muß, um auf den reziproken Wert der schwarzen Temperatur S' zu gelangen, die noch unmittelbar (d. h. ohne Schwächungsglas) mit dem optischen Pyrometer gemessen werden kann. Bedient man sich mehrerer Rauchgläser mit den Temperaturschwächungen τ_1, τ_2 usw., die hintereinander geschaltet werden, so ist, wenn man von der durch Gleichung (112) und (117) ausgesprochenen Korrektion absieht, der Wert τ in Gleichung (118) durch $\tau_1 + \tau_2 + \cdots$ zu ersetzen. Übrigens ist es nicht statthaft, die Addition der Temperaturschwächungen in der eben angedeuteten Form bis zu beliebig hohen Temperaturen S fortzuführen, da zu bedenken ist, daß Gleichung (119) eine Folge des WIENschen Strahlungsgesetzes ist und ebenso wie dieses seine Grenze erreicht, wenn sich λS dem Wert 3000 nähert. Für den Fall, daß die höhere der beiden Temperaturen S außerhalb dieses Bereiches liegt, erhält man in Anlehnung an Gleichung (57)

$$\frac{1}{S} - \frac{1}{S'} = \tau - \frac{\lambda}{c_2} \ln \left[1 - e^{-\frac{c_2}{\lambda S}}\right]. \tag{120}$$

Meist kann man den mit dem Logarithmus behafteten Korrektionsterm durch eine Näherungsrechnung ermitteln. Man erkennt aus Gleichung (120), daß für sehr große Werte von S auch τ sehr groß sein muß, während man nach Gleichung (119) für $S = \infty$ den Wert $\tau = -\frac{1}{S'}$ erhält. Auf Grund dieser Überlegungen kann man durch Betrachtung eines Fixsterns sehr hoher Temperatur leicht den experimentellen Beweis führen, daß das WIENsche Strahlungsgesetz nicht allgemein gültig sein kann.

39. Verschiebung der effektiven Wellenlänge eines Farbglases durch Rauchgläser. Durch Rauchgläser und alle andern Mittel zur Lichtschwächung, welche nicht für alle Wellenlängen gleichmäßig durchlässig sind, wird die scheinbare Farbtemperatur des Strahlers und somit auch die effektive Wellenlänge λ_e [vgl. Gleichung (73)] verändert. Da im Glühfadenpyrometer der Strahler auf optischem Wege an den Ort des Glühfadens versetzt wird und die Intensität beider Strahlungen hier verglichen wird, so sind auch die für die effektive Wellenlänge maßgebenden Farbtemperaturen F_1 und F_2 auf die spektrale Beschaffenheit der beiden Strahlungen an diesem Ort zu beziehen. Bezeichnet also F_2 die Farbtemperatur des Glühfadens, die infolge der Eichung gemäß den Darlegungen am Ende der Ziff. 32 gleich der schwarzen Temperatur S'_p eines schwarzen Körpers zu setzen ist, so bedeutet F_1 die Farbtemperatur des Strahlers am Ort des Glühfadens. Es ist zweckmäßig, die Änderung der Farbtemperatur infolge einer selektiven Lichtschwächung durch die Beziehung

$$\frac{1}{F_1} = \frac{1}{F} + \eta \tag{121}$$

darzustellen, wobei F die Farbtemperatur vor der Lichtschwächung bedeutet. Dann erhält man

$$\frac{1}{\lambda_e} = \frac{1}{\Lambda} - \gamma \left[\frac{1}{S'_p} + \frac{1}{F} + \eta\right] \tag{122}$$

oder mit Gleichung (64) und Gleichung (47)

$$\frac{1}{\lambda_e} = \frac{1}{\Lambda} - \gamma \left[\frac{2}{S'_p} + \frac{\lambda_e}{c_2} \ln D - \lambda_e \zeta + \eta\right]. \tag{123}$$

Diese Gleichung ist quadratisch in bezug auf die effektive Wellenlänge λ_e. Es genügt indessen, zu ihrer Lösung in der Klammer der rechten Seite Näherungswerte für λ_e einzuführen. In den meisten Fällen ist es zweckmäßig, die Gleichung in der Form

$$\lambda_e - \lambda_0 = \alpha + \beta \left[\frac{2}{S'} + \frac{\lambda_0}{c_2} \ln D - \lambda_0 \zeta + \eta\right] \tag{124}$$

zu schreiben, indem man $\alpha = \Lambda - \lambda_0$ und $\beta = \gamma \lambda_e \cdot \Lambda$ setzt. Man kann α und β als Konstante ansehen, wenn man für λ_0 einen mittleren Wert der am häufigsten vorkommenden Werte von λ_e einführt.

Ausdrücklich zu bemerken ist, daß im allgemeinen Gleichung (122) mit konstant angenommenem η nur dann gilt, wenn ein enger Spektralbereich, wie er schon aus andern Gründen bei der optischen Pyrometrie notwendig ist, in Frage kommt. In der Tat wird, wie Gleichung (111) lehrt, durch ein Rauchglas die spektrale Zusammensetzung einer Strahlung so verändert, daß die Bedingung für das Bestehen einer Farbtemperatur, auch wenn diese für die Strahlung vor dem Rauchglas erfüllt ist, hinter dem Rauchglas nicht mehr für den gesamten sichtbaren Bereich besteht. Um dies Ziel zu erreichen, müßte die in Gleichung (111) dargestellte Größe $\lambda \log \vartheta(\lambda)$ eine lineare Funktion der Wellenlänge sein. Nur, wenn λ als nahezu unveränderlich angenommen werden kann, ist die Bedingung mit gewisser Näherung erfüllt. Und zwar ist, wenn man $\lambda \ln \vartheta(\lambda) = a + b\lambda$ setzen darf, unter Berücksichtigung der Gleichungen (44) und (27)

$$\frac{1}{F_1} - \frac{1}{F} = -\frac{a}{c_2} = \eta . \tag{125}$$

Im Falle die Lichtschwächung durch nichtselektive Mittel erfolgt, nimmt η den Wert Null an.

40. Bestimmung der Farbtemperatur. In der Astrophysik spielt die Farbtemperatur eine erhebliche Rolle. Aber auch in der Beleuchtungstechnik und in der Photometrie hat die Farbtemperatur in den letzten Jahren zunehmende Bedeutung gewonnen.

Gleichung (47) gestattet, falls die in Gleichung (44) ausgesprochene Bedingung erfüllt ist, eine sehr einfache Bestimmung der Farbtemperatur aus der schwarzen Temperatur S bei der Wellenlänge λ, nachdem aus zwei zusammengehörigen, aber bei verschiedenen Farben gemessenen schwarzen Temperaturen die Konstante ζ ermittelt ist. Mit beträchtlicher Genauigkeit kann auch ohne Gültigkeit von Gleichung (44) die Farbtemperatur ferner dadurch gewonnen werden, daß man die Farbe eines Strahlers unmittelbar oder mittelbar durch einen Vergleichsstrahler mit der Farbe eines schwarzen Körpers bekannter Temperatur vergleicht. Das Auge ist gegen Farbenunterschiede sehr empfindlich, so daß bei geringer Temperatursteigerung eines Strahlers mindestens ebenso leicht eine Farbenänderung als eine Intensitätsänderung festgestellt werden kann. Als Vergleichsstrahler kann eine Glühlampe dienen, deren Farbtemperatur als Funktion der Stromstärke nach Eichung vor einem schwarzen Körper bekannt ist.

Um Farbtemperaturen zu bestimmen, die oberhalb der Eichgrenze liegen, hat sich PRIEST[1]) des ARONSschen[2]) Chromoskops bedient.

Die im folgenden beschriebene Anordnung läßt zugleich das Prinzip erkennen, nach dem man bei der Ermittelung von Farbtemperaturen zu verfahren hat. Die beiden zu vergleichenden Strahler werden so angeordnet, daß ihre Lichtstrahlen auf die beiden Felder eines LUMMER-BRODHUNschen Würfels W (Abb. 11) treffen, die man durch das Fernrohr F betrachtet. Da man die Farbengleichheit nur sicher beurteilen kann, wenn die beiden Felder gleich hell sind, so muß neben der Farbe der einen Lichtquelle zugleich, zwecks Abgleichung der Helligkeiten, ihr Abstand von dem Würfel veränderbar sein. Durch den Glaswürfel wird die Farbe keiner der beiden Lichtquellen beeinflußt, dasselbe gilt auch, wenn die Strahlen an einen weißen Körper wie Magnesiumoxyd reflektiert werden. Um die Würfelfelder gleichmäßig beleuchten zu können, ist es darum vorzuziehen, nicht die Farben und Helligkeiten der Lichtquellen unmittelbar miteinander zu vergleichen, sondern vielmehr zwei von ihnen erleuchtete

---

[1]) I. G. PRIEST, Scient. Pap. Bureau of Stand. Bd. 18, S. 221. 1922; Journ. Opt. Amer. Bd. 5, S. 178. 1921; Bd. 7, S. 1175. 1923.

[2]) L. ARONS, Ann. d. Phys. Bd. 39, S. 545. 1912.

Magnesiaschirme. In der Abbildung sind die Lichtquellen mit I und II bezeichnet, die Magnesiaschirme mit M_1 und M_2, von denen der letztere kastenförmig ausgebildet ist. — Es steht nichts im Wege, auch ein LUMMER-BRODHUNsches Kontrastphotometer zu verwenden, das den Würfel W und zwei weiße diffus reflektierende Flächen vereinigt, die man unmittelbar durch die beiden Lichtquellen beleuchtet.

Stellt I eine Lampe dar, deren Farbtemperatur durch Vergleich mit einem schwarzen Körper bekannt ist, so kann man also in der besprochenen Anordnung die Farbtemperatur des von den Lichtquellen II erhellten Schirmes M_2 ermitteln und etwa als Funktion der die Lampen II durchfließenden Stromstärke darstellen. Um nun die Farbtemperatur irgendeiner andern Lichtquelle zu bestimmen, setzt man diese zweckmäßig an den Ort I, wodurch in Befolgung des Substitutionsprinzips alle Fehler, welche durch Farbenänderung im optischen System entstehen können, vermieden werden. Ist die Farbtemperatur der unbekannten Lichtquelle höher als die des Vergleichsschirmes M_2, so wird das von M_2 ausgehende Licht durch eine Filteranordnung, die den langwelligen Teil des sichtbaren Spektrums mehr schwächt als den kurzwelligen, derart verändert, daß die Abgleichung möglich ist. Die Filteranordnung stellt man aus zwei NIKOLschen Prismen N_1 und N_2 her, zwischen denen sich eine 0,5 mm dicke Quarzplatte befindet. Die optische Achse des Quarzes muß parallel zu den auftreffenden Lichtstrahlen angeordnet werden. Dann wird die Ebene des polarisierten Lichtes, welches den Nikol N_1 verläßt, in dem Quarz um den von der Wellenlänge abhängigen Winkel α_λ gedreht und wenn die Polarisationsebene des Nikols N_2 um den Winkel $90° - \varphi$ gegen die Ebene des Nikols N_1 geneigt ist, so ist die Durchlässigkeit des betrachteten Systems durch

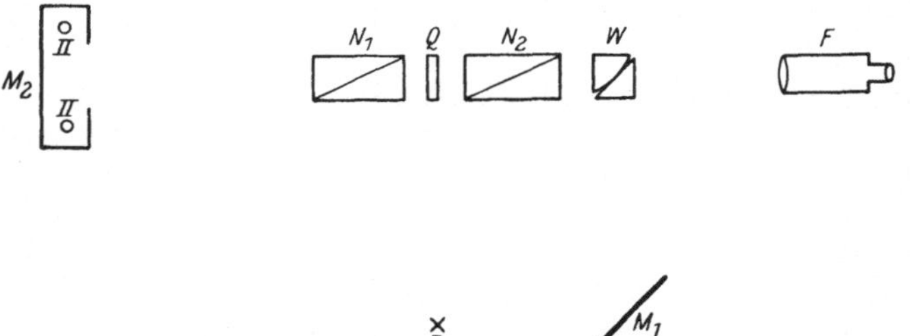

Abb. 11. Chromoskop zur Messung der Farbtemperatur.

$$D_\lambda = \cos^2(\varphi - \alpha_\lambda) \tag{126}$$

gemessen. Es hat sich gezeigt, daß die Energiekurve des Lichtes, welches den Nikol N_2 verlassen hat, genügend genau mit der Energiekurve eines schwarzen Körpers zur Deckung gebracht werden kann, und also wieder eine bestimmte Farbtemperatur besitzt, wenn das gleiche von der Strahlung der Lampen II gilt. Man kann auf diese Weise, ausgehend von einem Strahler der Farbtemperatur $F = 2800°$ K je nach der Größe des Winkels φ Farbtemperaturen bis zu etwa 4200° K herstellen. Um noch höhere Farbtemperaturen zu erreichen, muß zwischen den Nikol N_2 und den Würfel W noch eine Quarzplatte der gleichen Art wie Q und ein dritter Nikol N_3 gebracht werden. Man gibt dem Winkel $90° - \varphi_1$ zwischen den Polarisationsebenen von N_1 und N_2 dann einen festen Wert (etwa $\varphi_1 = 170°$) und ändert durch drehen des Nikols N_3 den entsprechenden Winkel φ_2 zwischen den beiden Nikols N_2 und N_3. Die Durchlässigkeit des Systems für Licht der Wellenlänge λ beträgt dann

$$D_\lambda = \cos^2(\varphi_1 - \alpha_\lambda) \cdot \cos^2(\varphi_2 - \alpha_\lambda); \tag{127}$$

die Winkel φ sind hierbei in derselben Richtung zu zählen wie der Drehwinkel α_λ des Quarzes. Bei entferntem Quarz ist $\varphi = 0$ für maximale Dunkelheit. PRIEST hat auf diese Weise noch die Farbtemperatur des blauen Himmels messen können.

Er gibt sie zu 12000 bis 25000° an. Zwar ist die Energieverteilung in diesem Falle nicht genau die gleiche wie bei einem schwarzen Körper, doch ruft der blaue Himmel nach PRIEST denselben Farbeneindruck hervor wie ein schwarzer Körper entsprechender Temperatur.

d) Flüssigkeitsthermometer.

41. Kalibrierung von Quecksilberthermometern. Das einfachste Instrument zur Temperaturmessung ist das Flüssigkeitsthermometer, im besonderen das Quecksilberthermometer. Es zeichnet sich vor allen anderen Temperaturmeßgeräten dadurch aus, daß es keinerlei Hilfsapparate benötigt, um Zahlenwerte für die Temperatur zu gewinnen. Zugleich besitzt es einen beträchtlichen Grad von Genauigkeit und gehört überhaupt zu den am weitesten durchgebildeten Meßinstrumenten der gesamten Physik. Wenn es trotzdem für Beobachtungen hoher Genauigkeit wenig verwendet wird, so liegt dies daran, daß in diesem Falle eine ganze Reihe nicht leicht bestimmbarer Korrektionen zu beachten ist.

Das Volumen V einer Quecksilbermasse läßt sich in Abhängigkeit von der Temperatur zwischen 0 und 100° durch die Beziehung

$$v_t = v_0 [1 + 1{,}8182 \cdot 10^{-4} t + 0{,}78 \cdot 10^{-8} t^2] \tag{128}$$

und zwischen 100 und 300° durch die Beziehung

$$v_t = v_0 [1 + 1{,}8181 \cdot 10^{-4} t + 0{,}347 \cdot 10^{-8} t^2 + 0{,}393 \cdot 10^{-10} t^3 - 0{,}20 \cdot 10^{-14} t^4] \tag{129}$$

darstellen[1]). Falls auch die Ausdehnung des verwendeten Glases genügend bekannt ist, kann man ein Quecksilberthermometer vollständig eichen, ohne daß es an das Gasthermometer angeschlossen werden muß. Doch verursacht dies Verfahren so erhebliche Mühe, daß man vorzieht, das Quecksilberthermometer in derselben Lage wie es gebraucht wird, mit einem geeichten Platinthermometer (vgl. Ziff. 49) zu vergleichen und seine Angaben entsprechend zu korrigieren.

Würde man das Intervall zwischen dem Stand der Quecksilberkuppe beim Schmelzpunkt des Eises und beim normalen Siedepunkt des Wassers in 100 gleiche Teile teilen, die man in gleicher Größe auch außerhalb des Fundamentalintervalls abträgt, so erhielte man ein Thermometer, das recht falsche Temperaturen liefern kann. Die folgende Tabelle[1]) der sog. „Mutterteilungen" zeigt für den Fall, daß die Kapillare des Thermometers vollkommen zylindrisch ist, bei welchem Skalenteil die Quecksilberkuppe je nach dem Glas bei der Temperatur t einstehen würde:

Tabelle 13. Mutterteilungen für Quecksilberthermometer.

t	Jenaer Gläser				Ilmenauer Glas
	16III	59III	1565III	Verbrennungsröhren	Gege-Eff
−30°	−30,28°	−30,13°	—	—	—
0	0,00	0,00	0,00°	0,00°	0,00°
+50	+50,12	+50,03	+50,05	—	+50,11
100	100,00	100,00	100,00	+100,00	100,00
150	149,99	150,23	150,04	—	149,9
200	200,29	200,84	200,90	201,13	200,3
250	251,1	252,2	252,1	252,6	250,9
300	302,7	304,4	303,9	305,1	302,4
350	—	358,0	356,6	358,6	354,9
400	—	412,6	410,5	413,3	408,2
450	—	468,8	465,9	470,0	463,7
500	—	526,9	523,1	528,4	—
600	—	—	644	—	—
700	—	—	775	—	—

[1]) L. HOLBORN, K. SCHEEL, F. HENNING, Wärmetabellen, Braunschweig 1919. S. 22 u. 33.

Diese Tabelle, der also die Skaleneinteilung eines richtig zeigenden Thermometers angepaßt sein muß, gilt im besonderen für Stabthermometer. Einschlußthermometer können sich infolge der thermischen Eigenschaften der Skala und ihrer Befestigungsart ein wenig anders verhalten.

Die Bedingung einer völlig kalibrischen Kapillare ist praktisch niemals erfüllt, vielmehr ist die Kapillare infolge ihrer Herstellung durch Ausziehen des Glases meist konisch gestaltet. Rohre mit wechselndem Querschnitt sind für thermometrische Zwecke ungeeignet. Die Kaliberfehler kann man bei Thermometern mit evakuierter Kapillare dadurch bestimmen, daß man einen Quecksilberfaden von einer etwa 5° umfassenden Länge von dem übrigen Quecksilber abtrennt und seine genaue Länge feststellt, wenn er sich an verschiedenen Stellen der Kapillare befindet. Zuverlässige Kalibrierungen müssen mit mehreren Quecksilberfäden von verschiedener Länge durchgeführt werden. Eingehende Vorschriften für derartige Messungen und ihre rechnerische Auswertung sind von PERNET, JAEGER und GUMLICH[1]) gegeben. Für Thermometer mit einem Meßbereich über 150° ist dies Verfahren der Kalibrierung nicht anwendbar, weil bei solchen Instrumenten der Raum über dem Quecksilber zwecks Verminderung der Verdampfung mit neutralem Gas gefüllt wird und also ein Abtrennen des Fadens unmöglich gemacht wird.

42. Thermische Nachwirkung. Wegen der elastischen Eigenschaften des Glases wird die Einstellung des Quecksilbermeniskus ein wenig von dem Druck beeinflußt, der auf dem Thermometer von außen lastet. Aber auch der innere Druck des Thermometers, der von der Länge der Quecksilbersäule und von ihrer Lage zur Lotrichtung abhängt, ist auf die Einstellung der Kuppe von Einfluß. Bei den üblichen Thermometern betragen die Standänderungen des Quecksilbers erfahrungsgemäß[2]) etwa 0,0001° für 1 mm Druckänderung. Zur Vergleichung verschiedener Messungen muß man alle Ablesungen auf den inneren Druck 0 (horizontale Lage des Thermometers) und auf den äußeren Druck 760 mm Hg reduzieren.

Bei älteren Thermometern spielte der Umstand eine störende Rolle, daß sich unmittelbar nach jeder Heizung der Eispunkt des Instruments tiefer ergab als unmittelbar vorher. Der Grund für diese Depression des Eispunktes war in der thermischen Nachwirkung des Glases zu suchen, indem das durch die Erwärmung vergrößerte Volumen des Quecksilbergefäßes bei der darauffolgenden Abkühlung nicht unmittelbar, sondern nur sehr langsam der Temperaturänderung folgte. Diese Thermometer zeigten außerdem, auch wenn sie sonst unbenutzt blieben, ein langsames Ansteigen des Eispunktes, das als säkulare Änderung bezeichnet wird und daher rührt, daß sich seit der Herstellung des Thermometers das Gefäßvolumen ständig weiter zusammenzieht. Diese thermischen Nachwirkungen sind besonders groß bei dem gewöhnlichen Thüringer Glas. WIEBE und SCHOTT stellten fest, daß Gläser, welche nur Natrium- oder Kaliumsilikat enthalten, praktisch nachwirkungsfrei sind, daß aber Gläser, in denen beide Silikate in etwa gleichen Mengen gemischt sind, sich besonders ungünstig verhalten. Die Nullpunktsdepressionen[3]) bei Heizung auf 100° sind für einige Gläser in Tabelle 14 angegeben.

Tabelle 14. Nullpunktsdepressionen.

Glas	
Jenaer Normalglas 16^{III}	0,04°
Jenaer Borosilikatglas 59^{III}	0,03
Jenaer Supremaxglas 1565^{III}	0,01
Verbrennungsröhrenglas	0,03
Ilmenauer Gege-Eff-Glas	0,04
Verre dur	0,10

[1]) J. PERNET, W. JAEGER u. E. GUMLICH, Wiss. Abh. d. Phys.-Techn. Reichsanst. Bd. 1. 1894.

[2]) K. SCHEEL, Physikalisches Handwörterbuch, Berlin: Julius Springer 1924.

[3]) L. HOLBORN, K. SCHEEL, F. HENNING, Wärmetabellen, Braunschweig 1919.

Ein wichtiges Hilfsmittel zur Abschwächung der säkularen Nachwirkungserscheinungen ist die Alterung des Glases. Dieser Prozeß besteht darin, daß das Glas vor dem Füllen und der Eichung des Thermometers bis nahe an die Erweichungsgrenze (s. Ziff. 45) erwärmt und dann während mehrerer Tage abgekühlt wird.

Ein Verfahren, die Nachwirkung vollkommen dadurch zu kompensieren, daß in dem Gefäß geringer Nachwirkung ein Stück Glas von hoher Nachwirkung eingeschmolzen wird, ist wenig zur Anwendung gelangt (Kompensationsthermometer).

43. Der herausragende Faden. Eine oft recht bedeutende Korrektion des Flüssigkeitsthermometers wird dadurch bedingt, daß sich nicht die ganze Masse der Flüssigkeit auf der zu messenden Temperatur befindet, sondern ein in der Kapillare befindlicher Teil, der herausragende Faden, eine andere Temperatur besitzt. Bezeichnet man die Temperatur des Bades mit t, diejenige des herausragenden Fadens mit t_0, so wird die Korrektion (in Grad) durch den Ausdruck $d \cdot a(t - t_0)$ bestimmt, wenn a die Gradlänge des herausragenden Fadens und d (vgl. Tabelle 15) die Differenz zwischen der kubischen Ausdehnung der Thermometerflüssigkeit und derjenigen des Glases bedeutet.

Tabelle 15. Korrektionsfaktor d für den herausragenden Faden.

Glas 16^{III}	0,000158
Glas 59^{III}	0,000164
Glas 1565^{III}	0,000172
Quarzglas	0,000180

Ziemlich unsicher ist für gewöhnlich die Fadentemperatur t_0. Man bestimmt sie zweckmäßig mit einem von MAHLKE[1]) empfohlenen Fadenthermometer, das ein langes röhrenförmiges Gefäß mit angesetzter enger Kapillare besitzt. Neben das Hauptthermometer führt man dies Hilfsthermometer in die Badflüssigkeit und taucht es soweit ein, daß das obere Ende seines Gefäßes sich in unmittelbarer Nähe der Kuppe des Hauptthermometers befindet. In diesem Falle ist die Gradzahl a nach der Länge des Gefäßes vom Fadenthermometer zu bemessen.

44. Empfindlichkeit der Flüssigkeitsthermometer. Die Empfindlichkeit der Flüssigkeitsthermometer läßt sich fast beliebig steigern, sie ist proportional der Flüssigkeitsmenge und umgekehrt proportional der Weite der Kapillare. Um bei sehr empfindlichen Thermometern die Kapillare nicht zu unbequemer Länge anwachsen zu lassen, wird diese an passenden Stellen mit Erweiterungen (Ampullen) versehen, die einen Teil der aus dem Gefäß herausgetriebenen Flüssigkeitsmenge aufnehmen.

Bei dem BECKMANNschen Thermometer, das sich besonders zur Beobachtung von Temperaturdifferenzen eignet, befindet sich die Ampulle am Ende der Kapillare. Man bringt in sie soviel Quecksilber aus dem Hauptgefäß, daß das Ende des Quecksilberfadens bei der zu messenden Temperatur auf der Skala bleibt. Daraus folgt, daß die Empfindlichkeit des Thermometers von Fall zu Fall veränderlich ist[2]).

45. Flüssigkeitsthermometer für hohe und tiefe Temperaturen. Quecksilberthermometer gewöhnlicher Art sind zwischen -35 und $+150°$ brauchbar. Bei $-38,87°$ erstarrt Quecksilber und bei $+356°$ liegt sein normaler Siedepunkt. Bei Thermometern, deren Kapillare evakuiert ist, macht sich über 150° bereits die Verdampfung des Quecksilbers bemerkbar. Man kann aber selbst

[1]) A. MAHLKE, ZS. f. Instrkde. Bd. 13, S. 58. 1893.

[2]) Siehe z. B. O. KNOBLAUCH u. K. HENCKY, Technische Temperaturmessungen, S. 39. München u. Berlin 1919.

noch oberhalb 356° Quecksilberthermometer verwenden, wenn man die Kapillare mit einem neutralen Gas unter hohem Druck (30 bis 50 Atm.) füllt. Das Zuschmelzen der Kapillare derartiger Quecksilberthermometer kann auf elektrischem Wege in einem unter Druck befindlichen Rohr erfolgen. Es ist zweckmäßig, das obere Ende der Kapillare mit einer Ampulle zu versehen, damit der Innendruck des Thermometers nicht zu stark von der Länge des Quecksilberfadens abhängt. Quecksilberthermometer mit Quarzglas, die vielfach schlechtes Kaliber haben, sind für Temperaturen bis 750° hergestellt worden. Ein Quarzglasthermometer mit Gallium als thermometrischer Substanz ist von BOYER[1]) angegeben worden. Da Gallium, das bei 29,7° schmilzt, erst bei etwa 1700° unter Atmosphärendruck siedet, so können Thermometer dieser Art bis 1000° gebraucht werden, ohne daß eine Gasfüllung von hohem Druck nötig ist. — Für die Glasthermometer wird die Grenze durch die Erweichungstemperatur des Glases gebildet. Diese liegt für Glas 16^{III} bei 505°, für Glas 59^{III} bei 510°, für Glas 1565^{III} bei 660°, für Verbrennungsröhrenglas bei 560° und für das Gege-Eff-Glas bei 505°.

Vor allen andern thermometrischen Flüssigkeiten hat Quecksilber den großen Vorzug, daß es Glas nicht benetzt. Alkoholthermometer können darum nicht die Genauigkeit der Quecksilberthermometer erreichen. Indessen sind sie für Temperaturen unter 0° bis etwa —100° von Bedeutung. Bis herab zur Temperatur der flüssigen Luft kann Petroläther oder technisches Pentan als Füllsubstanz dienen. Die Eichung solcher Thermometer, die nicht auf +100° geheizt werden können, kann nur durch den Vergleich mit einem andern Thermometer (Platinwiderstandsthermometer) erfolgen.

46. Flüssigkeitsthermometer für besondere Zwecke. Für zahlreiche Zwecke sind besondere Arten von Flüssigkeitsthermometern hergestellt worden, von denen einige hier erwähnt werden mögen. Das wichtigste unter ihnen ist das Fieberthermometer, welches als Maximumthermometer ausgebildet ist. Nach Erzielung der maximalen Temperatur behält die Kuppe des Quecksilberfadens ihre Stellung bei und die Verbindung zu dem Quecksilber im Gefäß des Thermometers wird unterbrochen entweder durch eine an bestimmter Stelle der Kapillare festgehaltene Luftblase oder dadurch, daß die Kohäsionskraft der Quecksilberteilchen an einer stark verengten Stelle der Kapillare aufgehoben wird. Ein besonderes Verfahren zur Herstellung dieser Verengung ist von HICKS angegeben. Näheres hierüber z. B. in dem von SCHEEL verfaßten Artikel über Maximumthermometer im Physikalischen Handwörterbuch[2]).

Die in der Meteorologie eingeführten Maximumthermometer beruhen darauf, daß das Quecksilber einen Eisenstift vor sich herschiebt, der an der Stelle maximaler Temperatur zurückbleibt und durch einen Magneten wieder auf tiefere Gradzahlen gebracht werden kann. Das bekannte Minimumthermometer ist mit Alkohol als thermometrischer Flüssigkeit gefüllt. Der Flüssigkeitsfaden nimmt beim Zurückweichen infolge der Kapillarkräfte ein mit leichter Reibung bewegliches Glasstäbchen mit, an dem bei steigender Temperatur die Flüssigkeit vorüberfließt, ohne es fortzubewegen. Das Glasstäbchen ist mit einem kleinen Eisenkern versehen, so daß es durch einen Magneten wieder auf die Kuppe des Fadens geführt werden kann.

In der Tiefseeforschung bedient man sich der sog. Umkippthermometer, die darauf beruhen, daß der Quecksilberfaden beim Umkippen des Instrumentes an einer bestimmten Stelle abreißt, und in ein zweites Gefäß fließt, das sich am

[1]) SILVESTER BOYER, Journ. Frankl. Inst. Bd. 201, S. 69. 1926; Ind. and Eng. Chem. Bd. 17, S. 1252. 1925.

[2]) Physikalisches Handwörterbuch. Berlin: Julius Springer 1924.

andern Ende der Kapillare befindet. Zu dem zweiten Gefäß gehört eine Skala, an der man die Menge des ausgeflossenen Quecksilbers und die Temperatur des Thermometers im Augenblick des Umkippens ablesen kann. Das Umkippen kann durch eine sinnreiche Vorrichtung bewirkt werden, wenn sich das Instrument in beliebiger Tiefe unter der Meeresoberfläche befindet.

Das Aspirationsthermometer zur Bestimmung der Lufttemperatur ist ein gewöhnliches Quecksilberthermometer, das zum Schutz gegen Sonnenstrahlung mit einem hochglanzpolierten Metallmantel umgeben ist. Zwischen dem Mantel und dem eigentlichen Thermometer wird die Luft, deren Temperatur gemessen werden soll, durch einen kleinen Ventilator hindurchgetrieben.

Zur Ermittlung genauer Siedetemperaturen verwendet man Quecksilberthermometer, deren Skala nur von 90 bis 102° reicht und in 0,1 oder 0,01 Grade geteilt ist. Sie heißen Hypsometer und dienen hauptsächlich zur Ableitung des Barometerstandes aus der Siedetemperatur, die sich bei einer Druckerhöhung von nur 1 mm Quecksilber um fast 0,04° ändert.

Die Fernthermometer[1]), die z. B. für die automatische Feuermeldung eine bedeutende Rolle spielen, bestehen vielfach aus Flüssigkeitsthermometern. Es kann etwa ein elektrisches Läutewerk betätigt werden, wenn das Quecksilber in der Kapillare mit einer eingeschmolzenen Elektrode in Berührung kommt. Oder es kann zwischen dem Quecksilbergefäß und der Skala ein sehr enges, langes Rohr angeordnet werden, dessen Temperatur um so weniger Einfluß auf die Angaben des Instruments hat, je weniger Quecksilber es enthält. Auch sind Fernthermometer konstruiert, bei denen nicht die Volumenänderung des Quecksilbers zur Temperaturmessung dient, sondern die Druckänderung, die das Quecksilber auf ein Manometer ausübt. Das sog. Thalpotasimeter beruht darauf, daß der Druck einer leicht verdampfenden Flüssigkeit durch ein mit Quecksilber gefülltes Rohr bis in den Meßraum geleitet wird.

Zahlreiche Versuchsanordnungen zur genauen technischen Temperaturmessung mit Flüssigkeits- und andern Thermometern sind von KNOBLAUCH und HENCKY[2]) angegeben.

e) Widerstandsthermometer.

47. Allgemeines über Platinthermometer. Wenn auch das Quecksilberthermometer an Einfachheit von keinem andern Temperaturmeßgerät übertroffen wird, so steht es doch an Zuverlässigkeit hinter dem Platinwiderstandsthermometer zurück, das in dem Bereich von $-200°$ bis $+650°$ das wichtigste Gebrauchsthermometer für wissenschaftliche Zwecke darstellt. Der erste Vorschlag, den elektrischen Widerstand eines Platindrahtes für thermometrische Zwecke zu verwenden, stammt von WERNER v. SIEMENS (1871). Seine Messungen führten indessen nicht zu befriedigenden Ergebnissen, da die leichte Beeinflussung des Platinwiderstandes durch Heizgase und andere Verunreinigungen störend wirkte, wenn nicht der Platindraht durch eine besondere Schutzhülse aus Platin umgeben war. Nach Einführung der elektrischen Heizung nahm CALLENDAR[3]) 1886 dasselbe Problem mit gutem Erfolge wieder auf. Von ihm stammt auch die Entdeckung, daß der Widerstand des Platins oberhalb 0° mit überraschender Genauigkeit in weiten Temperaturgrenzen als eine quadratische Funktion der Temperatur dargestellt werden kann. Dadurch wird die Eichung

[1]) Vgl. K. SCHEEL u. H. EBERT, Fernthermometer, Halle a. S. 1925.

[2]) O. KNOBLAUCH u. K. HENCKY, Temperaturmessung, München u. Berlin 1919.

[3]) H. L. CALLENDAR, Proc. Roy. Soc. London Bd. 41, S. 231. 1886; Phil. Trans. Bd. 178, S. 161. 1887.

des Platinthermometers sehr erleichtert. Leider versagt die quadratische Beziehung von etwa —40° ab[1]). Zwischen dieser Grenze und —190° kann sie noch durch eine andere, etwas weniger einfache Beziehung ersetzt werden (Ziff, 49); aber unterhalb —190° ist der Verlauf der Funktion noch fast unbekannt.

Der Größenordnung nach ändert sich der Widerstand des Platins und vieler anderer Metalle etwa ebenso stark mit der Temperatur wie der Druck eines Gases von konstantem Volumen, d. h. um etwa 0,4% je Grad in der Nähe der Zimmertemperatur. Fordert man 0,01° Genauigkeit, so muß der Widerstand also auf einige Hunderttausendstel seines Betrages (bei 0°) gemessen werden, wofür bereits nicht unerhebliche elektrische Hilfsmittel erforderlich sind. Am besten eignet sich die Widerstandsmessung nach der Potentialmethode, die auf sehr einfache Weise die Zuführungen zu dem Platindraht von der Widerstandsmessung auszuschalten erlaubt (Ziff. 48).

48. Herstellung der Platinthermometer. In der üblichen Anordnung für Normalthermometer wird etwa 1 m Platindraht von etwa 0,1 mm Dicke (bei 0° etwa 14 Ohm) auf ein an den Kanten mit eingeschnittenen Zähnen versehenes Glimmer- oder Porzellankreuz von 5 cm Länge und 0,5 cm Durchmesser (vgl. Abb. 12) derart aufgewickelt, daß der Draht selbst nur an einer Anzahl Punkte die Unterlage berührt, während er im übrigen frei allen durch die Temperaturänderung bedingten Längenänderungen zu folgen vermag, ohne Zerrungen ausgesetzt zu sein. Die beiden Enden des Drahtes verlegt man zweckmäßig an dasselbe Ende des Kreuzes. Man versieht sie mit U-förmig gestalteten Fortsätzen aus Platin, an die nun je zwei Silberdrähte angelötet werden, die zu dem mit 4 Klemmen versehenen Kopf des Thermometers führen. Das bewickelte Kreuz wird nebst den Zuführungsdrähten von einem Schutzrohr aus Glas oder Porzellan umgeben. Durch zwei der Silberdrähte wird der Meßstrom zugeführt, während die beiden andern Silberdrähte dazu dienen, das elektrische Potential an den Enden des Platindrahtes abzunehmen. Die Silberzuleitungen haben vor solchen aus Kupfer den Vorzug, daß sie in höherer Temperatur nicht oxydieren. Es empfiehlt sich, die Klemmen am Kopf des Thermometers aus Kupfer (nicht aus Messing) zu fertigen, damit sich gegen die Anschlußdrähte zur Meßeinrichtung keine störenden thermoelektrischen Kräfte ausbilden können. Zwischen den kupfernen Klemmen und den silbernen Drähten innerhalb des Thermometers ist die Thermokraft verschwindend klein. Soll der Widerstand des Platindrahtes nicht nach der Potentialmethode durch Vergleich mit einem bekannten Widerstand, sondern in der WHEATSTONEschen Brücke gemessen werden, so sind nur 3 Zuleitungen zu den Enden des Platindrahtes erforderlich, da es auf diese Weise möglich ist, den Widerstand der Zuleitungen gesondert zu ermitteln.

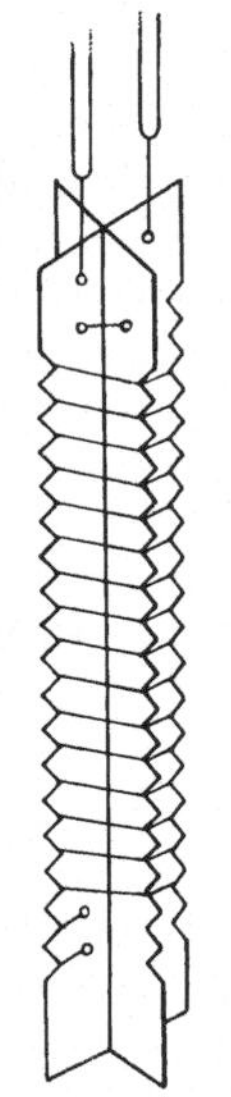

Abb. 12. Wicklung des Platinwiderstandsthermometers.

Zur Vermeidung störender Nachwirkungserscheinungen ist es notwendig, den Platindraht und das Thermometer einem Alterungsprozeß zu unterziehen. Man glüht den Draht zunächst vor dem Wickeln auf elektrischem Wege aus, wobei er so weich wird, daß er sich seiner Unterlage sehr leicht anschmiegt. Dann heizt man das fertige Thermometer so oft auf eine Temperatur, die oberhalb der höchsten Gebrauchstemperatur, für die es bestimmt ist, liegt, bis sich

[1]) F. HENNING, Ann. d. Phys. Bd. 40, S. 635. 1913.

der Eispunktswiderstand nicht mehr ändert. Eingehende Untersuchungen über die günstigste Alterungstemperatur wurden von HOLBORN[1]) angestellt. Hierbei zeigte sich eine ausgeprägte Parallelität zwischen dem Eispunktswiderstand R_0 des Thermometers und dem mittleren Temperaturkoeffizienten seines Widerstandes zwischen 0 und 100°

$$\alpha = \frac{R_{100} - R_0}{100 R_0}. \tag{130}$$

Ein Anstieg von R_0 ist stets mit einer Abnahme von α gepaart. Der niedrigste Wert von R_0 und zugleich der höchste Wert von α ergab sich nach halbstündigem Glühen bei 800 bis 1000°. Führt man die Alterung bei höherer Temperatur aus, so erreichen R_0 und α wieder die Werte vor der Alterung oder gehen gar noch erheblich über jene Beträge hinaus. Bei Temperaturen über 1000° kann das Platinthermometer nicht mehr als genügend zuverlässig angesehen werden.

Unterhalb dieser Grenze erzielt man die günstigsten Ergebnisse, wenn das Schutzrohr des Thermometers ebenso wie das Kreuz für die Wickelung aus Hartporzellan (MARQUARDTsche Masse der Berliner Porzellanmanufaktur) bestehen. Schutzröhren aus Hartglas üben im Glühzustand einen ungünstigen Einfluß aus vielleicht infolge Aufnahme von aus dem Glas stammendem Alkali durch das Platin. Fertigt man das Kreuz aus Glimmer, so muß, wenn das Thermometer für Glühtemperaturen bestimmt ist, der Glimmer zuvor auf höhere Temperaturen geheizt werden, um alle in ihm enthaltenen Gase und vergasbaren Stoffe zu entfernen.

Widerstandsthermometer für tiefe Temperaturen altert man dadurch, daß man sie vor dem Gebrauch einigemal in flüssiger Luft oder flüssigem Wasserstoff abkühlt. Um den Widerstandsdraht vor Feuchtigkeit zu schützen, die leicht zur Störung der elektrischen Messungen Anlaß gibt, muß der Draht gasdicht, für sehr tiefe Temperaturen in einer Heliumatmosphäre eingeschlossen werden, oder er muß, falls die Temperatur elektrisch isolierender Flüssigkeiten gemessen werden soll, unmittelbar mit diesen in Berührung gebracht werden.

Für viele Fälle ist es notwendig, Platinthermometer anderer Form zu wählen, insbesondere, wenn die zu messende Temperatur nur in einem eng begrenzten Raum mit genügender Homogenität aufrecht zu halten ist. Man wird dann allerdings leicht auf unbequem kleine Widerstände geführt, oder man muß die Dicke des Drahtes verringern, was die Gefahr mit sich bringt, daß der Draht leichter von Verunreinigungen beeinflußt wird und daß besonders in höherer Temperatur sich frühzeitig ein Einfluß der Zerstäubung des Platins bemerkbar macht. Bei einer bekannten Ausführungsform des Platinthermometers mit verhältnismäßig kleinen Abmessungen ist der Platindraht auf ein etwa 4 mm dickes Stäbchen aus Quarzglas gewickelt und durch Verschmelzen mit einem darübergeschobenen dünnwandiges Quarzglasrohr unverschiebbar in seiner Lage gehalten. Diese Thermometer, deren geringe Trägheit gerühmt wird und die ohne Schaden schroffen Temperaturänderungen ausgesetzt werden dürfen, sind bei nicht sehr hohen Ansprüchen an Genauigkeit bis 900° brauchbar. In tiefen Temperaturen haben sie sich nicht bewährt, da sie infolge der Spannungen, denen der Draht ausgesetzt ist, nach jeder Abkühlung auf −190° Eispunktsänderungen in der Größenordnung von 1° aufweisen.

Die Stärke des elektrischen Stromes (0,01 bis 0,001 Amp.), den man zur Widerstandsmessung durch den Thermometerdraht schickt, ist so zu bemessen,

[1]) L. HOLBORN, Ann. d. Phys. Bd. 59, S. 145. 1919.

daß er möglichst keine merkliche Erwärmung des Drahtes bewirkt. Man kann annehmen, daß die Widerstandserhöhung unter sonst gleichen Umständen proportional dem Quadrat der Stromstärke ist und daß er bei höherer Temperatur geringer ist als bei tieferer, da mit steigender Temperatur der Wärmeaustausch mit der Umgebung zunimmt. Durch Änderung der Stromstärke ist es dann möglich, die Temperaturerhöhung Δt bei gegebenem Wattverbrauch festzustellen. Ist sie bei $0°$ durch Δt_0 gegeben, so beträgt sie nach CALLENDAR bei der absoluten Temperatur T, falls der Wattverbrauch der gleiche ist, $\Delta t = \Delta t_0 \cdot 273/T$.

Um die Temperaturerhöhung durch den Meßstrom T vollständig in Rechnung zu setzen, führt man zweckmäßig die Messung bei zwei Stromstärken i_1 und $i_2 = 2i_1$ durch. Bezeichnet R den Widerstand beim Meßstrom 0 und $R_1 = R + x$ den Widerstand beim Meßstrom i_1, so erhält man beim Meßstrom i_2 den Widerstand $R_2 = R + 4x$, und der gesuchte Widerstand R ergibt sich als $R = R_1 - \frac{1}{3}(R_2 - R_1)$.

Zur Temperaturmessung hocherhitzter Gase und Dämpfe ist das Schutzrohr des Widerstandsthermometers mit einer passend durchlöcherten Hülse aus Asbest oder Eisen zu versehen, die als Strahlungsschutz dient. Diese Hülse muß möglichst die zu messende Temperatur annehmen, um zu verhindern, daß der Widerstandsdraht mit Stellen in Strahlungsaustausch tritt, die eine abweichende Temperatur besitzen. Die Frage des zweckmäßigsten Strahlungsschutzes ist mehrfach eingehend behandelt worden, z. B. von MEISSNER[1]) sowie von MUELLER und BURGESS[2]).

Will man mit Widerstandsthermometern eine Temperaturdifferenz unmittelbar messen, so ist jedes Ende des Meßdrahtes mit 3 Zuleitungen zu versehen. Die Zuleitungspaare dienen zur Stromzuführung, zur Potentialabnahme und zur Parallelschaltung eines Widerstandes. Die beiden Thermometer, die sich an den Stellen befinden, deren Temperaturdifferenz gemessen werden soll, mögen die Widerstände R_1 und R_2 besitzen, und die ihnen parallel geschalteten Widerstände R_1' und R_2' seien (etwa in der Schaltung des Differentialgalvanometers) so abgeglichen, daß der um den zugehörigen Nebenschluß vergrößerte Leitwert jedes der beiden Thermometer gleich groß ist. Dann erhält man die Beziehung

$$\frac{1}{R_1} + \frac{1}{R_1'} = \frac{1}{R_2} + \frac{1}{R_2'} \qquad \text{oder} \qquad R_2 - R_1 = R_1 R_2 \cdot \frac{R_1' - R_2'}{R_1' R_2'}.$$

Man gewinnt hiernach die Widerstandsdifferenz $R_2 - R_1$ beider Thermometer, ohne daß die Widerstände R_1 und R_2 sehr genau bekannt zu sein brauchen.

49. Abhängigkeit des Platinwiderstandes von der Temperatur. Die Abhängigkeit des Platinwiderstandes R von der Temperatur t folgt oberhalb $0°$ der Gleichung

$$R_t = R_0(1 + at + bt^2), \tag{131}$$

wenn a und b individuelle Konstante des betreffenden Platindrahtes bedeuten. In der CALLENDARschen Schreibweise wird an Stelle der beiden Konstanten a und b außer der bereits definierten Konstanten α, Gleichung (130), die Konstante δ durch die Beziehung

$$t = \frac{R_t - R_0}{\alpha \cdot R_0} + \delta \cdot \frac{t}{100}\left(\frac{t}{100} - 1\right) \tag{132}$$

eingeführt. Der Quotient $(R_t - R_0)/\alpha \cdot R_0$ wird auch als „Platintemperatur t_p" bezeichnet. Die Zahlenwerte von α und δ hängen von der Reinheit und dem Kristallisationszustand des Platins ab. Drähte, für welche $\alpha < 0{,}0039$ und $\delta > 1{,}50$ ist, werden als ungeeignet für Temperaturmessungen hoher Genauigkeit

[1]) W. MEISSNER, Ann. d. Phys. Bd. 39, S. 1230. 1912.

[2]) E. F. MUELLER u. H. A. BURGESS, Journ. Amer. Chem. Soc. Bd. 41, S. 745. 1919.

angesehen. Diesen Grenzen entspricht, daß R_t/R_0 für $t = 100°$ größer als 1,390 und für $t = 444{,}6°$ (Siedepunkt des Schwefels) größer als 2,645 sein muß. Führt man die Konstante α und δ in die quadratische Formel ein, so erhält man

$$R_t = R_0 \left[1 + \alpha\left(1 + \frac{\delta}{100}\right) t - \frac{\alpha\,\delta}{100^2} \cdot t^2\right]. \tag{133}$$

Man gewinnt die Konstanten R_0, α und δ bzw. R_0, a und b auf experimentelle Weise dadurch, daß man den Widerstand des Platindrahtes außer am Schmelzpunkt des Eises bei den Siedepunkten von Wasser und Schwefel (444,6° bei 1 Atm. Druck) beobachtet.

Von 0 bis $-193°$ gilt zwischen dem Widerstand und der Temperatur die Beziehung[1])

$$R_t = R_0(1 + a_1 t + b_1 t^2 + c_1 t^4), \tag{134}$$

deren Konstanten durch Eichung des Thermometers am Schmelzpunkt des Quecksilbers ($-38{,}87°$), dem Sublimationspunkt der Kohlensäure ($-78{,}51°$ bei 1 Atm. Druck) und dem Siedepunkt des Sauerstoffs ($-183{,}00°$ bei 1 Atm. Druck) gefunden werden können. Es hat sich indessen herausgestellt, daß für Platindrähte allgemein $c_1 = -5 \cdot 10^{-12}$ gesetzt werden darf, so daß die Messung an einem der genannten Eichungspunkte — am besten dem Quecksilberpunkt — erspart werden kann. Eine etwas abweichende ebenfalls zwischen 0 und $-193°$ geltende Interpolationsformel, die sich an die CALLENDARsche Beziehung mit den Konstanten α und δ anlehnt, wurde von VAN DUSEN[2]) vorgeschlagen

$$t = \frac{R_t - R_0}{\alpha \cdot R_0} + \delta \frac{t}{100}\left(\frac{t}{100} - 1\right) + \beta \frac{t^3}{100^3}\left(\frac{t}{100} - 1\right). \tag{135}$$

Die Konstanten α und δ dieser Gleichung haben die bereits oben genannte Bedeutung und sind durch Beobachtung des Platinwiderstandes bei den Siedepunkten des Wassers und Schwefels zu ermitteln, während die Konstante β durch eine entsprechende Messung am Siedepunkt des Sauerstoffs gewonnen wird. Für $\beta = 0$ hat Gleichung (135) also oberhalb 0° Gültigkeit.

Beide Gleichungen (134) und (135) führen für Drähte aus reinem Platin zu praktisch den gleichen Temperaturen.

In Tabelle 16 ist für ein Thermometer aus sehr reinem Platindraht das Widerstandsverhältnis R_t/R_0 zwischen 0° und $-200°$ von Grad zu Grad dargestellt.

50. Widerstandsthermometer für sehr tiefe Temperaturen. Unterhalb $-193°$ liegen noch zu wenige Angaben über die Abhängigkeit des Platinwiderstandes von der Temperatur vor, als daß eine für das Gebiet gültige empirische Funktion von genügender Zuverlässigkeit hätte gefunden werden können. Nach GRÜNEISEN[3]) besteht in tiefer Temperatur Proportionalität zwischen dem Widerstand einerseits und dem Produkt von absoluter Temperatur und spezifischer Wärme des Metalls andererseits. Da man über den Verlauf der Kurve für die spezifische Wärme ziemlich gut unterrichtet ist, so lassen sich somit gewisse Schlüsse über den Gang des Widerstandes ziehen. Die GRÜNEISENsche Formel für einatomige Metalle lautet vollständig:

$$R = A \cdot T \cdot F\left(\frac{T}{\Theta_r}\right) \cdot \frac{c_p}{c_v} \cdot [1 + aT + bT^2]. \tag{136}$$

[1]) F. HENNING u. W. HEUSE, ZS. f. Phys. Bd. 23, S. 95. 1924.

[2]) G. VAN DUSEN, Journ. Amer. Chem. Soc. Bd. 47, S. 326. 1925.

[3]) E. GRÜNEISEN, Verh. d. D. Phys. Ges. Bd. 20. S. 36. 1918; Phys. ZS. Bd. 19, S. 382. 1918.

Tabelle 16.
Platinwiderstandsthermometer Nr. 29 der Physik.-Techn. Reichsanstalt.

t	R_t/R_0	t	R_t/R_0	t	R_t/R_0	t	R_t/R_0
0°	1,00000	− 50°	0,79985	−100°	0,59600	−150°	0,38734
− 1	0,99603	− 51	0,79581	−101	0,59188	−151	0,38310
− 2	0,99206	− 52	0,79177	−102	0,58776	−152	0,37886
− 3	0,98809	− 53	0,78773	−103	0,58363	−153	0,37462
− 4	0,98412	− 54	0,78369	−104	0,57950	−154	0,37038
− 5	0,98014	− 55	0,77965	−105	0,57537	−155	0,36614
− 6	0,97616	− 56	0,77560	−106	0,57124	−156	0,36189
− 7	0,97218	− 57	0,77155	−107	0,56711	−157	0,35764
− 8	0,96820	− 58	0,76750	−108	0,56298	−158	0,35339
− 9	0,96422	− 59	0,76345	−109	0,55884	−159	0,34913
−10	0,96024	− 60	0,75940	−110	0,55470	−160	0,34487
−11	0,95626	− 61	0,75535	−111	0,55056	−161	0,34061
−12	0,95228	− 62	0,75129	−112	0,54642	−162	0,33634
−13	0,94829	− 63	0,74723	−113	0,54227	−163	0,33207
−14	0,94430	− 64	0,74317	−114	0,53812	−164	0,32780
−15	0,94031	− 65	0,73911	−115	0,53397	−165	0,32353
−16	0,93632	− 66	0,73505	−116	0,52982	−166	0,31926
−17	0,93233	− 67	0,73099	−117	0,52567	−167	0,31498
−18	0,92834	− 68	0,72693	−118	0,52152	−168	0,31070
−19	0,92434	− 69	0,72287	−119	0,51736	−169	0,30642
−20	0,92034	− 70	0,71880	−120	0,51320	−170	0,30213
−21	0,91634	− 71	0,71473	−121	0,50904	−171	0,29784
−22	0,91234	− 72	0,71066	−122	0,50488	−172	0,29355
−23	0,90834	− 73	0,70659	−123	0,50071	−173	0,28925
−24	0,90434	− 74	0,70252	−124	0,49654	−174	0,28495
−25	0,90034	− 75	0,69844	−125	0,49237	−175	0,28065
−26	0,89634	− 76	0,69436	−126	0,48820	−176	0,27634
−27	0,89234	− 77	0,69028	−127	0,48402	−177	0,27203
−28	0,88833	− 78	0,68620	−128	0,47984	−178	0,26772
−29	0,88432	− 79	0,68212	−129	0,47566	−179	0,26340
−30	0,88031	− 80	0,67804	−130	0,47148	−180	0,25908
−31	0,87630	− 81	0,67395	−131	0,46730	−181	0,25476
−32	0,87229	− 82	0,66986	−132	0,46311	−182	0,25043
−33	0,86828	− 83	0,66577	−133	0,45892	−183	0,24610
−34	0,86427	− 84	0,66168	−134	0,45473	−184	0,24176
−35	0,86025	− 85	0,65759	−135	0,45054	−185	0,23742
−36	0,86223	− 86	0,65350	−136	0,44634	−186	0,23308
−37	0,85221	− 87	0,64941	−137	0,44214	−187	0,22873
−38	0,84819	− 88	0,64531	−138	0,43794	−188	0,22439
−39	0,84417	− 89	0,64121	−139	0,43374	−189	0,22006
−40	0,84015	− 90	0,63711	−140	0,42953	−190	0,21573
−41	0,83613	− 91	0,63301	−141	0,42532	−191	0,21141
−42	0,83210	− 92	0,62890	−142	0,42111	−192	0,20709
−43	0,82807	− 93	0,62479	−143	0,41690	−193	0,20278
−44	0,82404	− 94	0,62068	−144	0,41269	−194	0,19848
−45	0,82001	− 95	0,61657	−145	0,40847	−195	0,19419
−46	0,81598	− 96	0,61246	−146	0,40425	−196	0,18991
−47	0,81195	− 97	0,60835	−147	0,40003	−197	0,18563
−48	0,80792	− 98	0,60424	−148	0,39580	−198	0,18136
−49	0,80389	− 99	0,60012	−149	0,39157	−199	0,17710
−50	0,79985	−100	0,59600	−150	0,38734	−200	0,17284

Hierin bedeutet A einen Proportionalitätsfaktor, der vom Atomvolumen des Metalles abhängt, $F\left(\frac{T}{\Theta_r}\right)$ die DEBYEsche Funktion der spezifischen Wärme (ds. Handb. Bd. X), c_p/c_v das Verhältnis der spezifischen Wärmen für das betreffende Metall und $1 + aT + bT^2$ einen empirischen Korrektionsfaktor, der für höhere Temperaturen (in denen neben c_p/c_v auch $F\left(\frac{T}{\Theta_r}\right)$ nahezu den Wert 1 annimmt) der Abweichung von der Näherungsregel Rechnung trägt, daß der Widerstand der absoluten Temperatur proportional verläuft. Die für jedes Metall charakteristische Größe Θ_r hat für Platin den Wert $\Theta_r = 230$, für Blei $\Theta_r = 92$ und für Gold $\Theta_r = 190$. Je kleiner der Betrag von Θ_r ist, um so tiefer darf das Metall abgekühlt werden, bevor es in den Bereich stark abnehmender Temperaturkoeffizienten des Widerstandes eintritt.

Für sehr tiefe Temperaturen, die im Bereich des flüssigen Heliums liegen, verliert die GRÜNEISENsche Regel ihre allgemeine Gültigkeit, denn zu der Erscheinung der Supraleitfähigkeit, die bei einer Reihe von Metallen auftritt, gibt es bei der spezifischen Wärme keinen entsprechenden Vorgang. Immerhin läßt sich so viel schließen, daß im Bereich des flüssigen Wasserstoffs die Änderung des Widerstandes mit der Temperatur bei gegebenem Eispunktswiderstand für Blei größer ist als für Platin. In Tabelle 17[1]) sind einige Angaben über den Widerstand R und dessen Temperaturkoeffizienten dR/dT von reinem Platin und reinem Blei zwischen 20 und 100° K zusammengestellt. Es ist angenommen, daß beide Widerstände bei der Temperatur des schmelzenden Eises $T_0 = 273{,}2°$ den Wert 1 besitzen.

Tabelle 17.
Widerstand R und dessen Temperaturkoeffizient dR/dT für Platin und Blei.

	Platin		Blei	
T	R	$\frac{dR}{dT} \cdot 10^3$	R	$\frac{dR}{dT} \cdot 10^3$
20°	0,006	0,6	0,029	3,5
30	0,018	1,3	0,068	3,9
40	0,042	1,9	0,108	4,0
50	0,077	3,2	0,148	3,9
60	0,117	4,1	0,186	3,8
70	0,159	4,3	0,223	3,7
80	0,203	4,4	0,259	3,7
90	0,246	4,3	0,296	3,7
100	0,289	4,3	0,333	3,7

Ein Bleiwiderstandsthermometer läßt sich nach dem gleichen Prinzip herstellen wie ein Platinwiderstandsthermometer (Ziff. 48). Für Blei ist indessen bisher keine einfache Beziehung zwischen dem Widerstand und der Temperatur aufgefunden worden, die mit genügender Genauigkeit gilt. Die Zuverlässigkeit der Bleiwiderstandsthermometer ist dadurch beschränkt, daß der Draht infolge seiner Weichheit sehr leicht Gestaltsänderungen ausgesetzt ist, die stets von bleibenden Widerstandsänderungen begleitet werden.

Blei wird nach KAMERLINGH ONNES bei etwa 6° K supraleitend, d. h. sein Widerstand nimmt bei dieser Temperatur sprungweise den Wert 0 an. Platin weist diese Erscheinung nicht auf, doch ist sein Widerstand von etwa 5° K an als praktisch unabhängig von der Temperatur anzusehen. Bei unreinem Draht rückt diese Temperatur höher. Qualitativ das gleiche wie für Platin gilt auch für Gold[2]).

Konstantan und Manganin, deren Widerstand bis herab zu etwa −140° praktisch unabhängig von der Temperatur ist, besitzen im Gebiet des flüssigen

[1]) F. HENNING, Temperaturmessung, S. 109. Braunschweig 1915.

[2]) S. z. B. P. G. CATH, H. KAMERLINGH ONNES u. J. M. BURGERS, Comm. Leiden 152 c. 1917.

Wasserstoffs so große Temperaturkoeffizienten, daß beide Legierungen in diesem Bereich zur Herstellung von Widerstandsthermometern wohlgeeignet sind. Manganin scheint sogar noch im Bereich des flüssigen Heliums brauchbar zu sein[1]).

f) Thermoelektrische Thermometer.

51. Allgemeines über das Thermoelement. Für die technische Messung hoher Temperaturen hat das Thermoelement große Bedeutung erreicht. Sein Hauptanwendungsgebiet liegt, auch bei wissenschaftlichen Untersuchungen, im Bereich zwischen 650 und 1100°. Als sekundäres Thermometer ist es in diesem Gebiet, wo die Beobachtungsbedingungen weder für das Platinwiderstandsthermometer noch für die Strahlungspyrometer günstig sind, unentbehrlich. Indessen werden auch bei Zimmertemperatur und sogar im Temperaturgebiet der flüssigen Gase Temperaturmessungen mit dem Thermoelement ausgeführt. Es besitzt vor allen andern Thermometern den Vorzug, daß es ohne weiteres Temperatur*differenzen* zu messen gestattet. Darum wird es vielfach in der Kalorimetrie benutzt. Ferner kann das Thermoelement wegen der geringen Größe seiner temperaturempfindlichen Teile mit einiger Vorsicht zur Temperaturmessung von Räumen geringerer Ausdehnung dienen, als es mit andern Instrumenten möglich ist.

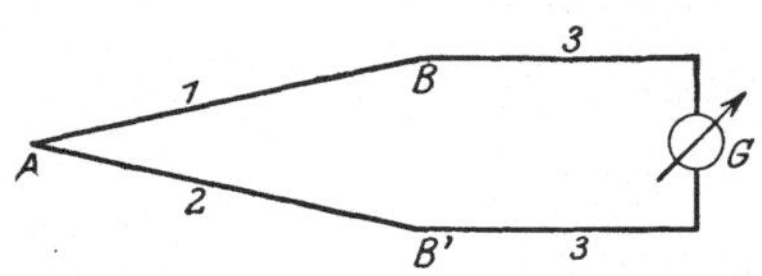

Abb. 13. Thermoelement.

Ein Thermoelement besteht aus zwei verschiedenen Metallen, gewöhnlich in Drahtform (in Abb. 13 mit *1* und *2* bezeichnet), die an einem Ende A zu einer Lötstelle zusammengesetzt sind, während sie an ihren andern Enden B und B' mit Kupferdrähten *3* verbunden sind, die zu dem Meßinstrument G führen. Die beiden Lötstellen B und B' (Nebenlötstellen) müssen sich stets auf gleicher Temperatur, am besten 0°, befinden, während die Hauptlötstelle A der zu messenden Temperatur ausgesetzt wird. Die Lötstellen A, B und B' sind der Sitz elektromotorischer Kräfte. Bei chemisch und mechanisch homogenen Metallen ist die gesamte im Instrument G gemessene elektromotorische Kraft die gleiche wie in einem Thermoelement, das nur aus den Metallen *1* und *2* besteht und dessen beide Enden bei A bzw. bei BB' miteinander verbunden sind. Sie hängt lediglich von der Temperaturdifferenz zwischen A einerseits und B, B' andererseits ab.

Die Herstellung eines Thermoelements ist äußerst einfach. Die Drähte sind durch Erhitzen oder Ausglühen zunächst mechanisch möglichst homogen zu machen und vor dem Gebrauch elektrisch gut zu isolieren, was meist ausreichend durch Glas- oder Porzellanröhrchen und in sehr hoher Temperatur durch Röhrchen aus MARQUARDTscher Masse geschehen kann. Es ist darauf zu achten, daß alle Stellen des Meßkreises, an denen verschiedene Metalle zusammenstoßen, vor Temperaturschwankungen geschützt werden, da andernfalls zusätzliche Thermokräfte auftreten, die die Meßgenauigkeit beeinträchtigen.

52. Verschiedene Arten von Thermoelementen. Von allen gebräuchlichen Thermoelementen ist dasjenige, dessen Schenkel aus reinem Platin und einer Legierung von Platin mit 90% Rhodium bestehen, das wichtigste. Es ist zuerst von LE CHATELIER eingeführt (1887). Bis dahin war man, obwohl die Thermokraft bereits 1821 von SEEBECK entdeckt wurde, hauptsächlich veranlaßt durch einige erfolglose Versuche REGNAULTS, der Ansicht, daß die Thermokraft nicht für die Temperaturmessung in Frage käme. Das LE CHATELIERsche Element

[1]) H. KAMERLINGH ONNES u. HOLST, Comm. Leiden 142a. 1914; s. auch Jubelband für KAMERLINGH ONNES, S. 399. 11. Nov. 1922.

ist bis nahe zum Platinschmelzpunkt brauchbar, doch erfordert seine Handhabung, die für Temperaturen unter 1000° keine Schwierigkeiten bietet, sehr umfassende Vorsichtsmaßregeln, wenn es sich um die Beobachtung erheblich höherer Temperaturen handelt. Die Schwierigkeiten bestehen darin, daß in diesem Bereich alle sonst elektrisch gut isolierenden Körper leitend werden, und daß der hochglühende Platindraht durch Legierung z. B. mit Metalldämpfen thermoelektrisch stark beeinflußt werden kann.

Die empirischen Formeln zur Darstellung der thermoelektrischen Kraft e des Platinrhodiumelementes in Abhängigkeit von der Temperatur t entbehren jeder theoretischen Unterlage. Es ist vielfach üblich, die Thermokraft e als Potenzreihe der Temperatur t darzustellen. Für ein von HOLBORN und DAY[1]) an das Gasthermometer angeschlossenes LE-CHATELIER-Element gilt zwischen 250 und 1100°, falls sich die zweite Lötstelle (Nebenlötstelle) auf 0° befindet, die Beziehung

$$e = -310 + 8{,}048\,t + 0{,}00172\,t^2 \text{ Mikrovolt.} \tag{137}$$

Über 1100° versagt diese Formel, aber sie ist auch nicht erheblich unter 250° brauchbar, da die Extrapolation auf $t = 0°$ nicht den zu fordernden Wert $e = 0$ liefert.

Die von der Firma HERAEUS bezogenen Thermoelemente $Pt/PtRh$ unterscheiden sich in ihrer Thermokraft nur bis etwa 1%. Für ein bestimmtes Element dieser Art ist in dem ganzen Temperaturbereich von 300 bis 1600° folgende Formel gefunden[2])

$$\left.\begin{aligned} e = 2290 &+ 89{,}042 \cdot 10^{-2}(t-300) \\ &+ 2{,}6875 \cdot 10^{-4}(t-300)^2 - 0{,}08073 \cdot 10^{-6}(t-300)^3 \text{ Mikrovolt.} \end{aligned}\right\} \tag{138}$$

Hieraus sieht man, daß sich in höherer Temperatur die Thermokraft um etwa 12 Mikrovolt je Grad ändert.

In dem Bestreben, empfindlichere und zugleich billigere Thermoelemente zu verwenden, wird in technischen Betrieben bis 1200° ein Nickel-Kohleelement benutzt, bei dem sich der isolierte Nickeldraht im Innern eines Kohlerohres befindet. Durch diese Anordnung wird die Oxydation des Nickeldrahtes vermieden. Die Empfindlichkeit dieser Kombination beträgt in der Nähe von 1000° etwa 40 Mikrovolt je Grad. Auch sind für Temperaturen bis 1100° Elemente aus Nickel und Eisen oder aus Nickel und Chrom-Nickel in Gebrauch, deren Empfindlichkeit etwa die gleiche ist wie bei dem Element Nickel-Kohle.

Eine Tabelle über die Thermokräfte der wichtigsten Elemente findet sich in den Wärmetabellen der Reichsanstalt[2]).

Zur Bestimmung der Helligkeit des schwarzen Körpers am Platinschmelzpunkt bediente sich HOFFMANN[3]) eines Thermoelements aus Iridium und Iridium-Ruthen, welches das Platinelement erheblich an Temperaturbeständigkeit übertrifft, aber nur eine Empfindlichkeit von etwa 2 Mikrovolt je Grad besitzt. Bis 3000° brauchbar ist ein Thermoelement aus Wolfram gegen eine Legierung von Wolfram mit 25% Molybdän[4]). Seine Empfindlichkeit beträgt bei 3000° etwa 6 Mikrovolt je Grad. Es ist nur in reduzierender Atmosphäre anwendbar.

---

[1]) L. HOLBORN u. A. DAY, Ann. d. Phys. Bd. 2, S. 505—545. 1900.

[2]) L. HOLBORN, K. SCHEEL u. F. HENNING, Wärmetabellen der Physik, S. 15. Techn. Reichsanstalt Braunschweig 1919. S. 15 u. 42.

[3]) F. HOFFMANN, ZS. f. Phys. Bd. 27, S. 287. 1924; s. auch E. BRODHUN u. F. HOFFMANN, ZS. f. Phys. Bd. 37, S. 142. 1926.

[4]) M. PIRANI u. G. FRH. v. WANGENHEIM, ZS. f. techn. Phys. Bd. 6, S. 358. 1925.

Soll noch unter 400° eine Temperatur mit dem Thermoelement gemessen werden, so empfiehlt sich in erster Linie die Kombination Kupfer-Konstantan, deren Thermokraft sich um 40 bis 50 Mikrovolt je Grad ändert. Das Element Eisen-Konstantan ist noch etwas empfindlicher, doch ist es wegen der leichten Oxydierbarkeit des Eisens weniger zuverlässig. In Temperaturen, bei denen keine Schwierigkeiten wegen der elektrischen Isolation auftreten, kann man die Empfindlichkeit der thermoelektrischen Anordnung leicht dadurch erhöhen, daß man mehrere gleichartige Elemente hintereinander schaltet und ihre Lötstellen abwechselnd auf die zu messende Temperatur und auf 0° bringt.

WHITE, DICKINSON und MUELLER[1]) erzielten bei der Vergleichung von vier hintereinander geschalteten Kupfer-Konstantan-Elementen mit Platinwiderstandsthermometern eine Meßgenauigkeit von 0,005°. Zugleich fanden sie, daß man bei diesen Ansprüchen an Genauigkeit die Thermokraft des Elements selbst zwischen 0 und 100° nicht mehr durch eine quadratische Funktion der Temperatur darstellen kann, sondern sich bereits einer solchen dritten Grades bedienen muß.

Für Temperaturen unter 0° benutzten KEYES, TOWNSHEND und YOUNG[2]) ebenfalls das Kupfer-Konstantan-Element. Durch Vergleich mit einem Stickstoffthermometer fanden sie die Thermokraft von sechs hintereinander geschalteten Paaren zwischen 0 und —183° durch die Beziehung

$$e = 0{,}1486 \cdot t^{2{,}137} - 222{,}20 \cdot t \tag{139}$$

darstellbar.

Nach NERNST[3]) gilt zwischen den absoluten Temperaturen $T = 15{,}5$ und 100° für die elektromotorische Kraft des Kupfer-Konstantan-Elements

$$e = 31{,}32\,T \log\left(1 + \frac{T}{90}\right) + 1{,}0 \cdot 10^{-7} \cdot T^4 \text{ Mikrovolt.} \tag{140}$$

Im Gebiet der Temperaturen des flüssigen Wasserstoffs ist indessen das Element Gold-Silber, das bei Zimmertemperatur und selbst noch bei —185° eine kaum meßbare Thermokraft liefert, nach ONNES und CLAY[4]) erheblich empfindlicher als das Kupfer-Konstantan-Element. DEWAR[5]) fand in demselben Bereich auch die Elemente Gold-Neusilber und Platin-Neusilber gut brauchbar. Für Beobachtungen in technischen Betrieben sind die Instrumente zur Messung der Thermokraft häufig mit einer Skala versehen, die für ein bestimmtes Thermoelement unmittelbar die Temperatur abzulesen erlaubt. In dem Fall, daß sich die Nebenlötstelle nicht auf 0°, sondern etwa auf Zimmertemperatur t befindet, ist zu beachten, daß wegen des nicht linearen Zusammenhangs von Thermokraft und Temperaturdifferenz der Lötstellen man zu einem falschen Temperaturwert geführt würde, wenn man von der Skalenablesung t° in Abzug brächte. Um den Temperatureinfluß der Nebenlötstelle genau auf einfache Weise zu berücksichtigen, sind zahlreiche Anordnungen empfohlen worden[6]).

53. Die Inhomogenität der Drähte und ihr Einfluß auf die Thermokraft. Wenn ein Thermoelement bei wechselnder Eintauchtiefe in den Raum, dessen Temperatur zu messen ist, gebraucht werden soll, so sind zuverlässige Ergebnisse

[1]) W. P. WHITE, H. C. DICKINSON u. E. F. MUELLER, Phys. Rev. Bd. 31, S. 159. 1910.

[2]) F. G. KEYES, B. TOWNSHEND u. L. H. YOUNG, Journ. of Math. and Phys. Massachus. Inst. of Technology Bd. 1, S. 243. 1922.

[3]) W. NERNST, Grundlagen des neuen Wärmesatzes, S. 37. 1. Aufl. Halle 1918.

[4]) H. KAMERLINGH ONNES u. J. CLAY, Comm. Leiden 107b. 1908.

[5]) J. DEWAR, Proc. Roy. Soc. London (A) Bd. 76, S. 316. 1905.

[6]) G. KEINATH, Elektrische Temperaturmeßgeräte, S. 13. München u. Berlin: Oldenbourg 1923. S. 13ff.

nur zu erwarten, wenn die Schenkel des Thermoelements mechanisch und chemisch völlig homogen sind. Ist dies nicht der Fall, so ist die Wirkung die gleiche, wie wenn die Drähte aus einer großen Zahl kleiner Metallstücke verschiedener chemischer Beschaffenheit beständen, d. h. es ist eine Reihe von Quellen elektromotorischer Kräfte vorhanden. Ihr Einfluß auf das Meßergebnis ist um so größer, je stärker das Temperaturgefälle ist, in dem sich derartige Drähte befinden; er verschwindet nur, wenn alle Inhomogenitätsstellen gleiche Temperatur haben. Daraus folgt, daß die Inhomogenitätsstellen nur geringe Störung hervorrufen, wenn sie in unmittelbarer Nähe der Hauptlötstelle gelegen sind und es sich etwa um die Temperaturmessung in einem Ofen handelt, von dem ein genügend großer Raum gleichmäßig beheizt ist.

Man prüft einen Draht auf Inhomogenität, indem man die elektromotorische Kraft des Elements beobachtet, während man mit einer möglichst spitzen, nicht rußenden Flamme die einzelnen Teile des Drahtes erwärmt und zugleich die Lötstellen A, B und B' (Abb. 13) auf derselben Temperatur (0°) hält. Hierbei gelangt jede Stelle des Drahtes in ein Temperaturgefälle, das nach beiden Seiten einen absteigenden Gradienten besitzt. Will man aber die störenden thermoelektrischen Kräfte ihrer absoluten Größe nach bestimmen, so darf man die einzelnen Punkte der Drähte nur einem einseitigen Temperaturgefälle aussetzen. Dies kann geschehen, indem man die Eintauchtiefe des Drahtes in ein Bad konstanter Temperatur bei gleichzeitiger Beobachtung der Thermokraft nach und nach verändert.

Die meisten Drähte besitzen bereits von ihrer Fabrikation her Stellen verschiedener Härte, die thermoelektrisch ebenso störend wirken können wie Stellen chemischer Inhomogenität. Durch Erwärmen des Drahtes auf eine geeignete Temperatur können sie oft weitgehend beseitigt werden. Für den Fall, daß dies nicht gelingt und höchste Genauigkeit gefordert wird, hat WHITE[1]) vorgeschlagen, die Störung durch Parallelschalten zweier gleichartiger Drähte mit parasitären Thermokräften von entgegengesetztem Vorzeichen zu kompensieren.

Sehr häufig werden die Thermoelemente während des Gebrauchs in hoher Temperatur infolge von teilweisen Strukturänderungen und Legierungen mit Fremdstoffen verdorben. Dies trifft in hohem Maße zu, wenn sich das Thermoelement in reduzierender Atmosphäre neben Silizium- oder Eisenverbindungen befindet. Besonders empfindlich ist in dieser Beziehung der Platinschenkel des LE CHATELIERschen Elements. Das Element wird, wenn es Kohledämpfen ausgesetzt ist, schnell unbrauchbar. Es muß auch sehr sorgfältig gegen Iridiumdämpfe geschützt werden. Bis 1600° bieten Röhrchen aus Quarzglas einen wirksamen Schutz. Sie entglasen allerdings, wenn man sie über 1100° heizt, bei der Abkühlung und werden dann brüchig und unbrauchbar. Auch Röhren aus MARQUARDTscher Porzellanmasse, die außen glasiert sind, können das Thermoelement weitgehend schützen. Selbst wenn die Glasur erweicht, bildet sie ein gutes Mittel zur Abdichtung des porösen Materials. In der Nähe von Kohle schmilzt allerdings die MARQUARDTsche Masse schon in verhältnismäßig tiefer Temperatur.

g) Dampfdruckthermometer.

54. Allgemeines über Dampfdruckthermometer. Von STOCK und NIELSEN[2]) wurde zum erstenmal nachdrücklich darauf hingewiesen, daß unterhalb Zimmertemperatur die Sättigungsdrucke von Dämpfen reiner Flüssigkeiten ausgezeichnet zur Temperaturmessung brauchbar sind. Bei geeigneter Anordnung kann man

---

[1]) W. P. WHITE, Phys. ZS. Bd. 8, S. 325. 1907.

[2]) A. STOCK u. C. NIELSEN, Chem. Ber. Bd. 39, S. 2066. 1906.

auf diese Weise Thermometer gewinnen, die neben sicherer Reproduzierbarkeit ihrer Angaben größere Empfindlichkeit als das Gasthermometer besitzen. So ändert sich z. B. der Sättigungsdruck des Sauerstoffs in der Nähe seines normalen Siedepunktes um etwa 80 mm Hg je Grad, während ein Gasthermometer der üblichen Art mit einem Anfangsdruck (Druck bei 0°) von 1 m Hg nur eine Empfindlichkeit von noch nicht 4 mm je Grad besitzt. Bei den Dampfdruckthermometern kann darum die Druckmessung in einfachster Weise, vielfach unter Verwendung eines Holzmaßstabes und eines Visiers, ausgeführt werden.

Eine erprobte Form des Dampfdruckthermometers ist in Abb. 14 dargestellt. Es bedeutet *a* eine kleine Glasampulle von etwa 0,5 ccm Inhalt, die durch ein enges Glasrohr *b* und die Glasfeder *c* mit einem Quecksilbermanometer verbunden ist. Die Manometerrohre sind etwa 1 cm weit und 90 cm lang zu wählen. Der eine Schenkel trägt eine Ampulle *d* von 40 bis 50 ccm Inhalt. Die Quecksilberhöhe in dem Manometer läßt sich durch eine Niveaukugel einstellen, die durch einen Schlauch verbunden ist und vom Manometer durch einen Hahn abgetrennt werden kann. Es ist zweckmäßig, das obere Ende des offenen Manometerschenkels so einzurichten, daß es durch einen Dreiwegehahn *e* beliebig mit der freien Atmosphäre oder mit einem gut evakuierten Raum verbunden werden kann. Als Füllsubstanz kommen nur Stoffe in Frage, die sich bei Zimmertemperatur im gasförmigen Zustand befinden, und die sich, falls das Kölbchen *a* der zu messenden Temperatur ausgesetzt wird, hier kondensieren. Bei Temperaturkonstanz stellt sich schnell ein statisches Gleichgewicht zwischen der Flüssigkeit und ihrem gesättigten Dampf ein, dessen Druck durch die gasförmige Phase der Substanz auf das Manometer übertragen wird. Da jede Flüssigkeit stets zu den Stellen geringsten Dampfdruckes destilliert, so zeigt das Dampfdruckthermometer immer die Temperatur seiner kältesten Stelle an. Aus diesem Grunde sind die Dampfdruckthermometer oberhalb Zimmertemperatur nicht verwendbar, wenigstens so lange nicht, als das Manometer nicht mit einer Heizvorrichtung[1]) ausgerüstet ist. Die Ampulle *d* dient dazu, die Gasfüllung des Thermometers auf die Anwesenheit schwerer kondensierbarer Beimischungen zu prüfen. Nur wenn solche nicht vorhanden sind, bleibt der am Manometer abgelesene Druck unverändert, gleichgültig, ob die Ampulle *d* mit Quecksilber oder Gas gefüllt ist. Im übrigen machen sich bereits kleine Verunreinigungen des Füllgases durch langsamen Druckausgleich kenntlich.

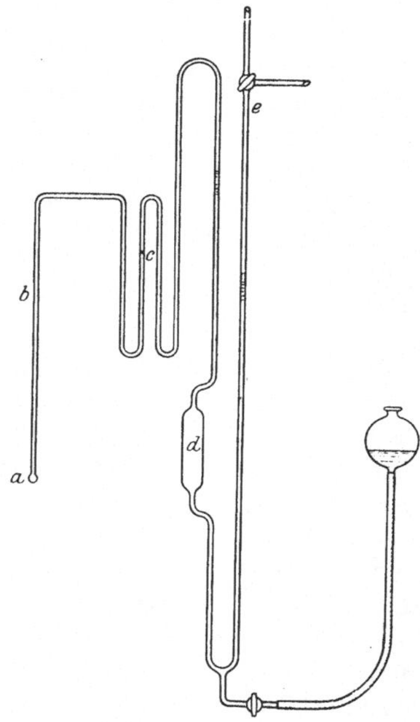

Abb. 14. Dampfdruckthermometer.

55. Beziehung zwischen Sättigungsdruck und Temperatur. Die Beziehung zwischen dem Sättigungsdruck p und der absoluten Temperatur T läßt sich theoretisch zwar nicht völlig streng, aber doch mit sehr großer Näherung an die tatsächlichen Verhältnisse aus der CLAUSIUS-CLAPEYRONschen Gleichung ableiten, welche die Verdampfungswärme L einer Substanz mit den Größen p

[1]) Z. B.: F. HENNING u. W. HEUSE, ZS. f. Phys. Bd. 5, S. 296. 1921.

und T, sowie dem spezifischen Volumen v_1 des gesättigten Dampfes und dem spezifischen Volumen v_2 der Flüssigkeit verbindet:

$$L = T \frac{\partial p}{\partial T} \cdot (v_1 - v_2). \tag{141}$$

Unter der Annahme, daß es sich um Sättigungszustände bei geringem Druck handelt, derart, daß v_2 gegen v_1 vernachlässigt werden darf, und daß es außerdem erlaubt ist, entsprechend den Gesetzen des idealen Gases, $v_1 = \frac{RT}{p}$ zu setzen, gewinnt man durch Integration der CLAUSIUS-CLAPEYRONschen Gleichung die gesuchte Beziehung, wenn für L eine bestimmte Abhängigkeit von der Temperatur, etwa nach fortschreitenden Potenzen von T, angenommen wird. Diese Beschränkungen, die den Versuchsbedingungen nicht immer gerecht werden, hat NERNST dadurch weitgehend beseitigt, daß er unter Einführung des kritischen Druckes p_c

$$L = R \cdot (a + bT - cT^2)\left(1 - \frac{p}{p_c}\right) \tag{142}$$

und

$$(v_1 - v_2) = \frac{RT}{p}\left(1 - \frac{p}{p_c}\right) \tag{143}$$

setzte. Mit Hilfe dieser Annahmen, die der thermodynamisch geforderten Bedingung gehorchen, daß sowohl die Verdampfungswärme L als auch die Differenz der spezifischen Volumina $v_1 - v_2$ im kritischen Punkt verschwindet, gewinnt man aus Gleichung (141)

$$\ln p = -\frac{a}{T} + b \cdot \ln T - c \cdot T + k, \tag{144}$$

wenn k die Integrationskonstante bezeichnet. Die NERNSTsche[1]) Dampfdruckgleichung erhält man, wenn man noch für b den Zahlenwert 1,75 einführt. Die drei Konstanten a, c und k sind empirisch zu bestimmen.

In der folgenden Tabelle 18 sind die Konstanten a, c und k der Gleichung (144) für eine Anzahl von Stoffen zusammengestellt, die sich zur Füllung von Dampfdruckthermometern eignen[2]). Hinzugefügt ist der normale Siedepunkt t_n und der Temperaturbereich, in welchem die einzelnen Substanzen erprobt sind. Die absolute Temperatur des Eispunktes ist überall zu 273,20° angenommen.

Tabelle 18. Konstanten der Dampfdruckformel $\log p = -\frac{a}{T} + 1{,}75 \log T - cT + k$.
(Die Druckeinheit ist 1 m Quecksilber.)

Substanz		t_n °C	Bereich	a	$c \cdot 10^3$	k
Schwefelkohlenstoff . .	CS_2	—	+ 12 bis — 25°	1682,38	5,2980	5,44706
Schweflige Säure . . .	SO_2	— 9,99	— 11 „ — 62	1561,36	6,1757	6,20282
Ammoniak	NH_3	— 33,36	— 35 „ — 80	1393,60	5,7034	5,89437
Kohlendioxyd	CO_2	— 78,52	— 80 „ —110	1279,11	2,0757	5,84887
Chlorwasserstoff . . .	HCl	— 85,03	— 87 „ —118	905,53	5,0077	4,65491
Phosphorwasserstoff .	PH_3	— 87,43	— 90 „ —132	845,57	6,1931	4,61257
Äthylen	C_2H_4	—103,72	—110 „ —141	834,13	8,3753	5,32089
Methan	CH_4	—161,37	—162 „ —170	472,47	9,6351	4,59825
Sauerstoff	O_2	—183,00	—183 „ —205	379,95	9,6219	4,53939
Stickstoff	N_2	—195,81	—195 „ —205	301,91	9,0272	4,17643

[1]) W. NERNST, Neuer Wärmesatz, Halle S. 109, 1918.

[2]) F. HENNING u. A. STOCK, ZS. f. Phys. Bd. 4, S. 226. 1921; A. STOCK, ZS. f. Elektrochemie Bd. 29, S. 354. 1923; F. HENNING u. W. HEUSE, ZS. f. Phys. Bd. 23, S. 105. 1924.

Tabelle 19 gibt für die wichtigsten Dampfdruckthermometer die Drucke als Funktion der Temperaturen in der thermodynamischen Skala wieder. Mit Hilfe

Tabelle 19. Sättigungsdrucke dampfthermometrischer Substanzen.

CS_2		SO_2		NH_3		CO_2		HCl		C_2H_4		CH_4		O_2	
t °C	*p* mm Hg	*t* °C	*p* mm Hg	*t* °C	*p* mm Hg	*t* °C	*p* mm Hg	*t* °C	*p* mm Hg	*t* °C	*p* mm Hg	*t* °C	*p* mm Hg	*t* °C	*p* mm Hg
25	359,8	—	—	—	—	—	—	—	—	—	—	−150	1718	−180	1023
24	346,6	—	—	—	—	−76	931,5	—	—	—	—	−151	1611	−181	927
23	333,8	—	—	—	—	−77	859,6	—	—	—	—	−152	1508	−182	839
22	321,3	−8	829,5	−33	773,7	−78	792,5	—	—	−103	791,5	−153	1410	−183	757,2
21	309,2	−9	794,1	−34	736,0	−79	730,1	−84	805,1	−104	747,0	−154	1316	−184	681,4
20	297,5	−10	759,8	−35	699,6	−80	672,2	−85	760,9	−105	704,7	−155	1227	−185	611,6
19	286,1	−11	726,6	−36	664,6	−81	618,3	−86	718,7	−106	664,1	−156	1143	−186	547,4
18	275,0	−12	694,6	−37	631,0	−82	568,1	−87	678,4	−107	625,2	−157	1062	−187	488,5
17	264,3	−13	663,7	−38	598,9	−83	521,4	−88	640,0	−108	588,0	−158	986	−188	434,6
16	254,0	−14	633,9	−39	568,2	−84	478,3	−89	603,3	−109	552,4	−159	914	−189	385,5
15	243,8	−15	605,3	−40	538,7	−85	438,4	−90	568,2	−110	518,4	−160	846,0	−190	340,7
14	234,0	−16	577,7	−41	510,5	−86	401,3	−91	534,9	−111	485,9	−161	781,5	−191	300,2
13	224,5	−17	551,0	−42	483,5	−87	367,1	−92	503,1	−112	455,0	−162	721,1	−192	263,6
12	215,4	−18	525,3	−43	457,7	−88	335,6	−93	472,7	−113	425,7	−163	662,4	−193	230,6
11	206,6	−19	500,6	−44	433,2	−89	306,3	−94	443,9	−114	397,9	−164	608,3	−194	200,9
10	198,1	−20	476,7	−45	409,7	−90	279,2	−95	416,5	−115	371,6	−165	558,2	−195	174,4
9	189,8	−21	453,9	−46	387,2	−91	254,3	−96	390,5	−116	346,7	−166	511,1	−196	150,9
8	181,8	−22	432,1	−47	365,7	−92	231,5	−97	365,8	−117	323,2	−167	467,2	−197	129,9
7	174,1	−23	411,2	−48	345,2	−93	210,5	−98	342,3	−118	301,0	−168	426,2	−198	111,3
6	166,7	−24	390,9	−49	325,7	−94	191,2	−99	320,1	−119	280,1	−169	387,9	−199	95,0
5	159,5	−25	371,3	−50	307,1	−95	173,6	−100	299,1	−120	260,3	−170	352,3	−200	80,7
4	152,6	−26	352,6	−51	289,4	−96	157,3	−101	279,3	−121	241,7	−171	319,6	−201	68,2
3	145,9	−27	334,7	−52	272,5	−97	142,4	−102	260,6	−122	224,2	−172	289,2	−202	57,3
2	139,5	−28	317,7	−53	256,5	−98	128,7	−103	242,8	−123	207,7	−173	261,3	−203	48,0
1	133,3	−29	301,4	−54	241,3	−99	116,2	−104	226,0	−124	192,2	−174	235,5	−204	39,9
0	127,3	−30	285,8	−55	226,8	−100	104,8	−105	210,2	−125	177,6	−175	211,5	−205	33,0
−1	121,6	−31	270,8	−56	213,0	−101	94,4	−106	195,5	−126	163,9	−176	189,4	−206	27,1
−2	116,0	−32	256,5	−57	199,9	−102	84,9	−107	181,6	−127	151,0	−177	169,1	−207	22,1
−3	110,7	−33	242,8	−58	187,5	−103	76,2	−108	168,4	−128	138,9	−178	150,6	−208	17,9
−4	105,6	−34	229,7	−59	175,8	−104	68,3	−109	156,1	−129	127,6	−179	134,0	−209	14,4
−5	100,7	−35	217,1	−60	164,7	—	—	−110	144,6	−130	117,0	−180	118,5	−210	11,5
−6	95,9	−36	205,1	−61	154,2	—	—	−111	133,8	−131	107,2	−181	104,7	—	—
−7	91,4	−37	193,6	−62	144,2	—	—	—	—	−132	98,0	−182	92,3	—	—
−8	87,0	−38	182,6	−63	134,8	—	—	—	—	−133	89,5	−183	81,1	—	—
−9	82,8	−39	172,2	−64	125,9	—	—	—	—	−134	81,6	−184	71,0	—	—
—	—	−40	162,3	−65	117,5	—	—	—	—	−135	74,3	—	—	—	—
—	—	−41	152,9	−66	109,5	—	—	—	—	−136	67,6	—	—	—	—
—	—	−42	143,9	−67	102,0	—	—	—	—	−137	61,4	—	—	—	—
—	—	−43	135,4	−68	95,0	—	—	—	—	−138	55,6	—	—	—	—
—	—	−44	127,3	−69	88,4	—	—	—	—	−139	50,3	—	—	—	—
—	—	−45	119,6	−70	82,2	—	—	—	—	−140	45,5	—	—	—	—
—	—	−46	112,3	−71	76,3	—	—	—	—	−141	41,1	—	—	—	—
—	—	−47	105,4	−72	70,8	—	—	—	—	−142	37,0	—	—	—	—
—	—	—	—	−73	65,6	—	—	—	—	−143	33,2	—	—	—	—
—	—	—	—	−74	60,7	—	—	—	—	−144	29,8	—	—	—	—
—	—	—	—	−75	56,2	—	—	—	—	−145	26,7	—	—	—	—
—	—	—	—	−76	52,0	—	—	—	—	−146	23,9	—	—	—	—
—	—	—	—	−77	48,0	—	—	—	—	−147	21,3	—	—	—	—
—	—	—	—	—	—	—	—	—	—	−148	19,0	—	—	—	—
—	—	—	—	—	—	—	—	—	—	−149	16,9	—	—	—	—
—	—	—	—	—	—	—	—	—	—	−150	14,9	—	—	—	—

dieser Tabelle ist es möglich, alle Temperaturen zwischen +20 und −210° durch Dampfdruckthermometer zu bestimmen[1]).

Sauerstoff ist noch erheblich unter −210°, nämlich bis −218,4°, flüssig; doch ist sein Dampfdruck in diesem Gebiet bereits so klein, daß ein Dampfdruckthermometer keine Vorteile mehr bietet. Von andern Substanzen kommt bei den tiefsten Temperaturen nur noch Neon, Wasserstoff und Helium in Betracht. Indessen würde ein Dampfdruckthermometer mit Neon nur etwa 3° umfassen, da nach KAMERLINGH ONNES und CROMMELIN[2]) sein normaler Siedepunkt bei −245,9° und sein Erstarrungspunkt bei −248,7° liegt. Günstiger sind die Verhältnisse für Wasserstoff und Helium. Wasserstoff erstarrt bei −259,1° und einem Druck von 54 mm Hg, während er unter normalem Atmosphärendruck bei −252,8° siedet. Für Helium konnte der Tripelpunkt noch nicht aufgefunden werden. Der normale Siedepunkt des Heliums liegt bei −268,9°.

Dampfdruckthermometer sind auch ohne weiteres verwendbar, wenn die Füllsubstanz bei der zu messenden Temperatur sich bereits im festen Aggregatszustand befindet. Auf diesen Fall beziehen sich z. B. die in Tabelle 18 und 19 angegebenen Daten über Kohlensäure. Im allgemeinen sind jedoch die Dampfdrucke der festen Phase zu gering, um eine Temperaturmessung darauf zu gründen.

Nach den im Leidener Kältelaboratorium durchgeführten Messungen gilt für den Dampfdruck des Wasserstoffs[3]) unterhalb seines normalen Siedepunktes (ca. 20° K), und zwar von 15 bis 20° K

$$\log p = 2{,}7255 - \frac{58{,}40}{T} + \frac{61}{T^3} \tag{145}$$

und für den Dampfdruck des Heliums[4]) (normaler Siedepunkt 4,2° K) zwischen 1,4 und 5,2° K

$$\log p = 1{,}8482 - \frac{7{,}9780}{T} - \frac{0{,}13628}{T^2} + \frac{4{,}3634}{T^3}\,. \tag{146}$$

Hierbei ist der Druck p in Atmosphären gerechnet, s. auch Ziff. 63.

h) Thermometrische Festpunkte.

56. Schmelzpunkte und Siedepunkte. In diesem Abschnitt sollen die Schmelz- und Siedepunkte solcher chemisch einheitlichen Körper besprochen werden, die als Normalsubstanzen für thermometrische Festpunkte dienen können. Neben den Schmelz- und Siedeerscheinungen kommen Umwandlungs- und Sublimationsvorgänge in Betracht.

Bei den Schmelz- bzw. Erstarrungs- oder den Umwandlungsvorgängen stehen zwei kondensierte (feste und flüssige) Phasen im Gleichgewicht miteinander. Ist eine Dampfphase vorhanden, so besteht wirkliches Gleichgewicht nur am Tripelpunkt, da sich andernfalls, selbst bei völlig konstant gehaltener Temperatur die beiden kondensierten Phasen wegen ihres verschiedenen Dampfdruckes auf dem Umwege über die Dampfphase ineinander umwandeln. Wirkliches Gleichgewicht ist ebenfalls nicht vorhanden bei den nach der dynamischen Methode beobachteten Siede- und Sublimationserscheinungen, wo unter ständiger Wärmezufuhr fortlaufend die flüssige oder feste Phase in die dampfförmige übergeht. Nur in der

---

1) A. STOCK, ZS. f. Elektrochemie Bd. 29, S. 354. 1923.

2) H. KAMERLINGH ONNES u. C. A. CROMMELIN, Comm. Leiden Nr. 147d. 1915.

3) H. KAMERLINGH ONNES u. W. H. KEESOM, Comm. Leiden Nr. 137d. 1913.

4) H. KAMERLINGH ONNES u. S. WEBER, Comm. Leiden Nr. 147b. 1915.

statischen Beobachtungsmethode der Siede- und Sublimationspunkte handelt es sich um einen völligen Gleichgewichtszustand, da einer gegebenen Substanzmenge ein eng begrenztes Volumen zur Verfügung steht, in dem das Massenverhältnis beider Phasen bei konstantem Volumen nur verschoben wird, wenn sich die Temperatur ändert.

Es ist bekannt, daß bei Substanzen, die Fremdkörper in Lösung enthalten, der Schmelzpunkt niedriger und der Siedepunkt höher beobachtet wird als bei reinen Substanzen. Die gelösten Bestandteile reichern sich beim Erstarren in der Flüssigkeit an, deren Erstarrungspunkt somit ständig sinkt. Umgekehrt werden beim Schmelzvorgang die an Fremdkörpern reichen Bestandteile zunächst schmelzen, und die Schmelztemperatur muß ständig steigen. Nur bei einer völlig reinen Substanz kann man erwarten, daß die Schmelztemperatur während des ganzen Schmelzvorganges denselben Wert beibehält.

Bei Bestimmung des Siedepunktes sind in Lösung befindliche Verunreinigungen weniger störend, wenn man nicht die Temperatur der Flüssigkeit, sondern die Temperatur des Dampfes beobachtet, wie es bei allen Siedepunktsmessungen, die Ansprüche an Genauigkeit stellen, der Fall sein muß. Der Dampf entweicht aus der Lösung zwar in überhitztem Zustand, geht aber bei zweckmäßiger Anordnung des Siedegefäßes sogleich in den gesättigten Zustand über. Beträchtliche Fehler können indessen entstehen, wenn der Dampf mit fremden Gasen untermischt ist, da nur der Gesamtdruck im Dampfraum gemessen wird, dagegen die Siedetemperatur allein vom Partialdruck des Dampfes abhängt. Denselben störenden Einfluß haben fremde Gase bei der statischen Methode der Siedepunktsbestimmung, für die die Versuchsanordnung die gleiche ist wie bei den bereits besprochenen Tensionsthermometern (Ziff. 54).

57. Thermometrische Festpunkte unterhalb 0°. Die thermometrischen Festpunkte sind fast niemals unmittelbar mit dem Gasthermometer (Ziff. 11) ermittelt worden, da das große Gefäß dieses Instrumentes für derartige Beobachtungen leicht Schwierigkeiten mit sich bringt. Man hat sich vielmehr sekundärer Thermometer, meist des Platinwiderstandsthermometers (Ziffer 47) oder eines Thermoelementes (Ziff. 51) bedient, das zuvor mit dem Gasthermometer verglichen war.

Die umfangreichen Messungen, welche im Leidener Kältelaboratorium von KAMERLINGH ONNES und seinen Mitarbeitern zur Bestimmung von Fixpunkten ausgeführt wurden, gehen sämtlich auf gasthermometrische Messungen zurück, bei denen gewisse Werte für den Spannungskoeffizienten der Gase angenommen wurden, ohne daß diese bei jeder Anordnung direkt bestimmt wären. Die einzige Ausnahme bilden die Beobachtungen von KAMERLINGH ONNES und BOUDIN[1]), bei denen der Spannungskoeffizient eines Wasserstoffthermometers von etwa 1000 mm Anfangsdruck zu $\beta = 0{,}0036627$ gefunden wurde. Diese Zahl wurde bei allen späteren Messungen benutzt. Für den Spannungskoeffizienten des Heliums wurde $\beta = 0{,}0036614$ gesetzt. Diese Zahl ist aus Differenzmessungen[2]) gegen Wasserstoff mit dem sogenannten Differentialgasthermometer (Ziff. 17) gewonnen und hat sich auch unter der Annahme des Koeffizienten $\gamma = 0{,}0036618$ für das ideale Gas aus Messungen an den Gasisothermen bei 0° und 100° ergeben. Nun steht außer Zweifel, daß man für ein bestimmtes Gas unter sonst gleichen Bedingungen nicht stets denselben Spannungskoeffizienten beobachtet. Man ersieht aus Tabelle 1, Ziff. 15, daß z. B. CHAPPUIS an Stickstoff im Quarzgefäß einen um etwa 0,03 % größeren Spannungskoeffizienten ermittelte, als wenn sich das Gas im Platiniridiumgefäß befand. Infolge dieser Tatsache, für die noch keine volle

1) H. KAMERLINGH ONNES u. M. BOUDIN, Comm. Leiden 60. 1900.

2) P. G. CATH u. KAMERLINGH ONNES, Comm. Leiden 156a. 1922.

Erklärung gefunden ist, besteht noch eine größere Unsicherheit für alle gasthermometrischen Messungen, als man im übrigen anzunehmen geneigt ist. Für die Leidener Messungen muß dieser Grad der Unsicherheit in erhöhtem Maße gelten, da sie keinerlei Aussage über den für die spezielle Meßanordnung gültigen Koeffizienten ermöglichen.

Die in diesem Institut gewonnenen Zahlen für die Tripelpunkte (Schmelzpunkte), die normalen Siedepunkte und die kritischen Punkte der thermometrisch wichtigsten Stoffe sind in der folgenden Tabelle enthalten. Die Zahlen sind einer Zusammenstellung entnommen, die von MATHIAS und CROMMELIN[1]) gegeben wurde. Den Temperaturen der Tripelpunkte bzw. der kritischen Punkte sind der Vollständigkeit halber noch die zugehörigen Drucke bzw. das kritische Volumen hinzugefügt.

Tabelle 20. Temperaturmessungen des Leidener Kältelaboratoriums.

Gas	Tripelpunkt		Normaler Siedepunkt °C	Kritischer Punkt		
	°C	cm Hg		°C	Atm	ccm
Sauerstoff . . .	−218,4	ca. 0,2	−182,95	−118,82	49,71	0,4299
Argon	−189,19	51,22	−185,66	−122,44	48,00	0,5308
Stickstoff . . .	−209,86	9,64	−195,78	−147,13	33,49	0,3110
Neon	−248,67	32,35	−245,92	−228,71	26,86	0,4835
Wasserstoff . .	−259,14	5,41	−252,74	−239,91	12,80	0,0310
Helium	< −272,2	< 0,002	−268,88	−267,90	2,26	0,0693

In Tabelle 21, welche die unterhalb 0° liegenden wichtigsten Schmelzpunkte und normalen Siedepunkte zusammenfaßt, sind zugleich einige der im Leidener Laboratorium ermittelten Fixpunkte mit denen anderer Autoren verglichen.

Tabelle 21. Die wichtigsten thermometrischen Festpunkte unterhalb 0°.

Stoff	Umwandlung	KAMERLINGH ONNES und Mitarbeiter	HENNING, HEUSE	KEYES und Mitarbeiter	WILHELM
Quecksilber	Schmelzen	—	− 38,87[4])	− 38,90[7])	−38,87[8])
Kohlensäure	Sublimieren	—	− 78,51[5])	− 78,53[7])	—
Sauerstoff	Sieden	−182,95[2])	−183,00[6])	−182,94[7])	—
Stickstoff	,,	−195,78[2])	−195,81[6])	—	—
Wasserstoff	,,	−252,74[3])	−252,78[6])	—	—

Wegen der Veränderlichkeit der Siedetemperaturen mit dem Druck kann auf die Formeln und Tabellen verwiesen werden, die bei Besprechung der Dampfdruckthermometer mitgeteilt wurden (Ziff. 55).

Die in Tabelle 21 aufgeführten Beobachtungen von HENNING und HEUSE sind mit Platinwiderstandsthermometern ausgeführt, die zuvor mit Helium- oder Wasserstoffthermometern verglichen waren. Die Angaben dieser Gasthermometer, deren Spannungskoeffizienten durch besondere Messungen bestimmt wurden, sind in derselben Weise wie diejenigen der Leidener Autoren auf die thermodynamische Skala reduziert worden (Ziff. 17). KEYES und seine Mitarbeiter be-

[1]) E. MATHIAS u. C. A. CROMMELIN, Comm. Leiden, Suppl. Nr. 52. 1924.
[2]) P. G. CATH, Comm. Leiden Nr. 152d. 1918.
[3]) J. PALAZIOS MARTINEZ u. H. KAMERLINGH ONNES, Comm. Leiden Nr. 156b. 1922; vgl. auch E. MATHIAS u. C. A. CROMMELIN, ebenda Suppl. Nr. 52. 1924.
[4]) F. HENNING u. W. HEUSE, ZS. f. Phys. Bd. 23, S. 95. 1924.
[5]) F. HENNING, Ann. d. Phys. Bd. 43, S. 282. 1914.
[6]) F. HENNING u. W. HEUSE, ZS. f. Phys. Bd. 23, S. 105. 1924.
[7]) I. G. KEYES, B. TOWNSHEND u. L. H. YOUNG, Journ. Math. Phys. Bd. 1, S. 243. 1922.
[8]) R. M. WILHELM, Bull. Bureau of Stand. Bd. 13, S. 655. 1916.

dienten sich eines Platinwiderstandsthermometers oder eines Kupfer-Konstantanthermoelements, die an ein Wasserstoffthermometer mit Quarzglasgefäß angeschlossen waren. Da Wassertsoff durch Quarzglas diffundiert, sind gegen diese gasthermometrischen Messungen Bedenken zu erheben, die den Wert der Beobachtungen herabmindern. Ferner haben diese Autoren den Spannungskoeffizienten ebenso wie KAMERLINGH ONNES und CATH nicht bestimmt; sie bringen keine Reduktionen auf die thermodynamische Skala an, da sie die zweifellos irrige Ansicht vertreten, daß jedes Gasthermometer konstanten Volumens unmittelbar die Temperaturen der thermodynamischen Skala liefert. Die Beobachtung von WILHELM über den Schmelzpunkt des Quecksilbers ist durch Beobachtung mit einem Platinwiderstandsthermometer gewonnen. Es wurde hierbei angenommen, daß sein Widerstand bis zu der gesuchten Temperatur aus einer quadratischen Beziehung extrapoliert werden kann, deren Konstanten bei höherer Temperatur bestimmt sind (s. Ziff. 49).

Aus Tabelle 21 ist ersichtlich, daß zwischen den Messungen verschiedener Autoren teilweise noch beträchtliche Unterschiede bestehen. Rechnet man die Beobachtungen von KAMERLINGH ONNES und seinen Mitarbeitern einerseits und von HENNING und HEUSE andererseits auf den gleichen Wert für den Spannungskoeffizienten des Heliums um, so rücken die Werte für den Siedepunkt des Sauerstoffs bis zur Fehlergrenze zusammen. Für Stickstoff und Wasserstoff bleibt allerdings ein Unterschied von je etwa 0,05°, d. h. vom doppelten Betrage der vermuteten Fehlergrenze bestehen. Ob eine solche Umrechnung statthaft ist, bleibt indessen zweifelhaft.

Eine weitere Gruppe thermometrischer Beobachtungsergebnisse, die zum Teil ebenfalls von den soeben genannten Autoren und auf den gleichen Grundlagen gewonnen wurden, ist in der folgenden Tabelle 22 über die Erstarrungspunkte einiger organischer Substanzen dargestellt. Die Beobachtungen dieser Art sind dadurch erschwert, daß die organischen Flüssigkeiten schlechte Wärmeleitung besitzen und vor dem Erstarren erheblichen Unterkühlungen ausgesetzt sind. Eine gut wirkende Rührvorrichtung ist darum bei den Versuchen unerläßlich. Die noch nicht befriedigende Übereinstimmung der Ergebnisse verschiedener Beobachter kann zum Teil durch verschiedene Reinheit der Substanzen bedingt sein.

Tabelle 22. Erstarrungspunkte organischer Stoffe.

Stoff		HENNING[1])	TIMMERMANS und Mitarb.[2])	KEYES und Mitarb.[3])
Tetrachlorkohlenstoff	CCl_4	—	− 22,9°	− 22,9°
Chlorbenzol	C_6H_5Cl	− 45,5°	− 45,2	− 45,6
Chloroform	$CHCl_3$	− 63,7	− 63,5	− 64,2
Toluol	C_7H_8	− 95,0	− 95,1	− 95,7
Schwefelkohlenstoff	CS_2	−112,0	−111,6	−113,0
Äthyläther, stabile Modifikation	$(C_2H_5)_2O$	—	−116,3	−115,9
„ instabile „	$(C_2H_5)_2O$	−123,6	−123,3	−123,4
Isopentan	C_5H_{12}	—	−159,6	—

Den von TIMMERMANS und seinen Mitarbeitern ausgeführten Beobachtungen liegt die Leidener Temperaturskala zugrunde; diese weicht so wenig von der Skala ab, auf die sich die Beobachtungen des Verfassers beziehen, daß der aus

[1]) F. HENNING, Ann. d. Phys. Bd. 43, S. 282. 1914; ZS. f. Instrkde. Bd. 45, S. 198. 1925.

[2]) J. TIMMERMANS, H. VAN DER HORST u. H. KAMERLINGH ONNES, Comm. Leiden Nr. 157. 1922; J. TIMMERMANS, ebenda Suppl. Nr. 51b. 1924.

[3]) G. KEYES, B. TOWNSHEND u. L. H. YOUNG, Journ. Math. and Phys. Massachus. Inst. of Technology. Bd. 1, S. 303. 1922.

der Tabelle ersichtliche Unterschied in den beiderseitigen Beobachtungen hierdurch nicht erklärbar ist. Nur bei Toluol, für das in beiden Fällen die gleiche Substanz verwendet werden konnte, liegt der Unterschied innerhalb der Grenze der Beobachtungsfehler.

58. Temperaturmessung zwischen 0 und 100°. Innerhalb des Fundamentalintervalls zwischen dem Eis- und dem Siedepunkt des Wassers ist als bemerkenswerter Fixpunkt nur der Umwandlungspunkt des Natriumsulfats zu nennen. Bei etwa 32° geht das feste, mit 10 Molekülen Kristallwasser beladene Sulfat unter Abscheidung von Wasser in eine flüssige Lösung über. Der Vorgang verläuft unter denselben Erscheinungen wie ein gewöhnlicher Schmelzprozeß. Sehr genaue Beobachtungen über diesen Umwandlungspunkt sind von RICHARDS und WELLS[1]) ausgeführt. Die Temperaturmessung wurde mit vier Quecksilberthermometern vorgenommen, die an die Wasserstoffskala des Bureau international angeschlossen waren. Im Mittel ergab sich die Umwandlungstemperatur zu $t = 32{,}383°$. — DICKINSON und MÜLLER[2]) fanden diesen Punkt mit den reinsten von ihnen verwendeten Präparaten zu 32,384°, indem sie die Temperatur durch zwei Platinthermometer maßen, die über acht Quecksilberthermometer ebenfalls an die Wasserstoffskala des Bureau international angeschlossen waren. — Um die Umwandlungstemperatur auf einige tausendstel Grad verbürgen zu können, muß das Natriumsulfat von äußerster Reinheit sein. Eine Beimischung von nur 0,01% Natriumchlorid setzt den Schmelzpunkt bereits um etwa 0,01° herab.

Bei dieser Gelegenheit entsteht die Frage, mit welcher Genauigkeit es überhaupt möglich ist, Temperaturen innerhalb des Fundamentalabstandes zu bestimmen. Die Grenze ist durch die Genauigkeit bedingt, mit der die Fundamentalpunkte reproduzierbar sind. Unter den üblichen Vorsichtsmaßregeln ist es nicht möglich, den Eispunkt mit einer höheren Sicherheit als auf 0,003 bis 0,004° zu verbürgen. Hierbei muß schon die Forderung gestellt werden, daß das Eis sehr weitgehend frei von Kochsalz ist, von dem 0,03 Gew.-Proz. bereits eine Temperaturerniedrigung von 0,01° bewirken. Die Temperatur des gesättigten Wasserdampfes ist bei wechselnden Versuchsbedingungen erfahrungsgemäß kaum genauer als auf 0,005° sicher angebbar. Günstigere Verhältnisse lassen sich auch nicht erzielen, wenn die übliche dynamische Methode zur Bestimmung des Siedepunktes durch die statische ersetzt wird[3]).

Die Abhängigkeit des Eisschmelzpunktes vom Atmosphärendruck kommt kaum irgendwann in Betracht, denn bei einer Druckerniedrigung um 1 Atm. steigt der Schmelzpunkt um nur 0,0074°. Erst an Beobachtungspunkten, die 1000 m über dem Meer liegen, würde der Eispunkt um 0,001° höher rücken, als er normalerweise angenommen wird. Übrigens wäre es leicht, die geringe Unschärfe in der Definition des Eispunktes dadurch zu beseitigen, daß man als Fixpunkt den Tripelpunkt des Wassers wählt und ihn mit +0,0074° bezeichnet. Zu bemerken ist, daß diese Temperatur für den Tripelpunkt sich auf gasfreies Wasser bezieht. Für Wasser, das mit Luft gesättigt ist, liegt er bei +0,0098°[4]). Die Änderung der Siedetemperatur des Wassers mit dem Druck ist sehr genau bekannt. Sie ist zwischen −70 und +374° z. B. aus den Wärmetabellen der Phys.-Techn. Reichsanstalt zu entnehmen.

In dem Druckintervall von $p = 680$ mm bis $p = 780$ mm läßt sich

$$t = 100{,}000 + 0{,}0367(p - 760) - 0{,}000023(p - 760)^2 \tag{147}$$

schreiben.

[1]) TH. W. RICHARDS u. R. C. WELLS, ZS. f. phys. Chem. Bd. 43, S. 465. 1903; Bd. 56, S. 348. 1906.

[2]) H. C. DICKINSON u. E. F. MÜLLER, Bull. Bur. of Stand. Bd. 3, S. 641. 1907.

[3]) F. HENNING u. W. HEUSE, ZS. f. Instrkde. Bd. 40, S. 146. 1920.

[4]) H. W. FOOTE u. G. LEOPOLD, Sill. Journ. (5) Bd. 11, S. 42. 1926.

59. Festpunkte zwischen 100 und 1063°. Oberhalb 100° sind noch drei Siedepunkte von besonderem thermometrischen Interesse, nämlich diejenigen von Naphthalin, Benzophenon und Schwefel. Alle drei Substanzen sind ohne Schwierigkeit in genügender Reinheit herstellbar.

Für die Bestimmung ihrer Siedetemperatur kommt nur die dynamische Methode in Betracht, und zwar ist ebenso wie im Falle des Wassers das Thermometer nicht in die Flüssigkeit, sondern nur in den Dampf zu führen. Besondere Vorsichtsmaßregeln sind zu treffen, um die Temperaturmessung vor Fehlern infolge von Ausstrahlung des Thermometers zu bewahren. Das in den Dampf tauchende Thermometer ist darum an seinem temperaturempfindlichen Teil mit einer Schutzhülle aus Asbest, Eisen oder Aluminium auszurüsten, die derart mit Öffnungen versehen ist, daß der Dampf ungehindert am Thermometer entlang streichen kann. Schutzhüllen aus Aluminium sind wegen des beträchtlichen Reflexionsvermögens dieses Metalles auf der Innenseite zu schwärzen[1]). — Neben den Strahlungsverlusten können leicht Überhitzungen des Dampfes zu Fehlern Anlaß geben.

In Tabelle 23 sind die wichtigsten Beobachtungsdaten über den Schwefelsiedepunkt zusammengestellt, der wegen seiner hohen Bedeutung für das Platinwiderstandsthermometer hier an erster Stelle genannt wird. Die von den verschiedenen Autoren verwendeten Gasthermometer sind nach dem Füllgas, der Art des Thermometers (d. h. ob bei konstantem Volumen $v =$ konst. oder bei konstantem Druck $p =$ konst beobachtet wurde) und dem Gasdruck p_0 (in mm Hg) bei 0° gekennzeichnet. Neben dem direkt beobachteten Wert t' ist die nach Ziff. 17 berechnete Korrektion auf die thermodynamische Skala und der korrigierte Temperaturwert t angegeben. Weitere Einzelheiten über die verschiedenen Messungen des Schwefelsiedepunktes sind an anderer Stelle mitgeteilt[2]).

Tabelle 23.
Fundamentalbestimmungen des Schwefelsiedepunktes (Gasthermometer).

Autor	Jahr	Gas	konst.	p_0	t'	korr.	t
HOLBORN u. HENNING[3]) . . .	1911	He, H_2	v	620	444,51°	+0,04	444,55°
,, ,, ,, . . .	1911	N_2	v	620	444,43	0,11	444,54
DAY u. SOSMAN[4])	1912	N_2	v	502	444,45	0,09	444,54
CHAPPUIS[5])	1914	N_2	v	560	444,49	0,10	444,59
EUMORFOPOULOS[6])	1914	N_2	p	792	444,13	0,52	444,65
,, ...	1914	N_2	p	415	444,36	0,27	444,63
						Mittel	444,58

Durch lineare Extrapolation seiner Beobachtungen auf den Gasdruck $p = 0$ leitet EUMORFOPOULOS den Wert 444,61° für die normale Siedetemperatur des Schwefels in der thermodynamischen Skala ab.

Die Abhängigkeit des Schwefelsiedepunktes vom Druck p läßt sich, wenn dieser in mm Hg ausgedrückt wird, nach den sehr nahe übereinstimmenden Messungen von HOLBORN und HENNING[7]) einerseits sowie von HARKER und SEXTON[8]) andererseits im Druckbereich von etwa 650 bis 780 mm durch die Beziehung

$$t = t_{760} + 0{,}0909\,(p - 760) - 0{,}000048\,(p - 760)^2 \qquad (148)$$

darstellen.

[1]) Vgl. W. MEISSNER, Ann. d. Phys. Bd. 39, S. 1230. 1912.
[2]) F. HENNING, Temperaturmessung. Braunschweig: Vieweg & Sohn 1914. S. 253.
[3]) L. HOLBORN u. F. HENNING, Ann. d. Phys. Bd. 35, S. 761. 1911.
[4]) A. DAY u. R. SOSMAN, Ann. d. Phys. Bd. 38, S. 849. 1912.
[5]) P. CHAPPUIS, Trav. Mém. du Bur. int. Bd. 16. 1914.
[6]) N. EUMORFOPOULOS, Proc. Roy. Soc. London (A) Bd. 90, S. 189. 1914.
[7]) L. HOLBORN u. F. HENNING, Ann. d. Phys. Bd. 26, S. 833. 1908.
[8]) J. A. HARKER u. F. P. SEXTON, Nature Bd. 79, S. 25. 1908.

Tabelle 24 enthält die wichtigsten Beobachtungen über die Siedepunkte von Naphthalin und Benzophenon. Die von DAY und SOSMAN[1]) angegebene Zahl ist über verschiedene Thermoelemente an ein Stickstoffthermometer konstanten Volumens von 500 mm Anfangsdruck angeschlossen. CRAFTS[2]) beobachtete unmittelbar mit einem Stickstoffthermometer konstanten Volumens mit 757 mm Anfangsdruck. Alle übrigen Autoren bedienten sich des Platinwiderstandsthermometers und legten bei dessen Eichung die in der Tabelle angegebenen Werte für den Schwefelsiedepunkt zugrunde. Die Korrektionen auf die thermodynamische Skala sind für die gasthermometrische Messung wiederum aus Tabelle 2 entnommen und im übrigen unter Annahme des Schwefelsiedepunktes zu 444,60° durchgeführt. Die Bezeichnungen sind die gleichen wie in Tabelle 23.

Tabelle 24. Die Siedepunkte von Naphthalin und Benzophenon.

Autor	Jahr	Thermometer	Schwefelpunkt °C	Naphthalin t' °C	korr.	t °C	Benzophenon t' °C	korr.	t °C
TRAVERS u. GWYER[3])	1905	Pt-Therm.	444,53	218,04	+0,01	218,05	305,80	+0,03	305,83
WAIDNER u. BURGESS[4])	1910	,,	444,70	217,98	−0,02	217,96	306,02	−0,04	305,98
HOLBORN u. HENNING[5])	1911	,,	444,51	217,96	+0,01	217,97	305,89	+0,04	305,93
DAY u. SOSMAN[1])	1912	ThEl; Gas	—	—	—	—	305,87	+0,04	305,91
CRAFTS[2])	1913	Gas	—	218,06	+0,02	218,08	—	—	—
					Mittel	218,02		Mittel	305,91

Die Abhängigkeit der Siedetemperaturen dieser beiden Stoffe läßt sich nach nahe übereinstimmenden Beobachtungsergebnissen von CRAFTS[2]), sowie FINCK und WILHELM[6]) in der Nähe des normalen Siedepunktes durch die Beziehungen

$$t = t_{760} + 0{,}058\,(p - 760) \text{ für Naphthalin,} \tag{149}$$

$$t = t_{760} + 0{,}063\,(p - 760) \text{ für Benzophenon} \tag{150}$$

darstellen.

Von den Metallen, deren Schmelzpunkte hier besprochen werden sollen, sind zunächst diejenigen zusammenzufassen, deren Temperaturen unter 1100° liegen und somit auf gasthermometrischer Grundlage beruhen. Es sind dies die sechs Metalle Zinn, Kadmium, Zink, Antimon, Silber und Gold. Die vier zuerst genannten schmilzt man zweckmäßig in verschlossenen Graphittiegeln, sie oxydieren dann nur an der Oberfläche, während die übrige Metallmasse rein bleibt. Silber und Gold schmilzt man gewöhnlich in Porzellantiegeln, doch ist Silber von der Berührung mit Sauerstoff zu schützen, da dies Gas von dem Metall beim Schmelzen in beträchtlicher Menge unter Temperaturerniedrigung aufgenommen wird. Man kann das Silber durch eine Schicht Kochsalz in genügendem Maße von der umgebenden Luft abschließen. Es steht übrigens nichts im Wege, auch Silber im Graphittiegel zu schmelzen oder es mit einer Schicht pulverisierter Kohle zu bedecken. In Tabelle 25 sind vier Beobachtungsreihen aufgeführt, welche (falls derselbe Autor mehrere Werte für den Schmelzpunkt desselben Metalles veröffentlicht hat) nur die jeweils neuesten Werte der verschiedenen

[1]) A. DAY u. R. SOSMAN, Ann. d. Phys. Bd. 38, S. 849. 1912.

[2]) J. M. CRAFTS, Bull. Soc. Chim. de Paris Bd. 39, S. 196 u. 277. 1883. Journ. Chim. phys. Bd. 11, S. 429. 1913.

[3]) M. W. TRAVERS u. A. G. C. GWYER, Proc. Roy. Soc. London (A) Bd. 74, S. 528. 1905.

[4]) C. W. WAIDNER u. G. K. BURGESS, Bull. Bureau of Stand. Bd. 7, S. 3. 1910.

[5]) L. HOLBORN u. F. HENNING, Ann. d. Phys. Bd. 35, S. 761. 1911.

[6]) J. L. FINCK u. R. M. WILHELM, Journ. Amer. Chem. Soc. Bd. 47, S. 1577. 1925.

Autoren enthalten. HOLBORN und DAY[1]) führten die Messungen mit Hilfe von Thermoelementen aus, die zuvor an ein Stickstoffthermometer konstanten Volumens vom Eispunktsdruck $p_0 = 280$ mm Hg angeschlossen waren. Dasselbe Verfahren schlugen DAY und SOSMAN[2]) ein, deren Stickstoffthermometer, soweit es sich um die Schmelzpunkte von Kadmium, Zink und Antimon handelt, einen Eispunktsdruck von 500 mm besaß, während er für die Schmelzpunktsmessungen von Silber und Gold etwa 300 mm betrug. WAIDNER und BURGESS[3]) bzw. HOLBORN und HENNING[4]) bedienten sich zur Temperaturmessung eines Platinwiderstandsthermometers, das sie unter Annahme des Schwefelpunktes zu 444,70° bzw. 444,51° eichten. Zur Reduktion der einzelnen Beobachtungen auf die thermodynamische Skala ist wie vorher der Schwefelsiedepunkt zu 444,60° angenommen; hierbei wird vorausgesetzt, daß die quadratische Formel für das Platinthermometer mit genügender Genauigkeit bis etwa 630° gültig ist. Wegen der Korrektion der übrigen Zahlen wird auf Ziff. 17 verwiesen.

Tabelle 25. Metallschmelzpunkte von Zinn bis Gold.

Metall	HOLBORN u. DAY 1900		DAY u. SOSMANN 1910 u. 1912		WAIDNER u. BURGESS 1910		HOLBORN u. HENNING 1911	
	t' beob.	t korr.	t' beob.	t korr.	t' beob.	t korr.	t' beob.	t korr.
Zinn	—	—	—	—	231,92°	231,90°	231,83°	231,85°
Kadmium . .	—	—	320,8°	320,8°	321,01	320,97	320,92	320,96
Zink	—	—	419,3	419,4	419,37	419,28	419,40	419,48
Antimon . .	—	—	629,8	630,0	630,71	630,48	630,3[5])	630,5
Silber. . . .	961,5°	961,7°	960,0	960,2	—	—	—	—
Gold	1063,5	1063,7	1062,4	1062,7	—	—	—	—

60. Thermometrische Festpunkte oberhalb 1063°. Die höchste Schmelzpunktstemperatur, die noch gasthermometrisch zu messen versucht wurde, ist diejenige des Palladiumschmelzpunktes, der bei 1557° liegt. In diesem Temperaturgebiet ist die gasthermometrische Beobachtung großen Fehlern ausgesetzt, denn es ist sehr schwierig, das Volumen des Gefäßes in seiner ganzen Ausdehnung genügend gleichmäßig zu temperieren und die Gasabgabe der Gefäßwände zu verhindern. Da es sich bei solchen Beobachtungen zunächst immer um den Anschluß von Thermoelementen an das Gasthermometer handelt, so kommt als erschwerender Umstand weiter die mangelhafte elektrische Isolierfähigkeit aller Materialien in der hohen Temperatur hinzu. Es liegen zwei gasthermometrische Bestimmungen des Palladiumschmelzpunktes vor, die sich indessen um 26° unterscheiden. HOLBORN und VALENTINER[6]) fanden den Schmelzpunkt zu 1575°, DAY und SOSMAN[7]) zu 1549°. Bei beiden Bestimmungen bedienten sich die Autoren nach Anschluß der Thermoelemente an das Gasthermometer der sog. Drahtmethode, die darin besteht, daß man die beiden Schenkel des Thermoelements an der heißen Lötstelle nicht unmittelbar, sondern unter Zwischenschaltung eines kurzen Stückes des Schmelzdrahtes verbindet und die gesuchte

[1]) L. HOLBORN u. A. DAY, Ann. d. Phys. Bd. 2, S. 505. 1900; Bd. 4, S. 99. 1901.

[2]) A. DAY u. R. SOSMAN, Sill. Journ. Bd. 29, S. 93. 1910; Bd. 31, S. 341. 1911. Ann. d. Phys. Bd. 38. S. 849. 1912.

[3]) C. WAIDNER u. G. BURGESS, Bull. Bureau of Stand. Bd. 6, S. 149. 1910 u. Bd. 7, S. 3. 1910.

[4]) L. HOLBORN u. F. HENNING, Ann. d. Phys. Bd. 35, S. 761. 1911.

[5]) Diese Zahl wurde von HOLBORN beobachtet (ZS. f. Instrkde. Bd. 37, S. 121. 1917).

[6]) L. HOLBORN u. S. VALENTINER, Ann. d. Phys. Bd. 22, S. 1, 1907.

[7]) A. DAY u. R. B. SOSMAN, Sill. Journ. Bd. 29, S. 93. 1910.

Temperatur aus der Thermokraft bestimmt, die im Augenblick des Durchschmelzens beobachtet wird.

Einen genaueren Wert für den Palladiumschmelzpunkt liefern die Strahlungsbeobachtungen, bei denen es darauf ankommt, in einer bestimmten Wellenlänge das Helligkeitsverhältnis eines schwarzen Körpers von der Temperatur des Goldschmelzpunktes ($t = 1063^\circ$) und der gesuchten Temperatur miteinander zu vergleichen [Ziff. 26, Gleichung (64)]. Hier liegen zwei unabhängige Meßreihen vor, die in sehr guter Übereinstimmung stehen. Im Jahre 1919 fanden HOFFMANN und MEISSNER[1]) unter Einsetzung des Wertes $c_2 = 1{,}430$ cm·grad den Palladiumschmelzpunkt zu 1557°, während im folgenden Jahre HYDE und FORSYTHE[2]) mit dem Wert $c_2 = 1{,}435$ cm·grad den Schmelzpunkt zu 1555° fanden. Rechnet man diese Zahl auf den Wert $c_2 = 1{,}430$ cm·grad um, so erhält man ebenfalls 1557°.

Zur Ermittlung des Platinschmelzpunktes ist erst eine Meßreihe vorhanden, die den derzeitigen Ansprüchen an Genauigkeit genügt. Es sind dies die Beobachtungen von HOFFMANN[3]), die nach der für den Palladiumschmelzpunkt eingeschlagenen Methode den Platinschmelzpunkt mit $c_2 = 1{,}430$ cm·grad zu 1771° lieferten.

Von noch höher liegenden Temperaturen, die mittels der Strahlungspyrometrie ermittelt wurden, seien hier ohne nähere Einzelheiten noch einige genannt, die bisweilen als Richtwerte im Bereich hoher Temperaturen nützliche Dienste leisten können.

In erster Linie ist hier die schwarze Temperatur des positiven Kraters der Reinkohle zu nennen, die sich mit der Wellenlänge äußerst wenig und mit der Stromstärke des Lichtbogens gar nicht ändert, falls die spezifische Belastung der Kohle zwischen 0,3 und 2,1 Amp./mm² gewählt wird[4]). Der Zahlenwert der schwarzen Temperatur wird zu 3430°[5]) angegeben.

Den Schmelzpunkt des Kohlenstoffs, den ALTERTHUM, FEHSE und PIRANI[6]) an einem Graphitstab von 37 mm Durchmesser bei einer Strombelastung von 8000 Amp. in einwandfreier Weise beobachtet haben, liegt nach Angabe dieser Autoren bei 3490°.

In der gleichen Weise haben PIRANI und ALTERTHUM[7]) den Schmelzpunkt des Wolframs zu 3390° gemessen, während in guter Übereinstimmung hiermit nach einer andern Methode und mit erheblich geringeren Mitteln HENNING und HEUSE[8]) 3370° fanden.

Die neuesten Beobachtungen über den Schmelzpunkt des Molybdäns sind nach verschiedenen Methoden von WORTHING[9]) ausgeführt. Sie lieferten die Schmelztemperatur 2620°.

Über die Schmelzpunkte der Oxyde liegen noch wenig zuverlässige Daten vor. Als gut reproduzierbaren Fixpunkt empfiehlt RUFF[10]) den Schmelzpunkt des Aluminiumoxyds, der bei 2050° liegt. Für den Schmelzpunkt des Zirkonoxyds beobachtete der Verfasser[11]) 2690°.

---

1) F. HOFFMANN u. W. MEISSNER, Ann. d. Phys. Bd. 60, S. 201. 1919.
2) E. P. HYDE u. W. E. FORSYTHE, Astrophys. Journ. Bd. 51, S. 244. 1920.
3) F. HOFFMANN, ZS. f. Phys. Bd. 27, S. 285. 1924.
4) H. KOHN u. M. GUCKEL, ZS. f. Phys. Bd. 27, S. 305. 1924.
5) F. HENNING u. W. HEUSE, ZS. f. Phys. Bd. 32, S. 819. 1925.
6) H. ALTERTHUM u. W. FEHSE u. M. PIRANI, ZS. f. Elektrochem. Bd. 31, S. 313. 1925.
7) M. PIRANI u. H. ALTERTHUM, ZS. f. Elektrochem. Bd. 29, S. 5. 1923.
8) F. HENNING u. W. HEUSE, ZS. f. Phys. Bd. 16, S. 63. 1923.
9) A. G. WORTHING, Phys. Rev. Bd. 25, S. 846. 1925.
10) O. RUFF, ZS. f. Elektrochem. Bd. 30, S. 356. 1924.
11) F. HENNING, Naturwissensch. Bd. 13, S. 661. 1925.

61. Zusammenstellung thermometrischer Festpunkte. Folgende Tabelle enthält als Zusammenfassung der in den Ziffern 56 bis 60 enthaltenen Darlegungen die wahrscheinlichsten Werte der wichtigsten thermometrischen Festpunkte.

Tabelle 26. Thermometrische Festpunkte.

E.: Erstarrungspunkt; Sm.: Schmelzpunkt; Sd.: Siedepunkt bei 1 Atm.; Sb.: Sublimationspunkt bei 1 Atm.; U.: Umwandlungspunkt.

Stoff			Stoff		
Wasserstoff	Sd.	$-252,78°$	Benzophenon	Sd.	$+305,9°$
Stickstoff	Sd.	$-195,81$	Kadmium	E.	$+320,9_5$
Sauerstoff	Sd.	$-183,00$	Zink	E.	$+419,4_5$
Äthyläther, instabile Form	E.	$-123,_5$	Schwefel	Sd.	$+444,60$
Schwefelkohlenstoff	E.	$-112,_0$	Antimon	E.	$+630,5$
Toluol	E.	$-95,_0$	Silber	E.	$+960,5$
Kohlendioxyd	Sb.	$-78,51$	Gold	E.	$+1063$
Chloroform	E.	$-63,_5$	Palladium	E.	$+1557$
Chlorbenzol	E.	$-45,_5$	Platin	Sm.	$+1770$
Quecksilber	E.	$-38,87$	Molybdän	Sm.	$+2620$
Natriumsulfat	U.	$+32,38_4$	Wolfram	Sm.	$+3380$
Naphthalin	Sd.	$+217,96$	Kohlenstoff	Sm.	$+3490$
Zinn	E.	$+231,85$			

62. Das deutsche Gesetz über die Temperaturskala. Seit dem 7. August 1924 besteht in Deutschland ein Gesetz über die Temperaturskala[1]), deren erster Paragraph folgenden Wortlaut hat:

„Die gesetzliche Temperaturskala ist die thermodynamische Skala mit der Maßgabe, daß die normale Schmelztemperatur des Eises mit 0° und die normale Siedetemperatur des Wassers mit 100° bezeichnet wird. — Die Physikalisch-Technische Reichsanstalt hat diese Temperaturskala festzulegen und bekanntzumachen."

Diese Bekanntmachung[1]) ist im Anschluß an die frühere Skala der Reichsanstalt[2]) und unter Berücksichtigung der neusten Messungen am 20. September 1924 erfolgt. Sie ist durch einige Zusätze und Erläuterungen ergänzt. Hiernach ist die gesetzliche Temperaturskala in der folgenden Weise festgelegt:

„Die Temperatur t wird gemessen:

1. Zwischen $-193°$ und dem Schmelzpunkt des Eises durch den Widerstand R eines reinen Platindrahtes nach der Beziehung

$$R_t = R_0(1 + a_1 t + b_1 t^2 + c_1 t^4),$$

deren Konstanten R_0, a_1, b_1 und c_1 durch Eichung des Platindrahtes bei dem Siedepunkt des Sauerstoffs

$$t = -183{,}00° + 0{,}0126(p - 760) - 0{,}0000065\,(p - 760)^2$$

(wobei p hier wie in den folgenden Formeln den Sättigungsdruck zwischen 680 und 780 mm Quecksilbersäule bedeutet), dem Sublimationspunkt der Kohlensäure

$$t = -78{,}50° + 0{,}01595\,(p - 760) - 0{,}000011\,(p - 760)^2,$$

dem Schmelzpunkt des Quecksilbers

$$t = -38{,}87°$$

und dem Schmelzpunkt des Eises

$$t = 0{,}000°$$

bestimmt sind;

[1]) Vgl. ZS. f. Phys. Bd. 29, S. 392 u. 394. 1924.

[2]) Mitteil. d. Phys.-Techn. Reichsanst., Ann. d. Phys. Bd. 48, S. 1034. 1915.

2. zwischen dem Schmelzpunkt des Eises und dem Erstarrungspunkt des Antimons durch den Widerstand R eines reinen Platindrahtes nach der Beziehung

$$R_t = R_0(1 + a_2 t + b_2 t^2),$$

deren Konstanten R_0, a_2 und b_2 durch Eichung des Platindrahtes bei dem Schmelzpunkt des Eises, dem Siedepunkt des Wassers

$$t = 100{,}000^\circ + 0{,}0367(p - 760) - 0{,}000023\,(p - 760)^2$$

und dem Siedepunkt des Schwefels

$$t = 444{,}60^\circ + 0{,}0909(p - 760) - 0{,}000048\,(p - 760)^2$$

bestimmt sind;

3. zwischen dem Erstarrungspunkt des Antimons und dem Schmelzpunkt des Goldes durch die elektromotorische Kraft e eines Thermoelements aus reinem Platin gegen eine Legierung von Platin mit 10% Rhodium unter der Bedingung, daß sich die eine Lötstelle auf der Temperatur t°, die andere auf der Temperatur des schmelzenden Eises befindet, nach der Beziehung

$$e = a_3 + b_3 t + c_3 t^2 + d_3 t^3;$$

die Konstanten a_3, b_3, c_3 und d_3 werden durch Eichung des Thermoelements bei dem Erstarrungspunkt des Zinks und dem Erstarrungspunkt des Antimons, deren Temperatur nach der Vorschrift unter 2. zu ermitteln ist, ferner bei dem Erstarrungspunkt des Silbers

$$t = 960{,}5^\circ$$

und dem Schmelzpunkt des Goldes

$$t = 1063^\circ$$

bestimmt;

4. oberhalb des Schmelzpunktes des Goldes durch das bei der Wellenlänge λ des sichtbaren Lichtes beobachtete Helligkeitsverhältnis H_t/H_{Au} des schwarzen Körpers nach der Beziehung

$$\ln\frac{H_t}{H_{\mathrm{Au}}} = \frac{c}{\lambda}\left[\frac{1}{t_{\mathrm{Au}} + 273} - \frac{1}{t + 273}\right],$$

deren Konstanten $t_{\mathrm{Au}} = 1063^\circ$ und $c = 1{,}43$ cm · grad gesetzt werden.

5. Zusätze. a) Neben den vorstehenden Fixpunkten, durch welche die gesetzliche Temperaturskala festgelegt wird, können für die Messungen noch folgende Fixpunkte zweiter Ordnung dienen:

Umwandlungspunkt von Natriumsulfat	$32{,}38^\circ$
Siedepunkt von Naphthalin	$217{,}9_6^\circ + 0{,}058\,(p - 760)$
für Drucke zwischen $p = 750$ bis 760 mm	
Erstarrungspunkt von Zinn	$231{,}8_5^\circ$
Siedepunkt von Benzophenon	$305{,}9^\circ + 0{,}063\,(p - 760)$
für Drucke zwischen $p = 750$ bis 760 mm	
Erstarrungspunkt von Kadmium	$320{,}9^\circ$
Erstarrungspunkt von Zink	$419{,}4_5^\circ$
Erstarrungspunkt von Antimon	$630{,}5^\circ$
Erstarrungspunkt von Kupfer	1083°
Schmelzpunkt von Palladium	1557°
Schmelzpunkt von Platin	1770°
Schmelzpunkt von Wolfram	3400°

b) Die Eichung des Platindrahtes zwischen -193° und dem Schmelzpunkt des Eises kann dadurch vereinfacht werden, daß für die Konstante c_1 der Wert

$-5 \cdot 10^{-12}$ gesetzt wird. Die Eichung am Sublimationspunkt der Kohlensäure fällt alsdann weg.

6. Erläuterungen. a) Der normale Schmelzpunkt des Eises und der normale Siedepunkt des Wassers beziehen sich, ebenso wie alle andern Schmelz- und Erstarrungspunkte, auf den Druck der normalen Atmosphäre von 760 mm Quecksilbersäule, gemessen bei der Dichte 13,595 und der Schwerebeschleunigung *t* 980,665 cm/sec².

b) Das zu Widerstandsthermometern verwendete Platin muß einen solchen Grad von Reinheit besitzen, daß der Quotient $R_t : R_0$ am normalen Siedepunkt des Sauerstoffs kleiner als 0,250, am normalen Siedepunkt des Wassers größer als 1,390 und am normalen Siedepunkt des Schwefels größer als 2,645 ist.

c) Das Thermoelement muß so beschaffen sein, daß seine elektromotorische Kraft am Goldschmelzpunkt zwischen den Werten 10200 und 10400 Mikrovolt gelegen ist.

d) Der Wert $\lambda \cdot (t + 273)$ unter 4. muß kleiner als 0,3 cm · grad sein."

Nach dieser Bekanntmachung ist die Temperaturskala nur zwischen $-193°$ und etwa $+4300°$ festgelegt. Unterhalb dieses Gebietes fehlt es zur Zeit noch an einer geeigneten Methode, um zwischen den verfügbaren Fixpunkten interpolieren zu können. Oberhalb des Gebietes ist die Definition dadurch möglich, daß man die WIENsche Strahlungsgleichung durch die entsprechende PLANCKsche Gleichung ersetzt. Doch muß hervorgehoben werden, daß im Bereich der Strahlungsmessungen die Temperaturskala einstweilen mehr theoretisch als praktisch definiert ist, da bisher keine Einzelheiten über die Art des Meßinstruments und seine Eichung gegeben wurden.

i) Einige spezielle Probleme der Temperaturmessung.

63. Temperaturmessung in der Nähe des absoluten Nullpunktes. Die tiefsten bisher erzeugten Temperaturen, bei denen das Gasthermometer (vgl. Ziff. 18) bereits versagt, wurden von KAMERLINGH ONNES aus dem Sättigungsdruck des Heliums bestimmt, indem er die für höhere Temperaturen bekannte Dampfdruckkurve in Anlehnung an das Gesetz der korrespondierenden Zustände zunächst graphisch extrapolierte. Die Anwendung dieses Gesetzes ist insofern mit Gefahren verknüpft, als es um so weniger genau zu gelten scheint, je tiefer die Temperatur rückt. In Abb. 15 sind die reduzierten Dampfdruckkurven für Äther, Quecksilber, Wasserstoff und Helium (mit T_c/T als Abszisse, $\log_{10} p/p_c$ als Ordinate; T_c kritische Temperatur, p_c kritischer Druck) eingetragen. Die entsprechenden Kurven für Argon und Neon liegen zwischen denen von Äther und Quecksilber. Die Sättigungskurven der verschiedenen Dämpfe fallen also keineswegs zusammen, wie das Korrespondenzgesetz es erwarten läßt. Alle sind indessen nahezu gerade Linien, die fast nur in der Nähe des kritischen Punktes $\left(\frac{T_c}{T} = 1, \quad \frac{p}{p_c} = 1\right)$ ein wenig gekrümmt sind.

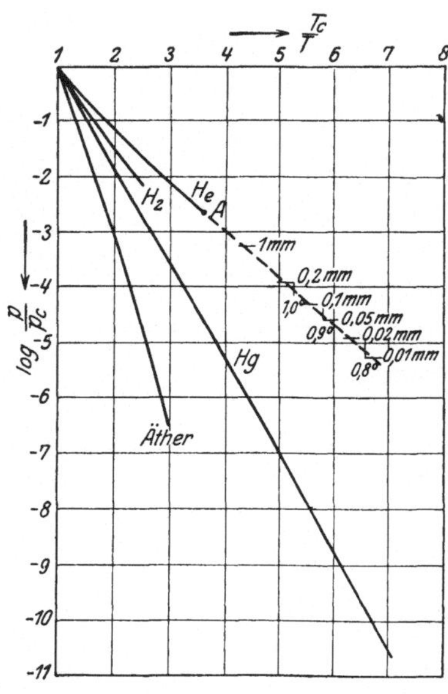

Abb. 15. Abhängigkeit des Sättigungsdruckes von der Temperatur in reduzierten Größen.

Die Sättigungskurve für Helium ist am stärksten gekrümmt. Sie wurde vom kritischen Punkt bis zu dem in der Abbildung mit A bezeichneten Punkt gasthermometrisch bestimmt. Darüber hinaus ist sie in der Richtung der Tangente in A extrapoliert und gestrichelt gezeichnet.

Später bediente sich KAMERLINGH ONNES in diesem Bereich der nach der NERNSTschen Dampfdruckgleichung gebildeten Beziehung

$$\log \frac{p}{p_c} = +2{,}5 \log \frac{T}{T_c} - 0{,}53 \frac{T_c}{T} + 0{,}59\,. \tag{151}$$

Hierbei ist der kritische Druck des Heliums $p_c = 2{,}26$ Atm. und die kritische Temperatur des Heliums zu 5,25° K anzusetzen. Aus ihr folgt für den Druck 0,1 mm die Temperatur 0,94° K und für den Druck 0,01 mm die Temperatur 0,75° K. Bei der bisher erreichten untersten Temperaturgrenze fand KAMERLINGH ONNES[1]) den Sättigungsdruck des Heliums zu 0,013 mm. Dem entspricht nach der angegebenen Formel die Temperatur, 0,76° K. Die graphische Extrapolation führte zu einer etwas höheren Temperatur, und KAMERLINGH ONNES schätzt die von ihm erreichte tiefste Temperatur vorsichtig zu „einige hundertstel Grad tiefer als 0,9° K". In der Tat sind die Unsicherheiten für die Temperaturbestimmung in der Nähe des absoluten Nullpunktes sehr beträchtlich. Es können nicht nur Zweifel bestehen, ob die Extrapolation der Dampfdruckgleichung statthaft ist, sondern es muß auch damit gerechnet werden, daß die Druckmessung mit Fehlern behaftet sein kann.

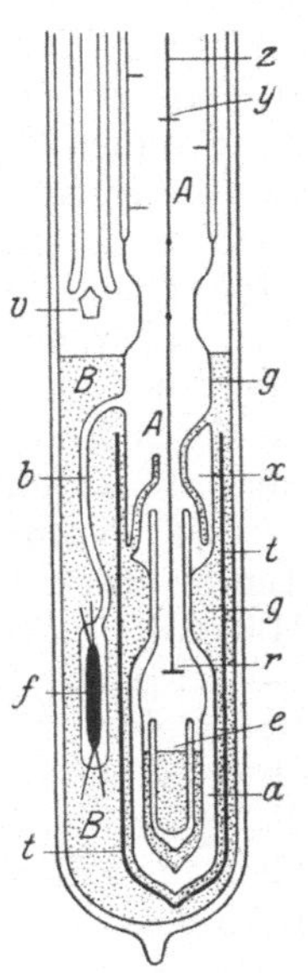

Abb. 16. Thermostat mit flüssigem Helium.

Die Schwierigkeiten, mit denen hier zu rechnen ist, sollen an dem von KAMERLINGH ONNES angewandten Verfahren etwas genauer beschrieben werden: Das dem geringen Druck unterworfene Helium befindet sich (Abb. 16) in den Vakuumgläsern e und a, die innerhalb eines etwa 500 ccm fassenden Heliumbades B von etwa normaler Siedetemperatur stehen, von dem sie durch die Glasapparatur g getrennt sind. Um das Helium auf der gewünschten sehr tiefen Temperatur halten zu können, muß jede Wärmezufuhr von außen nach Möglichkeit vermieden werden. Diesem Zweck dient ein Metallschirm t mit zwei gegenüberstehenden Schlitzen, der sich im flüssigen Helium befindet und dessen Schlitze durch eine besondere Vorrichtung geschlossen werden können. Die Einstrahlung von oben wird durch die am Stiel z befestigten Blenden y und r sowie durch eine versilberte doppelwandige Glaskappe x, die von dem flüssigen Helium des Bades B durchflossen ist, aufs äußerste eingeschränkt.

Durch das möglichst weit gewählte Rohr A wurde das von der Flüssigkeitsoberfläche aufsteigende Gas abgepumpt, um den gewünschten niedrigen Dampfdruck aufrechterhalten zu können. An dem oberen Ende desselben Rohres befand sich ein McLEOD-Manometer; doch ist klar, daß der an diesem Instrument gemessene Druck infolge des Druckgefälles innerhalb des Rohres A erheblich niedriger ist als der gesuchte Dampfdruck an der Flüssigkeitsoberfläche. Um diesen zu ermitteln, bediente sich KAMERLINGH ONNES eines Hitzdrahtmanometers f nach KNUDSEN, dessen Glashülle in das Heliumbad B taucht, während es mit dem Raum A durch ein Rohr b in Verbindung steht. Die Wirkung des Hitzdrahtmanometers, das wesentlich aus einem stromdurchflossenen Platin-

[1]) H. KAMERLINGH ONNES, Comm. Leiden Nr. 159. 1922.

draht von etwa 0,005 mm Dicke besteht, beruht darauf, daß der Wärmeverlust des Drahtes von dem Druck des umgebenden Gases abhängt, insbesondere wenn die freie Weglänge der Gasmoleküle mit den Abmessungen des Raumes, den sie erfüllen, gleiche Größenordnung besitzt. Gewöhnlich wird die Stromstärke des Hitzdrahtmanometers so eingestellt, daß die Temperatur, und also der Widerstand, des Platindrahtes konstant bleibt. Der Energieverbrauch des Platindrahtes ist dann um so größer, je höher der Druck des umgebenden Gases ist. Eine Schwierigkeit scheint zunächst darin zu liegen, daß sich der Widerstand des Platins im Bereich der Heliumtemperaturen nicht mit der Temperatur ändert; doch besitzt er einen von Null verschiedenen Wert, so daß es bei genügender Erhöhung der Stromstärke gelingt, ihn durch JOULEsche Wärme bis in den Bereich einer deutlichen Abhängigkeit des Widerstandes von der Temperatur zu heizen. Das Hitzdrahtmanometer ist zwischen 1 und 0,001 mm Quecksilber brauchbar. Es bedarf einer empirischen Eichung, so daß jeder Stromstärke ein bestimmter Gasdruck zugeordnet werden kann. Diese Eichung geschieht dadurch, daß bei Füllung des Raumes B mit flüssigem Helium der Raum A und das Gefäß e mit Heliumgas beschickt werden, dessen Druck, da es sich um ein in Ruhe befindliches Medium handelt, mit dem McLEOD-Manometer richtig gemessen werden kann. Eine kleine (im vorliegenden Falle etwa 0,003 mm betragende) Korrektion wird allerdings noch durch den KNUDSENschen Molekulardruck (Ziff. 18) bedingt, der von der Weite der Verbindungsrohre sowie den Temperaturdifferenzen an deren Enden (also zwischen den Räumen A und f sowie dem Raum A und dem auf Zimmertemperatur befindlichen McLeod) abhängt.

64. Temperaturmessung an glühenden Oxyden. Im Prinzip läßt sich die Temperatur aller an sich nicht schwarzen Strahler dann mit den gewöhnlichen Hilfsmitteln der Strahlungspyrometrie ermitteln, wenn man in dem betreffenden Körper einen Hohlraum anbringt, aus dem die schwarze Strahlung austritt. Bei Stoffen, welche die Wärme nicht gut leiten, können Bedenken bestehen, ob der Hohlraum, insbesondere wenn er verhältnismäßig groß ist, genügend nahe die gesuchte Temperatur besitzt. Doch dürfte es möglich sein, ihn stets so klein zu wählen, daß diese Bedenken gegenstandslos sind, wenn man ein optisches Pyrometer mit stark vergrößernder Optik (vgl. Ziff. 29) verwendet. Es genügt dann eine strahlende Öffnung von $^1/_4$ bis $^1/_3$ mm Durchmesser. Unter diesen Bedingungen ist sowohl der Schmelzpunkt von Wolfram[1]) als auch von Zirkonoxyd und Hafniumoxyd[2]) ermittelt worden.

PIRANI wählte zur Temperaturmessung an Oxyden eine prinzipiell andere Methode, indem er zunächst das Emissionsvermögen A oder das Reflexionsvermögen $R = 1 - A$ dieser Stoffe ermittelte, um sich dann der Gleichung (42) (Ziff. 20) zu bedienen. Das Emissionsvermögen bestimmte PIRANI[3]) dadurch, daß er kleine Scherben des betreffenden Körpers von etwa 0,5 bis 1 mm Dicke und 1 bis 3 mm Oberfläche in ein Kohlerohr so einsetzte, daß der Probekörper genau mit der Oberfläche des Kohlerohrs abschnitt. Sodann wurde das Kohlerohr mit einer Bohrung versehen, aus der bei Heizung des Rohrs schwarze Strahlung austrat, so daß unter der Annahme völligen Temperaturausgleichs das gesuchte Emissionsvermögen gleich dem Helligkeitsverhältnis zwischen Probekörper und Bohrung gesetzt werden konnte. War der Probekörper im Glühzustand nicht mit Kohle verträglich, so wurde über das Kohlerohr, das jetzt nur als Heizkörper diente, ein Rohr aus Aluminiumoxyd geschoben und in dieses der Probekörper eingesetzt. Für Aluminiumoxyd war dann der schon ermittelte Wert des

1) F. HENNING u. W. HEUSE, ZS. f. Phys. Bd. 16, S. 63. 1923.
2) F. HENNING, Naturwissensch. Bd. 13, S. 661. 1925.
3) M. PIRANI, Verh. d. D. Phys. Ges. Bd. 13, S. 19. 1911.

Emissionsvermögens anzunehmen. — Später bestimmte PIRANI[1]) den Koeffizienten der diffusen Reflexion für verschiedene Oxyde relativ zu dem als bekannt angenommenen Koeffizienten von Magnesiumoxyd (vgl. Ziff. 37), indem er die Vergleichskörper nacheinander durch dieselbe Lichtquelle beleuchtete und die beiden dadurch erzielten Helligkeiten miteinander verglich. Wenn das zu untersuchende Oxyd sich im Glühzustand befindet, muß seine Eigenstrahlung in Rechnung gesetzt werden. Für Chromoxyd ergab sich fast unabhängig von der Temperatur (18 bis 1300°) und der Wellenlänge (rot und grün) $R = 0{,}15$, für Aluminiumoxyd etwa in denselben Grenzen $R = 0{,}85$. Doch ist zu bemerken, daß diese Werte von der Körnigkeit des Materials abhängen und R mit abnehmender Korngröße wächst.

65. Temperaturmessung an durchsichtigen Strahlern. Die in Ziff. 64 genannten Methoden sind nur für undurchsichtige Stoffe brauchbar. Bei durchsichtigen Strahlern, wie etwa einem zur Glut erhitzten Rubin[2]), ist das Emissionsvermögen A nicht aus dem Reflexionsvermögen R berechenbar; es muß zu dem Zweck auch noch seine Durchlässigkeit D bekannt sein. Der von einer durchsichtigen Platte mit ebenen und parallelen Wänden hindurchgelassene Bruchteil des auftreffenden Lichtes ist in der Bezeichnungsweise der Ziff. 38 [vgl. Gleichung (113)] darstellbar als

$$D = \frac{(1 - R)^2 \cdot \alpha}{1 - R^2 \alpha^2} \tag{152}$$

Unter Verwendung der dort genannten Beziehungen für den gesamten reflektierten Betrag ϱ und unter Berücksichtigung des Umstandes, daß die Summe des hindurchgelassenen, des reflektierten und des absorbierten Bruchteils 1 ergeben muß, erhält man für den absorbierten Bruchteil

$$A = \frac{(1 - R)(1 - R\alpha^2)}{1 - R^2 \alpha^2} - D\,. \tag{153}$$

Zur Abkürzung ist hierbei $\alpha = e^{-a \cdot d}$ gesetzt, wobei d die Dicke der Platte und a den Koeffizienten der Absorption im Innern der Platte bezeichnet. Die leicht meßbare Durchlässigkeit D führt, wenn man Körper desselben Stoffes von verschiedener Dicke d zur Verfügung hat, zur Kenntnis von a und R, so daß dann auch A für jede Dicke angebbar ist und nach Gleichung (42) Ziff. 19 die Temperatur des Strahlers bestimmt werden kann. Es bestehen keine Schwierigkeiten, die Durchlässigkeit D auch bei glühenden Körpern zu messen, wenn nur die Intensität des zur Durchstrahlung benutzten Lichtes groß genug gewählt wird.

Für den speziellen Fall verhältnismäßig undurchsichtiger Körper, bei denen α klein ist, gilt in erster Näherung $A = 1 - R - D$.

Gewöhnlich ermittelt man die Durchsichtigkeit D eines Körpers aus dem Helligkeitsverhältnis, welches man erhält, wenn man einen Strahler sowohl unmittelbar als auch durch den zu untersuchenden Körper hindurch betrachtet. Eine andere Methode, die zuerst von KURLBAUM[3]) angegeben wurde, ist besonders für leuchtende Flammen zu bevorzugen. Sie besteht darin, daß man neben dem durchsichtigen Strahler von der Intensität $E'(\lambda, T)$ noch einen undurchsichtigen Strahler von der schwarzen Temperatur S_0 betrachtet und seine Intensität $E(\lambda, S_0)$ [vgl. Gleichung (41)] so einstellt, daß sie gleich groß erscheint,

[1]) M. PIRANI, ZS. f. techn. Phys. Bd. 5, S. 266. 1924.
[2]) F. HENNING u. W. HEUSE, ZS. f. Phys. Bd. 20, S. 132. 1923.
[3]) F. KURLBAUM, Phys. ZS. Bd. 3, S. 187 u. 332. 1902.

gleichgültig, ob man den undurchsichtigen Strahler direkt betrachtet oder durch den durchsichtigen glühenden Strahler hindurch. Ist diese Bedingung erfüllt, so gilt

$$E(\lambda, S_0) = D \cdot E(\lambda, S_0) + E'(\lambda, T), \tag{154}$$

und man erhält $1 - D = E'(\lambda, T) : E(\lambda, S_0)$, d. h. gleich dem Helligkeitsverhältnis der beiden Strahler. Für $R = 0$, also für $1 - D = A = A(\lambda, T)$, folgt weiter $A(\lambda, T) \cdot E(\lambda, S_0) = E'(\lambda, T)$ und also nach Gleichung (29) $T = S_0$.

An einem Strahler, der nur einzelne Spektrallinien emittiert, bestimmten KURLBAUM und GÜNTHER SCHULZE[1]) die Temperatur in Anlehnung an die soeben genannte Methode aus der Umkehr der Spektrallinien vor einem passend temperierten undurchsichtigen Strahler.

Über die an Flammen gemessenen Temperaturwerte s. d. Handb. Bd. XI (Artikel C. MÜLLER).

66. Temperaturmessung an Fixsternen. Mit Ausnahme der Sonne hat man die Temperatur an der Oberfläche der Fixsterne fast nur aus der Energieverteilung in ihrem Spektrum abgeleitet, und zwar unter der Annahme, daß die Fixsterne dasselbe Emissionsvermögen wie ein schwarzer Körper besitzen. Da man aus der PLANCKschen Strahlungsgleichung die Strahlungsintensität des schwarzen Körpers für jede Wellenlänge und Temperatur berechnen kann, so ist also nur nach derjenigen Temperatur zu fragen, bei der der schwarze Körper die gleiche Energieverteilung besitzt wie der Fixstern. Die Sonne bildet insofern eine Ausnahme, weil bei ihr infolge ihrer verhältnismäßig großen Nähe auch eine Temperaturbestimmung aus der Gesamtstrahlung möglich ist.

Die spektrale Energieverteilung der Fixsterne ist zum Teil nach photometrischen Methoden (im sichtbaren Gebiet), zum Teil nach photographischen Methoden und Photometrierung der Plattenschwärzung oder nach lichtelektrischen Methoden unter Ausblendung gewisser Spektralbezirke ermittelt worden[2]). Da das Auge und die photographische Platte für verschiedene Spektralbereiche maximal empfindlich sind, so läßt sich bereits aus der Verschiedenartigkeit der visuellen und der photographischen Helligkeitsbestimmung an dem spektral nicht zerlegten Sternlicht ein Schluß auf dessen Temperatur ziehen. Bei Annahme der schwarzen Strahlung des Fixsterns stimmt seine wahre Temperatur mit seiner Farbtemperatur (Ziff. 21) überein. Eine Methode, diese letztere auf einfache Weise zu ermitteln, ist von WILSING[3]) angegeben und durchgeführt worden, sie besitzt vor anderen Methoden den Vorzug, noch auf verhältnismäßig lichtschwache Sterne, nämlich solche bis zur Größenklasse 6,5 anwendbar zu sein. Sie soll im Prinzip hier kurz dargelegt werden.

Im Gesichtsfeld des Meßinstruments befindet sich neben dem zu untersuchenden Stern ein künstlicher Stern, der durch Ausblendung eines kleinen Stückes vom Faden einer Glühlampe gewonnen ist. Der künstliche Stern ist stets heller und roter als der natürliche Stern. Es wird nun vor den natürlichen Stern ein Keil aus rotem Glas (Schottsches Rotglas Nr. 4512) gebracht und so eingestellt, daß das Sternlicht eine Dicke d des Rotglases zu durchsetzen hat, die ihm die gleiche Farbe erteilt, wie sie der künstliche Stern besitzt. Eine sichere Einstellung ist indessen nur möglich, wenn beide Objekte gleiche Helligkeit besitzen. Dies wird dadurch erreicht, daß man das Licht des künstlichen Sterns durch eine Polarisationseinrichtung mit Polarisator und Analysator schwächt.

[1]) F. KURLBAUM u. GÜNTHER SCHULZE, Verh. d. D. Phys. Ges. Bd. 8. S. 239. 1906. Vgl. auch LUDWIG: Der Azetylen-Sauerstoff-Schweißbrenner S. 28; Berichte des Versuchsfeldes für Werkzeugmaschinen an der Techn. Hochschule Berlin, Heft 2. Verlag Julius Springer 1912.

[2]) Vgl. J. HOPMANN, ZS. f. techn. Phys. Bd. 7, S. 12. 1926.

[3]) J. WILSING, Publ. Astrophys. Obs. Potsdam Nr. 76. 1920 u. Astron. Nachr. Bd. 214, S. 186. 1921.

Es bezeichne $D(\lambda, d)$ die Durchflüssigkeit des Rotglases in Abhängigkeit von der Wellenlänge λ und der Dicke d, ferner F_0 die als bekannt angenommene Farbtemperatur des künstlichen Sterns und F die gesuchte Farbtemperatur, dann sind die beobachteten Energiestrahlungen beider Objekte den Größen $E(\lambda, F_0)$ und $D(\lambda, d) \cdot E(\lambda, F)$ proportional. Die effektiven Wellenlängen λ_0 und λ_e, in der beide Strahler erscheinen, sind nach Ziff. 32, Gleichung (78) darstellbar als

$$\frac{1}{\lambda_0} = \frac{\int \frac{1}{\lambda} \varphi(\lambda) \cdot E(\lambda, F_0)\, d\lambda}{\int \varphi(\lambda) E(\lambda, F_0)\, d\lambda} \quad \text{und} \quad \frac{1}{\lambda_e} = \frac{\int \frac{1}{\lambda} \varphi(\lambda) \cdot D(\lambda, d) \cdot E(\lambda, F)\, d\lambda}{\int \varphi(\lambda) \cdot D(\lambda, d) \cdot E(\lambda, F)\, d\lambda}. \tag{155}$$

Im Falle der Farbengleichheit ist $\lambda_e = \lambda_0$ zu setzen, und die Auswertung der Integrale, die graphisch oder nach dem Summationsverfahren erfolgen kann, liefert eine Beziehung zwischen F, F_0 und d, so daß also bei Kenntnis von F_0 und d die Farbtemperatur F des Sterns angebbar ist. WILSING führt die außerordentlich vereinfachende aber nur näherungsweise zutreffende Annahme ein, daß $D(\lambda, d) \cdot E(\lambda, F) = E(\lambda, F')$ gesetzt werden darf; dann führt die Bedingung $\lambda_e = \lambda_0$ unmittelbar zu der für alle Wellenlängen gültigen Gleichung

$$E(\lambda, F_0) = k \cdot D(\lambda, d) \cdot E(\lambda, F), \tag{156}$$

deren Konstante k unabhängig von der Wellenlänge, aber im übrigen beliebig zu bestimmen ist. Führt man sinngemäß für $E(\lambda, F_0)$ die WIENsche Strahlungsfunktion und für $E(\lambda, F)$ die PLANCKsche Strahlungsfunktion in der vereinfachten Form Ziff. 24, Gleichung (57) ein, so erhält man bei Ausführung der möglichen Kürzungen

$$e^{-\frac{1}{\lambda}\frac{c_2}{F_0}} = k \cdot D(\lambda, d) \cdot e^{-\frac{1}{\lambda}\left(\frac{c_2}{F} + \gamma'\right)} e^{-\gamma}. \tag{157}$$

Die Durchlässigkeit D hängt von dem Reflexionsvermögen R der beiden Flächen des Rotglases und von dem Absorptionskoeffizienten a im Innern des Glases ab, und zwar derart, daß näherungsweise [vgl. Ziff. 38, Gleichung (113)]

$$D(\lambda, d) = (1 - R)^2 \cdot e^{-a d} \tag{158}$$

gesetzt werden darf, wobei R und a Funktionen von λ und der Eigentemperatur des Glases sein können[1]). WILSING setzt statt dessen in Übereinstimmung mit der bereits genannten Vereinfachung näherungsweise

$$\ln D(\lambda, d) = \left(\beta_0 + \frac{\beta_1}{\lambda}\right) \cdot d. \tag{159}$$

Damit geht die Gleichung zur Bestimmung der Farbtemperatur über in

$$\frac{1}{\lambda}\left(\frac{c_2}{F} + \gamma' - \beta_1 \cdot d - \frac{c_2}{F_0}\right) = \ln k + \beta_0 \cdot d - \gamma. \tag{160}$$

Diese Gleichung kann nur dann für alle Wellenlängen gelten, wenn

$$\frac{c_2}{F} = \frac{c_2}{F_0} + \beta_1 d - \gamma' \tag{161}$$

ist. Als Korrektionsfaktor, der hier unbeachtet geblieben ist, muß die Durchlässigkeit der Erdatmosphäre berücksichtigt werden. WILSING stellt sie als e-Funktion von der Länge l der vom Licht durchsetzten Schicht dar, wodurch der für c_2/F gefundene Ausdruck noch um ein additives Glied geändert wird.

Durch die Näherungsrechnungen ist das beschriebene Verfahren zweifellos mit merklichen Fehlern behaftet. Sie kommen dadurch weniger zur Geltung, daß

[1]) F. HENNING, ZS. f. Instrkde. Bd. 46, S. 163. 1926.

man in der Praxis nur Sterntemperaturen vergleicht und also gewissermaßen die Farbtemperatur F_0 des künstlichen Sterns durch Vergleich mit einem Stern bereits bekannter Farbtemperatur ermittelt. Als letztes Bezugsobjekt dient die Sonne.

Die für die Temperatur der Sterne nach den verschiedenen Methoden gefundenen Werte gehen noch beträchtlich auseinander. Eine kritische Sichtung des Materials ist von BRILL[1]) vorgenommen.

In neuester Zeit hat man aus dem Typus des Absorptionsspektrums in der Sternatmosphäre einen Rückschluß auf die Sterntemperatur gezogen. Die Grundlage hierfür bietet eine zuerst von EGGERT[2]) gegebene Theorie, nach der die Abspaltung eines Elektrons aus dem Atomverband thermodynamisch als Dissoziationsvorgang aufgefaßt werden kann. Die nicht ionisierten Atome befinden sich mit den ionisierten Atomen und den abgespaltenen Elektronen in einem Gleichgewichtszustand, bei dem die Konzentration der ionisierten Atome vom Druck und der Temperatur des Gemisches abhängt. Da aus dem Typus des Spektrums auf den Ionisationszustand geschlossen werden kann und Annahmen über den vorhandenen Gasdruck möglich sind, so kann also die Temperatur berechnet werden. Für diese Methode ist es sehr bedeutungsvoll, daß in den Sternatmosphären Elemente vorkommen, die bei gegebenen Bedingungen sehr verschiedene Ionisationsgrade besitzen. Näheres über diese Art der Temperaturbestimmung und ihr Ausbau durch SAHA, FOWLER und MILNE findet sich in ds. Handb. XI (Artikel FREUNDLICH).

67. Temperaturmessung an Planeten. Es ist gelungen, die Temperatur der Planeten und des Mondes durch Beobachtung der von ihnen ausgehenden Gesamtstrahlung mit Hilfe empfindlicher Vakuumthermoelemente zu messen. Die Beobachtungen müssen so angeordnet werden, daß man den Anteil der reflektierten Sonnenstrahlung aussondern kann. Unter Berücksichtigung der Phase und des Abstandes der Planeten wird aus dem Verhältnis ihrer Eigenstrahlung zu der von ihnen reflektierten Sonnenstrahlung dann die Temperatur mit Hilfe des STEFAN-BOLTZMANNschen Gesetzes gewonnen, indem man das Emissionsvermögen zu 1 ansetzt. Die Aussonderung der Sonnenstrahlung geschieht mit einer Wasserzelle, die Licht aller Wellenlängen größer als 1,4 μ praktisch absorbiert. Auf diese Weise ist in der Tat die Trennung der Strahlungen in der gewünschten Weise möglich, da die Sonnenstrahlung (mit dem Energiemaximum bei etwa 0,5 μ) im Spektralbezirk oberhalb 1,4 μ einen so geringen Energieanteil vom Gesamtbetrage besitzt, daß dieser unbedenklich außer acht gelassen werden kann. Andererseits liegt das Maximum der Eigenstrahlung der Planeten oberhalb 10 μ, und für sie ist also der Energieanteil im Bereich unterhalb 1,4 μ zu vernachlässigen.

Sieht man von der Absorption ab, welche die Strahlung in der Atmosphäre der Erde erleidet, bezeichnet man ferner die vom Planeten herrührende Eigenstrahlung mit E_p und die von ihm reflektierte Sonnenstrahlung mit E_s, so würde das Thermoelement ohne Wasserzelle von der Energie $E_p + E_s$ getroffen, dagegen bei Verwendung der Wasserzelle, deren Durchlässigkeit für die Sonnenstrahlung mit D_w bezeichnet sei, von der Energie $D_w \cdot E_s$. Gemessen wird das Verhältnis

$$V = \frac{D_w \cdot E_s}{E_s + E_p}, \tag{162}$$

aus dem

$$\frac{E_p}{E_s} = \frac{D_w}{V} - 1 \tag{163}$$

folgt.

[1]) A. BRILL Ergebnisse d. Naturwiss. Bd. 3, S. 1. 1924.

[2]) J. EGGERT, Phys. ZS. Bd. 20, S. 570. 1919.

Um von dem Energieverhältnis E_p/E_s zu der gesuchten Temperatur zu gelangen, ist folgende Überlegung erforderlich. Eine Fläche der Größe F sendet bei der spezifischen Strahlungsintensität I unter Gültigkeit des LAMBERTschen Kosinusgesetzes in den räumlichen Winkel $d\Omega$, dessen Achse mit der Normalen zur Fläche F den Winkel ϑ bildet, den Energiestrom $dE = F\cdot I\cdot\cos\vartheta\cdot d\Omega$ und in den Halbraum den Energiestrom

$$E_g = F\cdot I\pi = F\cdot\sigma\cdot(T^4 - T_0^4)\,. \tag{164}$$

Hierbei bezeichnet σ die STEFAN-BOLTZMANNsche Konstante (vgl. Ziff. 8), ferner T und T_0 die Temperaturen der als schwarze Körper angenommenen Strahler und Empfänger, so daß also der in den Winkel $d\Omega$ senkrecht zur Fläche F entsandte Energiestrom zu

$$dE = F\cdot I\,d\Omega = \frac{F\cdot\sigma}{\pi}(T^4 - T_0^4)\,d\Omega \tag{165}$$

folgt.

Hiernach findet man den von der Sonne auf 1 cm² der Erdoberfläche treffenden Energiestrom, wenn man $d\Omega = 1/R_e^2$ setzt und mit R_e den (in Zentimetern gemessenen) Abstand der Erde von der Sonne bezeichnet. Zugleich darf man T_0^4 (T_0 Temperatur der Erde) gegen T^4 ($T = T_s$ Temperatur der Sonne) vernachlässigen. Bei Einführung des Sonnenradius r erhält man als die sog. Solarkonstante k, deren Zahlenwert aus Beobachtungen bekannt ist

$$F\cdot I\cdot\frac{1}{R_e^2} = \left(\frac{r}{R_e}\right)^2\cdot\sigma T_s^4 = k = 1{,}932\ \mathrm{cal}\cdot\mathrm{cm}^{-2}\cdot\mathrm{min}^{-1}. \tag{166}$$

Nun ist $\sigma = 5{,}75\cdot 10^{-5}\,\mathrm{Erg\,cm^{-2}\cdot sec^{-1}grad^{-4}} = 8{,}25\cdot 10^{-11}\,\mathrm{cal\cdot cm^{-2}\cdot min^{-1}grad^{-4}}$, so daß sich beiläufig für die Sonnentemperatur hiernach der Wert $T = 5750°$ ergibt. Für einen Planeten im Abstand R_p von der Sonne hat die Solarkonstante den Wert

$$k_p = 1{,}932\cdot\left(\frac{R_e}{R_p}\right)^2\ \mathrm{cal}\cdot\mathrm{cm}^{-2}\cdot\mathrm{min}^{-1}. \tag{167}$$

Wird diese Strahlung von der Flächeneinheit vollständig diffus zurückgeworfen, so ist, falls keine Eigenstrahlung hinzukommt, die Gesamtstrahlung der Flächeneinheit unter Berücksichtigung der Gleichungen (164) und (166)

$$k_p = I'\pi = F\cdot I\,\frac{1}{R_p^2} = \sigma(T'^4 - T_0^4)\,. \tag{168}$$

Hiernach wird durch Reflektion am Planeten die Intensität des Sonnenlichtes im Verhältnis

$$\Phi = \frac{I'}{I} = \frac{F}{\pi}\cdot\frac{1}{R_p^2} = \left(\frac{r}{R_p}\right)^2 \tag{169}$$

geschwächt. Für T' erhält man, da bei Ausstrahlung in den Weltenraum $T_0 = 0$ gesetzt werden darf

$$T' = T_s\cdot\left(\frac{r}{R_p}\right)^{\frac{1}{2}} = \left(\frac{k}{\sigma}\right)^{\frac{1}{4}}\cdot\left(\frac{R_e}{R_p}\right)^{\frac{1}{2}} = 392\left(\frac{R_e}{R_p}\right)^{\frac{1}{2}}. \tag{170}$$

T' ist die Temperatur, die ein schwarzer Körper besitzen muß, damit die von ihm ausgesandte Gesamtstrahlung gleich der vom Planeten unter Annahme der Albedo $A = 1$ zurückgeworfenen Sonnenstrahlung ist.

Nun beziehen sich E_p und E_s auf denselben räumlichen Winkel $d\Omega$ und auf dieselbe Fläche F, so daß man unter Berücksichtigung der Gleichungen (164) und (170)

$$\frac{E_p}{E_s} = \frac{T_p^4 - T_0^4}{A\cdot 392^4\cdot\left(\frac{R_e}{R_p}\right)^2 - T_0^4} \tag{171}$$

erhält. Hierbei ist die gesuchte Planetentemperatur mit T_p bezeichnet und die Albedo A des Planeten für das reflektierte Sonnenlicht von 1 verschieden angenommen.

Zweifellos erscheint es zunächst überraschend, daß die effektive Temperatur T' der Gesamtstrahlung, soweit diese vom reflektierten Sonnenlicht herrührt, für die Erde und den Mond nicht über 392° K hinausgehen kann, während im sichtbaren Licht alle Planeten hell leuchten und ihre effektiven Temperaturen für die monochromatische Strahlung des sichtbaren Gebietes den Betrag von 1000° K erheblich überschreiten. Das vom Mond zurückgeworfene Sonnenlicht würde im Falle einer Albedo $A = 1$ um den Helligkeitsfaktor $(r/R_e)^2$ geschwächt, so daß der Mond und die von der Sonne beleuchtete Erde bei der Wellenlänge $\lambda = 0{,}5\ \mu$ wie ein schwarzer Körper von etwa 1550° C strahlen müßten. Die Rechnung lehrt, daß diese schwarze Temperatur mit zunehmender Wellenlänge sehr rasch kleiner wird.

Die Theorie der Methode ist unter Berücksichtigung der Strahlungsverluste in der Erdatmosphäre von MENZEL[1]) entwickelt worden. Die bisher vorliegenden Messungen stammen im wesentlichen von COBLENTZ[2]). Einen Überblick über den neuesten Stand der Theorie hat SCHOENBERG[3]) gegeben.

Von den Berechnungsmöglichkeiten der Planetentemperatur sei hier nur eine angedeutet, die einen oberen Grenzwert liefert für den Fall, daß die Oberfläche des Planeten nicht aus dessen Innern, sondern nur von der Sonne mit Wärme versorgt wird. Für die Albedo A wird von der Flächeneinheit der Planeten die Sonnenstrahlung mit dem Energiestrom $A \cdot \sigma T'^4$ in den sonst leer gedachten Weltenraum zurückgeworfen, und der Energiestrom $(1 - A)\sigma T'^4$ wird vom Planeten absorbiert. Im Strahlungsgleichgewicht muß derselbe Betrag infolge der Eigenwärme der Planeten, dessen Temperatur T'' sei, ausgesandt werden. Bezeichnet man das Emissionsvermögen für diese Strahlung großer Wellenlänge mit ε, so besteht die Gleichung

$$T''^4 = \frac{1-A}{\varepsilon} \cdot T'^4 \qquad \text{oder} \qquad T'' = 392 \cdot \left(\frac{R_e}{R_p}\right)^{\frac{1}{2}} \cdot \left(\frac{1-A}{\varepsilon}\right)^{\frac{1}{4}}.$$

Die Temperatur T'' ist deswegen ein oberer Grenzwert, weil sie auf der Voraussetzung beruht, daß die Sonnenstrahlung ständig senkrecht auf die Planetenoberfläche trifft.

Die folgende Tabelle enthält neben den von COBLENTZ und LAMPLAND[4]) ermittelten Planetentemperaturen T_p für die Äquatorgegend der Planeten und den Albedowerten A für sichtbare Strahlung auch die Werte T' und T''. Letztere sind unter der Bedingung $\varepsilon = 1$ berechnet[5]).

Tabelle 27. Planetentemperaturen.

Planet	A	T_p	T'	T''
Venus	0,59	330° K	460° K	369° K
Mars	0,154	273	323	310
Jupiter	0,56	130	171	140
Saturn	0,63	130	129	100
Mond	0,073	400	392	386
Erde	0,45	—	392	338

[1]) D. H. MENZEL, Astrophys. Journ. Bd. 58, S. 65. 1923.

[2]) W. W. COBLENTZ, Publ. of the Carnegie Inst. Nr. 97. 1908.

[3]) E. SCHOENBERG, Phys. ZS. Bd. 26, S. 870. 1925.

[4]) W. W. COBLENTZ u. C. O. LAMPLAND, Journ. Franklin Inst. Bd. 199. 1925.

[5]) D. H. MENZEL, W. W. COBLENTZ u. C. O. LAMPLAND, Astrophys. Journ. Bd. 63, S. 177. 1926.

Sachverzeichnis.

Verlag von Julius Springer in Berlin W 9

Handbuch der Physik

Inhaltsübersicht des Gesamtwerkes:

Band I: Geschichte der Physik — Vorlesungstechnik

Geschichte der Physik. Von Professor Dr. Edmund Hoppe, Göttingen.
Physikalische Literatur. Von Professor Dr. Karl Scheel, Berlin-Dahlem.
Unterricht und Forschung. Von Professor Dr. H. Timerding, Braunschweig.
Vorlesungstechnik. Von Dr. Anton Lambertz, Köln a. Rh., und Dr. E. Mecke, Bonn a. Rh.

Band II: Elementare Einheiten und ihre Messung

Einheiten, Dimensionen, Maßsysteme. Von Professor Dr. J. Wallot, Charlottenburg.
Längenmessung, Winkelmessung. Von Professor Dr. F. Göpel, Charlottenburg.
Massenmessung. Von Dr. W. Felgentraeger, Charlottenburg.
Raummessung und spezifisches Gewicht. Von Professor Dr. Karl Scheel, Berlin-Dahlem.
Zeitmessung, Geschwindigkeitsmessung. Von Professor Dr. C. Cranz, Charlottenburg, Gen.-Ing. V. Ritter von Niesiolowski-Gawin, Wien, und Dipl.-Ing. W. Schmundt, Königsberg i. Pr.
Erzeugung und Messung von Drucken. Von Dr. H. Ebert, Charlottenburg.
Schweremessungen. Von Professor Dr.-Ing. A. Berroth, Potsdam.
Allgemeine physikalische Konstanten. Von Professor Dr. F. Henning und Professor Dr. W. Jaeger, Berlin.

Band III: Mathematische Hilfsmittel in der Physik

Infinitesimalrechnung, Algebra. Von Dr. Adalbert Duschek, Wien.
Vektor- und Tensorrechnung. Von Dr. Theodor Radakovic, Wien.
Geometrie. Von Dr. Adalbert Duschek, Wien.
Funktionentheorie. Von Dr. Theodor Radakovic, Wien.
Spezielle Funktionen. Von Dr. Josef Lense, Wien.
Gewöhnliche Differentialgleichungen. Von Dr. Theodor Radakovic, Wien.
Partielle Differentialgleichungen. Von Dr. Josef Lense, Wien.
Variationsrechnung. Von Dr. Theodor Radakovic, Wien.
Differentialgeometrie. Von Dr. Adalbert Duschek, Wien.
Integralgleichungen, Potentialtheorie. Von Dr. Josef Lense, Wien.
Mathematische Statistik und Wahrscheinlichkeitsrechnung. Von Professor Dr. F. Zernike, Groningen.
Ausgleichsrechnung, Nomographie, Numerische Differentiation und Integration. Von Dr. Karl Mader, Wien.

Band IV: Allgemeine Grundlagen der Physik

Ziele und Wege der physikalischen Erkenntnis. Von Professor Dr. H. Reichenbach, Stuttgart.
Der Aufbau der theoretischen Physik. Von Professor Dr. H. Thirring, Wien.
Prinzipien der Statistik. Von Dr. O. Halpern, Wien.
Allgemeine Relativitätstheorie. Von Dr. G. Beck, Bern.
Der Bau des Kosmos. Von Dr. W. E. Bernheimer, Wien.

Band V: Grundlagen der Mechanik — Mechanik der Punkte und starren Körper

Die Axiome der Mechanik. Von Professor Dr. G. Hamel, Berlin.
Prinzipe der Dynamik. Von Dr. L. Nordheim, Göttingen.
Störungstheorie. Von Dr. E. Fues, Zürich.
Geometrie der Bewegungen. Von Professor Dr. H. Alt, Dresden.
Geometrie der Kräfte und Massen. Von Professor Dr. C. B. Biezeno, Delft.
Mechanik der Massenpunkte. Von Professor Dr. R. Grammel, Stuttgart.
Kinetik der starren Körper. Von Professor Dr. M. Winkelmann, Jena.
Technische Anwendungen der Stereomechanik. Von Professor Dr.-Ing. Th. Pöschl, Prag.
Relativitätsmechanik. Von Dr. Otto Halpern, Wien.

Band VI: Mechanik der elastischen Körper

Physikalische Grundlagen der Elastomechanik. Von Professor Dr. Otto Föppl und Dr. Busemann, Braunschweig.
Mathematische Elastizitätstheorie. Von Professor Dr. E. Trefftz, Dresden.
Elastostatik. Von Dr. J. W. Geckeler, Jena.
Elastokinetik. Von Professor Dr. F. Pfeiffer, Stuttgart.
Theorie der Erdbebenwellen. Von Professor Dr. G. Angenheister, Göttingen.
Plastizität. Von Professor Dr.-Ing. A. Nádai, Göttingen.

Band VII: Mechanik der flüssigen und gasförmigen Körper

Ideale Flüssigkeiten. Von Professor Dr. M. Lagally, Dresden.
Zähe Flüssigkeiten. Von Professor Dr. L. Hopf, Aachen.
Kapillarität. Von Dr. A. Gyemant, Charlottenburg.
Strömungen. Von Professor Dr. Ph. Forchheimer, Wien.
Tragflügel und hydraulische Maschinen. Von Dipl.-Ing. Dr. A. Betz, Göttingen.
Gasdynamik. Von Dr. J. Ackeret, Göttingen.

Band VIII: Akustik

Einleitung. Von Dr. Ferd. Trendelenburg, Berlin-Nikolassee.
Mathematische Darstellungen. Von Dr. H. Backhaus, Charlottenburg.
Schallerzeugung mit mechanischen Mitteln. Von Professor Dr. A. Kalähne, Danzig-Oliva.
Elektrische Schallsender. Von Dr. H. Lichte, Berlin-Schöneberg.
Thermodynamische Schallerzeugung. Von Dr. Johann Friese, Breslau.
Musikinstrumente. Von Professor Dr. C. V. Raman, Kalkutta.
Musikalische Tonsysteme. Von Professor Dr. E. von Hornbostel, Berlin-Steglitz.
Physik der Sprachklänge. Von Dr. Ferd. Trendelenburg, Berlin-Nikolassee.
Empfang, Messung und Umformung akustischer Energie. Von Dr. E. Lübcke, Berlin-Siemensstadt, Dr. H. Sell, Berlin-Siemensstadt, Dr. Ferd. Trendelenburg, Berlin-Nikolassee.
Das Gehör. Von Dr. E. Meyer, Berlin-Wilmersdorf.
Die Ausbreitung akustischer Schwingungsvorgänge. Von Dr. E. Lübcke, Berlin-Siemensstadt.
Raumakustik. Von Professor Dr. E. Michel, Hannover.

Band IX: Theorien der Wärme

Klassische Thermodynamik. Von Professor Dr. K. F. Herzfeld, München.
Der Nernstsche Wärmesatz. Von Dr. K. Bennewitz, Berlin.
Statistische und molekulare Theorie der Wärme. Von Dr. A. Smekal, Wien.
Axiomatische Begründung der Thermodynamik durch Carathéodory. Von Professor Dr. A. Landé, Tübingen.
Quantentheorie der molaren thermodynamischen Zustandsgrößen. Von Professor Dr. A. Byk, Charlottenburg.
Die kinetische Theorie der Gase und Flüssigkeiten. Von Professor Dr. G. Jäger, Wien.
Erzeugung von Wärme aus anderen Energieformen. Von Professor Dr. W. Jaeger, Charlottenburg.
Temperaturmessung. Von Professor Dr. F. Henning, Berlin.

Band X: Thermische Eigenschaften der Stoffe

Mit 207 Abbildungen. — 494 Seiten. — RM 35.40; gebunden RM 37.50

Zustand des festen Körpers. Von Professor Dr. E. Grüneisen, Charlottenburg.
Schmelzen, Erstarren, Sublimieren. Von Professor Dr. F. Körber, Düsseldorf.
Zustand der gasförmigen und flüssigen Körper. Von Professor Dr. J. D. van der Waals, Amsterdam.
Thermodynamik der Gemische. Von Professor Dr. Ph. Kohnstamm, Amsterdam.
Spezifische Wärme (theoretischer Teil). Von Professor Dr. E. Schrödinger, Zürich.
Spezifische Wärme (experimenteller Teil). Von Professor Dr. Karl Scheel, Berlin-Dahlem.
Die Bestimmung der freien Energie. Von Dr. F. Simon, Berlin.
Thermodynamik der Lösungen. Von Professor Dr. C. Drucker, Leipzig.

Band XI: Anwendung der Thermodynamik

Mit 198 Abbildungen. — 462 Seiten. — RM 34.50; gebunden RM 37.20

Thermodynamik der Erzeugung des elektrischen Stromes. Von Professor Dr. W. Jaeger, Charlottenburg.
Wärmeleitung. Von Professor Dr. M. Jakob, Charlottenburg.
Thermodynamik der Atmosphäre. Von Professor Dr. A. Wegener, Graz.
Hygrometrie. Von Dr. M. Robitzsch, Lindenberg.
Thermodynamik der Gestirne. Von Professor Dr. E. Freundlich, Neubabelsberg.
Thermodynamik des Lebensprozesses. Von Professor Dr. O. Meyerhof, Berlin-Dahlem.
Erzeugung tiefer Temperaturen und Gasverflüssigung. Von Dr. W. Meißner, Berlin.
Erzeugung hoher Temperaturen. Von Dr. C. Müller, Charlottenburg.
Wärmeumsatz bei Maschinen. Von Professor Dr. K. Neumann, Hannover.

Band XII: Theorien der Elektrizität und des Magnetismus — Elektrostatik

Maxwell-Hertz'sche Theorie. Von Dr. F. Zerner, Wien.
Elektronentheorie. Von Dr. F. Zerner, Wien.
Elektrodynamik bewegter Körper und spezielle Relativitätstheorie. Von Professor Dr. H. Thirring, Wien.
Das Elektron und die Ionen. Von Professor Dr. E. Meyer, Zürich.
Elektrostatik der Leiter. Von Professor Dr. F. Kottler, Wien.
Dielektrika. Von Prof. Dr. A. Güntherschulze, Berlin.

Band XIII: Elektrizitätsbewegung in festen und flüssigen Körpern

Leitfähigkeit der Metalle. Von Professor Dr. E. Grüneisen, Berlin.
Berechnung von Strömungsfeldern. Von Professor Dr. F. Noether, Breslau.
Thermoelektrizität. Von Dr. Gerda Laski, Berlin.
Thermomagnetische und galvanomagnetische Erscheinungen. Von Professor Dr. W. Gerlach, Tübingen.
Austritt von Ionen und Elektronen aus glühenden Körpern. Von Dr. O. Halpern, Wien.
Lichtelektrische Erscheinungen. Von Professor Dr. B. Gudden, Erlangen.
Pyro- u. Piezoelektrizität. Von Dr. H. Falkenhagen, Köln.
Elektrolytische Leitung in festen Körpern. Von Professor Dr. G. v. Hevesy, Kopenhagen.
Berührungs- und Reibungselektrizität. Von Professor Dr. A. Coehn, Göttingen.
Elektrizitätsleitung in Flüssigkeiten und Theorie der elektrolytischen Dissoziation. Von Dr. E. Baars, Marburg, Lahn.
Elektrolyse. Von Dr. E. Baars, Marburg, Lahn.
Elektrokinetik. Von Dr. G. Ettisch, Berlin.
Elektrokapillarität. Von Dr. G. Ettisch, Berlin.
Wasserfallelektrizität. Von Prof. Dr. A. Coehn, Göttingen.

Band XIV: Elektrizitätsbewegung in Gasen

Unselbständige Entladung. Von Dr. H. Stücklen, Zürich.
Flammenleitung und reine Temperaturionisation. Von Dr. H. Stücklen, Zürich.
Über die stille Entladung in Gasen. Von Professor Dr. E. Warburg, Berlin.
Die Glimmentladung. Von Dr. R. Bär, Zürich.
Der elektrische Lichtbogen. Von Professor Dr. A. Hagenbach, Basel.
Funkenentladung. Von Professor Dr. E. Warburg, Berlin.
Die elektrischen Figuren. Von Professor Dr. Karl Przibram, Wien.
Atmosphärische Elektrizität. Von Professor Dr. G. Angenheister, Potsdam.

Band XV: Magnetismus — Elektromagnetisches Feld

Magnetostatik. Von Professor Dr. Paul Hertz, Göttingen.
Magnetische Felder von Strömen. Von Professor Dr. Paul Hertz, Göttingen.
Dia- u. Paramagnetismus. Von Dr. W. Steinhaus, Berlin.
Ferromagnetismus. Von Professor Dr. E. Gumlich, Berlin und Dr. W. Steinhaus, Berlin.
Erdmagnetismus. Von Professor Dr. G. Angenheister, Potsdam.
Elektromagnetische Induktion. Von Professor Dr. S. Valentiner, Clausthal.
Wechselströme. Von Dr. R. Schmidt, Berlin.
Elektrische Schwingungen. Von Dr. E. Alberti, Berlin.

Band XVI: Apparate und Meßmethoden für Elektrizität und Magnetismus

Die elektrischen Maßsysteme und Normalien. Von Professor Dr. W. Jaeger, Charlottenburg.
Auf Influenz und Reibungselektrizität beruhende Apparate und Geräte. Von Dr. G. Michel, Berlin.
Elemente. Von Professor Dr. H. v. Steinwehr, Berlin.
Auf der Induktion beruhende Apparate. Von Professor Dr. S. Valentiner, Clausthal.
Ventile, Gleichrichter, Verstärkerröhren, Relais. Von Professor Dr. A. Güntherschulze, Berlin.
Telefon und Mikrophon. Von Dr. W. Meißner, Berlin.
Schwingung und Dämpfung in Meßgeräten u. elektr. Stromkreisen. Von Professor Dr. W. Jaeger, Charlottenburg.
Elektrostatische Meßinstrumente. Von Professor Dr. F. Kottler, Wien.
Auf dem magnetischen Feld beruhende Meßinstrumente. Von Dr. R. Schmidt und Professor Dr. A. Schering, Berlin.
Auf dem thermischen Effekt beruhende Meßinstrumente. Von Professor Dr. A. Schering, Berlin.
Auf elektrolytischer Wirkung beruhende Meßinstrumente. Von Professor Dr. A. Güntherschulze, Berlin.
Widerstände. Von Professor Dr. H. v. Steinwehr, Berlin.

Selbstinduktionen und Kapazitäten. Von Professor Dr. E. Giebe, Berlin.
Meßwandler, Stromwandler, Spannungswandler. Von Professor Dr. A. Schering, Berlin.
Wellenmesser und Frequenznormale. Von Dr. Egon Alberti, Berlin.
Allgemeines und Technisches über elektrische Messungen. Von Professor Dr. W. Jaeger, Charlottenburg.
Messung der Elektrizitätsmenge, des Stromes, der Leistung und der Arbeit. Von Professor Dr. A. Schering und Dr. R. Schmidt, Berlin.
Elektrometrie. Von Professor Dr. A. Schering, Berlin.
Widerstandsmessungen. Von Professor Dr. H. v. Steinwehr, Berlin.
Messung von Selbstinduktionen und Kapazitäten. Von Professor Dr. E. Giebe, Berlin.
Messung von Dielektrizitätskonstanten und dielektrischen Verlusten. Von Professor Dr. A. Schering, Berlin.
Meßmethoden bei elektrischen Schwingungen. Von Dr. E. Alberti, Berlin.
Elektrochemische Messungen. Von Dr. E. Baars, Marburg a. Lahn.
Messung der magnetischen Eigenschaften der Körper. Von Professor Dr. E. Gumlich, Berlin, und Dr. W. Steinhaus, Berlin.
Herstellung und Ausmessung magnetischer Felder. Von Professor Dr. E. Gumlich, Berlin.
Erdmagnetische Messungen. Von Professor Dr. G. Angenheister, Potsdam.

Band XVII: Elektrotechnik

Telegraphie und Telephonie auf Leitungen. Von Professor Dr. F. Breisig, Berlin.
Drahtlose Telegraphie und Telephonie. Von Professor Dr. F. Kiebitz, Berlin.
Röntgentechnik. Von Dr. H. Behnken, Berlin.
Elektromedizin. Von Dr. H. Behnken, Berlin.
Transformatoren. Von Dr. R. Vieweg, Berlin, und Dipl.-Ing. V. Vieweg, Berlin.
Elektrische Maschinen. Von Dr. R. Vieweg, Berlin, und Dipl.-Ing. V. Vieweg, Berlin.
Technische Quecksilberdampf-Gleichrichter. Von Professor Dr. A. Güntherschulze, Berlin.
Hochspannungstechnik. Von Professor Dr. W. Schumann, München.
Überspannungen und Überströme. Von Dr. A. Fraenckel, Berlin.

Band XVIII: Geometrische Optik — Optische Konstanten — Optische Instrumente

Geometrische Optik. Von Dr. O. Eppenstein Jena, Dr. Hartinger, Jena, Professor Dr. F. Jentzsch, Berlin, Dr. W. Merté, Jena.
Spiegel aller Arten und daraus entstehende Instrumente, Prismen, Prismensätze usw. Von Dr. F. Löwe, Jena.
Fernrohre aller Art. Von Dr. O. Eppenstein, Jena.
Das photographische Objektiv, Das Auge und das Sehen, Brillen. Von Professor Dr. M. v. Rohr, Jena.
Beleuchtungsapparate, Mikroskope, Lupen, Ultramikroskope. Von Dr. H. Boegehold, Jena.
Besondere optische Instrumente, soweit nicht anderwärts behandelt. Von Professor Dr. H. Konen, Bonn.
Optische Konstanten. Von Dr. H. Keßler, Jena, und Professor Dr. H. Konen, Bonn.

Band XIX: Herstellung und Messung des Lichtes

Natürliche und künstliche Lichtquellen.
1. Sonnenstrahlung. Von Professor Dr. H. Rosenberg, Kiel. 2. Himmelsstrahlung. 3. Blitz, Nordlicht, atmosphärische Erscheinungen. Von Professor Dr. C. Jensen, Hamburg. 4. Übersicht über die kosmischen Lichtquellen. Von Professor Dr. J. Hopmann, Bonn. 5. Glühende Körper, insbesondere schwarze. Von Frl. Dr. E. Lax, Berlin, und Professor Dr. M. Pirani, Berlin-Wilmersdorf. 6. Bogenlicht, Funke. Von Professor Dr. H. Konen, Bonn, und Dr. R. Frerichs, Bonn. 7. Gasentladungen. Von Professor Dr. H. Konen, Bonn, und Dr. R. Frerichs, Bonn. 8. Röntgenstrahlen (Technisches, Art, Verteilung und Zusammensetzung). Von Dr. H. Behnken, Charlottenburg. 9. Luminescenzquellen. Von Professor Dr. P. Pringsheim, Berlin. 10. Flammen, chemische Prozesse. Von Professor Dr. H. Konen, Bonn, und Dr. R. Frerichs, Bonn.

Lichttechnik.
1. Allgemeines, wirtschaftliche Grundsätze, physiologische Gesichtspunkte, Stellung der Aufgabe. 2. Methoden zur Strahlungserzeugung, schwarze, nicht schwarze Körper, Luminescenz. 3. Historische Übersicht über die Entwicklung der Lichttechnik. 4. Gaslicht. 5. Elektrische Lichtquellen. 6. Luminescenzlampe, Gasentladungslampe. 7. Die Bewertung der elektrischen Lichtquellen. Von Frl. Dr. E. Lax, Berlin, und Professor Dr. M. Pirani, Berlin-Wilmersdorf. 8. Reflektoren. Von Dipl.-Ing. L. Schneider, Berlin.

Methoden der Untersuchung
1. Photometrie. Von Professor Dr. E. Brodhun, Berlin-Grunewald. 2. Photographie. Von Professor Dr. J. Eggert, Berlin-Friedenau, und Dr. W. Rahts, Berlin. 3. Spectralphotometrie, Absorptionsphotometrie. Von Professor Dr. H. Ley, Münster i. W. 4. Colorimetrie. Von Dr. F. Löwe, Jena. 5. Energieverteilung, Gesamtenergie, Meßmethoden, Linienintensitäten. Von Dr. Th. Dreisch und Dr. R. Frerichs, Bonn. 6. Polarimetrie. Von Professor Dr. O. Schönrock, Berlin. 7. Wellenlängenmessungen. Von Professor Dr. H. Konen, Bonn. 8. Besondere Methoden: a) Ultrarot. Von Frl. Dr. G. Laski, Berlin. b) photographisch erreichbarer Teil. Von Professor Dr. H. Konen, Bonn. c) Röntgengebiet. Von Dr. H. Behnken, Charlottenburg. 9. Fortpflanzungsgeschwindigkeit des Lichtes. Von Professor Dr. H. Rosenberg, Kiel. 10. Besondere Meßmethoden, elliptisches Licht, teilweise polarisiertes Licht. Von Professor Dr. G. Szivessy, Münster.

Band XX: Natur des Lichtes

Experimentelle Grundlagen und elementare Theorie.
1. Klassische und neuere Interferenzversuche und Interferenzapparate. a) Elementare Theorie derselben. 2. Beugungsversuche. a) Einfachste Beugungsversuche mit elementarer Theorie. b) Auf Beugung beruhende Instrumente und Anordnungen; genauere Theorie der einfachsten Versuche. Von Professor Dr. L. Grebe, Bonn. c) Die Beugung in den optischen Instrumenten in Beziehung zur Grenze des Auflösungsvermögens. Von Professor Dr. F. Jentzsch, Berlin. d) Andere Fälle von Beugung (Regenbogen, Halos); fein verteilte Substanzen. Von Dr. R. Mecke, Bonn. 3. Polarisation. a) Grundversuche über Erzeugung und Eigenschaften des polar. Lichtes, mit Ausschluß der Krystalloptik. b) Interferenz und Beugung des polar. Lichtes. Von Professor Dr. G. Szivessy, Münster. 4. Beziehung zu anderen Erscheinungen, Zeemaneffekt, Kerreffekt, Doppelbrechung, magn. Drehung, Metallreflektion, Beziehungen zu lichtelektrischen Erscheinungen usw. elementar, nur in Übersicht. Von Professor Dr. H. Konen, Bonn. 5. Der Energietransport durch das Licht auf Grund der Versuche. a) Weißes Licht, seine Eigenschaften; schwarze Strahlung. Von Professor Dr. L. Grebe, Bonn. b) Gesetze der schwarzen Strahlung, Strahlung nichtschwarzer Körper. Von Professor Dr. L. Grebe, Bonn.

Lichttheorien.
1. Historische Übersicht. 2. Elektromagnetische Theorie. a) Grundsätzliches, Maxwell, Elektronentheorie, allgemeine Sätze. b) Grenzbedingungen. c) Anisotrope Medien. d) Strenge Theorie der Interferenz und Beugung mit Übersicht über die behandelten Fälle. e) Grundsätzliches über Reflektion, Brechung, Dispersion und Absorption. f) Metallreflektion. Von Professor Dr. Walter König, Gießen. 3. Beziehungen zur Thermodynamik. Allgemeine Sätze, Beziehungen zur Relativitätstheorie, Quanten und Korrespondenzprinzip. Vergleich mit Erfahrung. 4. Zusammenfassende Übersicht über den zeitigen Stand der Wellentheorie des Lichtes. Von Professor Dr. A. Landé, Tübingen.